# 张有隽

# 人类学民族学文集

上

张有隽 著

民族出版社

张 有 隽

# 前 言

余大学毕业后被分配到广西通志馆从事地方志资料搜集、整理与研究。“文化大革命”后期单位撤销，下放到一个县中学任教。粉碎“四人帮”后，1978年调至广西民族学院（现广西民族大学）民族研究室从事民族教学与科研。1983年6月被任命为民族研究室主任，次年组建民族研究所，任第一副所长，1987年任所长，至2000年。建所同年，与盘朝月、刘保元等同志创建广西瑶族研究学会，任负责人，至2009年。

余执掌广西民族学院民族研究所和广西瑶学学会的二十余年间，正值中国民族学、人类学恢复重建时期。人类学大师费孝通言，“一个学科可挥之即去，但不能招之即来。”余于上世纪80年代担任民族研究所室主任，学科重建，百废待兴，学科定位，择定目标方向；组织队伍，完善机构；编写教材，开展教学科研，培训人才。自知责任重大，身体力行，不敢怠慢。教学方面，除完成学院公共课外，本所1988年开始招收专科生，1995年招收本科生，1999年招收硕士生。余先后给本专科生、留学生、硕士生主讲过民族理论与民族政策、南方民族史、瑶族历史与文化、民族法学概论、当代文化人类学、人类学理论与方法、宗教人类学、经济人类学、发展人类学、中国经济史、文化变迁与调适等基础课、主干课、选修课。科研方面，参加过国家民委五套丛书、《中国历史大辞典民族史分卷》、《中国大百科全书宗教卷》的编写，主持完成《广西通志·民俗志》、《中国各民族原始宗教资料集成》瑶族卷、世行贷款课题“加强民族教学与师资培训”、“中国各民族百科全书”瑶族卷、《瑶族通史》等国家和省部级重大课题，《人类学理论与方法及其在中国本土化研究》、《经济人类学研究》等厅级重要课题，独著与合作出版《瑶族历史与文化》、《泰国瑶族考察》等多本著作。中国人类学民族学重建过程中，围绕学科定位、学科体系、学科理论方法等问题，学界有过许多或明或暗的论争与较劲。不弄清楚这些问题，很难指导学科沿着健康的方向发展。为了回答问题，除教学和主持课题研究外，余还在不同场合以论文、报告、致辞、讲话、导论、序言、书评、随笔、札记等形式，写过130余篇文章，表达观点和看法，参与学科重建的讨论。经过讨论，多数人的认识趋于统一。至上世纪90年代中期，广西民族学院民族研究所得以改名为民族学人类学研究所，并确定为广西壮族自治区重点建设学科。1998年，余主持完成世行贷款课题“加强民族学教学与师资培训”研究，出了成果、人才，同年申报民族学硕士专业点获国务院学位委员批准，民族学学科重建工作获得了阶段性重大成果。

收入本书的论文和文章共62篇。除个别篇章外，多数公开发表过。按内容分为民族学人类学学科建设、宗教人类学、经济人类学、瑶学四部分。

民族学人类学学科建设部分讨论学科定位、学科体系、学科理论方法及其在中国本土化问题。余在大学学的是历史学，但授业导师中有岑家梧、容观夐、刘孝瑜几位人类学家，受他们熏陶偷得点民族学人类学知识。学科重建过程中，得到吾师容观夐、刘孝瑜点拨，余并广泛搜寻国内外人类学著作，一再研读，尤其从费孝通著作中获益不少。费先生说，学科重建要从补课开始。余这些文章多针对学科重建中遇到的重大疑难问题而发，既可算做补课作业，也是学科建设之余见。

第二部分讨论宗教人类学。余研究宗教是1979年参加修改《瑶族简史》引起的。当时厘定提纲分工编写，研究较多资料易寻的章节，如瑶族称谓、起源、迁徙分布、历代经济、政治与反抗斗争均被别的同志抢先领走了，只剩教育、宗教信仰两块硬骨头由余拾起来啃。在“左”的思想统治的年代，民族民俗与宗教被列为禁止猎奇的禁区，谁调查研究谁就被通报批评，李维信先生就尝过此种苦头。因此，上世纪五六十年代汇编的近10册瑶族社会历史调查报告关于瑶族宗教部分不但内容都很简略，看法模糊，而且观点有错，难以征用。没办法，余只好补充调查，于是有1979年冬开始的十万大山山子瑶的连续调查。通过搜集口碑资料，翻检民间宗教文献和观摩仪式，惊人地发现了瑶族宗教信仰人所未知未道的许多内幕和丰富的内涵，结合正史、方志与民国时期文献资料的综合分析，于是有了《瑶族宗教信仰史略》、《十万大山山子瑶原始宗教残余》、《十万大山瑶族道教信仰浅释》等系列文章的写作发表，提出了自己对瑶族信仰的全新看法，获得国内外同行好评。宗教信仰是人类文化的组成部分。每个民族的宗教信仰都因环境产生，发挥一定的文化与社会功能，并具有其一定特质，亦可随环境变化而发生变化。余之宗教研究以瑶族个案为例颇多，亦涉及壮族、汉族、仫佬族等其他民族。重视实际调查，运用人类学理论做解读分析，提出了一些新看法，不同意一些人用“左”的眼光看待宗教信仰。

第三部分经济人类学研究。余早年上大学，学过马克思主义政治经济学。在广西区通志馆工作期间及调至广西民族学院后，都曾做过一些经济调查。从人类学角度做经济研究，则始于上世纪末。1998年广西民族学院被批准为硕士授权单位，民族学为首批硕士专业点之一，次年招收首批硕士生，其中有中国少数民族经济方向，该方向2000级至2004级学生的民族经济课由我上。我国国内一些大学早于八九十年代已给本科生、硕士生开设民族经济课程，但使用的自编教材将民族地区概况、民族理论与民族政策、西方经济学理论拼凑在一起，体系不成熟，难以使用。我给本科生、硕士生讲民族经济，借鉴国内外经济人类学的成果，自编《经济人类学研究》，2003年申报学院重大研究课题获批准，2004年主持申报民族经济硕士专业点亦获批准。人类学认为，经济是人类文化组成部分，人类的经济思想与行为自当受人类文化的制约与影响。西方经济学产生于资本主义社会，其以“经济人”、“资源有限性”、“利益最大化”作为核心工具，用逻辑演绎的方法研究，带有明显的西方偏见，其理论方法即使用来解释资本主义社会的经济现象，都有局限性，更别说用以解释部落民社会、乡民社会的经济现象了。而经济人类学从整体论、实证论和比较方法研究不同社会与文化的经济行为，却提供了人们理解不同时空下人们经济行为的新视角，得出更贴近实际的看法，比西方自诩为“硬科学”的经济学别具说服力。余坚持以经济人类学的理论方法研究民族经济，除主持课题研究，自著发表多篇论文外，还指导研究生做实际研究，2000 年至今，亲自带出的研究生已达 12 人，成绩多为优良。

第四部分，瑶学研究。余出身瑶族，对瑶族有天生感情，研究瑶族乃余本分。余从事瑶族研究，亦从 1979 年参加编写《瑶族简史》开始。1984 年创建广西瑶族研究学会，团结志同道合，推动瑶学研究，不遗余力。30 多年来，余亲自去考察过国内湖南、广西、广东、云南，及泰国、美国、越南等瑶族村寨，行程数万公里。组织学术会议，促进国内外瑶学研究的学术交流和瑶族同胞互访联谊活动，出版连续读物。余之瑶学研究坚持将历史学与人类学方法结合起来，而以人类学方法为主，重视实地考察，参用历史文献。涉足领域颇广，力图在前人基础上，对瑶族历史与文化做出新的解读。在瑶族起源、迁徙分布、分类与认同、历代政治、经济、军事、文化教育、习俗信仰、语言文字，以及瑶族向海外迁徙及其在海外的发展，均有所探析，提供新资料、新观点，形成体系。

余从事人类学民族学研究，迄今逾三十载。中国人类学民族学这一时期恢复重建，余是亲见亲历者，亦是实践者。三十余载，路漫漫，曲折坎坷，与志同道合者备尝艰辛，亦同享获得成就的喜悦。

人与学问同成长。余早期的研究，偏重民族史、民族理论与民族政策。时过境迁，有些文章的观点和材料今天看来已陈旧过时，但编辑中一仍其旧，不割弃，亦不做更多改动。余之目的，一是作为学科建设资料保存，供读者从学术角度做研究评判；二是显示余治学之心路历程，以个案见证中国人类学民族学学科重建道路的曲折进程；三是方便一些倘认为余之文章的一些资料和观点对他们有一定启发作用的读者检阅，省去难翻检的麻烦。

余 1978 年 7 月调至广西民族学院已届三十九岁。三十年从事人类学民族学研究与学科建设，孜孜以求，取得了一定成就。党和国家给了余许多荣誉。2000 年余从民族学人类学研究所所长岗位退下来，2007 年被从教师岗位退休，2008 年从学科带头人岗位退休，从此失去了许多工作条件。中国人类学民族学恢复重建工作现已取得许多重大进展，告一段落，但面临问题仍不少。期望来者努力珍重，取得更大成就。

张有隽

2011 年 3 月 14 日

# 目　录

## 民族学人类学学科建设篇



## 宗教人类学篇

## 经济人类学篇



## 瑶　学　篇

## 附 录

# 民族学人类学学科建设篇

# 关于中国民族学、人类学学科地位问题[①]

1994年岁末，我收到香港中文大学人类学系原系主任、现任讲座教授乔健博士来信并惠赠大作《中国人类学发展的困境与前景》一文。乔健先生在信中说，这篇文章是他1994年10月28日在香港中文大学作人类学讲座教授的就职演讲辞，并说：

> 我觉得这个题目需要所有关心中国人类学发展的学者们认真注意与思考一番，所以决定把我演讲辞的草稿分送同行中的前辈与友好。希望能引起一些抛砖引玉的功效。现在我恳切希望您能对我的讲辞提出批评与指正，同时更希望您能对与上述题目有关的问题，撰写专文在您所熟悉的刊物上发表，以便引发更多的讨论，集思广益……

乔健先生学识渊博，待人诚恳热情。我知道他十分关心中国人类学的发展。1994年7月我访港期间，就听他谈起曾组织过一个关于人类学与社会学在中国发展的研讨会，文集正在编辑出版中，并蒙他先期赠送了他与会的一篇题为《人类学在中国的发展》的文章，原拟在我院学报发表以飨读者的，后因其他刊物先行发表了，只得作罢。读了他这次惠赠的大作，我觉得提出的问题很重要，许多问题值得进一步商榷，经推荐，已在本院学报1995年第1期刊出。我们希望由此引起对问题的讨论，以期推动中国人类学的发展。

---

① 原载于《广西民族学院学报（哲学社会科学版）》，1995（3）。

乔健先生寄大作于我，希望我批评指正并写文章，乃是谦词。我是学历史学的，对人类学并无深究。不过，读了乔健先生的文章，联想到我近年读的一些国内外人类学文章、著作，再联系到我1984年以来主持广西民族学院民族研究所的工作，确也有点感想想写出来，算不了文章，故且算作一篇“人类学札记”以备研究，同时借以向中国人类学前辈讨教。

乔健先生的文章论中国人类学发展有四个困境、四个前景。四个困境：一是“目前中国内地学术界对人类学与民族学这两个名称的界定与涵盖范围并没有一个共识，名称混乱，不论人类学也好，民族学也好，都未能在国家教委核写的专业名单上获得明确的地位”，新学科的发展遇到不少阻碍；二是“意识形态对学术派别的干预”，马克思主义民族学“一派独尊”，“其他各派一律受到禁制”；三是人类学遇到来自民间的尤其是来自官方的“功利主义压力”；四是“现有人类学的方法不足以有效地研究中国社会”。四个前景，主要从：中华文化是世界文化中绝无仅有的无比开阔壮丽的文化，是人类学者一直渴望研究的地方；中国有世界上最长久而连贯不断的文字记载的历史，历史文献也是世界上最丰富的；中国是一个多民族国家，各民族仍能保存自己的传统文化，只有人类学者能提供全面、客观、系统的解释；中国文化是非西方文化中的主支，可提炼其认知方式、世界观与价值观以充实甚至更新人类学，弥补其过去过分偏重反映西方文化认知方式、世界观与价值观的偏差与缺陷等方面加以分析，认为中国人类学有着美好的发展前景。

纵观全文，乔健先生论中国人类学发展的困境，主要是从中国人类学发展中主观条件的缺陷与不足分析，同时也讲到了人类学本身方法的不足；论中国人类发展的前景，则主要是从中国社会与文化具有人类学发展的客观条件来说的。因此，他的文章的重点是前半部分，即论“困境”部分。在这部分中，重点又在论前三个“困境”。而我则把这些问题看作是与民族学、人类学学科地位相关的问题，围绕这个中心问题，拟从中国人类学、民族学目前的地位与处境、其背景和原因、将来的可能发展进行讨论。

若论中国人类学、民族学的地位，新中国成立前这两门学科在中国都曾获得相当的发展。只是到20世纪50年代中期以后，由于当时的背景，才萎缩、停滞了相当长一段时间。但到了中国共产党的十一届三中全会拨乱反正以后，民族学恢复了名誉，人类学研究也得到了发展。近年这两门学科在国家教委核定的专业名单中都有了一定的地位。例如国家教委1993年7月1日颁布的目前仍然有效的全国普通高等学校本科专业目录中，民族学、人类学同被列为二级学科，归属于一级学科历史学内。与此同时，一些高校经批准设立民族学、人类学系或专业，民间编写或译介西方人类学著作，各级各类民族学、人类学会相继成立及召开研讨会，各种刊物也发表了不少专业性论文。因此可以说，民族学、人类学在中国迎来了第二个春天。总体而论，发展的趋势是好的，我对此持乐观态度。

但是，不容置疑，中国人类学在发展中也遇到一些困惑。存在的问题比较集中地表现在民族学、人类学学科地位还不够明确和稳固上。关于民族学、人类学学科地位的不明确性，我以为主要表现在以下几方面。一即是乔健先生所批评的民族学、人类学名称使用上的混乱。在中国既有民族学，又有人类学，究竟是一门学科还是两门学科？学者们出于某些原因含糊其事，局外人更不易弄清楚。本来按现代世界社会科学发展的新水平，人类学与民族学已不是原来平起平坐、名称虽异、对象则一的学科，前者的范围已经超出并包含了后者。而我们这里则似乎认为两门学科仍是相当的，可以互相指代的。有人甚至主张只能用“民族学”的名称，反对用“人类学”的名称，不但抱持偏见，并且显得无知。因此出现名称上的乱用、混用现象。比如在上报文件里用“民族学”的名称，而后面括弧注明“人类学”。二是乔健先生所说的中国内地学术界目前对民族学、人类学名称的界定和涵盖范围并没有一个共识。学术界对这两个学科的认识仍多半停留在西方几十年前的水平上，大体上把它们看成是一门学科，这不但影响到人类学的地位，也影响到民族学的发展。三是学科分割，互相对立，缺少密切配合。人类学为了从总体上加深对人类及其创造的文化的认识了解，强调体质人类学、社会文化人类学及其分支学科民族学、语言学、考古学的密切合作。而我们由于受旧框框的影响，这些学科是相互独立的，甚至是对立的，相互间缺少密切配合。四是国家对民族学、人类学学科地位的核定处于不明确的状态，甚至是矛盾的、紊乱的。80年代，民族学在国家教委核定的专业名单中占有一定位置，归属法学，人类学则无位置；1990年，民族学在国家教委颁布的博士、硕士生学科专业目录中属二级学科，归属法学，而在1993年7月1日国家教委核准的普通高校本科专业目录中又归属历史学；在同年同月同日由国家技术监督局核准颁布的国家标准学科分类中则属于与历史学、法学并列的一级学科。尤其奇怪的是，在这份国家标准学科分类中，文化人类学竟然成了民族学下属的二级分支学科。而在此以前，文化人类学曾被划在历史学下。现在，在历史学下已无文化人类学，它的位置被人类学占据了。就是说，在国外，一般认为广义人类学包括历史学，而我们则反过来，历史学包含人类学。众所周知，历史学只研究人类以往的历史，而人类学则不仅研究历史，还研究现状。不知道我们的学科分类及归属处理根据的是什么标准。大概凭借的就是马克思主义奠基人在《德意志意识形态》里说过的一句老话“我们仅仅知道一门唯一的科学，即历史学”①。和恩格斯所说的“它（指人类学）是从人和人种的形态学和生理学过渡到历史的桥梁”②。在前苏联，过去就是根据马恩这些话而把民族学、人类学归于历史学的。由此可以看出，我们受前苏联科学分类模式的影响。

关于学科地位的不稳固，是与学科地位的不明确，人们对人类

① 《马克思恩格斯全集》，第3卷，20页，北京，人民出版社，1960。

② 《自然辩证法》，见《马克思恩格斯全集》，3卷，567页，北京，人民出版社，1960。

学、民族学的地位与作用了解不多有关系的。此外，就是乔健先生所指出的“功利主义的压力”。这说来令人生厌，但在目前经济大潮冲击下，民族文化素质未提高前，基础科学的被冷落，恐怕一时难以改变。

在明确中国人类学、民族学目前的地位的不明确性和不稳固性以后，我们就可以进一步说说这种状况已经和将可能产生的一些不利影响。一是继续使我们的人类学、民族学研究维持在一种封闭的水平上，妨碍这两个学科尽可能快地与国际接轨，理解并借鉴国际人类学、民族学创造和积累的知识、理论和方法。二是妨碍大学里人类学系的建设和人才培养。目前在我国大学里，人类学系寥若晨星。有的大学想建立人类学系，却由于学科地位不明确、毕业生难分配、学者对名称有不同看法等种种原因建立不起来，因而合格的人才难以培养出来。这个例子说明，学科名称对一个人怎样做学问确实也许不怎么重要，但对国家的一个学科建设来说却是十分重要的。因为这正应了“名不正则言不顺，言不顺则事难行”的古话。三是妨碍我国人民正确认识人类各民族文化、尤其是东西方文化中的共性（一般规律）、特质（特殊规律），影响民族素质的全面提高，而这是建设现代化国家所不可缺少的。四是障碍民族政策的制订和贯彻，这有可能对我国各民族的团结进步事业包括我国与世界各民族的交往产生消极影响。还可举出一些，但我以为主要是这几方面。

由此可见，克服障碍，进一步明确人类学、民族学在中国社会科学中的地位和作用，以及采取正确途径发展中国人类学研究具有何等重要的意义。

为了明确中国人类学、民族学今后发展的方向和途径，还必须先回过头来分析一下这两门学科目前在中国发展遇到困境的原因。所谓温故而知新，历史常常是前进道路上的镜子。

乔健先生论中国人类学发展的困境有一说，即所谓在中国，自蔡元培先生发表《说民族学》一文后，民族学取得了官方地位；新中国成立后，马克思主义民族学“一派独尊”，“其他各派一律受到禁制”。我以为这是值得商榷的。中国人类学发展中遇到的困境，其成因十分复杂。冰冻三尺，非一日之寒。追根溯源，与人类学早期的不成熟、不完备以及传入中国的渠道有关系。众所周知，人类学、民族学之所以产生于19世纪中叶及形成其名称，与西方列强向外殖民扩张过程中扩大了人们的知识范围，以及与殖民统治的需要有密切关系。殖民扩张扩大了人们的视野。当时的欧洲人除了知道自己所在的欧洲大陆及岛屿外，还知道了欧洲以外的世界；又由于殖民统治的需要，必须研究欧洲以外的民族，尤其是那些素未为人所知的原始民族。于是人类学、民族学就应运而生了。开始时，在说英语的国家，学者们一般把研究非本土文化的称为社会人类学（在英国）或文化人类学（在美国），而把研究本土文化的称为民俗学或民间知识；在西欧大陆操法语、德语的国家，则把研究非本土文化的称为民族学，把研究本土文化的称为“大众传统”（Lestraditions Populairas、Tradizioni Populari）或民俗学。可见当初人类学、民族学虽然称呼不同，但性质是一样的，都含有某种民族歧视色彩和为殖民主义服务的色彩，而且当初这两门学科的主要任务都是研究原始民族的。但是一战、二战以后，尤其是二战以后，由于殖民地半殖民地纷纷摆脱西方统治而独立，加上西方社会在发展中遇到了许多新问题，于是人类学家、民族学家逐渐走出传统领域，转入研究本土社会和文化，并取得了一系列新成果，形成了一些新的理论。在这种情况下，西方人类学家、民族学家开始认为，虽然人类学研究的大部分内容与民族学一致，但人类学研究范畴要比民族学广泛得多。学者们普遍认为，人类学是概括人类研究的最恰当的学科。在此期间，有使用“民族学”术语传统的法国、德国，也改用“人类学”。俄罗斯科学院民族学研究所现也改用民族学人类学研究所①。中国民族学之所以取得官方地位，乃由于蔡

---

① 阮西湖：《国际人类学与民族学联合会1994年执委会会议简况》，载《中国都市人类学会通讯》，1994（6）。

元培的提倡与影响，蔡氏早年留学德国，接受的正是西欧大陆民族学的传统。其次便是前苏联的影响，前苏联承袭的也是欧洲大陆的传统，但进行了马克思主义改造。

因此在我看来，在中国，若说民族学比人类学有更大的影响，根源首先在于人类学、民族学传入的渠道不同，与马克思主义并无关系，因为马克思主义本质上是革命的、发展的，能容纳人类创造的一切有用知识的科学。马克思主义学说就是马克思主义创始人在批判地吸收了人类积累起来的知识的基础上创立起来的。当然，马克思主义不可能穷尽人类一切知识。它只提供人们科学的理论和方法，并要求人们在实践中加以正确的运用，以不断完善、丰富和发展科学理论。从这个意义上说，它不与民族学、也不与人类学有矛盾和冲突。尽管恩格斯曾说过人类学“这个名词是拙劣的”，但他也说过人类学“是从人和人种的形态学和生理学过渡到历史的桥梁。这还要继续详细地研究和阐明”。并且正是马克思、恩格斯对人类学取得的一切进展给予了极大的关注。因此，站在客观、公正的立场上说，马克思主义没有错，亿万受压迫、受奴役的中国人在马克思列宁主义指引下推翻三座大山，要发展马克思主义民族学也没错。而且应当肯定，中国的马克思主义民族学在帮助全国各少数民族解放和发展方面所作出的贡献是举世公认的。如果要说有错的话，错就错在我们对马克思主义拿得不够稳，在一段时期内思想僵化了。在国外人类学、民族学发展变化了的情况下，我们还守住老框框，自我割断了与世界人类学、民族学发展的联系，变得信息不灵，消息不通。甚至现在有些人思想还僵化得很。这种做法本身就是违反马克思主义的，与马克思主义创始人所倡导的学风是格格不入的。当然这种封闭状态的造成也是有客观原因的，主要是因为西方列强对新中国的封锁。

现在让我们来探讨中国人类学、民族学未来发展的问题。首先，我并不认为西方人类学、民族学是十全十美的。但是西方人类学、民族学经过百余年不间断的发展，确实积累了许多经验，拓宽了范围，有许多领域是马克思主义未曾涉足的。西方人类学者、民族学者提出的经过实践验证的一些理论观点和方法，确有值得我们学习和借鉴之处。尤其是近几十年西方人类学、民族学学者所普遍认定的关于"人类学是概括人类研究的恰当学科"这一观点值得引起我们重视。我认为这是西方人类学、民族学学者总结了人类社会近百年发展，尤其是最近数十年间随着科学、信息、交通、通讯迅速发展，研究人类与其创造的文化二者之间深刻关系后得出的科学结论，并不是随便说出来的。他们提出的人类学涵盖范围比较广泛的结论，以及将民族学作为人类学的一个分支学科的做法值得我们思考。日本一位学者石英一郎说的一段话颇有代表性。他说：

> 文化人类学这一名称，今日在日本的学术界和知识分子中间很为流行。人类学专家们也使用这一名称。如1951年日本学术会议中的人类学民族学联合委员会，经过正式讨论而发表的"人类学教学大纲"，就是把人种、民族、社会、文化等都包括在广义的人类学范围内，这个广义的人类学也正与文化人类学相当。日本学术界之所以改用文化人类学来代替民族学，一方面由于战后受美国的影响，同时也由于学者们一般都认为文化人类学一名比起民族学来更适合于他们所要进行研究的对象。民族学的任务是要研究各民族的多种多样的基本文化，尤其是以研究"未开化民族"的、"自然民族"的文化为目标。文化人类学是由民族学发展而来，上述民族学所要研究的任务，也是文化人类学所要解决的中心问题之一。但是文化人类学此外更要注意在这些不同民族的多种多样文化差异的内部，还贯穿着人类的共通性、普遍性；所谓民族的差异也要用多数民族共同使用的词汇作媒介，才能进行互相比较，文化人类学是根据当时的科学水准来总括研究人类的全部文化，它是研究全世界一切民族文化的科学。以前民

> 族学所要研究的民族基本文化，在文化人类学中只是在研究开始时要做的一项，而不是这一学科的唯一目的，更不是它的最终目的。文化人类学的范围，比传统的民族学要广泛得多。①

石英一郎这段话虽然是40年前说的，当前情况又有了一些新变化，但仍不失为对民族学、人类学名词界定的一种较为全面的解说。

鉴于国际人类学、民族学的新发展，我以为中国人类学、民族学要作出新贡献，与国际人类学、民族学之间实行对口和接轨是不可避免的。也只有实行对口和接轨，才能在统一认识的基础上，克服目前国内民族学、人类学学科地位不明确，分类及归属混乱，以及学科内部派别矛盾、学科割裂的种种问题。有的学者已经提出建议，将现在的中国人类学学会、中国民族学会联合起来，建立“中国人类学与民族学联合会”，我以为这是可行的重要一步。只要实现了这一步，就可以做许多工作。

克服中国人类学发展的困境，确立中国人类学正确的学科地位，并不是否定民族学，更不是否定马克思主义的指导地位，盲目接受西方一切文化思想。为发展中国人类学、民族学研究，为中国各民族同时也是为世界各民族的和平、发展事业作出贡献，我们必须防止和克服两种错误思想。一种是封闭的、保守的、盲目排外的思想，在这种思想指导下，作茧自缚，无异于自杀；一种是妄自菲薄，主张盲目地吸收、搬用西方一切理论、概念，而不分好坏，不问是否适合我国国情，这同样只能把事情弄坏。但就目前情况而言，由于我国长期处于封闭的情况下，保守的、“左”的僵化思想

---

① 石英一郎：《文化人类学一词》，载《民族学研究》，第二十二卷3号，1957年8月。转引自王恩庆、李一夫：《国外民族学概况》，上册，12页，中国社会科学民族研究所编印，1980。

仍然是发展中国人类学的主要障碍。

最后，我认为乔健先生对中国人类学发展的四个前景的论说很有见地。中国是个统一多民族国家，历史悠久，文化博大精深。中国各族人民不但经历数千年历史变故仍维持团结统一局面，而且在中国共产党领导下，在推进祖国四个现代化建设中取得了举世瞩目的成就。中国人类学者、民族学者只要放宽胸怀，团结一致，遵循正确的道路，都能找到自己正确的位置，为自己喜爱的事业，同时也为共同的目标作出贡献。凭着我们的优势，在融会世界人类创造的一切有用知识的基础上，把人类学、民族学研究提高到一个新阶段——具有中国特色人类学、民族学阶段。这是我们应该为世界人类学作出的贡献。

1995年4月26日

# 祝贺广西民族学院民族学学科入选自治区重点建设学科

1995年12月30日，广西壮族自治区人民政府桂函〔1995〕12号文《关于同意〈广西壮族自治区“211工程”建设纲要〉的批复》，批准广西教育委员会制订的《广西壮族自治区“211”工程建设纲要》(以下简称《纲要》)。《纲要》规定：在2000年内，将广西大学列为自治区重点大学进行建设的同时，在自治区内五所大学选择17个学科作为重点学科加以建设。其中，广西民族学院民族研究所的民族学被列为我区17个重点学科之一。消息传来，我院民族研究所全体师生暨全院同行莫不欢欣鼓舞。大家衷心拥护自治区人民政府这一具有重大历史意义的英明决策，热烈祝贺我院民族研究所暨全院民族学、人类学同行多年辛勤劳作而获得的崇高荣誉，祝贺他们担当起省级重点学科建设的光荣而艰巨的使命。

民族学是以民族为对象探索民族发展规律的一门科学。我区是一个壮族自治的多民族聚居区。自治区党委和人民政府一贯重视民族研究。新中国成立后不久，即批准成立广西民族学院，指示要重视民族政策和民族社会历史的教学与研究。我院民族研究所师生不辱使命，自1952年建院以来，一贯坚持民族学的教学与研究，尤其进入80年代中期以后，随着我区形势的发展，民族研究所师生们坚持改革开放方针，深入调查研究，积极开展国内外学术交流。在教书育人的同时，勤于著书立说。1986年以来，先后完成了3项国家级课题、6项省部级重点课题、7项厅级课题研究，出版专著40多本，发表论文190余篇，其中在国外发表23篇，有近60

个项目获奖，其中省部级奖 23 项。有四位教授在壮族、瑶族、汉族历史文化以及民族理论政策多个领域的研究上取得了国内外领先水平的成果，其中三位被评为有突出贡献享受政府特殊津贴的专家，一位被评为自治区中青年先进科技工作者。民族学院民族研究所已发展成为一个有教授 7 人、副教授 10 人、讲师 8 人、助教 7 人的，拥有 2 万余册图书资料及一批器材的，与国内外多家研究机构建立了一定联系，在国内外有一定知名度的民族学、人类学研究所。

区人民政府在批文中指出："广西'211 工程'的实施，是科教兴桂战略的一个重要步骤，对于提高全区高等教育的水平，加快高级专门人才的培养，促进科学技术和文化的发展，增加全区综合实力和竞争能力，保证全区现代化建设第二、第三步战略目标的实现，具有重要意义。"《纲要》关于民族学（广西民族学院）部分指出："广西是多民族的自治区。民族问题关系到我区政治稳定、经济发展、社会进步和民族团结。近年来，该学科在民族学研究方面取得一批优秀成果，今后其研究方向主要是以壮族为主的少数民族的民族历史、民族文化、民族教育、民族经济、民族人口素质、民族政策等，成为壮族和其他少数民族的研究中心。"

"七五"至"八五"期间，我院民族学研究尽管取得了许多重要成果，但与国内外同行相比，与形势的要求相比，在研究的力度、广度以及某些领域的深度上还有差距。区人民政府的批示及《纲要》的规定，不仅给本学科的发展增强了力度，而且指明了方向，因而对学科的发展将产生深远影响。

我院民族学被选入自治区重点学科建设计划，体现了区人民政府对我院民族学教学、科研人员的信任，也寄托了全区人民对我们的殷切期望。这里不仅有荣誉，也有挑战。在祝贺民族学被选入自治区重点学科建设计划的同时，我们希望本所全体教职员工认真学习、贯彻区人民政府的批示和《纲要》的精神。发扬成绩，克服弱点，团结一致，把我院民族学建设成为自治区内民族学研究领域比较齐全，重点突出，优势明显，资料集中，装备先进，拥有一批学术造诣较高、在国内外有一定影响、能开展高水平研究的专家队伍，取得一批处于学科前沿的开创性科研成果，和帮助区内外开展民族学、人类学学术交流，吸收、消化当代民族学、人类学先进成果，培养高层次人才的基地，经过努力，达到国家级重点学科水平。

1996 年 5 月 1 日

# 中国民族学如何培养跨世纪人才[①]

在世纪交替之际，中国民族学学会在大连召开会议，讨论中国民族学如何面向21世纪，是及时而富有意义的。

中国民族学要面向21世纪，当务之急的一项工作是要培养一批跨世纪的人才。

民族学、人类学自19世纪末20世纪初传入中国后，曾获得相当的发展。但由于历史原因，这门学科在相当长的一段时间内，被阻滞和扭曲，走了弯路。现在，这门学科在我国重新起步，不但学科理论建设存在不少问题，人才培养更是迫在眉睫。

我从1984年主持广西民族学院民族研究所工作，同时主持中国瑶学学会工作，与国内外同行有较多交流机会，先后到过一些国家和地区访问交流，出席并主持过一些国际性或双边学术研讨会。我在实践中深感到，我国民族学研究与国际人类学、民族学研究有许多差距。在国际上，人类学比较普及，而我们则不普及；国外同行学历较高，一般受过比较严格的专业训练，而我们的研究人员一般学历较低，受专业训练少；国外同行搞人类学研究的多，而我们搞民族研究比较多；国外强调人类学的整体研究和泛文化比较研究，注意科际整合，而我们孤立的单一学科、单一民族文化研究较盛行，缺乏科际整合；国外随着社会发展不断开辟新领域，而我们有许多领域未曾涉足或涉足不深；国外人类学、民族学经过百多年

---

① 本文是作者提交中国民族学会1995年10月大连会议的论文，原载于《广西民族学院学报（哲学社会科学版）》，1996（4）。

发展已形成比较完整的体系，并创造了一套概念和术语，我们至今很难说已经建立起了比较严谨的学科体系，甚至专业术语都比较少；国外对专业人员要求比较严，一个大学的人类学教师往往从事几个层次的教学，每学年上五六门课，周学时十五六节较常见，而且在规定时段内必须提交一定数量的科研成果，否则自动卷被窝，而我们的教师课上得少，文章不多见，有的数年未发一文照样上讲台执教鞭。此外，国外同行之间学术交流比较频繁，他们手段先进、信息灵通，这也是我们所不及的。当然我们也有一些优势，比如在指导思想上，坚持民族平等团结、共同繁荣的观点，坚持为人民服务的观点；民族研究与少数民族发展进步工作相结合；在民族社会历史调查、民族成分的识别确认、民族历史文献（含少数民族古籍）的整理出版等方面积累了丰富经验；科研人员的工作得到政府和人民的支持，工薪收入虽低，但比较固定，同时物价较国外低，生活较稳定。但从整体而言，我们与国外确实存在着较大差距。

中国是世界的一部分。中国民族学、人类学的发展不能脱离世界民族学、人类学的发展而谈发展。邓小平同志说过，社会主义要赢得与资本主义相比较的优势，就必须大胆吸收和借鉴人类社会创造的一切文明成果。① 为了吸收，必须比较，有比较才有鉴别，有鉴别才有发展。中国民族学人类学要培养跨世纪人才，必须了解国外人类学、民族学发展状况。通过比较找到差距，并老老实实地承认差距的存在。不承认差距的存在，没有危机感和紧迫感，就谈不上积极采取措施加紧人才培养；即使采取措施，也不会有明确的培养目标和全面的培养规格、要求。

中国是一个统一的多民族的社会主义国家。坚持四项基本原则，坚持改革开放，关系到各族人民的根本利益。当今世界，霸权

---

① 邓小平：《在武昌、深圳、珠海、上海等谈话要点》，见《邓小平文选》，第三卷，37页，北京，人民出版社，1992。

主义、强权政治依然存在，它们是一切摩擦、冲突的根源。对此，我们要有清醒的认识。我们要发展的人类学是“人民的人类学”（费孝通语）。一切以人民的利益为依归，应是“人民的人类学”的根本特征。作为“人民的人类学”学者，只有把自己的利益与各民族人民的根本利益结合起来，才有自己的出路。

基于上述认识，我对中国民族学要培养跨世纪人才有下述意见：

第一，对人才的素质要求不能低，而应当高。高素质的要求包括：被培养对象在政治上要热爱祖国，热爱人民，有坚定正确的政治方向，坚持以马克思主义作为指导思想；业务上按要求接受正规而严格的专业训练，具备系统而坚实的专业理论基础和基本技能；外语要过硬。对外语过硬的要求是考虑到，由于长久的隔绝，我国民族学、人类学工作者对外国情况处于十分不了解的状态，这使我们处于不利的地位。要建设和发展有中国特色的人类学和民族学，必须有一批人通晓世界各国人类学、民族学各流派发展的历史，以及人类学、民族学发展的现状和趋势，并广泛收集世界各国有关资料，加以整理和研究。这必须要读他们的书。没有扎实的专业功底和过硬的外语能力，读不懂他们的书，人家研究了些什么问题，出版了什么书，提出什么理论观点，根据是什么，对这些问题一概不知，怎么谈得上吸收和借鉴？

但光能读得懂人家的书还不行。国外人类学、民族学强调个人理论创造，这有它的好处。但个人能力是有限的。而且马克思说，任何社会的统治思想都是统治阶级的思想。人生活在一定社会制度下，思想观念、价值尺度不可能不受制度的影响。人类学在西方创立一百多年来，经历过许多学派的发展。每一学派都或多或少作出了理论贡献，同时也存在这样那样的局限。有的学者思想带有唯心主义色彩；有的宣扬种族主义，为帝国主义侵略制造理论根据；有的政治倾向上怀抱偏见，曲解马克思主义，攻击共产主义；也有学者引用马克思主义的理论，但他们对马克思主义的理解是各式各样的。我们提倡吸收、借鉴西方人类学成果，并不是不加区别地全盘吸收他们的理论。针对上述情况，如果我们不通晓马克思主义学说，不掌握马克思主义的立场、观点和方法，就往往真伪莫辨。因此，掌握马克思主义的立场、观点和方法，应是对培养跨世纪人才的一项重要素质要求。当然，学习马克思主义，并不是要人们背诵马克思主义经典作家的词句代替对具体问题的分析。一般说来，马克思、恩格斯、列宁、斯大林等马克思主义经典作家研究人类社会时写下的许多经典著作，对人类学、民族学研究都有指导意义。他们在阅读同时代人类学家著作时写下的日记，以及与人类学、民族学题材相同的一些论著更具价值。但严格说来，马克思主义经典作家并不是人类学者和专家，他们并没有就人类学、民族学范畴进行过专门的系统而深入的研究，形成过这方面的理论体系。马克思主义经典作家发表过的有关人类学范畴的观点，有的在当时针对某个问题是对的，在另一场合或移到今天就不一定适用。情况在发展，理论也必须发展。当今世界发生的许多变化，都是马克思、恩格斯未曾料到也未曾研究的。我们应当把马克思主义当作一个科学体系来看待，努力学会用马克思主义的立场、观点和方法看问题，而不是生吞活剥其中一些词句。用教条主义的态度对待马克思主义，这种做法本身就是违背马克思主义的。比如有人从恩格斯 1883 年发表的《自然辩证法》一文中找到“人类学这个词是拙劣的”半句话，就来贬低、否定人类学，肯定民族学。我对此是不敢苟同的。另一方面，我们说西方人类学有这样那样的不足，不等于说西方人类学毫无可取之处。西方人类学学者中不乏严肃的理论家，他们为追求真理做了许多扎实的工作，提出了不少真知灼见。即使有些人的某些观点为殖民主义者采用，但这与他们本人的主观愿望是有区别的，对此应客观看待。

第二，要培养跨世纪的民族学人才，学科理论上需要重新整合。比如关于学科名称、涵盖范围的界定问题，现在的学科名称为民族学，但是中国目前还存在另一个性质同类的学科叫人类学。两个名称要否统一，如果统一以谁为好，如不统一，二者关系怎样处理？有一种意见认为，只要研究理论、发展理论就行，用什么名称都可以。我却认为，从个人做学问的角度出发，不受现成理论的束缚，追求学术的实在发展是对的，但从一个国家的学科建设和人才培养的方面看，绕开矛盾不是个好办法。在名实能统一起来的地方，通过争辩达成共识、有利于事业发展的时候，进行适当讨论是必要的。民族学、人类学都起源于西方，早期民族学、社会人类学、文化人类学叫法不同，内容大体一样，都是以异民族文化尤其是以原始民族为对象的，人类学则进行古人类及近现代人类体质研究。但自 20 世纪初，西方一些国家（如英国）已开始将体质人类学、文化人类学看作是人类学两大分支学科，并将民族学置于文化人类学下，作为三级学科。① 到第一次世界大战，尤其是第二次世界大战后，由于殖民地纷纷独立，西方人类学家进入这些国家考察变得困难起来，与此同时，西方社会由于资本主义的发展产生了一系列新问题需要人类学家进行研究。随着环境的变化和社会的需要，西方人类学者、民族学者普遍倾向于认为，人类学是概括人类研究的最好办法。人类学包括体质人类学、文化人类学两大分支，文化人类学则包括民族学、考古学、语言学等分支。这是为了推进研究而作的一种科际整合。科际整合打破了相关学科的分割状态，促进了它们之间的相互配合，有利于从整体上加深对人类及其创造的文化包括民族现象的认识。从认识论、方法论上看，这无疑是一种进步。科际整合后，民族学依然存在。不过从地位上看它已不是与社会人类学、文化人类学以及近年合称的社会文化人类学一样性质的学科了，而是从属于后者的分支学科。文化人类学以文化为研究对象，民族学以民族为研究对象。人类脱离动物界以文化为标

---

① ［英］A. C. 哈登著，廖泗友译：《人类学史》，导论，济南，山东人民出版社，1988；R. R. 马雷特著，张颖凡、汪宁江译：《心理学与民俗学》，第十一章，济南，山东人民出版社，1988。

志，故文化现象比民族现象为早；民族消亡后人类文化依然存在，故文化比民族存在时间长。扩大来说，民族作为一种历史范畴其实是人类文化现象的一部分。换言之，文化人类学范围比民族学要广泛，更不用说综合了人类体质（作为生物的人）研究、人类文化（作为有文化的动物）研究的人类学了，它的范围比民族学更广泛得多。这个变化还进一步表明，人的研究是当今世界一项重要课题，研究人光研究人的生物一面或文化一面都不足以解决问题，而应当综合两方面研究才能加深认识；研究民族文化也是如此，不应当把民族看作是一种孤立现象，而应当视为人类文化现象中的一种现象，才能看得透彻。而我国的民族学基本上沿袭原来的传统，新中国成立后范围变得更狭小，只研究少数民族，而且在一段时期内只注重研究少数民族的某些方面。这在当时虽然是必要的，但却是不全面的。它妨碍了人们对民族这一历史现象的整体认识，阻碍了学科建设的发展，也影响了民族工作的开展。

今天从新的高度总结过去的工作，探索民族学、人类学学科建设和跨世纪人才培养，我以为廓清理论，给民族学重新定位，按新要求培养跨世纪人才，是目前能找到的一个比较好的办法。我国是多民族国家，当前世界上民族问题异常复杂，民族问题研究具有十分重要的意义。民族学的名称仍可以保留，其对象和范围也可以按原来多数人提出的“民族学是以民族为研究对象，研究民族发展规律的科学”的定义给予界定，但在学理上应当吸收和借鉴国外同行的经验做法，将其置于人类学下，作为文化人类学的分支学科。因为既冠以“民族学”，顾名思义就是搞民族研究，既是搞民族研究，其范围当比文化人类学窄，更比人类学窄。这样给民族学重新定位，于学理上讲比较顺理成章，也有利于国内外学者沟通交流，使跨世纪人才在培养中即能从专业必修课及相关选修课中获取新知，扩大视野，打下宽厚扎实的理论基础，将来在专业领域内可应用自如，而不至于因知识缺陷太多、视野太窄而束缚手足，限制对问题的深入研究。这对从整体上和宏观的高度上加深对民族现象的研究和认识是有利无弊的。

第三，整合团体，统一步伐，为建设面向 21 世纪的人类学、民族学而团结奋斗。现在国内搞民族研究的团体很多。除全国性社团外，还有一省、数省的民族研究社团，甚至一省内又有数个性质相近的社团；除综合性的民族研究社团外，又有单一民族研究社团，甚至单一民族研究社团中，又分出跨省区的和一省区的。宪法规定人民有结社自由，有条件的都可以成立社团。但事实上搞民族研究的就那么一批人。因此出现不少人一人跨几个社团充任理事的现象。社团既然成立就要找钱搞活动，而国家财力有限，民间赞助不易，于是想方设法筹钱。当然也有找得到钱的，但多数社团因经费紧缺而活动不正常。再说一个人跨几个学会，一年中往往收到数封邀请函，又能有多少时间写文章、找差旅费出席会议？何况目前学科理论建设尚未完全解决，在人们思想还比较封闭的情况下，研讨会开了那么多，讨论的多是老问题，耗费国家财力是否划算？因此，建议凡属民族研究性质的社团作些整合工作。首先希望中国民族学会与中国人类学会实现合并，如果中国民族理论研究会也能合并到一起更好。因为大学科是一致的。合并后的名称可以参照国际惯例叫中国人类学学会，或中国人类学、民族学联合会。合并不但能集中人力、财力开展活动，开好年会，而且有助于实现科际整合，集中才智，统一步调，有目的、有计划、有步骤地，多学科、多视角、多层次地研究并攻破我国乃至世界人类学、民族学研究中的一些热点、难点问题，凸显中国人类学的地位和作用。同时，也有利于从中选拔、培养出跨世纪的人才。至于其他一些学会，包括地区性学会，有条件的保留，没条件的撤销，让学者们集中精力参与中国人类学、民族学会活动。立了庙堂不容易拆，但我认为，中国人类学、民族学要想实现新的突破，包括培养出一代新人，不走这一步是没有希望的。鲁迅先生说：“我们的战线不能统一，就证明我们的目的不能一致，或者只为了小团体，或者还其实只为了个人。”① 试想，如果我们不为共同目的联合起来，又怎能谈得上为建设面向21世纪振兴中国的人类学、民族学而奋斗？

第四，跨世纪人才培养需要在大学建设好相关学系和专业。而这又需要解决几个问题：

1. 要解决好民族学、人类学学科地位问题。目前在国家有关部门颁布的国家标准学科专业目录中，民族学、人类学学科地位不够明晰，归属划分比较混乱。关于这个情况，我在《关于中国民族学、人类学的学科地位问题》（载《广西民族学院学报》1995年第3期）一文中已叙及，此处不赘述。在我国有关部门颁布的标准学科、专业目录中，有的部门将民族学定为一级学科②，有的部门将之定为二级学科，归属法学③；就是同一部门，有时将民族学归属法学，有时又将其归属历史学④；至于人类学，有一段时间没有位置，现在则将其划在历史学下，属二级学科⑤，而文化人类学则划在民族学下，属三级学科⑥。此类划分，既缺乏充分根据，于学理上难自圆其说，又令下边难以适从，对学科建设产生不利影响，成为某些视民族学为自己“专利品”，反对学科、专业改革和教学内容改革的人的打人棍子。建议本次会议通过讨论，形成一致意见，提交国务院有关部门研究改进，以利于学科建设的发展和跨世纪人才的培养。

2. 需要有好的教师和好的教材。中国人类学、民族学研究在新中国成立后中断了几十年，现在属于重建阶段。每门学科都有其

---

① 鲁迅：《对于左翼作家联盟的意见——三月二日在左翼作家联盟成立会上讲话》，见《鲁迅作品选讲》(3)，北京，人民出版社，1973。

② 1993年7月1日国家技术监督局颁布的国家标准学科分类目录。

③ 1990年国家教委颁布的招收博士、硕士学科、专业目录。

④ 1993年7月1日国家教委颁布的普通高等学校本科专业目录。

⑤ 1993年7月1日国家技术监督局颁布的国家标准学科分类目录。

⑥ 1993年7月1日国家技术监督局颁布的国家标准学科分类目录。

独特对象和学科理论系统以及方法论。不是本学科出身的人难以教好本学科课程。因此选择适合开课的教师就成了关键。在新中国成立前曾培养过一批人类学专业人才，现年事已高，50 年代培养的也已超过退休年龄，80 年代以来培养的一批年轻学者尚缺乏经验。同时目前缺乏合适的教材。各有关院校 80 年代以来编写出版的一些民族学教材，由于各种原因，当代人类学成果反映不足，体例和内容比较陈旧。针对这种情况，有必要在有影响的老一辈人类学家指导下，建立和充实一些目标明确的教学、科研机构，集中力量，研究并突破一些学术难关，编写出一套内容能反映当代学术成就的人类学教材，包括课本和教学参考资料，使大家有所遵循，并在实践中不断加以充实和完善。同时，对有培养前途的青年教学、科研人员，有必要通过在职培训、脱产进修、举办定期讲习班、出国访问交流、讲学进修等多种国内外校际、科际交流方式，拓宽视野，打好基础，让他们尽快成为教学、科研骨干，挑起学科建设重担。最近，在费孝通副委员会长等老一辈人类学家倡导、支持下举办的北京大学文化人类学高级研讨班，请国内外有名望的同行前辈作报告，介绍自己的治学之道和学术心得，同时让一些年青学者交流自己的研究心得，就是一个很好的举措。希望此类活动能继续办下去，必然能对中国人类学、民族学发展和人才培养产生重要作用和影响。相信经过三年、五年、八年、十年，一支有扎实理论功底和比较丰富的经验，通晓本学科世界前沿的中青年教学、科研队伍可以建立起来，跨世纪人才的养成也就有了希望。

第五，通过实践发展理论，诞生一代有世纪性影响的中国人类学巨子。人类学研究本质上是一种理论研究。中国是一个世界大国，应当诞生人类学理论大师，但只有在实践中才能诞生这样的大师。有了这样的大师，中国人类学、民族学才算有了跨世纪的能承前启后、继往开来的人才。为此，必须从现在起，有目的、有计划地指导一些有培养前途的中青年学者，选择国际人类学研究中的一些重大问题，在一定理论指导下，寻找合适的方法，到实践中探索。通过反复实践，总结、提炼出一套既有中国特色，又具有普遍性的理论来。人类学的工厂在田野，不做田野工作，任何理论贡献都做不出来。中国是一个具有悠久历史的多民族、多文化的世界大国，目前它的社会与文化正在经历着一场富含世界意义的伟大变化。只要我们掌握正确的理论方法，从宏观的高度找视角，从微观的深处找突破，经过实践再实践、探索再探索、比较再比较，总可以对世界人类学作出应有的贡献！

1995 年 8 月 7 日

# 中国民族学的世纪历程与未来任务[①]

还有三年零两个月，我国将胜利地跨入 21 世纪。在这一极富挑战性的时刻，中国民族学学会在美丽的西双版纳召开会议，进一步讨论 21 世纪中国民族学的目标和任务，有十分重要的现实意义和深远的历史意义。

21 世纪中国民族学面临的目标和任务是什么？这是个很大的课题。这次会议也许讨论不完，还需要再讨论一两次，才拿得出比较一致的看法。目前最主要的问题是赶紧就已经形成的共识，形成一个指导性文件，并制定出切实可行的规划和计划，上报中央和国务院有关部门，解决民族学发展中遇到的一些障碍。鉴于学科发展不仅是学者们的事，还与国家有关决策部门、职能部门的认识与行为密切相关，因而首先是学者认同，而后取得国家决策部门和职能部门认同，这是十分必要的。

确立 21 世纪中国民族学的目标和任务，不能脱离当前世界民族学人类学发展的格局，更不能脱离中国民族学、人类学发展的实际。因此，认真回顾中国民族学人类学经历过的道路，对中国民族学人类学取得的成绩和存在的问题作出实事求是的评价，是明确发展方向及发展目标和任务的前提。

民族学、人类学创立于 19 世纪中叶，19 世纪末年已传入中国，20 世纪初年我国已有译著出版，1902 年（清光绪二十八年）

① 本文是作者提交中国民族学会 1997 年 11 月西双版纳会议的论文，曾收入中国民族学会编辑出版的《民族学研究》第十二期。

有人将日本学者贺长雄的《社会学》一书的一部分用《族制进化论》一名出版。1903 年（清光绪二十九年），林纾、魏易合译德国学者哈伯兰的《民族学》（英译《民族学》），经清政府“管学大臣审定”由北京大学堂书局出版。同年，严复翻译出版了英人甄克思的《社会通诠》（原名《政治小史》）和斯宾塞的《群学肄言》两书。从 1903 年到今天，民族学、人类学在中国的传播、发展已经历了近一个世纪的历程。一个世纪以来，民族学、人类学在中国的发展可分为前 50 年和后 50 年两个阶段。前 50 年即 1900—1949 年。可分为两个时期。（1）1900—1927 年，为西方民族学、人类学的译介、宣传时期。这一时期，西方民族学、人类学一些著作被陆续翻译介绍到中国。其内容主要为进化论学派。传播形式除译介外，也在一些大学开设民族学、人类学课程。同时，也有学者用民族学、人类学的理论、概念解释中国历史上的一些文化现象。（2）1928—1949 年，为研究实践时期。1928 年，蔡元培任中央研究院院长，积极组织民族学实地调查研究。这一时期，除进化学派外，播化学派、历史学派、功能学派、结构学派陆续传入中国并被用于研究实践，其中影响较大的是功能学派。学者们调查汉族和少数民族社会文化，出版了一系列专著和田野调查研究报告，并先后在二十多所大学开设民族学、人类学课程，培养了一批人才，为中国民族学、人类学的发展奠定了基础。后 50 年即 1950 年至今，可分三个时期。（1）1950—1966 年为第一时期。新中国成立后，从 1952 年起，人类学被当作资产阶级伪科学予以取缔，民族学则按苏联模式加以改造，但 60 年代初期也被取消。这一时期民族学研究的重要成果，是通过大规模的民族识别调查、民族语言调查、民族社会历史调查，摸清了中国的民族成分、民族地区社会形态，为党和国家制定和贯彻民族平等团结、民族区域自治等有关政策提供了科学依据。这在世界民族学、人类学研究上是一伟大创举。其缺陷则是把民族学研究变成了纯少数民族研究，至今人们一提到民族学就把它理解为“少数民族学”，即其影响结果；同时，国家的封闭状态割断了中国民族学与外界的联系，而“左”的思想使少数民族研究的某些领域比较发达以及教条主义和雷同化盛行，另一些领域则几乎成为禁区。（2）1966—1976 年为第二时期。十年动乱，民族研究机构被撤销，连少数民族研究也陷入停顿。在中国内地，民族学研究变成空白。（3）1977—1997 年为第三个时期。这是中国民族学、人类学恢复重建时期。撤销的教学、科研机构逐渐恢复，并得到发展。教学方面已培养出一批高级人才。科研方面首先是整理出版了五六十年代的调查研究成果，接着进一步开展了各种专题研究。由于国家实行改革开放政策，中国民族学、人类学界与国外同行恢复了交流，打开门窗，流入新鲜空气，中国民族学、人类学如何发展，已经和正在引起人们的思考。

回顾中国民族学、人类学的世纪历程，我们有如下几点认识：

第一，无论民族学、人类学都是舶来品。民族学、人类学之所以能舶来，无非证明中国社会有舶来这门学问的需要。如无此需要，则绝不可能舶来，既需要舶来，也就有一个认识和消化过程。对新事物由于认识不足、消化不好，难免出毛病，这是正常现象。因此，民族学、人类学在中国的世纪历程中，无论前 50 年还是后 50 年，都反映了中国民族学、人类学界对人类知识科学探索的努力。作为科学探索，就会有争鸣，科学也需要通过争鸣求得发展。但唯有探索，而且唯有老老实实、扎扎实实、不断努力地探索，才是推动学科发展的正确途径。没有扎实的探索，浮在表面做文章，甚至用政治口号来代替对客观事物的钻研，用打棍子、扣帽子的简单做法取代严肃的科学争鸣，不但不能推动科学发展，反而只会窒息科学。

第二，客观公正地讲，中国民族学、人类学没有前 50 年，也就没有后 50 年。从总体而论，前 50 年是打基础的时期，不但出了成果，而且出了人才。至今在我国民族学界、人类学界发挥主要导师作用的，仍是前 50 年培养起来的人才。没有他们的学识与经验，就没有中国民族学、人类学的今天。科学探索不易，人才培养更难。从发展的角度看问题，由于时代局限，老一辈民族学家、人类学家的某些理论、观点难免会过时。但他们勤于治学、孜孜以求的高贵品质，永远都值得我们学习。也许今天我们在讨论中国民族学21世纪的目标任务时，能解决问题的正是老一辈民族学、人类学家实事求是的科学态度，而不是别的什么东西。

第三，中国民族学、人类学前50年由于多数学者未掌握马克思主义，加上历史条件的限制，他们的研究成果未能为改造社会作出更多贡献。但这一时期学科的开放性，以及资料积累、人才培养和理论探索成果（如乡土社会研究、边政研究、民族学、人类学中国化研究）则比较显著。这是中国民族学、人类学的一笔珍贵遗产。中国民族学后50年学者们用马列主义、毛泽东思想作指导，研究少数民族历史文化取得了丰硕成果。在社会主义制度下，这些成果为解决社会实际问题——主要是民族平等团结问题，作出了重大的贡献。这是前50年不能比拟的。但新中国成立后相当长一段时间内，学科的封闭性、停滞造成理论上的贫乏。这种状况目前虽然有所改变，但遗留问题如新老断层、学科定位、科际整合等仍然不少，这是我们应当正视的。

第四，中国民族学、人类学是从西方传入的，虽则民族学、人类学的中国化是我们应当追求的目标（中国化不仅是解决中国实际问题所需，也是我们对世界民族学、人类学的贡献），但根据目前学科的发展状况，恰如费孝通教授在重建中国社会学有关讲话中警告的："对于西方社会学和旧中国的社会学……现在的危险是我们知道得太少"①。不了解国外同行情况可能导致两种结果，一是盲目排外，一是崇洋媚外。这两种情况对建设中国民族学、人类学都不利，都是我们应当反对的。但目前的主要危险是盲目排外。盲目排外的倾向首先堵死了了解国外民族学、人类学的路子，使中国同

① 费孝通：《建立我国社会学的一些意见》，见《费孝通学术论著自选集》，13页，北京，北京师范学院出版社，1992。

行丧失鉴别能力，科学研究庸俗化，其结果与崇洋媚外没有两样。

第五，民族学、人类学研究本质上是理论研究，要解决的是人类各民族文化发展的一般规律问题，因而民族学、人类学研究在具备理论意义的同时，必然具备现实意义。换言之，民族学、人类学也是一门应用性科学。我国是多民族国家，尤其是目前各民族正经历现代化这一伟大而艰难的历史转折。我们每个人都不可避免地卷入这一历史过程，参与选择与发展。因此，民族学、人类学界尽可以发挥专长，研究现实问题，发展理论，同时为各民族团结进步建言献策，作出贡献。遗憾的是，由于各种原因，我国民族学、人类学不但基础理论研究薄弱，应用研究也薄弱。相当长一段时期以来，我国学者习惯在历史文化、社会形态一类传统领域作民族志描写研究，而且由于缺少沟通，不掌握学科前沿状况，视野较窄，发表的作品理论水准不高。迄今为止，由我国学者撰写出版的具备世界水平的作品仍属少见。至于为解决现实重大问题而开展的研究，更未上档次。这些都是中国民族学、人类学未来发展必须解决的问题。

总体来说，我国民族学、人类学经历了一个世纪的发展后，仍处于恢复发展中，与形势要求相比，尚有诸多差距。这些差距至少存在于如下几方面：

第一，理论的成熟性不够。迄今为止，我国民族学、人类学者尚未形成相互沟通的语境，学者之间在学科体系上还在争论不休，学科定位歧见纷出，更未培养出能与国际民族学、人类学各流派创始人一比高下的、对世界同行产生重大影响的新一代国际导师级人物。

第二，教学的普遍性不够。在发达国家，民族学、人类学作为研究人类文化的一门显学和人类文明建设需备知识，被普遍纳入大学教学，而我国设立民族学系、人类学系的大学尚属极少数。

第三，知识的普及性不够。且不说社会上许多人不知民族学、人类学为何门知识，或以为民族学就是研究少数民族的，甚至政府有关部门对民族学、人类学也不无隔膜。谈到对各民族文化的认识与评价，则包含民族歧视、偏见成分的与民族学、人类学理论相抵牾的奇谈怪论在社会上并不少见。

第四，理论的实践应用不够。发达国家将民族学、人类学理论应用于解决社会实践中遇到的各种问题，如现代化过程中文化变迁与调适、少数民族贫困社区文化重构、都市多元文化社区建构、人类与整个生态系统的协调发展等，并早已形成了应用人类学众多分支学科。相比较而言，我们这方面的工作才刚刚起步。

第五，研究人员新老断层，青黄不接，数量不足，整体素质偏低。我国由于人类学教学中断了 20 年，目前缺乏 40～60 岁这一年龄段的受过严格专业训练的教学、科研人员。80 年代以后培养的民族学、人类学高级人才数量少，年纪轻，缺少实践经验，要在学术上接过老一辈学者的班子，尚需假以时日。

此外，还存在教学、科研经费不足，研究手段落后，基地建设较差，教学、科研人员待遇偏低，队伍不稳等问题，给我国民族学、人类学界带来困扰。

根据以上情况，我对 21 世纪中国民族学、人类学的目标和任务有如下意见和建议。

首先，在确定目标时，既要立足现实，又要有相当的前瞻性。这是因为，中国民族学、人类学建设和发展耽误的时间太多，我们不能一步一步慢慢来，速度太慢不能适应现实需要。同时，也考虑到中国民族学、人类学经历了一个世纪的发展，已经有了一定的基础，只要同行摈弃成见，团结一致，共同努力，以中国人的聪明才智和社会主义制度的优越条件，是有可能加快学科建设速度的。其次，要坚持改革开放的方针，努力扩大国内外学术交流。对国际民族学、人类学的成果，要采取客观分析的态度，在“以我为主，为我所用”的原则下，借鉴其中的有益成分，用来丰富、发展我国民族学、人类学。基于这样的思考，我以为在 20 世纪最后三年及 21 世纪上半期内应分阶段实现以下目标，完成相应的建设任务。

第一，以两到三年（1998—2000 年）时间实现学科体系初步建构和学科定位，并制定学科建设规划。

目前，对学科体系歧见太多，学科定位不明，这对学科建设影响至大。虽然，对体系问题可百花齐放、百家争鸣，但争论应当坚持实事求是的原则，围绕学术问题进行，以利于学术发展。我们应当避免把争论庸俗化，把学术之争变成意气之争、名利之争、山头之争、门户之争，尤其反对把学术问题政治化，在争论中动辄上纲上线，给对方打棍子、扣帽子。我们希望学会遵照中共十五大确定的方针，结合学科建设实际，团结一致，共同努力，在近期内力争完成下述任务：

1. 用一年时间做准备，召集国内著名学者开会专题研讨民族学、人类学学科体系和学科定位问题，求得认识上的统一。

2. 在以上工作的基础上，尽快实现中国民族学会和中国人类学会的联合，求得两会行动上的统一和会员大团结。

3. 在上项工作基础上，尽快制定中国民族学、人类学学科体系，完成学科地位的界定，协助国家教委、国家技术监督局修订大学专业目录。

4. 制定中国民族学、人类学学科中长期建设规划和计划。

第二，从 2001 年起至 2010 年，用五至十年时期，初步建立起学科体系合理，专业领域比较完整，教学与科研相长，且梯队较合理，有自己特色且能与国际学术接轨的中国民族学与人类学，并产生在国际上有一定影响的重要学科带头人。

1. 教学方面，在用五年时间充实和加强现有教学点的同时，创造条件在其他大专院校建立民族学、人类学系，在实现专业教学点布局合理的基础上，建立几个各具特色、相互配合的中国民族学、人类学教学与研究中心。

2. 科研方面，围绕国际民族学、人类学当前讨论的热点问题，结合我国实际，选择一批具有重大理论意义和现实意义的课题，列入国家社会科学研究规划，有组织、有领导、有计划地分工合作开展研究，力争五年至十年内，使我国民族学、人类学在基础理论研究、应用研究等一些主要领域推出一批具有国际水准的成果，实现我国民族学、人类学与国际民族学、人类学的学术接轨。

3. 人才培养方面，通过教学与科研的严格训练，不断培养高级人才，用以充实、更换各教学、科研机构的教学、科研人员，同时下大力气重点扶持、培养一批思想作风过硬、业务功底深厚的学科带头人。经过五年至十年的努力，产生几个在国际民族学、人类学界有一定影响的中国民族学、人类学家。

4. 在学科基地建设和资料建设方面，力争在十年内，通过有计划的田野考察，文物和声像资料搜集整理，国外民族学和人类学田野考察报告、声相资料、学术著作及学术刊物的搜集、译介，在全国范围内，按地区分工，建立起几个有相当水准的民族学、人类学室内外考察研究基地和文献资料、声相资料兼备的资料信息中心。

5. 国内外学术交流方面，通过教学、科研、人才培养、基地建设和资料中心建设，造成国际影响，促进广泛的国际交流，使我国具备召开国际学术会议的能力，实现21世纪头十年在中国召开国际民族学、人类学研讨会的夙愿。

第三，2011年至2020年，用十年时间进一步完善中国民族学、人类学学科体系，实现民族学、人类学的中国化，各教学、科研中心得到进一步充实提高，国内形成一批以具备国际水准的学术尖子人物为核心的广泛厚实的教学科研队伍，在学科各领域出版和发表具备国际水准的科研成果。民族学、人类学在各大中专院校教学和社会传媒中得到广泛的宣传普及，并在社会实践中获得普遍良好的效益。

1. 教学方面，实现教学点普遍招收国内外博士生。

2. 科研方面，形成众多国际公认的成果。

3. 人才培养方面，产生有一定国际影响力的学科带头人。

4. 基地建设和资料建设方面，形成初具世界规模的研究基地和资料信息中心。

5. 学术交流方面，具备频繁举办大中小型国际学术研讨会的能力和条件。

6. 社会效益方面，民族学、人类学知识获得社会普遍认同，并在解决社会问题方面取得显著效益。

第四，2021年至2031年或更长一些时间，民族学、人类学中国化臻于成熟，在更新国际民族学、人类学知识，完善国际民族学、人类学理论方面取得重大突破。中国民族学、人类学各领域拥有一批国际导师级学术人物，拥有现代化的完善的教学科研基地和资料信息中心，从而成为国际民族学、人类学重要的教学、科研基地。

以上是我对于中国民族学、人类学百年历程和21世纪目标任务的一些粗浅意见。提出这些意见的目的在于总结经验，肯定成绩，找出差距，明确方向，以便共同努力，推进我国民族学、人类学的发展。正如我在本文开头所讲的，要弄清21世纪中国民族学、人类学的目标和任务，这是个很大的课题。它牵扯到对中国民族学、人类学世纪历程的正确回顾，对目前现状的深刻了解，以及对当前国际民族学、人类学前沿的切实把握。以我的经历和水平而行文探讨这样重大的问题，恐怕是吃力不讨好。但愿这篇粗浅的东西能被看成是一个小科研所负责人基于十余年实践的深刻感触而发出的呼吁，抛砖引玉，促进讨论，求得问题的解决。中国是一个有数千年悠久历史、幅员广大、民族众多、文化丰富多彩的国家，目前正在经历巨大历史变革，引起世界瞩目。我们应当而且也有条件对世界民族学、人类学的发展作出相应的贡献。我衷心期盼这次大会围绕主题的讨论获得新的进展，祝愿大会圆满成功。

1997年10月20日

# “加强民族学教学与师资培养”课题研究报告①

“加强民族学教学与师资培养”是世界银行贷款“师范教育发展”项目第三批获准立项的研究课题。1996 年 5 月批准立项。在教育部、广西教育厅和广西民族学院领导的关怀、指导下，在广西民族学院有关单位大力支持下，经过课题组全体人员的共同努力，历时两年，提前完成任务。

## 一、课题目标

我们生活在一个多民族的世界里，教育各民族群体的居民正确认识和处理民族关系是各国面临的一个重要课题。在改革开放步步深入，国内外各民族群体交往日益频繁的今天，作为师范院校，加强民族学教学，培养民族学师资，使学生毕业后具备讲授民族学课程的能力，对帮助学生树立正确的民族观，增强民族之间的信任和了解，推动民族团结、社会进步，具有十分重要的意义。

本课题从 1994 年下半年开始酝酿立项。根据国家法律及国家民委、教育部有关文件规定，结合广西实际，深入调查研究，并广泛参考了国内外各大学人类学系（或民族学系）的课程设置和教材，经过一年多的努力，终于形成了“加强民族学教学与师资培养”的课题研究方案。

课题的目标是：(1) 改革民族学课程体系，制定适合各级各类

① 本文为世行贷款课题研究报告。

学校进行民族学教学的各门课程教学大纲；(2) 编写、出版《人类学通论》、《民族学概论》、《考古人类学》(以上适用于大学人类学系各专业)、《民族理论政策基础》(适用于大学一般专业及中等专业学校)、《民族知识》(适合于中小学) 等教材，编辑人类学、民族学影视教学片 (适用于各级各类学校)；(3) 在广西民族学院民族展览室的基础上扩建民族博物馆，作为学科校内教学基地；(4) 在广西民族学院招收民族学本科生、硕士研究生，进行教改实验，培养民族学师资；(5) 对广西大中专院校及中学相关教师进行培训和成果推广试验。

## 二、课题成果

两年来，课题成员经过共同努力，按要求比原计划提前半年完成任务，课题研究取得良好成果。

1. 根据重点学科建设计划、专业教学计划和课程改革方案，制订了《人类学通论》等10门课程近1万字的教学大纲。

2. 编写了《民族理论政策基础》、《民族学概论》、《考古人类学》、《民族知识》、《世界民族志》、《中国民族志》6种近130万字的教材，其中《民族理论政策基础》、《考古人类学》已公开出版，《民族学概论》、《民族知识》将近出版，《人类学通论》、《民族学研究方法》、《人类学原著导读》、《民族历史文选》编写了讲稿。

3. 从1995年秋季起招收民族学专业本科生，同年与云南大学联合招收民族史硕士研究生1名。现民族学本科生共有三届63名，硕士研究生1名。对本科生、硕士生均按改革课题要求进行系统教学，效果良好。硕士研究生今年将毕业。1996年4月申报设立民族学硕士生授予权点，最近已获国家学位委员会正式批准。

4. 修改、扩充了民族展览室内容，拍摄了长达2个小时的影视人类学教学录音、录像资料。在区内龙州、靖西、田林、东兰、罗城等地建立了田野调查实习点，部分学生已开始下乡实习，部分老师通过与国内外学者合作进行田野调查，提高了工作水平。

5. 结合课题研究，相应出版了《马克思主义民族观导论》、《民族意识调控说》、《广西与东南亚民族文库·壮族历史与文化》、《瑶学研究》专著4种，已脱稿待出版的还有《越南民族和民族问题》、《瑶族历史和文化》、《广西回族的历史和文化》3种；发表《关于中国人类学民族学学科地位问题》、《中国民族学如何培养跨世纪人才》、《中国民族学的世纪历程与未来任务》、《关于民族志研究的几个问题》、《加强当代汉民族研究是跨世纪人类学的重要课题》等论文共50篇。

本课题最终成果是一个包括课程改革方案、教学大纲、教材、专著和论文、教学基地建设和教学参考资料建设的完整体系，对加强民族学教学和师资培养有参考价值。

课题计划的实施，不但培养了广西首批民族学本科生、硕士生，而且还培训了在职教师。十多位参加课题研究的教学科研人员，尤其是青年教师，通过教学、科研实践，更新了知识，开阔了视野，提高了能力，为进一步加强民族学教学和人才培养奠定了基础。

## 三、研究方法

本课题注重以下研究方法。

1. 依靠集体力量，多学科整体攻关。人类学是一门注重整体研究的学科。本课题涉及人类体质与文化两大研究领域众多分支学科，如考古学、语言学、民族学、民俗学、宗教学、民族史学、民族理论和民族政策等，是一项系统工程。课题立项时，就组织了一支包括民族考古学、民族理论政策、民族史、民俗学等研究人员的10人队伍。研究过程中还根据需要作了人员的补充、调整，形成了一支由20人组成的研究队伍。其中教授3人，副教授7人，讲师5人。在课题组负责人主持下，组成多学科攻关队伍，保证了课题研究的顺利进行。

2. 综合运用调查研究、比较研究、实证研究的方法，开展研究。课题立项过程中，课题设计负责人就先后到香港中文大学人类学系、广州中山大学人类学系、厦门大学人类学研究所访问交流，广泛搜集国内外人类学、民族学专业教学计划、课程设置方案达17种，制订《人类学参考文献目录索引》，共67页2万字，通过购买、交流方式，添置了价值近3.5万元的国内外人类学教学参考资料。先后派4人次出席在北京、云南召开的社会学、人类学高级讲习班，20多人次深入广西百色、田林、靖西、都安、巴马、田东、隆安、罗城、桂林、南宁等市县作民族教育情况调查和民族学田野调查，邀请了北京、武汉、香港、台湾、越南河内、法国巴黎等地的8位人类学者到单位座谈交流，合作研究。同时组织课题组成员学习国家法律以及国家民委、教育部颁发的专业设置目录和有关文件，开展民族学教学思想、专业建设和课程改革讨论，要求大家根据现阶段民族学教学中教学观念、课程设置、教学内容、教学方法、师资队伍等方面存在的问题，比较分析，深入思考，制订出子课题研究计划。对教材编写提出的要求是：在切实把握人类学学科特点的基础上，针对不同课程、不同层次的教学需要，做到准确性、系统性、基础性和先进性、适应性并重。注重教学实践效果的检验，及时总结经验，进行补充修改。实践证明，用这种方法编写出来的教材质量比较高，使用效果良好。

3. 区域性协作，加快科研成果的形成。课题组在实施研究方案的过程中，邀请广西民院院内高教研究室、电教中心，院外广西区博物馆、广西区文物队、广西师范大学历史系部分专业人员参与教材编写。与广西民院教务处、广西民族出版社协商落实教材的内部印刷、公开出版，与广西民院学报编辑部协商落实论文及田野调查报告的编辑刊发，与广西民院图书馆协商落实人类学图书报刊的添置订购。社会调查、器材购置以及经费垫付、成果实验推广，还得到广西民院科研处、财务处、民族学专业本科各年级、政治系、干训部师生、校内外教学基地有关干部群众以及社会各界的关心和大力支持，区域性协作攻关，加速研究成果的形成。

## 四、成果特色和价值

本研究课题的成果具备以下特色和价值。

1. 提出了面向21世纪的民族学教学的主要课程的改革方案、教学大纲、实习指导书，规定了学科课程在完成学校培养目标中的地位、作用和教学内容、教学方法、教学实习目标及组织方式等。民族理论政策课改革成绩比较显著，被列入广西区重点建设课程，这在全国同类研究中先行了一步。

2. 编写的教材中5门是大学民族学学科主干课程，涵盖了学科主要领域，体现了教材的完整性、系统性；有2门分别适用于中专和中小学，体现了民族学教学的拓展性、适应性。这些教材在观点、内容、结构、体例上都有所创新，语言简洁，篇幅适当，能反映学术前沿状况。面向中小学的教材语言通俗，深入浅出。像这样系统地针对不同课程和教学对象编写出一批民族学教材，在同类研究中也属首次。

3. 强化本科生和硕士生教学，尤其是加强学生田野调查能力的训练。在给学生传授学科基础理论、基本知识的同时，加强实践环节教学和专业技能训练，如指导学生检索文献，编写民族学调查提纲，进行田野调查，编写调查报告，调动了学生的学习积极性，教学质量比较好。迄今三个年级63位本科生已有33人写出48篇文章，在已发表的24篇中，18篇是有关民族学的文章。硕士生已完成学位论文答辩。

4. 理论研究提出了师范院校加强民族学教学的一系列有价值的观点。我们制订与编写的民族学学科建设计划、专业教学计划、课程改革方案、教学大纲、教材、讲稿、教案，以及发表的众多专著、论文、调研报告，对师范院校加强民族学教学和师资培养进行了比较深入系统的研究，提出了一系列有价值的理论观点：

（1）分析指出了由于历史原因，民族学在我国是一门处于恢复重建阶段的年轻学科。学科教学中存在定位不明确，教学、科研人员青黄不接、新老断层、师资不足，教学不普遍，课程体系不健全，教学内容陈旧，培养人才方式落后，民族知识不普及，民族工作中存在“一刀切”、“一个样”现象，影响民族政策贯彻落实。指出加强民族学教学对于学科建设和民族团结、社会进步的重大意义。

（2）指出学科建设要跟上形势的发展，必须坚持改革开放的方针，打破学科分割、自我封闭的状态。整合理论，整合队伍，实现与国外同行的对口交流。对国际民族学、人类学的成果，要采取客观分析的态度，借鉴其中有益成分，用来丰富和发展我国的民族学、人类学。要建设好大学相关学系和专业，培养跨世纪人才。

（3）提出了当前民族学教学改革应适应“两个转变”的需要，重点放在重新制订专业计划，完善课程体系，更新教学内容，改革教学方式，提高教学管理水平，鼓励学生多进行社会实践，提高学生技能等方面，并提出了加快学科点建设，加快培养学科跨世纪人才，培养适应民族地区政治稳定、民族团结、社会进步需要的一专多能的复合型人才的任务。

（4）提出了师范院校要加强民族学教学，关键是“需要有好的教师和好的教材”，并提出了在“九五”期间编写出版民族学系列教材的任务，除改造《民族理论政策基础》、《民族学概论》、《民族学田野考察方法》等课程的教材外，还提出了新增、新编《中国民族志》、《世界民族志》、《考古人类学》、《影视人类学教学片》、《民族知识》等新课程新教材。并提出教材编写的原则是既要反映国内外人类学新的科研成果，又要适应民族地区社会发展需要，使教学科研与民族团结进步紧密结合。

（5）提出了以民族学院民族学学科点作为加强民族学教学和师资培养的基地，加强学科基地建设，推动全区民族学教学科研的思路。这个思路的依据是，按照传统文化与现代化建设及族群关系变化和国家政治稳定、民族团结、社会进步对民族学学科提出的任务，利用广西民族学院民族学学科点被确定为自治区重点建设学科、具有硕士生授予权的机遇，以及学科点教学科研力量雄厚，经验丰富，图书资料齐全，与国内外同行联系面广的优势，举办本科班，招收硕士生，为广西区内各院校培养民族学师资；编写、出版教材、教学参考书；举办培训班、学术研讨会和报告会。通过在广西全区普及民族学知识，使新一代劳动者和接班人树立正确的民族观，提高现代社会人类个体文明水平，促进各民族团结进步。我们认为，这是加强民族学教学的可行路子。

（6）探索了民族院校提高民族学教学质量的教学模式。1995年秋至1998上半年，在对广西民族学院民族学专业本科生及硕士生的教学实践中，我们初步探索出提高民族学教学质量的模式是由理论依据、功能目标、教学条件、教学程序四个方面构成的。民族学教学的理论依据是：国家宪法、民族区域自治法等法律关于民族平等团结教育的规定，国家民委有关加强民族团结教育的文件，教育部颁发的普通高等学校专业设置目录。功能目标是，在认知领域的水平方面，既要实现获取民族学人类学知识的目标：识记—领会—探索，又要达到应用知识的目标：模仿—转换—创造。在技能领域的水平方面，既要实现学会人类学文献检索、田野调查技能的目标，又要实现学会田野调查材料整理分析和调查报告写作的目标。在情感领域的水平方面，既要达到对老师的教育，老师以身作则，敬业爱岗，学生思想上能引起共鸣，又要养成正确的思想情感，树立正确的民族观。民族学课的实现条件是，组建一支素质过硬的教师队伍，编写出适应教学需要的系统教材，有充足的教学参考资料，建立相应的校内外教学基地——民族博物馆、校外考察基地。针对民族学教学是以课堂传授知识、田野调查验证知识为基本教学方式的特点，民族学综合采取以下教学程序：知识教学，理论教学，辅助练习，模仿练习，毕业实践，评价提高，系统小结。探索民族学教学模式，具有使教学方式趋于结构化、科学化、稳定化的作用；具有克服教学盲目性，增强其有效性的功能；对青年教师具有引导示范作用；同时还可以预测教学效果，增强对教学过程的调节控制作用；教师应用模式，使教学过程整体优化，从而推动课内外教学、师生关系、教学实践、教学评价、教学管理等领域的一系列改革。

上述说明，本课题成果具有自己特色，具有推广应用价值。我们这些观点发表后已引起国内民族学人类学界的关注，中国人民大学报刊复印资料中心、高校文科学报文摘等刊物予以刊登、转载、评介。1997 年 3 月，课题组负责人张有隽教授赴越南考察，与越南社会科学院民族学研究所所长孔演教授等学者交流时，介绍了我们的做法。孔演教授认为我们的做法很好，愿派他手下的青年研究人员来访问进修。1998 年 5 月 15 日国家教育部专家组听了汇报后也认为课题研究“思路清晰”，“水平是高的”。1998 年 6 月 10 日在有广西大学、广西师范学院、自治区党校等十多个单位同行代表参加的学术研讨会上，课题组负责人介绍了课题研究成果后，得到与会单位的高度评价，自治区党校、广西师院、广西社会主义学院、广西民族学院民语系等单位的代表均表示今后要加强联系和交流合作，共同促进民族学教学和师资培养。现在，我们的部分成果已被编入《人类学本土化在中国》一书，已于 1998 年 7 月被带到在美国召开的国际人类学民族学第 14 届世界大会交流。

## 五、存在问题及课题深化

在一个面向世界开放而本身又是一个多民族群体的国家里，要提高学生的综合素质，一个重要方面就是开设民族学、人类学课程。作为未来的教师，认真学习民族学课程、树立正确的民族观是人才培养所必需的。加强民族学教学和师资培养涉及很多问题。本课题受时间及经费限制，仅对应用面较广、能涵盖大中专院校及中学的 6 门课程进行了研究，计划中两门教材由于经费不足和人员出国不得不申报批准取消。民族展览室改为民族博物馆的计划因经费不足未能实现。由于一些原因，有的课实验不够；对广西民院院外其他大中专院校及中学的教师的培训及成果推广做得不够，仍需继续努力。

本课题实际上是一项建构面向21世纪民族学、人类学教学改革模式的系统工程，现在取得的成果只具有阶段性，要深入研究还须做好以下工作：(1) 进一步提高对各级各类学校开设民族学课重要意义的认识，从政策和经费上增加投入，增强教学改革的力度，自治区计划拨给广西民族学院民族学重点学科的建设费应及早全额下达；(2) 在广西各级各类学校推广这套教材，并不断检验、更新教材，提高教材的适用性和水平；(3) 建立区域性民族学教学信息网络，以集约化方式为全面实现全国各级各类学校民族学、人类学教学科研可持续发展作出贡献。

1998年6月9日

# 民族志的理论和方法

## 一、民族志理论

民族志是民族学、人类学的基础课程。新中国成立前后大学文科民族学系、人类学系，及目前国内外大学文科民族学系、人类学系，均开设民族志课程，作为专业基础课进行讲授。那么，什么叫民族志？民族志的对象和性质是什么？为什么要学习民族志？换言之，民族志与民族学、人类学的关系怎样？它具备什么功能？这些都是初学者必须了解的。

1. 民族志定义

什么叫民族志？志者，记也。民族志，即关于民族的记述。

记述民族的书出现很早。古代希腊历史学家希罗多德（Herodotur）记埃及人习俗，恺撒记高卢人习俗，我国古籍《山海经》、《史记》记少数民族习俗都是。但民族志作为学术概念使用，是19世纪中叶民族学、人类学在西方产生以后的事。民族志是英文 Ethnography 的意译，词源出自希腊文 ethnos（民族）和 graphein（记述），意为“关于民族的记述”，是记述和介绍世界各民族基本情况的学科。20世纪40年代以前，西方大多数学者用以指对欧洲以外的不发达民族的考察和记述。1940年以来，有人提出“对文明民族也可以作民族志的研究”。在中国内地，50年代前采用西方的用法；50年代后赋予它新的含义，认为民族志是对世界各民族基本情况的记述和介绍。

2. 对象与性质

民族志既然是关于民族的记述与介绍，其对象自然就是民族。

这里所说的民族（Ethnos），指的是国际民族学、人类学所说的广义上的民族，即从原始社会的氏族、部落到现代社会的一切民族，而不限于以地域关系为纽带的民族群体。

民族志虽然早已列为民族学、人类学基础课程，可惜至今国内外学术界尚无一本专著来论述它的性质。西方学者论及民族志时，大都认为其与人类学、民族学关系密切，是它们的一个分支；偏重记述性，是记述民族学。著名人类学家 E. A. 霍培尔的《原始世界中的人：人类学导论》一书认为民族志是“人类学中专门属于文化之记述的一个部门”①。不同的是，有些学者认为民族志是“对于低技术水准的社会经济体系及文化遗产的科学方法的记述”②。另一些学者认为，“文明民族也可作民族志的研究”。因此，威尼克在《人类学词典》中将民族志定义为“是对于个别文化的研究……基本上是一种记述性、非解释性的研究”③。我国有几千年修志的传统，方志学理论发达。民族志目前列为多民族省区方志的一种。我国传统上将志书归入史地类，并认为志书有地方性（某地区或某方面的志书，如府志、州志、食货志、风土志、土司志）、资料性（资料要翔实，作者只记述情况，一般不做议论）、真实性（记述务求真实可靠）、时代性（以横为主，突出时代特色）等特点，故将方志称为“一方之全史”。据此，我们可以将民族志视为有关某时某地某些民族或某一民族甚或某一民族某方面的比较系统全面、真实可靠、资料性比较强的记述性的志书。

民族志既是民族学、人类学的基础课程，在我国又是方志学的一种，二者都以“志”为基本特点，故在性质上可作如上类比。事实上，我国当代民族志的编修都遵循上述原则，民族学、人类学上

---

① E. A. Hoebel, *Man in the Primitive world* Ⅰ, *An Introduction to Anthropology*, New York, 1949.

② Jacods and Stern, *Outline of Anthropology*, New York, 1949.

③ Winick, *Dictionary of Anthropology*, New York, 1948.

的民族志也是可以采纳的。

3. 地位与功能

民族志在社会科学研究中有其一定的地位与功能。但人们对民族志的地位与功能的认识有一个过程。19世纪中叶民族学、人类学作为独立的学科产生以前，人们对民族志的地位与作用的认识还是模糊的。古代至近代，除我国方志学，希腊、罗马的历史学中包含民族志，民族志可以称得上稍有一定地位以外，在其他社会科学领域无民族志的地位，那时人们记述民族的目的是各种各样的。有的是为了存史，有的是为了资政，有的是为了经商或传教，有的是为了旅游，有的是为了领土扩张和征战，也有的记下异民族的奇风异俗纯粹是为了满足各方面的好奇心。但是，当民族志资料积累到一定程度时，人们的认识开始产生飞跃，到19世纪中叶，西方一些社会科学家发现可以用古代尤其是近代地理大发现以来的民族志资料重新建构人类社会与文化史，有的学者，如美国的摩尔根等还一头扎进一些原始民族社区进行细致考察，写成专著，于是，新的学科——民族学、人类学产生了，从此便奠定了民族志的新地位。

在民族学、人类学发展过程中，民族志的地位与功能在不同时期不同国家也有所不同。20世纪头十年以前，西方人类学界将从事民族学、人类学研究的人划分为两类，一类是专门从事田野考察、搜集记录资料的，称为民族志学家；一类是专门坐在研究室里从事资料的分析与综合的，称为民族学家。这是由于当时民族学、人类学尚处于初创时期，理论和方法还不成熟，受过严格专业训练的人还不多，同时原来积累的资料很多还未来得及消化。人们满足于将别人搜集的资料进行分析综合构筑自己的理论体系。到20世纪初，随着研究的深入和理论的发展，一批受过专业训练的学者不满足于做“安乐椅上的人类学家”，而亲自从事田野工作，尤其是马林诺斯基1914—1918年的南太平洋特罗布恩群岛考察及其报告发表后，引起了人类学理论和方法上的一场革命。此后，民族学、人类学研究不但保留了民族志的地位，而且更加重视民族志对民族学、人类学研究的地位与作用。尽管此后还有人将从事田野工作的人称为“民族志学家”，但多数人只将田野工作、室内研究看作是研究阶段上的划分，而不像从前那样，将研究人员机械地划分为两类。

反映这一变化的重要标志，是联合国教科文组织1950年组织、1954年写出的一份关于社会科学课程设置和教学方法的调查报告。该报告的“人类学”部分是法国民族学家列维·施特劳斯执笔起草的。报告指出，在今日的世界几乎一致同意“人类学”为最佳之定名，包括：(1)体质人类学——从事由动物进化为人类的研究及以解剖学和生理上的特征区别人类种族的研究；(2)民族志——从事由田野工作的考察而加以描述的研究；(3)民族学——根据第一手的民族志资料作综合的研究。报告认为，“民族志”为研究的第一步；“民族学”为研究的第二步；而“文化人类学”和“社会人类学”则是根据民族志资料和民族学结论再作进一步的综合研究，是为研究的第三步。至于“民俗学”的研究，无论在目的上或方法上，都是与人类学密切相关的。① 这份报告总结的是20世纪前50年民族学、人类学学科体系构成情况，反映这前半世纪民族学、人类学研究所遵循的几项共同的基本原则。50年代以后，国际民族学、人类学研究基本上没超出这些原则。从这份报告我们可以看出，民族志在民族学、人类学的科研与教学中，处于十分重要的地位，并具有重要的作用。主要表现在：

第一，民族志是民族学、人类学研究的第一步。无此第一步，就没有民族学、人类学研究的第二步、第三步。因为民族学、人类学虽然也研究历史，但侧重现状研究，而现状是无文献记载的，研究者无法也不应假他人之手进行考察及资料搜集。

第二，民族志是民族学、人类学的资料基础。没有深刻而丰富

---

① 李毅夫、赵锦元：《世界民族概论》，13页，北京，中央民族学院出版社，1993。

的民族志的资料基础，民族学、人类学的综合再综合研究便成了空谈。

第三，民族志在民族学、人类学教学中具有重要作用。民族学系、人类学系的教师通过民族志的教学，不但可以帮助学生了解世界民族的基本情况，而且能帮助学生理解、掌握民族学、人类学的基本理论和基本方法与技能，为学生将来独立工作打下基础。

至于我国的民族学、人类学工作者，除了以民族学、人类学从事民族志研究外，还参加政府组织的新方志——《民族志》、《民俗志》、《语言志》、《宗教志》的编修工作，新方志中的此类专志一般综合运用了民族学、方志学的理论和方法，使我国的民族志除具备民族学、人类学中的民族志的功能外，还兼备方志的如下功能——存史，即保存史料，以备察考；资政，即为党和国家决策施政提供参考；教化，即作为精神文明建设内容的一部分，通过中国和世界各民族的记述介绍，促进民族之间的相互了解和团结，树立正确的民族观，实现各民族社会与文化的共同发展。因此，民族志研究在我国现代化建设中有着不可替代的地位与作用。

## 二、民族志方法

社会科学研究有些原则是必须共同遵循的，有些方法是可以借用的，但任何一门独立的社会科学又必然有其独特的为别的科学所不具有的方法。

1. 共同遵循的原则

民族志是从属于民族学、人类学的分支学科。对民族志研究者来说，人类学长期研究形成的一些原则，如：坚持民族平等，反对民族歧视的原则，坚持客观性（真实性）原则，不搞先入为主的调查，坚持民族学家、人类学家的职业道德，不给被考察研究对象增添麻烦的原则等，都是必须遵循的。因为这些原则已经不是一般方法问题，而涉及一个学者应有的立场、观点和道德问题。在立场、观点和方法之间的关系问题上，尽管有时方法不对也可能导致立场、观点出差错，但总的说来，立场、观点正确与否，对一个做学问的人来说，往往显得更为重要。我们不能想象，一个站在种族、民族歧视立场上，带着民族偏见的人，能客观如实地进行民族志的田野考察和描述研究。人类学认为，人是社会性动物，马克思更深刻地指出："人是一切社会关系的总和。"人生活在一定的社会环境中，每一个人都是由他所在的社会与文化培育出来的，因此，一个人要摆脱社会偏见并非易事。民族学、人类学诞生一百余年以来，尽管西方也有不少正直善良的人类学家力图站在客观公正的立场上研究和描述非西方社会的文化，而且可以肯定，他们中许多人经过辛勤研究，提出了不少有价值的理论观点，但由于各种原因，他们的论著中往往也包含某些西方人看东方人时难以摆脱的偏见。更不必说，有些人类学家自觉不自觉地走上为帝国主义侵略扩张、法西斯主义的种族歧视、种族灭绝提供理论根据的道路。由此可见立场、观点对社会科学研究者的极端重要性。

我国是社会主义国家。我国的人类学是"人民的人类学"（费孝通语）。对我国民族志研究者来说，除了坚持为各民族人民服务这一原则立场外，还应坚持以马克思主义辩证唯物主义和历史唯物主义作为指导思想。马克思主义学说是马克思、恩格斯在深刻地批判、继承人类以往一切历史遗产的基础上创立起来的。马克思主义的辩证唯物主义和历史唯物主义是最彻底的唯物主义。马克思主义学说创立以来，尽管西方资产阶级学者一千次一万次地宣布已经驳倒了马克思主义，同时他们又在一千次一万次地重复批判马克思主义。客观地说，马克思主义的某些观点和结论可能需要完善，但迄今为止，尚无一门学说或思想能彻底取代马克思主义。因为马克思主义作为一种科学的思想体系，其严谨性、彻底性和深刻性远远超过其他各种思想体系和学说。这是西方不抱任何偏见的人类学家都承认的。马克思主义作为完整而严谨的科学思想体系，其基本原理原则，尤其是其哲学基础——辩证唯物主义和历史唯物主义，完全可以作为民族学、人类学的指导原则。如果要把民族学、人类学作为科学加以发展，不以马克思主义作为指导原则是不可想象的。当然，强调以马克思主义作为指导思想，并不排斥民族学、人类学在具体方法上的探索与创新，包括借鉴西方民族学、人类学的知识和经验。这也是马克思主义所要求的。

2. 民族志田野考察法

民族学家、人类学家都一致认为，田野考察是民族学、人类学独有的方法。其实，这是从民族志工作者或者民族志研究即民族学、人类学研究的第一步说的。民族学、人类学研究除了田野工作外，还有室内综合分析、泛文化比较、历史文献运用、研究再研究等方法。这些方法在田野工作中一般不运用。因此，我们把田野工作看作民族志研究特有的方法，在这里略加介绍，而民族学、人类学的其他方法，则主要放到人类学通论、民族学概论中去论述。

民族志田野工作，指的是民族学、人类学研究者亲自深入实地，进行系统考察研究。它要求研究人员尽可能与被考察对象生活在一起，参与他们的活动，观察、体验他们的生活，结合访问调查，并做好详细记录。田野工作是总称谓，在田野工作中，还有许多具体方法。

**参与观察法** 要求研究人员与被考察对象比较长时间地（一般以一个工作年度计算）完全生活在一起，同吃、同住、同劳动，学会他们的语言，参与他们的仪式、集会活动，亲身体验，仔细观察他们生活的各个层面，直到变成他们中的一分子。以求排除本民族文化价值观念的干扰和影响，尽可能客观公正地、仔细入微地搜集到第一手资料。这是民族学、人类学最严格、最基本、最独特的方法。舍此不能取得最可贵的资料。

**社区调查法** 人类学者面对复杂（地域广阔、人口众多、结构严密）的社会，无法做到一一亲身考察，于是选择有代表性的社区，进行深入细致的考察研究，以求以点代面，滴水见太阳，透过一个或几个社区的调查而了解全盘情况，作出较客观合理的概推。社会学也采用社区调查法，但社会学重视统计，人类学、民族学除运用统计资料外，更重视参与观察。两者是有区别的。

**个案调查法** 在田野工作中为求得对某一问题（如婚姻、家庭、犯罪、宗教）更为翔实的资料而进行个案调查，如某一家庭的几代人的婚姻史，某一族群与外族通婚情况，某一年龄段人的婚姻史或犯罪记录，某族群某一年龄段的仪式等。翔实的个案资料是定量定性分析的可靠证据。

**开调查会** 在调查者与被调查者建立了信任关系的情况下，调查者可邀集几位熟悉情况的人开座谈会，就某一问题进行集体调查采访。这也是获取资料的一种办法。但调查者事先要有调查提纲，调查态度要诚恳虚心（所谓“拜人为师”），并要有驾驭会场的能力（座谈跑题时适时引入正题），邀请来座谈的人不能太多（一般以三五人为宜），否则不可能弄到资料。

**谱牒追踪法** 在氏族史、部落史、民族史（含迁徙史）、家族家庭史、村社史、王朝史、地区行政制度史（我国土司制度史、山官制度史亦是）、宗教派系史等调查中，为了弄清来龙去脉，往往有必要进行谱牒追踪。对于有文字记载世系的（不限于官方文献），搜集文字记载资料，如族谱、家谱等；无文字记载而仅有口传的，也应通过访问座谈加以搜集。

**历史残余搜集** 社会是一个连续体。今天的社会孕育着明天的新因素，也必然保留着某些过去的残余。“失礼而求诸野”，对于处于边远地带的某些民族，或某一民族流入边远地区的某部分人，由于各种原因，保留历史残迹自然会更多一些。民族学家、人类学家既以人类及其社会与文化研究为己任，应以发展的观点看问题，以高度敏锐的眼光捕捉新事物与旧残迹。这样不仅可以推断社会朝何方向发展，还可复原以往的历史。对无文字记载的民族，这方面资料的搜集对于帮助他们复原历史更为重要。西方人类学古典进化论用简单类比的方法复原历史，传播学派主张文化由某一中心产生然后向四周传播，功能论反对追溯历史而强调文化功能，均失之偏颇。问题不在于历史是否发展，而在于用什么理论方法探索发展规律。在这点上，我国人类学家在辩证唯物主义和历史唯物主义指导下，认真总结经验教训，是可以有所作为的。

3. 可借用的方法

民族学、人类学研究强调整体性，主张学科之间相互渗透，以求得真知。现在的世界进入了信息时代。民族学、人类学的田野工作在保持和发展本学科独特方法的同时，应提倡吸收、借用其他学科理论和方法，不断改进和完善自己的方法，如社会学的问卷调查，社会学统计学的定量分析，历史学的文献考据，以及现代摄影、录音、录像、电脑录入与分析等，这对于提高研究工作的效益与质量不无好处。

1998 年 8 月

# 对人类学本土化在中国的几点看法①

谈到人类学本土化，我认为有几个问题值得深入探讨：人类学本土化在中国内涵如何？为什么要在中国进行人类学本土化？人类学在当前中国是否具备本土化的条件？有何困难？实现本土化需要多长时间？怎样实现人类学在中国的本土化？下面结合我的经历就这几个问题讲点粗浅看法，不当之处请各位批评指正。

首先是关于人类学本土化的内涵问题。人类学本土化在中国，应包含三个层面的内容：用人类学的理论与方法研究中国社会与文化；通过这种研究得出的理论和方法，能科学地解释中国社会和文化，并能检验、修改、补充人类学理论方法，丰富国际人类学知识体系；人类学本土化得出的成果有利于解决中国社会与文化问题。另外，学者群的形成、教学科研中心的成立、相当资料的积累以及相当水准的人类学著作的出版等，也是衡量人类学是否本土化的标志。

其次，为什么要实现人类学本土化？我们知道，作为一门研究人类社会及其文化的科学，人类学源于西方，其早期是研究那些被称为“异文化”的部落民族文化，而后转回西方本土进行反思，若将这种研究得出的结论及采用的理论方法搬到中国这样一个有着不同场景、不同特点的领域，未必完全行得通——从研究对象看，中

---

① 本文系作者 1999 年 9 月在南宁召开的人类学本土化国际学术研讨会上的发言，载《广西民族学院学报（哲学社会科学版）》，2000 年第 22 卷，第 1 期；《新华文摘》2000 年第 4 期全文转载。

国是一个地域广阔、历史悠久、民族众多的国家，有着复杂的社会结构和色彩各异的民族文化；从研究方法看，中国在漫长岁月中积累了浩如烟海的文献资料，我们可以通过这些资料重建历史与文化，这是世界上许多民族和国家所不能及的；这两个特点足以说明现有人类学理论方法在中国有其局限性。这是我们提倡人类学中国化的原因之一。

从现实需要来看，中国正处予传统文化与现代化交接碰撞的社会转型期，人类学应着力开展理论研究，探索文化变异规律，作出理论概括，并参与实际工作，协助政府解决现实问题。唯其如此，只有更为成熟的人类学理论——即能客观揭示中国社会各民族文化及其发展规律的理论，才能适应中国现实，同时对国际人类学作出贡献。这是我们要在中国实现人类学本土化的原因之二。

中国需要人类学，人类学也需要中国，一是人类学研究所依赖的事实少不了中国的个案。二是人类学对人及其文化的关注少不了中国学者的中国视角。人类学在中国的本土化，不但不会阻碍其发展，反而可以开阔人类学家的视野，丰富人类学知识宝库。这是中国人类学走向世界的需要，也是我们呼吁人类学本土化的原因之三。

第三，人类学本土化在中国是否具备了条件？通过对人类学本土化在中国的内涵及原因的探讨说明，我们所要讨论的本土化问题能否在中国实现，不论对中国还是对人类学本身，都有着特殊的意义。至于在目前，中国人类学是否已具备本土化的条件呢？对此，众说纷纭，认识不一。从人类学发展历程来看，我个人认为，人类学自西方传入中国至今已有近百年的历史。经过几代人的共同努力，人类学本土化在中国已有一定的基础，具备了一定的主客观条件。这可以从以下三方面进行考察：

1. 人类学自19世末20世纪初传入中国后，实际上就开始了本土化的过程。吴文藻先生是第一个明确提出人类学应实现中国本土化的学者。在蔡元培、吴文藻、杨成志等老一辈人类学家倡导下，20世纪50年代前，中国学者在宣传、普及人类学，用人类学研究中国社会及其文化方面已取得一定的成果，一方面创立了一些新的人类学概念和研究方法，另一方面培养了一批学贯中西、理论功底深厚的专业人才，在国际上有一定的知名度。

2. 中华人民共和国成立后，在大陆人类学研究中断几十年的情况下，香港、台湾及海外华人人类学家经过长期运用西方人类学理论方法进行研究，首先发起对本土化问题的探讨，不仅在抽象层面上研究得比较深刻，而且在具体层面的实证研究上也颇有见地。这样的工作一直持续到今天，这是大家有目共睹的，这不能不说是人类学本土化在中国得以实现的条件之一。

3. 80年代人类学在中国得到恢复、重建以来，已设立了一些研究机构，并相继培养出了一批新人。近年来中国人类学界后起之秀脱颖而出，他们比较熟悉本学科前沿状况，具有进行国际交流与对话的能力，出版了有一定影响的专著，成为中国各大学和科研机构里进行人类学教学和科研的骨干。此外还有一批有相当基础的研究人员。随着国家经济力量的逐渐增强，国家投入也逐渐增加，使在中国进行的人类学研究活动具备一定的物质保障，这在一定程度上也为人类学中国化提供了有利条件。我们今天能在这里顺利召开有关人类学本土化问题的国际学术研讨会，和政府的支持是分不开的。可见，政府与学者之间对人类学这门学科的认同与互动也在逐步改变。

然而，正如乔健先生所言，中国人类学正面临困境与前景的交织状况。虽然人类学本土化研究在中国已具备一定的条件，有着美好的前景，却也存在一些亟待解决的困难。毕竟，大陆人类学研究曾中断了几十年，脱离了与国际人类学的交流，致使一批人无法全面认识人类学发展态势、及时了解人类学研究的最新动态，从而缺乏对人类学理论方法的系统把握，知识老化，造成在国际上和西方学者进行交流与对话的困难。其次，市场经济的影响使中国人类学研究在政府、社会对其认同上仍有无法解决的困惑，研究人员教学条件、科研条件、生活条件还比较差。另外，研究队伍青黄不接，年轻学者必须经历一些时间才能成熟起来。所以，人类学本土化过程还很艰辛，要实现它尚需时日。

至于怎样实现人类学本土化，需要今后更深一步的探讨和大量的实证研究加以补充。在此，我想强调和重申本土化过程中必须协调的几个关系：

——本土化与国际化的关系。我们提倡人类学中国化，并非排斥国际化。本土化的目的在于从中国历史与文化脉络的研究中促进人类学在中国的健全发展，为国际人类学向前拓展提供中国人类学家的贡献。所以，本土化研究不应和学习借鉴西方人类学理论方法对立起来，二者是相辅相成的。

——科研与教学的关系。人类学通过研究创造学术成果，但也不能忽视人类学教学工作。大学的人类学教学是培养人类学的必经途径。人类学教学与科研二者之间也是相辅相成的。与西方发达国家相比，我国大学的人类学教学不普及，为此在大学多办一些人类学系，或多开一些人类学课程，完成培养人才的任务是必不可少的。教学不普及，人才培养不起来，就谈不上本土化。

——普及与提高的关系。在当前形势下，中国人类学积贫积弱的现状更突出地表现为人类学在中国如何生存的问题。自人类学被打入冷宫后，社会上形成一种偏见，认为少数民族研究即民族学，很多人对“什么是人类学、人类学有什么用、能解决什么问题”搞不清。人类学者下乡做田野工作，一般干部群众问：“你们是做什么的，是不是搞计划生育的?”学者被这种提问弄得哭笑不得。所以，在提高人类学理论水平、拿出高水平的学术成果的同时，也要重视人类学的普及工作，即在各种刊物上宣传人类学知识，在大学不同系部开设人类学选修课，破除人们的偏见。没有普及就没有提高，当然，没有在提高基础上的普及也容易迷失方向，二者应该兼顾。

——理论与实践的关系。我们一贯提倡理论指导实践，实践发展理论。一方面，要加强理论研究，没有理论研究，实践即没有方向；但另一方面，理论研究不应成为经院式的研究，而应为实践服务，用人类学理论和方法来指导中国各民族文化变迁，用理论解决实际问题，帮助推动中国文化朝较好的方向发展。在当前我国科研资源十分紧缺的情况下，尤其应当注意大力发展应用研究，使社会感到这门学科有用，激活支持系统，赢得学科发展的必要条件，同时也达到对基础研究的补充和发展。

# 广西民族学院民族研究所成立 45 周年的回顾与展望①

今天我们聚集在这里，庆祝广西民族学院民族学人类学研究所成立 45 年。首先让我代表本所师生对热情来参加庆祝活动的各位领导、各位校友、各位来宾表示热烈的欢迎和衷心的感谢。

民族学人类学研究所是广西民族学院成立最早的一个教学、科研单位。45 年前，即广西民族学院成立后 4 年的 1956 年 3 月 6 日，院“民族问题研究室”宣告成立，它便是广西民院民族学人类学研究所的前身。第一任主任由当时院党委书记、副院长韦章平同志担任，副主任伍延秀（苗延秀），研究人员有刘锡蕃、唐兆民、陈衣等知名前辈，稍后又增加韦琪麟、李干芬等知名人物。从 1956 年 3 月 6 日到今天，民研所已步入第 45 个年头。

45 年来，院民研所在党的民族政策和其他各项政策指引下，在广西壮族自治区多位领导支持下，在广西民院历任领导及院有关部门直接领导、支持下，在社会各界的爱护、扶持下，经过五六十位同行的相继努力，迈过曲折坎坷的道路，不断发展壮大，在队伍建设、专业设置、教学、科研、人才培养、器材和资料建设、国内外学术交流等方面不断取得进展。

我国是统一的多民族国家，广西是个多民族聚居的民族自治地方，党和国家一贯重视民族教学、研究。但人的认识有一个过程，

---

① 这是作者 2000 年 4 月 30 日在广西民族学院民族研究所成立 45 周年庆祝会上的讲话。

事业的积累有个过程。回顾1956年3月6日“民族问题研究室”刚成立时，人员只有四五人，1958年后曾一度合并到历史系、政治系，“文化大革命”期间更受尽干扰、冲击，粉碎“四人帮”后，1977年恢复“民族问题研究室”独立建制时也只有七八个人。50年代至80年代初，民族研究室的任务比较简单，除负担全院“民族理论和民族政策”课教学外，主要是从事少数民族社会历史调查、民族识别调查。当时由于客观条件的限制，公开发表的科研成果不多。但这一时期培养和储备了人才，积累了经验和资料。我所老一辈民族研究工作者就是这时成长起来的。20世纪80年代初期以后，随着我国改革开放和现代化事业的发展，我院民族学人类学教学、科研迈入迅速发展时期。

1984年7月，经过当时院领导积极争取，区党委统战部批准我院“民族研究室”升格为“民族研究所”，随即制定计划和规划，调进人员，增加投入，开展国内外学术交流，拓宽教学、科研领域。经过几代人的不懈努力，广西民族学院民族学人类学研究所为广西民族学院和广西乃至全国的民族学人类学教学、科研各领域作出了一定贡献。

在队伍建设和人才培养方面，通过引进、培训和实践磨炼，近20年民研所教学科研人员有12人先后成长为教授、研究员，12人成长为副教授、副研究员，其中有四位教授、研究员因贡献突出，被评为享受国务院政府特殊津贴的专家，其中又有两位分别被评为全国教育先进工作者、自治区劳动模范。现在民研所有在职教授、研究员四人，副教授、副研究员七人，研究人员中有博士一人、硕士七人，在读候选博士四人、硕士一人，是学院人才辈出，人才比较密集，教学科研人员中高职称、高学历占比例较高的单位。

科研方面，1984年以来，先后完成各级各类课题274项，其中国家组、省部级课题26项，出版各类专著作150部，发表论文674篇。主攻方向明确，形成了自己的优势、特色。科研向广度、深度发展。经过长期努力，在中国南方壮、瑶、苗、侗、京等民族及东南亚相关民族历史、语言与文化、汉族历史文化、民族理论和民族政策、民族学人类学基础理论及越、老、泰民族和民族问题、民族传统文化变迁、民俗志、民族法制建设、民族科学技术史、民族人物传记等方面的研究达到比较高的水平，在国内外有一定影响。发表的科研成果累计有133项获得各类奖励，其中仅省部级奖励就有40项。科研坚持发展理论、服务实践的方向。发表的成果为党和政府决策提供了科学依据，研究人员还直接参与民族成分识别确认、民族语言普查、民族政策执行情况检查、国家民委五套丛书编写、民族干部培训、民族团结先进事迹材料搜集整理、民族法律法规制订及修改等众多中心工作，为广西民族工作贡献了力量。

教学方面，除了完成全院“民族理论和民族政策”必修课教学外，从1988年起招收民族学专业专科生，1995年起招收本科生，同年与云南大学联合培养硕士生，1998年经国务院学位委员会审察批准确定为广西民院民族学专业硕士生招生点，1999年招收首批硕士生。随着教学工作的发展，在硕士生、本专科生专业课程设置、教学内容和教学方法改革、教材和教学参考资料建设、各类教学管理制度的建立完善、学生思想政治工作等方面投入不少人力，并取得了明显成绩。其中仅教材就编写了19部。1984年以来，除学院必修课外，还先后为区民委、区党校、区政协、广西经干院、广西社会主义学院、南宁市党校民族干部培训班讲授民族理论和民族政策，培训民族干部近千人；1988年以来，培养民族学专业本专科毕业生312人。这些学生在校期间学习优良，英语四级过级率、考研率比较高，有的班级被评为自治区优秀班级，毕业生已成为民族地区县乡镇干部队伍中的骨干。

国内外学术交流方面，1986年以来，先后与我国台湾和香港以及泰国、美国、日本、法国、越南、老挝等国家和地区的大学和科研机构就民族学人类学教学与科研开展交流与合作。先后接待来访交流、合作考察或留学进修的国外学者、进修生不下三百人次，先后有34人次出国参加国际会议，或访问、交流、考察，先后主持召开四次较大型的国际学术研讨会，为推动广西民院和广西对外学术交流作出了重要贡献。

此外，经过长期努力，通过各种渠道，建设起了一个拥有2万余册各类民族书刊的资料室。教学科研手段的现代化也有了一定进展。

由于取得上述各方面的成绩，1996年我院民族学专业被定为自治区重点学科。

回顾45年历程，我院民研所之所以能取得一定成就，其主要原因首先在于有党的正确方针路线的指引。新中国成立后，尤其是党的十一届三中全会以来，党和国家坚持民族平等团结政策，鼓励、支持学者开展民族学研究，改革开放以来，我国和我区各项建设事业的发展，为恢复和发展民族学、人类学研究创造了良好条件。可以说，没有国家改革开放，就没有民研所的今天。其次是得力于学院历任领导、上级主管部门领导，直至自治区领导在机构设置、人才引进、项目审批确立、经费投入、政策倾斜等方面给予的关心和支持，以及社会各界的关心、扶助，没有上级领导和社会各界的关心、支持，也没有广西民院民研所的今天。第三，是因为我们有一支思想作风和专业技术都比较过硬的教学、科研队伍。民研所成立45年来，先后有五六十人在所里工作过。他们中的绝大多数人忠诚于民族教育和科研事业，顾全大局，克服困难，不计个人名利得失，大家团结合作，谦虚谨慎，坚守岗位，刻苦钻研，开拓进取，终于事业有成。他们中的有些人为开创我院民研所的教学科研事业建立不少功劳而已先后离开人世，如刘锡蕃、唐兆民、姚舜安三位先生，都是区内外知名的人物。他们的业绩值得我们永远怀念，他们的精神永远值得我们发扬。

同志们，朋友们，我院民研所45年虽然取得了各项成绩，但与形势要求相比，在队伍建设、教学、科研水平等方面还有许多差距。在国家改革开放、社会主义现代化建设深入发展的新形势下，我所民族学人类学教学、科研的发展既碰上新的机遇，也面临许多新的挑战。要使我们的事业继续前进，在新世纪里步上一个新台阶，既有待于学院和上级部门以及社会各界的继续关心、支持，更需要民研所全体同志团结一心，抓住机遇，发扬成绩，克服困难，迎接挑战，开拓进取。

“长江后浪推前浪，世上新人超旧人”。我相信，有了现在这一个比较良好的事业基础，有各级领导的继续关心、支持，加上全所同志坚持不懈的努力，民研所一定会有一个更加美好的明天！

2000 年 4 月 29 日晚 11 时

# 人类学理论与方法发展趋势[①]

人类学创立于19世纪中期。在其后一百年间，这门学科在不同国家的名称、内涵不完全一样。在英国称社会人类学，在美国称文化人类学，在欧洲大陆称民族学（德国）。而无论英美社会人类学或文化人类学，或欧洲大陆的民族学，都是从事人类群体尤其是白人以外的异民族的社会与文化研究的。除此以外，还有一门称为人类学的学科，则单纯从事人类群体的体质形态方面的研究，尤其是德国、俄国更有这样的学术传统。至于历史学、语言学、考古学、民俗学这些同样以人类为研究对象的学科，却与人类学不发生关系。在十六至十八九世纪，欧洲白人在殖民扩张中，在欧洲大陆以外的世界其他地方，发现了体形、肤色、社会与文化都不同于白人的异民族群体。这些异民族群体许多还处于无文字、无集权政府、工具和技术简陋、甚至不知农耕的原始状态。白人认为这些异民族是一些无历史的民族，甚至是上帝造人后堕落、退化了的民族，因此，不能用历史学的方法来研究这些民族，只能另创立一门学问即人类学来研究他们。所以，那时西方的人类学、民族学、历史学、民俗学是分立的。人类学、民族学研究欧美白人以外异民族的社会与文化，历史学、民俗学研究欧美白人社会的历史与民俗文化。体质人类学、考古学、语言学虽然范围扩展到白人社会以外，但都是各自干各自的，与广义上的人类学研究不发生关系。至于遗

---

① 本文是作者2002年3月在复旦大学现代人类学研究中心成立大会上的演讲。

传学尤其是分子生物学那时还未产生。总之，人类学各相关学科在相当长一段时间内是各自独立发展的，用多学科整合的办法来研究人类并不存在。我认为认识这点非常重要。因为中国的人类学及相关学科如考古学、语言学、体质人类学是从西方移植过来的。西方这种关起门来各搞各的一套理论方法对中国有很大的影响。而一个学科孤立起来只研究人类的某一侧面，是很难从整体上达到对人类的科学认识的。

早期西方人类学不但各相关学科处于分割状态，就是在社会和文化人类学、民族学内部，也是流派纷呈，各不相让，讲究门派传统。我们所熟悉的古典进化论学派、传播学派、历史学派、功能学派、结构学派、心理学派，这些自19世纪至20世纪三四十年代相继产生的人类学各学派，都曾各执一端，互不相让。似乎真理只掌握在某一派手中，别的全是异端邪说。马克思主义作为人类文明进程的学说，与人类学有密切关系。马克思、恩格斯也曾涉足人类学领域。由于政治和意识形态的原因，西方人类学界不少人对马克思主义抱持一种回避、贬斥的态度，这也颇能说明些问题。

人类学各理论流派的产生与它们所处时代的社会思潮有密切关系。上述人类学状况只是反映了特定时期人们对人类本身研究所能达到的水准。我们不必苛责他们。事实上，当时无论社会或文化人类学、考古学、语言学、体质人类学的研究都取得了惊人的成果。众多学界前人的工作，尤其是那些堪称人类学大师的经典著作，成为学科发展的柱石，对人类学的发展产生了重要而深远的影响。即使是社会或文化人类学这一学科的内部的各理论学派，虽则各有不足，但也各有贡献，不能一概而论。

但是，人的认识在发展，人类学的理论方法也在发展。事实上，在如何使对人类及其文化的研究变得科学的问题上一直存在着争论，人类学的理论方法在不断讨论和争论中逐步得到完善。“人类学”这个概念实际上出现得很早。一般都把古希腊历史学家希罗多德（Herodotus）尊为“人类学”一词的创造者，他在《尼各马可伦理学》中描写一位心灵崇高的人时使用了“人类学”一词(anthropologium)。18世纪时，“人类学”这个名词的用法很不明确，常常用来表示综合心理学，用以探讨人类的整个智力情况和研究心灵与身体的关系。后来，随着该名词含义的扩大，它的重点转移到人类体质方面。① 所以，在19世纪中叶以前，人类学一词在一些国家主要是指对人类体质特性和人类自然特性的研究。到英国著名人类学家艾·哈登1910年出版其著作《人类学史》时，已给出人类学的大致体例和学科分类表，包括体质人类学、文化人类学两大分支。前者包括动物学的（人类躯体学)、古生物学（化石人类学)、人类文化学（人类种族生理心理特征分类及环境对体格的影响)，后者包括考古学、技术的（艺术和工业的比较研究)、社会学的（社会现象和社会组织的比较研究)、语言学的（语言的比较研究)、民族学的（以文化条件和特点为基础，对人类进行比较研究和分类，研究环境对人类的影响)②。这表明当时学科整合的趋势至少在某些国家如英国已经出现。当然，尽管这时已经有这样的见解出现，但人类学各相关学科仍未打破各自孤立研究的状态。其后，经过20世纪三四十年代的发展，随着近代科学技术的进步，人们认识的深入，人类学界虽然还有争论，但学科整合的认同日趋加强。到20世纪50年代，联合国教科文组织1950年组织、1954年写出了关于一份社会科学课程设置和教学方法的调查报告。该报告的“人类学”部分是法国著名人类学家列维·斯特劳斯执笔起草的。报告指出：今日的世界几乎一致同意“人类学”为最佳之定名，包括（1）体质人类学——从事由动物进化为人类的研究及以解剖学和生理上的特征区别人类种族的研究；（2）民族志——从事

① ［英］A.C.哈登著，廖泗友译：《人类学史》，1页，70页，济南，山东人民出版社，1988。

② ［英］A.C.哈登著，廖泗友译：《人类学史》，导言，3～4页，济南，山东人民出版社，1988。

由田野工作的考察进而加以描述的研究；（3）民族学——根据第一手的民族志资料作综合的研究。报告认为，“民族志”为研究的第一步；“民族学”为研究的第二步；而“文化人类学”和“社会人类学”则是根据民族志资料和民族学结论再作进一步的综合研究，是为研究的第三步。至于“民俗学”的研究，无论在目的上或方法上，都是与人类学密切相关的。① 这份报告是在调查论证且经过各国众多人类学家认同的基础上，以联合国教科文组织的名义颁发的，因而具有很高的权威性。它的贡献在于，在总结人类学创立近百年经历的基础上，以绝大多数人类学家的经验和认识为根据，第一次比较科学地确定了人类学的内涵，廓清了人类学各相关学科的关系，确认了人类学学科体系和学科分类，提出了人类学研究应遵循的基本理论和基本方法，这主要是“整体论”和“田野考察”法。从20世纪50年代以来，国外著名的人类学教材在谈到人类学分科时，都遵循这样划分方法，如美国C. 恩伯、M. 恩伯夫妇合著的《文化的变异——现代文化人类学通论》认为：“人类学可划分为两大部分：体质人类学（或生物人类学）和文化人类学。体质人类学是人类学一个主要分支。文化人类学又可划分为三个主要分支学科——考古学、语言学和民族学。”② 威廉·A·哈维兰著《当代人类学》一书同样认为：“人类学传统上分为四个部分：体质人类学和文化人类学的三个分支——考古学、语言学和民族学。”并指出：“体质人类学主要是从生物机体的角度来研究人类，而文化人类学则视人类为文化动物。”③ 该书用图表将人类学分科的关

① 李毅夫、赵锦元：《世界民族民族概论》，13页，北京，中央民族学院出版社，1993。

② C. 恩伯、M. 恩伯著，杜杉杉译：《文化的变异——现代文化人类学通论》，5～6页，沈阳，辽宁人民出版社，1988。

③ ［美］威廉·A·哈维兰著，王铭铭等译：《当代人类学》，9～10页，上海，上海人民出版社，1987。

系表示如下：

体质人类学
↑
人类学——→文化人类学 { 民族学 / 语言学 / 考古学 }

综合言之，体质人类学和文化人类学是广义人类学属下的两大分支，其中，文化人类学又有广义、狭义之分，广义的文化人类学下含民族学（或称社会文化人类学）、考古学和语言学，狭义文化人类学仅等同于民族学或社会人类学、文化人类学。当然，这样一种学科分类从现代眼光来看，仍有不足的方面。20 世纪六七十年代以后，人类学理论方法发展又出现了一些新趋势。主要表现在：首先，在文化或社会人类学领域内，人们不再拘泥于原来某一学派的理论方法，而是哪一派理论方法合用，就用哪一派的理论方法。不像过去那样，囿于门派之见，学术变得开放起来。甚至英国社会人类学、美国文化人类学也不再坚持自己的叫法，而可以合称“社会与文化人类学”。其次，出现了所谓“反思人类学”，即对人类学固有的一些理论、方法乃至人类学家的职业道德（主要指西方殖民扩张时期及二战时期西方某些人类学家的表现）进行反省和批判。在这过程中产生了一些新的理论学派，如解释人类学、符号人类学、象征人类学、文化实践论，反映学者们在理论取向上的新追求。第三，现代科学技术的发展，尤其是分子生物学、遗传学的产生与发展，对人类学理论方法的创新产生了重要的影响。它不但使作为人类学两大分支学科的体质人类学和文化与社会人类学由于对人类认识的加深而关系更加密切，且促使两个分支学科在加强基础理论研究的同时，产生了许多新的应用性分支学科，如医药人类学、人体工程学、经济人类学、工业人类学、农业人类学、生态人类学、都市人类学、应用人类学等。这些分支学科充分重视人类体质生物性与社会文化的关系，把人类学理论方法应用于现实生活的方方面面，使人类学两大分支学科相互渗透、共谋发展的趋势更为增强。

这里应当提出来加以讨论的是，人类学本来就是以人作为对象的科学。而人最基本的特征是：他是动物，又不是一般动物，而是有文化的动物。因此，人类学研究人类的体质和文化两个方面是顺理成章的事情，前辈学者把体质人类学、文化人类学当作人类学两大分支学科是很有道理的。现在看来，体质人类学这个提法是否全面、准确还值得研究。传统的体质人类学侧重研究的是人的肤色、发型、身体各部分形态、身高、指纹等体质方面的特征，不包括分子构成、基因组合及漂流方面的内容。而现代科学证明，人的体质特征上的差异是由基因决定的：体形、肤色、身体高矮、个头大小是表面现象，基因组合上的差异是内因，是决定性因素。因此，研究人体质方面并不全面，更没有突出重点。人的基本特征包括两方面，一是作为生物体的人，二是文化的人。人类作为地球上的一个物种，从基因组成到外表特征都有别于其他物种。将人作为生物体加以研究，可以包括得全面些。体质人类学改称生物人类学应当更精当些。

还有一个更重要的问题，就是人的生物性和文化性是否有关系？如果有，它们之间的关系是怎样的？这是老问题。过去有两种倾向，一种从人的生物性来解释人的行为模式，一种从人的文化性来解释人的行为规范。多数人类学者经过研究认为，人类的一些行为，如衣、食、住、行、恋爱、婚姻、喜、怒、衰、乐，其根源要在我们的生物性方面去寻找，但不能认为人类的行为都是由生物因素决定的，否则就要陷入种族决定论的荒谬境地。人类许多行为，如礼貌、风俗、技术、法律、宗教、政府、艺术和亲属制度在历史时间和地理空间上大不相同，而生物科学方法、技巧和假定并不能清楚解释这些不同点。生物学只研究一般性的事情，如人类需要吃的生理学，它不会解释人类社会中为什么会存在食物禁忌，或者法国烹调和广东烹调之间的差异。① 这当然是大多数人传统上的看

---

① ［美］埃尔曼·R·瑟维斯著，贺志雄等译：《人类学百年争论》，287页，昆明，云南大学出版社，1997。

法，人的生物性因素究竟在多少范围内、多大程度上影响人的行为，并不是不可以继续讨论的。当代科学技术的发展，尤其是分子生物学和基因工程研究的发展，也许会得出意想不到的结果。这有待继续讨论。问题的另一面是：人类的文化性因素会反过来影响人的生物性特征吗？人类在自己的进化过程中已经有许多人类文化可以改变人的生物特征的例子，如工具和火的使用、熟食、衣服的发明使原始人逐步脱离动物进化成人类；现代科学技术的进步，新产品如化肥、农药、激素、转基因作物的普及运用，人们生活水平的提高和人类行为对环境的污染，已经造成某些物种的变形、变性，同时引起人类生理现象的变化，如长高、早熟等；人的生命的延长已成社会问题等等。人类文化性因素究竟在多大范围、多大程度上对人的生物性特征产生逆向影响，同样是人类学家面临的挑战性问题。

上海复旦大学在遗传研究所的基础上成立现代人类学研究中心，联合遗传学、体质人类学、考古学、历史学、语言学、民族学开展对人类的综合研究，实现多学科的交叉与整合，是件很有意义、很有前景的事情。我的这篇小文章篇幅所限，许多地方说不好、说不到。抛砖引玉，希望引起批评。

2002 年 3 月 16 日

# 本土解释在人类学理论、方法上的意义①

作为广西民族学院民族学人类学研究所的一位老师，今天在这里能够听到乔健先生、郝时远先生、庄英章先生已经和将要发表的报告，感觉很高兴。这次会议对我们广西民族学院民族学人类学的研究将起到很大的推动作用。我长期以来主要是从事瑶族历史文化的研究，由于学科建设的需要，也读一些民族学、人类学的书，也写一些文章，但研究很不深。刚才听了乔健先生和郝时远先生的报告，觉得讲得很好，对我们很有启发。

这次会议，徐杰舜教授叫我讲人类学与瑶族。我一直在琢磨，我讲什么？我最近承担几个课题，比较大的一个是《瑶族通史》的编纂，另一个是广西教育厅的一个课题，是关于人类学理论、方法及其在中国本土化的研究，还有一个广西社科基金课题，关于广西山地民族传统医疗体系变迁研究。我今天讲一下人类学本土化里的一个问题，题目就是：本土解释在人类学理论、方法上的意义。主要是方法上的意义，向乔健先生、郝时远先生、庄英章先生及各位在座的先生请教。只是作为问题提出来，时间关系不能展开。我在做瑶族历史与文化的研究时常碰到这些问题，有一些感受。

1. 什么是本土解释

关于这个问题，国内人类学界发表的研究文章很少见到。什么叫本土解释？我学习的体会是：从中国来看，中国人对中国文化的

① 这是作者2002年9月在南宁召开的人类学高级论坛上的发言，原刊于《广西民族学院学报》2002年第四期。

看法和解释可以说是一种本土解释；中国56个民族，其中任何一个民族对自己文化的解释，都是一种本土解释；甚至56个民族中，不同支系对本支系里的一些文化的解释，也是本土的解释。

2. 人类学为什么要重视本土解释

人类学研究的目的，主要是探索人类文化的普同性和差异性，落脚点还是解决一个普同性的问题。人类的文化差异是很多的，不仅不同的民族，就是同一个民族的内部不同支系之间的文化都有差别。我们作为一个民族学人类学学者，在进行民族文化研究时，首先是调查它，弄清楚它的文化现象，然后来解释它。在这个解释中，要注重本土解释。我认为这个问题跟人类学研究上的局内观、局外观和主位研究、客位研究有密切关系，虽然有时候看问题是当局者迷、旁观者清。人类学家们都主张从异文化的反差中求得对本文化的理解，有人主张人类学在研究一个文化的时候，要保持一定的客位状态。但我认为，最重要的是一种主位研究方法，要深入到一个民族中去调查、研究，用参与观察的方法，甚至变成这个民族的一分子，才能避免本民族文化对自己理解这个民族文化可能出现的一些干扰或误解。主位研究作为人类学一个很重要的方法，在国际人类学界得到了认同。当然不排斥客位的一些看法，不排斥人类学家通过调查研究以后，进行的抽象化的推理性研究。我提出的问题是要重视本土解释，因为我在瑶族研究中，以及我听过、读过的一些书、一些文章，包括对中国其他民族的研究中，有这样一种不是很注意和注重本土解释的倾向，带有相当的主观性。我在编纂《瑶族通史》的过程中，看了一些包括越南、泰国和其他一些国家的学者出版的一些瑶族的民族志报告、专著。比如2001年我看的两本越南的书中有个例子，瑶族有一个叫“挂灯”、“度戒”的宗教仪式，但越南学者不采用瑶族本身的说法，而使用另外一个说法——“赐敕”，因为“挂灯”和“度戒”的最后，师傅发给徒弟一个“度牒”，像封建皇帝封你一个官，给你一个敕文那样，越南学者就这样来解释。这样的解释不能说是错，但我认为瑶族自己讲的“挂灯”有“挂灯”的意思，“度戒”有“度戒”的意思，甚至挂灯有挂三盏灯、七盏灯、九盏灯、十二盏灯，如果笼统地说“赐敕”，这个文化现象就说不清。再举一个例子，瑶族无论是中国的、越南的、泰国的，我亲自调查过很多瑶族村寨，每一个瑶族村寨里都有社庙，不一定盖成一个房子，在一兜大树根下放块石头，就算立了社庙，瑶胞叫它作社庙，不叫村庙。但我看过的越南学者写的一些书、文章，却把这叫村庙。这就涉及一个文化转译问题了。因为他是用越南文写的，我请懂越南文的人把它翻译过来，我就问在越南的概念里，这是不是“村庙”的意思？翻译说就是“村庙”的意思。我说瑶人没有“村庙”的概念，社庙就是社庙，翻译成“村庙”就说不清了。村庙和社庙是两个不同的概念。在金秀大瑶山一个村子里有不同的庙，有甘王庙、刘大娘庙、盘王庙，但不一定有村庙，社庙就是社庙，你不能说是村庙。他的材料讲的是社庙，不是一般的村庙，笼统地用“村庙”是不准确的。人类学的研究本身就是一种文化翻译，文化翻译不准，提供给人的消息就不准。

我再举个例子。关于“瑶”这个名称的问题是有争议的。过去史书有记载，一说是“不事役，谓之傜人”；一说是“傜人者，言其执傜役于中国也”。这两种意见恰好相反。这是史书的记载，我们在解释的时候要不要尊重瑶族人的意见？我在写《瑶族历史与文化》这本书的时候，范宏贵教授跟我说，这个事你必须要表个态，要说明一下。我说行，没问题。我本身是瑶族，根据我调查和收集到的材料，我的看法是：“不事赋役，谓之瑶人”才是比较准确的。因为瑶族有一个传统的解释：“先有瑶，后有朝”。意思是瑶族是给中国封建皇帝立过功的，皇帝发过一个《评皇券牒》，里面就规定：瑶人不服傜役。按它本来的解释，应当是“免傜役”比较好。事实上，瑶族非常重视自己的“过山榜”，从中国带到越南，从越南带到老挝、泰国，一直到现在在美国还保留。过去瑶人在山上刀耕火种，外面的人要来收税了，瑶人就拿出“过山榜”来理论，到越南、泰国、老挝，他也拿，他认为越南、泰国是小朝，中国是大朝，大朝皇帝发给我的“过山榜”——任从刀耕火种，食山过山，见官不下跪，耕山不纳税，你为什么收我的税？所以我认为这个“瑶”是从“免除徭役”里来的。我们应重视本土解释，这样是不是好一点？

另外一个问题是瑶族自称“勉”，这个“勉”是什么意思？过去也有很多争论。有人认为，“勉”是瑶人的自称，因为中国古代称中国南方的民族为“蛮”，“勉”、“蛮”音近，是自称变成他称。80年代以后，又有学者说瑶人是“蛮”，“勉”就是“蛮”，他们说这统统不对。瑶人自称为“勉”，“勉”不是“蛮”的意思，“蛮”是一种侮辱，那么“勉”是什么意思？“勉”的意思是“人”，瑶族自称为“人”，这是对被封建王朝称瑶族为“蛮”的一种抗议，你称我为“蛮”，我就要自称为“人”。另一种观点认为，“勉”不是瑶人自称，瑶人自称为“尤”或“优”。但我看这个事情是不是应该问一下瑶人的意见。瑶人自称为“勉”不错，“勉”的意思是“人”也不错。事实上，中国很多少数民族都自称为“人”，甚至非洲一些少数民族也自称为“人”。瑶族自称为人，不一定是对抗封建王朝，不一定是你称我为“蛮”，我就自称为“人”。我举出这些例子，说明我们在人类学的研究中重视本土解释的必要性。

3. 为什么会出现这样的现象

为什么有些人不重视本土解释？个中原因比较多。首先，在理论方法上的研究还不够，实际上是对西方人类学所经历过的一些道路，提出的一些概念接触得不太多。重视本土解释，主张主位研究，或主张局内观和局外观相结合，这是国际人类学界在20世纪30—40年代，特别是二战以后提出来的概念，可我们有些人还不太注意这些问题的学习、领会和运用。其次，这可能跟我们有些人做研究时的“功利主义”有关。我这里不是批评年轻人，年轻人下去没弄清楚，扒拉几下，弄点材料回来就写文章，这样做有点危险，弄不好会出问题。民族问题是个敏感问题。不是那么回事，你硬说人家是那么回事，刺激、伤害民族感情，就会引起矛盾。所以做人类学研究，还是要秉承国际上一些好的传统、经验和做法，在进行中国的人类学民族学研究的时候应当引以为戒。

4. 重视本土解释的意义

重视本土解释有什么意义？我认为，首先，使我们对一个民族的文化的研究尽量做到客观，获得客观的资料，尽量克服本民族文化或其他一些文化观念给自己带来的一些偏见和影响。这是科学研究的基础，有了这个基础，才谈得上理论上的探索和贡献。

其次，重视本土解释有利于促进各民族的相互理解。国际人类学学者在这方面比较注意的是下去调查的时候做扎实、细致的田野调查，跟当地人、调查的对象建立比较密切的关系，尊重他们的意见，这都是好的做法，对于促进民族之间的了解、团结是很有利的。

第三，重视本土解释对促进人类学、民族学研究，改进它的理论方法，实现人类学理论、方法本土化有重要意义。迄今为止，国际人类学的知识体系和一套分析工具主要是西方人类学学者研究非东方文化建构起来的。许多学者指出，用这套分析工具来研究东方文化尤其是中国文化有局限性。中国文化的差异性要求我们注重本土解释，提炼出新概念、新理论，从而为国际人类学发展做出贡献，这是不言而喻的。

5. 怎样重视本土解释

作为一个方法论，我认为重视本土文化的解释，这是人类学本土化过程中的一个问题。提倡人类学的本土化或中国化，不排斥国际化，这个观点我以前说过。重视本土解释的办法包括：

首先，我们要学习国际人类学界过去一些好的经验和传统，并运用到对中国文化的研究实践中。

其次，在职业道德及技能训练方面要加强。我认为功利主义这东西对做好学问弊多利少。急于匆匆忙忙下去，马马虎虎地搜集些材料，回来就搓一篇文章发表，讲来讲去涉及一个职业道德问题。这虽然在国际人类学界早已有人提出来，但在中国人类学民族学界，这个问题似乎还没有提得那么尖锐。这几年来，的确存在由于评职称、评奖、提级等各种各样的需求而赶快写文章、赶快发。你去研究一个民族，为什么不研究得好一点，目的无非就是为了自己，被研究的一些少数民族，例如美国印第安人说的那样，你来这里研究无非就是为了自己写文章，捞你的好处。瑶族里也有一些支系，反对你搞录像、去调查，他们觉得你来对我没有什么好处，不能给我解决什么问题，甚至你提出的一些概念脱离实际，是生造出来的，他不同意。我可以举很多例子。过去研究南丹白裤提出一个概念叫“玩表”，白裤瑶最反感了，什么“玩”，什么“表”，这都是搞出来的概念，根本与我无关。所以你去调查，他不欢迎、不理睬甚至会发出威胁，造成了一种研究者与被研究者、主观与客观的二元对立。矛盾肯定会存在，问题是我们怎么去做，这关系到我们的技术训练、职业道德问题。

第三，长期研究，积累经验，达到对一个民族本土文化比较深的认识。这方面要做的工作不容乐观，我自己虽然是个瑶族，我去研究瑶族也不那么容易，也要小心翼翼，也可能现在我写的一些文章也犯了我所讲的错误，大家可以批评。

# 重视人类学理论建构的探讨①

## ——中国首届人类学高级论坛观察员评论和总结摘要

我讲几点感受：

第一，先说明一下，我是学历史学出身，不是人类学出身。在我读大学那个年代，人类学、民族学相继被打入冷宫，尽管我的一些老师是人类学家，像岑家梧、刘孝瑜等，他们当时无法讲人类学的课，只是在讲授少数民族历史文化时，使用了一些人类学的理论、观点和方法，所以我们这些学生，像我、彭英明、徐杰舜等稍微有一点感受吧。这些遗憾是历史造成的，没办法。徐杰舜是我师弟，他刚才称我是大师，那是绝对不敢承当的。中国的人类学大师应当是吴文藻先生、费孝通先生、林耀华先生、杨成志先生，到后来就是李亦园先生、乔健先生等可以称得上是大师。对中国的人类学历程，我写过一篇文章——《中国民族学的世纪历程和未来任务》。人类学在中国经历的时间很长，中国人类学界有原生代、中生代，有晚生代、新生代，我大概是算晚生代吧，新生代是现在的一批人类学博士。乔先生从年龄、从学问来讲是我的前辈，属中生代吧。我对人类学虽然做了一些工作，但成就不多，深感愧疚。

第二，对这次会议我谈一点看法。这次会议在这里召开，有乔健先生、庄英章先生、郝时远先生以及那么多人类学博士出席，使会议能成功举办，这很好。论坛在这里发起，大家认同这个事，这是对广西民族学院开展人类学研究的支持，为人类学论坛的继续召

---

① 原载于《广西民族学院学报（哲学社会科学版）》，2002年第4期。

开开了一个好头。当然会议的规模与我们设想的有一点距离。来的专家少一些，文章主题不够集中，有些文章只停留在表面的描述，理论建构不够。当然也有些文章探索的领域比较新，研究比较深。我还想不到李泳集博士能够来参加会议，他提出的企业人类学研究的思路很好。应当特别指出，乔健先生关于底边阶级和底边社会的研究，其主旨讲话不仅是一个新课题，而且在研究中国社会的方法上给我们以新的启迪。

第三，我很赞同乔先生讲的几点意见，特别是中国人类学应该与国际人类学接轨，以及关于要再学习、要补课的意见。要补课是费老提出来的。费老很谦虚，他都要补课，我们这些人难道不补？我也在补。我是 1986 年到香港参加第一届国际瑶族学术研讨会时才对人类学有所认识。我一直在学，但没有学好，还要不断地补。我同意乔先生说的要做很细的田野调查。我很惭愧，这么多年来很细的田野调查工作没有做好。刚才张江华博士说，张有隽老师这一代田野调查工作做得好。实际上我们做得不标准、不扎实。我跑了很多很多地方，有时候在一个地方一两个月，然后又不断地补充，但从人类学的角度看，我还没有写出一个很像样的田野报告。我希望在座的特别是年轻人要像乔先生说的那样认真做田野。

第四，中国民族学、人类学的发展道路的确非常坎坷，在 20 世纪 50—70 年代是个重灾区，所以我认为目前中国民族学人类学仍然处于一个恢复发展阶段。新一代的人类学硕士、博士正在培养，有些已崭露头角，涉及了一些老一辈人类学家还没有去做的领域，大学里民族学人类学的教学机构都在恢复、发展，研究成果不少，会议也在不断地开，圈子阵容不断增强，有不少原来不从事人类学研究的人认同了人类学，参加了人类学的队伍，大陆与港、台及国外的交流不断增加。总的趋势是好的，但道路仍然艰难。中国人类学的发展还不是很成熟，一个是队伍还没有完全形成。台湾的人类学研究没有中断过，队伍结构比较好，大陆的队伍还不整齐。我们所出的一些科研成果与国际水平还有相当的差距。我们出的一些大师级人物，除费老等老的一批外，新的就很少。要建构出能够解释中国文化，能够在国际上产生认同，像张光直教授那样的人并不容易。我们大学里面临的困难也比较多。我从1978年开始搞民族研究，1984年开始当所长，当到2000年5月退下来，中间有一段时间由张江华博士来做。大学里，在资源共享方面遇到一些麻烦，困境不少，学生入学时对民族学人类学有兴趣，毕业时学生的工作安排却成了问题，这些问题到现在并没有完全解决。我们现在招了些研究生，分配有出路，但考上研究生的并不多，民族学人类学毕业生的社会认可率还是比较低的。人家搞不清楚民族学人类学是干什么的，是搞计划生育的吗？另外，课题费也比较少，像我们学院的民族学科，是自治区级重点学科，自治区投入了一些经费，状况有所改变，但我们的课题费是很少的，比台湾、比国外差远了。这需要我们有个清醒的认识，要有信心，但不能盲目乐观，对存在的问题要有客观的看法，这是一些发展中的问题。

在中国社会转型过程中，这些问题的解决需要创造条件。首先，热爱民族学人类学研究的人要不断地努力，出好的成果，使这个学科确确实实地能够为社会、为政府所认同。

第二，人类学作为研究人及其文化的一门科学，除了基础理论研究以外，也要关注现代生活，贴近现代生活，加强应用研究。这个问题的提出，是因为我当所长一直受到一些压力，认为我们老做那些不沾边际的问题的研究。人类学是研究人的文化，现代社会的急剧变革，很多问题要研究，研究的问题要有应用价值。刚才乔先生提到台湾那位女人类学家写的关于妇女身体观的研究，就具有很强的现实性。目前这一类的课题太少了。中国人类学的发展始终要解决一个理论与实践相结合的问题，没有一个很好的理论作指导，你看见某个地方的文化现象就辨别不了，挖掘不出它的文化意义。我们确确实实需要与国际接轨，需要学习国际人类学界已经创造出来的好的理论。关于接轨，我使用过这个概念，遭受过攻击，但我还是坚持这个观点。我跟张江华博士、吴国富博士都讨论过这个问题。接轨的意思是大家有共同语境，不等于全盘照搬西方理论。

第三，要有一个比较好的实际调查。我在开幕那天讲的人类学要重视本土解释也就是怎样提高田野工作的客观性、真实性，提高它的科学价值，实际上讲的是一个田野调查问题。没有对一个民族群体的文化进行仔细、深入的调查，要进行理论的建构就很难。因为理论总是要发展，并不仅是通过某个田野来证明某个西方理论是对的，或者是做修修改改，以为那个理论不完满，要修改补充就算了。我认为发展中国人类学，重要的是结合中国的文化实际，发展出新的理论。这个问题，乔先生在 1994 年的一篇文章中已提出来了。中国的文化延续性、民族多元性、资料丰富程度、人口数量世界第一，而且地域广阔，西方过去对中国的研究不够，我们自己的人类学家要加强这方面的研究，建构出一些新的理论，像张光直教授那样通过考古学，对古代文化的研究提出一个与西方不同的解释，这是我们一个重要的目标。当然，扎实的田野调查并不排斥文献的掌握，研究中国，在中国作人类学的调查需要有文献的支持。我在上中国民族史、民族志课的时候，就对学生强调，没有历史文化这个人文的基础，对民族地区做的田野就把握不准，因为文化本身是历史积累的结果。

1999 年 10 月

# 人类学理论与方法及其在中国本土化研究[①]

“人类学”，是英语“Anthropology”一词的汉译。“Anthrop”意指“人类”，“ology”是一个英语后缀，意为“学科”。从字面意义上来说，人类学是一门研究人的学科。与其他研究人的学科如历史学、哲学、心理学等学科不同的是，人类学更像是一个学科体系，它包括了对人的生物性和文化性的研究，也包括了对人的过去和现在的研究，它给我们提供了一个综合的、总体的研究方法与维度，从而使我们能更清楚地认识人类自身。人类学作为一个学科体系，包括：（1）体质人类学。它主要从人的生物性方面去研究人，它又包括三个方面。①形态学：主要研究体质类型的个体变异；体质类型从胚胎发育的早期阶段直到老年时的年龄性变化；两性差异现象；分析人类机体在不同的生活和劳动条件影响下所产生的特点。②人类起源学，包括：灵长动物学；人体进化解剖学；古人类学，即研究人的化石类型。③人种学或者说民族人类学，研究人种的分类及其在地球上的分布、人种形成的历史原因以及人种类型的变化规律。[②]（2）文化人类学。文化人类学又包括了考古学、语言学和民族学，其中美国人通常喜欢把民族学称为文化人类学，英国

---

① 这是张有隽主持完成的广西教育厅的一项科研课题。张有隽拟定写作框架，林海执笔，张有隽修改定稿。原载于《广西民族学院学报（哲学社会科学版）》2003年社会科学增刊。

② ［苏］罗金斯基、列文著，王培英、汪连兴等译：《人类学》，7～9页，北京，警官教育出版社，1993。

人则通常称之为社会人类学。民族学之下又有民族志，也有人称之为一门学科。

考古学通过对出土的古代器物的研究，可以重构古代人类的生活场景，并为我们提供古人生活文化变迁的型态。

民族学是从整体观点去研究社区人群的文化与社会生活的科学。其目的是在充分了解文化现状的基础上去解释人类的思维方式以及行为模式。通过对各种不同文化的理解，试图去认识人类的本质。民族学通常的研究项目有亲属结构、婚姻与家庭、经济生活、社会控制、物质文化、宗教、语言、艺术、神话传说等。民族志是指对社区人群的文化与生活的描述，这些描述应尽可能客观地记录社会群体生活的各个方面。而民族学的研究，只有基于客观的民族志基础，才是有意义的。

语言学是一种超越时空限制的研究。语言是一种普遍的文化现象，要了解一个社群的文化，首先必须懂得其语言。此外，语言还反映了一定的文化结构，通过对语言的研究，可以了解到文化的深层。对语言的比较分析，又可以作为文化比较的一个重要方面。

人类学的体系可用下图表示：

- 人类学
  - 体质人类学
  - 文化人类学
    - 文化人类学（民族学）—民族志
    - 考古学
    - 语言学

人类学是一门发源于西方的科学，它的理论方法是西方人类学家发明的。长期以来西方人类学的研究对象是他们所认为的“野蛮人”，即无文字的部落社会。西方人类学理论大部分是从对于这样的“野蛮人”社会的研究得出的。这样的理论能解释我国这样有几千年不间断文明、文化丰富、社会复杂的情况吗？答案是怀疑和否定的。有鉴于此，我国应该建立有中国特色的人类学体系。发展适应我国需要的，能更好地解释中国文化并为中国的现代化建设服务的人类学理论与方法。这就提出了人类学理论与方法的本土化问题。对于一门西方传入的学科，怎样才算本土化，该如何本土化?本土化并不是闭门造车，而应该首先对世界已有的理论与方法有一个通盘的了解，再分析中国的情况，最终做到对西方理论与方法的批判吸收，并与中国的问题、中国的优良学术传统、中国的文化特色相结合，才能较好地做到本土化。因此，我们将先了解西方人类学理论与方法的发展历程。

## 一、西方人类学理论与方法的发展

### （一）前民族学时期（1871 年之前）

人类学的学科体系在各国的发展状况并不一致。体质人类学更接近于自然科学。因此，它在许多国家被划归到自然科学之下。考古学和语言学在许多国家也发展成为独立的学科门类。文化人类学（民族学）因此成了各国人类学界研究的核心。许多名为文化人类学或社会人类学的研究，主要是民族学的研究。在世界各地出版最多的人类学研究成果，都属于民族学。我们可以找到许多民族学、文化人类学的出版物，但很难找到包括民族学、考古学、语言学、体质人类学在内的体系完整的某一时期的人类学出版物。然而我们并不能以民族学代替人类学，民族学只是人类学领域的一个部分。一般认为民族学的形成以 1871 年英国人泰勒的《原始文化》和 1877 年美国人摩尔根的《古代社会》一书的出版为标志。然而，有关从考古学、属于体质人类学的古人类学以及语言学方面对人的研究，在民族学出现之前已经取得了不少成果。

从 15 世纪开始，欧洲人进行了许多航海和探险活动，在这些活动中，他们收集了许多人种和民族的资料。十七八世纪的启蒙运动又使欧洲知识界对人类的价值与尊严、人与宇宙、人的社会化等问题兴趣大增。航海与探险为人类学研究提供了资料。启蒙运动则贡献了科学研究的哲学思想基础和方法。一般认为，

"人类学"一词首次使用是在1501年，出现在德国学者马格纳斯·洪特的《人类是万物之灵》一书中，书名中的Anthropologium即"人类学"，这本书对人体解剖学和生理学进行了研究。18世纪时，"人类学"这个名词的用法很不明确，常常用来表示综合心理学，用以探讨人类的整个智力情况和研究心灵与身体的相互关系。后来，随着该名词含义的扩大，它便把重点移至人类的体质方面。① 但仍有人类学家将心理学包含在人类学内。例如1898年剑桥人类学代表团赴托雷斯海峡考察时，就有实验心理学的考察内容。1822年版的"英国百科全书"解释道："人类学是关于人类自然特性的研究"。这一定义偏重于体质人类学，而与今日普遍所指的"文化人类学"毫无关系。人类学词义由自然方面向文化方面的扩展，可从1859年"巴黎人类学会"的研究内容看出，该会是世界上第一个人类学会，认为人类学研究人类的生命与生活的全部。

对于民族学，尽管多数学者认为古希腊的希罗多德（大约公元前480—前425年）已做过许多民族学的调查和记录工作。但一般认为对"民族学"一词使用最早的是法国自然科学家让·雅克·昂佩斯。他在1830年制定人文科学总分类表时，规定了"民族学"的地位。1839年，巴黎成立了世界上最早的民族学会，该会纲领称民族学研究旨在"鉴别人类种族的要素，其身体构造，知识与道德的特质，语言、历史的传统"②。英国学者A.C.哈登在其《人类学史》一书中写道，巴黎民族学会的任务是探讨现代"人类学"的内容是什么，但它更加感兴趣的课题是欧洲历史上各个种族的起源和关系。从词源学的角度来看，学会的命名是合适的。成立于

① ［英］A.C.哈登著，廖泗友译：《人类学史》，70页，济南，山东人民出版社，1988。

② 黄淑娉、龚佩华：《文化人类学理论方法研究》，5页，广州，广东高等教育出版社，1998。

1843年的英国伦敦民族学会是模仿巴黎民族学会命名的。① 1859年法国人类学会成立时，将民族学附属于人类学。这是第一次将民族学包含于人类学，但两者的关系并没得到广泛认同。法国学者多宾诺1876年编的《人类学》，仍然只探讨人的自然属性。他认为普遍人类学只探讨属于动物界的人类，应从解剖学、生理学、病理学和心理学去分析探讨。

1839年巴黎民族学会的成立，应是民族学作为一门学科诞生的标志。但这一刚刚诞生的学科，还没有形成自己的理论与方法，甚至连研究的范围、任务也还不清楚。直到1871年《原始文化》和1877年《古代社会》出版，开始形成民族学的进化论，这一学科在理论方法上才开始初步成熟，可算是一门学科的形成。本文将1871年之前称为"前民族学时期"，一是因为这时民族学还没成为一个成熟学科，民族学的研究较少；二是因为这一时期"人类学"以体质人类学或对人的自然属性的研究居多，并没有否认1871年之前的民族学研究的意思。

"民族学"是欧洲大陆用得较多的词。美国考古学家霍姆斯（W. H. Homles）于1901年创用了"文化人类学"一词用于研究人类的文化史，后来在美国，广泛地使用"文化人类学"一词指称对人的文化方面的研究。1908年，英国的人类学家弗雷泽提出"社会人类学"一词，得到广泛接受和使用。20世纪20年代以后，"文化人类学"和"社会人类学"就分别作为美英两国对人的除自然因素以外的属性进行研究的学科名称。诚然，还在1871年，英国"人类学学会"和"民族学学会"就合并成立了"大不列颠和爱尔兰皇家人类学研究所"。英国古典进化论学派代表爱德华·泰勒在其研究中并没有使用"民族学"（Ethnology）一词，而是使用了"理性民族志"（Rational Ethnography），他写出了内容广泛的《人

① ［英］A. C. 哈登著，廖泗友译：《人类学史》，90页，济南，山东人民出版社，1988。

类学》一书，于1881年出版，自那以后，“人类学”一词被越来越多地用于指称文化和社会研究。

18世纪中期，瑞典人林奈在《自然系统》一书中，确定了人在自然界中的地位。把人类作为独特的种类，连同猿、狐猴和蝙蝠安排在灵长类中。他还进一步根据肤色和其他特征把人类分为四大类。

18世纪末至19世纪中叶，以研究头盖骨为主的人体测量学繁荣一时，德国的布鲁门巴哈（1752—1840）是哥廷根大学医学院教授，他曾搜集世界各种族的无数头盖骨，进行比较研究。他首先注意到了人类头盖骨及面骨的形态，提出了头盖骨垂直常态的说法，即从上面角度看头盖骨的形态，指出蒙古人种、黑色人种和高加索人种各有可区分的特点。他被视为头盖骨学的奠基人。在《原始人种论》一书中，他将人种分类的基础建于测量之上。

19世纪前半叶，有一些早期科研人员用一些简单测量法或用比较方法，来揭示面部和脑颅之间的相互关系，以便系统地提出人种之间的不同特征，同时系统地阐明人类和低等动物之间的差异。在同一时期，其他科研人员利用画线方法探讨脑的部分壳片对于整个头颅的关系和比例。脑的内部容量于1836年首先受到蒂德曼的注意。他用小米装满脑壳，然后称其重量，通过这样的方法测定脑壳的内部容量。①

在最早期的头盖骨研究人员中，最有名望的学者是里茨厄斯（1796—1860）和格莱顿（1800—1871）。里茨厄斯提出了头部指数，即颅骨的宽度与长度比例的百分比。他进而补充了面部、高度和颈宽的测量法。格莱顿为他的朋友所收集的许多古代爱尔兰人颅骨拟写文章，他发明了一系列以耳孔为起点的径向测量法，制作了一部精巧的颅骨测量仪。

布罗卡（1814—1880）是法国最伟大的系统体质人类学导师。

---

① ［英］A.C.哈登著，廖泗友译：《人类学史》，26页，济南，山东人民出版社，1988。

1847年他参加发掘坟场工作，引起他研究头盖骨学的兴趣，之后还研究过种族学。从此他努力建立人类学研究的机构，发起和建立了巴黎人类学会（1859年）、巴黎人类学院（1876年）。这两个研究机构不仅奠定了法国人类学的基础，还影响了世界各国人类科学的发展，如国际人类学与史前考古学大会的永久会址以及国际人体学会均附设在"巴黎人类学院"里面。他发明了几种头颅测量仪器，如枕骨仪、测角计、立体照相机，还将一些方法标准化。布罗卡的学生保罗·多宾诺于1876年编纂出版了《人类学》一书。1885年，多宾诺又发表了《普通人类学纲要》。该书只讨论属于动物界的人类，其中论及解剖学、生理学、病理学和心理学。大约在19世纪中叶，学界开始了对活人的观察，并以人体测量学对之进行研究。不仅对死人的头盖骨、骨骼，乃至活人的头型和人体测量作了调查研究，而且对某些部分如鼻、耳的形状和皮肤、眼睛等器官的色素沉淀都进行了调查和研究。①

这一时期的诸多人类学家，根据毛发、肤色、颅型等特征，将人类作了多种不同的种族分类。体质人类学的研究开始于欧洲人对世界种族多样性的认识。这一时期的体质人类学工作主要是从可观察的体型特征上对人种进行描述和划分。人类学家之间对人的起源问题展开了一元论和多元论的争论，进化论与非进化论的争论。其中一些人类学家具有种族优越感，认为白种人比其他种族优越。人类学在这一时期的大发展，很大程度上得益于各地"人类学会"等机构的推动。但是人类学者往往只从体质特征来描述人，划分种族，却忽略了文化，没有注意到文化对人的差异的影响。尽管对头盖骨的测量研究有了精细的工具和方法，对人体的测量也有了很多成果，但众多人类学家对种族的划分标准还是众说纷纭，未能取得一致。

考古学发端于文艺复兴时期的意大利，当时人们热衷于收藏古

---

① ［英］A. C. 哈登著，廖泗友译：《人类学史》，37页，济南，山东人民出版社，1988。

希腊、古罗马时代的古物。这一热潮扩散到了欧洲大陆及英国。19世纪初拿破仑对埃及的远征使欧洲人获得大量古埃及的器物并进行研究。1819年，丹麦国家博物馆馆长汤姆森依据武器和工具的制作材料划分出石器、青铜器和铁器三个时代，并以此为标准把藏品分成三组进行陈列，代表着他所主张的三个依次承继的时代。1836年哥本哈根博物馆发行的《指南》和沃尔赛的《远古古物》一书可算是19世纪上半叶出现的两部最重要的考古著作。沃尔赛提出要引导人们观察过去，寻求人群的起源、迁徙，民族命运，以及今天的特点和状况的问题。考古学不能仅仅局限于一些可以搬移的古物和博物馆藏品，而是必须同时进行田野考古研究。汤姆森和沃尔赛强调准确描述和区分古物的必要性，提出了器物分类的准则，对考古发掘技术，也有精辟的论述。另一位考古学家尼尔森认为，对古器物进行研究并不是获得史前知识的唯一途径。他强调传说以及他称为比较方法的重要性。宗教与世俗的传说中通常包含着饶有趣味的事实，而它们的真正涵义反倒被人所遗忘。他号召多多使用比较方法，即比较史前的人工制品与现代原始民族所使用的具有相同形式和功用的器物。①

19世纪初，人类学家对丹麦贝丘和史前墓遗迹、瑞士湖上木架屋、英国和法国的洞穴及其坟墓遗址进行了考察，这一切科研活动都提供了实物证据，证明了史前人类的存在。史前人类遗址的发现把考古学与人类学结合起来了。人们进行了好几次热烈辩论，随后考古学才终于被认为是人类学的重要组成部分。② 1830年，查尔斯·赖尔发表了《地质学原理》，探讨了有机物变化发展的理论，并首先把进化论的哲学思想运用于解释岩层证据所反映的生物进

① ［英］丹尼尔著，黄其煦译：《考古学一百五十年》，37～38页，北京，文物出版社，1987。

② ［英］A.C.哈登著，廖泗友译：《人类学史》，105页，济南，山东人民出版社，1988。

化。达尔文正是阅读了赖尔的《地质学原理》一书后才设想出进化论的全部理论。进化论学说不仅使人们更易于接受远古人类的存在的事实，而且使一些发掘出的粗制石器真实可信。1858 年，人们承认了欧洲大陆存在过“旧石器时代人类”。在进化论的指引下，考古发掘展示了一个技术发展序列，证明了文化发展的真实情况。考古学同时也为进化论提供了大量的证据。考古学已不再是单纯的对古物的爱好，而成为了对人类及其文化总体研究的一部分。

随着古人类化石及器物的不断出土，法国古人类学家、史前考古学家拉代和他的学生莫尔蒂耶，以及另外一些学者分别对石器时代作了不同的分期。在莫尔蒂耶的倡议下，于 1866 年在纳沙特尔召开了第一届人类学及史前考古学国际会议。1867 年在巴黎举行了会议，次年在英国，1869 年在哥本哈根也分别举行了会议。①莫尔蒂耶后来成为巴黎人类学院的教授。

语言学产生于语文学内部，语文学是从语言、风格、历史和民族属性的观点来研究古代文献的一门科学。出于对古印度文献“吠陀”研究的需要，古印度学者在公元前三四世纪创建了语法。古希腊学者也有一些对语言的研究。亚历山大时期，学者写了《文法》一书，分出了八大词类，即名词、动词、分词、冠词、代名词、介系词、副词及连结词，将语音分成子音和母音。到了 15 至 16 世纪，许多语言都有了语法研究。

17、18 世纪地理大发现等旅行使欧洲人发现了许多新语言。语言学家通过对多种语言的研究写出了一些大型的多语言词典和普遍唯理语法。

19 世纪初，随着语言事实材料的范围和数量的增加，除了希腊语和拉丁语以外，学者们对日耳曼语言、伊朗语言和斯拉夫语言也进行了研究，随着所研究语言与梵语的亲属关系的确立，历史比

① ［英］丹尼尔著，黄其煦译：《考古学一百五十年》，105 页，北京，文物出版社，1987。

较研究大大地前进一步，并使历史比较研究的对象和方法更为明确。于是，消除了欧洲和亚洲语言学的隔离状态，并提出语言学的统一问题。[①] 丹麦的拉斯克、德国的格里姆和葆朴被称为历史比较语言学的奠基者。拉斯克促进了印欧语言学中历史比较法的建立。格里姆则被认为是历史语法的奠基人。葆朴将诸多印欧语言进行比较研究，创建了印欧语言的比较语法。印欧语言之间的亲属关系被证实了，历史比较法也经受住复杂的考验并作为研究语言的主要方法之一而确立了下来。[②] 德国柏林大学的创始人洪堡特奠定了历史比较语言学和类型语言学的哲学基础。洪堡特指出语言学应有自己特有的“哲学”——建立在概括一切语言（同源的、非同源的、大的、小的）事实材料基础上的语言学理论。他关于语言形式及其动态的学说，关于语言和意识（思维），语言和社会（民族）联系的学说促进了语言学理论的发展。[③] 这些学说还为语言学和民族学的联系提供了理论基础。洪堡特还把亲缘关系上相近的语言与语言类型上相近的语言相对应，创建了语言的类型学分类法。德国另一位语言学家施莱赫尔对印欧语言学的影响也是巨大的。他还与语言研究中采用自然科学方法以及奠定语言学中的自然主义学派密不可分。施莱赫尔认为，语言形式的研究以及语言类型分类法和谱系分类法构成语言学的主要内容。他创立了印欧语言谱系树的理论，并把语言看作自然机体进行研究。

早期比较语法学家集中比较了梵语和其他印欧语（主要是拉丁语和希腊语）的屈折和派生形态。多种语言的对应规律在比较研究

---

① ［苏］柯杜霍夫著，常宝儒等译：《普通语言学》，27页，北京，外语教学与研究出版社，1987。

② ［苏］柯杜霍夫著，常宝儒等译：《普通语言学》，32页，北京，外语教学与研究出版社，1987。

③ ［苏］柯杜霍夫著，常宝儒等译：《普通语言学》，38页，北京，外语教学与研究出版社，1987。

的基础上得到确立。学者们已认识到在历史上有亲缘关系的共同原始母语是一种不再存在的语言。施莱赫尔开始具体“构拟”这种原始母语的形式，并设计了谱系图说明各种语言的关系。尽管他的谱系图有一定缺点，后来不断修订，但仍作为一种较好的语言关系描述法，具有很强的生命力。除洪堡特以外，比较语法学家只是单纯从语言的角度研究语言，没有把语言研究与社会历史的研究结合起来。

总体来说，前民族学时期对人的研究，以体质人类学最为集中。当时人类学一词主要指体质人类学的研究，从头盖骨的研究到比较完整的人体测量学，再到毛发、肤色、眼色的观察描述，从体质型态上对人的研究得到了较大的发展。这一阶段的人类学是描述性的，主要做的是测量工作。尽管头盖骨的测量得到了大量数据，但却得不出什么有意义的结论。多数人类学家仅以体型特征为标准对人进行种族分类，但却没有一种分类的科学性得到广泛承认。这说明，对人的研究只注重体质型态是远远不足的。当时的人类学把人放到动物界和自然界中去研究，忽视了人的文化性、社会性。1876 年多宾诺的《人类学》一书发表，该书是系统的人类学的先锋著作。这本书提出：“人类学是自然史的一部分，是研究人及种族的科学。”考古学开始从古物学中发展为一门揭示史前人类发展状况的科学。首先是汤姆森的三期论得到广泛承认，考古学向人展示了一个技术发展序列，接着史前人类遗址的发现使考古学真正走向对史前人类的研究，这一研究把考古学和人类学结合起来。1866 年开始召开的人类学及史前考古学国际会议体现了这种结合。考古学与人类学都受到进化论的巨大影响。考古学的三期论、史前人类的打制石器、磨制石器、青铜器、铁器等一系列时期序列明显显示了一种进化。人类学的研究更是使人接受了人类本身是一个进化的发展结果。史前人类是人类学与考古学共同的研究对象。但两个学科的研究都只限于证明史前人类的存在，而没有进一步研究文化。语言学主要是开展历史比较语言学的研究。大部分语言学家做的是纯语言研究。通过比较研究，印欧语言亲属的关系得到证实，有人将这种关系用于印欧民族关系上。洪堡特提出，语言哲学的主要原则是承认语言及其形式是人民的民族意识和活动。语言和民族、语言和社会的关系也被洪堡特提出，这为人类学研究的发展又提供了一种路径，但真正从语言方面去研究人类种族、民族、意识和社会的人很少。

在对人的研究上，体质人类学、考古学、语言学各有自己的贡献。体质人类学主要是从人的动物性、自然性方面去研究人，兴趣在于种族分类与人类种族进化。考古学则在于证明史前人类的存在以及根据器物划分时期。语言学只是单纯研究语言间的关系。尽管对史前人类的研究把考古学与人类学结合起来，但这种结合极为有限。人类学家把语言系统和发音器官结合起来考察，语言的发现和语言理论也被用来解释欧洲民族学问题。这时期的人类学主要从动物性方面研究人的体质人类学。史前考古学在对史前人类的研究方面做出了巨大贡献。语言学对人的研究贡献相对较少。三门学科之间的联系也并不紧密。在方法上，三门学科都重视比较研究和分类。人类学对各种族进行比较研究。语言学则几乎完全是对不同语言进行比较研究。语言学尤其是历史比较语言学也显现出与人类学的重要关联。通过语言把人类从类人猿中区分开来，体质人类学家把语言系统和发音器官的结构联系起来，体质人类学家把语言系统和发音器官的结构联系起来考虑。19 世纪中期，语言学的发现和理论都被用来解释欧洲民族学的重要问题。事实上在 1847 年，比较语言学的研究已被作为未来人类学研究的唯一可靠基础。①

（二）从民族学到人类学的第一次整合（1871—1920）

民族志资料的积累，或者说对民族文化的描述，可以追溯到古希腊的希罗多德。但民族学作为一门学科的建立，则被普遍认为是

① ［英］A. C. 哈登著，廖泗友译：《人类学史》，138 页，济南，山东人民出版社，1988。

在1871年英国学者泰勒的《原始文化》和1877年美国学者摩尔根的《古代社会》出版之后。自那以后，人类学一词所指的内容，大多数情况下即是民族学，在美英两国，则分别用文化人类学和社会人类学取代民族学这一名称。

以泰勒和摩尔根的著作为代表，人类学形成了一个古典进化论学派。泰勒给文化下了经典性的定义："文化，就其在民族志中的广义而言，是个复合的整体，它包含知识、信仰、艺术、道德、法律、习俗和个人作为社会成员所必需的其他能力及习惯。"这一定义至今仍为人类学界所普遍接受，其后人们提出的人类学的文化概念，大都是在这个定义的基础上做修改补充。① 古典进化论派思想源于达尔文的进化论，并以理性主义行为观和强调因果律的实证主义为基础。古典进化论认为人类社会、文化、宗教、政治组织、婚姻家庭都是依照一个既定的序列从低级向高级连续发展的，并把这一过程称为进化。泰勒成功地运用和发展了比较法。他利用民族志资料进行跨文化研究，对各种文化进行从低级到高级的排序。他还阐述了残存法，认为残余指的是一类过程、习俗、见解等，习惯势力使它们进入了与其所源出的社会状态全然不同的新的社会状态，它们因而成为新文化状态的所源出的旧文化状态的物证和实例。利用残余可以解释一些过去的状态。但残余法所建立的现存残余与古代的文化形态的关系得不到证实，被认为是一种臆测的联系，因此后来受到攻击而被别的人类学家抛弃。泰勒还用了统计学方法研究文化现象的相互关系。1881年，泰勒发表了《人类学》一书，该书副题为"人及其文化研究"，书的内容包括了考古、种族、语言及物质和精神文化等方面。人类学的含义比过去广泛得多了。1896年泰勒担任牛津大学人类学教授，为牛津大学建立人类学系，开设体质人类学、社会人类学、考古学、民族学、语言学等专业。这一

① 黄淑娉、龚佩华：《文化人类学理论方法研究》，25页，广州，广东高等教育出版社，1998。

模式奠定了英美两国的人类学五大门类模式的基础。摩尔根首先用田野调查法收集资料。他深入到北美印第安人的一个部落——易洛魁人中进行了长期广泛的调查。此外。摩尔根也用了问卷调查法，他还运用比较法进行研究。文化的发展模式并非一致，各地区民族的发展有自己的特点。有的文化现象不是自己发展而是转借来的，有的文化现象可能存在于多个发展阶段。这些都是古典进化论所解释不了的。

19世纪末，有的欧洲人类学家认为，全部文化开始于一个或多个特殊区域，然后向全世界传播，形成了一个文化传播学派。德国学者拉策尔（1844—1904）试图从地理条件的角度，以及用把文化要素标在地图上的方法，描绘出一幅人类及其文化的地面分布图，并从各地区文化要素的相似形态中，推测他们历史上的联系。① 拉策尔的学生弗罗贝纽斯提出了“文化圈”理论，并考察各文化间相同元素的数量，即量的标准，以确定其是否来自同源。他还第一次广泛和系统地提出了绘制文化地图的方法。格累布奈尔（1877—1934）用系统法和实证法进行文化圈理论的研究，他把“文化圈”内的每一种文化现象一一标示在地图上，发现有的“文化圈”彼此有部分重叠而形成“文化层”，从中可推算出各文化层出现的时间顺序和文化现象的转移道路。文化现象在一定范围一定程度的传播是肯定的，绘制文化地图的方法也具有较大意义。但不能认为相同的文化要素之间有必然的联系，因为在相似的环境中不同人群可能各自独立发展出相似的文化要素。传播学派认为全部文化开始于一个或多个区域的假设根本上错误的，但他们的理论和方法被考古学采用并对考古学产生了重大影响。

几乎与传播学派诞生同时，法国兴起了社会学年刊学派并对人类学产生了巨大影响。法国社会学年刊学派信奉社会学创始人孔德

---

① 黄淑娉、龚佩华：《文化人类学理论方法研究》，61页，广州，广东高等教育出版社，1998。

开创的实证主义哲学，以人类社会为自己注意的中心，用民族学资料研究社会问题。该学派代表人物杜尔干认为可以用严格科学的实证的方法研究社会现象，把社会现象作为事物而不是人对社会的观念。杜尔干否认进化论派的心理动因学说，强调社会独立性，把社会结构划分为不同层次的类型单位。他强调对社会现象进行因果分析。在研究社会现象的因果关系时，杜尔干强调运用比较法，他提出了多种比较的方法。杜尔干还提出了社会的“集体意识”或称“集体观念”、“集体表象”的概念。杜尔干的继承人莫斯着重分析社会事物的功能，强调社会现象的整体性。社会学派过于强调“集体意识”、社会的独立性，因此忽视了个人的作用，个人并不是完全被动地接受社会的“集体意识”对个人的要求，如果那样的话，社会就不会有什么变化了。社会学派对后来的功能学派尤其是结构功能主义影响较大。马林诺夫斯基着重发展了功能分析，布朗则较注重社会结构。

博厄斯（1858—1942）是继摩尔根之后美国人类学的奠基人。博厄斯把种族、民族、生态、文化、社会、语言、民俗、考古、心理、地理和博物等学科，作跨学科的综合科学体系的研究，即融合自然科学、社会科学和思维科学之大成。① 博厄斯的学术领域包括了民族学、体质人类学、语言学及考古学，在他的影响下建立起了美国人类学的学科体系。

博厄斯是最早为人类学提出研究目的和任务的人。他认为人类学的任务有以下几个方面：重建人类史；揭示社会发展规律；探讨变迁的动力。在方法上，博厄斯反对演绎法，重视归纳法，并强调多学科结合进行田野考察。他反对古典进化论，认为那是在资料不足的情况下的演绎结果。博厄斯受强调个别“精神”独特性的德国唯心主义以及反理性主义思想影响，认为文化的现象只能从历史来

---

① 黄淑娉、龚佩华：《文化人类学理论方法研究》，153 页，广州，广东高等教育出版社，1998。

解释，这个历史是个别族群的历史，只能通过这个社会或民族自己的历史来了解其文化。博厄斯反对种族主义，提倡文化相对论。在田野工作上，他要求对一个社会进行全面的、忠实的记录，无论什么都要记录下来。强调文化是一个整体，因此须应用心理学的方法研究各种文化特质的联合与同化，由此得到“文化型式”。博厄斯强调历史的研究，以他为代表形成了“美国历史学派”或称“历史特殊论派”。博厄斯太过强调文化的历史特殊性，没有注意到文化的多样化背后的共有法则，衡量文化的标准也应具有某些普同法则，不能无条件地以当地人的眼光来阐述其文化，其理论亦有缺失。

体质人类学方面，1871 年之后，人类学家继续进行骨学测量和人体测量的工作。1886 年之后不长的时期里，欧洲各个地方发现了新的人类遗骨，许多解剖学家对这些遗骨进行研究，在对这些遗骨的研究中，推动了复杂的测量或描述方法的发展，对测量数据的处理引入了数学的方法。人类学家开始对遗传学进行研究。20 世纪初体质人类学的主要兴趣在于种族的分类。

在考古学方面，19 世纪后 30 年考古学家仍然热衷于分期工作。根据对人工制品的研究，对石器朝代的分期又提出了一些新的方案，同时对青铜时代与铁器时代进一步划分“时期”或“阶段”。考古学家还认识到一阶段并不都是从前一阶段发展来的。

20 世纪上半叶，由于许多考古发掘难以用分期说解释，同时证明了已经划分的时期或是阶段事实上已是处于同一时间，20 世纪初，考古学从人文地理学和人类学中获得了新的指导方针。这样，欧洲史前学从研究人类发展的阶段转变成描述人的文化，就是对史前人类的研究用地质学方法转变为人类学方法。人类学的文化与文化传播的全部理论得到史前考古学家的继承和发扬，用文化圈学派的见解，他们可以对出现在考古材料中的时间和空间上的差异作出圆满的解释。“文明”和“文化”取代了“阶段”、“时期”。

考古学出现了新方法，新方法的显著特点是它规定了发掘的目的是复原湮没无闻的人类历史，重视整体结构，也不放过每一细节。1889 年，英国考古学家比特里提出了考古学原则：①照顾到被发掘的古迹，尊重将来的考察者和发掘者的方便；②谨慎小心地进行发掘，收集所有发现的东西，并作出说明；③一切遗址古迹和发掘过程都要绘制出准确的图纸；④尽快地完整发表发掘报告。[①] 1870 年始，地层学原则开始广泛应用于考古学。英国的皮特·里弗斯将民族学和史前学藏品按类型学标准进行陈列，证明了在考古学上利用比较民族学方法的重要性。皮特·里弗斯开创了对人工制品的所谓社会学研究方法，即注重普通器物的社会意义。

19 世纪最后 25 年是历史比较语言学的“新语法学派”时期。该学派认为语言学的主要目的是描述语言的历史变迁，学者的兴趣主要集中在语言的历史变化上，在方法上坚持历史比较法和心理学、生理学研究成果的结合。学者相信自然规律普遍存在，坚持语言演变规则不存在例外这一原则，以语言材料为依据，强调“类推”在语音演变中的作用。历史比较语言学的研究对象超出了印欧语系的范围，扩展到世界其他语系的语言。美国人类学家博厄斯、萨丕尔都曾受过新语法学派的基本训练。

19 世纪末，语言学出现了法国社会学派或称心理社会学派。该学派奠基人索绪尔认为：语言是社会心理现象，是符号系统；主张区分语言和言语，共时语言学和历时语言学，内部语言学和外部语言学等。并认为，分析语言就是分析社会事实；语言是一个关系的系统，而社会给予这些关系以意义；语言学家研究的是社会惯例的系统。[②] 法国社会学派的语言学家指出：为了解释语言现象，要

---

① ［英］丹尼尔著，黄其煦译：《考古学一百五十年》，169 页，北京，文物出版社，1987。

② 赵世开：《国外语言学概述溏派和代表人物》，29 页，北京，北京语言学院出版社，1990。

注意两点：①语言是一个表达手段的系统；②语言是社会事实。[①]法国社会学派强调语言的社会性方面，主要从社会学和社会心理学的角度研究语言。法国社会学派的房德里耶斯强调，语言是人们使自己的能力适应社会需要的结果。语言起源于人类交际的需要，语法范畴受到人的社会生活水平的制约。语言学表现出与社会、历史联系的趋向。

从1876年泰勒在牛津大学建立包括体质人类学、社会人类学、考古学、民族学、语言学等专业的人类学系开始，到1920年代美国在博厄斯影响下建立包括体质人类学、考古学、民族学（博厄斯称为文化人类学）、语言学四学科的人类学体系，人类学的四学科模式开始在英美确立，四学科之间的关系开始在对人的研究这一目标下整合。1881年出版的泰勒所著的《人类学》一书，把人类学的含义定为对人与文化的研究，比之把人类学只当作把人作为动物的研究的认识前进了一大步。该书包括考古学、语言学、种族、物质技术、精神文化的知识，开创了人类学的研究领域。通过这样的人类学研究，才能真正了解了人。1910年英国剑桥大学的哈登出版了《人类学史》一书，该书简要概括了体质人类学、古人类学、种族分类学、心理学、考古学、语言学、民族学、社会学等学科的发展材料。这些内容包括了四大门类，也包括了心理学、社会学等后来被认为与人类学学科关系密切的内容。博厄斯本人也十分强调心理学知识。这表明当时学者在对人的研究上已经比较注意多学科知识综合运用，以求对人的更全面的认识。

从民族学的出现到1920年代英美两国正式建立四学科的人类学体系期间，体质人类学继续发展，文化人类学内的三学科一直互相渗透影响。民族学的研究需要考古材料作证据，需要语言作工具，还通过语言比较研究得出民族学结论。考古学更是直接用民族

① 赵世开：《国外语言学概述溯派和代表人物》，30页，北京，北京语言学院出版社，1990。

学的文化传播、文化圈理论进行研究。语言学的新语法学派训练了以博厄斯为代表的一些人类学家；语言学的法国社会学派对语言社会性的研究更是与民族学家的研究交织在一起。民族学有进化学派、文化传播学派、历史特殊论派，而对史前考古的解释，同样用的是进化论和传播论，或是二者的综合。正因为这些学科之间关系紧密，在对人的研究中又不可缺少任一方面，所以美国建立了完整的四学科人类学体系并保持到今天。

（三）学科的进一步整合（20 世纪 20 年代—60 年代）

体质人类学方面，20 世纪 20 年代到 30 年代对血型的研究颇为盛行。1951 年，S. L. Washburn 发表了一个很短的演说，名为《新体质人类学》。他提示体质人类学家是研究整体人类而不单是计量化石骨头，也不是光坐在实验室沉思那些数学公式，找出相关系数和分类骨头就算了。他说，体质人类学家应关心实验性的解剖并做功能的解剖研究。同年，美国体质人类学家 W. W. Howells 也呼吁体质人类学家要更有效和利用想象力来使用现有的科学方法。他认为体质人类学是一种用来解决当代社会问题的工具，更要以精确的方法应用到复杂的种族问题上。① 20 世纪 30 年代兴起了动物行为学的研究。早期的动物行为研究着重在确定动物的本能方面。20 世纪 60 年代初期的动物行为学研究以灵长类为主，获得了在自然环境下灵长类的社会组织的资料。社会文化人类学家的动物行为研究指出，在各类型社会组织的发展中，环境所占的重要性以及生态因素如何干预社会行为。②

20 世纪 20 年代的美国民族学界，博厄斯学派影响最大。除博厄斯本人外，他的学生们也对人类学做出了巨大贡献。博厄斯的学

---

① 郑金德：《人类学理论发展史》，208 页～209 页，台湾，台湾商务印书馆印行，1987。

② 郑金德：《人类学理论发展史》，202 页，台湾，台湾商务印书馆印行，1987。

生们各自侧重发展他学说的某一方面，历史特殊论学派开始分化。克罗伯是从语言学研究进入人类学的，他想通过对语言的研究更好地研究文化的其他方面。克罗伯认为文化决定一切，他是个文化决定论者，对文化的特点做了许多陈述。另一位学者罗维强调传播的作用，反对进化论尤其是摩尔根的学说。威斯勒发展了文化区域和与之相关的年代区域为民族文化地域研究的方法。他认为文化是由各个层次的单元所组成的一种完整的结构，这种文化结构包括多种层次，分成“文化特质”、“文化丛”、“文化型”、“文化带”、“文化区”等。①

博厄斯的学生本尼迪克特和米德，把心理学分析的理论与博厄斯的文化特殊论结合起来，进行“文化与人格”的区域性研究，被称为心理人类学派。他们认为，文化是人们习得行为及其行为结果的总体形貌。因此主张：由于文化是一个社会所共有的价值观念、行为规范，个人要遵循文化的规范，才能生活于社会中，文化对个人的个性起决定作用。换言之，由于在同一个社会中，文化致使大多数成员趋近采用一种个性，因此会形成所谓“群体个性”和“民族性格”一类的东西。② 本尼迪克特的“文化模式”理论，强调把文化研究的突破口放在把握各种行动和思考方法的特殊性联系中所形成的整体结构上。米德和本尼迪克特都注意从对小孩的教养方式去分析民族性格形成的原因。所谓民族性的研究，如果以一个社会的大量样本作为研究对象，得出的共同性必然较少；如果研究样本太少，那么这民族性的代表性就不足。我们也不能轻易把民族性特征套用在该社会的个体身上，因为个体之间的差异是客观存在的事实，而且同一社会的不同部分也有地域性差异。

博厄斯的另一位弟子赫斯科维茨坚持文化相对论。认为每种

---

① 黄淑娉、龚佩华：《文化人类学理论方法研究》，184页，广州，广东高等教育出版社，1998。

② 王铭铭：《想象的异邦》，34页，上海，上海人民出版社，1998。

文化都有其价值，评价一种文化应从使用该文化的群体的眼光去看。文化并无高下之分，各种文化之间应互相尊重。赫斯科维茨将人类学与经济学相嫁接，于1940年出版了《原始人的经济生活》，1952年再版改名《经济人类学》，创立了经济人类学分支学科。

20世纪四五十年代，博厄斯学派的反进化论受到批评，一些人类学家重新思考摩尔根著作。美国文化人类学界的“新进化论”学派兴起。新进化论的代表人物怀特认为人类文化是进化的，他认为技术是文化发展的原因。怀特从人类控制能量的能力去理解进化，认为人类文化的进化过程就是人类所能控制和利用能量的能力由弱到强的过程，不同于古典进化论以心理作用作为进化动因。怀特认为进化动因是技术的发展。斯图尔德也主张进化论，他称摩尔根和泰勒的进化论为单线进化论，他提出了“多线进化论”。他认为文化是人们适应环境的手段，由于采取的手段不同而表现为文化差异。与此相对应，斯图尔德还提出了“文化生态学”、“文化核心”、“文化类型”、“社会文化整合水平”等概念，用以阐述文化对环境的适应。

塞维斯和萨林斯提出了“特殊进化论”的概念。他们认为斯图尔德和怀特的理论并不矛盾。他们称怀特的理论为普遍进化论，斯图尔德的为特殊进化论，认为在对环境适应的过程中，文化自身还会特殊化，即从旧型态中分裂出新的型态，这样的进化过程即为“特殊进化”。他们认为，“特殊进化和一般进化之间的根本区别在于：前者是一个型态的连贯和历史的序列，后者是既定发展顺序中各种型态表现为阶段的序列。”①

20世纪20到50年代，英国人类学界采用的是文化功能主义和结构功能主义的理论和方法。功能学派创始人是马林诺夫斯基，

---

① ［美］托马斯·哈定等著，韩建军、商戈令译：《文化与进化》，19页，杭州，浙江人民出版社，1987。

马林诺夫斯基功能主义思想根源有两个，一是企图把田野研究和室内研究结合起来，并在严格的科学水准上进行田野研究的剑桥学派；二是杜尔干社会学派强调社会整体性的理论。他曾长期在南太平洋上的特罗布里恩群岛与当地土著人一起生活，对土著进行研究。他创立了“参与观察法”，即与所研究对象一起生活，学习他们的语言，参与他们的一切活动，全面记录当地人生活的细节。在此基础上马林诺夫斯基强调文化的整体性研究，主张有机地、整体地把握文化。马林诺夫斯基认定人基本上是个生物机体，强调人的生物性本能。他认为文化是建筑在生物基础上的某种生物现象，文化的存在意义就是因为它有满足个人需要的功能，文化是满足个体某种需要的手段。马林诺夫斯基非常强调探求文化的功能，他还重视不同文化的比较研究。马林诺夫斯基反对残余法，反对历史主义。

与马林诺夫斯基同一时期的拉德—克利夫·布朗是结构功能主义的大师。布朗的人类学方法与理论源于剑桥学派传统和杜尔干的社会学派。布朗认为社会结构是实际存在的社会关系网，认为社会结构是一个有机整体，假设结构分为A和B两部分，若A变化，B也必然变化。他特别强调对社会结构的研究，认为文化的功能在于维系社会的运作。布朗强调对文化现象进行纯归纳的研究，目的在于发现普遍性的规律。布朗也强调文化系统的整体性和比较研究，他还强调假设和观察到的事实的结合。

20世纪40年代中期至50年代后期，由于马林诺夫斯基和布朗的理论对一些文化现象解释不了，他们的理论被部分修正。马林诺夫斯基的理论无法解释人类行为为什么有时完全与需要无关，他的反历史主义也受到批评。布朗的理论则不能解释文化引起的社会内部冲突问题。

二战后的50年代到60年代，以法国人类学家列维·斯特劳斯为代表的结构主义人类学派的影响最大，斯特劳斯在思想上受到杜尔干的社会学派和语言学家索绪尔的影响，方法上借用了语言学家雅各布逊的二元对立分析、特鲁别茨科伊的操作法和乔姆斯基的“深层结构理论”。斯特劳斯的结构概念不同于布朗结构功能主义的社会结构，他认为人类文化丰富多彩的表象背后能体现出某些共同的无意识心理模式，这就是结构。结构分析的研究方法分两步，一是划分结构模式；二是研究结构层次的转换关系。斯特劳斯把社会结构分成有意识模式、无意识模式、机械模式和统计学模式四种。斯特劳斯认为文化在结构层次上具有普遍性意义，他对许多文化现象进行了跨文化比较研究，然后总结出一些规律。

认知人类学源于萨丕尔的观点。萨丕尔认为文化行为是文化参与者的行为，文化是抽象的概念，不同个体具有不同意义的行为模式。50 年代后半叶，人类学和语言学领域的一些研究者开始研究人的认知过程，提出了文化客位法和文化主位法相区别的概念。由于认知人类学所使用的基本方法是文化内涵事物的分类，因而也称为民俗分类或民俗分类学，同时也称“新民族志”或“民族科学”。研究某一文化的典型的“知识和认知体系”，根据某一文化中一个成员所见到的真实情况，对该文化作出描写。有些人类学家用语言学的“成份分析法”进行语义学范畴的系统研究，当今认知人类学又进一步与认知心理学靠拢。认知主义者通过对文化的某一领域的词汇分析，寻找某一文化成员心中的模式、规则或结构。

考古学从 20 世纪 20 年代到 60 年代出现了两次方法论的大转变。一次是在 30 年代，考古学家由仅仅关注单一器物的类型到把它视为人类行为的遗存之一，换句话说，由简单分类、为分类而分类到复合分类。第二次转变发生在五六十年代，考古学家们开始把一群考古遗址视作文化系统的一个构成部分，即由历史分类到系统分类。第二次变化主要发生在美国，但是它代表了当时考古学的主流，标志着考古遗存不再是目的本身，而是考古学家理解制造、使用、废弃遗存的人的一种手段，更进一步说，这一变化代表了一种试图抓住可以更好地解释考古遗存的基本单位的理论趋势。①

三四十年代考古学分析用的是类型学的方法。遗物被按照其物理的特性分为不同的、据信是有文化意义的类，而这些不同的器物类型在时间与空间上的排列组合恰恰表现了某些内在的、有规律的文化关系。考古遗物的这种很小的物理特性的变化被分为类型（type），一群类型代表文化演变的一个时期（foci）或阶段（phase）的考古学文化（culture）或区域传统（tradition），甚至跨区域的大传统（co－tradition），这样，一个区域乃至一个大陆的文化史就可以通过对遗物特征进行分类的类型学方法重建起来。②

50年代，人类学家斯图尔德的文化生态学的研究程序被考古学吸收采用。即：①分析开发和生产技术及环境间的关系；②分析用特定的技术手段开发特定地区的行为模式；③确定开发环境的行为模式和文化系统的其他因素之间的相互影响及其程度。这些方法对聚落考古是必不可少的。聚落形态分析法对考古学家同样是十分有用的。考古学还利用了自然科学技术成果，如航空考古、水下考古、遗址的科学发掘、相对年代和绝对年代的测定等等，无不需要大量科技手段。

20世纪20至60年代，欧洲和美国的语言学研究被称为结构主义语言学，其中又分为布拉格学派、美国描写语言学派、哥本哈根学派，英国的语言学研究则有伦敦弗思学派。结构主义流派的著作有如下共同主张。①语言是符号体系，语言的结构性及其层次区分被认为是它的本质属性。②语言的基本单位是音位和词素（构成词和构成结构的基础）。③和研究语言历史、语言历时性相比，偏重于对语言共时性的描述。④在结构主义研究中，语言结构单位的

① 张光直著，曹兵武译：《考古学》，2页，沈阳，辽宁教育出版社，2002。

② 张光直著，曹兵武译：《考古学》，2页，沈阳，辽宁教育出版社，2002。

语言学描写方法占第一位，而把对语言单位和语言范畴的现实的研究推到第二位。①

布拉格学派提出了语言是多功能的结构体系的观点，建立了音位学说，并把音位学的概念、类型学的原则应用于语法研究，还提出“语言联盟”的理论和句子的实际切分说。

美国描写语言学派的先驱者是人类学家博厄斯和萨丕尔，代表人物是布龙菲尔德。50 年代后代表人物是海里斯。美国描写语言学派注重口语和共时描写，注重形式分析，回避意义问题。在结构分析中主要运用分布和替代的方法。运用直接成分分析，强调验证。哥本哈根语言学派的代表人物是叶姆斯列夫、布龙达尔和乌尔达尔等。该学派的语言理论在语言的“内容”和“表现”这两个平面上都强调“形式”和“实体”的区分，并认为“内容”和“表现”这两个平面在语言系统中具有对等的构造，就是说两个平面可以按照相同的规律进行结构分析。哥本哈根语言学派把语言理论看作一个“纯演绎系统”，认为理论应该独立于经验，理论本身并不表明是否适用于经验材料。

伦敦弗思学派的奠基人弗思发展了语言学的情境理论。情境的概念首先是由人类学家马林诺夫斯基提出的，即对话语的理解有时需要结合当时当地的情境，才不会出错。弗思认为语言和人类生活、文化密不可分；坚持认为意义是语言研究的中心，而情境可用作分析意义的理论和方法。弗思还提出了音系学中的韵律分析法。弗思学派的其他学者提出了新的语法和语音研究理论。

总起来说，20 世纪 20 到 60 年代，人类学理论与方法有了较大发展，各分支学科之间的关系进一步整合。体质人类学家已开始研究整体人类。同时也对灵长类动物进行研究，对灵长类动物社会组织的研究对揭示人的生物性与社会性之间的关系研究具有重大意

① ［苏］柯杜霍夫著，常宝儒等译：《普通语言学》，107 页，北京，外语教学与研究出版社，1987。

义。民族学多个学派各领一时风骚。美国的博厄斯学派由他的学生们各自发挥，从20世纪20年代到40年代影响着美国人类学界。50年代美国又兴起新进化论。英国民族学则主要受马林诺夫斯基的功能主义和布朗的结构功能主义影响。法国列维·斯特劳斯的结构主义则在50到60年代影响最大。这些学派的理论方法来源，有对前人理论某一方面的着重发挥（如博厄斯学生对他理论的发挥），也有对前人理论的批评（如罗维对进化论的批评），也有对别的学科知识的吸收（如文化与人格学派对心理学的吸收和结构主义对语言学理论方法的吸收）。基本上各学派之间是互相批评、排斥的。考古学研究的目的开始向全面重建史前人类学聚落转变，民族学的理论与方法如斯图尔德的文化生态学方法被考古学采用。考古学的成果为民族学提供理论依据。如英国考古学家柴尔德用考古学证明了进化理论，他提出了技术在进化中起重要作用的观点。语言学方面，民族学家博厄斯讨论了很多语言学的要领和方法，在后来得到大量应用。博厄斯和他的学生萨丕尔对美国描写语言学和结构语言学作出了贡献。英国民族学家马林诺夫斯基则对语言学的情境理论和语言的功能分析作出了贡献。语言学理论和方法直接催生了民族学的结构主义学派，也对认知人类学的产生具有不可或缺的作用。由于各个学科名称不统一，分类混乱，联合国教科文组织在1950年始曾经对各国社会科学的课程和教学方法进行调查。至1954年法国民族学家列维·斯特劳斯写成了“人类学”部分的报告。报告指出：在今日的世界几乎一致同意以“人类学”为最佳之定名。包括：①体质人类学——从事由动物进化为人类的研究及以解剖学和生理学上的特征区别人类种族的研究；②民族志——从事由田野工作的考察而加以描述的研究；③民族学——根据第一手的民族志资料作综合的研究。报告书还认为：“民族志”为研究的第一步；“民族学”为研究的第二步；而“文化人类学”和“社会人类学”则是根据民族志资料和民族学结论再作进一步的综合研究，是为研究的第三步。[①] 斯特劳斯的报告以联合国教科文组织的权威性指出了人类学包括体质人类学和文化人类学，文化人类学包含民族学。田野工作是民族学和文化人类学的基础，文化人类学具有综合研究等人类学学科的特点和基本研究准则。该报告对后来的人类学教材编写起了基本指导作用。

（四）多样范式的并存与交融（20 世纪 60 年代以后）

1953 年，沃森和克里克揭示了 DNA（脱氧核糖核酸）的双螺旋结构，分子遗传学正式诞生。DNA 双螺旋结构的提出，标志着对遗传密码和遗传物质的调节机制的认识，生物学家认识到 DNA 结构上贮存着遗传信息。基因是遗传信息的载体，是 DNA 或是某些病毒中的 RNA（核糖核酸）分子的很小很小的片段。人的体质性状是由基因决定的，对人的生物性的研究归根到底应该是对人类基因的研究。随着分子生物学的发展，人们最终将能精密地绘出身高、体重、情感、性格等人体特征的遗传基因图。分子遗传学对解决民族学上的族源、民族迁徙及分布、民族婚姻和亲属关系等问题已经作出贡献。1990 年美国开始推行“人类基因组”计划。2000 年，在全世界多个国家分子生物学工作者的共同努力下，人类基因组草图已全部完成。人类对自身生物性的了解越来越深入。人类基因图的解读可以让我们了解全人类的共性基础，这对于全面了解人类并在此基础上提出解决人类问题的办法有重大意义。

60 年代以后，在民族学上的发展又不断有新的理论学派出现。美国人类学家 M. 哈里斯是怀特和斯图尔德的学生，他认为怀特的新进化论是一种文化唯物主义的研究策略，用该策略研究世界历史进程时应与马克思主义相联系。哈里斯自称为马克思主义者，提倡文化唯物主义。文化唯物主义是一种研究策略，关于科学的定义和关于研究策略的定义是文化唯物主义认识论的基本组成部分。文化

---

① 李毅夫、赵锦元：《世界民族概论》，13 页，北京，中央民族学院出版社，1993。

唯物主义的目的特别在于说明世界上所发现的社会文化的差异和相似的起源、保持和变化。美国语言学家派克把人类学研究划分为主位研究和客位研究。主位研究指的是从被研究者的角度看世界，即评判事件的意义应以当地文化的价值观为准，是被研究者自己的解释。客位研究是从研究者的角度去研究一个文化，这种解释与被研究者的价值观无关。客位不等于客观，主位不等于主观。研究的目的不是从主位观点转换成客位观点，也不是从客位观点转换成主位观点，而是描述两种观点，如果可能的话，用一种观点解释另一种观点。

60年代中期以来，一些人类学家认为文化是体现在具体的“公共符号”的体系，从而着重对这一体系加以探讨，形成“象征人类学派”。早在20世纪初，杜尔干对各种仪式进行意义的解释，弗洛伊德用自由联想法和象征进行了梦的解释。杜尔干和弗洛伊德的理论对象征人类学有直接影响。七八十年代提倡象征人类学的最著名的人类学家是克利福德·格尔兹，他的《文化的解释》一书影响甚大。其他代表人物有大卫·施奈德、维克多·特纳。但对同一事件，每个人所发展的象征意义可能并不一样。象征人类学主张人类学的任务在于透视和理解被研究者的观念与象征形态，认为象征是意义的“浓缩形式”，或多种意义的联想。象征人类学关心的是社会结构之外的独立的象征结构，或不同象征之间以及象征事物与其所表达的意义之间的联系本身。象征研究的目的在于发现象征的意义以及象征如何影响社会行为者的世界观和精神。但对同一事件，不同的人发现的象征意义很可能是不一样的，象征意义的客观性得不到保证。

五六十年代世界格局的变化、西方霸权的失落与两大阵营对垒的情况促使许多西方学者研究马克思主义，人类学也因此出现了马克思主义学派，并盛行于七八十年代。

结构马克思主义兴起于法国。结构马克思主义的“结构”是经济基础、社会结构和意识形态的结合体，并把这一概念运用到不同人文类型群体的研究中。结构马克思主义认为文化是意识形态，是社会再生产中促使现存社会秩序合法化的因素，其作用在于调停经济基础的矛盾冲突。除了强调经济生产在人类社会中的重要意义之外，它还强调从“社会再生产关系”探究生产方式，以了解操纵物质资源可获取性的意识形态如何形成阶级结构。结构马克思主义代表人物是戈德利埃、阿尔都塞和巴利巴尔。他们反对“主位观点”和“文化相对论”，认为社会科学的任务在于用一套概念涵盖社会现象，提出具有普遍性解释力的理论。

美国马克思主义学派关注大范围的政治、经济研究以及资本主义世界体系和国家对农民等弱势群体的影响。该学派吸收了马克思列宁主义帝国主义理论，从历史角度考察资本主义体系在世界的扩张与渗透，探究前资本主义文化在资本主义冲击下的反应和变迁。从而发展出一种强调外来因素对社会、文化的影响，强调社会文化如何适应这种影响而产生变化的理论。妇女、农民、城市贫民以及其他贫困和被边缘化的人成为人类学讨论的焦点。这一学派代表人物有沃勒斯坦、哈特、沃尔夫等，他们注意把特定社区放到更大体系中去研究，强调社区文化对更大体系影响的调适变化过程与结果。

80 年代，一些人类学家不再满足于社会和文化决定论的解释，开始关注个人如何不受结构和社会规范约束的程度与方式。人类学研究转向对行为者的实践和实际理念的探究，力求在结构（系统）与人的行动之间寻求辩证关系和人的能动性。法国人类学家布尔迪厄的《实践理论纲要》一书对这一转变有重大意义。布尔迪厄认为“实践”是系统和个人行为之间的中介。系统是复杂的整体，可以是社会结构、集体表象、文化解释体系等。实践一方面是满足个人要求的手段，另一方面在某种程度上使系统和结构得到复制和发展。也就是说，实践既是个人的策略行为，也是再造文化和社会秩序的手段。萨林斯认为复制文化和社会秩序的主要是日常生活的实践。并非所有的实践都能复制体系，不合规范的实践会引起体系的变动。

考虑到西方文化与“异文化”的对立（研究者的知识强权），针对马林诺夫斯基以来的民族志方法论和认识论的不足，西方出现了对人类学学科功能本体问题加以质疑的人类学风气，称为“反思人类学”。反思人类学的基本特点在于：第一，从认识论意义上，反对把人类学知识当成脱离于社会和政治经济之外的“纯粹真理”，承认人类学者在素材整理和意义解说上的主观创造性；第二，从研究和写作方法上，主张把知识获取过程中人类学者的角色作为描写对象，并给予被研究者自己解说的机会。① 反思人类学包括两种：一种是对人类学文本和知识加以评论，另一种致力于发明新的文本和话语形式。② 出于对马林诺夫斯基以来的民族志方法缺点的批判，英国人类学家马尔库思和费彻尔 1986 年出版了《作为文化批评的人类学》，他们提出了“实验民族志”方法：“第一，为了克服整体论，突出文化中的个人与个人观点；第二，为了避免把文化当成‘异族’和殖民对象，主张在描写中给予全球化以重要地位；第三，为了揭开民族志‘客观科学’的面具，主张人类学者应主动把自己当成意义的创造者。利用人类学知识，展开对权力和霸权的批评。”③

在考古学方面，六七十年代是新考古学与传统考古学的交替时期。以探究人类社会过程和文化动力为目的新考古学在美国和英国兴起。但是，由于新考古学采用的是假设—求证的演绎法，即先假定模式，然后通过发掘求证，再演绎推理出一些普遍规律，这种研究方法受到传统考古学者的猛烈批评。同时，传统考古学派也已经把研究人类行为过程作为自己的目标。传统考古学与新考古学既互相争论又互相走近。针对强调探究文化过程的新考古学，1985 年英国的霍德提出了“后过程（主义）考古学”。

---

① 王铭铭：《想象的异邦》，66 页，上海，上海人民出版社，1998。

② 王铭铭：《想象的异邦》，67 页，上海，上海人民出版社，1998。

③ 王铭铭：《想象的异邦》，68～69 页，上海，上海人民出版社，1998。

“后过程主义”认为社会变化并非纯自在的过程，它既受到已往历史因素的制约，又受其独特文化背景的影响。因此，要了解社会的变化，必须了解行为主体的知性特征。这就是强调在认识人类活动时，应注意到人类的主观知性所起的作用。① 由于社会科学和自然科学的发展，考古学引进了许多其他学科的成就，考古发掘与研究更加专业化了，考古学的研究范围却扩展了。一个普遍的趋势是考古学家正将其研究纳入一个更广阔的社会与科学的体系中。

60 年代末 70 年代初，在语言学方面，乔姆斯基的转换生成的普遍唯理语法在语言学界影响巨大，既有大量追随者，又有大量攻击者。双方就语言体系有无独立自主性进行激烈争论。乔氏及其追随者坚持语法自主说，发展为“形式主义学派”，反对者强调语言的功能研究，发展为“功能主义”学派。两大学派内又各有诸多派别，都重视对语言的能力研究，对语言系统性和普遍性的研究。两大学派在理论方法上有如下差异。形式主义学派追求和重视理想化（规则化、离境化、标准化）的语料，采用自足的、演绎的、定性的方法研究语言。他们的研究重点是普遍规律和分类范畴，主要研究及物系统，把语言看作符号系统和天赋机制。功能主义学派不追求理想化（人境化），重视实际运用的语料，采用不自足的、归纳的和近似的方法。他们研究的重点是说话者做什么，与什么有关系，主要研究语言的功能，把语言看作是社会现象和行为方式。80 年代以来，形式主义语言学进一步实现与科技革命结合，为信息语法提供了较好的语言理论模式，大大促进了机器翻译和人工智能开发的发展。而功能主义语言学理论向广度和深度发展，学派林立，理论繁多。语言学方法也有更新：从内部研究的，更加精密化、科学化和形式化；从外部研究的采用黑箱方法和模糊方法。引入了系

---

① 俞伟超：《考古学是什么：俞伟超考古学理论文选》，161 页，北京，中国社会科学出版社，1996。

统论、控制论和信息论，并进行语法、语义、语用三个平面结合的多元化分析。

总体来说，20 世纪 60 年代以来的人类学各个分支在理论方法上都有巨大发展。首先，各分支的研究更加深入，都广泛吸收了社会科学与自然科学的研究成果，在各学科内的理论方法都多种多样，知识体系庞大繁杂，专业性特征更加突出。其次，尽管各学科不断兴起多种流派，但并没有出现某一流派排斥另一流派的现象，各流派的影响有所不同，但仍以其合理性而互相共存，学者可以吸纳各种思想，理论方法是多元化的。再次，各分支学科趋向于把自己的研究放到更大的背景下，学科间相互融合，形成新的边缘学科，跨学科的系统研究逐渐增多。当代西方人类学的研究论题非常广泛，远远超出了过去的专门的“野蛮人”研究的范围，研究目的更多地带有直接解决问题的功利性。研究的问题除涉及传统的婚姻、家庭、亲属、宗教、神话、艺术等方面外，还包括移民、难民、妇女、发展、教育、医学、生态、经济、政治等问题。与此相适应，研究这些问题的人类学者不得不掌握更多的社会学、人口学、教育学、经济学、医学、生态学、政策学等学科知识。人类学必须与其他学科知识融合，才能更好地解决具体问题。人类学内的四学科的知识成为每个人类学者应有的知识基础。在美国要读人类学博士，首先要有一个学士学位，然后要在三年内学习人类学四学科的课程作为基础，之后才能做田野调查和撰写论文。学校一般要求博士生做综合性的研究项目，即将四学科内的两个以上学科理论方法结合起来去研究一个具体项目。当今人类学再也难以归结为什么学派，学者们注重的是合理知识的融合。学派之间的争论极少，对世界问题的广泛关注更多，跨学科的系统研究也日益增多。人类学由于参与广泛的世界问题研究如反贫困、反环境污染等而日益与当代生活关系密切起来。

## 二、人类学在中国的传播过程

从学科发展的情况看，人类学传入中国已有百年历史。人文与社会科学在传播过程中会与地方知识接触、发酵，产生新的概念、理论。事实上，人类学在中国的传播历程可以看作是一个本土化的历程，这一历程可划分为四个阶段。

### （一）从知识的传入到学科的建立（1903—1928）

人类学在西方的初步成熟是在19世纪七八十年代。清朝末年，中国被西方列强侵略。虽有以“中体西用”为目的的洋务运动，仍在甲午战争中被日本打败。部分知识分子认识到西方的先进不仅在于其坚船利炮，还有物质背后的制度与文化因素，于是开始有目的地翻译介绍有关西方社会人文知识的书，希望从中找到中国可发展之路。人类学就是在这样的背景下传入中国的。在20世纪20年代之前，人类学传入中国有两个途径。一个是直接翻译欧洲人的著作，当时通晓欧洲文字的人较少，所以这一部分较少。另一个途径是翻译日本的著作，1905年后，去日本留学的学生要超过去欧美留学的学生，日本在当时是新兴资本主义强国，文化上与中国相似。中国的改良主义者和革命者有很多到过日本留学，对革命者而言，当时人类学的进化论思潮正好适合破除君权神授的神话，因此在1920年之前，人类学的古典进化论思想主要通过日本被引进到中国。

第一本介绍到中国的人类学著作，是德国人哈伯兰写的*Volkerkunde*。英国人罗威将它译成*Ethnology*，中国人林纾与魏易将它从英文翻译过来，书名叫《民种学》，于1903年由北京大学书局出版。《民种学》汉译本一书分上下两卷。上卷从民族学的大意讲起，叙述了民族学的历史，民族发展的内外因素，人类群体的饮食、居住、服饰、武器、工具、艺术、宗教、科学、交通、文字等发展过程和民族的形成，文明的发展，所有制的变化，各种制度的形成，交换的发展等。下卷主要讨论人类的种族差异，对于不同的人种进行了简略的介绍。[①] 1903 年，上海文明编译书局出版了严复翻译的英国社会学家斯宾塞的著作《群学肄言》。同年，福建籍留日学生建立的闽学会发行“闽学会丛书”，将一些日文著作译成中文出版，包括鸟居龙藏的《人种志》（林青译）、太原祥一的《社会问题》（高种译），还译出石川千代松的《进化新论》，计划刊印。《人种志》是人类学专著，较为简要而明了地介绍了世界各民族的分布、体质类型、人口、语言及风俗等。

1903 年，清政府颁布了《大学学制及其学科》，其中列入了一门新课程“人种学及人类学”。但是，只有北京大学编入了这门课程，并定名为“人类学”。[②] 1913 年初，北洋政府教育部在颁布的大学规程中规定：文科哲学门、历史学门和地理学门设人类学及人种学课程，文科文学门和理科动物学门设人类学课程。[③]

1916 年，孙学悟在《科学》杂志第二卷第四期上发表了《人类学之概略》一文，根据西方的有关著作，对人类学作了简略的介绍。孙学悟第一个将英文“anthropology”译作“人类学”。由于当时人类学课程没有自己的教材，北京大学的陈映璜参考国外学者的有关著作，写出了《人类学》一书，在 1918 年出版，该书在之后十年间再版八次。陈映璜的《人类学》是中国第一本真正的人类学著作，它侧重于体质人类学，主要涉及体质类型特征、进化和人种的世界分布。该书对中国后来形成的“人类学”专指体质人类学这一传统有很大影响。

随着人类学知识的传播，部分学者不再满足于译书，开始思索用外国理论解释中国的问题，借用外国理论编书，调查实践活动也

---

① 王建民：《中国民族学史》（上卷），74 页，昆明，云南教育出版社，1997。

② 乔健：《中国人类学发展的困境与前景》，见《社会学、人类学在中国的发展》，93 页，香港，香港中文大学新亚书院，1998。

③ 北洋政府教育部：《大学规程》，载《教育杂志》，1913（1）。

随之开展起来。

刘师培1903年著《中国民族志》，记述了中国历史上多个民族的分布、兴衰及同化。他是运用进化论学说与中国古代文献相结合来写作的。章太炎1904年出版《訄书》，运用国外社会学、民族学理论，对中国人种的来源、氏族的结构、民族的形成、巫术的起源等均有涉猎。同年，《新民丛报》刊登了蒋智由写的《中国人种考》，讨论中国的人种由来问题。对于西方理论，中国学者并没有全盘接受，而是结合中国实际有所修改补充。章太炎对当时流行的一些民族学的学术观点曾提出批评，他认为，西方文化并不是四海皆同的共同范式，中国文化根底深厚，自成体系，不应简单模仿西方。1906年，章太炎著《俱分进化论》一文，认为进化并非一方直进，而是善进化、恶也进化，双方并进，人类社会永远达不到尽美醇善的理想境地。① 这是章太炎对中国的观察与中国哲学思想和西方进化论相结合的结果，它与正统西方进化论认为社会越变越好的观点是有所不同的。这反映了我国中学为体的学术传统。学者在接受西方学术思想时，往往会自觉不自觉地将其与中国传统文化、传统哲学思想结合起来。1921年，上海商务印书馆出版了过耀根依进化论观点写的《人类进化之研究》。1925年，国光书店出版张伯苘的《社会进化简史》。蔡和森在1922年联系实际资料编写讲义，在上海大学讲授“私有财产和家族制度的起源”。1924年，民智书局出版了蔡和森的《社会进化史》，对摩尔根《古代社会》的内容进行了介绍，该书被称为中国马克思主义民族学的最早著作。

1926年12月，蔡元培在《一般》杂志第一卷第12号上发表了《说民族学》一文。他指出：“民族学是一种考察各民族的文化而从事记录或比较的学问。”偏于记录的、名为记录的民族学，西方大多数作 Ethnolographie，德文又作 Vergleichende Vlokerkunde。按

① 王建民：《中国民族学史》（上卷），83页，昆明，云南教育出版社，1997。

蔡元培的说法，民族学包括民族志（Ethnolographie）即记录民族学，和民族学（Ethnologie）即比较民族学。蔡氏认为现代记录民族学“就是事实要从实地考察上得来”；比较民族学“举各民族物质上、行为上各种形态而比较他们的异同”。蔡元培认为，民族学范围极广，与民种学、考古学、历史学、语言学、社会学、心理学等都有很密切的关系。蔡元培这篇文章对几个英文、德文词汇的翻译的统一作出了极大贡献。在那之前译名混乱，有人类学、民种学、人文学等。如上述 1903 年第一本民族学著作，德文 *Volkerkunde*，英文 *Ethnology*，即被译为《民种学》。由于蔡元培曾在德国留学，专修民族学，在中国教育界声望极高，他对民族学学科名称和地位的界定得到普遍承认，对于民族学在中国成为一个学科具有很大贡献。但他在文中对人类学与民族学的关系阐述不够清晰，又因为他是在德国学的民族学，他提倡的民族学的内涵其实反映了德国的民族学传统。

1903 年，西方考古学理论开始进入中国。由日本传入了《人类谈》一书，讨论从旧石器时代到铁器时代的史前时代。早期考古学家汤姆逊和卢伯克的理论也经由日本传入了中国。

1914 年，地质学家丁文江在云南和四川会理对少数民族进行调查和体质人类学测量，先后在《独立杂志》发表了《云南的土著人种》、《四川会理的土著人种》等文章。1923 年，在哈佛大学学习人类学的李济，完成了博士论文《中国民族的形成》，该文从描述中国人的体质人手，由中国历代族姓和城邑的变化归纳出汉族的演变趋势，论述了中国少数民族的变迁和整个中华民族的迁徙问题。李济获得博士学位回国后，先后在南开大学、西北大学、清华大学讲授人类学课程。1925 年，李济到湖北黄陂、黄冈等地进行体质测量，1926 年又到山西介休做体质人类学测量工作。1926 年，厦门大学成立了国学研究院，就有关苗族、瑶族的生活资料由周刊社发布启事征集，还征集福建的汉、回等民族的家谱。20 年代，一些开有社会学的大学组织学生进行了社会调查，在某种程度上，也可看作人类学的调查。较有影响的调查有：1918—1919年，上海沪江大学社会学系潮州籍学生对广东潮州凤凰村的调查；1923年，沪江大学学生在上海附近的沈家行进行农村调查；金陵大学学生1922年在安徽芜湖附近对地主及佃户的调查。这些调查都是在外国人充当社会学老师并做出指导下而进行的，采用问卷查法，与人类学方法有所不同，但所得结果对于了解中国社会颇有益处，内容上与人类学调查的要求有很多重合，对人类学学研究有一定参考价值。北京大学的顾颉刚、常惠、孙伏园、容庚、容肇祖在1923年去京西妙峰山调查庙会风俗。沈作乾在浙江调查畲族，并著有《畲民调查记》，1924年在《东方杂志》第21卷第七期发表。他们的调查内容可算比较正统的民族学调查。

中国现代田野考古始于1921年安特生在河南仰韶村的发掘。安特生是瑞典地质学家，1914年到中国协助找矿，1917年开始在找矿过程中采集古生物化石，并采集到不少石器。1921年4月，安特生发现仰韶有丰富的史前遗迹，征得中国政府同意后，于10月主持了对仰韶遗址的发掘。1926年，李济与颜复礼在山西发掘了夏县西阴村仰韶文化遗址。这是中国学者自己主持发掘的第一处史前遗址，并采取了科学的方法，在考古学史上有重要地位。李济因此被称为中国的第一位考古学家。1927年开始，中国古生物学家和瑞典学者步林开始发掘周口店猿人遗址。1927年七八月间，中山大学筹建语言历史研究所，是年暑假，该研究所开始招收研究生，设有人类学、民族文化、民俗学等十余组。1928年1月该所正式成立，以研究学术、发展文化为宗旨，内设考古、语言、历史、民俗四学会，将人类学作为重要的内容。1928年3月，中央研究院筹备建立历史语言研究所，也设在广州，所内先后设八个组，其中第七组是人类学组及民物学组，还设有考古组，李济是该组主任。1928年9月，中央研究院历史语言研究所正式建立。中央研究院历史语言研究所与中山大学语言历史研究所合作，以广州为活动基地进行了民族学调查工作。

1928年夏，中山大学语言历史研究所和中央研究院历史语言研究所派遣俄国人类学家史禄国夫妇、容肇祖和杨成志到云南进行人类学调查。杨成志用了一年多时间在彝族地区调查，学习彝语和苗语。1928年8月，中研院史语所派遣四川籍的黎光明到川边作民物学调查。1928年夏，中研院社会科学研究所派遣颜复礼与专任编辑员商承祚，随地质研究所和中央研究所院联合组成的广西科学调查团，前往广西对瑶族进行调查。调查时间为六个月，至1929年1月结束，著有《广西凌云瑶人调查报告》，1929年由中央研究院社会科学研究所作为专刊第二号发行。

1928年中山大学语言历史研究所与中央研究院历史语言研究所的相继成立，使中国有了民族学、考古学、语言学和体质人类学的专门研究机构，开始对这些学科用现代的理论方法进行研究和实践。这标志着中国的人类学学科初步建立起来了。

人类学的传入，是在清末时一批爱国知识分子探求强国之路的结果，丝毫没有殖民工具的色彩。某些认为人类学是帝国主义殖民工具的看法是毫无道理的。体质人类学有关人种的知识的传播，民族学的进化论思想，在当时影响极大。人与社会的进化观进入中国，有力地打击了许多腐朽的封建思想。民族学的调查开始使人们能科学地认识少数民族的情况。考古学开始有了现代方法，语言学的西方理论也被用于中国的语言研究。这些都是极大的学术进步。

作为一个新创立的学科，而且刚从西方传入，理论方法上还是以学习使用西方的理论为主，而且在诸多研究中还有外国人直接参与，这就使人类学在当时显得像洋包装的土货，而且包装不太合适，洋味太浓。从各分支学科间的整合关系看，各分支之间没有多少联系。从当时的实际情况看，中国专门学习人类学的人很少，学者们的知识结构是不完整的。民族学者广泛传播进化论，其他学派极少有人提起，搞民族学调查的很少，专业性不强，只有杨成志对彝族的调查等比较专业化，并使用了语言学知识，李济的考古带有人类学色彩。但没有人提出四大分支的综合研究。

（二）在实践中探索发展（1929—1949）

在这一时期，人类学理论和方法继续从西方传入，主要通过两个途径，一个是经由外国著作的翻译，一个是国内学者在国外学习后又回来传授。翻译的著作除了进化论学派的之外，美国历史学派、功能学派、传播学派、法国学派、马克思主义学派都有译作。总的来说，人类学译著的数量比 1928 年前多了许多。比较有影响的译著有：①进化论学派：王亚南译韦斯特马克的《人类婚姻史》，1930 年神州国光社出版；张鼎铭译马雷特的《人类学小引》，1930 年上海商务印书馆出版；吕叔湘译马雷特的《人类学》，1933 年上海商务印书馆出版；杨东莼、张栗原合译摩尔根的名著《古代社会》；李安宅译弗雷泽的《巫术理论》。②美国历史学派：吴景崧译威斯勒的《现代人类学》；钟兆麟译威斯勒的《社会人类学概论》；吕叔湘译罗维的《初民社会》；杨成志译博厄斯《人类学与现代生活》。③功能学派：马林诺夫斯基的著作被翻译的较多，有林振庸编译的《蛮族社会之犯罪与风俗》；费孝通译的《文化论》；李安宅译的《野蛮社会中的性与控制》。费孝通还翻译了功能学派人类学家弗思的《人文类型》。周骏章将传播学派的史密斯、功能学派的马林诺夫斯基、历史学派的威斯勒等人的若干关于传播论的讨论论文汇合在一起译出，编成《文化传播辩论集》。④马克思主义学派：李膺扬译恩格斯的《家庭私有财产和国家之起源》；陆一远将恩格斯的《劳动在人从猿到人转变过程中的作用》译成《马克思主义的人种由来说》；张仲实译斯大林的《论民族问题》；等等。

民族学理论方法在中国的传播，由于有来自各学者在国外的学习内容，所以中国的民族学理论与方法并没有一个统一模式，而具有地方特色。即一般学人类学的人都知道的北派以燕京大学为中心，理论方法取向上有较强的功能主义色彩；南派以中央研究院、中山大学为中心，历史取向色彩较浓。这两大派在 30 年代中期逐步形成，在此前后，对民族学研究对象和方法，学者们提出过不同的意见。蔡元培认为民族学是“考察各民族文化而从事记录或比较的学问”。凌纯声主张民族学是“研究文化的起源、发达、散布及传演的科学”，又可称文化人类学或文化学。吴文藻提出“文化人类学必须以代表原始人类的现代未开化民族的生活状况为范围”。他明确主张，研究汉族的属于社会学，研究少数民族的属于民族学。王兴瑞提出，民族学研究对象是世界上一切文化低级的野蛮民族。林惠祥认为人类学是用历史眼光研究人类及其文化的科学。在研究方法上：罗香林认为民族学最基本的工作是田野调查，主张体质人类学、心理学等方法的综合运用；潘光旦认为不能排斥别派的方法与解释；张少微认为在方法上可广为学习，因地制宜，综合运用。

1932年，燕京大学请美国社会学家派克讲授社会学，将社区研究和参与观察法带到了中国。1935年，吴文藻请英国功能学派人类学家拉德克利夫·布朗到燕京大学讲学，将功能学派理论和研究方法传入中国。费孝通将马林诺夫斯基的《文化论》译成中文。费孝通的《江村经济》和林耀华的《义序宗族研究》、《金翼》都是功能主义作品。由于吴文藻、费孝通等人的倡导，功能主义在中国具有很大影响。但中国学者将功能主义的理论、方法与社会学的社区研究和参与观察法有机结合，并用于研究汉族社区，与西方功能主义单纯用于“野蛮人”研究相比，表现出一定的中国特色。

民族学的南派具有历史取向，也有人称之为“历史学派”，但它与美国的文化历史学派不同。它接受进化论，在研究中探索各民族的历史文化，而且特别注重历史文献资料的运用，强调用民族学的资料解释历史问题。南派民族学者的研究成果中，民族史的内容较多，有的学者认为民族学是史学的一部分。南方的研究人员受法国民族学派和美国历史学派影响较大，注重细致的实地调查，认为要先进行广泛的田野调查，积累丰富的资料，再从事理论归纳。

此外，还有一些研究者不能归属于上述南北两派，有着自己的理论方法特色。如黄文山和孙本文，他们提倡将文化作为独立研究对象，与一般强调民族为研究对象有所不同，被称为“文化学派”。还有一些学者关注学习前苏联的民族学，更多地受马克思主义社会发展学说影响，他们的研究有马克思主义色彩。需要提出的是，中国民族学的学派之间并没有互相攻击，部分学者的研究取向并不限于某一门派之内，从而表现出综合取向。南北两派都有自己的贡献，并不存在哪一派更好的问题。

这一时期，民族学田野调查广泛开展起来。1929 年，林惠祥赴台湾进行高山族调查，为期两个月。同年，凌纯声和商承柞历时 3 个月调查了赫哲族，写成《松花江下游的赫哲族》，于 1934 年出版。罗香林 1932 年到广东北部调查客家文化。徐松石在桂、湘、黔等地调查了壮族、苗族、瑶族等民族。杨成志在 1932 年到海南调查过黎族，到韶关调查了瑶族，在广州和海丰调查过畲民。1933 年，中央研究院社会科学研究所的研究员凌纯声、助理员芮逸夫、技术员勇士衡，前往湘西调查苗族、瑶族。首次使用了拍摄电影的记录方法。1935—1936 年，费孝通、王同惠、徐益棠对广西象县、平南之间的瑶民进行调查。1937 年，杨成志与伍锐鹿组织中山大学与岭南大学合作对海南岛黎族、苗族调查，也请广州三星电影社派员拍摄了电影片。抗日战争开始后，中央研究院历史语言研究所 1938 年秋迁到昆明，1940 年又迁到四川南溪县的李庄。有多所大学由华北、华东迁到昆明、重庆等地。这一时期人类学、民族学家云集西南，对西南地区的调查很多。著名的有费孝通和他的学生张之毅对云南禄丰和玉溪县的农村调查，1990 年出版的《云南三村》就是那时调查的结果。许烺光对大理的调查历时 14 个月，事后写成《滇西的巫术和科学》，以后又写成《祖荫下》。林耀华率团到大、小凉山地区考察彝族，后来写成《凉山彝家》。对西部的调查，有李安宅和夫人于式玉对甘肃藏族的调查。蒙藏委员会调查室在抗战期间先后组织了对甘肃、青海和内蒙古等地少数民族的调查。沦陷区的燕京大学人类学研究工作由杨堃主持，对农村进行了调查。辅仁大学在德国人主持下，继续人类学的研究调查工作。一批日本民族学家、人类学家在台湾、海南岛、东北、华北进行人类学的调查研究。

在民族学调查方法上，凌纯声1934年编写了《民族学实地调查方法》，于1936年发表。他注意到了被访者的观点的问题、翻译者的问题，强调调查提纲的重要性。1935年，中央研究院印行了凌纯声编写的《民族调查表格》，共设计了23类，892个问题。1941年，柯象峰提出应当拟定一个统一的通用研究项目表。1937年，国民政府内政部组织了全国风俗简易调查。全国风俗调查问题表格分别由凌纯声、卫惠林、徐益棠负责起草，由卫惠林统纂。调查问题表格设计范围广，内容详细。但由于日本侵华，调查未能按计划进行。

民族学、人类学器物的搜集和整理也是当时中国民族学、人类学建设的重要内容。中央研究院的民族学研究工作，从一开始就重视民族文物的搜集，1929年已有民族文物标本近200种，1948年有1500余件。厦门大学1933年将原有的古物陈列室改名为文化陈列所，英译名为民族学博物馆（Ethnological Museum）。1934年，林惠祥和陈育崧发起筹办厦门人类学陈列所。现在，厦门大学拥有国内最大规模的人类学博物馆。其他研究机构如华西协和大学、岭南大学、浙江大学都有包括人类学文物收藏的博物馆。

考古学的研究在中国发展得也很快。1929年12月，裴文中在周口店发现了中国猿人第一个头盖骨。1931年，在周口店遗址发现的遗物证明了中国猿人文化的存在。由于周口店遗址发现大量化石，有必要成立专门的研究机构发掘和研究，1929年由地质调查所特设了新生代研究室，其研究范围为有关新生代地质学、古生物学、古人类学和史前考古学。1928年中央研究院历史语言研究所内设的考古组，派董作宾到安阳殷墟进行了第一次考古发掘。中央研究院历史语言研究所考古组是中国第一个专门的考古研究机构，它的成立是中国近代考古学开始的标志。1928年，吴金鼎发现龙山文化遗址。1930年，李济、董作宾、吴金鼎等发掘城子崖龙山文化遗址。1931年梁思永带队对城子崖进行了第二次发掘。1931年梁思永主持安阳后岗发掘，之后又主持殷墟发掘，开始真正按照地层学原理来进行工作。此后，考古发掘必须划分地层的看法，在我国的考古工作中成为广泛共识，中国的考古学者在方法上作出了贡献，其中尤以梁思永贡献为大，他的分类方法使考古学的定量分析和定性分析建立在科学的基础上。瑞典考古学家蒙特柳斯类型学原理著作《方法论》，从1935年起被广泛介绍到我国。郑师许、胡肇椿二人在《学术世界》第一卷2至6期上，发表了他们的译本，题目被译作《考古学研究法》，1936年曾由世界书局印成单册发行。中国的考古发掘在数量上不断增多，发掘技术逐步完善起来。

语言学方面，一批学者在西方学习了现代语言学，回国后开始研究少数民族语言，并将语言与精神文化结合起来。李方桂跟美国语言人类学家萨丕尔学习过语言人类学，又跟随布龙菲尔德学习过比较语言学。在30年代初期。他调查了广西的壮语和瑶语，抗战后又研究了贵州的侗语、水族的语言和云南的傣族语言。罗常培在抗战期间对多种云南少数民族语言进行了调查，并直接参与了民族学方面的研究，发表了《从语言上论云南民族的分类》、《从客家迁徙踪迹论客赣方言的关系》、《论藏缅族的父子连名制》等结合语言学和民族学研究的文章。闻宥、马学良、高华年等学者也以类似的方法进行了研究。

1934年，蔡元培在中央研究院历史语言研究所下创立了人类学组，由吴定良任组长，设想专门进行体质人类学研究，主要是古生物学和人类进化研究。该组研究课题主要是体质人类学的内容，有“中国人颅骨研究”、“殷墟颅骨研究”、“罗罗体质分析”、“国族体质分类”、“贵州苗夷血液型研究”等。“贵州苗夷体质与文化之调查”是一项将体质调查、测量和民族文化调查结合在一起的课题。

抗战胜利后，一方面众多学者着力整理抗战期间的研究成果和调查材料，出版了较多的民族学人类学著作。另一方面，人类学研究机构建立得更多，开设人类学课程的大学比抗战前增多了。

凌纯声、芮逸夫的《湘西苗族调查报告》是抗战前的调查报告，1947 年出版。林耀华 1944 年写成的《凉山夷家》，也于 1947 年由商务印书馆出版。江应梁根据 1937—1946 年在云南进行的田野调查，于 1948 年写成《摆夷的生活文化》，1949 年写成《摆夷的经济生活》。其他学者的研究成果在这一时期也比较多。此外，国外最新的人类学研究成果也被介绍到中国来。

1947 年，暨南大学成立了战后第一个人类学系，该系归属理学院，由体质人类学家刘咸任系主任。浙江大学也于同年成立了吴定良主持的人类学系，同样强调以体质人类学为重点。清华大学成立了属于文学院的人类学系。中山大学人类学系则属于历史研究所。辅仁大学于 1948 年建立了人类学系。这些人类学系的成立，主要是个别学者的倡导，各校的人类学系并不一样，在重点研究方向上有自己的特点。由于时局混乱，这些人类学系没能开展有成效的研究工作，甚至难以招到学生。新中国成立以后，在大陆的人类学系很快都被取消了。

在 20 世纪三四十年代，一些在国外学习过社会学和人类学的学者，不满足于单纯引进西方的理论方法，认为中国文化有自己的久远历史特色，以中华文化为研究对象的社会学和人类学应该有自己的特色，于是提出了人类学研究的本土化问题。事实上，中国人类学将西方的理论方法用于解释中国的文化现象，在中国广大地区开展调查工作，建设自己的科研机构，提出研究中国的计划，将人类学知识提供政府为制定发展方针时参考，如此等等，无一不是人类学中国化或称本土化的实践。但人类学中国化的提出，还有一层要建设有中国特色的、不同于外国的人类学的意思。由于本土化提倡者各自经历、研究方法取向上不同，对本土化的道路也就提出了不同的见解。

孙本文在 1930 年第一次明确提出社会学中国化的主张，他所主张的社会学包含有民族学的内容。因此通常孙本文被看作最早提出人类学中国化的学者。孙本文提出："如能采用欧美社会学上之方法，根据欧美社会学家精密有效的学理，整理中国固有的社会思想和社会制度，并依据全国社会实际状况，综合而成有系统有组织的中国化的社会学，此诚今后之急务。"① 黄文山主张在方法上要对进化派、历史派、功能学派取其精华，去其糟粕，综合运用。孙本文和黄文山代表了一种综合西方学派为中国人类学所用的观点。

吴文藻提出："我们的立场是：以试用假设始，以实地证验终。理论符合事实，事实启发理论，必须理论和事实糅合在一起，获得一种新综合，而后现实的社会学才能植根于中国土壤之上，又必须有了本此眼光训练出来的独立的科学人才，来进行独立的科学研究，社会学才算彻底的中国化。"② 吴文藻认为英国功能学派的理论方法最为科学。他大力倡导功能学派学说，指导他的学生费孝通、林耀华等人将之用于中国研究，希望以功能学派为基础建立中国的人类学。

岑家梧在20世纪40年代初提出，因为国情不同，中国所需要的民族学和欧美殖民地式的民族学应当有本质的区别。需要建立一种在观点、方法和内容上都与西方民族学有别的中国民族学，成为中国自己的独立的民族学。他认为要发扬固有的中国文化，同时又吸收其他民族的文化的精化，灌注新的血液，二者经过有机的综合，中国文化才能到达更高的境地。③ 马长寿提出，

---

① 孙本文：《中国社会学之过去现在及未来》（中国社会学社第一次年代演词），燕京大学抄本。

② 吴文藻：《（社会学丛刊）总序》，见《凉山夷家》，北京，商务印书馆，1947。

③ 王建民：《中国民族学史》（上卷），285～286页，昆明，云南教育出版社，1997。

中国人类学应注重中国人独有的一方面，即注重中国文化的特殊性。

（三）民族学的范式转型（1950—1966）

新中国成立后，首先对知识分子进行了思想改造。中共中央创办了一些抗大式的训练班，让知识分子学习马列主义思想、政治经济学和社会发展史。一些民族学家接受了马克思主义观点，并将之与原有的民族学知识相结合，写出了中华人民共和国建立后最早的一批运用马克思主义观点的民族学著作。1950 年中央组织了到各少数民族地区的访问团，一些民族学家作为访问团成员参与，在访问期间进行了少数民族的社会历史调查工作。1950 年到 1954 年，出于土地改革与农牧区改革的需要，一些民族学家进行了一些田野调查。

1949 年和 1950 年，由于人类学学生少，经费紧张，一些人认为人类学没有实际用处，更为主要的原因是将人类学当作资产阶级的伪科学，1952 年，在前苏联专家的参与下，中国开始实行大规模院系调整，由于在学科建设上学习苏联模式，人类学、社会学、民族学系全部停办。许多民族学家进入中央民族学院研究部工作，另外一些民族学人类学家转入了历史系。复旦大学的生物系虽设有人类学教研室，但学习的是苏联模式，实际上指体质人类学。中国科学院古脊椎动物研究室也从事古人类的研究工作。中国民族学研究形成了这样的局面：①以马克思列宁主义为学术指导思想。②以少数民族为研究对象，中央民族学院研究部下设各室，都称为××民族研究室。③研究目的是为解决民族问题，为民族工作服务。其中许多研究又是为了解释说明马列主义的民族理论。50 年代前期和中期，许多前苏联专家到中国研究机构和大学工作，1954 年始，中央民委、中央民院先后刊印专门翻译苏联民族学著作的《民族问题译丛》，一些人称这时中国民族学形成了“苏联模式”。到 1958 年，中苏关系恶化，苏联民族学对中国民族学的影响迅速减弱。但仍有一些在学习苏联民族学过程中成长起来的民族学家长期活跃在中国民族学界。

由于中国共产党实行民族平等、帮助少数民族发展的政策，过去受歧视隐瞒自己民族成份的人被允许申报民族成份，一时之间，全国出现了四百多个民族单位，一些族群的族称、归属不明，不利于落实党的民族政策。从1953年开始，中国民族学家、语言学家进行了大规模的民族识别调查工作。民族识别工作虽以斯大林的民族四特征说为基本框架，但在实际工作中并没有完全套用斯大林的方法。尽管存在一定的不足之处，但总体而言，民族识别工作是成功的。它不仅解决了实际的民族工作问题，也使我们第一次对中国少数民族有了比较全面系统的了解。对民族学家而言，通过民族识别工作也得到了很好的拓展知识和检验理论的锻炼。

为了民族工作的需要，从1956年开始，在全国人民代表大会民族事务委员会的领导下，开始进行中国少数民族社会历史调查。中央民族学院的宋蜀华、陈永龄、王静如、罗致平起草了《社会性质调查参考提纲》。这次调查的注意力集中在社会性质的确定上，民族称谓、族源、古代和现代历史、民族关系也是重要的调查内容。调查采取了综合调查的方法，调查组包括了历史、民族、语言、考古、艺术等学科的研究工作人员，经过数年调查，搜集了大量资料，在调查过程中拍摄了一些少数民族的纪录片。1957年开始“反右斗争”，许多民族学家受到批判，他们的工作受到很大冲击。1958年6月，中国科学院哲学社会科学部民族研究所在北京成立，之后，少数民族社会历史调查的工作由该所领导。在大跃进思想的影响下，调查工作也出现了“跃进”。为了赶快将民族问题“三套丛书”，即少数民族简史、简志和自治地方概况写出，调查工作被大大压缩，将主要精力用在了写作上，到1960年3月，原定编写的三套丛书的148部，已经内部出版了143部。到1964年，工作基本告一段落。整个调查工作积累了大量资料。许多人在调查活动中得到民族学知识训练。但由于强调以政治挂帅，阶级斗争为纲，并且调查时间太短，“三套丛书”的学术价值被削弱。

语言学方面，1951年中央民族学院成立时就设立了一个语言班，一年后成立了语言系。中国科学院在此之前还成立过一个语言研究所，下设有少数民族语言研究小组。新中国成立后，开展了全国性的少数民族语言调查工作。到1959年，完成了42种民族语言的综合调查。1956年和1957年，开始了语言文字改革工作，创制了17个少数民族的文字。

考古学和古人类学发展得较好，因为古人类学是说明进化论的，考古学一方面服务于历史，另一方面显示中国古代的辉煌，并不涉及阶级问题。田野工作人员的数量增加，政府对考古发掘工作者的支持也加大了。60年代初，上海自然博物馆还成立了人类学研究室，展示和研究古人类学课题。

台湾的人类学研究，在日本占据时期有台北帝国大学（今台湾大学）的“土俗人种学及语言学研究室”为主要研究机构。1949年“中央研究院”迁往台湾，其中的历史语言研究所成了人类学研究的主力。1949年，李济在台湾大学成立了考古人类学系，该系于1953年创办《考古人类学刊》。1955年，“中央研究院”成立了民族学研究所。民族学研究所的主要工作人员，同时又是台湾大学考古人类学系的教师或毕业生，二者关系十分密切。台湾的人类学研究，基本上延续了原“中央研究院”历史语言研究所的传统，即承认进化，同时又非常强调历史取向。研究对象主要是高山族社会。这一研究的传统特色有：①首先是对田野调查工作很注重，因此发展出精细的田野工作技巧，也培养出许多具有优秀田野工作能力的人类学家，形成人类学研究的主要特色。②虽受历史学派传统的影响，但未拘泥于教条，研究所得结果也能与当代理论作若干衔接。③具有对高山族传统文化重建的取向，其研究结果常可与考古学、古人类学的资料相配合，形成一个与考古学及古人类学科际整合的类似文化史学派的趋势。④研究者视野扩展，超出了台湾。

⑤撰写的民族志质量高。[①] 在1965年之前，台湾的人类学主要是对高山族社会历史文化的研究，语言学、考古学和体质人类学都加入了对高山族研究的行列，出版了许多高山族民族志。“中央研究院”《民族学研究所集刊》从1956到1965年刊载的论文，有关高山族研究的占48%；同期台湾大学的《考古人类学刊》所载有关高山族的论文也约占所载论文数的一半。

（四）人类学研究遭受重挫（1966—1976）

从1966年6月到1976年10月，中国内地实行“文化大革命”，全国处于无序状态，人类学也受到巨大的打击。这一时期的民族学活动，只有少数作为政治任务的民族社会、历史调查，另有一些民族历史的编写工作。考古发掘工作这段时间也中断，中国内地人类学处于与世界隔绝状态。这一时期国外不断发展的理论方法，中国内地学者一无所知。尤其严重的是造成了人类学研究人才的断代。今天的许多研究机构很少有中年的学科领军人物，这又进一步造成学科建设的困难。

在台湾，从1965年开始，人类学研究开始转型。1965年，民族学研究所的李亦园和王崧兴首先开始在台湾汉族乡村社区进行田野考查。从这时开始，台湾人类学研究对象转向以汉人社区为主，在理论取向上，开始采用功能主义学派的理论与方法，并进而接受采用其他当代人类学的理论与方法。1971年。李亦园、王崧兴与原台湾大学考古人类学系系友、哈佛大学教授张光直发起了一个科研综合的集体研究计划，称为“浊水大肚溪两流域人地研究计划”，这是一个庞大的科研综合研究项目，包括民族学、考古学、地质学、地理学等学科。“浊大计划”是人类学科际研究的一个代表。同年，中央研究院民族学研究所开始接受社会学、心理学者参加工

① 李亦园：《民族志与社会人类学：台湾人类学研究与发展的若干趋势》，见乔健：《社会学、人类学在中国的发展》，62页，香港，香港中文大学新亚书院，1998。

作。人类学、心理学、社会学之间的理论方法互相借鉴、互补长短。1972年，李亦园、杨国枢合编的《中国人的性格——科际综合性的讨论》一书出版。该书是人类学、心理学、社会学、历史学、哲学与精神病医学的学者集体讨论撰写的成果，在它的影响下，台湾其他社会科学也形成了科际合作的风气。在科际合作研究的讨论中，常常有新观念、新命题、新领域提出，从中发现一些西方社会科学的方法、概念以及理论不完全适用于中国社会，于是提出了社会科学研究的“中国化”问题。

（五）人类学的恢复与发展（1979年至今）

1978年4月，中共中央决定改正1957年“反右”斗争中被错划的“右派分子”，开始去除人类学家长期背负的政治包袱。1979年四五月间，中国社会科学院组织召开了“全国民族研究工作规划会议”，并成立了“中国民族研究学会”。1980年10月，首届全国民族学学术讨论会在贵州省贵阳市举行，中国民族学研究会正式成立。1984年，在广西南宁召开了第三学术研讨会，中国民族学研究会改名为“中国民族学会”。1991年，在吉林延吉市召开了“中国民族学学会学科建设研讨会”。会议集中讨论了民族学学科体系、地位、结构等问题。当年10月，学会正式更名为“中国民族学学会”。1995年的学术讨论会讨论了如何进一步建立和完善中国民族学学科体系和理论体系的问题，民族学与人类学的关系成为争论的热点。

1980年，中国人类学会开始筹建，1981年5月，中国人类学会正式成立，会址设在厦门大学人类学博物馆。中国人类学会的学术活动主要是学术讨论会，出版的论文集有《人类学研究》、《人类学研究续集》、《婚姻与家庭》、《人类学与应用》等等。从收入的论文内容看，涵盖了体质人类学、民族学、考古学、语言学的内容。1989年12月28日至1990年1月2日，在北京召开了首届国际都市人类学学术会议。

1981年，中山大学建立人类学系，设立民族学和考古学专业。

1984年厦门大学成立人类学系，设考古学和人类学专业。除此之外，许多所民族学院都设有民族学专业或课程，设有民族研究所，一些综合大学也建有人类学研究机构，开设人类学课程。考古学、语言学的研究机构较多，体质人类学的研究较少。中山大学的人类学系设有体质人类学暨语言学研究室。复旦大学仍是体质人类学研究的中心，进入90年代后，还发展了分子人类学的研究。

人类学著作的翻译出版工作也开展起来，部分是重印1949年前的译著，部分是新翻译的人类学名著。但翻译出版的国外新近人类学成果极少，我们学习的是国外几十年前的东西，有些甚至已被他们抛弃了。国内学者也编著了一些人类学教材，但似乎都不理想，上课的教师一直感到得不到好的教材。一批老一辈民族学家出版了他们的民族学研究文集。另外，大量的研究成果也不断涌现。从1979年到1989年十年间，在原“民族问题三套丛书”的基础上，又修订出版《中国少数民族》、《中国少数民族简史丛书》、《中国少数民族语言简志丛书》、《中国少数民族社会历史调查资料丛刊》等“民族问题五种丛书”。到1991年10月，“五种丛书”共出版403部，总计近8 000万字。

1979年至1985年，继续进行民族识别的补充调查工作。由于编写“五种丛书”的需要，也进行了少数民族社会历史的补充调查研究工作。中国西南民族研究学会、云南省民族研究所分别组织了大规模的综合性区域考察。其他个人的调查非常之多。但这些调查的期限都不长，对材料的分析使用的是陈旧的模式。

人类学的发展出现了应用的取向。开始关注经济建设和开发的问题，民族文化与社会发展的问题，少数民族的现代化、教育问题、妇女问题、边疆少数民族问题等等。汉民族的研究也开展起来，1987年在广西民族学院召开了全国首次汉民族学术讨论会，1992年在广东汕头召开了国际汉民族学术讨论会。

从80年代初期开始，大陆、香港、台湾的人类学界开始相互交流，中国内地的人类学也开始与外国的人类学交流。外国的一些人类学家到中国讲学、做研究，带来了他们的理论和方法。中国的人类学家也到国外访问、做研究，还有不少青年学者在国外读人类学博士，他们回国后介绍国外人类学的新情况。从1983年起，大陆的民族学、人类学家又重新参加国际人类学与民族学大会。1995年和1997年，国家教委举办了两届社会文化人类学高级研讨班。讲员包括有大陆、台湾著名人类学家，还有韩国、英国、美国的人类学家。

80年代前后，台湾人类学开始反思原来对高山族的研究中构建文化史的做法，转而着重现代实质生活与文化，并从他们的立场出发去理解问题。另外，受国际上象征人类学的影响，台湾人类学也转向对文化内在意义及象征进行探讨。学术本土化的讨论进行了多次。1980年，台湾学术界在“中央研究院民族学研究所”召开了社会及行为科学研究的本土化研讨会，台湾、香港、新加坡等国家和地区都有学者参与。1983年3月，由香港中文大学社会科学院和新亚书院主持，召开了“现代化与中国文化”研讨会，中国化依然是中心论题之一，大陆学者费孝通、陈岱孙等参加，香港、台湾、新加坡、美国等国家和地区均有学者参加。1992年8月，香港中文大学举办了西方社会科学理论移植与应用研究工作会议。1994年1月，台湾“中央研究院民族学研究所”举行了社会科学方法检讨与前瞻第二次科际研讨会。这两次会议都是研究本土化的方法、操作过程的会议。1999年9月，广西民族学院学报编辑部和民族学人类学研究所、中山大学人类学系联合主办的人类学本土化国际学术研讨会在南宁召开。大陆、香港、台湾、美国、英国、法国、西班牙、日本等国家和地区的共七十多名代表出席了会议。

纵观中国人类学本土化的历史，可谓历经坎坷，惨淡经营。虽说在中国有百年历程，可仍然没有多少人知道人类学是什么，一提民族学，令人想到的只是少数民族，往往还会加上个“落后”的概念。到现在，人类学、民族学的学科地位还是不清不楚。80年代，民族学在国家教委核定的专业名单中占有一定位置，归属法学，人类学则无位置；1990 年，民族学在国家教委颁布的博士、硕士生学科专业目录中属二级学科，归属法学，而在 1993 年 7 月 1 日国家教委核准学科分类中则属于与历史学、法学并列的一级学科。尤其奇怪的是，在这份国家标准学科分类中，文化人类学竟然成了民族学下属的二级分支学科，而在此以前，文化人类学又曾被划在历史学下。现在，在历史学下已无文化人类学，它的位置被人类学占据了。学科地位的不明确，成了学科建设的一大障碍。① 而学科建设得不到足够的资源和人才投入，要谈理论方法的建设，亦只是空中楼阁，正所谓“皮之不存，毛将焉附”。

民族学与人类学之争阻碍了资源的整合利用，同样不利于人类学的发展。国际上，人类学包括民族学是没有异议的，人们经常用“人类学”一词来指代民族学研究的内容。在中国，由于新中国成立后长期的民族学工作是对少数民族的调查研究，很多成果是少数民族历史的内容，一批民族学工作者是学历史出身，在对少数民族的识别和社会历史调查中成长，没有接触过人类学，脑子里还有人类学是资产阶级的伪科学、是殖民工具的观念。另一方面，还有既得的学术地位、荣誉利益问题，使部分人不愿接受人类学，他们要坚持的是“马克思主义的民族学”。在与国际学术交流、对话的环境下，一批中青年学者坚持国际的人类学语境，坚持人类学，提倡人类学。在方法理论上，前者坚持已有传统的古典进化论，后者则学习多种国外新模式。在研究对象上，前者坚持以少数民族为研究对象，后者则超越少数民族范畴，以人的文化为研究对象。目前，一些民族研究所、民族学的研究人员已转向更为广阔的人类学，由××民族研究所改名为××民族学人类学研究所。但由于民族学人类学之争尚未结束，有限的资源在民族学和人类学之间分配，二者还互有争夺，故人类学得不到很好的发展，民族学也同样发展不好。

---

① 张有隽：《人类学与瑶族》，81 页，南宁，广西民族出版社，2002。

在理论方法上，传统上形成了南派历史学派特色和北派功能主义特色。新中国成立后又造成唯一的“古典进化论”特色。进入20世纪90年代以后，由于功能主义更强调现实需要，与现实联系更密切，也部分由于费孝通的个人影响，功能主义与社会学的色彩又更浓重了一些。传统上还形成了中国人类学尤其是南派注重历史文献的运用的特色。国际人类学的理论方法流派很多，我们只用了几种，对如此广泛复杂的文化，只用几种工具研究是不够的。我国的民族学、体质人类学、考古学、语言学各自发展成独立学科，相互之间联系很少，更缺少与其他学科进行科际合作的研究，这是我们的缺陷。

## 三、人类学理论与方法的本土化

### （一）本土化的必要性与意义

人类学传入中国，已有百年历程。中国人类学的百年历程证明，中国需要人类学，人类学在中国是大有可为的。但是，中国人类学的发展由于受到政治意识形态的影响，相当长时期内处于闭门造车的境地，与世界人类学相比，我们的理论方法显得陈旧、单一。20世纪90年代以来，我们又开始了对欧美人类学的学习、引进。学习和引进是必要的，只有熟悉国际通行的概念范式，才能与国际人类学界对话。只有参与国际人类学界的对话，才能既了解世界，又让世界了解中国，中国人类学才有可能对世界人类学的发展作出自己的贡献。但是，人类学作为一门人文社会科学，具有时代性和地域性。我们学习的洋货是否全盘“拿来”，是否能“拿来就用”，这是存有疑问的。

首先，就时代性来说，西方人类学的理论大多数在几十年前提出，一方面受到当时政治环境的限制，另一方面受当时的总体社会认识水平限制。随着社会的发展，政治形势的变化，人们认识水平的提高，人类学理论会与时俱进，这也是西方人类学发展过程中各个学派、各种理论方法层出不穷、频繁更替的原因。例如，文化传播论暗含的种族主义思潮，结构功能主义为改进殖民地管理提供理论根据，《菊花与刀》为美国统治日本献策……这些都说明了人类学理论受到的时代局限性。

其次，就地域来说，西方人类学理论与方法大都从无文字的、小型的“原始”社会研究中得出，不能直接用于解释中国这样有几千年不间断文明史的、情况复杂的巨型社会。正如萨林斯在《甜蜜的悲哀》一书所展示的，西方社会科学所用的概念工具，摆脱不了其基督教神学源流，西方人用这些源于神学框架的工具，来构筑自己所研究的文化的解释模式，其实并不能反映所研究的文化的事实，只是构造出了一种自己的以神学色彩为底层的认知模式。萨林斯的看法并非完全正确，但有一点是肯定的，西方人类学理论与方法并非完全正确。据此，我们当然也就不能无条件地接受，而应对所学的东西进行本土化改造。

再次，本土化还是中国现实的需要，中国正在进行一场伟大的改革，一个具有13亿人口、有56个民族、文化丰富多样的社会，正经历一个由传统向现代的转变，在全球化背景下的问题，需要人类学家去认识，去解释，提出对策。要做到这些，光靠西方的理论工具是不够的，正如中国革命需要的是马克思主义的中国化一样，当前的建设问题也很需要本土化的人类学的参与。

从更深一层意义来说，人类学理论与方法的本土化是摆脱中国人类学界对西方的依赖，反抗西方的文化霸权，从而真正建立起独立的中国人类学体系的需要。人类学是一个主要在西方兴起和发展的学科体系。到目前为止，欧洲和美国仍是人类学的研究中心，代表了世界人类学的学术霸权。国际人类学界普遍应用的概念、理论和方法一般在欧美学术中心形成，然后得到了广泛承认，并且向其他人类学研究地点扩散。中国的人类学基本上也是处于一个依附地位，使用来自西方人类学中心的概念和理论方法，来分析中国的文化现象。中国人类学取得了多大成就，要看在多大程度上获得了西方人类学界的认可。这种情况实际上是政治经济的中心—边缘关系的投射，即一种西方文化霸权的体现。正如英国人类学学者彭轲所说的：中国不是一个形成观点和理论并进行试验或较量的民族志区域。在中国，这些观点和理论仅仅被采用和修改。中国人类学家们因此总是在从别处引进的人类学框架的基础上稍事发挥，而没有自己独特的建树从而取得同普通人类学的相关性。① 中国人类学要想打破西方文化霸权，摆脱依附地位，必须进行人类学理论与方法的本土化工作。客观地说，由于我国的人类学中断了二十多年时间，理论方法的发展确实不如西方，正处于一个恢复发展时期，对西方人类学的理论方法的学习和吸收是必要的。但本土化的工作必须同时进行，否则我们的人类学就会完全变成西方人类学的附庸。

有部分学者反对本土化，主张国际化或全球化。理由是社会科学的理论与方法具有普遍性，没有中外之分，如果西方的人类学理论与方法是科学的，也应该能够适用于中国。在当前世界各国各民族之间文化交流日益频繁的情况下，更应追求人类学理论与方法的国际化，而不是本土化。以上看法似乎有些道理，实际上是行不通的。首先，人类学理论与方法总是从对世界的某一特定文化的研究中发展起来的，而世界各地的文化异质性又是如此之大，以至于没有一种理论能够解释所有的文化现象，也没有一种方法足够去研究所有的文化。可以说，还不存在一种科学的人类学理论方法能够普遍适用。其次，本土化与国际化并非一对矛盾。在中国人类学的理论方法实现本土化之前，有必要学习和熟悉已有的国际人类学理论与方法，并就这些人类学理论与方法和国外同行交流、商榷，这其实是一个国际化的过程，本土化要在这基础上进行。然后，还要将中国人类学本土化的成果推向世界，接受国内外人类学界的检验，从而丰富国际人类学的理论与方法。实际上，本土化与国际化是相互促进的，没有本土化而谈国际化是

---

① 彭轲：《本土化：中国人类学追求新的关联与平等的策略》，见徐杰舜：《本土化：人类学的大趋势》，13页，南宁，广西民族出版社，2001。

空泛的、没有说服力的。

人类学理论与方法本土化在中国的意义，包含两个层次。对中国而言，本土化可以提供一个认识中国、解释中国的工具。对世界而言，人类学理论与方法的中国化一方面可以丰富世界人类学体系，另一方面，它可以让我们更好地了解自身文化，认识其他文化，探索不同文化相处之道，在世界颇多冲突因文化而起的今天，这个意义无论对世界还是对中国都是极为重要的。

20世纪三四十年代，费孝通、林耀华先生以西方人类学、社会学理论为基础，结合自己对中国社会的观察，以及中国传统文化观念，写出了《江村经济》、《乡土中国》、《生育制度》、《金翼》等作品，这些都是很好的人类学社会学本土化的成果，其中提出了一些解释中国社会的本土概念和理论，如“差序格局”、“礼治”、“无讼”等。这些很能说明中国文化特点的概念，是不可能从西方人的理论中找到的。80年代后，费孝通先生又进行乡镇企业研究、小城镇研究、区域研究，其中贯彻了他的“模式”思路，不但开创了一种人类学研究的方法，对国家的经济发展策略也是有贡献的。费孝通先生的学术生涯对认识中国、发展中国的贡献，很好地证明了人类学理论与方法在中国本土化的意义。

对世界而言，中国人类学是世界人类学的一个组成部分。中国人类学家需要与国际同行对话，对话的理论和概念目前用的都是西方同行们提出的，如此一来，“话语霸权”总是掌握在西方学者手中，我们总是处于从属地位，被动接受西方理论。但是，如果我们将人类学理论与方法在中国的本土化做得很好，提出大量中国化的概念和理论，直至其中一些得到国际人类学界的接受，那么我们就为世界人类学理论的发展作出了自己的贡献，就能打破西方对话语权的垄断，从而不再处于从属地位。

中国是一个多民族国家，地域广阔，中国文化有很强的民族性和地域性特色。只有将人类学理论与方法本土化工作做好，才能对中国文化有良好的认识。在这个基础上，“文化自觉”、“各美其美，美人之美，美美与共”（费孝通语）的文化共处格局才能实现。一个各民族和谐相处、共同进步的国家，也必须在各种文化“和而不同”的格局下发展。世界的和平也很需要这种形势。它们的共同前提应是对各种文化的正确认识，这一认识又必须是以人类学的本土化为基础的。

（二）本土化的可能性

人类学在中国发展的历程，可以说是一个本土化的过程，尽管还没有达到本土化的目标，但已经取得了一定的成绩。从孙本文、吴文藻在20世纪三四十年代提出社会学、人类学的本土化开始，中国学者已经注意到这个问题，朝这方面努力，成果也是显然的，如前述费孝通的研究，林耀华对中国宗族的研究。但由于当时的政局不稳，人类学的本土化工作没能更进一步。新中国成立后，人类学一度被取消，但开展了民族识别、民族社会历史调查、民族语言调查研究几大项工作。这些工作尽管有一定缺陷和不足，但积累了数量巨大的民族志资料，这些资料对人类学理论方法的本土化具有重要作用。80年代以来，民族学人类学工作者出版了更多成果，在资料上为本土化作好了一定准备。

从人才上说，新中国成立前学习过人类学的老专家理论功底深厚，许多在国外留过学，田野调查经验丰富。在80年代后，他们能恢复与国外同行的接触，及时带进新的信息。在人类学的重建、学科模式选择上，他们的贡献是巨大的。现在，由于年龄原因，他们主要起着指导人类学研究的作用。新中国成立后在民族调查工作中成长起来的民族学家，普遍长于民族史学，掌握的材料也很多，但学术渊源多来自苏联模式的民族学和中国历史学，缺乏人类学理论与方法的严格训练。80年代后培养出的人类学民族学博士、硕士，有些是留洋的博士，受过较严格的专业训练，专业功底比较扎实，普遍能运用外语，也有一定的田野调查经验，不少人发表了有创建性的专著和论文，他们是中国人类学有希望的一代新学子，本土化的任务将依靠他们来完成。

从思想上、认识上来说，八九十年代，先后在香港、台湾、广西召开了几次社会学、人类学本土化问题的研讨会，社会学、人类学本土化的必要性与意义已经得到大多数学者公认，也提出了本土化策略。通过参与本土化讨论，人类学者不但重视了自己的研究领域的本土化，还借鉴了社会学的一些方法策略，并更注意中国传统文化与中国历史等本土概念的来源。本土化讨论无论在思想上，还是在具体方法策略上，都是对人类学理论与方法在中国本土化的一大促进。

此外，国家的重视，民族学人类学学科建设、专项研究资金投入的加大，民族文化意识的兴起，由于改革开放需要而引起的学术交流的增多，人类学研究视野和研究领域的扩大，都为人类学理论与方法的本土化可能性添加了砝码。

（三）本土化的目标和任务

人类学理论与方法的本土化，首先要有一个好的学科发展环境。人类学理论与方法的本土化是由人类学者做出来的，在当前阶段，人类学者主要供职于国家拨款的大学和研究所，使用国家提供的研究设施，研究经费依赖国家拨款。国家资源在人类学学科上的投入，直接关系到人类学理论与方法本土化的成败。而国家资源对人类学学科的投入又要看人类学的作用和影响，所以，首先要把人类学学科的作用、影响表现出来。这就提出了在学科建设上的目标和任务。首先应该在社会上普及人类学知识，这里主要指文化人类学的知识，它可以帮助人们提高人文素养，更深入地了解文化，了解人类学理论方法特色，使人们在日常生活工作中，能有更广阔的视野。但目前很少有人明白人类学知识，没有多少人知道人类学是什么，在这种情况下，要争取国家资金的投入是困难的。平时的研究得不到别人的理解，也难以顺利进行。人类学是应用性很强的学科，在教育、经济发展、社会问题、城市化、旅游开发、文化开发及保护等领域都可发挥作用。当人类学越来越多地参与这些应用研究时，一方面让社会听到了自己的声音，另一方面拓展了自身，也是理论方法本土化工作的一部分。总之，人类学学科的建设，需要有更多的高素质学者来参与，多出高质量的成果，服务于社会，最终达到认识中国、解释中国，为中国的发展贡献自己的力量。

人类学理论的本土化，目标有三重。首先，是形成适用于认识和解释中国社会与文化的概念、理论。人类学研究的是人类社会与文化，中国人类学的田野就是中国的社会与文化，认识中国、解释中国是中国人类学的首要任务。中国人类学的生命正是以自己独特的方法和视野，呈现真实的一个中国，发现问题的实质，从人文关怀的角度和全局性的高度提出解决问题的办法。知道“是什么”是一个最基本的解决事情的前提。西方人类学的兴起和发展有其哲学思想、社会历史、科学技术水平和政治环境的背景。西方人类学的理论与方法都主要从对小型的无文字研究中发展起来，并受到当时诸多背景因素的影响。中国的文明具有悠久的历史延续性和地域多样性及文化多元性，在纷繁的多样性后面还有维系中国稳定和统一的一体性。这是与所有的西方人类学从中发展起来的研究对象都有所不同的，任何一种西方人类学的理论与方法，都不足以解释中国、研究中国。可以说，到目前为止，并没有简单的人类学理论与方法可以做到让我们知道中国“是什么”。

人类学理论与方法的本土化，首先是要提供这样一个认识中国的工具。

在知道“是什么”之后的下一步就是问“为什么”、“怎么样”。人类学理论在中国的本土化目标第二重就是解释中国的社会和文化之所以为中国社会和文化的原因，即文化的成因，回答“为什么”的问题，并在这一基础上提出恰当的问题解决之道。解释往往要伴随认识出现，二者通常会相互影响。人类学也不是仅仅满足于知道“是什么”的学科。知道“是什么”这一目标常常已由“民族志”达到了。人类学家通常会在民族志基础上进一步分析研究，去解析“为什么”。一般而言，解释清楚了“为什么”，“是什么”的描述才更具可信度，人们才能更清楚地认识到事实。由于人类学能很好地解决“是什么”、“为什么”的问题，在提出应该“怎么样”的问题时，能抓住问题实质。提出的解决之道比较切实可行，所以会形成一门“应用人类学”。“应用人类学”将人类学与群众生活密切联系起来，人类学知识的普及最容易从这里开始。人类学在中国的本土化目标，还应包含人类学在解决社会和文化问题时的广泛应用和人类学知识的普及。

人类学理论本土化第三重目标，是为世界人类学贡献普遍适用的理论与方法。

人类学方法的本土化目标，就是探索出一条有效的人类学研究的路子，综合发展出一系列的人类学理论方法，当然有些理论方法是国际人类学界共有的，有些则是中国独创的，具有中国特色的。西方人类学的研究对象在相当长时间内仅限于无文字的小型社会，很多人类学的研究方法针对这样的研究对象而提出。对中国而言，有大量的古籍文献可作为人类学研究的材料，所以中国人类学界向来有重视文献利用方法的传统。另外，中国人类学研究通常得到国家的支持，可以充分利用政府的行政资源，在调查时一般可通过各级政府介绍，直接进入田野，容易获得群众信任。以上说明了中国人类学在方法上确实可以与西方人类学有所不同，中国人类学的方法本土化作为人类学本土化之一的目标是可行的。要真正做到认识中国、了解中国，人类学方法的本土化必须是一个漫长的过程。

在中国人类学发展中的百年历程中，总是学习外国的理论与方法，用中国的材料去印证西方人类学理论，甚至有让西方理论框架禁锢自己的研究的嫌疑。没有发展出本土理论和方法，自然也就谈不上对世界人类学做出理论方法的贡献。以中国这么广阔的文化背景，完全可以产生出为世界人类学普遍使用的概念和理论。我们的研究很多只是贡献了一点材料，缺乏理论分析，更缺乏自己从材料中归纳出的理论。人类学理论与方法的本土化，应该在实现解释中国的基础上，进一步提炼理论方法，为丰富、完善世界人类学理论和方法做出贡献。

（四）本土化的途径

1．明确学科地位

学科地位直接关系到学科的建设，尤其在现有体制下，学科地位不明确直接影响了国家对学科点的资金、人力扶持。在一个学科的人力、资金都不足的情况下，学科理论方法当然是难以发展的。我国目前正处于人类学学科地位很混乱的情况，表现在四个方面。一是民族学、人类学名称使用上的混乱。在中国，既有民族学，又有人类学，究竟是一门学科还是两门学科？学者们出于某些原因含糊其辞，局外人更不易弄清楚，甚至一些学人类学、民族学的学生也不清楚。二是乔健先生所说的中国内地学术界目前对民族学、人类学名称的界定和涵盖范围并没有一个共识。三是学科分割，互相对立，缺少配合。四是国家对民族学、人类学学科地位的核定处于不明确的状态，甚至是矛盾的、紊乱的。①

对以上问题，不少学者采取回避态度，认为只要做好自己的研究就可以了。但对一门学科的发展来说，这些问题如果不解决好，是很不利的，更不利于学科理论方法的创新。

对前两个问题，应该明确人类学与民族学是不同层次的两门学科。按国际惯例，人类学包含民族学是毫无疑问的。早在1950年，联合国教科文组织曾经邀请美、英、法、瑞典、波兰、埃及、印度和墨西哥等八国代表在巴黎开会，决定对各国社会科学的课程设置和教学方法进行调查。至1954年写出调查报告，其中关于“人类学”的报告，是由法国人类学家列维·施特劳斯执笔起草的。这一报告提出，在今日的世界几乎一致同意以“人类学”为最佳之定名，包括：①体质人类学——从事由动物进化为人类的研究及以解

① 张有隽：《人类学与瑶族》，86～87页，南宁，广西民族出版社，2002。

剖学和生理学上的特征区别人类种族的研究；②民族志——从事由田野工作的考察而加以描述的研究；③民族学——根据第一手的民族志资料综合的研究。报告认为："民族志"为研究的第一步；"民族学"为研究的第二步；而"文化人类学"和"社会人类学"则是根据民族志资料和民族学结论再作进一步的综合研究，是为研究的第三步。①

从目前形势看，美国和英国研究文化人类学的又普遍有使用"人类学"一词的倾向。而欧洲大陆传统上所说的民族学，则专门指的是对非本国的原始的文化的研究。从我国的情况看，"民族学"几乎就是对少数民族的研究。目前，我们的研究对象不再限于少数民族，研究的着眼点不再限于民族性，研究方法也越来越多用西方称为"人类学"的方法。凡此种种均说明，我们可以仍旧保持"民族学"的名称，但应明确它包含在"人类学"之下。人类学不是与民族学相似的平行学科，民族学更不能包含人类学。

关于对学科分割、缺乏配合的问题，美国的人类学做四个领域的研究：体质人类学、史前考古学、语言人类学、民族学，对民族学目前又多称为文化人类学或人类学，但在概念内涵上是有所扩展的。在学科体系构建上，则分为两大分支：文化人类学、体质人类学，文化人类学又包含语言人类学、史前考古学、民族学三个三级分支学科，其名称和分支关系如下表：

- 人类学
  - 体质人类学
  - 文化人类学
    - 考古学
    - 语言学
    - 民族学

美国的人类学分支模式，是 20 世纪初以博厄斯为首的人类学家建立起来的，目的是满足对美国土著人研究的需要。由于这一模

① 李毅夫、赵锦元：《世界民族概论》，12 页，北京，中央民族学院出版社，1993。

式在研究工作中很有效，所以很快在美国建立起来。实际上，英国的爱德华·泰勒早在1881年出版的《人类学》一书，其中内容就已包括四领域的内容，而且还超出这个范围。从根本上说，人类学是研究人的学科，既要研究人的现在，也研究人的过去，既研究人的自然特征，也研究人的文化特征。人类生活的范围是多方面的，既有横向的各个生活领域的相互影响，又有纵向的历史延续性。所以，单一的学科是不足以研究人的。人的很多问题的研究，通常都需要几个学科的联合。比如一个地方的人的历史来源问题，首先可以通过民族志的调查，从当地人口中听到口传的历史；然后，可用语言学做考证，既可比较当地人的语言与他们所称祖先的另一些后代的语言的关系，也可考证当地语言的系属关系；第三，将仍使用的器物和考古器物比较，看当地人的器物是否与所称祖先的器物有密切联系；第四，分子遗传学上的DNA检测，一是看当地人与所称祖先的关系，二是看当地人与所称祖先的另一些后代的关系。当然，不是每个问题都一定需要经过各个学科的检验，但以上事例说明，有些问题确实需要多学科配合来解决。多学科合作为问题提供的答案，可信度会更高。

从中国的情况看，人类学几大分支的传入并不是平衡发展的，而且经过多年在中国的发展，已各自形成了有自己特色。体质人类学使用了“人类学”之名，成为了一个学科；考古学属于历史，很大程度上是用来说明中华古代灿烂文化的学科，很少有人去研究考古器物背后的人文意义；语言学与训诂、文字结合，很少有语言学家去考究人类语言学；民族学是研究少数民族的，在很长时期内只注意少数民族的社会形态以及少数民族的历史。从当前情况看，要在中国建立美国式的人类学模式是不可能的。可以从两方面使问题得到缓和。一是学人类学或民族学的本科生，应该受到基础广泛的教育，各分支的课程都要接触；二是在人类学的研究机构应该有几个学科的研究人员，在研究中互相合作。

国家对民族学、人类学学科地位的核定的确非常混乱。民族学到底归属于法学还是历史学，这个问题搞不清楚，人类学的地位就更不清楚了。国内的民族学包括了文化人类学，历史学又包括人类学。[①] 这种情况是与国外的学科定位、分类相矛盾的。国家对人类学学科的定位直接关系到大学里学系设置、人才培养、学科建设等问题。这是急需解决的问题，越拖越不利于人类学的发展，当然更不利于人类学理论与方法的本土化。解决的方法可以参考国际惯例，在不与国际惯例相矛盾的基础上，重新制定人类学的学科分类标准，尤其是明确人类学的地位、人类学与民族学的关系。

还有一点需要明确，就是人类学的学科性质。一门学科的学科性质直接关系到它的研究方法的取向，也直接关系到它的研究理论目标。

人类学中的体质人类学，主要是要找出体质特征上的规律，是采取实验、测量、抽样等方法研究的科学，它的结果和过程是完全可以重复检验的，是一门不容置疑的科学。语言学中的形式研究也是可重复的科学，但语言人类学的语言意义、词义转化的内容，明显受到文化的影响，既有科学性，又有人文性，需要使用的方法也同时具有科学、人文二重性。考古学的研究也一样，单纯的发掘、类型学的分类都有很强的科学性；但在探究器物的意义时，就不是科学可以解决的，因为器物是文化产品，只有作出人文的解释才具有意义。文化人类学比较复杂，首先，它研究的对象是文化，主要是对文化的解释，呈现一幅幅文化的图像给人们，所以它是人文性的。其次，文化的载体是社会或社区，文化人类学不能空洞地研究文化，只能通过社会或社区来进行研究，所以它又有社会科学的特性。第三，许多文化人类学的研究涉及的是应用性的问题，尤其在今天，越来越多的文化人类学者去研究应用问题，以至于有人提出把“应用人类学”作为人类学的第五个分支。需要明确的是，文化

① 张有隽：《人类学与瑶族》，87页，南宁，广西民族出版社，2002。

人类学根本上是一门人文学科，它是以文化为研究对象的，其他特性是从人文性派生的。没有人文性，也就没有了文化人类学。所以，在研究方法、理论目标上，必须从文化人类学的人文性出发，采取相应的手段，制定切实的目标。

2. 学科的整合建设

一个学科的建设，是该学科理论与方法发展的基础。当今的学科发展趋势有两个。一是每一分支学科发展得越来越精细，这是由知识积累越来越多，单个学科的研究向纵深扩展决定的。二是学科之间有互相渗透、融合的趋势，这是因为问题越来越多，越来越复杂，单个学科不足以解决问题；还因为学科之间本来就有许多相通的地方，学科的划分是人为的，但这种划分不能割裂科学、人文、社会的固有联系。

具体到人类学，这是研究人的学科，关于人的知识是一个复杂的系统。单个人不可能去完全认识、研究这个知识系统。所以我们把这个知识系统分割开来，一个个学科各有自己的研究对象。但整个系统的各个部分是互有联系的，系统也不仅仅是各个部分的简单叠加。所以，我们在研究人类学分支学科时，应该注意把它放在整体的人类学背景中，注意各分支之间的联系。

人类学的学科整合，可以借鉴美国模式，建立起以人类学为一级学科的人类学系。设立四大分支——体质人类学、考古学、语言学、文化人类学各专业。即一个人类学的机构应该包括各个分支的人才。在研究中各分支人员要互相配合，一个研究者应该精通一个分支，还应该熟悉其他分支的知识。在理论方法上，要相互借鉴，相互渗透。如考古学对文化人类学文化的概念、传播论的借用，就丰富了考古学理论和解释工具。文化人类学对语言学理论的借鉴，创造了结构主义。没有学科之间的互相借鉴，人类学就不可能发展到今天这样的程度。我国民族学之所以长时间没能取得理论方法上的突破，原因之一就是自我禁锢在一个封闭的小框框内，没有学科之间的渗透。

具体的工作方面，在人才培养上，要注意培养基础宽泛扎实的人才，人类学的学生要有四个分支学科的知识基础，要有广阔的视野，还要有良好的外语基础。当前我国没有人类学本科专业是不正常的，因为人类学知识广泛，四分支的基础必须在本科阶段打好，而研究生阶段则是培养专才的阶段，主要培养某一领域的研究才能。目前我国的人类学民族学研究生，人类学基础是不够广泛扎实的。

在教材上，要组织力量编译大量人类学教材和参考书。由于中国人类学长期处于中断和封闭状态，没有多大发展。目前编的教材与国外的相比，在理论深度和广度上都不足，材料案例太少。目前老师上课，往往找不到合适的教材。参考书在国内也非常少。比如经济人类学的参考书，光美国就有几百种，而国内只有屈指可数的几种。学科建设必须要有丰富的资料，以目前的情况，急需编译大量的人类学参考文献。

在学科理论方法建设上，对于国外的理论方法同样还有取舍的问题。这就要求实践，大量的田野实践是学科建设必不可少的一个环节，对于人类学理论与方法的本土化也是至关重要的。

此外，还要注意各个人类学研究机构之间的互相交流，以及与国外人类学者、研究机构之间的交流。这种交流既有思想碰撞、互相激发的功能，又能提供信息传递与资料共享的机会。

3. 本土化途径

人类学理论与方法的本土化包含两层含义，一是“化”外国理论与方法为中国所用，二是建设中国独有的人类学理论与方法。这两个方面是相辅相成的，因为本土化目的是建设中国人类学，为中国的发展服务。人类学理论与方法在中国还有诸多欠缺，但在外国比较丰富，我们当然应该积极学习外国的东西，否则只能自己摸索，那将会浪费很多的时间与精力去搞“重复建设”。但外国的理论与方法可能不适用于中国实际，所以必须要有一个“中国化”或“本土化”的过程。此外，由于中国文化有自己的特点，不同于任何别的文化，要解释中国文化，光是学习西方的人类学理论与方法是不够的，有的文化特质只能用中国固有的概念来解释，这些概念经逻辑组合而成的理论也必然是中国的。外国理论与方法的“本土化”需要中国实践的检验，中国概念与理论方法也是从实践中产生的。在实践中碰到的问题，需要我们去解释，如果不熟悉现有的理论方法，将不知如何着手解释，只有事先熟悉了国外理论方法，才谈得上检验，才有可能去修正，才可能创新。我们自创的中国人类学的理论与方法，首先要合乎国际学术规范，在国际人类学范畴内找准自己的位置，才可能被国际人类学界接受。

无论是外国理论方法的本土化还是要自创中国人类学理论与方法，有一个环节是必不可少的，那就是田野调查，费孝通先生也非常强调这一点。在谈到去过国外留学的青年人类学学者时，他说到：“他们中的许多人实际上对中国了解很少……他们回国时，常常会发现他们具有的训练基本上是表面的。他们带着新的行话，新的术语，并把这些传给他们自己的学生。这些看起来很深奥，也可能吸引学生，因为这些对没有机会和外界接触过的人是新颖的。但是以我个人的看法，我认为这些年轻的学者如果真的学得了社会学或人类学的基本概念和方法，他们回到中国之后，应该首先在中国土壤上进行调查研究，把他们在国外所学得的东西在中国环境中应用和检验。”① 人类学理论与方法的本土化，大致应经以下几个步骤：

外国理论——→田野调查研究——→

{探索中国理论方法<br>检验外国理论方法} 形成本土理论方法

具体的本土化途径，可从以下几个方面考虑：

（1）田野调查

田野调查是当代人类学最基本的也是最重要的一个研究方

① 费孝通：《从实求知录》，北京，北京大学出版社，1998。

法。早期人类学家摩尔根就进入了印第安部落中进行调查研究。稍后的博厄斯也非常强调学习研究对象的语言，进入研究对象群体中去生活和调查。真正使田野调查法确立为人类学基本方法的是英国人类学家马林诺夫斯基。马林诺夫斯基于第一次世界大战期间在西太平洋上的特罗布里恩德群岛上长期与当地土著人生活在一起，学会了用当地语言交流，熟悉了当地人的生活模式，在此基础上写出了《西太平洋的航海者》这样的经典民族志作品。自那以后，田野调查尤其是参与性观察法的重要性逐渐得到人类学界的公认，并成为了一种最基本也是最重要的人类学研究方法。

人类学的田野调查指的是人类学家去到研究对象的社区当中，与当地人生活在一起，学习用当地的语言与当地人交流。在这一过程中通过参与观察，全面记录当地人的生活和生产细节，通过这样的活动来了解当地人的思维方式、人生观和宇宙观，以期真正了解一种文化的外显形式和核心内涵。标准的田野调查的时间不应少于一年。

田野调查是人类学研究者获取资料的基本方法。人类学家研究文化的基础就是对文化的了解，文化是一个极其宽泛的概念，不可能直接去研究宽泛的世界文化或国家文化，社会群体是文化的载体，群体的生产生活模式就是该群体文化的外在表现。人类学的研究，就是通过田野调查，研究一个个具体的文化，然后从这些文化的比较研究中探求人类文化的规律。尽管有人质疑小社区的田野调查所得资料的代表性，怀疑这种研究结果没有普遍意义，但没有任何一种方法比田野调查法更为有效，在可信度和研究的深度上能与之相比。直到今天，田野调查法在人类学中的地位仍是无可替代的。

人类学家将田野调查材料写成民族志。民族志是人类学家对自己的田野调查工作和调查所得材料的一种思索性呈现。今天的民族志不仅仅有过去的那种纯纪实的忠于原貌的风格，而且可以根据各个人类学家的志趣，在材料真实的基础上采用多种表现风格，以表达作者的理论思索和价值观取向。

早期民族志非常强调描述写作的客观性。作者总是用第三人称写作，在作品中很少提到自己，尽量使人相信民族志的描述是完全客观的，没有作者的人为因素在里面。那时奉行“主位研究法”，即强调用研究对象的观点来解释他们的行为。注重用研究对象群体中“普通人”的日常经验进行描写，目的是要从中归纳出具有普遍意义的理论。研究对象一般是“异文化”。

二战后，欧美人类学家的研究开始回归本土，对本土社会的研究，似乎没有必要将一切生产生活的细节记录下来，而应从一些特殊的角度进行批判。有一些人类学家通过那些在社会中处于不利地位的弱小人群的眼睛来呈现社会现实，揭露社会存在的不公，对丑陋现象进行抨击。

人类学家意识到不可能做到完全客观的民族志，应该赋予作者一定的地位，于是出现了把自己定位为文化诠释者的人类学家，他们记录文化现象，然后探讨其意义，自己作了“文化的解释”的工作。

人类学家还采用了小说、诗歌、电影的形式来表现田野调查的内容，探究人类学的多种意义表达方式。

人类学民族志表达方式的转型与人类学的旨趣有很大关系。在强调纪实客观性的阶段，人类学家期望从客观事实材料中归纳出理论，理论的构建是人类学家的一个普遍目标。其后，人类学家发现要构建普遍意义的理论越来越困难，甚至许多名家早先构建的理论也被否定。很多人类学家将文化批评当作了他们研究的目标，提出“作为文化批评的人类学”这样的口号。民族志转而服务于文化批评这一目标。最初人类学家通过对“异文化”的民族志描写与西方文化作对照来反思西方文化，继而又直接选取西方文化的某些片段进行民族志描写和探讨，同样可达到文化批评的目的。马尔库斯和费彻尔指出，人类学文化批评的两种方法是认识论的批评法与泛文化并置法。[①] 前一种方法是通过某些具体事例直接批判西方哲学观中认识论存在的问题，后一种方法是将不同文化中具同样功能的文化事象放到一起作比较。

中国人类学者在新中国成立前的田野工作比较扎实、细致，在新中国成立后五六十年代的田野工作粗疏，而且带着框框，八九十年代逐渐恢复了好传统，但与我国状况仍不相适应。人类学的工厂在田野，没有大量扎实的田野工作，本土化只能是一句空话。

（2）从中国传统文化中挖掘概念

中国是个文明古国，有延续几千年的文明传统，仅封建社会就有两千多年的历史。中国地域广阔，民族众多。汉族文化自身有地域上的变异性，同样的文化源流，在不同地区的发展就不会完全相同，其中原因，既有自然环境的因素，又有历史、政治、经济等文化因素。汉族文化还不同程度地渗入到少数民族文化中，成为少数民族文化的一部分，各民族之间的文化也有互相借用的情况。在中国疆域内，尽管常有战乱，但国家大部分时间还是处于统一状态。各少数民族建立的政权，也大多对中国表示认同，并不以为自己是中国以外的政权。这是许多中国文化独有的现象，是外国理论解释不了的，甚至也没有相应的概念。可以说，中国传统文化是可供挖掘中国人类学本土化概念的宝库。

要从传统文化中挖掘本土概念，一是需要对传统文化典籍熟悉掌握，这样才能了解古代的社会文化特色；二是要对当今社会有敏锐的、全面的观察，这样才能把握当代的社会特色。通过将典籍表现出的传统文化和当代现实社会文化比照印证，从而提出用中国概念表达的解释中国文化的理论。这方面做得比较成功的，有费孝通先生在20世纪40年代提出的以“差序格局”为中国社会特征的看

① ［美］乔治·E·马尔库斯、费彻尔·M.J.费彻尔著，王铭铭、蓝达居译：《作为文化批评的人类学》，北京，三联书店，1998。

法，费孝通先生提出的这个概念，就来源于自己长期对中国社会的观察。胡先晋对面子问题，杨联升对于“报”、芮逸夫对五伦及礼以及许烺光对于父子轴的讨论都是著名的例子。① 人情、面子、命运、报、缘等非常中国化的问题受到了一些港台学者的注意和研究。

（3）在研究过程中注意历史维度

注重历史向来是中国人类学的传统，由于中国有悠久的历史，很多文化现象都是经历史传承而来的，在文化典籍中可找到记载和解释。一些文化现象，在当代单纯用共时性研究可能难以解释，但如果从历史上追溯，则很容易解释。宋蜀华先生明确提出中国民族学研究的纵横观主张，并且认为，“民族学研究的纵横观，即研究对象进行纵向与横向、时间与空间或者说现状与历史相结合的观点和方法。它是基于中国民族的实际状况提出来的，因而，可以说具有本土化的倾向。”② 宋先生从民族识别、社会结构和社会性质研究、传统文化研究三个方面说明了纵横研究的必要性，着重阐明了历史研究的重要地位。

不约而同地，美籍华裔人类学者乔健先生也指出，在人类学研究中要重视历史根源的追踪。乔健先生举了一个乐户的例子，中国历史上乐户的经济收入超过了一般农民，但社会地位很低，受人歧视。乐户除了吹打以外，还扮演一些非常特别的角色，如春节期间协助县长组织春游活动；到人家家里吹打以驱鬼；有的收养农民、地主的儿子作义子等。这些情况，在现在一般人很难解释得通，从历史上追寻，就可发现乐户最早的形象是巫，后来，特别是从北魏

---

① 乔健：《建立中国人计策行为模式刍议》，见《现代化与中国文化研讨会论文集编》，327页，香港，香港中文大学社会学院暨社会研究所出版，1985。

② 宋蜀华：《论中国民族学研究的纵横观》，见乔健：《社会学、人类学在中国的发展》，21页，香港，香港中文大学新亚书院，1998。

开始，乐户变成“罪人”。正因如此，乐户的形象就有了矛盾。[①]历史维度从人类学开始传入中国就成为中国人类学尤其是“南派”的特色，在新中国成立后的民族学研究中一度成为中国民族学的最大特征，民族学几乎变成了民族史学。20世纪90年代以来，人类学与社会学的结合更加密切，历史维度受到一定忽视。但是，即使是服务于研究现实的目的，历史维度也是有用的，是不可缺少的一个方面。

（4）社区研究法

社区是一种人群聚居单位，生活在其中的人相互之间会发生互动，从而形成一种地域文化特色。一个村庄、一个工厂、一个住宅小区都可算一个社区。社区研究法源于上个世纪30年代在美国兴起的社会学“芝加哥学派”的研究。当时芝加哥学派的派克教授等研究者在芝加哥市的工人区、黑人区开展社区研究。这种研究路子可以看作是社会学与人类学研究方法的结合。派克教授30年代受吴文藻之邀来中国讲学，社区研究法也随之传入中国。社区研究法是研究现代社会的最基本方法，就如同田野调查法是研究小型社会的基本方法。美国人类学家格尔茨说：“人类学的方法强调仔细的第一手材料的分析，以及对大型社会中小型社区的重点分析。这种方法对于研究经济发展有重大的贡献。它能够使我们用对村落、小镇及社会阶级的分析，来体现对一般社会过程的认识。”[②] 社区是各种关系集结的时空点，它包含了社会习俗、人际网络、物质生产关系、地方政治和精神联系等各种纽带。社区既是人的关系的集合，又是各种制度和人的互动发展的结果，具有时空一致性。格尔茨将社区作为国家的缩影进行研究，这是不正确的。社区不是国家

---

① 乔健：《谈中国研究的一些方法论问题》，载《广西民族学院学报》，2002（2）。

② 王铭铭：《社会人类学与中国研究》，286页，北京，三联书店，1997。

的缩影，它不能完全反映国家的一切。但小社区可以在一定程度上反映大社会，国家以至国际性的事件可以通过社区的某种活动表现出来。通过和宏观区域研究以及历史方法的结合，社区研究法对人类学是种有效的工具。对人类学在中国的本土化，尤其在认识中国这一点上，是不可缺少的。

（5）宏观背景下的比较研究

人类学的一大特点就是整体观，研究任何一个文化现象，都必然要求将其放入一个大的框架内考虑。例如人类学最常见的分析研究单位是村落。研究一个小的村子，如果眼光始终放在村子内，是不会有什么有意义的成果的。村落是一个小的社区，是基层社会单位，它的存在和发展既可反映地方性的文化，又能折射出国家的政策、政府权力对村落的影响，都市文化的冲击，主流文化大传统与村落文化小传统之间的冲突与交融等等。这些有意义的课题，必须是在研究中注意宏观背景分析才能发现，才能好好研究。

此外，还要注意比较研究，从单个案例中，得不出普遍性的理论。费孝通先生为我们示范了一个有效的方法——模式研究。通过比较，找出研究对象之间的异同，共性较多的就可以成为模式。在这个基础上，产生理论也就是可行的了。费老的乡镇企业研究、小城镇研究就是用这一方法取得了很大的成就。当前人类学的研究有一种倾向，认为文化总是不同的，不可能有普同意义的理论，这是不对的。人类学研究的目的，就是找到人类社会与文化的某些共有规律，促进人类的和平与发展。当前能够称得上是人类共有规律的东西确实不多，这从另一个方面反映了人类学的研究还有很多路要走。也许我们不能一下构建能够说明全世界文化的理论，但是能构建解释局部文化的理论，这是我们应该努力达到的目标。应该发展比较研究，尤其是泛文化比较研究，在比较研究中不能只注意“差异”，还要注意“求同”。

（6）重视本土解释

简单地说，本土解释就是各族群对自己固有的文化现象的解释。张有隽先生指出，一个人类学者在进行民族文化研究时，首先是调查它，弄清楚它的文化现象，然后来解释它。在这个解释中，要注重本土解释。本土解释属于人类学研究上的局内观，是主位研究。对有些文化现象，研究者往往会自己提出一些概念和解释，如果这种解释与被研究族群的概念和解释不一致，它就不能正确反映它想要解释的文化。

比如越南有学者对瑶族宗教仪式进行研究，瑶族本身叫做“挂灯”、“度戒”的仪式，本来是两个不同的仪式，但越南学者一律称为“赐敕”。瑶族村寨的社庙，越南学者称为“村庙”。这就是概念上没有做好主位研究造成的缺陷，这很容易造成文化“误读”。另外一个例子是对瑶族自称“勉”的解释。有人认为“勉”是瑶人的自称。因为中国古代称中国南方的民族为“蛮”，“勉”、“蛮”音近，是自称变成他称。又有学者说瑶人是“蛮”，“勉”就是蛮的说法是不对的。“勉”的意思是人，瑶族自称为“人”，是对被封建王朝称瑶族为“蛮”的一种抗议。另一种观点认为“勉”不是瑶人的自称，瑶人自称为“尤”或“优”。以上几种解释都不完全是依据瑶人自身的解释提出的。瑶人确实自称为“勉”，“勉”是人的意思，但这一自称不一定是对抗封建王朝。这个例子说明了人类学的研究中重视本土解释的必要性。①

本土解释，既是人类学研究要达到客观认识文化的一个必要手段，又是搞好研究人员和所研究社群的关系的工具。在功利主义影响下，有的研究人员为了发文章，为了自己出名，对一些文化现象提出一些怪异的解释，想要引起别人注意，结果往往招致文化主体社群的反感和抗议。在理论方法的本土化意义上，本土解释能提供新的概念，在此基础上极有可能概括出新的理论，促进本土化的实现。

---

① 张有隽：《本土解释在人类学理论、方法上的意义》，载《广西民族学院学报》，2002（4）。

(7) 综合的方法

综合的方法，就是在研究中采用的理论和方法不拘泥于某一学科界限，而是互相借鉴、吸收。这方面的工作在人类学的发展历程中，已经证明是一个不可缺少的环节。在将来，学科间理论方法的融合仍是学科发展趋势的一个重要方面。首先，理论方法的融合发生在人类学内的四个分支学科之间；然后，这种融合扩展到人类学与相关的学科之间。台湾的人类学就与心理学之间有着密切联系，两个学科共同研究，研究人员同时使用两个学科的理论与方法去解决问题。

随着人类学的发展，它的研究领域不断拓展，与其他学科结合，已经形成了很多以“××人类学”为名的学科，如历史人类学、政治人类学、医学人类学、教育人类学、经济人类学，等等。很自然的，这些“××人类学”必须是人类学与相应的学科在理论方法上的结合而形成的。它是人类学研究的具体化，由于与相应的具体学科相结合，它能更深入、全面地揭示问题的实质。将它用于中国研究，就可能在广泛的实践基础上，更好地发现中国文化的规律，在这个基础上，构建出中国的人类学理论。

例如经济人类学，就是人类学与经济学相结合的学科。它研究的对象是人的经济行为及制度，既用人类学的方法，又用经济学的方法。在人类学的整体论思想指导下，还要考虑影响经济的政治因素、历史因素、自然生态因素、社会心理因素等方面。对一个个具体的经济体系作出完整的分析研究。这不是单纯的经济学研究能做到的，但它只是经济人类学目标的一个步骤。经济人类学通过比较分析不同的经济体系，想要找到人类经济发展的普同规律。

中国人口众多，各民族、各地区的经济发展水平差异很大。经济人类学正可能通过对各种模式的经济体系进行研究，一方面为发展民族经济献策献力，另一方面可以从中构建人类学的理论。

但是，有很多的“××人类学”在中国还只是处于起步阶段。提了个概念，有一些基础的认识，但很缺乏在一定理论框架下的田野调查工作。中国的经济人类学就是这个样子，只有几本介绍性的书，影响很小，有的人类学家都不知道经济人类学是什么，说它既不是经济学，又不是人类学。搞经济的人就更不清楚它是什么，只是觉得它如果不用上经济学的数量分析，就跟它的名称不符。造成这种情况的原因有很多，一是人类学在中国的发展不顺畅；二是传统上我们搞学术的各自为政，很多学者都只专注于自己划定的一个狭小领域，没有能力搞跨学科研究；三是学者可能大都以为自己做的研究是最好的。有个经济社会学的例子，搞经济学的人觉得社会学家研究经济是研究他们不懂的东西，社会学家觉得经济学者研究社会只能做表面文章，没有深度。

有鉴于此，人类学研究要求我们具有多学科的知识，需要综合方法。不能仅仅局限于某一领域内，而应扩大知识的层面，不是简单的知道，而应该达到能运用的程度。虽说人的精力是有限的，不可能掌握很多学科的知识。但对于有志于搞“××人类学”的学者而言，掌握相关的学科知识是必需的。另一个重要方面，跨学科的理论与方法必须与中国实践相结合，要变成能经得起实践检验、能指导实践的理论与方法，否则是没有意义的。

2003年12月

# 《中国民族志》导论

## 一、民族志的对象和性质

民族志是大学人类学、民族学专业的基础课程，也是人类学、民族学的分支学科之一。人类学、民族学自 19 世纪中叶成为一门独立学科以来，世界各国各大学人类学系、民族学系各专业多开设民族志课程，叙述与介绍本国或外国民族与文化，有的虽不冠民族志名称，而称为某国或某地区民族与文化，如美国夏威夷大学人类学系开设“中国人的文化与社会”、“日本人的文化行为”、“菲律宾文化与社会”等课程，香港中文大学人类学系开设“中国文化与社会”、“中国的少数民族”课，美国华盛顿州太平洋路德大学人类学系开设“世界上的人民”、“美国西北海岸的民族”、“亚洲民族与文化”、“中国文化与社会”、“欧洲民族”课①，如此等等，名称虽不同，性质都一样。

一门学科能否独立存在，取决于它是否有独立的研究对象。民族志和人类学、民族学一样，它的研究对象都是民族，但民族志在研究对象上又有自己的专门领域。

民族志这一概念的关键词是“志”。志者，记也。民族志是专门从事各民族社会与文化记述与介绍的学科。国外民族学、人类学界称之为“民族志学”。

---

① 张有隽：《国内外高等院校人类学、民族学课程设置》，广西民族学院民族研究所印，1995。

关于民族志的性质，目前国内外学术界看法上还有些分歧。西方一些权威学者多把民族志视为人类学、民族学下面的一个分支，另一些人则认为它是民族学与生就有的一个方面。现代欧美及亚洲许多国家的民族学、人类学界普遍认为，“人类学”是概括人类研究的最好名称；人类学分为体质人类学、文化人类学两大分支，文化人类学则包括考古学、语言学、民族学三个分支，在民族学下包括民族志及其他特殊领域，如民俗、工艺、神话、音乐等。这是从学科分类上看民族志的性质。

至于民族志的对象和任务，有的学者如 D. 狄阿斯认为，“民族志”一词是坎普尔在 1807 年提出来的，意思是“对于民族的记述”（descreptive of peoles）。他本人认为，民族志“是对于个别文化或一种文化的某些部分所作的记述性的研究（descriptive study)”。雅各布和泰恩在《人类学纲要》一书中则认为，民族志是“对于低技术水准的民族的社会经济体系及文化遗产的科学方法的记述。”这里强调民族志的对象是原始、落后的民族，这种观点遭到了另一些学者的反对。这些学者认为，“文明民族也可以作民族志的研究”。威尼克在《人类学辞典》中对民族志的定义是这样界定的：“是对于个别文化的研究……基本上是一种记述性、非解释性（nonintepretive）的研究。”著名人类学家 E. A. 霍倍尔在《原始世界中的人：人类学导引》一书中，将民族志定义为“人类学中专门属于文化之记述的一部分”①。

总体来说，国外学术界虽然对民族志的界说莫衷一是，但大都认为与人类学、民族学关系密切，是它们的一个分支，偏重于记述性，因此，也有人称之为“记述民族学”（descriptive ethnology），只是在记述范围之大小上有不同看法而已。比如，霍尔墨斯和帕尔斯在《人类学导论》一书中，将民族志定义为“人类学家在田野工

① 王海龙、何勇：《文化人类学历史导引》，54～55 页，上海，学林出版社，1992。

作中进行的搜集活动”①。这个定义将人类学家的室内资料整理以及民族学家、人类学家凭借其他资料所作的民族志研究均排除在外，其范围更狭窄。诚然，不假他人之手而亲自到田野搜集第一手原始资料，对人类学家来说是非常重要的成功之道，但田野资料必须经过整理才能发挥更大的作用，这是不言而喻的。其次，由于种种原因，以世界之大和民族之众多，一个人类学家即使穷其毕生亲自做田野工作，能搜集到的资料的范围也是十分有限的。因此，从科学研究的需要尤其是从教学研究的需要以及社会如党政部门决策、舆论部门宣传的需要来看，根据文献记载和众人的田野考察资料作综合性的民族志研究，也应属于民族志范畴的工作。

中国有修志传统，各类方志著作浩如烟海。我国方志在体例上强调以横为主，纵横结合，编写中要求突出地方性、资料性、记述性、时代性等特征。历代修志，在搜集采寻民间口碑及文献资料的同时，也注意历史文献资料的考证与运用。这个传统已在新中国成立后各省编修社会主义新方志中得到发扬光大。因此，我们认为，中国人类学、民族学的民族志研究，从中国的实际出发，在借鉴国外民族志研究的理论与方法的同时，也应借鉴和发扬我国修志的一些好传统，走出一条中国民族志研究的新路子来。

## 二、民族志的内容与范围

民族志的内容与范围是由民族志作为人类学、民族学的一个分支，偏重于记述这样一个基本性质决定的。由于民族志是人类学、民族学的一个分支，因而人类学、民族学研究的内容及范围，都是民族志研究的内容及范围，只不过在目的和手段上有所不同而已。

---

① 王海龙、何勇：《文化人类学历史导引》，54～55页，上海，学林出版社，1992。

我们知道，人类学是研究从史前到当代人的体质和文化发展的一门学问。[①] 人类学认为，“人是有文化的动物”。因此，人类学要研究解决人的两大问题：一是人类体质进化过程，二是人类文化演进的历史。而迄今为止，全世界的人无论处于何时何地，都无一例外地属于一定的民族；民族则是依据文化来区别的。因此，在人类学中，人类、社会、文化、民族都是一些最基本的概念，尤其是“文化”这一概念，更是人类学、民族学的核心范畴，是人类学、民族学思想和理论研究的出发点和归宿。

人类学、民族学所讨论的“文化”，不是中国古籍中的“文治教化”一语中的“文化”，也不是民间所谓“学文化”的“文化”，或如20世纪80年代时兴文化热时对表层文化或文化表象的诠释，而是对整个人类起源、生成和文明演变的总体的深层的审视。

“文化”（Culture）一词，西方在15世纪初时仅指“农业”、“耕种”、“栽植”。后被移入人类学当作术语，最早始于英国人类学之父爱德华·泰勒1865年出版的《文明的发展和早期历史文化研究》一书。6年后，泰勒将其集中和系统化，作为一个严格的科学概念给予界定。泰勒指出：“以广泛的民族志而言……文化或文明是一个复杂的整体，它包括知识、信仰、道德、法律、风俗以及作为社会成员之个人而获得的任何能力与习惯。”[②] 这个定义在欧美普遍受到认可，对人类学、民族学研究产生过重要影响。

今天，人类学、民族学界对“文化”一词虽然有各种不同解释，但普遍认为，文化在人类学中通常指人类社会的全部活动方

---

① 威尔·D·霍尔姆斯、瓦纳·帕里斯：《人类学导论》，3页，转引自王海龙、何勇：《文化人类学历史导引》，2页，上海，学林出版社，1992。

② 王海龙、何勇：《文化人类学历史导引》，56页，上海，学林出版社，1992。

式。它包括一个特定的社会或民族所特有的一切内隐的和外显的行为、行为方式、行为的产物及观念和态度，在人类学、民族学经典教科书中，通常按物质基础、社会组织与政治、语言与文化传承、宗教信仰与文化等方面进行介绍与分析。根据人类学民族学这一研究内容和范围，民族志研究的内容十分丰富，范围非常广泛。具体说来，包括下列方面：

1. 人类生态系统。包括自然环境、人与自然的关系、人在自然中的位置。由于人总是生活在一定自然环境里，并与自然发生十分密切的关系，人类生态系统便成为民族志研究的重要内容。

2. 生物与人类。包括生物分类体系、生物进化、人类演化、人类差异、种族及其意义、现代灵长目动物行为等，属于考古人类学、体质人类学、生物人类学的民族志研究的范围。

3. 文明起源与发展。包括技术进步、文明起源与发展、古代村落文化、城市兴起等，属于考古民族志研究的范围。

4. 经济体系。包括资源占有、食物获取、财产分配、生产协作、物品交换、饮食与居住等，属于经济人类学方面的民族志研究的范围。

5. 语言与文化传承。包括语言的性质、结构与功能、讯息交换、文化传承等，属于语言人类学方面的民族志研究的范围。

6. 社会组织与政治。包括婚姻与家庭、亲属制度与继嗣、年龄与社会分层、政治与社会控制、法律制度、族群关系等，属于政治人类学方面的民族志研究的范围。

7. 文学与艺术。包括口传艺术、雕刻与绘画、音乐、舞蹈、戏剧等，属于艺术人类学方面的民族志研究的范围。

8. 宗教与巫术。包括泛灵信仰、巫术、宗教等，属于宗教人类学方面的民族志研究的范围。

上述八个方面包括了文化在人类发展中历时性和共时性的宏观坐标体系的综合民族志研究。人类在进化的历程中，每前进一步都与文化分不开，包括人类本身的发展，如直立行走、使用工具、学会说话、火的发现与使用、群体协作等，都是文化。人类是文化的产物，而文化又是人创造的。人在创造和完善自身的同时，也同步创造和完善了文化。因此，民族志对人类文化的这种综合考察记述是十分必要的；只有这样综合性的民族志考察记述，才能从宏观的高度，以丰富翔实的资料，提供比较研究和综合分析的根据。

但是，在具体的民族志研究中，由于条件限制，人们往往只能做某一地区、某一时段或某一领域的民族志研究。如中国民族志，就是关于中国这一国家的民族志研究；又如广西宗教志，仅限于广西这一地区并限于宗教这一领域的民族志研究；甚至有些民族志研究范围更小，这类民族志研究一般称为民族志专题。

## 三、民族志与各学科的关系

人类学是一门综合性很强的边缘学科。世界上以人为对象的学科很多，如历史学、哲学、政治经济学、文学、艺术，但没有哪一门学科像人类学那样，对人类及其文化进行综合性的研究。人类学家在研究活动中广泛借鉴和吸收其他学科的研究成果，于是形成了众多既有特点又相互交叉的人类学学科群。这样一来，人类学在外部与其他学科发生联系的同时，又有了内部各分支学科之间的密切关系。人类学学科特征和学科结构基本状况，决定了民族志这一分支学科与人类学内部和外部各学科之间的必要联系。

1. 民族志与民族学的关系。民族志是从事各民族文化记录和描写的科学，而民族学是从事各民族文化分析比较的科学，因此，民族志不等同于民族学，反之亦然，二者是有区别的。但在人类学中，民族志与民族学关系最为密切。前者从事资料的考察、记录，后者在前者的基础上上升到理论上的分析。没有丰富的民族志资料，民族学研究就成了空话；反过来说，没有民族学理论的指导，民族志资料的搜集、整理也很难进行。人类学在 19 世纪中叶形成时，许多学者靠一般旅游者、探险家、殖民地官员、商人、将军的游记、日记、工作报告研究异民族文化。后来的学者感到这类资料有许多缺陷，不愿做“安乐椅上的人类学家”，而亲自从事民族学田野考察。今天，世界上许多人类学家同时又是优秀的民族志研究者。民族志与民族学多半是成果形式上的区分，在实际工作中，资料搜集和理论分析等手段往往是交叉使用、相辅相成的。一个出色的人类学家对史前遗址的田野工作和对当代原始部落民族风情的考察，都需要交替运用各种手段，才能达到预期目的。

2. 民族志与社会学的关系。19 世纪至 20 世纪的欧美各国，社会学用于对本民族社会问题研究，而民族学、人类学用于对异民族研究，现在只有中国还保留了这种区分，在欧美各国则已接近合流。“社会与文化人类学”名称的出现即是象征。传统社会学观察研究社会问题，擅长于统计和问卷调查，这种手段对人类学、民族学来说，虽嫌不足，但可以起补充作用，现在也被民族志研究采用。而社会学在采用人类学、民族学理论和方法所作出的对当代社会问题的理论分析，与民族学研究得出的结果不相上下。因此，社会学理论对民族志研究同样具有某种理论启迪作用。

3. 民族志与民俗学的关系。在 19 世纪和 20 世纪初的西方社会，研究本土大众传统文化的，称为民俗学，研究非本土文化的，称民族学、人类学。现在的西方社会，虽然仍保留民俗学这一学科，但对象已不限于西方社会，在理论和方法上也已经与人类学、民族学逐渐合流。民俗学以各族民间民俗事象为对象，研究它们的起源、分类、变异和社会功能，其搜集的许多资料对民族志研究均有参考价值，因此，民族志研究常常借用其研究成果。同时，民族志研究的成果也给民俗学研究以许多启迪参考。

4. 民族志与语言学的关系。语言是人类的交际工具，又是文化的载体，本身还是人类文化的重要组成部分。通过语言了解人类各民族文化，是民族志研究的一条重要捷径。今天许多优秀的人类学家，几乎都通晓他研究的民族的语言，有的还通晓好几种语言。同时，许多传统的语言学家也从民族志研究者搜集的大量民族文化资料中，进一步加深了对语言的认识，丰富了语言理论。正是在这一基础上，产生和形成语言人类学这一分支学科。所有这一切，都不可辩驳地证明了民族志与语言学之间相辅相成的关系。

5. 民族志与宗教学的关系。宗教学研究人类宗教的发展规律。人类学、民族学早期关注原始民族的宗教，形成宗教人类学分支。现代人类学不仅关注部落社会的宗教，对现代宗教对西方社会的影响也投以思考。因此，民族志学家不得不花很多精力去钻研如基督教、伊斯兰教、佛教、道教等的经典性文献，结合田野考察，试图解析宗教的意义。

事实上，民族志作为人类学的基础学科，人类学与什么学科有关系，民族志就与什么学科有关系。今天的人类学家在做民族志研究时，通常需要非常渊博的知识。虽然在实际工作中，有许多人类学家只根据自己的精力、兴趣和目标做某方面的民族志研究，但把所有从事各领域民族志研究的成果汇总起来，仍然可以充分说明，民族志研究与各学科之间确实有着十分广泛的联系。

## 四、中国民族志研究的兴起和发展

民族志作为人类学的一门分支学科虽然是近代才产生的，但民族资料的积累却经历了漫长的发展过程。

中国是一个统一多民族国家。各民族还在各自的传说时代就开始与周边民族有了交往，同时也就有了民族资料的积累。在文字创立前，各民族人民用神话传说、诗歌等口传艺术以及绘画、雕刻等艺术形式记录他们所知道的异民族的情况。这些神话、传说、歌谣以及绘画、雕刻至今还保留在许多民族中。创立文字以后，开始有了文字记录的资料。

我国三千多年前的殷契卜辞、周金铭文中就有了周边少数民族情况的简要记载。先秦时期的六经以及成书于先秦时期的《山海经》、《楚辞》等，也有少数民族的简要记载。

秦始皇统一中国，促进了各民族政治、经济、文化的联系与相互了解。到西汉司马迁作《史记》，以纪传体记载自黄帝至汉武帝约三千年的历史，除汉族外，还包括周边各国各民族的情况。此外，他还以《外国列传》、《西南夷列传》等篇目，专门系统记载周边各国和各民族的生活情况，开创了为各国、各民族作传的先例。此后历代野史、修史均承此例，使我国二十四史中保留了丰富的民族志资料。二十四史外的《魏书》、《北史》、《南史》、《旧五代史》、《新五代史》、《辽史》、《金史》和后来的《清史稿》，也有宝贵的民族志资料。此外，历代野史、方志、族谱、碑铭、文集、游记中，也有关于各民族社会生活情况的记录。

中国是世界四大文明古国之一，自汉唐以迄明清，中国曾经以其光辉灿烂的文化对世界产生重大影响。在中国使者远游各国，写下许多关于世界民族情况的著述的同时，也吸引远至意大利、中亚、西亚等地的游客、官员、商人来到中国，他们以亲身经历写下的一些游记，其中记录了许多有关当时中国各民族的风俗资料。

近代民族学、人类学成为一门独立的学科并于19世纪末20世纪初传入中国。本世纪20年代，蔡元培先生主持中央研究院的工作，大力提倡民族学田野考察，先后派人到广西、东北、湖南、台湾考察瑶族、赫哲族、苗族、高山族，于1929年出版了凌纯声、商承祚的《广西凌云瑶族调查报告》等，标志着科学的民族志在中国学术界出现了。到三四十年代，中国人类学、民族学田野工作的足迹遍及华南、西南、西北、华北、东北、华东各民族居住省份，先后发表了有关壮族、汉族、瑶族、苗族、布依族、彝族、傣族、纳西族、羌族、畲族、高山族、赫哲族、黎族、藏族、仡佬族等民族的田野考察报告，内容涉及历史、人口分布、体质特征、经济生活、语言文字、文学艺术、社会组织、风俗习惯、宗教信仰、族群关系、文化变迁等方面。由于当时研究工作者的物质条件差，加上战争环境的影响，多数考察报告比较粗疏。同时，中国人类学、民族学处于刚起步阶段，理论和方法上还不成熟，这也是当时民族志研究存在种种不足的原因。民族志研究报告写得最好的要算费孝通的《江村经济》及其主持的《云南三村》调查、林耀华的《金翼》

等，不但开启一代中国民族学、人类学研究先声，而且在国际人类学界也产生了良好影响。

中华人民共和国成立后，我国民族志研究进入了一个新的发展时期。20世纪50年代至60年代初期，为了配合民族工作，在毛泽东主席和周恩来总理关怀下，我国民族学、人类学工作者从1956年起，分别组织了三次大规模的民族考察，即民族识别调查、少数民族语言调查、少数民族社会历史调查。

民族识别是民族研究的一项重要课题。中华人民共和国成立后，废除民族压迫制度，实行各民族一律平等的政策。许多在旧时代隐瞒民族成份的少数民族迫切要求恢复自己的民族成份。至1954年普查选举时，自报的民族名称竟多达数百个。为了弄清这些族称是单一民族还是某一民族的分支，国家曾组织大批民族学者、历史学者、语言学者在全国范围内开展大规模民族识别工作。各工作组运用民族学的理论和方法，对各申报单位的语言、地域分布、历史来源、经济生活、文化传统及民族意愿进行深入调查分析。经过识别，1956年，国务院公布了51个少数民族名单。尔后继续识别，到1983年经国务院正式确认，中国共有55个少数民族。另有数十万人的民族成份尚在进一步识别中。这项研究工作在中国是一大创举，在国际上也是少见的。

少数民族语言调查也是一项重要工作。中华人民共和国成立前，我国语言学者曾对少数民族语言作过一些调查，但对全国绝大多数民族语言未作过研究，这种状况不能适应新中国开展民族工作的需要。为此，于1956年至1959年，由中国社会科学院和中央民族事务委员会组织了7个语言调查队（约700人）分赴各民族地区，进行空前规模的民族语言调查，先后查清了15个省（区）42个民族近60种语言的语音系统、语法结构、词汇情况，搜集了大量珍贵的语言资料，发现了许多过去从未被认识的语言现象。

少数民族社会历史调查是民族志研究的又一重要方面，新中国成立后，有关科研机构一直在进行。1956年至1964年，全国人民代表大会民族委员会、中国社会科学院民族研究所先后从各有关科研机构、高等院校抽调民族学、历史学、考古学、社会学、经济学等学科专业人员千余人，组成16个调查组，分赴16个省区，对各少数民族的来源、人口分布、社会生产力、所有制和阶级关系、政治和社会组织、历史发展和民族关系、风俗习惯、宗教信仰进行普查，搜集到数千万字的调查资料和一批珍贵文物，编写出一批民族志研究报告，包括各少数民族社会历史调查报告、少数民族简史简志合编，还拍摄了一批反映少数民族社会历史的科学纪录片。

这三次大规模的系统的民族调查，反映了中华人民共和国成立初期民族志研究的概貌和特点，为我国民族学、人类学研究方法打下坚实的基础。① 此外，在古人类学体质研究方面也取得了许多重要进展。

然而，在20世纪60年代中期至70年代中期“文化大革命”期间，民族志研究也和其他社会科学一样，遭受摧残，陷入停顿。直到1978年中国共产党十一届三中全会后，方得到恢复发展。

在20世纪80年代，我国民族志研究一是作民族识别、民族社会历史的补充调查；二是在50—60年代和80年代补充调查的基础上，编写出版中国少数民族五套丛书，即少数民族社会历史调查、少数民族简史、语言简志、民族自治地方概况和中国少数民族简介。这项工作从1979年开始，到1988年基本结束，先后出版《中国少数民族社会历史调查资料丛刊》近300种，《中国少数民族语言简志丛书》50多种，《中国少数民族自治地方概况丛书》150余种，《民族自治地方概况》140余种。这些民族志研究成果的出版，填补了中国民族志研究的许多空白，不但促进了国内民族学、人类学研究，在国际上也产生了一定影响。

---

① 马寅、林耀华等：《中国大百科全书·民族》，8～9页，567～568页，上海，中国大百科全书出版社，1986。

自20世纪50年代至80年代的民族志研究虽然取得了很多成绩，但由于各种原因，在广度和深度上还有许多不足，与中国拥有众多民族和无比悠久而丰富独特的文化相比，还很不相称。进入90年代以来，随着改革开放的不断深入，我国人类学者正在总结经验，寻找新路子，以求民族志研究跃上一个新台阶，迎接21世纪的到来。

## 五、学习民族志的目的、意义和方法

我国是一个统一的多民族国家，学习民族志的目的是为了促进我国民族学、人类学学科建设，繁荣学术研究，探索我国各民族历史和社会文化的发展规律，为国家四个现代化建设服务，为各民族的团结、进步、共同繁荣服务。因此，民族志的学习有着十分重要的意义。

1. 学习民族志，有助于加深对党和国家民族问题理论的认识，提高执行民族政策的自觉性。我国的民族政策是根据马列主义关于民族问题的理论，结合我国民族情况制定的。通过学习民族志，可以了解国家制订民族政策的实际依据。为什么在民族问题上，只能执行这样的政策，而不能执行那样的政策？这都是由历史原因、现实原因决定的。在充分理解原因之后就会提高执行政策的自觉性，不犯或少犯这样那样的错误，有利于各民族的团结、进步，有利于国家的现代化建设。

2. 学习民族志，有助于进一步学好民族学、人类学理论。民族志是民族学、人类学的基础。没有丰富的民族志资料，民族学、人类学就无法进行综合分析、再综合分析，提炼出合乎实际的理论。学习民族学、人类学理论也是如此。一个初学者不首先学习、把握民族志知识，了解民族情况，要学习把握民族学、人类学理论，也是不可能的。科学知识的学习有个循序渐进的过程，这符合人的认识规律。我们不可能想象，一个毫无民族志知识的人，能领会、把握民族学、人类学中许多抽象、深邃的理论。

3. 学习民族志，有助于建设好中国民族学、人类学，促进科学繁荣发展，造福人类。由于种种原因，中国民族学、人类学起步较晚，发展过程中又遭受重大挫折，目前仍处于恢复发展阶段，资料积累、人才培养、理论探索等任务十分繁重。人类学是探讨人及其文化产生、演进的一门科学，与现代化建设关系十分密切。这门科学强调对人类各民族的观察要坚持“整体性”的观点和实证研究，注重田野考察，尤其是参与观察和主位研究的方法，因而对人才的素质要求比较高。国外各科研机构和大学都十分注重对人类学者严格的专业训练。我国有志于民族学、人类学研究的人，只有在学习民族志的基础上，进而学习民族学、人类学以及相关学科的理论知识，具备扎实丰厚的专业基础，才能建设好我国民族学、人类学，繁荣学术，造福人类。①

学习民族志，除了明确学习目的和意义，还要注意讲究学习方法，才能收到好的效果。什么是学习民族志的方法？民族志学习与其他学科的学习，有些方法是共同的，但无论在校大学生还是业余自学者，要学好民族志，应注意以下几点：

1. 将民族志的学习与民族学、人类学理论学习结合起来。前面讲过，民族志是关于民族的记述和介绍的一门学科。但这里要指出：任何记述和介绍都是在一定理论指导下进行的，因此，民族志中已包含了一定的民族学、人类学理论。教师在讲课时，也会对一些民族文化现象所蕴含的人类学意义进行理论阐释，于是，学习者在学习民族志时，已不可避免地开始接触这门学科的一些理论。同时，学习者在阅读民族志教材时，应主动去找一些优秀的人类学入门书籍来阅读，这些书籍往往写得引人入胜，对初步的理论知识的学习很有帮助，这有助于学习者理解、把握民族志教材中描述的人类各种文化的差异性及普同性。

① 张有隽：《中国民族学如何培养跨世纪人才》，载《广西民族学院学报》，1996 (1)。

2. 坚持理论与实践相结合的原则。民族学、人类学与任何一门科学一样，都讲究方法论。而且每一门学科都有自己独特的方法。民族学、人类学最独特的方法是田野考察。田野是人类学家的“工厂”。人类学家通过田野考察搜集第一手资料，撰写民族志研究报告，进而进行泛文化比较，即通过分析综合，提出对人类学各种文化现象的理论见解。一位人类学家经过实践得出的知识和理论，对这位经历过实践的人类学家来说，可以被认为是验证了的真理，是千真万确的；对于其他人类学家则未必是验证过的，即使他有类似的经历，他还可以提出种种疑问，要求通过实践进行再验证：而对于那些从未经历过田野考察、毫无实践经验的学生来说，则更是未被验证过的，即使这些教科书写的全是真理，他们仍须自己亲身验证，才能真正理解、把握这些理论。因此，对初学者来说，应坚持理论与实践相结合的方法，在学习书本知识的同时，亲自到实践中去调查研究，验证所学过的知识，这是学习民族志最重要的方法，舍此不能学好民族志知识。

3. 坚持以辩证唯物主义和历史唯物主义指导学习和研究。马克思主义的辩证唯物主义和历史唯物主义是自然科学研究和社会科学研究的总的指导原则，也是人类学研究的总的指导原则。唯物辩证法和唯物史观要求我们看问题时要坚持存在第一位、认识第二位的观点，以及全面的、历史的、发展的观点。即看一件事物不能光看正面，还要看反面；看待历史事件和历史人物，要放到一定的历史环境中去，力求从总体上把握历史事实，而不能把它们与周围其他事物的联系割裂开来或对立起来；同时，任何事物都是运动着的、变化着的，不是凝固的、静止的。因此，要坚持用发展的观点看问题，不能静止地看问题。在人类五光十色的极其纷繁复杂的社会与文化现象面前，只有坚持辩证唯物主义与历史唯物主义的立场、观点和方法，不断探索、总结，才能由浅入深、由表及里地透过事物的浅表层看清事物的本质。这不但是哲学、政治经济学、历史学等学科所要求的，也应是人类学、民族学、民族志所要求的。

# 中国与东南亚民族学人类学研究的若干问题①

## 一

我很高兴出席中国与东南亚民族论坛第二次学术会议，和诸位同行见面交流。今天我在会上想从宏观的角度来讨论如何加强中国与东南亚地区民族学、人类学研究的若干问题。

20世纪80年代以来，中国在改革开放中与东南亚各国政治、经济、文化交流日益频繁，这给本地区民族学、人类学研究创造了机遇，也带来了挑战。

近代资本主义向全球扩展过程中，中国和东南亚各国曾深受殖民主义侵略、压迫之害。现在世界局势仍然动荡不安，由霸权主义、恐怖主义、民族分裂主义、宗教极端主义引发的暴力冲突无日不有。贫穷、饥饿、疾病年复一年地威胁着大多数发展中国家的穷人群体和边远少数民族群体。和平与发展仍然是当今世界两大主题，没有和平谈不上发展，没有发展无法保障和平，落后就要挨打。“发展是硬道理”，邓小平先生这句话就是中国近代以来遭受列强侵略、奴役的悲惨历史的深刻总结。改革开放后，中国发展起来了，如何跟东南亚各国共同发展，和平相处，成为好邻邦、好伙伴，这些都是需要我们共同研究的。

---

① 本文发表在《第二届中国与东南亚民族论坛论文集》，北京，民族出版社，2007。

## 二

那么，在这样一个背景下，本地区民族学人类学家应当怎么办？人类学家能够无视现实，脱离生活，躲进象牙塔里做学问写文章吗？这显然是不可能的。

第一，中国和东南亚各国是一个多民族多元文化的地区。中国有 56 个民族，还不包括那些亚群体。越南也有 54 个民族。只算中国和越南就有 100 多个民族，再加上老挝、泰国、菲律宾、新加坡、马来西亚、印度尼西亚等等，这些国家还有很多民族。中国和东南亚各国绝大多数国家处于发展中状态，现实生活要求我们加强对本地区各民族文化及其变迁的研究，以应对文化与社会急速变迁引发的问题。

第二，一般而言，任何科学研究都是为了寻求事物规律，是为人类发展服务的，人类学也不能例外。

第三，学术研究不可能完全脱离政治，脱离现实，问题在于我们怎么处理学术与政治的关系。过去有些学者觉得既然做学者教授，最好远离政治，埋头做学问。我觉得学术与政治是脱离不了的，关键问题是要看是什么样的政治，怎么样看政治，又怎么处理政治和学术两者的关系问题。

第四，民族学、人类学自创建以来就一直保持着密切关注人类生活尤其是弱小民族生活的好传统。应用人类学、经济人类学、发展人类学的出现都是例子，尤其是发展人类学是人类学参与发展中国家发展研究的一门分支学科，参与发展就是参与政治、参与社会。

第五，民族学、人类学还以其独特的理论视角和方法论提供给人们理解不同文化的方式，并且民族学、人类学是提倡宽容和关怀的一门学问。这与我们现在提倡建设一个和谐的中国、和谐的世界是相吻合的。费孝通先生说："各美其美，美人之美，美美与共，和而不同"，以此来处理好我们这个地区的以及本地区与其他地区的各民族不同文化间的关系，是非常重要的。

我们还可以举出许多理由，证明民族学、人类学对人类的好处，以及我们应当参与发展的道理。

## 三

但是，也应当指出，民族学、人类学在其本身发展中也走过许多弯。过去在殖民统治时代以及第二次世界大战中，也有过一些民族学家失去职业道德的现象。中国与东南亚地区的民族学与人类学，由于是从西方引进，加上这个地区发展状况各个方面的原因，比如教育比较落后、技术发展比较落后、经济比较贫困等等很多方面的影响，以致这个地区的民族学、人类学现在规模偏小，发展不平衡，有些国家的民族学、人类学发展较快，有些国家发展较慢，甚至有些国家大学里面连民族学系都没有。还有理论研究与现实有脱节的现象，对怎么结合本地区各民族发展中遇到的问题开展研究，将知识回报社会方面认识不足。还有就是本土化不足，照搬西方理论多。

根据这个地区民族学、人类学发展状况，我对本地区学科建设有下列建议：

1. 建议加强大学人类学学部建设，多培养本学科高级人才。目前普遍存在人才不足的情况，有些学校里面有断层现象，包括我们广西民族大学也有断层现象，所以把大学里民族学部、人类学部的建设作为人才基地的建设非常重要。

2. 在加强基础研究的同时，进一步加强应用研究，也就是发展经济人类学、发展人类学、科技人类学、农村人类学等等这些与当代各民族生活密切相关的分支学科的研究。要密切民族学、人类学和现实生活的关系。

3. 创建亚洲民族学人类学研究协会，搭起一个平台，促进交流与合作。广西民族大学民族学与人类学的学科带头人在前几年开会研究怎样扩大我们跟周边国家的交流，最后决定搞一个中国与东南亚民族论坛。开头提出来的会议名称是广西与东南亚民族论坛，后来我的意见是改为中国与东南亚民族论坛，扩大它的范围，邀请更多的专家来交流。2003年，我们举行了首次会议，今年又举行了第二次会议。一个论坛、一个会议是一个平台，是不错的，但是光一个论坛、一个会议是不够的，最好能够建立一个协会，使中国与东南亚研究制度化、组织化，经常研究一些问题，协调解决一些问题。这样才能促进这个地区的民族学与人类学研究。

4. 创办一个刊物，推进学术研究。中国与东南亚人类学者如果有一个学术园地、有一个刊物，就可以有一个属于自己的发表论文的地方，借此交流心得，促进研究。刚才我们的校长讲到《广西民族大学学报》进入了国家学报19强，还有人类学的专栏也是其中的优秀栏目。这个是花了很多精力的，在这个基础上能不能办一个亚洲人类学专业刊物呢？我提出这个意见，请大家研究。

5. 我建议就共同感兴趣的问题开展合作研究，出版丛书，不管是日本学者、越南学者、泰国学者还是中国学者，可以作出一个计划，就共同感兴趣的国防问题开展合作研究，这样研究的问题不重复，还能加强交流，加深交流。

6. 我也许漏了一点，本地区各国民族学家、人类学家的交流应继续保持，并予以扩大和深化。本地区民族学、人类学的合作与交流早已存在，也在逐步发展，但是我觉得广度、深度、力度不够，规模不够。所以我希望这次论坛通过讨论，能达成共识，促进研究，使本地区人类学的学科建设结出更丰硕的果实。

2006年9月16日

# 宗教人类学篇

# 瑶族宗教信仰史略①

瑶族是我国具有悠久历史的民族之一。瑶族的宗教信仰在历史上经历了一个漫长的发展过程，与世界上任何民族的宗教信仰一样，瑶族的宗教作为社会存在在人们头脑中歪曲的、幻想的反映，有它产生和认识论根源和社会根源，有它产生、发展和消亡的规律。本文试图运用历史唯物主义的原理，根据历史记载和调查资料，给瑶族宗教信仰的历史以浅略的、稍为系统的说明。谬误之处，在所难免，恳望读者批评指正。

## 一、原始的多神信仰

现有一切材料说明，瑶族曾经经历了原始社会的漫长历史发展过程。与此相适应，瑶族的宗教信仰也经历了一个从原始社会某一时期萌芽、产生及其向前发展的过程。

1. 自然崇拜

瑶族最初的宗教信仰，可以概括为一句话："万物有灵"，处于原始初期阶段的瑶族，由于生产力非常低下，人们的知识极为有限，对大自然中一切现象，如闪电雷鸣、刮风下雨、洪水猛兽、四季寒热等等，感到不可理解，开始是产生"万物有灵"的观念，后来发展为自然物崇拜。当瑶族处于渔猎经济阶段时，便崇奉各种动物神。飞禽走兽、游鱼龟虾出没于山林水泽中，他们因此联想到，

① 原载于《广西民族学院学报（哲学社会科学版）》，1981 年第 3、4 至 1982 年第 1、2 期。

山必定有个山神（或称林神、石神），水必定有水神，山中的走兽、林中的飞鸟、水中的游鱼，就是由山神或水神管着的。广东连山县瑶族从前有一种打野猪的原始巫术，叫“野猪坛”（或称“打肉坛”），据说出猎前如看到两个石头打架，便能辨出野猪的方向。广西南丹县大瑶寨瑶族认为山有山神，叫做“山头人”，每次出猎必祭山神，狩猎如有所获，需将兽头砍下以祭山神。云南金平县瑶族，每次行猎要祭林神，捕鱼要祭水神。

在动物崇拜极盛时期，瑶族不仅上山狩猎、下水捕鱼要祭山上、水神，就是杀死一头家畜，也必须举行某种宗教仪式，以求得神的保佑。南丹大瑶寨瑶族，每当村里死了人要举行砍牛仪式，砍牛之前要请巫师喃神，并唱“砍牛歌”，歌词唱到：“你已吃尽你的粮，鬼抹名字你将亡；你的桥梁今已断，再难留命在我方。”“你乖仔一两只……要留它们传后裔；你今一去成了鬼，留着乖仔烧香纸。”① 就是这种动物崇拜的遗风。

在采集经济中以及后来在农耕经济中，瑶族崇奉各种植物神。谷物可供人们食用，而谷物的萌芽生根、开花结实以及时丰时欠的现象是处于原始社会阶段的人们难以理解的。瑶族认定谷有谷神，称为“谷娘娘”（或“谷婆婆”）。各地在春播、秋收时都要祭谷神，以祈求或庆祝谷物丰收。有些地方在谷物生长过程中立下这样一些习俗禁忌：例如六月六煮一锅饭，采三张木叶放入饭中同煮；吃完饭把木叶扯直挂在门口高处，据说这样做了以后谷子才会长得高高的；立秋日是谷花日，也即谷子“结婚”，当天不准下田工作，否则会带来不利；八月十五是新米节，以三节禾秆放入饭中同煮，规定当晚每人要吃三碗后才能饮水，否则谷物不丰收。

随着农业生产的发展，人与自然的关系越来越密切，瑶族的宗教观念也向前发展了。在原始社会，各种自然现象给农业生产以巨

① 全国人大民族委员会：《广西南丹大瑶寨瑶族社会概况》，37页。

大的影响，瑶族由动植物崇拜发展到对各种自然现象、天体现象也崇拜了。这种崇拜广泛地保留在各地瑶族的一些生活禁忌里和一些祭祀活动中。例如广东连南瑶族在新中国成立前就有这样一些生产禁忌：正月初七日禁风，十三日禁鼠，二十日禁鸟，二十九日禁雷公、月光、太阳，三月初一也是雷神、太阳、太阴（月亮）神忌日，分龙日忌洗衣裳，忌挑粪下田和烧山，立秋日忌下田和进菜园，白露节忌入园圃等等。他们认为，凡是这些忌日都不能进行生产活动，否则就会遭到风灾、鼠害、虫害、鸟害、旱灾等自然灾害的袭击。这里的瑶族，遇到虫害要举行“赤田驱虫”的宗教仪式，遇到天旱要求雨，遇到风灾要“关天门”。他们认为，凡是台风袭击，是因为天上的风门打开，必请巫师到大庙里祈祷，请求祖先的神灵把风门关紧。① 广西大瑶山瑶族，以前每隔 12 年或 15 年、50 年要举行一种名为“做洪门”的盛大祭典。祭典中两个重要项目叫“杀吊猪”和“跳六郎”。前者是在村外立的长幡下，以圆锥形竹笼装猪两头，悬空架着，师公十余人绕笼作法，由带头的三个师公分别用手中所持的木矛、木棒、法剑等，刺猪喉头使其叫，围绕三周后把猪杀死，抬回村斩割。后者是在家内神坛举行。扮演五郎、六郎兄弟降坛后，即表演砍山伐木、烧山开地、唱山歌等节目。等“谷米”成熟时，便有各种“鸟兽”来为害，都被六郎打死。最后打得“山猪”，便把“杀吊猪”时留下的肉块用火烧熟，分给所有社坛的人各一片。为什么在“做洪门”祭典中，要表演耕山播种、捕杀禽兽的节目呢？茶山瑶的《历史故事歌》传说：从前“山猪马鹿伤禾苗，那时无枪也无炮，木棒竹矛组成队，撵跑野兽立洪门”②。歌词生动地说明了瑶族的远古先民在农耕生活中，无力抵

① 《民族问题五种丛书》广东省编辑组：《广东连南瑶族社会调查》，124～125 页，广州，广东人民出版社，1987。

② 广西壮族自治区编写组：《广西瑶族社会历史调查》，第一册，355～357 页，南宁，广西民族出版社，1983。

御各种灾害，在依靠集体力量与各种危害庄稼的鸟兽进行斗争的同时，还要求助于神灵的保佑。

2. 图腾崇拜

这是渔猎经济后期的产物。瑶族在对自然物的崇拜中，已包含人了对动物的崇拜。动物会飞，会走，有身首四肢，会吼叫，动物与人这些相似之处使他们联想到人和动物存在着某种特殊的关系，从而产生了“图腾”观念。在后来的发展中，他们又把某种动物看成是自己的祖先，形成了图腾崇拜，从而使瑶族的原始宗教又向前发展了一步。

从传说、民间风习和历史记载中，可以看出瑶族早期图腾崇拜的一些痕迹。例如瑶族中的盘瑶支系崇拜奉盘瓠图腾，普遍忌食狗肉。布努瑶忌食母猪肉，传说母猪是瑶族祖先密罗陀交代了不能随便乱杀的，只有当她生日那天，可以杀来敬奉她。又如南丹大瑶寨瑶族流传“母猴妈妈”的故事，说明布努瑶历史上有猴图腾崇拜。

上述风习和传说表明瑶族认为，人与动物存在血缘关系，暗示瑶族在历史上确曾盛行过图腾崇拜。

盘瑶对盘瓠的图腾崇拜是十分明显的。传说，过去评王跟高王打仗，评王出了一个赏格：有能获取高王首级者，赐予高官，并许配第三公主为妻。当下群臣议论，却无一人敢承担。评王有一只龙犬，名盘瓠，左右踊跃，撕下赏格。身浮大海，七日七夜，到达高王国中。趁高王不备，咬杀高王，复浮海将首级呈献评王殿前。评王不敢毁约，将三公主配与盘瓠，鼓乐欢送他夫妻两人到南山（一说南京会稽山石宝殿）安家，后来生下六男六女，就是一十二姓瑶人的祖先。

盘瑶对盘瓠的图腾崇拜，表现是多方面的。在图腾崇拜盛行的时代，瑶族不仅不杀害自己的图腾，而且尽力加以保护。在历史上很长一段时期，瑶族禁止杀狗和食狗肉。后来随着人们宗教观念的变化，这样禁忌稍许有了改变，但只局限于一部分地方和一部分人。

根据图腾主义中的同体化原则，在节日祭祀、饮食衣着、婚姻、丧葬等方面尽量摹拟图腾物的形态、动作，是图腾崇拜的重要内容。古籍记载，瑶族的先民“用糁杂鱼肉，叩槽面号，以祭盘瓠”①。近人著作中亦说到，瑶人“每值正朔，家人负狗环行炉灶三匝，然后举家男女，向狗膜拜。是日就餐，必扣槽蹲地而食，以为尽礼”②。说的都是节日祭祀及饮食方面崇拜图腾的事实。史籍又云：瑶族先民“当葬之日，女婿或三数十人，集合于长老之宅，著芒心接篱，名日茅绥。各执竹竿，长一丈许，上三四尺许，犹带枝叶……传云盘瓠初死，置之于树。乃以竹刺而下之，赦相承至今”③。又说：瑶“女初嫁，垂一绣袋，以祖妣高辛氏女配盘瓠，著独立衣，以囊盛盘瓠之足与合，故至今仍其制云”④。这是婚、葬方面崇奉图腾的例证，至于史籍多记盘瓠龙犬“五彩斑烂”，因此瑶族喜着“斑烂衣”，有的地方还摹拟图腾物的首、尾、耳缝制衣。有的地方在衣胸襟两侧和裤管两侧，特地挑绣两条鲜明的红线，以象征盘瓠狩猎堕崖死后，从口中流下的血丝，如此等等，尽量在衣饰方面摹拟图腾形象，以示崇敬。

盘瑶对图腾偶像尤其崇敬，相信它有莫大的神力。对图腾偶像的崇拜之所以产生，可能与下面这一传说有密切关系。据说很久以前，瑶族原来住在南京会稽山石宝殿，后来因兵荒马乱，他们从石宝殿搬家。途中渡海，遇到大风浪，十二姓瑶人有几姓翻了船。瑶人合族恐惧，因慌忙中忘了携带盘王香炉，便在船头叩请盘王派五旗兵马保护，并许下愿，如平安到岸，以后不忘祭祖还愿。风浪果然停止，瑶族得以平安渡过大海。从此以后，瑶族每迁到一处地方，都立下盘王庙，置上盘王神像，每年“时节祀之”。此外，各

① （晋）干宝：《搜神记》，卷14。

② 刘锡蕃：《岭表纪蛮》，81～82页，上海，商务印书馆，1934。

③ 《隋书·地理志》。

④ （清）屈大均：《广东新语》，卷7，《人语·瑶人》，北京，中华书局，1985。

地每隔数年或十数年，还要举行还盘王愿的宗教仪式。每“家有画像，犬首人服”①。家祭而外，又合族大祭。祭祀仪式非常隆重，有的地方分大祭、小祭，小祭一天一夜，大祭三天三夜。祭祀中杀猪、杀鸡，供神而后盛情款待亲朋来客，要唱“盘王歌”，还有跳长鼓舞的节目。在这一天由宗教师唱述盘王来历，赞美他的功德，还要讲迁徙故事，以教育后代，“不忘根祖”。

3. 鬼魂崇拜

原始公社发展到母系氏族公社的后期，随着社会生产的发展和人的思维能力的增强，人们开始思考，人为什么会做梦，梦时为什么会会见死去的亲人？这样，灵魂观念产生了。

瑶族认为人死后有三个鬼魂：一个在墓地里，一个在家里，一个在扬州十八洞。因为相信鬼魂的存在，因而对鬼敬之畏之，鬼称为“面”，有“善鬼”、“恶鬼”之分。据说，善鬼能保护“人口平安”、“六畜兴旺”，所以逢年过节要供献祭品，以示酬谢；恶鬼是一贯作恶的，所有灾难都是恶鬼弄出来的，人患了病，就是被恶鬼缠住了，必须请巫师来赶鬼。

在古代，瑶族非常崇拜鬼神。瑶族的发祥地湖南长沙、洞庭湖一带，自周秦以来就是巫祝势力最大的地区。屈原作《九歌》十一首，和祀神有关，相传是他流放时，见了当地祠神的乐舞歌辞而写成的。《吕览》中有：“楚之哀也作巫”，《旧唐书．刘禹锡传》也说：“禹锡贬朗州司马，地居西南夷……蛮俗好巫。”这些记载反映了包括瑶族先民在内的古代楚地人民崇奉鬼魂的情况。

自从鬼魂观念产生后，对死人的处理就不同了。瑶族传说：以前人死了，他的肉是给生人吃的，后来才改用砍牛代替吃人肉。另一传说：以前人死了，他的肉是分给生人吃的。后来一个小孩在山上放牛，看见一头母牛产仔非常痛苦。回到家时把这个情况告诉了母亲。母亲听了说，不但牛生仔是这样，以前我生你也是这样。从

① （清）顾炎武：《天下郡国利病书》，卷100。

此以后，这个小孩发誓不再吃死人肉。当他母亲死后，他做了副棺材，把尸体埋葬，并劝别人也这样做。后来人们才改用埋葬死尸代替吃死人肉。这些传说生动地反映了在鬼魂崇拜产生以前，瑶族在某一历史时期，对尸体的处理是比较随便的，或者扔掉，任其自然腐烂，或者干脆吃掉。随着鬼魂观念的产生，人们认为，既然死者的灵魂能继续存在，那就必须把尸体处理好，使它感到舒适，免得死鬼作祟害人，这样就产生了各式各样的葬法。

瑶族对死人的处理非常讲究，死者年龄、身份不同，死亡原因不同，葬礼葬法也不同。凡属成人尤其老人，属于正常死亡的，要行较隆重的葬礼，通知亲朋吊唁，并请巫师作法事，然后才出殡。如属未成年的小孩死亡，不举行葬礼，只请巫师念经，也不用棺木，只以树皮或草席裹尸，草草埋葬。对于凶死者，例如跌山死、虎蛇咬死、妇女产育死，瑶族认为不祥，凡属这类死亡，不举行隆重的吊唁活动，但必须请巫师作法驱鬼禳灾。死于户外者就地埋葬，死于户内者，不能停尸正堂，也不能从正门舁尸上山。对死人的葬法，也根据年龄、身份、死因不同而有所区别。据传说及文献记载，瑶族历史上曾盛行过火葬，有的地方实行崖葬。后来受汉、壮族的影响，改行土葬，或先以火葬再取骨灰装入棺木、瓦罐之中，用土埋葬。唯独未成年的小孩死了，有的地方只将尸体埋在其父母床下或近村的山冈，有的地方则将尸体盛于篮中，挂在村旁树林子里的树枝上，实行挂葬和风葬，意思是让小孩灵魂快点投胎转世。对于凶死者，尤其是瘟病死者，有的地方将尸体火化，然后将骨灰用纸包好或装入罐内，埋到远离村子的地方，意思是不让凶鬼回来作祟。

4. 祖先崇拜

祖先崇拜是随着鬼魂崇拜产生和发展起来的。在以血缘关系为纽带的氏族部落制度下，同一氏族部落的首领，既是氏族部落集体生产的组织者和指挥者，又是全体氏部落成员的酋长，他们死后也就成了人们共同崇奉的祖先神。直到新中国成立前，瑶族还保留着共同祭祀盘王、伏羲兄妹、梅山神、社王、土地等共同祖先的习俗的有关传说。关于盘王，已如上述，瑶族视为本民族祖先。伏羲兄妹，有的瑶族又称为盘古郎公婆，瑶族视其为人类的远祖。传说洪水时期，他们兄妹二人再创造了人类，凡遇人丁不安，经卜卦是犯了这二位尊神，就要许愿祈神。伏羲兄妹二人为婚，揭开迷信外衣，正是古代血缘婚姻的遗证。“梅山神”祀的是有名的渔猎英雄，湖南、两广一些地方的瑶族，凡猎手出猎都祀梅山神。有的地方著名的猎手死后，也被猎手视为“梅山神”。社王、土地、神农祀的均是有关土地和农耕的神。传说，社王本姓李，称李帝社王。他出娘胎就会笑，父母认定他是怪物，把他遗弃，后来他被白牛吞食。一次，白牛到瑶山吃粟米，被瑶人用箭射死，众人分牛时，发现牛肚里有一个很像人的石头，而且会讲话。忽然一阵狂风，将他吹到玉帝面前，玉帝便封他为社王，到民间教种五谷，因此瑶人又认定他是五谷神。① 各地都立有专庙，一年两祀（春社、秋社）或四祀（春、夏、秋、冬）。关于土地神，传说他是奉盘古郎之命管禾苗，另一说他是保佑人畜旺的。湖南瑶族地区流传的师公《赞土地词》中说：“土地公公管牛马，土地婆婆管鸡鹅；管得牛来牛成对，管得马来马成双。”② 可见土地神不仅是五谷之神，也是畜牧能手。由上述可知，瑶族奉以为神的不是后来阶级社会中的帝王将相，而是远古时代的劳动英雄。这些被奉为神的劳动英雄，其实就是被神化了的原始社会的氏族部落酋长。

在原始氏族部落制阶段，人们祭祀共同祖先的仪式是非常隆重的，所祭的祖先还包括了后来家族公社和农村公社的共同首领。史籍谈到，广东连山瑶族过去有一种“庙祭”，每届三年或五年行之，时间在十月农事完毕之后，先定青日，届时通知各排至庙。“庙立

① 广西壮族自治区编写组：《广西瑶族社会历史调查》，第一册，397页，南宁，广西民族出版社，1983。

② 马少侨：《南宋初钟相、杨么起义的宗教派系问题的商榷》，载《文史哲》，1956（8）。

于野，凡隶排者皆祭之，如群姓之大社也。无木主，刻木为像……不必肖其人，亦不能辨为谁氏之祖祢也，统呼之曰：‘阿公’”①。祭庙过程中有歌舞娱乐活动，故又称“耍歌堂”。这种“立庙祀阿公，不辨谁祖祢”的祭神活动，就是古代瑶族崇奉共同祖先的遗风。

到原始社会末期，随着个体家庭的出现，对一家一户祖先的崇拜又产生并发展起来。

瑶族对亲人死后的悼念活动是很重视的，人死后，嘴里要放入一枚银币，称“含口钱”。装殓时要给死者洗身，并替换上新衣，当日和次日要供祭。家人要守灵和哭灵，来吊孝的亲友也要陪着哭。出殡前要请道公做“清蛮”和“点兵”的项目，即清理死者生前用过的东西，让死者带去享用，有的地方在入棺时，还在尸身下垫些钱，在死者手中放些饭团或用陶罐装些酒、肉、谷种，置于棺木中。这一切的意思都是要让死者在阴间过上人一样的生活。

出殡要选择好日子，要请师公和道公“开路”，孝子随后，亲友送葬。尸棺入土后，儿女媳归还要守服，并按时到新坟上祭，及至一定时间，请师、道公在家里给死者安上神位，算是入了祖先神列。从此以后，逢年过节按时祭供，清明日则上坟，遇着家宅不安也要祭告一番，以祈求祖先在天之灵多多保佑。

## 二、早期巫师的产生、职能及其演变

巫师在瑶族称为“搂面公”（广东连南）、“觋面露”（防城板八）或“那曼”（云南金平）。“面”、“曼”都是“鬼”的意思；“搂”、“那”是“问”、“探”的意思。因此，巫师“搂面公”、“觋面露”或“那曼”，就是“探鬼”或“问鬼”的人，是交通人鬼的使者。

由瑶族对巫师的称呼可以想见：巫师在瑶族历史上，约当鬼魂

---

① （清）李来章：《连阳八排风土记》，并见请姚東之《连山绥瑶厅志》。

崇拜产生以后就出现了。这是可以理解的，在氏族部落制度下，人们相信死去的人仍然与集体保持着联系，相信这些人的鬼魂经常暗中监督、参与部落成员的一切活动。尤其是氏族部落的首领，人们认为他们生前既然带领氏族成员狩猎、生产和出征作战，死后必然是一方的保护神。人们希望这些神灵经常保佑全体氏族部落成员的安全。但人鬼不能直接交往，中间必须搭座桥梁，正是这种现实的需要，使巫师——交通人鬼的使者被创造了出来。

瑶族的巫师究竟产生于我国历史上哪一段时期？这是一个值得考察的问题。根据史籍记载，还在传说的尧、舜、禹时代，生活于黄河流域的华夏族先民，不断对生活于长江流域的“南蛮”即“三苗”进行征伐，其征伐三苗的理由之一是三苗“弗用灵”，即不敬鬼神。可能这时生活于长江流域一带的“南蛮”，包括瑶族的先民在内，还处在原始社会初期，未产生鬼魂观念。但在中原华夏族先进经济、文化的影响之下，经历一两千年时间，南方蛮族的社会有了很大发展，以至周、秦之世，瑶族的发祥地洞庭湖一带地区，成了巫祝势力最大的地区。再发展至宋代，史籍已经明确记载，湖南桂阳监瑶族地区已有被称为“黄捉鬼”的瑶族巫师在活动。由上述可以推测，瑶族巫师的产生时代，上限不晚于周、秦，下限至迟在宋代。

巫师是交通人神的使者，他不是通过选举产生的，开始也不是世袭的，而是由神的意志决定的。神鬼表示意志的方法是多样的。民俗学的资料证明，在氏族部落制下，氏族部落的成员究竟谁有资格充当巫师，往往与某人在某年、某月、某日的某次生产、狩猎、祭祀活动中的“异常”现象有密切关系。例如，从前南丹县大瑶寨瑶族和上思县十万大山瑶族，在同一村寨内，谁带头搞生产的那一年风调雨顺，粮食获得丰收，谁就被认为是鬼神认可了的，他就有资格被选为“庙老”。在广东连南瑶族地区，如果某人在某次祭拜祖先的仪式中，突然说着祖先的话，谁就被认为是祖先的鬼魂附了体，此人以后便有资格充当“搂面公”了。云南屏边县大瑶山瑶族的“目老”（包括目老之一的“当龙师”）即巫师，表面上是选举产生的，实际上归诸神鬼的意志。这里寨中的男子，不论老幼，都有权作“目老”候选人。“目老”任期三年或五年，连选可以连任。如果谁在任期内寨内多病，群众就认为是鬼神“不信任目老”、“不听他的话”，而予以改选。选举的办法有三种：（1）捣白酒选举，（2）烧香选举，（3）簸扬选举。一般是事先从成年男子中推选出若干人，用第一种方法则临时捣白酒若干筒，将候选人的名字分别贴附其上，捣好后以酒味最甜的三人当选；用第二种方法则烧香若干柱，系候选人名字于其上，以最先燃尽之三炷香当选；用第三种方法，是用纸包米若干包，上写候选人的名字，再置簸箕内旋转簸扬，以最先跳出簸箕的三人当选。凡当选“目老”，皆愉快就任，不得推辞，群众说：“鬼爱着你就得当”①。

早期的巫师在政治上没有什么特权，在经济上不取任何报酬，他不过是氏族公社成员内平等的一员。然而在原始社会里，由于瑶族宗教迷信观念很深，一切生产、生活、征战都与宗教有密切关系，因而巫师不仅在宗教方面，而且在生产、生活等方面，都起着重要作用。从前在广西大瑶山、南丹大瑶寨，生产方面凡犁田、播种、割青、插秧，都必须由“庙老”、“社老”先做，然后由他“喊寨”，群众才能动工。任何人都不得违反，否则就是触犯了神灵，收成就会不好。在云南金平、屏边县瑶族地区，搜山围猎必须经过巫师的点头同意，由他主持宗教仪式，掐指轮算，择吉出动，并由他指定狩猎头人（负责领队），猎获之物必须由他主持祭鬼神以后，方可分食。至于生活中婚丧嫁娶、筑路架桥、修建房屋、驱鬼治病等一切活动都离不开巫师，更不待言。

上述巫师在生产、生活等方面发挥重要作用的事实，其意义是十分明显的。它告诉我们，在早期，当瑶族还处在原始氏族公社制

---

① 《民族问题五种丛书》云南省编辑委员会：《云南苗族瑶族社会历史调查》，67页，昆明，云南民族出版社，1982。

阶段时，巫师和氏族部落酋长在职务上并没有什么严格的划分。巫师的产生取决于神鬼的意志，神鬼的意旨通过他转达于人们，指示人们的一切活动。巫师是氏族部落全体成员的精神领袖，他是一切宗教祭祀活动的主持者，是生产、生活的组织者、指挥者，他必然也是氏族部落全体成员的精神首领。反过来说，谁要充当氏部落首领，他必然也是一位巫师和祭司。情形也许是这样：当鬼魂崇拜和祖先崇拜开始盛行的时候，人们接近神灵的权利是平等的。但是随着社会生产的发展，氏族制的日趋完善，各种集体活动的频繁举行，要求氏族部落内部的权力相对地集中，相应地，神权也相对地趋于集中。在氏族部落内，在不排除每个氏族成员有权利接近神灵的前提下，一些较大的宗教祭祀活动的进行，必须由部落首领即巫师和祭司来主持。广西上思县十万大山瑶族地区，从前存在一种比较原始的宗教制度，其特点在于，村里每户男子不论老少，只要成年（12岁以上），都有探鬼权利和本领，家里有人生病，家中男子（一人）就用一根木棍打在地上或桌上，若越打越感到木棍沉重，就认定是有鬼来作祟了，就得去请“禁鬼公”来赶鬼。“禁鬼公”亦称“管鬼公”，每村一人，他实际上是一村的首领，瑶语称为“包刀”或“央谷”，意为“保头”、“村老”。这种人也是按神意用选举的办法产生的，但他的权力比较大，其主要职责是“管鬼管神”，村里大的宗教活动由他主持并喃神，谁家有病灾，也由他喃神送鬼。在过去宗教迷信盛行的年代里，村里每到年三十晚各户要关门封村，年初一清晨鸣炮开门放行，这件事也是由他负责带头和指挥的。此外，在“伙耕生产”制下，只要村里人与他共一个“伙耕”组，他又是大伙的生产带头人，并按神的意志组织、指挥生产，收获则按份均分。十万大山瑶族人人有“探鬼”的本领、权力，而又必须通过“禁鬼公”赶鬼，这可能反映了原始巫教及巫师产生初期，神权由分散走向集中的史实。顺便说说，在瑶族社会中，开始当巫师的是妇女。瑶族妇女在古代的生产、生活、宗教中担任头人，发挥过重大作用，这是符合历史事实的。因为在母系氏族制阶段，妇女是氏族、部落的首领，也是宗教活动的主持者和巫师。平南县一位瑶族巫师还说，很久以前，巫师是由女人当的，所以至今瑶族师公还以女人穿的花衫作道服。这说明，只是随着父权制战胜母权制，妇女充当巫师的权力才被剥夺了去。

总之，在早期氏族部落制度下，氏族部落酋长与巫师、祭司没有什么区分，权力有一个集中过程，也有过一个从女权到男权的转变过程。但是随着社会的发展，各种宗教以及经济、政治、军事的活动的日趋频繁，宗教仪式的日趋复杂，客观需要又促使氏族部落首领与巫师乃至祭司发生了分工。氏族部落酋长一部分发展为政治、军事领袖，一部分发展为生产、生活组织者兼祭司，还有一部分逐渐失去了作为全氏族部落首领的身份，而日益变成单纯从事宗教活动的头人，最后演变为后世的宗教职业者。新中国成立前仍存在于云南屏边和金平的“目老”制和“寨老”制，颇能说明这种分工和过渡的部分情形。屏边的“目老”制是一种带原始色彩的集体领导制，整个“目老”的班子成员均带有宗教色彩，然而内部又存在着较明显的分工。“目老”由寨老、寨主、当龙师三人组成。寨老是一寨之主，是三个龙头“目老”中的头人，他是全寨一切事务包括宗教事务的决策者和组织者，宗教祭祀活动就在他家进行（当地尚无庙宇）。虽然如此，却又有分工。例如具体负责祈神赶鬼、度戒、打斋等宗教仪式的是当龙师。宗教祭祀所需祭品的筹集、祭祀活动中各种人员的安排，以及日常生产、生活又由寨主负责。这样，寨老作为全寨首领和三个龙头“目老”的头头，虽然也是个宗教领袖，但他已不管具体的祈神祭祀事务，实际上失去了巫师的职责和身份。当龙师作为“目老”之一，虽然仍是寨子的头人，但由于其上有寨老主持寨中事务，与之并列的有寨主负责号召群众、组织生产生活、募集祭品，他作为村寨头人，实际上只在祈神赶鬼等宗教活动方面保留较多的权力。金平的“寨老”制，按照习惯法，寨老负责处理村寨日常事务，调解纠纷，其有宗教师那曼负责宗教事务，情况和屏边差不多。

社会发展到后来，司宗教活动者内部又发生了新的分工。除了巫师以外，有的地方如广东连南瑶族地区，还出现了“烧香公”、“掌庙公”之类的人物。宗教师向职业化的方向发展，分工越来越细。“问鬼公”相当于占卦者，其责任只在占卜问鬼；“掌庙公”类似祭司，其责任在掌理庙堂修建任务，如遇祭祀活动，则负责筹集供品；“烧香公”相当于汉区的庙祝，专门负责节日和平日在庙堂神祇前烧香上供。这三种人的职务都比较单纯，其中“问鬼公”（占卦者）在历史上可能出现得比较早，“掌庙公”和“烧香公”当是偶像崇拜出现、庙堂建立起来以后才相应地产生的。至于巫师，自从氏族部落领导层逐渐分离出来以后，再也不是村寨领袖，而成为了专门的巫师。但他在宗教活动中发挥重要作用，并且仍以祈神驱鬼等形式，协助村寨头人解决生产、生活以至出征作战中遇到的重大疑难问题，因而受到人们的敬重。在广东连南地区，巫师被称为“先生公”。“先生公”不是瑶排的头人，但在宗教活动中扮演重要角色。从前由于排内人们迷信思想浓厚，“先生公”是沟通神鬼的人，他不但有一套法具，还掌握着祖传经典，通晓驱鬼治病的巫术，因此排内举凡安龙扫寨、死人打斋等大小祭祀活动都离不开他，“先生公”实际上是人们的精神领袖。

随着社会的发展和宗教的发展，巫师产生的方法、途径也发生着变革，村寨内谁要能成为一个合格的巫师，他就不但要获得神的允准，而且还要有一套法具，尤其要通晓祭祀的经典、仪式，掌握祈神驱鬼、治病驱邪的法术。这就要经过一定的训练。这样，原来归诸神的意志的事情现在伴随上了人的意志。宗教中传师授徒的办法，随着世袭的制度从中产生了出来。史籍记载，清代广东乐昌县“瑶甲死前，必以方术授其人，谓之渡身。其人预斋三日，至期有七日功课，竖刀鸣角，略如巫觋……此人即号为瑶甲”①。这是个别传授的例证。另一条资料说到，连山地区“瑶道自为教，亦有科

① 刘云铎：《乐昌县志》，卷 2，《地理志・风俗》。

仪，其文不可晓。学优者则延诸道为受箓，受箓者服朱衣。凡瑶之有疾病者，疮痨者造焉”①。这里说的是集体传授、择优录取的办法。大概个别传授的方法在历史上产生的时间较早，集体传授，有如办学育人那样，在历史上出现的时间较晚。至于父传子袭的方法，显然带有私有制的色彩，产生的时间当更晚。而且各类宗教活动者由于在历史上出现的时间有早有晚，因此产生的办法也不一样。据新中国成立后对连南瑶族地区所作的调查证明，这里的四种宗教活动者，即“先生公”、“问鬼公”（又称“搂面公”）、“掌庙公”、“烧香公”，他们的产生办法按情况可归纳为三种。第一种，“问鬼公”的产生主要取决于神的意志，每当排内问鬼公年老需寻找继承人的时候，青年中有愿习此业的人，于一年中某个时日齐集于老“问鬼公”家里，然后由师傅作法，请动祖先众鬼神。谁要是在祭祀过程中突然疯癫，在地上打滚，口流泡沫，嘴里不断说“我是祖先”，谁就被认为是祖先的鬼神附了体，此人以后就有资格当“问鬼公”了。第二种，“烧香公”、“掌庙公”据传从前用选举的办法产生，后来改为世袭的办法，父死子继。其原因据说自祖公庙堂建立后，曾拨有公偿田。后来由于阶级分化的结果，一些人贫困下去，失去田地。这时社会上认为“烧香公”整天和鬼打交道，不愿意自己的子弟去担任这种职务。为了解决“烧香公”的继承问题，同时照顾排内一些穷人，公众规定当“烧香公”的可种祖上拨出的公偿田，并可以世袭，以为香火之资，又可以解决这些人的生活困难。这显然是私有制产生、阶级出现以后的事情。第三种，“先生公”采取师徒传授的办法。这是宗教发展、巫师走上职业化道路的结果。由于宗教观念的发展，宗教仪式日益繁杂，宗教经典越来越完备，使人们想当巫师越来越不容易。光凭神的意志决定某人能否当巫师的简单办法，已经远远不能适应社会发展和宗教本身发展的要求。作一个巫师还必须有其他条件，并要经过训练。新中国成立

---

① （清）姚柬之：《连山绥瑶厅志》。

前在广东连南，作“先生公”不仅要有一套完整的法具，例如神杖、筊贝、长鼓、钹、剑、神像、符咒、法衣等，而且还要有一套经典，包括催生、接花求子、打斋抉葬、风水拜山、耍歌堂、打道箓、安龙、收惊、关风门、灭火、起屋、医生救病、求雨、迎亲等二十四部。巫师的产生要经过传授。其办法是由有经验的老师，招收若干学徒，先教以文化，三两年后，文化有一定基础了，再习三年经。期间，遇着师父外出替人做法事，也跟随见习，做帮手。待到徒弟把师父的全部经书抄完，念熟，师父选一吉日，到村外的僻静处所（防人看见）对徒弟作一次试验，认为满意，才算毕业。① 连南瑶族“先生公”的身份、资历及传授方式中的某些特点，使我们想起新中国成立前仍处在原始社会末期的鄂伦春人萨满教萨满（巫师）传师带徒的方法。原始宗教中，巫师传授的方法其起源也可能是很早的。

以上就是我们所知道的，瑶族早期巫师的产生、职能及其演变过程的大略情形。

## 三、原始宗教向人为宗教过渡，道教等宗教传入瑶族地区

瑶族的原始宗教与世界上许多民族的原始宗教一样，有着鲜明的特点。由于氏族部落的每一成员在社会上地位是平等的，因而反映在宗教里没有“神”、“鬼”的等级划分，不存在“神”统治“神”的现象，也不存“天堂”、“地狱”等互相对立的概念。同时，人们社会地位的平等性，还决定了人们接近神的权利的平等性。虽然巫师的出现表明社会上某一部分人有了较多的机会接近神灵，但巫师的产生不过是社会分工在宗教上的反映。巫师作为神灵的使者，其职能是以宗教保护氏族部落全体成员的利益，如果他不胜任这一职务，就将被罢免。正如云南屏边瑶寨的“目老”一样，“神

---

① 《民族问题五种丛书》广东省编辑组：《连南瑶族自治县瑶族社会调查》，110页，216页，广州，广东省人民出版社，1987。

鬼不信任他”，就以“神”的意志予以改选。巫师为社会服务不取报酬，没有任何特权。利用宗教权力甚至独揽宗教大权进行压迫、剥削的现象是不存在的。

但是，随着原始社会瓦解，进入阶级社会，瑶族的原始宗教也随之逐渐演变，自发的宗教发展成人为的宗教。私有制的产生，阶级的出现，氏族部落成员之间平等的关系逐渐为阶级压迫、剥削的关系所代替。人们的不平等使瑶族的宗教观念发生变化。为什么社会上有些人穷下去，有些人富起来，为什么富人总是高高在上，欺负穷人？人们开始认为，人死后，他们的灵魂并不是平等地生活在一起的，有的人死后灵魂升上天，成了神仙，有的人死后灵魂进入地底，成了鬼。而且天有“天皇”，地有“地皇”，人有“人皇”，鬼有“鬼皇”。这样，“神”和“鬼”、“天堂”和“地狱”就被创造出来了。广东连南瑶族认为，人死后有三条“阴司路”：一条“上桥路”上天堂，一条“中桥路”入阴府的中桥殿，一条“下桥路”入阴府的下桥殿。人死后有的变成鬼，有的变成神。这里的瑶族对“鬼”和“神”的划分并不十分严格。有时他们把死去的祖先称为神，祖先以外的称为鬼，有时他们把除了太上老君以外的都称为鬼，神鬼往往混称。在他们看来，神、鬼的区分主要看生前是作善或作恶：作善的即是神，作恶的即是鬼。因此，即使是死去的祖公，如果作祟生人，也可以称为鬼。上述连南瑶族在新中国成立前的这些宗教观念，约略反映了瑶族阶级社会初期的一种宗教意识。

瑶族原始宗教何时进入人为宗教，目前由于资料缺乏，尚难以具体说清楚。而且由于瑶族社会发展不平衡，也不可能一概而论。但从《宋史·蛮夷传》及宋人著作中谈到当时瑶民有因为巫师被中央封建王朝杀害而起义，以及当时瑶族宗教中出现了“太阳”、“地宿一”等观念来看，似乎可以说，至迟不晚于宋代，瑶族的原始宗教在部分地区已开始向人为宗教转化。

现在研究瑶族史的学者一般认为，约当唐宋之际，在中央封建王朝的影响下，瑶族原始社会开始瓦解，越过奴隶制阶段直接向封建社会过渡。

唐末（10世纪初），由新兴的封建统治者分裂割据造成了五代十国先后并立的局面。湖南瑶族地区的一些部落首领也分据各地，自封为“刺史”，开始了封建化过程。到了宋代，汉族封建势力日益深入瑶族地区。宋王朝在湖南（包括一些瑶族地区），在原来设立的羁縻州、县的基础上建立土司制度。在有的地区，加封瑶族的氏族部落酋长为“峒官”，实行“以夷制夷”。在土司制度下，采用“计口授田”的方法，把土地分配给“山徭峒丁”。瑶民受田后，被固定在一定地区内，且耕且守，为封建王朝戍守边地，遭受地租和差役的剥削、压迫。随着封建关系的加深，后来又出现了土地买卖现象，许多“山徭峒丁”相继失去了土地，生活极端贫困。这种阶级压迫和民族压迫，不能不反映到瑶族的宗教上来。史籍记载，宋庆历三年（1043年），“有吉州巫黄捉鬼与兄弟数人皆习蛮法，往来常宁，出入溪峒，诱蛮众数百人盗贩盐，杀官军，逃匿峒中”①，这是与宗教巫师有关的瑶民反抗宋王朝斗争的一次记载，说明瑶族宗教已越出了原始宗教的活动范围。另一则史料谈到宋乾道丁亥年（1167年），广西静江府（今桂林地区）瑶民在一次起义失败后，被迫到当地官府“纳款”。其款词说：“某等既充山职，今当钤束男侄……不得生事，若生事者，上有太阳，下有地宿。其翻背者，生男成驴，生女成猪，举家绝灭。”② 这段款词表明，当时静江地区的瑶民，处于被压迫、被剥削的“山职”地位，他们起义企图改变这种地位而没有成功，被迫对着“太阳”、“地宿”发誓，以来世变驴变猪、“举家绝灭”的誓词表示对封建王朝的臣服。他们的宗教信仰已打上了鲜明的阶级烙印。

元代和明代，随着许多瑶族地区封建化的加深，阶级压迫和民族压迫的加剧，以及民族间文化交流的加强，一方面，瑶族原始宗

---

① 《宋史》，卷493，《蛮夷传》

② （宋）周去非：《岭外代答》，卷10。

教继续向人为宗教转化，另一方面，道教、佛教尤其是道教，大量传入瑶族地区。元明时期，瑶族地区的土司制度进一步确立，部分瑶族地区的地主经济进一步发展。封建王朝加强了对瑶族人民的压迫剥削，不断侵占瑶族的山林、土地，引起瑶族人民连绵不绝的起义。中央封建王朝不断派兵镇压瑶族的反抗斗争，同时以佛、道二教麻痹瑶族人民。明代是道教发展的极盛时期，明王朝推崇道教，在各地建立道观，并设置机构管理，府有道正司，县有道会司，鼓励道士传教，在阶级压迫和民族压迫之下，瑶族人民深切感受到人世间的不平等。他们企图借助神鬼的力量来改变自己的不幸遭遇。在明代历次波澜壮阔的瑶民起义中，起义的领导者往往打起“顺天”的旗号，自号“顺天王”、“天青将军”、“通天大王”、“通地大王”，组织和发动起义，这就是现实的阶级斗争和民族矛盾在瑶族宗教上的反映。同时，人世间的不平等也使瑶族易于接受道教关于“三清境界”、“天堂”、“阴府”的说教，通过某种宗教仪式，取得“神”的保护，以免今生来世受苦，已经成了相当部分地区瑶族群众宗教生活的一个重要内容。从新中国成立后搜集到的瑶族经书、族谱、碑文等资料来看，明代广东、广西、湖南的瑶族已有使用“法名”的情况。例如，新中国成立后在连南南岗发现的两个明墓，墓主法名分别为“唐法松公”和“唐法宽公一郎”，依墓碑所记生卒年庚，可推算出这里的瑶族至迟在明嘉靖、万历年间已开始使用法名。另一分盘姓族谱记录他们在南岗定居已有二十四世，一世祖法名“先师八郎”，二世祖法名“法灵四郎”……以下每世祖均有法名。每世按二十五年计，已有六百年左右的历史，约当元末明初之际开始使用法名。笔者 1979 年 5 月与一些同志在湖南宁远县九嶷山调查时，发现九嶷山舜庙前一块明万历四年（1576 年）的《奉诏绥瑶颂》碑，碑文中出现瑶人法名，叫“盘法胜”。1981 年元月在广西上思县十万大山调查，发现一份盘姓家谱，其中记载盘姓瑶族祖居福建龙田县，从龙田迁出十六世，除三世没有法名外，有法名的祖父共有十三世，约三百多年时间，亦在明末叶的时候即使用法名了。按：使用法名是受戒入道的标志，再从新中国成立后在广西大瑶山等地搜集到的师公神唱来看，其中多有“行过大明一国度”、“游过大明一国了”、“望见大明一国清”以及“那是元朝不是今”等词句。广东连南瑶族保存的一份“封斋引”，更直书坛主为“大明国广东道连州连山县永福乡”人。上述诸方面材料都证明，在明代，不少地方的瑶族信仰道教。当然，元、明两代，瑶族社会除了领主经济和地主经济两种成分外，一部分地区还过着“采食猎毛”①，“不属于官，变不属于峒首”，“不供赋役”② 的原始社会的生活。这些地区的宗教信仰，保存着浓厚的原始自然崇拜和图腾崇拜色彩，鬼魂崇拜已经产生，整体来说仍属于原始宗教范畴。

清代，瑶族社会经过长期发展，地主经济在大部分地区已经确立和发展，汉、壮、瑶长期交流使瑶族的文化、宗教更多地受汉、壮族的影响，道教、佛教在瑶族地区更加深入广泛地传播。瑶族原始宗教蜕化为人为宗教，特点已很明显。

明末清初的改土归流，两广瑶族地区的领主经济逐渐衰弱，土地一步一步地转移到新兴的地主阶级手中；元、明两代为了加强对西南各民族统治而在瑶族和其他民族地区实行的军屯和民屯，这时也由于年深日久，弊端丛生，使土地荒芜或变为私人所有；在明代仍过着原始氏族部落生活的两广部分瑶族地区，随着社会经济的发展，开始了阶级分化的过程。例如广西大瑶山到了清乾隆年间，阶级分化日益明显，带有原始色彩的石牌制一天天变质。总之，到了清代，在部分瑶族地区，地主经济得到确立和发展。清王朝在瑶族地区编制户口牌甲，加强政治控制和经济剥削，增收各种捐税，后又下令“丈田升科”，瑶族过去不用征粮的田地，现在也要征粮了。土司制废除（实际上，清初的改土归流并不彻底，而且时间拖得很

---

① （明）露：《赤雅》。

② （清）顾炎武：《天下郡国利病书》，卷 104。（清）嘉广：《广西通志》，卷 278。

长）并没有给瑶族人民带来多少实惠。在层层剥削下，瑶民过着“十岁九饥寒”的痛苦生活。整个清代，阶级矛盾和民族矛盾有了新的发展。

适应上述情况的是宗教进一步发展成阶级斗争和民族斗争的工具。自清初以迄鸦片战争，瑶族的原始宗教在大多数地区转化成人为宗教：一方面这种原始宗教转化成具有明显阶级色彩的原始巫教；另一方面，这种巫教在多数地区进一步受到道教等其他宗教的外来影响，与之结合，使教义、教规、宗教组织、经典及法具至于完善，发展成了包含儒、释、道多种宗教成分（主要是道教正一派）而又具有本民族特色的瑶族宗教。

巫教仍是瑶族地区影响颇大的一支势力。各地瑶族尤其是居住在僻远山区的瑶族仍保持着崇奉各种自然神及人鬼的习俗。清人著作谈到瑶俗“信好巫”[①]、“信鬼崇巫”[②]、“重言诺，畏鬼神”[③]，所祀的神主要是祖先、人鬼，旁及各种自然神，如山、石、水、日、月、星辰等。不过这时祭祀各种鬼魂在许多地方已经不是为了氏族部落成员的共同利益，因为这种祭祀多半是一家一户为单位举行的。这是与阶级分化，封建经济尤其是地主经济的确立，个体农民大量出现相适应的。供祭祖先之风非常盛行，清人李来章、姚柬之的著作谈到广东连州地区瑶族，一年之中有“元旦”、“三月三”、“清明”、“四月八”、“七月七”、“八月早禾熟”、“十月十月六”等节日。每个月节日都要祭祀祖宗，元旦、清明要上坟，“惟七月七日会男女，名日要秋”[④]，“十月谓之高堂会，每排三年或五年一次行之”[⑤]，为集体的宗教活动，盘瓠仍被视为瑶族的共同祖先，但

① 凌锡华：《连山县志》，卷6。

② （清）魏源：《圣武记》，卷7。

③ （清）李来章：《连阳八排风土记》。

④ （清）姚柬之：《连山绥瑶厅志》。

⑤ （清）李来章：《连阳八排风土记》。

盘瓠图腾崇拜逐渐发展成了盘王崇拜。可一家一户举行，或三年、五年一届集体举行。

巫教的活动多限于占卜问卦、降神问仙，还有放鬼（放蛊）提鬼，仪式不定。由于瑶族崇奉鬼神，因而巫师（巫公、巫婆）在群众享有崇高威信。在激烈的阶级斗争中，他们往往利用巫教作掩护发动反清起义。清道光年间，以赵金龙为首的湖南江华等地的瑶民起义，就是以巫教为旗帜发动起来的。史籍记载，赵金龙本人就是个懂得巫术的端公，自号“金龙王”。他的部将中还有巫师为之组织群众，指挥作战。临阵时“以巫鬼神其象”，身上佩戴着印剑木偶。

已经有充足的史料证明，道教至清代在瑶族地区广为传播。新中国成立后在广西大瑶山、广东连南等地，均发现了明末清初抄成流传的瑶族道经。笔者 1981 年元月与邓文通同志在上思县十万大山调查时，发现并搜集到清道光年间抄写的多种瑶族道教经书，经书用毛笔抄在纸上，字迹非常工整。与经书同时发现的，还有鼓（分长鼓、普通鼓两种）、锣、钹、剑、印鉴、筊贝、面具等法器，及各种神像挂图，标志着瑶族的宗教日益严密和完善。

瑶族信奉的是道教正一派（又称符箓派），重视符箓禁咒、修斋作醮。其经书分为两种，一种是道公用的忏咒，一种是师公用的神唱本。道公的主要活动是替人打斋、修醮，所请主要是“三清”、“四御”、“二十八宿”诸天神；师公的主要活动是替人喃神赶鬼，所奉除“三元”、“玉帝”外，还有雷王、帝母、盘王、伏羲、社王、土地、城隍、本境、山魈等诸神仙鬼怪。有关道公用的经书如《须亡科》、《度戒科》，师公用的《鬼脚科》、《红楼太会科》、《盘王神唱》等，各地均可以找到。清代史籍明确记载着瑶族道公替人打斋、修醮的情况：“亲始死，先相地掘坎，市棺置坎侧，以尸僵坐，秤之有倚者绳缚之。邻里为之舁，子妇服丧服，披麻辟踊哭泣哀而送之至坎，延瑶道面尸诵章咒乃殓。”① 又：“十月谓之‘高堂

① （清）姚柬之：《连山绥瑶厅志》。

会’，每排三年或五年一次行之，先择吉日，通知各排届期至庙，宰猪奉神，列长案于神前，延道士坐其上，每人饭一碗，肉一碟，口诵道经，瑶人拜其下，以筊卜吉凶。”① 师公的活动带有较浓厚的巫教色彩，不独其所祀神祇中有许多杂鬼，而且祭神仪式也多为许愿还愿、驱鬼治病之类的活动。瑶族流传的《评王卷榜谍文》（即过山榜）中多有“师人调鬼”的说法，师公经书有《盘王神唱》、《鬼脚科》、《谢社科》、《开山科》，证明跳盘王、祭社、祭神开山这类的喃神跳鬼活动主要是师公主持的。清人描述连南瑶族的祭神仪式说：“‘祀神’，前用人数队，戴革兜，穿皮甲，持枪链相逐，次以一人抱木象，旋转而行，口作鬼啸，又次老瑶数人，穿红袍或绣衣，皆持白扇，拱手遮面，口中也作鬼啸，每数武，聚舞喧哗，焚褚放炮。”② 这其实就是师公的调鬼仪式。

清代瑶族的宗教师不管是巫师，还是道公、师公。他们的活动已经不是无偿的，其产生办法也有了很大改变。史籍记载，连山瑶族“凡相聚议事，必设凳以延老者，无凳则以银酬之，日巫凳银”。又说，乐昌地区“瑶甲死前，必以方术授其人，谓之‘渡身’。其人预斋三日，至期有七日功课，竖刀鸣角，略如巫觋……此人即号为瑶甲。以后瑶族，事无大小，听其公断。有疾病痈疽，乞其符水治之”③，或“瑶道自为教……学优者则延诸道为受箓”。宗教师为社会活动要取报酬，并自己传授徒弟，这是迄今所知道的清代瑶族宗教的一重大发展。金钱渗入宗教领域，还表现在一些地方的庙会活动中，有“门悉悬所有金帛衣饰相夸耀”④ 者，有“富者穿五彩衣，或袍或衫，必插鸡毛于首”者，有“其人有贸易者，输钱六十

---

① （清）李来章：《连阳八排风土记》。

② （清）李来章：《八排风土记》。

③ 刘运铎：《乐昌县志》卷3，《地理志·风俗》。

④ （清）屈大均：《广东新语》卷7，《人语·瑶人》。

为祭费”①，也有的人穷得没法筹措费用，“四出窃牛及羊鱼等”，使宗教活动蒙上了阶级色彩。

## 四、近代瑶族宗教的性质和特点

近百年，随着瑶族地区社会经济及政治的发展变化，瑶族的宗教信仰在各个地区进一步完成了向人为宗教的过渡，或者成为阶级统治和阶级斗争的工具，或者深深地打上了私有制的烙印。

近代阶级压迫和民族压迫的加剧，是瑶族宗教信仰发生全面质变的原因。鸦片战争后，随着外国资本主义侵略日益加深，中国逐步沦为半封建半殖民地社会，直接、间接地引起瑶族社会的深刻变化。到新中国成立前，瑶族除了个别地区仍残存一些原始的“伙耕共有”制，一部分地区存在着自耕自食的小农经济，小部分地区仍保留封建土司的一些影响外，多数地区已基本上确立了地主经济。清王朝及其后的北洋军阀、国民党反动政权，将势力伸入瑶族地区，在相当多的地方建立了直接统治。在有的地区，他们利用瑶族内部特有的社会组织如“瑶老制”、“石牌制”进行统治，或在允许“瑶老制”、“石牌制”存在的同时，另外建立一套机构如“瑶练”、“保甲”制，进行统治，征兵征税，苛派勒索。近百年来在帝国主义、封建主义、官僚资本主义的统治下，瑶族人民经受了前所未有的痛苦。社会动荡，兵匪猖獗，天灾频仍，疫病流行。一些原来住山靠山、自耕自食的农民贫困破产了，历来借以养身活命的山林及各种资源日趋减少。一些地方的瑶族为了生存不得不向更远的地方迁徙，或者在无以为计的情况下忍受着痛苦。

近代阶级压迫和民族压迫的加深，各种社会矛盾的激化，促使瑶族的宗教信仰进一步发生变化。道教在这一时期在大部分地区更为深入地传播，其影响遍及岭南瑶山，触及瑶民生活的每个角落。每家的神龛除了供奉祖先外，还供有道教“三清”尊神以及阴阳祖

---

① （清）姚柬之：《连山绥瑶厅志》。

师的神位。僻处中越边境的云南省屏边县大瑶寨瑶族，度戒师神书所记载的43位神鬼，就包括了“张天师”、“三清”、“三元”等道教诸神。生活于桂南十万大山深山老林里的瑶族，每屯都有道公，专替死人打斋。世代居住在湘、粤、桂三省交界地区的连南瑶族，民间有由道教拜师授徒、供祭太上老君而相沿成习的“老君节”和“老君会”。道教关于“天堂”、“地府”、“礼佛敬神”、“修斋作醮”、“轮回报应”等观念，在各地瑶族的神书、歌本、神话故事、过山牒文、家谱族谱以至石牌条文中都可以找到。例如，据新中国成立后从广西、广东、湖南三省（区）先后搜集到的16篇过山牒文看，像“三清”、“圣僧和尚”、“太白星君”、“王瑶师道”、“莫违孝道”、“大限无存”、“十殿阎王”、“十道轮回”、“紫微府”等类与道教等宗教有关的词句几乎篇篇皆是。道教的广泛传播和深刻影响并不排斥瑶族原始巫教的存在。相反，在近代瑶族社会中，瑶族固有的原始巫教进一步与外来宗教主要是道教互相结合，互相吸收，使瑶族信仰的道教有别于汉、壮族的道教，而有本民族的特色，从而构成了近代瑶族宗教信仰的一个基本特点。这种民族特色表现是多方面的，例如，信仰的神祇不仅有道教的三清、三元、老君、玉帝诸神，而且包括瑶族原始巫教的盘王、密罗陀等民族神，以及山石水木、日月星辰等自然神。又如宗教活动不仅有道教的符箓禁咒及斋醮科仪，还有瑶族原始巫教的跳盘王、祭密罗陀、做洪门等喃神跳鬼活动，而且两教的祭神仪式往往结合在一起举行。如许多地方道教吸收信徒的度戒仪式就是与瑶族原有的成丁礼仪式结合举行的。有的地方甚至是和祭盘王一块举行的，因而变成了一种全民的宗教活动，带有浓厚的民族色彩。再如，瑶族地区的宗教师不只是道公、师公两类人，还有巫教的巫师，如桂北的“巫婆”、连南的“问仙公”。有的地方的宗教师兼有道公和巫师两种身份，甚至同时还是村寨的头人，如十万大山的“禁鬼公”，云南金平的“那曼”、屏边的“当龙师”。以属于道教系统的道公和师公来看，除了道公明显属道师而又兼司瑶族巫教的一些活动外，师公实际上更多地带有巫师的色彩，因为他使用的神书是跳盘王的神唱本，法具中有瑶族特有的长鼓、盘王面具，与道公所具的经书、法具不同，如此等等。

瑶族直到到近代仍较多地保存着原始的自然崇拜和对盘瓠龙犬的图腾崇拜，如打猎要祭山神，伐木要祭林神，捕鱼要祭水神，种田要祭谷神，生产中禁忌繁多，每年或相隔数年要祭盘王。衣饰、节日时、饮食中多有摹拟图腾崇拜物形象等。这是因为瑶族直到近代仍多居住于高山密林，交通闭塞，生产落后，较汉、壮族更多地不能摆脱自然的巨大压迫。祖先崇拜在瑶族地区仍很盛行，人们认为世上存在着许多鬼，唯有祖先能保佑家人、村人的安全，这方面也表现出瑶族宗教信仰的原始色彩。

虽然如此，近代瑶族宗教的信仰中，道教仍然是主要的，原始巫教是次要的。激烈复杂的阶级斗争和民族斗争的社会现实，单凭原始巫教的一般的鬼魂观念，已经远远不能作出令人满意的解释。道教是比原始巫教系统得多的宗教，它的关于人间、仙境、阴府的观念，以及关于受戒入道，掌握符箓禁咒、修斋作醮等法术可以消灾弥难的说教，比原始巫教更具有迷惑人的力量。

在道教的影响下。近代瑶族宗教在观念上发生了一系列的根本变化。新中国成立后在瑶族地区调查，发现近代流传于瑶族地区的道教经书量大为增加，例如笔者去年元月在十万大山瑶族地区调查时，搜集到的道教经书，包括道公、师公的经书达三十多本，其中清咸丰朝至光绪朝的经书占多数。这些书开篇明义，言明是“奉道正一”。即尊崇的是道教正一派，其中开列的多是三清、三元、四御、周天二十八宿等道教神。人们按照道教的神祇序列，尊奉老君、玉帝为最高神，原来巫教所尊崇的最高神盘王，被归入道教的神祇系统，而且降低了地位，例如在连南，当问及什么神最大时，回答往往是老君。又如在各地普遍举行的度戒仪式中，虽然盘王是要请的神，但度戒结束，发给受戒者的是“玉帝印”和“上元印”，不是盘王印。在道教影响下，盘王原来作为全民族一体保护神的属性也改变了。新中国成立后在广西大瑶山新村搜集到的一本清光绪二十八年（1902 年）神书手抄本，其中《鲁班唱》一节，叙述人死后进入阴司，要经过奈何桥洗罪，然后才能分等级转生阳间。有趣的是，这种分等级的工作不是别人正是盘古大王干的："盘古大王分贵贱，各分三等过桥梁：上等得过金桥上，注出朝廷天子郎……中等得过银桥上，注出公侯宰相郎……下等得过铜桥上，注出乡村富贵郎……贫贱行过竹桥上，注出担柴卖药人"。阶级的分化，贫富的悬殊，进一步损害了人们共同接近神灵的权利：以前祭祀盘王的活动是集体举行的并有确定的时间，现在集体祭祀的活动在许多地方已经取消，而改为一家一户或几户联合举行。由于祭祀经费筹集困难，祭祀的时间已经不能保证。在桂东北贺县、富川一带瑶族地区，有些十分困难的家庭，已经有好几代人不能祭祀盘王了。与此形成鲜明对照的是，人们对于道教的各种科仪却恭行不贰。倒如"度戒"和"打斋"都是道教的科仪，前者在于吸收信徒，后者是为死人超度亡灵。本来人生人死是生命的规律，与入道与否没有必然联系，但在新中国成立前，各地瑶族对于"度戒"的普遍解释是：度过戒的人死了才能成仙，将来有好报应，不度戒的人死了只能做一个凡鬼，将来没有好报应。度戒与否既然关系这么重大，因而许多瑶族地区，度戒成了每个成年男子一生中必须经历的一件大事。不度就没有自己的师父，不能获得宗教保护，不但在社会上被人看不起，就连找个老婆都困难，会遭到姑娘的耻笑。至于"打斋"，瑶族认为，人死了不打斋，死者的灵魂就会变成野鬼，无处安身而见怪并作祟生人，家运不好，就是神鬼捉弄或祖先见怪的结果。因而人死了要请道公打斋，家运不好，经卜卦问出是祖先见怪的，也要打斋。人死打斋有所谓"开路"、"分离阴阳饭"、"清蛮"和"点兵"等项目，意思是给死者指引一条升入天堂或进入阴府的路，并分给他一份饭食，清理他生前用过的东西，让他带到阴间享用。

道公和师公是近代瑶族社会的主要宗教教师。他们手中握有并能熟读甚至背诵的许多经书，置备鼓、锣、钹、剑、筊贝、铜铃、神杖、印鉴等各种法具和神像挂图。除了打斋、修醮、度戒外，还兼司占卜、择吉、喃神、驱邪送鬼等各种迷信活动。这些人多半没有脱离农业生产劳动，只有人请的时候，才外出搞宗教活动。但他们为人喃神送鬼绝不是无偿的，通常是主家除了招待酒食外，还要给些钱物。由于瑶族宗教迷信观念深，宗教活动频繁，因而宗教师一年中从事宗教活动的时间越来越多，靠宗教活动获得的收入，日积月累，已不在少数。逢大的宗教活动，也是宗教师获得大笔收入的好机会。大瑶山茶山瑶十家合做一次洪门，杀10头猪，12个师公、2个道公合做法事，可得猪头、猪尾、腿肉及各种祭肉共520斤，得最多的是头家师，可分得猪肉150斤以上。连南做一次“耍歌堂”，先生公们分别得到报酬，为首的领到15只鸡、216只糍粑、15斤米，3斤牛肉、一斤半猪肉。这些人由宗教获得一笔额外收入，生活比一般人宽裕，又有一定文化，在社会上受到人们尊敬。这又刺激一部分人从师学道，这时宗教师传教也不是无偿的了。新中国成立前在连南，学做先生公是瑶排中很盛的一种风气。先生公传教，通常是一次招收十多二十个学徒。每个学徒一年出36斤米，360斤柴，油、盐各1斤，节日还要送些酒菜作礼。学徒首先学几年文化，有了一定基础后决心进一步学做先生公的，再备些学费及礼品，随师父学三年法事。此外在个别地区，还出现了一些地主、富农兼任宗教师对劳动人民进行压迫、剥削，或以其财势、地位操纵宗教活动为反动阶级服务的情况。这些人的所作所为，使宗教带上更鲜明的阶级色彩。在阶级压迫和民族压迫加剧的社会条件下，宗教进一步与政治更直接、更紧密结合，这也是近代瑶族宗教信仰的一个特点：宗教被反动统治阶级在政治上加以利用，宗教领袖转化为封建上层人物。在广西大瑶山，近代大多数石牌头人都由师、道公担任。由于石牌制的蜕化变质，石牌法律多半被利用来保护山主的利益。这样，石牌头人往往由地主、富农充当，享有较高权力的大石牌头人，则全是地主、富农，他们既是头人，又是师、道公，利用职权，袒护亲朋，颠倒黑白，对广大劳动人民进行政治压迫和经济剥削。到1934年，国民党反动势力深入瑶山，在那里编组乡村，建立保甲制度，随后又设置反动的“警备区署”和“金秀设治局”。瑶族内部统治者与国民党反动政权勾结起来，接受委派，充当伪乡、村长。于是，石牌头人兼师、道公者又成了国民党反动政权的基层长官。在云南、广东一些地方仍然存在“瑶老”制，“瑶老”既是村寨头人，又是宗教领袖，由于国民党反动势力的深入，这里也或多或少地、直接间接地转上了为反动统治阶级服务的轨道。宗教成为阶级统治的工具，是进入阶级社会后反动统治阶级施加影响的结果。但其反面是被压迫阶级的群众也往往以宗教为掩护，进行反压迫斗争。诚如马克思所说：“宗教里的苦难是现实苦难的表现，又是对这种现实苦难的抗议。宗教是被压迫生灵的叹息，是无情世界的感情”①。从新中国成立后搜集到的瑶族经书可以看出，近代瑶族面对阶级斗争和民族斗争的严酷现实，他们往往从被压迫者立场出发，去理解和附会道教等外来宗教的某些信条，甚至加进某些内容，使之为己所用。例如，他们所崇奉的神祇不仅有虚拟的神仙、玉帝、人鬼和出身封建统治阶级的帝王将相，出身侯门富室的地主、官吏，而且还有“出身孤寒”的劳动阶级英雄，和作为祖先化身的盘王、伏羲兄妹、密罗陀等。就是出身封建统治阶级的人物，有的也被当作民族和地方的保护神，如曾为清朝宰相的陈宏谋，死后就被大瑶山瑶族各支系当作保护神崇奉。大瑶山新村山子瑶抄存的一本清光绪二十八年（1902年）的神书，唱述了18位神的来历，其中除了8位看不出出身，4位可称家道稍富裕外，有6位被神书作者描写为劳动者出身。例如鲁班被歌颂为各种工匠的祖师，出身劳动者家庭；刘大姑娘是刘三妹的大姐，是灭蝗能手，出身于平南县一个农民家庭；“飞书”幼小

① 《黑格法哲学批判》，见《马克思恩格斯选集》，第1卷，2页，北京，人民出版社，1972。

丧父母，“出身孤寒”，三岁到叔公家养鸭，被虐待死，死后化作跟班信使；“社王”也是“一岁母先死，两岁父先亡”，十岁替叔公看牛，后来由一位过路先生指引，得道成仙。“五雷”是五兄弟，家“无田地”，去地主毫公家打工，因不满毫公的重秤盘剥向州府县官告状，毫公贿赂县官，告状失败，五兄弟均遭杀害。18 位神除了上述 6 位，再加上伏羲兄妹，被当作善神和保护神歌唱外，其余 12 位，有的亦是除暴安良的善神，如雷王；有的是法术多变、有德于民的神主，如民官；有的神既能予人祸，又能予人福，赏罚分明，如陈官等。人们歌唱和祭祀这些神鬼，除了劝人修斋敬神、莫违神道外，还有一个目的，就是主张平等，反对欺压善良。《民官唱》中有一段“十般劝”：“第一劝君敬父母”，“第二劝君敬三宝”，“第三劝君敬神福”，“第四劝君敬平等”，“第五劝君行正直”，“第六劝君敬五谷”，“第七劝君奉劝君，莫以穷富论亲疏”，“第八劝君行良善”，“九劝夫妻要相忆”，“第十劝君要耕种”，“耕田种地要勤心”。近百年来，由于外国资本主义势力的入侵引起了中国社会的巨大变化。这种变化再影响到瑶族地区，使瑶族社会受到冲击：阶级分化加快，土地进一步集中，小农破产，地主、富农盘剥，奸商敲诈，加上封建苛派，兵匪抢劫，社会政治经济的变化，影响及于人们的伦理道德。在金钱财富的诱惑下，一些人抛弃了瑶族世代相传的互助互让、敬老怜贫、勤劳善良的美德，就是在这种社会条件下，其神书中才出现了“行平等”、“行正直”、“行良善”以及劝耕稼之类代表劳动者愿望的主张。总之，在近代瑶族宗教信仰中，神书在某种程度上也反映了被压迫者的悲惨处境和他们的要求，例如平等的要求。这并不奇怪，在中外历史上，被压迫者以宗教发泄自己的怨气和要求，甚至以宗教为武器向富人和统治者作斗争的事例是屡见不鲜的。恩格斯说：“中世纪把思想体系的一切其他形式，如哲学、政治、法律学，都合并在神学以内，变为神学的几个分科。因此，当时的任何社会运动和政治运动，都不得不采取神学的形式。群众的感情唯一是宗教‘食粮’来滋养的；所以，为了引起暴风雨般的运动，就必须使这些群众的自身利益穿上宗教的外衣。”① 新中国成立前瑶族笃信宗教，他们用宗教观念来解释一切自然现象和社会现象。因此，他们的宗教观念中反映了本民族被压迫群众的某些呼声和要求，乃是理所当然的，而这些要求不能达到时，他们以宗教为武器发动反民族压迫和阶级压迫的起义和运动，也已为事实所证明。1933年爆发的震惊全国的桂北瑶民起义，其组织者以“出瑶王”为号召，以“发降”（降神）和“打醮”的祭神方式发动群众，以“火葫芦”、“飞刀”的传说鼓舞士气。1941年农历二月间，大瑶山的盘瑶因不满于租山耕种受山主的欺压和国民党反动势力进入瑶山后受到的更加严重的剥削，以设坛拜神、降董（降神）练兵的方式，串连发起了“回千家洞”的运动。运动组织者在设坛拜神中代盘王说话，说盘王叫回千家洞，又作《辛巳岁立传歌》发动群众。歌词诉说十二姓瑶人自“南京”分手后，四处迁徙流落，“到了清朝齐受亏”的痛苦生活。指出正当盘王子孙“多愁忆”的时候，“天王有道”，派“仙”下凡来“引带”和“超度”了。歌中表示：“恶人自有恶人意，善人自有善人为，性急气高起反意，救苦日林难解围”。在“神意”的启发下，运动在大瑶山各盘瑶居住地区迅速展开，影响波及鹿寨、修仁、荔浦一带瑶族地区。历史再次证明了被压迫群众以“自身的利益穿上宗教的外衣”，群众的感情“由宗教‘食粮’来滋养”而引起“暴风雨般的运动”。

① 恩格斯：《费尔巴哈与德国古典哲学的终结》，65～66页，北京，人民出版社，1956。

# 瑶族的宗教信仰①

瑶族有124万多人（1978年数据），分布在广西、广东、湖南、云南、贵州、江西六省区，130多个县。新中国成立前，瑶族地区基本上确立了封建地主经济，部分地区处于周围傣族封建领主的统治下，还有小部分地区，本民族内部阶级分化不明显，自耕自食的小农经济占比重很大，个别地区还保留着原始伙耕共有制的浓厚残余。各地生产力水平比较低下，不少地方仍过着“刀耕火种”、“吃山过山”的“游耕”生活。与这种情况相适应的是，从前瑶族的宗教迷信观念很深。人们崇奉各种自然神，以及在此基础上发展起来的人鬼、祖先鬼，道教、佛教尤其是道教在瑶族地区有非常广泛、深刻的影响。

恩格斯曾指出；“如果要想就自然宗教、多神教、一神教的陈旧论调说些什么，那就必须用这些宗教形式的现实发展来对比，为此必须首先研究这些宗教形式。”② 本文根据笔者近年的调查材料，并参考1956年以来两广、云南一些调查材料，对瑶族的宗教信仰作一个初步探索。不当之处，恳望读者批评指正。

## 一、道教与原始宗教的融合

瑶族是我国南方迁徙频繁、居住地分散的一个民族，大约从一千多年前的隋唐之际开始，被称为“莫徭”的瑶族先民就开始从其

① 原载于《云南民族学报》，1983年年刊。

② 《马克思恩格斯全集》，27卷，66～67页，北京，人民出版社，1974。

原始居地湖南洞庭湖一带向南迁徙。长期频繁的迁徙活动以及由此形成的大分散、小聚居局面，增加了他们与周围汉、壮等民族接触的机会。另一方面，历代反动统治阶级实行的民族压迫、民族歧视政策，又迫使他们在迁徙中“钻山唯恐不高，入林唯恐不深”，过着多少“与世隔绝”的生活。这种情况对形成瑶族的宗教信仰有不可忽视盼影响。

新中国成立前，瑶族以信仰道教为主，同时又保留了本族固有的原始宗教；佛教、儒家的一些观念仅以附属的形式偶尔出现在瑶族的道经中，而道教则与瑶族原始宗教完全融合在一起，形成具有民族特色的宗教信仰。人们崇奉的神祇非常之多，从自然精灵、人鬼，到关神、地祇、水府龙宫，道、佛祖师，无不包罗在内。经常祭祀的主要神祇，则有三清、三元、老君、玉皇、帝母、盘王、伏羲、神农、社王、雷王、城隍、土地、四境、瘟主、龙王、雨师、风伯、禾魂、五谷、张天师、四帅等。

道教传入瑶族地区有较久的历史。新中国成立后在广西瑶山和广东连南发现瑶族道经明代的手抄本，度戒后使用道教法名的情况在明代碑文、墓志中已有记录，说明道教在明代已在瑶族地区广为流布，其传入的时间应当更早。道经的传播是由经过“斋刀”（度戒）、研习并掌握瑶经而上升成为“赛翁”（师公）和“刀翁”（道公）的宗教师进行的。赛翁和刀翁分属于南天师道的不同流派。前者崇奉三元称为“武道”，后者崇奉三清称为“文道”。他们通过度戒仪式吸收弟子，并有责任指导弟子学习文字，研习瑶经。在外出做法事时，带领弟子去喃神跳鬼，教会他们使用各种法具，传授其招神驱鬼的法术。弟子们经过一段时间的学习训练，再通过一次考验，优秀的即可上升成为赛翁或刀翁。

赛翁和刀翁是瑶族地区主要的宗教活动者。他们粗识文字，熟悉本民族的历史和传统，两者各掌握有一套经典和法具。经书用汉文书写。祭神仪式是根据道教的要求又结合本民族习俗进行的。从前，瑶族在自然力和社会的压迫面前感到无能为力，经常举行各种宗教仪式以祈求神灵的保佑。赛翁和刀翁协助寨老主持各种宗教活动，为人们打斋还愿，驱鬼治病，安龙架桥，求花祈福。赛翁和刀翁由于能传递神灵的意旨而受到人们的敬畏，有的往往因此上升为村寨头人，成为一村甚至数村有权势、有影响的人物。

赛翁和刀翁虽同信仰道教，彼此分工合作地主持宗教仪式，但性质上有差别。赛翁信仰三元，受戒入师的发给“上元印”；经书多用七言韵文写成，类似歌本，每篇唱述一个神的来历，多是与瑶族远古历史有关的神话人物，如盘皇、伏羲等；法具中有瑶族特有乐器长鼓（又称黄泥鼓）、沙板，还有木雕或纸绘的各色神鬼面具，包括盘王面具。刀翁信仰三清，受戒后发的是“玉皇印”；经书多是些忏语和神咒，法具只有普通锣鼓，无面具而有神像挂图，与汉区道公所用经书、法具无大差别。赛翁和刀翁在职能上也有区别。赛翁的主要职责是跳鬼，刀翁主要是替人打斋，超度亡灵。从上述可以看出，瑶族赛翁和刀翁与瑶族原始宗教有密切关系，而赛翁与瑶族原始宗教关系更密切，应当是从瑶族原始巫教的巫师转化而来，起源应比刀翁早。

在瑶族社会中，除了道士赛翁和刀翁外，还有专为人占卜问鬼的巫师“搂面”（育勉支瑶族）或“那曼”（金门支瑶族）。搂面、那曼多由男子充当，个别地区也有女的充当的。这类巫师的产生往往与某人的某次疾病或晕倒事故有关，患病者或口称祖先托梦要他当巫师，或说是祖先鬼魂附了体，病好后就当起了巫师。搂面和那曼没有系统的经典，也没有法具，他们的职责是替人占卜问鬼。村人遇到生病或什么疑难，请搂面或那曼占卜以判断吉凶。如卜卦问出是祖先鬼或山鬼见怪作祟，再找赛翁或刀翁赶鬼。搂面和那曼流行的占卜方式有铜钱卦、木棍敲地卦，秤锤卦、鸡脚卦、火镰卦、手指卦、鸡蛋卦等。广西上思县十万大山金门支瑶族盛行木棍敲地卦。家中有人生病，即请巫师或由家中一人（男子）用一根木棍敲打地面，如果木棍越敲越重，就是有鬼来了，必须请赛翁或刀翁赶鬼。广东连南南岗瑶族的“老西公”将一块竹头根劈为两块制成筊贝用来卜问或决疑。两片筊贝合在一起抛下地时，成三种卦式；两片显着正面是阳贝，两片显着反面是阴贝，一正一反为胜贝。以胜贝为上，阳贝为次，再次为阴贝。占卜时先以一块牙板敲打手臂进入昏迷状态，口中喃喃自语，继以两手从背后掷出筊贝，旁人拾起筊贝并告诉他是什么贝，如此接连掷贝。待查出什么鬼作祟后，再用祭品到指定地点祭告神灵，举行赶鬼仪式。这时的仪式多半由道士先生公主持。

瑶族的赛翁、刀翁与巫师搂面、那曼虽有不同，但又有合作，同时赛翁、刀翁也兼巫师职能，可为人卜卦问鬼、举行跳鬼的巫术活动，如上面提到赛翁就以为人跳鬼为职业。瑶族历史上的跳盘王就是赛翁跳鬼的重大巫术活动。可见在瑶族的宗教信仰中，道教与本族的原始宗教是融合在一起的。

## 二、自然崇拜

在巫、道合一的瑶族宗教里保留着自然崇拜，这是与瑶族住山耕山、“刀耕火种”的低下生产力水平相适应的。

在瑶族的宗教观念中，有一个基本的观念叫“面”（育勉支瑶族）或“曼”（金门支瑶族）。“面”（或“曼”）既可以指死去的人变成的鬼，又可以用来指一切自然精灵。例如人鬼叫“面”，山鬼就叫“金面”，河翁就叫“翁面”。由此可见，“面”（或“曼”）实际上是鬼灵观念在瑶族宗教中的具体表现。

新中国成立前，瑶族基本上靠刀耕火种为生，科学知识贫乏，自然界许多现象都被看成是“面”（或“曼”）作弄的结果。人们相信万物有灵，无论日月星辰、风雨雷电、山崩树倒等自然现象，还是天上飞的、地上走的爬的、水中游的乃至一切存在地面上的有生命的、无生命的物体，人们均认为其有灵魂存在。广西大瑶山盘瑶出门看见大树倒、大石滚、山崩，认为是鬼（“面”）用以示人的凶兆，必须终止行动。广东连南排瑶出门遇见蛇交尾，认为会招致疾病，必须当场将蛇击毙，并立刻躺在地上以示避灾；闻“咕咕”鸟叫，人会死，认为这种鸟是鬼变的，见了要打死它，打死也吃不得。但是瑶族并非看见一切奇特的自然现象都顶礼膜拜，人们祭祀的只是那些与生产生活有密切关系的自然现象。

从前瑶族住在山上，因而高山密林就成了自然崇拜的主要内容。山神已经有了一个统一的主宰者，叫“吉面”（育勉支瑶族）或“金曼”（金门支瑶族），人们认为山上的森林果木、飞禽走兽都是归它管的。“吉面”的具体化可以用一座最高的山峰、一片密林或一株大树、一块巨石作代表。祭祀对象的选择是根据具体情况确定的。祭祀活动则伴随砍山、狩猎、采集等生产活动随时进行。桂北从事林业的瑶族在砍伐森林时要压一块钱纸，表示付给“吉面”的报酬。开始举刀砍时，不许声张，否则会发生被树压死或被刀砍伤的不幸事故。入山采集时，要保持环境清洁，不能随地大小便；开始采集到的三件物品和随身带来的米饭一起抛于森林中，为敬献山神。上思县十万山瑶族在刀耕火种开始砍倒第一棵大树时，要由集体选举的经过度戒的“管生产的头人”先喃神，并先砍第一刀，然后大家动手，否则认为不利。

狩猎对瑶族的生活有十分重要的意义，祭祀山神更是虔诚。湖南湘西一些瑶族狩猎必祭梅山神。梅山神供在每家的神龛上，出猎前后都要举行祭祀活动，平常过年过节也定时上供。广西南丹大瑶寨白裤瑶称山神为“山头人”，每次行猎前，在猎区选择一块较大的石头作神像，杀一只公鸡祭之。狩猎如有所获，即将兽头砍下，以祭山神。

云南金平县太阳寨瑶族狩猎又有自己的特点，他们把狩猎当作一项重大的生产活动，集体讨论通过，于二月二日祭社后进行。一般由二三十人组成一个狩猎队伍，按宗教的要求用卜卦方式选出狩猎领袖。如出猎没有收获，要撤销其领队资格，即使他是一位经验丰富的猎人。被选出的领队有两个任务，第一是指挥狩猎，第二是负责主持狩猎祭祀活动。祭祀有两次，一次在出猎前，一次在归猎后，用鸡、猪祭林神。

在以种植谷物为主的地区，人们则重视祭祀谷神。对谷神的崇拜主要表现在一些生产祭祀和禁忌中。瑶族认为谷物是有灵魂的。各地在生产过程中的耕地、浸种、播种、除虫、收割、建仓、入仓、开仓等一系列生产活动，都讲究选择吉日，并举行一些宗教仪式。在春播开始时，要请赛翁或刀翁为谷种举行宗教洗礼，在作物生长过程中的一些重要环节，要由赛翁、刀翁举行“保苗”、“求禾花”的祭祀活动。在秋收时，挑选些颗粒饱满的谷穗，带回悬挂在仓库里，象征谷魂归仓，给人们带来丰收和幸福。每年的尝新节要举行吃新粮仪式，也是对谷神崇拜的一种表示。与谷物生长有关的其他一些祭祀和节日禁忌，也颇能表明这种自然崇拜的实质意义。上思县十万山瑶族把谷物看作与人一样，有生育、成长过程和婚姻生活，并认为谷物有一位神管着，这位神名叫“神农公”。每年春耕时要举行祭拜神农公的仪式。去畲地头立一神农公石牌位，由当年不犯雷劈的人杀鸡拜立。烧香参拜之后，由该人先打洞种三洞谷物，其他人才可种。以后谷物长得不好，又由他去拜神农公，以求其保佑。习俗还认为，谷物除草要选一除草快的人在前头领着大家干，这样草就会除得快。六月六，家家煮一锅饭，将三张木叶放入米中同煮，吃完饭把木叶扯直挂在门口高处，认为这样做了谷物才长得高。立秋日是谷开花日，也即谷子“结婚”，当日不准下田工作。据说从前老辈人中有当天下田工作，看见一群山猪结婚（认为是谷变的），结果回来就死了，后来人们再也不敢在这天下田工作。

与作物生长有关的禁忌还涉及其他动植物崇拜。瑶族认为一切动植物均有神灵，生产活动要小心翼翼。广西凌云县后龙山等地的瑶族，当包谷种下去以后不能去捉虫。他们认为虫是天上放下来的，越捉会越多，伤了虫的生命就会被鬼缠住。包谷结穗时，尽管长得不坏，也不能说长得很好，否则包谷就长不好了。家里养了大肥牛，绝不能称赞，不然就会病死或跌落山死。家里猪生仔，若身上害病（称为带魂）就不能去看，否则小猪会死。各地瑶族在生产中还普遍立有忌鸟、忌虫、忌鼠等忌日。凡遇到些忌日均停止生产，否则认为不利。桂北兴安、全州、灌阳一带瑶族，每年二月初一忌鸟，初二忌蚕，初三忌鸡，初四忌羊，初五忌牛，初六忌马，这六天忌日不种地。人们上山打柴并打鸟，以示训诫。初一还做鸟仔粑（用糯米做成，形似鸟），将它安放在竹枝上，插在田头、天井边、牛屎堆上，认为这样鸟儿就只吃粑粑，不吃谷子了。

火和水也是瑶族崇拜的对象。很早的时候，瑶族就把火看成是神圣的东西。家里的火塘不许乱吐痰，乱放屁，不许从上面跨过。火灶不许敲打，不许在上面乱放东西，更不许用脚踏上去。个别边远山区在刀耕火种过程中，在击石取火烧掉砍倒的树木杂草时要喃神，然后才能举火。对水的崇拜表现在一些“买水”习俗上。瑶族认为“树有根，水有源”。各地瑶族在老人死时，都有“买水”洗尸的习俗：到溪边烧香，投数枚铜钱或几张纸钱入水，才挑水回家。结婚时，新人步行到夫家经过山中溪流，也要投些钱到溪流中，祈求水神保佑新婚幸福。此外，一些地方在大年初一，如要用水，要在取水的地方先烧些钱纸，以示对水神的酬谢。云南省富宁县里达公社的金门支瑶族，在年初一的凌晨，家家争先恐后到村头井边汲水，习俗认为谁家能争挑到年初一的第一担水，谁家就能得到幸福。

瑶族住在山上，经常受到旱灾威胁。因为怕老天爷怪罪降下旱魔，认为遇上立春和分龙节不能动土，不能挑粪水下田，否则会天旱。遇着天旱就由师、道公举行求雨仪式。在上思县十万山地区，人们传说瑶族的师、道公求雨特别灵验，逢着天大旱，山外壮族都要找瑶族师公求雨。这与瑶族《过山榜》“天对不雨，大旱，任从王瑶师、道赴出府县，祈求云雨”的记载颇相符。求雨的地点在一处深潭边，参加求雨的人不许戴草帽、雨帽。师公作法，将一只装有鸭子的缸放到潭水上，任其漂荡。人们说，如果鸭在缸里鸣叫，潭面涌起波涛，天上起了云，就会有雨了。

连南求雨的仪式颇为特别，仪式分三次进行。第一次指定盘姓先生公（道士），到二十里外的横坑乡一处地方，通常是先生公一人到达该地后，陈上供品，之后一连三天不厌其烦地念起求雨经，请满天鬼和海龙王施雨。到第三天如果下雨，就去还愿。如仍不下雨，第二次便到大庙向祖先公求雨，用两根茅草择一祖先公偶像捆起来，意思是选定它上天求雨。天果真下起雨来，便松开茅草，并去还愿。如经过这次求雨还不灵验的话，第三次仍在大庙进行。将大庙各姓祖先公偶像全部搬下来，放进水塘里浸一回，再用七个大缸盛满污水，将偶像倒头浸起来，里面还放进蛇、虫、鼠、蚊、青蛙、田螺等秽物。意思是天不下雨，引起了民愤，让祖先公们受辱一番，赶快为子孙着想，上天求雨。这些偶像倒浸在污水缸里一直到下雨为止。天若下雨了，连忙扶起偶像，于是杀猪杀鸡，将它们抬回大庙供奉。连南瑶族求雨的这些仪式，颇为生动地说明了人类崇奉鬼神的目的，正如恩格斯一针见血指出的，这种“祭献的目的是利己的，所以人仍然是宗教的最终目的，人的神化是宗教的最终目的”①。

## 三、槃瓠崇拜和“跳盘王”

瑶族对槃瓠的崇拜带有浓厚的图腾崇拜色彩。汉族取之以为“盘古”传说故事。槃瓠传说是构成瑶族重要历史文献《过山榜》的主要内容。根据《过山榜》的记载，瑶族的始祖名盘护（即槃瓠）。评王与高王打仗，盘护因咬杀高王立了功。评王实践诺言将第三公主许配给盘护为妻，并封盘护于南京会稽山石宝殿，繁衍了后代。槃护后来打猎，被山羊触下山崖而死。

槃瓠故事见于汉文史籍记载，晋郭璞注《山海经》云：“昔槃瓠杀戎王，高辛以美女妻之。不可训，乃浮之会稽东海中，得三百里地封之……”这一神话的详细记录，见于稍后于郭璞的干宝《搜神

① 《恩格斯致马克思》(1846 年 10 月 18 日)，见《马克思恩格斯全集》，27 卷，64 页，北京，人民出版社，1974。

记》，《后汉书·南蛮传》亦载之。有注云："以上并见《风俗通》"，《风俗通》的作者为汉末应劭，可见这一神话早在汉代已有流传。

槃瓠图腾崇拜亦多见于史籍记载。干宝《搜神记》说："用糁杂鱼肉，叩槽而号，以祭槃瓠。"又说："饮食蹲踞"，"好五色衣裳，制裁皆有尾形。"《隋书·地理志》说："兰长之日，女婿或三数十人，集合于宗长之宅，著芒心接篱，名日茅绥。各执竹竿，上三、四尺许犹带枝叶……"云槃瓠初死，置之于树，乃以竹刺而下之，故相传至今。

新中国成立前，槃瓠故事仍广泛地保留在各地瑶族的口头故事、诗歌和宗教经典及家谱、族谱中。世界上许多经历过图腾崇拜的先进民族包括汉族，都曾认为人和动物存在着某种血缘关系。一份凌云县玖美山子瑶于光绪年间写给大朊山、镇龙山亲族的查亲信就反复唱述着"一申盘皇龙犬子，兄弟相查看此书"，"五家七姓龙犬子，同枝宗祖一家亲"，希望这种呼唤能帮助找到离散失落的兄弟宗亲。

依据图腾同体化原则，在衣着、饮食等方面模仿图腾物形象也是图腾崇拜的主要内容。这些图腾崇拜新中国成立前仍流行于广东、广西、湖南一些瑶族地区。

槃瓠图腾拜崇的发展形式是"跳盘王"。"跳盘王"保留有图腾崇拜痕迹，又包含有祖先崇拜的重要内容。当道教传入后，"跳盘王"又发展成道教的还愿酬神仪式，称为"还盘王愿"，或称"祖宗愿"。"跳盘王"原是一种以祭祀槃瓠为目的集体歌舞娱神活动。从仪式中列须有助手协助师公打长鼓歌舞的节目看，长鼓已见于唐宋间人著作①，可见唐宋时代已有"跳盘王"的活动。到明代，已有这一祭典的较详细的记录："其乐五，合其旗五方，其衣五彩，是谓五参。奏乐则男左女右，铙鼓、葫芦笙，忽雷、响瓠、云阳。

---

① 参见唐贞观三年瑶族的《过山榜》和（宋）周去非《岭外代答·卷七·瑶乐器》。

祭毕合乐，男女跳跃，击云阳为节，以定婚媾”。“侧具大木槽，扣槽群号。先献人头一枚，名吴将军首级……以光榔面为之。”“群乐毕作，然后用熊、罴、虎、豹、呦鹿、飞鸟、溪毛各为九坛，分为七献。七九六十三，取斗数也。七献既除，焚燎节乐，择其女之姱丽娴巧者劝客，极其绸缪而后已。”① 这里说到的槃瓠祀典要用铙鼓（即长鼓）、葫芦笙等乐器，“奏乐则男左女右”，祭祀中有“男女跳跃”、“以定婚媾”等内容，多半在后来的“跳盘王”活动中保留了下来。

新中国成立前，广东、广西、湖南各地瑶族“跳盘王”仍多以集体方式进行，祭祀由师公主持，祭品最重要的是一两个猪头。祭祀用的猪是以占卜方式选出的一家事先养好的或用轮流的方法养的。仪式中一个特殊节目，是必须挑选出三对未婚男女，盛装打扮，充当“唱歌仔”（又称龙凤娘）角色，以代表盘王子孙。他们的职责是于祭祀过程中，在师公或歌师的带领下，演唱“盘王歌”、“流落歌”和情歌，并协助师公跳长鼓舞娱神。

“跳盘王”后来在一些地方发展为“还盘王愿”，并随着阶级分化，逐渐由集体方式改为一家一户方式：有的还与道教的打斋或度戒仪式结合在一起进行，祭祀的神祇也空前多起来。关于“还盘王愿”，还有个传说，过去瑶人从南京石宝殿出走，迁徙途中经过一个海，遇上大风大浪，七天七夜登不了岸。人们在慌忙中纷纷跪在船头，祈求盘王派五旗兵马保护，风浪果然停止，瑶人得登彼岸。从此，瑶人每到一处地方都要立“盘王庙”，每到一定时候要还一次“盘王愿”。这个传说是一个迹象，表明对槃瓠的祭祀已经失去古典的意义，形式和称呼也发生了变化。新中国成立前，广西大瑶山“还盘王愿”就是结合度戒来做，已是以一家一户的方式进行。仪式虽然保留着由师公带领三对未婚男女打黄泥鼓唱歌跳舞的节目，但祭祀的神祇却很多，大祭祈禳两夜一天，要请七甲（七

① （明）邝露：《赤雅》。

类）神鬼临坛受祭，小祭祈禳一天一夜，要请六甲（六类）神鬼临坛受祭。这些神鬼多而杂，天上地下，水府龙宫，佛道两教，善神恶鬼，猛兽毒蛇，无所不包。坳瑶“还盘王愿”与盘瑶基本相同，祭祀中有数女孩唱歌和跳黄泥鼓舞的节目，祭祀除主祭盘王以外，也要请动许多神祇。不同的是，坳瑶是以一村或几村联合的方式进行，祭品中有一分供盘王享用的“私筵”也比较特殊。按传统习俗，这份“私筵”必须摆在地上，牲品用簸箕装着，内有圆顶糯米糍粑 13 个；另杀刚开叫的雄鸡一只，去毛剖腹，洗净内脏，先切头尾和两翅，再把其他部分切成小块，分摆在糍粑上。摆法：头与尾相对，头两旁摆翅膀，尾两旁摆两腿，余肉脏腑分摆在糍粑上。再以小杯斟酒，摆在糍粑旁。供祭时，鸡头向着盘王神位，尾向外。此外，教女孩唱歌的节目是由歌师负责，不像盘瑶那样——由师公教唱。打黄泥鼓的节目是由三个舞师分别持公鼓二、母鼓一，且拍且舞，绕坛而行。

瑶族无论“跳盘王”还是“还盘王愿”，都是一种非常隆重的祭神仪式。祭祀时必须停止一切生产活动，主事的村寨或家庭杀猪杀鸡，男女老少盛装打扮，远近亲朋纷纷来祝贺，期间往往伴随着男女青年的唱歌、恋爱活动。主人设筵请客，这时即使遇到素不相识的人来到家里，也要尽情款待，不能稍露吝色，否则盘王会不高兴。对主持祭仪的师、道公及其助手，还要给予一部分祭品和酬金。一般举行一次“跳盘王”，起码杀猪一两头，鸡数只，米、酒各二三百斤，购香纸蜡烛用钱几十元至一百元。贫穷人家往往因此负债，或将几年积蓄用光。

## 四、赶鬼和度戒

如上所述，鬼在瑶语中为“面”（或“曼”）。鬼就是死亡者的灵魂活现的东西，鬼是无所不在、无所不能的。人们把梦境看作是鬼用以示人祸福的征兆。梦见太阳初升，主家里有好人好事，梦见太阳落山，主家里老人要死。为了防止鬼生事扰人，在举办婚事、丧事，建筑住宅、禾仓、猪圈、牛栏时，都讲究选择吉日，并采取避邪方法，还立下许多禁忌。广西大瑶山古陈一带的坳瑶，在建筑房屋时，正屋要开并列的中门两道，左为阳门，右为阴门。阳门经常开关，是人出入的；阴门是鬼神出入的门，只有在祭祖、游神和家中死人时才开，棺材要由阴门抬出。此外，坳瑶除正式祭神可在家打黄泥鼓外，平日是不许在房内敲打的，认为敲打起来，鬼就会进屋，引起灾难。这里瑶族各族系在建造住宅时，一般要供奉姜太公和张天师两个神位，认为这两人是众鬼所惧怕的；有了他们镇守，邪神恶鬼就不会赶来扰乱生事。茶山瑶、花蓝瑶、坳瑶多把猪牛栏圈筑在大门的左边，认为猪牛栏的臭气，也可以使鬼不敢进门。

人有病，认为是鬼缠身，要请巫师占卜查鬼，或直接找道士赛翁、刀翁赶鬼。赛翁和刀翁赶鬼的方法有大斋、还愿、祭龙、扫寨、游神、跳香火、做洪门、架桥、破六甲等名目。采取什么方法，这要看是什么人患病，患什么病，以及疾病的严重程度和影响范围来决定。广东连南南岗瑶族生病，请先生公（道士）赶鬼，有初病赶鬼、病未愈赶鬼和赶大鬼等。初病赶鬼，请先生公来家里吃一餐，然后备一只小鸡、一斤米和一些酒及香纸，到外面路上赶鬼。病未愈赶鬼即第二次赶鬼，瑶语称为“君油赤”，用一只鸡、一斤米、酒和一些油豆腐、香纸等，再念一次经，翌晨还得备鸡、猪肉和酒，到排附近的“黑面神”拜黑面、黄面、白面公三位恶鬼，祈告他们饶恕，以使病人恢复健康。如经过两次赶鬼，病人还不能康复的话，就要来一次赶大鬼。这次要请三个先生公，并杀一只猪（四五十斤重）或宰一只牛，家里陈设火炭、饭、米、酒、青菜、黄豆、鲜牛（或猪、鸡）血各四碗，另点燃四盏灯，共32碗。先生公也各拿一碗酒、肉，边念经边喝酒，并将生牛嘴、耳、尾巴、牛脚等作一盆，放到一边拜神。法事后病人需斋戒三天，等候先生公来念一次“开门”经才能开斋。给先生公的报酬是除各人一斤米之外，还得给一半牛肉（半只牛或猪），由三人分配。当晚还要用牛头、三斤米和一只鸡，请先生公到排脚岗念一次“飞大白虎经”，念完后煮吃了牛头才回去。经这次赶大鬼，如病人病情继续恶化，由一个先生公把病人带回家去治疗。这时也许给些药吃，并继续念经。若病情再坏下去，便把病人送回家，再杀牛赶第二次大鬼。病家若无法筹措应付，就只好“听天由命”了。

打斋、还愿、祭龙、扫寨、游神、做洪门往往是数家联合、一村联合甚至数村联合的大型祭神祈禳仪式。在连南南岗、内田一带，凡遇到村中人口不安、疫病流行，就认为是龙脉不佳，要举行集体的“安龙”仪式，请先生公到龙头处念经，请山神、土地及历代祖先把龙引过来。这种仪式要一连三年地举行，祭祀较隆重。还有一种专为全村驱赶疫症的“送瘟鬼”活动，规模比安龙大。牲品用一只猪、三只鸡、五斤米和一些酒，另用竹枝编一只船作收载瘟鬼之用。先生公念经后，带领手持竹刀、竹枪和竹船的群众，挨家挨户搜捉“瘟鬼”。先生公进宅内拾一些鸡毛、木炭、盐巴或茶叶，放在竹船内，表示引鬼上船。最后到村中称为龙尾的地方将船与钱纸焚尽，再在四周路口钉上桃木符，认为经过这样驱赶瘟鬼并封村之后，村人就平安了。在广西大瑶山，茶山瑶、花篮瑶、坳瑶、盘瑶、山子瑶各族系，凡遇到村中发生瘟病抑或禾苗不好，就要举行“游甘王”、“游刘大娘”的“游神”活动。甘王和刘大娘传说是山外壮、汉族人，由于得道有法术，受到瑶族崇奉。祭祀时须把“甘王庙”、“刘大娘庙”的甘王像、刘大娘像和其他所有神像抬出来，到村里各户及各处田垌巡游。除游神外，晚上还有跳神的节目。游神期间，村民一律停止生产，杀猪祭神会餐，各户轮流邀请吃饭，还邀请别村亲朋到家做客，因而耗费甚巨。有的村“游甘王”，每户耗费的猪肉，少者七十斤，多者一百斤，米、酒各五六十斤，全村耗费猪肉达两千斤，米、酒各一千四百斤左右。

在瑶族的宗教观念中，鬼分“恶鬼”、“善鬼”。善鬼一般是指不害人的“祖公鬼”，恶鬼多指那些生前害人，如偷盗、杀人的人死后变的鬼，也有意外死亡的人变的鬼。然而在我为善鬼者，在人可能是恶鬼。治鬼之法，除赶鬼以外，还有度戒。

度戒，金门支瑶族称为“斋刀”，直译为“戒道”。育勉支瑶族有“过牌”（桂北、湘南）、“打幡”（广东乳源）、“打道箓”（广东连南）等称呼。在瑶族社会中，每个成年男子都要经过度戒仪式。习俗认为，未经过度戒就不算成年，不能参加社会活动，不能恋爱、结婚，成立家庭。同时认为，未经过度戒的人，生前没有神兵保护自己，也不能以神兵救人，死后成不了仙，上不了香火台，无人供奉，变成了野鬼。只有经过度戒的人，生前有神兵护持，恶鬼不敢近身，并可以驱使神兵救人；死后则可以升天成仙，可以上香灵台接受供奉。由此可见，度戒既具有成人礼的意义，又是道教吸收信徒的一种仪式。从这里也可以透视出瑶族原始宗教和道教此消彼长的痕迹。

瑶族度戒根据道教地区流传的派别而有度师（渡赛）、度道（度刀）之分。两种度戒仪式在瑶族的不同地区、不同支系里，要求不太一样，做法也不尽相同。广西上思县十万山金门支瑶族度戒只限于男子，年龄一般选择在 15 岁左右。习俗规定一人可以度师兼度道，也可以单度一样。孩子到了度戒年龄，即在父亲（父不在由县长代替）的带领下，选择吉日，身着洁净衣服，手提一瓶酒、一只鸡、一只鸟，外加一个蛋去拜师。到师父家门口，跪下去讲一句：“拜你做师父啦!”师父扶起迎进屋内，当天宰鸡招待一餐，算认了师父。如果单戒一样，拜一个师就可以了；如兼度师、道，就要拜三个师父：一个师公，一个道公、一个二元公。每拜一个师父，都得到一餐招待。然后由师父选定吉日举行仪式。仪式一般与打斋结合起来进行，分大做、小做两种，大做七天七夜，小做一天两夜。

度师和度道都要由师父在家里正房设坛念经，请动许多神鬼。不同的是，度道的仪式只需在家里进行，所请神祇主要是三清上帝、玄都诸天上帝、十方得道众圣、度人三十六天上帝等。法事有遣使、请圣、封斋、净身、定魂、拜师、报戒，法师引步虚，付香炉、水杯、印剑、戒尺，交兵拨将、宣戒度牒等节目。最后，弟子要跪在地上，由道公师父抬起一只脚从其头上跨过，并喂弟子几口糖糯饭，仪式即算结束。

度师由师公请动三元、老君、玉皇、帝母、盘王、伏羲、社王、城隍、土地、四帅、本境、瘟主、祖宗等神鬼。法事除第一晚在室内进行，并同样有遣使请圣、封斋净身、投师报戒等节目外，还有一个特殊节目叫“跳云台”，须在室外进行。

“云台”设在村旁的坪子里，以四根柱子上捆扎一张方桌做成，台高二米至三米。受戒者由师父引登台上，低头蹲着。主度师带两个助手，在台下各站一方，一边喃神跳鬼，一轻用剑砍台柱脚三次。又用一支木枪，向受戒者射三次。然后受戒者以两手抱脚，卷曲身子从台上翻滚下来。下边有四人拉着一床张开的被窝（或毡子），受戒者跌在被窝（或毡子）里，师父用被窝（或毡子）把受戒者包裹起来，一会儿再打开。象征受戒者由天降生，被窝就是天神的母腹。度师最后也有由师父抬脚跨过徒弟头顶和喂糖糯饭的节目。

度戒结束，戒师、戒道均由师父授予法名和印鉴，并写给牒文。印鉴和牒文受戒者要终身保存，死后则予以烧化。

育勉支瑶族的成年男子举行度戒则与金门支不同，是在结婚后进行。不仅已婚男子要举行度戒，已婚女子也要同丈夫一起度戒。连南排瑶不仅女子度戒，身上背着的孩子、腹中胎儿也随母亲一起度戒（打道箓）。云南金平等地的红头瑶，度师时夫妇要穿结婚的盛装，扮成新郎新娘。仪式中有个节目称为泡牌“卦单敢”，由师父赛翁于祭神后，男女各买一块木牌，上书夫妇姓名及年庚八字，予以收藏，死后则葬在墓中。广西大瑶山盘瑶的度道仪式是结合“还盘王愿”一道举行的。仪式中有两个特殊节目叫“睡阴床”和“挂灯”。祭禳的第二天上午，由被称为金头师、银头师的师父带领受戒者到大门口作法，请玉皇下界作证。祭毕，师父把木刻的“玉皇印”交给师男，并说：“于今师男得了玉皇印，以后无论到哪方，都可以救人了。”然后领师男回到厅堂，叫师男睡在事先备好的一张床上，此为“睡阴床”。师父在一旁作法，受戒者昏昏睡去，口吐白沫，不省人事，说是魂已离了体。师父继续念经，约一小时许，再作法将师男魂收回，仪式即完毕。“挂灯”是盘瑶中五代赵姓的度戒节目。所谓“挂灯”即是用酒杯粗、长六七尺的竹竿一支，上端凿七孔，分层插上编织成的、形如漏斗的竹器，器内各放酒杯一只，盛油点灯。受戒者掌灯坐厅堂中，由师父一人念经，数人绕着手舞足蹈作法。神书念完，即算完成了度戒仪式。

瑶族度戒是一种庄严而盛大的祭神仪式。青年在度戒期间，与师父一起过清静寡欲的生活，不吃荤，不吃菜，不劳动，禁房事，出门须戴帽子，走路要低头，不许看天，不许同别人尤其是妇女说话，即使是与度师讲话，亦仅能应答。否则认为是不正，度戒度不好，神也请不到堂，“功德不完满”。经过度戒的人，可以进一步学做师公（赛翁）和道公（刀翁）。一般是跟着师父念经书，学做法事。经三五年练习，成绩优异者即成为师父。

瑶族度戒多选择在冬季农闲时间进行。具体时间的确定，除了由师公、道公占卜外，还要以家里是否养有大肥猪为转移。因为度戒不仅要给师、道公及其助手（通常有七八人）一定报酬，还要筵请亲朋、宾客，花费不少。大瑶山盘瑶度戒结合还盘王愿，一家要杀猪三只，连同酬谢师父、打办（替当事者弄饭菜和打理祭神的人）和请客的耗费，共需猪肉二三百斤，米、酒各百斤以上。

## 五、祖先崇拜

瑶族对死去的亲人是非常崇敬的，对死去的祖先有一个称号，叫“戏种”，意即“祖公鬼”。人们认为，亲人虽然已经死去，但他的灵魂还存在，并时时监督着活人的一切活动，因而对死去的祖先怀着一种敬畏心理。在这里，“戏种”不过是鬼魂观念的一种发展。

祖先崇拜表现在生活的许多方面。新中国成立前，瑶族家家户户都立有神龛。神龛安在正屋靠北边一扇墙的正中央，这里是祭祖祖先神灵的所在，平常立有许多禁忌。这里不许张挂衣物，不许乱放东西，不许燃放火油和桐油灯火，不许产妇从这里经过。外人来家住宿，女客不能在祖宗神台前入睡，未结婚的姑娘可以在楼上睡，已婚的妇女不可以。

瑶族没有文字可以记载自己的历史。很久以前，他们就创造了一种记忆祖先的办法：每逢过大节（如年节），要由家中一位老人（男人）在大门口或桌旁念出祖先的名字，从近到远，直到念不出为止。念祖先名有的单念男的不念女的，有的男女都念，念祖先名还要结合讲迁徙经过。念时全家都要围在旁边注意听，念完才吃饭，以使子孙后代不忘“根祖”。

一年中正月初一、十五，二月二，三月清明，五月端午，六月六，七月半，八月十五，逢着这些节日都要祭祖。三月清明和七月半尤其被视为祭祖的大节。清明家家上坟，一般都要带小孩去，以便老人死后有人能接替下去。连南瑶族扫墓有其特点：他们一年中有两次扫墓，一次是男人扫墓，一次是出嫁妇女回家扫墓。男子扫墓从正月十五开始，持续到清明节前才完成。他们不仅要扫本家祖坟，还要参加一房一族的太公坟祭扫。扫墓时，用竹枝夹上有颜色的纸插在坟顶上。坟上竹枝越多就显示子孙越多。女子扫墓在清明这天。出嫁女子回娘家扫墓，要带上自己的子女一同上坟地，献祭品和插竹枝。习惯上有一个子女就得插九条竹枝，没有子女时，便插上两枝。这里的习俗还认为，清明这天阴间开放，祖先要回来清点人口。因此外出的人这天要尽量赶回家，万一回不来，家人要代向祖先祷告，求庇平安。七月半各地瑶族要举行隆重的迎祖、送祖的祭祀仪式，家家杀鸡买肉做糍粑。出嫁的子女要回娘家参加祭祖活动。有的地方初七就开始接祖宗匾家供奉，直到十四才送走。有的是七月十三迎祖，十五送祖。送祖要烧化纸船、纸衣。广西大瑶山甲江一带的山子瑶除了剪纸衣，还要剪雨伞、手巾烧给祖先。凡能记起名字的祖先，各得一份，远代的件数较少，近几代的件数较多。由家长烧化，如家长未度过戒，必须请赛翁代替。认为度过戒的人话语才灵，这样祖先才收得到，不被野鬼夺去。祭祖毕由家长念祖先名字（包括考妣），从远到近，家人在旁静听，以便后人牢记祖宗名字。

崇奉祖先表现在人伦道德上，就是尊重长辈，尊重老人。老人活着时以丰富的生活生产经验受到崇敬。习俗规定，对老人、对长辈是不能直呼其名的，而应按辈分来称呼。此外，老人因见多识广，经验丰富，因而他讲话时人们都要注意听。重大事情请老人会议决定。生活上，吃饭要敬老人先坐，喝酒敬老人先喝，尝新敬老人先尝。路上遇老人要主动让路。结婚拜堂，不但拜祖先，而且拜老人、拜双亲；不但拜长辈，平辈中只要年纪稍大一两岁的兄、姐、堂兄、堂姐、表兄、表姐，都要一一礼拜，不但拜男方的亲族，女方亲族中该拜的也要一一拜完。人们认为这样才合乎道理。

为死去的亲人尤其是老人举行隆重的葬礼，是祖先崇拜的一个重要内容。整个丧葬过程充满了宗教迷信色彩。老人将死，在未绝气时，要在其嘴里放一枚银币或铜钱，称“含口钱”。亲人一断气，立即举哀；在门口鸣枪通报亲族及村邻，全家戴孝号啕大哭。同时派人向远亲尤其舅舅家报丧。替死者洗尸，换上新衣或洁净衣服。洗后即移尸正堂，男尸停放在左边，女尸停放在右边。入棺前要请刀翁作法“净棺”。入殓时，尸体腹部要放一小团饭，棺底和尸身上要垫盖一至三层钱纸、白米。有的地方还放入陶罐，罐内放些谷种、米或饭团，还有肉、酒。死者生前用的烟杆、荷包则放在死者身旁或口袋里。这一切的意思是十分明确的，就是要让死者在阴间也过着人一样的生活，不致挨饿受冻。入殓后不加盖，要让亲族来吊唁。亲族每来一批都要由丧家妇女迎进屋，并陪着哭一阵棺，以示尽礼。

停棺在家少则一天，多则三四天。出殡前要请刀翁打斋超度亡灵。打斋有所谓“开路”、“清蛮”、“点兵”和“分离阴阳饭”等节目。“开路”即开辟走向阴间的路。瑶族认为，不经过开路，死者的阴灵进不了阴间，会在家里扰乱生事，弄得家人不安。“清蛮”即清理死者用过的东西，让他带到阴间使用。“点兵”就是清点死者的兵马。瑶族认为，经过度戒的男子和他的妻子都要一定的兵马。这些兵马也要让他带走，以便保护他，不被别的鬼欺负。“分离阴阳饭”指将煮好的一些饭分作四分，一份给死者，一份给房亲，一份给田塘土地，一份留给子孙，含有诀别的意味。

出殡讲求好日子。送葬队伍的前头，由丧家（或亲族）男子一人手捧一只雄鸡“引魂”，后边是刀翁及助手二人鸣锣喃神“开路”，随后是尸棺和送葬队伍。尸棺一般由八人或十人扛抬。一路前进一路吆喝，前后还有人撒纸钱、饭粒，鸣放火枪。尸棺入土，负责捧鸡的人要将公鸡放入墓穴内片刻，再拿起来捧回家。瑶族相信人死后有三个魂，一个在墓地里，一个在扬州十八洞，一个在家里。将鸡捧回家，就是将其中一个魂引回家供奉。

瑶族尊崇孝道，祖父母或父母死后，子女、孙子女及媳妇、孙媳妇都要戴孝，还要守孝。戴孝期有的只限于停棺在家的几天，有的则直到孝布戴烂或遗失为止。守孝期一般为 49 天，也有的达 71 天，甚至三个月。守孝期间每逢一“七”都要烧香供灵并祭新坟。直到期满请刀翁烧掉灵牌为止。习俗对守孝还有种种规定：丧葬期间孝子不能睡高床、坐高凳，不能穿布鞋，吃饭不吃荤，甚至不吃油，要睡在死者脚下，走路打赤脚或穿草鞋。孝子对来客要行跪拜礼。守孝期间参加庆吊不能坐上席、唱歌和喝酒猜拳。

瑶族以前曾实行过火葬，后来改为停棺烧骨葬和停棺捡骨葬，再后来受到壮、汉族影响，普遍改为土葬或深埋捡骨葬。葬式的这些改变也反映了祖先崇拜的深入。人们相信土葬胜于火化尸体，也胜于烧化遗骨，至少使死去的亲人不那么难受，这就是从火化尸体最后改成土葬的原因。

瑶族的祖先崇拜中，还包括对一些集体祖先的崇拜，这也是瑶族祖先崇拜的一个特点。所祭祀的共同祖先有各民族共同祖先盘古和伏羲，民族共同祖先如盘王，还有氏族部落和村社领袖，以及最初入山建寨的开山祖“楷吉翁”等等。

## 六、村老与村社祭祀

瑶族由于长期的、频繁的迁徙，血缘上为近亲的人早已四散，但新中国成立前瑶族社会仍保留着一些本族固有的原始公社的特征。村落一般由同族的几姓人组成。同村共族的人一般都有公有的一片至几片山林，一定数量的田塘土地。这些公有山林土地，有些原来是无主的荒山，有些是大伙凑钱从周围汉、壮、傣族地主、土司那里租来或买来，合伴耕作的，有些则是祖传的“太公山”、“太公田”。每村有共同崇奉的神祇，以及为这些神祇设立的庙宇——社庙、祖公庙等。有的还有公共墓地，以及集体水利设施——水坝、水圳、水枧等。这样的村落有的地方称为“排”，“排”之下还有“龙”的组织。“龙”是以同姓血亲的若干户人组成的房。村寨是一个政治实体，生活于其中的居民有着共同的利害关系，人们享有作为一个村寨成员应当享有的权利，同时也要遵守共同的规定，而这些往往是在宗教迷信思想的指导下进行的。

按照传统的习俗，“立门为主，立村为社”。建房子讲究安大门，安门要选择吉日，要杀鸡供门神。有的地方还用铜钱在门榱上摆成如一◁形，叫戽斗，其柄向外，其斗朝内，表示今后钱财只有戽进，没有戽出。建寨子重视祭立社庙，社庙有的筑有简单的屋宇，有的以村中一棵大树为代表，有的以村旁一片密林作为社坛的所在地。“社王”瑶语称为“沙”，人们认为它是一村的保护神，有的又称它为管五谷神。与“沙”一起受祭祀的还有土地、盘王。人们对以“沙”为代表的寨神的祭祀特别小心谨慎。除定期拜祭外，凡“沙”神所在地不许大小便，不许放养鸡猪鸭鹅，不许在那里随意破土动工种庄稼、建房子，更不许在那里讲涉及性关系的话和在那里发生性行为，否则就认为是亵渎了神灵，将有不测灾祸降临。

村寨建立起来后，要选出德高望重、富有生产生活经验的老人一至三人理事。这种老人，有的称为村老（央谷），有的称为寨老（牟格楼），有的就称为社老或庙老。村老是一村行政首领，又是祭司，人们认为他是代表神灵意志行事的人。他表面是由民主选举产生的，实际上被归之于神灵的意志，即用卜卦的方法产生。卜卦的方法各地有竹根卦、木棍敲地卦、鸡脚卦以及烧香卦等。广西大瑶山五族系的村老均称为社老，茶山瑶、坳瑶、花蓝瑶、山子瑶的社老都用卜卦选出。只有盘瑶的社老不经卜卦产生，而由最先来开村的一家的老人充当。

上思县十万山金门支瑶族村老（央谷）又称“保头”（抱到），群众习惯上称为“管鬼公”或“赶鬼公”。充当“管鬼公”要有一个先决条件，就是度戒，最好会“赶鬼”，即有师、道公那套“赶鬼”法术。不过，在没有恰当人选的情况下，并不以能否“赶鬼”作决定性条件。新任的“管鬼公”不会“赶鬼”，可请师、道公做助手。“管鬼公”产生的过程是这样的：只要村里人畜不安，群众认为是鬼神不信任原来的“管鬼公”，就要进行改选。选举办法如下。先由原来的“管鬼公”问鬼，手拿一根木棍敲打地面，逐个念村里度过戒的男人的名字，看谁能出来管鬼。念到谁的名字，棍子打在地面越觉沉重，此人就被认为是神鬼允准的候选人，用这样的办法选出三个候选人，再用烧香的办法选举。点燃三支香代表三个人，看谁的香最先燃尽。再杀鸡看鸡脚，杀干净的鸡放入锅里煮熟后取出，如鸡脚爪蜷缩，此人即当选为“管鬼公”，否则，选举将继续下去，直到选出一人为止。

云南金平、河口等县的金门支瑶族，其村老由寨老（杨果）、寨主（杨周）和龙师（楼遂）三人组成。任期一般是三年到五年，连选可以连任。任期内如寨内多病，也要进行改选。选举办法是先从各家家长中选出候选人，再举行抽签选举。抽签形式各村不完全一致。一种是选举时每家家长带米酒一包，到上届寨老家中互相品尝，谁家的米酒甜，便由谁家担任。一种是将村中各家家长名字写在纸上，纸里包八颗米，然后置入簸箕簸扬。谁的纸签先落地，便由谁担任职务。

在瑶旗社会里村老制在许多方面表现了原始农村公社的特征，

按照传统习俗，村老作为一村的行政首领兼祭司，有权处理寨内日常生产生活事务，并主持一切重要的宗教祭祀活动。从前，连排瑶村老称为“天长公”，他有权管理生产，处理纠纷，遇有械斗发生又是军事领袖。其下有“头目公”协助办理各种案件，缉捕犯人，并于每年春节前携酒到“先生公”（道士）处择定明年农事有关日子，登高呼喊，通知群众按吉日行事；“管事头”协助指挥打仗；“掌庙公”和“烧香公”负责宗教事务；“放田水公”管理水圳，负责分配水；“放食水公”负责分配食水。村老“天掌公”及其助手为群众办事，每年都得到群众支付的酬金。云南金平县红头瑶寨老，按习俗处理本寨内日常生产生活，调解纠纷。其下有道师负责宗教事务，全寨又设护林人负责管理森林和批准森林砍伐，又设管水分配水源，并享有用户按用量大小付给的工资。

村老在日常生产生活中享有相当高的威望和权力。这种权力并无成文法规定，多半是按照习惯法执行。新中国成立前，国民党的势力伸进瑶山，在那里建组乡村，设立保甲制度后，带有原始民主色彩的村老制虽然受到削弱，但村老仍在许多方面保留着权威。在地主占有土地，并有最高权力处理这些土地的前提下，凡寨内山林水利、婚丧嫁娶，事无大小，村老都有权过问或直接处理。如果事关全寨利益，则非村老出面，群众不敢擅自行动。

村老管理生产生活、主持祭祀的一个突出事例是祭社活动。祭社是与农业生产有密切关系的宗教祭祀仪式。祭社接农事季节，有的地方一年举行两次，有的地方举行四次。祭社由村老主持，有的就在村老家举行，有宗教师赛翁、刀翁协助。全塞各户派出男子一人参加，这实际上是寨民的代表会议。会上除了举行向社王、盘王、祖宗等神鬼祷告的祭神仪式外，还杀猪聚餐。最重要的一项是讨论和通过“社约”，由村老颁布实行。社约拟定一年内全塞生产生活上的各种纪律村规，并规定违反这些规定的处罚办法，由全村共同遵守。广西大瑶山瑶族各族系的社老主持每年二、八月的祭社。祭社时社老要对其社的群众“料话”，即宣布社约。社约结合当时生产情况，二月社包括浸谷种、做秧田、割青（绿肥）、扯田基草的选定日期，由社老掌握时间放炮，各户在同一天内行动。还有放田水、牵牛犁田经过的路径，清明后不许放鸡鸭猪出外，互相让路等规定。以及禁止乱拿饭包、犁耙、鱼笥，禁止上山乱取竹笋和捕鱼等事项。八月社包括装鸟盆、打鸟、砍鸟胶木事项，禁止乱入老山，禁放牲畜下田吃禾，不许乱拿禾把，不许乱摘包谷、桐子、茶子，以及在山道上互相让路等。

云南釜平、屏边一带瑶族的目老、寨老主持“丛会”活动，与广西大瑶山瑶族祭社活动的内容基本上一样。“丛会”同样杀鸡祭神，祭神后举行“吃丛”即会餐，并讨论和通过社约，对一年内有关封山伐林、生产狩猎等事项作出规定，大家共同遵守执行。不同的是，吉门支瑶族“丛会”由目老主持，一年中于正月初二、七月半举行两次；玉勉支瑶族“丛会”由寨老主持，一年中逢正月初三、三月初三、六月初六、八月初举行四次。

村老除主持祭社活动外，其职权与生产生活及宗教祭祀有关的还有下列方面：

第一，搜山打猎必先由村老掐指轮算，择吉出动，并由村老指定狩猎头人（负责领队）。猎获之物必先由领队或目老敬献本境神鬼后方可分配。

第二，抵御外侮或匪扰方面的事务完全由村老决定，并由他担任总指挥，出战要由他卜选（或请师、道公卜选）吉日，并由他主持祭告祖先神灵的仪式，指定指挥作战的头目。

第三，平日村寨内遇到人畜不安，要打斋、还愿，求神赶鬼。打斋、还愿仪式有的由村老主持，全寨性的打斋活动有的就在村老家举行。有的地方家里有人病，要通报村老，由村老到家赶鬼，或通过他请赛翁、道翁来家赶鬼。

第四，婚丧嫁娶必先通报村老。村老虽无同意或反对的权力，但若不预先通报，便不高兴。至于邻村讨亲嫁女，借路遣寨，也须派人预报村老，并送几文铜元或一点刀烟，表示礼节，否则村老不悦，认为有失礼貌，个别的还会设法刁难。

第五，年三十夜由村老宣布封村，全村人不得在野外烧火，不得在屋外晒衣，不得带竹笠出门。年初一，先由村老鸣枪开门，各户才得开门。初四开封，全村才可进行正常活动。

村老除了有相当威望以外，平常主要靠劳动维持生活，但也有一些特权。搜山围猎，经目老同意可以自由行动，但猎获物必送一份给他，或请他到家同吃。平常宗教祭祀，凡村老主持者，刀头祭品均归村老。红白丧事，杀猪宴客，要请村老，并敬以上座。此外，有的地方村老起房子，全寨均有“义务”帮助，鳏寡孤独也不例外，但这项活动是自愿的，可以不参加，但群众就会觉得“对不起村老”、“对不起鬼神”，心内抑闷不乐。除此以外，一般排难解纷，事前事后，村老均不计报酬，也不用请吃饭。

村老在许多地方按规定要从度过戒的成年男子中选出，他们处理日常生产生活事务都离不开巫师搂面，尤其是道士赛翁和刀翁的协助，其中不少人本身就是赛翁或刀翁，从这些也可以看出，瑶族社会里，道教是和巫教融合在一起的。

# 十万大山山子瑶原始宗教残余①

十万大山山子瑶有一万五千六百余人，分布在上思与防城的南屏、叫安、峒中、板八、滩散、那良、那梭、扶隆、大箓等十个乡一百多个村屯。十万大山山高林密，交通闭塞，人烟稀少。新中国成立前山子瑶刀耕火种，生产力水平低下。山子瑶在社会生产生活中还保留着原始农村公社制度，与此相适应，在上层建筑的意识形态领域也保留着原始自然宗教的残余。

山子瑶相信与人类生活有密切关系的自然现象是有灵的，并崇拜这些自然现象。他们关于人的灵魂和鬼魂的观念具有原始古老的性质。他们还残留着崇拜氏族和村社集体祖先的习俗。其巫师与祭司的存在和作用，也证明他们的宗教信仰尚未完全脱离原始自然宗教的范畴。

## 一、自然崇拜

自然崇拜，即崇拜自然现象和自然力，是世界一切原始民族曾盛行过的古老宗教信仰形式。自然崇拜之所以产生，是由于原始人类用同自身类比的办法去认识自然现象。处在原始阶段的人类，由于生产力水平十分低下，科学知识十分贫乏，无法抗御也无法认识各种自然现象和自然力量。当他们与自然现象发生密切关系而又不可理解时，便产生恐惧心理，错误地认为自然界存在着某种有意志、有情欲的东西，并向它祈求和讨好。

---

① 原载于广西民族学院民族研究所《民族研究集刊》1985年第1期。

山子瑶对变幻莫测的自然界保持着崇敬的心理。他们用“曼”来称呼各种异已的力量。“曼”通常用来指人死去后变成的鬼，也用来指各种自然精灵，例如“金曼”（山鬼）、“吉曼”（林鬼）、“翁曼”（河鬼）、“敖曼”（石鬼），以及“沙”（社神）、“土地曼”（土地神）等等。

山子瑶认为每一样自然物都是有精灵的，不能触犯，触犯了就会给人带来灾难。例如禾有禾魂，禾魂与人类一样有意志和欲情。据说禾魂也结婚，它结婚时是不允许人看的。一年白露节，正是禾开花的时候，有个老人到地里劳动，看见一群山猪在田里交配，结果老头子回家后不久就生病死了。人们认为山猪是禾魂变的，它结婚的时候被老头子看见，因此发怒降灾，从此以后，凡白露节谷子开花的时候，人们都不敢到地里劳动。

自然崇拜在各民族原始社会的发展中，曾经历过不同的发展阶段。新中国成立前，山子瑶的经济以刀耕火种农业为主，同时狩猎和采集在其经济中占有一定的地位。山子瑶自然崇拜的对象，主要是那些与刀耕火种农业、采集和狩猎有关的自然物，如山林、土地、谷物、雨水、河流、火、鸟兽、鱼等。

山子瑶认为，农作物收成的好坏取决于山林、土地等自然神对人态度的好坏，在农业生产中必须小心翼翼。祭祀农业神在这里已形成了一套比较完整的仪式。各个村社、共耕组都有专门负责农业占卜的巫师“那曼”和主持农业祀祭的头人“抱导”。每年的农事活动，从砍伐山林、烧地播种，到除草护苗，最后收割入仓，都有一套祭祀仪式。开始砍伐山林的时候，由头人“抱导”先喃神，求山神保佑，并选一蔸树先砍三刀，表示将各种野鬼和精灵赶跑。在举火烧山之前，由巫师“那曼”或头人“抱导”先念经，求火神把砍倒的树木杂草烧尽，同时不要发生火灾。播种之前，“抱导”带领村社或共耕组成员来到地头，举行立地神和祭地神的仪式，将一块石头立于地边，烧香拜之，求地神保佑谷物顺利生长。然后由“抱导”用“打洞棍”先打眼播上几蔸谷，众人才开始播种。除草时，要由除得快的人先除出席子宽的一块地方，众人才开始除草，认为这样做了草才除得快，除得干净。山子瑶认为谷有谷魂，举凡开仓、播种、收割、入仓都要举行祭谷魂的仪式。春播时，由巫师或领头人念经把谷魂送到地里。秋收时，由头人先摘几穗谷子分给参加共耕的成员拿回家挂在仓里。然后叫魂，“拖导”朝着地里的谷子大声喊叫道：

“谷魂，现在你该回家进仓了，不要下田地了。你随我们回到仓里，老鼠食了，从肚子里爆出来，雀食了，从嘴巴里吐出来……”

在刀耕火种的农业生产条件下，山、林、雨、水、火与人们的关系十分密切。因此，山子瑶除了崇拜土地和谷物外，对山、林、水、火也特别崇拜。对山神的祭法，除了入山时由头人念经，祈求山神保护外，平常选择村落地址忌选在两山之间，认为这样会被两山夹住，人畜不兴旺。对林神的崇拜，除了砍伐森林时由头人喃鬼，并先砍三刀，表示将林神赶走，避免发生伤人的事故外，每个村寨旁还有一片神林，这里的树木严禁砍伐，也禁止在这里拾柴，更不允许在这里大小便，以及讲亵渎神灵的话。

山子瑶把水和火看作神圣之物。他们一年的宗教活动就是从祭水神开始的：每年年三十晚交过更以后，村老即代表村民到泉水边烧香纸，并丢几枚钱币进泉水中，祈求水神保佑一年水流畅通，并挑一担水回去，然后各户才去挑水。对火的崇拜除了焚烧砍倒的森林要由头人或巫师念经求火神保佑外，还表现在对火塘的崇敬上。山子瑶认为火塘是火神的所在，平时不许往火塘吐口水，不许用脚跨过火塘，否则认为是对火神不敬，会带来灾难。火塘里的火种不管白天黑夜都要保留，不能熄灭，认为有火神守护，邪魔才不敢入侵。

由于采集和狩猎在山子瑶经济中占有一定地位，所以他们十分重视这方面的祭祀。例如上山打猎要祭“班斤”（本境），并且不许说“今天打得到”、“打不到”之类的话，认为说了被各种神灵听到，各种野兽就会躲藏起来，不让人打到。对“班斤”的祭法，是入山之前选择一块地方，由领队或队员中会喃神的人喃一通神，祈求“班斤”不要作怪，而要保佑人们打得野兽。打猎回来，如有所获，先要用兽头和一部分兽肉祭献“班斤”，然后才能分肉给各家拿回去煮食。此外，入山采集要祭山神，下河捕鱼要祭河神。对山神的祭法是将开始采集到的一些东西丢入森林中，以示献给山神；对河神的祭法是将开始捉到的几条鱼或几只青蛙丢到岸上，以示献给河神。认为不这样做，就会采集不到东西或捕不到鱼。

18 世纪伟大的唯物主义哲学家费尔巴哈曾经说过：“自然是宗教最初的原始对象，这一点是一切宗教和一切民族的历史充分证明了的。”① 恩格斯也曾经指出：“一切宗教，不是别的，正是在人们日常生活中支配着人们的那种外界力量在人们头脑中幻想的反映……在历史的初期，这样被反映的，首先是自然的力量”②。山子瑶对自然的崇拜，证明了费尔巴哈和恩格斯这些论断的正确。

## 二、祖先崇拜

祖先崇拜曾经是原始宗教的主要内容。祖先崇拜之所以产生，是原始人类对自身的生理现象缺乏理解，正如恩格斯所指出的：“在远古时代，人们还丝毫不知道自己身体的构造，还不会解释梦见的事，便以为他们的思维和感觉不是他们自身的活动，而是某种独特的东西，即寄居在这个身体内而在人死亡后就离开这个身体的灵魂的活动，——自从这个时候起，人们就不得不思索这种灵魂对外部世界的关系。”③ 从梦境、昏迷、死亡等生理现象中产生的灵

① 费尔巴哈：《宗教的本质》，第 1 页，北京，人民出版社，1953。

② 恩格斯：《反杜论》，见《马克思恩格斯全集》，333 页，北京，人民出版社，1983。

③ 恩格斯：《费尔巴哈与德国古典哲学的终结》，见《马克思恩格斯全集》，13 页，北京，人民出版社，1983。

魂和灵魂不灭观念，正是鬼魂崇拜和祖先崇拜的认识论基础。

山子瑶相信人睡梦和昏迷是灵魂暂时离开肉体；人生病是魂不守舍，被恶魔摄去了，要赶快请巫师“欸瓜”（卜卦）和赶鬼；人死了是灵魂永远离开肉体，要请师、道公将其灵魂送回祖先居住的“扬州”大峒去。山子瑶相信小孩的灵魂最容易丢失，平常身上要带护身符，小孩受惊生病要请巫师举行“招魂”活动，把失落的灵魂寻找回来。

在灵魂观念的基础上，山子瑶建立了自己的“管魂”术。他们认为人的灵魂就像其影子一样不能离开身体，必须要管好。管理生魂由村老负责。村老家里神龛上香碗里的每一颗米，就代表着村社里每一个人的灵魂。村里谁家生了小孩、娶进媳妇，或某户从别处迁来，家主必须用纸包一些米去报告村老，由村老焚香祭告祖先神灵，然后把米放进香碗里，示将某户人的魂引进村子。如有某户迁出村子，或嫁女、死了人，同样要报告村老，由村老祭神后从香碗里取出一些米交给户主带回去。

山子瑶相信灵魂不灭，人死了他的灵魂就到了另一个世界，那里同样有山林，有村舍、房屋，有各种用具，凡生前同村同族的人同样聚居在一起，过着村社般的生活。因此，人死了要举行“送魂”仪式，把他的灵魂送回祖先居住的地方。惧怕死人的灵魂回来报复活人是一切原始人类的共同心理。为了防止死人报复活人，“送魂”时要杀牲祭奠，请师、道公打斋超度亡灵，还要奉送死者一些东西，如钱币、饭团、种子，以及死者生前经常使用的生产生活用具，还要为死者烧化一座纸糊的房子，供他在另一个世界使用。

在为一切死人举行的“送魂”仪式中，为死去的老人举行的“送魂”仪式最隆重。老人死后，要通报村老，然后鸣枪、“喊天”，将死讯通报村邻和一切神鬼。要为死者备棺、装殓、设灵堂，延师、道公打斋，然后送去墓地埋葬。孝子在丧事过程中不能睡高床，不能吃荤，出殡后要服孝，三年期满后要请师、道公修醮，将死者亡灵引上香堂供祭。

正是在灵魂不灭观念的基础上，山子瑶建立了自己的祖先崇拜。

人类祖先崇拜在不同发展阶段上有不同的形式和特点。新中国成立前，在仍然基本保留着原始农村公社制度的山子瑶社会里，其祖先崇拜的特点，是既保留着集体崇拜氏族、村社共同的祖先的风俗，同时也崇拜个体家庭祖先。

氏族制度在农村公社里作为一种残余，其在宗教上的表现是可以看得见的。山子瑶每个村社大体由三至五个不同姓氏的家族构成，每个家族包含三四户至七八户不等的个体家庭。山子瑶的家族共耕公社很早已经崩溃，而融汇到姻亲共耕、村社共耕甚至伙有共耕中去了。但是在宗教信仰方面，仍保留一些集体祭祀氏族和家族祖先的遗俗。十万大山山子瑶包括盘、李、邓、赵、蒋五姓远古氏族的遗裔，由于年代久远，辗转迁徙，同一氏族的人早已分散，但遇着重要节日，如七月十四中元节，同氏族的人在不同地方都要做五色青糯饭祭祀五姓祖先。平常遇着婚庆喜事或到过年的时候，合家进餐加菜之前，定要由家族中老人先奠酒，由近及远，一一念出历代祖先名字及迁徙居住地址。知道多少念多少，直到念不出为止，表示不忘“祖根”。

山子瑶每个家族都立有“家堂香火”，家堂香火设在“香火头”（或称“本家头”即家族长）家里。家堂香火供祭着本家族列代祖先，此外还供祭一位保护神，令公或帝母等，这里是共同祭祀氏家和家族祖先的地方。平常每月逢初一、十五，由香火头代表家族烧香上供，家族里添、减了人丁（生小孩、讨媳妇、嫁女、病亡）或发生了灾病，香火头要烧香祭告祖先，祈求保佑。到了大节，如春节、清明、七月半，则要集中各户祭神会餐。凡同一家族的人不论居住远近，都要来一男子。祭祀中要喃神，讲家族历史，并讨论些与家族有关的生产生活事务。祭祀活动由香火头主持。香火头多由族中老一辈人担任。老一辈人如因年纪大不能理事，也可以由儿、孙辈中精明干练的人代理。但老人去世后他的香火钵要随棺处理，代理人不得袭用其香钵，需另立自己的香钵。

除了家族的家堂香火外，个体家庭户一般不设家堂香火，因此，一个家堂香火往往包括三五家多至七八家人。这与汉族地区盛行崇拜个体家庭祖先相比，要原始得多。但新中国成立前几十年，随着私有制的发展，个体家庭经济力量的加强，有些个体家庭分出去已很久，如感到仍共一个家堂香火不方便的话，在征得香火头同意后，也可以请师、道公另立一家堂香火。因此，在有的家族中也出现了同时祭祀两个家堂香火的现象。此外，山子瑶的个体家庭虽然一般不设家堂香火，但房子里正厅保留有神位，旁边挂有一个竹筒。平常遇到节气也可以烧香，只是不写神位、不设香碗。这种情况与山子瑶个体家庭逐渐作为一个生产单位确立起来的情况是相适应的。

除了家堂香火外，每个村还有一个社火。社火就设在村老家里（山子瑶尚未建立社庙），这里是举行社祭的地方。

## 三、村老和村社祭祀

新中国成立前（确切些说，直到新中国成立后人民公社化之前），十万大山子瑶仍停留在前阶级社会的原始农村公社发展阶段①，与此相适应，山子瑶崇拜村社保护神仍然兴盛。

山子瑶每年都有许多固定的或不固定的、规模或大或小的村社祭祀活动。供祭的对象有盘王、社王、玉皇、三清、三元、祖师、本境、各姓家先等神祇。

山子瑶崇奉的村社神中已引进汉族民间神，尤其是受到道教的影响，但是山子瑶将上列神祇作为村社守护神崇奉的时候，有如下特点。其一，由于实际生活中存在着共同耕作和共同分配产品的原

① 张有隽：《十万大山山子瑶农村公社探讨》，载《广西民族学院学报》，1983（3）。

始公社制度，所以这些神祇于他们是当作村社一体守护神来崇奉的，神受到村社居民集体供奉；其二，山子瑶的村社祭祀绝大多数在村老的主持下集体举行，或由村老代表各家族各户举行。这是符合原始社祭规律的。

村老，山子瑶语称为“央谷”，“央”直译为村，“谷”直译为老。人们认为村老是既能管人又能管鬼的人，村老通过管鬼来管人丁、管生产，故村老被称为“抱导”（保头）、“甲头”（粤语合伙头）、“管鬼公”、“禁鬼公”、“赶鬼公”。村老通过神卜产生，任期不定。一届村老可任十年八年，有时只任一两年。任期的长短，取决于他是否有能力领导生产，管理生活，以及办事是否公道，而这一切最终归结于神鬼的意志。实际情形是这样的：只要村里遇着生产不丰、人畜不安，或村老办事不公（这种情况是较少发生的），群众即借口“神不信任村老”而进行改选。选举村老的决议在每年十二月底的村民代表会议上作出，在次年正月初二举行。选举由原任村老主持，村社凡 15 岁以上的成年男子，不论老少，只要度过戒的，都有被选举的权利。由原任村老依次用木棍卜、香卜、鸡卜，一一筛选，能顺利通过三卜的人，即认为受到神鬼的信任，而当选为新村老。

山子瑶的村老作为村社的头人，既是村社集体生产的组织者，又是村民的宗教领袖。他是社头和祭司，在许多场合还是巫师。

村老作为村社祭司和巫师，在宗教方面有如下职能：

第一，负责祭祀社火。每月初一、十五在其家代表村民向各家族祖先及村社保护神供献香纸祭品，祈求神灵保佑村境安宁。

第二，司理各姓生魂死鬼接送。凡村社添减人丁，由村老祭告神灵，并在香碗里放进或取出一些米粒，表示将某姓某家某人的生魂、死魂接进或送出村子。村里某老人死去殡葬后，村老在家祭告神灵说：“某某，你已死去几天了。你的灵魂已送到扬州去了。扬州有吃有住，缺什么我们会及时送给你。你不要回来惊扰子孙。”如有某户迁离村社，村老烧一支香插在一块姜上，请三元神打开村社大门，把迁离户的灵魂送离村子。有新生儿降世，则烧香求神灵管住新生儿的灵魂，免得被鬼吓跑了。

第三，主理“禁鬼”、“赶鬼”。村社在村老任期内发生瘟病，该村老必然心里不安，而烧香请神赶鬼，举行“跳盘王”等请愿、还愿活动，甚至号令全村抛弃老寨，另立新村。新村建立后，村老先召集各姓于其家立好社火，求神灵和祖先保佑村境安全。村老在祭祀时喃神说：“今天我们立好新村，共多少姓人，请盘王、玉皇、社王、各姓祖先下来，酒无酒，菜无菜，看天无日头，看水没有门。现拿点香，请你们保佑我们猪、鸡养得大，人得平安，再请你们将一切鬼通通收齐赶走，帮我们立起九十九重铜墙铁壁，天罗地网罩下来，保佑我们平安无事。”祭毕，各姓各家一一立好家堂香火，居民才一一搬进新居。

第四，主持社祭。每年二月初二、四月初二、七月初一以及十月的某一天要举行四次祭社活动。每次祭社均在村老家举行，并由他主持。每户来一男子，带米（或酒）一斤、肉一两，无肉则杀小猪（约四五十斤重）一只，鸡两三只，或发动村民上山打鸟、下河捕鱼。受祭的除了祖先外，还有盘王、社王等神。人们在祭社时一边聚餐，一边讨论生产。这样的祭社活动，实际是召开一次村民代表会议。村老在祭社时，要祈求祖先和神灵保佑人丁安全和生产顺利，并嘱村民代表在会上讨论落实每季度的生产及有关问题。

第五，主持日常其他重要祭祀，如求雨、还愿、筑路、架水枧等。在这些活动中，村老作为一村之主，除负组织、指挥之责任外，还要在家烧香喃神，祭告祖先，祈求保佑，有的还要临场做法事，求神拜鬼。例如当水枧架设好后，村老要到水源处烧香纸，并捆两扎草叶插在水源的两边，然后喃神道：“我们村今天把枧架好了，现给你点香纸吃，请龙王开水过来，要保证水流永远不断。”又如村里开卦堂，村老取点姜，烧支香插在姜上，然后宣布：“今天我们开卦堂，来学卦的有几姓人。请祖公领受香纸，开恩让子孙学会打卦。”

第六，主持封村仪式。山子瑶每年年三十晚到了将交更的时候，都要举行封村仪式。届时村老在其家烧香喃神，鸣炮（一种大纸炮）封村，他冲着门外大声喊道：“现在我们过年了，给你们（外鬼）点香吃，你们不要进村来。”村民听炮声，纷纷闭门，谁也不许出去。等到鸡鸣第一声，村老复在其家烧香鸣炮，高声叫喊道；“新年到来了，我开枪出去，你们（外鬼）不要进来。”村民听到炮声，纷纷来到门外，燃放鞭炮，庆贺新春。从此时到年初四，仍属于封村时期，居民不许远行，出门不得戴雨帽，屋外不许烧火、晾晒衣物。

## 四、巫师和巫术

巫师和巫术是原始宗教的组成部分。原始人类既然相信万物有灵、灵魂不灭，又认为神鬼是无所不能的，人类是软弱无能的，为了讨好神鬼，就必须在人、神、鬼之间搭一座桥梁，这样，巫师就被创造来出了。

新中国成立前，十万大山山子瑶仍存在着巫师。其巫师分为两种，一种会“欵瓜”（打卦），一种会“欵巴”（做法）。“欵瓜”巫师是一些无师自通的人物。山子瑶认为“欵瓜”的人都具有特殊的本领，这本领使他们的灵魂能与死去的祖公见面，从而能为人占卜问病。村社每年都要开一次卦堂卜选“欵瓜”巫师，到时候希望当“欵瓜”巫师的人都集中到卦堂里，经过村老和懂开卦堂的人焚香祭告神灵后，参加卜选的人或蹲或卧，看谁的灵魂能脱离躯壳，去跟祖公见面。能见面者即算祖公批准“欵瓜”，今后可以当“欵瓜”巫师。灵魂能与祖公见面者都有异样表现。其中根据见面的距离远近和程度分为三等：第一等“欵瓜鲁”（打床卦），第二等“欵瓜翁”（打水卦），第三等“欵瓜巴”（打棍卦）。习俗认为能“欵瓜鲁”的人，他的灵魂通得最远，能通到扬州见到列代祖公。其次，能“欵瓜翁”的人其灵魂能通四五代祖公。因而“欵瓜鲁”、“欵瓜翁”称为“打大卦”。至于能“欵瓜巴”的人，虽然祖公批准其打卦，但其灵魂去不到祖公那里，只能做些一般的占卜，称为“打小卦”。山子瑶一些巫师告诉笔者：灵魂能去到祖公那里即能“打大卦”的人是很少的，一个村寨难找出一两个，尤其是能“欸瓜鲁”的人往往几个村寨才有一个。据说上思县六西村只有李族安的阿爷（祖父）会打大卦。他在米搂村（距六西村约一堂半路）开卦堂时，坐在自己家里中。

山子瑶另一类巫师即“欸巴”（作法）巫师不须祖公鬼灵批准，而是跟师父学习的。“欸巴”巫师有专门的法书，学“欸巴”的人只要跟师父学习这些法书，就可以学会一些法术为人“松曼”（送鬼）治病。“欸巴”巫师为人“松曼”，先要由主事人请“欸瓜”巫师“欸瓜”、“那曼”（问鬼），弄清是什么鬼作怪，要送什么东西。因此，这两类巫师通常是配合起来为人驱鬼治病的。

“欸瓜”巫师和“欸巴”巫师靠巫术给人治病。“欸瓜”作为一种占卜术，有下列几种：

“瓜巴”（木棍卦）：取一根五寸长的小木棍，拿在右手上，问清事主占卜的事由，即逐一问鬼，看是何鬼作祟。问到哪个鬼手中棍子颤动起来，就是这个鬼作祟，接着问这个鬼要什么敬送。问清以后，再请“欸巴”巫师作法“松曼”（送鬼）。“瓜巴”用于占卜一般小病小痛，也用来卜选村老。

“瓜翁”（水卦）：取一碗清水，碗沿上架两根茅草杆，再放一张纸在草杆上，将水盖住。巫师根据所要问的事，先问祖公鬼，再问外鬼，看是何鬼作怪，需要何物奉献。山子瑶认为，能“欸瓜翁”的人，那碗水是祖公送的，像眼睛一样，什么都看得见，因而十分相信“瓜翁”的效验。“瓜翁”作为大卦之一，一般用于问比较重大的疑难问题，如大病、耕牛走失等。

“瓜鲁”（床卦）：卜卦人问清所要卜问的疑难问题后，取一点米（约二钱）放在一张桌子上，再烧一支香、一些纸钱，然后躺在床上，口中念念有词，不久进入昏迷状态，一一查问主事人列代家先，以及外鬼、盘王、玉皇、东西南北山鬼，看是什么鬼作怪。问清以后，烧一支香插在家先香钵，再烧一支插到门外送给外鬼，并许愿。如三天以后病好，就还愿，还愿时原来许什么就送什么，或鸡或猪。“瓜鲁”是一种大卦，一般不轻易卜用，只有遇到人病重、病危时才用。

山子瑶的占卜术除上述三种外，还有香卜、鸡卜。香卜是点燃三支香插在地上，以先燃尽者为胜。鸡卜是将杀净（去毛除内脏）的鸡放入锅内煮熟后，取出看鸡爪是否蜷缩，蜷缩者为吉，否则为凶。这两种卜法许多人都会做，一般用于婚姻、选举方面的卜疑。占卜作为一种巫术，被广泛运用于社会生活的各个方面，如婚娶、丧葬、出猎、起屋、砍山、播种、收割、养畜、失盗等，无不占卜。

山子瑶“欸巴”巫师则使用咒语、祭献等各种巫术为人门求神拜鬼。

原始巫术产生于人们对自然现象以及人与自然关系的错误理解，所谓巫术不过是一些简单的联想或象征，独特的类比和模仿，用来解释自然现象。巫术虽然是一种歪曲的、虚妄的观念，却又是以现实生活为基础的。

山子瑶的各种原始宗教崇拜仪式与巫术都有密切联系。习俗认为巫术可以沟通自然精灵，获得生产丰收，因此，各种生产中的自然崇拜均与巫术联系在一起。砍山、烧地、播种、除草、收割中的仪式，都包含有巫术的内容。狩猎、采集、捕鱼、养殖中的一些仪式，也有巫术内容。山子瑶无论砍山、烧地、播种、除草、收割，都要由村老或其助手先喃神，并示范性地先砍几刀树，先放一把火，先种几洞谷子，先除一席草，先收摘几把禾，这是因为村老作为头人不但是卜选出来的，具有“禁鬼”的本领，而且村老一般都是年长的具有丰富生产生活经验的人，这种经验和智慧在人们看来，本身就是一种驱邪的力量，因而具有巫术的作用。

山子瑶认为人的生病和死亡是触犯了某种自然现象的结果，又认为活人与死人的灵魂存在一种不可见的联系，这也是生病和死亡的原因。为了防病除灾，巫术广泛用于日常生活的各方面。例如人生病请巫师驱鬼时，要念咒语。咒语有祈求，有呵斥，有怒骂。上举山子瑶村老在举行建村立社时祈求祖先和神灵帮构筑铜墙铁壁，保佑新村平安，而在举行关门仪式时会冲着门外大声喊叫，不许鬼神进来，就是实际例子。咒语也用于各种生产仪式，例如在举行除草仪式时，村老向神灵念道："今天我们除掉地里的杂草，应给你（地神）吃的给过了，你要来帮我们除掉这些草。你不帮我们除草，让草把山谷遮盖了，我们不得丰收，你（地神）又吃什么？"在举行收割仪式时，要呼唤谷神回到仓里，还要诅咒雀儿、老鼠把吃下去的谷粒从嘴里吐出来，从肚子里爆出来。上文已说到，这里不再赘述。与咒语一样使用得较普遍的巫术有祭献，以及各种护身符与辟邪物。山子瑶认为向神鬼献祭物品，是取得神鬼谅解的好办法。祭献物品的品种和数量，是按照神鬼的口味安排的，而且是分了等级的。例如生一次小病，要杀一只鸡或献上一只小鸟，生一次大病，要献上一只小猪（二三十斤至四五十斤）。鱼，老鼠，各种猎获物的头、心脏、肝脏，果品，作物种籽，乃至死人生前用过的器具、衣服，都是献祭品。山子瑶用作辟邪物的有剑、茅草、葛藤、桃树枝叶等。人身上佩带的饰物，虽然是为了审美的需要，但据说也有驱邪护身的作用。

巫术被用于社会活动。山子瑶在打贼和追贼时，往往念动咒语，据说这样能使敌人手软脚瘫，站着不能动弹，被掠去的耕牛和金银等其他财物就可以如数追回来。在发生争论讨，要举行神判，由双方当众发誓赌咒，然后听从神鬼的裁决。

用放蛊毒的办法来制裁对方，是山子瑶中谈虎色变的巫术，习俗称为"放鸡鬼"。人们认为有一种人能"禁住别人的魂"，或"摄走别人的魂"，被"禁了魂"或"摄了魂"的人不是面黄肌瘦就是腹胀腹痛，最后无法医治而死亡。

与巫术相关的还有梦兆与禁忌。梦太阳下山，主老人死；石头滚进屋，有官事，失钱；出门见大树倒，凶兆，不能远行，见大石滚，家里有人病；见蛇相交，凶兆，不能远行，要用香纸三牲送神。各类禁忌中，以生产生活方面的比较多，如播种忌逢家主生日，否则犯家主，稻谷长不好；种玉米、花生，多放的颗粒不能拾起来，否则山神会将种下去的所有玉米、花生种粒全挖起来；禾抽穗禁坐门口，否则禾抽不起穗；山谷从抽穗到勾头，村老不能剪发，否则山谷失收；养的猪大不能说大，养的鸡多不能说多，否则土地公见怪，猪不再大，鸡会死亡；外人到家不能从正门进、后门出，否则带走家财；人影子落下的地方禁敲钉子，认为影子即人的灵魂，钉了灵魂，人要生病；如此等等。

## 五、余论

总结全文，我们对十万大山山子瑶的原始宗教获得这样一些初步认识：十万大山山子瑶的原始宗教观念主要是灵魂的存在及其作用的信念。这种观念实质上是大自然的压迫在人们头脑中的歪曲的、幻想的反映。其自然崇拜和祖先崇拜是这种观念的具体反映，祭司、巫师及巫术则是这一观念的派生物。

宗教是一个历史范畴。人类社会各阶段的宗教迷信都有一定的特点和形式。山子瑶崇拜与刀耕火种农业、采集狩猎有关的自然神，崇拜祖先，尤其是保留崇拜家族和村社共同祖先的习俗，村老在各种宗教活动中发挥极为重要的作用，这一切是与他们仍处于原始农村公社发展阶段的情况相吻合的。这也说明，宗教虽然是一种虚幻的观念，但又是以现实生活为基础的。由此应当得出的另一结论：宗教赖以产生的基础一旦发生变化，宗教或迟或早也将发生变化。宗教并不是永恒不变的。

十万大山山子瑶原始宗教的一些特点和形式，为探讨古代原始公社时期宗教信仰的一些规律提供了一些有意义的线索，为此十分感谢在调查中为我们提供了资料的山子瑶同胞们。

1984年元月草，1985年4月修改

# 瑶族原始宗教探源[①]

瑶族有140万2000余人（1982年数据），分布在广西、湖南、云南、广东、贵州五省（区）的130多个县，其中广西有74万2000多人，约占全国瑶族总人口的60%。新中国成立前，大部分瑶放地区虽然已初步确立了封建制的生产关系，但从总体看，社会生产力水平仍比较低下，自耕自食的小农经济占有较大比重；各地社会发展不平衡，有的地方处于由原始社会向阶级社会过渡的农村公社发展阶段。与此相适应，瑶族从其社会组织、婚姻习俗以至宗教信仰保留着一定的原始遗迹。

## 一、自然崇拜遗俗

瑶族大多居住在海拔一千米左右的高山上，山区峰峦绵延，沟壑纵横，交通闭塞。山上森林密布，野草繁茂，野兽出没。山区能开辟的水田很少，瑶族农业以经营山地作物为主，生产工具主要是一把砍刀，耕作方式基本上是沿袭古老的“刀耕火种”。人们的科学知识十分贫乏，对自然的依赖程度很大，正是在这样的基础上，瑶族仍然保留着对自然的崇拜。

自然崇拜的特点在于把自然与人作简单的类比，把自然人格化，对自然物和自然现象进行崇拜。新中国成立前，瑶族普遍相信万物有灵。他们用“面”（优勉方言）或“曼”（金门方言）来称呼

① 本文应中科院宗教研究所云南宗教站约稿而作，收入《中国少数民族宗教初编》，昆明，云南人民出版社，1985。

各种鬼灵。面（曼）可用以指死去的人变成的鬼，也可用以指自然精灵。自然界中的日月星辰、风雨雷电、飞禽走兽、蚂蚁虫蛇等，都被认为具有面（曼）。高山、老树、密林、巨石、古遗址、怪鸟、怪虫和各种奇特景象被看作附有能致人生病的面（曼）。

瑶族从事农业生产已有很久的历史，与农业生产有关的自然崇拜，如对土地神、谷神的崇拜，在历史上是相当盛行的。对土地的崇拜，主要表现在进行翻土、播种、收割等农事活动时，先要祭祀土地神。例如上思县十万大山瑶族，每当砍烧一块山地时，要在地头立一个土地神的神位（以一块石头为代表），以后播种、收割时，都要对之祭祀一番。在生产过程中，浸种、播种、除虫、收割、建仓、入仓、并仓等一系列活动，都须选择吉日，举行宗教仪式祭祀谷神和禾魂，并有许多禁忌。

瑶族认为，谷物像人一样有感情、有欲望，而且是胆小害羞的。人们在生产中小心翼翼，怕一时不慎吓跑了谷魂。春播开始时要为谷魂举行宗教仪式。谷物生长过程中要举行“保苗”、“赎禾魂”、“求禾花”的祭祀活动。广西大瑶山瑶族逢农历四月初要举行“赎禾魂”活动，认为若不赎禾魂，大水会冲去地里的谷种或秧苗。六月要举行“保苗”活动，到庙里供奉五谷神。十万大山瑶族认为立秋以后，禾快成熟，谷魂要回家，家人和外人不得站在门口或倚门而立，怕挡住谷魂进不了屋，谷子不得丰收。收割谷时，要由村社头人“央谷”在地里先开镰，举行收谷魂的仪式。收回的谷穗要挑选颗粒饱满的带回仓里悬挂，象征谷魂归仓。瑶族对各种事物的崇拜，具有原始人类将自然与人类作简单类比的特点。

在“刀耕火种”的农业生产中，瑶族除了崇拜土地神、谷神外，还崇拜山神、林神。山神叫“吉面”（优勉方言）或“金曼”（金门方言）。瑶族认为，山上的森林、果实、飞禽走兽都归它管。吉面（金曼）可以是一座高山、一片茂木，也可用一株大树、一块巨石作代表。祭祀活动伴随砍山、伐木、狩猎、采集等生产活动随时进行。十万大山瑶族在刀耕火种砍第一棵大树时，要先由“村老”或“伙耕头”（瑶语称“包导”，意即“保头”）喃神（向神祈祷），并砍第一刀，然后大家才动手。桂北从事林业生产的瑶族在砍伐杉树时，要压一块钱纸，作为付给“吉面”的报酬，入山采集时要保持清洁，不许随地大小便，开始采集到的三件物品要和随身带来的米饭一起抛入森林中，敬献“吉面”。

对林神的崇拜还表现在，每个定居较久的村落旁均保留有一株古树或一片“神林”。这里是日常宗教活动的场所。山林的每株树均被认为是灵物，绝对禁止砍伐，也禁止在这里破土动工搞建筑，尤其禁止在这里随意大小便和讲亵渎神灵的话。后来，有的地方在林子里建起了简单的庙宇，里面供奉着社王、盘王、土地或本境的神祇。

打猎不仅可以防止兽害，而且可以增加收入，在瑶族的经济中有着重要的意义，因而瑶族对司猎山神的崇奉是十分虔诚的。湖南新宁、隆回一带的瑶族，每次出猎要祭“梅山神”。梅山神供在每家神龛上。广西南丹县大瑶寨瑶族称司猎山神为“山头人”，每次行猎前，在猎区选择一块较大的石头作神像，杀一只公鸡祭之，行猎如有所获，即将兽头砍下供奉司猎山神。火和水也是瑶族崇拜的对象。瑶族住在高山密林中，火与人们的生活的关系非常密切。三餐煮食与严冬御寒都离不开火，生产上“刀耕火种”对火的依赖也很大。火种的取得和保存对住在山上的瑶族不是那么容易。因此，瑶族很久以来就一直把火看成是神圣的东西。瑶族家家火塘里终年保留火种，火塘就是火神的所在，这里不许吐痰、放屁，更不许从火堂上面跨过。独居深山时，人们生起火来，用来镇邪、驱逐野兽。山上烧的火堆不需要时，不能用尿淋灭，只能用土或水灭火。此外在一些地方，发生火灾时还要由巫师念经，一面请天神灭火，一面祈求火神（鬼），请它们以后别再危害人。

瑶族认为水有水神。每当新村寨建立起来，要引水时，须由巫师到水源头处烧香纸，请水神开来长流水。广西和云南的部分瑶族，每逢春节，家家要早起到井边、溪边烧香、纸供水神，并争先恐后地挑回第一担饮水，认为这样做了，水神就会赐给人们幸福。此外，各地瑶族在老人过世时，都要到河边向水神“买水”回来洗尸；新妇步行至夫家经过山间小溪时，要丢两枚硬币至水中去，求水鬼保佑幸福。

正如恩格斯指出的：“一切宗教都不过是支配着人们日常生活的外部力量在人们头脑中幻想的反映，在这种反映中，人间的力量采取了超人间的力量形式。在历史的初期，首先是自然力量获得了这样的反映，而在进一步的发展中，在不同的民族那里又经历了极为不同和极为复杂的人格化。”① 新中国成立前，瑶族生产力水平低下，不能摆脱自然力的支配，科学知识又不发达，不能理解许多自然力量或自然现象，因而幻想出各种自然神并崇拜它们，这就是不可避免的了。

## 二、图腾崇拜

图腾崇拜与氏族社会同时产生，是氏族组织的附属物。新中国成立前，在瑶族社会中，虽然图腾崇拜的经济基础已不存在，但从传说、民间习俗和史籍记载中，仍可以看出瑶族早期图腾崇拜的一些痕迹。如盘瑶崇奉盘瓠，忌食狗肉；布努瑶民间流传有“母猴妈妈”的故事；有的支系忌食老鹰肉，等等。这说明瑶族也和世界上许多民族一样，曾经相信人和某种动物存在着血亲关系，曾存在过图腾这一宗教形式。

盘瑶对盘瓠的崇拜具有明显的图腾崇拜特征。盘瓠崇拜源于盘瓠龙犬传说，是构城瑶族重要历史文献《评皇卷榜牒文》（即《过山榜》）的主要内容。根据牒文记载，瑶族的始祖名盘护（即盘瓠），是评皇的一只龙犬。评皇跟高皇打仗，盘护因咬杀高皇立了

① 《马克思恩格斯选集》，第三卷，354～355 页，北京，人民出版社，1974。

功，得配评皇第三公主为妻，受封于南京会稽山石宝殿，生下六男六女，自相婚配，繁衍了后代。新中国成立前，盘护故事广泛地流传在一部分瑶族的民间故事、诗歌、宗教经典以及家谱、族谱里。从前，瑶族在长期频繁迁徙而造成民族离散的情况下，常常把是否承认为盘王子孙作为追宗认祖的根据，广西凌云县玖美山子瑶于清光绪年间写给武鸣大明山、横县镇龙山亲族的《查亲信歌》，就反复唱述“一申盘王龙犬子，兄弟相查看此书”，“五家七姓龙犬子，同支宗祖一家亲”，希望通过这种发自内心的呼唤，能联系和寻找到失散的兄弟宗亲。

瑶族崇拜盘瓠图腾，相信狗是氏族的保护物。由这种图腾崇拜而产生的一个禁忌就是禁食狗肉。从前瑶族养狗，只是为了打猎和看家，狗老了不能行动了，宁可让它死掉或卖给山外壮族、汉族，本族内是禁止杀食狗肉的。

根据图腾主义同体化的原则，在衣着、饮食等方面模拟图腾崇拜物，是图腾崇拜的重要内容。在传说中，盘瓠是一只五彩斑斓的龙犬，因此，瑶族衣着无论男女，都要在领边、袖口、裤沿和胸襟两侧绣上花纹图案。有的地方的瑶族还特意把上衣剪得前短后长，妇女将发结梳成两耳状，再覆上花帕，腰带在臀部垂下一截，男子裤管两侧绣上红线，以象征图腾形象。每年除夕、尝新节要举行祭狗仪式。祭法有的是在家中祖先神龛前摆一张方桌，上列诸般供品，由家主向祖先祷告，并模仿狗的动作从桌底下钻过去，吃一两口饭。有的是用狗食槽盛猪肉、豆腐、米饭，陈于堂屋中祖先神龛前，一边祭祖，一边请狗来吃供品。祭祀完毕，全家才吃年饭。

对盘瓠的图腾崇拜，还突出地表现在“跳盘王”的祭神仪式上。“跳盘王”是一种古老的以祭祀盘瓠为目的的歌舞娱神活动，早在唐宋时就已盛行，为的是求得图腾物保护氏族人丁兴旺。

新中国成立前广东、广西、湖南各地瑶族的“跳盘王”，有的地方仍以集体方式进行。仪式一般由村老、家族长老主持。祭品最主要是一两个猪头，还有猪肉、鸡等。仪式中一个重要节目是：必须挑选三对未婚青年男女，盛装打扮，充当“唱歌仔”，代表盘王子孙。他们在巫师（有的地方是歌师）的带领下，演唱《盘王歌》、《流落歌》和爱情歌，并协助巫师跳神，歌词内容从盘古开天辟地唱起，中间唱瑶族迁徙经过以及耕山、狩猎等生产生活情况，其间夹杂不少婚姻爱情故事。过去钟山县燕唐公社沙坪一带瑶族“跳盘王”，据老人说，仪式中要选一对童男童女，各人腰扎红巾协助巫师跳神。其间还要以手足在地上爬行，并将双方红巾一头穿过胯下连接上。“跳盘王”要挑选未婚青年男女协助巫师歌舞娱神，甚至伴随有狗交配的模拟节目，其意义在于通过这些活动来感动图腾崇拜物，以祈求图腾物保佑氏族人丁兴旺、繁荣昌盛。

“跳盘王”后来在一些地方发展成道教的一种还愿打醮仪式，故又称为“还盘王愿”，随着私有制的产生和发展及阶级分化的演进，集体的祭神仪式也逐渐改为以一家一户为单位进行，有的还与道教的打斋或度戒仪式结合在一起，所祭祀的神祇除盘王外，加进了佛道两教许多善神恶鬼。原来忌食狗肉的习俗在一些地方也废除了。这种宗教观念的改变，归根结底是由于人类通过长期与自然作斗争，推动了生产的发展和社会的变革，从而使宗教观念发生了变化。“人在改变自然的时候，也顺便改变着自己对周围世界的看法。既然他对周围世界的看法在改变，那么他的宗教观念发生或多或少的变革，就是自然而然的了。”①

## 三、祖先崇拜

祖先崇拜是从灵魂不灭的基础上产生、发展起来的。“灵是什么？从哪里获得关于灵的观念？梦境；昏迷；死亡。按照原始人的

---

① 《普列汉诺夫哲学著作选》，第3卷，391页，北京，三联书店，1974。

理解，世界是灵的王国。唯灵论是原始的哲学，野蛮人的世界观。”①

新中国成立前，在瑶族的宗教意识中，灵魂不灭是一个十分重要的观念。瑶族相信每个人都有灵魂。睡梦和昏迷是灵魂暂时离开肉体，死亡则是灵魂与肉体永久分离，人死后就变成了鬼（面、曼）。鬼是无所不在、无所不能的。梦境被看成是鬼用以示人的征兆。梦见太阳初升，主家里有好事，梦见太阳落山，主家里老人要死。人生病，是鬼缠住了灵魂，必须请巫师卜卦，看是触犯了什么鬼神，然后举行赶鬼活动。为了防止鬼生事扰人，日常一切活动都必须小心谨慎。举办婚丧、建筑住宅、出门远行都讲究选择吉日，采取辟邪方法，并立下许多禁忌。如长鼓除在“跳盘王”时使用外，平日是不许在家里敲打的，认为敲打起来，鬼就会进屋，招来灾难，建筑房屋，正屋要开并列的两道中门，左为阳门，右为阴门。阳门经常开关，是人出入的；阴门是给鬼神出入的，只有祭祖和家中死人时才开。

在瑶族的宗教观念里，鬼也有善、恶之分。善鬼多指祖公鬼和有功于氏族、村社的人死后变成的鬼。恶鬼多指死伤鬼和生前作恶的人死后变成的鬼，基于“灵魂不灭”的观念，瑶族中还存在着“阳间”、“阴间”的观念。阳间是活人的世界，阴间是死人的世界。为了防止死人报复活人，必须让死人在阴间活得安逸，这就要讲究对死者尸体的保护，于是产生了一系列葬礼、葬法。在瑶族的传说中，从前人死了，他的肉是给活人吃的，后来才抛弃吃死尸的做法。先是将尸体火化，以后又感到烧化尸体的做法仍不够妥当，进而改用火棺葬，最后再改用土棺葬。新中国成立前，云南勐腊和广西大瑶山部分瑶族仍沿用火棺葬，其余地区一般已改用土棺葬。只有对夭亡的婴孩不用棺木，一般以草席包裹埋于附近山冈或父母床底下，有的则盛于篮子、泥箕，挂在村旁林子里，任其腐烂，意思

---

① 《普列汉诺夫哲学著作选》，第 3 卷，61 页，北京，三联书店，1974。

是要让他的灵魂早点转生人间。对凶死者，死于户外的就地埋葬；死于户内的，不举行隆重葬礼，尸体不从正门扛上山。死于瘟病和产褥热的，尸体火化后要埋到离村很远的地方。这一切的意思是很明显的，就是惧怕这些凶死者的鬼回来报复活人。

为老年死去的人举行送魂仪式，是鬼魂崇拜的重要表现。瑶族认为人死后有三个灵魂：一个在墓地里，一个在家里，一个在扬州十八洞。举行送葬仪式，就是要请巫师作法将死者一个灵魂送到墓地，一个送到扬州十八洞。为死者送魂的仪式十分隆重。

瑶族就是在这样的鬼魂崇拜基础上，建立了自己的祖先崇拜。新中国成立前，瑶族氏族社会虽已不复存在，但在一些地方还存有氏族组织的残余。同氏族的人还有氏族首领，如连南的“头目公”。有氏族公共山林土地，如连南的“太公山”、“太公林”、“太公田”，南丹大瑶寨的“油锅田”。有氏族的公共庙宇和墓地等，与此相适应的，这些地方的瑶族保留着较为浓厚的崇拜氏族共同祖先的遗俗。例如人死了，一般都埋在氏族公共墓地里，丧葬费用如丧家承担有困难，氏族成员有支援的义务。氏族的“太公庙”里，供奉着盘王和各家祖先的神位，平时有专人烧香上供，逢大节或遇氏族人丁不安以及遇到成年男女要举行宗教洗礼，就要举行集体的祭祖仪式。逢清明节氏族各户成员要举行共同祭扫“太公墓”的活动，已出嫁的女子也要带着孩子回来参加。连南瑶族的“打道箓”，就是排（村）内同氏族的人的大型祭祖活动。“打道箓”每隔18年举行一次，凡未经“打道箓”的男女届时都要接受一次宗教洗礼，以便死后能立神位，上神龛，接受供奉。确定“打道箓”的这一年，新春正月十五日就要由巫师写好“申疏”，祭告祖先，以后三月三、六月六、七月七等日子还要向祖先起愿，保佑当年生产丰收，以便举行“打道箓”。七月立秋后，择日用木头雕刻自上次“打道箓”以来新亡故的祖先偶像，同时将过去的祖先公偶像重新油漆，点眼画眉，并制作竹笼担子，以便载钱纸。到了十月正式“打道箓”的日子，第一天由巫师到大庙里念经，用红纸书写祖先公名字，“接”

回设有祭坛的房子里供奉。第二天，凡参加“打道箓”的人，随巫师来到广场上，接受称为“会兵”与“过九州”的宗教洗礼，由巫师授予法名和竹枝（留作死后插在坟头用）。第三天烧竹篾担子，解愿，送祖先公的牌位回大庙，仪式结束。广西十万大山的板瑶和山子瑶（蓝靛瑶），由于历史上迁徙不定，不曾建立过“太公庙”。他们祭祀氏族共同祖先是以“本家”为单位进行的。每个“本家”包括同姓同房的四五户至十几户人家，由年老长辈充当“本家头”。本家头在自己家里设立“香火”，平时和每月初一、十五，由他代表“本家”各户祭祀盘王和历代家先，逢七月半和年节，则由他召集各户一人到家，祭祖会餐。

新中国成立前，生活于广东、广西、云南边远山区的一些瑶族，有的还处在农村公社发展阶段，有的保留农村公社的残余形态。村社有头人“村老”、“寨老”或“社老”，有村民议事会，有公共山林、土地以至水利设施，有公共庙宇“社庙”、盘王庙以及管理宗教事务的祭司和巫师。由于村社已成为瑶族社会的基本单位，同一村社的人在各方面有利害一致的密切关系，因而对村社共同祖先的崇拜就代替了对氏族共同祖先的崇拜。在村社早期，氏族组织遗存比较多，因此村社共同祖先实即各氏族共同祖先，如广东连南瑶族各房、姓组织“龙”是排（村）的基层单位，因此，排（村）的大庙里供奉的是各房、姓的祖先，“庙立于野，凡隶排者祭之，如群姓之大社也，无木主，刻木为像……不必肖其人。亦不能辨为谁氏之祖祢也，统呼之曰‘阿公’。”① 广西大瑶山的情形又稍不同，那里盛行崇拜最初入山建寨的开山祖先“楷吉翁”。“楷吉翁”包括不同支系和姓氏的代表人物，如茶山瑶的苏灵公、陶五、刘金相，花蓝瑶的胡公度，山子瑶的蒋六将军、盘都镇大王。后来，各支系进而把在当地有影响的壮、汉族传说人物、历史人物如冯三界、刘大娘、陈宏谋等也引进来，当作村社保护神加以崇拜。

① （清）李来章：《连阳八排风土记》。

凡受崇拜的“楷吉翁”和村社保护神，都立有庙宇，有的几个神合一庙，以村寨为单位，定期或不定期地举行祭祀活动，祈求它们驱灾灭难，保护村境平安。此外，在广西大瑶山、十万大山、南丹大瑶寨等还保留农村公社形态或其残余较多的地方，祭社也是崇奉村社共同祖先的重要表现。村社立有社庙（无社庙则在村老家举行祭祀活动），选有社老或庙老，祭社有固定时间（春秋二祭或春夏秋冬四祭），仪式以集体方式举行，祭社还伴随召开村民代表会议，讨论生产，制定公约，并杀猪会餐，像过节一样隆重。

随着私有制的产生和个体家庭的出现，对一家一户祖先的崇拜产生并发展起来。新中国成立前，有些地区的瑶族正经历这一历史变化，一家一户祖先崇拜正在形成和发展中。个体家庭的神龛有的还未建立起来，平时只在进餐时由家主念出祖先名字，撒些酒饭于地面，表示供奉家先。有的立了神龛，也较简单，神龛上不写字，不置香钵，只放一碗米或一个竹筒，供插香用。凡立有神龛的地方，神龛就是祖先神灵所在，这里不许张挂衣物、乱敲钉子，不许点油气很大的灯，产妇不许从这里经过。外来女客不得在厅堂入睡。受祭的祖先一般只限于祖父母、父母两代。一年中正月初一、二月二、三月清明、五月端午、七月半、八月十五、十月十五、农历除夕都是祭祖的节日。

除夕、清明、七月半是祭祖的大节。这时受祭的祖先不限于祖父、祖母两代。如清明节，同房、姓的人，即使距离较远的也要赶来联合祭祖，扫太公坟。七月半称为目连节，要剪纸衣、纸伞送祖公，只要记得起名字的祖公都送一份，年代远的件数少，年代近的件数多。节日祭祖时，由族中一位老人从近到远念祖先名字，直到念不出为止。念时，全家人在一旁静听，念完才吃饭，以示不忘“根祖”。

瑶族祭祀个体家庭祖先，有的地方还保留着氏族长老出席并主持祭仪的习俗，尤其当祭祀范围涉及三代以上远祖而家主又唱不出名字的时候，更是如此。如南丹县大瑶寨“油锅”成员祭祖时，

“锅头”就有权出席参加，并主持祭仪。此外，各地瑶族在老人亡故时，丧家得通报寨老、氏族长老。寨老、氏族长老指挥村邻及血亲帮助料理丧事。丧家如费用有困难，有余裕的亲族、村邻得给予援助，有时拖欠十多年不能归还，借主也不追问。这说明，瑶族崇拜个体家庭祖先还保留有原始社会末期氏族、村社制向阶级社会过渡那一社会阶段的历史特点。

## 四、巫师和巫术

瑶族称巫师为“觋面勉”（优勉方言）、“搂缅公”（澡敏方言）或“那曼贡”（金门方言），意即“说鬼人”、“问鬼公”、“南鬼公”，从这些称呼可以看出，巫师在瑶族历史上约当鬼魂崇拜产生时就出现了。

巫师不是通过选举产生的，开始也不世袭。在氏族、村社制度下，究竟谁有资格充当巫师，往往与某人在某时、某地的某次生产、狩猎、祭祀活动中出现“异常”现象有密切关系。例如，新中国成立前在南丹大瑶寨和上思县十万大山的瑶人中，谁带头搞生产，那年风调雨顺，粮食获得丰收，谁就被认为是神鬼认可了的，他就有资格充当“庙老”或“禁鬼公”。在广东连南，如果某人在某次祭拜祖先的仪式中突然昏迷，不省人事，口吐白沫，在地上打滚，此人就有资格充当“搂缅公”了。

在原始社会，开始当巫师的是妇女。直到新中国成立前，桂北、桂西和云南一些瑶族地区还有妇女当巫师。云南河口县瑶族女巫师手持扇子，口唱神歌，为人占卜看病，称为“赶扬州街”。广西桂平县紫荆山盘瑶、防城县大板瑶也传说过去巫师是女人当的，后来虽改由男人当，但跳鬼还需穿上女人的花衣服。上思县瑶族巫师跳盘王要由两位妇女协助唱被称为“启坛歌”的神歌，认为这样才能请动盘王等祖先神灵。新中国成立前，瑶族男子在宗教活动中占据统治地位，妇女不仅很少当巫师，而且禁止触摸男巫的法具，否则认为不吉利。这是父权制代替母权制，妇女社会地位日益降低这一历史过程的反映。

瑶族巫师自命是神鬼的使者，能判知吉凶，能为人治病，巫师从事宗教活动的主要依据是占卜。各地瑶族卜卦的方式有铜钱卦、木棍卦、秤锤卦、蛋卦、鸡卦、火镰卦、手指卦、卧床卦和竹根卦等等。木棍卦的打法很简单，打卦人只要手拿一根五寸来长的小木棍，一面敲打地面，一面逐一问祖先和外鬼，如问到哪个鬼棍子颤动起来，就认为是这个鬼作祟了。水卦的打法是将一碗水放在桌上，碗口架两根茅秆，再覆一张纸，然后打卦人逐一问祖公和外鬼，看是谁作祟，要何物奉送。卧床卦只有当人病重、病危时才使用，其卜法是巫师取一点米放在桌上，烧燃香、纸，然后睡在床上，将盘王、玉皇、社皇、家先和外鬼逐一"请来"，问是谁作祟，需要什么送，问清了即许愿、赶鬼。

瑶族巫师以各种巫术替人赶鬼治病，所用的巫术有咒语、符图、舞蹈、祭献以及各种辟邪物、辟邪法。咒语是普遍采用的巫术形式，内容有陈述与哀怨，有起誓与祈求，也有呵斥和怒骂，用以驱灾赶鬼治病。连南瑶族巫师在为死人送魂时，经过对死者功绩的赞扬、死因的陈述、死后去向的指点后，即大声呵斥："去！去！去！"责令死者的鬼灵赶快"进入阴间"，不要再"留恋阳间"作祟生人。各地瑶族巫师还画符替人赶鬼驱病，或要求人们在住房特别是在衣帽上挑绣特殊的花纹图案，以扶正祛邪。

祭献作为一种巫术，所需供品的品类和数量很多，大瑶山盘瑶"做盘王"（即"跳盘王"）时，一次要杀猪两头，猪肉在祭神后，只许师公、亲友及家人吃用，不许出卖丝毫，如做盘王一结合度戒，须杀三头猪，连同酬谢师公、打办（替当事人弄饭菜或打理祭神的人）和请客的耗费，共需猪肉二三百斤，酒、米各百斤以上。舞蹈作为巫术仅限于举行较大规模的祭教活动时使用。十万大山瑶族巫师在为少年举行度戒时，要接连两晚一天跳一种步伐简单、粗犷的舞。被当作巫术采用的还有辟邪物和护身符。例如，连南瑶族女子出嫁，须请巫师念经，并将一道符插在头上，认为这样做可以辟邪。小孩生病，经巫师卜算，要给其带上黄麂脚、狗牙、铁脚轭等饰物，作护身符。广西大瑶山花蓝瑶妇女佩戴的铜铃，行走时叮当有声，据说也有辟邪护身的作用。

巫术还被广泛应用到社会生产、生活的各个方面，举凡砍山、播种、狩猎、建筑住宅、缔结和解除婚姻关系、调解内部纠纷和对外作战，无不运用巫术。广西大瑶山盘瑶在发生离婚事件时，因被认为是不吉利的事，一般无人愿代写离婚字据。当事人只好用砍铜钱或竹筒的方式解决，如果砍破了就是鬼神答应了。砍铜钱的地点须在村外或河边。谁先提出离婚的谁就持刀动手。砍破之前，两人向天发誓，然后下刀。砍破后各执一半，以作凭证。都安七百弄瑶族发生偷盗案件或债利、土地争端解决不下时，原告就诉诸"神判"。如属涉及房族外的较大纠纷，举行"神判"的地点就在"雷庙"。

瑶族也相信所谓"放鬼"、"禁鬼"的巫术，认为有的人能运用"蛊毒"致人生病、死亡，或施法将人的灵魂摄去，禁闭起来，以置人于死地。新中国成立前，在反对民族压迫、民族掠夺的斗争中，流传着瑶族用"蛊毒"为武器，使进入瑶山偷牛、抢财物的人受到惩罚的故事。但在本民族内部。如有人被指为"放蛊"害人，则往往受到驱逐和杀害的严厉惩罚。

瑶族巫师的巫术，包括所谓"放鬼"、"禁鬼"的巫术，也和所有原始民族的巫术一样是原始宗教的组成部分，是现实生活在人们头脑中歪曲的、虚妄的反映的一种表现。"科学力求发现现象的因果关系，而魔法满足于简单的联想或简单的象征。"①

瑶族巫师由于自称能沟通神鬼而在群众中享有威信。在历史的早期，巫师作为人们的精神领袖，同时也是氏族、村社的首领。新中国成立前，在仍处于农村公社发展阶段或保留氏族、村社残余的

---

① 《普列汉诺夫哲学著作选》，第 3 卷，378 页，北京，三联书店，1974。

瑶族地区，巫师往往既是祭司，又是氏族、村社首领。广西十万大山山子瑶的村老又称为“赶鬼公”、“管鬼公”或“禁鬼公”，他们不但是村社生产生活的组织者，也是宗教事务管理人，而且一般都会喃神赶鬼。这说明在原始社会里，巫师与氏族、村社首领是合而为一的。巫师是神鬼的使者，神意通过他转达给人们，其作为人们的精神领袖和氏族、村社首领，享有不可怀疑的权威。从前在广西大瑶山、南丹大瑶寨，生产方面凡犁田、插秧等，都必须由“庙老”、“社老”先做，然后由他“喊寨”，群众才能动工。任何人不得违反，否则就是违抗了神意，收成就会不好。社会发展到后来，由于政治、经济生活以及宗教活动日趋频繁，客观需要使氏族、村社内出现了某种集体领导制度，除了总管村社事务的头人外，还有分管宗教事务的头人以及专门从事宗教活动的巫师，云南屏边瑶山的“目老”制就是一种带有原始色彩的集体领导制度，整个“目老”班子的成员均带有宗教色彩，都是通过占卜产生的，其活动也与宗教迷信有密切联系。“目老”班子由寨老、寨主、当龙师三人组成。“寨老”是一寨之主，三个目老中的头人，他是全寨一切事务包括宗教事务的决策者和组织者，宗教祭祀活动就在他家举行（当地尚无庙宇）。虽然如此，具体负责祈神赶鬼和度戒的却是“当龙师”，而祭品筹集与日常生产生活安排又由寨主负责。这样，“寨老”作为村寨首领，实际上失去了巫师和祭师的职能，换言之，村寨首领与巫师、祭司发生了分工。在往后的发展中，巫师进一步脱离了村社的领导岗位，成为职业宗教活动者。如广东连南瑶族巫师已经不是“瑶老”班子成员，他最多只是以祈神赶鬼的方式，从旁协助村寨头人解决生产、生活及对外作战中遇到的疑难问题。

瑶族的原始巫师在政治上并无特权，在经济上亦不取报酬，直到新中国成立前夕，广西十万大山和云南金平、屏边等地的瑶族巫师，平常仍主要靠自己参加生产劳动过活，而把求神赶鬼看作是为社会服务应尽的责任。当然，由于这里也已经确立了私有制，出现了贫富分化，私有制就给宗教打上了烙印，使村社首领和巫师开始享受一些特权。如屏边瑶族目老，搜山围猎凡经其同意，可以自由行动，但猎获物不论大小，须送他一份；平常祭祀用的祭品也归目老；遇着目老盖房子，全寨有义务帮助。除此之外，一般去排难解困，事前事后都不计报酬，也不用请吃饭。至于有些瑶族地区的巫师替人赶鬼治病时索要钱物的，则说明原始宗教已经完全瓦解，进入了人为宗教的发展阶段。

# 十万大山瑶族道教信仰浅释[1]

在民族学研究中，宗教信仰由于以自己特殊的方式显示人类社会的轨迹而受到民族学家的注意。瑶族的宗教信仰有其特点和特殊含义。它的一些特点早在20世纪30年代已为一些民族学前辈所注意。[2] 到50年代，我国在开展大规模民族社会历史调查中增添了许多关于瑶族习俗、信仰方面的新资料，近年又有国外一些学者发表了有关瑶族宗教信仰的调查研究报告[3]，唯迄今未见有关瑶族宗教信仰的更为详细而又系统的论著发表。就已发表的文章看，对瑶族宗教，学术界尚未取得一致的看法。[4] 笔者近年研究瑶族宗教，但关于瑶族的道教信仰，未遑专文论列。现仅就十万大山瑶族道教信仰问题略叙管见，以求教正于国内外同行学人。

---

① 本文是1986年5月29日在香港瑶族研究国际研讨会上宣读的论文。原载乔健等编《瑶族研究论文集》，北京，民族出版社，1988。

② 江应樑：《广东傜人之宗教信仰与经咒》，载《民俗》（中山大学），1936（3）。

③ ［法］雅克·勒穆瓦纳：《瑶族仪式绘画》，曼谷，盘空出版社，1981；［日］白鸟芳郎：《东南亚山地民族志》，东京，日本讲社，1976；［日］竹村卓二：《瑶族的历史和文化》，东京，日本弘文堂，1981。

④ 覃光广等人认为瑶族主要是多种鬼神崇拜和祖先崇拜，“道教、佛教的东西也渗透进来，与瑶族固有的宗教信仰掺杂混合，形成瑶族独特的民族信仰。”雅克·勒穆瓦纳认为瑶族信仰道教。竹村卓二认为瑶族祭拜道教的18个神，确认瑶族受道教的影响很深。

## 一、概况

十万大山坐落桂南，东起钦州，西止宁明，跨中越边境。这里居住着17600多瑶族，分为“板瑶”（操“勉”方言）和“山子瑶”（亦称蓝靛瑶，操“金门”方言）两个支系。

十万大山山势辽阔，万山重叠，瑶族一般居住在海拔800米左右的高山密林地带。这里人烟稀少，交通闭塞，自然条件比较差。由于历史的原因，瑶族经济文化的发展比较落后，在20世纪50年代以前，十万大山瑶族生产力水平十分低下。山予瑶的生产工具主要是斧头、砍刀和“打洞棍”，祖祖辈辈靠刀耕火种维持生存。由于生产工具和耕作技术落后，个体家庭在与大自然的斗争中力量显薄弱，人们在社会中仍然维持着以“村社”或“伙耕组”为单位的共同占有耕地、共同劳动和共同分配劳动果实的浓厚的原始公社的残余。板瑶也实行刀耕火种，不过他们在耕地上使用锄头翻土，并兼营一些水田生产，经济发展水平略高于山子瑶，但低于周围以经营水田为主、兼营手工业和商业的汉族和壮族。

十万大山瑶族的宗教信仰是他们经历过的外部世界在其头脑中的虚幻的反映。尽管20世纪50年代前，他们社会经济的发展处于十分落后的状态，但他们终究是处在四周汉族、壮族封建经济的包围中，不可能不受到汉族和壮族封建文化的影响。另一方面，他们闭塞的山居生活和落后的生产方式，又使他们得以保留本民族的传统文化。

20世纪50年代前，十万大山瑶族以信仰道教为主，同时又保留了不少原始宗教残余。构成十万大山瑶族宗教观念的最基础的东西是魂（板瑶称为“文”，山子瑶称为“欢”）。板瑶和山子瑶都认为人活着时，魂隐藏在躯体的某一部位，人死了魂变成鬼（瑶语称为“面”或“曼”）。瑶族不但认为人有魂有鬼，而且认为一切物体和自然现象都有魂有鬼，例如山有“山鬼”，水有“水鬼”，禾有

"禾鬼"，甚至人使用过的工具如"长木鼓"、"枪"、"打洞棍"，山中的飞禽走兽，地上的爬虫都有魂、有鬼，并认为这些自然界的鬼灵与人发生交往关系。人要是触怒了它们就会降灾于人。从前十万大山瑶族在砍山播种、除草收割、捕鱼打猎、迁村建寨、架桥引水，以及婚嫁、丧葬、招子等各种生产生活活动中，都要举行祭祀各种人鬼和自然神的仪式。

但十万大山瑶族的宗教并没有停留在单纯的鬼魂观念以及自然崇拜和鬼魂崇拜上，无论板瑶、山子瑶，其宗教观念除了"文"和"面"（或"曼"）以外，还有"神"、"仙"等观念。不少学者在关于瑶族的著作里提到瑶族信奉天神。① 事实上，在瑶族的宇宙观里，是把宇宙分成阴阳两界，认为阳界住着人，阴界又分为天府、地府两界，天府里住着神仙，地府里住着鬼，天界还有高低之分，天的最高界是大罗天。这种宇宙划分法主要是受道教影响的结果。

十万大山瑶族由于历史的原因造成经济文化发展落后而迷信人鬼和自然神，这是可以理解的。但随着时间的推移，在与邻近先进的汉族、壮族接触交往过程中，他们又接受了召神驱鬼的道教方术，于是他们的宗教活动中便把原始的宗教信仰与道教信仰捏合在一起了。应该承认，20世纪50年代前后，十万大山瑶族不但保留原始的鬼魂崇拜和自然崇拜，还保留着执行原始宗教的巫师和祭司。巫师已经分出占卜巫师（板瑶称"簸刮露"，山子瑶称"欸瓜"者）和赶鬼巫师（板瑶称"觋面露"，山子瑶称"欸巴"者）两类。祭司称为"社主"、"社头"、"保头"、"香火头"。无论板瑶、山子瑶，其占卜巫师都是一些无师自通的人。其产生办法是：村老和家族长于每年正月初一至十五在其家"开卦堂"，自愿学卜卦的人齐集其家进行神卜，在神卜中有昏迷、疯癫跳跃、身体颤动等异样表现者，就算被"祖公鬼"选中，将来可以担任占卜巫师了。赶鬼巫

① 覃光广：《中国少数民族宗教概览》，北京，中央民族学院出版社，1982；胡起望、范宏贵：《盘村瑶寨》，北京，民族出版社，1983。

师有几本书，如《游乡书》、《南鬼书》，识字者可以自学，不识字的人可以见习背诵。祭司则由公众民主选举（通过神卜）产生，多半由村老、寨老和家族长兼任。

十万大山瑶族虽然存在着巫师和祭司，但其职能范围有限。前者只占卜问鬼和举行一般的“赶小鬼”治病活动，大型法事不能胜任；后者仅主持村寨和家族里的祭祀活动，他本身不一定会占卜赶鬼，更不一定懂得做大型斋醮法事。不管巫师、祭司都要由经过师、道公为之度过戒的人充当。习俗认为，不经度戒的人没有“正神护持”，易被邪魔侵害，故无能力担任祭司，更不能问鬼、赶鬼。因此，巫师、祭司和师、道公往往配合起来开展宗教活动，在这中间，巫师、祭司更多的是依靠师、道公的法力。例如某人生病，往往先由巫师占卜，再请“觋面露”或“欸巴”巫师送鬼，如病仍不见好，就要请师、道公设道场做祈攘法事了。

师、道公是道教信仰的执行者，他们熟悉本民族传统，粗识汉文，掌握经书，主持一切重大宗教祭祀活动，在本民族中享有崇高威信。

## 二、道教信仰源流

十万大山瑶族信仰道教有非常久远的历史。笔者在当地调查搜集到一批注明为清代传抄的宗教经书①，1982 年元月在上思县调查得到一批记录有法名的盘姓家谱，可探知在明、清两代，十万大山瑶族都信奉道教②，但这不应当是十万大山瑶族接受道教信仰的最早时间。

我们知道，道教创立于东汉末年。汉末张角在北方利用民间秘传的《太平清领书》创立了太平道，张陵在巴蜀利用老子和《太平

---

① 经书分师、道公两类共八十余种，大量为清道光、成丰、同治、光绪各朝传抄本，亦有民国年间抄本。

② 参冈：《瑶族研究论文集》，73 页，北京，民族出版社，1988。

经》创立了“五斗米道”，雄踞巴蜀近三十年。

早期天师道除尊老子为鼻祖外，其信仰中心为天、地、水三官。至魏晋以后，道教向全国发展，教义中推出了玉清、上清、太清三天尊及玉帝诸天神，以科仪之别又分出南、北二天师道。南天师道以符图斋醮仪范为主要修持方式，主要在南方传播。北天师道则专以礼度为首，而加以服食闭练。唐宋以来，南北天师道逐渐合流，至元均称正一道。

自道教创立至唐宋，我国瑶族先民如汉之“长沙武陵蛮”及“五溪蛮”，南北朝之“荆雍州蛮”，隋唐之莫徭及宋之“徭蛮”、“梅山蛮”，其活动中心均在荆湖一带，尤以湖南武陵山、洞庭湖地区为瑶族大本营。黄书光先生在《瑶族文学与宗教的关系》一文中认为：“道教佛教传入瑶族地区，大约是在瑶族还居于武陵五溪地区，尚未被迫进行民族大迁徙之前，这从各地瑶族民间所保存的宗教经书、神话、史诗、传说等大体相同得到了证明。”这段话是颇有见地的，但瑶族宗教经书、史诗及神话传说大体相同者主要是板瑶，至于山子瑶则有小别。

道教中有洞天福地，为传播道教的据点，都在名山中。当唐宋以前我国瑶族尚聚居于武陵、五溪之时，道教尚未建立正一派，而其七十二福地之缘萝山（在朗州武陵县接桃源洞）、德山（在朗州武陵县）已在瑶族周围地区设立（唐宋这些洞天福地改为宫观），其时传入瑶族地区的当是早期天师道。唐宋以后瑶族逐渐南迁，至元、明瑶族已分布于两广，这时已出现的道教正一派又先后传入瑶族地区，在客观上形成了瑶族道教的不同流派。

事实上是我国民主革命胜利前，十万大山板瑶和山子瑶的宗教均受到早期天师道、南天师道的深刻影响，同时亦信仰天师道正一派，所不同的是两个支系的瑶族对这些道教流派的处理不尽一样。换言之，板瑶将早期天师道与南天师道及正一派诸流派的内容捏合在一起，由师公执行，而山子瑶则将早期天师道、正一派分开，由师、道公分别执行。

山子瑶师公是早期天师道的执行者，师公崇奉早期天师道的三元三官大帝为最高神。他们为弟子度戒时发给弟子的是“上元印一”，尊张天师为祖师，又尊梅山法主大圣九郎为法主。其师公经书和民间传说中都有九郎到庐山向张天师学法的故事，师公称所崇为“梅山教”，又称“梅山道”。①

山子瑶师公有一套经书②。经书多是些用七字韵文写成的诗歌，每篇唱述一个神的来历。所唱的神除三元外，还有神农、伏羲、盘王、社王、令公、城隍、土地、雷王、婆王（又称帝母）、冯三界、瘟主、鲁班、功曹、四帅等。师公专替人赶鬼还愿，做法事时舞蹈动作多而激烈，并戴 18 张假面具。③ 跳鬼时身着红袍，头带白藤织就的尖顶帽，敲击长腰木豉和锣，持上元、中元、下元、奏表四幅神像图，使用筶子与剑，做法事时要请女歌手协助唱歌请神。为弟子受戒发的是“上之印”。由此可知，山子瑶师公虽然具有早期天师道特点，但又保留原始巫教的特点，应是道教与瑶族宗教相结合的产物。

山子瑶道公则崇奉玉清、上清、太清为最高神，又尊玉皇为执掌天界的神。其神团系统主要由道教诸神构成，如功曹、四帅、二十八宿君等，盘王、雷王、社王、冯三界等神也包含在内。他们为弟子度戒时发的是“玉皇印”。尊张天师为祖师，但不尊梅山法主大圣九郎，却尊“玄中教主大法师”、“正一陆社祖三师”和“教主

---

① 广西壮族、仫佬族亦信奉“梅山道”。笔者颇疑其为唐宋时从湖南及桂北瑶族地区传入之瑶族道教流派。

② 笔者 1981—1983 年在十万大山调查搜集到一套较完整的本子，计有《师公磨》、《师神路》、《喃鬼庙》、《师合境书》、《鬼脚科》（又称《鬼家书》）、《坛始歌》、《开山科》、《红楼大会科》（又称《大会书》）、《三元书》、《天桥书》、《地桥书》、《倒置书》、《婚娶喃煞法书》等共十余本，计 20 万字之多。

③ 笔者搜集得上元、中元、下元、盘王、瑶公（又称摇公）、五娘、社主、令公、四官、土地、本境、龙风娘、林曹、监厨等面具神像 15 张，尚余天露、帝母、瘟王三张神像面具未收集到。

陵君真君”。他们的经书远比师公的经书多而且文理深奥。① 经书多是用散文写成的经咒、忏语，开头往往有“奉道正一”、“奉道唱拜”字语。所奉除三清、玉帝外，都是道教后来在发展中增拟的一些天神。其职责主要是专门替人打斋修醮，超度亡魂死鬼。道公还有一些特点：做法事时用粤语念经，使用汉区一般的扁鼓和锣。跳神不需妇女协助唱歌，不戴假面具。由此观之，道公执行的乃是正一道。

山子瑶师、道公虽然信仰有些区别，但法事两家往往合在一起做（师左道右），青年度戒可以单戒一种，也可以同时戒两种，这证明两者又是相通的。

板瑶则把两家完全捍合在一起。他们的师父虽然亦称为道士佬或道公，但多数情况下只称师公。尊老君、张天师为祖师和教主，此外又尊梅山法主九郎为教主。板瑶的经书主要为《盘王大歌书》，其中既有山子瑶师公的神唱，又有山子瑶道公的经忏符图，所信仰的神亦包括山子瑶师、道公的神，但崇拜三清和玉帝为最高神，度戒结束时发给弟子的是“玉皇印”。他们既为人跳鬼还愿，又为人打斋超度亡灵。道具既有扁鼓、钹，又有长鼓、铜锣。用西南官话或粤语念经，除“跳盘王”外，其余法事不请妇女唱歌等。

板瑶和山子瑶师、道公都把道教和本民族固有的一些原始自然崇拜、鬼魂崇拜结合起来。例如，他们不但把道教召神劾鬼术用于刀耕火种农业以及狩猎等生产活动，也用来治病。把道教的斋醮制度用来祈祷祖先，祭祀盘主，而且把道教的度戒仪式与成丁礼仪融

① 据笔者调查，其经书有《合境书》、《道神路》、《度戒科》、《发丧科》、《资亡科》、《炼度科》、《仲斗科》、《玉京斋意》、《玉枢经》、《玉皇上卷经》、《玉皇小部经》、《度人经》、《血湖经》、《尊典经》、《玉皇中卷》、《渚品经》、《消灾经》、《谢社经》、《谢雷三国科》、《上官经》、《金章经》、《贴简科》、《神甘科》、《会圣科》、《演蒙科》、《谢窖科》、《攒聚科》、《章格式》、《飞章科》、《伸奏者疏榜》、《超度书》共三十余种。近百万言。

合为一。不同的是，山子瑶由于保留原始公社制的浓厚残余，其生产生活祭祀多半由村老和师、道公率领大家集体举行，而板瑶则少集体祭祀活动。例如，山子瑶一年有四至六次集体祭祖、祭社神和谷神的活动，板瑶这种活动则多半由一家一户举行，只有在十分需要时才集体举行；山子瑶每个村社、伙耕组都选出一位头人（“央谷”）负责管理生产生活及祭祀活动，板瑶只有“社主”一人，平常不管各户生产生活及祭祀活动；山子瑶用村老在其家“开卦堂”的办法卜选村社占卜、巫师，板瑶则由各户家长自开卦堂卜选占卜巫师，如此等等。

## 三、传承制度

十万大山瑶族师、道公根据本民族群众宗教迷信生活的需要建立自己的传承制度，这个制度的一个重要环节为“度戒”。度戒，山子瑶语称为“斋导”，意即“戒道”；板瑶称为“度身”，又称“度法”。在实际活动中，山子瑶因为有师、道公的区别，因此，度戒亦分为“斋赛”（戒师）和“斋导”两种，而板瑶因师公兼行道公职责，故无度师、度道的区分，仅在步骤上划出挂灯、度身等级别而已。

关于度戒的指导思想，瑶族经书《持索度戒科》里说，度戒对道教来说，是为了“施主兴隆”，“法轮常转”，“道门常时流通”；对受戒者来说，则是为了“皈依真教”，“脱去俗体”，“超凡入圣”，“名列仙籍”。对一般民众来说，他们认为这可以“保国安民”，“上祝圣寿无疆，下为庶民请福。行持斋醮，利益群生”，“祈时求雨”，“荐亡凶丧”，“能救苦而济世”，“能消灾而度厄”等等，但是瑶族则根据现实需要对度戒作出多种解释：

（1）度了戒才能赶鬼，因为瑶山鬼多，若不度戒，白天出门、晚上上山碰见鬼不会赶。

（2）度了戒有神兵，不是自身人，不度戒是自身人，没有神兵保护。

(3) 度了戒死后升天成仙，能上香龛接受香火供奉；不度戒死后升不了天成不了仙，也不能上香龛接受香火供奉，而变成了野鬼。

由于度戒这么重要，因而它成了瑶族青年一生中必经的大事，每个男孩到了十三四岁都要举行度戒仪式。不度戒被瞧不起，算不了成年人，不能参加村老选举等重要社会活动，更不能担任村老、社头，甚至在青年男女对歌恋爱中也遇到障碍。① 日本大阪府国立民族学博物馆教授竹村卓二先生根据对泰国瑶族的调查，认为度戒是瑶族达到神灵世界的“功德造成礼仪”②。笔者在此补充十万大山的资料，认为瑶族度戒具有“成年礼”的特点，但已演化成道教“受箓”仪式。

关于这点，还可以从十万大山山子瑶对受戒的严格要求看出来，这些要求包括：

(1) 度戒前需拜请师父，被拜请为师父的人必须是已受戒入道的村老、社主、族中长老，或有名望的师、道公。

(2) 度戒前必须请师父选好吉日，并于举行法事前几天请师父及其助手到家布置神堂。主要是把绘有道教神仙、祖师，如“三清”、“三元”像的图以及奏表张挂好。

(3) 受戒者及其家人在度戒期间必须与师父一起封斋吃素，并不行房事，不许与妇女说笑，不许出门望天。

(4) 度戒法事按经书规定，有“设坛”、“遣使请圣”、“净身护体”、“拜天师”、“拜三师”、“投师状报戒”、“请刀法师开天门割发”，有“法师引步虚”等节目。所请神祇除盘王、家先外，主要是“三清”、“三元”各教主、祖师。

---

① 瑶族认为一个男子度戒后得到神兵保护，他的妻子托庇于丈夫亦可得到，有一定数量的神兵的保护，死后得同登仙境，故不度戒的男子难以找到妻子。

② ［日］竹村卓二：《瑶族的历史和文化》，东京弘文堂出版，1981。

（5）凡度戒者师父均同时授以经箓符命，交给兵将、符印、剑等法器。

（6）凡度过戒的人必须遵守十条戒律：一戒敬让孝养父母；二戒克于君；三戒不杀慈，救众生；四戒不淫正身；五戒不得偷盗；六戒不嗔凶，恕渡人；七戒不许谄贼，害善众生；八戒不交游非贤；九戒不义奉戒传；十戒看经不得轻急言笑。这些戒律写在度牒上发给本人，不许违反。

凡度过戒的承认为本教“新恩弟子”，聪明好学且愿意当师、道公的，父兄和师父有责任指导其习经认字，教会他们做法事。在山子瑶社会中，由于各种宗教仪式经常举行，小孩从懂事起就受到熏染。长大度戒后，聪明好学的，在师父做法事时，往往带在身边做助手，协助其念经跳神。但决心做师父弟子的人，不但要花时间抄写并熟读师父的全部经书，练习跳鬼，还要经过不同等级的度戒仪式的考验。

关于瑶族度戒需经历哪些等级以及这些等级的意义，目前尚未弄清楚。因为瑶族经书里记载着的一些度戒仪式由于辗转迁徙已经失传①，至今在十万大山瑶族中能做的仅有“度灯法”和“五台法”。“度灯法”即“挂灯”。关于“挂灯”仪式，日本上智大学教授白鸟芳郎先生和国立民族学博物馆竹村卓二先生在《东南亚山地民族志》第四章《社会及宗教仪式》中已有详细描述，这里仅补充两点。其一，十万大山板瑶挂灯仪式实际分为“挂三星”、“挂七星”、“挂九星”、“挂十二星”四等，均称为“挂灯”。其区别在于：挂三星只算初级度戒仪式，只取得“法”的称号，只能做一般小法事，不能打长鼓，只有挂七盏以上灯者，才能做高级师公，可以打长鼓，并取得“郎”的称号。其二，关于“挂灯”的意义，十万大山板瑶经书《盘王歌书》里有一段《抽七盏灯用》，所谓“七星”，

---

① 据瑶族师公经书记载，其度戒有所谓“刀山法”、“勒床法”、“犁头法”、“度灯法”、“五台法”诸法。

即贪狼、巨门、禄存、文曲、武曲、破军、廉贞星，这是道教信仰的北斗七星，可见瑶族“挂灯”仪式是受道教影响的结果。①

至于“五台法”即“云山法”，则主要盛行于山子瑶师公度戒仪式中。其法是在村外择一平地竖四根木柱立起一高台，旁架一木梯。受戒者身穿红袍，由师父做法引登台上，低头，双手抱双脚蹲在台面向东南一侧。师父在台下绕台柱念经做法，用剑砍臼柱三次，再用木枪向受戒者模拟射击三次，然后令受戒者从台上翻滚下来，跌入台下四人拉住四角的一张藤网内。拉网人将受戒者包裹起来，一会儿再打开。山子瑶认为，受戒者经过“云山法”考验，象征从天而降，其生命具有了新的意义。同时认为只有经过这样严格考验的人，才能管住各种野鬼。

## 四、宗教仪式

十万大山瑶族的宗教仪式是在道教思想的支配下，根据实际需要举行的。其特点是主要利用道教的符箓、祈禳、禁劾诸术以召神驱鬼，消灾度厄，并注重斋醮等科仪制度。

关于受箓仪式即“度戒”仪式，包括受经箓，受符命，受神兵，受印监、剑等法器，已如上述。十万大山瑶族相信经过受箓仪式，有了祖师和本师授予的经箓、符命、神兵和印、剑等，就可以召神劾鬼，消灾度厄。瑶族度戒结束后，师、道公发给“新戒弟子”上元印和玉皇印时说：“有了这印，以后就可以救人了。”这里所说的“可以救人”就是指用道教方术召神劾鬼，消灾度厄。

十万大山瑶族并不是不重视戒律，例如上面所说到的在度戒时将十戒写在度牒上示道徒遵守，这些戒律道徒们平常都非常注意遵

① 傅勤家先生指出，“道教信仰北斗七星”，而佛教密宗据之作《北半斗七星延命经》指：“七星者，贪狼星（子）、巨门星（丑亥）、禄存星（寅戌）、文曲星（酉）、武曲基（已未）、破军星（午）、蠢贞基（辰甲）”，瑶族挂七星与此同，故瑶族“挂灯”实为道家传度仪式。

守。不过他们不像汉区一些道士那样设立宫观，建立严格的丛林制度。他们不注重修炼，而注重斋醮制度和符箓禁咒术，这与他们信奉的是早期天师道和道教正一派有密切关系，与他们的生产生活方式以及原有宗教信仰有密切关系。

十万大山瑶族居住地区自然条件差，生产力落后，人力无法抗御自然。他们迷信各种人鬼和自然神，十分需要借助道教的神仙及法术制伏他们想象中的人鬼和自然神。例如，砍山时需要三元镇住各种山鬼、树鬼和伤死鬼；发生疫病时，需要三元收拾各种瘟鬼；迁村盖房需要三元赶跑各种害人鬼。山子瑶在集体砍伐山林时，由村老或伙耕头先动手砍几刀，并冲着山林大声喊道："你们（各种山鬼、精灵）赶快离开，我请三元派兵来收拾你们了！"村老为某户举行迁离村社仪式时，要烧一支香，请三元打开村社大门，让迁离户一家的祖灵及生魂离开村寨。山子瑶师公十分神秘地告诉笔者："三元有七万八千兵马，无论做什么事都要请到它，请到它就得食，请不到它就不得食。"一言道破了他们信奉道教的原因所在。

斋戒是道教的一种规仪。十万大山瑶族经书里写着要"行持斋醮，利益群生"，瑶族《过山榜》里也记载着："准令天时不雨，禾稼旱黄，仰王瑶子孙，依时出县镇乡村，禳国祈雨，利国利民"①，可见瑶族是重视斋醮制度的。《云笈七签·混元皇帝圣纪》云："按诸斋法，略有三种：一者设供斋，以积德解愆；二者节食斋，可以和神保寿……三者心斋。谓疏瀹其心，除嗜欲也，澡雪精神，去秽累也，掊击其智，绝思虑也。"十方大山瑶族不很重视节食斋和心斋而重视设供斋。斋戒活动多半在节日期间举行，道教的"三元日"、"三会日"以及中国农历的二十四节，尤其是七月十五"中元节"和社日，是他们摆设供品，祭祀亡故祖先和各种天神地祇的时间。届时各家各户杀鸡买肉，无鸡无肉者则上山打鸟下河捕鱼，设筵供神。山子瑶逢社日和清明、中元节、年节，更于族长、村老家

① 黄钰辑注：《评皇券牒集编》，71页，南宁，广西人民出版社，1990。

举行祭祀活动，求天神和祖先保佑家族及村社人丁安康，生产顺利。同时会餐分肉，名曰“喝社酒”，颇多中国古代遗风。

此外，斋戒又伴随祈禳等法事而进行。祈禳活动无时不有。小者如某户某人得病，除请巫师占卜问鬼外，往往请来师、道公为之召神驱鬼。大者如遇村社疫病肆虐、久旱不雨，或老人病故，则大设醮场请来天下一切鬼神，求保佑生者安宁，死者阴灵归天，以及生产丰收、六畜兴旺。兹举例如下，以见一斑。

(1) 祈福。板瑶遇着村里疫病流行，社主即召集每户一人齐集社庙，带来酒菜，设筵供神，并请师公或会念经的人做一天一夜斋事，祈求大王（社主、土地、盘王）回来消除灾难，保佑村寨安宁，称为“祈福”。

(2) 打清醮。遇着村里年成不好，稻谷受灾，各户派人到社庙，由三个师公开坛念经，叩请玉帝召回禾魂，保佑稻谷收成，称“打清醮”。

(3) 跳盘王。瑶族的渡海传说里流传瑶族渡海时曾得到祖先盘王保护，此后每到一定时间都要举行“跳盘王”的还愿活动，山子瑶多半是遇到人丁不安才跳盘王，其跳盘王结合打斋、度戒活动举行。板瑶跳盘王都经过先许愿然后才还愿跳盘王。有的当年许当年还，有的许下 10 年、12 年才还。有时一家一户举行，有时以宗族为单位举行。有的学者认为瑶族把盘王奉为最高神，这是不对的。瑶族名为“跳盘王”，但除盘王外，三清、三元、玉帝等天上地下水府阴曹的一切神鬼莫不请来领筵。师、道公们在神坛上一边念经，一边唱古老的《盘王大歌》，因此是一种既受道教支配又具有巫教色彩的祈禳活动。

(4) 打斋。唐《六典》卷四云：“斋有七名：其一曰金箓大斋（调和阴阳，消灾伏害，为帝王国王延祚降福）。其二曰黄箓斋（并为一切拔度祖先）……”十万大山瑶族亦讲究替死人打斋，拔度亡灵。山子瑶 40 岁以下病亡丧事从简，40 岁以上者病亡始做斋事，80 岁以上老人亡故加念《伸斗科》，师、道公死后法事尤隆重，经其度过戒的弟子均要来念经送葬。板瑶有所谓“做半斋”、“做小斋”、“做大斋”等斋事的区别。人死后请一个师父做五六个钟头法事，因死者未度过身，丧事从简，称“做小斋”；如死者度过身，要请三个师父做一夜法事，叩玉帝，准死者亡灵升上天堂，称“做大斋”。

（5）修醮。山子瑶认为，即使度过戒的人，死后也不能即刻升天。因为人生在世几十年多少总积了些罪愆，因此，人死后其灵魂要由道公送入地狱管制三年。三年后（现有改为一年的）荐请师、道公设醮，把死者亡灵从阴府里开放出来，送上天宫，并在家堂香火上正式安上神位，接受供奉，谓之“修醮”。做这项仪式时，要用纸糊一座房子，写上“逍遥店”、“快乐乡”、“十道真人来接引”等匾额、对联，于法事完结后烧掉，还要在室外竖一根顶端带叶的竹竿，竿上挂一白幡，竿下埋一只活鸡（留一透气孔不让鸡死）。师父绕竹竿念经做法，把鸡挖出放飞，意思是使死者灵魂沿着白幡乘风飞上天，到“逍遥店”、“快乐乡”，并有了房子住。

无论做哪一样斋醮还愿仪式，都要设供品祭神，开坛念经，上奏词章，请尽天下一切鬼神到坛领筵。大型的斋醮活动科仪繁复，场面宏大。经常是师、道公并做，唱颂舞蹈，道乐伴奏，神像罗列，香烟袅袅，通宵达旦，少则一天两夜，多则七天七夜，所用供品猪肉三百斤，米、酒、香纸不算在内。

## 五、结语

十万大山瑶族的道教信仰如上述，归纳起来它有如下特点：

第一，它属于南天师道，重视符箓禁咒与斋醮等科仪制度，这点与南方其他民族的道教信仰有共同性。如果说十万大山瑶族的道教信仰还有什么自己的特点，那就是它更加强调符箓禁咒与斋醮等科仪制度，强调道教组织和思想对社会与个人的禁锢作用，因而更多地显示出早期天师道教区宗教生活的特点。

第二，它保留瑶族的一些原始宗教观念和祭仪，并将之置于道教的支配之下。世界上一些现代宗教在侵入每一个民族的社会生活时，都没有也不会完全排斥该民族的原有宗教信仰。相反，它总是尽可能地保留、吸收该民族原有宗教中的一些“合理因素”，使之为己所用，同时也使该种现代宗教打上某一民族的色彩。从这一点上说，瑶族的道教信仰具有现代宗教的一般规律。不同的是，瑶族的道教信仰保留本族固有宗教因素较之其他民族更多。例如将“度戒”仪式施于每个成年男子，又如将祈禳术施用于原始的集体生产等等，更多地表现出宗教发展的继承性与民族性、群众性的特点。

第三，它有其适应性与变异性。宗教虽然是现实世界在人们头脑中虚幻的、歪曲与颠倒的反映，但它又是以现实生活为基础的。十万大山瑶族在信仰道教的同时又保留原始宗教信仰，这证明他们在信仰道教以前有过自己的原始宗教信仰时期。他们之所以接受道教信仰，除了道教产生并长期流传于南方，历史上中央封建王朝用行政力量大力推行等历史、地理方面的原因外，主要是瑶族长期游动，刀耕火种，社会经济发展比较落后，同时道教的多神论和符箓、禁咒、斋醮、祈禳诸方术与瑶族固有的原始宗教有共同之处。因此，只要社会经济向前发展，宗教信仰就会有变异。例如十万大山板瑶经济发展略高于山子瑶，其道教信仰中的原始宗教成分就少于山子瑶，道教信仰水平则高于山子瑶。这证明瑶族宗教中的原始宗教与道教有一个随着社会发展而此消彼长的过程。

总之，笔者认为十万大山瑶族以信仰道教为主，同时又保留了自己固有的一些原始宗教信仰。道教与原始宗教融合，形成了独具特色的瑶族道教信仰。瑶族的这种信仰既带有早期天师道特点，又打上了本民族原始宗教的烙印。它是中国范围内，在瑶族社会土壤中产生和发展起来的，是瑶族所经历的几千年漫长而曲折的历史发展道路的一束折光。恩格斯曾指出：“宗教一经形成，它永远保留着一些留传下来的材料”①。瑶族的宗教信仰可能保留了中国古代社会和瑶族古代社会一些留传下来的材料，虽然迄今我们还没有完全弄懂瑶族宗教的全部含义，因为要弄清这些含义很不容易，但愿日后可以在掌握更为丰富的资料基础上把它作为瑶族研究的一项重要任务去完成。

① 恩格斯：《费尔巴哈论》，《马克思恩格斯论宗教》，36页，北京，人民出版社，1954。

# 广西信仰民俗[①]

广西古代俗信鬼，好淫祀，病鲜求医，专事巫觋。进入近代，西方自然科学知识传入广西，受教育的知识分子开始逐渐破除迷信，广大劳动群众信鬼好巫的传统未见有多大变化。民间依然庙宇林立，四时奉神，香烟袅袅。民国时期，广西当局曾用“寓禁于征”的办法，向巫婆道士征收“巫道捐”，对迷信用品开征“冥镪捐”，以图禁止迷信；新桂系曾一度下令捣毁庙宇，或将庙宇改作他用，但收效不大。新中国成立前，广西生产力水平低下，科学知识不普及，劳动人民受压迫，受剥削，生活贫困，缺医少药，社会上各种矛盾尖锐复杂。人们在自然灾害和社会压迫面前无能为力时，只好求助于鬼神。农村地区，尤其是边远少数民族地区，迷信鬼神的思想更为严重。除回族信仰伊斯兰教外，其他民族无专一的宗教信仰。民间崇拜多神，遇事喜占卜问鬼，重视祭祖及祭社、游神等祭神仪式，有病则举行跳鬼驱鬼活动。日常生产生活还有许多禁忌及对征兆的迷信。

新中国成立后，中国共产党和人民政府领导人民进行社会改革，发展经济文化建设。随着生活的改善和科学知识的逐渐普及，各民族群众提高觉悟后，才逐渐破除迷信陋习。50年代，在民主改革和社会主义改造中，觉悟了的群众即开始自觉拆毁庙宇，停止敬神跳鬼等迷信活动。随着社会主义物质文明和精神文明建设的发展，信神鬼的人日趋减少。但是广西的生产力和各民族人民的物质

---

① 本文收入《广西通志·民俗志》，南宁，广西人民出版社，1992。

文化生活总的来说仍处在较低水平，迷信鬼神的旧观念尚未完全破除。改革开放以来，在一些外来思想的影响下，某些迷信活动又有所恢复。农村一些地方重建宗祠、庙宇，修造祖茔，人死做道场，遇事占卜问鬼、求神拜佛及联宗祭祖活动时有所闻，就是城镇中也有些居民重安香钵。

## 一、神灵崇拜

秦以前，壮、侗、仫佬、毛南等土著民族先民崇奉本民族氏族部落神，秦统一岭南后，迁入广西的汉族信奉本民族神，二者之间开始互相影响。佛、道二教传入广西后，广西各府、州、县治广设佛寺及道教宫观。佛、道二教崇奉的神及儒家信奉的圣贤传入民间，各民族宗教信仰互相渗透、互相影响，民间敬奉的神灵越来越庞杂。新中国成立前，除回族信奉伊斯兰教，崇敬真主“安拉”为唯一的神，并信奉穆罕默德是“安拉”的信使外，其他民族信仰多神，既信仰各种自然神，又信仰各种社会神，有的多达四五百个。各民族普遍崇拜的主要是与本民族、本地区日常生产生活有关的家庭和地方守护神及民族守护神，尤其重视祖先神崇拜。除部分苗族家庭外，其余各民族各家各户都立有祖先神位，大家族立宗祠，时节敬祀。各地立庙普遍敬奉的守护神主要有社王、土地、灶王、雷王、婆王、三界、伏波、关圣、孔子、玉帝、观音、天后、盘古、莫一大王等。新中国成立后经过破除迷信，无论城市农村、平原山区，受过教育、有文化知识的人绝大多数已不相信冥冥中有个神灵世界。城镇中尤其是农村还有迷信思想的人主要敬拜祖先神，其次为灶王及土地神等。

### （一）自然神崇拜

广西山多地少，气候湿热，环境艰苦，易生灾病。新中国成立前经济文化落后，科学知识不普及，人们对许多自然现象尚无法作出科学解释，对自然灾害存在恐惧心理，民间俗信中保留着不少远古自然崇拜遗风，包括图腾崇拜和一般自然崇拜。壮、瑶、苗、侗、彝、仡佬等族在追溯民族起源时，往往认为本民族远古始祖与某种动、植物有亲属关系或有某种瓜葛，对之敬拜，视为神灵，此即远古图腾崇拜的流风遗俗。一般自然崇拜包括对山、水、木、石、风、雨、雷、电、日、月、星辰、五谷六畜、飞禽走兽乃至虫、蛇、鼠、蚁等的崇拜，各民族都有遗俗。新中国成立后，随着抗御自然灾害能力提高，人们增强了对自然的认识，自然崇拜遗俗日渐减弱，多数人已不相信自然神。

1. 图腾崇拜

壮族先民古越人崇拜蛇、鳄鱼、蛙图腾。汉刘安《淮南子》载：越人“剪发文身，以象鳞虫”。高诱注云：“文身，刻画其体，内墨其中，为蛇龙之状。以入水，蛟龙不害也”。这是模拟图腾形象求得保护的信俗。新中国成立前，壮族地区普遍流传“蛇郎”成亲、龙子孝父、葬母的故事，说某老人及其女儿将被虎吃，后被化作美男子的“蛇郎”救出，蛇郎与老人之女成亲繁衍后代，或说某老妇养一蛇而得蛇厚葬，原来蛇乃是龙子。民间又将鳄鱼与蛇视作管下界的龙王，能呼风唤雨，变化无穷。居住在水边的一些壮族仍保留有以龙形文身的习俗。梧州曾有龙母庙，祀龙母及龙子，香火鼎盛。

此外，彝族妇女忌食狗肉，认为祖先与一只似狗的猴子结婚传下后代，吃狗肉等于吃自己母亲的肉。另一传说是，从前有个单身汉住在山上，一天做工时林子里跳出一只黑熊要吃掉他，幸得一只乖狐狸帮助才打死黑熊，逃过大难，单身汉把狐狸当成救命恩人，后来便生活在一起，结为夫妇。新中国成立初期，彝族还保留着对这些图腾的敬畏观念，后来随着社会变革，此种观念才逐渐淡薄。

2. 一般自然神崇拜

新中国成立前，壮族相信万物有灵，认为天为万物之父，地为万物之母。上至天空、太阳、月亮、星星，闪电雷鸣，刮风下雨，下至周围一山一石、一草一木，都有神灵掌握，认为太阳、月亮、星星不仅是神灵，而且分雌雄。当流星划破夜空时，老人便说是

“又一个姑娘出嫁了”。在神话《三星的故事》里，太阳、月亮和星星组成一个家庭，太阳是父亲，月亮是妻子，星星是儿女。因为父亲过于严厉，所以，它一露面，妻子、儿女便匆匆隐去了，直到太阳落山才出现在天空，儿女们愉快地在妈妈周围眨巴着眼睛。人们出于对自然的依赖而把命运和自然连在一起，当天空出现不可理解的怪异现象时，便有祈祷行为。新中国成立前，天峨县一些地方的壮族看见日食，便认为是人们得罪了蛙神，它把太阳吞下去了，于是赶快杀鸡供祭，击鼓鸣枪，祈求它还大地以光明。大风雨来临，认为是龙王翻身，也得赶快敲锣打鼓，并把正月初一特意留下的猪髀骨焚烧敬神，祈求风停雨住。天峨是高寒山区，冬天下冰雹，便认为是岩洞中妖怪打碎石头，喷到天空后纷纷落下，又得击鼓驱魔。

人们认为山有山神，树有树神，地有地神。山上怪石巨木，奇花异草，飞禽走兽，莫不有神灵。壮族村边都有神树，村寨后面都有一片神山，凡被奉为神树神山的，禁止伐木、开荒、造坟。山野是各种精怪隐藏之所，上山作工必须小心。桂西南一些地区的妇女，上山割茅草，开镰前先编个茅草人，对之膜拜，然后才挥刀割草，据说不这样就会触怒草神山灵，来年的草就长得不茂密。上山砍树、开垦土地或狩猎，要先拜山神，祈求保佑。对动物也有各种说法，传说古时候野兽会讲人话，凡动物都是有灵性的。因此，对牛立有“牛魂节”，有些壮族禁食牛肉。还有一些地方每逢大年初一要为猪、鸡、牛、羊等六畜举行喊魂、招魂活动，并在禽畜栏圈上贴上红纸，祈求新年六畜兴旺。禾有禾魂，不少壮族地区立有“拜秧节”，以祀禾神。每个村寨立有土地庙，供祀土地神，时节敬祀，求土地神保佑一方五谷丰收，六畜兴旺。新中国成立后，经过破除迷信，人们崇拜自然神的观念大为减弱，现在年轻人不大相信，老年人有的还保留着这些迷信观念。

新中国成立前，汉族也相信自然神，认为山有山神，海有龙王，天有风伯、雨师、雷公。遇天旱举行求雨仪式，祈求雨师和龙王降雨拔除旱魔。汉族普遍敬奉灶神、土地神、社神，认为这些神祇能保佑五谷丰登、人畜兴旺。几乎每个村子都立有土地庙或社庙，有的地方将社庙立在田头地边，俗称“田头社”。家里灶头敬有灶王，六畜栏圈敬有六畜栏圈神。汉族也相信石头的威灵。一些村头立有“泰山石敢当”，以镇邪魔。桂北一些汉族上山狩猎敬“梅山神”，认为梅山神专司野兽管理，打得野兽要以兽头兽肉祭献梅山神，求下次狩猎顺遂。新中国成立后，除了老年人外，许多年轻人已不相信自然界有什么神灵，有时例行一些仪式，仅是一种习惯而已。

新中国成立前，瑶族一些地区仍过着刀耕火种、食山过山的生活，生产力水平低下，保留了更多的原始自然崇拜遗风。在瑶族的观念里，自然界中的日月星辰、风雨雷电、飞禽走兽、虫蛇蚂蚁以及高山老树、巨石密林等都有神灵。他们尤其重视对地神、谷魂的敬拜。每当砍烧一块山地时，都在地头立一块或一小堆石头，以代表地神，以后开垦、播种时，用香纸祭祀一番。认为谷物像人一样有感情、有欲望，而且胆小害羞，生产过程中要小心翼翼，播种、收割、入仓要举行拜谷魂仪式；谷物生长过程中要举行“保苗”、“赎禾魂”、“求禾花”活动。其习俗又重视对山神“吉面”的崇拜。吉面往往以一座高山、一株老树或一块巨石作代表，人们在砍山、伐林、狩猎、采集时都要祭山神。十万大山瑶族在刀耕火种砍伐第一蔸大树时，要由村老先动手砍几刀，并喃几句神，然后大家才动手砍伐，否则认为不吉利。桂北瑶族在砍伐树木时，要先压一块钱纸，作为给山神的报酬。每个村落旁都保留一片古林，认为是社神所在。社林里禁止砍伐树木、破土动工、大小便等亵渎神灵的行为。

此外还重视敬拜水神、火神。火堂里终年保留火种，认为这里是火神所在，不许乱吐痰、放屁，不许从上面跨过。独居深山燃烧的火堆，不需时可以用些土盖住，或用水淋灭，不能用尿淋灭。每当新的村寨需要架设竹枧引水入村时，要到水源处举行祭水神仪式，请水神开来长流水。过年挑第一担新水要往井边丢些钱纸，求水神赐家人一年幸福。老人过世，要到河边“买水”回来洗尸；新妇步行到夫家路过河边，要丢几枚钱币到水里，求水鬼保佑一路安全。新中国成立初期，瑶族仍保留不少原始自然崇拜遗风，以后随着集体经济建立，一些自然崇拜仪式已难以有组织地进行，人们的自然崇拜观念逐渐削弱。

历史上，苗族信仰飞山神、梅山神、五谷神、田神、土地神、雷义以及山魈水魅等自然神灵和精怪，认为飞山神是管山场的神。新中国成立前，苗族多在村寨旁建飞山神庙，每年十月初四要到庙里拜祭，祈求保佑庄稼不被野兽糟踏。每年插秧完毕，如遇虫灾、兽灾，寨民还要在五月初五或六月初六凑钱杀猪上庙供祭。认为五谷神保护农作物，新中国成立前也建有庙，每年六月初六祭祀一次。有的地方秋后举行“跳香会”祭五谷神，参加者多达几千人。六月六祭田神，杀鸡鸭包粽粑。祭祀路上不与任何人说话，也不准回头看。祭祀之家吃饭时，于门口挂树叶，忌生人闯入。几乎每家门口都用石头盖一小屋，称为“土地屋”，内供土地公公、土地婆婆神位，堂屋里另供土地神位。俗例每年二月初二为土地节，要举行隆重的祭祀仪式。其重视土地神，仅次于祖先神。谚云：“土地不开口，豹子不咬狗。”猎人专门敬奉梅山大王。出猎前用野猪头或山羊头祭祀，狩猎回来用猎物的头和三只脚供奉，祈求下次猎获第四只脚。苗族观念中的雷义神，据传是雷公的儿子，是位凶神，每遇人畜不安，便认为是雷义作怪，即到大树下或岩洞中祭之。还认为山魈是山、水、木、石、老藤的精气，它们分别深藏在老树、古藤和深山岩洞里，人若撞着它，就要丧魂、发癫，须请师公送鬼收魂，才能保人畜平安。新中国成立后，破除迷信，飞山神、五谷神等神庙已废，大型祭仪已不举行，但在人们观念里，这些神灵仍或多或少存在。

历史上，侗族认为日、月、风、雨、雷、电等自然现象是神灵的效应，遇旱涝虫灾，要杀猪祭祀有关庙宇，叫做“整理禾苗”。

如果庄稼连续两年歉收，就得打“太平天醮”，全屯大杀牲畜祭庙。祭祀期间，男女老幼忌荤吃素，祈求神灵消灾降福。侗族崇拜山神、树神、土地神。认为土地神保护人畜和庄稼，尤其能震慑猛兽，保护地方安宁。土地神分桥头土地、寨头土地，有的还有门楼土地，分别供在桥头、寨头、门口的神龛里。有的供牌位，有的供一块略像人形的石头。高山地区的侗族村寨供祭山神、树神，请它们管好野猪、豺、狼、虎、豹，不使其入村伤害人畜。过去一些侗族大村大寨有铜鼓，习俗相信铜鼓有神灵，能镇妖邪，以之预测家庭、村寨吉凶。若某家铜鼓嗡嗡自鸣，即认为其家必遭火殃或其他灾难。过去有些侗族地区相信有所谓“山妖婆”，谓其在深山里常学着人的喊声作祟路人，人若不知也跟着呼应，必挨追赶，以至被其背去，人们上山都小心翼翼。新中国成立后，侗族多数人已不信自然神。

历史上，仫佬族信仰灶君、土地、社神、雷王、牛神、谷神、蝗神。土地神位安放在每家神楼上，排在祖先神的左边，灶君排在祖先神右边，每月初一、十五祭祖时，一同享受香火供奉。新中国成立前，仫佬族几乎每个村寨都有社庙，内供奉石头偶像。有些族姓的社庙规模宏大。习俗认为社王能保护人丁清吉平安，每年春秋社日全屯人杀猪祭拜。在仫佬族传说中，雷王是管雨水的神，有三只眼睛，不少村寨立有雷庙，塑像供奉。遇天旱要向它求雨，逢诞期全村到庙里祭祀。四月初八祭牛王，有的村寨此日驱蝗神，六月初二祭保苗神。新中国成立后，破除迷信，人们观念改变，旧有祭俗多已破除。

历史上，毛南族崇拜灶王、土地、雷王等神灵。灶王神位在祖先神位旁边。传说它是保佑家里烟火的，每年腊月二十三上天，正月初一才回来。因此，毛南人多在正月初一用素品敬奉灶王。土地一说是财神，认为它管家里一切事情。除夕时举行敬土地神活动，祈求土地神驱虫消灾。毛南族心目中的雷神是专司行云降雨的恶神，天旱要向它求雨。毛南族民间还有多种自然崇拜，生产过程中遇到天旱，有时到龙王庙或龙潭处求雨，名为“打龙坛”。播种或狩猎要敬山神，求它驱逐虫兽灾害，保佑狩猎平安和获得猎物。三南（上南、中南、下南）几乎每个村都蓄有一棵大树，叫“坛木”，认为树木有神灵，人不能随意接近，更不许砍伐，不能对它撒尿，认为违禁会受到神灵惩罚。新中国成立后，上述许多自然崇拜仪式与活动已不举行。

京族自然崇拜与渔业生产有密切关系。历史上，京族崇拜海神、船神、风神。新的渔网织好后，在未下水之前，须到海边祭神，祈保人们下海平安，获得丰收；如果海产失收，同样备祭品到海边拜祭。有的村寨还立庙敬奉“鱼伯公”，出海打鱼要求它保佑人丁平安、生产丰收。

历史上，彝族信仰山神。隆林德峨那地寨彝族拜对面山为神，每年农历三月三和六月六都要祭祀一番。三月三祭用猪，六月六祭用牛，表示对山神的虔诚，以求山神驱赶野兽，消灾祈福。彝族也信仰田神、地神、稻神、水神、牛魂。每年五月初三祷告山不要崩，田不要垮；六月二十四为牛魂节，是日给家畜驱瘟。新中国成立后，其崇拜自然神的仪式与活动已基本废止。

历史上，水族信仰灶王、土地、米魂、山魂、水魂、梅山神。认为灶王保护家庭诸事平安，过年时要敬祭一番。土地是屯神，保护屯内牲畜不遭野畜伤害。米魂又称田神，保护禾苗生长。梅山神保护狩猎。对田神，撒种前，插秧、耘田完毕及收割后皆有祭仪，依次增加祭品。又认为人碰上山魂、水魂要生病，出门须小心提防。新中国成立后此类迷信已大为减少。

历史上，仡佬族信奉树神、土地神。每年正月十四家家户户举行隆重的拜树仪式，各户以米酒、肥肉、糯饭、红纸为祭品，全家老少上山，由近及远，所有树木皆一一拜祭。某家树多拜不完，别家帮拜之。又认为有田头神、地头神，正月初三以粽粑、酒拜献，祭毕用锄头在田地里锄三五次，俗称“开三”，认为此举能驱百虫、除百灾，开三后人们就可以下地干活了。土地庙置于山腰或神树根部，内供石像香案，祭祀时用红布包住石头上端。树神所祭有酸枣树、柿树、黄春树、青刚树等。每年三月给神树插香，又将家中神台的香炉灰倒出，包好，置于树椏上，新中国成立后此类仪式已减少。

（二）社会神崇拜

新中国成立前广西各民族崇拜各种社会神灵，如始祖神、人鬼、家先、家庭守护神、地方守护神。各民族都视自己的始祖神为善神。汉族历史上的著名人物包括传说人物，如神农、黄帝、炎帝、尧、舜、禹；出驻广西的著名人物，如汉之马援、宋之狄青、明之王守仁等；广西籍著名历史人物包括传说人物，如岑逊将军、莫一大王、刘三姐、三姐之大姐刘大娘及兄刘猛、甘王、冯三界、班夫人、瓦氏夫人、陈宏谋等，被奉为地方守护神。

1. 始祖神

壮、瑶、苗、侗等少数民族的民间信俗中，保留一些崇拜远古氏族、部落始祖的遗俗。南朝梁任畇《述异记》记载，当时桂林有盘古氏庙，众祝祀之。新中国成立前，桂北、桂中、桂东一些壮、瑶、苗、侗等族地区仍立有盘古庙，各民族师公神唱有关于盘古事迹的篇章。桂西壮族地区传唱的《盘古开天辟地歌》：“盘古开天地，造山坡河流，划洲来住人，造海来蓄水。盘古开天地，分山地平原，开辟三岔路，四处有路通。盘古开天地，造日月星辰，因为有盘古，人才得光明。”马山古零、扶绥东门一带壮族师公过去跳神必唱盘古，歌颂盘古为开天辟地之人类始祖神。

壮族又以姆六甲、布洛陀、布伯、伏依为始祖神。在师公唱词和民间神话里，姆六甲、布洛陀、布伯、伏依是几代连续的始祖。传说第一代姆六甲是女性始祖，她是生殖大神，是万物的母亲。传说她创造了天和白云，她没有丈夫，只消赤身露体地站在山顶上让风一吹就怀孕了，孩子从腋下生出来。第二代布洛陀是位男性始祖，被誉为“通晓一切的人”。他继续创造并整顿自然界，处理和解决自然界与人类的一切矛盾和纠纷。他身材魁梧，聪慧过人，无所不解，既开辟天地，又教人种养，并替人们消灾排难，备受崇敬和爱戴。第三代布伯是布洛陀的儿子，是位敢与自然抗争的英雄。为了解除旱情，他上天生擒了雷王，又在漫天洪水中与雷王搏斗，砍掉雷王一条腿，最后英勇牺牲。第四代伏依兄妹，是布伯的两个孩子。雷王发洪水淹没了人间，只剩下伏依兄妹躲在葫芦里逃生。在人类面临灭绝的关键时刻，他们不得不兄妹结婚，担负起再造人类的任务。新中国成立前，壮族师公跳神，往往要唱这几位神，并戴上他们的面具，表演他们开天辟地、创造人类的伟大历程。

此外，壮族各大姓又祀本姓始祖，如桂西北、桂中奉祀“莫一大王”，桂西奉祀“岑大将军”，桂西南奉祀“黄九公”。其中以莫一大王为最尊。莫一大王之外，尚有莫二、莫三、莫四、莫五大王，莫姓为壮族大姓之一。宋周去非《岭外代答》说：“南丹者，所谓莫大王者也。”古南丹州为莫氏发源地，酋长世为莫氏。势力广布南丹、东兰、宜北、那地、凤山一带。莫姓壮族所祀莫一大王，当为其族远祖。壮族祀王于香火堂，惮王之灵，敬畏无所不至，称八神庙。其木主为“敕奉通天圣帝莫一大王”，三年“庆愿”一次，五年“庆愿”两次，十年“还愿”一次。岑姓亦壮族大姓，元、明、清三代为桂西世袭土官。民国前，田林等地乡村立有“岑大将军庙”，供奉岑怀远大将军，就是土官的祖先。每年正月、二月过节拿三牲去祭，每月初一、十五亦有人去祭祀。新中国成立后有一段时期倒了庙，80 年代以来，有一些人又偷偷修庙、拜神，供奉久远的祖先。

汉族除信仰盘古开天辟地之说外，又以传说中之三王五帝为始祖。清以前，桂北临桂、灵川、全州、灌阳数县建有唐帝、尧帝、虞帝、舜帝庙、禹王庙，祭祀唐尧、虞舜并夏禹。

瑶族除信奉盘古王外，信奉伏羲兄妹为人类始祖。瑶族师公神唱和民间说词的开头，往往有“自从盘古王开天辟地，伏羲子妹（兄妹）造人民”之句，以示对人类远祖的怀念和敬重。南丹大瑶寨瑶族除奉盘古王和伏羲兄妹外，又祀盘古郎。传说盘古王开天辟地之后，他妹妹招了一婿叫盘古郎。那时天地无人，鸟兽绝迹。盘古郎夫妇承担了创造万物的责任。盘古郎造了一架耙，把大地耙平，又教会人们种植禾苗，并派土地神来看管禾苗。每年二月社节和六月三十或七月初一（俗称半年节），是祭盘古郎的日期。二月社日，由庙老、头人杀两只鸡祭盘古郎，求神保佑年景风调雨顺，是为小祭；六月三十或七月初一，杀猪或牛，配以鸡，合村聚于庙前，庙老、头人主持，么公喃神，会餐分肉，是为大祭。操勉语的瑶族则以盘王为民族始祖，盘王又称盘护王。新中国成立前，瑶族每迁徙到一地，一般建有盘王庙，供奉盘王神像。也有的将盘王神像供在村老、族老家中或社庙里。每年要举行祭祖酬神仪式。自称“布努”的瑶族以密洛陀为始祖神，相传农历五月二十九日为神之诞期，届时击铜鼓，歌舞娱神。

苗族除崇奉“盘古尊王”外，又崇信张郎兄妹为始祖。其族传说从前一家姓姜的生了四个儿子。他们的母亲很好吃，想吃天上的雷公肉。大儿子名姜长手就上天去捉了雷公关在谷仓里，不幸被他的侄儿侄女张郎张妹放出。雷公临走时给了一颗瓜子，叫兄妹俩种下去，待长成的瓜开口时就进瓜里去。雷公在天上发大水淹没了人间，只有张郎张妹躲进瓜里得以生存，后来结婚繁衍了人类。新中国成立前，龙胜苗族保留有盘古庙，名叫古唐庙。每年农历九月二十七日为古唐节，各家携带酒菜、糯米饭于半夜集体去庙祭盘古，路人经过可进去喝酒。

侗族崇奉女始祖神达摩娘娘。桂北每个侗族村寨中央均建有占地一丈见方的“萨坛”，或称“先母坛”，这就是祭祀始祖母达摩娘娘的地方。有的地方在坛前又修建一座祠堂庙宇，称达摩宫或圣母祠。数个村寨还共有一座“外家庙”。三江侗族传说“萨堂”原名“杏妮”，意即仙女。“杏妮”的妈妈梦见星子坠落屋面，一位老婆婆牵一位仙女进屋而怀孕生下她。她自幼聪明，能歌善舞，力气过人。她因受财主迫害亡命外乡，后来与一位相爱的后生结婚传下后代，获得龙王赠给的宝剑，带领人民与财主作斗争，最后英勇牺牲。龙胜侗族传说她是三国时七十二洞之王孟获的第九个妻子，名“孟婆”。孟获投降了诸葛亮，而孟婆却率领父老姐妹东迁来到龙胜山区居住。又传说她给侗族创造了侗书，传播各种知识。侗族视达摩娘娘为始祖母、民族英雄，世世代代纪念她，每到农历正月初八、十月初八及“祖母”生日，每月初二、十二、二十二，全村寨妇女都要定期祭祀。

仫佬族立有三皇庙，祀盘古、伏羲、神农、女娲，认为这些是各民族的共同始祖。新中国成立前有一定祭仪。

2. 祖先神

历史上广西各民族习俗认为，祖先在世时有养育儿孙之恩，死后神灵对儿孙后代是善良的，是保护家人的，故崇拜祖先神重于崇拜其他神灵。

壮族每户干栏厅堂的正中板壁跟前，立着一个高约五尺的长条形神台，神台下为八仙桌，是放祭祖供品的地方，往上是神龛，壁上书贴“某门历代宗亲考妣之神位”，下方摆一个陶瓷香炉，这是祭祀祖先的地方。老人过世后，在为其举行隆重的丧礼、葬礼时，在家中神台下的四方高桌上立起死者灵位。天天供奉，直到三年届满，烧掉灵位，列入历代家先神位，享受正常祭祀。在大新县的一些地方，人们认为人死后灵魂三代不离家，五代以后转至房屋檐下，九代以后才离家，但不离村。故每家在墙壁中留有祖先神灵出入的通道，从门侧直通神龛。

汉族于堂屋正上方设祖先神台，书写历代祖先神位。大姓多建有宗祠，将本姓同宗共族各户列代祖先供奉于内。死者无后，也能享受同房后代的香火。水上居民在船上设祖先灵位，每逢出海或船行险滩，都焚香礼拜。

瑶族（盘瑶、山子瑶）相信人有三个灵魂。死后一个灵魂在墓地里，一个在家，一个回到扬州洞与祖先生活在一起。历史上瑶族在游耕生活中，只要选定了临时住地，在修建起的草房、泥屋中，亦要设立祖先神位，随时烧香供奉。一旦迁徙，不忘把祖先香炉带走。南丹县大瑶寨瑶族（白裤瑶）家中不设祖先神台，但有祭祖活动。

苗族认为人有三个魂，死后一个守坟，一个守神龛，一个随人流动，保佑子孙平安清吉。融水元宝寨苗族以火塘中铁制三脚灶为祖先神位，芙蓉苗族各姓都建有庙，如大龙家庙、小龙家庙、陈家庙、黄家庙、李家庙等，各姓有不同的祭祀节日。拉鼓祭即其祭祀共同祖先的盛大仪式。

侗族认为，人死之后，其魂魄要返回故乡，到所谓“高正鹅安”、“岑阳抗蛮”、“半边河水清，半边河水浊”的地方去寻其故祖。死者在阴界能保佑阳间的人，保佑子孙昌盛富贵。每户人家立有祖先神龛，大姓还立有宗祠。

仫佬族祖先神位安在每户厅堂正中的神楼上。大姓人家建有宗祠，重视祭祀宗族远祖。

毛南族习俗，凡男 33 岁、女 42 岁以上属正常死亡，其阴灵都列入家仙，要为其举行丧葬礼。祖先灵位设于厅堂正中靠后的墙壁上，日常祭祖活动在此举行。

京族相信人死后灵魂仍在。每家设有祖先灵位，供奉本家祖先。每村有“哈亭”敬奉各姓祖先牌位及其他共同崇奉的神像。

彝族习俗认为，人死后就到了阴间生活。祖先神位安置在住房中室中部显著的地方。神位上托着一块木板，为置放香炉、纸钱和祭品处，上书“某氏宗亲之神位”，逢年节不忘祭祀。

水族在堂屋贴着祖先神位纸幅，神位下端放一块搁板，板下放桌子，日常在此向祖先供奉香火，每年七月半及九月九水年为其祭祖大节。

仡佬族祖先神台安置在厅堂里，堂屋不乱放杂物，神台忌摆放其他东西，更不能乱摆辣椒，否则认为是对祖先极大不敬。

新中国成立后，各民族祖先崇拜观念逐渐淡化。20 世纪 50 年代末至 70 年代，不少地方停止家中年节祭祖活动，新建房子不再设祖先神位。进入80年代后，一些地方重设祖先神位，恢复祭祖活动。

3. 守护神

广西各民族历史上崇拜各种家庭守护神和地方守护神。有的守护神是各民族共同崇拜的，有的守护神崇拜则带有浓厚的地方色彩和民族色彩。

新中国成立前，壮族普遍崇奉的守护神有城隍、神农、社王、土地、关帝、北帝、三界、花婆等，尤以社王、土地、关帝、三界、花婆为最普遍。清末民初，各地皆建有庙宇．塑像供奉。关帝即三国关羽，为战神，北帝即北府帝君，又称北府令公，为道教镇邪之神，民间认为，敬此二神可驱除一切邪魔，祀之颇勤谨。三界即冯三界，名克利，旧志记其为明代贵县人，祖籍浙江山阴。生而有异相，好读书参禅。明嘉靖七年（1528年），王守仁征大藤峡曾参赞军务，后隐迹贵县北山，遇仙人授无缝天衣云游得道，被敕封为“游天得道三界圣爷”，羽化于苍梧。民间传说此神十分灵验，有求必应。此神喜欢吃牛肉，各地均建庙祭祀，每逢天灾人祸，备牛肉上庙祭拜，求其消灾降福。花婆为求子之神，又称为花林圣母婆王，或称花王。传说此神原很凶恶，爱吃人间小孩，后被观音关其子于鳌山，后醒悟得道，专管花山，为人间授子。新中国成立前，壮族地区建有庙宇，有的将其神位立在卧室床头，俗称床头神。此神不但壮族信，部分瑶、仫佬、毛南族群众也信。妇女婚后无子者，向其进香求子，生子人家向其酬谢。

各地壮族还分别以莫一大王、甘王、马伏波、刘大娘、刘猛、侬智高、班夫人、陈宏谋为地方守护神。莫一大王在桂北、桂西既被视为祖先神，又以之为地方保护神。甘王，据民国《象县志》载为甘陆、甘田叔侄，南朝刘宋时人，生于象州县大樟乡古车村。相传他们有法术和神力，替南朝皇帝出过力，曾获宋、元、明三代封号，称“南朝甘王”，主要为象州、武宣、金秀一带壮族信奉，居住在这一带的汉族、瑶族也信奉。民间立有甘王庙，供有塑像，三族师公经书有关于他的神唱。据认为他有功于民，凡村中发生瘟疫或禾苗不好，经卜卦问出触犯了甘王，就要祭祀他，甚或抬神像出游。马伏波即汉代马援，因征交趾有功而被奉为神。广西横县、贵县、玉林及钦州、防城、宁明、龙州等地均有他的庙。刘大娘传为刘三姐的大姐，刘猛为长兄。传说刘猛能治蝗虫，被封为将军，二姐出游天下，三妹唱歌得道，大娘在家奉侍双亲，父母死后，去容山礼佛修行，终于得道，亦能治虫，故当地壮、汉、瑶各族奉其为治蝗护禾之神。禾苗发生虫灾，便要抬其兄妹神像出游。侬智高为宋代壮族头领，曾起兵反宋，民间多流传其神武故事。主要为桂南一带壮族崇奉，南宁、宾阳、武鸣、马山等地过去建有庙宇。班夫人相传为东汉时人，生于凭祥州班村（今下柳村），曾蓄粟数年解马援军粮告匮的困厄，褒授太尉一品夫人，死后常显灵异，主要为左江上游一带壮族崇奉。陈宏谋为清乾隆朝宰相，广西临桂人，桂北、桂中一带壮、瑶、仫佬族盛传其在朝做官时，曾为广西请命，减免粮赋及贡宫女。他有功德于民，死后被奉为地方守护神，各地皆立有庙宇。

汉族所祀保护神以社王、城隍、土地、财神、灶神、门神、关圣等最普遍。社王、土地神几乎村村皆立庙奉祀。灶神、门神家家供奉。做生意的人家重视供奉财神。孔圣、关圣、城隍几乎每个城镇都立有庙。工匠崇奉鲁班。船民和渔民崇奉天后。据旧志记载及民间传闻，天后为福建莆田林氏女，卒后屡显灵于海上，元代至元中封天妃神号，清康熙间加封为天后。清代至民国年间，钦州、玉林、梧州、桂林各地多建有天后宫或称妈祖庙，渔民奉祀尤勤。此外，桂林清代有三先生祠，祀宋周先生及三程三学士，梧州有三功祠祀路伏波、马伏波、狄青，南宁有三公祠祀宋狄青、孙沔、余靖。

在瑶族的观念里，盘王不仅是始祖神，也是家庭守护神和地方守护神。除盘王外，瑶族普遍敬奉令公为家庭、地方守护神。恭城栗木瑶族（平地瑶）祠堂中供奉令公神位。令公一说为唐李靖，一说为北府令公。金秀大瑶山瑶族称令公为北府令公李社王。传说他一生下来头发就白了，父母以为是怪物，将他丢进牛栏任牛踩死，被牛和着草吞进肚里，后来杀牛剖腹，发现他端坐在牛肚子里，已化作一块石头，父母又将他丢到荒山野岭。在山上，野兽不伤害他，反而喂奶给他吃。玉帝知道他有神灵，派他作社王，专门管五谷六畜。因此，瑶族敬他为地方守护神。十万大山瑶族（山子瑶）每家敬一位家神，或盘王，或令公、帝母、雷王、玉帝。经师公卜卦，认为哪一位合适，就敬哪一位。逢年节或遇家庭不安，均烧香纸祭神，求其显灵保佑，消灾降福。此外，瑶族亦供奉土地、灶君、门神、财神等为家神。兴安、全州、灌阳、龙胜一带瑶族，将观音老母、赵公元帅立于自家的神龛上。金秀瑶族，除奉三界、陈宏谋、刘大娘、甘王为地方守护神外，还奉某姓开山祖为守护神。他们的神庙中立有陶五、刘金相、苏六、胡公度、苏灵公等神位，即瑶族开山祖，各支系均奉为守护神。都安、大化瑶族崇奉雷王、三界为地方守护神。传说“三界”为三兄弟，大哥叫“阿青”、二哥叫“罗庚”，三弟叫“舒野”。人们认为三界操纵幸运和厄运。祭“阿青”要杀水牛，祭“罗庚”要杀黄牛，祭“舒野”要杀鸡。

苗族除在家庭及村寨各处设土地神位，奉为家庭、地方守护神外，桂北融水等地的苗族又奉床头婆、寨头神为家庭和地方守护神。床头婆亦即花神，主管生育，每户皆在床头立神位，求她保佑妇女多生育，并保佑小孩生长。寨头神名“何家爹”，据说何姓最先开辟苗族山区，后来全姓人死绝，其余各姓便奉之为神。布弄苗族一年四季各个季节都要祭祀它，张家苗族敬“寨头”多在五月初五。“寨头”神坛设在每个村寨旁边，用石头砌成，高约五尺，直径八尺至一丈。在坛内埋下两个瓦罐，罐里放水，认为是神水，有保护全寨人畜两旺的作用。每隔几年，请道士换水。杀猪买酒，出米做饭，隆重祭祀。

侗族以孟公、飞山神、三王为地方保护神。孟公相传为三国时孟获，其神庙多设于山坳，庙内立木雕神像，彪形、红脸，上身赤膊，手持斧头。凡伐木、开荒种地，皆烧香化纸祭祀。过往行人叩头作揖，祈求保佑安全。飞山神相传为宋代的杨继业，有神庙设于寨旁，砖木结构，内供木雕金粉神像。凡地方上众人求雨、驱瘟，都要请师公设醮祭庙。三王庙祀汉代夜郎王之第三子，此神不仅侗族崇奉，其他民族亦崇奉。三江平等、广南侗族又建有南岳庙，供奉五岳神。

仫佬族以社王、婆王、土主为地方保护神，以灶君、土地为家神。社王，仫佬族称罗仰大王，每村都立庙；婆王称圣母，每村亦立庙。庙内立有三个木雕神像：一个拿笔“判官”，专管生死簿，一个抱子娘娘，一个喂奶的乳娘。仫佬族认为婆王专管生育大事，每年三月初三为婆王诞期，到时全村集体去拜祭。仫佬族每村建有土主庙，据说土主是一村之主，管全村的事，逢年节各家备酒肉去敬。此外，罗城县城和章罗乡仫佬族以白马娘娘为地方守护神。新中国成立前县城东门立有白马庙，香火很盛，新中国成立后庙已毁。大银村、大梧村仫佬族则敬拜英王罗大，下里乡信吴平大王。传说英王罗大和吴平大王有神奇的法术，能挥鞭赶山，又能点草成兵，曾起兵反抗朝廷，后因其母亲嘴多破了他的法术，被杀害。新中国成立前村旁建有罗大庙供奉其本人神像及其母亲神像。过去用猪肉供奉英王，用猪粪祭他母亲，以表示对英王的敬仰，对其母亲“多嘴”的愤慨。章罗乡、大新乡信仰陈宏谋（陈都督），中石乡信吕蒙正，大新乡信仰伯公（专管六畜）。章罗乡信陈宏谋，其陈都庙内不仅祭陈都督，还祀欧都、覃都、何都，均是骑马木像。新中国成立后破除迷信，仫佬族已不信仰地方保护神，神庙多已拆毁或改作他用。

毛南族普遍信仰门神、灶神、财神、三界公爷、婆王、雷王、观音为家庭保护神，尤以信仰三界公爷为甚。婆王又称万岁娘娘，或称圣母。毛南族传说她是三界公爷的妻子，专管生男育女，并保护小孩平安，求子的人要拜它。雷王，毛南族又叫“闻太师”，是封神榜上扶助纣王的大将。以上这些神都写在一张红纸上，贴在家中神龛里。毛南族还普遍敬蒙官、莫六官、李广将军等为地方保护神。

京族信仰白龙镇海大王、土地、鱼伯公、花婆为地方守护神，立有庙宇。农耕或出海作业，举行祭仪。

水族以灶王、房门婆、观世音、门坎神为家庭守护神，以三界公爷、土地为地方守护神。做生意的人拜财神，猎人拜梅山神为保护神。

新中国成立后，破除迷信，除少数边远山区的人们观念上还保留着对守护神的迷信外，大多数地方已不再相信有什么保护神。各地民间庙宇有的拆毁，有的挪作他用，有的日久坍塌。但80年代中期有的地方又重建庙宇，恢复对地方守护神的迷信。

4. 天神

广西一些民族历史上崇奉天神，并以天与地配合，俗称“天公地母”，视为造物主。壮、汉、瑶族家庭神龛上，往往写有“天地君亲师之神位”，把天神写在最头位，表示对天神的敬意。民间遇有大不幸，或户主之间发生严重争执，往往呼天喊地，对天赌咒发誓，亦即对天神的崇敬。

壮、汉、瑶、苗、仫佬、毛南、京族受道教影响，道教三十六天的说法在民间流传。人们认为“大罗天”是最高天界，大罗天之下又有三清天，住着三清尊神。民间打斋作醮，要挂三清像。三清之外，还崇拜玉皇大帝，认为它是执掌天界的大神，相当于人间的皇帝。新中国成立前，桂北、桂东南各县、乡所在地，多建有玉皇庙，或称玉皇阁。遇节庆，香火不断。受佛教影响的地方，则以如来、观音为天神，信观音尤为普遍。桂北、桂东各地城乡普遍立有观音庙或观音阁，妇女以之为求子之神，无子者向其烧香许愿求子，得子后必向其还愿。

新中国成立后，人们在实践中逐渐树立人定胜天的信念，对天神的迷信已基本破除。

## 二、俗信行为

广西各民族历史上迷信巫术和占卜。古人首先是从鬼灵观念中产生各种前兆迷信，继而从前兆迷信中产生各种巫术和占卜术。与占卜并行的还有降神一法，在各民族中亦颇风行。有巫术即有巫师。至于风水堪舆、看相算命，乃汉族传袭的迷信习俗，广西少数民族亦颇受影响。新中国成立后破除迷信，各种巫术及占卜相命、风水堪舆之俗逐渐减少。

（一）占卜

1. 占卜

**鸡卜**　壮族古代用鸡卜。《史记·孝武本记》载："乃令越巫立越祝祠……而以鸡卜"。新中国成立前，田林县壮族预测年成丰歉、季节晴雨、家人吉凶祸福用鸡骨卜。清末至民国时期，那坡县城厢镇行商及军人预测吉凶祸福，平民百姓除夕夜卜来年丰歉，也用鸡卜。

汉族也相信鸡卜。新中国成立前，钦州汉族人得病，在门口吊一只鸡脚，观看鸡脚随天时发生的颜色变化以卜吉凶，俗称"卜鸡凶"。某人命不好，俗云这人"鸡脚不好"。

新中国成立前，十万大山瑶族（山子瑶）推选"村老"，将杀好洗干净的鸡放入锅内煮熟，以鸡爪是否蜷缩决定某人能否当选。如鸡爪蜷缩，则认为某人为神鬼信任，可充"村老"之职，否则另卜选一人，直到选中为止。

**蛋卜**　唐段公路《北户录》："邕州之南，有善行术者，取鸡卵墨画祝而煮之，剖为二片以验其黄，然后决嫌疑定祸福"。新中国成立前，河池、南丹、都安、马山、田林、平果等地壮、瑶、苗族仍惯用蛋卜以决吉凶祸福。都安、马山等地瑶族用掷鸡蛋的方法选择墓地。一人以蛋掷地，如蛋破损则认为是吉地，否则另择地安葬，至今仍用蛋卜选择墓地。

**米卜**　壮、侗、苗族用米卜吉凶，俗称占米卦。壮、侗族占米卦，所用物品有香、楮、钱、米、水盆诸种。问病者年龄及得病时日，焚香化纸，口念咒语，取米掷入水中，视米入水后所成之形状而定其所犯神鬼。

**占年**　宋周去非《岭外代答》载："獠（僚）在右江溪峒之外……岁首以土杯十二贮水，随辰位布列，郎火祷焉。经夕，集众往观，若寅有水而卯涸，则知正月雨二月旱，自以不差。"新中国成立前，武鸣县等地壮族用12只小酒杯装满水排列在神龛上，隔夜观看各杯水盈亏情况以定新年各月晴雨。新中国成立后，由于经济发展和生活水平提高，人们喜欢在过年时买来12个大鞭炮，到交更时逐一排列点放，或买一串夹有12个大鞭炮的爆竹点放，以讨新年各月吉利。

**香卜**　十万大山瑶族用燃烧香的方法卜选"村老"。原村老或巫师在初步筛选出的若干位候选人背后地上同时为每人点燃一根香，以谁的香先燃尽为当选。

此外，广西有的地方还行水卜、秤锤卜、棍卜、芭芒卜、著卜、牛卜等。

2. 降神

史籍记载广西有降神一法，亦属原始巫卜的残留。各民族社会发展不同，降神的称谓和做法不尽一样。

新中国成立前壮族信行降神问鬼的占卜活动。一个正常人在正常活动中突然昏过去，躺在地上，用村上某一死去不久的人的身份和口吻说话，诉说生前未能忘怀的事或自己的冤屈，有时代传亲人嘱托，即称为"降"。被"降"者有男有女，迷信者对被"降"者的话信以为真，与之答话，接受死者的嘱托，或以好言安慰。

汉族称降神为"问仙"。新中国成立前，遇到疾病、瘟疫流行，医药不能救治或无钱医治时，迷信鬼神的人往往求助神灵，请仙婆卜问触犯何鬼何神。仙婆在某处庙中或在自家摆设"仙坛"，求仙者来到仙坛处，献上香纸利物。仙婆整装端坐坛前，手持纸扇，口唱呓语，眼微闭，称作“上桥”，突然牙齿一咬，唱起歌来，称神已附身，接着便问求仙者求何神、问何事，边问边答，代某神某鬼讲话。上述迷信活动在新中国成立后已破除，但80年代以后又有所恢复。

瑶族称降神为降童。新中国成立前，十万大山瑶族（大板瑶）降神俗称“跳童”，其俗除生大病需杀一只鸡请巫师跳童问神外，如某家有人病，到了过年还不好，亦需请巫师跳童，以便赶鬼过年，否则认为不吉。当地自称“金门”的瑶族将降神称为“那曼”，意即“问鬼”。若有人病情严重，请大巫降神。巫师问清事主要卜的事项后，取一点米放在桌上，烧香，然后躺在床上，口中念念有词，进入昏迷状态，一一查问事主列代家先，乃至盘王、玉皇、东西南北山鬼，看是什么鬼神作祟，问清后告诉事主，并说明需用什么东西（猪或鸡）送鬼。

新中国成立前，苗族如遇凶年，疾病流行，认为是坏了龙神，需招鬼师“放阴”，又称“放马”。鬼师用衣服蒙面，木香薰之，达全身，腿颤动，忽而跑到一定地点，以剑指该处坏了龙神，该处主人得负担筹措牲畜为村寨安神。

新中国成立前，侗族家里有人病，请巫婆“杠同”。巫婆作法，到阴间去查看“花木”是否遭虫蛀。红花代表女性，白花代表男性，如查出红花遭虫蛀，则女的有难，如白花遭虫蛀，则男的有难，据此判断吉凶。

新中国成立前，仫佬族有人病或遇到疑难，就带一筒米、一些钱和香纸到娅敬（巫婆）的神案前，将钱、米放在神案前地上的木盆中，烧香纸。娅敬用青布遮脸，问“有事无事”、“有事何名”，事主通报姓名及所求之事后，娅敬作法，扮作事主祖先鬼魂附身，向事主详问情由，然后据情判断触犯何神，指示禳解办法。

新中国成立前，京族村里某家若遇猪不饮水、人有疾病、渔业失收，请降生童降神。降生童来到事主家，立在神位前，手持方形木印，边敲台桌边念咒，头向左右摇摆，踏足捶胸，再以一根长约二尺的铁棍，作法使之横穿过两颊，自称神已降身，可替事主解答疑难。

3. 求签打卦

**求签** 新中国成立前，广西各地较出名的庙宇的神案前置有签筒，筒内有竹签百来支，每支编有号，每号有歌诀评语，详载于签簿中。清末民初，求签之风最盛。每年春节自初二至十五，以及七月十五、八月十六，远近香客尤其是城镇及郊区妇女，相约结伴，先斋戒一日，设备香烛、果糍饼，到庙求签。人来人往，络绎不绝。有的庙宇，爰求签者以小封包酬谢。多设签筒，筒内之签有1200支，分上中下三等。评者列坐，求者拥挤。迷信命运的人求得好签，盲目高兴，坐等好事到来；求得下签则垂头丧气，甚至忧郁成疾。新中国成立后破除迷信，许多人不再求签。进入80年代，一些地方按政策修复了一些庙宇，有人利用部分群众的迷信思想，设签筒让人求签，骗钱害人。

**打八卦** 新中国成立前，各族民间关亡择吉问休咎，多请师公、道公打卦。卜卦时，师公、道公口念咒语，将两片卦爻合拢，抛之于地，然后观看两张卦片朝里还是朝外。每次打卦须打足三次，然后根据卦数推断吉凶祸福，俗称“打八卦”。现在请师公、道公打卦决疑的人已不多，但人们迷信卦爻的观念并没有完全破除。

4. 择吉

新中国成立前，迷信思想较浓厚的人，无论婚丧嫁娶、破土动工、出门远行，都讲究选择吉日，避开凶日。壮、汉族一般请师公、道公或巫婆、神汉，根据天干地支对应收开建除满平定等来择定吉日吉时吉辰；识字懂推算的人，也有的自己查看《通书》之类历书来选择吉日。瑶族等其他少数民族，有的请道公、巫婆择吉，有的看《通书》或《杂粮书》、《游乡书》择吉。新中国成立后破除迷信，请道公、巫婆择吉的人有所减少，但人们办事求个吉利的思想根深蒂固，现在结婚、起屋、迁新居、下葬讲究择吉而行的仍有人在。

（二）风水相命

看风水（堪舆）、算命、看相、打流年，本是汉族历史上传袭的迷信习俗，广西少数民族也深受影响。

1. 看风水

新中国成立前，壮族普遍迷信风水，建房、下葬多请地理风水先生择地测向。俗有“住宅定平安，坟山出官郎”之说，相信选中左青龙右白虎的地方，世代出文武官员；选中龙穴财源昌盛，子孙满堂。现在农村还有一部分人相信龙脉，公开半公开地请风水先生择基相宅。

汉族千百年来，无论官方民间均多迷信风水，把子孙发达、家业兴旺寄托在祖坟、屋宅的地理风水上。清至民国时期，桂东城乡汉族巨家富室和官宦人家，往往不惜重金聘请堪舆家择基相宅。甚至老人未死已经选好坟山，做好“封基”。贫者之家也要就近请地理风水先生择地下葬，希冀儿孙后代能发达昌盛。地理风水先生点子也多，建房、迁居、择坟迁葬，说阴阳，道五行，花言巧语。常有些人专为别人看风水找宝地，骗取钱物，有的甚至开摊设挡招揽生意。

瑶族在建房子时，接近汉族地区的瑶族，一般请地理风水先生看风水，远离汉族地区的瑶族请本族师公或道公选择吉地吉日。安葬出殡前需请阴阳先生择定墓地。自称布努的瑶族，如果死者生前选定坟场，已告知子女，可遵遗嘱办理；若未定，则由巫公用掷鸡蛋的办法来选择。操勉语的瑶族选不到吉地不下葬，遇迁徙，则将遗体火化，拾骨灰若干装入金坛，随家迁徙，到新地方再择地安葬。

苗族历史上实行崖葬、洞葬，有公共墓地，不信风水之说。进入民国后，洞葬之风渐熄，土葬之风渐兴。迷信风水者，一般没有集体坟山，而请堪舆先生卜地而葬；不信风水者，仍埋在集体坟山里。龙胜苗族一般相信风水，有本族堪舆师，葬前要请阴阳先生看风水，择地安葬；葬后家境不顺，还要改葬。融水安泰乡苗族迷信风水，根据山脉、山向、水沟定坟墓吉凶。

新中国成立前，侗族民间流传有“山山有风水，处处有鬼神”的俗语。凡迁葬、起房子，都要请风水先生，认为地灵人杰，如葬对真龙，子孙就聪明伶俐，富贵双全。新中国成立后，破除迷信，在兴修水利中，挖迁坟山，抗旱得丰收，人们的观念有了改变，但未彻底破除。

新中国成立前，仫佬族对风水的迷信甚深，不但每一座房屋须有吉利的坐向，就是整个村落的坐向，都经过一定的选择。起屋，则打基、下脚、定门及砌墙结尾的年月日时，都经过堪舆者择定，并与坐向配合。下葬，则墓坑方向和下葬年月均须吉利，否则将棺浅厝，或于坡地搭棚安厝，待择定吉地吉时，方下坑掩埋。葬后如家境不顺吉，便认为是祖坟风水不好，又请堪舆者另择吉地，移棺或拾骨再葬。有的仫佬族人家，老人未死前已找好葬地，认为这样死后不必担心阴灵没有好住所。新中国成立后，仫佬族的风水观念逐渐淡薄，但未完全破除。

新中国成立前，毛南族村后留有“风水林”，严禁砍伐。兴建房屋前，要请风水先生择定吉地。老人死后，也要在地理先生看好墓穴方位和埋葬日期后，方出殡埋葬。葬后若遇灾年或家人患病，便认为葬地风水不好，使死者不得安宁，故折腾家人，为此须另择吉地重葬；或迁至家族公共坟山埋葬，使之与祖宗团聚。有的富有人家，生前便已鸠工墓室。

新中国成立前，京族老人死后，要请师傅选择出殡时辰和埋葬地点，若因葬地不好，满三年后，到重阳节那天才能开坟拾骨，择好吉日再葬，俗称“复拾葬”。

2. 相命

新中国成立前，广西民间有人专门从事看相、算命的职业，其中不少人是江湖术士；还有些盲人、跛脚者因丧失谋生能力，为活命而被迫操此行业。他们的骗术颇多，但相信的人也不少。

新中国成立前，壮族有看相、算命的迷信风俗。求看相者多是些做生意或当官的人，为了预知自己的财运、官运，不惜花费钱财。农民很少看相，但迷信算命。生有男孩的人家，做父母的都希望孩子长生保命，将来谋事顺遂，多请道公算命。道公根据小孩年庚（出生年月日时）推算“八字”，查吉凶祸福，俗称“算八字”。有些山村农民请道公“秤命”。道公根据孩子的出生年庚查对书本，查出值几斤几两几钱几分，再查和数的解释，活多少岁，聪明或迟钝，富贵或贫穷。如命带灾星，就请道公另择吉日，为之禳解。

新中国成立前，汉族无论城市乡村，请人看相、算命较普遍，专门从事看相、算命的人几乎各地皆有。最有名的有所谓“竹林相士”和算命先生“方七日”。“竹林相士”根据人的五官、脸谱、气色、掌纹、痣位、毛发乃至言语、行走、饮食爱好等，判断寿夭贵贱、吉凶祸福，谈起相来，头头是道，很能迷惑有迷信思想的人。“方七日”不仅“算八字”，还大批流年，将人的一生，自出生至死亡，一切祸福用白纸写明。城里有的人对看相、算命迷信颇深。有钱人家请算命先生批流年，或请相士看相、观气色，预测一生吉凶祸福，是否能升官发财。有人相信三世书和麻雀叮牌。所谓三世书，即用自己的出生年月日时查对书上所示及图，认为这样能知前世、今世和来世的事情；麻雀叮牌，即由术者持有彩色图案的纸牌，让求相术者用带来的笼中雀鸟叼出，以预测自己所求命运等。有人相信相骨术，请相骨先生（多是盲人）替自己摸骨相命。还有人相信扶乩、碟仙者为人求神问卜，圆梦解梦，释心惊肉跳，决疑难，判吉凶。乡间盛行算命、批八字。凡生小孩的人家，请八字先生将初生婴儿的出生年月日时写出，交父母收藏，以为将来合婚、测命之用。男孩多请算命先生按出生年月日时推算八字，确定一生祸福及寿数。如命有灾难，算命先生就告诉主人采取预防措施，或寄名或寄寿，以求保佑。

部分接近汉、壮族地区的瑶族，小孩出生后，有请师公、道公或地理先生写年庚八字、算命的习俗。

新中国成立前，侗族相信命运，欲知一生祸福，多请人看相、算命。但侗族无相命术师，多请外地术师看相算命。

仫佬、毛南、京、水、仡佬等民族在新中国成立前也有宿命论思想，凡生了孩子，都习惯请道公写下年庚八字，生男孩的人家，一般还要请道公进一步推算八字，查吉凶祸福，并采取预防措施。仫佬、毛南族妇女怀孕期间，要请道公算命，如算出命定难产，或命中克子，就要请鬼师作法事，求神禳鬼，保佑产妇生产顺利，小孩平安。

新中国成立后，广西各民族经过破除迷信，建设社会主义精神文明，请术师看相、算命的迷信陋习已逐渐克服，但相信命运的思想迄今尚未彻底破除。进入 80 年代，又有些人在城镇摆摊行业，为人测字、算命、看相，非法刊印、贩卖迷信书籍，近年有的甚至利用电子游戏机具算命。经政府屡次教育查禁，已有所敛迹。

（三）巫师

巫师自称是沟通人鬼的使者。汉魏以来，中原及一些边疆地区兴起了道教、佛教，唯广西多信巫觋，仍留古意。近代社会进步，迷信巫觋之风逐渐减少，但并未彻底改变。

1. 巫婆

壮族巫婆壮语叫“娅敬”，汉语称“禁婆”、“仙婆”。巫婆自称能沟通阴阳两界，卜吉凶，问鬼神，跳鬼治病。她们单独活动，能说会道，善于察言观色，而且多是民歌高手。她们在做巫婆前必须经历过一场不小的病，病中胡言乱语地唱歌，醒过来经过拜香火，即成为巫婆。降神时装成鬼神附身，口中喃喃呢呢地唱着民歌，代事主死去的亲人说话。壮族历史上以女巫为主，至新中国成立前女巫仍不少。旧桂系时期曾征收“巫道捐”允许营业。民国十六年（1927 年）后严禁巫道活动，但无效果。一般迷信的人尤其是妇女，多喜欢找女巫降神驱鬼。巫婆从中得到收入，成为一种职业。天等县每年正月初二至十五，年轻妇女还结伴请巫婆唱燕（燕调轻快，为青年妇女专唱）或唱巫，每唱一次，需送较多的钱和布、米、肉、蛋等物。

汉族称女巫为“仙婆”。迷信者有病延医无效，或竟不延医服药，多不惜花钱“问仙”做道。妇女不孕或只生女孩不生男孩，也请仙婆“换花盆”。清至民国间，此风最盛。

都安、大化等地瑶族称女巫为“触陀”。新中国成立前，“触陀”被认为是沟通人神的中介。传说在很久以前，没有“触陀”，“密洛陀”的喜怒哀乐是靠显灵来表示的。后来有一天，人们正在地里劳动，突然看见一位孤寡老妇人走出房子，纵身一跳，坐到芭蕉叶子上，接着又站起来，在树梢上来回走动，快步如飞，一会儿到这个山头，一会儿到那个山头。人们感到奇怪，当进到她的房子里时，又见她坐在火灶边，浑身发抖。她自称得女神“密洛陀”神灵附体，可以随风行走，看得见鬼神，知道阴间各种差事，还说“密洛陀”告诉她，死后只许她将此巫术传给三个妇人。她因此远近闻名，人们称她为“触陀”，常请她问神。她死后将巫术传给三个妇女，这三个妇女死后又各自传给了三个人，如此代代相传。“触陀”受到人们特别的尊敬，认为人间一切祸福均与之有关，如遇疑难欲求原因及解救办法，即请“触陀”问神。由于“密洛陀”的生日是农历五月二十九日，人们遂认为单月单日求神最灵验。每逢单月单日，往往从早到晚，求神的人络绎不绝。“触陀”在这天往往整天忙碌，但平常不脱离生产劳动。

仫佬族称巫婆为“娅敬”，又称“巴娅”，意即“布婆”，因其发迷问神时，须以布蒙头，故名。巫婆的产生不由师徒相传，而传说是有“神”自来附体。新中国成立前，罗城物华乡有些村屯，每当中秋节前后，本地女青年经常做催眠的玩意。在明月当空的晚上，众多女青年围着一个女青年，用布巾把她的头盖起来，然后围着她唱“娅敬”歌，唱得她晕头转向、胡言乱语的时候，便认为是“仙姑”附身了，于是人们开始向她卜问吉凶，久而久之，被捉弄的女青年有的便成为巫婆。过去，仫佬族有的人很信“娅敬”的话，有什么疑难都去求她解决。“娅敬”都是本民族妇女，几乎每屯都有一个。

上述各民族巫婆，新中国成立后经土地改革、农业合作化等运动，破除迷信，到六七十年代几乎绝迹。进入80年代，又有一些巫婆恢复活动。

2. 巫公

广西各民族巫公，长期残留于阶级社会中。男巫与女巫不同，他们不但降神，而且善于占卜，还声言能驱鬼治病，往往又是部落、村社头人。宋周去非《岭外代答》说：“广西凌铁为变，邓运使擒之，盖杀降也。未几，邓卒，若有所棍，广西群巫乃相造妖，且明言日有二新圣：曰邓运使、凌太保，必速祭，不然，疠疫起矣。里巷大谨，结竹粘纸，为轿马旗帜器械，祭之于郊，家出一鸡，既祭，人惧而散，巫独携数百鸡以归。因岁岁祠之，巫定例云。”可见古代巫风之盛。男巫一般可分为占卜巫师、赶鬼巫师。

**占卜师**　占卜巫师只占卜不驱鬼，壮、瑶、苗、侗等民族均有，但为数不多。占卜降神的男巫被视为具有特质的人，某人在某次活动中突然昏迷、病倒，口中胡言乱语，即被认为此人要当巫师了。故占卜巫师一般无师承，也无经书，很少有法具。新中国成立后，经过历次运动，破除迷信，占卜师为人降神问鬼已逐渐减少。

**赶鬼巫师**　赶鬼巫师被认为有驱赶鬼神、治病救人的本领。按赶鬼的本领及职别，赶鬼巫师有大小之分。小巫师壮族称“魔公”，瑶族称“习面勉”，即“说鬼人”或“赶鬼公”，苗、侗等族称“鬼师”。小巫师有一些简单的法具和少许经书，常替人做一些招魂、驱鬼、安宅、合婚等法事。没有科仪制度，往往个人单独活动。收费较少，有的甚至不收费，只请吃一餐饭，保留了一些原始色彩。龙州金龙峒壮族称为“波玛”（密公）的一类巫师，专门替人作法“治病”。人若是肚痛或生疮疥，请“密公”来求“密水”，壮族称之为“玛蒙”。清代恩城土州（今属大新县境）地区的巫师，主要从事赶鬼、叫魂、安墓、安桥等活动，不能参与丧葬。防城边境一带勉语支瑶族的“习面露”（说鬼佬）主要是替人喃鬼送鬼。

大巫师壮族称“公旆”，意即“师公”。瑶族称“塞翁”，也即“师公”，苗、侗、仫佬、毛南、水族或称“师公”，或称“鬼师”。彝族统称“毕摩”，又称“摩喃”、“萨喃”。各民族大巫师都从原始宗教的巫觋发展而来，但又不同程度地受到道教的影响。大巫师能举行祭祖、游神、驱疫、上刀山、过火练、下油锅、度戒等大型跳鬼还愿法事，有比较完备的法具和比较系统的经书，有较严格的戒律及科仪规范，并有师承关系。

师公从唐代起就已存在壮族社会中，有师承而无严密组织，可吃荤，可婚配。平常从事农业或其他职业，有人请才去做法事。开坛时挂三宝画像，所奉神祇诸如“唐朝勒封桃源宝山郎娘官家姨妹”、“云霄三十郎君三十郎子”之类。其活动主要是驱鬼、祈鬼，兼为人关亡、择吉、问休咎。有经典，称“壮经”，用壮族土俗字书写，诵时依壮音，多为五字七字韵文，内容多是民间故事和传说、历史地理、天文历象等。师公大多在丧葬、节庆、禳灾等大规模活动中出现，作法时数人不等。

瑶族师公崇奉上清、太清、玉清三天尊，唐、葛、周三元或天、地、水三元三官为最高神，及玉帝、雷王、社王、盘王、婆王、冯官、土地、五谷禾魂、梅山九郎、香火家先诸神。有经书称“瑶经”，皆七字韵文，叫做“神唱”。其职责是为人跳鬼、还愿，兼关亡、择吉、问休咎。有师承，有戒律，禁偷盗、淫邪，不得吃狗肉、蛇肉、龟肉及姜、葱等，但可结婚。平常在家生产，有人请出去作法事时亦需封斋吃素。作法事时，穿花衣，戴花帽，作女人装束，据说从前师公是由女人做的，非如此不能请动鬼神。凡做师公的人，必须先请师父举行“挂灯”仪式，再为之“度戒”，获得师父发给的牒文、印鉴，购置经书、法器、道具，随师父诵经习法，任助手三年五载方出师。新中国成立前，瑶族师公因熟悉本民族历史传统，经常为人们跳鬼治病，受到社会尊重。他们在瑶族社会中享有较高地位，为人做法事能获得一定收入。瑶族学习做师公的人比较多，几乎每村有一两人。

苗、侗、仫佬、毛南、水诸族“鬼师”，又称“梅山道”或“武教”法师。信奉的神祇，所用的经书、道具及师承、仪范与壮、瑶两族大同小异。唯信奉的神中有本民族始祖神和地方神，如苗族的张郎兄妹，侗族的萨神，仫佬族的吴平大王及陈都、欧都，毛南族的三界公爷等。各族经书均用汉字兼或夹以本民族土俗字书写，用汉语或本民族语言念音。仫佬、毛南族木雕面具甚精美。

彝族大巫师“毕摩”被认为是有巫术、能通天管地的人，为寨子主持祭祖、送葬、跳神治病、占卜算命、祭山神土地以及播种、祭田神等仪式。“毕摩”有用彝文写成的经文，俗称“彝经”，并有用36根长约一尺的无节茎“甸竹”组成的巫棒及剑、铃等法具。彝巫可以子孙世袭，也可以传给兄弟。新中国成立前，彝巫因掌握彝经，主持一切喃么仪式，在村寨里享有较高地位。

以上各民族的巫公在新中国成立初期仍然活跃，后来破除迷信，活动逐渐减少，“文化大革命”中几乎绝迹，80年代，有的又恢复活动。

（四）巫术迷信

新中国成立前，广西各民族尚保留着一些原始巫术迷信的流风遗俗。生活中，无论婚丧嫁娶，建房起屋，防病治病，或处理纠纷，均伴随有巫术活动。生产中，耕地、播种、保苗、求雨、养畜、狩猎，无不有巫术的遗迹。有些巫术单独使用，有些巫术结合在祭祀活动中。制敌、放蛊的巫术是原始巫术的一种，民间亦有残留。

新中国成立后，随着科学发达，破除迷信，巫术迷信日趋消失。现在迷信巫术的人已很少，在边远山区尚可发现一些巫术迷信的残迹。

1. 生活中的巫术

新中国成立前，日常生活中残留着的常见的原始巫术迷信，有神判、练关等。

**神判** 新中国成立前，民间有纠纷不能解决，往往诉诸神灵，求神灵作出公正判决，这是一种十分古老的迷信习俗。

横县等地的一些壮、汉族，被人偷了东西，怀疑某人所为或已知某人所为，但又拿不住把柄；或已引起纠纷，争吵不下，陷入僵局，在无可奈何而又极端愤恨的情况下，焚香诅咒。诅咒多在屋外空旷场地或路边进行。新中国成立后，有政府、法院调解民事纠纷，诅咒已不多见。

都安一带瑶族如有偷盗案件或债务、土地纠纷，经族中老人调解不下，原告便诉诸神判。如果双方争端严重，就到“雷庙”前赌咒，称为“赌雷庙”。如果争端不甚严重，又系房族内纠纷，则在本祖宗神位前举行。赌咒分集体、个人两种。某人被偷东西又见不到人赃，就召集附近村人到雷庙赌咒；如有人赃物证但被告不承认，或仅怀疑某人所为，就用个人赌咒的办法。习俗认为，偷盗者必遭神谴，故被告承认赌咒，纠纷即算了结，原告可不向被告索还原物。

南丹县大瑶寨瑶族进行神判时，由头人通知双方神判日期。如被告参加“破补”组织，“破补”成员必开会讨论；假如被告生平老实，为人们所信任，则“破补”派一成员参加神判；如被告为人一向不正派，或本寨发生认为与其有牵连的嫌疑，由被告本人亲自参加神判。神判由庙老、头人和摩公主持。神判过三天三夜后，如被告安然无事，则认为他为人清白，与本案无关，得到社会信任；否则认为神判准确，庙老头人出面代原告索还赃物。神判的费用也需由被告负责。

金秀部分瑶族（茶山瑶）双方因争执山界相持不下，石牌头人无法判决；或判决后一方不服，如谁愿意砍鸡头，则自买鸡三只，到所争山界上，烧化香纸后，对天盟誓诅咒。咒毕，用刀砍断鸡头，将鸡丢去，并不准别人拾来吃，否则认为不灵验。谁砍了鸡头，就可以得到所争的山界。双方争执时，往往只有一方愿意砍鸡头。习俗认为神的裁判是严厉的，谁要是无理，在砍鸡头发誓后会有报应。

金秀部分瑶族（茶山瑶）在发生山界纠纷时，也有的到社庙进行神判。争执的双方把争执山界的泥土各挖一点，拿到社庙去发誓。谁敢拜社，地界就归谁，谓之“进社”。

**练关释罪** 新中国成立前，广西一些民族的迷信者认为，人生前如做事不慎积下种种罪孽未及洗刷，死后到阴间必遭阴司严厉惩罚，或下油锅，或遭斧辟锯子锯，或被罚苦役，困于死狱，不得超生。遇到此类情况即用练关释罪法解之。即由死者的亲人在阳间替死者举行“替罪”的超度仪式。请巫师表演“上刀山”或“过火练”、“下油锅”的节目。意在由亲人（也可由巫师代行）在阳间经受种种生死关口的严酷考验，替死者洗去罪孽，使之脱出苦海，获得超生。这种仪式传袭了古老巫术。新中国成立后，破除迷信，过火练、下油锅已消失，上刀山逐渐演变为武术表演节目。

**杂法** 新中国成立前，钟山、横县等壮、汉族地区有人久病不愈，家人趁人不见将药渣倒在人们必经的路上，让过路人踩踏，认为这样做，过路人可把病带走。小孩换牙，脱落的牙齿不可乱丢，都抛上自家屋顶。老人脱落的牙齿亦如此处理。

龙州金龙峒壮族每逢结婚，须请“密公”来做法事，“密公”先将一些盐放入碗内，将咒语“密”进碗中，煮菜时，将这些盐放在菜内混煮，让新娘吃下；或将咒语“密”进新娘的衣服里，让新娘穿上；或“密”进新娘的脚印里……传说这样做，日后夫妻才能和睦相处，白发到老。环江壮族妇女生小孩后，将胎盘用捡回的粳糯禾草像包小孩一样包起来，不给别人撞见，于深夜绑于村后能结果的大树的东面，形状如同大人背小孩，象征未来生小孩如树木再结果，果实累累，壮语俗称“桃旁”。现在仍流行。

新中国成立前，壮族、仫佬族有的地区有喝交杯酒、对口涎的习俗。有的甚至吃饭时将所有饭菜倒进一锅一盆，共用汤匙舀吃，认为互吃口涎才亲如兄弟。民间又常见母亲嚼饭喂小孩，有的认为吃了妈妈的口涎，小孩日后才听妈妈的话。买猪、买牛、买狗回来，第一次喂食时，习惯吐口涎入饲料中让牲口或狗吃，认为这样做牲口才听人使唤，狗才对主人亲热。

仫佬族定每年四月初八为驱虫日。这天天快亮时，家中老年妇女趁家里人未起床，悄悄打开大门，以备好的一团染色糯米饭并香纸，先供奉祖先，然后用枫树枝抽打，雨帽煽风，将蚊蝇从厅堂内朝大门驱赶出去，再将大门关好，把供神的糯饭团装进一个坛子里加盖密封。意即把蚊蝇关起来，三天后才许揭开。认为经过这样的仪式，日后家中可减少蚊蝇之扰。

以上各种习俗，新中国成立后有的逐渐消失，有的至今犹存。

**辟邪解煞**　广西气候炎热、潮湿，病毒滋生，人易得病。旧社会缺医少药，疫病经常肆虐。缺乏科学知识而又迷信的人，常把疾病的发生归咎于人不小心碰着了邪气或煞气，以致邪魔上身。为防邪气上身、邪魔作怪，民间常沿袭一些古老的辟邪巫术，期望巫术可以辟邪、解煞。左江一带壮族每出远门，妇女手腕上多戴玉器。男子多带小镜子，以期驱毒辟邪，一路平安。崇左、龙州一些地方的壮族认为镜子和金器最辟邪，几乎家家门上都挂一面“照妖镜”，以防邪毒侵袭。出门则多戴金戒指，以防邪毒上身。扶绥县西部一些地方女子出嫁，家人必在其衣襟、鞋子上别上缝衣针，两枚交叉呈十字状，据说这样做新娘在前往夫家的路上能驱邪辟鬼，平安无事。现在，器物辟邪的习俗在左江一些地方还有残留。

桂东北一些地区的壮、汉族妇女凡背小孩出远门，习惯在孩子背带上插上一个茅草结，认为这样可以驱逐守候在隘口、路边的野鬼。百色地区壮族妇女走岔路或过水时，习惯扯一把茅草放到身后的岔路口或水边，认为这样可以隔住路鬼或河鬼，不使其跟踪作祟。现在一些壮族地区还保留上述习俗。

左江一带壮族，逢大年初一，习惯在大门两旁插上桃树枝，以求新年吉祥如意。横县壮族一些妇女还把桃核磨光滑，两边穿洞，将几枚串在一起，缠在裤带上，小孩亦如此，认为这样做可以禁止邪气上身。

武宣壮族习惯在患疳疾的小孩胸前戴上一块猴掌，一般用前掌，前掌弄不到，亦可用后掌代之。迷信者认为，小孩患疳疾是被猴妖捉弄的结果。猴妖若看见猴掌挂于小孩胸前，就会被吓得魂飞魄散而逃，小孩的疳疾即可痊愈。此俗在新中国成立后仍流行，60年代后逐渐消失。

武宣、象州等县壮族认为，婴孩出世三朝、七朝、十二朝，其灵魂易被牛头、马面等阴差拉走，给婴孩戴上银制或铜制的脚锁，可保平安，待小孩长到12岁才卸下，壮族称“丁干”。现在一些偏僻的乡村仍保留此俗。

桂中地区壮、瑶族，凡背小孩渡水、过桥，都要屏住气息丢些钱入沟中、河中，以示向阴间施舍，保佑小孩平安无事。此俗至今仍有流行，背小孩出门的妇女不忘在身上带些零钱（硬币）。

柳江县壮族大人或小孩眼睛突然发热红肿，迷信者认为是犯了“煞”，便叫家人口含清水向患者的眼睛喷去，认为这样可以“解煞”治痛。

武宣县一些壮、汉族地区，凡砖瓦窑、石灰窑点火之前，必杀狗一只（有的只要黑狗），并将狗倒拖着绕窑转一圈，使狗血洒在窑的四周。认为狗血带杀星，能制凶神、驱邪恶，认为不这样做，会出现火路闭塞，窑堂崩塌，或出现“生窑”等意外事故。至今个别地区仍遵行，壮语称作“泼勒马”。

马山、横县的壮族，习惯在距村边不远的往东去的路口，竖一只用石灰岩雕成的像真狗一样大的石狗，石狗四肢埋入地下。认为置石狗于此看守，可防妖怪入村。

平南一些地区的汉族，如一个人在外面遇有不吉利的事，比如出车祸或跌落水沟、粪坑，过后就要到舅父家里吃餐饭，把事情说给舅父知道。舅父会给其一个封包，认为这样可以保证以后身体健康，做事顺利，不再有差错。小孩刚从娘胎出来，身带污秽，如果一个外人到有产妇坐月子的家里去，见了未满月的小孩感到高兴而伸手抱起，那么小孩满月时，主家会给抱过小孩的外人一个封包，以示吉利。

田林县瑶族年初一要给每个孩子一个染成红色的熟鸡蛋，用一个特别的小网袋装着挂在身上，认为这样可以防灾辟邪，孩子会无病无痛，健康成长。

新中国成立前，龙胜广南、包田、独境、地灵等地侗族婴儿出世后，家人要把“包衣”（胎盘）埋在居房正柱脚边，用石压土盖舂紧，认为这样婴孩根深不受邪气惊扰，易养成人。埋“包衣”后，请巫师为婴孩查“关煞”，巫师按婴孩生辰八字测算其成年前何时将遇何煞冲克。到时，家主请巫师“解关煞”，保佑小孩逢凶化吉，又给小孩背上一串铜钱护身挡邪，保其长命。

新中国成立前，龙胜平等、龙坪、平煞等地侗族婴儿满月后，如体弱多病，家人要请巫师以肉酒及剪白纸簇祭祀天上过往神灵，祭毕，把纸簇捆于正屋柱头迎瓦栓处，意为“居高避邪”。此后至小孩成年前，每月初一、十五均需烧斟茶敬祭，以求神灵保佑小孩易养成人。

2. 治病巫术

**招魂** 新中国成立前，民间迷信人有生魂，人若丧魂，病象立生，轻者脸黄肌瘦，不思饮食，重者昏迷。小孩年幼，魂最不易守体。须请巫师或由家人招回灵魂。否则病势加重，生命不保。于是就产生了迷信招魂之俗。

那坡县新街、龙临、渠洋等乡壮族如家中有大人或小孩生病，或在外跌跤，过河不慎掉下水，或在什么地方意外受惊，均被认为会失魂落魄，必须“泼水饭”为之招魂。晚上家中老妇备一杯冷饭、一杯清水、三炷香、几张纸钱、一件患者衣服，盛在米筛中，端到三岔路口或摔跤地点去招魂。

田林农村壮族小孩黄瘦，食欲不振，往往请巫婆施术，先在小孩两手手指刺五针，挤出黄色浓液，抹干，并用黑白两股线绞成一条，在孩子颈项上绕一圈，打个结，然后把小孩的双手腕、双脚踝同样套上线圈，认为这样绑了脖子、捆了手脚，就捆住了夺回来的魂，魂再也不会被夺走了。壮语称作“破番”。

桂东一些汉族小孩受惊发烧，啼哭不止，病家就认为是小孩在何处撞犯何神受惊失魂，必须收回小孩魂魄，谓之“收惊”。

侗族小孩长期精神不振或消化不良、体弱有病，会被认为是失了魂，须请巫师招魂。

仫佬族迷信者认为小孩生病，是魂魄离开身体到外边玩得太远，迷失方向不知归路，须请法师作法喊魂。

以上各种招魂巫术，新中国成立后经教育破除迷信，已大大减少。

**驱鬼** 宋乐史《太平寰宇记》载：“粤人淫祀而尚鬼，病不服药，日事祈祷，视贫富为丰杀。延巫鸣钟铙，跳跃歌舞，结幡焚楮，酾酒椎牛，日夕不休，事毕插柳枝户外，以禁往来。”近代以来，广西各民族跳鬼、驱鬼习俗逐渐减少，但未完全消失。

新中国成立前，平果县乐尧山壮族称送鬼为“送客”。人有病，牛不食草，猪不食销，便要“送客”。

武宣县峒岭、通揽等地壮族，每逢村中发生天灾人祸，如瘟疫流行，头人就请人择吉日，并收集钱粮，置办祭品，举行“祭村”。

德保一些乡村的壮族，如果村里闹传染病，死了一些人，便认为是野鬼集中闹事，于是遵照道公、巫婆的意见，家家青壮年赶制木刀一把，选定“人盛鬼衰”之日，由道公带领，涂上花脸一齐出动，手执木刀，一边发出“赶鬼”的吆喝声，一边挥舞木刀“打鬼”。从村头到村尾，挨家挨户进行搜索。在呼呼嗨嗨的咒骂声中，将“鬼”驱赶至村外深潭深洞，把“鬼”淹死。

新中国成立前，钦州附城各乡壮、汉族每年农历八月初一至月底，多有跳岭头的习俗。每处跳岭头，巫师穿花衣裙，戴鬼面壳，击两头鼓，狂歌跳舞于神前。村中男女于坛前对歌，互相唱和。认为非如此跳岭头，则年不丰稔。

都安等地瑶族，新中国成立前如村里疾病流行，全村各户共同举行“送鬼保村”活动。南丹县瑶族凡遇疾病流行或禽畜遭瘟疫侵袭，庙老头人即主持“洗寨”。村民集中于社庙，魔公喃神毕，各户大扫除，从火灶处直扫到大门口；继而魔公将各户交与的米粒抛撒在寨前道路上，从村内撒至村外，事毕插草标在村外路口，禁人出入。平常两三年举行一次洗寨，认为这样可以防止瘟疫。

隆林苗族如家里有人病危，巫公认为是父母或祖父母死了很久，现在回来要牛，便要许愿杀牛。民国时期，融水苗族规定对发生火警的一家，要罚七只、九只至十三只鸡或鸭，用来清寨，祭火神，驱火鬼。此外，每年农历八月，秋高气爽，容易发生火灾，苗族习惯于这时由村寨负担清一次寨。

新中国成立前，龙胜侗族凡遇灾祸及病痛，便认为是鬼怪精灵作祟，多请巫师赶鬼。新中国成立前，三江侗族每年二月或十二月都要举行“送瘟神”、“驱火殃”的“扫寨”活动，认为这样可以换来全村的清洁平安。

罗城下里乡仫佬族凡遇虫伤禾稼，全村居民便要举行“遣村遣峒”驱除邪鬼活动。活动结束，宣布“禁村”，三天内不许外村人进入村内，否则罚钱重做一次，或包全村120天内人畜不发生变故。遣村遣峒每隔一两年做一次。

新中国成立后至60年代，驱鬼的巫术活动在广西各民族地区逐渐消失。

3. 生产中的巫术

新中国成立前，广西一些地区的壮、汉、瑶、毛南、仡佬族，凡遇生产不顺遂，或某项生产活动开始时或结束后，为了取得某种预想结果，或为了“酬谢神灵的赐予”，均举行一些巫术仪式。无雨则求雨，有虫害则求杀虫，逢鼠害则祷收耗，遇瘟病则祷驱瘟，至于开耕、播种、管理、收获，上山打猎，下河捕鱼，无不有巫术仪式。认为经过施行巫术，就可以产生某种效验。新中国成立后，生产巫术已不盛行，进入80年代后更趋减少。

**求雨** 新中国成立前，每逢旱灾肆虐，民间好祈神求雨，多沿袭古法。

武鸣县邓广一带壮族，新中国成立前逢久旱无雨，村人结队到郊外田头，以猪、鱼祭“旱魃”。每人带竹筒枪一个，祭毕，众人齐抽水向天上喷射，水滴纷纷落下，犹如天降大雨。认为这样做可以使老天爷施恩，降下雨水。这是古代模拟巫术、象征巫术、感应巫术的遗俗。新中国成立后，此做法已消失。

隆林新州一带壮族，新中国成立前每逢大旱之年，到社神处向神石（俗称下雨石）祈祷和求雨。当日由男人担水把神石洗得洁白，把神石四周整得干干净净，然后点燃香纸供祭，说些求雨的吉祥话，求神下雨救禾苗。此俗延至新中国成立后60年代始废除。

龙州金龙峒壮族，新中国成立前若遇天旱，村民集资备牲礼，请魅公作法求雨。魈公先在村里设坛，烧香喃麽，祈祷一番。然后用一片木叶盛些清水，拿到村外山坡上挂起，口念咒语，用一根小木棍把木叶凿穿，使清水透过洞眼滴下地面，模仿天下雨的景象，壮语称为“挂斑”。认为这样做会感应天神降下雨水，消除旱象。新中国成立后，此俗逐渐消失。

新中国成立前，居住城镇的汉族求雨，多抬神像出游。如桂林抬广福王出游，玉林抬寒山爷出游。清代政府官员还下令禁屠，全城素食，以表诚心。民国后，此风逐渐稀少。新中国成立后，游神祈雨之俗废止。

隆林隆或一带汉族，新中国成立前每逢干旱无雨，人们就自然组成一群，用木头制作一顶小轿，然后捉只狗放在轿里，由两人或四人抬着，满村满寨游串，人们簇拥在周围哄笑。村里其他人闻讯也来凑热闹，俗称“逗狗落雨”。

田林县那拉乡瑶族如遇久旱无雨，便请道公求雨。道公设坛念经，从村人中选出两人，用针刺破他们的手指，然后用纸吸取血液，再把纸烧化，让纸灰乘火热飘上天空。认为这样做后，不久天上就会有一朵黑云飘动，降下雨来。

南丹县瑶族逢天旱就杀牛祭庙，祈求盘古郎上天布雨。人们在庙前会餐，喝酒吃肉。祭庙后如仍不下雨或雨水过多，有些庙主就把盘古郎石像倒置过来，以示惩罚，直到风调雨顺，才把他正立，同时烧香祭之。

隆林彝族如遇久旱无雨，便请两个喇叭手和一个巫公到山底的老林里，吹奏喇叭和念“天下雨啦！天下雨啦……”然后将捆了四条腿的牛从山顶上沿所开的小径滚到山脚，继而瓜分牛肉。认为这样就可以求得天神降下雨泽。

**其他生产巫术** 平果县一些山区壮族，每年二月当玉米苗高达寸许时，为了求天下雨，使庄稼丰收，全屯群众集资购猪一头，请道公到社坛念经作法事。同时，各户邀请亲友来“贺苗”，并将刚从畲地采回的一小片玉米或南瓜叶子与少许纸钱绑在一起，交给道公继续作法喃麽。喃毕用两块木片占卜，占得两片都合，就认为这年雨水多，否则天旱。

环江等地逢六月初二如发生虫灾，当地壮族常一村或几村联合在村头或田边空地举行隆重的祭仪，杀猪供太牢（以全猪生肉供神），请道师唱祭，写陈宏谋灵位，制三角旗，上书“陈”字。每户都有人参加，有孝男读“祝文”、放地炮。法事历时一两天。祭祀结束，将旗插在田间。俗传广西状元陈宏谋与福建李解精同任乾隆皇左右丞相。有一年调整皇粮，李解精谎称广西谷穗大，建议增加广西粮额，经陈宏谋揭穿而被皇帝处斩。李解精死时对陈宏谋说：“在阳间搞不过你，到阴间变成虫也要咬掉广西禾苗。”事情过后，田间虫害果然增多。故民间遇到虫害就想到陈宏谋，认为只有请到他才能治虫害。祭陈宏谋杀虫成了当地流传的习俗。

环江明伦乡等地壮族认为，梅山神是擅长猎治野兽的山神，若是对它设坛祭祀，它即协助追猎野兽，使猎人伏击不空待，开枪不虚发。有狩猎习惯的村屯，均立有梅山神祭祀坛点，壮语称“拉儿”。祭坛多选在村坳外的井边溪旁，有单株古树或稀疏古树丛的地方。立祭坛仪式壮话叫“固儿”。立祭坛时，众猎手筹款备鸡鸭各六双共二十四牲祭奉梅山神，祭毕就地聚宴。以后有猎物信息出猎时，发起人吹响哨筒，众猎手闻声带着猎狗到“拉儿”处集中，鸣枪出发。获猎物抬回“拉儿”剥皮、拔毛、煮肉，进行祭奉和猎宴。兽肉一概汤煮白斩，不得干炒加料，并只用竹筛或簸箕装肉用餐。路过行人见者有份，吃完为止。每处“拉儿”都有扛抬、横架猎物的木杠晒杆，兽肉吃完，兽头骨、下巴骨即挂在上边。历史悠久或非凡猎队的“拉儿”，悬挂兽骨最多。

恭城连花乡一带壮族每逢禾苗发生蝗灾，便请道公扎起一只小纸船或草船，各户凑少许鸡毛、木炭、白米放入船内，拿到村前水沟或小溪旁。道公念檄文咒语后，燃以香烛鞭炮，烧掉纸船，认为这样可以送走蝗灾。

环江玉环乡一带毛南族，新中国成立前每年春种后，全村集资买猪肉、米酒，到田头地边祭田神。鬼师作法，求田神、地神保佑作物生长顺利，获得丰收，发生虫害时亦如此。

隆林仡佬族，新中国成立前每年正月初三要举行“开三”仪式。各户携带酒、肉、粽粑到田头地旁供祭，并用锄头锄几下地，俗称“开三”，此后即可开始农活。认为不如此，全年庄稼就会被虫吃、被风刮，不得丰收。

三冲仫佬族还兴“开财门”，二月初和三月初，各户请道公上门，在长二尺、宽一尺的红布上写“露”、“藤”、“霹”，三字成三角形，布中画太极图，两边写“开财门千年富贵，避邪魔万代兴隆”对联，挂于大门。认为这样做养猪养鸡兴旺，不易发瘟，并能使家门万载兴隆。

以上各俗新中国成立后多数已逐渐革除，有的至今仍残留民间。

## 三、禁忌

在历史上，广西各民族无论生产生活，禁忌颇多。民间禁忌起源于原始社会的自然崇拜，进入阶级社会后增加了封建迷信色彩。某些禁忌在一定程度上反映了劳动人民长期积累的某些生产生活经验，但披上了迷信的外衣，不少禁忌纯属迷信，缺乏科学依据。新中国成立后破除迷信，多数人不再迷信禁忌。

（一）生产禁忌

新中国成立前，广西各民族无论从事农副业生产，还是经商远行，皆有禁忌。新中国成立后破除迷信，普及科学知识，多数生产禁忌已废除，但某些地区某些生产领域的某些禁忌，仍有一些人信行。

1. 农事禁忌

新中国成立前，壮族每年正月初一至初十，禁从事野外劳动。开春后第一次打雷的次日忌下种。逢“地火日”（或称“枯焦日”）、父母生日和忌日不栽种，否则认为禾苗会枯黄或对生人不利。一年中，三、六、九、十二月的“土王日”不挖土动工，否则认为人畜不安。春耕时，逢戌日、破日不用牛耕田，四月初八（少数在五月初五）为牛生日，禁用牛。每年播种或插秧的第一天，忌穿白衣服，连头发白的人和孕妇都禁止下田。父母双亡未脱孝者不能先下田拔秧。播种稻谷、玉米时，忌讲鸟兽，否则认为作物会遭鸟兽糟踏。四月初八有的地方禁出门，此日若有人走过自己的田埂，当年这块田失收，就要让该人赔偿损失。五月分龙日各地普遍禁止挑粪或动粪桶，忌倒尿，否则认为当年天大旱，作物失收。六月初六禁下田，七月十三四日禁下地，否则认为棉花瓜类掉花不结果。立夏日忌白天睡觉，否则认为田埂会崩塌。立秋日禁耘田，否则认为作物遭虫灾。八九月的某一天不得坐门坎，否则认为谷穗生不出。十月初二不吃米粉或面，否则认为庄稼遭虫灾。此外，一年中每月三个戌日不准人畜禽下田，否则认为田水不来，禾苗受旱。每月破日不准下田，否则认为田埂会倒塌。有的地方种棉花、瓜果要择“执日”，种芋头要在“卖居”之日，即正月七月的子、丑日，二月八月的寅、卯日，有“乙日不种，戊日不栽”的成规。种芝麻忌抛撒种子，否则认为芝麻不结果。驱赶耕牛，不论役使或走路，忌用扁担打牛，而要用小竹枝鞭打。因壮语扁担称“闲”，犯忌等于无田地可耕。

新中国成立前，汉族有立春后一、二日（如戊寅、戊申、戊子……）不下种的习俗，因戊与“误”同音，下种怕误。正月二日俗称“风雨”日，忌下种、护理作物，怕遇风灾。正月十三、二月十一、三月初九、四月初七俗为“杨公忌”，禁下种。有的一年中四个土王日（立春、立夏、立秋、立冬前 18 天）和每月的戊日不动土，不挑粪。每月初一、十五不挑粪桶。玉林、饮州有的地方播种、插秧忌面向太白。老人知道每月每旬太白的方位，认为犯忌播下的谷种、插下的秧苗会遭鼠害。夏至日不准挑粪桶、扛锄头下地，否则认为会天旱。

新中国成立前，瑶族正月二十忌风，二月初一忌鸟，二月二十忌水，三月初一忌雷公养仔，三月二十忌鼠，小满日忌“大水回”，芒种日忌山猪，四月初八忌用牛，五月初一忌毛虫，分龙日忌挑粪桶，小暑忌进园，大暑忌进田。凡这些忌日都不出工，否则认为会招来风灾、鸟害、水旱灾、鼠灾、山猪灾、虫灾。若牛王日用牛，认为牛会疲困死。有些地方每月逢子、寅、未、申、亥日不做工，否则认为犯鼠、虎、羊、猴、猪禁，招致灾害。破日不做田地工，否则认为田地会崩塌。每年四个土王日不动土，否则认为触犯土地神，作物会遭灾减产。各地普遍逢父母忌日不播种，否则认为种下的作物会枯死。到别人家参加丧葬活动回来，三日内不下地，认为身带秽气，下地干活作物会枯萎。南丹县巴地、纪厚两乡瑶族，每年第一次雷鸣，禁止出工七天，第二次雷鸣，禁五天，第三次雷鸣，禁三天，第四次雷鸣，禁一天，认为犯禁会遭水旱灾。桂北一些瑶族，逢“老君”生日不下地种作物，否则认为作物会不出芽、不结果。上思县瑶族八月十五逢“新米节”，当晚煮饭不量，用手抓米，抓得多少是多少，要吃三碗饭才能喝水。当晚不准外人到家里吃饭，认为犯禁则作物歉收，饭不够吃。立秋日谷子开花，禁下田劳动，否则认为人会犯病死亡。

新中国成立前，苗族每月初一、十五不挑大粪。逢亥日、子日不挖地下种，俗有“春忌亥，秋忌子”之语，犯禁将来作物遭野猪、山鼠侵害。亥日不吃新米，亦为此意。插秧后一个月，男的忌剃头，女的忌洗发，男女均忌洗衣服，否则认为秧苗不扎根，会浮起来。每年四个土王日不动土、不用锄，有“四季土王为大戊”之语。六月初六“半年节”祭田神，路上忌人喊，忌回头看，忌生人入家。社日禁晒衣、踩田及上山烧野火。

新中国成立前，侗族戊日防土，子日防鼠，寅日防虎，亥日防山猪，正月二十防风，二月初一防鸟，三月初三防雷公，土王日防地母，牛王日防用牛，五月分龙日防龙，六月六日忌山猪。“火焦日”不能种田挖地，“破日”戒杀牲。俗有“戊日不动土，动土禾苗枯”，“破日戒杀牲，不禁六畜不成群”，“子日不开仓，开仓老鼠猖”，“忌日不上山，忌日不生产，忌日搞生产，五谷不丰登”之说。

新中国成立前，仫佬族二月初一不进地，否则认为地里会草多。“火日”不播种，否则认为禾苗会枯死。下“谷本”过后三星期，男的才能剃头，女的才能洗头，否则认为秧本会浮起。下“玉米本”，初下前九粒要暂停呼吸，否则认为老鼠会来偷吃。

新中国成立前，毛南族戊日不犁耙田、不种地，因戊与毛南语“腐”发音相近，怕种下庄稼像豆腐一样长不好。播种忌鸟日、兽日，怕遭鸟兽灾。种地插田忌吹口哨，忌提鸟兽之名。谷雨忌拿火外出，否则认为会天旱。立秋忌进田地，否则认为草铲不尽。六月六忌下田，否则认为禾会生虫。

新中国成立前，彝族插秧忌逢“种子日”，按干支计算，巳日打雷则亥日为“种子日”，不插秧。忌在主人喃神前耘田。收割时，收完最后一块田，将落在地上的谷粒拾起来放进口袋（俗称“招手魂”），忌回头往后看。祭祖节忌出门生产，忌砍柴舂米，否则认为祖先怪罪，禾苗失收。

新中国成立前，水族逢“火日”、“金日”不下秧，怕禾苗烧死。“龙”日忌插秧。鸡日、虎日、马日忌种玉米，怕遭禽兽灾。父母忌日不挖地，怕禾苗不生长。禾苗将抽穗，忌烧篾竹，怕禾生白穗。立夏怕天晴，认为此日天晴以后无雨。

新中国成立前，仡佬族立秋禁农事踩秋，认为夏秋之交，到地头碰上邪气，粮食会失收。俗云：“一年踩秋，十年不收。”夏历八月十五日前，禁搬新谷、高粱、狗尾草进家，尝新节后新谷才能进家。男人不插田，女人不犁耙田。

新中国成立后，各族农事禁忌多已破除，只有少数边远山区播种锄地仍保留着一些古老禁例。

2. 其他生产禁忌

新中国成立前，壮族一些地方夏历五月初五禁入菜园，否则认为粽粑叶会枯死。出门赶圩做买卖忌煮饭不熟，忌见老猫野狸，忌右脚碰着石头，忌别人讲猴子，否则认为半路会被匪抢或生意不顺利。有的地方每年一次摘果子时，忌在树上吃果子，否则认为以后果易腐烂或被鸟叮吃。有的地方钓蚂蜗老手忌三次钓到被自己拗断腿的蚂蜗，否则认为将被蛇咬。每月初五、十四、二十三晚上忌狩猎，俗称“三不狩”。有些地方出门赶马忌吃鸡蛋，忌煮饭不熟或煮焦，忌吃饭移动菜碗、饭桌。牧马忌吹口哨，否则认为老虎会来吃马。第一次喂鸭忌讲“不吃”。种蓝靛忌别人问。砍伐树木后，忌再用斧劈树根。

新中国成立前，汉族船民新船下水忌讲“下水”，应讲“起水”。航运业忌上岸吃饭，否则认为会翻船。渔家开船打鱼忌有人问：“开船去哪里?”更忌答话讲“打鱼”，否则认为鱼会走远，打不到鱼。渔网一般放在架上、篷上，如放在地上，忌人跨过。忌打得“大魠鱼”，怕“背时”，因“大魠鱼”尾部有毒刺，被刺中有生命危险，俗称“背时鱼”。木匠的尺子、墨斗放在地上，忌人从上面跨过。烧窑的人忌别人站在窑边讲：“哟！烧得恁红的！”喜欢别人讲：“黑像京墨，亮像葡萄。”经商忌讲“舌”（蚀）字，兴土木工程忌讲“血”字。

新中国成立前，瑶族伐木忌讲不吉利的话，忌吹口哨，忌用口数数，忌忘带工具，否则认为不吉利，忘带工具要停止出工。前辈狩猎，后辈不许问明去处，猎枪禁止倒过枪口来扛。有的地方上山狩猎忌讲“打得到”、“打不到”之类的话，否则认为被山神听见了会把野兽赶跑。做鸟盆七月需选辰日，八月需选亥日，架鸟盆时先取一条竹枝架在盆上，以后随时可进行工作，不需再择日子。家中女儿做过“还花”祈祷后33天内，忌上山采竹笋。砍大树不许讲粗野话，不许开玩笑，否则认为大树会压伤人。出门求财不说不吉利的话，否则认为逢凶失财。新建猪牛栏，要择吉日，否则认为牲畜会发瘟死亡。有些地方的瑶族上山采集忌随处吐痰、大小便，否则认为山神会责怪。

新中国成立前，苗族上山忌砍伐“鬼树”。出门做生意忌打破碗。女人不能跨过放在地上的猎枪和钓鱼竿。

新中国成立前，侗族伐木、扛木忌食夹生饭，忌讲不三不四的冒失话，否则认为将有不祥。从事水上运输，靠放竹木排或撑船为生者，进餐时忌将脚悬于水中，更严禁把筷子架于碗上，否则认为会碰暗礁，翻船毁排。出门谋生要避开每个月的六个忌日。俗云：“初五、十四、二十三，出门做事枉心肝。”又认为初九、十九、二十九为“不遇财日”，俗云：“逢久出门空手回。”

新中国成立前，仫佬族挖煤有三忌：一忌讲危险话，否则认为煤窑会倒塌或发生意外；二忌多问，认为多问了煤层会走掉；三忌在煤堆旁拉屎、尿，否则认为煤的重量会减轻。挑货到村口，碰到的人若不向他喊“好卖”，就不上街。

新中国成立前，毛南族赶圩做买卖，如路上见有人送丧，认为不吉利，要赶快折回头。又忌别人坐在自己门外，因犯拦门生意。

外出走路或上山砍柴，忌煮饭不熟或打破碗，若犯禁，认为路上会有危险发生。

新中国成立前，京族胶新网及新网下海，忌别人走近观看和讲话，否则认为会捕不到鱼。网放在沙滩上，忌别人跨过。新造的竹筏尚未下水，忌在上面坐。请人装箔，忌煮生鱼或焦饭，否则认为当年打不到鱼。

居住在武宣县城河边街的船民，多以行船运输或打鱼捞虾为生。新中国成立前，行船时，锅头、碗盏、匙羹、盆钵等各种炊具、餐具不得翻扑倒扣；船在行驶当中吃饭时，搛菜不许乱翻，不得用汤泡饭，不得将汤水或茶水倒到别人碗里；饭后洗碗不能倒在船舱里，否则认为不吉。因行船多属乘风破浪或逆水前进，故当力争上游，以上取胜，生活用语方面，则取上忌下，如“下船”称“上船”，“下滩”称“上滩”，“下货”叫“装货”，从武宣开往梧州的船属“下行”，反说成“上梧州”，其他如“下锚”称“抛锚”，“下网”叫“撒网”，“下棋”叫“看棋”等，不一而足。

以上各民族生产禁忌，在新中国成立后多数已破除，唯汉族、京族、水族船民和渔民的禁忌仍流行，有的虽已上岸居住或改行他业，但仍遵守成规。

（二）生活禁忌

广西各民族新中国成立前衣食住行、婚育丧葬、节庆及交友，禁忌繁多。新中国成立后逐渐破除，现在青年人一般不迷信禁忌，老年人禁忌观念尚未完全破除。

1. 居家衣食禁忌

新中国成立前，壮族居家以祖公台最神圣，祖公台前禁放枪支弹药、刀斧、辣椒、狗肉以及剩饭剩菜，否则认为会惊吓祖先和家神，会招祸到家。其次禁止用脚踩灶，更不能用器物敲打火灶及锅头，怕触怒灶王。饮食方面，桂西一些地方禁吃蛙肉，龙州等地方忌吃牛肉。师、道公和妇女禁吃狗肉、龟肉、蛇肉。不得在祖宗香案前吃狗肉和野味，怕冲撞祖公。各地普遍禁坐门槛和磨刀石，不得拍打和弄脏门神。穿衣忌白色，妇女更不能穿白裤子。衣服破了忌穿在身上打补丁。环江壮族晾晒衣服亦有讲究：衣服洗尽后先晾衣，后晾裤；晒杆分层，衣晾上，裤晾下；同一竹竿，衣领要向着高的地方，不可向低的方向，更不能衣领对着裤子。一年中数除夕到正月的居家禁忌最多。年三十迎接灶王回来，家里所有用具贴上红纸利市，禁在家乱敲打。除夕晚禁把饭菜吃完，禁洗碗，禁熄灭火种，禁讨债和互借东西。年初一禁杀牲，禁扫地倒垃圾，禁拿针线，禁拿火出门，做饭忌吹火。一些地方初一至十五禁用刀斧，禁洗衣服。初七是“人日”，禁打人骂人；初八是“五谷日”，禁舂米、借米、卖米；初九是“豆魂日”，不吃豆，不磨豆。正月里妇女不梳头，否则认为当年雨水多；不戴雨帽出门，否则认为当年天大旱。交春那天要留些剩饭在锅里，否则认为新旧雷交接，闪电普照人间，哪家无剩饭哪家倒霉，俗语云“一年空锅空灶头”。正月里不能修剪指甲，生怕鬼将指甲拿去打铁，人会生病；吃饭忌敲碗，否则认为粮食收成不好。平常吃饭不能坐在桌角边，尤其不能让桌角对准肚子，否则认为自己会常和人顶嘴或易患病。烧柴忌将柴尾先放入灶，尤其是妇女，认为犯者将来分娩会遇难产。忌坐在燃烧着的柴枝的另一头上，否则认为会碰上老虎。

新中国成立前，汉族居家房子忌向着独树。家中神台忌放杂物。火灶同样不能随便敲打。睡觉忌穿袜。傍晚忌借米。晚上忌缝衣服和修剪指甲。吃饭不能让筷子落地，否则认为不吉；饭后忌拿筷子敲盆碗，认为“敲盆穷，敲碗败”；别人放下碗筷不宜问：“不吃啦?”应问：“吃饱啦?”桌上还有人吃饭不宜把碗盏捡走或摞起，否则认为不敬。各地普遍忌食猫肉，特别是小孩，否则认为会像猫一样怕冷，常流鼻涕或患哮喘；小孩禁吃鸡心、鸡爪，认为吃了鸡心易蒙懂，记事不牢，吃了鸡爪写字像鸡爬。师、道公禁吃猫、狗、龟肉，否则认为触犯祖师。读书禁乱丢字纸。年节禁忌更多。已出嫁的女儿不能在娘家过年、过冬，更不能过七月十四。除夕开始，说话做事要预示好兆头，要贴春晖。除门对及地主、财神、历代宗亲之神位外，还要贴“姜太公在此，百无禁忌”的红纸条，厅堂、屋阶则贴“童言无忌”，以防犯禁。年三十晚的饭菜要做得特别丰盛。切忌做少了，否则兆头不好。年初一不生火，不扫地，不泼水，不说背时话，不动针线，不打人骂人，不杀牲，不探亲。棺材铺大年三十晚、初二、十六不能在门口烧香求财，求财即要人“求材”，兆人死，必遭人唾骂。平常居家待人接物亦有禁忌，如逢三忌赤口，吃梨禁剖开分给别人，夫妻间更如此，盖分梨即“分离”，兆头不好。俗有“分桃不分梨，分梨齐齐死”之语。吃饭尤其装饭待客，不能将筷子插入碗内，只有供死人的倒头饭才如此做。汤匙不能覆盖在菜碟边；吃饭跌落筷子不能说“落筷”，而应说“筷落”（快乐）。扫地不能向外扫而应向内扫。建房、迁居忌单月，尤其是七月。

新中国成立前，瑶族在人畜怀孕期间，禁在房屋内外兴工动土，认为犯禁会导致流产。祖先神位两旁禁放杂物，禁随意移动香炉。平常忌在墙上乱打钉子，尤其不能对着人影敲打钉子，否则认为家人及自己会犯眼痛、肚痛，甚至招来大不幸。火灶忌敲打，更忌脚踩。烧柴必须从树根烧起，不能从树尾烧起，否则认为办事没头没尾。祭神用的长木鼓，平时不准在家敲打，也不准在家乱唱“盘王大歌”，否则认为会招来鬼神。立秋后不准挨门站立，更不准坐在门坎上，认为这时禾魂要“回家”，如挡了禾魂归路，会招致作物失收。家里有人病，请巫公驱鬼后在门上插草标，三天内忌别人进屋。忌客人从前门进后门出，认为这样会带走财。并列两个前门，左为阳门，是阳人出入的，右为阴门，是鬼神出入的，无丧葬祭祖等事不得开右门，否则认为不吉。禁食狗肉，更不准用狗肉祭祖先。度过戒的人还忌食猫、牛、蛇、龟、老鹰肉。拜过太阳、社王或道公为寄父的人，每月初一、十五忌食荤。一般未度戒的人也忌食猫、蛇肉。老人过世，不着锦绣花衣。妇女不准戴耳环、手镯以及各种装饰品，不是亲属，在白事酒席中也宜着索。

苗族居家喜干净，讲美德。新中国成立前，忌外人穿湿草鞋进木楼，忌倒水下廊檐，忌异姓亲属间讲粗野话。俗将听粗野话比作“挨吃豆腐酒”，意为一碗油炸豆腐冲进一瓶烈酒，那又呛又苦又涩的味道难以言状。门口插标记时，禁外人闯入家门。关闭芦笙堂后，忌吹笙，就是外人带芦笙队路过村寨，亦不得吹奏。平常忌食狗肉、蛇肉，认为吃了狗肉会绝后。除夕和初一忌吃水泡饭，认为吃了田埂会崩。过年忌讲“没有”，否则认为兆头不好。有神案的人家，神案上忌放生人任何东西，否则认为祖先会发怒。无神案的人家，火塘边禁乱踩乱踏，禁生人乱在火塘边睡觉，否则认为触犯祖灵。

新中国成立前，仫佬族忌在家煮狗肉。中秋节前忌拿禾秆垫睡，否则认为会犯腰痛。到牛栏挑粪，忌把牛粪全部掏完，要在四角留些。进谷仓忌穿草鞋。大年初一清早出门，宜走后门或侧门。平常饮食有“吴不吃狗、姚不食心”之忌。据传狗曾救过被山火围困的吴姓祖先，猪心则因难熟而使姚姓一位祖先——武士误了出击时间，避开了一场败军之仗，反而打了胜仗。

新中国成立前，毛南族神台忌放桐油，否则认为犯祖先和家神。火灶不能吐口水和用脚踩，也不得将桐油、衣裤和鞋子放在灶上，否则认为犯灶王。米仓、谷仓禁外人和小孩进去看，否则认为会有老鼠吃米。雨天不能戴雨帽进屋。外人借桶挑水，用完后送回。不能挑两个桶进家，只能手提一个，扁担上挑一个。赶街那天有外人进门，不准踏门槛，否则认为犯拦门生意。大年初一至十五忌洗衣、扫地、晾晒衣物被子，亦不得舂米和还债，认为犯禁会扫家财。家里有重病人，用两根棍子拦在门口，不准外人进屋，也不准用红纸写字贴在门外，否则认为病势会更重。

新中国成立前，京族船头烧香的地方不能坐人。忌将脚踏在灶上。坐船忌将双脚垂在船外或仓里。建牛栏、禾栏要择吉日，否则认为会有天灾人祸。吃新米时不能让外人看，吃新红薯、新玉米时不能让外人吃。吃完晚饭点灯以后忌借钱。逢初一、十五忌别人进门借火、借腌鱼，否则认为家里的“水头”（钱财）会被别人扯去。

新中国成立前，彝族禁吃狗肉。吃饭一般男女不同桌。妇女不上桌喝酒，表示害羞。小孩吃过的饭禁喂狗，否则认为孩子长大会欠账。家中神龛上的棕叶和红纸禁妇女去挂贴。姑娘在男性长辈面前不能唱山歌，甚至不能在客人面前暴露自己的名字，以表害羞。年节禁忌亦多。除夕夜，家中有人过世，三年内不能贴红纸。初一不生火，认为生火煮菜，田地的草就茂盛；吹火会有大风刮倒房子；妇女不出门，不做针线，不能吃粽子，以免田坝垮；不烧粑粑，以免生大疥；初八是谷节，禁煮饭。三月三祭山神，30 岁以下男女禁上山。

新中国成立前，水族习俗命犯三丁六甲的人忌吃狗肉、羊肉和斑鸠肉，认为吃了会眼瞎、拐腿。一般人则不吃猫、蛇、蚂蚬肉。

新中国成立前，仡佬族祖先神台前禁摆辣椒、狗肉和吃剩的食物。祭祖时，忌小孩哭闹。平时忌人站在门口或坐在门坎上。媳妇不能在公公面前摘头巾，不能与公公、婆婆一同吃饭。两个男人谈话，女人不能从中间穿插而过。八月十五日晚祭过的那棵大树下，不能小便，不能乘凉，不能拴牛马。

2. 婚育丧葬禁忌

新中国成立前，壮族接新娘上路忌见人扛锄头、挑粪箕，遇此情况改日再去。新娘出嫁忌打雷，忌打断挑嫁妆的担杆，否则认为不吉。妹妹在哥哥成婚前出嫁，忌与哥哥告别。一家姐妹，忌在同一年内出嫁。新媳妇头三天不得做任何食物，否则认为作物会歉收；不得坐高凳，晾衣服不能过高，否则认为不礼貌；不得出外参加集体活动。妻子怀孕，丈夫忌在房内翻箱倒柜、钉钉子，忌上屋顶检瓦，忌在牛栏搬动石头，忌去抬死人。妇产期忌见血。家人忌当着婴儿杀生。探坐月婆的人刚回家，忌参加婚宴，忌查看正在孵蛋的母鸡。老人身体欠佳，忌为其做寿。双亲健在，儿子即使年届花甲，也不宜做寿诞。马山县年满 60 岁的老人，忌参加一切红白事。夫妻一方先死，另一方忌去送葬。家有白事，一个月内忌向人借东西。脱孝前，忌到亲友家串门，忌参加别家的婚宴。家里或屯内有喜事，或大年初一家中有老人突然去世，忌马上做白事，宜将死者置床上，如无事一般。待喜事过后再处理，否则以为不吉，将遭村人反对。老人身亡，忌直说“死了”、“死亡”，宜说“老了”、“回老村”、“归阴”等。

新中国成立前，汉族新娘出嫁忌遇孕妇。南宁市有的地方忌单月结婚，认为单月兆不吉。忌一年一家两人婚娶。孕妇忌吃病死的禽畜肉，不探望产妇，不看家畜产仔。产妇忌吃孕妇禁吃的东西，有的地方加禁吃葱蒜和已啼公鸡的肉。新妇生产，忌外人到家，怕冲撞了小孩；若客人进入，要饮一杯酒，以压邪气。忌带幼儿走远路，若要去，背带上须扎一把新鲜茅草或剪刀以辟邪。死者未入殓前，亲属不得入房，不得吃东西。出殡前，村里人不得磨谷舂米。恭城县有的地方村里死了人，忌补锅者撞入村里喊“补锅”，因“补锅”与“补个”同音，乃大不吉之兆。各地孝子守孝期间，不得睡高床，不得理发，媳妇不能梳头。丧家不得上楼坐高凳，不得与人高声谈话，不得动工建房子，不得贴对联、吃狗肉，不得随便到他人家游串，更不得参加婚宴等喜庆活动，否则被认为冲了人家的喜。

新中国成立前，瑶族祖父母及父母忌日忌办婚事。巴马东山瑶族婚娶，各姓尚有忌年：如罗姓忌丑年，韦姓忌壬年等。父死未满三年，女儿不能出嫁。融水瑶族（红瑶）男女一方寨中有人病，婚礼须改期举行；有人死，婚事必须告吹。产妇七天内禁入厅堂，满月前忌从社坛、庙宇前经过。金秀瑶族（茶山瑶）生小孩忌查问“是男是女”，而用隐语问“找鱼还是找螺蛳”，“鱼”表示男孩，“螺蛳”表示女孩。操勉语的瑶族产妇忌食肉类；自称“炯奈”的瑶族产妇忌食油盐，十天内忌食青菜；自称“拉珈”的瑶族产妇忌食黑脚鸡、老鹰、牛肉以及猎获的禽兽肉，忌多喝茶水。家里死了人，七天内忌做工，忌摸鸡蛋、鸡仔；别家死了人，当日忌上门，忌走孝子到河边“买水”走过的路。

新中国成立前，苗族结婚之日忌听到野鸡叫，忌听到雷声，忌逢村里人或家里出大事。三江苗族妇女生第一胎，杀鸡禁用剪刀，不能让鸡跳动，否则认为小孩长大后会多手多脚，偷鸡摸狗。婴儿出生不满 15 天，称做“哄人”，不能见天，否则认为难长大成人。

新中国成立前，侗族妇女产前半月忌帮丈夫缝补衣服。孕妇的床铺忌乱翻动，大人忌在不满周岁的婴儿面前拍掌。忌带不满周岁的婴儿过桥过船。孝子在四十九天守孝期内禁理发、梳头，忌食荤，忌到别人家吃喝用食，若非在别人家吃喝用食，也要将食物拿到屋外吃。

新中国成立前，仫佬族新娘出门时不得回头向后看，进门不能抬头望神龛。新娘进门时，新郎要避开。结婚日忌打雷。孝子忌在四十九天内剃头，忌睡高床；孝女过九朝才能洗头。

新中国成立前毛南族妻子怀孕，丈夫忌打蛇，否则认为将来小孩会像蛇那样常常将舌头伸出来。初生儿未满三天不能见天。满月时外婆来探望，进门时，家人手提锅盖，让外婆从锅盖下走过，否则认为婴儿会生病。替死者洗身的人，未满十天不能进别人家，怕“秽气”大，

新中国成立前，京族孕妇不能进入哈亭。孕妇怀孕六个月以上，忌在孕妇房内剪东西，忌搬动鲶汁缸，忌在屋后铲地，在屋边打地基。

新中国成立前，彝族办婚酒时，与新郎新娘同桌的不能是鳏、寡、孤、独或再婚再嫁者。孕妇禁吃羊肉。死者出殡一个月内孝子禁剃头、洗衣，三天不洗脸。

新中国成立前，水族结婚忌新娘不到时辰即入新郎家。生孩子的人家，三日内忌别人进屋，万一有人进来，主家要招待客人吃一餐饭，解秽气。忌替死人穿棉衣入殓，否则认为以后子孙患耳聋。

新中国成立前，仡佬族新媳妇不得早于家公家婆吃饭，除非他们不在家。死人埋葬后，不能挖出来第二次埋葬，否则认为影响下一代子孙的兴旺。死人葬后用剩的石头、木板等物不能再拿来用，否则认为不吉。

3. 出门远行禁忌

新中国成立前，壮族出门忌见山崩大树倒，经商者尤其如此。靖西、那坡一些地方，在野地里干活忌喊“肚饿”。罗城一些地区的壮族认为初一、十五出门不吉利，忌远行。上思等县壮族认为初五、十四、二十三出远门不吉，有求助于人者亦需避开这几日，俗称“打退”。谚云“初五、十四、二十三，外家有钱不去担”。走夜路忌吹口哨。武鸣、马山等地清明及中元节禁止背小孩出远门，因这两个节都是鬼节。出门忌见蛇交尾、蛇蜕皮和蛇挡道，忌听到乌鸦叫、狐狸叫，认为有此类现象均主有祸事，必须中止行动。早上煮夹生饭和吃第一口饭即掉饭粒，不宜出远门。

新中国成立前，汉族下水放排忌吃夹生饭。出门走远路忌在路上听到猫头鹰叫、乌鸦叫、眼皮跳，有上述情况须停止行动，另择佳期。钦州一些地方的汉族出门做生意，如半途遇毛婆鸡（一种雀）拦路，必须折回，否则认为有被打劫的危险。

新中国成立前，瑶族出门探亲访友，遇到狗吠不能打；见他人门口有红白纸或鸡血、草标，不能进去；主人热情请吃饭，不能过分推却，否则认为失礼。单男独女间不能讲话。到村外探亲串友，忌与同姓人对唱情歌。

新中国成立前，侗族家有客人来，不能从客人面前走过，非走不可，应先打招呼“过前面了”、“请原谅”等，以表歉意。

新中国成立前京族出门或入山打柴，忌掉落米粒在地上，否则认为会出事故。忌夜间在树林里吹口哨或唱歌。

新中国成立前，仫佬族家有远行人，任何人不能说不吉利的话。

新中国成立后，上述各民族各种生活禁忌在50年代初期至中期仍基本保存，以后随着社会变革逐渐变化。交通较方便、经济文化较发达的城镇和平原地区，迷信色彩较多的禁忌消失较快，边远山区消失较慢。现在除老年人居家、饮食、服饰、婚丧、节庆、出门远行为图个吉利讲些禁忌外，青年人一般不讲禁忌。边远山区的少数民族，除迷信色彩十分浓厚、不利于身心健康和生产发展的某些禁忌被革除外，一般生活禁忌仍多保留。

## 四、祭祀

民间祭祀风俗起源于原始社会，历经演变，民国以前，历代封建王朝提倡神权迷信。天子祭祖，祭山川社稷，祭孔夫子，筑坛立庙祭忠臣名宦，祭因战争、灾荒而死的无名野鬼、厉鬼，属于国家祀典。允许地方仿效，并有定制。民间除祭祖外，其余社祭、游神等各种祭祀相沿成俗。民国时期，推翻帝制，反对忠君尊孔，批判封建迷信，原来地方官员组织的各项祭典逐渐取消，庙宇、祠坛有的被拆毁，有的改为学校、仓库或乡、镇公所。民间除祭祖外，其他祭祀活动一度被禁止，但后来又有所恢复。新中国成立后，破除封建迷信，群众提高觉悟，自觉拆毁庙宇，不再搞祭神仪式。但进入 80 年代后，一些地方又重建了部分庙宇，搞祭神活动。民间祭祖风俗虽有演变，但基本保存。

### （一）家族祭祀

新中国成立前，广西各族沿袭祭祀祖先的古老习俗。每月初一、十五晨昏要上香，逢年过节加列牲酒果蔬等诸般供品。清明祭扫祖坟。大族于祠堂设春秋二祭。平时逢祖先忌、诞日，或遇婚、丧大事，也要供祭祖先，以示报本追源之意。除正常祭祀外，遇瘟病还有大型祭祖还愿活动。

#### 1. 日常祭仪

新中国成立前，壮族春节、三月三、清明和中元节是祭祖大节。春节供粽子、糍粑、猪肉、鸡、酒、果品等。从除夕一直供祭到十五，除夕夜家主献牲礼，家中男女老幼依次行三叩首礼。桂北龙胜等地壮族年三十以猪口含毛摆上供桌，表示全猪供祖。户主讲述老祖宗原籍何地、列祖列宗姓名及迁徙居址，家人于旁静听。中元从初七开始迎祖，十五日晚送祖。中元前夕，因事出远门的人须尽量赶回家，嫁出的女儿也携带小孩回娘家参加祭祖活动。诸般供品自迎祖之日一直陈列至送祖之日，每日香火不断。送祖之夜，家家户户剪纸衣、纸船，送祖归阴。三月初三或清明制作五色糯饭，各户肩挑祭物，带小孩上坟扫墓，让小孩日后认得祖坟所在。民国时期，建有宗祠的大族往往置有祠堂产业，供祭祀同族祖先费用。三月三同族联宗祭祖，祭完会餐，甚为隆重。

汉族在新中国成立前行唐宋古法，恪守朱子家礼。大族富有人家，每年春秋二分，合族于祠堂祭祖，献三牲及香纸、酒、果等物。无祠产的凑钱置办祭物。族中长老主持祭仪，上供品，行叩首礼，祭完男丁留下会餐，女眷分猪肉回家自吃。清明上坟，谓之“挂纸”。大族共祀始祖、远祖，祭完在坟边聚饮。小族人家多于家中正堂设灵位，岁时伏腊，各就厅堂祭祀。钦州、合浦一带，重九或十月霜降后拜祭坟山，称为“送寒衣”。

新中国成立前，瑶族除夕祭祖，由家中老人从近及远，念出历代祖先名字及迁徙、埋葬地址，全家男女老幼在旁恭听，念完就餐。清明只祭比较近的一两代祖先墓，远的不祭扫，这与他们经常迁徙、居无定址有关。中元节时，凡死去的祖先，只要记得起的，每人送一件纸衣、纸伞、纸鞋等。瑶族很少建立祖祠，他们联合祭祖，多半在盘王庙中举行，无盘王庙则在族老家中举行。上思县十万大山瑶族同房族的人家，在族老“香火头”家设“正堂香火”，供奉历代祖先。平时初一、十五由“香火头”代表家族烧香上供，逢春节、清明、中元节，则合族会祭于族老“香火头”家，祭祖后会餐，并议族中大事。龙胜瑶族以房族为单位雕刻历代祖先木主，撰修历代男女《祖先单》，由长房保存。春节时各户按房次分别先后祭祖，供奉祖先形象，念家先单。南丹瑶族家中不供奉祖先灵位，他们只在两种情况下才祭祀祖先。一是老人亡故后一年内，家中每天进餐时，均盛一碗饭菜供灵。一是每年六月三十过小年和正月初一过大年时，进行一次祭祖活动。祭时以簸箕盛酒肉置于大门口。家中老小齐集大门口，由家长祷告，一一诵念祖先名单，先男后女，由远及近，能记忆多少代就念多少，请祖先回家享受香火。

有的同一“破补”的成员户数不多，且居住集中，则每户派一男子到“破补”头人家中，由头人或一长者把各户祖先名字由远到近一一诵念，表示对祖先的怀念。

新中国成立前，苗族家堂有的不安神台，而以炉火为其先灵之所在。岁节之日，举家拜灶。平时如有酒食，必先以酒酹地，投肉少许入火。虔诚默祷，然后饮食。田林县苗族每逢年三十、正月初三及九、十月新谷登场时，由族中明白事理、能说会讲的老人在家主持祭祖仪式，各户派一两人参加。将鸡、肉、饭、米酒摆在堂屋中间的席地上（九、十月尝新节则摆在火灶边）。主持者念祷词，从本家起，由近及远，念出各户祖先名字，众人席地而坐，静默听念，称为“念祖”。念毕聚餐。当地苗族上坟念祖，时间在二月初一，并有所选择，不是每个祖坟都去念。隆林苗族以“祖筷”代表祖先。祖筷有24根，平时收藏在堂屋边的柱头上，或收藏在木柜里。每当儿子结婚后与父母分居时，举行“祭祖筷”仪式，由熟悉本家族家谱且有威信的人将筷子取出，边数边念列代祖先名字。念后再收藏好，至当年腊月，各户做糍粑，请巫师念经，举行用酒洗“祖筷”的仪式，俗称“做粑粑鬼”，此俗保留至今。

新中国成立前，侗族大年三十、正月初一、中元鬼节都要烧香，杀猪、鸡、鸭供祭祖先。大姓每到年节，全族男女老幼携带祭品到祠堂祭祖，或杀猪宰羊全族聚餐。清明节有按姓族集体扫墓等祭祀活动。

新中国成立前，仫佬族除平时及年节祭祖外，更重视中元祭祖和清明扫墓。七月初七各户接回祖先，在香火台上早晚焚香并供以酒食，十四日备三牲酒菜供于祖先牌位前。老年人写好赞美祖先“勤俭持家”、“乐施好善”的祭文，贴在纸钱包上。叫青年人到神台前念诵，念完一个烧一个，然后用南瓜叶或芭蕉叶将纸灰包成两包，再用竹片或木棍穿起来做成“金银担”，放在扎制的纸船、芭蕉筏上，送至河边，让其随水漂向远方，谓之“送祖先”。清明日则同“冬”（“冬”是仫佬族的社会组织）各户联合扫墓，先一日将墓地扫除干净，当日各户派一人到墓地祭祖会餐。年过六十的男性老人，祠堂另备酒席款待。次日再到墓地祭供，祭毕按户平分猪肉，夜晚家家饮宴。第三日，同房（五代以内）各户再到墓地祭供。

新中国成立前，毛南族平时即使宰杀家禽，也要先供献祖宗灵位，才能进餐。节日祭祖尤其隆重，春节、中元节均有迎送祖灵的仪礼。

新中国成立前，京族祭祖仪式与壮、汉族大同小异。

新中国成立前，彝族年节于正堂祖宗神位前按本族规矩，用酒、肉、鸡、鸭等供品祭祀祖先。

新中国成立前仡佬族以八月十五为祭祖大节。其族认为八月节面临秋收，是日隆重祭祖，祖先将保佑一年太平富贵。

各族祭祖仪式，在新中国成立后基本保留，联宗祭祖则一度被禁止。祠堂改作他用。但近年有的地方又恢复联宗祭祖活动，有的集资重建祖祠，修理祖坟。近年来，随着生活水平的提高，卷烟、纸香糖、瓶装酒、鲜果成了人们拜祭先灵的供品。

2. 祭祖还愿

新中国成立前，广西壮、瑶、苗、侗、仫佬等民族，除平常及年节祭祖外，每到一定时候，又有各种或小或大的祭祖还愿仪式。

东兰等县壮族家庭不安，经卜卦是祖公怪罪，家中年成丰收，诸事顺遂，则认为是祖先在冥冥中保佑，均需请魔公择吉，到家杀牛祭祖，称为“还愿”祭。

新中国成立前，瑶族每遇人畜不安、五谷歉收，经巫师占卜，问出是盘王见怪，就要按古例向其许愿，举行还愿祭祖酬神仪式，祈求盘王保佑家庭安宁，俗称“跳盘王”、“做盘王”，又称还“祖公愿”、“苟王愿”。许愿时养下一头猪并积攒钱粮，待猪养大备足钱粮时即还愿报答。瑶族古代祭盘王多以氏族部落或村寨为单位，近代以来主要以家庭为单位，亦有联族、联村举行的。大祭七天七夜，小祭三天三夜或一天两夜。一般以猪、鸡、糍粑、豆腐等为祭品，此外各姓氏又有特殊祭品。主家倾其所有以祭神和大宴宾客，毫不吝惜，否则认为盘王不高兴。新中国成立后一段时期停止，现又有所恢复。

都安、巴马等地瑶族在新中国成立前，每当五谷丰登、六畜兴旺、家境大成，便请魔公，杀牛宰羊，蒸糯饭，做糍粑，主祭始祖母密洛陀及其九位儿子，并本家族列代祖先。所献牲品，每位始祖皆需供牛或羊一只，故每次祭祀杀牛羊多至十余头只，鸡鸭倾其所有。穷苦人家做不起，富裕人家也不能年年做，一般三五年、七年乃至 12 年、20 年做一次。新中国成立后 50 年代初期，此俗仍保留，以后逐渐废止。

做洪门，又名“打香火醮”，是金秀瑶族（茶山瑶）最隆重盛大的祭祖祀典。由血缘较近的同族联合举行。有的 50 至 100 年做一次，有的 20 年做一次，有的 12 年做一次。大祭三天三夜，耗资巨大，新中国成立后已绝迹。

金秀瑶族（山子瑶）的祭祖还愿仪式，瑶语称“耳曼”，意为“做神”，又称“跳香火”。新中国成立前，家里有人病，卜卦问出是祖先作祟，需猪、鸡和纸钱供祭，遂向祖先祈祷，许期还愿，还愿一般在农闲季节进行。法事一天两夜，第一夜安坛，请神娱神，通宵达旦，次日午后杀猪祭神，并“交鸡”、“交钱”（纸钱），三个节目要做到第三天凌晨，到第三天早上送神、拆坛，还愿祭典告结束。新中国成立后自 50 年代末期起，此俗已逐渐淡化。

融水、三江部分地区苗族，新中国成立前每 13 至 30 年之间，几个村寨要联合举行一次拉鼓祭，祭祀 13 年或 30 年以来新逝的祖先。传说苗族西迁时，每个宗支都制一木鼓，敲击前进作联系。迁到新地后按宗支建立社会组织，称“鼓社”，立有头人，称“鼓头”。备有象征神位的木鼓，故“拉鼓祭”又称“鼓社祭”。在两次拉鼓祭间隔期间，如哪家死人多，认为是祖先发怒造成，在拉鼓时，就由那家杀几头猪，给全村寨父老共同敬奉祖先，请求祖先施恩，保佑合族平安。拉鼓祭有砍鼓木、造鼓、选牛备猪、立鼓址、引祖入户、唱鼓、拉鼓等过程。先于深山拣取巨大修直之木一株，锯其干为段，凿空其中。祀日，幔以红布，贯以巨绳，延巫诵词。巫师需将各户新亡人名和生卒年月写在纸上，置于鼓中。众人将鼓收藏进山洞中或鼓棚里，也有的将其推下悬崖绝壁，任其破碎，俗称“祭鼓”。“祭鼓”时，由头人或长者背上“祖宗”（女性偶像）走在前头，为鼓引路。“葬鼓”时偶像置于鼓旁，谓之“护鼓”。新中国成立后，拉鼓祭经过改革，成为一种节日文体活动。

龙胜牛头、里市等地苗族，在新中国成立前，逢阳春歉收或人丁不旺，以家为单位或同宗共祖各户联合向“宝山神”许愿，央求消灾赐福，待日后还愿报答。还愿两三年或五六年一次，一般在立冬前举行。法事两天三晚。在祖先神龛前设坛，陈上米、肉、封包等供品。请师公三人祈祷，喃神跳鬼，再跳农事舞，表演砍柴、挖地、除草、收割等动作。附近村寨青年男女前来观看，对唱山歌；亲朋则各携带封包、谷米来贺。主家杀猪宰羊，盛情款待。新中国成立后，此俗已不盛行。

新中国成立前，侗族每年或数年一次祭其先祖母“萨岁”。届时首先“安殿”，用象征千军万马的一窝九层叠起的蚁巢，一根象征经历许多曲折的长在树蓬里横过路面的野葡萄藤，一撮生在朽木里富有生命力的浮萍，一棵象征峥嵘岁月的既高又长、无风也颤动的耆草，一勺象征惊涛骇浪的浔江、榕江汇合处的漩涡水等作祭品。出嫁至外寨的姑娘提前回娘家，随即“封寨”三天，寨门挂上柚枝作为标志，严禁生人入寨。家家户户禁止烟火，吃事先备好的糯米粑和酸鱼。人们集中在鼓楼“多耶”唱歌、吹芦笙、讲故事，怀念和赞颂先祖母的丰功。最后一天，族人穿上民族服装，聚集在“萨坛”边举行盛大祭祀仪式，祭毕用火镰刮石取火，点燃象征“萨岁”给侗家带来吉祥幸福的艾火。男女跳跃，欢声雷动。各家主妇引火种回家炊煮。此俗50年代初期仍保留，以后逐渐革除。

新中国成立前，仫佬族每三年敬其“依饭公爷”，俗称“喜乐愿”。据说做了依饭，全族人丁财产得到祖先保佑；若不做，则人会发癫。各姓氏做依饭以房族为单位，于清明日开始筹办牲品，立冬后择吉日在宗祠或族人家里举祭。是日杀猪、鹅，包粽粑奉神，供桌上摆满用红薯、芋头制作的黄牛、水牛模型，以及五色糯饭、甜酒、花生、芝麻、黄豆、胡椒、沙姜、八角等12种实物，猪心、猪肝、猪肺、猪肾、猪肠、鸡、鸭、鱼、蛋等12种牲品，墙上挂起颗粒最饱满的谷穗。请两位梅山教法师设坛，恭请祖先及梅山法主、三元教主、盘古大王、李社大王、土主、梁王、吴王、三界、七圣牛哥、雷王、圣母、梁九等36位尊神享祭。法师一人着红衣、踏草鞋、戴面具跳鬼，一人着便服念经。仪式历时一天一夜，有安坛、请筵、点牲、唱牛歌、合兵、送圣等过程。新中国成立后，经过改革，做依饭成为仫佬族一年一度庆丰收的节庆活动。

新中国成立前，京族每村建哈亭，亭内供奉本村信仰的主要神祇和各姓祖先牌位。哈亭终年香火不断，每至正月十五、六月初十、八月初十，红坎、山心、沥尾和巫头京族群众各依规定时日聚集哈亭，举行大型祭祖酬神仪式。以“养象”（大肥猪）一头为牲礼，有迎神、祭神、入席唱哈等过程。时间共三天三夜，每日通宵达旦。新中国成立后，经过改革，已确定为京族传统民族节日。

新中国成立前，彝族每年农历四月初举行“跳公”活动，祭祀祖先及天地、山川神，历时三天，颇为隆重。全村男女老少穿上节日盛装，来到村子的舞坪集中。舞坪中央种有象征祖先故事的金竹丛，旁边支挂着一对铜鼓，周围摆满了肉、虾米、五色糯米饭、酒、金刺莓（野果）等祭品和欢度节日的食品。摩公带领众人祭祀天地和祖先，饮酒唱歌。众人边吹芦笙边跳舞，簇拥着摩公、萨喃、麻公爸举行盛大的歌舞娱神和祈祷祝福活动。摩公不时讲述祖先的光荣业绩，村民边饮酒边歌舞，穿插表演围猎、杀敌的故事，还有竞技比赛节目。新中国成立后，增加文艺表演、篮球比赛等内容，跳公节确定为彝族传统节日。

（二）村社祭祀

秦统一中国后，随着汉人南下及郡县建立，中央皇朝派往广西的官员在郡县治设土坛祭社。唐以后，随着州、县的增设，社祭逐渐推广。宋、元、明三朝，流县除筑社坛外，还普筑厉坛、山川风云雷雨坛、武庙、文庙、城隍庙，以及观音阁、报恩寺、三清观、玄妙观等佛、道二教寺庙宫观。除社祭外，每遇神诞还有游神活动。明清之际改土为流，桂西许多土府州县改为流官治理。官府进而在各新改流州县筑社坛、武庙等，社祭、游神之俗传入桂西。除社祭外，在龙神信仰影响下，安龙谢土等活动在一些地区亦颇盛行。民国时期虽一度废除庙宇和祭祀仪式，但收效不大，民间祭社、游神等活动基本上保留下来。新中国成立后破除迷信，再不搞祭社、游神活动。原来祭社、游神活动中的歌舞、戏曲等文体节目则得到挖掘、整理、发扬，成为健康的民俗文化活动。

1. 社祭

民国以前，壮族每年以二、八两月之初二日为社祭之日。每至社日，同一社各户具牲酒香纸，至社庙或社坛公祭。牲品用猪，外加鸡鱼，祭时各户主以次跪拜。祭毕，割肉均分，每份都要有骨头、内脏、头脚之类。分猪肉时，本届和下届头人多分一份。余肉在社中煮食，众人席地团坐，饮啖乃散。另用糯米饭拌猪血灌成血肠，煮后切成小节，分给各户，让各家各户都能吃到“社猪”身上的每个部位，以兆当年风调雨顺，家家兴旺。百色壮族祭社，骨头、零碎及血肠不分，就地煮粥熬汤，众人分享。取山艾草、三叶参捣烂榨汁，加糖与糯米粉，拌匀蒸成艾粑，敬社神后食用，据说可以辟邪保平安。社日有事求神者，有的求问婚姻，有的求问家事，有的求问钱财、子嗣，不一而足。上一年祭祀后所添人丁，需向社王举行报丁手续，给社王公披红挂花灯，另具牲礼，写上敬辞及小孩之名，感谢社公赐福，并求社公保佑小孩健康成长。此俗民国时期基本保存，新中国成立后逐渐废止。

汉族在清代以前，无论城乡皆立有社庙、社坛。城镇有由地方官吏主持祭社的习俗，乡村则由乡老主祭。逢社日醵金杀猪祭社，礼赞唱词，祭毕分肉会餐，并议社事立乡约，令社民遵守。民国时期，祭社之风渐弱，各地仅存社树、社屋或社坪，个别群众单独祭祀加餐。边远山区与少数民族杂居的汉族，稍存集体祭社立约之俗。新中国成立后祭社习俗进一步废止，但近年桂东南玉林等地又有群众集资破土立社公庙，拜祭社头伯公。

新中国成立前，瑶族每村皆立社，选举社老、庙老主持社事。一般每年二月祭，十万大山每年春夏秋冬四祭。每祭杀猪，或凑钱买肉、杀鸡，无肉无鸡则上山打鸟兽、下河捞鱼作祭品。有社庙社坛的在社庙社坛处举行祭礼，无社庙社坛的在社老、村老家祭祀。请社王保佑合村安宁，生产顺利。祭毕会餐饮酒，席间议论村社规约。有社猪宰杀的地方亦分肉回家，令各户加餐。田林县瑶族（木柄瑶）祭社选在除夕日，击铜鼓，杀牛分肉。每户一人参加聚餐，举碗喝 12 次酒，吃 12 块牛肉，余肉各户拿回家，鸣枪祭祖。

苗族每年春秋祭社，全寨或联寨各户一人参加，备炊具柴薪，抬猪一头（有的备三牲）到社庙，杀猪会餐。食毕，各户带一份肉（有的还分大碗粥）回家。新中国成立后，有关祭祀仪式和禁忌已逐步废除。1985 年后，逢社日有斗鸡、赛球、文艺演出等活动。

新中国成立前，侗族祭社称“塘社”。传说塘社可以使五谷丰登。其祭社规模很大，少者百人，大者一二万人。

新中国成立前，仫佬族每年二八月祭社，以“冬”为单位进行。由同“冬”各户轮流充当值年头人，负责备办香纸蜡烛。每祭杀猪一头，以煮熟的头、脚、尾、肠、肚供社王，其他猪肉则不煮熟，祭毕，由值年头人平分给各户。当晚，各户做粽、糍（二月包粽，八月包糍），祭祖加餐。凡同年内生儿子的人家，联合买鸡买肉，于社日的前一夜拜祭社王行“报丁”礼。新中国成立后此俗逐渐废止。

新中国成立前，毛南族正月初一晨祭社。各户主带酒、肉、饭到社王庙烧香化纸，众人围坐共饮。春社日再筹款祭社王。有“社田”的村，谁种谁负责祭祀经费。拿乳猪、鸡、鸭三牲到社王处宰杀，请巫师作法事，祈祷人畜安康。将社肉煮熟切成块，用竹签连成串。每户分给一串。各家还用瓦壶或锡壶装满汤水带回去，喂牲口和淋洒园内果树，表示请得社王保护，牲畜不生病，果树不受虫害。晚上全家老少吃“社肉”，家里有出嫁的女儿，也要留一块放在酸坛里保存起来，称为“社碟”，待女儿回娘家时吃。有的村社，户主在社坛聚餐喝酒，尽醉方散。

水族、仡佬族于过年和春节祭祖时，结合祭社王或土地神。

各民族社庙、社坛在新中国成立后“大跃进”年代多数已拆毁，社树有的砍倒，祭社之俗曾废止。进入80年代，有的地方又重建社庙、社坛，年节亦有人前往奉祀，集体祭社之俗已少见。

2. 游神

清代，广西城乡每遇神诞及灾病，皆有庙会祭祀及游神活动。壮族聚居的桂西、桂南等地人口较密集的县城、乡镇，一般建有观音庙、伏波庙、北帝庙、城隍庙、武庙（祭关公）等，逢神诞举行游神活动。如凭祥市之凭祥城区正月十六日为观音诞，隘口四月十五日为伏波诞，大连城五月十三日为关帝诞；隆安县南圩及附城以二月十九日为观音诞，乔建三月初三为北帝诞，那桐及下颜以四月初八为冯圣诞；向都（今属天等县）龙英街以五月二十八日为城隍诞；养利县桃城（今属大新县）则以每年正月初十至十五为城隍庙会期。龙州每至诞期，由街村绅士指派班子，收集民众捐出的钱、米，备办菜肴及香纸，巫师道士设坛念经，各户均派一人参加拜神，借此超度冤魂，消除灾祸，祈求人寿年丰。祭毕，各家各户男女老少组成队伍，抬着伏波、关公、张飞等神像巡游。巫师道士念经，乐队伴奏，前呼后拥，浩浩荡荡。游神队伍过某户门口，户主须烧香点烛、燃放鞭炮、洒酒迎神降临，求神保佑安居乐业。游神毕，各户置酒宴请亲朋好友，僧巫及乡村知名人士在庙中聚饮。晚上，请戏班演出，歌圩亦由此开始。向都中和街三月初三以木花轿抬北帝木偶巡游街道之后，在庙前抢花炮。添等街正月十五日前后做斋，晚上点燃灯笼、火把，抬着北帝、文昌、关帝木偶游街后，抢花灯。

西隆县（今属隆林各族自治县、西林县）游神俗称“庙出街”。清时，以每年五月十三日“武圣公出街”、二十八日“城隍庙出街”最隆重。届时，远近各乡村群众盛装打扮，携带钱礼结队前来恭贺，整个新州城家家户户住满了客人。“庙出街”的前一天，将供在庙爷爷灵台前用五色纸糊成的三座大抬炮抬到一处小庙亭里安放，举行抢抬炮仪式。谁抢得抬炮意味着当年时来运转，万事如意，次年各做一个纸炮送到庙内供众人抢抬。“庙出街”先吹响两只长号，接着击大鼓大锣，在庙门前放三门大土炮（壮语称“顺能”）和燃放鞭炮。然后乐队开路，十匹马组成的马队随后，马上骑着披红布、穿新衣的14至16岁的男青年。马队后面由十名男童组成名为“十员”的队伍，各人手捧供盆，盆内装有米粉捏成的鳌鱼、石榴、虾子及各种鸟兽。接着是十名抬庙爷的男童，庙爷被安置在四面通风的轿子里。最后是参加祭祀和看热闹的群众。庙爷出街，每到有烧香秉烛的人家都停下享受祭祀；每经过一处社坛，要接受社坛首事率领本社人员牲酒祭供，俗称“打牙盛”。

武宣县黄茆乡一带壮族，新中国成立前每年六月初六，有专由妇女举行的游神祭祀活动。游神时，从绑扎抬架，进庙堂捧神像，到抬着神像出游，一切均由妇女操办。

民国八年（1919年）以后，壮族各地区的神庙有的改作他用，有的在抗战期间改作存放抗日阵亡将士灵牌的“忠烈祠”，游神逐渐减少。

汉族在清末民初时，各处城乡游神规模盛大，仪式隆重。民国时期，大城镇的游神有所减弱，县乡遇神诞或灾害则照常举行。如桂北恭城、阳朔等地逢六月二十三日的关公神诞，均抬神像出游。阳朔县白沙镇游神最隆重。六月二十二日开始唱戏，以桂戏为主，二十三日上午十时左右，游神开始。先由首事揭去蒙在关圣帝君神像前金角老龙两眼上的红纸，名曰“开光”。接着由十多人开路，独角兽、瑞狮起舞，沿街鞭炮齐鸣。后面几匹披红挂彩的马上分别坐着扮演的刘备、张飞、孔明、赵云，另一匹马空着，坐鞍上披红毡，是关圣坐的。往后是红男绿女化装戏剧人物的“故事台”。最后是四张八仙桌上依次放着四台炮，每台炮按等次陈列着预备赏给得炮者的镜屏、座钟、玻璃花筒、杯盘茶具及光洋、东毫等钱物。游神必经之村街各户事先已接着分送的印有“武圣官”（横写）、“丁财贵”（直写）的红纸贴，预作供神准备。游神至陈家岭，即举行抢炮活动。围观者满山遍野。

瑶族古代本无游神习俗，以后受汉族影响，有了游神习俗。明清间，金秀大瑶山瑶族自山外汉、壮族信奉的甘王、刘大娘两位神传入大瑶山后，也建立了庙宇，举行游神仪式。部分瑶族（茶山瑶）逢闰年八月禾长胎时请师公祭神后，抬刘大娘出游田峒。部分瑶族（花蓝瑶）一般仅在冬至游甘王，同时游刘大娘。游神时，神像在每家停一晚，接受祭祀。家主要宴请全村喝酒吃饭。六巷瑶族过去游神一次，需时三个月，游神时间不能从事生产，每家耗费猪肉近百斤，米、酒各五十斤。部分瑶族（坳瑶）游神，隔年八月举行一次，抬刘大娘、二娘、三妹、刘猛将军等巡游，历时三天，晚上则跳神祭祖。部分瑶族（山子瑶）游神三至五年一次，于六月初六结合祭祖进行，师公祈祷后，抬刘大娘出游。法事历时一天一夜。当天全村杀猪聚餐，并邀亲朋到家做客。

3. 安龙

广西壮、汉、瑶、苗、侗等民族迷信龙神，认为村寨安对龙脉，则村寨发达，住宅、祖坟安对龙脉，则家室发达、子孙兴旺。平常家庭、村寨平安无事，认为是龙神保佑。一旦家庭不安，经卜问是触犯了龙神，则一家举行“安龙”仪式；如村寨人丁不安，瘟病流行，则一村一寨举行“安龙”仪式。新中国成立后祭龙之俗逐渐破除。

4. 祭雷神

新中国成立前桂中、桂北等地立有雷庙，壮、瑶、苗、仫佬、毛南族祭雷神最盛。

如雨天雷鸣，壮族认为是雷公发怒，雷电击人认为是雷公惩罚坏人。又认为雷公管电，雷母管雨。久旱无雨，乡民即在雷王祠祈祷，亦有定时祭祀的。如柳城县大圩镇等地，年节到雷王庙奉祀酒肉。来宾县乡间多以每年六月初二日椎牛祀雷王。大化七百鼻等乡瑶族，新中国成立前每屯都有“雷庙”，雷庙设立很简单，村中一两位老人召集村人杀猪宰羊，祭拜村边一棵大树，这棵大树就被命名为“雷庙”。每年九十月间，由管庙人主持，全屯集资购买猪、羊，杀之以供雷神。村人不得随便砍伐“雷庙”树，即使树木老死，也不能当柴烧。仫佬族在新中国成立前逢雷王诞期或遇天旱，村民集体到雷王庙祭雷神，杀牛作牲品。有的村一年拜祭四次。毛南族敬奉的雷王又称“闻太师”，是封神榜上扶助纣王的大将，祭期不定，一般与祖先同拜，天旱向它求雨。新中国成立后此俗已破除。

# 泰国瑶族的宗教信仰①

## 一、神灵崇拜与宗教观念

泰国瑶族比较完整地保持着18、19世纪从中国广西、云南迁移出去时原有的宗教信仰。由于在国外处境不同，一则不像中国瑶族那样，经受近代以来历次社会变革和政治运动的冲击，传统信仰及仪式与活动随老人去世而失传；二则在异国他乡，面临周围异族文化尤其是所在国统治民族的文化包围、同化的威胁。为了唤起民族认同感，维护民族的生存发展，必须努力保持民族传统，泰国瑶族比较完整地保留了本民族原有的宗教信仰。

泰国瑶族与中国瑶族一样，相信万物有灵。认为人有灵魂，人死后灵魂变成鬼，认为自然界存在着精灵。可举出的精灵有山精、水精、木精、石精，还有谷魂、牛魂、耗精等。

除了灵魂、鬼魂、精灵外，他们也相信神的存在。不过神和鬼这两个概念在瑶语里只有一个词——“面”，意即鬼。神也称作鬼，鬼也称为神，例如盘王被称为神，又称作鬼。师公是请神跳鬼的人，瑶语称“塞翁”，也可称为“习面勉”，意即“说鬼人”（常写作“设鬼人”）。只有在汉文抄写的经书里，才使用神、鬼这两个概念。

泰国瑶族以万物有灵观念为基础，构成自己的神团崇拜系统。清莱府夜庄县湄瑶乡瑶寨最有名望的一位师公李富昌和帕莱瑶寨的李进贵（也是当地有名望的一位师公）介绍说，瑶族信仰的神可分

① 本文收入《泰国瑶族考察》，南宁，广西人民出版社，1992。

为如下几类：

（一）家内的神

家先：过世的老辈，唯媳妇、上门女婿带的鬼只算一代，本家算到九代，九代以上不上家先灵位，平常也不请。

祖先：即本坛祖宗。据说瑶人漂洋过海时，有七只船被风浪打翻，到乐昌还愿，要请回祖宗。原来一姓一个祖宗，到乐昌以后分开，凡九代以上，平常不请，只有到清明、七月十四或遇到做大鬼时才请。据说，泰国瑶族只有敬有盘王神位的家才设祖宗神位。

庙王：邓姓、李姓有三庙王，即连州、行平、伏灵；大赵有四庙王，除上述三庙王外，还有龙城高皇。据李富昌、李进贵两位先生解释，三庙、四庙皇请来时是家神，不请来时是外神。

三清、行司：据认为请来时也是家神。

其他家神还有：

红面灶神：据说如你做错事，这位灶神就会捉弄你。

白面灶神：据说这位灶神较普通，不多事，不捉弄人。

龙脉神：主地基，其神位安在神台下，无神像。七月十四、过年请祖先时一起请它。

猪栏神：无神像。人病或猪病查出是撞着它就敬它。

牛栏神：无神像。人病或牛病查出是撞着它就敬它。

门神：过年时贴一张白纸在门上以代门神，猪栏门、牛栏门也贴。

谷仓神：无神像，以一束谷代之，挂在梁间。谷熟时择吉日收割，开镰前看地里哪处谷子长得好，就用手抓住用稻叶捆好，另外选一点新谷穗回家用水煮熟渗入饭里供神，待整块地收割完了才收那束谷回家，并呼“谷公谷母回家，守在谷仓”。

打铁神及木工神鲁班：只有铁匠和木工敬。

求财大保：猎神，敬在家里，打猎回来须敬它。

（二）外神

上界天神：李富昌、李进贵认为上界有三十三天：东八天、西八天、南八天、北八天、中一天。天神有玉帝、太阴、太阳、太白、四宿、功曹、雷公、雷母等，以上天神只有在“叫天”仪式时才请到，不做“叫天”仪式不请。瑶人只有遇到人病重、人死打斋、开山挖地种禾或贫穷危难时才做“叫天”仪式。

土地神：无庙无神像。每年立秋，拿纸钱到地头用棍挂起，离地几寸高，送给土地公、土地婆。回去时不能回头看，否则土地神怕羞不敢来拿。

社王：管本村人口、五谷、六畜，无庙无神像。在村后有龙树的地方盖间房子，作为祭社王的场所。

元宵：分上、中、下三洞元宵，上洞祭铁，中洞祭铜，下洞祭五谷。无庙无神像，与社王供在一起。

地主：最先来开村的一家人死去的鬼，和社王供在一起。

城隍：和社王供在一起。

此外和社王供在一起的还有五谷大王、禾花大王、雷庙大王、二十四来龙地脉、耗公耗母（又称张公李母）、收耗童子、收耗二郎等神。

养财土地：在山上，猎获野兽回来须敬它。

水界水神：如龙王等。

李富昌说，瑶族祭祀的神很多，《盘王书》里全有记载。泰国瑶族的《盘王书》和中国瑶族的《盘王书》一样，其中记载的神，上自天宫，下至阳间、地府、龙宫水府，道、佛二教诸神乃至山精、水怪、毒兽，无所不有。其中既有民族神和地域神，但更多的是道教神。从上述可知，泰国瑶族信奉的神灵，除个别的外（如上面提到的元宵），和中国瑶族基本上是一致的。

过去有些调查报告一致提到泰国瑶族除信奉盘王外，还信奉十八大神。究竟十八大神是什么神，它们与盘王的关系如何？由于新中国成立前后发表的有关中国瑶族的调查报告未见有十八大神的记载，使人误以为十八大神是瑶族信仰的主神。这次在泰国湄赛瑶寨调查，承蒙李富昌、李进贵二位先生介绍，使我们对十八大神有了进一步的了解。兹将二位先生介绍的内容记录如下：

盘王：这是瑶族敬奉的最大的神。瑶族度戒一定请盘王，请不到盘王不能度戒，盘王大过三清，大过祖公鬼。泰国瑶族没有盘王庙，但每姓都敬有盘王神位。其神位是与祖先神一起敬在家里的神台上。兄弟分家时，盘王神位敬在长兄或最聪明的一位兄弟的神台上。如李进贵住在帕莱瑶寨，他家就敬有盘王神位。敬有盘王神位的神台与一般神台不同，从前神盒里有木雕或纸绘的盘王像。木雕像是用圆木砍下一节雕塑而成。现在湄赛瑶寨赵富林、赵龙才两家有盘王神像，但没安好神位，用箱子装好吊在房间，由十八神像保护着（据2月25日下午到帕莱瑶寨李进贵先生家考察，以及后来到其他瑶寨考察，发现敬有盘王神位的人家的神台与一般人家的神台确实不同，证明二位先生所说并非虚言）。

十八神像：这是除盘王以外瑶人信奉的神灵，分别为：

灵宝：即灵宝天尊，三清神之一。

道德：即道德天尊，三清神之一。

元始：即元始天尊，三清神之一。

玉皇：又称玉垒大帝。

天府：骑白鸽。

地府：骑老虎。

阳间：骑白马。

水府：骑龙。

海幡：有60个兵，脸绿，骑龙，有只鞋子掉在海面上，龙撑起鞋子。

大尉：有60个兵，耳朵出毛。

小尉：有60个兵，脸有点红。

小海幡：有60个兵，脸有点绿，也有点红。

张天师：有60个兵。

李天师：有60个兵，又叫李先生，烧纸马一定要请他。

以上后面的六位神，挂七星灯时，一位给一点兵，凑起来有

120位兵给三清三兄弟。大尉海幡、小尉海幡有佛法，能吹佛水。度戒时过烧红的犁头、火砖，要靠他们的佛法。

把坛：有两位，一个是雷公，一个是雷母。雷公拿斧头，雷母拿锥子，两位神嘴尖脸黑。

大度桥：很多神凑在一起叫大度桥。瑶族凡度过戒的人死，需用白布、黑布做的桥度到天上去，这时要请大度桥神。其神像是很多神排成一队。

家先：其神像是将已死祖先名字写在上面，但只写法名，即阴名，不写阳名。

祖宗：即本坛祖宗，含祖师。

以上是李富昌、李进贵二位先生介绍的十八神像的情况。后来在清迈府山民研究院文物展览室看的陈列据称是瑶人十八神像，则有所不同。它有十殿、六洞、小堂行司、小三清、灵王、圣主、灵十，而无元始、阳间、水府、李天师、大尉、小尉、祖宗。中国瑶族也有十八神。中国盘瑶的十八神未见记载，广西上思县十万大山山子瑶的十八神是上元、中元、下元、三清、玉皇、盘王、社主、四官、帝母、瑶公、本境、监厨，与盘瑶的十八神不同。从中国瑶族与泰国瑶族都敬奉十八神像的事实，说明两国瑶族同源共族，有亲缘关系，故有共同文化特征。

通过在泰国的调查可以看出，一些外国学者在泰国发现的所谓十八神像，并不是十八位大神，更不一定是瑶族信奉的主神。十八神像中有些是单一神，如玉帝、张天师、灵宝等，有些是一方一界神，如天府、地府、阳间，有的是由众多的神构成一幅神像，如大度桥。其中有些是瑶族信奉并经常祭祀的神，如三清、玉帝、祖宗等；有的瑶族并不经常祭祀，只有在举行度戒等特定仪式时才祭祀，也未必能称得上是瑶族的主神，如大尉、海幡等。相反，瑶族崇拜的大神如盘王，以及瑶族经常祭祀的神，如社王、土地、地主等，却未列入十八神像。因此，如何划分瑶族信奉的神团，并确定它们之间的相互关系，尚是有待继续深入研究的一个课题。

泰国瑶族信仰的神中，既有道教神，如三清三天尊、张天师等，又有本民族的民族神、祖先神，如盘王、家先等，以及本民族原先信仰的一些自然神，如自然精灵、谷魂、禾魂等。此外还有一些地域神，如社王、土地、地主、城隍等，这些地方神在中国，已被纳入民间道教神团系统。泰国瑶族信仰的神灵基本上未脱离这一范畴。

泰国瑶族信仰的神谁最大？在涉及神灵统属关系这一宗教基本属性问题时，虽然湄赛瑶寨李富昌先生、帕莱寨李进贵先生作出了“盘王是最大的神”、“盘王神像由十八神像保护”这一回答，但这二位先生也道出了瑶族度戒时，要由属于道教神的海幡、大尉、小尉、小海幡、张天师、李天师拨给阴兵，大尉、海幡吹佛水护送受戒弟子过火练（踩烧红的犁头、火砖），大度桥送度过戒的死者上天等事实，说明泰国瑶族同样受到道教的深刻影响。

## 二、宗教仪式与活动

以前有关泰国瑶族宗教仪式的调查报告，如白鸟芳郎先生《东南亚山地民族志》中“宗教仪式与社会组织”一章，只报告了泰国瑶族有“卦灯”、“安坟”、“做拆解”、“和年”、“作藤”、“度戒”、“加职”、“加太”、“过桥”等仪式，及泰国瑶族婚、丧中的一些宗教礼仪。实际上。泰国瑶族的宗教仪式与活动尚不止这些。除上述外，还有还愿、赏鬼、送怪、招魂、解煞、推败、破血湖、开支堂等，单是涉及人生礼仪的宗教活动就非常复杂。据我们的调查和翻译赵富华先生介绍统计，泰国瑶族的宗教仪式大小相加不下三四十种，其中不少仪式与活动是闻所未闻、见所未见的。现将这些仪式，按其内容和性质、用途，分成“有关人生的祭仪”、“有关疾病的祭仪”、“有关家居及婚丧的祭仪”、“有关节日及宗教的祭仪”、“有关生产的祭仪”等类，著录如下。

### （一）有关人生的祭仪

泰国瑶族从出生到死亡，在人生的许多重要关节都要举行大小不等的一些宗教仪式。

1. 添丁仪式

小孩出生三朝至五朝，择吉请师公做添丁仪式。时间一般在吉日的上午。杀鸡一只，设酒五杯、清水一杯、香炉一个，供于祖先神位前，师公念经，请家主的祖公鬼和师公本人的祖师到坛领筵。师公再用符法化一碗清水，用嘴含着喷在神台上，意思是帮小孩洗去身上污秽，把人丁交给老祖公。这时需问老祖公，是把小孩添给父母，还是添给祖父母？按照泰国瑶族解释，凡新丁可添给父母，也可添给祖父母乃至所有祖公，因为有些人命不招子，添给他以后小孩会生病甚至夭折。故添给谁必须请示祖公鬼，祖公鬼的答复则通过卜卦来决定，师公连打三卦，如第一卦呈阳卦，第二卦呈胜卦，第三卦星阴卦，则可确定添给首次所卜对象，即父母。如有一卦不合，再问“这个孩子添给祖父行吗”，并卜卦三次。如添给祖父也不行，就添给死去的祖公，但这位祖公必须是已死祖公中度过戒，并担任过“证见”神的；如卜卦问出添给这位祖公也不行，就添所有已故祖公。

在举行添丁仪式这天，同时给小孩安名。安名有阴阳及男女之别。男的叫白花，女的叫红花，这是阴名，按长幼顺序排列。阳名由父母（祖父母在由祖父母）安，也有的按顺序排列：老大、老二、老三……第十名叫翁留，这些是小名，以后读书还安书名。女的叫妹姑（大姐）、妹仍（二姐）、妹三、妹四……妹晚、妹了、妹赖、妹改、妹换、妹端（妹男），以求往下不生女孩而生男孩。

泰国瑶族除做添丁仪式外，不另做三朝仪式。满月杀一只鸡给产妇吃，不请师公做法。周岁在厅里摆上笔、算盘、锄头等物，让小孩爬去拿，先拿什么，就预兆小孩长大儆什么。这和中国瑶族一样。

2. 叫魂仪式

小孩 12 岁以前未举行“出花园”仪式者，其间若生病需举行叫魂仪式。这种仪式不需请大师公，小师公就可以做。先打卦看小孩在何处受惊，魂失落在什么地方。然后杀一只鸡，另取鸡蛋一枚，放在米碗里。师公另备一小米包，燃香，请主家证见神、花皇神、师人的师父，分纸钱，架起阴桥通到小孩魂魄失落的地方。拿米轫兵，发兵器，点请阴兵去找魂。再拿纸钱一张，传阴兵收魂。头上三魂、脚下七魄、五魂六影、九魂十二命，统统传回来，解去野鬼套的枷锁。传回的花魂送进鸡蛋（表示花园），此枚鸡蛋男用白线、女用红线绑过。接下去师公再用米拥护花魂，并念：

> 正月桃花拥桃子，二月桃子结根源，
> 二月桃花拥桃子，三月桃予结根源，
> ……（一直念到十二月）
> 谨请东方担泥担土娘，担土拥花根，南方、西方、北方、中央五方拥进花根，砌花表，花根花表砌团圆，出官郎，出聪明郎……

最后收兵，给一份纸谢劳辛苦，烧纸花钱送鬼，仪式完毕，碗中的米和蛋放到神台上，两三天后拿来煮熟，饭给小孩吃一点，蛋给小孩吃完。

小孩出花园后如受惊失魂就举行招魂仪式，不再请花皇神，只请证见、老祖公、师人师父，供品无鸡蛋，一样架桥（阴桥）差兵传魂。叫回的魂送回身上（不再送花园）。俗称“叫明魂”（未出花园是花魂，瑶语称 biang 魂）

3. 出花园仪式

泰国瑶族认为，小孩是花皇送来的，未出生时在花园里，出生后命根还在花园里，由父母命星照管着，到 12 岁以后要做出花园仪式，表示感谢花皇神送来贵子，酬还账。又认为人死后经过黄河桥头、奈何桥尾到阳州洞休息，等到人老了不能做工就到桃园洞种花，等到花谢时就进入人家肚子里结果（阳间受胎），所以小孩生下来命根在桃园洞。

举行出花园仪式时请师公做法。主家杀一只猪（大小不论），无猪用一只公鸡，不做粑粑。供猪则剪纸马，一刀即可，供鸡不剪纸马（用猪表示有钱有心还账，用鸡表示还不起账）。仪式要一个钟头。师公做法请家先、桃园洞花皇父母。烧完纸，叫老祖公、花皇父母不要管小孩命根了，而将命根交给本命星（在小孩睡的地方，在小孩身上）照管（用白话说），最后送神，仪式完毕。

4. 奏星仪式

小孩出花园后，如有病举行奏星仪式，奏请本命星照管好小孩。此种仪式可结合招魂、解煞神仪式一起做。

5. 挂灯仪式

挂灯是瑶族最重要的人生宗教礼仪。泰国瑶族至今仍盛行此种仪式。据清莱府夜庄县湄瑶乡湄赛村的李富昌、帕天府邦卡村的赵进升、该县东邦英乡邦叭红村的邓财珠、清莱府猛厅县冲铺乡央烘寨的邓进坤等师公介绍。现综合摘录如下：

瑶族为什么要挂灯？李富昌解释说：因为祖公有兵头，要接兵头。挂过灯有阴兵保护，死后有桥度上天，否则落下地狱受苦。邓财珠说，儿子到十五六岁讨老婆回来。要挂三盏灯，不挂三灯，带不了阴兵，就像叭衣（十二版纳人）死了去做鬼，没人领兵到祖公那里。祖公没人祭。邓进坤大师公说：我们从来在中国就挂灯，接古人宗支，没有病，找钱容易。可见挂灯是瑶族祖先遗留的传统，在瑶族看来，是关系人们生前死后祸福的大事。

据李富昌说，人生下来男的就有 6 个兵，女的有 3 个兵，男的 12 岁出花园后有 12 个兵，女的 14 岁出花园有 6 个兵，猪、狗、牛、马等牲口有 3 个兵（赵富华则说，出花园后，男有 12 个兵，女有 3 个兵，猪、狗等牲口是 3 魂不是 3 兵）。以后随挂灯的增加，人的兵数也随之增加，因此，瑶族有挂三台灯、七星灯、十二盏大罗灯的仪式，但除三台灯外，七星灯、十二盏大罗灯并不是所有姓氏的瑶族都能挂。瑶族不同姓氏，挂灯的级别有区别。

（1）挂三台灯仪式：

三台灯，瑶语叫 sentaidang，男子十五六岁、二十多岁挂三台灯，没有钱四十多岁挂的也有。一辈子没钱挂，人死后，兄弟、儿子、孙子挂灯时，可代挂阴灯。据认为，挂三台灯后，男的就有了

36个阴兵，女的有了24个阴兵。

三台灯第一盏称李十六灯，是父亲灯，称本命灯；第二盏称李十二灯，是开教灯；第三盏称李十一灯，是保证灯。传说李十六是南朝人，死后变成太尉，李十二、李十一是他的两个儿子。大师公邓进坤说，瑶族渡海以后才敬李氏三人。

挂灯的具体时间根据挂灯人生年属相决定，选择大利年。子年生的丑未卯巳申辰午吉，可以挂灯，六、十二月有一万千兵度，忌子寅午酉戌亥年；丑年生的人寅卯子午戌年吉，五、十一月有七万千兵度，忌丑辰申酉年；寅年生的人辰巳未申年青，二、五、八、十一月有一万千兵度，子丑寅卯戌年凶。

法事请两个师公，加上父亲、祖父（已死的叫灵来），再加证盟师，共五位师父。证盟师以前是请阳人做，由于发鸦片烟瘾，乱开口讲话，以后不用阳人，用三清三兄弟。

时间只用一个早上，如和年、打斋一起做，则需三天。第一天起根，供饭给祖公祖奶，挂起十八张神像，把所有的神都请到坛上，第二天早上开始挂灯。师男坐在一张特制的木凳上。凳子四沿贴上红白纸花，金纸剪太阳、太阴图像。另用芭蕉杆一节约80厘米长，在靠顶部的地方横插一根40～50厘米长的木棍，两端各放一只小酒杯，内盛清油做成灯盏点燃，称开教灯、保证灯。芭蕉杆顶部置一灯，称本命灯。师父念咒作法驱凶，将师男身上带的枯木精、木精、石精、落木精统统驱走。接着念挂灯书，请12个挂过灯的人帮打锣敲鼓和跳鬼、念经。大师父、二师父带领跳，约跳一小时，师父开始向师男拨36符法，并拨经书和印、剑、牛角、鼓、锣等法器，安名、付牒（阴牒）。按规仪，挂三台灯的人可获得一个法名，如李富昌先生取了阳名李富昌，挂三台灯时取得法名（又称阴名）李法进，牒据当场烧化。最后退灯，有三条歌，师父用两根神棍抬起师男，唱道：

两条神棍转埃埃，抬起师男做秀才；

两条神棍转悠悠，抬起师男坐九州；
两条神棍转弯弯，抬起师男做大官。

挂完灯叫天解伤神，即叫请天神解去家先死时的锁颈等伤神。接着烧纸送众神鬼，杀两头大猪，设宴庆贺。按规定，师男挂灯时，由师父发给一块白布，和师父一起封斋吃素。挂完灯，退了布条才可以吃荤。

(2) 挂七星灯仪式：

七星灯，瑶语叫 ciesingdang。据大师公邓进坤说，泰国瑶族认为，挂三台灯的人，叫天叫不得，要叫天叫地，就得挂七星灯。

七星灯，第一贪狼星，第二巨门星，第三禄存星，第四文曲星，第五廉贞星，第六武曲星，第七破军星，均是道教中星神。据认为，凡人有病，挂它们就好了，求财得财，有它们的毫光照耀，小鬼看不见。

根据瑶族的教理教义，挂七星灯是比挂三台灯高一级的入社宗教仪式。大师公邓进坤说，在泰国瑶族中，赵家、冯家、邓家、李家、盘家、黄家、陈家都挂三台灯，也挂七星灯。但李家的“李喜”分支从前不会做，未经挂三台灯就挂七星灯，结果女人苦累多，后来才改过来，先挂三台，再挂七星。“李喜”不会做的原因，据说原来渡海后，李喜不到乐昌，到潮州府，而瑶族挂灯、度戒是从乐昌做起的。帕府昌堪县龙英瑶寨 80 岁的大师公赵万财则说：赵姓中的“大赵”挂三台灯后，可以不挂七星灯，就挂十二盏大罗灯度戒，因为原来老祖公可以不挂七星灯，例如他本人于丁丑年 25 岁十二月初九日挂三台灯，乙酉年 33 岁十二月初九度戒，但“小赵”只挂七星灯不度戒。

虽然按规定是先挂三台灯再挂七星灯，但大师公邓进坤及师公李富昌都承认，挂七星灯也可以结合挂三台灯、度戒“还盘王愿”一起做，这样可以将同族中须举行各种挂灯仪式的不同年龄的人集合在一起举行仪式，各取所得，节省人力、时间和费用。

据说挂七星灯节目和挂三台灯差不多，但要多念一点经书，灯增加到七盏，师父增至 6 个，时间多个把钟头，一说要两天两夜。下面是大师公邓进坤叙述的挂三台灯结合挂七星灯仪式的过程，录之以供研究：

冬季要挂灯，先请先生看日子。看好日子，请六个师父：第一开教师，第二个引教师，第三个书表师，第四个证盟师，第五个开坛师，第六个度法师。吉日到，师父来到家。主家杀一头猪。请祖公、三清、行司，烧纸钱一送二礼。办莱吃饭，吃到一半，分派助手做工，做完洗澡。洗完澡打鼓，打开神像挂在神堂。办两桌饭菜，一桌给祖公，一桌给六个师公的师父。把盏敬酒，拜鬼神，六人摆六盏。徒弟（师男）有几人也要摆上几杯酒。有些人讲意者，有些人不讲，接下去穿衣裳（法衣），戴起平天帽（法帼），师公师男上香拜鬼，拜完鬼讲伸香意者。请家神外鬼两回。又讲马头意者，发角（吹牛角）洗坛，叫金斋神下来到白布上。男人女人都带上白布（表示封斋）。解下师男衣服（法衣），师父跪下中厅第三请。献香讲上情意者，就跳鬼，接着开坛，挂完七星灯。师父引师男去叫天，拨法，交印（师男交给老君印，其妻交给王母印），然后给据，送神。开教师就敕水槽，引教师引师男回来过阴，列家神外鬼来，退师男醒来，就具职位，又列家神外鬼来打合同印，完了引教师男串道（模仿乌龟在地上爬）。串道完，开教师又上光，出门口叫天叫地，召徒弟兵马回，师男得 72 兵，其妻得 36 兵。给老君吃饭，仪式完。杀一头猪给家神外鬼，谢三台酒饭。又杀一头猪谢七星，杀一头猪谢孔子，叫道师去做。烧 360 扛纸钱，家神扎住，外鬼送走。完了做饭吃，点兵回，扎兵扎将，功课完满，送兵回，结束。

按规定，仪式自发白布封斋后，师父不给吃肉。酒是黄昏酒，原来不给吃，现在可以吃。挂灯的师男一样吃斋，其家里人不吃斋。嫖女人的人以及外人统统禁止进入神堂。

挂七星灯耗费较大。要杀四头猪、一只鸡。酒四五十斤，米 150 公斤。谢师父的钱，开教师三钱六，引教师二钱四，书表师三钱六，证盟师、开坛师、度法师各一钱二。共一两九钱银子（这是一个徒弟送礼的份额）。

(3) 挂十二盏大罗灯：

挂十二盏大罗灯，瑶语称 guajierizendatodang，又称 dusai，意即度师，也就是度戒，故挂十二盏大罗灯与度戒是同义语。这是比挂七星灯高一级的人社宗教礼仪。经过这一仪式的人，仍保持“法”的称号，但可获得 120 名阴兵。他们在神灵世界以及世俗社会中也就取得了高一级的地位。

如前所述，在泰国瑶族社会中，并不是所有姓氏都能挂十二盏大罗灯，即度戒，如盘姓中的“半笔盘”，赵姓中的“小赵”，李姓中的“李喜”和“客家李”，就不能挂十二盏大罗灯。据说“半笔盘”、“小赵”均是渡海后未到乐昌，只到潮州；“客家李”是汉人李姓到瑶家上门的后代，故不能挂十二盏大罗灯；还有一条规定，即父亲只挂过三盏灯、七星灯的人，不能挂十二盏大罗灯度戒；除非采取某种补救措施，否则这家人以后都无法度戒。但是由于经济上的原因，以及随着能做度戒仪式的大师公人数的减少，在泰国已有不少瑶族未经历过挂十二盏大罗灯，即度戒的人已越来越少。例如在访问的 15 个瑶寨中，总人口 7698 人，其成年男子按一般人口结构比例，当不少于 1/6，即 1283 人，而据了解，挂过十二盏大罗灯的仅 21 人，不足 2%。其中，除帕府邦县叭昌内乡邦卡村、难府波县习拉练乡巴岗村受戒各有 7 人和 12 人，属比较多外，其余村寨受戒人数很少，有的甚至无一人受过戒，如清莱府夜庄县湄瑶乡湄赛瑶寨即如此。因此，在泰国瑶族社会中，能挂十二盏大罗灯度戒，进入高一级神灵和世界的人，是不多的。

由于是高一级的人生宗教祭仪，法事增加了“上刀山”、“过火练”等节目，比较复杂，需要时间增多。据大师公邓进坤说，听老人讲，过去要 7 天 7 夜，现在减省一点，也要 5 天 5 夜。用费也增多。经济不富裕的人家，子孙往往合在一起做。邓进坤说，挂十二盏大罗灯，最少 8 个，多则到 58 个，有钱人家，单独一个也做。据说他的阿公独一人做，冯家也独一人做过。以前住在山上，养猪容易，一家几十头猪，会合起来做。都是本家子弟，一家四五代三四十人，上百人都有，弟子多些好度戒，但人太多也不好度戒，所以凡度过戒的人家都分出本家。也有些人子孙不发达，人少不好度戒，就入别家香火，不同姓也可以，只要改姓。凡本家子孙合在一起度戒时，其本家长辈结合加职，幼辈儿孙结合挂三台灯。如1986年12月15日难府汪帕乡久姑寨赵桂升、赵桂清、赵桂安、赵桂珠、赵桂乡5兄弟合家42人，就是挂三台灯、挂十二盏大罗灯、加职一起做。

挂十二盏大罗灯需请12名师公主持仪式，第一名注醮师、第二名引度师、第三名书表师、第四名纸缘师、第五名证盟师、第六名保举师、第七名总坛师、第八名坐坛师、第九名执香师、第十名茶酒师、第十一名鼓锣师、第十二名吹笛师。

关于传度十二盏大罗灯的过程，过去国内外学者缺乏报道。1989年3月6日笔者在帕府邦卡瑶寨访问时，曾就此问过大师公邓进坤。他是目前泰国能主持这一仪式的少数几位大师之一，他22岁挂三台灯，得名邓法金，46岁度戒，又度他祖父，获加职，得名邓金一郎，后又度自己孙子，获加太，得名太金一郎，因而取得主持传十二盏大罗灯、加职的资格。据称他一生已帮赵家、李家、邓家、冯家共28家度过戒，拨下弟子赵家48名、邓家30人、冯家48名、李家10人，共136人。下面是他叙述的传度十二盏大罗灯的全过程：

挂十二盏大罗灯的时间在冬天，着请先生选日子。吉日临近，师父到家，书表师请师父、孔子扎位。纸缘师做求官求职纸，做纸笼车完毕。到日子，注醮师点兵立斋筵。执香师开坛，注醮师到大门口叫天，奏封斋坛。烧完纸就架桥点粮点兵，召集阴兵阴将交把师男。接着用草席围起斋堂，不准别人进去。注醮师、引度师架桥用梳子把师男身上带的凶灾梳出去，又梳福禄回身上来。请鉴斋使者管师男和师男妻子，然后注醮师抛给师男60兵头，抛给他妻子30兵头。12名师点兵到坛（不用扎兵头），引度师吹角，抛给师男60名兵头，师男妻子30名兵头。证盟师用木棍打犯出，保举师吹神出。12名师把盏装坛，厨人杀一头猪先敬鬼，然后师父师男吃二餐，吃完封斋。总坛师、证盟师共一头猪设鬼、札兵，然后封立斋门办起酒席吃酒。吃到一半，分派助手工作。吃完饭便开始度戒。师父作法，说：大家睡觉了。过半小时，敲锣打鼓，说：天亮了。放12炮，拜三清大道，起身三拜，跪下三拜，拜兰回，又拜外鬼，转来拜12名师，拜36拜。师父说：天亮了，你们烧起香来。同师男问：香旺不旺？答：旺，三清大道神排在这里。然后师父师男睡觉。

过次日寅卯二时，众师父引师男及其妻子去门外刀山处。树起黄、白幡，作法封刀梯。师男拜过师父12拜，众圣12拜，里外鬼12拜。注醮、引度二师上香。串坡（走来走去）梅山刀山道法，放下黄、白二幡。回到家门口，放下黄、白二幡，师男再拜众师父36拜，进家踏入醮坛。上香，求串破道门九帝穹门（三清、玉帝、张天、李天、观音、四圣、龙虎二圣、连州三庙……），然后总坛、坐坛、执香、吹笛、注醮、引度众师父，一人一盅酒共把盏，引度、注醮二师父到门口上香，请齐家先外鬼，总坛、坐坛、执香、蚊乐四师父在大厅接圣，讲马头意者。

到度戒第一夜，吹角请圣三遍，跳鬼完。到中午总坛、坐坛、执香、吹笛四师把盏上光执圣。总坛师和兵和将，坐坛师安龙谢土，吹笛师安途落马（扎兵），执香师升坛接诏，书表把坛，引度师奏初夜表，书表师奏替代（用纸剪成马）表，一人奏解秽表。晚上申酉二时，证盟、保举、总坛、坐坛师把盏上香执圣，吹牛角三遍，拜下献香，请出大疏分读。证盟、保举、总坛、坐坛四师把盏执圣，总坛师承坛贺喜，坐坛师迎星转限（请凶星、恶星、好星，好星留下，凶星、恶星出去）。证盟师还回愿府。保举师尝四府兵。做完功课，师父叫魂上师男身上管住。书表贺星拜斗，办五筵七筵都可以，留在案台。书表师帮师男戴上金冠，并唱一首歌（借冠歌），引师男列圣（跳鬼）。注醮、引度师奏请众神，将12把刀送去给匠人磨利。注醮师烧一张道关给家神外鬼，请它们来帮忙上刀山，不给割破脚。深夜寅卯二时，众师父引师男把盏上香。串破九帝穹门，引度、证盟、保举、尝兵四师引师男上祖宗香。申香请三遍，吹角请三遍，拜下车献香，讲上情意者，证盟师讲完盆意者，讲意者完跳鬼。接着注醮、引度二师把盏，起大罗灯，就挂大罗灯了。讲古话拨法，徒弟排坐，师父念咒解厄，就退灯了。注醮师引师男到村外山边“去梅山学法”，会走阴的走阴去，不会走阴的就坐着不动，闭住眼睛，10分钟仪式结束。回来引度师上光执圣。师父引师男判门外刀梯地方叫天，拨下刀梯交给师男。注醮师变敕水槽，一人用一个小竹筒作走阴用。引度师引师男送玉帝归天，回到东厅就走明，有的回到门口就滚下去了。然后退水槽。证盟、保举、引度、赏兵师（赏兵师：执香师、茶酒师合称）4人把盏上光接圣来护师父。证盟师奏通连表，召兵转来，还祭兵愿。引度师赏职加兵，赏兵师赏祖宗兵。保举师还完盆愿，保举师替师男还上魂，就去上刀山。奏刀山表，执香师上刀山，开坛师让鬼吃中午饭。众师父引师男上光（烧香唱上光歌）执圣。叫众兵师护持，辰已二时，注醮、引度师引师男上刀山，敕梯变梯，飞上刀梯，叫破天门。

引度师引师男下梯，注醮师拨印（老君印），送圣退梯，法事三四个钟头，拨保命之梯护命之刀给师男。引师男回家，说过大尉。每人一张草席，师父说勒床法：大人去大人回。乘龙去乘龙回，师男就过阴去了。师父列众神度师男，退了。就具职位。师男每人接120兵马，拜具职了，书表师签名押号。注醮、加职师把盏上光，到门外执圣，奏传度迎兵表，加职迎兵表，召新兵回来。师父师男用脚踢兵剑上坛，师男个个踢完。有的师男嫖女人踢不上坛，踢到自已床铺，踢进尿桶找不到，重新找一把剑做。引度师肩扛游兵牌，带师男到刀山游兵，绕刀山转一圈（上刀山时从左往右转，游兵时从右往左转）。游毕回家，吃老君大饭，师男一人一碗，老婆一碗（有三个老婆也一人一碗），放在面前，碗边点一支蜡烛，给鬼吃。分明各位师男的阴兵，有话长。

酉戌二时，注醮、引度师引师男去梅山踏水源，到山边取干净水，共注一水槽。师父用法关水，敕雪水洗手洗脚。注醮、引度二师在大门口摆台上香三遍，找黄、白幡桥、大度桥两条拉到台上，献酒，请上东厅科门。注醮师列圣，点醮筵。证盟师把烧红的犁、砖拨给师男。犁用手捧，砖用脚踩。先出犁，后踩砖。然后注醮师把盏上光，执师父护，做 24 函状，将笼车推出门外，连同表词、答词、阴据烧掉。就发文诗，发上天堂老君、王母，阴据当天抛下。先抛传度据，后抛加职据，受戒师男接领。总坛、坐坛二师把盏上光接师父护，担纸钱托香列圣，把黄白幡、各种纸取下，破坛推出笼车，送刀山门外，证盟师洗秽火化，变钱，运钱到库，倒幡，唱师父歌，回到家门外，拿钱赏给师父的兵头。证盟师奏满散表，总坛师奏谢驾表，引度师奏开斋表，众师男赏浪师父。书表开禁井。厨人杀猪三头，一头谢孔子，一头谢禁符，一头谢开斋。烧开斋疏及纸钱，一个谢众圣送瘟，一个谢 12 名师的师父，各分兵分将回家，结束。

从邓进坤大师公的叙述可以看出，挂十二盏大罗灯仪式与挂七星灯仪式的不同之处，除了师父多、时间长、中间有许多次反复请神跳鬼（即执圣行列神）外，最主要的是，挂七星灯，师男所受的考验只有“过阴”，而挂十二盏大罗灯则除了“过阴”外，还要接受“上刀山”（即“刀山法”）、“捧犁头”（即“犁头法”）、“踩火砖”（即“火砖法”）的考验。“勒床法”、“刀山法”、“犁头法”、“火砖法”都是中国瑶族经书里提到的受戒之法，现在许多地方已失传，泰国瑶族则保留得较完整，唯中国瑶族上刀山所用的刀是真刀，泰国瑶族则用木刀代替。我们在难府汪帕县汪帕乡久姑村看见他们 1986 年 12 月 15 日度戒使用过的刀，形似中国瑶族刀而用木制成，这又是与中国瑶族不同的地方。

关于挂十二盏大罗灯每名弟子给师父的赏钱，以银子计算，书表师 3 钱 6 分，注醮师 3 钱 6 分，引度师 2 钱 5 分，纸缘师 1 钱 2 分，保举师 3 分加布 6 尺，证盟师 3 分加布 3 尺，鼓锣师 1 分加布 1 尺，吹笛师 1 分布 1 尺，执香师 1 分布 1 尺，茶酒师 1 分布 1 尺，总坛师、坐坛师未计，大概不少于师表师、注醮师所得的份额。一名师男所赏虽不多，但所有师男赏的份额加起来，也较可观。

6. 加职仪式

加职瑶语称 gajie，是更高一级的入社宗教仪式。经过加职仪式的人被授予“郎”的称号，他在神灵世界中的地位提高一等。当丈夫获得这一职位时，他的妻子被授予“娘”的称号，地位也相应提高一等。例如大师公邓进坤度戒时称作“邓法金”，其妻子姓李，称作“李氏者”，加职被提升为“邓金一郎”，其妻子的阴名则相应改为“李氏五娘”。数词“一”表示他本人在兄弟中排行第一，“五”表示他妻子在其姐妹中排行第五。

据邓进坤说，加职仪式不能单独做，因为已经没有师父能做这一仪式了，甚至瑶族还在老挝、在中国时，就已经无人能做这一仪式了。白鸟芳郎先生在《东南亚山地民族志》一书中称：“根据我们的调查，过去十年左右我们在泰国北部未曾碰见这一仪式的事例。”白鸟氏于 1967 年至 1974 年多次到泰国北部进行民族调查，其说当有所据。但我们 1989 年 2 月至 3 月间在泰北调查时，了解到难府汪帕县汪帕乡久姑瑶寨曾于 1986 年夏历 12 月 15 日举行过这一仪式，在难府波县习拉练乡巴岗村大师公邓进堂家看了这次仪式的详细录像。不过，现在泰国瑶族的加职仪式都是与度戒仪式一起举行，如父亲要加职，就要儿子度戒，儿子度戒时，可以帮父亲加职，取得郎的称号。久姑瑶寨 1986 年举行的加职仪式，不但结合度戒，而且结合挂三台灯进行。据在巴岗瑶寨大师公邓进堂家调查时，请来当时举行这一仪式的主家赵桂升先生，进行了详细的询问，并作了笔录，兹刊载如下。

这次仪式的主事人是赵桂升、赵桂清、赵桂珠、赵桂安、赵桂乡五兄弟。桂清是大哥，桂珠是二哥，桂升是三哥，桂安是五弟，桂乡是堂兄弟。虽然已分家，但未分香火，祖公神位设在桂升家，举行加职仪式。合族男女老少接受加职、度戒、挂灯仪式的共 42 人，其中加职 21 人（含妻子）、度戒 21 人（含妻子），度戒 21 人中，又有 6 人先挂三台灯，后传度十二盏大罗灯。详细情况见下表：

**姑久寨加职人员表**

| 姓名 | 年龄 | 亲属关系 | 仪式级别 | 妻子姓名 | 备 注 |
|---|---|---|---|---|---|
| 赵桂升 | | | 加职 | 盘妹龙 | |
| 赵金寿 | 33 | 大儿子 | 加职 | 李四贯 | |
| 赵金兴 | 29 | 老三 | 加职 | 白批（汉人） | |
| 赵金昌 | 26 | 老四 | 加职 | 盘端银 | |
| 赵金华 | 16 | 老五 | 挂十二盏大罗灯 | | 先挂三台灯 |
| 赵文科 | 7 | 孙（金昌子） | 挂十二盏大罗灯 | | 先挂三台灯 |
| 赵桂清 | | | 加职 | 邓九进 | |
| 赵金龙 | 39 | 儿子 | 加职 | 赵妹改 | |
| 赵金? | 35 | 上门女婿 | 加职 | 赵奈清 | |
| 赵保 | 12 | 孙（金？子） | 挂十二盏大罗灯 | | 先挂三台灯 |
| 赵搞安 | | | 加职 | 邓浅寿 | |
| 赵二安 | 33 | 长子 | 挂十二盏大罗灯 | 羽妹奈 | |
| 赵二安 | 16 | 次子 | 挂十二盏犬罗灯 | | 先挂三台灯 |
| 赵桂珠 | | | 加职 | 邓富四 | |
| 赵金仙 | 53 | 长子 | 加职 | 邓蒙清 | |
| 赵搞仙 | 25 | 长孙（金仙子） | 挂十二盏大罗灯 | 越妹官 | |
| 赵兰仙 | 9 | 三孙（金仙子） | 挂十二盏大罗灯 | 邓满福 | |
| 赵四仙 | 23 | 四孙（金仙子） | 挂十二盏大罗灯 | 邓迟才 | |
| 赵五仙 | 21 | 五孙（金仙子） | 挂十二盏大罗灯 | 邓三坤 | 先挂三台灯 |
| 赵金广 | 48 | 次子 | 加职 | 赵换珠 | |
| 赵搞广 | 27 | 二孙（金广子） | 挂十二盏大罗灯 | 黄三寿 | |
| 赵二广 | 21 | 六孙（金广子） | 挂十二盏大罗灯 | | 先挂三台灯 |
| 赵桂乡 | 51 | | 加职 | 邓满富 | |
| 赵搞乡 | 22 | 儿子 | 挂十二盏大罗灯 | 赵满寿 | |

上表说明，举行加职仪式需两代人，即父亲加职，儿子需度戒。有未度过戒的年幼弟弟度戒时，哥哥可以加职，取得郎的称号。加职的另一条件是，要增加 5 位主持仪式的师父，即将度戒的师父增加到 17 名。此 5 位名师分别称为加举师、加盟师、加缘师、加表师、加职师。增加的 5 位师父可以不用阳人，用列祖的保举师、证盟师、加缘师、书表师、加职师的名入职位也可以。但如果三代人同时举行挂灯、度戒、加职仪式，则还要分别增加 2 名注醮师、2 名引度师，如上举久姑瑶寨赵桂升兄弟三代人举行挂灯、度戒、加职仪式，就分别增加了 2 位注醮师、2 位引度师。见下表：

**姑久寨加职师父表**

| 职位名 | 充任人姓名 | 年龄 | 住址 | 备注 |
|---|---|---|---|---|
| 书表师 | 盘富华 | 84 | 巴岗寨 | 调查时已死一月 |
| 纸缘师 | 邓富寿 | 74 | | 调查时已死一年 |
| 注醮师一 | 邓财寿龙 | 65 | 青岗县那海弄乡 | |
| 注醮师二 | 邓进印 | 74 | 波县巴岗寨 | 已死 |
| 注醮师三 | 邓财其 | | 汪波沙县邦叭乡 | |
| 引度师一 | 邓进堂 | 46 | 波县巴岗寨 | |
| 引度师二 | 邓进显 | | 会莱寨 | |
| 引度师三 | 邓有源 | | 波县巴岗寨 | |
| 保举师 | 邓进府 | 46 | 波县巴岗寨 | |
| 证盟师 | 邓财印 | | 念拱寨 | |
| 总坛师 | 邓承兴 | | 波县巴岗寨 | 未度过戒，用祖父名 |
| 坐坛师 | 邓有珠 | | 波县巴岗寨 | 未度过戒，用祖父名 |
| 执香师 | 邓财寿华 | | 念拱寨 | 未度过戒，用祖父名 |
| 鼓锣吹笛师 | 邓贵府 | | 南坳寨 | 未度过戒，用祖父名 |
| 说明 | 按度戒用 12 名师。3 代人一起度戒、加职，增用 2 名注醮师、2 名引度师，再增加职需用的加表、加缘、加举、加盟、加职 5 名师，当共用 19 名师，但此次仪式加职 5 名师用阴人，名字未列出，12 名师调查时漏列茶酒师。鼓锣、吹笛合用一人，故只有 14 人。 | | | |

加职时，师男不需做多少节目。加职结合度戒进行，先举行度戒仪式。如3代人同时做挂灯、度戒、加职仪式，则先举行挂灯仪式，再度戒、加职。如久姑寨此次仪式，从1986年农历十二月初七起头，先用两晚时间为6名未挂过三台灯的师男做挂三台灯仪式，接着才举行度戒、加职仪式。在度戒结合加职时，受戒师男频频接受各种宗教洗礼，加职的师男不需参加，只到举行游兵节目时，加职的师男随师父出门到受戒师男上刀山的地方游一下就可以了。法事将结束时，由师父补给加职阴阳二据。师父在门外搭起大坪台，奏阴据上天，同时抛些米粒上天，然后烧掉阴据。阳据发给本人收藏，到百午后烧化归天。郎的称号写在阴阳据上，抛下阴阳据时，授予此称号。另外要烧化一笼纸钱，以酬谢鬼神。据大师公邓进坤说：已死去的老人，原已度过戒而未加职，当活着的儿孙举行度戒仪式时，亦可帮其加职，但要写职位，并加烧一笼纸钱。其阴阳据由道师帮领取，领取后即烧掉。

由于加职是更高一级的宗教礼仪，又与度戒甚至挂灯一起举行，花费的钱粮十分惊人。例如久姑瑶寨的加职仪式，用去猪、鸡、米、酒等钱物，合泰铢263920元，折合人民币共约7万余元(详见下表)，因此，在泰国的瑶族中，能举行加职仪式的更少。据调查，帕府邦县叭昌内乡只有邦卡瑶寨邓富金一人加过职，昌堪县只有龙英、帕凉两个瑶寨有人加过职，清莱府猛厅县冲铺乡央烘寨有邓江一郎、邓贞三郎、冯保二郎、冯添一郎、李清一郎、李金一郎、李粱二郎加过职，难府波县巴岗瑶寨有邓进法、邓财州、邓财兴三人加过职，汪帕县久姑瑶赵桂升五兄弟及子侄16人加过职。其余很少有人加过职。

**姑久寨加职仪式开支表**

| 品名 | 数量 | 折泰币 | 用途 | 备 注 |
|---|---|---|---|---|
| 猪 | 大小21只 | 15000铢 | 祭神及食用 | |
| 鸡 | 60只 | 2400铢 | 祭种及食用 | |

续表

| 品名 | 数量 | 折泰币 | 用途 | 备 注 |
| --- | --- | --- | --- | --- |
| 钱纸 | 760 刀 | 3800 铢 | 烧化供神 | |
| 黄纸 | 200 张 | 200 铢 | 写奏表等 | |
| 红纸 | 40 张 | 40 铢 | 做奏表等用 | |
| 大米 | 1000 公斤 | 75000 铢 | 做饭供神及食用 | |
| 酒 | 250 公斤 | 16000 铢 | 供神及饮用 | 或 500 瓶 |
| 豆腐 | 100 公斤 | 1000 铢 | 供神及食用 | |
| 青菜 | 1500 公斤 | 7500 铢 | 食用 | |
| 银条 | 27 条（10 两一条） | 67500 铢 | 送师父用 | 五兄弟共出 |
| 银元 | 1 个 | 6000 铢 | 送师父用 | 仅桂升一家 |
| 4 泰铢 | | 56000 铢 | 送师父用 | 仅桂升一家 |
| 白布 | 294 绞 | 13440 铢 | 师男傚仪式时用 | |
| 合计 | | 263920 铢 | | |
| 说明 | 举行仪式时傚衣服的钱未计，其他三兄弟加职时送师父的钱未计。加职一对夫妇送师父 1 文银钱，折合 150 泰铢。 | | | |

7. 加太仪式

加太是最高一级的入社宗教仪式。经历这一仪式的人取得“太”的称号，其在神灵中的地位达到最高一级，其妻子则相应取得“太”的称号，地位也相应提高一级。例如在师公邓进坤加太后，其阴名由“邓金一郎”改为“太金一郎”，其妻子李氏则由度戒时取得“李氏五娘”称号，改授“太氏五娘”称号。由于这是最高一级入社仪式，正如邓进坤所说，无论在中国、老挝、泰国，都已经找不到有资格单独举行这一仪式的大祭司了。然而，这并非白鸟芳郎先生所说的，在泰国瑶族中，“没有一个人真正进行过这一仪式”①。事实是，泰国瑶族仍有举行这一仪式的办法，以及取得“太”这一称号的人。其办法是：当儿子举行加职仪式时，可以帮父亲加太，取得“太”的称号。由于儿子举行加职仪式，需要儿子的儿子举行度戒仪式。因此，如果说加职仪式要有两代人的话。那么，加太就需要有三代人。例如邓进坤先生46岁度戒后，当其儿子度戒时他加职取得“郎”的称号，其后当他孙子度戒时，他又加太取得“太”的称号。据我们在泰北调查，已知经历加太仪式还活着的瑶族，除邓进坤先生外，还有李家太周一郎、冯家太度一郎2人。据邓进坤说，此2人都是清莱府人。

邓进坤先生称，加太时什么节目都不用做，仅给职位，供在三清三宝胸膛，另有一笼纸烧化酬谢神灵。已死去的老人，原已加过职的，当儿子举行加职仪式时，可为其加太。和为死去的老人加职一样，需要写职位，并加烧一笼钱纸，加太时发给的阴阳二据同时烧化。

加太在泰国瑶族中另有一种说法，叫“封科”，即如中国封建社会的知识分子在科举考试中考取头榜进士、封科状元一样，是很荣耀的事情。泰国瑶族认为，经历加职尤其悬加太的人，无论活着在阳世或死后到阴间，都取得比较高的地位。邓进坤先生形象地说：加职加太的人，在阳间有更多阴兵保护，可以高寿，又可以保护他人，比如我加过职加过太，有人病叫我去讲，神佛就应了，叫别人去讲，神佛就不应。死去阴间，走天桥到九郎门下，到扬州洞安居乐业，还可以在阴间做官管兵。挂灯、度戒的人死去阴间也走天桥，但加职加太的人是坐飞机去，度戒的人坐摩托车去，挂灯的人只能坐单车去。度戒、加职、加太的人生前吃斋敬神，所以死后得好去处，上天成仙。不度戒的人死后到阴间受苦。

---

① ［日］白鸟芳郎著，黄来钧译：《东南亚山地民族志》，50页，云南省历史研究所东南亚研究室，1980。

8. 度阴戒

据翻译赵富华说，由于度戒请人多、花费多，除师父外，还要请众多帮手，如徒弟走阴时，一个徒弟要一个人照顾，有的人没有那么多钱或嫌麻烦，不度阳戒度阴界。度阴戒不请阳人做师父，改请阴人做师父，不需众多助手，只要家人照顾即可。据说，瑶族度戒时走阴，人昏迷睡在地板上（有草席垫着），这时不许猫、狗、女人走过身体上面，说是有污秽，对受戒人不利。度戒时人来得多，如其中有嫖过姑娘的人就会坏事，以后死人会多。因此度阳戒时，师父分别在家门口、神堂下做两个“禁井”，即挖一小洞，内注黄蜡，蜡上插12枚针，再用碗盖住洞口，等于放蛊，如有人嫖过姑娘又来参加度戒仪式做不好的事，就请鬼来杀此人以抵赏。度阴戒人来得少，有本家人照顾，不用做“禁井”，只需在门口挂一块上面插有鸡毛、辣椒的“笼巴”，忌人进屋就行了。度阴戒请的是玉皇大帝、太白先生、雷祖大王、三清大道、十殿阎王、五海龙王、度阴戒的人。从正月初一至七月十四，每月初一、十五请神，师父请好就度戒，奏表奏章自己写，纸和马同表章一块烧完。走阴时睡在厅里，走阴去了三天。回来就说度戒好了，度阴戒的人，社会上承认，可以做师父，帮别人度戒。也有阴阳据，有阴职位，死后可以送上天桥。听说会东瑶寨有位姓邓的度过阴戒，已死了，如果他传师，他儿子挂三台灯时，就传他做师父。

据说，度阴戒古来就有，但从前人们说这种做法不好。因为走阴时间三天，三天内自己婆娘去嫖汉子，会把蛆虫放在走阴的丈夫的鼻子、嘴巴里，说他死了，当作死尸处理掉。据说从前就有一个人度阴戒，被老婆用这种办法陷害，请人将他当死尸扛去烧化（泰国瑶族用火葬），当烧到一半时又醒来，骂婆娘不好，以后不要讨这姓（一说姓李，一说姓黄，一说姓盘）女人做老婆，但终因伤势过重死去了。后来度阴戒的人少了，娶李、黄、盘三姓女人做妻子的也比较少。

9. 架桥仪式

泰国瑶族认为，人们生男育女是灵魂与肉体结合的结果，人们生病，则是灵魂离开了肉体。因此，一对夫妇如果没有生育，或只生女不生男，或一个人生病家里人照料、请“设鬼人”驱鬼仍不好，就要举行宗教仪式，使飘游的灵魂与肉体结合起来，以求得生育或治疗疾病，而这只有通过“架桥”，把分离的两者结合起来才能办到。因此，泰国瑶族一生中有许多架桥仪式。

（1）架求花桥：

小孩的魂称“花魂”，无子求子称求花，架桥求子称架花桥。湄赛瑶寨李富昌先生说，架花桥要舂粑粑、做粽子。粽子做 7 对，插 7 条竹子，一条竹子一对。7 条竹子，1 条称本命竹，其余 6 条称求榄求慕求宫求公求母求×。另做表门一纸、求花一纸、疏门一纸、引表一纸共四纸。杀猪一头、鸡两只。造木桥一座，贴上纸花，并写上求男求女字样。请 8 个师人，第一个头家师打开微暗山，用竹火通到桃园洞招花给夫妻二人。第二个师父请本命星，好的照进，不好的送走。第三个师父请煞星解煞，时间两天，第一天办祭品作准备，第二天做仪式。架花桥要送大魔公 12 两银、二魔公 1.2 两、三魔公 6～7 钱银。

1989 年 2 月 21 日上午，笔者参观湄朋第 14 村会讲洛瑶寨，快进村时恰巧遇上该村黄通华先生在村边小溪上架完求花桥，正挑着东西回村，实地观看了架桥后遗留的花桥、竹竿等实物。进村经询问知道，黄通华一家 10 口人，父亲黄元清有 4 子，黄通华为长子，母亲盘显香。黄通华当年 37 岁，妻盘仍银也是 37 岁，湄崩第 6 村人，双方已结婚 19 年，生有 8 个女儿，最大的 18 岁，最小的 3 岁，无子，故架桥求子。仪式费时两天。杀一头猪（50 公斤）、两只鸡。做了 12 对粽子（用米 3 公斤），白糍粑数不限，但实际做了 12 个（用米 3 公斤），给大师父盘富银（实即盘仍银父亲）谢金 620 泰铢、小师公盘富寿 320 铢。据说，如给别人做师父，谢金多则 3000 铢（合一条银子），少则 1000 铢。

（2）架功德桥：

夫妻前世阴功不好，今世做地（砍山种禾）做不去，或人丁不旺，或子女不孝架此桥。请三个师父，法事要做三天。第一、二天作准备。杀猪一头约 80 公斤重，鸡 2 只，冲粑粑 4 公斤米，做粽子 7 对用 2 公斤米。割纸 9 门：表门一纸，宏恩一纸，疏门一纸，求财一纸，追魂一纸，赎命一纸，求粮一纸，金银状一纸，引表一纸。砍大木锯板做桥，桥要一尺宽，能过人过牲口。按命属选择架桥地点，一般在河边，离河太远在干沟也可以。第三天早起七点开始做法事，一直到下午四五点钟才结束。第一位大师父穿起法衣，叫天叫地，烧纸请完所有鬼神，召金银财宝衣禄养命六畜。第二位师父叫魂请本命星，好星照人，恶星送出去。第三位师父请煞星解煞，如找不到三个师父，请两个也可以，其中一个做两样。法事完毕，送第一位师父银 6 两，第二位师父银 1～2 两，第三位师父 100 铢泰币（合银 4 钱）。

（3）架三岔桥：

小孩有病，经卜卦查出是出生时其灵魂经过三岔路，而未曾借三岔路，故魂迷失方向，需架三岔桥为其接魂。桥到三岔路地方架，故称三岔桥。

（4）补楼桥：

年老有病架此桥，有些人无病也架，意在接命续兵。度戒人第一次接 120 兵，第二次接 60 兵，第三次接 36 兵，第四次接 12 兵，第五次再接 120 兵。挂三台灯的人第一次接 36 兵，第二次 24 兵，第三次接 12 兵。

（5）接命桥：

打卦算出哪年大限，就要架接命桥。请师人两个，一个请照星，一个解煞。杀一头猪、一只鸡，烧追魂书、表门书、宏恩书、大赦书四张、引表一纸。其他法事和架功德桥一样。

（6）文限桥：

人老有病架此桥。

(7) 大板桥:

老人生病或身体不适，架大板桥到南京海岸续命，是文限桥的连续。第一次架文限桥一个桥架，第二次两个桥架，第三次三个桥架，第四次即是大板桥，不用安桥架，如架第五次又恢复一个桥架。

泰国瑶族的架桥仪式很多。1989 年 2 月 21 日下午访问湄朋瑶寨时，笔者看见有人在村后溪边做架桥仪式。经询问该村 84 岁高龄的赵富文先生，知道做架桥仪式的是该村邓有秀先生家，因其家有点小灾，身体软，不想吃，请师公李富廷做仪式，据称架的是“找魂桥”。其过程和特点是：师父来后去砍木头做桥，并做纸钱，杀猪，冲粑粑，做粽子，然后选择架桥方向：按命属，属金的西方不可做，属火的南方不可做，属土的东南西北不可做。桥本应架过水，因难架就架在水边，离水太远在路边架也可以。祖宗、三清、盘王、连州三庙王等天上地下大鬼小鬼及桥鬼都请。念“招魂书”，如不好，加念奏星。家中有妇女将生孩子，还要解煞。

（二）有关疾病的祭仪

人生病认为是触犯了鬼神，魂魄被鬼神捉去，救治之法就是举行设鬼赶鬼的宗教仪式，以追回魂魄。

平常生小病，如家里照顾仍不好，就找会卜卦的人，自己会卜卦的自己卜，问魂魄还在不在身上，如不在到哪里去了，被什么神鬼捉去了，是星神，还是煞神、凡神、山上小鬼、死去的父母、祖公、元宵鬼、伤鬼？问清以后再请设鬼人赶鬼。鬼索要什么就给什么，多数是鸡、猪。元宵鬼爱吃羊，就找一只羊，如果元宵鬼说是病人打死了他的牛马，就用芭蕉根做成牛马送给他。设鬼后如病还不好，再卜卦。也有的人请会走阴的人去看是什么鬼作祟。如果生小病多，就要查看魂是否下了地狱，命到大限，如果是这样，就须举行仪式，架桥接命。

人生大病，就要请设鬼人查问是否触犯了大鬼。瑶族认为，盘王、三清大道等是大鬼，人触犯了大鬼，就会生大病，故须查问。

这是度过戒供有盘王、三清大道神位的人家，不供此等神像的人家不需问，但有些人家病多、人口多，经同祖公请来盘王、三清像开光贺像的，虽未经度戒，也供有盘王、三清像，也须问是否触犯了这些大鬼。供有盘王、三清大道神像的人家，设鬼时，问是否因嫖姑娘错了，因争架错了，还是酒做好未敬鬼就吃了因而触犯鬼神。如果是就要还盘王愿。未度戒而供有盘王、三清像的，问出是盘王要度戒病才能好，就要举行度戒仪式。其他未供盘王、三清像的人家生大病，问出是祖公要供盘王、三清像，就要找日子请盘王、祖公来，彩绘画像，并举行一定仪式。但据波县邦卡瑶寨师公邓进升先生说：盘王做大鬼才请，请来做完就送走，做小鬼不请。如打斋就请盘王，生大病不请，但可以通过祖公带钱给他。三清大道叫天时请，生大病也请，请他来帮赶鬼。

人生病轻重不同，原因不一，故设鬼赶鬼仪式不一样。下面是访问中了解到的泰国瑶族的一些设鬼仪式：

解吓。人受惊吓丧魂失魄，致生病。请会卜卦的人卜卦问鬼神，查原因，请设鬼人解神。不独小孩，大人亦做此仪式，称解吓。

烧赦。人生重病，经查出是触犯了大鬼，请师公举行“叫天”仪式，请三清大道等天神帮忙赶鬼。仪式中有烧化赦书以求赦罪的内容，故称“烧赦”。

释天地。人有大事心里不甘，举行叫天仪式，叫天神地神帮忙，有病就赶鬼，有灾就驱灾，务要释去一切不幸，称释天地。

送瘟病。家里人病痛多，恐怕有什么落在家里，请师公举行送瘟病仪式。

送怪。见到从来未见到过的事情，或白天见到有男人搞女人，或见到其他不好见的东西，请一位设鬼人，杀一只鸡，举行设鬼送怪仪式。请蓟玉垒，就要杀猪。据赵富华先生说，以前白天见到穿曲甲、竹鼠，都要送怪。

释师父。经挂灯、度戒拨过师父的人，有的不可以吃狗肉，有的可以吃狗肉；但凡女人衣服，不可带在头上，否则会触犯师父。犯了师父就要请他来。请两个师父做清水，帮犯者师父洗干净，并送些钱纸，请他原谅，称释师父。

解煞神。有些人常生病，或常有刀祸，或常生疮，认为是出生时辰不好，命带煞神，请师父举行送煞神仪式。

许愿还愿。此乃求神驱鬼消灾的一种办法，又有多种形式。凡许了愿，需要还愿。现将其形式列如下：

①担病——人有病，请神帮助，许病好即以鸡、猪、钱纸还。如许，则同时要纸马多少堂，否则以为不尽礼。

②相卡——家中常有病灾，或夫妻总有一方不适，恐怕相配不合，互相克命，于是向神许愿，请神消灾。据说有一本专门的书做此仪式。

③天灯愿——许来发财、人丁平安，也有专门的书。

④社愿——如有意外事情，如打官司、做地不好等，求社神帮忙，许牛、猪，老象有本事打到，也可以许。据说泰国皇帝和缅甸打仗，就许老象。

⑤五旗愿——用处和社愿一样，但许的对象是“五旗兵马”。五旗兵马本是盘王的部众，平常人没有这类兵马，但据说当官的人，如乡长是有的，故许五旗兵马要请乡长来。

⑥本家愿——家中平常有什么事，如人丁欠安、生产不丰，许老祖公，请他们帮忙，保佑人丁平安，生产丰收。

⑦天堂愿（小做）——和本家愿用处一样，但许的是外鬼，在门前许、门前还。

⑧拦门愿——和天堂愿一样，但许的是“拦门鬼”，有一本书说到。

以上是平常做小鬼、许小愿的还愿仪式，以下则是做大鬼、许大愿的还愿仪式：

贺像愿。如上所述，未供有盘王像、三清像的人家有人生大病，经卜卦问出是祖公要供盘王、三清像，就要找日子请盘王、祖公来，并请人彩绘画像。当家里请来盘王鬼供上后，就要许愿，请他保佑家族人丁兴旺、家业发达，称贺像愿，也可以叫盘王小愿（赵富华如是说）。贺像愿许不久就要还，许什么还什么，一般许猪、鸡，猪给盘王，鸡给三清。未供盘王鬼、祖公鬼（九代以前的前辈）神位的人家，不许贺像愿。

做小盘王鬼。瑶语叫“yienongen（业农安）”，意即“吃中饭”。这是小规模的还盘王愿。据说从前渡海时许了愿，代代要还，还他情意。泰国瑶族每逢年成顺利的时候，用一头猪还愿。这头猪是黑的，先一年养起，养到年尾，杀后刮毛剖肚去肠，不砍四脚，生供在台桌上（台桌设在领鬼人家），祖公神位则供一只杀好的公鸡，亦必须是生的。

师人（一人）穿起法衣，戴起平天帽，一手拿铃，一手捏一根小竹枝，领盘王鬼回来领筵，其间有许多话说。一共请三回。请他回来领猪，台桌下点纸钱分送给他。钱纸有两色，不做错盘王鬼用白纸，做错盘王鬼（如做鬼去嫖姑娘、打人、骂人）用金纸。法事做一两个钟头。太阳下山开始做，到晚上八九点钟结束。小鬼盘王三年做一回，按规矩，凡本家共祖公的合在一起做。做法事时门口隔开，不让外人进来，即使是同姓不同祖公的都不能进，怕不干净。所费随各户公心，一般花费一两千泰铢，由各户分出。分到多就多出，不得争。又规定：男人做法事前三天和后三天不准同女人睡觉。举行此仪式，只要懂得做鬼道路的人，不挂灯不度戒的也可以做师父。

做大盘王鬼。瑶语称“zuodarg（做堂，有的译“作藤”）”，因举行这一仪式要做堂唱歌，故得名，亦称“完盆歌愿”。这是比较大规模的还盘王愿仪式。

举行这一仪式要一天一夜。由两个设鬼人主持仪式，另要六七个青年男女（三男三女或四男三女），其中必须有一个男的未嫖过姑娘，一个女的未嫖过男人。做大盘王鬼要唱盘王歌（做小盘王鬼不需唱），24 路 36 段唱完，要杀两只猪一只鸡送祖公。猪要黑的，不要白的、花的，要养的，不要买的。许了愿，家族里哪家母猪生出了两只黑猪，到年尾就可以还盘王愿；不许愿出了黑猪，也要许愿做盘王。邦县邦叭红寨师公邓财珠说，从前瑶族住在山上，一村几十户，总有几户人养母猪，如出一对黑猪，就可以做盘王，如出两对，一对还从前祖公许下未能还的盘王愿，一对儆新的还愿仪式。按规矩，黑猪出在哪家就哪家养，别家不用帮忙。对这对黑猪不能乱讲乱骂，可以放出来，它们不会走远，总是一对在一起，也不会得瘟病。“我一生 60 多岁，从未见过丢失还愿猪。”

还盘王愿时，猪要拿到“起根”那家杀。起根那家就是长兄家或是会做鬼的弟弟家，也就是供有老祖公鬼的那家。杀了猪刮下的毛要包起来放高点，不给狗吃。

据说做大盘王鬼一代人做一回，没有钱几十代也不做一回。例如邦县邦叭红瑶寨一带，1989 年前后无人做大盘王鬼，而做小盘王鬼就年年都有人做。

关于仪式的过程，大师公邓进坤有一段介绍，可与中国瑶族做盘壬仪式对比，兹著录如：

“做堂”的鬼道路，首先叫道师找日子，煮酒春米，经过五六天，请一个师人，用芭蕉叶包一小包盐，拴上一层普通线后，再拴一层红线，拿着去请还愿师，拿一个用黑线拴的同样的盐包，去请招兵师，拿一个用黑线拴的盐包去请赏兵师、五谷师。另再用红线拴的盐包去请三女，用酒浆去请三男，用两个黑线拴的盐包分别请一个男人、一个女人来做工。

到起根日子，大家来到，师人写一张祖宗疏、一张庙王疏、一张通连表、一张引表，杀一头猪敬鬼，做完鬼吃饭，这餐饭叫起席饭，筛两大碗酒（碗中酒不多）拿来请做工的。吃完饭，后生道师洗澡洗手，敲锣打鼓，打开 18 神像挂起。办两桌酒菜，一桌给神佛、大师父（还愿师），一桌给小师父（赏兵师），把盏，师人穿起衣服，戴起帽子（平天帽），伸香（讲伸香意者），唱咒门歌，就请神，共两遍，讲马头意者，发角洗坛，请第三遍，献香讲上情意者。接着跳破鬼，之后由赏兵师又把盏，接着开坛，把大盏（大盅），五谷师、还愿师、召兵师、赏兵师又把盏上光。召兵师去门口叫天，接着召五谷魂、金银财宝魂回主人家，五谷师求五谷大王来台站迎接，召兵师做天桥，召大坛兵马。到东厅落马（拿谷子列阴马）三遍，锁马三回，打马三回，交谷子给主人家，召兵师送老君上天，之后回东厅踼马归坛，三请120兵马，踼上神坛，执齐众圣，还过完盆愿，还过斋兵愿，赏兵赏将，交纳钱纸，烧纸送咒，运钱归库，请出青龙返坛，共三回，青蛇祭坛，三回，马儿食禾，三回，脱童之后收起神像。

接下去杀一头猪供盘王（整猪），又杀一头猪供祖公（破碎）。还愿师和三男把盏，请盘王鬼两遍，讲马头意者过，退下三男。还愿师请完第三遍，立起神堂（用米粒撒在台桌上），拜鬼下来，请盘王捡点香、酒、花、粑粑、三男三女所有盘王用物，请下五旗鬼，点过三男三女，就请歌下来给三男三女唱，从“拜神圣”唱到“拜神净”，唱完，还愿师就把盏上光执圣，修山修路，还愿师唱架桥歌，唱完师人架桥，扫家使者扫灾星出去，扫福禄进来（唱扫家歌），又到唱铺台歌，讲铺台话，杀牲使者唱杀牲歌，请厨人，到红罗挂帐（唱歌），剪一个纸花牌挂在中厅壁上，给盘王好看，唱红花歇。又到入庙歌，入连州行平庙、伏灵庙、伏缸庙、五旗庙、阳州庙，唱家先歌。

接下去打锣打鼓，请三男三女去外边，回家把盏参坛，唱出世歌，做长鼓来打空空。到挨声唱，三男三女到门外对歌。围堂到此，转过身去围。到歌师串破三男三女中间过，给盘王得听，解他愁意，给他欢喜。道师回到东厅，复曹连州，叫盘王吃肉吃酒。又复曹行平，复曹伏，复曹伏缸，复曹厨司，复曹阳州。复曹齐了答配歌一对，又到众王宽坐位歌一段，到把杯歌一段，到答子出世，到众王把杯歌，解意歌，拿答子打过头后边，得盘王欢心，不得其欢心又唱第二回解意歌，到第三段礼拜打答子过头去后，得答子，唱答谢众圣歌一段，再不得答讲意者，教白谢花歌，游乐完了，赏兵师起根，唱赏浪师父歌一段，到此脱童了。

另摆一台酒菜，叫盘王下席，请他等我们再开歌堂。接着上二十四路歇（有人上三十六段歇），由三男三女唱，歌师、五谷师也一起唱。唱到第五段，三男三女到外边出愿，唱出愿歌。出愿回来又复愿，唱歌一段。唱第七曲，唱完打六合令，用六个酒杯，四个翻出，两个翻回。打令湿，酒杯里有猪肝；打令干，杯里无猪肝。接着打令单，五个翻进，一个翻出。打六合令给盘王回去，召兵师就请祖宗，让拿牲头，之后厨人煮一点肉（一只猪头、一只猪脚），称“报口竹汤油”，叫鬼吃，师人众人吃。吃完后大师公两请庙王，交纳当许银钱，还恩答谢，火化银钱，送神归殿，做鬼法事了了，阳人吃完饭各自回家。

邓进坤说，法事一天一夜做完算快，不然要两天两夜。做盘王与度戒一起做，先度戒后还盘王愿。

（三）有关家居及婚丧的祭仪

泰国瑶族日常家居及婚丧活动也有许多宗教祭祀仪式，兹据调查记录整理如下：

1. 人家传精

搬进新居，恐怕住房内有精怪留下作祟，要请设鬼人（自己会设鬼也可以自己做）举行设鬼仪式，完全送走屋里的木头精、相西（照影）、棺木精、枯木精、土精、石精，称“人家传精”。

2. 安神牌

起了新房，或度戒后兄弟分，要举行安神位仪式。

3. 召祖宗

有些人没有祖宗神位，度戒后分下了兵坛，要请祖宗、三清护家，就要举行召祖宗仪式。

4. 封财门

有的人嫁女儿太多，或女儿在家生孩子，或做好事被人家破，例如做亲家时有人打烂东西，或上门吵架，遂做“封财门”仪式，防止家财流失。

5. 推败

媳妇上门，命带“败”，要举行仪式，推“败”出门。

6. 合亲祭仪

男女双方合好八字，男方拿手镯到女方“说亲家理”，带去鸡，杀鸡做饭菜，吃饭时，要有一个会说鬼的人，报告双方老祖公：今天XX先生来到X家讲XX姑娘，请老祖公给他们讲成亲家，合成夫妇，不准外人来讲不好的事，不发生闲事。如果女方要的聘金多，男方出不起，就说不要者，女方就拿手镯回来。

7. 定亲祭仪

讲过“亲家理”，女方同意结亲，男方再拿一只鸡到女方家结定，找一个会说鬼的人，在吃饭时设鬼报告老祖公：XX先生今天来到，定下我们家XX姑娘做媳妇。XX姑娘年纪大了，她要当家立世了。双方讲成亲家，现在XX先生已拿钱来下定，请老祖公许他们两个结成夫妻，成人成世，成家立业，不产生闲话，姑娘在家挑花时不要发生什么病。定金一般十两银子，多则二三十两，少则几百铢，于当日交付。到定日子时，男方带一头猪到女方家，又请老祖公一次，内容同上。

8. 迎亲祭仪

迎亲送亲之日，男方要举行“安坟”仪式，女方举行“拆人口”仪式。男方安坟，请两个设鬼人，杀猪一头、鸡十多只（至少七只），钱纸40刀（含纸马）。头晚就烧一张纸，报告本家神说，男儿长大了，明日结婚成家，要给祖公安坟一次。第二天安坟时，请所有老祖公回来，求他们帮助男儿娶妻回来，发财有钱。女家于头晚杀一头猪供神，由设鬼人报告老祖公，谢他看守姑娘的辛苦，请他将姑娘的魂迁出娘家，带到男家去。有一两个小时的法事。据赵富华先生说，难府的瑶族结婚时，男家不安坟而做盘王。做过盘王后结婚那天，双方男女客人可自由社交。

9. 成亲祭仪

结婚这天，男方杀猪祭祖，报告祖先今天家里有成亲的事，阴客、阳客来得多，求祖公保佑别发生意外的事情。到吃饭时，男方请来的“清水先生”再祭告一番，请本家各位老祖公和女方媒人叫来的老祖公一起吃饭，保护双方做亲家时，不可生病和发生意外。以后每餐吃时都要设一回鬼。到新娘进门时，要举行“吹晒”仪式，男家“清水先生”请师父设鬼，把新娘出生时带的煞或进门时带的煞送走，驱煞后就举行“添人口”仪式，祭告祖公，家里添了人口，要做一小时的法事（有一本清水书说此事）。当晚拜堂时，要祭告老祖公回来领拜，保护一对新人以后好过日子。另外，新娘进门后，要杀一头“媒人猪”，报告女方祖公，保护姑娘和新郎，在亲家不发生意外事情。

10. 做拆解

这是葬礼的总称。泰国瑶族认为，人死亡是犯了伤神，举行葬礼时要请设鬼人或师公解除伤神，故称“拆解”。按照传统习俗，不同年龄以及在神灵中具有不同地位的人，他们死后的葬礼也有所不同。

（1）未出花园人的葬仪：

未满12岁未经举行出花园仪式的小孩夭折，其尸体有钱人家做棺村装殓，多数人用布或席子包裹，埋在平常烧化死人的地方——瑶人称为“火尸堂”的旁边，或花围园旁边。坑深约0.5米（或到膝盖深），不让他转生，认为是“假花”。也不请师人打斋做法，但要请一个会设鬼的人烧香祭告老祖公：请将小孩亡灵带去托花来的地方——桃园洞，下回托好花来，不要托假花来。仪式杀鸡一只，烧香纸若干。

邓进坤说，12岁以下小孩死亡，杀一头猪、一只鸡。猪送给家先和证见，请他们架起阴桥送走亡魂，鸡送给托花皇。请一个设鬼人设鬼，用3.6尺白布铺在门口的桌子上，称架阴桥，将小孩灵魂送回桃园洞（据说男孩女孩虽然都送回桃园洞，但不是同一个寨），其间要唱一首歌，请阴魂上桥，同时还要祭田地给他种。有两本书说此事。

(2) 12岁以上的人死后的葬仪：

12岁以上的人死了无论是否挂过灯，要请师人打斋超度亡灵。师人用一张凳，另甩3.6尺白布放在凳上，架起“平桥”，唱架桥歌，请亡人上桥，送到扬州洞，祭房屋、田地给他，让亡人在扬州洞安居乐业。邓进坤先生叙述了祭仪的经过：

12岁以上的人死，有钱人家请一个送亡师、一个赏兵师，拜起神像，杀一头猪叫祖公鬼来，交钱纸后，叫祖公鬼、三清大道扎下兵马，来台坐，拿猪肉、菜办起酒席，师人、众人、帮手一起吃一餐，吃完师人、主家、帮手等几十人洗澡洗手（用做香的木头皮煮水来洗），就打锣、打鼓、吹牛角，打开神像挂到壁上，办两桌供鬼，一桌5个酒杯，倒一碗米在一条手巾（或一块白布）上，放2钱6分银子，包起来给师人的师父。桌上一炉香、一碗水，另有几包盐给师人（一人一包），之后把盏。用托盆，里面放两个酒杯，师人在前，一个后生在后。师人向神台叩三回头，转回头与后生叩三回头，从后生手里接过酒杯转向神坛拜三拜，奉上酒。把盏完，师人穿起衣服，请家神外鬼、讲马头意者过。就发角下席，第三请，献香，讲上情意者，完了就跳鬼，唱跳破鬼的歌，上坛歌，立过祖公、三庙、三清、行司、上界、中界、下界、大度桥里外鬼，还有一首上坛歌。跳完鬼，把盏，赏兵师赏兵，开坛，送亡师参饭给亡人，用米、饭、鸡一只，米用纸包一点，簸箕撒一点，饭用纸包，鸡用杀死煮熟的，又把盏一回。两个师人一起，孝男女帮忙上光，拜起师父神，维护师人，又到家神外鬼护起两个师人，一个师人到门口叫天叫地，一个在家内接家神外鬼。接着造拆解表及洪恩谢、休词、和词，奏到玉皇大帝面前，请他下来拆煞神、伤神。师人拿一块篾片、一条麻绳，打一碗水，做口工符法，喷厅内四周，不让外神进来。又列神铺莲塘，用一张篾席铺在地上。就跳36弓步，画24符，分贴在丧家内外，师人身上也贴两张，哄鬼人（站在门外）身上贴两张。道师敕麻绳变成锁鬼链，给锁鬼人捏起麻绳，就列家神外鬼，护唐葛周三将军去捉伤神，回席上请七殿阎王

(拿其神像插在席上）下来，立起断事衙门。敕伤神：用禾杆做成手指那么大的茅人，一个写上锁劲伤神，一个写肚痛伤神，一个写头痛伤神，病人哪个部位痛就一定写一个那部位的伤神。由捉鬼人用手捏起伤神，用刀来破，并拿起筶子，问伤神：你现在愿不愿离开？另有一人答：愿离。打三下筶，师人装超度老爷问：你愿不愿休，愿不愿解？打三次筶，用棍子重重地打几下茅。于是有人答：愿休愿离，死了，死了！

接着用茅草做船，作送伤神用。用小竹竿或小木棍砍成三四尺长，中间斩断又包扎好，称作"签头"。没挂过三台灯的亡人，男的做 24 根、女的做 12 根签头；挂过三台灯的亡人，男的做 36 根、女的做 24 根签头，按挂灯级别获得的阴兵数增加，度过戒的制 120 根签头。师人列家神外鬼，拿张凳放在凳上，手拿签头到凳上折断，并咒说：你若连得起签头就回来牵连家人，连不起就千年不准回来牵连家人。另外做一对签公签母，用小竹竿做一个准逗起，用刀来砍断，对伤神问道：我用刀砍断连接签公签母的准，准细细的，你逗得起来就准你回家来牵连家人，逗不起就千年万代不准回来牵连家人。断完衙，把签公签母、伤神装进草船，送出路口烧掉。

回来又参一回饭。拿米放在簸箕，用手捏起，列家神外鬼，叫他们通到大地关准千年福分米粮来，阴粮发给家先千年不饿，阳粮发给子孙万年不饥。参粮完，拿一只活公鸡、12 盏酒，祭家神外鬼、12 殿阎王、玉皇大帝。祭毕，鸡杀死给厨人整好，大家吃。吃完收莲塘，送家外鬼，拆神像，送玉皇大帝回天宫。送毕，赏兵师接家神外鬼，送亡魂。大师父叫他的师父收阴声阳气，套上亡尸。赏兵师点他的阴兵、点棺材六块板、帽子一顶、面巾一块、口含银三分、裤子、袜子一双，叫做点蛮兵，点完，送棺材到泥山烧（有火尸堂的泥山，都是村西山或村前山，不准在村后山）。回到半路，师人作法，隔起路头路尾，不让野鬼进村扰人。回到家执家神外鬼，谢兵。开大坛，一台桌上放一簸箕，内放 12 盏酒，桌上另放 5 盏酒。12 盏谢家神外鬼，谢大师父，5 盏谢小师父。杀一头猪谢家神外鬼。办来众人吃一餐，法事完毕。

（3）度过戒的人死后的葬仪：

度过戒以上的人死后，其祭仪除与挂过灯的亡人一样外，据邓进坤先生说，有如下一些不同之处：

度过戒的人死后须请一个送亡师、一个召兵师、一个赏兵师。如丧家无十八神像，还需在门口办一桌，由两个师父点兵。有神像的在家办一桌，点兵。大师父叫两回天。三个师父一起上光，点兵。赏兵师在家接家神外鬼，召兵师叫天地下来，讲意者完，筑起天桥，送亡魂上天：先烧行情关、亡人脚引、开路引、修路引、川天表，再烧传度据、加职据、老君印。接着召兵师、赏兵师点起兵头，搭起天桥。用白布（加过职的用黑布）一绞四派长，揭开屋瓦，从屋背架到东厅，再用大度桥架到棺材上，立起家神外鬼，送亡人上天桥，用米粒撒在桥上，一边撒一边唱天桥歌，送出一门、二门、三门……直到十门，送到老君面前，对过合同半印，亡魂送到扬州洞安居乐业，要祭田地、房屋、奴婢、用具给他。接着师人回来砍倒天桥竹子，推棺材去泥山，埋也可以，烧也可以。加职的人与度戒的人，其祭仪所讲意者，有的地方分开。

（4）为伤死者举行的祭仪：

伤死者，死在家的在家做法事，死在外面，从前尸体扛回家门口，法事在家做，现在也有些人扛尸回家做法事。其祭仪和正常死亡一样，不同的是：伤着什么地方要写一张伤什么死神；多念一本血湖经，多杀一头猪，要请大师公主祭。

据说，泰国瑶族伤死者多半是砍伐山林时树木倒下不幸砸死，此外有枪打死、女人难产死。伤死原因不同，法事又有些区别。

女人养儿死，法事一样做，请圣到坛，跳完鬼，杀一头小猪放在大门外，请目莲生者救母经，有一张疏，另有阴阳据，阳据让死人捏着，阴据给血湖鬼。道师架阴桥，单用手架。阴桥架到血湖岭，关血湖鬼来押在门外，画一个葫芦做血湖，另用茅草扎一个女人像放进血湖里。师父拜请四方星斗来护师人，就跳三台七星弓步，敲烂葫芦，让血流去东南西北，收亡魂放到亡人体内，再用竹子做一条围园幡，用线拴好，接起茅人，划一个清水塘（做一个小木槽放点水），拿茅人去洗，第一盆叫“清江水”，第二盆“清净水”，第三盆“王母水”，洗完三盆水，拿入东厅席地，用席子围起，念经解罪跳弓步，之后清除产房，上钱给亡人，仪式结束。产妇死了用火烧化尸体，不可埋葬。烧到肚子，请别人用刀剖开肚子，取出小孩，另外烧化。认为不这样在做，第二回又着红花、白花死在娘肚里。也有的当亡妇尸体扛到火葬场就剖腹取小孩了，剖腹的人只要胆大敢下手就可以做，不需师父亲自动手。

死于战火的人，尸体没有火化或已经火化，做血湖后，还要举行“洗若解结”仪式，即帮他洗干净身体，认为洗去污秽才能成仙。未经火化已埋葬的亡人，打斋做“洗若解结”仪式时，不用将尸体挖出来，只需象征性地做洗身仪式即可。

（5）为杀人放火的人死后举行的仪式：

泰国瑶族认为，打官司多的人、杀人放火的人死后，其阴魂落入地狱，埋葬后如果家里出了事，打卦问着是他作祟，就须为其举行“破地狱”仪式。举行这种仪式请超度师一人，瑶造洪恩表、三十六赦、十殿表、十殿赦、抽魂牒、追魂牒、表引。表用墨笔写，抽魂牒用银朱写，赦用红纸写，其他用黄纸写。杀一头猪请阎王、十殿王、牛头马面、四府，请三清大道的名（不挂像），超度师请阴阳师父、本家祖先，奏表、洪恩赦烧上天，救苦表等其他表赦烧下阴府，12 堂钱纸表及 360 扛白纸、师人钱送到玉皇大帝、阎罗王殿前。师人架阴桥到十殿阎王关鬼去处，在大门进来阴桥架下来的地方挖一个洞，死者原来杀死过几个人，有多少个冤家，就做几个茅人，写上名字贴在茅人身上。洞里放一个樽，将茅人放到洞中的樽里。一拜玉皇，二拜三清，三拜阎罗王，请他们帮忙破狱。师父跳七星弓步，打开云务、东钟、铁板，用一条名红幡，吊上红丝，吊茅人上来，叫阴魂、阳魂出来，破下白幡，敕符水喷丧家四周。杀几头小猪，办两桌酒菜，分请家先、冤家领筵。然后游梅山48洞，带这些冤鬼去游玩，看没犯罪孽未落地狱的亡人阴魂在梅山洞过的美好生活，叫这些冤魂以后不要犯罪。

（四）有关节日及宗教的祭仪

首先介绍有关节日方面的祭仪：

1. 拜年仪式

年初一那天，凡设有祖宗神台的家，互相拜年。先拜村长（瑶语称 daomian 或 gumian，即头人或老人），再拜副村长，再拜社主（瑶语称 zhizhou）。其他家香堂请就拜，不请就不拜，没有香堂的家不拜。拜时到门口，主人摆红鸡蛋、酒，请众人吃，吃完进门，每人拿钱纸拜祖宗。拜金银满堂，拜子孙聪明，拜谷粮满仓、牛羊满坡。阴拜，阳拜，凶星恶煞拜出家门。拜完请酒，各人敬一杯，互说好话。敬完酒吃饭。吃饭后，哪个喝酒多的，再到村长家聚饮。

泰国瑶族兴拜年礼，互相拜年的队伍人数不少。据说为迎接年初一拜年，有香堂的家一般都要准备 120～130 个红鸡蛋，进门时一人一个红鸡蛋、一杯酒。请吃饭则要 600 多铢。

2. 赏鬼设鬼

泰国瑶族重祀祭祖。凡过节都要请老祖公来领筵。平时想到或遇有亲戚、客人到家，请吃饭时也要告诉老祖公，请他们来一起吃饭。例如我们在泰北考察时，每到一个寨子，寨里都联合设宴招待，有时在会议场所设宴，有时在乡、村长家设宴，有时村长个人设宴。凡宴会，都有一位设鬼人在吃饭前先念 20 分钟经语，报告老祖公，今天村里（或家里）来了什么客人，请老祖公领筵，并保佑村里不发生什么事情。听其念经，经语都是四言一句的说辞，就像中国瑶族举行婚礼时说的彩话。会设鬼的人都可以担任此类场合的设鬼责任，但村寨联合设宴时，大多数都由社主设鬼，因为他是主管一村阴事即管鬼和管生人灵魂的头人。

3. 安坟仪式

瑶族过去亲人死后埋葬新坟，清明方便的话也去祭扫，但多数不祭扫。其原因是不让人知道坟在哪里，怕别人知道后去挖坟或在近旁安新坟。加上不断迁徙，新住地距祖坟越来越远，想祭扫也无法祭。但近二三十年来，泰国瑶族从山区迁到山麓丘陵地带居住后，迁徙减少，也有些人做坟，如帕莱寨李进贵未死已在路边做起了一个很漂亮的陵墓，准备百日后享用，现在任人参观，并无顾忌。但多数人仍保留传统习俗。

由于不祭扫祖坟，瑶族便担心祖坟日久有蚂蚁进去做窝，或树根长进去，或大树倒下压着，或有人搬家挖着，做子孙的心里不安，当具备条件时就要举行一定的祭祖仪式；或家里有人病，打卦问出是祖先在地下居住不安；或初一、十五祭祖时，祖先阴魂自己讲出在地下居住不安，也要举行一定的祭祖仪式。此种仪式称“安坟”，但夜庄县湄赛寨李富昌称“安祖”，叫“安坟”他们也可以接受。

举行安坟仪式的时间在清明节，如上所述，也有的在结婚仪式前夕安坟。安坟需请一位头家师（师人才有资格充任），一位走阴师父，四位帮手——一个拿斧头，一个拿棍棒，一个拿锄，一个拿冲炉棍。仪式共需两天时间。头一两天准备，第三天做法事。师父提前一两天到家，割纸写书，用泥土捏坟模，助手及家人杀鸡。要割马钱纸 20 刀，钱纸上打有马停，象征用马驮运钱银；割金纸 20 刀，做成纸船；割白纸 4 札，每札 20 刀，共 80 刀，做成白钱。写书（奏疏）9 张，有的还写求财、求子、求福禄书，也有的不写。杀鸡至少 18 只，五六只祭师人师父，五六只接坟，四个助手每人一只（杀后送一半），家先死后埋在一起的送一只，不埋在一起的一位家先一只。举行仪式时，家先都要请回来。家先葬处用一本称为“祖图”的簿子登记着。有的家先死日及葬处不知，就写“吉处”，由师父去查。我们在泰北搜集抄录到这类“祖图”共二十余本，其登记远祖的葬处多在“广西道”或“广西省”之贺县、富川、平乐、鹿寨、融安及泗城府一带，时间当在明末清初之际。各代祖先葬址都记录得非常具体，泰国瑶族在举行安坟仪式时，要将捏制坟模按原葬子午座向，在厅堂里将捏好的坟模一一摆放好，并摆上酒杯及鸡等供品。

仪式开始时，师父叫天下来，念兵头，走阴去接家先及兵头回来。接着第一道手续，由助手拿起斧头、镰刀，围绕模拟的祖坟作修理草木状，并念道：每位家先，你的坟墓有树由师父去砍倒，有草由师父去割掉，有蚂蚁由师父去扫除，务必使你安居乐业。并用一根木棍扎上一条邦邦草（不知何草）做成象征性的扫把，由师父拿着去扫除坟中的蚂蚁。第二道手续，助手拿棍棒象征性地敲打几下，把木头上的蚂蚁敲掉。第三道手续，师父走阴，拿一只鸡绕坟走一周，逗起龙脉。李富昌先生说，中国有只金鸡在祖先坟墓的龙脉上，故安坟要拿鸡逗回龙脉。第四道手续，由大师父敕谷糠变成泥土，用来护坟。最后烧化九张安坟奏疏，告诉玉皇大帝，烧化纸钱送阴人，仪式结束。

举行安坟仪式破费较多，除鸡、猪、纸张等物品外，打发师父及助手的谢银不少：头家师送 10 两银子，走阴师父送 6 两，助手每人一个银圆（十圆合 7 两银子），共 23 两银子，按当时折换价，仅送师父及助手的谢银有 6000 多泰铢。由于用钱多，安坟仪式一般方便的话三四年做一次，不方便（没钱）则十几二十年不做一次。

4. 祭社仪式

泰国瑶族保持传统的祭社习俗。每村均立有社坛，选有社主管理社祭事务。据在夜庄县湄赛瑶寨、邦县邦卡瑶寨、波县巴岗瑶寨、汪帕县念吉岗瑶寨调查访问社主所得资料，以及大师公邓进坤的介绍，泰国瑶族社祭有固定、不固定两种。固定的有的一年一次，如湄赛寨在每年正月初五祭社；有的一年四次，如巴岗瑶寨每年春祭在正月初三，夏祭在三月三，秋祭在六月初六，冬祭在八月初二。大师公邓进坤先生则说一年四季，只清明祭一回，过年祭一回；有的三年才祭一次，如念吉岗寨。不固定的祭祀是根据临时需要而举，其起因和情况也不一致。

各寨社坛都设在村后山上，距村寨不远，以一株大树为代表，但树各不同。湄赛寨以龙树为志，巴岗寨以孔雀树为代表。有的盖有简单棚屋，如湄赛寨、念吉岗寨；有的不盖棚屋，如邦卡寨、巴岗寨。除社王外，所供奉的神灵也多寡不一，如上所述，湄赛寨供有元霄、五谷大王、禾花大王、雷祖大王、耗公耗母、求财大保、地主、城隍等神，而巴岗寨则供有伤神、瘟神、耗神、五谷神等。

泰国瑶族每年固定的祭祀，尤其是每三年的固定祭祀，仪式非常隆重。每年固定的祭祀一户一只鸡，有猪杀猪，三年大祭必定杀猪。每户派代表一人参加，只许男人去，不许女人去。从前住在山上，小孩不准参加，现在有的村寨允许带男孩去，钱纸香物各户带去。以前一户一块纸，现在一刀半刀，用不完可以带回来。猪、鸡拿到社坛才烧水杀。

由社主主祭，设两名助手，一名待耗，一名待瘟。待即招待之意，当耗神、瘟神请来时，有人接待。仪式开始，社主先请社王，进钱纸给他，然后将其他神灵一一请来，分台入席。湄赛寨分四台筵神：社王和上中下三界一台，上中下三洞元霄与五谷大王、禾花大王、雷祖大王六位神鬼一台，24 来龙地脉一台，耗公耗母一台；巴岗寨设三台：社王一台，伤神、瘟神一台，耗神一台。分别献上祭品，主持祭祀的社主代表本村各户设鬼，求社王及众神保佑村境平安，生产丰收，求财得财，求子得子，办事顺遂。设鬼完烧化钱纸。祭毕，众人吃一餐，食品要尽量吃完，吃不完丢进火堂烧掉，不准带回家，否则以为不吉。

三年一次的大祭称“开山祭社”，与瑶族刀耕火种、砍伐山林有密切关系。但在社坛举行的开山祭仪，只限于在村寨附近开荒生产举行，如果到比较远的地方砍山耕种，还要在砍烧山地的处所举行“开山祭仪”。在社坛举行开山祭仪，社主主祭，用助手三人：一个做五谷鬼，一个做进谷鬼，一个做伤公伤母和耗神。每户去一男人，杀猪一只，鸡一户一只，酒一户一瓶。助手杀猪杀鸡后，做大鬼的叫天开山，发角开坛，请行司管将、三清大道、开天立地、师父本祖家先、社王父母、李林四郎（地主），家里四甲、外鬼三甲、各户证见到坛，分派纸马，共请三遍，给纸，发角叫天，请玉皇下来，保护村民开山种地得吃，没有病痛，钱财两利，仪式开始，用刀砍些小树木在社坛处插成一个圆圈，然后用刀、斧砍，用锄开沟，敕五雷之火烧，敕五雷之水（黄河之水）养禾谷。叫鬼用肥料关禾苗，并关住伤神、耗神，把福气福禄压到社坛。最后叫天，烧纸，送玉皇。仪式完毕，众人做一餐吃。吃不完的东西留在棚子第二天吃，再吃不完丢进火堂烧掉。村民回家后三天不得下地。

对社坛的不固定祭祀，有时单家独户进行，有时以村为单位集体进行。如有人做错事，在社坛处屙屎屙尿、拴牛拴马，或争架犯了社王，要祭社洗罪。某家老鼠多或村里瘟疫多，就要杀鸡杀猪祭社，请师父叫天，传耗神、瘟神，瘟神用茅船送走。村里发生瘟病，通常在社坛举办“打天醮”的大型祭祀仪式。一家来一个男人，而且要来旧人，即去年祭社时来过的人。发生打仗的事，在社坛起大愿，许猪许牛，请社王保佑打胜仗。如打了胜仗回来，全村人以原所许之物举祭社王。打败仗回来，不祭社，全村人迁到别处，另立新村。

以上是有关节日方面的祭仪，以下是关于宗教方面的祭仪：

1. 开光贺像

度过戒有资格也有必要供奉盘王、三清大道神像的人家，或虽未度戒因生病经卜卦认为需要供奉盘王、三清神像的人家，当神像置办好后，必须在家摆起神堂，为神像举行“开光贺像”仪式。盖瑶人认为，神像虽然购买或彩绘回来，仍是死物，只具形而无其神灵附在上面，只有经过“开光贺像”仪式，才能形神兼具，成为灵物。这同道佛二教的开光仪式意思相同。泰国瑶族又称为和年。

举行这一仪式须杀猪两头，鸡若干只，并办好香纸等物。请四个师父：贺东师一个，贺等师一个，开坛师一个，祭兵师一个。助手协助摆好神堂，挂起十八神像。然后开坛，请来三清大道等十八神灵。接着贺东师拿竹破细点燃，边设鬼念经，边逐一为神像开光点眼。仪式中还有一个特别节目，就是贺东师要拿针线象征性地穿神像的鼻子，据说这样做的目的，是让十八大神以后要听话为人做事而不要作恶，即防止其借神力滋事生非。开光点眼后，人们说十八天神来到家想必肚饿了，于是祭兵师走阴回来，厨人杀鸡弄饭菜，就地摆上 12 杯酒，供神吃喝，贺东师叫天。请十八神像兵头下来，安排在香堂上，然后杀两头猪请他们吃。法事到此完毕，烧钱纸送行。主家摆酒莱宴请师父及宾客。

据说，举行这一仪式，李姓、邓姓、陈姓均用虎年，以取兴旺之意。给师父的报酬：大师公贺东师 14 块大板（银圆），小师父祭兵师 6 块，开坛师 3 块，贺等师 2 块。

泰国瑶人有请神像的，也有送神像的。李富昌说，从前他家在老挝时有一堂神像，后来家里有位 10 岁的姑娘死了，请魔公卜卦说这堂神像不合，就把它送走了。

2. 开支堂仪式

度了戒，召来祖宗、三清神位，开光贺像仪式完毕，神像封贺后，须另择吉日举行“开宗支堂”仪式。泰国瑶族说，由于各种原因，瑶族在历史上形成了不同的宗支。各宗支祭祖承袭了不同的传统，例如邓姓分为“邓炕”、“邓鲜”、“邓厄”几族人，李姓分为“李风”、“李青”、“李鱼”、“李喜”几族人，赵姓也有“赵鱼”这一宗支，宗支不同，祭祖的内容和形式也不同。如“邓鲜”是用鲜肉祭盘王，“邓炕”是用烤干的肉祭盘王，“李鱼”、“赵鱼”都是用鱼代替猪肉祭盘王。“开宗支堂”就是当本族人口增加，举行过度戒仪式。子弟有条件分别设立祖宗香堂，并请来盘王、三清像，举行了贺像开光仪式，这时必须举行“开支堂”仪式，把本家族传统的祭祖做法传给分出去的宗支，让子孙以后照着做，以承家传。瑶人认为，不举行这一仪式，前辈的传统丢失，以后就会造成宗支混乱，甚至形成新的宗支。例如“做歇堂”即“做大盘王鬼”这一祭祖仪式，本来有三男三女唱歌的节目，但历史上就出现过由于失却传统而改变做法的族人。据说，“邓厄”这一宗支（人数很少）就是由于找不到三男三女，改变做法，只做一半而形成的。“厄”意即木头砍下一节，象征事物不完整。“邓厄”这族人由于失去传统成为新宗支，他们至今做盘王没有三男三女围堂唱歌娱神的节目。

3．完盆祭兵仪式

请来神像的人家，贺像完毕，有祭兵仪式，称“完盆祭兵”。举行这一仪式的目的是向神许愿，求神帮忙。一般许一头猪、一只鸡，猪给盘王，鸡给三清。求盘王、三清帮助家里日益发达。这是有了18神像的人家才做。一般三年做一次，有些人十年八年甚至十多年才做一次。有些是前代人许愿，无钱还不起愿，后代人要帮忙还愿。也有些是搬到新地方安家许此愿。

4．贺像同兵

家里有神像、有祖宗神位的人，两三年要做一次“贺像同兵”仪式。据说，家有神像和祖宗神位，阴兵众多，久不久要养它们一次，不养好，兵头会作怪。举行这一仪式时，要祭四府兵，一个人走阴装老虎，一个人走阴装成龙，一个人装鸟（飞天），一个人装马。装扮的人做仪式时要吃生猪肉，吃饱为止。据说，太久没做这一仪式，装扮的人生猪肉吃得多。生猪肉用簸箕装，吃完又放，吃的人狼吞虎咽。

（五）有关生产的祭仪

1．开山祭仪

如上所述，泰国瑶族每三年要在社坛举行一次“开山”仪式，请玉皇等天神及地方鬼、地主鬼等地祇保佑开山种地得吃。但这限于在村寨附近的山刀耕火种，才集中在社坛举行“开山”仪式，如果到距离村寨比较远的山地刀耕火种，瑶人认为那里由不同的“地主鬼”管辖，就把“开山”仪式搬到那里做。这时，如各家开山处的地主鬼不同，开山仪式就各家分别做；如果是几家人合开一山，开山仪式就合起来做。举行开山仪式还有一个条件，据认为，三戒人（度过戒的人）有资格开得三条水的山，三台人（挂过灯的人）只开得一条水的山。因为三台人名义小，兵头少；三戒人到刀梯处关过圣，当时天上地下的鬼都已告诉，名义大，兵头多，可以做大。

到山里另做开山仪式，那里没有社坛，就选一块地势高的地方（一般在地头）做仪式。杀一头猪（人多杀三四十公斤重的猪，人少杀小猪），两只鸡，每户纸6刀，纸马30堂（若6刀），天香12堂。仪式开始时，先烧天香，叫玉皇大帝下来，并送点钱纸。这时请一位设鬼人，设鬼请神，请完神就叫天。同时另一人在地上挖个圆坑，拿些带叶的树枝插在坑里，做一个模拟的"大山"。接着把各种奏疏书烧完，就架阴桥通到"大山"。并请来"阴山"（大师公邓进堂说，阴山就是紫微山头、乌微山尾，又说乌山是乌朦朦的山），关住管河水的神，压住坑里的"阳山"。接下去敕灯草烧地，敕雪水变作黄河水，把从前到过此山做过的一切不好的事关起来，用黄河水冲洗掉。再敕手指变为剪刀、斧和刀（由三人分别手拿剪刀、斧头、刀），剪刀用来剪开天罗地网，斧和刀用来砍伐树木。送五雷之火离开山地，不要烧禾苗。把香春碎包成5包，放进坑里，敕成米养地主财神，拿钱纸按钱印，剪下来包成三包，敕成钱，交给地主鬼用。拿神棍敕通广州去买牛马，拿牛屎马粪作肥料养地。再架阴桥通到中国，召五谷魂来，让五谷在地里生长。最后送走玉皇大帝等鬼神，在坑边插些符纸。仪式完毕。据说在山里举行这样的仪式。时间从早上起，到下午止，需要七八个钟头。做完仪式，众人吃一餐，女人也可以参加吃。吃不完的食物丢掉。

2. 砍烧山地时的祭仪

据难府波县巴岗寨大师公邓进堂说，泰国瑶族除举行开山仪式，在砍烧山地的工作具体进行时，还有一些祭祀活动，其情况是，到一处山地砍山要告诉该处的"地方鬼"，在哪座山哪条水砍烧山地。就告诉那座山那条水的地方鬼。所谓"地方鬼"可以是最早到该处住过的某户已死去的人的祖先，也可以是传说中某山的

“仙人”。例如，居住在难府布卡山附近的瑶人，就传说该山有位老人是仙人，据传三十年前泰王来到难府，布卡山有位白头发老人是位仙人，他送了个宝物给皇帝。从此以后，人们在布卡山就要请这位老仙人做“绞障布卡”，意即布卡山的“绞障”官（泰语地方官名）。他成了一方地主鬼，人们在这座山砍山，就要请到他，求他保佑种山得吃。别的山又有别的名、别的地方鬼。

泰国瑶族进山刀耕火种时，往往带一只鸡，并携带香炉、水碗，到达目的地后，先设鬼请神。如住在布卡山的人，请神要奏到“绞障布卡殿”上，奏请东方“绞障布卡”、南方、西方、北方“绞障布卡”，杀鸡奉祭品，进献钱纸，请他保佑种山得吃。祭完后才动手砍伐树木。树木砍伐下来，让太阳晒干，到放火焚烧时，又要喊几声地方鬼，让他知道并通告其他鬼神：有罪的留下，让大火烧死，无罪的赶快跑开。泰国北部人烟稀少，山脉起伏，到处是原始森林。林地树木茂密，古树参天，瑶族刀耕火种，大树攀缘上去削去其枝，空留树干，稍小一些的树统统砍倒。集体砍伐时，不小心往往发生树木倒下打死、压死人的现象。砍下来的树木、树枝连同树叶互相堆砌，高达数米。太阳暴晒至干枯放火焚烧时，如不小心，也容易发生烧死人的事故。据说 30 年前，在难府哙沙闹有个瑶族在上面等烧地，另有一位卡庇人在下边烧地，大火烧上来，山上那个瑶族逃不及被烈火烧死。因此，泰国瑶族烧地时只喊几声地方鬼，不喊火神，叫火神会烧死人。如果砍地时被树木打伤就用符法治疗，被打死，就地烧化埋葬，那块地丢弃不砍，以后树木长起来也无人去砍伐。

3. 管理中的祭祀活动

泰国瑶族在播种时是不设鬼的，因为在开山仪式时已请过谷魂。谷子种下去后如果耗多（耗一般指老鼠，也兼指雀），就在社坛传耗，如果是远山的地耗多，不是同一个地主鬼，就在家里传耗神，奉上鸡、酒等祭品，烧点纸，求它消除鼠害，保佑种地得吃。

据难府汪帕县念吉岗寨社主邓财兴说，泰国瑶族每家屋背后供有龙神、蛇神。各家做地养牲不好，祭龙神，以鸡、猪为祭品；栽种不好，耗多、病多，祭蛇神，送钱纸给它；天旱做鬼，叫玉皇大帝分派管雨水的神拨下雨水；雨多求旱，叫玉皇大帝派分管雨水的神把多余的雨水收回去。

4. 八月新禾熟祭祖

八月间，谷子长出来将成熟，剪取4～6条谷穗拿回家，放进锅里与旧米同煮，或将谷穗放进煮开的米汤里浸泡一两下。另外找点鱼、肉、蚂甥，最好有蜂仔，拿来做菜，没有蜂仔就杀一只鸡。办好饭菜，开始祭祖。在祖公神位前奉祭品，口中喃道：子孙做地，恐怕日子没选好，会召来病、败，请老祖公将病败推出家门，保佑我们吃了新谷无病无痛，夫妻相合，人丁兴旺。祭完，拿些饭到门口，给獭、鸡、狗分吃一点，让禽畜替主人消除灾难。举行上述仪式，年年都选危天（辰日）、成天（巳日），危天做，成天吃新米。

5. 收割时的祭祀活动

每年收割新谷的时候，在地里举行召谷魂仪式。选取几支长得好的谷穗束成一把，收割完毕时将这把谷穗割下拿回家，口中不断念道：谷公谷母谷男谷女回家了，不要留在地里了。回到家后，将这把谷穗挂在祖公神台旁边，过几年挂的谷穗多了，再放到仓里去。

6. 谷子进出仓的迷信

泰国瑶族选朱雀在并日（按六十甲子推算雀何日在何方）建谷仓，按道书择吉日维修谷仓。其谷仓和中国瑶族一样建在房屋近旁，不与住房相连，形式也保留中国瑶族谷仓风格。五谷进仓出仓讲求吉日。一般按通书（港台出版的）记载，当谷子进仓时就要查出来。进仓选“开日”，以后开仓选“闭日”，从正月起，按建（寅）、除（卯）、满（辰）、平（巳）、定（午）、执（未）、破（申）、危（酉）、成（戌）、收（亥）、开（子）、闭（丑）逐月推算，不选中日子不开仓。

7. 狩猎中的祭祀活动

泰国瑶族上山打猎的祭祀活动，据邓进堂大师公说，是与开山仪式同时举行的，请本方地主鬼、养财地主鬼、卖财元霄鬼，求他们保佑打猎得吃，平时打猎不另外设鬼。但打到野兽回家，没有刮毛时，就要取整个野兽敬奉养财地主、卖财元霄，还要烧些钱纸送给他们，以示酬谢，敬完后才杀吃。如果路远回不了家，打死野兽时就地举行仪式。平常打不到野兽，拿一只鸡到社坛祭祀社王及养财地主、卖财元霄，求保佑打得野兽。

8. 节日及生产禁忌

正月第一个寅日忌老虎两天，不准高声唱歌。初八忌刀，不准砍山。二十忌风，不准高声讲话，不能下地干活。

二月初一忌鸟，不能做活路，不到谷仓。初二忌耗，不下地，不到谷仓。十三春分，二十九清明，什么活都不做，舂粑粑吃。

三月初一忌雷公，不能高声讲话，不做活路。十五谷雨忌水，不下地。

四月入春孝祖宗香火，叫谷魂、猪魂、鸡魂、牛魂、马魂回来供奉，谁家做祭仪谁家忌下地，忌出远门。

五月初五忌蛇，不从外边拿东西进门，不下地。初六忌毛虫，不带腥东西进家，不下地。立秋日不下地，拿钱纸祭土地公土地婆。

六月初六晒衣服，晒神像。

七月十四杀猪请家先，包粽子，做四个粑粑。十五不下地。

八月初七女孩可以梳头，留头发，不下地。传说姑母这天进头发，下地禾会白死。

九月初九重阳，女人进头发，男人可以吹号，不到这天吹号则谷子会死。

此外，每月逢初三、初七、十三、十八、二十二、二十七忌做事，忌嫁女，忌起屋，忌行船。

拜社神第二天忌外人进村，本村人不做活路。

晚上忌在家打钉子。

家人病送鬼那天忌外人进屋。

## 三、宗教师及其法器经典

### （一）宗教师

泰国瑶族可称宗教师的有打卦人、设鬼人、社主、师人这几类。每类产生的条件、办法及资格和职能都有所不同。泰国瑶族把人一生按其经历过的宗教仪式和在神灵世界取得的级别，分为小人、三园人、三台人、三戒人、设鬼人、师人、书表师、加职人、加太人几类。小人即未经举行出花园仪式的小孩；三园人即举行过出花园仪式的人，可以打卦；三台人即挂过灯的人，可以设鬼；三戒人即度过戒的人，未经师父拨法可以叫天；设鬼人，只会做小鬼不会打斋的人；师人，挂灯、度过戒，会帮人打斋送死人的人；书表师，大师公，懂鬼路，可帮人度戒；加职人、加太人，有资格帮人加职、加太，是最高两个级别的祭师。大体说来，宗教师的资历与其在神灵世界获得的地位相应，但也有交叉的情况，与中国育勉支瑶族情况相似。广西防城自治县板八乡细坑瑶寨的大板瑶，就有“波到露”即“打卦佬”、“觋面露”即“说鬼佬”、“筛翁”即“师公”几类宗教师①，不过中国过去的调查人员缺乏详细调查和报道，而新中国成立后又多数失传。因此，我们在泰国调查获得的这方面资料，无疑是对瑶教史资料的珍贵补充。

1. 打卦人

瑶语称 boguamian。这里所说的“打卦人”，是指用降神的方式卜鬼问神的人，与师公用筶予打卦不同，带有原始色彩。

降神在泰国瑶族有“发董”和“别阴”即“走阴”两种说法，据说，其有下列四种形式：

（1）下水槽——睡在大厅，叫师父帮下槽，走阴讲鬼话。

（2）赶阴墟——在大厅里坐在凳子上，烧香请师父，走阴唱歌

---

① 广西壮族自治区编写组：《广西瑶族社会历史调查》，第六册，631～632页，南宁，广西民出版社，1992。

去请神问鬼。

(3) 仙卦——穿上女人衣服，坐在大厅里的板凳上，走阴去请神。

(4) 下桥——睡在大厅里，烧香打卦去请师父。

泰国瑶族认为，“打卦人”并不是任何人都可以做。有些人出生就带来引童公，出了花园就会发董，其他人则否。泰国瑶族过年举行“收太翁兵”仪式时，“布董”师在神坛前叫自己师父下来，召来上下坛兵，敲锣打皱，拿米粒一撒，自己发董，全身颤抖。据说，这时如带有引童公的人在场，也会当场发董。不过，年幼的小孩虽能发董，也无人请。如果决定将来做卜卦人，就要请一个会发董的师父拨师父给他，以后他要发董就要烧香请师父，请来“引童公”、“红旗兵”、“白旗将”以及证见（祖先），请神时烧点纸，作为过关过渡钱，就会发董。有人生病才会请他卜卦。

打卦人没有经书，也没有特别的法器。发董时只需若干香纸，手巾包一碗米。做完法事主家不请吃饭，不送钱礼。但过年请他“收太翁兵”，会给他半只鸡、一点钱。据说，收太翁兵时，发董的人昏迷过去两分钟，须抱一下旁边的女人才醒回来。如旁边没有女人，就会滚到地上去，滚到烧红的火炭上也会醒来。发董时抱女人几次会得罪神灵。这时，须杀一只鸡请“引童公”（引童大道、引仙大胆之神），引清水洗罪，才可以继续发董，做到老。赵富华说，从前泰国瑶人会发董的人多，因为发董时旁边许多女人观看，抱多了女人，后来会发董的人少了。现在要收太翁兵，要到别村去请。

走阴与发董看似有区别。瑶人走阴的人不多，有的村只有个把人。走阴也是生成的，有些人想学走阴就走不去。据说，泰国哥罗人女人会走阴的多，苗族男人女人会走阴的都多，瑶族认为女人因有月经的关系，走阴的更少，走阴的多是男人。女人只有难府汪帕县久姑寨邓占寿一人，现年 56 岁，22 岁会走阴。开始时是打摆子（发疟疾），一两天、三四天发作一回。病了两年，昏倒不省人事，有时发烧昏倒。昏倒时讲鬼话，说见到了太阴、太阳、七星姐妹，这些神说什么时候谁会生病，谁会发生什么事。昏迷时讲的话别人知道，自己不知道，醒来也不知道，但讲过的事都应验。昏病中见到的神，有些不知道，有的个子大，头光光的，祖公也见过，见了就讲家里情况，十分了解。这样病了五六年，完全醒过来后就会走阴了。这时有很多人来请她走阴。就连清迈、清莱、南邦的人都来请她走阴，多时一天三四人。据说从前天天有人来，现在少些了，有时十多天都没有人来。

走阴都在自己家。来的人用手巾包一碗米，米中放银子，多少不论，但必须是真银。据说真银走阴时放白光，去到哪里可以看见，如搀有铜，就不发光，看不见路。然后告诉她要问的事：有的问到哪里种有的吃，多数人是家里有人病，或夫妻不生子而有所求。无子人家希望她到桃园洞讨孩子，讨男孩就讨根“自棍子”，讨女孩就讨根“红棍子”。邓占寿说：走阴不需要别的东西，晚上在床上自己就可以走阴了。去的地方路高低不平，有时坐车，有时走路，好像总有把伞在手中撑着，脚不到地。先到事主的家，再由事主祖公带到应去的地方。如问种地，就去到种地的地方。如去看祖公鬼，就去扬州洞，看祖公是落洞居住，还是落地狱受苦。如问出种的地不好，就不种了；问出祖公落地狱，就要为之举行破地狱的仪式。走阴时间多久自己不知道。有时醒来天巳亮了。醒来时感觉很辛苦。如走远路或背小孩的魂出来，就很辛苦，出一身汗。醒来后把问清的事告诉来访者，并化些钱纸送鬼。

走阴一次收钱四五百元或七八百元不等，上千元也有。据说恶人死去也凶恶，在阴间不讲理，问这种鬼收钱多些，看事主家里情况，普通人家就少要些。

邓占寿说，以前走阴的人有师父拨猫法，走阴不辛苦，她不用师父拨，走阴很辛苦。又说，走阴时曾看见鬼开大铺，卖东西，但光线不足，像有雾遮挡。走阴时见到的神有：

天日贵人——天神，在天上，住的地方有石山、有甘蔗、有仙桃。

四耳神——送病的，有四只耳朵，身背背篓，从天上下来。

七星姐妹——经常见到。

光头天神——问大事时见到。

邓占寿家现有12口人：亲生儿子、女儿各一人，养子、养女各一人，媳妇一人，上门女婿一人，孙子五人。家里种地，女儿帮人买贷。

2. 设鬼人

瑶语称“simianmian”，意即“说鬼人”。瑶语“说”的念音与汉语粤方言某地俚语“说”的念音“shi”音近，同时，汉语粤方言、湘方言中也有将巫师说鬼念成“shi 鬼”和“shie 鬼”的，故瑶族师公在借汉字抄写经书时，常通用“设鬼”二字记录“说鬼”。因此，“设鬼人”也就是“说鬼人”。

如上所述，泰国瑶族称不会打斋、只会做小鬼的人为设鬼人。因为打斋要请盘王、三清大道等大鬼，做鬼的道路复杂，念的经书多。做这种法事不但要经历过挂灯、度戒，经历过师父拨法，取得一定的职位和资格，而且要聪明认字，熟读经书，并经过一定见习，取得经验。这是一般人不易做到的。而做小鬼，例如传精、送怪、解煞、招魂、架桥，仪式比较简单，容易学会。因此在泰国瑶族中，不论是否挂灯、度过戒，只会设小鬼不会做斋设大鬼的人称为设鬼人。一个人即使度过戒，取得一定职位，但未经师父拨法，也不会设大鬼做斋事，不能称为师人，只能称为设鬼人，相反，一个人虽然只举行过出花园仪式，未经挂灯、度戒，但只要会设小鬼，也可以称为设鬼人。如果一个人经过挂灯、度戒，开始时虽然只会做小鬼，但只要努力学习，也可升为师人。

泰国瑶族迷信思想浓厚，一年中做小鬼的法事不是这家就是那家，不断有人举行。就是打斋、做盘王，也时有举行。由于现实需要，设鬼人不断产生，每个寨子少不了总有一两人。而且有些人不满足只会做小鬼，希望跻身师人行列，师人也需要助手并培养接班人，故常有挂灯、度戒、拜师授徒之事。在举行打斋、跳盘王等大法事时，常安排一些设鬼人做助手。因此，一些外国学者将协助师公跳鬼做法事的人称为“见习祭司”，也不无道理。

设鬼人替人设鬼，需要掌握一定的经书，置备一些简单的法具。经书只限于通常做小鬼用的部分，如《学神鬼书》、《看怪用》、《架桥用》、《合盆用》、《隔元霄鬼书》、《打猎法书》等，《度戒书》、《挂灯书》、《意者书》等挂灯、度戒、打斋用的经书不用置备。除非他想学做师人。法具一般有鼓、锣、答子、剑等。师人用的法具如牛角、师公帽、道服及十八神像等不需自备。

3. 师人

瑶族一般称“saiong”，即师公。只有挂灯、度过戒，会打斋送死人的人才称师人或师公。师人会打斋超度亡灵，有浓厚的道教色彩，故又称“道师”或“道士”。

泰国瑶族的师公一般都上了四五十岁，表明他们有较丰富的阅历。做师公的人会设鬼、打斋、安坟、做堂（跳盘王）、破地狱、做血湖，会叫天叫地。他们熟悉本民族传统，掌握较多经书，是本民族的知识分子，受到社会尊敬。

由于社会需要，一般说来，在一个乡或邻近村寨都可以找到一两位师公，由他们负责主持周围村寨死人打斋等法事。

如果周围村寨没有师公，死人打斋等较重要法事无法进行，泰国瑶族会产生出师公来。否则，从传统的观点看问题，泰国瑶族会觉得社会难以运转，生活中有许多不便。在泰国，几乎每到一瑶寨，都可以找到师人。有时是本寨师公，有时是从临近村寨请来的师公。例如夜庄县湄赛寨有李富昌等三位师公，湄崩寨有盘富银，哙讲落有五个师公，邦县邦卡寨有邓进升、邓才贵，邦叭红寨有邓财珠，哙角寨有李有信，昌堪县庞坑寨有赵金旺，龙英村有赵金升，波县巴岗村有邓进府、邓承兴、邓有源，汪帕县念吉岗寨有邓桂昌、邓桂安、邓财县、邓进兴，难府直属县南拱村据介绍有十多人。拉抛鸦寨老的有两人，年轻的有多人，房县邦乖寨是个有一千多位居民的大瑶寨，师公不下十人。

作为师人，要具备挂灯、打斋、做盘王等几乎全部瑶人经书，并熟读这些经书，还要有师人帽、服、神棍、牛角等师人应具备的法器。有些人由于经济条件限制，经书、法器不齐全，在这种情况下，可以互相借用。但只要有条件，师人都会尽力购置这些经书、法器。这是泰国瑶人比较多地保存了瑶人经书及法器的原因。

经书用汉字抄写，其中夹杂着一些瑶族借汉字创造的土俗字。师人要掌握众多的经书，首先要学习汉文及土俗字。瑶族师公是怎样学习汉字、土俗字的？过去国内学者缺乏详细调查报道，这个问题一直是个谜。这次在泰国调查，笔者在师公经书里发现了瑶人学习汉字的课本，除了《三字经》、《百家姓》、《千字文》及四书五经外，还有瑶人创编的《破理书》、《自从盘古书》、《四言杂字》、《六言杂字》等。调查中还了解到，瑶族从前还开办过自己的学校，请广东人、云南人和瑶族识字的人当老师，帮助那些想当设鬼人、师人的人学习汉字、瑶族土俗字，了解和继承本民族的历史传统。从发现的最早的瑶人自编识字课本《四言杂字》其记录抄书时间为清道光二十三年（1843 年）秋月二十一日推断，瑶族在道光朝以前，应当有自己的学校和课本教子弟识字读经书。这无疑是一个极为重要发现，证明瑶族师公至迟在中国清代嘉庆、道光两朝时，已经是通过在本民族自办的学校里，从读书识字开始，直到掌握经书，首先做设鬼人，然后进一步升为师人的。至于最早起于何时，尚有待研究。

4. 大师公

瑶语称为“dongsaiong”，汉语可音译“董塞翁”。在泰国瑶族中被称为大师公的人，通常是指那些本身度过戒、加过职取得高级职位，具有高深宗教知识及丰富阅历和经验，能为人举行度戒、加职仪式的人，但有些人虽然本身未曾度戒，但人很聪明，懂得做鬼道路，能协助举行度戒、加职仪式，有的也被称为大师公。

在泰国被公认为大师公的人已经不多，只有如下几人：

邓进坤：清莱府猛厅县央烘寨人，73 岁，本人加过太，阴名太金一郎。

赵万财：帕府昌堪县龙英寨人，80 岁，本人度过戒。

邓进府：难府波县巴岗寨人，50 岁，本人度过戒。

以上三人可以帮人度戒、加职。但据邓进坤先生说，做大师公的还有太周一郎、李清一郎、邓位二郎三人。又据说清莱府清拱县难民村还有位大师公能挂十二盏灯，可以度戒，但已去美国。

邓进坤说，做大师公，帮人度戒，尤其加职、加太，最要紧的是充当书表师、注醮师、引度师、证盟师、保举师的几位师父。特别是书表师，要懂鬼路，能写各种表文，没有他法事做不成。他认为最大的师公是书表师。书表师要加过职的人才能做，但挂过灯懂路数的人也可以做。证盟师、保举师挂过灯的人可以做。引度师要度过戒。注醮师、纸缘师要加过职。其余总坛师、坐坛师、执香师、茶酒师、鼓乐师、吹笛师，挂过灯的人可以做，度过戒的人不可以做，因为职位小。他说他一生做过总坛师、坐坛师、注醮师、书表师，他家有 5 代人做过书表师。他说：做师公特别是大师公要聪明，要进学堂识字。瑶家自己开有学堂，请广东人做老师，从 3 月学到 9 月，他是从 5 月学到 8 月。云南人老杜在清莱府猛厅县矮凉村教了 5 年。学生读《增广贤文》、《破理书》、《三字经》、《百家姓》、《初开》（四字诗文）、《自从》、《四言杂字》、《六亩杂字》、《千字文》、四书五经。钱自家出，没有钱不能读。做师公要挂过三台灯，然后抄一套书，自己学，人家打斋、度戒就去看，也帮做，久了就学会了。做师公，请师父拨法时已给了些钱（1 两 7 钱银子），算书根钱，就可以抄他的书（做小师公借人家的书不要书根钱）。请人家抄书要付抄书费。现在泰国有专门抄书卖的人，如董胜利，他是广西人，加过职，叫董超一郎，抄书卖。

做师公特别是买有神像的，要置备一套工具：锣、鼓、笛、答子、剑、钹、神棍、牛角、长衫、裙子、平天帽、褂衣、纸马印、钱纸凿。以上工具除锣、鼓、笛、剑、钹、长衫、裙子、平天帽、钱纸凿需要买或请人帮做外，其他的可以自己做。工具做成后，要请师父到家，拜过神鬼、走过阴才灵，特别是纸马印、钱纸凿。长衫、裙子、平天帽做斋、做盘王后要喷过法水洗净放好，平常不准乱动。

5. 社主

瑶语称“zhizhou”，汉字可读如“纸周”，意即“社主”。从称谓看，社主就是一社之主，即村社头人。但在泰国瑶族村社里，被称为头人（瑶语 daomian 或 miangu）的是泰国政府指派的“村长”。村长管理一村的户籍和政务，社主并无行政权力，也无权处理纠纷。他的职责只是管理与祭社有关的宗教事务，主持祭社仪式，兼及一村人的生魂死鬼，例如各户祖公中的“证见”神，社主要抄写一份以掌握，以便祭社时请这位神①；各户有老人去世、小孩出生、嫁女、讨媳妇，要将生魂死魄变迁情况告诉社王鬼，让社王知道。因此，泰国瑶人称村长是管阳人的人，而称社主为“管阴人”的人。中国瑶族的“社主”、“社老”直到新中国成立前，除主持社祭、管理村社内每户生魂死魄外，还按习惯法拥有调解内部纠纷、组织生产、负责对外联系等权力，被称为 miangu 即村老或寨老。相比之下，泰国瑶族的社主已失却了部分传统职能。

泰国瑶族的社主管寨子鬼，其任职的基本条件是必须会设鬼，不会设鬼的人当不了社主。因此，一个寨子的社主起码是个设鬼人，也有师人当社主的。按传统习俗，从前瑶寨的社主是由首先来开村的第一户户主担任的。因为瑶族认为，这户户主若不会设鬼，他就不会带领大家去建村立寨。这与不会设鬼不能当社主的条件并不矛盾。据说，从前社主是终身的、世袭的，而且兼任村老、村长。例如邓进坤的“翁太”（太祖公）还住在云南临安、越南猛赖地方时，既当“勉谷”（村老），又当社主。渡过南乌河到老挝南鸦地方时，

① 证见神：瑶族共香火的人家从死去的祖公中选择认为合适的一个做日常家庭守护神，以后每次较大祭祀活动都要请他作证，称“证见”。中国十万大山瑶族每户也有这类神，称“敢谢”。

其同名祖公邓进坤邓升一郎被老挝皇委任为“先奄”（村长），迁到猛窀被委任为“叭奄”（乡长），既是“勉谷”（地方头人），又做社主。从前在老挝，他从冯会里管到云南猛猎，共管 9 条河流域的范围，权力颇大。甲申年他从老挝搬到泰国普槐，继续当头人和社主，管猛南、帕夭、清莱几个邻近府山区的居民，包括苗族。他死后，子孙继任。但瑶族从老挝迁到泰国后，多数地方村寨的社主，只保留终身制，不再世袭。当社主的一般都有两三个助手。社主死了，就从助手中选一个继任，选举用卜卦的办法进行。三个助手谁卜卦都行。为三人轮流卜一卦，每卦打三下，请各户祖公鬼、社鬼到坛听卦。打卦人边打卦边问鬼：由 XX 做社主可以吗？做耕种好吗？人得平安吗？三人中卜到谁得好卦（一阳一胜一阴），谁就当选。但也有些村寨社主死后，众人信服其一位助手，助手成为新社主，或当社主老了不爱理事时，由其设鬼禀告社王指定接班人。例如邦卡寨瑶族还住在布郎嘎时，是邓财清当社主，赵文坤做助手，搬到邦卡前一年邓财清死了，搬到帮卡后大家服赵文坤，由他当社主。巴岗寨从前是邓承兴的父亲当社主，其父死后由邓文堂当社主，甲辰年由邓承兴当助手。到丙午年，邓文堂老了，在家讲好，到祭社时设鬼，由邓文堂告诉社王，叫邓承兴继任社主。下次祭社时，邓承兴主持祭仪，再报告社王一次，说邓文堂老了，现由我做社主，交接仪式即完毕。不需送鸡，也不用请大家吃饭。

社主每年过年后第一次率各户祭社。寨里各户把“证见”神名抄去报告社主。新迁户要杀一只鸡请自己家的“证见”来与各户“证见”相会。社主则将一年来村里的变动情况，现有多少户、多少人、各户“证见”是谁祭告社王，并请外鬼、伤神、瘟神、耗神、山鬼、木精、水精、兽精一起到坛，当面讲清楚，请这些神灵精怪不要伤害人畜庄稼。瑶人把祭社看成是件严肃的事情，不许马虎。祭社时名户不但要按规矩抄报“证见”（“证见”数与户数不一致，如巴岗寨 85 户人家只有 32 位“证见”，除两户是一户一位“证见”外，其余多是几户甚至十几户一位“证见”。因为“证见”神只有五代以上祖公才能做。分了家未分香火的都共一位“证见”)，而且不许其他人掺杂进来祭社。如邦卡寨瑶族刚迁来时与苗人一起祭社，苗人带女人到场，后来不让苗人参加，瑶人、苗人分开做。

社主的村里人对他比较恭敬。以前住在山上，村人打得野兽送社主一公斤肉。遇到社主家起新房，村里人有责任帮忙。搬下山后不比从前，有些寨子送兽肉的事没有了，只是打天醮时，众人将抽钱买猪剩下的钱（不论多少）送给社主。平常有人杀猪，请社主吃一餐。

（二）神像法器

泰国瑶族宗教师保留了比较多而完整的神像、法器，其中有些法器还是清代从中国迁出去时携带的，已成了珍贵的历史文物，具有较高的学术研究价值。

如上所述，各类宗教师中，被称为“打卦人”的降神者是没有法器的，设鬼人有部分法器，师人尤其是大师公是各类法器的制作、收藏和使用者。下列是调查中了解到的泰国瑶族设鬼人和师公举行各种宗教仪式时经常用的神像法器。

十八神像：即所谓十八神的神像，每神一张，共十八张。一般只有挂灯、度过戒当师公的人家才置有。举行挂灯、度戒、打斋、做盘王等大型宗教仪式时，布置神堂，张挂在墙壁上，供请神、祭神用。用后喷符水洗净秽气，秘藏于箱笼之中。有些人虽未挂灯、度戒当师公，因家中有人生病而请来十八神像，当作家庭守护神祭祀，祭祀后同样收藏。久藏不用为防霉坏生虫，逢六月初六取出晾晒。十八神像均为彩绘。有师傅会描画，可以买到。据说样式都是按在中国时的描绘，但未作过比较研究。极有价值，难府汪帕县帕夺乡念古岗寨邓桂昌家有一套，因怕贼子偷去卖——一套可得28万铢泰币，故拿去银行保藏，月付息300铢。

面具：有三清面具，为纸质彩绘，度戒列三清神时带在头上跳鬼用。

神棍：凡祭有盘王及十八神像的人家，户主当师公者均置有神棍一根。棍长约一米，用硬木削成，直径约3厘米，形似拐杖，棍头削成菱形。据说也是按在中国时的形状削制的。泰国瑶族在挂灯时，用两根神棍将受戒者抬起来，并唱一首歌，祝贺受戒者获得新的生命。

牛角号：就像中国瑶族使用的牛角号，用锯下的一节牛角制成。泰国瑶人在重要祭祀场合举行叫天仪式，叫三清大道等天神时，必定吹牛角。打斋、度戒时，不时举行叫天仪式，牛角声时时吹响。

平天帽：师公做盘王、挂灯、度戒时戴的帽，形似瓦棱。用人头发编织而成，据说系从中国带出，创制于何朝不可考。现在已买不到，只能用布做。有的改用博士帽代替。在巴岗寨调查时，有瑶族托笔者回中国买了寄去，出多些价钱也愿意。然而现在中国，还能在何处买到用人头发织造的师公用物？

筶子：卜卦用具。用两片竹根、木根或牛角尖剖开成两片制作而成，是设鬼人、师人卜卦时的必用品，与中国瑶族卜卦用的筶子形制一样。

师公长衫：用宽2米、长2米或宽1米、长4米的红绸或红布作面料，剪成前后3幅，前两幅各宽1市尺、长2尺4寸，后幅宽2市尺、长2尺4寸，袖宽9市寸，再用同样宽长的布剪成3幅作里衬，用针缝制即成。师公跳鬼做法事时必穿用。泰国瑶族喜欢用中国出产的绸布做师公长衫，可惜当地不易买到。

师公裙：用2米红绸或缎剪成两幅，每幅长2市尺、宽2市尺，里衬用白布，缝制而成，师公跳鬼做法事时穿用。现在买不到红绸，多用红布或红花布缝制。

师公褂：用1米花布剪成3幅，前两幅各宽7市寸、长2尺7寸，后幅宽1尺4寸、长2尺8寸，里衬用同样宽长的红布，缝制而成。师公跳鬼做法事时穿用。

键：长约6寸，带环，同中国瑶人师公剑。

鼓：扁鼓，类同京剧使用的羯鼓。

长鼓：泰国瑶族失掉了中国瑶族的传统长鼓。但在做盘王鬼时，锯一节大竹，两头蒙上羊皮或牛皮，制作临时长鼓，当围堂唱到《出世歇》一段时，拿长鼓打空空。但做盘王的法事完毕，即丢掉。下次谁家做盘王，再用同样方法做一个，可见其打长鼓祭盘王的传统又未尽丢失。

笛：泰国瑶族师公做法事要吹笛，度戒所请12名师中有一位吹笛师，但未见过其使用的笛。

锣：同中国瑶族使用的锣，有的是迁走时带出去的。如湄赛寨师公李富昌先生家的一面铜锣，黑里透出铜黄，据其亲口说，是老祖公从中国带出去的。

纸马印：用长约4寸、宽约2寸半的一节硬木，削平四面，在一面雕上一只马，称纸马印。泰国瑶族师公在为人挂灯、度戒，请张天师、李天师两位祖师神时，一定要用纸马印在事先裁割好的白纸上加盖纸马印，烧化给他们。

钱纸凿：如同旧中国民间制作钱纸时在纸上打钱印的凿，铁制，长约5寸，下端铸打成像铜钱那样的圆形凿口，上端实心供敲打用。

老君印：男子度戒时，师父从刀山上抛给其一枚印，称老君印。据说是老君发给其的，供弟子救人护身用。平时保藏，死后烧化。

王母印：男子度戒获老君印，妻子则获王母印，以象征其身份。生时保存，死后烧化。

天香盆：泰国瑶族在举行叫天仪式时，要在门口烧香，香插在一个上宽下窄的斜四方形木盆里，盆的底部加有一根长约120公分的木棍，棍的末端削尖，可以插入泥土，此盆即称“天香盆”。在有关中国瑶族的调查报告里，未见有瑶人用“天香盆”烧天香叫天的记录。

（三）瑶族经书

瑶经不但是研究瑶族宗教的珍贵资料，而且是研究瑶族历史（包括起源、迁徙等）、语言、文字、文学、音乐、舞蹈、绘画、风俗、伦理道德等方面的极为珍贵的文献资料。就像甲骨文对于中国古代史的研究价值，没有甲骨文就无法研究夏代一样，没有瑶经就无法研究瑶族。可惜在中国，不但在左的思想占主导地位的年代，称瑶经是四旧书籍，抄没到手就烧，就是经历改革十年后的今天，也还有人在烧毁抄没的瑶经。研究人员想搜求一本，难于上青天。这次在泰国，每到一个寨子我们都尽力搜寻、翻检、抄写、翻拍瑶经，来不及抄写、拍照的也要抄下目录，以便日后搜寻。三十多天的调查，收获十分丰富。

在泰北，每个瑶寨都有设鬼人和师人，故每个寨子都可以找到瑶经。有的人虽然本人不是师人，但祖辈或父辈曾经是师公甚至是大师公，家里也遗留有瑶经。多的一家收藏七八十本，少的也有十本八本。龙英寨师公赵有升，其生父邓文思是位度过戒的大师公，76岁过世，遗留给赵有升77部瑶经。巴岗寨社主邓承兴的父亲过去当村长（勉谷）又当社主，又是师公，死后遗留给承兴两大筐经书。以上都是藏书比较多的人家。经书用汉文杂瑶族土俗字抄写在类似湘纸的毛边纸上，用油纸做封皮，用线装订。平时放在火烘楼熏烤，很少有霉坏、虫蛀现象，保存完好。

发现的瑶经大量为清末及民国时期抄本。最早有清乾隆六十年（1795年）的抄本，这在国内尚未见到，其次有道光、咸丰、光绪等朝抄本。这些当是瑶族迁徙出去时带去的。民国时期的抄本，不排除国内的抄本，因为有些瑶族是民国时期才迁出去的；但多数是国外抄本，在泰国、老挝，有些国民党部队的散兵为瑶人抄经书，均用民国纪年。瑶族不明国内情况，自己抄经书也用民国纪年。唯发现的经书，没有一本用泰历纪年的。

书名往往标明用途和内容。透过书名，加上赵富华先生的解释，可将瑶经按用途、内容进行分类。按用途可分如下几类：

1. 学文习经用书

如上举《四言杂字》、《自从》等。《四言杂字》之外还有《六官杂字》，是供学习掌握经书中出现的汉字、杂字及瑶族土俗字编写的习字课本。《自从》又称《自从盘古书》，是讲授自从盘古开天辟地以来的中国历史和瑶族历史的课本。学习这类书不但是为了学字，也是为了让子弟了解本民族历史和深刻了解瑶经的内容，因为瑶经中有许多内容涉及中国历史和瑶族历史。其中关于瑶族始祖盘王与中国古代朝廷的关系，十二姓瑶人的来源和瑶人漂洋过海往华南迁徙等故事，是瑶族宗教师举行大小宗教仪式（例如像结亲家时讲亲家理）必须宣讲的教义。因此，我们把这类书归入瑶经。

2. 学神鬼路书

如《学做鬼书》、《许传度愿书》、《合盆书》、《大命书》、《看怪用》、《踏地看地用》及《通书》等，是供子弟学做鬼、看怪、算命、踏地、捡日子的书，有宗教迷信入门书和工具书的性质和作用。《学做鬼书》告诉弟子怎样学习做鬼，《许传度意愿书》告诉弟子怎样查天下鬼。《合盆书》即合婚书，告诉弟子怎样合婚等。

3. 学法破法书

如《法书》、《何神休蔡书》、《退毒法书》等。《法书》讲怎样学习掌握巫法，《何神休禁书》中的“何神”当作“和神”解，这是一本解蛊毒用的书，《退毒法书》性质也如此。

4. 疏奏表引牒据

将疏文、奏文、表文、牒据分类抄写装订成册，供做仪式时抄写用，如《平安表》、《通天大疏》、《超度师表和休词》、《超度疏表》、《失据疏表引》、《开山疏》、《催山牒》、《阴阳据》等。

5. 经文

举行宗教仪式时师公设鬼请神念的经文。一般按仪式分类抄写装订成册，如《挂灯书》、《度戒书》、《盘王书》、《安坟书》、《还愿书》、《盘王歌》、《招魂书》、《架桥书》、《游梅山书》等。

6. 具职位书

凡师父为弟子度戒、加职，需具职位；弟子通过度戒、加职仪式，也需具职位。无论具众师职位、具弟子传度职位或加职位，书文均有一定格式。将范文装订成册，也成经书的一种。

（1）具传度众师位法：

即师父为弟子度戒时具职位法。格式要求写明所请阴、阳师父法名（阴名）及所具职位名。先写阴人后写阳人，师父职位按职级从高写到低。所请阴人师父一般都是弟子祖先，有生父、养父的，一概写出。养父在自己一生中负起比生父更大养育责任的，可先写养父。例如一位在癸巳年十一月初二挂灯取得邓法香称号的人，到初十度戒，其阴阳师父具职位书是这样写的：

**具邓法香众位师法**

请上弟子阴阳先父：总坛后父（养父）祖本公文邓安一郎、邓四郎，爷父（生父）邓聪三郎，开教邓应五郎，父重赵学一郎，证盟三清三宝道德天尊。请上院（完）灯传度十二名师：注醮赵昌三郎，引度赵行一郎，书表赵连六郎，纸绵（缘）起灵一郎，都舆盘法口（?），证盟赵进三郎，总坛赵堂一郎，座坛赵法连，执香茶酒邓法印，鼓乐吹笛赵法泰。

(2) 传度职位书：

即弟子度戒后收受的具传度职位书。要写明弟子奉何教受何戒，职位升何处，何字为号。这次在泰国发现瑶人度戒时写的传度职位书，所奉教名一律写作“北极驱邪院川通闾梅二教”，弟子职位有的升在广西道，有的升在湖广道或江西道，同一道内，府治也不同。这是国内外首次发现的瑶族受戒入道具职位书，对研究瑶族与道教的关系及道教流派的传布有重要学术价值。例如 1989 年 3 月 5 日在难府昌堪县龙英寨赵金升家发现的他的亲人邓法安、邓法聪、邓法香的传度职位书就是这样的。其中邓法聪是赵金升生父邓文恩。

**具职位邓法安传度职位**

太上奉行北极驱邪院川通闾梅二教三戒弟子邓法安，职位升在广西道桂林府座任之府贵字为号。

**又具邓法聪传度职位**

太上奉行北极驱邪院川通闾梅二教三戒弟子邓法聪，职位升在湖广道长沙府政任之府封字为号。

**又具邓法香传度职位**

太上奉行北极驱邪院川通闾梅二教三戒弟子邓法香，职位升在江西道南昌府座任之府敕令为号。

弟子度戒后，各升职省城遍布全国 9 个省 73 府。大师公邓进坤先生有《各升职位省城用》一文，可供察考：

北京省城顺天府、顺德府、宝定府、广平府、大明府、镇定府、永平府。南京省城江南府、扬州府、凤翔府、徽州府、卢州府、宁州府、安庆府、池州府、常州府、太平府、镇江府、苏州府、淮安府、松江府。浙江省城川杭府、金华府、处州府、台州府、温州府、宁波府、湖州府。河南省城开封府、归德府、彰德府、卫挥府、怀庆府、南阳府、河南府、汝南府。江西省城南昌府、抚州府、青州府、登州府、莱州府。山西省太原府、平阳府、大同府、晋城府。四川省城成都府、重庆府、军民府、马葫府。湖广省城长沙府、武昌府、汉阳府、承天府、德安府、邢州府、常德府、宝庆府、辰州府、永州府、益阳府、柳州府、沅陵府、黄州府、岳阳府、衡阳府、荆州府、宜昌府、鄂州府。

（3）具加职位书：

受戒弟子加职，需具加职位书。其格式内容与传度职位书略有不同，一要写明是“加职”，二是升职位处所不是在省府，而是在京城，亦即从地方官升为京官。例如邓法安、邓法聪加职后的具加职位书是这样写的：

**又具加职位邓安一郎**

太上奉行北根驱邪院川通闾梅二教三戒加职弟子邓安一郎，职位升在南京朝内二部状院（元）注管天下鬼神清字为号。

**又具加职位邓聪三郎**

太上奉行北极驱邪院川通闾梅二教三戒加职弟子邓聪三郎，职位升在南京朝内状院（元）三品注管天下鬼神天真为号。

7. 杂书

将各种不同内容不同用途的经文、奏表、疏牒、咒文抄录装订成一本，称《杂书》或《杂法》。

以上是按内容、用途分，如按形式分，瑶经又可分为四大类：

1. 韵文

如挂灯、度戒、做盘王唱用的歌谣，如《挂三台灯拜师歌用》，其中有《游乐三四庙王用歌》、《执师父歌用》、《藏身歌用》、《元天皇出世歌》、《仙娘歌》、《招兵回来踢兵入位圣起根歌用》、《大声话用》、《带帽用》等。又如挂七星灯疏意中的《打凳用在声唱》、《师男带帽唱用》、《三元变身法用》、《立弓箭唱》、《变身用》、《立华盖用》、《抽灯用》、《解厄用》等。做盘王用的《盘王歌》则是集瑶族歌谣的大成，全部用韵文写成。凡韵文多七字一句，也有三字起头的，用韵不严格。多用比兴手法及排比、反复等修辞法。韵文内容多是唱述神的来历及请神、送神原因，是研究瑶族宗教、文学的宝贵资料。

2. 散文

除韵文外，经书大量为散文。如经文、疏文、奏文、表引、牒文、据文、咒文、函文、投坛词、赞文等绝大多数用散文写成。

3. 符图

经书中插有各种符及神鬼画图。符如求子符，神鬼图在《大命书》、《破血湖书》、《破地狱书》等设鬼书中较多。

4. 说词

介乎韵文、散文之间的一种经文，是设鬼人在举行婚礼、葬礼、招魂等仪式说的一些祝词。句子较短，排列整齐，念起来朗朗上口。如求婚时男方带出的清水先生在上席吃饭前祭告祖先讲亲家理，就用说词。村里来客人，主人请吃饭时，社主先设鬼，也用设词。送别客人为之招魂、送魂，也用说词。送别词中多有“祝 XX 先生回去路上一路平平安安，回到家后求财得财，求子得子，求官得官”等语。

**泰国十三家瑶经调查登记表**

| 编号 | 经书名称 | 用途 | 置主 | 抄写人 | 抄写时间 | 备注 |
|---|---|---|---|---|---|---|
| 1 | 叫天奏星招魂书 | 招魂用 | 李富文 | 李宗堂 | 1982 年十月初八元笔 | |
| 2 | 送表咒书 | 叫天送表用 | 李富文 | 冯元凤 | 1967 年六月 | |
| 3 | 超度拆解用书（烧孝在内） | 打斋用 | 李富文 | 李富文 | 1948 年 | 李富文为李富昌祖父 |
| 4 | 超度选亡书 | 打斋用 | 李富文 | 李富文 | 1948 年 | |
| 5 | 架桥甩书 | 架接命、求花、功德桥用 | | 赵有兴 | 光绪三十五年（1909 年）乙酉岁十月二十一日 | |
| 6 | 安坟烧疏表书 | 安坟烧袭用 | | 邓文明 | 道光四年（1824 年）甲申岁六月朔日 | |
| 7 | 合盆书 | 看男女合婚用 | 李富文 | 李富文 | 民国十九年（1930 年）三月初二日 | |
| 8 | 大命书 | 看命用 | | 赵财清 | 壬子年七月初二立订 | |

续表

| 编号 | 经书名称 | 用途 | 置主 | 抄写人 | 抄写时间 | 备注 |
|---|---|---|---|---|---|---|
| 9 | 祖图书看用（设番地鬼名册在内） | 安坟用（设番地鬼名册散地请鬼用） | 李富文 | 李富文 | 民国三十一年（1942 年）七月十四 | |
| 10 | 看怪用（祭大烟鬼、出生养生符在内） | | | 李富昌太公抄 | 光绪年间 | |
| 11 | 踏地看地用书 | 看坟地屋地用 | 李富文 | 李富文 | 民国二十九年（1940 年） | |
| 12 | 学文书 | 祭孔子教学生用 | | | 己巳年正月初六完笔 | |
| 13 | 出行看凶星书 | 出行用 | 李富文 | 李富文 | 民国壬申年正月初七抄成 | |
| 14 | 许传度原书 | 查天下鬼穿带用 | | | | |
| 15 | 传度额书（教师男歌在内） | 度戒用 | 邓连号 | | | |
| 16 | 杂表古格一本 | | 李富文 | | | |
| 17 | 讣法书一本（杂书万用） | 做法用 | | | 道光二十七年（1847 年）五月十七日抄 | |

续表

| 编号 | 经书名称 | 用途 | 置主 | 抄写人 | 抄写时间 | 备注 |
|---|---|---|---|---|---|---|
| 18 | 法书一本 | 隔犯用 | 李有财 | | 咸丰年间 | 书为李富昌高祖父 |
| 19 | 意者书 | 打斋挂灯申明理由 | 李富昌 | 李宗堂 | 1959年 | |
| 20 | 盘王书一本 | 打斋用 | 李富昌 | | 1959年乙亥岁抄 | |
| 21 | 送别歌书一本 | 姑娘来唱歌告别用 | | | | |
| 22 | 许传愿书一本 | 查天下鬼传代用 | 虞男赵金珠、金清、金元、金受 | | 咸丰六年（1856年）丙申岁六十八日抄 | |
| 23 | 隔元宵鬼书一本 | 砍山碰着元宵鬼请么公说鬼用 | 李富文 | | 民国九年（1920年）抄 | |
| 24 | ?? 杂字用（安牌古格号在内） | 解读难、杂字用 | 李富文 | | | |
| 25 | 盘王书（大老鹰） | 做大盘王鬼用 | 李承金、承富、承进 | | 咸丰八年（1858年）戊午中旬月依旧本抄 | |
| 26 | 盘王歌书 | 做盘王时修路搭桥请王回来用 | 邓金府 | | 道光七年（1827年）七月 | |

续表

| 编号 | 经书名称 | 用途 | 置主 | 抄写人 | 抄写时间 | 备注 |
|---|---|---|---|---|---|---|
| 27 | 歌书一本（有梁祝歌、甲子歌） | 男女青年在家用时唱 | | | | |
| 28 | 度戒用法书 | | 邓保一郎 | | | |
| 29 | 学神鬼书（又名过节设神书） | | | | | |
| 30 | 七言书（讲伦理道德行孝等） | 教儿童用 | | | | |
| 31 | 度戒书 | 写神堂榜、对用 | | | | |
| 32 | 释罪天地表（拆解书在内） | | | | | |
| 33 | 地狱墨表用 | | 赵法灵 | | | |
| 34 | 甲子歌一本 | | | | | |
| 35 | 求铜钱卦用一本 | | 李文富 | | | |

续表

| 编号 | 经书名称 | 用途 | 置主 | 抄写人 | 抄写时间 | 备注 |
|---|---|---|---|---|---|---|
| 36 | 打猎法书一本 | | 赵元富为号 | | | |
| 37 | 挂灯书一本 | | 潘寿滑记号 | | | 潘为越南乌元人 |
| 38 | 清（亲）家里（理）歌用句一本 | 媒人邀姑娘来男方敬祖用 | 李富昌 | | | |
| 39 | 藏书法书一本（退毒法在内） | | | | | 用中国纸抄 |
| 40 | 四言杂字 | 学字用 | | 粤东天水郡角音旺生人氏清河笔馆下录 | 道光二十三年（1843 年）癸卯秋月二十一 | |
| 41 | 度戒书一本 | | | | | 用中国纸抄 |
| 42 | 移图书一本 | 还盘王愿送猪、钱纸用 | 李法州记号 | | | 李法州为李富昌高祖父 |
| 43 | 杂法书 | 结亲家吹晒用 | 赵元龙 | | 道光二十五年（1845 年）二月十九依佑 | |

续表

| 编号 | 经书名称 | 用途 | 置主 | 抄写人 | 抄写时间 | 备注 |
| --- | --- | --- | --- | --- | --- | --- |
| 44 | 大命书 | 看命用 | | | 壬子年七月初二日 | |
| 45 | 架桥书 | 架桥用 | 李文富 | 李文富 | 1960年 | |
| 46 | 开坛歌书 | | 李富昌 | | 民国年间 | |
| 47 | 通知书 | 看日子做鬼、出行查新年雷叫用 | 李富昌 | | | 用中国纸抄 |
| 48 | 救病表用一本 | 病重架桥等用 | 邓财风存 | | | |
| 49 | 解煞书 | | 邓财风存 | | | |
| 50 | 地狱书 | 破地狱用 | 邓财风存 | | | |
| 51 | 释罪天地疏文 | 许天堂愿的人未及还愿死后烧纸谢罪 | | | | |
| 52 | 亲家对联 | | 邓财贵存 | | 光绪八年（1882年）壬寅年二月初七 | |
| 53 | 定地书 | 看坟地用 | 邓财贵存 | | 民国二十年（1931年）辛未九月十八 | |

续表

| 编号 | 经书名称 | 用途 | 置主 | 抄写人 | 抄写时间 | 备注 |
|---|---|---|---|---|---|---|
| 54 | 度戒书 | | 邓富财县 | | | |
| 55 | 意者 | 超度上情意者用 | 邓财贵 | | 1953年十二月初一抄成 | |
| 56 | 天照疏意用 | 开山用 | 邓富财 | | | 内有开山法、求雨关等 |
| 57 | 安祖坟书 | | 邓富财 | | | |
| 58 | 杂书 | | 邓富财 | | | |
| 59 | 度戒意者 | | 邓富财 | | | |
| 60 | 洋菸书 | | 邓财源 | | | |
| 61 | 盘王书等杂书 | | 邓文县 | | | |
| 62 | 解煞书 | | 邓财贵存 | | | |
| 63 | 打斋书 | | 邓财责存 | | | |
| 64 | 度戒书 | | 邓财贵 | | | |
| 65 | 洗坛书 | | 邓财贵存 | | | |
| 66 | 叫魂书 | | 邓财贵存 | | | |

续表

| 编号 | 经书名称 | 用途 | 置主 | 抄写人 | 抄写时间 | 备注 |
|---|---|---|---|---|---|---|
| 67 | 开光佛像书 | | 邓财贵存 | | | |
| 68 | 杂书 | | 邓财贵存 | | 1990年元月 | |
| 69 | 学做鬼书 | | 邓财贵存 | | | |
| 70 | 追魂法书 | | 邓财贵存 | | 1956年三月十五日完笔 | |
| 71 | 地狱书 | | 邓财贵存 | | | |
| 72 | 叫天做鬼书 | | 邓富财 | | 1966 年 七 月二十 | |
| 73 | 许盘王愿书 | | 邓富财 | | | |
| 74 | 请大鬼用书 | | 邓财贵存 | | | |
| 75 | 做盘王用书 | | 邓财贵存 | | | |
| 76 | 看命书 | | 邓财贵存 | | | |
| 77 | 求福禄书 | | 邓福财 | | | |
| 78 | 叫天找魂书 | | | | | |

续表

| 编号 | 经书名称 | 用途 | 置主 | 抄写人 | 抄写时间 | 备注 |
|---|---|---|---|---|---|---|
| 79 | 救病烧杂书 | | 邓财贵 | | | |
| 80 | 盘王歌 | | 邓财贵存 | | | |
| 81 | 功德桥 | | 邓进升 | | 1987年抄 | |
| 82 | 地狱书 | | 邓进升 | | 1985年壬子岁八月初十抄完 | |
| 83 | 招魂造桥 | | 邓进升 | | | |
| 84 | 意者 | | 邓进升 | | | |
| 85 | 架桥书 | | 邓进升 | | | |
| 86 | 家先单 | | 邓进升 | | | |
| 87 | 杂书 | | 邓财贵 | | | |
| 88 | 开山书 | | 赵金旺 | | | |
| 89 | 金银状 | | 赵金旺 | | | |
| 90 | 白口表 | | 赵金旺 | | | |
| 91 | 川天表 | | 赵金旺 | | | |
| 92 | 破血湖书 | | 赵金旺 | | | |
| 93 | 添仓库钱关 | | 赵金旺 | | | |
| 94 | 三戒书 | | 赵金旺 | | | |
| 95 | 解煞书 | | 赵金旺 | | | |
| 96 | 地狱书 | | 赵金旺 | | | |
| 97 | 送亡解结 | | 赵金旺 | | | |

续表

| 编号 | 经书名称 | 用途 | 置主 | 抄写人 | 抄写时间 | 备注 |
| --- | --- | --- | --- | --- | --- | --- |
| 98 | 合婚书 | | 赵金旺 | | | |
| 99 | 超度疏意 | | 赵金旺 | | | |
| 100 | 造亡人<br>天桥 | | 赵金旺 | | | |
| 101 | 大遗书 | | 赵金旺 | | | |
| 102 | 安龙书 | | 赵金旺 | | | |
| 103 | 破血湖鬼<br>名号 | | 赵金旺 | | | |
| 104 | 答案词 | | 赵金旺 | | | |
| 105 | 求地皮用 | | 赵金旺 | | | |
| 106 | 求禄疏文 | | 赵金旺 | | | |
| 107 | 游乐书 | | 邓元升 | | | |
| 108 | 灯书 | | 邓元升 | | | |
| 109 | 大路书 | | 邓元升 | | | |
| 110 | 催先烧<br>魂书 | | 邓文思<br>号 | | 1950 年四月<br>四日 | |
| 111 | 大命书 | | 盘贵县 | | | |
| 112 | 奏亡琉意<br>参王用(引<br>鬼幡在内) | | | | | |
| 113 | 劳油缠水<br>审贼、释<br>罪宗师表 | | | | 1985 年 | |

续表

| 编号 | 经书名称 | 用途 | 置主 | 抄写人 | 抄写时间 | 备注 |
| --- | --- | --- | --- | --- | --- | --- |
| 114 | 观音求告书 | | 赵元林 | | | |
| 115 | 失据疏表引 | | 邓文思 | | | |
| 116 | 许天堂愿 | | 邓文思 | | | |
| 117 | 和山疏开山催山牒和山牒 | | 邓文思 | | 1960 年四月初五 | |
| 118 | 定地卦书 | | 邓文思 | | 1967 年丁未岁十月初立章 | |
| 119 | 具出许愿卡用 | | 邓文思 | | | |
| 120 | 招龙黄表用 | | | | | |
| 121 | 当天移坟墓用 | | 邓文思 | | | |
| 122 | 渔网古歌传 | | 邓文思 | | 民国庚申岁五月初抄成 | |
| 123 | 留途古言歌 | | 邓文思 | | 1967 年来岁四月抄成 | |
| 124 | 下席用 | 请盘王下席 | 邓文思 | | | |
| 125 | 请王用（盘王书） | 请盘王用 | 邓文思 | | | |

续表

| 编号 | 经书名称 | 用途 | 置主 | 抄写人 | 抄写时间 | 备注 |
|---|---|---|---|---|---|---|
| 126 | 盘王书 | | | | | |
| 127 | 围堂用 | | 邓文思 | | | |
| 128 | 还愿书 | 还盘王愿用 | 李如贵 | | | |
| 129 | 打令厢（盘王书） | 打鸟打猴子吃给盘王 | 邓文思 | | | |
| 130 | 力三庙王执修山造路用 | 做盘王用 | | | | |
| 131 | 释罪香火（内有释罪祖宗琉、三四庙王疏、通连表结愿申表） | | 邓文思 | | | |
| 132 | 盘王歌 | | | | 道光十三年（1833年）平万癸巳岁六月二十五日抄完 | |
| 133 | 挂灯疏执宗枝用 | 挂三台灯用 | 邓文思 | | 1977年 | |
| 134 | 度戒书 | 度戒烧的书 | | | | |

续表

| 编号 | 经书名称 | 用途 | 置主 | 抄写人 | 抄写时间 | 备注 |
|---|---|---|---|---|---|---|
| 135 | 拆解疏（亡师人一件在内） | | 邓文思贵邓法冲 | | 民国三十三年（1944年）甲申岁六月二十四日 | |
| 136 | 开宗枝（翁班进文富财四字轮转） | 本家开宗枝用 | 邓法冲 | | | |
| 137 | 计开宗枝纸数 | | | | | |
| 138 | 具职位书 | | | | | |
| 139 | 破理明 | | | | 1983年闰四月 | |
| 140 | 亲家理 | | | | | |
| 141 | 度暗山 | 小儿架桥换命根用 | 邓文思 | | | |
| 142 | 番犯 | 家里犯着神，解除用 | 邓文思 | | | |
| 143 | 送四府 | 打斋之后用 | 邓文思 | | | |
| 144 | 三清花书（三清歌） | 打斋跳鬼用 | 邓文思 | | | |
| 145 | 小师歌 | 打斋用 | 邓文思 | | 民国己卯年 | |
| 146 | 开山法 | | 邓文思 | | | |
| 147 | 破血湖 | | 邓文思 | | | |

续表

| 编号 | 经书名称 | 用途 | 置主 | 抄写人 | 抄写时间 | 备注 |
| --- | --- | --- | --- | --- | --- | --- |
| 148 | 游梅山 | 家先作祟，游梅山三十六洞 | 邓文思 | | 1948年八月吉日 | |
| 149 | 拆元消鬼 | | | | | |
| 150 | 巳样法书 | | | | | |
| 151 | 超度师表和休词 | | | | | |
| 152 | 超度法书 | | | | | |
| 153 | 超度琉表 | | | | | |
| 154 | 开坛书 | | 赵金升 | | | |
| 155 | 架桥书 | | 赵金升 | | | |
| 156 | 招魂书 | | 赵金升 | | | |
| 157 | 破狱书 | | 赵金升 | | | |
| 158 | 合婚书 | | 赵金升 | | | |
| 159 | 看病书 | | 赵金升 | | | |
| 160 | 功德歌书 | 教儿女用 | 赵金升 | | | |
| 161 | 法书 | | 赵金升 | | | |
| 162 | 遗书 | | 赵金升 | | | |
| 163 | 传家法书 | | 赵金升 | | | 什么法都有 |
| 164 | 度戒运钱用书 | | 赵金升 | | | |
| 165 | 何神休禁书 | 解蛊毒用 | 赵金升 | | | |

续表

| 编号 | 经书名称 | 用途 | 置主 | 抄写人 | 抄写时间 | 备注 |
| --- | --- | --- | --- | --- | --- | --- |
| 166 | 安坟烧的书 | | 赵金升 | | | |
| 167 | 退毒法书 | | 赵金升 | | | |
| 168 | 破地狱书 | | 赵金升 | | | |
| 169 | 甲子书（甲子歌） | | 赵金升 | | | |
| 170 | 破地狱书 | | 赵金升 | | | |
| 171 | 三光宝 | 教子读书识字 | 赵金升 | | | |
| 172 | 师歌书执圣歌 | 打斋请圣用 | 赵金升 | | | |
| 173 | 叫天意者 | | 赵金升 | | | |
| 174 | 做清水台婚书 | | 赵金升 | | | |
| 175 | 开禁鬼书 | | 赵金升 | | | |
| 176 | 送度戒亡人书 | | 赵金升 | | | |
| 177 | 彰贼盗 | | 赵金升 | | | |
| 178 | 开山求五谷魂书 | | 赵金升 | | | |
| 179 | 平安表 | 病痛多烧表求平安 | 赵金升 | | | |
| 180 | 通天大赦 | 有病烧书求天赦罪 | 赵金升 | | | |

续表

| 编号 | 经书名称 | 用途 | 置主 | 抄写人 | 抄写时间 | 备注 |
|---|---|---|---|---|---|---|
| 181 | 送亡人搭天桥书 | | 赵金升 | | | |
| 182 | 送三戒死人书 | | 赵金升 | | | |
| 183 | 架花桥书 | | 赵金升 | | | |
| 184 | 解煞书 | | 赵金升 | | | |
| 185 | 杂盘王小路书 | | 赵万财 | | 乾隆六十年(1795年)庚午月戊辰日抄完 | |
| 186 | 还愿书一本 | | 赵万财 | | 1954年十月初抄成 | |
| 187 | 打令干的书 | | 赵万财<br>赵昌三郎 | | | |
| 188 | 流罗书 | | 赵万财<br>赵昌三郎 | | | |
| 189 | 做藤意者 | | 赵万财 | | 丙午年四月十二日 | |
| 190 | 传度书 | | 赵万财 | | | |
| 191 | 阴阳据 | | 赵万财 | | | |
| 192 | 传度书(一) | | 邓进坤 | | | |
| 193 | 传度书(二) | | 邓进坤 | | | 传度加职在内齐全 |

续表

| 编号 | 经书名称 | 用途 | 置主 | 抄写人 | 抄写时间 | 备注 |
|---|---|---|---|---|---|---|
| 194 | 做鬼大书 | | 邓进坤 | | | |
| 195 | 庙王意者 | | 邓进坤 | | | |
| 196 | 女人唱庙王歌用 | | 邓进坤 | | | |
| 197 | 男人唱庙壬歌用 | | 邓进坤 | | | |
| 198 | 做盘王鬼路道 | | 邓进坤 | | | |
| 199 | 盘王哥（二十四段歌词） | | 邓进坤 | | | |
| 200 | 留落书 | | 邓进坤 | | | |
| 201 | 挂三台灯书 | | 邓进坤 | | | |
| 202 | 挂七星灯书 | | 邓进坤 | | | |
| 203 | 杂书（请五谷鬼、起根立破调鬼、五谷王歌、仙娘歌、神头代歌、请耗王、送日星辰凶星度戒把坛下禁符、上梯法符在内） | | 邓进坤 | | | |

续表

| 编号 | 经书名称 | 用途 | 置主 | 抄写人 | 抄写时间 | 备注 |
|---|---|---|---|---|---|---|
| 204 | 各升职位省城用 | | 邓进坤 | | | |
| 205 | 传度加职书（齐全） | | 邓进坤 | | | |
| 206 | 做盘王意者 90 篇 | | 邓有珠 | | | |
| 207 | 送终超度书 42 篇 | | 邓有珠 | | | |
| 208 | 送亡法书 55 篇 | | 邓有珠 | | | |
| 209 | 开坛书 100 篇 | 做师公用 | 邓有珠 | | | |
| 210 | 贺像同兵招聪明书 | | 邓有珠 | | | |
| 211 | 传度意者 45 篇 | | 邓有珠 | | | |
| 212 | 盘王歌 | | 邓有珠 | | | |
| 213 | 叫天书 20 篇 | | 邓有珠 | | | |
| 214 | 自从书 | 教子认字用 | 邓有珠 | | | |
| 215 | 贺年同兵马头意者上情意者 18 篇 | | 邓进府 | | | |

续表

| 编号 | 经书名称 | 用途 | 置主 | 抄写人 | 抄写时间 | 备注 |
| --- | --- | --- | --- | --- | --- | --- |
| 216 | 传度三戒醮筵内的数目 | | 邓进府 | | | |
| 217 | 琉瑛教白话流水步 | | 邓进府 | | | |
| 218 | 琉瑛书（起根意者在内） | | 邓进府 | | | |
| 219 | 琉璜清书（解意歌） | | 邓进府 | | | |
| 220 | 切总堂 | | 邓进堂 | | | |
| 221 | 喽罗清书（解意者在内） | | 邓进堂 | | | |
| 222 | 围堂小书（三男三女唱） | | 邓进堂 | | | |
| 223 | 下席清书 | | 邓进堂 | | | |
| 224 | 过界书 | | 邓进堂 | | | |
| 225 | 移途书 | | 邓进堂 | | | |
| 226 | 意者把盏伸香马头上情 | | 邓进堂 | | | |

续表

| 编号 | 经书名称 | 用途 | 置主 | 抄写人 | 抄写时间 | 备注 |
|---|---|---|---|---|---|---|
| 227 | 戒传度分抛兵赞冠传度移途供在内 | | 邓进堂 | | | |
| 228 | 传度众分兵代钱数用 | | 邓进堂 | | | |
| 229 | 传度书文万状 | | 邓进堂 | | | |
| 230 | 开坛书 | | 邓进堂 | | | |
| 231 | 川天表 | | 邓进堂 | | | |
| 232 | 架桥求花招花传归花名约 | | 邓进堂 | | | |
| 233 | 合婚书 | | 邓进堂 | | | |
| 234 | 切总选择通书 | | 邓进堂 | | | |
| 235 | 家先单 | | 邓进堂 | | | |

## 四、宗教信仰演变的情况

泰国瑶族自离开中国故土后，向越南、老挝、泰国迁徙过程中，一百多两百年来一直在热带山区雨林中过着传统的刀耕火种生活，受外界影响较少，故能较多地保持本民族传统的宗教信仰。但也有些变化，例如信仰的神祇中的地方鬼都换成了越南、老挝、泰国各瑶族村落先前亡故的异族开村建寨者，或当地传说的仙人。在仪式方面，由于大师公过世以及经济上的原因，有些寨子如难府南拱寨已有一百多年没有度戒了。法器方面，中国盘瑶视长鼓为神物，是所有法器中最重要的法器之一，跳盘王必须用到它，但泰国瑶族已不知长鼓为何物，尽管他们保存的过山榜中有关于制作长鼓跳盘王的记载，许多人已说不清长鼓的形状，联想到 1984 年 12 月中国瑶族在南宁欢度盘王节，云南瑶族也不使用长鼓的事实，想必泰国瑶族还未迁到泰国以前，已丢失了这一祖传宝物。跳盘王时只能临时砍一节竹子制成长鼓使用。

20 世纪六七十年代是泰老边境地区瑶族社会和宗教信仰发生重要变化的时期。随着老挝社会动荡和变革，以及泰、老边界形势的紧张，老挝瑶族加速了向泰国迁徙的过程。原来居住在泰、老边界一带山区的瑶族，被迫迁徙到泰北丘陵、平原地区居住。接着，泰国政府为保护生态平衡、防止毒品生产和帮助山地民族发展经济文化，采取了严禁砍伐森林刀耕火种，严禁种植贩卖鸦片的政策。泰国政府在瑶族居住的村寨里制订和推行政府的社会发展计划，帮助瑶族发展商品生产，普遍建立学校教授泰文，禁止瑶族学习汉文。这一时期社会的变化和泰国政府采取的一系列政策，使瑶族离开了世代居住的山区，被迫抛弃了传统的刀耕火种农业，引起宗教信仰的新变化。

第一，从山区到平原丘陵地区后，没有多少水田可以耕种（能开辟水田的地方泰族人早已占耕）。垦种的坡地不如砍烧后的山地肥沃（原始森林中含腐殖质的土层厚）。虽然有些人依靠增加农业投入（贷款雇人用拖拉机开垦大片坡地）和改种商品作物——如棉花、黄豆、柑果等增加了收入，但多数人感到谋生不易，收入减少，加上平原地区养鸡养猪不易，故而手中不易积蓄到一笔钱，家中无大批作供品用的鸡、猪，因此像挂灯、度戒、做盘王等需耗费大批钱物的大型宗教法事无法进行。

第二，战乱中的迁徙使同宗共祖的兄弟叔侄有的各奔一方，居住较远。过去同宗支的人凑到一起度戒、做盘王，费用各人分担一些，法事可以进行，现在这条已不易做到。

第三，随着时间的推移，有资格和会做度戒仪式的宗教师相继过世或迁移更远，例如有的迁移到美国、法国，使得有些法事有了钱也无法做，也有的因缺乏神像不能做大法事。

第四，泰国政府要求瑶族子弟进学校学泰文，不允许瑶族自己开设中文学校学中文。瑶族感到，本民族的传统文化与信仰已难以继承，有丧失的危险。

第五，到平原丘陵地区居住后，与其他民族接触增多，一些外国传教士到瑶族村寨传播基督教。由于各种原因不能举行仪式的瑶族，部分人开始转而信仰基督教。

这次访问过的15个村寨，情况互有不同，但有一个共同点，就是近十年来，挂灯、度戒、做盘王活动都有逐步减少的趋势。例如湄赛寨现在挂灯还有，度戒没有了，因为“没有谁有钱做”（村长赵富升语）。会将洛寨55户有7户改信基督耶稣。

“瑶民因无钱，而信道教要花很多钱，因此改信基督耶稣”（村长盘承明语）。巴卡寨瑶人有一半信耶稣教，一半信道教。“信基督耶稣是因为人病无法找到师公就找耶稣，不是因为钱少改变信仰”（村长赵有清语）。邦卡寨现有7人度过戒，没有人加职（原已加职现年74岁在曼谷做生意的邓富金除外），因为“度过戒的7个儿子未曾度戒，本人无法加职”（师公邓财昌语）。巴岗寨有12人度过戒，3人加过职，但都是在老挝时度戒、加职的。自1967年从泰、老边界的会赛老搬下来后，“已有二十多年不度戒了。因为同宗人少，用费多，做不起。挂七星灯的人死去了。挂三台灯有些年有两三家，做的人很少”（村长邓有珠、村民邓财仁语）。南拱寨只挂三台灯，不挂七星灯，“因为做不起，没有会度戒的师公，有一百多年不度戒了”（村长语）。拉抛鸦寨有两代不做盘王、不度戒了，“不做盘王是因为没有神像，不度戒的原因也是没有神像”（村长冯财寿等语）。

据不完全统计，15个寨子905户瑶族7698人中，有5个寨子共有38户瑶族220多人改信基督教。改信基督教最多的是湄赛寨，有18户87人，其次是巴卡寨，约13户90人。若从比例看，则以巴卡寨最多，占瑶族人口一半。改信基督教还有信仰上的原因。湄赛寨李益凤称：他信耶稣已经七年，原因是："信老祖公鬼家里大乱（灾病多用钱多），做不清楚（仪式没完没了）。"但他说，村里有些信道教的人也去拜耶稣，信耶稣的人则不信道教。还有些夫妇，一个信耶稣，一个不信也可以，不一定全家人都信。在泰国瑶族地区传教的有美国、英国、澳大利亚、新西兰及中国台湾地区的传教士，在巴卡寨传教的是一对美国夫妇。在湄赛传教的是基督教台湾地区组织在新加坡设立的分支机构。这些传教士尤其是台湾的传教士根据瑶族地区的实际情况，采取比较灵活的措施，不但出钱给瑶族教民建造教堂，例如湄赛寨的教堂就是瑶族用新加坡、台湾地区的13万泰币建起来的，而且不管你是否是教徒，都允许到教堂听讲经，看礼拜活动。据说有些台湾传教士主持的教堂里还开设中文课，以满足瑶族学习中文的需要。有些瑶族希望子弟学中文，在无校可进的情况下，让子弟到教堂办的中文学校学习。教堂开办的中文学校，泰国政府并不怎么干涉。我们的翻译中，有的人普通话说得很流利，就是从这种学校学习出来的。由于采取这些措施，加上其他原因，基督教在泰北瑶区的传播取得了部分成功。

泰国瑶族的宗教信仰正在发生变化。现在要判断泰国瑶族宗教信仰将来往何处发展，为时尚早。因为宗教信仰虽不等同于民族问题，但与民族问题又有密切关系。到底泰国瑶族将来宗教信仰往何处发展，取决于这种宗教是否能维持这个民族作为一个独立民族的存在，以及泰国政府和瑶族对这一问题的态度。现在已有一些瑶族感觉到改变文化和宗教信仰胁到了民族的生存，但又无可奈何。将来进一步怎么发展，只能拭目以待。

十三寨瑶族宗教信仰情况概览表

| 寨名 | 原寨址 | 人口 | 族姓 | 挂灯数 | 度戒数 | 加职人数 | 设鬼人 | 师人 | 大师公 | 信基督教数 |
|---|---|---|---|---|---|---|---|---|---|---|
| 夜庄县哙讲落（建村17年） | 难府普哙老挝猛龙、能背 | 55户500人（男196人，女304人） | 盘、赵 李、黄、邓 | | | | 5 | 5 | | 7家信基督教，建有教堂 |
| 夜庄县湄朋 | 老挝 | 220户1378人 | 邓、李、陈、赵、黄、冯、罗、盘 | 有 | | | 有 | | | |
| 夜庄县帕蒂（建村42年） | 老挝、缅甸 | 98户960人 | 李、邓、赵、冯、盘 | 有 | | | 有 | | | |
| 夜庄巴卡寨（建村约29年） | 能莫、湄傻洛、回岗巴 | 43户300多人 | 有瑶族（赵、邓、李、盘、冯）、汉族、阿卡、拉祜、栗粟 | | | 有 | 无 | | | 瑶人有一半信耶稣 |

续表

| 寨名 | 原寨址 | 人口 | 族姓 | 挂灯数 | 度戒数 | 加职人数 | 设鬼人 | 师人 | 大师公 | 信基督教数 |
|---|---|---|---|---|---|---|---|---|---|---|
| 夜庄湄赛（建村24年） | 哙博 | 52户315人（男146人，女184人） | 李、赵、陈、邓、盘、刘 | 有 | 无 | 无 | 有 | 3 | 无 | 16家87人信基督教，村里建有教堂 |
| 邦县邦卡（童村21年） | 布郎嘎 | 58户389人（男205人，女184人） | 邓姓46户，赵姓6户，盘姓4户，李、冯各一户 | 有 | 7 | 1 | 有 | 2 | | |
| 昌堪县庞坑 | | 21户395人 | 赵、邓黄、李、王 | 有 | | | 有 | 6 | 1 | |
| 昌堪县龙英 | | | | 有 | 有 | 有 | 有 | 有 | 1 | |
| 邦县哙印（建村37年） | 大烟地 | 7户180人 | 李姓4户、邓、黄、冯各一户 | 有 | | | | 1 | | |

续表

| 寨名 | 原寨址 | 人口 | 族姓 | 挂灯数 | 度戒数 | 加职人数 | 设鬼人 | 师人 | 大师公 | 信基督教数 |
|---|---|---|---|---|---|---|---|---|---|---|
| 渡县巴岗（建村21年） | 哙师老 | 85户708人（男344人，女364人） | 邓姓70户，盘姓6户，李姓4户，赵姓3户，冯、黄各1户 | 有多 | 12 | 3 | 26 | 4 | 1 | 1家信基督教 |
| 汪帕县念吉岗 | | 23户220余人 | 邓姓14户，盘、李各4户，黄姓1户 | 有 | | | 10 | 4 | | |
| 难府南拱（建村20多年） | 帮县董邦、大烟地、长戒邦、邦昂 | 74户953人 | 赵姓32户，邓姓26户，其余为李、冯、盘、黄姓 | 有 | | | 有 | 2 | | |
| 房县邦乘 | 马鞍山 | 135户1000人 | 盘姓95户，赵姓30户，其余为邓、冯、陈姓 | 有 | 有 | | 有 | 有 | | 有 |

# 《中国各民族原始宗教资料集成》瑶族卷　绪论[①]

## 一、引言

瑶族有一百二十万余人（1990年统计数据），分布在广西、湖南、云南、广东、贵州、江西六省（区）的一百三十多个县（自治县），呈大分散小聚居状态。多数居住在海拔八百至一千米左右的高山地带，史有“南岭无山不有瑶”之语。

瑶族语言分属汉藏语系苗瑶语族瑶语支、苗语支，少数属汉藏语系壮侗语族侗水语支。自称有勉、优勉、祝敦勉、董本优、土优、谷岗优、坳标、标曼、标敏、交公勉、澡勉、史门、金门、甘迪门、布努、努努、布诺、瑙格劳、努茂、杯冬诺、炯奈、吾奈、巴享、优诺、拉咖、炳多优、优念、珊介、优嘉等。所有瑶族都会讲邻近他们的别的民族语言，主要是汉语、壮语各种方言，反映了历史上瑶族与各民族文化上的交流关系。他称的形成比较复杂。有因崇奉盘王被称为盘瑶、盘古瑶；有因居住特点被称高山瑶、平地瑶、山子瑶、东山瑶、西山瑶、八排瑶、东鼻瑶、西鼻瑶；有因刀耕火种、迁徙频繁被称为过山瑶；有因服饰特点被称为尖头瑶、平头瑶、大板瑶、细板瑶、花瑶、花蓝瑶、花头瑶、红瑶、红头瑶、顶板瑶、白裤瑶；有因种蓝靛被称为蓝靛瑶；有因喜欢用背篓运物

---

① 收入《中国各民族原始宗教资料集成》，第四册，北京，中国社会科学出版社，1998。

被称为背篓瑶等。瑶的称谓最早见于唐初姚思廉著的《梁书·张赞传》，称为“莫徭”。宋代称徭人、徭蛮。元以后出现“猺”、“蛮猺”的侮辱称谓。中国共产党主张民族平等，新中国成立后根据瑶族人民的意愿，改用“瑶”字，统称“瑶族”。

历史上，瑶族社会发展一直处于不平衡状态。新中国成立前，少数地区封建关系比较发达，多数地区产生了一定的封建关系，但自耕自食的个体经济居主导地位，还有部分地区保留原始公社制的残余。瑶族在汉代以前信奉原始宗教，魏晋以后，道教开始传入瑶族地区，近代西方天主教、基督教对部分瑶族地区有影响，但原始宗教在瑶族社会中仍占有一定地位。

## 二、瑶族原始社会

瑶族先民居住的长江中下游地区，是古人类发祥地。1973 年以来，考古工作者在沅江中下游之辰溪、泸溪、沅陵等地，先后发现一批新石器时代早期遗址，出土了大批石器、陶器、兽骨、家畜及稻谷遗存，说明瑶族先民还在母系氏族社会时，不但从事渔猎，而且从事农业、畜牧业，并有了制陶等手工作业。有关瑶族早期原始社会情况，我们还可以从瑶族的一些神话传说及原始遗俗中窥探出一个梗概。

人类母系氏族社会以妇女为酋长，社会活动由妇女组织、指挥，世系按母系计算，财产由女子继承，妇女在社会中享有崇高地位。都安、巴马等地的布努瑶流传的《密洛陀》神话记述道：在混沌未开的洪荒年代，是密洛陀造天造地，创造万物，并创造了人类。密洛陀被布努瑶视为无所不能的开天辟地、创造万物的始祖母神而备受崇奉。操勉—金门语的瑶族，则传说古时候村寨头人是由女人充当的，祭司和巫师也由女人担任。直到现在，瑶族师公跳神还要穿上女式服装，要女歌手协助唱娱神歌，否则认为请不到祖先神灵。

在瑶族社会里，妇女在许多方面享有较高的地位和权利。女青年婚前对歌恋爱，幽会合欢，不受限制。不少男女青年通过对歌恋爱，确定终身。有的地方在确定婚姻关系时，女方常采取主动行动。有的地方女孩可以承嗣继产。瑶族普遍有招郎入赘的习俗。一个家有两个男孩、两个女孩，可以把男孩嫁出去（即到别家上门入赘），让女孩在家招郎上门。招郎上门生下的子女一般从母姓，主妇在家庭中有较多的权利。有的地方举行结婚拜堂仪式，一切由舅父家操办，所请客人多为舅方亲戚，拜堂亦拜舅家长辈……这些都是母系社会的遗风。从瑶族传说及残留的母系氏族遗风中，可以断定这一时期已有宗教信仰，如女巫的存在及作用就是证明。

到距今五千年前左右的新石器时代后期，瑶族先民由母系氏族社会过渡到父系氏族社会。瑶族传说，古时评王和高王争天下，评王的龙犬盘护帮助评王战胜高王，得与评王的第三公主结为夫妻，受封南京会稽山石宝殿当王，生下六男六女，传下瑶人十二姓。这段传说提到的高王、评王，在汉晋史籍中称为“高辛氏”、“戎王”。（按：高辛氏，据司马迁《史记》的记载即帝誉，名俊，也就是传说中的帝舜，是生活在黄河下游的夷人的一个分支的部落酋长，为商人始祖，其与生活在长江中下游的瑶苗族先民有密切关系。舜帝南巡，死于苍梧，今湖南宁远县九嶷山尚存舜帝陵。传说反映的是部落联盟间的战争，已是父系氏族社会的事情。）

有关瑶族父系氏族社会情况，史籍记载不详。但瑶族社会发展不平衡，直到新中国成立前，一些瑶族地区还残存着父系氏族社会残余。居住在贵州荔波县瑶麓、广西南丹和上思县十万大山等地的瑶族，其父系氏族制的残余是这样的：

瑶麓在 1946 年有韦、覃、卢、欧、常、莫六姓二百余家人，因各姓来源不同，每个姓被认为是一个氏族。生产经营以农业为主，狩猎为辅，有织布等家庭手工业。耕地归氏族公有，但民国前已向由氏族头人给各家平均分配“份地”的“分耕制”过渡，此后一直保持着“共耕制”与“分耕制”并存的现象。田土严禁买卖。山林荒地属氏族所有，各人可自由开垦放牧，或砍伐木材；若不同氏族，则只准放牧，伐木及垦荒均在禁止之列。氏族有公共住房，同家族的人大多住同一幢或数幢长屋内。户与户之间留有一尺方的小窗，供互赠食品、互借用具、互相叙话之用。氏族有严密的组织。各氏族都有自己的首领。首领的地位是自然形成的，只要能把大家的事情办好，尤其是对外，经过大众的选择，自然便被推举为领袖，无须经过选举手续。氏族首领的权力相当大，氏族间大小事故都由他们直接解决。不受命令者，会受到社会的谴责或制裁。①氏族狩猎时往往集体行动。出猎前由氏族中经验丰富、喂有好猎狗的长者秘密“安坛”敬神，猎归后在坛主家共进晚餐，猎物头颈奖励坛主及枪手，余肉平分。起房、盖屋等红白事全族出力帮忙，共同操办。鳏寡孤独、残疾贫困者由氏族供养，不能流落。各村寨还有共同使用的工具，如大石磨。氏族有共同墓地——葬洞。同氏族的人死后其棺柩均安置在一个洞里，或是同一岩洞里的同一位置，另一氏族的死者则安置另一洞或同一洞的另一位置，从不混淆。②

南丹白裤瑶在新中国成立前仍存在着以血缘关系为纽带组织起来的“油锅”组织，瑶语称作“破扑”，意即“同宗共祖”，大家同锅吃饭，有事互助。居住同一村的各姓氏分别组织油锅，外宗人加入油锅，须经请准并履行入族的公开手续，被确认为“兄弟”。油锅有公共的山林土地，租佃给锅内成员或锅外人耕种，收益按户均分。有油锅头负责处理锅内事务，遇婚丧、建房一类大事，大家互相帮助，并有“庙老”、“魔公”负责宗教事务。③

上思县十万大山山子瑶清末仍存在氏族组织残余，瑶语称“央哥”，意即“大家一起来做”。这是一种以血缘关系为纽带组成的共耕制。同一血缘关系的人共同居住在一个村落里。共同拥有山林土

① 岑家梧：《瑶麓社会》，见《岑家梧民族研究文集》，247～267页，北京，民族出版社，1992。并参见黄海：《荔波努侯瑶原始宗教调查》未刊稿。

② 黄海：《荔波努侯瑶原始宗教调查》未刊稿。

③ 黄钰等：《南丹县大瑶寨瑶族社会历史调查》，见《广西瑶族社会历史调查》，第三册，34～38页，南宁，广西民族出版社，1985。

地，推选出“央谷”即村老管理生产生活。山地用原始的刀耕火种方式开垦，第一年以集体方式进行，收获物平均分配。第二年作为份地分配给各户耕作。丢荒轮歇时收归集体，第二次开垦时又共同进行，如此周而复始。大型渔猎活动作为经济收入的重要补充，也集体进行，收获物平均分配。氏族还有共同祭祖等宗教活动，并有宗教事务负责人。村老作为氏族首领是自然产生的，谁有能力领导生产，管理生活，办事公道，谁就被拥戴（通过神卜）为村老；否则即以“鬼神不信任村老”为理由而将其罢免。①

从上述可知，瑶族在父系氏族社会时期，主要经营农业，渔猎仍占有重要地位。生产力水平仍比较低下，个体家庭在与自然的斗争中力量十分微弱，氏族在维持人们生存中仍发挥着重要的作用。人们聚族而居，共同占有山林土地，在氏族长协调指挥下进行生产，包括共耕、分耕、集体狩猎活动，及其他生产生活领域的互助合作。崇拜图腾神、自然神、祖先神，相信巫术、迷信占卜，企图通过对超自然力量的崇拜来驾驭自然，是当时宗教信仰的显著特点。

## 三、瑶族远古神话反映的原始宗教

瑶族神话内容丰富。这些神话产生于原始氏族制时代，与当时原始宗教信仰有密切关系。透过这些神话，可以窥见瑶族先民宗教信仰的一般情况。

1. 从盘瓠等神话看瑶族图腾崇拜

各地盘瑶、山子瑶（蓝靛瑶）普遍流传盘护（盘瓠）王与评王的第三公主结婚传下瑶人后代的神话：

古时候高王侵夺评王天下，国家处于危急状态，评王贴出告示，招募退敌大将，许诺：谁能平此患，愿将公主嫁其为妻。群臣无人敢应。这时，评王有只身带 24 斑点的龙犬，名叫盘护，生得

---

① 张有隽：《十万大山山子瑶农村公社探讨》．见《瑶族传统文化变迁论》，93 页，南宁，广西民族出版社，1992。

十分威猛，上前揭下皇榜，来到评王殿前。评王十分高兴。问龙犬何计退敌？盘护说：我不要一兵一卒，也不要粮草，只凭一口钢牙，便可战胜高王。评王大喜，设宴饯行。盘护受命罢，行走如飞，身浮大海，七日七夜，到达高王国中。高王见评王龙犬来投，以为评王将败，欣喜异常，大宴群臣，并令盘护跟随左右。当晚盘护乘高王大醉不省人事之机，启动钢牙，咬杀高王，口含高王首级浮海回到评王国中。评王依诺，许配第三公主与盘护为妻，封盘护到南京会稽山石宝殿当王。盘护与第三公主在会稽山耕山狩猎，生男育女，传下瑶人后代。

这段神话流传于金秀瑶族自治县忠良、蒙山县长坪一带盘瑶地区。其中关于瑶族始祖是古时评王的一只龙犬的传说，其实应是远古时期，以犬为图腾的氏族部落，他们自以为是犬种，在部落战争中，以犬为标志，冲锋陷阵，所向披靡，故被视为犬的子孙。

类似的犬图腾神话在布努瑶、青裤瑶地区也有流传。1982 年 6 月，笔者参加编写瑶族简史时曾到都安瑶族自治县调查，当地一位瑶族干部介绍了一则神话故事：

古时候皇帝有一员大将名唤蓝公狗，非常勇猛。一次皇帝遇外患，贴出皇榜，不论君臣百姓，能杀退敌人，愿将公主嫁与他为妻。蓝公狗撕下皇榜，受命出征，战杀外敌，取得敌军将领首级回来，与皇帝公主结为夫妻，生得班、蓝、罗、韦、蒙、袁数子，即是其瑶人后代。

贵州荔波瑶麓乡的青裤瑶传说：

古时长毛贼扰乱天下，北京皇帝大感为难，便贴出布告说：若有人在三天内打退了长毛贼，愿把最幼的公主嫁给他。有一只狼狗，一天晚上偷偷地到长毛贼营，咬死主帅，长毛贼不攻自退。狼狗便跑到皇帝殿上报功。皇帝问道；“你说杀死了贼帅，有何证据?”狼狗答道；“有首级为证。”狼狗马上把人头献上。皇帝又问：“这只是个人头，怎能证明它是贼帅?”狼狗说：“贼帅以前被人射中一箭，他的后枕骨处还有一个疤痕。”皇帝还要多方留难，公主站在旁边却说："皇帝坐北京，一理通天下；现在狼狗既然打退长毛贼，皇帝应该守信，准予我们配偶才好。"说完，公主便骑着狼狗，一直跑了三年三月三日，才到了荔波县。他们结婚之后，便产生了现在的瑶人。①

以上两则神话传说，与盘瑶、山子瑶的盘护故事大同小异。除了"皇帝"、"公主"这些概念是流传中后人加进去的外，其余内容反映的都是瑶族先民在氏族社会时期崇奉狗图腾的事实。所谓"蓝公狗"或"狼狗"，应是以狗为图腾标志的古代瑶族氏族。

瑶族还有另一些神话传说反映其先民与狗的密切关系的，一类是狗救了瑶族祖先的传说，其中又有几种传说，一种是狗帮助祖先战胜敌人的传说：

瑶之始祖，畜一犬，甚猛鸷，一日临战，于阵上为某大酋所执，将杀之，刃举而犬猛啮酋，酋出不意，竟死。瑶甚德狗，封之为王，以所爱婢妻之。其后子孙为大，遂成一族。②

一种是狗于火中救了瑶族祖先。1982年12月笔者在上思县南屏公社江坡大队渌西村调查时，该村一位瑶族道公李广殿告诉笔者：

古时候，瑶族祖公一家人晚上正睡得香甜，突然茅房失火，火势迅速蔓延。祖公一家人被大火包围，正在危急中，家里养的一只狗冲进将要倒塌的茅房，引领一家人脱离灾难。狗有德于人，所以瑶人敬狗不吃狗肉。

湖南新宁县麻林乡瑶族则传说：

瑶族祖公一家子十余口人住在临江悬崖石洞中。一天，大雨倾盆，霹雳闪电惊天动地，看家狗叫得凄惶。洞中有位孕妇正在做

---

① 岑家梧：《瑶麓社会》，见《岑家梧民族研究文集》，253页，北京，民族出版社，1992。

② 刘锡蕃：《岭表纪蛮》，第八章，《祭祀与神祇》，上海，商务印书馆，1934。

饭，以为是狗饿了，先舀一勺饭给狗充饥。狗猛将饭勺夺过叼走，孕妇急追出石洞。突然霹雷击塌石洞，一家只剩下孕妇一人，养下儿子承接香火。瑶人感狗救命之恩，历来敬狗。①

也有传说祖公幼时丧母，是靠吃狗奶长大的，以后便告诫子孙不得伤害狗或吃狗肉。② 桂北湘南一些瑶族地区流传狗给人们带来谷种的神话。大意是说，古时洪水过后，天下人几乎绝了迹。伏羲兄妹结婚，再生人类，但又失去了谷种，无法耕种养活人民。瑶族祖先养的一只狗自告奋勇，渡海到对岸人家的晒谷坪上打了几滚，盗取谷种回来，瑶人耕种，才有了饭吃。瑶人感狗德，每到新谷登场，都要用新米煮饭先喂了狗人才吃。

上述神话传说，虽未说狗与瑶族祖先有血缘关系，但都肯定了狗与瑶族祖先有密切关系，其实是狗图腾神话在后来流传过程中，随着人们观念的变化而作出的修改，是神话传说的变异，也是转型期图腾传说的特征表现。透过这些神话传说，可以从一个侧面看出瑶族先民的狗图腾崇拜。

在瑶族的神话传说中，还有一些神话传说反映了瑶族另外一种图腾崇拜的情况。例如都安等地流传的《密洛陀》神话中，沙珠（一种嘴长而红、尾部有三根箭形长羽的鸟）、乌鸦、鹞鹰原来并不是鸟，而是密洛陀的三个儿子。密洛陀用蜜蜂蜡造人成功后，先后派他们三人去寻找适合人类居住的地方。沙珠来到一处山上，贪吃香熟的枇杷果，肚子发胀，睡在地上。密洛陀发现后很生气，随手拉长了他的嘴，并把三支箭射进了他的屁股，这样他变成了沙珠鸟。乌鸦来到一座山上，因贪吃一具死尸肉也误了大事，被密洛陀用柴棍抽打，打得一身漆黑，使他变成乌鸦。鹞鹰翻过九十九座山来到安定（今大化瑶族自治县境），找到了适合人居住的好地方，

① 唐光旭：《湖南新宁八垌瑶族风俗录》未刊稿。

② 贵州民族学院调查组：《贵州民族调查之二、榕江县塔石公社瑶族调查》，141 页，贵州民族研究所编，1984。

却居功自傲，经常偷人家的鸡吃，密洛陀设法使他变成了鹞鹰。因为沙珠、乌鸦、鹞鹰原来都是密洛陀的儿子，所以，至今布努瑶有禁捕这三种鸟的习俗。① 这则神话反映的，应是布努瑶母系氏族时代，由女始祖传下的三个分别以沙珠鸟、乌鸦、鹞鹰为图腾的氏族。由于他们以这三种鸟为图腾标志，所以在布努瑶的印象中一直流传下来，成为了神话。

在白裤瑶世代传唱的《天地始歌》神话中，流传着始祖生古郎和卜布王婚配，生下阿者和雅海兄妹的故事。传说当时天上十个太阳和月亮出来作怪，神鸟画眉拔下三根羽毛化成三部天书。生古郎邀请楼刻（汉人）、雷公、牛、虎、蛇来学习天书，共同战胜日月。但后来内部矛盾爆发，天书被盗。白裤瑶先民最后在神鸟画眉授予24根神箭的帮助下，战胜日月。不料，盗走第二部天书的雷公大发淫威，发大水捉住生古郎、卜布王夫妇，并想进而灭绝生古郎、卜布王的后代阿者和雅海兄妹。神鸟画眉拔下一根羽毛化作一条船让阿者兄妹坐上，阿者和雅海在神鸟画眉的帮助下战胜雷公。洪水退尽后，阿者、雅海兄妹结婚，生下一个肉囊砍成三块。一块丢在蓝靛草丛，蓝靛草立刻变成一个穿白裤的后生和一个穿彩裙的姑娘；一块丢在梨树上，梨树也立刻变成一个穿白裤的后生和穿彩裙的姑娘；一块丢在李树上，李树也立刻变成一个穿白裤的后生和穿彩裙的姑娘。三男三女向阿者、雅海喊爹娘。白裤瑶有了蓝、黎、李三姓，从此发达兴旺。②

上述神话中提到的与自裤瑶先民有密切关系的日、月、神鸟以及雷公、牛、虎、蛇互相争斗的故事，有可能是说古代以日、月、鸟、雷、牛、虎、蛇为图腾的部落。至于生古郎、卜布王的后代阿

---

① 覃茂福：《布努瑶“密洛陀”（女神）崇拜的初步考察》，载《广西民族研究参考资料》，第5辑，1985。

② 朱荣等：《中国白裤瑶》，212～301页，南宁，广西民族出版社，1992。

者、雅海兄妹结婚生下一个肉囊，砍碎后分别丢到蓝靛草、梨树、李树，生成白裤瑶的故事，则可能与白裤瑶先民与蓝靛草、梨树、李树的图腾崇拜有关。

在布努瑶地区还有祖公与母猴结婚生下人类的传说。巴马瑶族自治县东山乡瑶族传说，他们的祖公原住在都安板卜（今属大化瑶族自治县），每天伐木挖地，种作物活口。后来与壮人发生争执，流落到那雅（今巴马瑶族自治县东山乡境），这里是一片没人住的荒山。祖公整天在山里砍呀、挖呀，辟出一片好地，种上瓜豆粮食。当年有只母猴天天跑来偷吃，一天被祖公发现，他抓起一根木棍就要打过去。那母猴不慌不忙地翘起一条腿，指着下身说："你别打，我们母猴原是你们的妈妈，你们就是从这里出来的。"祖公同母猴成了家，生下了七个孩子，有男有女，个个机灵可爱。①

都安瑶族自治县百马乡的瑶族传说：从前在鼻公的地方，曾经住着一个小个子男人，名叫"多歪"。他长年光着身子在山上种南瓜、红薯充饥，生活孤独凄凉。当时，有只母猴常常偷他的南瓜吃。他很生气，就做了一只铁夹安在地头边，一次，果然夹中那母猴。多歪正要举刀砍死它。母猴连忙叫住："别忙，我知道你没有老婆，我可以给你生娃仔。"多歪把它带回家，从此母猴生下十个男孩、十个女孩，个个乖巧伶俐。②

在南丹白裤瑶地区，也传说从前一个姓黄（一说姓王）的男子与一只母猴结婚，生育了很多子女。③

上述神话传说荒诞无稽，透过现象却可以看出，其实质是说瑶族古时以猴为图腾的一支民族。

2. 从瑶族关于自然的神话看原始自然崇拜

① 广西民间文学研究会：《瑶族民间文学资料》，油印本第六集，1962。

② 广西民间文学研究会：《瑶族民间文学资料》，油印本第六集，1962。

③ 黄钰等：《南丹大瑶寨瑶族社会历史调查》，见《广西瑶族社会历史调查》，第三册，南宁，广西民族出版社，1985。

原始人对自然崇拜反映在关于自然的神话中，有关于日月星辰、风雨雷电的，有关于山脉、河流以及动物、植物的，还有关于人类本身的。

当原始人的思维能力提高，开始探索千变万化的大自然奥秘，而又苦于不能理解时，赋大自然以灵性与人格，万物有灵，乃是合理的解释。对与人类关系密切的自然体、自然现象顶礼膜拜，都是自然崇拜的认识论根源。

瑶族世代流传的关于天地万物起源的神话，最著名的有盘瑶、山子瑶的《盘古开天辟地》，布努瑶的《密洛陀造天造地》，白裤瑶的《太古老与盘古郎造天管地》，各支系普遍流传的洪水淹天、人类再生神话，也反映了原始自然崇拜的内容。

盘瑶、山子瑶的《盘古开天辟地》神话讲述：在混沌未开年代，世上什么都没有，只有盘古一尊神，是盘古开天辟地，创造出万物。当初未开天和地，无日无月无星辰，无有天来无有地，虚空结就一尊神……盘古大王立世界，定正东西南北中……肠为江河肚为海，血为江河水不清，肉为飞禽骨为兽，发为山林树为根。眼为日月齿为剑，鼻为风雨万物生，两奶如山高峰岭，脚踏东南二岳神……日月轮流照天下，开眼为阳闭眼阴。①

布努瑶《密洛陀造天造地》神话中，传说在远古混沌的年代里，密洛陀出世后，世上起初只有她一人，无法创造世界。后来她去遮风受孕，生下九位大神。老大叫卡亨卡独，密洛陀给他造山造林，称山水大神；老二叫罗班俄路，负责搭桥铺路，称铺路大神；老三叫甫托牙佑，负责买树种造林，称植树大神；老四叫阿波阿称，负责造云造雨，称风雨大神；老五叫倡郎也，负责射落多余的太阳，称太阳大神；老六叫倡郎仪，负责射落多余的月亮，称月亮大神；老七叫倡郎初，负责上天寻找、召回倡郎也和倡郎仪，称救

① 广西民间文学研究会会：《瑶族民间文学资料》，油印本第八集，1962。

命大神；老八叫岩初金，负责植棉种花，称植棉造花大神；老九叫花迷阳，负责供奶喂婴儿，称奶妈大神。①

《米罗沙造天造地》神话说：

起初世界只有风，由于风吹的关系造出了一男一女，女的叫米罗沙，男的叫布罗梳。他俩结了婚，米罗沙用身去挡风，生出了几个孩子。第一个是太阳，使人们有了白昼，得到了光明；第二个是月亮，使人们夜里得了光辉；第三个是雷王，管闪电、云雨、霜雪、冰雹；第四个是天空；第五个是大地；第六个是土壤；第七个是山岭；第八个是树木花草。米罗沙还创造了蜜蜂以及各种飞禽走兽。宇宙万物都已齐备，但太阳和月亮自行结婚，并生出了12个太阳和12个月亮。②

白裤瑶《太古老和盘古郎开天管地》传说：

开天辟地，神家造天地，第一瓢成泥（地），第二瓢成天，第三瓢成雨粒。开天辟地做成人，天上有两个，地下有三个。天上有两个，星星和月亮，地下有三个，两个是公婆，第三个是舅爷。地下两个，经过两朝冬，留下盘古老太公……后生盘古郎乖仔。盘古郎长大后，太古老送他铜耙一把带下天，带下天来先耙平天地。第一耙成河川，第二耙成山崖高原，第三耙成草坪园林，第四耙成土地，第五耙田畲成片，天地完全。神话还说，当时天下一团漆黑，没有光明，“万眼睛”创造了日月，轮流照耀人间；缺少雨水，人们无法生产，“黎长脚”和“李长手”造出雨水，遍地才生万物。

上述神话在细节上虽各有不同，但在天地万物生成的问题上，都有两个共同点：一是把天地万物都看成是某个人或神创造的；二是与第一点相联系，把自然界（包括日月星辰、河流、山川以及各种动植物）看成是有灵性的，人与自然可以沟通，例如风可以生出

---

① 蓝正祥：《布努瑶原始宗教调查》未刊稿。

② 杨成志等：《都安瑶族自治县下助乡瑶族社会历史调查》，见《广西瑶族社会历史调查》，第五册，南宁，广西民族出版社，1986。

男女，人也能生出太阳，日月能结婚生仔，雷负责管闪电、雨水……除却“尊神”、“公婆”、“夫妻”、“铜耙”这些后人加进去的概念外，这些神话反映的基本上是原始社会的人们对自然的看法和迷信，其核心是“万物有灵”的概念，因而应当是当时人们宗教信仰尤其是自然崇拜在神话中的遗留，表明人们有过自然崇拜的时期。

3. 从英雄神话看原始英雄崇拜和祖先崇拜

在原始社会里，人们崇拜的英雄首先是那些率领人们与大自然斗争、征服自然的英雄。在原始社会后期也崇拜那些在部落战斗中建立功勋的英雄，由于这些英雄往往是氏族部落始祖和酋长，因此，英雄崇拜实质也是祖先崇拜。

在上述《盘古开天辟地》、《密洛陀造天造地》、《太古老和盘古郎开天管地》神话里，除了反映原始人的自然观和自然崇拜外，也反映了当时人们的英雄观和对英雄的崇拜。在这些神话中，无论盘古，还是密洛陀、太古老、盘古郎，他们既造天造地、创造万物，还创造了人类。在瑶族的观念里，他们是万能的神，是智慧和力量的化身，既是开天辟地神，又是人类始祖神，因此世代为人们崇拜。揭开迷信的外衣，他们其实应是原始社会时期，带领人们征服自然的氏族部落酋领和始祖，因功绩显著而被神化，受到崇拜。

瑶族还有些著名神话，如《伏羲兄妹造人民》、《格怀射日月》，反映了原始英雄崇拜。金秀大瑶山瑶族五个支系都认定：瑶族是伏羲兄妹的后代。他们不仅在每一件重大事情讲话时，开头都要讲“盘古开天立地，伏羲兄妹造人民”，而且普遍流传伏羲兄妹神话，并把故事编成七言一句的韵文“神唱”，收入师公经书，在祭神时歌唱。其大意说：

从前，大圣和雷王是好朋友，两人结队种山。但大圣为人忠厚老实，雷王狡诈凶恶，种下的作物收获分配时，总是大圣吃亏，于是两人翻脸成了仇人，互相打斗起来。开始时大圣斗不过雷王，只好躲在屋里练法。谁知雷王不肯放松，每天都跑到大圣屋背上大吼大骂。大圣心生一计，在屋背铺上青苔，雷王从天上飞将下来，一脚踩在滑溜溜的青苔上，骨碌碌滚下地来。大圣乘机捉住雷王，关进禾仓里，准备上市买盐回来腌雷公肉。临行前嘱咐子女伏羲兄妹，不要给雷王喝水。大圣走后，雷王喝了伏羲兄妹给的潲水，炸破禾仓飞回天宫。临走前拔下一颗牙给伏羲兄妹，交代他们种在地里，等长出葫芦时赶快开个口爬进去。雷王回到天宫后发下一场洪水。世上人都淹死了，只剩下伏羲兄妹二人坐在葫芦里得以逃生。为了繁衍人类，伏羲兄妹在乌龟的劝说和帮助下，实现隔河点烟，香烟相交；隔岸种竹，竹尾相会；高山滚磨，滚到一起这三个验证条件，于是结为夫妻。婚后生下一个肉团，他们把它砍开，肉块丢到山上成了瑶人，丢到垌场成了壮人，丢到平地成了汉人。①

这个神话在各地盘瑶、山子瑶以及白裤瑶、排瑶中都有流传，情节大同小异。神话中的主人公在各地瑶族社会的宗教仪式中，都受到崇拜。除了大圣和雷王搭伙种作物因收获分配不公引起争斗，大圣上市买盐准备腌雷公肉等为后人所加外，其基本事实，即古时雷雨大作，洪水淹天，人类遭难，兄妹结婚再生人类，反映的应是母系氏族社会人们与大自然斗争，战胜洪水，再造人类的往事。大圣、伏羲兄妹应是率领人们战胜洪水，维护人类生存、发展的英雄，也是人类的始祖，故而受到人们的世代传颂和崇敬。

流传于十万大山山子瑶中的《阿大射太阳》，流传于南丹白裤瑶中的《格怀射日月》，流传于巴马瑶族地区的《太阳和月亮的故事》，以及流传于田东瑶族地区的《勒光射太阳》，反映的则是原始社会的人们对率领他们抗御干旱和酷暑的英雄的崇拜。

---

① 杨成志等：《广西金秀大瑶山瑶族社会历史调查》，见《广西瑶族社会历史调查》，第一册，南宁，广西民族出版社，1984。

《阿大射太阳》的神话传说：

古时候有12个太阳，一个刚落西一个又升起，照得大地像火烤一般。种下的庄稼都晒枯黄了，大家都担心有一天全被晒死、饿死。这时一对夫妇生下一个小孩，取名阿大，他与别的小孩不同，生下来刚七天就能吃饭，十岁时比一般青年还高大。他力气惊人，饭量也大，还喜欢玩弓箭。村里人见他力气大，为他做了一把能射上天空的特大弓箭，求他把多余的太阳射掉。阿大不辱众命，拿起弓箭向远方的高山走去，走了七天七夜才到山顶。阿大张弓一连射掉了十个太阳，碎片布满了天空。剩下两个太阳吓坏了，不敢再露面，大地变得一团漆黑。人们先后派村老，派青年，派百灵鸟、凤凰去叫，都叫不出来，最后派公鸡去叫，才把太阳叫出来。山子瑶歌谣里至今还有“当初日头十二个，打开十个作天星，十个用作天星斗，恩留两个照阳春”的词句，纪念这一壮举。①

南丹白裤瑶《格怀射日月》传说：

天上老大扛着980个九齿铁耙来到人间耕地，不久，老大被老鹰抓上天去了，铁耙还在地里闪闪发光。卜罗陀见了就拿去炼成九个太阳、九个月亮。天上太阳多了，晒得地干石化，人们白天只好躲进岩洞里，晚上才出来干活。大家央求强壮勇敢的射箭能手格怀去射掉多余的太阳和月亮。格怀告别亲人，一共走了三年，爬过三万座高山，走过三万块平原，穿过三万座森林，趟过三万条大河，打死三万条毒蛇，杀死三万只猛兽，爬上东边最高的山峰，苦战三年半，打下八个太阳和八个月亮，留一个太阳白天晒庄稼，一个月亮晚上照垌场。②

上述神话不论说天上有12个太阳，或9个太阳，都不是确数，

---

① 张有隽等：《十万大山山子瑶社会历史调查》，见《广西瑶族社会历史调查》，第六册，南宁，广西民族出版社，1987。

② 黄书光等：《瑶族文学史》，第一编，9～10页，南宁，广西民族出版，1988。

意思都是说古时天上太阳多。从人类产生到有智慧、有记忆以来的数十万年间，天上流星不断，但没有出现过许多太阳。神话记录的，应是古人与某次严重干旱和酷暑作斗争的事实，反映的则是原始英雄崇拜。

在瑶族神话中，反映部落战争英雄崇拜的以《盘瓠》神话最具代表性。这个神话开首叙述瑶族始祖是古时候评王的一只龙犬，从这一基本内容来看，它反映的是原始的图腾崇拜。但在以后的叙述中，则用了不少篇幅赞颂盘护（瓠）如何机智勇敢、帮助评王战胜高王，立功受奖，因此，它记录的又是部落战争的史实，反映的是原始英雄崇拜和祖先崇拜。

南丹白裤瑶世代传唱长篇史诗《天地始歌》，记述了古代部落战争的故事。大意说：白裤瑶祖先阿者、雅海在神鸟的帮助下，战胜盗走管天的天书的雷公后，洪水消退，兄妹婚配，再生人类。不料过不了多久，盗走管人的天书的楼刻王又兴兵来犯。阿者、雅海传出印令，七十二寨巴楼人（白裤瑶）一齐出动，把楼刻人打得大败而逃。楼刻人久战不胜，佯请阿者、雅海出来做官，遭到拒绝，最后做了篇假天书，骗取巴楼人的信任，并设计盗走阿者、雅海的金印，使他们调集不了兵，然后催兵大进。巴楼人节节败退，在猴子、鹞鹰、金竹、大风相继帮助下，渡过道道天险，退到世代居住的莲花山。①

这则神话记述的是白裤瑶祖先领导的一次反对外来侵略的战争历史。其结果虽然失败了，但白裤瑶先民幸得猴子、鹞鹰、金竹、大风的帮助退入深山老林，维持民族生存。神话中，阿者、雅海仍不失为一对英雄，而神话中提到的猴子、鹞鹰、金竹、大风，则可能是以这些动物为图腾标志的古代部落。

---

① 朱荣等：《中同白裤瑶》，312～317页，南宁，广西民族出版社，1992。

## 四、瑶族古文化遗物反映的原始宗教

瑶族历史上迁徙频繁，古文化遗物如凤毛麟角，但从仅有的古文化遗物中，我们可以探寻出原始宗教的蛛丝马迹。

有关瑶族先民葬式，史籍记载："长沙郡又杂有夷蜒，名曰莫徭……其丧葬之节，颇同于诸左云。"① 左人的丧葬礼仪是"无衰服，不复魂。亲始死，置尸馆舍，邻里少年，各执弓箭，绕尸而歌，以箭扣弦为节。其歌词说生平乐事，以至终卒，大抵亦犹今之挽歌。歌数十阕，乃衣食棺敛，送往山林，别为庐舍，安置棺柩。亦有村侧瘗之，待二三十丧，总葬石窟"②。清人李文琰著《庆远府志》卷十《杂类志·琐言》说："南丹有一种瑶人，亲死不即瘗，置棺岩穴间，其家再有人死，则另覆其骨于别棺，取原棺回殓，复置岩间。覆骨遇翁媳，隔之以布，棺满又置一棺，相沿成俗。家各一棺，村各一岩，不相混杂。"

1982 年 7 月，广西师范学院（现广西师范大学）张一民等师生对南丹县里湖公社怀里、纪后、仁广、化果、董甲、瑶里六个大队范围内三十多个岩洞遗址进行考察，确认这些岩洞遗址为当地白裤瑶先民所遗留。

在怀里大队驻地左前方约 500 米处的 1 号葬洞，洞口距山脚约 30 米。洞内原存棺材两副，现仅存一副，另一副已腐烂。现存的这副棺材距洞口约 2 米，上下左右由四块整板合成，前后有挡板。在棺材的底板、围板的两头分别凿有一个方眼，以木头为栓穿过凿眼制成棺架，将棺材扣紧。棺材长 325 厘米、宽 60 厘米、高 57 厘米。板边平整，但可见斧痕，整个做工较原始。棺内有颅骨一个，股骨四根，胫骨两根，碎骨若干，小兽头骨一个，长 11 厘米，宽 4 厘米，呈"V"形。

---

① 《隋书》，卷 31，《地理志下》。

② 《隋书》，卷 31，《地理志下》。

在怀里大队化桥村西北约2000米的7号葬洞，洞口距山脚50米，洞内有棺材四副，距洞底一米处的一副保存完好，棺架有三根竖木的顶部呈牛角形，另一根上刻人头像。棺内两头各有颅骨一个，碎骨若干，其中一个颅骨较小而光滑，当系女性。

怀里大队化桥村西北约4000米的8号洞，洞口距山脚约100米。洞内有残棺20副，全部放置在左边的山洞里。距洞口2米左侧七副，洞正中右侧15米处两副，再进去8米处十副，再往里走12米处一副。棺架竖木顶部多呈牛角形，其中两副棺架的竖木上刻有人头像。棺内人骨散乱，多数有两人以上骨骸。最深处的一副棺内残存头颅两个，分别在棺内的两头。棺内尚有股骨六根，盆骨五件，碎骨若干。翻开碎骨，在棺底发现有绸缎包裹的股骨。

杯里大队化图村旁306米的10号葬洞，洞口距该村挑水的山路约20米。距洞口1米处有棺材18副，左侧进去15至20米处有棺材两副，右侧进去20米处有棺材一副，已腐烂。棺架竖木顶端有的呈牛角形，有的呈葫芦形。距洞口两米处的一副棺材内，有颅骨7个，股骨7根，碎骨一大堆，朝洞口的一头有一个用刀削成的木枕头。洞内还发现一具小棺，内装许多碎骨和一个很小的头颅。据说，此洞以前曾有上百副棺材。

仁广大队当脚村背后的2号葬洞有棺材八副，洞内发现有丝质残裙，棺边有三个粗瓷碗、三个小碟子、一个紫色陶质酒瓶，竹篾编成的鸡笼四五个，竹篾已朽。

仁广大队利才村东500米处的3号葬洞，洞口距山脚20米。洞内3米处有残棺八副。在近洞口处一烂棺底下的碎土中找到铜钱八枚，其中开元通宝、元祐通宝、大观通宝、政和通宝、建炎通宝、道光通宝各一枚，元丰通宝两枚，还找到铜环三个。

此外，化果大队驻地东南约500米处的2号葬洞六副残棺中，有一副棺架竖木顶部不是牛角形，而是鸟形。[1]

---

[1] 玉时阶：《白裤瑶社会》，89～98页，桂林，广西师范大学出版社，1989。

从上述可以看出，这些葬洞有以下特点：一是棺材做工较粗糙，陪葬物不多，表明葬洞主人的生产力不发达，比较原始低下；二是棺材分别堆放，一副棺材往往有两具以上尸骸，与史籍所谓“家各一棺，村各一岩”的记载相吻合，表明这些岩洞其实是瑶族古先民的氏族、村社集体墓穴，或称公共墓地；三是发现了唐、宋古钱及清末钱币，说明部分瑶族先民至晚在唐宋时期就已实行这种葬式，其起始年代似当更早，其后一直沿袭到明清。

研究这些岩洞葬的原始宗教内涵，可以得出以下结论：

第一，人死后要给予安葬，还要在棺材里外放些碗、碟、刀、枪、鸡笼乃至钱币等生产生活用品，表明处于原始氏族部落时代的瑶族先民已有比较发达的鬼魂观念及鬼魂崇拜和祖先崇拜仪式与活动。

第二，人死后要葬入岩洞，这些岩洞离地面均有一定高度，洞内一般比较干燥，联系到新中国成立前瑶族还有些穷苦农民居住岩洞的事实，以及史籍有关瑶族“穴居野处”的记载，说明部分瑶族的古先民可能在岩洞中居住过。由于岩洞冬暖夏凉，可避暑御寒，还可以防止猛兽袭击，因而当时的人们认为，岩洞也应当是死去的先人最好的安息之处。

第三，同村的人死后安葬在同一岩洞内，同一氏族的人在洞内安置在相同的地方，甚至使用同一具棺材，先死的人安置在下层，后死的人安置在上层，层层累垒，这种“家各一棺，村各一岩”的葬式葬法，反映尚处于氏族部落和原始农村公社制度下的瑶族先民，其宗教观念亦具有原始的集团性，即认为，凡是生前在一起的人，死后也应当生活在另一个共同的世界里。

第四，棺材竖木上的牛角形、葫芦形、鸟形，应是不同氏族图腾崇拜、自然崇拜的反映，人头形则可能是原始巫师，或氏族酋长的象征。

## 五、图腾崇拜

北美印第安人将某类动物称为“图腾”，意即“亲属”，在谈到氏族起源的时候，都认为其祖先与动物有血缘关系，自称为动植物的后裔，并以之为氏族部落的名号。类似的图腾崇拜用现代人的眼光看来尽管荒诞无稽，却不但普遍存在于处于采集、狩猎经济阶段的世界古代各民族中，而且直到近代，还可以从一些民族的社会生活中发现其遗迹。

1. 犬图腾

南朝范晔《后汉书·南蛮传》引汉应劭《风俗通》所载“盘瓠”故事，过去有些史家以其史实经不起推敲及内容荒诞而加以批评否定。其实，这段记载所提到的畜犬“盘瓠”，应是古代以犬为图腾的氏族酋长，它所反映的应是图腾崇拜时期的史实。近现代民族学、人类学资料证明，以盘瓠犬为图腾的古代氏族部落，正是瑶、畲民族的先民。大量调查材料表明，瑶族存在以犬为图腾的遗迹。例如，广西钟山县及相邻的湖南江永县一些瑶族村寨，新中国成立前村寨旁都建有盘王庙，里面供奉着盘护（盘瓠）王及社王等其他神灵。瑶族每届三五年的秋冬季节都要在庙里集体祭拜盘王。由师公选择吉日，在庙里设坛请神。举行这项活动时不许外族参加，若有外人闯入，必须用锅墨抹黑他的脸。祭祀时要选择三男三女协助师公唱《盘王大歌》，跳长鼓舞，其中有一对是童男童女，当节目进行到一定阶段时，让这对童男童女腰捆红巾，穿过裤下互相连接并在地上爬行，做犬交欢的动作，表演盘王故事。祭盘王活动至少需时一天两夜，多则三天三夜。主事村寨杀猪杀鸡，舂米做粑粑，酿酒做豆腐，尽其所有酬神宴客，不得吝啬，否则认为盘王会不高兴。

史载瑶族“用糁杂鱼肉，叩槽而号，以祭盘瓠”①，“家有画

① （晋）干宝：《搜神记》。

像，犬首人服，时节祀之”①。新中国成立前，十万大山大板瑶、山子瑶村寨等其他未建有盘王庙的地方，祭祀盘王的活动在村老、族老家进行。村老、族老家的神龛上设有盘王神位，有的还有狗头人身雕像，除遇瘟病流行、人畜不安、作物歉收、举行集体祭礼外，逢年过节也要烧香上供，有的地方还有一定仪式。桂北龙胜柳田、新禄等地瑶族过农历年，要由“乖人”即德高望重并熟悉本民族历史的中老年男子，事先挑选一只黄色公狗，周身染上红色斑点，染成后关进竹笼。除夕晚餐后，交给后生们抬着游寨。每到一家，“乖人”讲彩话，主家以节日饭菜喂狗，并在笼子上贴上小块红布或红纸，表示尊敬。盘胖、照夜等寨除夕夜祭祖前，要用木槽或碗盛些饭菜置于饭桌下，由家长或老人匍匐下去咬一口，并模仿狗叫两声，全家老少从桌下窜过或绕桌一圈，才能进餐。大村、柳田等村寨制作寿槽祝寿。每人寿棍一根，分列两侧，一会儿击槽底，一会击槽壁，一会击槽边。击槽者与众亲客不时发出象征狗吠的“飞汪”声。主家送鱼肉、糍粑、米酒至槽边款待。击者接过食物要先在槽口上扬三圈，表示从槽中取出，然后个个朝寿槽围拢蹲地而食，又不时发出“飞汪”的欢声。② 恭城嘉会、栗木瑶族相传婆王系高辛王之女、盘瓠之妻，每三年逢六月二十三日举行“婆王节”盛会，节会期间抬婆王出游，需放一只狗坐轿内为前导。③

2. 猴图腾

部分布努瑶、白裤瑶存在着猴图腾的遗迹。他们自认为是人与母猴交配产生的后代。例如，巴马瑶族自治县东山乡那雅一带布努瑶传说，他们的祖公到巴马那雅时同母猴成了家，生下七个孩子，有男有女，个个机灵可爱。④ 都安瑶族自治县百马乡弄公瑶族传

---

① 顾炎武：《天下都国利病书》，卷100，广东四。

② 陈维刚：《桂北瑶族崇拜奉盘瓠的传统意识及祭祀情形》未刊稿。

③ 唐洪魁调查未刊稿。

④ 广西民间文学研究会：《瑶族民间文学资料》，第六集，55页，1962。

说，该地方从前有位名叫“多歪”的小个子男人，与母猴结婚生下了12个男孩、12个女孩，个个乖巧伶俐。① 田东县布努瑶传说，从前，妹姥根据祖旁的旨意造天造地。天地造成后，妹姥放她的七个儿子到人间生息。行前的晚上，妹姥叫儿子好好睡觉，第二天大家起早些，到人间要勤干活。第二天一早，大哥先起来，妹姥给他一颗印，他就走了，接着二哥、三哥、四哥、五哥、六哥也起来，妹姥依次给他们一支笔、一杆秤、一把尺、一把犁、一把斧，他们个个都走了。唯有七弟睡懒觉，起得晚，只从妹姥手中得到一把栌籽。他来到人间，见城里住汉人，平地住壮人，有人当官，有人读书，有人种地，有人做工，有人做生意，自己只好到山上去住，在山上开荒种栌籽。后来他与母猴结了婚，婚后生下七个孩子，便成了山弄人。② “南丹县瑶里乡大寨和邑地乡的黄姓瑶族，也传说是从前一个姓黄（一说姓王）的男子，与一只母猴结婚生下的后代”③。以猴为图腾的布努瑶、白裤瑶，承认为母猴生育的后代，称母猴妈妈，生活上有禁止打猴与吃猴肉的禁忌，还有学着猴子动作跳舞的民间文娱习俗。都安、马山、上林、东兰等地的布努瑶流行的“猴鼓舞”，表演者学猴走路，学猴子表情，学猴子“嘘—嘘—嘘”声，学猴子急抢挑逗，具有猴图腾崇拜的遗风。

## 六、自然崇拜

原始自然崇拜发生时，人们的抽象概括能力有限，只崇拜单个自然物，尚未形成某类物体的统一神灵崇拜。这样的自然崇拜早已消失，但可以从后来的自然崇拜中找出某些遗迹。

---

① 覃永绵：《都安瑶族自治县原始宗教调查》稿。

② 蓝鸿恩：《蛛姥》，载《广西日报》，1963年2月23日。

③ 黄钰等：《南丹大瑶寨瑶旗社会历史调查》，见《广西瑶族社会历史调查》，第三册，广西民族出版社，1985。

1. 天崇拜

瑶族视天为最大的神。瑶经《天公地母唱》将天称为公，地称为母。瑶族神龛上写“天地君亲师之位”，将天神书在开头，都是例证。瑶族逢年节烧香祭拜祖先，同时祭天神，除在家中神龛前祭拜外，有的还将祭品端出门外置于桌上或地上，遥祭天神，请其领筵。在瑶族观念中，天神与人的婚姻、生育、死亡等重大事情有密切关系。十万大山山子瑶师公经书《红楼大会科》、《天公地母唱》一篇云：“急闻凡界振乾坤，天公地母入筵心，早朝妹在花山庙，功曹执状去传神。人筵领受主茶酒，从头唱出妹缘由，且唱妹娘仙出处，水出有源花有根。未曾造天先造地，爹便是乾娘是坤。造成天地无日月，又造三光照下民。”《天合地合唱》篇云：“良宵夜静振乾坤，天合地合入筵心……混沌初分造天地，造成日月及乾坤，乙卯那年发洪水，淹死下凡世上人，下界人民淹死了，只有兄妹结为婚，天地发亲不空结，买取沉香烧香云，乾坤结彩合男女，香烟结发上天心。”在瑶族看来，婚姻是天作地合的结果，因此，凡举行婚礼，新郎新娘必须举行拜天地仪式，由天地作证。家里老人过世，孝子首先要做的一件事就是出门朝天鸣枪，举行“叫天”仪式，将不幸通报天神。金秀瑶山部分瑶族过去民间有重大纠纷不能解决，往往出门烧香，对天发誓诅咒。乳源及乐昌瑶族“瑶甲”（村酋）死后，要揭破屋瓦，架起天桥，让天神下来接死者灵魂升天。泰国瑶族凡发生重大事件，都要由有一定资历的师公持“天香盆”到大门外，烧起天香，举行“叫天”仪式。

2. 太阳崇拜

瑶经中有日宫、日神。瑶族对太阳的崇拜与旱灾有关。山子瑶、布努瑶、白裤瑶射日神话都传说古时有许多个太阳挂在天空，人们受尽干旱、酷暑煎熬，有位英雄出来把多余的太阳射掉。这一方面是对英雄的崇拜，另一方面也反映了对太阳的崇拜。太阳给人以温暖，但烈日造成干旱。因此，人们直观上认为干旱与太阳有关，而干旱对居住在山区以种植旱地作物为主的瑶族十分不利。过去，百色龙川地区山子瑶禁年初一这一天在门外生火、烧山及晾衣物。认为年初一这一天是全年的浓缩，这天在室外生火晒衣物，太阳会误认为该年人类需要更多的日照而导致干旱。当旱情发生，大片作物干枯时，就用特殊的办法——羞辱太阳来消灾。人们认为太阳和月亮是一对夫妻，它们也懂得美丑。大旱之年，找来一些上年纪的寡妇，让她们到山沟里的溪潭边，脱光衣服，一丝不挂地在潭里戏水，并谩骂太阳。认为太阳见到这群老妇裸体咒骂自己，会害羞而躲进云层，这样天就会下起雨来。日常，人们把太阳看作阳、生、兴旺、平安、吉祥的代表。山子瑶妇女头巾和小孩的帽顶绣有象征太阳的八角星图案，八角星周围绣圈小星，象征群星，群星外面绣四道线围成方形，象征大地，上绣花、木之类图案，象征万物。村寨朝向是坐西朝东，认为早上太阳从东方升起，给人兴旺、吉祥。梦中见太阳升起，预兆钱财到手和身体健康；梦见太阳落西，家中老人将得重病。这些都是太阳崇拜的遗迹。

3．土地崇拜

土地崇拜是瑶族自然崇拜的重要内容，这与瑶族很早就从事农业生产有关。瑶经中除了《天公地母唱》一篇将大地颂为母亲之外，还有《土地唱用》篇，称土地为“土地公”，分东、西、南、北、中央五方土地，不但管畲地五谷生产，还管鸡、鸭、鹅、牛、羊、马六畜兴旺。湘南桂北一些地方的瑶族在村旁或田头地边立土地庙，以一块石头为偶像，就是土地公代表，这是抽象化了的统一土地神，但其实是土地崇拜；笔者 1981 年初在十万大山调查时，发现明清时期，大板瑶祭土地，只在耕地里立一堆石头，耕种收获时以香纸奉献；1989 年在泰国考察，当地瑶族在田头、地边祭土地，更无石头之类偶像，只插三炷香、烧几张纸钱，这是较原始的土地神崇拜。

新中国成立前流行于我国各瑶族地区及现在仍留传于泰国瑶区

的“社祭”，其实质也是土地崇拜。古人云：以土地之大，不可遍祭，乃封土为社，以祭地神及农神。金秀大瑶山瑶族五个支系，不但每村有社，有的一姓还立有小社，每一社都有名称，如茶山瑶之六拉村名歌放社，昔地村名新安社，金村陶家一小社名麻多社。社庙供木板彩绘社王神像，有的以三块长方形石头代替，也有的将社王安在其他庙里。每社通过卜卦选出社老一人，任期到死为止。每年二八月社日举行祭社活动。在社庙前杀猪供社神并会餐，每家来代表一人，余肉分各家，让每人分享社肉。祭社时由社老“料话”，宣布有关生产的各种村规民约，令众人遵守。社老除主持祭社活动外，平常每月初一、十五还要到社庙前烧香，求社王保佑村民人丁安吉，生产丰收。遇浸谷种、做秧田、“割青”（采割绿肥）季节，由社老选择并公布吉日，鸣炮指挥，统一行动。花蓝瑶开始插秧时由社老选一处最先插 12 株观长势以占年成丰歉。社老不下田，任何人都不许先插，否则以为得罪神灵，会带来灾难。① 十万大山大板瑶、山子瑶无社庙，祭社在社老、村老家举行。大板瑶认为，社王驻守岭界、木根，主管五谷丰歉、人畜安宁。其经书《社王歌》云：“接请本方社王鬼，又请本方社王神，远者便在三五里，近者便在屋檐边，日里不归守岭界，夜里不归守木根……社丁有事来问我，收灾去祸口如云，若是杀猪我也吃，你若杀鸡我也食，你若有心敬奉我，保你田禾熟十分，有心一年祭三便（遍），保你社丁得安宁。”② 山子瑶经书《社皇唱用》篇则说：“我在村头是主人，春秋二字长敬祭，多养牲畜是主因，雷王在天管部（布）雨，社王在地管凡民。”其与土地神的作用不相上下。

---

① 杨成志等：《广西金秀大瑶山瑶族社会历史调查》，见《广西瑶族社会历史调查》，第一册，南宁，广西民族出版社，1984。

② 张有隽等；《十万大山大板瑶社会历史调查》，见《广西瑶族社会历史调查》，第六册，南宁，广西民族出版社，1987。

4. 山崇拜

瑶族保留有山崇拜遗迹。百色山子瑶认为高山如梯，经常云雾缭绕。该县与田阳、巴马交界的罡马山，海拔一千一百余米，山势雄伟。山下历史上曾有三个村寨，因瘟疫、山体滑坡、连年兵匪蹂躏而人员相继死绝。人们均认为该山是恶鬼住地而人迹罕至，如某人发病被认为是罡马山神勾去魂魄，必用香、纸、酒米、肉到罡马山下，或选择看得见罡马山山顶的某处山顶、山坳，祭祀山神。十万大山山子瑶绝不在两处高山相对应的山沟坳建村寨，否则认为被山夹住，村人将遭瘟病袭击。都安布努瑶认为每座山都有山神，叫“愣发造”，村寨附近有多少山，就有多少“愣发造”，而总管“愣发造”的大神称为“卡亨”，他是母神“密洛陀”派来管山的。传说他神通广大，对山舞拳头，大山会翻筋斗，对山提起脚，坡岭会飞出千里外。山边立有用三块石板架起的小神庙，里面安一小块石头代表山神。人们上山砍柴伐树，要先向“愣发造”叩头，否则认为山神责怪，灾难就会发生。南丹白裤瑶每次出猎，要祭山神。山神无庙无偶像，狩猎前在猎区选一块较大的石头代表山神，杀一只鸡以祭之，狩猎如有收获，即将兽头砍下祭祀山神。荔波努侯瑶认为猎物为山神所饲养，不能随便猎取。出猎前要举行秘密而庄严的“安坛”仪式；到达猎场后，要向山神保证：遇大要大，遇小要小，遇到什么猎什么，绝不贪心挑剔；猎归后，进寨前要给猎物“戴花”，分食猎物前，要先谢神；猎手要将猎物骨骸悬于家中火炉上，并注意观察，若骨骸突然增多，或一次出猎收获过丰，就要及时“撤坛”，禀明山神：此次安坛到此为止，下次出猎，再行安坛。

5. 水崇拜

瑶族崇拜水神。十万大山山子瑶在新的村寨建立起来后，架竹槐引来山泉时，须由巫师到水源头处烧香纸供水神，请水神赐给长流水。百色及云南部分瑶族每逢春节，家家要起早到井边、溪边烧香纸供水神，并争先恐后地挑回第一担新水，认为这样做水神会赐给家人幸福。金秀大瑶山瑶族新娘出嫁步行到夫家经过山涧小溪，妇女背小孩出门趟水过河，都要丢几枚硬币到水中，求水神保佑请求平安。各地瑶族老人过世，都要到河边“买水”回家替死者洗尸。瑶经中有祭龙神、雷神的篇章，其实质是水崇拜。

金秀盘瑶过去每年立夏过后两三天要过“分龙节”。传说这天是天龙王三太子下界布雨的日子，节日期间家家户户在寨老指挥下杀鸡杀鸭，打扫环境卫生。人们停止劳作，禁挑粪尿出门，禁动锄挖地、动刀砍柴，禁下河捕鱼，以免惊吓龙王。大家期望降雨，只要天空降下几滴雨丝，就以为皇天开眼，作物丰收有望，于是家家摆筵席开怀畅饮。花蓝瑶认为，天有天龙，海有海龙，江有江龙，山有山龙。在山上种作物要靠山龙布雨施恩。如作物种下久旱不雨，认为是山龙作怪，须重新举行安龙仪式。师公五至七人，剪三尺青布，画上龙形，用竹篾编就龙头，裱上色纸，再用竹子及色纸制作龙宫。安龙日清晨，主师公斋戒沐浴，到全寨总水口处接一碗水，回寨传话，令各家接水煮粽子，打扫卫生，准备迎接龙神。户主带铜钱一枚及米菜若干集于社坛。坛前燃火一炉，师公念经，各户主从炉前通过，取铜钱在烟火中快速一拂，表示解除一切污秽，然后交给师公。师公以铜钱作龙鳞，在大箩米堆上摆成闪闪发光的龙身，烧香请龙，跳装龙舞及拉龙舞，抬出龙头放在龙身上，表示真龙已安好，抬龙像及龙幡到寨中各户巡游，享受祭祀，再到野外巡游，让龙知道作物受旱，及时布雨。

百色山子瑶把雨水和雷联系在一起，天上雷鸣闪电，预示天将下雨，进而认为雷是管雨水的神。雷公坐大水桶上，打火（雷公敲击手中法具发出火光，即雷电）发怒，将桶里的水往下泼，天就下雨了。天久旱不雨，人们就捉一只青蛙，用细绳捆住其腰吊在距潭水一尺高的地方，令其受阳光折磨，看得见水又入不了水。因为瑶人认为青蛙是雷公的儿子，雷公见了必然发怒，兴云降雨，解除旱魃。荔波努侯瑶每当新雷滚动，即起身对空鸣枪接雷，白天响新雷白天接，晚间响雷晚间接，凡有枪者都得鸣枪，认为枪声越密，雷神愈高兴。老人则用碗承接新水，称出重量，与缸里旧水相比，看新水重还是旧水重，以测年成。次日，集于寨门旁的“皇包”祖宗庙坪上，杀猪供神，念诵祭雷经：“今天是好天，瑶寨敬雷神，雷爷在天上，开眼看我们，保护我们好，风顺雨水匀，庄稼长得快，病虫不进田，人人无病痛，吃住皆安宁。”

6. 谷物崇拜

瑶族崇拜谷物。瑶经中有《请五谷出世歌》、《五谷疏文》，所列的神有五谷大王、禾花姐妹、禾扇小娘、五谷圣主、禾花仙女、五谷仙娘、种谷撒谷大皇、禾公、禾母、禾父、禾妻、禾子、禾孙。瑶经《请五谷出世歌》：

> 五谷出世先出世，出在钱粮饭州来。盘古开天置天地，伏羲兄妹置人民，置得人民无米吃，雷祖三郎置米粮，置得米粮海岸坐，无船过海执禾粮。鼠子过海贪禾利，黄龙含水喷禾粮。禾花姐妹管五谷，禾扇小娘管米粮。糯米原来众官吃，五谷大王管禾仓。社堂土地管禾扇，社德大王管米粮。

这段经文反映粮食生产起源和生产过程中的各种复杂关系，谷物崇拜中包含了雷神、鼠神、龙神、禾花神、五谷神、禾扇神、仓神、地神、社神崇拜，但其核心是谷物崇拜。瑶族谷物崇拜的遗迹保留在农事过程和生产禁忌中。各瑶区在翻地、浸种、播种、除草、除虫、收割、建仓、人仓、出仓、吃新米等等一系列与农事有关的活动中，都讲究择吉日，并举行一些宗教仪式。春播春种要为谷种出仓、下田举行宗教洗礼。有的地方播种后要为散失在途中的谷子举行赎魂活动。作物生长过程中要举行保苗、求禾花的祭祀仪式，秋收时要在地头为谷物招魂，挑选颗粒饱满的谷穗割下扎好，带回家悬挂在神龛旁或禾仓里，象征谷魂归仓。十万大山山子瑶收割旱谷时，“保头”（村老）先摘几束谷穗给各户主准备带回家，然后在地头高声喊道：“谷魂，现在你该回家进仓了，不要下田地了。

你随我们回到仓里，老鼠食了，从肚子里爆出来，雀食了，从嘴里吐出来……”每年尝新节举行吃新米仪式，也是谷物崇拜的一种表现。谷物种植、收割有许多禁忌：上思县瑶族播种忌逢家主生日，否则谷物长不好；点种玉米、花生，不慎多放的颗粒不能拾起来，否则山神会将种下的所有玉米、花生种粒全挖出来；禾抽穗禁坐门口，否则禾抽不起穗；山谷从抽穗到勾头，村老不能剪发，否则山谷失收；立秋日是谷子开花日，也即谷子“结婚”日，不准下田工作，否则会死人。据说从前有位老人当日下田工作，看见一群山猪交配（认为是谷魂变的），结果回来就病死了，从此无人敢在这天下田工作。凌云后龙山瑶族在包谷种下去后，忌去捉虫，否则认为虫会越捉越多；包谷结穗时，尽管长得不坏，也不能说长得很好，否则包谷就长不好了。

7. 其他自然崇拜

瑶族还崇拜与生产生活有密切关系的其他自然现象，如风、火、树木、牛、鸟、鱼等。瑶经中有“风伯”神，其实质是崇拜风。金秀大瑶山盘瑶认为风由天上的风神爷管理，风的大小、冷暖得看风神爷的脸色，必须虔诚祭祀，不能得罪。瑶族把火看作圣物，家里火灶不许乱踏、乱敲打、乱放东西，不许朝火堂里吐口水、放屁，或从上面跨过。十万大山山子瑶新村寨建立起来后，要举行移火种仪式。火堂的火燃起来后，要长年保留火种，不许熄灭，认为有火种存在，邪魔不敢侵入。刀耕火种过程中举火烧毁砍倒的树木、杂草时，要由“保头”或巫师喃经，求火神帮忙，同时不要发生火灾。

瑶族村寨旁奉有神树、神林，严禁砍伐以及在里面动土、大小便、性交和讲亵渎神灵的话。桂北从事林业的瑶族砍伐森林时要压一块纸钱，表示献给“吉面”（山神）的报酬，开始举刀时不许声张，否则认为会发生树木压死人及刀伤事故，其中包含对树木的崇拜。都安布努瑶称树神为“愣挡”。“愣挡”的神位安在树林边，由巫师“触陀”在林边选一株树木，在树干一米高处系一根绳子，烧香祭祀，神位即算安成。人们认为树神可以保护树木不被偷走，若有外人到林中偷木，就好像被绳子绑住似的走不动，只有放下树木，才能走出森林。入山砍伐树木，动斧前必须声明：“这树木太老了，我们来种幼木替换你。”开斧时眼睛不能仰望树顶，怕得罪“愣挡”，日后引来蛀虫咬木料；砍倒后须在树根旁插一根小树枝或一株草表示交换，以免受罚。

瑶族崇拜牛，各地普遍以农历四月初八为牛的生日，称“牛王节”。节间停止役耕，并给牛增加粥、汤等食料。田林县潞城乡木柄瑶于是日杀鸡鸭、捉泥鳅、捡田螺祭祀牛栏。将脱下的牛鼻圈连同三块石头、三个桃子、一个小稻草人（象征牧童）装进竹篓挂在牛栏上，叫做“保牛魂”①。南丹县白裤瑶砍牛祭丧要唱“砍牛歌”，意在安慰牛，求得牛的原谅。荔波努侯瑶母牛产犊时办“满月酒”，致颂词，农忙过后，要为牛举行“解耙祭”。男子上衣颈部加一块四方托颈，象征牛肩部的驼峰，襟角、襟沿、腰带等绣上牛形花纹，显示男子的阳刚美。

此外，在一些地方还有青蛙、石、虹、茅草、竹等崇拜遗迹。

## 七、祖先崇拜

瑶族相信人有三个灵魂。人死后，其灵魂变为鬼魂，一个鬼魂在墓地里，一个回到祖先居住的地方，一个在家中神龛上。鬼有善恶之分。善鬼一般多指祖公鬼，恶鬼多指非正常死亡，如跌山死、刀伤枪伤死、产育死的人变成的鬼，但祖公鬼如果不善待之，也能作祟家人。同时本家族的祖公鬼对别家族来说，也可能是恶鬼。

瑶族在鬼魂崇拜的基础上建立起自己的祖先崇拜。在新石器时代早期和晚期，瑶族崇拜过母系氏族祖先、父系氏族祖先。在原始农村公社制时期，随着个体家庭的出现，开始产生崇拜个体家庭祖

① 张有隽：《广西通志·民俗志》，348页，南宁，广西人民出版社，1992。

先的现象。祖先崇拜主要表现在丧葬礼及祭祖仪式上。

1. 丧葬仪式

瑶族为死去的亲人尤其是老人举行隆重的丧礼、葬礼，整个丧葬过程充满迷信色彩。老人将死，要在嘴里放一枚硬币，称“含口钱”，让老人过阴间使用。老人断气，立即举哀，在门口鸣枪通告亲友及村邻，全家戴孝哭丧。派人向舅父家及远亲报丧。到溪边“买水”替死者沐浴更衣，移尸正堂。入棺前要请道公作法“净棺”。尸体入棺时死者腹部放一团饭。有的地方放入陶罐，罐内放些谷种、米或饭团、肉及酒。死者生前用过的烟杆、荷包则放在他的身旁或口袋里。出殡前要请道公打斋超度亡灵。打斋有所谓“开路”、“清蛮”、“点兵”和“分离阴阳饭”等节目。“开路”即开辟走向阴间的路。瑶族认为，不经开路，死者的阴灵找不到去阴间的路，就会在家扰乱生事，弄得家人不安。“清蛮”即清理死者生前用过的东西，让他带到阴间使用。“点兵”即清点死者的兵马，瑶族认为，凡挂灯、度过戒的男子及其妻子，都带有一定数量的阴兵，这些阴兵要让他带走，以保护他在阴间不被别的鬼欺负，同时避免这些阴兵扰乱活人。“分离阴阳饭”，即将煮好的一些饭分作四份，一份给死者，一份给房族亲人，一份给田塘土地，一份给子孙，分了阴阳饭，表示死者、生者从此阴阳两隔绝。出殡讲求好日子，孝子手捧一只鸡在前头“引路”，道公及其助手鸣锣开道，随后是尸棺和送葬队伍。前面有人撒纸钱、饭粒，鸣枪放炮，犒赏和驱散野鬼。尸棺入穴未覆土前，孝子将手中的雄鸡放入墓穴，再拿起来捧回家，表示将死者的一个阴灵引回家供奉。

连南排瑶老人死后，村邻及亲友纷纷携带各种装饰品如山鸡毛、银牌、铃铛、银项圈前来，一起喝“断气酒”，商量后事。把尸体扶坐床上，一如活人模样。巫师给死者滔滔不绝地念瑶经，作开路仪式。亲属为死者沐浴更衣时，给死者戴冠插山鸡毛，披挂银牌、铃铛等各种饰物，然后把死者扶坐在特制的称为“灵桥”的大木椅上，用草绳捆实，移至灵堂，任亲友吊唁。出殡时，尸体坐在椅上，上加一把油遮顶，到墓地后才卸下尸体及饰物装棺入土。给死者陪葬的有两个瓦罐，一罐装谷物种子，一罐装饭肉，入土后坟堆前树一木桩，绑上油纸伞，挂肉片和一筒水。死者若是男子，还挂上他生前所用的旱烟管及绣花袋等，供死者专用。巴马布努瑶老人死后，家中男子携牛角出门站高处吹响，向三亲六戚报丧，同时派若干得力的小伙子向“却提”（同姓宗族）、“萨合”（异姓亲家）及远方亲朋报丧。沐浴后的停尸期间，所有奔丧的人都和主家一起围坐、躺睡在尸旁。巫师“挪魔”在孝子陪同下，手执一枚鸡蛋去卜选墓地，以鸡蛋掷地破烂为吉。出殡前要用竹篾捆尸，尸体抬到坟地后装棺人土，举行告别仪式，所有儿孙必须在盖土的一瞬间面向坟地跪下作揖，以示永别。葬后，还要由主家道公“岂萨”（歌手）和客家道公“福独”每方五至七人，围坐在桌子旁，轮流演唱三天三夜“萨卓”介绍死者病因，其身世及宗族情况，叙述死者历代祖宗艰苦创业的精神和一生辛劳的历程，为死者探坟路，送死者灵魂回归祖先居住的地方。南丹白裤瑶人死不即葬，而将尸体装棺暂时浅埋在家中火炕旁或屋檐下。待秋后选择吉日，会集丧家“油锅”带来的铜鼓，一字排开挂在鼓场的鼓架上，少则七八个，多则二三十个。祭丧时，铜鼓轰鸣，通宵达旦，声传数里。人们认为，人死后灵魂不灭，仍以血缘关系为纽带，集团居住在一个十分遥远而隐秘的地方，只有不停地敲击铜鼓，把不幸的消息告诉冥冥中的祖灵，他们才能做好准备，接纳死者的灵魂。白裤瑶至今保留公共墓地，凡同一“油锅”的成员，死后都安葬在本“油锅”的公共墓地里，并实行夫妇合墓，不论谁先死，夫妇必并棺一处掩埋，合土砌成一个坟堆。

2. 祭祖仪式与活动

瑶族重视祭祀亡故的祖先。多数支系的家庭厅堂正中的墙上设有神龛，上书历代祖先神位。连南排瑶还将历代祖先的名字写在神龛上，同房族的人还有祖先大庙，里边供奉着木雕祖先偶像。盘瑶除设神龛外，还立有“家先单”。只有白裤瑶家中不设神龛，以火堂的一侧为祖灵之所在。

瑶族每月初一、十五及逢年过节要祭祖。清明、七月中元节及过年和春节是祭祖大节。逢节庆以鸡、鸭、肉等牲品供奉祖先，大节要由家中一位老人至门口或在桌旁（供桌或饭桌）念出祖先名字（由近及远，直到念不出为止），讲迁徙经过。念祖时全家在一旁静听。念完才吃饭，以示对祖先的怀念。南丹、上思等地保留氏族共祭祖先遗俗，念祖由氏族长老来念。排瑶清明扫墓，用竹枝夹色纸插在坟头上，有多少子孙就插多少。七月祭祖，家家做纸伞、纸衣送亡故祖先，凡记得名字的都送一份。习俗认为，七月十四是亡故祖先回来看望后代儿孙的日子，已出嫁的妇女这两天也要赶回来参加祭祖活动。过年和春节要以最丰盛的食品祭祖。有的地方在农历十二月二十八日即将神龛上的香炉用柚子叶煮水洗净，装上新禾秆灰，三十晚通宵烧香至初一上午，正月十五把祖先从阴间请回来，举行“安家神”仪式。南丹白裤瑶在每年六月三十过小年和正月初一过大年祭祖先，以簸箕盛酒肉置于大门口，家中老小集于门内，由家长或族长诵念祖先名字，请他们领筵。

瑶族除平时节日祭祖外，每逢战事、瘟病流行等大事还要举行所谓“打斋”、“还愿”、“跳香火”等大型祭祖活动。“打斋”是金秀盘瑶、茶山瑶、花蓝瑶、坳瑶、山子瑶五个支系所共有的祖先崇拜仪式。只要家运不好，经卜卦问出是祖先不安见怪儿孙所致，就要打斋祈禳。打斋时要请师公道公设坛请圣，奉献牛、猪、鸡、鸭等祭品，为祖先赎魂、安龙；认为不如此，死者在阴间缺衣少食，乃至得罪别的神灵，就会回来捉弄活人，使家里遭祸。“还愿”又有“还盘王愿”、“祖公愿”、“洪门愿”、“天神愿”等不同称谓及仪式。各地盘瑶、山子瑶都说，“还盘王愿”是祖公立下的规矩。传说历史上某年天大旱，田里禾苗枯焦，官仓无米，芭蕉起火，瑶人逃难途中乘船渡海，遇风浪袭击，船被打翻。瑶人匆忙中向盘王许愿：如盘王保护子孙脱离险境，日后一定还愿。盘王果然显灵，保护瑶人平安到达海岸。从此，瑶人每到一定时候都要还愿酬谢盘王。还愿时要供整猪，请师公诵《盘王歌》等瑶经，跳长鼓舞娱神。“祖公愿”、“洪门愿”、“天神愿”分别是恭城过山瑶、金秀茶山瑶、巴马布努瑶纪念祖先开辟基业的大型祭祖活动，其间亦有许多表演祖先故事、歌舞娱神的节目。人们倾所有积蓄奉神以求祖先庇护儿孙，认为吝啬必遭大祸。

## 八、巫师和巫术

原始社会的人们相信万物有灵，崇拜图腾神、自然神、祖先神及其他神灵，企望借助超自然的力量征服自然。但人与鬼不能直接沟通，于是巫师就被创造出来。巫师自称是人鬼的使者，起着沟通人神的作用，其沟通人鬼的方法是巫术和占卜。因此，巫师和巫术是原始宗教的重要内容。

史载周秦之世，瑶族先民荆蛮、长沙蛮、武陵蛮及五溪蛮居住的长江中游的洞庭湖地区，是巫祝势力最大的地区。又史载宋代湖南瑶族地区的巫师称为“黄捉鬼”。新中国成立前至现在，瑶族称巫师为“觋面勉”（盘瑶）、“那曼公”（山子瑶）、“搂面公”（排瑶），“觋”、“那”、“楼”是说、问、探的意思，“面”、“曼”意为鬼，“勉”意即人。因此，“觋面勉”、“那曼公”、“楼面公”是说鬼人、问鬼公、探鬼公的意思，是沟通人鬼的使者。由此可知，巫师在瑶族历史上，当鬼魂崇拜产生后，至晚在周秦之世已经产生了。

巫师既不是通过选举产生的，也不是世袭的，而是由神、鬼的意志决定的。民族学资料证明，在氏族部落制度下，氏族成员究竟谁有资格当巫师，往往与某人在某次活动中的异常现象有密切关系。例如新中国成立前在南丹大瑶寨和上思十万大山瑶族社会中，谁带头搞生产，风调雨顺，粮食丰收，人畜安宁，谁就被认为是神鬼认可了的，他就有资格充当“庙老”或“管鬼公”。在广东连南，如某人在某次祭祖先的仪式中突然昏迷，不省人事，口吐白沫，在地上打滚，此人就有资格充当“楼面公”了。都安布努瑶则传说，在女巫“触陀”未产生前，是由始祖母密洛陀显灵指示人们活动的，后来有位寡妇声称密洛陀灵魂附体，可以随风行走，能知阴间鬼事，并称密洛陀告诉她，她死后只许将此巫术传授三个妇人，这三个妇人死后又各自传授了三个妇人，如此代代相传，才有了巫师。①

在原始社会，开始当巫师的是妇女。直到新中国成立前，桂北和云南一些瑶族地区还有女巫师。云南河口县瑶族女巫师手执扇子，口唱神歌，为人占卜看病，称为“赶扬州街”。广西桂平县紫荆山盘瑶、防城县大板瑶也传说过去巫师是女人当的，后来虽改由男人当，但跳鬼还要穿上女人的花衣服。上思县瑶族巫师跳盘王要由两位妇女协助唱神歌，认为这样才能请动祖先神灵。然而在瑶族社会中，男子充当巫师已有很久的历史。新中国成立前，瑶族男子在宗教活动中占统治地位。妇女不仅很少当巫师，而且禁止触摸男巫的法具，否则认为不吉利。这是父权制代替母权制，妇女在社会上的地位日益降低这一历史过程的反映。

瑶族巫师自命是鬼神的使者，能判知吉凶，能为人治病。巫师从事宗教活动的主要依据是占卜。各地瑶族卜卦的方式有铜钱卦、秤锤卦、水卦、蛋卦、火镰卦、手指卦、卧床卦和竹根卦等等。山子瑶木棍卦的打法很简单，打卦人只要手拿一根五寸来长的小木棍，一面敲打地面，一面逐一问祖先和外鬼，如问到哪个外鬼棍子颤动起来，就认为是这个鬼作祟了。水卦的打法，是将一碗水放在桌上，碗口架两根茅秆，再覆一张纸，然后逐一问祖先和外鬼，看是谁作祟，要何物奉送。卧床卦只有当人病重、病危时才使用。其卜法是巫师取一点米放在桌上，烧燃香纸，然后睡在床上，将盘王、玉皇、社王、家鬼和外鬼逐一“请来”，问是谁作祟，需要送什么，问清了即许愿、赶鬼。

瑶族巫师以各种巫术替人赶鬼治病，所用巫术有咒语、符图、

---

① 覃茂福：《布努瑶的“密洛陀”（女神）崇拜初探》，见《广西民族研究参考资料》，第五辑，广西民族研究所，1985。

舞蹈、祭献以及各种避邪物、避邪法。咒语是普遍采用的巫术形式。内容有发誓与祈求，也有呵斥和怒骂，用以驱灾赶鬼治病。连南瑶族巫师在为死人送魂时，经过对死者功绩的赞扬、死因的陈述、死后去向的指点后，即大声呵斥："去！去！去！"责令死者灵魂赶快"进入阴间"，不要再"留恋阳间"，作祟生人。各地瑶族巫师还画符图替人赶鬼治病，或要求人们在住房，特别是衣帽上挑绣上特殊的花纹图案，以扶正祛邪。

祭献作为一种巫术，所供品种数量很多，大瑶山盘瑶"做盘王"（即"跳盘王"）时一次要杀两头猪，猪肉在祭神后，只许师公、亲友及家人吃用，不许出卖丝毫。如"做盘王"结合度戒，须杀三头猪，连同酬谢师公、打办（替当事人弄饭或打理祭神的人）和请客的耗费，共需猪肉二三百斤，酒、米各百斤以上。舞蹈作为巫术则仅限于举行较大规模的宗教活动时使用。十万大山瑶族巫师在为少年举行度戒时，要接连两晚一天跳一种步伐简单、粗犷的舞蹈。被当作巫术采用的还有避邪物和护身符。例如，连南瑶族女子出嫁，须请巫师念经，并将一道符插在头上，认为这样做可以避邪。小孩生病经巫师卜算给带上黄麂脚、狗牙、铁脚轭等饰物作护身符。广西大瑶山花蓝瑶妇女佩戴的铜铃，行走时叮哨有声，据说也有避邪护身的作用。

巫术还被广泛地运用到社会生产、生活的各个方面。凡举砍山、播种、狩猎、建筑、缔结和解除婚姻关系、调解内部纠纷和对外作战，无不运用巫术。广西大瑶山盘瑶在发生离婚事件时，因被认为是不吉利的事，一般无人愿代写离婚字据，当事人只好用砍铜钱或破竹的方式解决，说是如砍破了就是鬼神答应了。砍铜钱的地点须在村外或河边，谁先提出离异的谁就持刀动手。砍破之前，两人向天发誓，然后下刀砍。破后各执一半，以作凭证。都安县七百弄发生偷盗案件或债务、土地争端解决不下时，原告就诉诸"神判"。举行"神判"的地点，如属涉及房族外的较大纠纷，就在"雷庙"举行。瑶族也相信所谓"放鬼"、"禁鬼"的巫术，认为有的人能运用“蛊毒”致人生病、死亡，或施法将人的灵魂摄去，禁闭起来以置人于死地。新中国成立前，在反对民族压迫、民族掠夺的斗争中，流传着瑶族用“放蛊”为武器，使进入瑶山偷牛、抢财物的人受到惩罚的故事。但在本民族内部，如有人被指“放蛊”害人，则往往受到驱逐和杀害的严厉惩罚。

瑶族巫师的巫术，包括所谓“放鬼”、“禁鬼”的巫术，也和所有原始民族的巫术一样，是原始宗教的组成部分，是现实生活在人民头脑中歪曲的、虚妄的反映的一种表现，“科学力求发现现象的因果关系，而魔法满足于简单的联想或简单的象征”①。

瑶族巫师由于自称能沟通神鬼而在群众中享有威信。在历史的早期，巫师作为人们的精神领袖，同时也是氏族、村社首领。新中国成立前，在仍处于农村公社发展阶段或保留氏族、村社残余的瑶族地区，巫师往往既是祭司又是氏族、村社首领。广西十万大山山子瑶的村老又称为“赶鬼公”、“管鬼公”、“禁鬼公”，他们不但是村社生产生活的组织者，也是宗教事务管理人，而且一般都会喃神赶鬼。这说明在原始社会里，巫师与氏族、村社首领是合而为一的。巫师既然是神鬼的使者，神意通过他们转达给人们，使其作为人们的精神领袖和氏族、村社首领，享有不可怀疑的权威。从前在广西大瑶山、南丹大瑶寨，生产方面凡犁田、插秧等，都必须由“庙老”、“社老”先做，然后由他“喊寨”，群众才能动工。任何人不得违反，否则就是违抗了神意，收成就不会好。社会发展到后来，由于政治、经济和生活以及宗教活动日趋频繁，客观需要使氏族、村社内出现了某种集体领导制度，除了总管村社事务的头人外，还有分管宗教事务的头人以及从事宗教活动的巫师。云南屏边瑶山的“目老”制就是一种带原始色彩的集体领导制，整个“目老”班子的成员均带有宗教色彩，都是通过占卜产生的，其活动也

① 《普列汉诺夫哲学专著选集》，第3卷，378页，北京，人民出版社，1974。

与宗教迷信有密切联系。“目老”班子由寨老、寨主、当龙师三人组成。“寨老”是一寨之主，三个目老中的头人，他是全寨一切事务包括宗教事务的决策者和组织者，宗教祭祀活动就在他家举行（当地尚无庙宇）。虽然如此，具体负责祈神赶鬼和戒度的却是“当龙师”，而祭品筹集与日常生活安排又由“寨主”负责。这样，“寨老”作为村寨首领，实际上失去了巫师和祭师的职能。换言之，村寨首领与巫师、祭司发生了分工。在往后的发展中，巫师进一步脱离了村社的领导岗位，成为职业宗教活动者。如广东连南排瑶巫师已经不是“瑶老”班子成员，他最多是以祈神赶鬼的方式，从旁协助村寨头人解决生产活动及对外作战中遇到的疑难问题。

瑶族的原始巫师在政治上并无特权、在经济上亦不取报酬。直到新中国成立前夕，广西十万大山、云南金平、屏边等地的瑶族巫师，平常仍要靠自己参加生产劳动过活，而把求神赶鬼看作是社会服务应尽的责任。有的地方，由于已确立了私有制，出现了贫富分化，私有制给宗教打上了烙印，村社首领和巫师开始享受一些特权，但程度比较轻微。

## 九、原始宗教对瑶族社会发展的影响

原始宗教作为瑶族社会上层建筑之一的意识形态，是由当时原始落后的经济基础所决定的，同时又反作用于当时的政治和经济，对原始社会的发展产生过广泛而深远的影响。

1. 对物质生产活动的影响

原始宗教是原始社会生产力极其低下以及人们的认识能力低下的反映，是自然压迫的产物，又是对自然的抗争。人们崇拜自然，又期望通过某种幻想来征服自然。当时宗教活动首先是为吃、穿、住等生存目的而与采集、狩猎、畜牧、耕种等生产活动密切结合在一起的。直到近现代，原始宗教与瑶族生产活动相结合，对瑶族各生产领域发生影响的事例仍到处可见。采集、狩猎要敬山神，畜牧、农耕要祭地神、谷神，发生灾害敬水神、火神，以及生产中各种繁杂的禁忌，仍几乎是一种通例。崇拜自然本来是出于对自然的无知和恐惧，但瑶族相信，经过某种仪式与活动，可获得神灵的原谅和保佑，其实质是心理安慰的需要，有了这种安慰，就可以鼓起勇气排除障碍去进行生产活动，获得必需的生活资料以维持氏族部落的生存。从这个意义上说，原始宗教对原始社会活动的生产斗争曾发生过积极作用。但原始宗教教导人们盲目崇拜自然，拜倒在自然面前，严重束缚了人们与大自然斗争的智慧和力量，相比之下，它的消极作用要大得多。

笔者 1981 年至 1982 年实地调查上思县十万大山山子瑶的物质生产实践活动。十万大山山峦起伏，山高林密，地处亚热带，濒临北部湾，每年台风侵袭，雨量充沛。历史上，元明之际开始有瑶族居住，但人口始终不多，新中国成立前只有两三千人。瑶族主要从事农业生产，采集、狩猎仍是生活资料的重要补充。生产力水平低下，农业生产沿袭刀耕火种的耕作方式，耕作粗放，风灾、雨灾、旱灾、兽灾、虫灾频繁，收获量很低，亩产只有一百来斤。粮食不足充饥，每年缺粮三四个月，多达五六个月。由于人口稀少，生产力水平低下，人们在大自然面前显得渺小和软弱无力，单个家庭无法战胜自然，因此，人们在生产中保持集体耕作、共同分配的原始公社制，与此同时，在宗教信仰方面亦保留原始宗教的残余，崇拜各种自然神及祖先神，希望通过宗教活动获得神灵的保佑，就是十分自然的了。一年中春夏秋冬四季祭四次社，春社在二月社日举行，称“社头土地”，向社神许愿，制订生产计划及村规；夏社在四月举行，求社神保苗，称“保苗土地”；秋社在七月举行，求社神“保禾胎”，称“保胎土地”；冬社在十月举行，意在酬神还愿。社祭之外，凡砍山、播种、除草、捉虫、收割，都须举行一定宗教仪式。砍伐森林时，须由“保头”（又称“甲头”、“禁鬼公”）喃神并先砍几刀，大伙才能动手砍伐，否则以为会有伤亡事故发生；举火烧毁砍倒的树木时，须由“保头”或巫师先喃神，否则以为会发生火灾；播种要由“保头”先喃神并种下几粒种子，众人才跟着播种；除草要由除得快的人先除一块，认为这样大家才会除得快；收割要由“保头”喃神并先割下去，大家才动手收割。集体狩猎或捕鱼，也要由村老指定头人带领众人举行一定的宗教仪式祭山神、河神。遇旱灾要举行求雨祭仪，生产不丰，人畜不安要还愿跳盘王。此外，生产活动中还有许多禁忌。这类宗教信仰的消极作用，一是浪费人力，每年生产祭祀禁忌耗费工日不少，二是耽误农时，三是浪费财力，如每次祭社杀猪一头，鸡若干只，各户置备酒、米等，再加其他宗教活动，每年花费财力不少，四是禁锢了人们的思想，束缚了人们与大自然斗争的手脚，对经济和社会的发展是不利的。

2. 对人生礼仪的影响

科学证明，生老病死是人类的生理现象，与神灵无关。但原始宗教把人的生老病死看作是冥冥神灵主导的结果，为求得神灵的保护，在人的怀孕、生育、成长、疾病、老死的人生关头，不断地举行各种宗教仪式与活动，其对人生礼仪的影响也是十分深远的。笔者 1989 年二三月在泰国北部瑶区考察，比较深入地了解到，泰国盘瑶把人的一生都看作是由神灵保佑着的，因而从祈求生育到病老送终，人生的每个关节均有宗教仪式。泰国盘瑶迄今坚持认为，人的生育不单是男女两性结合的产物。他们认为，小孩是“花皇”送来的花魂，未出生时在花园里，出生后命根还在花园里。小孩出生三朝至五朝举行“添丁”仪式，意在把人丁添给祖公，让家中命星大的老人用自己的命星照管好小孩以免发生闪失。到了 12 岁，请巫师为之举行“出花园”仪式，请求花皇、老祖公不要再管小孩的命根，而将命根交给小孩的“本命星”照管。此后，小孩若有病，则要举行“奏星”仪式，即奏请“本命星”管好小孩命根。到 15 岁以后，要举行“挂灯”仪式，认为经过“挂灯”仪式，人就有了“阴兵”保护，不怕邪魔侵袭。“挂灯”仪式有挂三灯、七灯、十二盏大罗灯不同级别。认为级别越高，所得的“阴兵”越多，人就越能抵御邪魔的进攻，不但如此，凭着自己拥有的“阴兵”，还能去治病救人。挂十二盏大罗灯又称为“度戒”，经过“度戒”的人，可以进一步举行“加职”仪式，使自己在神灵世界中具有更高的职位；经过“加职”的人，有资格举行“加太”仪式，使自己在神灵世界中能获得最高职位，从而获得的保护及保护他人的能力也就最多、最强。

此外，泰国盘瑶若人生不遂或遇疾病，还有种种“架桥”仪式以及治病的宗教性仪式。男女婚后无子求子称“求花”，要架“花桥”；有子不多（人丁不旺）或子女不孝，或生产不顺利，认为是夫妻前世阴功不好，要架“功德桥”；小孩乃至成人失魂，要架“三岔桥”，到三岔路口找回失去的魂魄；年老有病或虽无病却想续命，架“补楼桥”；打卦算出“大限”将到，要架“接命桥”；人受惊生病，要“解吓”；生大病，要“烧赦”；有大事心里不甘，要“释天地”；见到未见过的怪事，要“送怪”；举行过挂灯、度戒仪式的人做了错事，要“释师父”，请祖师原谅；人常生病，认为是命带“煞神”，要举行“解煞神”仪式。为求神消灾，有“许愿”、“还愿”仪式，其中又有“担病愿”、“相卡愿”、“社王愿”、“五旗愿”、“本家愿”、“天堂愿”、“拦门愿”、“贺像愿”、“盘王愿”等名目，以其许愿的目的及所许神鬼对象不同而称之。①

泰国瑶族在人生礼仪方面的宗教活动，以及为治病所举行的宗教仪式，据调查，在我国新中国成立前瑶区亦普遍存在。求生是人类的本能，瑶族原始宗教对人生礼仪渗透的深度、广度绝不亚于物质生产领域。如果说这类崇拜对病人有某种治疗作用，能减轻生活及疾病给人们带来的痛苦，因而也具有某种程度的积极影响的话，那么它妨碍人们对人类生理现象的正确认识，妨碍这方面科学的发展，以及所造成的巨大人力、物力、财力浪费，比在物质生产领域造成的浪费似有过之。

---

① 广西民族学院赴泰国瑶族考察组：《泰国瑶族考察》，198～239页，南宁，广西人民出版社，1992。

3. 对社会组织及政治的影响

原始宗教是维系原始社会人们相互关系的精神纽带，这主要应归因于图腾崇拜及由此产生的图腾制度。其次，原始的祖先崇拜对原始社会的社会组织和政治生活也产生过深刻影响。

图腾崇拜对瑶族原始社会组织及政治影响是十分深远的。民族学资料证明，以犬为图腾的一支瑶族直到近现代仍以是否承认为盘护（瓠）龙犬子孙作为识别是否瑶族的一个重要标志。瑶族认为，凡是奉盘护为始祖的人，首先在姓氏上要相同或相近，其习俗信仰上要一致，第三在语言上要相同或相通。瑶族历史上迁徙频繁，他们靠上述标志维持民族认同。一份凌云县玫美山子瑶清光绪年间写给大明山、镇龙山亲族的查亲信歌唱道“一申盘王龙犬子，兄弟相查看此书”，“五家七姓龙犬子，同支宗祖一家亲”。瑶族中盘瑶、山子瑶都一致认为是盘护王传下的后代，但这两支瑶族在姓氏上有一定差异。盘瑶传说盘护王与评王第三公主结婚生下盘、沈、包、黄、李、邓、庞、赵、胡、雷、郑、冯共12姓瑶人（但12姓构成在各地传说又有变异），山子瑶一般只说盘、李、邓、赵、蒋五姓瑶人。姓氏上虽有差别，但是互相承认对方是瑶人。这可能是历史上民族不断分裂造成的。在习俗信仰上，主要以是否崇拜盘护王为标志，凡崇拜盘护王的，在衣、食、住、行、婚丧、节庆、娱乐及禁忌上由于图腾禁忌的影响保留着某些共性，尽管在细节方面，例如以什么牲品供奉盘王会有不同，但不妨碍共性的存在。语言上的相同或相通，乃因为有共缘关系而发生，无须多言。上述由于图腾崇拜而产生的民族认同，反而验证了历史上图腾崇拜及图腾制度对人类社会组织及政治的影响，说明了原始宗教与社会组织及政治的一致性，即图腾不仅是一种信仰，也是构成社会关系的原则。

祖先崇拜是在图腾崇拜的基础上产生和发展起来的，区别在于，它所崇拜的祖先都与崇拜者有较明白可指的血缘关系，并是一些神化了的人，而不是动植物。瑶族崇拜远古祖先，如盘瑶、山子瑶崇拜的伏羲兄妹，布努瑶崇拜的密洛陀，白裤瑶崇拜的生古郎、不布王都是一些开天辟地、生殖人类有功的人。在后来的发展中，各地瑶族崇拜的祖先，如金秀瑶族崇拜的苏灵公、陶五、刘金相、胡公度、蒋六将军、盘都镇大王，都是各姓的开山祖先，但被当作氏族和村社保护神受到共同崇拜。连南排瑶大庙里供奉的祖先，“不能辨为谁氏祖祢也，统呼之日‘阿公’”①。历史上，瑶族崇拜的祖先多是氏族部落酋长。他们生前带领氏族部落成员与大自然斗争，死后被奉为神灵加以崇拜。这些氏族部落酋长往往又是巫师和祭司，正如新中国成立前各瑶族地区的族老、村老、寨老，往往是氏族中的“香火头”，同村社的“管鬼公”、“庙老”、“社主”一样，他们不但依据习惯法用宗教来管理生产生活，管理人丁，指挥战争②，而且往往被封建王朝委任为“垌主”、“山官”，以其权力推行宗教信仰，使原始宗教长期地对本民族的衣食住行、婚丧病祭、节日、禁忌等社会生活各个领域发生深远的影响。

4. 对节日及民族文化的影响

瑶族有许多节日起源于原始宗教，或与原始宗教有密切关系。如“盘王节”起源于盘瓠图腾崇拜，“祝著节”起源于密洛陀女神崇拜，“社节”起源于土地崇拜等等。直到今天，祭祀盘王、密洛陀、社王仍是这些节日活动一个重要内容。

史载瑶族先民“用糁杂鱼肉，叩槽而号，以祭盘瓠”③。在原始社会，人们为了谋求生活资料，在集体祭祀图腾神、自然神、祖先神的时候，不但奉献牲品，而且要歌舞娱神。歌者歌功颂德，唱述神的经历，赞颂神的美德，进而诉说对神的要求；舞者，模仿神的形态手舞足蹈，以求人神交融，产生感应效果。为求得更好的效果，人们往往戴上神鬼脸谱，披上神鬼装束边歌边舞，有关神灵的

---

① （清）姚柬之：《连山绥瑶厅》，四，风俗。

② 张有隽：《瑶族宗教论集》，136～138页，广西瑶族研究学会，1986。

③ （晋）干宝：《搜神记》。

事迹遂被编成神话在民间流传。这样，诗歌、音乐、舞蹈、绘画、雕刻以及神话传说等艺术和文学，便在劳动生产中伴随宗教祭祀活动萌芽、成长起来。所以，原始的文学艺术也是与原始宗教结合在一起的。迄今仍流传于瑶族地区的《盘王大歌》，长篇叙事诗《密洛陀》，祭祀盘王、密洛陀用的长鼓舞、铜鼓舞、猴鼓舞，以及各种乐器和面具，还有众多与图腾崇拜等原始宗教有关的神话传说，其起源都可以追溯到瑶族原始社会的各种崇拜和祭祀活动。这些文学艺术已成了中华民族文化遗产中的珍品而得到继承和发扬。

1992 年 6 月 8 日

# 华南诸族梅山教比较研究①

梅山教，或被称为道教梅山派、武教、法教、师公教的宗教，是华南汉、壮、瑶、仫佬、毛南、侗等民族民间信仰的一种宗教。由于民族迁徙，其影响及于越南、老挝、泰国乃至美国、法国的瑶族社会。过去由于缺乏专题研究，尤其是比较研究，其面貌一直不很清楚，这也影响着我们对各民族宗教信仰，尤其是瑶族宗教信仰的全面、深入的认识。

1992年8月，法国国家科学中心华南及印支半岛人类学研究所所长、宗教人类学专家雅克·勒穆瓦纳博士来中国考察途经南宁，由我提议，得到他同意，并从法国国家科学中心获得经费，双方合作进行华南诸族梅山教文化调查。经过一年准备，于是有了1993年8月6日至30日的广西各族梅山教调查之行。这次调查用时24天，行程七千多公里，实地调查了马山、环江、罗城、融水、三江、龙胜、金秀七个县12个壮、瑶、仫佬、毛南、苗、侗族村寨，访问了各民族师道公及有关人员共31人，搜集了240多万字文献和口碑资料，还拍摄了一批图片。

这次调查除了专题访问获得了一些疑难问题的答案外，最为可贵的是观看并复印了一批民间手抄流传的宗教典籍，其中多数是明清抄本，最早的有明成化年抄本。许多经书是过去见所未见、闻所未闻的。透过这些经书，我们可以进一步探明华南各族民间宗教的

---

① 本文是作者于1993年12月8日在泰国清迈国际瑶族学术研讨会上宣读的论文，原载于《广西民族学院学报（哲学社会科学版）》，1994年第4期。

起源和历史的许多问题。双方商定的梅山教调查计划尚未结束，梅山教研究仅是个开始。这里仅根据这次调查所得资料结合笔者原有的资料，对梅山教进行一些初步探讨，以求教于同行学者。

## 一、华南诸族民间宗教信仰种类之大要

被称为梅山教的宗教在华南诸民族中有广泛影响，但不是华南诸族信仰的唯一宗教。它与别的宗教有区别，又有某些联系，只有弄清这一点，我们才能在总体前提下对所谓“梅山教”进行考察。

我们已经知道瑶族中有师公、道公两种人物，前者信仰武教或称武道，后者信仰文道，实即正一道。① 其他论文和资料也提到壮族有此类信仰情况②，仫佬族有所谓“佛门弟子”、“梅山弟子”③，毛南族受道教、佛教影响较深④，侗族信仰的法教，其师公、道公与梅山教关系密切。这次实地调查印证了上述观点，并进一步弄清了一些事实。

上述事实说明华南各族，除苗族需进一步调查外，其余壮、瑶、侗、仫佬、毛南诸族宗教信仰比较复杂，除佛教外，道教、梅山教、茅山教也是各民族信仰的宗教。其中梅山教是信仰比较普遍的一种宗教。

## 二、各族梅山教几项宗教要素之综合比较

所谓梅山教是怎样的一种宗教？我们可以通过几项宗教要素来

---

① 张有隽等：《十万大山山子瑶社会历史调查》，见《广西瑶族社会历史调查》，第六册，278页，279页，南宁，广西民族出版社，1987。

② 顾有识、陆炬烈：《壮族原始宗教的封建化》，见《中国少数民族宗教初编》，313～319页，昆明，云南民族出版社，1985。

③ 张有隽、顾有识：《民族主改节前的仫佬族宗教》，见《中国少数民族宗教初编》，319～320页，昆明，云南民族出版社，1985。

④ 覃永绵：《毛南族的原始宗教观念》，见《中国少数民族宗教初编》，327页，昆明，云南民族出版社，1985。

观察分析。

1. 神灵崇拜

神灵崇拜是宗教观念的主要表现，因而是构成宗教信仰的要素之一。根据信仰的神灵，可以作出宗教划分，判定其宗教性质。

华南各族梅山教在神灵信仰方面各有自己的特点，但又有许多共同的地方。其最大共同点，就是共同信仰唐、葛、周三元三将军，张、赵、李三天师和梅山法主。视三元、三天师和梅山法主为本教祖师。其次，共同信仰老君、玉皇、雷王、婆王、盘古、土地、社王、土主、城隍、灶君、家先以及各种山神、野鬼。其不同之处是各民族梅山教都吸收了本民族神、地方神作为比较重要的崇拜对象。如马山壮族崇拜岑大爷（壮族大土官），龙胜壮族崇拜莫一大王及莫二、莫三、莫四；瑶族崇拜盘王，金秀茶山瑶崇拜甘王、刘大娘；环江毛南族崇拜三界、莫六、蒙官、梁吴二帝；罗城仫佬族崇拜依饭公爷、梁善利侯王、吴广惠侯王、梁九官、七里英王；侗族崇拜始祖母神萨岁、飞山大王、五岳、桥王父母等。

例如从马山古零韦秀恩师公抄传的《上中下阳界唱、监厨、公珠唱》、《启师科》、《护坛科》等经书中录出的主要神有：盘古、伏羲、三皇、雷王、岑家老爷、元始天尊、太上老君、唐葛周三元、三界、三光、张天师、真武、盘王（盘古王）、四帅、功曹、观音老母、雷王、土地、社王、神农、土主、五龙、瑶王、妹毛（又作梅茆）、蓝陆等。

又如根据罗城四把中寨村谢汝琼（梅山教法名谢仁琼）抄存的《焚香通用》、《劝圣科目》、《收兵科》等经书，录出的主要神有：三元祖师、太上老君、张赵李、梅茆殿上教箓、梅山法主度法九郎、上司管天氓主正法大帝、上官盖天威德平政大王、北府通天大圣金甲李令公、上司云头走马十三郎、部押十四郎、管兵十五郎、收兵十六郎、封香山梁善利侯王、敕赐江东吴广惠侯王、苍皇上帝灵应白马姑娘、飞山得道部兵梁九官、九天开化文昌帝君、北极玄天真武上帝、邓赵马关四大元帅、南无救苦难灵感观世音菩萨、本音堂五祖司命灶君、上堂万岁六国天尊圣母、上堂月桂花林太子、上司南曹注生注福注禄注寿神君、本部所居社主大王、本村土主、本峒地主、本音堂上众位三祖家先，以及祖师游天得道显应三界公爷、新圣得道龙侯太子老爷、韦金身老爷、钦差两广陈都督老爷、前军都督覃裕春老爷、开天盘古、本县城隍、农婆国母太后夫人、南平护国谢灵王等。

据龙胜各族自治县乐江乡独镜村侗族杨进藩师父所存经书《百盘总本》、《南嶽总本》，录出的神主要有：三元法主、张李天师、太上老君、张赵一、二郎、圣主三郎、开天立地盘古、伏羲、神农、五方五帝社主、城隍、玉皇、三清、五岳、三桥王母、东山老人、南山小妹、飞山土主、兴隆土地、门楼土地、花林、功曹、武当灵应、雷王、家亡先祖等。

根据谭家英师公介绍及观看其经书、木面具，毛南族梅山教信仰的神主要有：三元、梁吴、普天三界、六官、六曹、蒙官、婆王、担公二、花林仙官、社王、雷王、土地、仙桥、地主五娘、雷兵、瑶王等。

根据苏玉龙师公抄存的经书《朝落大圣神目》、《红门上筵神目》、《香火神目》，录出茶山瑶师公信仰的神有：先天盘古、圣帝、伏羲、大圣、雷王、婆王、梁吴二王、三界公爷、三元、张天师、真武、北府令公、南朝助国甘王、社王、淮南三十六教主法师、泗州太圣观世音菩萨、云南洞主大王、五通明法九郎、武当善古治平公王、农公地主农婆班王、瘟主瘟鬼等。

关于盘瑶、山子瑶梅山教信仰的神灵，笔者在《十万大山山子瑶社会历史调查》、《泰国瑶族考察》① 中介绍过，此不赘述。

从上述可知，各民族师公信仰的神，除一些民族神和地方神外，其余基本相同，尤其是祖师神，完全一样。

---

① 广西民族学院赴泰国瑶族考察组：《泰国瑶族考察》，198～202页，266～267页，南宁，广西人民出版社，1992。

2. 仪式活动

各民族梅山教的仪式与活动主要是驱鬼与还愿，架桥安花，与道公、僧公的专门为人打斋超亡、打醮祈福不一样，在这点上也是共同的，只是还愿的对象因族而异。

如马山古零壮族师公的仪式与活动，主要是谢社、安龙谢土、架桥求子、驱鬼治病。

又如仫佬族梅山教主要仪式是“做衣饭”，即还祖公愿，又称喜乐愿，以及填七井、架桥安花、遣峒（到田峒中驱鬼，祈求禾苗丰收）、团兵。

毛南族梅山教的主要仪式是“做红筵”——向婆王求子并还愿、“做黄筵”——驱邪、还雷王愿，此外就是用符水为人驱鬼治病。

侗族师公的仪式和活动主要是求子、还傩愿。

笔者在《十万大山瑶族道教信仰浅释》一文中已说过，山子瑶师公的主要活动是还愿跳鬼，也参与打斋活动，因为山子瑶师、道公是分开的（有些人兼度师、道公另当别论），而板瑶师公既还愿，又打斋修醮，因其师、道公是合一的。① 山子瑶、板瑶还愿主要是“还盘王愿”，此外还有“婆皇愿”、“社王愿”等。这次在金秀调查，了解到茶山瑶师公的主要活动是还“红门愿”、“婆王愿”以及迎神驱鬼救灾等。“红门愿”实际是祖公愿，“婆王愿”是求子愿。

由上述可知，各族梅山教在仪式与活动上是相同的。

3. 师公及其经典法具

各民族师公及其经典法具也有共同点。

首先在称谓上，都称为师公，以与道公区别。只有仫佬族称“鬼师”，但称“师公”也接受。毛南族称“先生”、“公三元”，即“三元公”，或称“做鬼”，称“师公”、“鬼师”也接受。他们认为，“师公”、“鬼师”是外面人（通指汉族）喊起来的。

---

① 乔健等编：《瑶族研究文集》，80～81页，北京，民族出版社，1988。

其次，经书多是自编传抄的七字或五字一句的韵文，唱述神的来历，称为神唱。多用汉文抄写，夹有土俗字，只是瑶族、仫佬族、毛南族、侗族土俗字稍少，而壮族师公经书几乎都是土俗字，难以看懂。瑶族等族诵念有的依汉音，有的依本民族语音，视仪式及内容而定，而壮族师公则多用壮音。

第三，面具为跳神还愿必不可少之法具，只是盘瑶、山子瑶用纸面具，壮、侗、仫佬、毛南族则多用木面具，尤以壮族、毛南族木面具种类多，制作精良。使用自制的长腰鼓（壮族的蜂鼓，盘瑶的木长鼓，茶山瑶、山子瑶的瓦鼓），只侗族、仫佬族、毛南族使用扁鼓，其他则是锣、剑、卦、神及法衣、法帽，亦大致相同，但与道公不一样。

## 三、传承制度之比较

传承制度亦是宗教信仰的重要因素，因其比较复杂，且涉及梅山教诸仪式的历史和起源，故单独提出来介绍、讨论。各民族梅山教都有传承制度，其主要形式是度戒，这点也是相同的。但度戒的方式、步骤、内容及传度对象则不太一样。

笔者在《瑶族宗教论集》①、《泰国瑶族考察》两书中曾介绍过瑶族度戒有挂三灯、挂七灯、挂十二盏大罗灯、加职、加太等步骤，有跳云台、睡阴床、上刀山等节目。这次考察，发现其他民族梅山教度戒与瑶族不尽一样，相互间有较大区别。

如马山县古零壮族师公度戒，据韦秀恩介绍，亦需请传度师、监度师、证盟师、引度师并鼓乐吹笛等助手。每次度戒只传度弟子一人。时间共需 36 天，主要是学习经书、符法及使用印剑等法具，没有上刀山、过火海节目。弟子受戒后据说不安法名，但须遵守戒律，不能吃猫、狗、马、牛、蛇、蛙、鼠、兔肉。其经书中也有

---

① 张有隽：《瑶族宗教论集》，10～13 页，97～100 页，广西瑶族研究学会 1986 年 5 月编印。

《度戒科》、《阴阳受戒唱》、《受戒度人秘诀科》、《阴阳受戒歌度弟子用》专用于度戒。据说有一种秘符隐藏在经书中，不能顺读，只有师父口传读法才能读通，属极秘密的。印鉴称“唐葛灵符印”，弟子学得秘符，行法时加盖此印，即可产生效力。

据谢汝琼、梁天材两位师父介绍，仫佬族梅山教师公度戒，也无上刀山、过火海节目（他们说，上刀山、过火海是茅山教传度弟子的仪式）。每次度戒只传度弟子一人，请三个师父，传度师一人，证明师、保举师各一人，用时两夜一天。头晚在家中神龛前设坛请圣团兵，用 36 个酒杯斟上酒，请来 36 尊神。第二天传度，传度师手拿神棍，指点徒弟步罡（经书上有步罡图），然后交经书、神像、印鉴、法具，赐法名。从神台上挂一张布条下来，经书、神像、印鉴、法具由传度师一一从布条上传下来交弟子接收。印鉴上刻有“道教三元之宝”几个字。当晚仪式结束。弟子法名是将姓名中间的字取掉，换上一个“仁”字，如谢汝琼师公的法名，即将“汝”字去掉，改为谢仁琼。

据谭亚州、谭金田介绍，毛南族梅山教鬼师有传度仪式，但不称度戒。据认为，毛南族鬼师要靠符水驱鬼治病，徒弟承受师法主要是承受此种符法。其传承一般是父传子，但据认为有些符法如学会了就要绝后，所以，如果儿子要继承父业，就要下决心绝嗣。但如果儿子不愿继承父业，父亲也可以传给别人。要学的人平时跟师父学，师父认为徒弟可以信赖了，到临终时，在家里或择一处岩洞，邀集同行作证，授徒弟以秘法，并赐经书、印鉴、法具，仪式即告结束。

侗族梅山教传承，据陈维刚、杨满荣说，也有度戒仪式，但没有上刀山、过火海仪式。师公一般在行动不便乃至病重临危时将法术传给儿子。没有儿子或儿子太小，也可传给女婿，无子女可以传给兄弟子侄。传度仪式冬天在师父家举行。先设供品祭祖师神。师父将两付卦（一大一小）、一本书（写有神名），以及所有经书、法具放在供桌上，祭神后传给徒弟，并口传秘诀、咒语。徒弟必须发誓遵守规矩：学法要诚心，不学佛教；按符法念咒，不能加油添醋，否则就短命绝后；禁吃狗肉、蛇肉；平常做法事不能讲丑话；收礼物不能太多，得东西要拿一点给师父。仪式要持续几天才结束。

## 四、梅山教起源的历史探索

综上所述，在华南壮、瑶、侗、仫佬、毛南等民族中，存在着被称为梅山教的宗教。这种宗教与正统道教、佛教相区别，在各民族中与道教、佛教并列存在，而在其内部，则无论在壮族地区、瑶族地区，或仫佬族、毛南族、侗族地区，其形态则大体一致：有共同的神灵信仰，共同的仪式与活动，共同的经书、法具，相似的传度仪式。当然也存在某些不同点，尤其是传度仪式方面。这些共同特征提示我们，各民族梅山教必定有着共同起源和历史，而差别则可能是在流传过程中产生的变异。

关于梅山教起源，笔者曾怀疑其是唐宋时从湖南及桂北瑶族地区传入之瑶族道教流派①，这次调查，为这一观点提供了某些新证。

如1993年8月7日在马山古零调查时，大师公韦秀恩说："梅山法主、妹毛（一作梅茆）二仙是瑶人。"又说他们信仰的梅山教"是从都安班桑（高村）传过来的，所以又叫'都安教'"。据说传到他已七代，但据其经书中收进的《存师牒》、《谢师榜》的落款中有"大清国广西省思恩府上林县"（古零明嘉靖前属上林县）字样，似传入时间当更早。

又如，据罗城原县人大副主任、仫佬族民俗调查研究者胡希琼说，仫佬族银姓从第四代银道昌开始被称为本族"三元教主梅山法师"，传到第18代银法荣，是1942年度的戒，50年代过世，按每代25年计算已传了450多年，迄今已500年。又说，仫佬族在明

① 乔健等编：《瑶族研究文集》，80～81页，北京，民族出版社，1988。

嘉靖年间（1522—1564 年）已有依饭节活动。罗城四把乡中寨村梁天材师公说，其远祖在广东（一说在湖南），从第一代梁道杨开始做梅山教道士，到其本人已传了 11 代。他们都认为，梅山教从仫佬族老祖公开始信仰，而仫佬族不少姓氏族谱中记载，他们的第一代男性祖公几乎都是从湖南、广东、江西等地过来的，与当地讲仫佬语的女子结婚后，逐渐变成仫佬人。因而认为梅山教是外地传入的一种宗教。至于梅山在哪里，则说不清。

环江县文联谭亚州说："毛南族梅山教是从巫教发展起来的，吸收了其民族神。起于唐，发展于宋。"

侗族师公说他们的宗教是由祖师从湖南传过来的。三江侗族自治县林溪乡程阳村杨成善（66 岁）说，他的祖传师父已经历了 16 代，每代有名有姓，记在经书里。林溪乡亮界屯杨昌和（78 岁）是位道公，但与梅山教法师有关系。他说他的祖师从湖南通道团头乡金殿村陈冲传来，已传承了 26 代，每代有名有姓，也在经书里记着。而陈冲的始祖是从江西省过来的，已不知有多少代。据龙胜县陈维刚说，侗族道公做法事请"湖广梅山"，打猎也要请梅山，"讲的是梅山大人、梅山师父、梅山教主"。

又据龙胜泗水乡八滩村壮族师公（兼道公）石珍山、石珍玉兄弟说，他们自称"布衣"，祖公从南丹来，从当地汉族师父学法。师父是湖南新化一马三都人，讲宝庆话。因人们听不懂，改用桂林平话念经书传法术。

侗族、龙胜壮族师公经书中，有湖南各民族崇拜的神祇，如东山老人、南山小妹、张郎、张妹、南岳、梅山神、飞山神等。

由上述可知，梅山教对广西各族来说是一种外来宗教，至少可以说，它的几项重要因素是外来的。传播的方向是自北而南，自东而西。因此，在桂北、桂东，其影响较大，向南、向西，其影响逐渐减弱，以至于无，如桂南、桂西边境壮族地区，至少迄今尚未查出梅山教的影响。

研究梅山教起源时，必须弄清的一个关键问题是：梅山教因何得名？过去有人认为梅山教师公是些装神弄鬼的巫师，梅山教是巫教，不是道教。既然是巫教，那就是广西本地土特产，但对为什么叫梅山教的问题，持这一观点的人尚不能解释。另一种观点认为，梅山教属道教，称道教梅山派，怀疑历史上有一道教圣地梅山存在，故称梅山道。但查遍道藏记载的道教名山，并无梅山。还有人认为历史上瑶族居住在湖南梅山洞，怀疑梅山教之梅山即瑶族居住过的梅山。1979 年笔者与胡起望先生等到湖南调查瑶族社会历史，听邵阳市二中教师马少侨先生说，当地民间信仰梅山教，是因历史上瑶族居住的梅山洞就在当地，故名。并说梅山教原是巫教，其祖师曾到庐山向道教祖师学法，故梅山教是融会了当地巫教和道教而产生、发展起来的一种宗教。笔者颇赞成这一观点，因此怀疑广西各族梅山教是从湖南瑶族地区传过来的。但因当时调查不深，尚不能肯定这一结论。此次调查获若干新资料，有助于加深对这一问题的探讨。

其一是在马山古零调查时，老师公韦秀恩除了说“梅山法主、妹毛（梅茆）二仙是瑶人”外，还说当地师公在为非正常死亡的人做法事超度亡魂时，要念老祖师传下的四句作咒语用的诗：“梅山狗怪性猖狂，炼度伤人势莫当；谁知仙犬能伏虎，红尘血土命空忙。”说“梅山有七怪，犬是七怪之一，《封神榜》里记载着。喃此四句诗，可以降伏五伤，代替死者之名”。又，其经书《四帅科》、《阴阳受戒唱、送师歌同唱、四位官唱、真武上帝唱、邓赵马关唱》里也演说商周“封神榜”故事，直认梅山教之梅山即封神榜中之梅山。仫佬族经书《度梅山教用》演唱东方五伤、南方五伤、西方五伤、北方五伤、中央五伤（即五方五伤）在梅山度法的故事，拜请五伤到坛场为受戒新童传授“伤坛法”。另一本经书《朝上塾科》中《三元唱》一篇则将三元的出生及修炼成道与“汤王”（商汤）联系起来，谓汤王坐殿时，大旱七年，沧海干枯。汤王自思无道，欲投东海殁身。逢鲤鱼劝他莫投水，放火自焚以感动天地。汤王回到殿前，差人堆起柴火，三元执简坐在篷中间，火起蓬飞，顿时雷鸣电闪，下起倾盆大雨，救出三元性命。人民亦得耕种，草木生芽。大地得雨露滋润，三元从此受人敬奉。

上文已叙及梅山教的仪式与活动，主要是求子、驱疫、还愿，因此可以说梅山教的主要活动是还傩愿。傩起源于中国夏商时代，周朝至春秋战国时仍十分盛行。后来在中原逐渐消失，而在南方少数民族中却一直流传下来。纵观瑶、壮诸民族梅山教，有以下几个特点：一是信仰的神许多都是民间传说的人物；二是仪式与活动中往往伴随许多傩舞；三是其经文与说白中往往加入一些插科打诨的话语和滑稽动作，还有上刀山、过火海、捞油锅等惊险节目及魔术，为群众喜闻乐见；四是无论壮族、仫佬族、毛南族求子仪式都要请“瑶王”（又称“瑶公”），唱“瑶王”，戴上“瑶王”面具跳舞娱神。

梅山教还有三个特点，一是上文提及的各族梅山教神祇中都有一些本民族本地方神；二是吸收了道教神，尤其是太上老君、张天师（张陵）、玉帝、雷王为各族梅山教普遍敬奉，梅山教师公为人做法驱鬼时，往往有“吾奉太上老君敕令”字样；三是道教自宋代开始兴起的雷法，亦为各族梅山教所普遍运用。

因此，我们是否可以说，梅山教信仰的某些内容及取名可能与传说的中国商周时代的“封神榜”故事有关，其形成和发展融汇了道教和南方各民族的原始宗教。由于瑶族原始居地在壮、侗、仫佬、毛南族原始居地以北，瑶族有可能先受到封神榜故事及道教影响形成本族梅山教，而后在南徙过程中将之带到华南。华南土著民族从瑶族同时也从汉族中接受封神榜故事及道教影响，形成各自的梅山教。笔者在此提出这一推测，希望求得进一步的讨论。

## 五、瑶族某些仪式的起源

华南各族梅山教信仰有共同特点，也有不同特点，这是这次调查的收获之一。在弄清其共同点的同时，进一步弄清不同点，将有助于弄清各民族梅山教仪式的历史和起源，例如瑶族一些仪式的起源。

在这次调查中，壮族、仫佬族的被调查者都认为，上刀山、过火海仪式是茅山教仪式，不是梅山教仪式；侗族的一些被调查者认为上刀山、过火海仪式是道教仪式，侗族法教亦无此仪式。按此两种说法虽有区别，其实可能一致。因为茅山教是道教三派之一，说茅山教为道教并不错。那么瑶族度戒仪式中为什么有上刀山、过火海仪式呢？这与瑶族梅山教受道教影响有关。

1989 年 3 月 5 日笔者在泰国帕夭府昌堪县龙眼寨调查时，在该村赵全升家发现其生父邓文思遗留的经书中有《具职位书》一种，分为《具众位师法》、《具传度职位书》、《具加职位书》三式。其后二式内容略有不同，一为“具传度职位”，一为“具加职位”，就是说一种是发给“度戒”弟子的，另一种是发给“加职”弟子的。但两种文书开头都言明，具的是“太上奉行北极驱邪院川通闾梅二教”职位。《具传度职位书》全文为：

“太上奉行北极驱邪院川通闾梅二教三戒弟子邓法安，职位升在广西道桂林府座任之府贵字为号。”

《具加职位书》全文为：

“太上奉行北极驱邪院川通闾梅二教三戒加职弟子邓安一郎，职位升在南京朝内二部状院［元］注管天下鬼神为号。”①

笔者认为，这里有两点值得注意，一是文书开头“太上奉行北极驱邪院”前半句，表明瑶族宗教受到道教武当派影响。因武当道奉北极玄天真武上帝为主神，真武主北极驱邪院，为降魔驱邪大神。二是文书中间半句“川通闾梅二教”，表明瑶族宗教是融会了闾山教、梅山教而形成（“川通”当作“串通”讲)。

按闾山教即茅山教。这次调查在罗城县四把乡中寨村老师公梁

---

① 广西民族学院赴泰国瑶族考察组：《泰国瑶族考察》，198～202 页，266～267 页，南宁，广西人民出版社，1992。

天材家获《茆山科全书》一书，又在该县东门镇中石村上南雁屯师公银魁忠家获得茅山教《度戒科》一本。两书皆记载茅山教请师要请到“闾山门下”，所请祖师依次为：三清上圣、道老二君、闾山九郎、陈林李氏、茆山法主。其中陈林李氏是三位妇人，称为陈四姐、林九娘、李三姐，福建省福州府古田县人（一说李三姐是泉州江口人）。传说她们三人到茆山学法，传于后代，故被尊为祖师，茅山教有“上洞三刀山师主大作证明加持弟子上刀度戒”，故上刀山度戒是茅山教的一大特点。度戒后的弟子称为“弟郎”。其仪式和活动主要是追魂、治病、破胎、开禁。仪式中要吹牛角。法术以“雪山法”，即作法下雪降温驱鬼退病著名。瑶族既称“川通闾梅二教”，度戒中又有上刀山仪式，而追魂、治病、破胎、开禁也是师公平常替人做的法事，仪式中有茅山教影响。

其实，壮族、侗族、仫佬族、毛南族梅山教中也受到一些茅山教影响，如壮族梅山教经书将“梅茆法主”（写别字作“妹毛二仙”）并称；侗族经书中弟子有“弟郎”称谓；仫佬经书有“请到将茆请三元”的说法；毛南族师公重视的冰符类似“雪山法”；这几族也有追魂、开禁等法事。仫佬族梅山教师公有时兼度茅山教，如梁天材即是，不过从总体上看，这几族梅山教不如瑶族梅山教受茅山教影响那么深。

诚然，瑶族宗教仪式十分复杂，仅度戒一项，如果挂三盏灯、七盏灯算进去的话，连度戒（挂十二盏大罗灯）、加职、加太，就有五级，每一级还有若干步骤及小一些的仪式，如度戒时有睡阴床、上刀山、过火海、跳云台（各地多寡有别）等仪式。一些仪式除了为梅山教、茅山教所规定要求举行外，是否还有些仪式别有起源？笔者曾认为，瑶族宗教是从本民族固有原始宗教信仰基础上发起来，受到道教影响而逐渐形成的，以道教信仰为主，同时又包含了本族原始宗教信仰的一种宗教，因此，其仪式中自然带本族固有宗教信仰的色彩，如挂灯包含有成人入社礼因素，还盘王愿的某些仪式带有图腾崇拜痕迹，等等。

对于瑶族宗教仪式的历史和起源，尚有待深入调查研究，才能逐渐弄清。

在华南壮、汉、瑶、侗、仫佬、毛南等族民间普遍流传着的所谓梅山教，在称呼、信仰、仪式与活动、经书法具等主要宗教要素上，有基本相同的特点，这不但证明了这种宗教的确实存在，而且证明各民族的这一信仰有某种共同的历史起源。现有资料表明，梅山教与中国古代之傩信仰有密切关系，并包含有《封神榜》故事影响。在其形成和发展中，一方面吸收了道教信仰，尤其是武当道、茅山教，另一方面融会了各民族固有的宗教，形成了各民族梅山教共性中又有个性的丰富多彩的文化现象。

瑶族梅山教有较多的茅山教因素，又保留了本民族固有的一些宗教信仰和仪式。这是我们理解瑶族宗教仪式的一把钥匙。

各民族梅山教蕴藏着十分丰富的历史文化资料，是中国传统文化的组成部分，也是世界文化的一分遗产。它的许多不解之谜，尚有待我们继续研究。

1993年11月

# 瑶族宗教信仰的人类学意义①

## 一、问题的提出

在近年的瑶学研究热中，瑶族宗教研究是其中的一个热点。

学者们发表的文章可谓不少，其中不乏开掘较深的作品。但多数文章要么限于现象描绘，要么限于史实争辩。描述现象的文章是有价值的，但要描述得准确、细腻，遗憾的是，这种文章不多；争辩史实的文章，如争辩瑶族宗教是否属道教信仰也有好处，通过争辩有助于加深认识，但若一味停留在史实的争辩，研究就很难深入下去。因为这种争辩主要是围绕着史实问题，属于史学意义上的。当然我们不能低估史学研究成果的意义。我的意思是，我国的瑶学研究不能光停留在对现象的粗浅描述和对民族历史的争辩上。

人类学认为，宗教信仰是人类文化的有机组成部分，人类各民族有这样那样的宗教信仰，除了历史原因外，都有其深刻的现实原因。因此，我们对宗教进行研究时，绝不能单纯地把它看作是一种历史现象或历史残留物。同时，宗教信仰既然是一个民族的文化的有机组成部分，我们也不能把它与整个文化割裂开来，对它进行孤立的研究。这样做无异于只见树木不见森林，缺乏文化的整体观，包括宗教信仰在内的任何文化现象都不可能得到科学的解释。

过去有一种观点认为，宗教是愚昧落后的产物，只要科学昌明

① 本文是作者 1994 年 11 月 15 日在云南河口国际瑶族学术研讨会上的发言，原载于《广西民族学院学报（哲学社会科学版）》，1996 年第 2 期。

发达，宗教就自然趋向消亡。但这种观点不能解释为什么西方国家今天的科学技术那么发达，人们却仍然十分迷信。近日有报载，在现代化的意大利，巫术却越来越盛行。现代化没有扫除在意大利历史上有根深蒂固影响的巫术。全意大利现在有 2000～12000 名巫师。巫师们有现代化的高级办公室，配有秘书、手机和电脑。他们在专门的杂志、公共交通车辆和私人电视上为自己大作宣传。人们请巫师通过电话或传真避邪，还利用邮购求好运或降祸于人。今日台湾社会也相当现代化了，教育科学也普及了，可是传统宗教并未如前人所预料的那样被淘汰，反而是与时俱进。人类进入电子信息时代不但不改迷信旧俗，反而利用现代技术推动巫术迷信发展。这究竟是为什么？这里用原来的观点显然不能作出圆满解释。

过去还有一种观点，把新中国成立前仍存在于我国一些民族（包括瑶族）社会内部的原始宗教信仰看作是远古社会的“残留物”，是原始宗教的活化石。学者忙于搜集资料去复原古代的原始宗教信仰。这种观点忽视了这些民族的原始宗教信仰绝不仅仅是一种远古“残留物”，而首先是一种现实存在的信仰，并且正因为它是一种现实存在的信仰，就有其存在的根据。20 世纪 80 年代初我在十万大山山子瑶地区调查时，有一个惊奇发现：据报告人陈述，当地新中国成立前一直存在的一种习俗，村民通过棍卜、鸡卜、香卜遴选村老管理村社人丁和生产。村民对之无比信赖，举凡砍山、耕种、狩猎，以及村社祭祀、婚丧礼仪、调解纠纷、对外交涉，均听其指挥。这种习俗不仅历史上与清廷及国民党政府先后在当地设立的团总制、乡村保甲制并存，就是新中国成立后直到 80 年代初笔者去调查时，也一直保存，不过不像新中国成立前那样公开，而改为暗中进行。这个例子可以说明，类似的原始宗教信仰绝不仅是历史“残留物”，它之所以继续存在，必定有其文化上的原因。因此，科学工作者的研究也不应停留在所谓收集历史“残留物”，复原古代历史上，而应当进一步探索存在这类宗教文化现象背后的意义。

过去还有一种观点认为，社会主义了，还迷信干什么？新中国成立以来历次政治运动都伴随批判封建迷信，“文化大革命”中，“破四旧，立四新”浪潮席卷全国。在广西一些边远少数民族地区，搜缴迷信书籍，把师公、道公当作“坏分子”揪斗。在高压政策下，宗教迷信现象表面减少了，实则转入地下。“文化大革命”结束，改革开放后，政策一宽松，迷信活动又死灰复燃，有的地方甚至比“文化大革命”前还厉害。因为迷信作为一种思想信仰单靠行政禁令不能解决。80年代初我在上思县十万大山调查时了解到，“文化大革命”中当民兵和红卫兵上山破四旧时，有的瑶族师、道公闻风把经书用塑料纸包裹埋藏于地下；有的师、道公不怕烧书，烧了照样抄出来。为什么呢？南屏公社汪乐村一位姓邓的74岁老师公告诉我：他20岁开始学做师公，做了54年，所有经书他都能背出来。“文化大革命”烧了村子里的经书，“文化大革命”后，他把弟子叫到跟前，他一边背诵，弟子一边抄。师公做法事需用的十几本几十万字的经书又一本一本地传抄了出来。确实，我在当地看到，不仅汪乐村，其他村子不少经书都是用新鲜的棉纸抄就的。这个例子可以说明，宗教迷信作为文化因素，当这种文化还需要它时，并不能用简单的办法加以消除。

宗教迷信的复杂性远不止此。在许多文化中，宗教都不是少数人的行为。在初民社会里宗教信仰渗透到社会生活的各个领域，就是在复杂社会里，宗教也往往与一个民族的政治、经济、文化教育密不可分。宗教迷信与科学是两个极端，但二者也可以兼容。不仅初民社会的某些迷信行为混杂科学知识，就是在复杂社会里，宗教与科学并存的例子也不少见。

上述事例说明，宗教信仰作为人类文化的组成部分，必定有其作用和意义。真正的科学研究不能把它与一个民族的文化简单地对立起来、割裂开来加以看待，而应当从文化的整体观念出发，将它放在一个民族的文化背景下，多层次多视角地加以研究，努力揭示其社会意义。

## 二、瑶族宗教信仰特质

瑶族宗教信仰之所以引起人类学家注意，是因为它具有某些特质。在讨论瑶族宗教信仰的人类学意义前，让我们先看看瑶族宗教信仰具有哪些特质。抓住了这些特质，就可以进一步讨论瑶族宗教信仰的人类学意义了。

从比较宗教学的观点看，瑶族宗教信仰比较引人注目的特质主要是：崇拜以盘护（盘瓠）王为主要代表的民族祖先神，以社王、土主、土地为代表的地方神，以谷魂、禾魂、山鬼、水怪、木精等为代表的自然神；将上述神灵纳入道教信仰范畴，认为一个人受戒入道就可以召神劾鬼，驱灾迎福；男子到一定年龄都要请师、道公为之举行挂灯、受戒的入社仪式，经历过此等仪式的人被授以法名（阴名），警以戒训，其在神灵世界中即获得相应的等级地位，在阳人社会中则受到尊重，并被认为具有保护他人不受神鬼侵害的法力，有领导氏族、村社成员为砍山耕种、狩猎等活动举行祭祀的资历；每逢砍烧大片山林、春耕破土、播种、中耕、收割谷物、集体渔猎、抵御外侮、血族复仇，都要由师、道公或受过戒懂法术的村老、社主会集众人，举行祭祀仪式，以求逢凶化吉；每到一定时候，都要请师公主持举行以祭祀盘护王为主的跳神祭祖还愿活动，举行此种仪式时，需杀猪杀鸡，尽其所有以待客，异族人禁止进入。

## 三、演化的意义

从人类学的观点看，瑶族宗教信仰的这些特质具备什么意义呢？

人类学认为，演化是文化的普遍规律。宗教作为文化的一部分也是演化的。世界上许多民族的宗教信仰在历史长河中都发生过这样那样的演化。瑶族的宗教信仰也是演化的。例如，1981 年我在十万大山调查时，发现并报道过十万大山山子瑶部分人自 19 世纪末即清光绪初在法国传教士的影响下改信天主教，1989 年 3 月在泰国北部瑶族地区考察时，也发现泰国瑶族中有部分人改信基督教，另据赴美国考察的人回来报道，有些瑶人到美国后改信了天主教、基督教。这些都足以说明，瑶族宗教信仰具有演化的特性。

现在的问题是，上文提及的瑶族宗教信仰特质，是否能说明瑶族宗教信仰包含演化意义？如果能说明它包含此种意义，那么，应属于何种性质的演化？其演化过程又是怎样的？对此，我在 80 年代陆续发表的《浅述瑶族原始宗教向人为宗教转化的几种情况》、《瑶族宗教信仰史略》、《瑶族原始宗教溯源》、《十万大山瑶族道教信仰浅释》等文章中，曾提出了瑶族古代有过原始宗教信仰，后来在民族压迫、阶级压迫的情境中，瑶族原始宗教逐渐向人为宗教转化，主要吸收了道教信仰，同时也吸收了某些佛教、儒教观念，从而形成了以道教信仰为主，同时保留本民族固有的原始宗教，融汇掺杂了儒、佛两教某些观念的具有自己特色的宗教信仰的观点。

关于瑶族原始宗教向人为宗教转化的上限，我提出是在唐代、宋代，下限则至明清。这是与瑶族原始社会逐渐崩溃，进入阶级社会的历程是相吻合的。当时提出这种看法的根据，概括起来主要有：

第一，可以概括为瑶族宗教信仰特质的某些因素，如道教信仰，更不必说佛教观念、儒家思想，不可能是瑶族固有的，而是汉族文化的特点，显示出外来文化因素的影响。

第二，瑶族自宋元以来社会发展一直处于不平衡状态，直到新中国成立前，有的地方封建化程度比较高，有的地方则保留较多的原始公社残余；与此相适应，凡封建化程度较高的地方，道教信仰色彩较浓厚，原始宗教色彩较淡薄，而保留原始公社残余较多的地方，则原始宗教色彩较浓，道教色彩较淡薄，显示出原始宗教信仰与道教信仰有一个此消彼长的过程。

第三，即使在道教信仰方面，早期天师教，后来的正一教以及武当派、茅山派、闾山派对瑶族都有影响，但瑶族各支系，比如勉瑶、山子瑶对渗入瑶族文化的道教各派处理上有所不同，前者将各派与本族固有的宗教信仰糅合起来，即所谓师、道不分，后者则划分得比较清楚，显示外来文化对不同支系的不同影响，佐证这种外来影响的存在。

第四，民族志资料显示，不论勉瑶、山子瑶，即使居住在不同国度、不同省区，其宗教信仰自主要的神祇、经书、神像、法具以至仪式与活动、宗教师称谓、度戒取名方式等方面均惊人地一致，表明瑶族在分散迁徙前已形成大体统一的宗教信仰。汉文资料显示，瑶族在唐宋时主要居在今湖南境内，宋以后逐渐移入两广。有关人为宗教的许多观念，如神鬼被分成等级，阴间世界被划出天堂、地狱……以及宗教师利用职业为自己谋取好处的现象，大体上也始于唐宋，元明以后则越来越明显。由此可以判断，瑶族宗教的演化至晚在唐宋时已开始。以后瑶族每迁到一个地方，则不断加入一些地方神，如迁到广西则加入“冯三界”，迁到泰国则加入“不嗄”神。

以上所述，笔者以为可以用来验证人类学一个理论，即演化是文化的一个普遍规律。文化演化理论源于 19 世纪的古典进化论。20 世纪初，西方人类学者认为进化论过于极端，尤其是单线进化论，遭到批判否定。学者们同意用“演化”一词取代“进化”。认为“演化”可以是“进化”，也可以是“退化”。实际上，人类文化“退化”的现象不是没有，但“进化”才是大趋势。纵观人类几百万年发展史，人及其创造的社会与文化，不论哪一地区哪一族群，总的趋势都是由简单向复杂发展。马克思主义进一步揭示了包括宗教信仰在内的精神文化与社会物质基础和生产关系、阶级结构、政治等上层建筑之间相互依存、相互制约的关系。人类学可以借此对文化作出更为深刻的阐释。

## 四、功能的意义

尽管演化可以作为瑶族宗教信仰所包含的人类学意义进行讨论，但演化的论证触及历史上发生的事物，而历史往往不容易弄清。再则文化的意义绝不限于表明其演化，还有其他方面，比如功能的意义。

20 世纪 20—30 年代，英国功能派大师马林诺斯基提出功能论以取代进化论和传播论。自那以来，功能论又受到批判。尽管功能论有缺陷，尤其当功能的观点被绝对化，以致成为落后事物的庇护词时，就显出这种理论的重大缺陷来了。但功能论仍不失为是对文化意义的一种解释。事实上尽管不少人类学家一边批判功能论，另一边却在用功能的观点对各种文化进行阐释。

1. 整合功能

瑶族宗教信仰的特质是否具备功能的意义？现代新功能派的人类学家，认为宗教仪式在很多情况下可作为整合社群的手段，我国宗族中的祭祖仪式在很多情况下也常作为整合社群的手段。

瑶族宗教信仰的特质之一是崇拜盘护（盘瓠），将盘护视为民族共同始祖，视为王，视为民族英雄，视为大保护神。每到一地要建盘王庙、立盘王神位，每到一定时候要举行“跳盘王”的大规模祭祀活动。民间以是否承认为盘王子孙，是否有“跳盘王”活动作为区分是否为本民族成员的重要标志。一份凌云山子瑶于清光绪年间写的信歌唱到“一申盘王龙犬子，兄弟相查看此书”，“五家七姓龙犬子，同支宗祖一家亲”。几乎是全民性的挂灯、度戒活动，也是瑶族宗教信仰的特质之一。民间亦以是否挂灯、度戒及挂何种灯、度何种戒、所取阴名若何作为区分是否瑶族，以及属瑶族那支系的根据。这里显示出瑶族宗教信仰在瑶族社会内部发挥民族认同，在民族外部起着民族区别的作用，实则是文化在整合族群上的功能。在民族歧视、压迫时代，此种功能起着维护民族团结、抵御压迫、保证民族文化延续的作用。1933 年桂北瑶族起义以打醮祭盘王为首事，1941 年金秀瑶族“回千家峒事件”以讲述盘王故事相号召，都是例子。

2. 儿童教育和人格养成的意义

瑶族经济文化落后，能读书识字的人少之又少。掌握经书的师、道公就是瑶族的大知识分子。在瑶族盛行的挂灯、度戒活动中，师、道公为弟子讲解经义，训以戒词。戒词涉及不偷盗、不淫邪、不杀慈、不馅（焰）贼、不交游非贤、不嗔凶、看经不轻急言笑，以及敬让孝养父母、忠于君等内容。经过挂灯、度戒的人有心做师、道公的，可再择吉日请师父教识字读经书。这是一种宗教教育，但它能帮助青少年儿童认识汉字和瑶造土俗字，熟悉历史传统、自然和社会知识，懂得并养成遵守各种道德的良好习惯。在瑶族各支系中，这些道德规范是维护民族生存必不可少的。过去被人们广泛报道的瑶族村寨“路不拾遗，夜不闭户”，以及瑶人的热情好客、有事互相帮助等良好风尚，实在与瑶族社会中长期盛行宗教教育有密切关系。但宗教造成的迷信与浪费等消极影响也不可忽视。这表明，瑶族宗教特质在儿童教育和人格养成方面具有一定的功能。

3. 经济或生存的功能

瑶族一般居住在高山密林中，环境艰险，谋生不易。新中国成立前盛行刀耕火种，森林砍伐、烧耕、播种，生产过程需付出十分艰巨的劳动，常常发生刀斧砍伤人、大树压死人、大火烧死人等不幸事故，以及风灾、雨灾、鸟灾、兽害等自然灾害袭击，最后的收获十分微薄，一般山地头年种山谷或玉米，亩产只有几十斤至百来斤。一个五口之家除了吃饭、穿衣外，还有迎客送礼、迎神送鬼等其他开销，单靠一两个劳动力耕作往往力难胜任。瑶人在单个家庭难以战胜自然的情况下，往往几户甚至全村人联合起来集体砍烧山林，共同耕作，同时对超自然力十分迷信。瑶族宗教信仰中的某些特质，例如盛行挂灯、度戒，选举社老、村老管理生产生活，每年季节性的生产祭祀，时常举行的“跳盘王”活动，均出自于经济谋生需要。瑶人迷信各种自然神，是因为他们受自然的巨大压迫；他们信仰道教，是道教主张降妖除魔、以正压邪（与佛教主张的不杀生，修正果，消极等待来世的幸福不同）。十万大山山子瑶报道人告诉笔者：瑶人举行度戒的原因之一是“山上鬼多，度戒有神保护，白天上山做工、晚上上山捉青蛙不怕鬼来弄”。他们以神卜的方式选举村老，是因为他们相信用这样的办法选出的村老是“神同意了的”。村老经过神的批准而上任，自然有正神护待，可以带领村人搞好生产，管理好村里的人丁安全。因此，他们把村老叫“央谷”（意即村老）的同时，又称之为“甲头”（伙耕头）、“保头”（保护村民的头人）、“禁鬼公”（能以其正神禁住鬼神不使作祟生人）、“管鬼公”（能管鬼的人）、“赶鬼公”（能驱赶鬼神的人）。村里每年四季的生产祭祀由他主持，生产中砍山、播种、铲草、收割均需由他先动手，大家才跟着做，否则以为不吉。可与十万大山瑶族对比的是，泰国瑶人在集体砍伐大片原始森林时，往往各户男子派一人齐集将要开垦的山林，择一高地，杀一只猪、两只鸡作牲品，挖一小圆坑，由师、道公或会说鬼的“习缅勉”（说鬼人）举行比较盛大的开山祭仪。说鬼请神，请来玉皇大帝，并请来“阴山”，请来管河水神，敕灯草烧地，敕雪水变作黄河之水，把从前到过此山做过的一切不好的事情关起来，用黄河水洗掉；再敕手指变为剪刀、砍刀和斧头，剪开天罗地网，砍伐山林树木，送走五雷之火，敕神棍到广州买牛马，架阴桥到中国召来五谷之魂。据说，如不举行此种仪式，往往出现刀斧伤人、大树压死人、烧荒时大火烧死人等不幸事故，生产不丰。瑶族盛行“跳盘王”活动往往也是选择生产不顺、人丁不安之时，认为是久违了盘王，不恭敬还愿则不行。人类学认为，人类宗教信仰习俗的延续或其功能，是多种因素综合作用的结果。上述瑶族宗教信仰特质投射到人类学理论上，是否可以认为它为满足人与自然奋斗，以求生存的需要，因而在经济上也具有某种功能呢？这是值得讨论的一个问题。

4. 心理调适与人格整合

人类学在研究宗教的作用时，还提出过人生关节“通过礼仪”、“心理调适”与“人格整合”等概念，即认为个体在社会与文化的运作中，必须随时调节其与群体的关系，使之适应群体习俗文化。尤其当文化内部或外部发生冲突时，某些个体会产生不适，造成精神与心理崩溃，这时需要从心理上给予调适，使失衡的心理状态恢复平衡，这即是人格上的整合。而宗教信仰可以在这方面发挥作用。关于宗教在个体成长中随时给予心理调适，可以瑶族的系列“通过礼仪”来说明。笔者在《泰国瑶族考察》一书中描述泰国勉瑶一生中有“出花园仪式”、挂灯仪式、度戒仪式、加职仪式、加太仪式，便是实例。瑶族在人生的其他重要关节，如幼儿疾病、老人疾病、孕妇难产，还举行众多“架桥”仪式。对于瑶族的某些仪式，例如招魂，雅克·勒穆瓦纳博士曾描述过它在病人形象再设即人格整合方面的作用。我认为，从理论上说，当族群中的每一成员都处于迷信气氛的笼罩下，人们既然相信某些疾病是神鬼造成的，经过巫师跳鬼可以治好病，而这类疾病的产生及病情的加重均与宗教迷信有很大关系，所谓“心病还需从心治”，这时巫师的跳鬼能起到稳定情绪，除去心病，使病人恢复信心，从而减轻病情乃至病体渐愈的作用是有可能的。这实际上是一种心理治疗在起作用。即使某些疾病起于病菌、病毒对肌体的侵害，而迷信可以使疾病加重，加速死亡，在这种情况下，在使用药物治疗的同时伴以宗教性的心理治疗，也可能产生积极效果，这就是所谓的“巫医”。当然，由于迷信耽误治疗造成不良后果的事也时有发生。从事实上看，瑶族宗教信仰特质的其他方面，包括跳盘王、生产生活祭祀，从宗教人类学的角度观察，都在发挥心理调适的功能。瑶族跳盘王是觉得不祭盘王会招惹盘王他老人家不高兴，降下灾祸，祭了才安心；一系列的生产生活祭祀，是觉得祭了鬼神，地方安宁，生产顺利，人丁兴旺，求什么得什么，如此等等。如果瑶族宗教信仰的这些特质能验证人类学关于宗教可以调适人类心理的理论，就不但具有学理上的意义，而且能帮做民族工作的人正确认识像瑶族这类西南山地民族的宗教文化，把握其规律，就不会简单地把它看成是一种迷信陋习。进一步就会考虑，在四个现代化进程中，采取正确途径帮助这些背负历史文化深刻烙印的民族适当整合自己的文化。换言之，这样的研究还具有指导性变迁的实践意义。

总之，从人类学的观点看问题，瑶族宗教信仰具有丰富的文化内涵。因此，我们的研究不能停留在满足于现象的粗浅描写和某些史实的争辩上，而应当启用新视角，开辟新领域。如果能掌握人类学理论，做些扎扎实实的田野考察，在抓住瑶族宗教信仰特质的基础上，作深入的分析研究，就不但能印证、发展理论，而且可能提供高质量的决策参考意见，指导当前伟大的社会与文化变迁实践，为各民族和团结进步事业贡献力量。

1994 年 11 月 15 日

# 妈祖崇拜流传广西若干史料的初步考释

妈祖崇拜起源于福建，流传台湾、广东、浙江，这是治史者所知道的。但妈祖崇拜在广西也有流传，这却鲜为人知。

广西的妈祖崇拜盛行于明清间。主要流行于广西东部，但散布面较广。除桂东、桂东北、桂中、桂东南许多市县建有宫庙外，桂西、桂南部分县也有流传。下边是笔者根据手头掌握的方志资料编制的一张表格，观之可见一斑。

广西妈祖宫庙一览表

| 名称 | 建修地址 | 建修年月 | 建修人 | 出处 |
| --- | --- | --- | --- | --- |
| 天后庙 | 梧州城东府学东南 | 清康熙六十一年(1722年)修 | 李世考重修 | 清嘉庆《广西通志》卷144，建置 |
| 天后庙 | 贺县城外上水东（一说在水东上街东宫尾） | 明万历年间建，清初重修，同治十三年（1874年）重建 | 温献湖重修，邑人重建 | 同上，并见嘉庆《平乐府志》卷5，坛庙，光绪十六年（1890年）贺县志卷2，建置部 |
| 天后宫 | 贺县芙蓉圩 | | | 清光绪十六年（1890年）《贺县志》卷2，置部 |
| 天后宫 | 信都县（今属贺县） | | | 民国二十五年（1936年）《信都县志》卷2，风俗 |
| 天后宫 | 玉林州城南一里 | 明万历年间建，清乾隆十八年（1679年）修 | | 清光绪二十年（1894年）《玉林州志》卷7，建置 |

续表

| 名 称 | 建修地址 | 建修年月 | 建修人 | 出 处 |
| --- | --- | --- | --- | --- |
| 天后庙 | 北流县广济桥左，康熙十二年（1673 年）迁龙母庙右，嘉庆七年（1802 年）迁建龙桥街。 | 康熙十二年（1673 年）迁建，嘉庆七年（1802 年）迁建 | | 清光绪六年（1880 年）《北流县志》卷 12，祠庙 |
| 天后宫 | 陆川县清湖圩 | 清道光年间建，光绪三十三年（1907 年）蔡上达倡修 | 蔡上达倡修 | 民国十二年（1923 年）《陆川县志》卷 5，建置 |
| 天后宫 | 陆川县滩面圩尾 | 清乾隆五十七年（1792 年）建 | 黄何氏暨男忠启钦政等建 | 民国十二年（1923 年）《陆川县志》卷 5，建置 |
| 天后庙 | 陆川县城北学前街 | | 广东东莞县商人合建 | 民国十二年（1923 年）《陆川县志》卷 5，建置，并见嘉庆《广西通志》卷 146，直隶玉林州陆川县条（注引《金志》） |
| 天妃庙 | 柳州东门外 | | | 清乾隆二十九年（1764 年）《柳州府志》卷 17，坛庙 |
| 天后宫 | 柳州西城瑶光楼 | 乾隆八年（1743 年）改建 | 知州沈嘉征改建 | 清乾隆二十九（1764 年）《柳州府志》卷 17，坛庙 |
| 天后宫 | 马平县（治今柳州）东门外 | | | 清乾隆二十九年（1764 年）重刊《马平县志》卷 3，坛庙 |

续表

| 名称 | 建修地址 | 建修年月 | 建修人 | 出处 |
| --- | --- | --- | --- | --- |
| 天妃庙（祀天后元君） | 平乐县协和乡景行街附近 | 康熙年间创建，雍正五年（1727年）重修 | 祖云洞创建 | 民国二十九年（1940年）《平乐县志》卷8，古迹 |
| 天妃庙（即龙池庙），祀龙母之神 | 平乐县骆家桥右 | | | 《古今图书集成方舆汇编职方典》卷1426，平乐府部，并见清光绪十年（1884年）《平乐县志》卷2，坛庙（注引府志） |
| 天妃庙 | 恭城县右陶庄左侧 | | | 清光绪十五年（1899年）《恭城县志》卷1，坛字 |
| 天后庙 | 昭平县城外江浒 | 康熙三十七年（1698年）建 | | 清嘉庆《平乐府志》卷5，坛庙 |
| 天后宫 | 宁明县明江南门外 | | | 清光绪九年（1883年）《宁明县志》卷下，祠庙 |
| 天后官 | 奉议州（治今田阳县田州镇兴城村）清水塘通灵桥 | 光绪十三年（1887年）建 | 知府陈善钧，知县苏人縠率绅民同建 | 清光绪十八年（1892年）《镇安府志》卷14，坛庙奉议州条 |
| 天后庙 | 灵州县城南二里大象山上 | | | 清嘉庆《广西通志》卷142，建置桂林府灵川县条 |
| 天后庙 | 临桂县王府坪大街 | 雍正十一年（1733年）建 | | 清嘉庆《广西通志》卷141，建置桂林府临桂县条（注引《金志》） |

续表

| 名 称 | 建修地址 | 建修年月 | 建修人 | 出 处 |
|---|---|---|---|---|
| 天后庙 | 业县东城外 | 康熙十一年（1672 年）建，雍正十一年（1733 年）修 | | 清嘉庆《广西通志》卷 146，建置玉林州兴业县条（注引《金志》） |
| 天后庙 | 桂平县城南门外 | | | 清嘉庆《广西通志》卷 145，建置浔州府桂平县条 |
| 天后庙 | 容县镇远门外 | | | 清嘉庆《广西通志》卷 144，建置容县条（注引《金志》） |
| 天后庙 | 怀集县南溪之上 | | | 清嘉庆《广西通志》卷 144，怀集县条（注引《金志》） |

从上表可以看出，广西妈祖庙称天妃庙或天后宫、天后庙。但其祭祀对象为妈祖则无疑。关于此点，虽然广西方志记载多半不详，但仍可找到不少有关证据。其一，这些宫庙多修建在近水的地方，说明祭祀对象与水有关，如：平乐县“天后庙……在骆家桥右”①；北流县“天后庙原在广济桥左”②；贺县“天后宫在水东上街”③；陆川县“天后宫在清湖圩”④；恭城县“天妃庙在古陶庄左侧，庙前一溪”⑤；昭平县“天后庙在城外江浒”⑥；宁明州“天后

① 《古今图书集方舆汇典》，卷 1426，平乐府部，并见光绪十年《平乐县志》，卷 2，坛庙。

② 清光绪六年（1880 年）《北流县志》，卷 12，祠庙。

③ 清嘉庆《广西通志》，卷 144，建置，并见嘉庆《平东府志》，卷 5，坛庙，光绪十六年（1890 年）《贺县志》，卷 2，建置。

④ 民国十二年（1923 年）《陆川县志》，卷 5，建置。

⑤ 清光绪十五年（1889 年）《恭城县志》，卷 1，坛庙。

⑥ 清嘉庆《平乐府志》，卷 5，坛庙。

宫在明江南门外河边”①；奉议州“天后宫在清水塘通灵桥”②。其二，历史上获天妃、天后庙号的只有妈祖，无其他神。其三，有些志书明确记载天妃庙或天后宫的祭祀对象和祭祀目的，其中，除《古今图书集成》和光绪《平乐县志》误将平乐府府城天后庙记为“祀龙毋之神，祈雨立应”③ 外，其余均明确记载为祀“天妃”或“天后”，如民国二十九年（1940 年）《平乐县志》卷 8 古迹载该县协和乡景行街附近“天妃庙祀天后元君”，光绪六年（1880 年）《北流县志》卷 12 祠庙载：“旧志载：天后，福建蒲田人，五代闽王时都巡检林愿之第六女也。”而记载最详细明确的是嘉庆《广西通志》卷 144 建置十九，其记梧州天后庙云：“考后本闽人，世居蒲田湄州屿，五代闽王时都巡检林愿之第六女也。母王氏。神生于宋太平兴国四年（979 年）三月二十三日，升化于雍熙（疑为“淳熙”之误）四年（1177 年）二月十九日。历朝加封庙号，遣官致祭。”

根据列表统计，已知广西历史上修建的天妃庙、天后宫、天后庙共 25 个。由于广西修志不全，也许实际数字还要更多。这 25 个庙宇主要分布在桂东，尤以桂东南即历史上浔州府、直隶玉林州即今之玉林市地区为最多，几乎无县无天后宫、天后庙，有的一县数庙。具体分布是：玉林州城南天后宫、北流县广济桥天后庙、陆川县清湖圩天后宫、滩面圩天后宫、城北学前街天后庙、兴业县东城外天后庙、桂平县城南天后庙、容县镇远门外天后庙，共 8 座。

其次分布在桂东地区，即历史上之梧州府、平乐府（部分地区），今之梧州市、贺州市地区。具体分布为；梧州府学东南天后庙、贺县块外上水东天后庙、芙蓉圩天后宫、信都县（今属贺州市）

---

① 清光绪九年（1883 年）《宁明县志》，卷下，柯庙。

② 清光绪十八年（1892 年）《镇安府志》，卷 14，坛庙奉议州条。

③ 清嘉庆《广西通志》，卷 144，建置。

端南天后宫、昭平城外江浒天后庙、怀集县南溪天后庙，共6座。

再次为桂东北地区，即历史上桂林府、平乐府（部分地区），今之桂林市和桂林地区。具体分布为：临桂县王府坪大街天后庙、灵川县城南二里大象山天后庙、平乐县城厢镇盐仓街天后庙、骆家桥天妃庙、协和乡景行街天妃庙、恭城县古陶庄天妃庙，共6座。

复次为桂中地区，即历史上之柳州府，今之柳州市，具体分布为：柳州东门外天妃庙、柳州西城瑶光楼天后宫、马平县（今柳州）东门外天后宫，共3座。

桂南地区即历史上南宁府，今之南宁市和南宁地区，桂西地区即历史上之镇安府、泗城府，今之百色地区，根据方志记载，只各一座，即宁明县明江南门外天后宫、奉议州（今属田阳县）清水塘通灵桥天后宫。而桂西北，即历史上之庆远府，今之河池地区，尚未发现有天妃庙或天后宫。

广西天妃、天后宫庙的分布状况，与广西历史上信仰妈祖之族群及其迁徙分布和居住环境有密切关系。广西历史上信仰妈祖的族群主要为汉族。少数民族信仰妈祖的迄今尚未发现。汉族进入广西主要有两条路线，一是经湖南溯湘江、越五岭而下，一是从广东溯西江而上。因此，历史上广西东部地区，包括桂东北、桂东南一直是汉族主要居住地区。汉族信仰妈祖，其起因是受福建人的影响，其次是广东人的影响。明清之际，我国东南沿海一带由于资本主义萌芽带来商品经济的发展，以及农村土地的高度集中，加上人口增殖，人们为了谋生，除了渡海到台湾及下南洋外，部分人下广东复由广东上广西，经梧州市散处桂东和桂东南各地；也有部分福建人经江西、湖南进入广西，散处桂东北各地。此外，还有不少广东人上广西谋生。史载明清间，梧州“客民，闽、楚、江、浙俱有，惟东省接壤尤众”①。“往来横渡口，强半广州音”②。合浦县“俗有

① 明《梧州府志》，卷2，风俗。

② （明）徐蔡：《苍梧即事》（其一），载《粤两诗载》，卷20。

四民：一曰客户，居城郭，解汉音，业商贾；一曰东人，杂居乡村，解闽语，业耕种；一曰俚人，深居远村，不解汉语，唯耕凿为活；一曰蛋户，舟居穴处，亦能汉音，以采珠为生”①；平乐县“厘市居民多东粤及全州人”②。

福建、广东人进入广西后，大多居住在城市及附近农村，如梧州、玉林、贺县、桂林、柳州及周边地区。这些历史上兴起的城市多在大江、大河如西江、抚江、桂江、柳江旁边。这有助于我们理解他们来到广西后，能保留妈祖信仰，并适应新环境，而将妈祖信仰的文化内涵稍加改变，即妈祖信仰在福建、广东沿海主要视妈祖为海上保护神，广西的妈祖信仰则视妈祖为江河保护神。关于此点，从广西妈祖庙多建在江河滨可以看出。嘉庆《广西通志》卷144建置十九梧州“天后庙”条载文是一条很好的注脚。该载文云：“粤西由梧而上，怪石峻岩，激湍澎湃，溯流上者如登天，顺流下者若临渊，往来者各具戒心。悉赖我神灵（指天后——引者注）默相安流以济，是故旅险等于坦途。梧之庙貌宜大，夫士庶商贾行旅馆嘉助者，众城之不难也。”

广西的妈祖崇拜，除因为福建人、广东人之迁入广西带来妈祖信仰文化外，元、明、清三代中央封建王朝及地方封建官员的提倡也是个重要原因。这从广西妈祖庙无一称妈祖而称天妃庙、天后宫、天后庙可以看出。盖天妃庙号、天后庙号先后为元世祖至元十八年（1281年）、清康熙二十二年（1684年）加封。③ 妈祖崇拜经中央王朝提倡而流布广西。据史载，广西天妃庙、天后宫、天后庙除了民间兴建的外，有部分是地方官员倡修的，如柳州西城瑶光楼天后宫为乾隆八年（1743年）知州沈嘉征改建④，奉议州清水塘通灵桥天

① 民三十一年（1942年）《合浦县志》，卷3，风俗。

② 《中华全国风俗志》上，广西条，引自《金志》。

③ 陈国强、林瑶棋：《漳浦乌石天后宫》，15～18页。

④ 清乾隆二十九年《柳州府志》，卷17，坛庙。

后宫为光绪十三（1887年）知府陈善钧、知县苏人嶅率绅民同建①。其他天后宫、天后庙建修人史载不详，亦不排除其中有官员修建的可能。

据方志记载，广西最早的妈祖庙为玉林州城南天后宫、贺县城外上水东天后庙，均为明万历间（1573—1620年）建，但从广西保留有天妃庙（如柳州东门外天妃庙、平乐骆家桥右天妃庙、协和乡景行街天妃庙、恭城右陶庄天妃庙）来看，天妃庙号已如上述，最早自元至元十八年（1281年），称“护国明著天妃”，故此，笔者怀疑，广西的妈祖崇拜早在元代已有之，而其盛行则在明清间，到清末及民国时期已到了尾声。

广西妈祖崇拜盛行明清间，其原因上文已叙及，主要是福建人、广东人这一时间大量迁入广西。衰微于清末及民国时期，其原因有二。一是清末咸丰年间（1850—1861年），太平天国革命兴起于广西金田，席卷桂东南各地及桂东北各地。太平天国主张崇拜天主，反对信仰妖神。一时间，广西的一些天后宫、天后庙被捣毁，以后有的不再重建。史载贺县水东上街天后宫“咸丰八年毁”② 即是一例。二是民国年间广西当局破除迷信，将各地庙宇改作学校及乡村政府办公楼，如平乐县“天后庙，又名古天后宫”，原“在城厢镇盐仓街，已改为盐仓五街国民基础学校”③即是一例。由于社会变革引起文化变迁，广西妈祖崇拜到民国末年已近尾声。新中国成立后，由于历次运动的影响，已销声匿迹。

由于广西妈祖崇拜已成陈迹，而史籍缺乏有关妈祖崇拜仪式及活动方面的详细记载，新中国成立后迄今无人作过调查研究，因此，广西妈祖崇拜的祭礼日期、规模、参加人员、仪式过程，及庙

① 清光绪十六年《贺县志》，卷2，建置。

② 国民二十九年（1940年）《平乐县志》，卷8，古迹。

③ 国民二十九年（1940年）《平乐县志》，卷8，古迹。

宇建筑格式和规模等方面情况尚不得而知，有待今后深入研究。然而本文提出的事实，已足证明广西与福建虽远隔千里，而文化可借由人员迁徙、政府运作等途径传播、扩散，并随时空变化、社会变革而发生变迁和变异。人类学上关于文化传播和变迁的理论具有普遍性。

1997年6月15日写于南宁西乡塘

# 关于瑶经研究的几个问题①

瑶经是瑶族宗教经典的简称，其内容和意义远超出宗教信仰范围。即使就宗教而论，宗教是人类历史和文化的重要组成部分，要了解人类各民族的历史和文化，离不开宗教研究，而要研究宗教，就离不开研究作为宗教信仰重要载体的宗教经典，何况瑶经的内容并不限于宗教信仰。遗憾的是，我们的南方民族历史文化研究长期忽视瑶经的搜集、整理和研究。目前这一工作进展仍较缓慢，散藏民间的瑶经不但未能充分发挥其学术价值，反而有随着现代化进程趋于消失的危险。本文仅就瑶经研究中存在的问题，瑶经的内容、性质和价值，瑶经研究的对策和前景略述管见，以求引起各方重视与讨论，促进南方民族学、人类学研究的健康发展。

## 一、瑶经研究中存在的问题

瑶经作为瑶族民间宗教文献，其宗教属性、规模和影响虽不能与道藏、佛经和伊斯兰教经典相比，但其在瑶族民间被广泛传抄，种类繁多，内容丰富，对瑶族社会产生过长久而深远的影响，历史上与瑶族有密切关系的中央王朝以及汉族、壮族等民族的文化在瑶经中也有反映。因此，瑶经的搜集、整理和研究，不但对正确认识瑶族历史文化，而且对正确认识我国民族关系史均有意义。但由于各种原因，我国的瑶经研究存在不少问题。

第一，认识偏颇，落后于时代。少数民族的宗教典籍，尽管具

① 原载于《广西民族学院学报（哲学社会科学版）》，1997年第3期。

有宣扬宗教迷信的作用，但在发达国家，都把其当作人类文化遗产和研究少数民族历史文化的重要文献加以搜集、整理、保存，供研究人员使用。在我国，则往往只看到其宣传宗教迷信的一面。“文化大革命”中以“破四旧”的名义强行搜查、收缴、烧毁瑶经不说，即使在今日，也还有人一提瑶经，只当做迷信品。殊不知，在这些迷信品中，也包括民族文化珍品。

第二，搜集整理，行动迟缓。由于认识上的偏颇，尽管自80年代中后期开始，我国已提出了整理、出版少数民族民间古籍的任务，并作出了许多成绩，但在瑶族宗教典籍的搜集、整理方面则行动迟缓。迄今，除湖南、广东出版过《盘王大歌》、《八排瑶古籍汇编》、《拜王歌堂》、《盘王歌》4种外，瑶经的搜集、整理和出版与瑶经的实际情况相差甚远，许多地县未把瑶经列入古籍整理出版计划。

第三，研究者少，方法落后。长期以来，我国从事瑶经搜集、整理、研究的只有少数几个人，而且是兼职，并非专职，有的还是业余研究人员。对瑶经的搜集、整理，有的是从史学的角度，有的从民间文学角度，有的从宗教学的角度。出发点不同，使用的理论和方法不同，手段落后。仁者见仁，智者见智，很难对瑶经的产生、形成、发展及其性质、功能和作用作出全面、系统、科学的评价。在这点上，比较法国、德国、日本、泰国的科研机构用照相机、复印机、电脑等手段，在人类学、文献学理论方法指导下，对瑶经作全面系统搜集，甚至不惜用金钱求购，然后仔细进行文物修复和版本甄别，再从多学科多角度对内容详细分析，我们的搜集、整理和研究工作显得落后。

第四，历经浩劫，行将消失。从清代开始，我国政府机构官员（如广东连阳当局有关官员）就把瑶经等少数民族民间宗教经典视为“鄙俚、诞妄不经”，搜书焚毁。民国时期，广西当局通令不准师巫行业。新中国成立后，自土地改革至“文化大革命”的各次政治运动中，收缴民间宗教经典，批斗从事师、道公活动的人员；八九十年代收缴烧毁民间宗教经典。何况数十年岁月流逝，原来上年纪的师、道公人员早已纷纷亡故，经书不断烧毁、霉烂、虫蛀和散失，古老而有价值的版本已十分难以搜寻。随着农村经济和社会发展、风俗的变更，如再不抢救，若干年后恐怕会消失殆尽，再抢救已来不及。

## 二、瑶经的内容和性质

要做好瑶经的搜集、整理和研究工作，首先要解决认识问题。所谓瑶经，即瑶族的宗教经书，是瑶族举行各种宗教仪式时所使用的文书，包括举行度戒、打斋、做醮、祭祖、送亡、求花、求财、驱疫、延命、保生、还愿等仪式使用的疏、表、咒、符、诀、经文、神唱等，记载着瑶族观念中的神灵世界。当然，这些与瑶族的宗教迷信有密切关系，是瑶族宗教观念与行为的表现，同时对传播宗教迷信起着重要的作用。

但瑶经又不仅是瑶族宗教文献，还是瑶族重要历史文献。首先，宗教本身是人类历史的产物和历史活动的组成部分。瑶经记录着瑶族宗教观念和宗教活动的历程，是研究瑶族宗教信仰发展规律的文献根据，对了解瑶族宗教产生和演变有不可替代的作用。其次，瑶经中除了宗教迷信内容外，还记录了瑶族古代历史、语言、迁徙、砍山耕种、狩猎、征战、商贸、民族关系、风俗习惯、文学、音乐等众多史实，是研究瑶族历史文化的珍贵资料。瑶经的这种历史性质并不是唯一的，经验告诉我们，世界上许多民族的宗教经典都具有这种性质。

瑶经不仅是历史文献，还是瑶族现实生活的记录，是瑶族文化的重要表征。宗教这种东西，尽管千百年来不断有人批判它是愚昧落后的产物，但迄今为止，世界上还没有一个民族的全体人民消灭了宗教。在我国，在新中国成立后至十年动乱时期，宗教迷信曾一度销声匿迹，但这只是表面现象。到打倒“四人帮”，尤其是80年代改革开放以来，宗教迷信又死灰复燃，在有的地方甚至比“文化大革命”前还有过之而无不及。瑶族地区亦然。过去一些被禁止了的求子、求财、打斋、送亡、保生、延命、度戒、祭祖、跳盘王活动又恢复了。既有宗教活动，就需要有经书。许多地方将尘封已久的经书又翻捡出来，出于实际需要而辗转传抄。在这种情况下，要了解和研究瑶族的现实生活与文化，离开瑶经的搜集、整理、研究，是不可能的，至少是不全面、不深入的。

总之，从认识上说，我们不应当把瑶经简单地视为宗教文献，像“文化大革命”、“破四旧，立四新”运动一样，把瑶经（还有壮经及其他民族经书）当作迷信用品，动辄没收、烧毁。瑶经除迷信内容外，还有许多民族文化珍品。我们不能重演给孩子洗澡将孩子连同脏水一起倒掉的错误，即使是为了同迷信行为作斗争，也需要熟悉瑶经，知己知彼，才能无往不胜。何况宗教迷信作为人类文化的组成部分，要做到从整体上认识人类文化，把握其发展脉搏，也不能不研究瑶族宗教，包括宗教经书。

## 三、瑶经的学术价值

瑶经的多重性质，决定了瑶经研究具有多种重要价值。

第一，由于瑶经是宗教文献，因而瑶经研究对瑶族宗教研究具有重要价值。

迄今为止，我国的瑶族研究对瑶族宗教的看法是仁者见仁，智者见智，众说纷纭，莫衷一是。有的学者认为瑶族的宗教受道教文化的深刻影响，有的直称瑶族宗教为瑶族道教，有的认为瑶族宗教外壳是道教，内核是原始宗教或自然崇拜和祖先崇拜，还有的认为瑶族宗教是多神信仰。之所以出现这种情况，除了评判的理论标准不一致外，更为重要的原因是对事实的把握不全面和不准确。比如，有的研究者并未做过瑶经的全面系统的搜集研究，只凭一两次调查耳闻目睹的情况，就断言瑶族宗教是“多神信仰”，或“原始的自然崇拜和祖先崇拜”。有些研究者也搜集了部分瑶经，但只是一地区一支系或某一仪式使用的瑶经，也认为瑶族宗教虽然受道教影响，但内核是自然崇拜和祖先崇拜。这种看法有以偏概全之嫌。

第二，瑶经作为瑶族珍贵的历史文献，对研究瑶族历史具有重要的学术价值。

首先，从宗教迷信的角度观察瑶经，可以看到瑶经中记载的大量神祇，除瑶族固有的盘王、盘都镇大将军、房氏祖师等外，有些神是汉、壮等民族共同崇奉的，如盘古、三清、三元、玉皇、社王、雷王、土地等，有些神具有一定的地域性，如桂北湘南的傩公、傩母（或称北山圣公、南山小妹），桂中、桂南一带的冯三界、陈宏谋，粤西北房成海三兄弟等。瑶族的宗教仪式与活动具有自己的特点，有些活动只有瑶族举行，别的民族是没有的，如跳盘王、挂灯、祭密洛陀，但本民族内部不同地区不同支系的这些仪式与活动在程序、规模上又有差异。另一方面，瑶族有些宗教仪式与活动，如打斋、送亡、做醮、祭社、求子、拜寄等，尽管做法上有自己的特点，但与汉族、壮族等其他民族举行的这类仪式与活动基本上是同质的。上述瑶族宗教观念与行为都记录在瑶经里，从而形成瑶经与汉、壮等族民间宗教典籍，瑶族不同支系不同地区的宗教典籍在内容与形式上千姿百态的共性与个性关系。这无异于给我们提供了瑶族与其他民族以及瑶族内部不同支系历史发展及相互关系的最直接、最有力的证据。仔细比较、分辨瑶经与其他民族宗教经典的共性与差异，再证之以其他历史事实，可弄清瑶族历史上许多重要问题。

其次，从语言文字、歌舞艺术的角度看，瑶经记录着我国已经死去了的语言文字。熟悉情况的人都懂得，瑶族师、道公做仪式时念诵瑶经所使用的语言与平时讲话时使用的语言是不一样的。听似瑶语，而非瑶语，似汉语又非汉语，其实是一种瑶语汉语的混杂语，瑶族称之为“经语”，以区别于平常口语和“歌语”（唱山歌时使用的语言，与口语亦有区别）。其中汉语非今天汉语，瑶语亦非今日瑶语，而是一种历史语言。这种历史语言在日常生活用语中已经消失，只有师、道公念诵经文、神唱时才使用，故可称为“已经死去的语言”。有些支系的瑶族宗教师做仪式时分别用瑶语、汉语、壮语念诵经文，其中有些汉语可明白听出是晚近的平南白话、桂柳话，而另一些支系的宗教师念诵经文则可听出是汉语广府音或客家音。瑶族师道公抄写的经书，使用大量汉族民间土俗字，这些土俗字在今天汉族民间已不易看到。瑶族自己也制作了一些本民族的土俗字（有人称为瑶造字）。这些瑶族土俗字制作时间比较早，这可从瑶族分散迁徙已逾千年，而各地瑶经不但内容大同小异，使用的瑶族土俗字也几乎一样，这一事实求得证明。至于瑶经中还记录保存我国古代的一些乐曲和舞蹈，如《盘王大歌》中的七任曲（即七支曲子）和各式长鼓舞，这也是多数瑶族研究学者所熟知的，因此，从语言文字、歌舞艺术方面看，瑶经的历史价值也是不可否认的。

复次，瑶经以散文、神唱、神话、故事、谚语等不同文学体裁，和可供考察的谱牒世系、经文版本、杂记，直接记录了瑶族历史上经历过的经济与社会生活、重大灾荒、民族之间的征伐与战争、迁徙、游耕、风俗习惯、伦理道德等方面的重要史实。如瑶族宗教文献《家先单》为瑶族师道公为户主举行扫墓祭祖仪式时念诵的户主历代祖先世系名单，类似谱碟，其中记载每一世祖先法名、生卒年月、埋葬地址（包括省、府、州、县、乡里、岭冲、社及坐向），是研究各姓瑶族迁徙分布的重要资料。又如，古代瑶族经过的寅卯二年天大旱、渡海逃荒；古代南方少数民族调戍守，参加中央王朝重大军事行动及乡里、行伍编制、使用武器和交通工具等史实，在瑶经中也有记载。而瑶经在传抄中，书主、抄写者往往于书头书尾记下书主、抄写者姓名或法号以及抄写年月日时，形成众多可供考证的版本；书主有时还用瑶经中的空页，记录子弟挂灯、度戒年月日时，所请师父姓名，耗费金钱、猪鸡米酒数额，族中因结婚、建房等借用钱物数额，及其他杂事、感世伤时诗歌，为我们研究瑶族社会历史提供了众多有用资料。

第三，瑶经是瑶族文化特征的重要反映，对研究瑶族文化具有民族学、人类学价值。

从人类学的观点看问题，瑶族是中国及世界众多民族中的一个民族，瑶族宗教是人类各民族宗教中的一种宗教，瑶族历史是人类各民族历史之一部分，瑶族文化亦是人类文化之一部分。因此，上述瑶经所具有的宗教学、语言学、历史学、文学艺术等方面的价值，从根本上讲，也就是瑶经所具备的人类学价值。人类学理论认为，人类由于有文化而组成社会，由文化与社会协调人与人以及人与自然之间的关系，保证人类生存发展，这是人与动物的根本区别。换言之，人类各民族虽然有差异，但存在着一些普遍规律。例如，人类都需要衣食住行，而且衣食住行都有一定规则；人类都有婚姻、家庭以及社会组合，这些也都有规则；人类在精神生活方面都有文学艺术活动和宗教信仰活动，在这方面也是有规则的。但是在实际生活中，各民族文化却存在着巨大差异，如何解释这些差异的含意，从中寻找普遍规律，这对人类学家来说，不但是一种挑战，也是一种机遇。因此，人类学家十分重视异文化研究，其目的在于通过异文化比较研究，建构和完善人类学理论。瑶族宗教经书的价值恰恰在于：它以特殊的方式如实记录了色彩斑斓、扑朔迷离的瑶族文化，从而引起众多人类学家的注意。从 20 世纪 60 年代起，国外开始有瑶经的搜集、研究，70 年代末 80 年代初开始出版和发表研究成果，目前有的国家正在把瑶人文书的整理、研究当作“瑶族工程”，其原因是瑶族文化是中华民族乃至世界众多民族中的一个民族为适应生存而创造的一种文化，并有自己的特点，弄清这些特点包含的意义，可以为人类文化的阐释增加新内容。

## 四、瑶经研究的对策和前景

鉴于瑶经具有重大学术研究价值，我们搜集、整理、研究工作的严重不足，以及瑶经所面临的行将消失的命运，笔者认为，必须在提高认识、统一思想的基础上，抓紧做好抢救这一民族历史遗产的工作，把瑶经的搜集、整理、研究纳入我国民族学、人类学研究计划，以发挥其应有的作用。

瑶族历史悠久，人口 230 多万（1994 年统计数），是我国人口过百万的18个少数民族之一。同时，瑶族又是国际性民族，除中国外，旅居国外，分布越南、老挝、美国、法国、加拿大、澳大利亚等国家的瑶族还有近60万。瑶族内部支系众多。按语言划分，一般分为勉语、布努语、炳多优语、拉加语四大支系，其中勉语、布努语内部又有不同方言。由于瑶族人口较多，分布面广，支系复杂，尽管新中国成立以来，瑶经屡遭劫难，目前民间仍保留有不少，只要抓紧抢救，还可以挽回部分损失。

根据以往的经验教训，今后瑶经的搜集、整理和研究，应注意做好如下几方面工作。

第一，应把瑶经的搜集、整理纳入少数民族古籍整理计划，做好全面系统的搜集、整理工作。瑶经属古籍，已不待言。瑶经的搜集、整理工作是瑶经研究的基础。由于瑶族历史悠久，支系众多，瑶经在流传中产生众多不同的版本。只有深入、广泛地搜集，才能比较鉴别，弄清其中内容，进而为瑶族宗教信仰及历史文化研究提供丰富、准确的资料。

第二，应建立和完善相应机构，充实人员。广西自80年代中期以来，根据国务院有关文件精神陆续建立各级少数民族古籍整理办公室。但由于人员和经费缺乏，有的地、县建立的古籍整理办公室编制过少，有的与党史办、修志办合署办公，一套人马，几块牌子，工作冲突，机构形同虚设。瑶经等少数民族古籍的搜集、整理长期停滞不前。当务之急是建立健全机构，充实人员，并提高素质，赶紧把资料搜集回来，做好分类登录和保管工作，否则将贻误时机，造成不可弥补的损失。

第三，加强培训，改进理论方法，提高研究质量。瑶经内容涉及历史学、宗教学、民俗学、语言文字、文学艺术、哲学、民族学、人类学等众多学科，搜集、整理、研究人员素质如何，决定瑶经研究的水平。目前从事瑶经研究的人员受过专业训练者少，多数是临时从其他部分抽调而来，未经训练即上岗操作。学术上无鉴别能力，其工作质量可想而知。当务之急，是由上级有关部门聘请专家，有计划地开班讲课，对各古籍办人员进行业务训练，以提高他们的业务水平，否则，瑶经等少数民族古籍整理亦达不到理想效果。

第四，领导重视，增加投入，各方面配合，是搞好瑶经研究的关键。瑶经的搜集、整理、研究是一项牵扯到古籍、科研、博物、公安、出版等部门的多头系统工作，没有各级党政领导的关怀支持、各有关部门的积极配合和一定的经费投入，势难完成。新中国成立以来，由于指导思想上只把瑶经等民间宗教典籍当作迷信品，古籍和科研部门还未来得及搜集、整理，而治安部门每发现师、道公活动，便连人带物一并收治，待古籍、科研单位发现线索，前往搜集时，瑶经早已被付之一炬。为此，建议国务院及省市有关部门作出决定，将少数民族民间宗教经典列为历史文物加以保护，治安部门发现师、道公活动影响地方治安和精神文明建设的，应批评教育，但不得随意没收、烧毁经书及法具，应通知古籍、科研单位前往搜集。同时建议各级政府从财政中拨出一定经费用于瑶经等少数民族民间宗教典籍的搜集、整理、研究和出版，俾中华民族这一宝贵历史文化遗产得以批判继承，为国家现代化建设贡献出一份力量。

我国是世界文明古国，中华各民族在数千年历史长河中创造了光辉灿烂的中华文化。包括各民族宗教典籍在内的中华文化遗产，其中有糟粕，但必定有精华。不论精华、糟粕，都代表了人类在历史进程中对主观世界和客观世界的认识和探索。以今人的眼光看待古人的认识和探索或许觉得幼稚可笑，但历史毕竟是历史，今人只有总结历史、开辟未来的责任，没有苛求古人、毁灭文化遗产的权利。只要本着实事求是的精神总结文化遗产，我们是可以在对包括瑶经在内的民族民间宗教经典的挖掘、整理和研究方面有所作为的。

1997 年 7 月 16 日

# 经济人类学篇

# 十万大山山子瑶农村公社探讨①

瑶族有124万多人（1978年），分布在南方六个省（区）130多个县。关于瑶族在新中国成立前的社会性质，60年代初期作过一次讨论。学术界多数人认为瑶族新中国成立前已进入封建社会，只是部分地区在社会组织、婚姻习俗、经济关系的某些方面保留了原始社会的残余，然而那时的讨论是建立在新中国成立初，尤其是50年代末60年代初的调查研究基础上的。而新中国成立初期的调查范围有限，50年代末60年代初的调查受到当时“左”的思想影响而不够深入，因此，那次讨论得出的结论未必十分准确。

例如对十万大山山子瑶社会形态过去未作过深入的调查，至今一般只认为那里新中国成立前存在“共耕”关系，并认为这种“共耕”只是生产上的一种原始协作形式，而不涉及土地占有、产品分配等方面的生产关系。究竟新中国成立前瑶族的社会性质是怎样的?十万大山山子瑶新中国成立前又处在什么发展阶段上？根据我们1980年以来所作的两次调查，可以初步判定：这里新中国成立前不只存在着“共耕”制，这种“共耕”也不只是生产上的一种原始协作形式。十万大山山子瑶新中国成立前其实从生产力到生产关系，从经济基础到上层建筑各个方面，都具有原始农村公社的特征，还处在原始农村公社发展阶段。本文主要根据我们1980年和1982年的两次调查，适当参考了前人的一些调查资料和文献记录，对十万大山山子瑶的农村公社形态进行探讨。不当之处，请读者批评指正。

---

① 原载于《广西民族学院学报》，1983年第3期。

## 一、原始低下的生产力水平

探讨十万大山山子瑶新中国成立前的社会形态，有必要先考察一下这里新中国成立前的生产力水平。

十万大山坐落桂南，现有瑶族 17675 人，分为板瑶、山子瑶（蓝靛瑶）两个支系，其中山子瑶 15600 余人，板瑶 1900 余人（1982 年数据）。大山东起钦州，横贯上思、防城，西南达宁明，跨中越边境，峰峦重叠，奔腾起伏，形势险峻，主峰莳良岭海拔 1462 米。山子瑶盘山而居，散布在上思与防城的南屏、叫安、在妙、峒中、板八、滩散、那良、那梭、扶隆、大箓十个公社。

新中国成立前山子瑶的生产情况是：他们主要从事农业生产，农作物主要是旱谷，其次有粟米、玉米、薯类和豆类等。他们会种植蓝靛，会染布，但不会种棉花，不会织布，山地作物的生产是其主要经济部门，采集和渔猎为辅，手工业还没有从农业中分离出来，民族内部交换不发达，更没有形成集市。

生产工具是衡量生产力水平的标尺。新中国成立前，山子瑶使用的生产工具主要是斧头和砍刀，其次是“打洞棍”和“扒片”、斧头、砍刀、扒片，均为铁质，但数量有限。砍刀一户有一两把（即主要劳动力每人基本上有一把），斧头则通常几户共一把。斧头、砍刀系用土特产与山外汉、壮族商人交换而来，“扒片”（用于松土）系将用旧了的砍刀弯制而成。由于铁制工具有限，农副业生产中不得不仍然兼用竹木工具。例如点播用“打洞棍”，脱粒用竹片、木棍，甚至用手搓脚踩。采集和渔猎工具除粉枪外也多是竹木制品。新中国成立前，也有个别富裕人家购进锄、犁、耙用于坡地和水、旱田生产，但数量很少，使用不普遍，从拥有的生产工具来看，山子瑶未具备锄耕农业的各种工具，如锄、刮、铲等，因而尚未进入锄耕农业阶段，更不用说犁耕农业了。

由于生产工具落后，加上土地瘠薄，山子瑶的农业生产仍停留在原始的“刀耕火种”、轮歇休耕的阶段，技术很粗放。恰如西南某些原始民族一样，“火烧地”也是这里经营山地农业的基本特点。以主要作物旱谷的生产为例，一般是头年十一二月集体用刀、斧头将来年要点种的林地上的树木砍下，让日光曝晒。到第二年二月开春后，举火将树木杂草烧光，不再翻地，趁火灰还暖即播下种子。点播时，男子一人用“打洞棍”在前面打下深二三寸的小穴，妇女一人在后面点种，不放肥料。以后四五月到地里除一次草，七月再除一次草，就等候收割了。收割时，用禾剪将谷穗一穗一穗地剪下，束成把，放在地里晒干，挑回收进谷仓，就算完成了一年全部生产过程。山地头年种旱谷，第二年套种玉米、红薯、芋头及豆类作物。最多种三年，地力已耗尽，必须丢荒，待十多二十年地里重新长起来的树有碗口粗后，再行砍种。

人们在生产中只有年龄和性别的分工。妇女除了料理家务外，同男人一样，都是农业生产主要的劳动者；老人、小孩凡能做点事的都参加力所能及的生产劳动。每个家庭成员都尽自己的力量耕种山地，以增加家庭收入。虽然如此，由于生产工具落后，耕作技术粗放，加上山地作物产量不稳定，人们在同自然作斗争时仍然处于弱势的地位，劳动生产率是很低的。据 1982 年 12 月在上思县南屏公社汪乐大队与江坡大队的调查，过去砍山种畲，一个中劳动力除了种植、管理分地上的杂粮外，一年砍 30 斤种的山地，约需 290 个工，一斤种收获时可得两把谷，每把得谷 5 斤，合 10 斤，30 斤种谷，加上分地上收入杂粮折谷约得二三百斤。这样，每个劳动力每年创造的价值只有五六百斤谷，除了维持自身极低的生活水平外，只能勉强养活一人，生活的贫困是可想而知的。据中央访问团 1951 年对上思县南屏乡的调查，和我们 1980 年 12 月至 1982 年 12 月对该地的两次调查，南屏乡新中国成立前夕有瑶族 293 户，每年缺粮 1～2 个月的 90 户，占总户数 30.7%，缺 3～4 个月的 111 户，占总户数 37.9%；缺粮 5～6 个月的 66 户，占总户数的 22.5%，缺粮最多达 10 个月的有 12 户，占总户数的 4%，合计缺粮 279 户，占总户数的 95.2%。不缺粮只有 14 户，占总户数 4.7%强。

缺粮是指断粮，所谓不缺粮也只是指可以用吃稀饭、杂粮渡过荒月而已。

由于山地农业不足以维持生活，采集和渔猎在十万大山山子瑶的经济中仍占有重要地位，尤以采集为突出。十万大山山高林密，各种野兽、野禽较多，野菜、野果、块根类可食植物及竹笋、木耳、香蕈等生长繁茂。溪流里滋生着乌龟、青蛙和鱼类，岩隙、树洞里有野生蜜蜂。到了断粮季节，人们纷纷上山采集野果、野菜，挖掘薯莨、蕨根、竹笋充饥。有时则上山捕鸟、打野兽或下河摸鱼、提蛙，到林子里寻找野蜂糖。捕获的兽类、鸟类和鱼、蛙都是自食，绝少出卖。木耳、香蕈、蜂糖、竹笋、薯莨有时拿出圩市交换盐、米。

每户养有鸡，一般养有猪，少数人养有牛。男人会酿酒，会用竹、木制作简单的家具，如编竹篓、刨水槽，会用废砍刀弯制成扒片。妇女会挑绣，会染布缝制衣服。但无论畜牧业和手工业都没有从农业中分离出来，成为独立的经济部门。不会制陶器、烧砖瓦，不会打制铁工具。

十万大山瑶族地区也未形成初级的民族市场。瑶族内部也没有出现专门从事商业活动的商人。日常所需要的生产、生活用具，通常要走一两天路，到上思县华兰或防城县那良圩购买。也有些汉、壮族商人肩挑背驮部分商品深入山区，换取瑶族的八角、木耳、香信、兽皮等土特产。交换一般使用货币，有时以物易物。

恩格斯根据摩尔根的史前期分段法，对人类原始社会曾有过这样的描述：人类“蒙昧时代是以采集现成的天然产物为主的时期”，“野蛮时代是学会经营畜牧业和农业的时期”。“野蛮时代”的低级阶段是“从学会制陶术开始”的，到中级阶段后，不但学会了“驯养家畜”、“经营灌溉农业”，“还知道了金属的加工”。到了“野蛮时代”的高级阶段，则“从铁矿的冶炼开始，并由于文字的发明及其应用于文献记录而过渡到文明时代”①。新中国成立前的十万大山山子瑶，已经学会经营农业和畜牧业，但农业还处在“刀耕火种”阶段，没有“灌溉农业”，采集和渔猎还是经济生活的重要补充。手工制作和商品交换不发达。不会冶铁，甚至不会金属加工，不会制陶器。我们大体上可以说他们已经发展到了原始社会末期，亦即“野蛮时代的高级阶段”。

## 二、生产资料占有与共耕关系

进一步来考察一下这里生产资料占有的情况与共耕关系。

十万大山山子瑶在新中国成立前普遍盛行共耕。共耕在山子瑶语中称为“央哥”，意为“大家一起来做”。这种共耕一直延续到新中国成立后1958年。在公社化运动中，上思县山子瑶就是在“央哥”的基础上建立起全县最早的一个人民公社，即“十万山团结人民公社”（后改为“南屏公社”），当时叫做“一步登天”，曾传为“佳话”。

那么这种“共耕”是否如某些同志说的那样，仅仅是一种原始协作形式，而与生产关系即生产资料的占有和产品分配没有关系？我们的答复是否定的。按：共耕本来有建立在土地等生产资料公有制基础上的共耕，也有建立在土地等生产资料私有基础上的共耕。十万大山山子瑶的共耕，不是建立在土地等生产资料私有基础上的共耕，也不是一般的原始协作，而是建立在土地公有或伙有基础上的，是公有或伙有性质的共耕。

据我们调查，十万大山山子瑶在新中国成立前的共耕可以分为血缘共耕和地域共耕。血缘共耕又演化出了姻亲共耕，地域共耕则可分为村社共耕与伙有共耕，伙有共耕还可以分为邻居共耕与跨村共耕两种。血缘共耕，如上思县南屏公社汪乐大队汪乐生

① 恩格斯：《史前各文化阶段》，见《家庭、私有制和国家的起源》，北京，人民出版社，1972。

产队盘富华（已故）的祖公百多年前从防城迁到米南屯，用银子买下平龙山，由其本人与其儿孙九户二十余人，组成公社共耕。姻亲共耕，如四五十年前，旧六育村蒋广龙三兄弟与盘广合有姻亲关系，共耕六育山。米楼屯在七八十年前，李加才、盘进兴、蒋英财三家祖公互有姻亲关系，共耕米楼山。村社共耕是每个村都存在。伙有共耕也较普遍。尤其是经济发达的地区，各种形式的伙耕都存在。上思县南屏公社江坡大队六西村，新中国成立前因种有八角，自清宣统至民国二十几年，从枯龙村陆姓壮人手中买下米楼江以西从上批村至六西村一带共 17 片山。其中 4 片为六西村内部分人凑钱购买，分别组成 4 个共耕组，系邻居共耕；其余 13 片为该村与米楼、米换、米徐村部分人合买，分别组成 13 个共耕组，为跨村共耕。以上无论血缘共耕、姻亲共耕或伙有共耕，参加的个体家庭少则四五户，多则十几户。村社共耕是全村人参加，一般都在八九户以上。

十万大山山子瑶之所以盛行共耕，基本原因是由于这里生产力水平仍很低下，“刀耕火种”农业要砍倒大片山林，个体家庭力量单薄，必须依靠集体的力量。另一个重要原因，是公有、伙有土地在这里占有很大比重。“公共的劳动导致生产资料和产品的公有制。”① 考察十万大山山子瑶的土地制度和其他生产资料占有情况，这里作为生产资料主要构成部分的土地，分别为公有、伙有、私有三种形态，另一方面，房屋、农具、耕畜等生产生活资料则属于个体家庭私有。公有土地，即属于村社全体成员共同所有的山林、河流、荒坡、坡地和小部分水旱田；伙有土地，即属于几户甚至十几户集体所有的山林、坡地；私有土地，即完全属于个体家庭拥有的土地，在十万大山山子瑶中，主要是水旱田和宅旁园地。山子瑶生产资料占有的这种状况，与马克思

① 斯大林：《论辩证唯物主义与历史唯物主义》，见《斯大林文选》，上集，199 页，北京，人民出版社，1962。

主义经典作家所说的原始农村公社生产资料占有的二重性是完全吻合的，即一方面保留着土地公有制，耕地由村社掌握，分配或自然分给各个家庭使用，另一方面，房屋、农具、耕畜及宅旁园地属于个体家庭私有，其至部分公地逐步被私人占有，这正是原始农村公社的重要特征。

上述公有、伙有和私有耕地在各村社情况虽有不同，但公有与伙有耕地在十万大山山子瑶耕地中占有很大比重。这是因为他们绝大部分耕地都是山林和坡地，而山林和坡地几乎全部为村社公有或伙有的缘故。村社公有的，如上恩县米南村共耕平龙山，六育村共耕六育山，天西村共耕天西山，米楼村共耕米楼山，米索村共耕米索山，六西村共耕六西山，防城县板八公社板沟村以前共耕板沟山。以上每山少则数千亩，多则数万亩。伙有的，除上述六西村人分别与村内村外人买了十七片山组成十七个邻居或跨村伙耕组外，米楼屯亦有数个伙耕组，分别买六拉、雷骨、笔筒、双离等山共耕。如上所述，新中国成立前几十年十万大山山子瑶还存在着个别血缘共耕、姻亲共耕的现象，其所共耕的土地自然应被视作家族公有、姻亲公有。这是氏族制在农村公社内的残留。正因为山子瑶耕地存在着公有、伙有、私有几种形态，因此，在耕作方式上，也就存在着公有共耕、伙有共耕、私有自耕几种情况。凡村社公有的山、林、土地，由村社头人（央谷）管理。荒坡、山林凡第一年开垦，均以集体耕作的方式，每户投入等量的种子与劳力，产品按户平均分配。第二年则分给各户耕种。种一两年后丢荒，所有权归于集体。待十多二十年后重新垦殖，仍以集体方式进行。至于村社未经开垦的荒山，则不许各户私种，但可以自由打猎、捕鸟、砍柴，采集野果、野菜、香信、木耳，挖竹势、蕨根、薯莨，放养蜜蜂，所得归各户。村社境内的河流，凡本村社成员平时可以摸提鱼、蛙和乌龟，但禁止毒鱼，毒鱼需集体进行。伙有山林的开垦与村社公有山林的开垦一样，第一年集体耕种，产品按份平分，第二年分给各户自种。不同的是，其管理如社头参加进去的，由社头代管；社头不参加的，则由伙耕组的人推选出一位度过戒、能“禁鬼”、有生产经验的人当头（瑶语称“甲头”）管理。血缘共耕由家族长（山子瑶称“香火头”或“本家头”）管理。姻亲共耕视情况而定，如加入的异姓姻亲人户少，仍由家族长管理，如异姓姻亲构成复杂（几个姓互为姻亲，并一起合耕），则推选出新的头人来管理。无论血亲共耕、姻亲共耕，投工方式与产品分配均与村社共耕、伙有共耕一样，已抛弃了氏族共耕的管理分配办法。

十万大山山子瑶公有、伙有山林耕地有一个特点，就是一般均经过履行购买手续，实现土地所有权从汉、壮族向瑶族的转移。买山开始于新中国成立前七八十年，买山以前还经过一段租地耕种的时期。山子瑶无论租山买山，都以集体方式进行，租回、买回的山都看作公产，集体耕作。买回的山“入股者”虽有将本“股份”交子孙继承或将之转让甚至典卖与人的权利，未“入股者”也可以申请“入股”，但习俗对这些事作出定加以限制。事实上转让与典卖的事很少发生。这是因为人口总是在不断地增加，山地相对在减少。人们得到一份山很不容易。除非因天灾人祸发生了难以克服的困难，否则是不会轻易转让、典卖与人的。此外，还有一点是很重要的，这就是由于山子瑶长期实行集体耕作的缘故，无论是村社共耕或是伙有共耕，“入股”、“加股”的人只能知道自己有几份山，却无法具体确定哪片山属于自己所有。在这种情况下，即使发生转让与典卖的事，也不过是转移了“股份”权利，更换了共耕成员，于原来的村社共耕、伙有共耕并不发生多大影响，山林、土地的公有、伙有性质也无根本性改变。

山子瑶这种土地制度的形成还有其更深刻的历史根源和社会根源。瑶族是历史上迁徙频繁的民族。造成迁徙的原因除了战乱和民族压迫以外，与他们长期“刀耕火种”和对山林土地的占有观念有密切关系。一方面“刀耕火种”的原始农业要以大片山林作前提，另一方面，瑶族传统认为凡山林都是“评王”赐给“盘王”，“盘王”留给子孙后代的。所谓“离田三尺三锹，戽水不上”之“天下一切山场”，均系“王瑶永管”，“任从刀耕火种”，“食山过山”①。他们把天下山林看作是本民族公有山林，只要是瑶族，谁都可以耕种。正是这种土地占有观念，加上“刀耕火种”的需要，以及战乱和异族的压迫歧视，促使他们频繁迁徙。可是，当数百多年前山子瑶辗转迁徙来到十万大山的时候，周围汉、壮族早已进入封建社会，而山子瑶尚处于父系氏族公社向农村公社转化的阶段。据老人说，当山子瑶刚到十万大山时，无论山南山北，由于人口稀少，有许多荒山并无人管辖，可以任从“刀耕火种”。后来随着人口的增加，各民族都扩大了对土地的需要。一些汉、壮族地主、富农兼及部分一般农民，见瑶族在哪里耕山，就诡称山属己有，登门索要香信、木耳等土产，强迫瑶族确认其对土地的所有权，稍后又要瑶族交付各种地租后方许种山。延至新中国成立前七八十年，则索价将山权卖断给瑶族。② 汉、壮族“山主”虽然出租和卖山给瑶族，但并不干预瑶族对山林土地的占有及耕作方式。瑶族租山、买山虽然外部受到汉、壮族强加的封建剥削，内部也萌生了土地私有的一些观念，但对土地的传统的公有观念尚未来得及打破，加上生产力低下，还保持着对土地的共同耕作。这就是直到新中国成立后人民公社化和民主改革补课时，山子瑶还保持着对大量山林土地共同占有的原因。

如上所述，新中国成立前十万大山山子瑶已出现了部分生产工具乃至部分耕地归于私人所有的情况。属私人所有的生产工具有砍刀、斧头、扒片、打洞棍、禾剪，部分有水田的人还拥有犁、木耙和耕牛。有的地方水田还保持公有，犁、木耙等大型工具有的也维持公有。属于私有的耕地主要是宅旁园地和大部分水、旱田。此

---

① 《过山榜》编辑组：《瑶族〈过山榜〉选编》，11～12页，15页，长沙，岳麓书社，1984。

② 据调查，地租形态有三种，即货币地租、实物地租和劳役地租，以劳役地租为主。劳役地租的主要形式是“种树还山”，其余尚有替“山主”运木、抬轿、起屋等。

外，新中国成立前一二十年也有个人买山、私人完全占有山林的现象。宅旁园地在山子瑶尚处于父系氏族公社而未完全定居以前，主人迁徙走即告废弃，继来者谁种谁收，还未具备完全的私有性质。只是到定居下来后，各户精心耕作，提高了收入，由长期占有使用变成了私有。水田是将近水的洼地开挖而成，由村社分给各户固定使用。由于水田产量较稳定，长期占用的结果也变成了私有耕地。晚近也有些富裕户向壮族买田，这些田也属私有。不过水田在山子瑶耕地面积中比例很小。据中央访问团 1951 年 11 月调查，1950 年上思县南屏乡瑶族七个行政村 39 个自然屯合计，水田有 2477 斤种的面积，坡地有 10755 斤种的面积，水田只占全部耕地面积的 19%，而坡地则占 81%。而且十万大山的水田多半是望天田或冷水田，土质瘠薄，产量不高。

由上述可知，新中国成立前，十万大山山子瑶的生产资料占有具有二重性：一方面，作为生产资料主要构成部分的耕地，尤其是山地，仍基本保持公有、伙有等公有形态，甚至部分大型农具在部分地方仍保持公有；另一方面，小农具、部分大型农具、宅旁园地及大部分水田则归于个体家庭所有。人们赖之进行耕作的形式，也就相应分成了公有共耕、伙有共耕、私有自耕几种。“农业公社既是原生的社会形态的最后阶段，所以它同时也是向次生的形态过渡的阶段，这就是说，它同时也是由建立在公有制上的社会向建立在私有制上的社会的过渡。”① 十万大山山子瑶生产资料占有的二重性以及与之相应的耕作形式，正是农村公社这种“过渡”性的反映。

## 三、产品分配与剥削关系

生产资料的占有决定产品的分配以及人们之间的相互关系。原始农村公社在产品分配以及人们相互关系方面的重要特征，就是由

---

① 马克思：《给哈维·伊查苏利奇的复信草稿》，见《马克思恩格斯全集》，19 卷，450 页，北京，人民出版社，1974。

于生产资料占有具备二重性，因而在产品分配以及人们相互关系方面也具有二重性。

考察十万大山山子瑶的产品分配制度和人们之间的关系，我们可以发现，一方面，直到新中国成立前夕，这里仍在实行共同劳动、平均享受消费品的原始共产主义原则。在这种原始共产制原则下，在各村寨内，各家各户的生活大致是相等的，人们相互之间的关系基本是平等的。可是在大致相等和基本平等之中，又存在着产品占有的不平等，存在着贫富悬殊，甚至产生了剥削和压迫现象。

首先，就主要方面来说，十万大山山子瑶新中国成立前各寨各户的生活大体是相等的。例如，衣着方面，普遍每人只有一到两套衣服，冬天出门就把全部衣服穿上，在家靠烤火取暖。住的大多是茅草房。至于饮食方面，如上文指出，山子瑶每年缺粮人户以三至五个月为最多，这反映了各户储粮的情况大致是一样的。

生活上的这种大致平均现象，是因为生产资料主要部分的耕地仍保持公有，各户无论村社公有或伙有，实际占有的耕地大致相当，并且实行集体耕种，产品平均分配。其他生产活动，如打猎、捕鱼、造林卖树也多是集体进行，产品共同消费。

由于各户对公有山地的实际占有相差不远，而且在生产中实行共同劳动，因而产品的分配采取绝对平均主义的办法。例如山地出产的旱谷、玉米，无论公有共耕、伙有共耕，均在地头按份平均分配。办法是：就地砍一杆树，划上刻度，一头吊上一块石头，将这样的“秤”吊在树丫上，另一头挂上箩筐即可分谷。分时先用箩筐一筐一筐地秤，如分到后来地头剩下的山谷、玉米还较多，再用小箩分，小箩分后还有剩，再用手分。直到一穗穗山谷、一包包玉米抓匀为止，绝不让哪户吃了亏。公有水旱田里出产的水稻谷和旱谷、玉米，也采取这种就地平均分配的办法。公地上出产的杉木，各户建房做家具可以砍伐，但数量要相等。如果砍来卖给山外的壮、汉族，得到的钱按份平分。

十万大山以前野兽很多，山子瑶利用农闲季节组织起来打猎。

猎获的野兽，除了头、皮分别奖给枪手和跟踪者外，兽肉按参加的人数均分。皮子如属珍贵的，拿出圩卖了分钱，骨头将之舂成粉，或砍碎与米煮成稀饭，大家分食。有时打获小野兽无法分，也采取这种办法，大家吃一餐。

十万大山沟壑纵横，溪流很多，凡河流均属于村社公有。山子瑶利用每年秋末冬初的时间集山体上采药毒鱼。有时社祭缺乏祭品，也派人下河摸鱼。毒鱼男女老少均可参加，得回的鱼要集中到一起平均分配。

山子瑶的原始共产主义生活还表现在：凡同一氏族、同一村社的人，平时谁有了困难，都有互报支援的义务。缺粮互相借，起房子大家互相帮助。有婚丧嫁娶红白喜事，甲家向乙家借钱或酒、米、肉菜，有能力帮助者是不能拒绝的。

上述山子瑶集体劳动，共同享受消费品，以及生活中的原始共产主义行为，反映这里新中国成立前生产力还很低下，个体家庭还不能完全摆脱对集体的依靠。由于产品很少，为了大家都能享受到，不至于哪户吃了亏，因而采取绝对平均主义的分配方法，这其实不过是平均分担饥饿的办法。

可是在另一方面，山子瑶社会内部又终于出现了产品占有不平等的现象，甚至产生了剥削、压迫行为。

社会能否积累财富，取决于单个劳动者能否提供超越本身所需要的剩余价值，而这又有赖于生产工具的改进和耕作技术的提高。十万大山山子瑶还在父系氏族公社末期已经开始使用部分铁刀、铁斧，进入农村公社后，铁器工具的使用更普遍了。如前文所述，山子瑶新中国成立前一个强劳动力已经能够在一年生产出五六百斤粮食，这就提供了可供积蓄和剥削的剩余价值。然而这还不够，一个能创造剩余价值的农业劳动力，如果不跟一定数量的生产资料尤其是生产对象——土地结合起来，这个劳动力是没有意义的。

山子瑶产品占有的不平衡，来源于生产工具尤其是耕地实际占有的不平等。还在父系氏族公社末期，山子瑶的生产工具和部分耕地（主要是宅旁园地，还有部分水、旱田）已归个体家庭所有或长期占用。对氏族公山，山子瑶也有过自由号占、任从开垦的时期。劳动力强、占有工具较多的家庭对土地的开垦和投工较多，收获也就较多。这样，还在父系氏族公社末期，个体家庭之间已有了贫富分化。

进入农村公社阶段后，尤其到了近百年，由于土地系合股从周围汉、壮族人手中租来、买来耕种，公社在租山、买山过程中，不反对个别富裕户多投一份股，在分配时多分一份产品。这样，村社在建立和发展中，各户对耕地的实际占有就不平衡，因而产品分配也就不平等。尤其是这种合股买山的办法，规定了分地的分配也只能按股份分，不能按人口重新调整。即使村社允许土地股份少的家庭可以加股，没有钱也不容易办到。而各户人口的增殖是不可能一样的。人口发展得多的家庭往往因加不了股而耕地变得减少，享受的消费品也变少了。据我们对上思县六西村和米楼村的调查，村社公山开始时每户都有一份，可是到后来，有些户只占半份，甚至三分之一份。究其原因，就在这里。

此外，村社除火烧地保持共同耕作和定期分配给各户使用外，凡可开辟水田的地方，大部分分配给各户长期使用。水田耕作较细致，产量较稳定。有了水、旱田以后，富裕户购进了耕牛和犁、耙等大型农具，注意精耕细作，获得的产量较多。到清光绪末年和民国初年，伴随着村社成员自由组合买山伙耕现象的出现，有钱的人多投股买山，进一步加剧了耕地实际占有和产品分配的不平衡。这一时期，占有耕地较多的户开始在园地随后又在份地里种八角、玉桂、杉木、砂仁等经济林木和经济作物。八角、玉桂生长期长，村社与伙耕组作出新的规定：凡在份地种八角、玉桂的户，第二次重垦时，不得再分给份地。这些户虽然减少了粮食播种面积，然而八角、玉桂的收入却使他们积攒了银钱，于是又出现了个别富裕户单独买山、买田的现象。因而到新中国成立前一二十年，山子瑶内部已出现了约占人口百分之三四的富裕户。这些富裕户耕牛农具齐全，占有耕地较多，粮食够吃或有余，种有较多的八角、玉桂、杉木，生活较宽裕，盖起了瓦房。其中一些人开始了程度不等的压迫、剥削。另一方面，少数村社成员由于人口增加，无力合伙买山，加上其他种种原因而贫困下去。这部分人约占总人口的百分之二三。他们缺粮最多，上山找野菜也难以度荒，不得不出卖劳力，或者替山外壮、汉族商人运盐、运木头谋食，或者在本民族内部替缺工多的富裕户补工，年终得些补贴，或者靠亲友帮助度过荒月。

以上情况说明，随着私有制的产生发展和生产资料占有不均的扩大，必然要把农村公社成员分化为富有者和贫困者。这无疑是阶级分化的第一步，但从总体上看，十万大山山子瑶还未进入定型的阶级社会。这是因为，富裕家庭虽然有一定的剥削，却还没有脱离劳动，还未形成依靠剥削为生的阶级，贫困家庭虽然受到一定程度的剥削，但还未失去自耕农的特征，还没有形成被剥削阶级，替人打工的人数极少，时间不长。这两部分人都还须经历史深刻的变化，才能形成剥削阶级和被剥削阶级。

## 四、政治及社会组织

十万大山山子瑶的农村公社不仅是一个经济的，也是一个政治的共同体。每个村社都有自己的疆界和领域。界线划分以河流、山脉的走向为准。

每个村社由若干个家族（本家）的十几户至几十户的个体家庭组成。家族有头人（本家头或香火头），以及联系家族成员的一些经济关系和宗教活动，如家族“太公山”、“太婆山”、血缘伙耕以及祭祖（“拜香火”）活动。这是氏族制在农村公社内的残留，说明十万大山山子瑶的农村公社与氏族制度有密切的渊源。个体家庭实行父系本位制。一个个体家庭包括家主、他的妻子以及他们的儿女，山子瑶的儿子长大结婚后，即分出去另立家庭。因此，每个个体家庭的人口一般都在五至七人左右，最多不超过十人。这样的个体家既是村社的生产单位，又是消费单位。

一个拥有十几户至几十户个体家庭的村社，往往占有方圆几十里面积的山林、荒坡和河流。过去，每个村社除了与山外壮、汉族交换些生产生活用品外，基本上是自给自足的经济体，村社之间很少往来。

每个村社都有一个头人，头人的正式称呼叫“村老”（央谷）。村老之下往往还有一个比较固定的助手，瑶语称之为“呔且”，“呔且”一般由巫师或道士担当。村老是村社生产、生活的组织者和管理者，在群众中享有崇高威信。村老中除了少数人后来有依仗权威压迫、剥削群众的行为外，绝大多数仍保持原始社会群众公仆的本色。

新中国成立前，决定山子瑶社会大事的，仍然是原始的村社民主制度。

山子瑶每个村社都有村民代表议事会。村民代表议事会实际上是村社的最高权力机关。村民代表议事会每年要举行四至六次会议，其中四次结合祭社举行，另两次根据需要在年尾（除夕下午）、年头（正月初二或十五）举行。地点在村老家，由村老主持，每户或每个家族（本家）来男子一人。

村民议事会有权决定村老的任免，讨论和决议村社生产、生活、宗教祭祀、内部纠纷、对外关系等重大事项，例如明年开哪处外山，旱谷何时收割，份地怎样分配，山地不够种是否有山可买以及谁去联系，某次祈神活动怎样筹备等。问题提出后，到会的人可以自由发表意见，最后由村老根据多数人的意见作出决定。决议的事由村老负责执行。

村老的任期是不定的。一届村老可以任十年、八年甚至十几年，有时只能任一两年。任期的长短，取决于他是否有能力领导生产，管理生活，办事公道。情形往往是这样：只要瑶村里遇着生产不丰、人丁不安，或村老办事不公（这种情况是较少发生的），群众即借口“神不信任村老”而予以改选。选举村老的决议在每年十二月底的村民代表会议上作出，在次年正月初二举行。届时，全村社男子集中到原任村老家，选举即由他主持。凡成年男子，不论老少，不分贫富，都有被选举的权利，唯一的条件是要度过戒。人们认为，只有度过戒，才算成了年，才有权利结婚和参加社会活动。

十万大山山子瑶的农村公社，新中国成立前存在许多公共活动。这些活动包括生产、狩猎、毒鱼、祭祀、筑路、架桥、引水、迁村等。所有这些活动，都由村老根据村民代表会议反映的村民意志、传统的习惯法则、大多数村民的利益，率领大家办理。在办理过程中，村老及其助手的知识、经验和才干也发挥影响和作用。

村老的职责首先在于指挥生产。他和他的助手通过占卜和观看“百露书”，选定农事活动日期，率领大家如期进行。村老在所有农事活动中身先士卒，并借助“神”的威力指挥砍山、播种。在作物生长过程中，村老不时到地里巡视，一旦发现病虫害或鸟兽糟蹋，就请神赶鬼；组织村民拉绳子挂竹壳、砍地边打围桩，派人轮流守护；或组织枪手打猎。打猎作为补充性的生产活动，村老凡年纪身体许可的，均积极参加。出猎前后，无论有无收获，都要举行祭山神“班斤”（本境）活动。此外，村老还主持分地和产品的分配。份地分配用现场目测的方法，由大家讨论，将所种山地分为好、坏二部，每部按户分成几份，每户可得好、坏各一份。

村老其次一个重要职责是管理人丁。他家神龛上的香碗里，每粒米就代表村里一口人丁。每月初一、十五，他都要烧香拜神，祈求祖先保佑村境安全、人丁兴旺。平时遇着村里某个家族（本家）里有某户迁进、迁出，某户嫁女、娶媳妇，某户生小孩、老人去世，村老接各家族长（本家头）报来的消息，即烧香祭告祖先，并在香碗中放入或从中取出一些米粒，表示将该氏族某户或某人的“灵魂”及“祖公鬼”接进村子或送离村子。如系老人去世，取出的米粒由该氏族头人领回，放入死者棺材，随棺埋葬。此外，村老还有调解内部纠纷的权力，又是社祭祀等公共祭祀的主持者。

除上述生产、生活、宗教祭祀外，山子瑶村社还有下述一些公共活动：

(1) 公益协作：包括筑路、架桥、建房、修渠、引水等。在这些活动中，村老出面组织指挥，并举行一些宗教仪式，或由他的助手帮助举行。

(2) 迁村。村里连续发生人兽瘟病事件，即认为村址不好，触犯神灵，村老有权决定迁村。新村建好后，村老召集各家族（本家）头人到他的新居聚会，祭神。祭完，各家族（本家）一一立好"香火"，居民才迁入新村。

在对外交涉方面，村老代表村社处理涉及外寨、外族的各种纠纷，出面与对方谈判或到官府告状。遇到土匪劫村，村老敲响木鼓，指挥村民到路口、要隘挖陷阱、埋竹签，拿起粉枪、柴刀、木棍与敌人战斗。这时，村老又成了军事领袖。

从以上可以看出，十万大山山子瑶的村老作为村社头人，确实在各方面享有很大权威。原始社会末期，村社首领是适应村社制度的需要产生的，并且是这种制度的重要组成部分。有村社才会有村老，反过来说，村老及其职能的存在也就是村社存在的根据。

还应当指出，新中国成立前，山子瑶大多数村老替群众办事并不取报酬，在社会生活中也不享有特权。他参加村社共耕或伙有共耕，有多少份山就得多少份产品，劳动中因事因病缺工同样要补工，打猎他不参加不用给他一份。村老在群众中享有权威，主要是他办事民主、公道，富有生产生活经验，仍然代表着大多数群众的利益。"酋长在氏族内部的权力，是父亲般的纯粹道德性质的；他手里没有任何强制手段。"① 恩格斯这句话就是十万大山山子瑶村老的写照。

新中国成立前，十万大山山子瑶社会内部尚未出现超越村社的地域性联盟之类的组织。各村社自行其是，互相之间没有什么联系。但外界势力的深入，却开始打破这种闭关自守的局面，动摇山子瑶的村社制度。

自宋、元以来，中央封建王朝就已将十万大山分别划归钦州、

---

① 《马克思恩格斯选集》，4卷，82页，北京，人民出版社，1974。

上思、宁明管辖，并在山的四周建立过一些军事设施，派驻军队。当时的目的主要是抗御越南不时的侵扰，和防范壮、瑶族的反抗斗争，对瑶族社会内部的组织、制度并不加干预。但是到清光绪末年，为了对付革命党人和会党的活动，开始在瑶山委派“团总”，不过在这相当长的一段时间内，他们除了受理瑶、壮之间一些“打官司”的事务外，对瑶族内部事务并不施加影响。到1939年，国民党统治者为了加强其统治，在瑶山编组乡村，设立保甲制度。当时上思片建立了南屏乡（乡治在米强），下辖七个行政村，村下立甲。接着抽送了几批瑶族青少年到桂系军阀在桂林举办的“特种师资训练学校”受训，他们回来后被安排充当国民党乡村党务和行政骨干，并通过他们在瑶山发展了一批国民党员。此后，山子瑶的村社制度开始受到外界势力真正的冲击。

虽然国民党统治者委派乡、村、甲长时要和瑶族协商，听取各村村老的意见，但这些乡、村、甲长受委派后，执行的是国民党强迫性的政令。尽管终国民党统治时期，没有在山子瑶地区收税、征兵，国民党委派的乡、村长也没有固定的薪俸，但国民党统治者强令实行户口登记，遇到伪军进山“清剿”我游击队，所过村寨要派伕运枪械、粮食、修建营房。此外，国民党上思县当局规定瑶族每户每年要收交一些香信、木耳，“孝敬”给“县太爷”。这些不仅破坏了山子瑶的村社民主制度，削弱了村老的权力和威望，而且从思想上腐蚀了山子瑶部分村社领袖人物，使他们萌生了特权思想。这说明，山子瑶的村社制度与西南一些少数民族的村社制度一样，一旦受到外界封建势力的强有力影响，将加速其走向崩溃的道路。

然而，从整体上看，山子瑶的村社制度还没有达到质变的地步。这是因为：直到新中国成立前为止，集体生产、刀耕火种、平均分配产品，仍是山子瑶社会内部占主导地位的生产方式，因而以村民议事、村老理事为特点的村社组织和民主制度，仍得以在生产、生活、祭祀、调处纠纷等方面继续发挥作用。村老作为公众领袖，大多数仍与普通群众一起参加生产劳动，过着简朴的生活，受到群众信赖，并为群众所监督。在社会尚未分裂为敌对阶级的情况下，外部封建势力的影响就受到了限制，国民党乡村机构尚无法取代村社组织和民主制度。乡村甲长尚无多大权威，而且他们也要靠参加集体劳动谋生，受到村社组织和民主制度的约束，不能为所欲为。无论村老或乡村甲长，仗势欺人的是极少数，且未脱离劳动成为靠剥削为生的阶级，因而他们的所作所为还构不成阶级的统治。

## 五、结束语

总观新中国成立前十万大山山子瑶的社会形态，从生产力、生产关系到上层建筑，无论哪方面都没有超越原始社会的发展范畴。山子瑶新中国成立前主要经营刀耕火种的山地农业，工具简陋，技术粗放，生产力水平低下。个体家庭的力量仍然单薄，还摆脱不了对集体的依赖。社会上普遍盛行共耕制，公有耕地在土地总额中占有很大比重。社会的经济基础既是原始落后的，其政治上层建筑也就不可能出现凌驾于公众意志之上的强制性的国家政权机构。又鉴于十万大山山子瑶的氏族制度早已瓦解，地缘关系已成为联系人们的纽带，生产资料占有与产品分配具有二重性，上层建筑方面起主导作用的，是以村民议事会和村老理事为特点的村社组织和民主制度，社会内部并开始萌生了一定的阶级关系，因此，我们认为十万大山山子瑶新中国成立前还处于由原始社会向阶级社会过渡的农村公社发展阶段。

探讨十万大山山子瑶的农村公社形态具有重要的学术意义。首先，在关于人类社会发展史的阶段划分上，十万大山山子瑶以其现存的活生生的事实，印证了马克思、恩格斯关于原始农村公社的理论，证明在人类社会发展史上，凡是具备了一定条件的民族和地方，都经历了农村公社的发展阶段，从而丰富了马克思主义的历史唯物主义。其次，它帮助我们进一步认清新中国成立前瑶族社会发展的不平衡性，并有可能给我们提供一把钥匙，去解开瑶族古代社会发展的一些谜。瑶族历史悠久，迁徙频繁，居住分散，社会发展历来不平衡。但以往史籍对瑶族古代社会的记载语焉不详，史家只能根据片言只语，推断自唐宋以迄明清，瑶族尚有部分过着“随溪谷群处”，“各以其远近为伍”，“刀耕火种，采食猎毛”，“不入版籍”，“不供征役”的原始生活，若要详论其原始社会的状况，就有“巧妇难为无米之炊”的感慨。再论到瑶族新中国成立前的社会性质，似乎延续了几千年的“不平衡性”一下子就不见多少了。十万大山山子瑶的村社制度启示我们：古人所记瑶族“随溪谷群处”，“各以其远近为伍”，“刀耕火种，采食猎毛”等情况，其中部分可能指的是母系或父系民族社会，有部分则可以确定为原始农村公社。瑶族古代农村公社内部的具体状况，也可从新中国成立前十万大山山子瑶农村公社内部状况进行追溯。同时使我们认识到，瑶族社会发展的这种不平衡性，一直延续到新中国成立前。不平衡性的具体内容，不仅表现为大部分瑶族地区基本进入了封建社会，部分地区在生产、生活、习俗、宗教等方面不同程度地保留了原始社会残余，而且还表现为尚有部分地区仍处于农村公社发展阶段。

探讨十万大山山子瑶农村公社形态的现实意义也是十分明显的。我国是一个统一的多民族国家，各民族社会发展很不平衡。五十多个民族中，有十多个民族约六十万人口的地区在新中国成立前还处于前阶级社会的不同发展阶段，其中包括瑶族在内有好几个民族处于原始农村公社发展阶段。如何正确认识这些民族的社会性质，制订正确的政策，引导他们走上社会主义道路，进行四个现代化建设，是我们党的民族工作的一项重大任务。回顾新中国成立初期，从调查研究入手，在弄清这些民族的经济关系后，实事求是，不搞土地改革，而采取直接过渡的方针，团结一切劳动人民，包括团结、改造一切与人民群众有联系的上层人物，帮助他们进行政治建置、生产救灾，搞互助合作，直接过渡到社会主义，各项工作都取得了很大成就。可是从 50 年代末起，在当时滋长起来的“左”的思想指导下，无视当地实际情况，把土地私人占有使用外衣掩盖下的土地公有制当作私有制，把有限的剥削关系当作剥削阶级，甚至以“政治态度”作为划分阶级的标准，“矮子里头选高子”，大搞“民主改革补课”，其后在“文化大革命”中，更进而把“民族问题”与“阶级问题”等同起来，动辄上纲上线，乱批、乱斗、乱划、乱没收，造成了很大的混乱。究其原因，除了林彪、江青反革命集团捣乱外，还在于我们一些同志未能从理论上弄清楚，农村公社是原始社会的最后阶段，同时也是向阶级社会过渡的阶段，“即以公有制为基础的社会向以私有制为基础的社会的过渡”①，但它不是定型的阶级社会。这个阶段，尤其是它的后期，必然会出现土地私人占有、使用的情况，也必然会产生一些剥削关系，但土地的私人占有、使用与土地私有，一定的剥削关系与剥削阶级，是有根本区别的。不弄清这些区别，实践中就会出乱子，过去的教训是够深刻的了。

---

① 马克思：《给维·伊查苏利奇的复信草稿》，见《马克思、恩格斯全集》，19卷，450页，北京，人民出版社，1974。

# 十万大山瑶族向社会主义过渡的问题

我国瑶族居住分散，大多数分布在南方五个省区的高山密林里。那里自然条件差，交通闭塞，加上历史的原因，新中国成立前瑶族社会经济文化的发展一般都比当地汉族、壮族等其他民族落后。新中国成立后，国家根据马列主义民族理论和党的民族政策，帮助瑶族实行社会改革，废除阶级压迫和民族压迫制度，大力扶持其发展经济文化，使瑶族从落后的社会状态过渡到了社会主义社会，瑶族地区的面貌发生了显著变化。但由于各种原因，时至今日，瑶族社会的发展仍然十分缓慢，不少地区生产力水平低下，经济文化落后，人民生活困难，有的地区连温饱问题都未解决，从经济基础至上层建筑存在着不适应社会主义发展的现象。像这类瑶族地区能否说已经完成了向社会主义的过渡，以及怎样帮助他们过渡到社会主义？研究并解决这一问题，不仅有理论意义，而且有重要的实践意义。本文仅就十万大山瑶族向社会主义过渡的问题略叙管见，不当之处，请同志们批评指正。

## 一、向社会主义过渡的成就及遗留问题

十万大山的瑶族有17700余人，分为大板瑶、细板瑶、山子瑶（蓝靛瑶）几个支系，分别居住在上思、防城、宁明三个县（自治县）11个公社120多个自然村（1983年数据）。

十万大山瑶族是几百年前分别从广东、广西各地陆续迁来的。由于历代反动统治阶级实行民族压迫、民族歧视政策，瑶族的社会发展比较缓慢，因此直到新中国成立前，其经济文化十分

落后，农业生产除了耕种少量水田外，主要经营山地刀耕火种农业。其耕作方式的特点，是冬天用砍刀和斧头将大片森林砍倒，待春天树木干枯后即用火燃烧，然后在旱地上用包有铁皮的木棍打出洞眼，播下种子，以后作物长出来除一两次草即等待收割。实行这种耕作方式，人们在砍伐森林时要付出艰巨的劳动，而土地不用犁、锄翻耕，不追肥，单靠土地的自然肥力，地力容易耗尽，耕种两三年就要丢荒，加上各种自然灾害的侵袭，劳动生产率很低，亩产只有几十斤至百来斤。个体家庭成员难以单独战胜自然灾害，必须依靠家族和村社的集体力量才能维持生存。因此，十万大山瑶族尤其是山子瑶，到了新中国成立前（确切些说是直到新中国成立后农业合作化前），仍然保留着以伙耕组或村社为单位的集体耕作、共同分配劳动果实的原始公社制度的浓厚残余。土地是以伙耕组或村社为单位用各户凑钱的办法向周围壮族山主买来，被视为伙耕组或村社的集体财产，伙耕组或村社成员用民主的办法选出头人负责组织指挥生产，生产中各户投入等量的种子和劳动力，收割时按原来买地时参加的份数和生产中付出的种子、劳动力平均分配果实。山地砍种一年后，分给各户耕种，丢荒后收归集体。第二次开垦时又以集体的方式进行。这种生产力和生产关系的状况决定了十万大山瑶族的私有财产和私有观念远不如汉、壮地区发达。社会虽然有一定程度的贫富之分，头人在生产中以及社会生活中享有某些特权，甚至有一些剥削行为，但阶级分化不明显，还未完全进入阶级社会，尚处于原始农村公社向阶级社会过渡这一历史时期。

我国是一个幅员辽阔、民族众多的国家。新中国成立后我们党根据马列主义关于后进民族在先进民族的帮助下可以越过一个至几个社会发展阶段进入社会主义的原理，对居住在边远山区尚分别处于封建农奴制社会、奴隶制社会乃至保留原始公社制或其浓厚残余的藏、傣、彝、鄂温克、独龙、崩龙等十余个民族，分别采取不同方式进行民主改革和社会主义改造，帮助他们过渡到社会主义。在广西一些瑶族地区，包括十万大山这样未完全进入阶级社会的瑶族地区，当时是采取不系统进行民主改革的方法，即不划分阶级，不没收财产重新分配，而从平定土匪叛乱、发放救济、恢复生产入手以改善民族关系，同时帮助瑶族进行社会主义改造，帮助瑶族人民从原始共耕组织过渡到社会主义性质的农业生产合作社，使瑶族人民跨越了奴隶社会、封建社会、资本主义社会，直接过渡到社会主义社会。

我党在十万大山瑶族地区进行的这场改革，是当时全国六十多万仍保留原始公社残余的少数民族地区所进行的改革的重要组成部分。这场改革是按照马列主义原理结合我国情况进行的，是人类历史前所未有的一次大胆尝试。实践证明，这场改革在当时是基本正确的。在合作化以后的年月里，党和人民政府帮助瑶族人民制订生产方针和发展规划，从人力、物力、财力上帮助瑶族人民进行经济文化建设。经过新中国成立三十多年来的努力，昔日停留在原始状态的十万大山瑶族地区，今天已经发生了很大的变化。瑶族人民摆脱了民族压迫，在政治上翻了身，根除了匪患，实现了社会安定，发展了经济和山区交通，人民物质生活水平有了提高，发展了文化教育事业，培养了自己的干部，扩大了管理自己内部事务的权利，提高了管理能力。特别是党的十一届三中全会以来，通过拨乱反正，贯彻党的民族政策和农村经济政策，十万大山瑶族地区的面貌有了新的变化，部分群众生活得到了改善。1982 年 12 月调查，防城各族自治县板八公社和平大队，当年粮食总产 155180 斤，人均口粮 320 斤，现金收入 26700 元，人均分配 55 元。几年来群众购置了自行车 22 辆，衣车、收音机共 26 台，手表 41 块。80 户社员有 78 户住上了瓦房。该大队大石生产队社员盘有兴全家六口三个劳动力，全年收稻谷 3000 斤，玉桂、八角、砂仁收入 690 元，新购自行车一辆、衣车一台、收音机一台，家里还养两头猪、三头牛，全家住上了瓦房，有了四床棉被、六件卫生衣、一床蚊帐，还用上了电灯。上思县南屏公社米强大队社员邓安光，一家七口三个劳动力，1982年收入稻谷2500多斤，八角等收入825元，人均收入150多元，家里有了蚊帐三床、棉被四床、冬衣五件，还购置了一台收音机、一块手表、四套的确良衣服。

总观三十多年的历史，十万大山瑶族在过渡到社会主义的历程中确实有了巨大的变化，党的十一届三中全会以来这种变化更多更快了。但是，如果我们在考察十万大山瑶族向社会主义过渡的历史时，除了作新旧对比外，再从民族比较的角度看问题，把十万大山瑶族三十多年后今天的发展水平与当地汉、壮族的发展水平相比，则这种变化是十分缓慢的。

十万大山瑶族在新中国成立三十多年后的今天，其社会发展还存在不少问题，主要表现在：生产力水平低下，经济文化落后，人民生活困难，温饱问题尚未解决。1981年12月至1983年元月，笔者先后两次到十万大山瑶族地区调查，与当地县社领导干部座谈以及实地观察，所得到的印象是，当地瑶族人民的衣着、饮食很差，室内家财很少。不少瑶族同胞身上只有一两套衣服，普遍缺乏冬衣，冬天把所有衣服穿上，还要靠烤火取暖。主食大米缺乏，家家靠红薯、木薯、芋头及瓜菜充饥，蔬菜类很少，肉食普遍只有过大节才能吃上。住的大多数是茅草房，家里很少有蚊帐，棉被普遍只有两三床。室内只有一些简陋的家什和生产工具，谈不上陈设。瑶族小学适龄儿童入学率低，而且教学质量差，能读上中学的很少，考上大学的新中国成立后三十多年间全十万大山没有一个。1982年12月至1983年元月，钦州地委统战部曾组织力量从瑶族居住的十个公社、24个大队、119个自然村、2177户、19774人中，抽样调查了7个大队、3个生产队、548户、5416人，调查的人口占瑶族总人口29%。抽样调查的结果如下表：

| | | |
|---|---|---|
| 粮食生产与分配（斤） | 1982年总量 | 941767 |
| | 人均口粮 | 245 |
| | 最低人均口粮 | 104 |
| 现金收入与分配（元） | 1982年现金收入 | 140603 |
| | 人均收入 | 33 |
| | 最低现金收入 | 9 |
| 棉被、冬衣、蚊帐占有情况 | 棉 被 | 992床 |
| | 户 均 | 1.8床 |
| | 冬 衣 | 1929件 |
| | 无冬衣 | 1389人 |
| | 蚊 帐 | 442床 |
| | 户 均 | 0.8床 |
| 住房情况 | 瓦 房 | 270间 |
| | 住瓦房 | 1662人 |
| | 茅草房 | 270户 |
| | 住茅草房 | 1632人 |
| 教育情况 | 适龄儿童 | 343 |
| | 入学人数 | 191 |
| | 占% | 55.7% |

由上表可以看出，新中国成立三十多年来，十万大山瑶族还有将近三分之二的人口不要说过上丰衣足食的生活，就连最基本的温饱问题都未解决。其中上思县南屏公社常隆大队和叫安公社双板大队是最困难的两个大队，常隆大队有瑶族63户367人，1982年人均口粮250斤，人均现金收入27元，户均棉被、蚊帐分别为0.83床、0.55床，人均冬衣0.24件，无冬衣269人。7岁以下小孩许

多没有裤子穿，只穿一件勉强遮过小腹的土布上衣。该大队住的全部是茅草房，无一间瓦房。1982年有7至13岁儿童57人，只有21人上学，适龄儿童入学率只有36.8%。全大队自1973年至1981年没看过一次电影。医疗卫生条件差，许多人生病由于路远和缺钱而无法医治。双板大队有瑶族12户102人，1982年粮食总产17650斤，人均173斤；现金收入925元，人均9元。全大队12户瑶族中有11户住茅草房。缺衣少穿情况严重。汪晓村社员邓建松全家七口人，只有两间破茅草房，一个旧木箱，一个破米桶，一张烂板床，一床烂棉胎，两个旧梯煲，一个烂脸盆，九只饭碗，全部家当约计40元，每人平均不到6元。适龄儿童35人，上学3人，占8.6%。因此深入研究这类瑶族地区的问题，尽快帮助他们发展生产、改善生活，已是一个迫在眉睫的问题。

## 二、瑶族贫困落后的原因及向社会主义过渡的经验教训

十万大山瑶族之所以至今仍处于贫困落后的状态，原因是多方面的。首先，从历史原因来说，瑶族在历史上长期受到反动统治阶级的压迫与排挤，不得不逃进深山老林以谋求生存，十万大山瑶族也不例外。根据地方史志的记载和调查所得的口碑资料，十万大山瑶族并不是一开始就居住在这里的，而是元、明、清三朝陆续从广东、广西其他地方迁来的。清道光陈兰滋修《上思州志》卷18记载：元大德七年（1303年）十二月“州瑶结交趾寇忠州”，这是关于瑶族到十万大山最早时间的记载，元以后关于瑶族在十万大山活动的记载则很多，如明嘉靖《钦州志》卷1：“……也有日山民，砍山为业，数岁辄易其处，自为生理。不役属于官，谓之自衣山子，盖古盘瓠氏之遗种”。元、明、清三代统治阶级对瑶民实行民族压迫和民族歧视政策，引起钦州、合浦地区瑶族人民连绵不断的反抗斗争。反动统治阶级反复派兵进行镇压，并在十万大山周围设置营堡、哨所和堆卡，把瑶民困锁在山里。平时对瑶民下山见官及交易作出种种歧视性的规定，如下山不准穿白衣，不准撑伞、戴草帽。

瑶民租种壮族山主的山地，除了交租外，还要送鸡、猪肉、野味、各种土特产作为礼品，要为山主抬桥、起屋、挖坟送葬。瑶民与汉、壮人交易受到敲诈。十万大山本来自然条件就十分恶劣，交通闭塞，加上历代反动统治阶级对瑶民实行种种歧视、压迫和剥削政策，还有土匪的不断骚扰、抢掠，这极大地阻碍了瑶族人民与外界交往关系的发展，延缓了瑶族社会的发展。瑶族人民在不得已的情况下，不少人越界进入越南，远徙东南亚各地，或渡海漂泊到了海南岛，以谋生存。剩下来的瑶民局促于方圆两千多平方公里的十万大山中，结群自守，刀耕火种为生，过着原始人似的生活。这就是直到新中国成立时，我们党和人民政府从旧社会接收下来的关于十万大山瑶族社会的一笔遗产。显然，要在十万大山瑶族原来十分原始落后的基础上帮助他们建设起社会主义的新生活，不能不遇到许多困难，不能不需要时间。十万大山瑶族起点太低，这可以说是他们今天仍不能完全摆脱贫穷落后状态的一个原因。

其次，十万大山山势辽阔，山脉奔腾，山峰陡立，山内河流众多，森林密布，野兽很多。这里地处亚热带，靠近大海，气温高，雨量丰富。这些自然环境给瑶族人民带来许多困难。其一是交通闭塞。瑶族居住在大山里，距离城镇最远的有八九十里，近的也有四五十里，山路崎岖，河道纵横。瑶族下山交易困难，搬运货物往往花去大量劳动力。其二是风、雨灾严重。每年春、夏、秋三季不时刮台风、下暴雨，雨量最多时一天可达 511.9 毫米。暴风雨经常摧毁房屋、农作物，还带来山洪，隔断交通，给瑶族生产生活带来许多困难。其三是兽害、鸟害、鼠害严重。由于气候湿热，草木茂盛，各种野兽及鸟类、老鼠繁殖迅速，成群结队危害作物。瑶族种下的山谷、玉米等，往往有一半被兽类、鸟类、鼠类糟蹋。地理环境差，自然条件恶劣，是造成瑶族贫困落后的原因之一。

第三，除了上述客观原因外，还有主观原因，这就是新中国成立以来在帮助十万大山瑶族向社会主义过渡中的工作失误。客观条件的好坏固然会对我们的工作造成不同影响，但如果制定出来的政策、方针尽量适合客观条件，避免可能带来的失误，那么十万大山瑶族今天的情况就会好得多。因此，深入总结我们党在帮助十万大山瑶族向社会主义过渡过程中的经验教训，是本文的重点。笔者认为，以今天的观点看问题，至少有以下两点教训应当吸取。

第一，50年代中后期在帮助十万大山瑶族从原始公社制的浓厚残余过渡到社会主义性质的集体经济时，脱离实际情况，犯了“左”的急性病。如上所述，十万大山瑶族地区远离经济中心，自然条件差，加上历代反动统治阶级的压迫、排挤，与先进地区长期隔绝，所以长期保留原始公社制度的残余。这类地区的落后主要是生产力低下。首先是生产工具落后。他们使用斧头、砍刀、打洞棍进行刀耕火种，连锄头都未使用，更不用说犁耕。其次是人的生产技能低，只懂用烧荒余下的火灰作肥料，不懂在地边开排水沟，更不懂精耕细作。在这样的生产力条件下，社会成员单靠个人的力量尚难以战胜自然，因此，人们在生产关系中保留着共同耕作、共同分配的原始公社制残余是十分自然的。由于生产力低，用以交换的剩余产品不多，其商品交换不发达，即使有些物品用于市场交换，其目的也是为了满足自己的需要。商品交换的不发达反过来又限制了扩大再生产。对于这类保留原始公社残余的落后地区，新中国成立初期，本来应该有一个过渡性的安排，先从提高生产力入手，促进其经济关系的内部变革，提倡并造成个体经济的萌芽生长，逐渐废除原始公社制残余，然后在个体经济的基础上，先在供销服务环节上组织互助合作，并由国家给予扶持帮助，待条件成熟，再过渡到社会主义性质的集体经济或半社会主义性质的集体经济。可是在十万大山瑶族地区，自1949年新中国成立至1955年，尚未来得及恢复发展生产，1955年冬至1966年春就匆忙地帮助他们一次性完成改革，从原始伙耕、村社共耕制度改换成社会主义性质的农业生产合作社，中间甚至连互助组、初级社都未经过，接着到1958年又强硬地换成人民公社制度。实践证明，人民公社制度连内地汉族地区都不适用，何况像十万大山这样边远的瑶族地区？这种改革实际上不过是把头人变成生产队长，把小锅饭变成大锅饭，把小平均主义变成大平均主义，同时也把小规模的自然经济变成了大规模的自然经济。不但于事无补，反而挫伤了瑶族群众的积极性，也损害了瑶族社会的发展。

第二，50 年代末期在十万大山瑶族地区实行的所谓“民主改革补课”，是民族工作中实行“以阶级斗争为纲”的“左”的思想的产物。它严重地混淆了两类不同性质的矛盾，造成了难以弥补的损失。

如上所述，直到新中国成立后民主改革、合作化运动前，十万大山瑶族地区虽然产生了某种程度的私有制，有了贫富分化，但阶级分化还不很明显。50 年代初全国开展民主改革时，我党在十万大山瑶族地区采取不划阶级的办法本来是正确的。但到了 50 年代后期的 1958—1959 年，却在这个地区实行所谓“民主改革补课”，发动群众揭发斗争一些富裕户和村社头人以及国民党村、甲长。当时开展“民主改革补课”的理由，是说党的“三面红旗”受到瑶族内部一些“阶级敌人”的反对和破坏，又说国民党从越南派进了特务，并准备在十万大山空降特务，“阶级敌人”煽动瑶民跑上山与人民政府对抗。事实是，当时不少瑶族群众由于不明了党的政策而跑上山。事件的起因，主要是由于我们党当时在十万大山瑶族地区实行了一系列脱离当地实际的过“左”的政策。如未经互助组、初级农业生产合作社，即大办农业合作社，将原属不同村社、不同共耕组的土地以及私人的土地、耕牛、种子一律入社；将男女强劳动力分别组织，分到不同的地点劳动；大办人民公社，将原居住在山上的一部分瑶族迁居到平地居住；大炼钢铁，将不少男女强劳动力调下山；以及大批砍伐树木等等。这一系列的过“左”政策引起瑶族同胞的怀疑、恐惧。一些头人和富裕户出来说了些怪话，带头对一些政策措施进行抵制。我们知道，处于原始社会向阶级社会过渡的民族其内部有贫富分化，甚至有一定程度的阶级分化，这些民族在向社会主义过渡时，内部会产生不同的意见，但这与阶级社会的阶级斗争是有性质上的区别的。实际调查所得的资料表明，新中国成立前夕至新中国成立初期，十万大山瑶族社会内部虽然有一些农户稍富裕些。如农具好些、齐全些，实际占有的份地多些，此外个别户还占有少量水田。他们占有的份地比别人多，粮食稍多，无须吃那么多杂粮及野菜。也有些村社头人（瑶语称“央谷”）和一些富裕户开始凭借自己的地位和余钱剩米对他人进行一些剥削。但所有头人和富裕户均主要靠自己劳动（而且主要是参加共耕组和村社集体劳动）为生活主要来源，尚未出现主要靠剥削收入为生活来源的剥削分子，更不用说剥削者与被剥削者各自形成阶级集团。因此，当时瑶族在“三面红旗”问题出现的分歧，是属于人民内部矛盾。何况人民公社化以及大跃进经实践证明是“左”的错误。当时把对合作化、人民公社化运动以及大跃进的态度作为划线的标准，在瑶族内部划分阶级，进行“民主改革补课”，是没有根据的。

可是当时在“左”的思想指导下，不仅在十万大山瑶族地区进行“民主改革补课”，划定并批斗、关押了一批所谓地、富、反、坏分子，而且自此以后，凡事都以阶级斗争为纲。把群众一些合理要求，甚至把民族风俗习惯也看作是“阶级斗争的新动向”，进一步混淆民族问题与阶级问题的界限。发展到“文化大革命”，在林彪、江青两个反革命集团推行的极“左”路线的影响下，十万大山瑶族人民更受到了很大伤害。民族服饰被没收，民族歌舞被禁止，不少干部群众遭到无辜迫害，民族关系受到严重创伤，群众建设社会主义的积极性受到压抑。

第三，在生产方针上重粮轻林搞一刀切，脱离十万大山瑶族地区的实际，走了弯路，延缓了瑶族人民发展经济文化建设和脱贫致富的步伐。

十万大山本来是个林区，这里处于亚热带，气候湿热，雨量充沛，适合松、杉、八角、玉桂、油茶、竹子生长，林木茂密，各种野生动植物资源也十分丰富。瑶族人民历来有种植八角、玉桂、砂仁、杉木以及采集蜂蜜、薯莨、香信、木耳的习惯。据统计，仅上思县的南屏公社，森林蓄积量即有45.6万立方米，占全县总蓄积量的23%。可是过去三十多年来我们在十大山瑶族地区实行的是重粮轻林的生产方针，片面强调以粮为纲，要求山区实现粮食自给，忽视林业生产和多种经营，瑶族经营一些土特产生产被当作“资本主义尾巴”加以批判，瑶族同胞在无可奈何的情况下只好砍伐山林、刀耕火种，或被迫搬迁到山下与壮族群众建寨种田，放着金饭碗去讨饭吃。

此外，我们过去在十万大山瑶族地区实行的是一种“包下来”的政策，群众有困难就发放贷款和救济，还花了不少钱帮他们买小型拖拉机、柴油机、碾米机，修建小电站。这种包下来的政策使瑶族同胞生活有基本的保障，有了安全感，长期吃“大锅饭”，公社是个“大锅饭”，整个地区又联合起来吃国家的“大锅饭”。没有培育出自求发展的条件和能力，这就延长了瑶族地区处于自然经济的时间。而一个民族如果始终停留在自然经济中，不去发展商品经济，是永远富裕不起来的。

## 三、当前四化建设应当注意的问题

综上所述，十万大山瑶族向社会主义过渡遗留问题较多。在过去三十多年里，我们只帮助他们完成了政治上推翻国民党阶级压迫、民族压迫，实现民族平等的任务。经济方面，实行社会改革，废除旧的原始公社残余，建立社会主义新生产关系的工作走了一段很大的弯路。党的八届十一中全会以来注意了生产关系的调整，但直到现在，十万大山瑶族人民的经济建设仍十分落后，人民生活仍相当困难。而经济基础不巩固，又阻碍政治、文化等上层建筑的改革和发展，以致现在瑶族文化教育落后，文盲多，本民族干部少。新的科学技术难以传播，旧的传统习俗和迷信思想还保留不少。像这类瑶族地区，严格说来，不能说已经完成了向社会主义过渡的任务。而必须抓紧工作，制定正确的方针政策，采取切实有效的措施，下大力气帮助他们尽快改变面貌，否则穷的还可能变得更穷。因此，我们认为，当前这类地区的四化建设应当注意抓住下列几个问题。

首先抓认识，像十万大山这类瑶族贫困地区，我们党过去哪方面的工作是成功的，哪方面是失败的？对这些问题，目前各级领导以及做实际工作的同志未必统一了认识。有的同志片面强调困难，把它当作包袱，有的同志可能还认为过去那套“左”的做法是对的，还有的同志犯官僚主义毛病，不深入实际，不了解问题的严重性，或只知其一，不知其二，工作未抓到点子上。认识问题不统一，工作难以奏效。像这类地区的问题目前不应只是一般的统一认识，而是要引起高度重视了。建议有关部门组织人力进行专门调查，并召开专门会议进行研究，以期统一认识，切实解决这类地区的问题。

其次，妥善解决历史遗留问题，改善民族关系，加强民族团结。十万大山瑶族自 1958 年开展“安全运动”、“民主改革补课”，至“四清运动”、“文化大革命”，历次运动都有冤假错案。“文化大革命”中，上思县山子瑶一位副县长被迫害致死，其余干部群众中受非法斗争的不少。群众的民族服饰（包括大量银饰）被没收。瑶族群众对此非常不满。80 年代初期，大部分地区已经进行了平反和落实政策，但个别地区落实党的政策不彻底，须知这是关系党的威信的大事，关系民族团结的大事，绝对含糊不得。当然处理时应坚持宜粗不宜细的方针，引导群众朝前看。重点在于总结经验教训，以防再发生类似事件，但绝不能拖着不办。

第三，根据中央有关精神，目前这类地区的的工作尚宜进一步放宽政策。生产关系必须适合生产力的发展。过去在农村搞“一大二公”的人民公社制度已经证明行不通，而党的八届十一中全会以来在农村普遍推行的联产承包责任制经实践证明是正确的，它调动了广大农民的积极性，推动了农业生产的迅速发展。但十万大山这样贫困的少数民族地区，光搞“联产承包”还不够，国家对这类地区的政策还宜进一步放宽。因为这类地区目前连温饱问题还未解决，生产能力确实太低了。这类地区的工作首先要解决群众的温饱问题，然后才能谈得上发展生产。要解决温饱问题光靠国家救济不行，因为人数不少，国家拿不出那么多钱，而且光靠救济、贷款过日子也不是长远之计。当务之急是发动群众生产自救，其办法是否可以将山林土地归个人使用，任其自产自食，所有权则归集体。国家除了通过发放救济、贷款给予援助扶持外，减免一切税收，废除民办教师、赤脚医生等摊派，并实行免费治疗、免费上学等政策措施。据前两年的调查，还有向瑶族征收“杀半猪税”以及摊派大队干部、民办教师、赤脚医生费，派购生猪等事情。“文化大革命”前，瑶族上医院治病是免费的，1977—1983 年，县里因公费医疗费超支太多，取消了免费医疗。像十万大山这样贫困的少数民族地区，群众养大一头猪已经不容易，而且多是自食，少量在内部出卖也属互济性质。国家对他们收税所获不多，每年却要向他们发放大批贷款和救济物资。这些贷款多数收不回来，如此还不如减免其税收，促进其生产。至于治病收费，山区少数民族生了小病根本不上卫生院诊治，生了大病无钱也不出来看病，多数人是拖着，能拖几时算几时。不但卫生部门收不回几个钱，反而耽误了病人治疗，在少数民族群众中造成不良影响。

第四，在生产方针上坚持实事求是，在扶贫工作中要找到各自的起步点。十万大山属于林区，适合各种用材林和经济林生长，从长远的观点来看，应当发展林业生产，包括栽种松、杉等用材林和发展八角、玉桂、油茶生产。但是，林业生产周期长，远水解不了近渴，瑶族目前吃饭、穿衣、住房、小孩上学等实际困难无法解决。据 1982 年调查，上思县确定南屏公社为林区，拨款种树，实行林业三定，并拨出 150 万斤粮食指标给山区瑶族解决口粮，使瑶族群众吃粮标准从二三百增加到四百多斤，以防瑶族再烧山种粮食。这个政策虽好，但群众手头无钱仍无法买粮吃，有的仍在毁林种地，虽然罚款亦难禁止。因此，从扶贫的角度，近期应大力发展香信、木耳、蜂蜜、砂仁等当地传统土特产品生产，并可发动群众上山开发各种野生动植物资源。县、乡则从资金贷款、供销服务、技术咨询等方面给予扶持、指导。求其速度快，见效大，迅速解决吃饭、穿衣等问题。进而积累资金，以短养长，开发各种林业资源，尽快改变十万大山瑶族地区的贫困落后面貌。

第五，在恢复生产的同时，扶助其发展文化教育事业。目前十万大山瑶族各类干部缺乏，外地外族干部不乐意深入此地区工作，阻碍党的各项方针政策的贯彻执行。新的文化科学知识传不进瑶山，旧习俗长期禁锢人们的头脑，瑶族中一些优秀的传统文化也难以发扬。“十年树木，百年树人”，培养瑶族干部的工作不能等到经济建设有了成效才去做，而必须与恢复发展生产同步进行。对于此类贫困地区，发动群众办学相当困难，国家必须拨出相当经费，维修和扩建教学点，增设教学设备。小孩从小学到中学实行一条龙免费教学，并对在山区教学的教师给予各方面的优惠，使其安心工作，还要采取措施帮助他们提高教学质量。对初中以上毕业生，保送其优秀者进入各级各类大专、中专学习，尽量培养其本民族各类干部。与此同时，采取多种形式在瑶山普及宣传科学文化知识，并帮助瑶族人民发掘整理民族文化遗产，继承其精华，剔除其糟粕，以增强民族自信心和自我发展、自我创造的能力。非如此，不能促进瑶族人民与汉、壮等其他兄弟民族共同发展繁荣。

## 结论

十万大山瑶族由于历史的原因，新中国成立前社会发展比较缓慢。新中国成立后，国家在帮助他们从原始农村公社制残余过渡到社会主义的过程中，做了许多工作，取得了一定的成绩，但由于“左”的干扰和破坏，使这一地区的工作走了很大弯路，遗留了不少问题。当前十万大山瑶族地区社会主义生产力水平仍十分低下，人民生活仍然十分困难，国家帮助他们过渡到社会主义这一历史任务并未彻底完成。党在这一地区的工作应从调整生产关系入手，进一步放宽政策，促进其生产的恢复发展，帮助他们解决温饱问题，脱贫致富，方能在此基础上逐步实现四个现代化。

1985年12月11日

# 关于中越边境贸易情况的视察报告①

1991年11月25日至12月15日，笔者以全国人大常委身份视察了中越边境我方广西防城至云南河口一带民间边贸和我方边民生活，现将了解到的边贸情况报告如下。

## 一、边境基本情况和边贸发展情况

中越边境我方分广西、云南两地段。边境线全长2449公里，其中广西段1118公里，云南段1331公里。两省区共有防城、宁明、凭祥、龙州、大新、靖西、那坡、富宁、麻栗坡、马关、河口、金平、禄春13个县（自治县）、市与越南接壤，居住着壮、汉、苗、瑶、京、哈尼、傣、彝、拉祜、布依10个民族，共3534358人，其中少数民族2947066人，占总人口83%。其中边境20公里以内少数民族人口占90%以上，主要为壮、瑶、苗、京、彝、傣族，壮、瑶、苗、京四族跨境而居。

中越两国边民语言相同，习俗相近，互通婚姻。自古以来就有着民间贸易关系，即使在我方自卫还击战期间，也未完全中断。

广西、云南对越边境贸易，大体经历了三个阶段：

1979年底至1983年8月为第一阶段。战争期间，越南边民冒着生命危险，越境到我方交换生产生活必需品，形成了一些自发性民间贸易“草皮街”。

---

① 本文是提交全国人大常委的视察报告，收入《边境上的族群——中越边民群体的人类学考察》一书，南宁，广西民族出版社，1999。

1983年9月至1988年9月为第二阶段。根据中办发〔1983〕60号文关于“在当前越南边民生活十分困难的情况下，不宜硬性堵塞越南边民来我境，与其让自发的黑市存在，不如因势利导，在边界我方一侧确定几个集市点，非正式地允许越南边民前来参加集市贸易，并向他们开展宣传，了解情况”的精神，从1983年9月起，在边境我方一侧，有组织、有领导、有控制地开办了12个“草皮街”边贸点。其中广西9个点，云南3个点。这些贸易点规模不大，但效果是好的，宣传了政策，争取、瓦解了部分越军，积极稳定地开展秘密工作，实现了中央关于“战，有利我军事行动；和，可以很快恢复两国人民的民族感情”的对越工作决心，同时促进了边境地区生产的发展，改善了群众生活。

1988年9月至今是边贸发展的第三阶段。1988年下半年后，越方采取撤退部队、放开全线边境、鼓励双方边民往来探亲和进行贸易的政策。越方边民大量涌入我边境互市贸易，求医取药，探亲访友。我方边民出境贸易、探亲访友的也明显增多。边境贸易由过去互市交易发展到小额批量贸易，由陆地过来发展到海上过来。为适应这一形势，广西、云南先后作出决定，在继续保持对越“四个压力”的前提下，搞活、拓展边境贸易，早日实现“通贸兴边”。在我边境先后开办了20个批量贸易点，其中广西8个，云南12个，此外，广西还在防城各族自治县开办了5个海上过境码头（现已封闭），先是国有企业、集体企业开展对越小额贸易，进而发展到双方以官方为后盾、以民间贸易形式出现的批量贸易，再发展到双方资金、技术、劳务等方面的合作，从而促进了边贸的迅猛发展。其间广西边贸发展起步早，发展快，规模较大。目前已开设的对越边境贸易口岸共有20个，对越商品成交额从1989年的4.2亿元，发展到1990年的7.7亿元。1991年1月—11月达到22.35亿元（不含查存物资和互市金额）。其口岸贸易额最大为防城各族自治县（今防城区）和凭祥市。防城1989年实现口岸贸易额1.5亿元，1990年实现2亿元，1991年1月—10月达3亿元。凭祥市

1989年口岸贸易额为1.5亿元，1990年为2.5亿元，1991年1月—11月已完成3.4亿元。每年成倍递增。商品品种也由过去的农副土特产品、日用工业品发展到生产资料，种类由过去100多种扩大到1000多种。参与边贸的越方人员，除边民外，河内、海防、胡志明市和边境各省、县企业单位及行政官员、军警人员均有组织地参加了进来。云南方面目前经省政府批准的共有15个边贸点，事实上有29个点（其中14个未经批准）。云南起步晚些，1988年商品贸易额1000万元，1989年3270万元，1990年10093万元，1991年可实现14000多万元，但云南决心大，最近文山州、红河州分别召开了对越边贸工作座谈会、商品展销会。红河州商品展销会完成了现货521万元、期货1500多万元的交易。还签订了一批经济合同，最大的项目是富宁香料制药厂，进出口额一个亿。还有开元光明啤酒厂进出口1300多万元。云南省下决心，打开通道，打开南门，走向亚太。该省目前以河口瑶族自治县之首府河口口岸的边贸最活跃，进出口额最大。1989年进出口额3000多万元，1990年实现4100多万元，1991年1月至11月完成7441万元。

## 二、对越边境贸易的特点和成效

70年代末至80年代末，广西、云南对越边境贸易是中越关系非正常化情况下的特殊贸易。其主要特点一是在形式上，以民间贸易的形式进行，它包括三个层次：民间互市、小额贸易、批量贸易。小额贸易主要由我方边境国营商店、集体企业（如供销社）经营，批量贸易由以官方为后盾的贸易公司进行，但以民间边贸公司出现。我方利用民间贸易形式与越方洽谈贸易，经营商品比较灵活，效果比较显著。1990年年底以来，广西方面有计划、有目的地以民间贸易公司形式，陆续派遣了114批678人前往越南5省7市（县）考察市场、洽谈业务，组织3次115个生产厂家和贸易公司赴越南展销广西生产的7大类3000多个品种，同时先后批准入境、接待了越南各方贸易考察团73批459人次。通过“走出去，请进来”，与越南7个部及12个省、市、县的外贸、商业、机械等行业的115家贸易机构、生产厂家建立了相对稳定的边贸伙伴关系，为中越两国关系正常化做了一定的超前准备工作。二是以货易货方式进行，商品随行就市，有很强的互补性、选择性。越南由于长期战争，经济落后，物资紧缺，但有丰富的海产、矿产、木材资源。我方由于近年市场疲软，造成产品积压及一些企业因原材料涨价税利下降，因此，目前双边贸易大多为双方生产、生活紧缺物资。这对改善边民生活，推动两国边境经济发展均起到良好作用。三是按照开点封面、积极疏导的原则，对边贸点、商品种类和人员范围实行管理和控制，将边贸管理纳入边管轨道。两省区均先后建立相应管理机构，实施统一领导。广西在边防工委统一领导下，各边贸点的管理机构固定，人员轮换，工商、税务、武警、边贸办等职能部门联合执勤，各负其责，制订和完善了有关边贸点管理、出入境物资管理、税收和价格管理、人员出入境管理、商品流通办法等各项管理配套政策和规定，从而保证边贸秩序良好，活而不乱。

几年来，在广西、云南两省区党委、政府的重视和领导下，中越边境贸易不但起到了缓和边境形势、恢复两国边民民族感情的作用，而且取得了十分明显的经济效益和社会效益，主要表现在：

第一，边贸为发展边境地区经济，加快边境人民脱贫致富开拓了一条道路。首先边贸增加了边境税费利收入，增强了经济发展后劲。广西1989年边贸成交额4.2亿元，税费利5790 790元；1990年成交额7.73亿元，税利费1.28亿元；今年1月—11月成交额22.35亿元，税利费3.953亿元，其中税、费2.165亿元，利润1.788亿元。从边贸征收的税费中投向农业的金额930万元，投入地方企业技改项目和基础设施约1453万元。两省区边境13个县（市）是财政困难县，每年吃国家补贴，仅广西7县（市）就达4335万元，现在都从边贸中不同程度地增加了财政收入。广西凭祥市开办贸易点前，1988年地方财政收入只有490万元，吃国家补贴315万元，开办边贸点后，1989年财政收入1266万元，其中边贸税收 787 万元；1990 年财政收入 1895 万元，其中边贸税收 1100 万元；1991 年 1 月—11 月财政收入 2109 万元，其中边贸税收 1251 万元，不到三年翻了六番多。防城各族自治县两年来从边贸税费收入的 8000 万元中投向农田水利建设和扶持地方工业发展资金共 2400 万元。河口瑶族自治县财政包干 45 万元，开办边贸点后，1989 年财政收入 316 万元，其中边贸税收 128 万元；1990 年财政收入 417 万元，其中边贸税收 220 万元；1991 年预计财政收入可达 800 万元，边贸税费可达 301 万元。其次，边贸为边境地区人民创造了就业机会，改善了边民的物质生活。凡开办边贸点的地方，群众跳出单一自然经济圈子，踊跃参加边贸活动。一些靠近边贸点的村庄已成为“边贸专业村”，居民多参与互市贸易，或提供劳务，收入相当可观。凭祥市发证参加边贸的 3300 户边民中，年收入万元以上的占 95%，有 25 户在银行存款逾百万元。防城东兴镇（今东兴市东兴镇）开办边贸后，个体经营户由 1979 年—1988 年的 41 家发展到现在 1300 多家，年收入万元以上的占 78%；该县峒中、江平、企沙、东兴（今东兴市东兴镇）四个边贸点从事撑船、搬运的近 4000 人，解决了部分闲散人员就业问题。防城、大新、靖西、那坡等县（自治县），已开始从单纯边境贸易发展到贸工结合，利用越南资源发展边境地区的藤编、锰矿产品加工、桐油加工等一批加工工业，既支持了边境经济发展，又安置了一批待业人员，增加了群众收入。如防城建立“防港藤业公司”，每年进口一万吨黄藤安排陆地边境口岸搞个体加工，不但增加产值，还解决了 200 人就业。

第二，边贸为两省区开辟了一个广阔市场，使一批因国内市场疲软处于困境的企业走出低谷，增加了活力。据统计，1991 年 1 月—10 月，广西边贸出口销售区内供过于求的较大宗的产品，有自行车 55378 辆、柴油机 34684 台、手扶拖拉机 1100 台、水泥 55310 吨、平板玻璃 268 万平方米、电池 1 万箱、电表 15.516 万只、衣车 4.8136 万台、布匹 1964 万米、陶瓷 103.7688 万件、啤酒 148 万箱、油毛毡 39 万卷等，价值 8.5 亿元。这些产品都通过边贸找到销路。其中，南宁啤酒厂“万力”牌啤酒在越南享有盛誉，是国宴用品，销往越南的产量占销售量的 44%。现该厂生产已突破设计能力，在全国 505 家啤酒厂中，创利居前茅。靖西县电池厂生产的“火神”牌电池，在边贸市场非常抢手，该厂原面临停产厄运。横县水泥厂生产的白水泥占边贸水泥销量的 50%，而且每吨水泥比内销价高二三百元。边境贸易为广西产品占领越南市场、通过越南打进东南亚国家开辟了通道。据反映，近年在越南河内，北方的鸿基、海防及边境各省市及南方胡志明市，到处可见中国广西的商品。广西高峰牌柴油机经过边贸渠道打进了泰国、印度尼西亚、柬埔寨等东南亚国家。目前，广西已逐步出现了一批靠“吃边贸饭”的大中型企业。

第三，边贸缓解了广西、云南工农业生产原材料、燃料紧缺状况。据调查，广西今年通过边境贸易进口工业用煤 5.8632 万吨，其他较大宗的原材料有：橡胶 3.5054 万吨，棕榈油 1.5 万吨，聚丙烯塑料粒 1.25 万吨，尿素 0.2 万吨，锰矿石 1.6834 万吨，废铜铁 3.0136 万吨，木材 3.5 万立方米。云南也签订了从越南进口木材等原材料的协议。这些都是两省区工农业生产紧缺的物资，以往靠与外省物资调剂、外汇进口或高价买进来补缺，给生产厂家带来困难。现在通过边贸进口，为企业注入了活力。如南宁橡胶厂、桂林轮胎厂原材料缺口大，以轮胎、胶鞋等橡胶制成品易进越南天然橡胶 300 吨，每吨价格比国家牌价低上千元，降低了成本，不仅满足了生产需要，也解决了产品销路问题。大新锰矿厂从越南进口 1.6278 万吨锰矿砂，其品位比广西产的锰矿砂高，价格比国内便宜，不但增加了生产，而且降低了成本。

第四，边贸带动了与越南的经济技术合作，推动了广西、云南两省区对越资金、技术、劳务输出。越南经历长期战争，不但经济落后、人民生活困苦，而且技术水平、管理水平低，各种基础设施差。开放边贸后，通过人员互访，越方对广西、云南的经济发展水平和技术水平、管理水平有深刻印象。他们想加快建设步伐而缺乏资金、技术和原材料，近年陆续与我方签订一批经济技术合作协议，范围涉及修建公路、铁路、桥梁，盖饭店、工厂，开矿山等，还洽谈希望我方去帮助进行水稻、甘蔗育种。到1991年，广西方面有2个项目已完成，获收入人民币6108万元；有3个项目正在施工，有9个项目已签约。合作范围广阔，前景看好。

第五，边贸活跃了边境商品经济，带动了旅游观光、建筑、运输、饮食、饭店、旅店等行业的发展。凡开办贸易点的地方，平常日子人员来往不断，逢集日及节庆日更是热闹。自两国内地而来经商、旅游、购物、探亲访友的各种人物云集，给建设、运输、饮食、饭店、旅店等行业带来生机。

第六，通过大力加强对边贸点的管理，有效制止和打击了边境走私、贩毒、贩枪、拐卖妇女、赌博、卖淫等违法犯罪活动。据统计，1989年以来，广西各边贸点查获鸦片毒品69.2公斤，走私香烟5万余条、枪支9支。近几年来，各贸易点管理有条不紊，秩序井然，成千上万的人员、成千上万吨物资出入边贸点未发生重大责任事故。国务院、中央军委有关部门工作组先后考察广西边贸点后，都一致肯定“广西边贸管理是好的”。

总的来说，中越边境通过开办边贸发展了经济，增加了收入，改善了生活，逐步恢复了两国边民友谊。边境一带社会安定，民族团结。

## 三、边境贸易存在的若干问题

我方对越边境贸易工作总的形势是好的，但也存在一些亟待解决的问题。

第一，目前的对越边境贸易仍属过去中越关系非正常化情况下的民间边贸性质。边贸增加的税费利收入虽不很多，但归地方享受，地方又实行放权让利政策：省（区）让利县（市）和企业，县（市）让利于边境乡村，即实行“通贸兴边”政策，让经受长期战争磨难的边境各族人民获得休养生息、自我发展的机会。正因为如此，边境各族人民才获得了发展经济、增加收入、改善生活和工作条件的好处，尝到了改革开放的甜头。但是随着中越恢复正常关系，两国签订贸易协定，今后边贸如何发展，边境各族干部群众十分关心。他们一致认为，边境各县从援越抗法、援越抗美直到对越自卫还击作战，在延绵百年的战争中一直是对敌作战的前线，未获得和平建设的环境，不但失去了很好的建设机会，而且蒙受了战争造成的损失。这是笔者这次视察中各地干部反映最多也是最强烈的一个问题。他们的共同愿望，是希望通关后中央继续让利给地方。国贸不要将一切统死，应允许国贸、地贸、民间贸易和小额贸易一齐上；须由中央统管的进出口物资及现汇物资由国贸做，其他物资及易货物资由地方做；同时，请求中央在税收方面给予减免，最好全免，至少减 80%，让地方有一个休养生息治愈战争创伤的机会。

第二，由于一些客观困难和一些政策不合理或不明确，中越边境贸易还存在着不少制约因素。一是边境一线越往西走，交通越阻塞，中越两边都是大山区，相对落后，双方都无力拿出很多钱投入交通建设，而且边境 5 公里以内地雷还没有清除。要建设公路，增加往来，发展贸易，须先排除地雷。由于打不开通道，与越方签订的贸易合同无法实现。物资搬运靠人扛、马驮，既不方便，又增加了运费。二是口岸设施落后，满足不了边贸发展的需要。边境我方 70 年代原开设的口岸，在战争中遭越方炮击炸坏，现因资金有限尚无力修复。战争期间用支前经费修建的是些地下人防工程，现在派不上用场。目前不少边贸点事实上还是“草皮街”，双方露天互市交易，十分不便。有的打个长途电话要到县城，打国际长途要到南宁、昆明，影响生意谈判。发展边贸急需加强口岸邮电、通讯、城镇供水供电建设，不解决这些问题，进来经商的商行、商号就会困难。河口反映：口岸建设要投入资金修建 4 公里护河堤，改建 40 多亩地的标准边贸市场，架设 60 公里 11 万伏高压电线，搞 2000 门程控电话，增加日供水量 3000 吨的供水设备，共需 5000

万元左右的投资，此外通关后五大联检机构进来，其办公楼修建要分级投资，县财政无论如何也负担不起，再要完成上级下达年30亿元的贸易额就更加无望了。三是目前有些进口物资收税不合理，品种控制过严，对边境县市照顾不够。例如木材、海产、油茶、油桐籽本是从越南进口，也照国内加收育林三项基金、特产税。又如橡胶进口价低于国内价，质量优于国产橡胶，而且在本地区自销，生产厂家也属订货，制成品主要用于向越南出口，但国务院下通知自1991年7月15日后再不准进口，即使是7月15日以前签订的合同，也要作废，否则要追究责任。这显然脱离实际。

第三，边贸管理体制不顺，组织机构不健全，人员不固定，而且两省区做法也不一致。广西是在区人民政府对越工作委员会下设边贸办，县（市）设相应机构管理边贸。云南起步较晚，文山州、红河州直到去年底才分别建立“边境工作领导小组”、“边贸协调领导小组”，今年统称“边贸领导小组”。文山州在领导小组下原设办公室，挂在财贸办，1991年5月财贸办撤销后，边贸办跟着撤销，边贸工作改由外贸办兼管；而县下面有的有边贸办，有的挂在经委，而且贸易点只有公安检查，无市场管理。红河州在领导小组下分设外事办、边贸办、口岸建设办、宣传办、边境管理办，分别挂在州外办、财办、建设局、公安处、宣传部。同时两省区虽然已经或正在制定有关边贸的各种管理制度，但还不完善，仍体现出某些过渡性质，不能完全适应扩大边贸的需要。

第四，随着柬埔寨问题的政治解决有了实质性进展和中越关系正常化，一个有利于边境经济建设和对外开放的国际环境已经形成。目前国际上有关于中国西南和东南亚是极有开发潜力地区的讨论。越南已加快对外改革开放步伐，放宽了北部边境政策，吸引外资，增加投入，并提高了某些边境市镇的行政地位、级别，例如将东兴镇对面的芒街提为县级市，实施自由贸易区政策，形成与我国的经济竞争，又在龙州水口对面投入巨资，建设开发区。越方已夸下海口，要在三年时间内使其边民生活水平超过我方边民生活水平。而我方不但管理体制上仍是战时体制，边贸机构是临时性的、应付战争的，边贸也是单一的，不是全方位的，未形成国家、地方、集体、个体一起上的贸工结合的局面；政策制定和使用不够活，一些重要边境口岸级别低，无法与对方对等谈判，遇事要多方请示，失去了贸易机遇。

此外，近年在放宽进出口商品的计划管理方面，也存在控制不严的情况，越权批准了一些国家限制进口的机电产品和配额商品，有些经营企业不经批准销往省区外，冲击国内市场，经发现后，现已作出处理。

## 四、对今后边贸工作的意见和建议

中越关系恢复正常化后，为适应新的形势，根据中央精神，结合广西、云南两省区的实际情况，对今后边贸工作提出如下意见和建议：

第一，在边贸指导思想上，要继续贯彻对越贸易让利于边境地区的原则。中越边境地区聚居大量少数民族，长期饱受战争创伤，经济文化十分落后，发展水平与内地差距很大。在国家目前难以给边境更多投入的情况下，“通贸兴边”是切实可行的办法。因此，国务院和两省区有关部门都应当在中央边贸政策允许的范围内，尽可能为边境县（市）创造有利条件，让他们休养生息，自我发展。省区直属各部门、内地各地市也应尽可能帮助边境地区，参与对越贸易不得与边境地区争利，而应主动让利，帮助、支持边疆发展。对越贸易在具体做法上，还是要分三个层次，即国贸、地贸、边境小额贸易和互市贸易。现汇贸易由国贸做，易货贸易由边贸做。边贸享受免税或减50％～80％关税。越南外汇短缺，易货贸易将是对越贸易的主要方式，尽可能多搞易货贸易，就可以为边境县市和两省区多增加财政收入。为适应形势变化，发展西南边区和争夺东南亚市场，中央宜及早批准条件比较成熟的东兴、凭祥、河口三地为“边境贸易开发区”或“边境开放城市”，提高级别，给予特殊政策，以吸收资金，中央也适当给予投入，搞好口岸建设。

第二，在管理体制上，广西“对越办”管理边贸是特定历史条件下形成的，现中越两国关系已正常化，形势发生了变化，区对越办的历史任务已经完成。故建议将区对越办改为广西边防委员会办公室，与区人民政府支前办公室合署办公，一套人马，两块牌子，以区边贸办为基础，适当增加编制，组建自治区边境贸易管理局，挂靠在区经贸委，并由该委一名副主任出任局长，由自治区政府直接领导。边贸局下设贸易处、计划处、调研处、经济技术合作处、秘书处。各边境地县（市）设立相应机构。云南亦应根据情况加强机构建设，处理好条块关系，让地方有权也有相应机构自主管理边境贸易，而不要国贸一家管死，地方无事可做、无钱可赚。

第三，搞好交通和口岸建设。针对当前交通和口岸设施方面存在的问题，考虑到地方财政困难而口岸又是国家的标志，建议国家拨出专款，投入交通和口岸建设。云南反映：河口铁桥修复工作，越方消极，认为对其不利，需要国务院交通部门出面，与其对口部门谈判，方能解决；河口通昆明公路拓宽路面，改为二级、三级公路的工程，需较大投资，要中央扶持。

第四，在边贸方向上抓好三件事。一是把边民互市贸易管好搞活。两国边民互市贸易历史悠久，从来没有中断过，而且线长、点多、面广。互市金额和数量虽有限制，但有灵活性和多方面效益，是边境贸易的重要组成部分。按国办发〔1991〕25 号文件规定，边民互市超额部分不享受边贸优惠政策，由边境县（市）和乡镇组织实施，接受当地边防、公安、工商和边贸部门的监督和管理。这说明，管理互市贸易是一项意义重大而又艰巨的任务，必须大力管好、搞活。通过互市贸易推动沿边开放，对搞活边境经济，改善人民生活，改变人们的观念，促进文化教育发展，将起重要作用。二是实现工贸结合，以贸带工，以工促贸。越南北方资源丰富，但近期缺乏大规模开发、生产和加工能力。我方可以利用地缘优势和资金、技术优势，在边境地区建设、发展一批外向型企业，逐步打入越南和东南亚市场，并可以创造条件在边境地区建立一批对越边贸产品加工区（或叫保税区），吸收越方原料，加工后出口越南及其他国家和地区。三是积极开展对越经济技术合作。根据国办发〔1991〕25号文关于鼓励边境地区同毗邻国家开展经济技术合作的规定，考虑到中越双方在经济上存在着互补性，有合作的潜力。如1979年前我援建越南的450个项目，目前需要技术改造更新。几十年的战争，越南百废待兴，特别是基础设施的建设迫在眉睫，越方已多次提出，要求我方以边贸形式承包其工程，广西、云南都有这方面能力。如能成交，不仅劳务上有一批收入，还可以在建材输出上找到新路，搞活一批建材生产企业。据此，我方应发挥优势，技、工、贸结合，促进多种形式的对越经济技术合作和边境贸易的发展，繁荣民族边疆地区的经济。

1991年12月26日
于首都宾馆

# 关于龙州边境贸易情况的追踪考察[①]

1996年10月，广西区政协民族宗教委员会进行“广西边境贸易与经济发展”的调查研究活动，并撰写了《广西边境贸易的现状、存在问题及建议》的调研报告上报全国政协，全国政协综合各地意见，形成建议案报国务院。作为1996年10月调查研究活动的连续追踪调查，1998年8月7日至9日，区政协常委、民宗委副主任张有隽与办公室主任张贻敦同志考察了龙州县边贸，听取了县边贸局的汇报，并考察了水口等口岸和金龙镇边境村屯边贸状况。现将了解到的边贸情况报告如下。

## 一、龙州县边贸发展概况

龙州县地处祖国南疆，全县人口26.7万人，辖13个乡镇，其中有5个乡镇与越南凉山、高平两省的长定、石安、广和、下琅、重庆5个县接壤，边境线长达184公里。有国家一级口岸水口关和地方口岸科甲关。

近年来，随着中越两国关系的逐步正常化和我国实行改革开放的政策，从1989年底开始，龙州县边境贸易得到了恢复和发展。据统计，1989年龙州县边贸进出口成交额只有627万元，1990年达到2426万元，1991年3200万元，1992年7090万元，1993年7088万元，1994年9534万元，1995年8625万元，1996年10971万元，1997年13507万元。

---

① 原载于广西区政协民族宗教委员会编印：《民族宗教工作调查研究》，1998。

边贸的发展带动了第三产业的发展，推动了龙州经济的发展，龙州县国民生产总值由1988年的16394万元，增加到1997年的105000万元。农民人均收入由1988年的296元增加到1997年的1656元。边境贸易的发展带动了第三产业的发展，成为边民脱贫奔富的一条重要途径。如水口镇几年间解决了700多人就业问题。1997年该镇边民从边贸货物装卸费中收入80多万元，仅铁矿一项装卸费收入54万元，铁矿深加工收入80多万元，个体汽车运费收入300多万元。不少边民甩掉了贫困，部分边民步入了小康生活。

## 二、当前龙州县边贸面临的困难和问题

但当前龙州边贸也面临不少困难和问题，其中有些是过去提出过至今尚未解决的，有些则是新出现的。

第一，龙州县通往各边贸的公路交通较1996年有所改善。但与龙州县接壤的越南高平省属边远地区，经济落后，交通不便。这大大制约龙州边贸的发展，地理环境制约了龙州县边贸的发展。

第二，东南亚金融风暴冲击越南，造成越南货币贬值。中越货币的兑换率由1997年上半年1元人民兑换1300越盾，到下半年直至1998年8月的1元人民币兑换1500越盾。这使得很多国内客商向越方赊销、代销的商品不敢发货，直接影响进出口成交额。同时，越南为保护民族工业，对进出口商品许可证管理严格，办证手续繁琐。如高平糖厂基建用水泥，我方提供280元/吨，但越方不准许进口，要求用其本国产的水泥，价格达570元/吨（折算人民币）。

第三，边境口岸各联检部门对进出口货物的收费标准没有国贸和边贸的区分，没有按当地边贸实际情况给予适当优惠。收费部门多、重复检验、重复收费和乱收费现象突出。边贸货物多批、量少、利润薄、收费过高，制约边贸发展。这一问题在1996年的调研报告中已有反映，但仍未能解决。在边贸中，甚至有些执法部门利用自己所掌握的权力与边贸企业和边民抢生意。1998年3月19日，在那花通道有三名武警干部为小部门包揽生意，到17号界碑

内侧拦截中越双方装运边贸货物的车辆，不准越方车辆进入那花边民互市点卸货，不许中方车辆到边界换装，使那花点边贸活动中断十多个小时，这违背了国发〔1996〕2号文件规定和龙州、长定二县政府代表团会谈纪要精神。

第四，龙州地方边贸总公司起步晚，家底薄，资金紧缺，加上金融部门实行宏观调控，公司没有固定资产抵押款，导致竞争乏力，在经营中难以发挥应有作用。

第五，国发〔1996〕2号文件赋予边境小额贸易企业的优惠政策，有些如享受出口退税、配额许可证等难以落实。这个问题在1996年的调研报告中已经提出来，但还是得不到解决。

第六，国内钢铁市场疲软，有些钢铁企业（如柳钢）出现亏损，铁矿石需求减少，制约了铁矿石进口，而铁矿是龙州县边贸进口的支柱商品，越方资源丰富，但因中方经营客户资金不及时到位，越方不发货。今年1—7月进口量仅有36228吨，占任务的36.2%，比去年同期减少3253吨。

## 三、对今后边贸工作的意见和建议

第一，继续搞好交通和口岸建设。针对当前交通和口岸设施方面存在的问题，地方和口岸均须投入一定资金进行交通口岸建设。

第二，对联检部门重要检验、重复收费和乱收费问题进行整顿，并且清理和制止执法部门参与经商办企业的活动。

第三，建议有关商业银行，对龙州地方边贸总公司给予贷款政策倾斜，使其有足够资金开展正常的经营活动。

第四，建议国家和自治区有关部门对边贸出口退税实行特殊的适合边贸实际的管理办法，即将必须具备的六种单证中的外汇结算单改为海关确认的货物出口证明和边贸企业的出口合同，或其他能替代的有效证件。

第五，建议外经贸部，区外经贸厅切实落实边境小额贸易企业的配额许可证等优惠政策。

# 吃了一山过一山：过山瑶的游耕策略[①]

中国55个少数民族中，瑶族中的盘瑶历史上长期过着迁徙游耕的生活。其足迹踏遍大半个南中国。由于不断迁徙，吃了一山又过一山，被冠以“过山瑶”的称谓。明清之际，部分“过山瑶”离开中国，迁往越南、老挝、缅甸、泰国。20世纪50年代后，中国瑶族在社会改革中获得了耕地，逐渐实现了定耕定居，国外的瑶族则仍然过着游耕生活。70年代中期，又有一部分远徙美国、加拿大、法国等欧美国家。有人根据瑶族迫于生活不断迁徙这一特点，戏称其为“中国的吉卜赛”民族。

人类学研究早已发现，人类以农业为生的民族中有定耕定居型、游耕迁徙型两种。以游耕迁徙作为生计方式的民族在美洲、东南亚、非洲都有发现，不唯瑶族如此。但是从现有资料来看，在相当长的时空范围内，从迁徙游耕的范围之广、频率之高等方面观之，瑶族都显得突出。那么，瑶族为何及怎样以游耕迁徙为其生计方式的？本文试就此做一初步探讨。

## 一、背景

一个民族的生计方式的形成及实际运用，与该民族的生态环境、活动空间、技术水平及习俗信仰等因素有密切关系。过去有一种观点认为，瑶族喜欢住在山上，宁愿刀耕火种、吃山过山，也不

① 这是作者提交给台湾生计策略研讨会的论文，原载于《广西民族学院学报（哲学社会科学版）》2003年第25卷第2期。

愿下平地种田，过安居乐业的生活。不少人还举20世纪50年代初中国南方土地改革时的例子，说不少地方的政府在山下分配了一部分水田给瑶族，而瑶族不下来耕种，或下山一段时间后，因生活不习惯又回到了山里，以此证明瑶族习惯过刀耕火种、吃山过山的生活。这种看法只有一小半是对的。因为瑶族虽然在长期的山居生活中形成了一定的山居生活的习惯，但世界上恐怕没有哪个民族喜欢过漂泊迁徙、颠沛流离的生活。瑶族吃了一山过一山的迁徙游耕生计方式的形成，其实有着非常复杂的原因。

据统计，目前全世界有瑶族超过300万人。其中居住在中国有240万余人（2000年普查数），居住在越南的有54万余人（2001年统计数），老挝有22665人，泰国有34101人，缅甸有约1000人①，美国有近30000人，法国近1000人，加拿大有数百人。② 中国瑶族分布在广西、广东、湖南、江西、贵州、云南六个省区，在每个省区又分布在许多边远的山区县乡。其中广西有145万余人，分布在全区近70个县市，是瑶族人口最多也是分布最广的一个省区。

据研究，瑶族的先民远古时期并不住在中国南方，而是一个起源于黄河、长江中下游的民族。瑶族、苗族、畲族有共同的渊源，他们的先民与传说时期的九黎、三苗有密切关系。春秋战国时期，瑶族、苗族先民与楚国有密切关系。秦汉至唐宋的一千三四百年间，瑶族先民仍集中居住在湖南境内。元明以后，瑶族居住重心才逐渐南迁至两广、云南，部分远徙海外。

造成瑶族不断迁徙的原因，一是汉族人口不断增长，使得瑶族生存空间变小。汉族在形成发展过程不断融合、同化周边少数民

① 老挝为1995年3月统计数，泰国为1986年统计数，缅甸为1993年统计数。

② 张有隽：《瑶族历史与文化》，367页，南宁，广西民族出版社，2001。

族，人口像滚雪球般不断增长。增长起来的人口又不断向南方等原来人口较稀少的少数民族地区移民，迫使瑶族等少数民族不断南迁。二是历代中央统治者推行民族压迫、民族歧视和民族排挤政策。中央王朝在拓边过程中，对起来反抗的少数民族实行武力防范和武装镇压政策，迫使少数民族不断迁徙。史籍记载，自秦汉至明清乃至民国时期的两千余年间，瑶族反抗封建统治的事件几乎从未中断过，而封建统治者的镇压也从未间断。所谓“三年一大征，比年一小征”，就是历史的写照。著名的例子，如汉代马援将军的征武陵蛮，宋代章惇的开梅山峒，明代镇压大藤峡、罗旁山瑶民起义，清代镇压赵金龙起义，民国时期镇压桂北瑶民起义，都是动用了几万乃至数十万军队的大规模镇压事件。残酷的镇压迫使瑶族躲入深山老林，“入山唯恐不深，入林唯恐不密”，乃瑶族逃避封建统治者阶级压迫和民族压迫的途径。三是民族隔阂。封建统治阶级实行的民族压迫、民族歧视政策，造成民族之间的隔阂，阻碍了瑶族与其他民族之间的往来与相互了解，型塑了此类内卷性的迁徙游耕农业。四是生活习惯使然。与上面几点相联系，使得瑶族长期居住在边远山区，生活上适应了山区环境，不适应平原环境，并形成了山地生计方式，即刀耕火种、吃了一山过一山。此外，战乱、灾荒和征调也是瑶族迁徙的原因。由上述可知，瑶族历史上长期在山区迁徙游耕，主要是封建统治阶级压迫的结果。因为受压迫而躲入山林，过着游耕迁徙的生活，成了所谓“过山瑶”。当然也有部分瑶族在封建统治者的民族压迫、同化政策的催逼下，融入主流社会，成为所谓“民瑶”、“平地瑶”，改变了生计方式。这部分瑶族的生计方式不在本文范围，此不赘述。

这里还要说明的是，有人根据瑶族民间传世珍藏的《评皇券牒》又称《过山榜》的文献，相信这是中国古代皇帝发给瑶族的过山牒文，认为确是瑶族始祖为朝廷杀敌立了功，所以皇帝颁发牒文，允准天下一切山场任从瑶族刀耕火种、吃山过山。但也有人从券牒行文风格、内容方面考证，认定这不是一份官方文献，而是瑶族民间知识分子伪造的一份文书，目的是为了防止汉人争夺山林，保护本民族在山区刀耕火种的权利。笔者认为，《评皇券牒》所记述的史事可能发生过，虽然史事难以考证，但无论如何，此份文书的积世流传，实可反证一种事实，即自古以来瑶族刀耕火种、吃山过山的生存权利受到挑战，因此才需要这份反挑战的证书以维护自己的权利。这应是没有疑义的。

## 二、生计策略

瑶族从隋唐时得名，宋元开始从湖南南迁，明代居住中心移至两广，部分到达云贵高原，清代居住中心转移到广西，形成今天瑶族分布格局。从隋唐至 20 世纪 40 年代的一千三四百年间，瑶族在逐渐向南方、西南方的迁徙过程中，大多数一直在华南、西南各省及中南半岛的山区过着游农生活。

华南、西南各省属热带、亚热带地区。境内山多地少，终年气候温热，雨量充沛，土壤肥沃，动植物繁茂。山区道路崎岖，交通不便，环境封闭，适合于瑶族等少数民族生存自保。

唐代至明代中叶，华南、西南各省人口较少。山区森林密布，溪河流水充足。这一时期各地无主荒山较多。瑶族在一个地方的各个山林辗转游耕，周期可长达五代八代人，甚至更长一些时间。明中叶以后，随着南方人口的逐渐增加，可耕地减少，森林砍伐速度加快，人口与土地资源的矛盾日趋紧张，不少原来的无主荒山被汉族、壮族豪强大户指为己有，瑶族垦种须交纳各种地租，加上封建王朝政治、军事势力进一步深入瑶族地区，瑶族迫于生计，迁徙速度逐渐加快。往往在一处地方居住一两代人即穿州过县，往更远的地方迁徙。史载“今岁此山，明年又别岭矣”①，指的就是这种情况。笔者与已故著名瑶族史专家姚舜安教授 1989 年三四月间在泰国北部瑶族村寨调查时，搜集到十余份各姓瑶族《祖途》，发现瑶

① （清）闵叙：《粤述》（龙威秘书本）。

族明清时期从中国广东、湖南、广西往越南、老挝迁徙，多数途经广西昭平、富川、平乐、融县、凌云县，云南富宁、文山、临安、建水、河口等县，每一处一般只住一两代人。“过山瑶”、“搬山瑶”这类称谓始见于清中叶至民国时期的地方志书等载籍，就是这种史实的反映。

在自然环境和社会环境的压迫下，瑶族为了生存，形成了刀耕火种、吃了一山又过一山的生计策略。这一生计策略的主要内容和文化特征可表述如下。

1. 聚落模式

瑶族一般选择海拔800～1000米左右的高山地带建村立寨。五至十公里为半径，周围有数座可供轮流开垦的山林为较集聚落区域，并有可供饮水和灌溉的溪流。

林地最佳为原始阔叶林，地上覆盖落叶很多，土质为灰黑色；其次为竹林、灌木林，地表落叶也较多。

聚族而居，一个村寨户口以耕地承载力为原则，一般只有十户左右人家。可以是不同姓的人，但多数有宗亲、姻亲关系。

村寨安排在聚落中心地带，建筑在水源充足的山腰上，有小道通往四周耕作区。村寨并无围墙、碉堡、壕沟之类防御设施，及水井、水渠等饮水、排水设施。

房屋地址请巫师择吉卜定，坐向不一。房屋多为竹木架构，或用泥土筑就，上覆茅草，或盖以树皮、竹瓦。室内生产生活用品极为简单，迁徙时一两副担子加上背篓、网袋即可搬走。

2. 作物安排

明代以前，瑶族在山上主要种植旱禾、粟、高粱及豆类、瓜类，明代番薯、玉米传入中国后，受到瑶族欢迎，成为瑶族地区普遍种植的作物。但旱禾仍是主要作物，也有的地方在开垦山林时在便于灌溉的低地开辟水田，种植水稻。各种作物的安排都有经验和知识为根据。

旱禾要求土地比较肥沃，耐旱性低于玉米，一般种在略低的山腰部分；玉米较耐旱，可种植在海拔800～1000米的高坡地上；水稻则种在低地。耕地一般头年种旱稻，第二年地力已减退，改种玉米，第三年改种红薯、木薯，也有的将红薯、玉米、豆类作物甚至蔬菜套种在一块耕地里，高矮相宜。从前，云贵高原及越南、老挝、泰国、缅甸部分瑶族迫于生活，选择在海拔800至1000米的高地上低凉的地块种植罂粟，收割鸦片烟膏出售。20世纪50年代后，中国瑶族已不再种鸦片。

3. 工具与技术

瑶族刀耕火种的生产工具比较简单，主要工具是斧、砍刀、打洞棍、锄、刮、禾剪之类。斧头、砍刀用于砍伐树木，打洞棍用来打洞播种，锄头、刮子用于锄地除草，禾剪用于收割。搬运收获物用箩匡，但更多的时候是用网袋和背篓，因为山路崎岖，用网袋、背篓更为方便。除了个别地方种水田置有犁耙外，这类工具很少使用。

旱稻、玉米的种植采用直接播种的办法，并无浸种、育秧的过程。但瑶人十分注意选种、留种。作物成熟收割时，他们将地里长势最好、穗长、颗粒饱满的谷物收割后保存作种子。种子数量按家族人口消耗粮食数量及第二年耕地面积播种量，凭经验判定。旱地作物不追加肥料，火烧砍伐下来的草木产生的灰烬就是最好的肥料。但作物生长过程中除草松土的工序是少不了的。更为重要的工作是防止鸟兽侵害作物。山区鸟兽多，作物将成熟时，野猪、猴子、黄獠、老鼠以及各种鸟类成群结队来糟踏作物。野猪猴子一个晚上可把一块地的谷物、红薯糟踏精光。瑶人为此提心吊胆，除了狩猎外，往往在地头搭盖厂棚驻守，在地里树草人、张挂竹壳、敲打铁器、鸣放枪炮，吓阻鸟兽。大蒜、葱、辣椒、青菜一般种在房屋旁边，用篱笆围好，避免禽畜糟踏。

4. 劳动组织

刀耕火种、砍烧山林是一项繁重劳动，需要亲属、村邻之间的密切合作。20世纪50年代前后的不少民族志报告讲到瑶族地区残存着原始氏族制度、村社制度。笔者80年代在广西上思县、防城各族自治县（现改名防城区）山子瑶、板瑶地区做田野调查时，也证实了这一发现。瑶族地区的原始公社可称为“瑶老”制。“瑶老”之名始见于明代，在不同地方分别有“村老”、“社老”、“庙老”、“目老”、“寨老”等称谓。“瑶老”制作为一种社会组织，分为两类，一类为以血缘关系为纽带的亲属团体，一类为以地域关系为纽带的地域组织——村社。在瑶族村寨内既有宗亲、姻亲团体，各宗亲、姻亲团体又组合成村社团体。瑶族在游耕、迁徙过程中，举凡砍烧山林、播种、收割、大型围猎、宗族或村祭祀、建房立寨、婚姻丧葬、寻找新耕地、对外交涉、战争等重大活动均以亲属或村社为单位，由“瑶老”组织、指挥。砍伐大片森林时，往往以村社为单位，由“瑶老”组织、指挥。砍倒烧尽的林地第一年集体耕种，收获集体分配。第二年分到各户耕种，但播种、收割时，仍需由“瑶老”先喃神，并动手播下几坑谷种或收割几蔸谷物，各户才能动手播种、收割。刀耕火种开垦出来的林地种植三年后地力耗尽，至少要丢荒15年后待重新长出来的树木有15厘米左右直径，才能重新开垦。一处地方的几个山林开垦完后要举族迁徙时，由族老或村老先派人出去探寻新林地。找到新林地要开村建寨。立村先立社，瑶老率领族人祭祀社神，求得神灵保佑。然后各户陆续建立新居，开始新一轮刀耕火种的生活。

家庭中的劳动分工，男子承担砍伐树木、烧山、播种时打洞、搬运收获物、建筑房屋等重活；妇女承担家务，上山采集，也参加播种、除草、收割等劳动；老人看家；小孩长到七八岁时协助做家务，到十三四岁开始参加地里劳动。

瑶族生产劳动组织严密，协作性强，相互之间团结互助成为风尚。

5. 副业生产

瑶族在经营刀耕火种农业的同时，还兼营饲养、采集、狩猎、手工等副业生产。

瑶族每到一地都饲养鸡、猪，有的地方还养牛、养鱼。鸡、猪、牛、鱼大量用于祭祀，祭完才吃。

采集的对象有木耳、香信、黄藤、棕皮、野菜、野果、竹笋、薯良、中草药、蜂蜜等。瑶族用围猎、装弓套、装弩、挖陷阱等多种办法捕捉野兽、野禽。用毒药毒鱼，到山溪中捉山蛙，上山掘地鼠。采集和渔猎为瑶人增加不少富于营养的食物，补充人体所需的脂肪、蛋白质、维生素。中草药、兽皮、木耳之类还可以出售，换取日用品。

手工业包括木工、纺织、编织、染色、挑绣、锻造，有的地方还造纸。除了铁制用品外，许多地方的生产生活用品都是自制。木器虽然粗糙，但适用，挑绣、蜡染品则非常精美。

副业生产是刀耕火种农业的重要补充，是瑶族迁徙、游耕生计方式的重要组成部分。

6. 分配和交换

瑶族赖以生存的迁徙、游耕生计方式还包括具有特色的产品分配和交换制度。

集体耕山收获物实行按户平均分配的办法。狩猎如有所获，见者有份。小动物不好均分，就熬成肉粥，大家分吃。村里哪家建房或有婚丧大事，当事者独立难支，亲戚和村邻有钱借钱、有物借物。哪家生活困难，缺吃少穿，大家都伸出援助之手，绝不让一人过不下去。

著名美籍匈牙利经济人类学家卡尔·波朗尼认为货币（或其他交易媒介）、各种交易地点不难在原始或古代社会中发现，但互惠和再分配才是非市场经济类型社会中起支配作用的交易方式。① 对照“过山瑶”社会，虽然早在唐宋时期，“过山瑶”通过走出山门，参加墟市，与汉族等其他民族发生交易关系，甚至使用货币等交换

① ［美］乔治·多尔顿著：《原始、古代和现代经济——卡尔·波朗尼论文集》（导论），道布尔戴，安柯出版社，1968。

媒介；或如明清至民国时期，一些汉族、壮族商人肩挑盐、铁制工具、针、线等日用品进瑶山货卖。但从整个瑶族社会来看，日常普遍存在的、经常起作用的仍是互惠和再分配两种交易方式，尤其是互惠方式更为普遍和重要。“过山瑶”社会是个缺少集权的再分配的社会。在内部，“瑶老”为众人服务是义务性的，并无报酬；在外部，对封建政府而言是不纳税、不服役的。部分地区的“过山瑶”租汉族、壮族或本民族其他支系（如金秀大瑶山所谓“长毛瑶”）的山来垦种，必须缴纳实物地租、劳役地租（所谓“种树还山”等）乃至货币地租。但瑶族成员向拥有权力的领导者义务奉献、付出钱物或服务，并未获得领导者通过节日盛宴或其他仪式，将自己集聚并保存的这部分财物、服务等返还一部分给瑶族普通成员。因此，从“奉献”至“返还”这种连锁系统的“再分配”方式，在瑶族与异族领导者之间并不存在。“过山瑶”社会存在的“再分配”方式，主要表现在，“瑶老”虽然为众人服务是义务性的，但公众出于对头人的尊重，每当头人建房子时，村民得主动出力帮助；打猎如有所获，要割出最好的一份肉献给“瑶老”。而“瑶老”除了平常为村民服务外，节日（如过年、社节）期间得在自己家里设宴款待众人（通常由各户户主代表）。“过山瑶”虽然不向朝廷交纳赋税，但有纳贡义务。明清至民国时期，一些地方的“瑶酋”到北京进贡方物，过春节时派出队伍到县衙歌舞贺岁，进贡木耳、香信等特产。朝廷和地方官员则赏赐钱物，设宴款待。

互酬在经济人类学家看来，指的是一种广义上的互助、赠与关系。如上文所述，这种交易方式在“过山瑶”社会中至为普遍。“过山瑶”在建筑房屋、播种、举行婚礼及葬礼、宗教祭仪（如还愿、挂灯、度戒等）、过节、收获作物、捕获猎物等活动中盛行互助、赠与。互助的内容包括出钱、出物、出劳力给当事者以帮助。受助者下回给援助者以帮助作为回报。如某人建房子或播种、收割缺少人手时，村邻、亲友不计报酬及时来帮工，受助者下回也必然会以出相当人力帮助作为回报。如某家举办婚礼缺少一头猪的猪肉，另一家帮一头猪，主事者下回也会用一头猪帮回原来的资助者。没有猪也可以用其他相当的方式给予回报。这是一种互惠式的互助活动，跟汉人社会的互助钱物有区别。瑶人的互助是不定期限、不讲价钱、不计利息的。说下回归还不定就是下一回，也可以是下下回。有的地方某人结婚借的钱，本人生下孩子，孩子又生下孩子了，还没有还完，被借者也不追究。因为他相信，这家总会有回报的一天。

赠与包括赠钱、赠物，以人生节礼活动（出生、满月、周岁、成人礼、婚礼、寿礼、丧葬礼）相互赠与最多。受礼者对赠与者赠与的钱物牢记在心，下回必定按习俗给予回赠。回赠物可以等质，也可以超质，数量多寡视身份、地位而定。

“过山瑶”认为，瑶族住在山上，生活艰辛，只有团结互助，才能生存发展。广西上思县十万大山山子瑶告诉笔者，他们的“村老”又称为“甲头”，用粤语讲“甲”即“合”，“甲头”即“合伙的头”。瑶人说，只有合起来做（共耕）才得吃，不合起来做（共耕）就不得吃。这说明，“过山瑶”的互惠、再分配等交易关系，与他们刀耕火种、游耕迁徙有密切关系。在技术水平较低的状况下，不加强团结合作，个人的生存难以保障，遑论社群存续、文化传承了。

## 三、习俗与信仰

“过山瑶”还有与其生计方式相适应的一套习俗信仰。上文已提到居住与社团组织，这里值得进一步提出来讨论的还有：

好山恶都。晋·干宝《搜神记》云：盘瓠后裔梁、汉、巴、蜀、武陵、长沙、巴陵、庐江蛮郡夷“饮食蹲踞，好山恶都”。南朝宋·范晔作《后汉书》，其《南蛮传》提到瑶族先民长沙、武陵蛮“好人山壑，不乐平旷”。瑶族长期在山区生活，形成吃山、靠山、住山、爱山的习俗。这不但是因为刀耕火种、捕猎野物的需要，而且觉得山上凉爽舒适，生活方便，还因为住在山上较为自由，不易受外界干扰。笔者 1979 年 5 月在湖南宁远县九嶷山调查时，发现瑶人诗歌中有“蜜蜂飞来千丈高，盘王子孙在山好”的诗句①，1982年12月在广西上思县十万大山调查时，又发现当地瑶人（山子瑶）歌谣中有“坐朝又怕世界乱，儿孙后代怕当军，见过几多世界乱，见过几多官共军；如今斩山并种岭，万年仍欢喜在山心”的歌词②，这是瑶族为什么喜欢山居生活的最好注脚。而瑶族《评王券牒》中歌词：“仍住青山千万季，刀耕火种胜如田；斑衣花领常时着，长腰木鼓答家先；儿孙饮酒连歌唱，不理东西各自眠；手把硬弓求野肉，将来谢祖敬家先”③，则活生生勾画出瑶族山居生活的落拓心态。

婚姻家庭方面，“过山瑶”男女两性的地位在某些方面较汉人平等，生男生女无所谓。男子可娶妻，也可以嫁人，上门入赘很普遍。女婿在家庭中地位平等，被视为亲子。“过山瑶”还盛行接收养子女。家庭规模较大，人口总数一般超过五人，多达十余二十人。④ 这显然与山居生活的艰苦及刀耕火种农业对人口的需要有关。

文学艺术方面，“过山瑶”创造和发展出了反映游耕迁徙生活又为这个生活所需要的民间文学样式，最发达和最具代表性的应数《盘护王》、《漂洋过海》、《千家洞》等神话传说，《盘王大歌》、《信歌》等歌谣，以及《说亲词》、《合亲词》等各式说词、彩话。《盘护王》讲的是瑶族始祖盘护为国立功，被聘为驸马，受封南京会稽山石宝殿为王，获赐天下山场，任从刀耕火种，食山过山，蠲免赋役的故事，是构成《过山榜》的主要内容，是支持瑶族刀耕火种、食山过山的根据，为瑶人世代传颂。《漂洋过海》、《千家洞》是瑶族两

① 张有隽：《瑶族人口都市化与传统文化》，18页，见《瑶族传统文化变迁论》，南宁，广西民族出版社，1992。

② 张有隽：《十万大山山子瑶社会历史调查》，见《广西瑶族社会历史调查》，第六册，南宁，广西民族出版社，1987。

③ 过山榜编辑组：《瑶族（过山榜）选编》，长沙，湖南人民出版社，1984。

④ 张有隽：《瑶族历史与文化》，182～183页，南宁，广西民族出版社，2001。

则重要迁徙传说，记录瑶人漂泊苦难的生活。《盘王大歌》是瑶族民间歌谣集成，包括史诗、开山歌、生产歌、狩猎歌、谜歌、情歌等，为祭祀盘王时吟唱的歌谣，内容涉及开天辟地、人民再造、盘王出世，以及瑶族开山、修路、建房、生产、狩猎、迁徙、风俗习惯、宗教信仰等，是瑶族迁徙、游耕生活的集中表现，也是瑶族这一生计方式的重要精神支柱之一。《信歌》又称《寄歌》。瑶族迁徙过程中以歌代信，或查亲问族；或唱述新地址的美好，邀请族人前去一起砍山耕种；或交代迁徙路线及注意事项；有的信歌唱述迁徙中的悲惨遭遇，读了催人泪下；还有的信歌是青年男女谈情说爱用的，可称为“爱情信歌”。凡信歌多通过逐村逐寨辗转传抄，最后到达收信人手中，也有直接托人携带送到收信人手中的。这是反映“过山瑶”迁徙游耕的珍贵民间文献。下面摘引几段信歌歌词，以见一斑。

其一，迁至越南“木罗岭”的蓝靛瑶寄回中国广西防城的《交趾信歌》：

> 真广岭头青美美，四边河水上鲤鱼……此地种禾本是好，每年收得五六仓。
>
> 意吃何般密中有，水满鲤鱼任意贪。玉米一个有尺五，收满家中任子贪……此山住得千万家，祝报众亲齐转来。好吃不过南山地，回话报亲齐入交。语到广东铁狼峒（清末区划，今广西防城区扶隆、那勤、太萧、平旺四乡镇及桉北半部），亲能恩思寻信来……亲在天朝无山斩，齐来到地青山头。①

其二，迁到越南洪水洞万言冲的盘瑶寄回中国广西恭城的《交趾曲》：

---

① 广西壮族自治区编辑组：《广西瑶族社会历史调查》，第六册，408页，南宁，广西民族出版社，1987。

| | |
|---|---|
| 一便（片）乌云四片荒 | 大朝[1]众娥（偶）共商量 |
| 得见大朝官反烂 | 十分难住又难安 |
| 搬家出门多愁忆 | 十分愁忆路头长 |
| 行出路头无方便 | 饱多饱少无人知 |
| 齐共商量了 | 渐了受（就）离乡 |
| 出路无盘费 | 也着走交枝（趾）[2] |
| 半路无家住 | 妻儿男女睡市坪 |
| 姊妹脚又痛 | 朝补（哺）夜晚泪魁魁 |
| 一片乌云四边飞 | 大朝众娥（偶）赴交枝（趾） |
| 得路受（就）行平乐府 | 过了象州到柳州 |
| 行过一州又二县来兵（宾） | 过了又迁江 |
| 过了田州到白（百）色 | 三街四巷好风流 |
| 出路多愁忆 | 愁愁忆忆无人知 |
| 过了柳州渡 | 大船撑过无闻忧 |
| 过了龙虎渡 | 遥遥远远到田卅 |
| 姊妹齐停下 | 齐齐停下且宽油（游） |
| 姊妹安居世不愁 | 那罗离 |
| 一片乌云四边飞 | 大朝众娥（偶）赴交枝（趾） |
| 条路迄迄到富州 | 鸡巷犬街到高街 |
| 行过水泥三家店 | 大南西过小西南 |
| 姊妹相邀请船子 | 谁知船子使钱多 |
| 不过黄河不死心 | 过了洪（红）水正甘心 |
| 南梁南柳广山水 | 南华猛犸大山头 |
| 过了广西界 | 八（剥）碍（隘）见云南 |
| 又问头塘路 | 开府在眼前 |
| 到了西南口 | 大河洪（红）水满江流 |

① 大朝：指中国。

② 交枝：即交趾，指越南。

使了锡钱钞　　　　　　　渡过洪（红）水河
姊妹问行远不远　　　　　慢金山过猛华山

一片乌云四边宽　　　　　齐齐定下万言山
修山斩岭种禾熟　　　　　收禾收得万和千
寄书传报大朝娥　　　　　齐到交枝（趾）世不忧
乌鸦飞来郎寄信　　　　　燕子飞来郎寄信
撑船过海离了岸　　　　　担伞出门离了州
撑船过海离了岸　　　　　担伞出门离了乡
又住猛洞山头好　　　　　竹瓦盖屋好安居
一世不愁忆　　　　　　　三仓未了四仓添
寄信传报大朝娥　　　　　齐到跤（交）趾好过年
因为当初公爷不置平田地　也着抛心外国游
因为当初公爷不置平田地　不奈时何离了娘
……①

其三，迁徙到越南的蓝靛瑶寄回广西上思县的《元国歌》：

每天中国地方乱，空音一时日算日，
时算一时日算日，日过日头年过年；
念到卡罗②元国③地，空听人传音啼咧④；
卡罗元国地方乱，庇失⑤散离五万三；

① 广西壮族自治区编辑组：《广西瑶族社会历史调查》，第六册，285～287页，南宁，广西民族出版社，1987。

② 卡罗：以前。

③ 元国：原住国，指中国。

④ 啼咧：往哪里，或在哪里。

⑤ 庇失：给失掉。

盘古子孙夫愁过，真是愁咧亲马知；
卡罗夫音元国地，不知拆离到广西；
夫音广西度官①管，每日收银捉官兵；
……
买得头牛类②到屋，度贼类后③来拉宁④，
叫命雷咧怨已怨，作赖愁门苦命雷，
仔音屋儿能饭吃，能⑤又马乃⑥他赖咧；
捻刀出门罗⑦菜吃，菜也马乃苦命雷；
宁挖野齐⑧胫又长，挖到野齐又格石⑨；
正月挖齐到五月，齐运生苗⑩心里愁。

可以说，“过山瑶”是通过信歌获得讯息，决定是否迁徙及如何迁徙。因此，信歌乃是支持“过山瑶”迁徙、游耕的凭证。

瑶族民间文学中的说亲词、合亲词、祝亲词、诉词、判词等各种说词、彩话，形式上多用重复、排比、对偶、比喻、象征等手法，语言简洁、生动、形象，内容虽然多关乎婚姻、家庭、判案，但其间亦杂进不少瑶族神话传说及迁徙故事，教育后人不忘根祖，重在敦睦，对维系迁徙、游耕生活中的人际关系，促进家庭和民族的亲和力起到重要作用。

---

① 度官：汉族或壮族官员。
② 类：来。
③ 类后：随后。
④ 拉宁：拉走。
⑤ 能：没有。
⑥ 马乃：没有。
⑦ 罗：找。
⑧ 野齐：淮山。
⑨ 格石：碰到石头。
⑩ 生苗：新苗。

在语言与教育方面，瑶族善于学习周边民族的语言。每到一地，都学会讲当地汉语方言或其他少数民族语言，到了东南亚和欧美，又学会讲所在国的主体民族语言。现在美国、法国的瑶族，除保留瑶语外，不少人会讲汉语及原所在国的话（老语或泰语），有的一人能讲好几种话，这显然与瑶族频繁迁徙的生活需要有关。瑶族十分重视青少年的教育，在长期的游耕迁徙生活中，创造了一套看似简单却自成体系的教育青少年的办法。瑶族主要运用传统教育，即家庭教育、社会教育、宗教式的教育，教育青年熟悉并遵守本民族团结合作、刻苦耐劳、诚实守信等优良传统，以及适应刀耕火种生活的自然知识、社会知识和生产、生活技能。瑶族非常重视青少年学习汉字和老一辈创制的瑶族土俗字（有人称为方块“瑶文”），目的是便于传抄《过山榜》、经文、歌本和记事记账，传承传统文化。汉字的学习主要靠师公（宗教师）教授，有条件的时候瑶人也创办私塾，请汉族、壮族塾师开课。瑶族的这些教育与其传统生计方式是联系在一起的。

宗教信仰方面，最突出的特点是将道教与本民族传统信仰结合在一起，构成了极富特色的民间道教信仰体系。瑶族信仰祖先神（最大的祖先神是盘王，其次是各姓家先）、各种自然神（山神、水神、风神、土地神等）、各色精灵（石精、木精、棺材精等），又信仰道教诸神，尤其三清、三元、四御、玉皇、雷王、龙王及各天神，同时信仰巫术。在观念上，瑶人认为人有灵魂，人死后灵魂变成鬼魂。鬼有善恶之分。恶鬼指凶死者的鬼魂，由于不得善终，死后专门与人做对。世间上不好的事情，如人畜瘟病、作物遭灾，多是恶鬼作祟的结果。善鬼指的是祖先鬼和天神。死去的祖先和天神不供奉，也会生气降灾。自然精灵也是灾病的制造者。人畜生病、刀耕火种或狩猎中发生的各种事故，如刀伤、斧伤、枪伤、跌伤、火伤、作物遭灾（风灾、虫灾、鼠害、兽害）、捕猎无获，都是人不小心触犯了恶鬼或精灵的结果。但是，瑶族相信道教诸神能驱鬼治病，消灾降福。一个人如果受戒入道，不但自己有正神护持，远离灾病，还可以济世救人。瑶人相信祭献、祈禳、许愿还俗等仪式和巫术可以驱鬼治病。无论是人生病、受伤、受惊，还是砍山、播种、抗灾、保苗、收割，或是采集、狩猎、捕鱼、捉山蛙，都要举行一定的仪式，并遵守许多禁忌，或使用巫术防灾治病。“过山瑶”的家族“跳盘王”（又称还盘王愿、做盘王）、“挂灯”、“度戒”、村寨“祭社”是大规模的宗教仪式，小规模的仪式有“架桥”、“收魂”、“吹犯”、“推败”等。巫师专门以降童、过阴等方式为人占卜决疑。师公、道公为人还愿、打斋，消灾祈福，或用巫术为人治病。显然，“过山瑶”的宗教信仰是由其生活环境所决定，并为其生计方式服务的，其巫术、禁忌、仪式在塑造人格、调适心理、规范道德、整合力量、增强信心以战胜困难方面发挥重要作用。

## 四、结论

瑶族在生态环境驱逼下形成了自己的吃山过山的生计策略。这一策略的主要内容包含迁徙中聚落模式构建、刀耕火种作物安排、劳动组合、交易方式、易地迁徙方式等精心巧虑，围绕这一策略还产生了相应的习俗信仰。因此，“过山瑶”的生计方式是一个由生产、习俗、信仰相配合而运作的完整系统。这个系统并非完全封闭，还有其开放性一面。这表明瑶族有很强的适应性。这是瑶族对中国文化和世界文化的贡献。

# 经济全球化与文化多样性[①]

“经济全球化与文化多样性”是全世界人类学与其他人文社会科学界一直在讨论的一个热门话题，中国在加入WTO后，这个问题在中国的现实生活中增加了紧迫感。20世纪八九十年代，我国改革开放，发展商品生产，建立社会主义市场经济，经济已逐步纳入全球化过程，而2001年加入WTO，更是中国加入经济全球化的实质性步骤。加入WTO，就意味着加入全球经济竞争，要按国际贸易规则办事。这是进一步拆除屏障，打破封闭状态，敞开国门的旷世之举。对长期生活在封闭状态的中国人民而言，面对充满竞争和风险的复杂多变的世界，将会有什么样的结果？一方面，经济全球化对中国的经济、政治产生什么影响？另一方面，经济全球化必然带来文化的外部影响，尤其是西方文化的影响。在这种情况下，中国传统文化会不会被同化，我国原有的各民族多元文化会不会消失？人们确实有这样那样的疑虑和担心，而且这种疑虑和担心确实有一定根据。不说近代史上中国被西方帝国主义的坚船利炮打开国门后，中国人民遭受的百余年苦难，就说20世纪80年代改革开放以来，中国工业品不敌西方产品，麦当劳、肯德基、可口可乐消费热的兴起对中国经济与文化产生的冲击，更不必说在资本主义和封建主义腐朽思想的腐蚀下，丑恶现象的滋生和发展，令一切正直的中国人莫不心寒。人们更担心这些表象后而隐含的文化价值观念——自私自利和极端个人主义的蔓延发展，会毁掉重视集体主

① 原载于《广西社会主义学院学报》，2003年第3期。

义、崇尚团结互助的中国优良传统，影响民族关系的健康发展。改革开放以来，中国经济快速发展，综合国力不断提升，成就举世瞩目。但是，在结构性问题并未完全解决的同时，东西部差距、贫富差距正在扩大。而且，在经济不断发展的同时，社会上人们的道德水平未见上升，无怪乎有人发出“人欲横流，世风日下”的惊叹。加强精神文明建设，惩治社会犯罪，年年都是全国人大会议的热门话题。党中央也接连提出从“以德治国”到贯彻“三个代表”等一系列口号。因此，讨论“经济全球化与文化多样性”确实有重要的理论意义和现实意义。

但是，“经济全球化与文化多样性”这个题目首先是个很大的题目；其次，这还是个老题目，至少对人类学界来说是如此。因此，要讨论这个问题，必须把它放在更广阔的时空背景下，才有可能审视得比较清楚。其中涉及对资本主义扩张及其在世界范围的影响的评价，不同学术观点的比较分析，以及民族志个案的举证。这绝不是两篇论文能说得清楚的。这篇论文试图从宏观的时空维度，结合民族志个案资料，提出一些个人看法，以供讨论参考。

众所周知，经济全球化是与资本主义的产生和发展密切联系在一起的。资本主义在早期原始积累阶段，通过海外殖民掠夺，将触角伸展到世界各地，把亚非拉广大地区变成欧洲白人资本家的商品市场、原料来源地和劳动力市场。进而将这些地区的许多国家变成了资本帝国主义的殖民地附属国，以加强政治统治为手段，进一步把这些地区拴在资本全球化的马车上。二战结束后，许多原来的殖民地半殖民地国家经过民族解放运动获得了独立。但西方资本主义国家并不甘心失败，改换手法，以经济援助为幌子，实行经济渗透、政治颠覆，亦即采用新殖民主义的手段，力图控制这些新独立国家，从中捞取好处。在西方霸权势力控制下，许多发展中国家内部纷争不已，经济上对资本主义强国的依赖没有改变，经济全球化进程没有停顿。两极世界崩溃后，美国独步全球。当今世界，由于科学技术的迅速发展，全球经济一体化的进程更加快了速度。

我们还知道，马克思在批判资本主义的时候，曾肯定资本主义比封建主义的贡献在于，它成百倍成千倍地提高了生产力水平，加速了人类经济与社会的发展。确实，从历史发展的纵坐标来看，资本主义制度在工业发展、农业改造、商业贸易、金融、交通、通讯、现代教育与科学技术发展等方面创造的成就，是人类以往任何社会都不可比拟的。但是，资本主义也发展出了一个假说，即认为人类只有接受资本主义的生活方式，并按资本主义方式改造现存社会，促成世界经济一体化，才能使发展中国家实现现代化，摆脱贫困状态。这个假说有一个基本前提，这个前提是自由资本主义时期的经济学家提出来的。这个前提是：人的本质属性是利己的，在资源稀缺普遍存在的状况下，通过最少投入获取最大收益这一所谓“最大化”的理性选择，是经济发展的原动力。西方经济学家把“理性个人”比喻为市场经济中一只“看不见的手”。这只在经济生活中“看不见的手”是左右市场的关键。西方经济学家尤其是主张自由资本主义的经济学者，都主张根据上述市场规律，尊重并刺激个人物欲，发展自由放任的资本主义，而反对社会公平原则。

资本主义的发展必然追求全球市场。如果说一战、二战是这种追求的极端反映，二战后两极世界的出现阻碍了这种追求的话，那么，到20世纪八九十年代，两极世界出现松动、跨台的时候，经济全球化口号的重新提出就毫不奇怪了。因此，经济全球化这个概念的核心就是资本主义全球化。全球化的渊源可上溯至20世纪60年代盛行的现代化理论。现代化理论的源头可追溯到欧洲的启蒙思想，但却是美国的特产。二战后美国不仅拥有强大的经济实力，并且用具有宗教式的乐观自信的政治意识去重建大战后的世界秩序，美国社会科学对于新世界秩序的建构，在学术上发展了“现代化理论”。美国的现代化理论，一个占主流地位的理论内涵是，现代化的根源是科学理性，它所拥抱的是“发展”的真理，而发展的基调定在工业化上，并认为工业化有内在关联的成长模式，不同社会或国家最后会产生某种同质性的社会、经济、政治与文化结构。美国的现代化理论视美国的文明为现代文明的高峰，也即现代性的典范。① 经济全球化要求所有国家加入西方主导的世界经济体系，遵守西方国家约定的市场游戏规则。加入 WTO 虽然对发展中国家在条件上有所放宽，但不达标的领域须在规定时间内达标。因此，所谓经济全球化这一口号暗含的意味其实就是西方的经济霸权和文化霸权。

具体言之，经济全球化就是西方资本主义制度标准对全球经济进行整合的过程。西方几个发达国家通过建立全球标准的制度来推动经济全球化，这进程被称为制度化过程。在西方主流政治经济学语境里，只有西方制度才是全球标准制度。乌拉圭回合贸易谈判制定的全球贸易制度，亦即 WTO 规则，就是标准制度。其他国家、地方的内部制度，如原始的、古代的制度都不是标准制度，一般称为地方制度或非正式制度。

西方资本主义国家所倡导的制度化，绝非限于建立并遵守贸易规则等经济领域（虽然这领域是最为重要的），它还包括政治领域的诸多诉求，例如反对集权制度，反对国家对经济的干预，主张民主政治，强调保障个人自由权利，包括言论自由、结社自由、罢工和游行示威自由等。因此，所谓制度化是涵盖经济、政治、法律、意识形态等领域的全方位的制度要求，其实质就是要将西方一套文化价值观念和现行制度推行到全世界。

毫无疑问，西方资本主义倡导的这套制度标准，并非西方资产阶级独家创造发明，它也包含了西方无产阶级及其他社会阶层、社会主义运动、发展中国家政府和人民的部分斗争成果。从一定意义上说，它是全世界范围内各种力量妥协的产物。但正如马克思所说，任何社会的统治思想都是统治阶级的思想，当今世界关于正式

① 金耀基：《代性论辩与中国社会学之定位》，见《二十一世纪：文化自觉与跨文化对话（一）》，北京，北京大学出版社，2001。

制度的思想，也无非是当今世界的统治阶级——资产阶级的思想而已。

历史学家更不必说经济学家早已在谈论，而且他们将来还会谈论经济全球化，这是一股不可阻挡的历史潮流，既如此，制度化过程也有其历史合理性。确实，如果就经济、某种程度上就政治而言，经济全球化及其伴生的制度化过程，在发展文明政治，减少行政干预，规范经济管理，合理配置资源，减少不必要摩擦，促进全球经济增长，改善生态环境，以及提高人民生活质量等方面在一定范围内发挥了重要作用。

自从资本主义向世界各地持续扩张以来，经济全球化过程对全世界各个国家各个地区各个民族无不产生了影响。早在19世纪末20世纪初，西方列强对全世界殖民地半殖民地瓜分再瓜分的过程中，第三世界许多国家和民族的传统社会与文化已改变了模样。二战后，尤其是20世纪七八十年代以来，这些国家和民族的传统社会与文化在经历了持续变迁之后，更加快了变迁的步伐。现在，人们已很难找到人类学家19世纪末20世纪初在民族志报告中描述过的那些生活在南太平洋或美洲、非洲丛林里、岛屿上的原始部落的原始风貌。这些社会里的人民不但在日常生活里使用着从市场里交换得来的手巾、布料、胞皂、洗衣粉、收音机、钢斧、双管猎枪，而且经济生活与社会结构也发生了这样那样的变化。一些人为了生活得更好而远离村落到城市里打工，部落里原有的亲属制度因丧失作用而变得松动。为了整合部落或村社而举行的传统仪式，要么因为增加了新文化因子而改变了模样，要么不能定期举行，或者干脆取消了。在那些盛行封建专制的集权统治的国家和地区，在封建集权制度被推翻代之以现代民主政治后，生产力获得了解放和发展。总而言之，在经济全球化过程中，全球化文化变迁的情况确确实实在发生着。

那么，经济全球化完成了吗？经济全球化造成的后果是否如西方预言家所设想的那样理想？这个问题还可以改换成：西方资本主义制度是不是救治人类社会的灵丹妙药？或者：人类走上极乐世界只能有一个模式？此外，经济全球化是否会促成文化多样性的消失，在全球形成同质文化？人类学家对这一系列复杂问题，长期以来一直在做艰苦而细致的研究，并得出了显然与西方主流社会主流思想家不一致的看法。

众所周知，人类学区别于其他学科的一个重要特点，就是通过异文化的研究反观本文化，从而寻求对人类社会与文化的规律性认识。我们都知道，还在人类学创立的早中期阶段，不少西方人类学家通过对美洲印第安人、澳洲土人、南太平洋岛屿土著民族、东南亚丛林部落民族深入细致的田野调查，论证了人类文化的多样性，挑战西方中心论及“经济人”的哲学观。文化相对论与多线进化论的提出，无疑是对西方资本主义的种族主义和民族中心主义的有力批评。人类学家在与各自研究对象长期接触中建立起来的感情，使他们对众多遭受资本帝国主义压迫、剥削的民族的命运表示同情与关注，并常常使自己站到殖民当局乃至本国政府的对立面，对西方殖民者的许多做法提出批评。在二战前长期研究积累的知识的基础上，二战后人类学家通过参与发展研究而相继建立起来的经济人类学、发展人类学、应用人类学等人类学分支学科，都包含了人类学家对西方制度体系和文化价值观的诸多富有洞见的批判。20 世纪七八十年代以来的所谓“后现代”时期，人类学家参与后现代反思，包括对现代西方社会问题的反思和人类学本身理论方法的反思，又有新的创见。

二战后的现当代人类学家，除了坚持文化相对论、文化多样性这些原来倡导的基本立场外，通过新的研究，又从不同的角度提出和建构理论，对西方社会及其主导的经济全球化或直接或间接地提出了许多质疑与批评。

（1）经济嵌合论。20 世纪四五十年代，经济人类学家卡尔·波朗尼认为，在原始及古代经济中，物品生产与分配制度是嵌合在整个社会制度中的。一个典型的例子就是土地及劳动力并非像在资本主义市场中那样作为商品被买来卖去，而多是根据亲属关系、氏族的或政治的权利与义务进行分配。波朗尼并认为，在十八九世纪才随着工业革命而崛起的似乎无所不能的资本主义市场经济，到了20世纪三四十年代却出现了要垮台的迹象，这种追求个人物质利益至上，由市场需求决定人的社会行为的经济形态，侵蚀了人们的社会生活且不可避免地导致出现广泛的社会控制，如美国的罗斯福新政、欧洲的福利国家乃至法西斯主义，直接质疑了资本主义制的普世性。

（2）依赖理论。20世纪60年代，桑托斯认为，依赖是个被制约的情境，在这个情境中，某些国家的经济受到另一些国家经济发展和扩张的制约而成为依赖国。弗兰克则将“低度发展的发展”视为依赖理论的基本假设，认为低度发展国家的发展停滞状态，主要源自于资本主义世界体系结构建立的依赖关系，这些国家只有摆脱对已发展国家的过分依赖，其经济才有起飞的可能，揭露和批判了西方发达国家主导的经济全球化导致经济与社会的不公平。

（3）生产方式论。20世纪70年代，法国的梅拉索认为，资本主义的自由经济概念不适合于类似非洲古罗族以世系群为基础的生产方式这样的前资本主义社会的分析，因为在“经济人”错误前提中，忽略了在一个社会里个人的身份和地位是天生注定的，其对社会关系的选择受到很大的限制。美国萨林斯发现大半部落社会从技术上本来可以达到较高的生产量，但是以家户为单位的生产量远低于这个水平，认为这些社会的人们的生产目的，并不像经济学家所解释的那样是为了获取最大的利益。他们这种低水平的满足感反映出经济行为也是一种社会的和文化行为。这二人都质疑西方资本主义制度的普遍性及其全球制度化的诉求。

（4）世界体系论。沃勒斯坦对以往资本主义世界体系进行反思，认为资本主义世界经济体系基本上是以经济为实体而包含着世界性区域分工，各地区都履行着不同的经济角色。换言之，在资本主义之下，很自然地产生出世界体系内的“核心”、“半边陲”和“边陲”三种等级。这个体系的本质是不平等的，由于不平等的生产、分工和交换，存在着貌似公平的相对剥削。

（5）文化经济秩序论。20 世纪 80 年代以来，全球化的讨论已不重在经济方面，在人类学中，还特别关注与经济有关的文化全球化。阿普杜莱认为全球互动的中心问题，是文化同质化和文化异质化之间的张力。新的全球文化经济不可能再按照核心——边缘的模式来理解，而必须被理解为一种复合的、重叠的、分裂的秩序。当前全球经济的复杂性，与某些经济、文化和政治之间的基本断裂有关。他认为文化的全球化不等于文化的同质化，而是涉及使用同质化的各种手段（军备、广告技术、霸权语言、服装样式），将全球文化经济吸收到地方的政治和文化经济之中，只有国家主权这类异质话语才被留在国家内。

各国人类学家围绕全球化问题展开讨论，提出的理论观点虽然各有不同，但在质疑和批评西方资本主义的全球化诉求这点上都十分一致。这主要源自于人类学始终将田野调查尤其是参与观察法作为基本的研究方法，从而使人类学家不断保持与现实生活的密切联系，从各民族现实生活中吸取养分，获得第一手资料，开展科学研究，坚持人类学的科学性、实证性、人民性的原则。人类学诞生百余年来，众多学者不避艰险，深入实际，不断田野作业，保持了人类学对社会和文化阐释的鲜活力量。

站在人类学的立场看问题，关于经济文化全球化，还可以从不同的角度提出问题。即以制度化而论，西方资本主义主导的制度化进程虽然反映某种发展趋势，有一定的历史合理性，并对世界经济文化产生了影响。但是，西方倡导的经济制度是有界限的。经济制度化没有也不可能消灭文化的多样性。如果像西方一些主流政治家、思想家所认定的那样，西方倡导的制度是标准制度、正式制度，那么按照逻辑，世界各民族的现实生活就必定存在着所谓非标准、非正式制度。人类学、社会学、经济学也认同非正式制度的存在，但对非正式制度的界定不完全一样。一般而言，非正式制度是与正式制度相对应的概念，这两者是制度构成的两大部分，它们之间既相互对立，又相互补充。

非正式制度，或称“非制度变化规则”、“非正式约束”、“社会潜网”，是社会共同认可的成文的或不成文的行为规范，包括亲属制度、伦理规范、道德准则、风俗习惯、宗教信仰与禁忌、意识形态规定等无形的约束规则。这些规则虽然是非正式的规范，但已内化于人们的行为中，能在很大程度上约束每个行为主体可以做什么、不可以做什么。虽然意识形态也是构成非正式制度的重要内容，但人类学家更关注那些通常被冠以“社区性的”、“地方性的”、“习惯的”、“民约的”、“乡间的”“传统形成的”“不成文的”“口头的”、“氏族的”、“亲缘的”、“宗教性的”等形容词的非正式制度。各种非正式制度都各有自己的边界，它们分别附着于不同的社会实体及其关系网络之中。在亲缘网络、地缘网络、组织网络等形形色色的人际关系网络中，非正式制度作为无形的约束力量，随时随地都在起作用。但超出各自范围，某种非正式制度的作用将丧失，而需要另一种非正式制度顶替。

人类学通过长期实地调查研究证明，非正式制度虽然具有不利于资源有效配置、阻碍制度创新的负面作用，但是，非正式制度又有多方面补充、修正和增强正式制度的功能。在当代中国，在国家福利制度未完善的情况下，壮族、瑶族、侗族、回族等许多少数民族的“寨老制”、“瑶老制”、“侗款”规则、“乜贴”制等民间组织制度发挥传统的团结互助优良风气，扶贫济困，缓解了因社会变革带来的压力。还有许多实质性经济和社会变革，都是在正式名称没有改、正式制度没有变的情况下，人们在正式制度之外，弄出套非正式制度，通过次次试验，突破原有限制，实现了获利和发展的机会，并赢得了制度创新。实践证明，正式制度与非正式制度之间存在着双向互动、互补、相互转换的复杂微妙关系。传统经济理论过于偏重数量模型和经济变量的演绎分析，忽视了现实生活中各种非正式制度的功能和作用，是不正确的。①

人类学家坚持用整体观来观察各民族社会与文化，使自己保持一种独特的视角，避免陷入只见树木不见森林、摸着大象鼻子就指为大象的片面性悖论。关于经济与文化的关系问题，人类学家从不把它们割裂开来看待，而是联系起来看待，并且把经济只看成社会或文化的部分。经济作为文化的部分，固然会对文化产生着重要影响。但我们不能同意“经济决定论”的错误理论，认为经济全球化就会消灭文化的多样性，导致文化的全球化。一方面，经济作为文化的一方面，它对文化产生影响的同时，又受到文化其他诸因素（习俗、信仰、道德等）的制约，即使正式制度在实践中也要与民族的、地方的非正式制度结合，才可能取得成果。而这种结合往往产生全球化中的地方化的戏剧性结果，并不是地方性或多样性消失。马歇尔·萨林斯在1992年就讲过，普天之下，文化都能涵盖外来的物与人，并将其收编进自己逻辑严密的关系之中。在世界大多数地方，西方的普世性文化设计并未能如愿以偿。殖民地人民启动自身文化传统的变异，以适应侵入的异类因子。因此就有将损利措施升华为交换礼仪，就有货船崇拜，就有将殖民生活经验归并到传统理论下的祖先权力。他指出，历史上迄今所有的社会，其实都是全球社会，每种文化都是包容宇宙力象的体系，将大千宇宙纳入自己的文化版图。所有的人都必须针对外部的条件来构筑自身的存在。回应外部乖戾的压力所作出的或多或少自觉的文化虚构本是一个常态的过程。人类文化的多样性，正如列维·斯特劳斯说过的，“并非来自各人群的相对独立状况，而是来自他们之间的相关联系。”② 在当代东亚的消费行为方面，华生等人从香港、北京、东

---

① 张继焦：《非正式制度：资源配置的另一种方式》，见周大鸣：《21世纪人类学》，北京，民族出版社，2003。

② ［美］马歇尔·萨林斯：《别了，忧郁的比喻：现代历史中的民族志学》，见王筑生：《人类学与西南民族》，30～35页，昆明，云南大学出版社，1998。

京、台北等城市的麦当劳的研究，来理解全球化。麦当劳是文化全球化中一个有趣典型。它消除了民族的界限，成为一种跨民族的普遍的儿童消费，但这是全球化中的地方化。麦当劳被视为现代生活的标准化形式，带有侵略性、分裂性特点，然而，当它参与到地方文化甚至家庭文化的重新整合之时，它也改变了自己来适应当地文化，这时，它已经不是原来意义上的麦当劳。就全球化与地方化的关系而言，这个例子说明的是麦当劳被整合到地方文化，而不是地方文化被麦当劳整合。① 同时也说明，任何全球化或现代化的东西都要经过“地方性知识”的过滤，才能产生作用。在特定时空条件下的市场经济，也包含了相应的传统文化的渗入和运作。

另一方面，就文化的其他方面，如语言文字、文学艺术、风俗习惯（衣食住行、婚丧病祭、节庆、禁忌等）、宗教信仰等，虽然时过境迁，也会发生演变，但与经济、政治相比较，则有相当的稳定性，它们不会随着经济的发展、政治统治的变更而发生急速变化。习俗与文化往往是一笔可用于社会动员的无形资产，是民族传统活力所在和认同的根据。在存在着压迫、剥削的社会里，语言文字、风俗习惯及宗教信仰往往被当作地方话语用以对抗霸权话语。被压迫民族常常提出尊重民族语言文字、风俗习惯及宗教信仰自由的诉求，反对压迫民族的歧视、排挤、同化政策。古今中外，因民族特征上的差异而引发矛盾、冲突、动乱的事件不胜枚举。由于各种复杂的原因，许多群体的文化特征被视为必须守住的文化边界而千百年保持不变。美国印第安人的习俗和文化可视为一个典型例子，虽然美国印第安人在衣食住行和语言等方面，都接受了不少白人文化的因素，但这并没有从根本上改变印第安人文化的性质。经过数百年的文化同化，印第安人仍然是印第安人，他们在生活水平、价值观念、宗教信仰、生活习

---

① 庄孔韶：《人类学通论》，117页，太原，山西教育出版社，2002。

俗各个方面与主流社会均判然有别，显然未同化于美国社会。①瑶族盘瑶支系（因操勉语又称勉瑶）的语言文字和习俗信仰也是一个典型例子。瑶族起源于中国，盘瑶于明清之际部分人迁入东南亚的越南、老挝、缅甸、泰国，20 世纪 70 年代中期因为东南亚政局变化，老挝部分盘瑶逃往泰国，被当作难民分别安排到美国、加拿大、法国等欧美国家。现在全世界有瑶族 300 多万人，其中中国有 240 余万人，其余 60 余万分别居住在欧、亚、美三大洲八九个国家。各国盘瑶居住在具有不同自然环境、不同制度特征、不同发展水平的社会里，然而盘瑶并不因时空变迁而改变自己的传统。张有隽教授 1989 年以来多次考察过泰国、越南、美国的瑶人社区，发现这些国家的盘瑶仍操同种语言——勉语，仍与国内瑶族一样，保有同样的民间书写文字——汉字（有人称为方块瑶字），同样风俗习惯和宗教信仰，如挂灯、度戒、跳盘王等。中国盘瑶与国外盘瑶见面，在语言和情感上毫无交流困难。民族文化上的认同促进了国内外瑶族经常性的交流与互动。这个例子说明，语言、习俗、信仰方面的传统文化，并不像经济、政治那样说变就变，其特征是传承性、稳定性、变异性的复合体。世界文化之所以保持多样性，这是一个重要原因。

经济全球化肇端于西方资本主义向外扩张的运动。经济全球化是西方资本主义制度标准对全球经济整合的过程，它通过建立全球标准的制度来推动经济全球化，可称为全球经济的正式制度化过程。从人类学的观点来看，经济正式制度化虽然是发展的必然趋势，有其历史合理性，并会对世界各民族文化的其他方面产生影响。但经济正式制度化是有界限的。经济正式制度化没有也不可能消灭文化的多样性。人类以往的历史和现实世界都证明，即使经济正式制度化在越来越广阔的时空领域发挥重要作用，人类不同的伦

① 李剑鸣：《文化的边疆》，269 页，天津，天津人民出版社，1994。

理道德、风俗习惯、宗教信仰以及亲属网络等非正式制度化的文化也一直在经济正式制度化之外发挥着这样那样的作用，包括对经济正式制度化的补充调节作用。何况人类除了经济生活外，还要有其他生活。而文化的多样性正是可以满足人们物质生活和精神生活多种需求的手段，有了它，我们这个世界的生活才显得异常丰富多彩。

# 东南亚区域经济与社会发展研究论纲①

我主张东南亚各国、各地区的民族学者、人类学者联合起来，加强对本地区各国、各地区、各民族各种类型经济与社会发展问题的研究。理由如下：

第一，在经济全球化过程中，东南亚各国、各地区经济与社会发展既迎来大好机遇，也面临严峻的挑战。

第二，伴随东盟“10＋3”合作框架的建立，东南亚地区各国经济一体化步伐将会加快。这一过程已经和将会产生什么深远影响，必须引起高度关注。

第三，东南亚各国大多数属于发展中国家，从人类学家的经验看，发展中国家在工业化过程中都会遇到社会转型、结构调整、文化重组等共同性问题，而东南亚各国、各民族在人种与文化上有共源、共性关系，在近代史上有过共同遭遇，当前面临的问题的共同性也有很多。共同的问题共同研究，成果共享，大家都将获益。

第四，发展中国家从传统到现代转型中，会持续经历人格的冲突、心理的失落、感情的危机、价值的突变等种种阵痛，亟须给予人文关怀。人类学家正好可以发挥自己既不失整体论又观察仔细入微的专业特长，共同致力于应用研究，发表各种研究报告，指出发展工作中的失误，帮助克服或减轻转型中的危机与阵痛。

---

① 本文为作者在2003年11月在南宁召开的“中国与东南亚民族论坛”国际会议上的发言，载于《广西民族学院学报（哲学社会版）》，2004年第1期。

第五，人类学家有一个只关注一般文化而把经济发展丢给经济学家去研究的不好的传统，东南亚地区各国人类学家更有甚之。而经济学家把兴趣聚焦于市场经济研究，其分析的对象是个人不是群体，他们并不关心那些处于市场经济外围的、或多或少保留原始的或古代经济行为和制度的民族群体的经济问题。他们迷信西方形式经济学的那一套理论方法，将利己的“经济人”、资源稀缺性、最大化效用、边际递减率等视为普世性原理，适用于非市场经济，而不理解在非资本主义市场经济类型中，经济是嵌合在整个社会制度中的，亲属关系、地域关系、风俗习惯、伦理道德、宗教信仰等非经济因素对人们的经济行为有着十分重要的制约作用。这恰恰是人类学家熟悉的领域，而人类学家却很少出来说话，至少是很少联合起来说话。迄今为止，本地区人类学家对本地区经济与社会发展问题的研究，仍然处于孤立的、零散的状况。人类学家从未召集在一起开会研讨过本地区经济与社会发展问题，发表的成果不多。与此相反，经济学家的研究则比较集中，成果（报告、论文、专著等）很多，会议开的也不少，如“博鳌论坛”就年年召开，“亚太经合组织”部长级会议、国家首脑会议年年召开。可以明显地看出，经济学家在本地区决策过程中发挥着重要的作用，他们的影响很大。相比之下，人类学家的影响要小得多，人类学家的意见没有多少能灌进政府决策人的耳朵里。

本地区人类学家很少联合起来共同探讨本地区经济与社会发展问题，影响还小，这有着十分深刻的历史文化背景和原因。一是从比较的角度讲，人类学的历史尤其是经济人类学的历史比经济学的历史短，因而影响小；二是经济学是伴随西方资本主义产生、发展起来并为资本主义市场经济服务的，今天经济学所获得的地位在很大程度上就是资本主义经济、政治全球霸权的反映；三是上文说到的人类学有一个不好的传统，即只关注一般文化，而把经济研究抛给了经济学家，从而削弱了自己的地位；尽管20世纪四五十年代随着经济人类学的创立、发展，情况有所变化，但从根本上讲，人类学家影响仍然有限。

根据以上所述，合作开展东南亚地区经济与社会发展研究有着十分重要的意义。其意义至少有三点。

第一，有利于发挥人类学家的专长，为本地区经济与社会协调、健康发展贡献力量。本地区各国、各民族经济与社会发展不平衡，水平有高有低。我们讲发展应讲各国、各民族协调发展，经济与社会其他方面的协调、健康发展。而经济学家一般只注重经济利益，较少考虑其他方面的问题。一向坚持整体观，关注社会与文化全面状况，尤其是以了解少数群体文化见长的民族学家、人类学家，如果积极加入经济研究的行列，用独特的视域观察问题，必定会贡献出真知灼见，有益于本地区各国、各民族经济与社会的协调、健康发展。

第二，本地区人类学家的合作研究，更可以交流情况，总结经验，集中智慧，聚焦于共同关注的问题，产生重要成果，形成影响，促进问题的解决。所谓“一人说话不响，众人说了才算”，“团结起来力量大”。我认为这是改变本地区人类学家地位和影响不佳状况的唯一有效途径。

第三，有利于本地区人类学学科的建设和发展。本地区人类学建设存在人员偏少、队伍不整齐、研究成果不多、资料积累不够、缺少经验、影响不大等诸多问题。之所以如此，除了历史原因外，现实方面的一个重要原因是各国、各地区政府的投入不够。政府投入不够是因为本地区人类学只关注一般文化，对应用问题如经济人类学、发展人类学的研究做得不够深、不够大，尤其是区域间联合应用研究，几乎未开展起来，拿不出能促成各方共识的有影响的研究成果，引不起政府的重视。没有钱办不了事，政府不投入，大学人类学系、科研院所建设、人才培养、人员储备、课题研究、国内外学术交流受到种种牵制。解决之道，除了呼吁政府及社会各方给予支持外，根本的还是要靠人类学家自己的努力，大力发展包括经济人类学、发展人类学等应用人类学的研究，而且是合作研究，积极参与社会发展工作，在当前社会变革的实践中体现出自身的价值，提高自己的地位，从而获得政府与社会更多的认同与支持，增加投入，壮大队伍，积累资料，多出成果，促进学科的全面发展。

人类学家擅长的通常是一个包括三五十户人口的小型社区的研究。用一年左右的时间做深入细致的调查，尤其注重参与观察。透过微型调查获得详尽的第一资料，构建理论，反映大范围的宏观背景下的种种问题，探索人类社会与文化的普同规律。我在这里主张合作开展东南亚地区的经济与社会发展问题研究，是否与小型社区田野调查研究矛盾？我认为并不矛盾。一是大区域的研究仍要以小型社区的田野调查作为基础，并不否认小型社区的田野调查。因为小型社区的田野调查操作上比较简便容易，见微知著，是人类学特有的实践证明行之有效的方法。合作研究只是大家共同商定大区域内的热点问题，分工合作开展研究，参与人员仍须去做田野工作。但合作研究获得的资料可以做跨文化比较研究，探索出一些共同规律，这又是小型社区的田野调查所不能比拟的。二是较大区域合作研究不是没有先例。早在 20 世纪五六十年代、七八十年代，区域发展问题就已经提出来并不断强化。美国人类学家从 20 世纪 50 年代起就曾经不断地组织人力，合作开展非洲、拉丁美洲等地区经济与社会发展问题的研究，发表了大量富有创见的影响较大的研究成果。实践证明，只要目的明确，方法得当，加上政府支持，较大区域的合作研究是可以开展，并可以取得相应成果的。

“东南亚地区经济与社会发展”是个总题目，操作时应把它剖开来，一个问题一个问题地进行研究。发展问题涉及经济、政治、文化教育、科学技术、医药卫生、环境保护、人口控制、风俗习惯、语言文字、宗教信仰等方方面面，这些问题都是相互联系的。要很快把所有问题都弄清楚是不可能的。当前只能抓住大家共同感兴趣的一些急迫问题先做起来，取得经验。经济问题是当前热门话题，东南亚地区各国经济当前处于什么水平？遇到的问题是什么？有什么共同规律？怎样实现在全球复杂背景下本地区各国经济的共赢发展？这些问题不能完全丢给经济学家去研究，人类学家必须拿出自己的意见。因为一方面如上所述，经济学家研究的是市场经济，关注的是物质利益，他们一般不研究非市场经济或非经济因素的经济功能，而且认为市场经济规则适用一切社会的经济行为和经济制度；另一方面，西方经济学用假说和给出前提条件然后运用数理推算、逻辑演绎的方法做研究得出的结论，即使是对于资本主义市场经济而言，常常也不能解释现实情况（否则就不会有古典经济学的崩溃、新古典经济学的产生及当前“经济学是硬科学吗”的众多争论了）。因此，人类学家参与本地区经济研究是十分必要的。

根据国际应用人类学、经济人类学、发展人类学的实践经验，结合本地区的实际，我认为本地区人类学家应合作完成下列有关经济与社会发展研究的任务。

第一，首先一项重要任务是将本地区人类经济的历史作为一个整体记录下来。

第二，第二项重要任务是用考古学、历史学、民族学研究再现本地区原始的、古代的经济形态。

第三，应当结合研究西方在本地区的殖民史、本地区后殖民时代历史，参与到关于资本主义过去、现在和未来的主流论争中去。

第四，应当关注人类学家自己具有优势的内容——第三世界（或发展中国家）的发展和转型问题。

第五，当前一项紧迫任务，是关注经济全球化背景下，本地区各国各民族经济与社会变迁中的问题及对策。

第六，当前的另一紧迫任务是深入研究“亚太经合组织”、“东盟10+3框架”及“中国与东盟合作协议”成立后，本地区各国、各民族如何因应形势的需要，在平等互惠的基础上共谋发展。

第七，应当关注本地区工业化问题，分析能源、生态、人口、都市化、商品流动、旅游与交通、通讯等各方面的内容。

第八，应当关注农民、农村、农业发展问题。农民人口仍占本地区人口的大多数。没有农民的发展，就谈不上本地区的发展。

第九，我们的目标是从人类学的角度探索人类可选择的未来，这种未来在经济与社会方面应当是健康发展的和比较公正的。

方法论问题十分重要。想要认真弄清本地区经济与社会发展问题，整体把握，背景分析，田野调查，比较研究，综合分析——这些人类学的基本方法都是不能缺少的。

合作开展本地区人类学关于经济与社会发展的研究，肯定会遇到各种困难，比如人力、物力、财力的匮乏，研究人员经验的缺少等，都是可预见到的困难。但是，我们也有一定的研究基础和研究经验，例如20世纪50至70年代欧美、日本、澳大利亚人类学家对泰国北部少数民族及港台地区经济与社会的田野调查，八九十年代中国、越南、泰国等国学者对华南及越、老、泰三国诸民族经济与社会的田野调查，及合作召开的一些国际会议，都积累了资料和经验。同时，我们也应当看到，“东盟10＋3”框架的建立、中国与东盟合作协议的签订，给本地区人类学家的合作研究催生了大好机遇。中国政府非常重视与本地区各国的合作发展，也重视支持民族学、人类学的合作研究，本次会议的顺利举行就是一个很好的例子。我趁此机会告诉各位与会的女士、先生，广西民族学院的民族学学科、东南亚语言学科是广西壮族自治区人民政府支持发展的重点学科，我们有一定的人力和经费，愿为本地区民族学、人类学家合作研究贡献自己一份力量。我建议，趁这次会议的机会，来出席会议的云南、广东省代表及越南、泰国、老挝代表共同商议这一合作事宜。只要我们能达成共识，团结一致，脚踏实地，我认为，我们是可以克服困难，做出应有贡献的。

# 人类与环境及资源关系的人类学见解[①]

著名经济人类学家卡尔·波朗尼把经济的“实在”含义定义为人与环境及人与人之间的交换关系。而经济人类学家苏珊·诺罗斯基认为，人类与环境的交换是一种能量交换。人类与环境交换能量，对人类来说，这种交换变成了资源利用。什么是资源？波尼朗说，资源存在于空间。对人类来说，空间并不就是生活经验感知的某一特定的客观物质环境。使用一定的技术知识，地理障碍能变成交流的路径。对一个掌握航空技术的社会来说，山脉造成的障碍与给没有航空技术的社会造成的障碍是不同的；即使是平原国家的距离，也得看可获得的交通手段而定，等等。因此，人类群体的空间的物质构成，必须与知识和技术的可得性联系。资源也与此相似，资源只有被人类认识时才是资源。

人类学、历史学的研究证明，不同的社会群体和不同历史时期，人类对资源的认识和利用资源的方式由于受到的限制不同而表现出种种差异。在原始的、古代的社会中，由于知识和技术水平比较低下，人类需求不多，除了食物、衣物、住所及一些简单的生产、生活、娱乐、防御工具外，别无多求。当时人口较少而土地广袤，尽管自然资源十分丰富，但人们并未认识到，更未开发利用。人与自然的关系比较和谐，生态系统比较均衡。以后随着知识与技

---

① 本文根据我的学生林海翻译苏珊·诺罗斯基著《经济人类学新方向》一书第一章部分内容写成，原载于《广西民族学院学报（哲学社会版）》，2004年第4期。

术的增长，尤其是农业的产生，与之相应的灌溉术、制陶术、冶金术和锻造术、纺织术等发现和发明，以及人口的增加和大规模社会组织的形成，人类的需求不断增加，越来越多的自然资源被认识和开发出来。在人类历史上，在存在阶级、阶层的社会里，相邻民族的统治者为抢夺土地、牲畜、水源乃至劳动力等资源而动员社会力量互相攻击。这表明文化进化时，人与自然的矛盾突出起来。近代工业革命促进了知识积累，加速了社会的发展。资本主义向全球扩张的过程，其实质就资源的掠夺和侵占的过程。两次世界大战之所以爆发，根源均在于帝国主义为了重新瓜分世界，争夺资源掌控权。人类为此付出了重大伤亡，而且导致了包括环境、自然资源、财产在内的各种资源的不可估量的损失。

随着科学知识的迅速发展，交通和通讯手段的改进，地球似乎变得越来越狭小。人类向自然界攫取资源的欲望更加膨胀，能力更加巨大，速度更加神异，数量更加惊人。与此同时，环境日趋恶化，物种加快消失，资源日渐枯竭，地球负载力下降，人类面临重重危机。从生态人类学、经济人类学来看，人与空间、资源关系的研究显得十分重要和紧迫。

人类在占据空间、攫取和破坏资源的同时，是否也存在保护环境，设法使自己与空间、资源之间维持某种平衡呢？生态人类学、经济人类学认为，人类在长时期的成长过程中，经过不同群体的努力，在处理人与资源的关系上积累了许多宝贵经验。总结这些经验对解决当前面临的问题也许不无好处。

## 一、人口对环境、资源的反应：生态学与政治学的思考

生态学长期研究的一个重要问题，是环境和资源对人口的影响。获得一个结果是：一个地方的人口增长率或减少率是资源可得性的结果。一方面，当资源变得稀缺时，人口增长可能会引发人群向邻近地区扩张，这可能会占领别的族群的地盘从而导致冲突。然而，如果一个群体严重地受到地理限制，人口增长可能会引起技术

变化，以便获取当地此前难以得到的资源。① 另一方面，特定的营养资源的可得性影响妇女孕育。由于妇女体重中必须达到一定的脂肪比率，才能维持有规律的排卵周期，这不仅依赖总的食物摄入量，而且还有赖于食物中脂肪与其他营养物的比率。生态学家为此而研究不同社会的人口出生率，以及同一社会的人口出生率，以比较获取资源的不同途径。②

此外，人口的一个重要方面是其增长或减少可能会被小心地加以控制。在限制人口增长的方法中，延长产后哺乳期是普遍的办法。因为在哺乳期中有两个因素对减少出生率有效：体重中较低的脂肪率和荷尔蒙催乳激素的存在。其他限制办法包括延后妇女结婚年龄，在延后期间仪式性地禁止交媾，杀婴（尤其是杀女婴），战争。用避孕的办法限制人口增长有数千年历史，办法很多。在现代社会中则是一项普遍和普及的办法，同时实施性教育，以防差错。增加出生率的实践包括降低初潮年龄的营养习惯，缩短哺乳期，妇女早婚，一定形式的婚姻如一夫一妻制能增加排卵期交媾的机会。在食物难以得到或稀缺的地方，许多社会对延长哺乳期的强调也可能有增加婴儿成活机会的目的。③

生态人类学认为，人口状况是对环境因素例如资源稀缺或丰富的反映的一个标尺，而且永远不是以一种“客观的”机械的方式来反应。其中包括人的主观能动因素，并涉及政治问题。因此，必须按照政治人口学方法思考，即必须考虑到影响出生率、疾病率、死亡率的权力结构，和对地方资源获得、空间控制表达出的权力结构。

---

① Carnerio. R.（1970）*A Theory on the Origin of the State*，*in Science*，169.

② ［西班牙］苏珊·诺罗斯基著，林海译：《经济人类学新方向》，伦敦，芝加哥，冥王星出版社，1997。

③ ［西班牙］苏珊·诺罗斯基著，林海译：《经济人类学新方向》，伦敦，芝加哥，冥王星出版社，1997。

在一个特定地区内的人们对资源的可获得程度，受该地生态系统能否保持平衡的制约。在人类依赖自然再生而生存的情况下，为了保持自然资源与人类群体之间均衡，采取某些极端措施就成为不可避免的。例如，石器时代人口增长必须保持近乎于零的状态。如果假定石器时代人口增长为0.001%，每个妇女平均只能生2.1个孩子。而据推算，石器时代人类平均寿命女人为28.7岁，男人为33.3岁。一个妇女从16岁开始生育，到29岁实际可生5胎。有人用计算机程序模拟加拿大埃德蒙德一个拥有100人的印第安人氏族在石器时代的狩猎生活：如果以当时女人的生殖力限度，假定该氏族以每代（20年）翻一番的速度增长人口，以0.37人/平方英里的密度组成一条59英里的狩猎战线，这条战线以每年20英里的速度推进，那么，在293年内，该战线将推至墨西哥湾，使加拿大到墨西哥湾沿海的全部巨兽绝迹。而如果坚持每个妇女只生2.1个孩子，就意味着近3/5的石器时代儿童未存活下来。人类学统计专家弗基·哈桑运用这些数据得结论：即使有50%的婴儿死于“自然”原因，那么，为了达到人口的零增长，还必须除掉23%～35%的胎儿。人类学的各种综合估算也表明，石器时代的杀婴比率高达50%。① 正是环境的压力，促使人口做出了反应。

## 二、能量交换：生态价值对经济价值

生态人类学家用能量交换这一概念来表述和解释特定空间的资源和人口的关系，认为一个群体在生活和其他活动中消耗的能量，与其从生计和其他社会中获得的能量是平衡的。这可以通过数量研究，衡量不同社会中，人类从生计中获得的能量（能量输入）、从事劳动和其他活动消耗的能量（能量输出）的状况，进行比较，从中得出结论。人类学家通过特殊群体活动时间分配的详细研究，发现所有社会里人们的工作负担在性别、年龄上都有差异，在某些情

① 陈庆德：《经济人类学》，214～215页，北京，人民出版社，2001。

况下，不同阶级、民族或国家也有分别。人类学家做能量输入/输出分析，一方面研究能量消费时，参考能量生产，以便弄清楚一个给定的群体是否更有能量生产（或输入）效率；另一方面分析能量输入时，考量不同活动中的能量分配，即将不同人群（男女老少）的能量耗费和控制线计算出来。应该指出的是，以往大部分人类学的研究中，能量的描述只与食物的获得有关，忽视了食物加工、住房的建构和维护、衣物、陶瓷和其他器具，也忽视了婴儿照看。这些对任何一个群体的物质再生产都是必要的。

生态人类学能量交换观点的提出，引发了一个有趣的问题，就是它对生产力概念提出了疑问。生产力是传统经济学的中心概念，是度量经济发展的标尺，如同西方工业社会通过技术革新用增长的生产力来表达经济增长一样。但这种理论从生态人类学能量交换的观点来看是有疑问的。例如在农业中，一方面，劳动的生产力应不同于土地的生产力。按照传统经济学，生产力被定义为投入/产出比率。但从生态学能量交换的观点看，当能量被当作一个产出单位时，投入单位可以是人力能量或总能量，也可以是时间、土地或金钱。① 投入/产出比率的增长选择性地表达为平均劳动花费、总能量花费或时间、土地、金钱花费的报酬。对经济关系的不同解释，强调的是对与不同的投入衡量有关的效率结果的看法。有学者认为，“除非被高于一切的时间、土地或金钱的缺乏所限，人们在生产中的劳动趋向不会比必需的更努力”，因此，从效率看，“当土地和时间看来没有限制时，劳动是主要的决定因素”。②

另一方面是土地，如果我们将能量当作生产力，那么将得到一个能量投入（人力、化学能量、机械能量）对总能量投入的比率。

---

① Jochim M. A, *Strategies for Survival*, 1981. *Cultural Behavior in an Ecological Context*. Academic Press, New York, 65～90.

② Jochim M. A, *Strategies for Survival*, 1981. *Cultural Behavior in an Ecological Context*. Academic Press, New York, 72.

这时，按传统的生产力指数可能用增长（农业中每亩产出或工业每小时的生产）表达“经济发展”的地方，总能量的生产力指数可能表现为明显下降，从而表明在能量的有效利用方面出现了内卷。举一个例子来说明，比如农业生产中当使用灌溉、化肥、杀虫剂，尤其是种植转基因品种时，每亩会有更高的产出。从传统经济学的观点看，这符合提高生产力可以促进经济增长的理论。但这里未包含土壤肥力的长期保养和水供给的成本，也未考虑燃料等不可再生能源的消耗。因此，如果改从生态人类学和经济人类学的观点来看，就不能简单地按投入/产出的市场价值做出判断，认为上例确实证明农业技术的使用促进了经济增长，因为它未将土地、水、燃料等许多能源的投入计算在内，而这些能源的投入是非市场化的。它们的损耗与补给取决于生态系统的良好运转。换言之，某特定地区某项经济活动的得失，应根据生态学关于生态系统总能量的输出/输入是否维持平衡来做出判断，而不管市场价值如何。从生态学的观点看，农业系统更为技术性的发展，其结果是降低了总体能量的生产力。①

## 三、资源的占有与使用：合作和竞争

马克思主义认为生产资料的占有决定着生产关系。人类学研究发现，空间、土地、海洋、空气等资源的占有方式，是决定生产组织的主要因素。在一个生产过程中，它为不同的参与者设置生产平台。在任何社会中个人对资源拥有的权利是不同的。一般说来，并没有一个稳定的单一的资源占有模式。② 比如土地，不同的用途有不同的占用方式。在某些社会里，当谷物收割后，部分谷物作为牲

---

① Jochim M. A，*Strategies for Survival*，1981. *Cultural Behavior in an Ecological Context*. Academic Press，New York，34.

② ［西班牙］苏珊·诺罗斯基著，林海译：《经济人类学新方向》，伦敦，芝加哥，冥王星出版社，1997。

畜饲料向社区开放，或私人橄榄园向社区所有人开放，可捡落在地上的橄榄。

每个社会都有获得自然资源——土地、水、植物、动物、矿藏的途径，并有文化规则决定某种资源什么人才可以动用，以及怎么样加以利用。在西方社会里，土地属私人所有，土地及许多东西可以买卖。但社会从来都对所有权进行限制，比如，在修建高速公路时，政府就可以征用土地。美国的财产所有制给予土地所有者任意使用土地资源的全部权力——有权出售、赠与或进行其他活动。中国汉族社会在封建帝皇统治时代，土地连同土地上的人民名义上属皇帝所有，所谓“普天之下莫非皇土，率土之滨莫非皇臣”，但土地实际上以封赐等手段分给皇帝下属大小官吏，成为私人土地，可以典当、买卖。而在大多数采集—狩猎者和初农生者社会里，土地等资源分配体系和西方社会、也和汉族社会大不一样。第一，在他们的社会中，一般没有个人土地所有权，土地及地上资源总是由有亲属关系的人们群体（亲属群）或地域群（队群或村社）所有。第二，即使存在集体所有权，也与西方社会的所有权在意义上不相同，因为他们一般不买卖土地。狩猎—采集社会的成员一般没有个人的土地，原因是土地本身对他们没有实在的价值，有价值的是土地上生长的猎物和野生可食可用的植物。一旦猎物跑开了或食物资源不丰富了，土地的价值也就减少了。初农生产者没有个人或家庭的土地所有权，是因为土壤肥力的迅速损耗不得不抛荒几年，甚至若干年后人们会放弃一片土地而迁居到新的地区去。不过，他们和狩猎—采集者不同，会将土地分成地块，分配给个人或家庭使用，然而这只是使用权而不是所有权。①

资源的占有方式使一个社会被组织起来，形成生产关系。国外有的学者将资源分配方式称为“资源通道”。有四种主要的资源分

---

① ［美］C. 恩伯、M. 恩伯著，杜杉杉译：《文化的变异——现代文化人类学通论》，180～183页，沈阳，辽宁人民出版社，1988。

配方式。

（1）自由通道。指没有规则治理资源使用和资源通道没有限制的情况。属于这种资源的目前有空气。国际组织试图规范它的使用，遭到广泛抵制。深海鱼类过去是另一种这类资源，但它们的使用日益被国际委员会规范。

（2）私有财产。指资源所有权限制在个人或一群人——即私人合股公司。权力可没有限制地被所有者转让和转移。然而，国家可能会制定一般规则限制对私有财产使用和转让的绝对权利，建立起私有财产拥有者必须遵守的法律规范。另一方面，使用权和完全产权界限并不一致，应加以区别。它们以不同的路线转移。使用权不同于可以让渡的完全权利（所有权）。二者可被私人拥有，可以同时被同一个体转移或不同的个体或群体转移。许多社会的农业土地目前作为私有财产被拥有，西方社会工业生产使用的工具和设施也是如此。[①] 中国目前农业土地属于集体所有，承包的家庭或个人只有使用权，并无所有权。承包者可以转让承包权，并可以从中获得利益，但不能典当、出卖。

（3）公共财产。指社区规范使用的资源。此类资源应与第（1）项“自由通道”区分开来。这里所说的公共财产，其权利是社区集体的。主要限制因素是社区的规则。社区成员一般都是长期居住的成员，有的有实在的或虚拟的血缘关系，或其他意识形态的空间关联参考系数，如共同世系和圣庙及共同的宗教仪式等。这些不同的成员标准在很多情况下会导致社区成员阶层、阶级的划分，从而影响公共资源合理而有效的管理和使用。乡村的山林、荒地、湖泊、牧区的牧场土地通常被当作公共财产；许多社会的农业耕地、湖泊、江河、海洋渔业资源也是如此。社区公共财产在特定规则下向社区成员开放。一般而言，公共财产是不能转移的，个人只有使用

---

① ［西班牙］苏珊·诺罗斯基著，林海译：《经济人类学新方向》，伦敦，芝加哥，冥王星出版社，1997。

权而无让渡权。公共财产权的使用尽管不排除差别，但按照规则，它的使用权在社区成员之间是人人平等的。中国从历史上到今天，各民族村寨都有这样那样的公共资源，如山林、河流、湖泊、草原、庙产、耕地等，按照习惯法，由村寨管理使用。

（4）国家财产。指国家拥有的资产。许多这类资源在一定条件下为公众使用，如自来水、公路、公园等。有的类似私人企业那样管理的国家公司，盈亏影响国家预算，只间接影响公民生计。有的作为特权授予私人、公司或社区使用。

以上四种资源占有方式是一种抽象性的概括，它有助于我们理解资源的不同管理和使用情况。但现实生活是复杂的，这些占有和使用方式在一个社会中不是单一存在的。在许多社会里，这几种方式是共同存在的。此外，还有许多社会没有任何财产观念，对资源的拥有和使用规则是模糊的，可以根据群体规模、环境状况的变化而改变。而且，不同的人——个体、公司、社区、国家等等，可能对同一资源有不同的获取权和使用权。对资源的获取和使用的模式具多样性：规范的和不规范的，明确的和暗含的，正式的和非正式的等等，在变幻的历史环境中为个人间和群体间设置了合作或竞争的场所。① 注意这点，对经济人类学是重要的。

## 四、结语

从人类学的观点来看，人类在长期的历史发展中，不同群体在处理与环境及资源的关系时，不论是控制人口，还是获取资源、分配资源，调整人与自然及人与人之间的关系，都积累了许多宝贵经验，总结这些经验，正确认识、处理人与自然及人与人之间的关系，对解决人类当前面临的人口增长、环境破坏、资源枯竭、族群冲突有至关重要的意义。

---

① ［西班牙］苏珊·诺罗斯基著，林海译：《经济人类学新方向》，伦敦，芝加哥，冥王星出版社，1997。

# 张有隽人类学民族学文集

（下）

张有隽　著

民族出版社

# 经济人类学的理论范式[①]

经济人类学是人文与社会科学中最具边缘性、交叉性的一门学科。其多元的理论构架，不仅是直接回应人类学与经济学原有理论体系的一个产物，而且还包容了社会学、历史学等学科知识。

经济人类学理论的主要思想来源，除了本体学科人类学外，还可追溯到古典微观经济学、社会学、政治经济学三大学科领域。不同的理论源流和学术传统，使经济人类学在发展过程中，形成了形式主义、实在主义、新马克思主义、新广义四大学派[②]，以及形式模式、功能模式、制度模式等相应的理论范式。不同的学派和不同理论范式，都表现出自身的潜能和局限。它们都与某种理论有承接关系，但并不意味着不同的理论范式专属某一学派。在经济人类学中，不同的理论范式在不同的学派中存在着互渗互用的情境。本文试就国内外学者对功能主义等三种理论范式研究做一评介。

## 一、功能主义理论范式

功能主义的理论范式是英国社会人类学大师马林诺斯基和拉德克利夫·布朗（1881—1955 年）所创立，但渊源却可以追溯到社会学的功能分析。法国现代社会学的奠基人埃米尔·迪尔凯姆

---

① 本文收入《中国与东南亚民族论坛论文集》，北京，民族出版社，2005。

② 有人将经济人类学划分为功能主义、形式主义、实体主义、新马克思主义四大学派，笔者这里采用施琳博士的四分法，不把功能主义当作经济人类学一个流派，但当作一种理论模式是可以的。

（1858—1917年）建立的以社会现象为研究对象的社会学理论体系，认为社会现象有两个特征：一是客观性，它是事实上存在的现象；二是社会性，即人们的行为方式有社会性质，它存在于个人意识之外。社会现象具有强制性，通过法律、道德、风俗习惯、经济组织等团体作用于个人。要完整地解释社会现象，首先要找出事物产生的原因①，然后研究事物的功能。而功能研究的出发点，便是要找出各种制度、组织和信仰之间的关联性，使其与社会整体的某种需求取得一致，以强调社会的规范、稳定与团结，这便是迪尔凯姆社会学的功能观。②

源于迪尔凯姆的功能分析，经由马林诺斯基、拉德克利夫·布朗引入人类学。这两位人类学家都把社会与文化看作是一个具有整体功能的系统，认为系统的每一部分必须按它置身其间的总体结构来理解。而功能主义在经济人类学中的运用，也是由马林诺斯基对西太平洋特罗布里恩德群岛居民的经济生活的描述开启的。我们知道，马林诺斯基在其对库拉制度的研究中，并未把指导市场行为的功利主义目的的“理性个人”和“最大化”原则引为判断的标准，而是着力考察特罗布里恩德群岛居民在库拉交易体系中所扮演的角色，库拉交易如何把群岛居民联合起来，它在发挥带动日常用品交易的经济功能的同时，亦在发挥增强和保护已经出现的阶层结构，巩固阶层等级制度的功能。③

功能主义理论范式的特点，是它把关注的焦点放在制度与信仰之间的相互联系、整体社会文化系统的维持与稳定上。它“特

---

① 迪尔凯姆认为，社会现象产生的原因是社会环境的内部，而不是社会环境的外部，他说：“一切社会过程的最初起源都必须从社会内部环境的构成中去寻找。”

② ［法］迪尔凯姆著，胡伟译：《社会学方法的规则》，北京，华夏出版社，1999。

③ 陈庆德：《经济人类学》，49页，北京，人民出版社，2001。

别喜欢向人们表明，社会的表层性经济制度如何通过亲属制度或宗教信仰制度而得以建构，仪式系统如何促生产、如何组织政治行动，宗教迷信为何不是天方夜谭而是调控社会关系的宪章”①。在进化论思潮尚居于学术界主流地位的年代，这种功能主义的理论范式犹如给人们吹来了一股清新的空气，对经济人类学以致整个人类学都产生了极为深远的影响。在马林诺斯基之后的经济人类学众多学者中，无论形式主义者、实在主义者或新马克思主义者，无一不在自己的研究中，参用了功能分析方法。迪尔凯姆的传人马塞尔·莫斯（1872—1950年）在马林诺斯基影响下于1925年著成出版的《礼物论》，对礼物交换在社会秩序中的功能做出系统分析，提出了社会交换的理论。马林诺斯基的大弟子雷蒙德·弗士（1901—2002年）于1929年出版的《新西兰毛利人的原始经济》、1936年出版的《我们：提科皮亚人》，强调对经济、生态环境和社会结构的综合功能分析。卡尔·波朗尼在马林诺斯基、弗士启发下，比较原始的、古代的经济与资本主义市场经济之间的差异而于1944年出版的《伟大的转变》，1957年出版的《早期帝国的贸易与市场》，阐述了经济是嵌合在社会制度中的理论观点及社会整合模式。上述经济人类学的研究成果，都打上了功能主义分析的烙印。

功能主义理论范式也有其局限性，主要表现在它把一个社会或文化单位当作一个孤立的、封闭的、静态的、整合良好的系统，从而导致一种反历史的倾向；过分强调社会习俗的功能因素，而忽略它们可能暗含的机能障碍，使社会变迁的研究成为这一理论系统中最薄弱的一环。马林诺斯基为此而遭到其他人类学家的质疑与批评。他本人也意识到了这一点，在他后期对非洲的研究中，提出了“文化动态论”的观点和研究文化变迁的ABC

① ［美］乔治·F·马尔库斯·米切尔、M.J. 费彻尔，王铭铭译：《作为文化批评的人类学》，50页，北京，三联书店，1998。

“三项法”，修正了自己的理论。① 现代经济人类学家在运用功能分析方法做研究的时候，都抛弃了静态平衡的观点，而注意社会或文化系统各部分在动态过程中如何经历不平衡、冲突，最后达到新的文化整合。

## 二、形式主义理论范式

经济人类学中的形式主义理论范式是弗士、赫兹克维茨创立起来的，但其渊源可溯至西方古典微观经济学。18 世纪下半期，英国资本主义在发展过程中发生了产业革命，亚当·斯密（1723—1790 年）在这一时期创立了古典经济学理论体系。斯密经济学的哲学基础是对自然秩序的信仰。斯密认为：如果没有人为的限制，人类的自然倾向会形成事物的秩序。互相交易是人类特有和共有的倾向。为了说明靠利己心激发的交换过程，斯密把利己的“经济人”作为经济学研究的出发点，并提出了著名的“看不见的手”的论点，认为在以资本牟利的市场经济中，每个人都受着一只“看不见的手”的指导。根据他的经济理论和他对“看不见的手”的信仰，斯密主张取消国家对国际贸易的一切管制和干预，废除对自由运用资本赢利的任何限制。因此，斯密经济理论的核心是经济自由主义。② 斯密在其经典著作《国民财富的性质和原因的研究》中，围绕经济增长的动力和规律这一主题，全面论述了财富的生产、分配、交换和消费，兼及货币、商业、财政、经济史、经济思想等，奠定了古典经济学的理论基础。

斯密之后，英国的罗伯特·马尔萨斯（1766—1836 年）提出了“人口增长有快于生活资料增长的趋势”的“人口论”和“土地

① 费孝通：《读马林诺斯基及文化动态论》，见马戎、周星：《二十一世纪：文化自学与跨越文化对话》，126 页，北京，北京大学出版社，2001。

② 余永定：《西方经济学》（第三版），785～788 页，北京，经济科学出版社，2002。

收益递减规律”[1]；法国让·巴蒂斯特·萨伊（1767—1832年）提出“供给不可能普遍大于需求”的“萨伊定律”；而大卫·李嘉图（1772—1823年）系统阐述了他的价值论、分配论、国际贸易理论和税收理论，把古典经济学的理论发展成了一个逻辑严密的体系。19世纪四五十年代，古典经济学因不能解释现实生活而受到质疑与批评，经历危机导致其崩溃。到19世纪70年代，西方经济学依据边沁的功利主义哲学而发展出边际主义的经济理论[2]，形成现代西方经济学，又称“新古典经济学”。新古典经济学视“资源稀缺性”、“效用最大化”、“理性个人”等概念为核心分析工具。英国经济学家昂内尔·罗宾斯夫人于20世纪30年代提出经济学是“研究稀缺资源有效配置的学科”，被视为现代经济学的经典定义。

从某种程度上说，“形式主义”这一称呼是波朗尼对应“实在主义”的称呼而赋予的。而波朗尼提出“形式主义”与“实在主义”这一对应称呼时，蕴涵着最深层的对历史认识论的区分。[3] 就西方经济学而言，尽管在其创立过程中有古典经济学、新古典经济学的区分，然而，无论新、旧古典经济学，它们都以个人私利作为经济增长动力的这一哲学基础在本质上是完全一致的，在方法论上都运用假设前提、逻辑演绎的分析方法也是完全一致的。假设前提、逻辑演绎的方法属于典型的形式主义逻辑方法。因而波朗尼赋予其“形式主义”的称呼是十分恰当的。

西方经济学的理论经由弗士、赫兹克维茨引入经济人类学。弗士认为西方传统经济学理论在一般意义上是有效的，可以借鉴来分

---

① 在富裕国家中，随着家业生产成本的提高，土地收益呈递减趋势。

② 英国哲学家耶利米·边沁（1748—1832年）强调人类行为完全以快乐和痛苦为动机，认为私利是人类行为的动机，人类永远追求个人幸福。而社会为个人的总和，社会利益是个人利益的总和。只要人人都追求个人幸福，社会自然就会进步。边沁的这种哲学成了以后西方经济学的思想基础。

③ 陈庆德：《经济人类学》，110页，北京，人民出版社，2001。

析前资本主义状态下的经济行为与制度。他于1939年发表的《原始波利尼西亚经济》，就借用了西方经济学中的资本、财富、分配、交换、劳动力、价值等概念性工具来描述与解释提科皮亚人的经济行为，并得出结论说，无论在哪种社会形态下，人们想以尽量少的投入获取最多产出的心理是相似的。赫兹克维茨于1940年出版的《原始人的经济生活》，尝试按照西方经济学的传统范畴来分析人类学田野资料。他认为物品具有稀缺性是一个世界范围的现象。在物品稀缺性的问题上，不同社会（无论规模大小，简单抑或复杂，开放还是封闭）的差异，只是程度上的而不是根本类别上的差异。因此，以最少投入获取最大产出的经济最大化原则在世界范围内都是起作用的。在弗士、赫兹克维茨的倡导下，于20世纪四五十年代形成了经济人类学中的形式主义理论范式。

经济人类学的形式主义理论范式的基本特点，是将西方经济学尤其是新古典经济学和宏观经济学原理作为自己方法论的指导原则，聚焦于边际效用分析，借用传统经济学的概念和假说为发端，理论的中心概念是价格、供给—需求、稀少性、最大化假定，以及个人兴趣选择首要性等范畴。从个体行为描述开始，直接引入经济学母体的许多分析模型，诸如决策模型、适度征集模型、中心地模型等等。而最大化和均衡两大概念，则是作为其系统模型的主要结构性支柱。①

弗士、赫兹克维茨等形式论者的目的是要确立人类学与经济学的联姻。尽管他们的观点遭到实在主义者的尖锐批评，形式主义对经济学理论的搬用，并不仅仅是消极意义的。人类学的社会与文化分析角度与经济学模式结合构建起来的经济人类学形式主义理论范式，不但有自己的理论和方法个性，而且产生了两方面的结果。

一方面，形式主义理论范式把经济学概念引入经济人类学领域，对丰富和深化人类学研究内容有积极的意义。生产要素分析、

① 陈庆德：《经济人类学》，118页，北京，人民出版社，2001。

经济发展原动力分析、要素效用的关联性、机会成本等概念普遍在人类学著作中频频出现①，并运用这些概念对人类学中的具体事实做出有创意的分析。如弗士、贝尔特、斯内德尔、芬尼、艾奇逊等人20世纪六七十年代的作品都广泛运用机会成本概念。贝内特在对北美北部平原居民的研究中，用这一概念解释大牧场主、农场主、印第安人、赫特里特人向劳动市场运动的可变率；斯内德尔以东非的个案说明，较富裕的牧民不愿进入欧洲人的经济活动，是因为他们不仅害怕失去在本土体制中已获得的财富，还害怕失去农场主地位，这意味着地位也像财富一样，有与它相关的机会成本。艾奇逊针对福斯特关于农民因商品概念有限而抵制变化的假设，指出是机会的缺乏而不是商品概念的缺乏，造成了农民发展的障碍。有学者指出，显而易见，与固守文化传统的一般解释相比，机会成本的概念对抵制变化或响应变化的现象所做的解释更为深刻。②

另一方面，形式主义理论范式在经济人类学中的运用，也对经济学体系理论的发展产生了积极意义。首先，形式主义理论范式对西方经济学一些传统观点提出了挑战。如经济学一个传统观点是：非西方经济中存在劳动剩余和资本短缺（著名的罗斯托模式就持此说），其结论是，只要有新的资本输入，经济发展就注入了活力。而格尔兹、爱泼斯坦在印尼爪哇等地所做的人类学研究却证明，劳动力短缺才是发展过程中的一个关键性障碍，因为普通劳动力是非技术性的和低效的，而生产的发展却需要越来越多的技术劳动力。又如，传统经济学认为，人口增长来自于随技术革新而扩大生产的新机遇，而博斯罗帕根据边际分析逻辑论证，却得出了人口增长促

---

① 机会成本：西方经济学认为，人们一旦决定运用有限资源来从事某项活动，就必须放弃运用这些资源从事其他活动的可能性，例如你决定用假日加班，就必须放弃用假日旅游的机会，这就是经济学著名的“机会成本”概念。

② 陈庆德：《经济人类学》，124～125页，北京，人民出版社，2001。

进了技术革新的结论。她指出，当人口增长时，为了保证对食物增长的需求，农民就必须进行技术革新（我国近现代资料可以证明这一点）。上述挑战的实质意义是，提出了使经济学理论适应特殊情况的问题，以及经济学家需发展自己跨文化理论的必要性。[①] 其次，形式主义在广泛运用经济学概念的过程中，也把一些原来为人类学所密切关心的问题，置于更为广阔的公共话语空间，引起了经济学和其他领域的人们关注。[②] 20 世纪 60 年代初期，哈根就曾致力于从人类学汲取有关内容，发展了他的经济变化理论。博尔廷认为不应把经济发展简单地建立在创造剩余价值的基础上，而应视为新的工具、习俗和社会组织的发展，即知识的总体变化。

形式主义理论范式也有缺陷。其缺陷出自这一理论范式是搬用西方经济学原理构建起来的。而西方经济学以利已的"经济人"的哲学宇宙观为基础建立的各种假说，从社会和文化背景上看，它反映的是资本主义市场经济中人们相互关系的准则；从方法论上看，它主要靠数理推算和逻辑演绎方法建构分析模型，预测理想经济手段以求达到最佳的经济效果。这种假说即使在资本主义市场中也不能回答每一种经济与社会现实，因为假说终归是假说，而市场是千变万化的。事实证明，西方经济学的许多原理解答不了西方现实中的经济问题，正因为如此，才有古典经济学的崩溃、新古典经济学产生后"经济学是硬科学吗"之类的争论。但是，西方经济学家们却一直把经济学看成是一门普世性的硬科学。

毋庸置疑，经济人类学的形式主义学派，或许接受了波朗尼对经济的形式定义和赋予它的分析意义。而形式主义的理论缺陷，也正是从形式的"普同性"涵义中衍生出来的。[③]

从弗士、赫兹克维茨到库克、斯内德尔，几乎所有形式论者都

---

① 陈庆德：《经济人类学》，125～126 页，北京，人民出版社，2001。

② 陈庆德：《经济人类学》，128 页，北京，人民出版社，2001。

③ 陈庆德：《经济人类学》，128 页，北京，人民出版社，2001。

认同经济人类学的形式分析，应以稀缺性是所有社会生活中的事实起点。弗士说："……稀缺性的逻辑作用于经济现象的所有方面，无论社会因素的影响有多么深刻和复杂，经济概念与经济的概念根本上是不能分离的。"① 赫兹克维茨说："商品的稀缺性，是人类经验中的一个普遍事实"，"无论其群体是大是小，也无论其经济系统的机制简单复杂，这都是千真万确的。"② 库克认为，如果经济人类学家不能把边际概念用于所有的文化，他们便放弃了归纳的（即科学的）方法。斯内德尔则把昂内尔·罗宾斯夫人的经济定义（经济学是研究稀缺性资源有效配置的科学）引为"形式主义经济学最为厚爱"的一个定义。③ 对形式主义者来说，正如在其之前的边际主义者一样，为稀缺资源的有效配置而进行理性计算，乃根植于人的本性的普同性行为。如果我们接受这些假说，那么边际经济学就不是一个为资本主义经济而设计的理论，而是一个可用于任何社会的经济体系的普同性理论。正是形式主义者对社会与文化差异的误判造成其理论上的缺陷。而普同性假说的深层蕴含着一种民族中心主义论调，或如普莱特纳所说的，隐含西方倾向。④ 企图将依据一种特殊经济类型研究提出的基本假设，当作一种普世理论推广适用到世界上许多不同类型的社会，肯定会冒风险。所以，实在主义学派

---

① 弗士：《（经济人类学的主题）导言》，69 页，见 Halperin. R. H.，*Economies across Cultures*：*Towards a Comparatiue Science of the Economy*，New York：St. Martin's Press，1988.

② Herskovits，M. J. 1952. *Economic Anthropology*：*A Study in Comparatiue*，17－18，New York：Alfred A. Knopf.

③ Cook，S. 1966. *The Obsolete "Anti－Market" Mentality*：*A Critique of the Substantivist Approach to Economic Anthropology*，326，*In American Anthropologist*；Schneider，H. K. 1974. *Economic Man*：*The Anthropology of Economics*，17，New York：Free Press.

④ 陈庆德：《经济人类学》，128～129 页，北京，人民出版社，2001；施琳：《经济人类学》，206 页，北京，中央民族大学出版社，2002。

对形式主义学派的批评并非毫无道理。事实证明，尽管形式主义者对经济人类学研究做了许多有益的尝试，但是他们关于资源稀缺是世界性问题的论点，至今仍停留在假说上，并未得到充分的证明。

经过20世纪60年代的争论后，形式主义者开始发现自己的理论缺陷而进行修补。例如，著名的形式主义者列克莱尔就曾著文承认弗士、赫兹克维茨建立的形式主义研究模式尚未完善，主张予以修订、改良。进入七八十年代后，形式论者逐渐向广义、综合方向发展，放弃了构建普同性理论的努力，而专注于一些具体分析模型的建构，尤其是促进量化分析过程。如李、贝廷格、珀尔曼、史密斯、马丁、卡什丹等人于1979—1983年期间提出的“适度征集策略模型”与“生态模型”①；霍尔珀林1988年归纳的“原子式形式模型”（以自主的个体决策者为分析单位）、“过程式形式模型”（处理超越个体单位，关联于生态和政治过程）。② 在表象上，这些模型依然显现为经济人类学老形式主义者的一种细微转换的变体。作为普同性解释的形式主义和作为分析方法的形式模型，依然是以人的经济性为两者的显著特征。但一个根本性的区别在于，在形式模型中，人的经济性只作为一个理想性要素起作用，而不是像60年代形式主义概念中的普通性要素；在这样的框架中，人们可以假定许多可计量的与现实相对立的不同理想。这表明，只要摒除形式理论的普同性或种族中心主义的假说，或者说，不是把它用于阐释的预测和描述，那么在一定程度上，它获得了一种方法存在的合理性。③

## 三、制度分析理论范式

重视从制度角度分析与解释人类经济行为和经济制度，是波

---

① 陈庆德：《经济人类学》，137页，北京，人民出版社，2001。

② 陈庆德：《经济人类学》，197页，北京，人民出版社，2001。

③ 陈庆德：《经济人类学》，137～138页，北京，人民出版社，2001。

朗尼实在主义学派和新马克思主义学派共有的特点，我们称之为制度分析理论范式。当然，经济人类学中的实在主义学派和新马克思主义学派虽然共享制度分析的理论范式，但二者对经济所作的制度分析和解释仍有一定差异。关于这点，将在下面讲到。

制度分析源出于马克思。不仅新马克思主义学派直接继承了马克思的基本思想，就是波朗尼学派的创建者波朗尼本人也深受马克思理论的熏陶。

波朗尼 1886 年出生于匈牙利一个犹太人家庭，大学期间学的是法律和哲学，一战期间曾任骑兵部队军官。1922—1924 年在“红色维也纳”任《奥地利经济》杂志的外文编辑。一战后的德国和中欧知识界，社会学和马克思主义虽为大学中的官方所否定，却是可用于分析急迫的经济和社会问题的理论。波朗尼的妻子 1919—1922 年期间是匈牙利共产党员，波朗尼本人于 1933 年逃离法西斯主义和反犹太主义迫害而移民英国，其间与英国社会主义者极为亲近，他的经历是他接受马克思主义的基础。

我们知道，马克思是一位伟大的社会理论家、思想家、学者和革命家。在马克思的学说中，经济与社会、政治及意识形态是密不可分的。马克思在批判地继承人类一切知识成果后，从劳动、资本、剩余价值入手，通过深入剖析资本主义运行规律，总结了人类社会发展的基本规律。马克思有一段经典性的论述：

“人类在自己生活的社会生产中发生一定的、必然的、不以他们的意志为转移的关系，即同他们的物质生产力的一定发展阶段相适应的生产关系，这些生产关系的总和构成社会的经济结构，既有法律和政治的上层建筑竖立其上，也有一定的社会意识形式与之相适应的现实基础，物质生活的生产方式制约着各个社会生活、政治生活和精神生活的过程。不是人们的意识决定人们的社会存在，相反，是人们的社会存在决定人们的意识。社会的物质生产力发展到一定阶段，便同它们一直在其中活动的现存生产关系或财产关系发生矛盾。于是这些关系便由生产力发展的形式变成生产力发展的桎梏，那时社会革命的时代就到了，随着经济基础的变革，全部庞大的上层建筑也就或快或慢地发生变革。”①

这段话是马克思对其辩证唯物主义和历史唯物主义的精炼概括。马克思还有一句名言：“人是一切社会关系的总称。”这句话可以解释为，人是社会的产物，人一生的行为要受到社会关系的制约。而按照马克思辩证唯物主义和历史唯物主义的观点，物质生活资料的生产是人类社会存在和发展的前提。人在生活和生产活动中结成的经济关系的总和即社会经济结构，是决定法律和政治上层建筑以及社会意识形态的现实基础。因此，人要生存必须处理好两种关系，首先是人与自然的关系，其次是人与人、人与社会的关系。

波朗尼显然受到马克思的深刻影响。他提出的经济“实在”涵义源于人对自然及他人的依赖关系，所表达的是人与自然环境和社会环境之间的交换。而他关于“经济被嵌合在社会之中”（其另一种说法是“人的经济活动总是被淹没在他的社会关系中”）的著名论点，其涵义不仅是说，人类社会生活的各种要素错综复杂地交织于一体，也意味着，在由这些制度性存在所决定的人类学行为中，实际上潜伏着财物的生产、分配等经济功能②。因此，波朗尼力图从人与自然及他人的关系来考察经济，即从制度角度研究经济。波朗尼与马克思有一种潜在的一致性，他们共享一个制度模式。

经济人类学中的新马克思主义学派的法国学派、美国学派研究的内容各有侧重点，法国学派受结构主义的影响，侧重社会深层结构分析，如特雷伊侧的《马克思主义与“原始”社会》、梅拉索克斯的《家族制共同体的理论》，分别阐释原始社会结构的连接关系和家族制的经济功能；戈德利耶的《马克思主义人类学

---

① 《马克思恩格斯选集》，第二卷，83页，北京，人民出版社，1975。

② 陈庆德：《经济人类学》，67页，北京，人民出版社，2001。

展望》一文，主张把血缘关系引入唯物史观对作为经济基础的生产关系的认识中；以及他们把马克思提出的“亚细亚生产方式”当作一种世界性、普遍的生产方式的再认识，关于生产方式的多元存在和多样性发展（挑战斯大林五阶段模式）。美国学派从马克思政治经济学角度切入，侧重世界政治经济体系的研究。马克斯·格拉克曼的《封闭的体系与开放的思想：社会人类学的素材局限》(1964）汇集了这方面的研究成果。如弗兰克的《拉丁美洲的资本主义与欠发达国》(1967)、《拉丁美洲：欠发达与革命》(1969)，桑托斯的《依附的结构》(1970)，桑克尔的《跨国资本主义与拉丁美洲国家的分裂》（1973)，伊曼纽尔的《不平等交换：贸易中的帝国主义研究》(1972)，阿明的《不平等的发展：论外围资本主义的社会形态》(1976)，论述了世界范围内由于资本主义霸权势力造成的“依附与被依附”关系，与不平等的贸易和不平等的发展，以及造成的社会分裂。沃勒斯坦的《现代世界体系：16世纪的资本主义农业与欧洲世界经济的起源》（1974）提出的“世界体系论”，即在资本主义之下，很自然就会产生出世界体系内的“核心”、“半边陲”和“边陲”三种等级，这个体系本质上是不平等的，存在着貌似公平的相对剥夺①等等。这两个学派虽然各自研究的侧重点不同，但都涉及马克思主义政治经济学说中关于生产力、生产关系、生产方式、经济与政治诸权力的关系、经济关系中的剥夺、不平等与社会分裂、社会革命的关系等范畴。换言之，他们所研究的不属于传统西方经济学的“纯经济”问题，而是经济与社会制度之间的关系问题。

由上述可知，经济人类学中的制度分析理论范式的基本特征，是把研究方向聚焦于人与自然交换过程中形成的人与人之间的关系，即人们之间的社会关系，并侧重于制度功能分析。这是一种有历史向度的、宏观的、跨文化比较的研究，不但与西方经

---

① 庄孔韶：《人类学通论》，115页，太原，山西教育出版社，2002。

济学有区别，与经济人类学的形式主义学派的形式理论范式及功能主义理论范式也有区别。

实在主义学派和新马克思主义学派虽然都受到马克思主义影响，共享制度分析理论范式，但他们之间，以及他们与马克思主义之间仍有一定的视域和方法上的差异。

就波朗尼与马克思的关系而言，他们二人都醉心于经济组织的一般共同特性和制度作用的分析，并在理论上达成了许多共识。二者的区别在于，波朗尼的写作处在一种要求他以非马克思主义的术语，掩盖其马克思主义的学术指向和政治氛围的背景中。① 这样，波朗尼著作中包含的丰富理论和政治内容，其观点要比马克思含混得多。但相同的思想用不同术语表达，可称得上有异曲同工之妙。例如，波朗尼的“作为制度过程的经济”概念与马克思的“生产关系”概念就具有极为相似的分析力。霍尔珀林指出：

“在一般性的最高层面上，跨文化的概念在制度模式中有一系列的作用。它们鉴别经济分析的关键单位如制度，也对在历史所有时代中和所有文化中的所有经济运行都至关重要的过程类型作出鉴别。它们也为比较和指出可以实施的经济变迁分析的方法提供引导。在一般性最高层面上的概念，包括马克思的‘生产关系’和‘生产力’，以及波朗尼的‘实体经济’和‘作为制度过程的经济’。这些概念为制度模式奠定了基础。在此层面上的这些概念，也指出了一种具有解释相似性、差异性和经济过程变迁的潜能的理论视野。”②

又如波朗尼强调指出，资本主义市场经济这种追求个人物质利益至上，由市场需求决定人的社会行为的经济形态，侵蚀了人

---

① 陈庆德：《经济人类学》，72 页，北京，人民出版社，2001。

② Halperin. R. H. 1988 *Economies across Cultures*: *Towards a Comparatiue science of the Economy*. 48—49. NewYork: St. Martin's Press.

们的社会生活，且不可避免地导致广泛的社会控制。这种经济形态在人类发展史上只是一个特殊阶段。波朗尼隐含地采纳了马克思的异化分工、商品拜物教、剥削劳动等概念，而悲叹社会为经济所支配，批判资本主义创造了一个不人道的社会。其次，在领域和方法上，马克思重点剖析的是资本主义经济，对原始的、古代的经济论述不多，而波朗尼研究的是整个经济史，对原始的、古代的经济尤其做了较多而系统的研究；马克思重视制度分析，但在研究资本主义市场经济时，还运用了形式分析即数理推算和逻辑演绎方法，在视域上比波朗尼要广阔，而波朗尼在制度分析过程中又兼用了功能主义的分析方法。他们二人在视域和方法上存在着一定的差异。

就实在主义学派和新马克思主义学派而言，他们同为制度分析论者。区别在于，新马克思主义者是直接地、公开地运用马克思主义的术语和概念分析问题。他们毫不隐讳自己的理论见解和政治主张，其总的目的，就是在新形势下重新发现和发展马克思主义。而实在主义学派如前所述，是将自己接受到的马克思主义理论和政治内容以隐含的术语、概念在论著中表述出来。其次，在领域上，除了法国马克思主义学派热衷于深层结构分析和对原始、古代生产方式探讨外，美国等国众多的马克思主义者把关注的焦点放到当代世界经济与政治体系的构成及现实结果的分析，这点与马克思当年一样。而实在主义学派如前所述，其研究领域既包含了现代资本主义社会经济，又包含了原始的、古代的社会经济视域。在方法上，这两派都坚持宏观的、整体的、历史的观点，不同点在于，新马克思主义者在坚持宏观的、历史的观点的同时，也注重微观研究，并且不排斥形式主义学派倡导的形式分析方法。诚然，功能主义的分析方法在这两派中也有不同程度的采纳。

就新马克思主义学派和马克思的思想而言，他们在理论方法上的共同性要多一些。不同的是，由于新马克思主义经济人类学队伍中的成员不仅来自不同方面，各人有不同学术渊源、不同的人生经历，而且在“重新认识马克思”的过程中，不同的人又参用了不同的认知体系、解释框架和理论工具，因而，在他们的研究成果中，往往表达出对马克思主义经典著作观点各异甚至是互相冲突的理解，以及对人类历史悲剧与现实冲突的不同感受。这一方面反映出，在当代社会思潮中，马克思主义的传播和应用已普遍化，反映出马克思主义思想仍具有很强的解释力和影响力；另一方面也反映出马克思主义思想体系的开放性特征，以及当代马克思主义发展的丰富性特征。

马克思主义经济人类学是20世纪70年代崛起的一个学派。在20世纪最后的年代中，人类学发展的趋势，是必须对以往表述异文化的肤浅和不足，只关心文化的主体性而不关心权力，对经济与政治以及历史背景的观点等问题做出回应。① 在这一过程中，马克思主义经济人类学做出的回应是最富洞察力的。

马克思不是仅凭文献研究人类以往历史，而是在深刻剖析资产阶级社会并指导工人斗争的实践中建立其学说的，如果对马克思学说的再认识只停留在对其著作词语结构含义的解释上，而不是从历史与现实的研究中深刻理解马克思主义的本源涵义，全面体会马克思对人的全面发展的最终关怀这一本质思想，及其对现实社会批判性的根本性特征，充分理解马克思理论概念中的深厚哲学意蕴，并从中得到启迪，那么这种研究可能会步入歧途。这也许是西方新马克思主义学派面临的一项严峻挑战。

有学者认为，在西方（主要在美国），还有从文化生态学角度进入马克思主义经济学的学者。主要指美国哥伦比亚大学以哈里斯为代表的“文化唯物主义”学派。② 但据我们所知，哈里斯为美国“新进化论学派”阵营的人物，学术上受莱利斯·怀特（1900—1975年），尤其是斯图尔德（1902—1972年）的影响。哈里斯把人

① 陈庆德：《经济人类学》，163页，北京，人民出版社，2001。

② 陈庆德：《经济人类学》，161页，北京，人民出版社，2001。

类社会生活的行为和意识分为主位和客位两大类，每一类又分为基础结构、结构和上层结构三个层次。其中，客位的基础结构包括生产方式和人口繁衍方式，结构包括家庭经济、政治经济，上层结构包括符号、神话、美学、哲学、巫术、宗教、禁忌等；而主位结构由亲属关系、政治思想、民族和国家思想、巫术、宗教等构成。哈里斯认为，在人类的整个社会文化体系中，基础因素起决定作用，因而对人类社会文化的观察，必须由生产方式、再生产方式入手。哈里斯的理论采用了马克思主义关于经济基础和上层建筑关系的学说，但却把它改造成人口技术环境决定论，国外有学者称之为没有无产阶级和共产主义革命的马克思主义。由于没有实证的支持，其学说到80年代中期趋向衰没，究竟有多少根据把文化唯物主义划为马克思主义经济人类学，是值得怀疑的。在国外，一般只将其列为生态人类学。

# 论人类学的经济学[①]

笔者在这里使用“人类学的经济学”这一提法，并不是标新立异。原因有三，一是国外人类学界有此一提法，其实指的就是经济人类学，即如人类学的考古学、人类学的语言学指的是考古人类学、语言人类学一样。二是这一提法强调的是经济人类学和西方传统经济学的区别，这正是人类学的经济学或经济人类学的本质所在。三是这一提法表明经济人类学在学科属性上，它是人类学的一个分支学科。经济人类学并不是一般人所理解的那样，是人类学与经济学的简单相加，也不是像栗本慎一郎所说的那样，它“不是文化人类学的一部分（即其中的经济部分），它的研究不是从属于文化人类学的某种具体研究，它是有着自己独立的范畴、理论框架、方法论和更为广阔的研究领域的一门相对独立的新兴学科。”[②] 因为从事经济人类学研究的都是人类学家，经济人类学最主要、最根本的理论方法，是人类学整体论、相对论、田野考察和泛文化比较等基本理论和方法，而不是传统经济学的逻辑演绎、推理方法。因此，几乎所有的人类学家，包括专事经济人类学研究的经济人类学家，都一致认同经济人类学是人类学学科群的一个分支学科。目前，持独立学科论的只有栗本一人。他过分强调经济人类学的独立性，依笔者之见，不但站不住脚，而且有迷失方向的危险。

---

① 原载于《广西民族学院学报（哲学社会科学版）》，2005年第6期。

② ［日］栗本慎一郎著，王名等译：《经济人类学》，译者前言，4页，北京，商务印书馆，1997。

美国当代著名经济人类学家理查德·R·威尔克指出，经济人类学是人类学中与经济学对话的部分。① 对话之所以需要，就是因为人类学与经济学对“经济”的理解不同，而理解之所以不同，乃在于双方的立场、观点和方法不同，这是一个贯穿经济人类学的焦点问题。② 本文将逐一阐述围绕这一焦点问题展开的人类学与经济学的对话。

## 一、经济人类学的对象和领域

### 1. 经济人类学的对象

经济人类学的对象是什么？一般人或许会回答：“经济”。这样的回答当然是对的。学科名称既然称“经济人类学”，哪有不以“经济”为对象的呢？然而，如果进一步问“什么是经济”？人类学与经济学给出的答案将会大相径庭。

西方经济学的经典定义曾一再被用以界定经济学的范围，其定义是：经济学是“研究如何利用稀缺资源满足人们相对无限的需要”③。人们普遍认为，这个定义抓住了“经济”的本质，即：所谓经济，指的是人们面对有限或稀缺资源作出的理性选择。这里的“理性”，是指以最低限度的投入获取最大限度的利润或享受。

然而，如果接受这一观点，认为人类以获取最大价值为目的，必须在异目标和稀有资源的分配上做选择，我们就面对了一个令人沮丧的概念性问题。因为我们不能说某特定生活层面，或任何特殊行为或制度为经济性的，而是一切有目的的行为均有其经济层面

---

① Richard R. Wilk，*Economics and Cultures in Foundations of Economic Anthropology*. 32. westview Press，1996.

② 庄孔韶：《人类学通论》，101 页，太原，山西教育出版社，2002。

③ 胡代光、厉以宁：《当代资产阶级经济学主要流派》，165 页，北京，商务印书馆，1983。

(使目的做最大的发挥)。[①] 这里的“一切行为”包含婚姻、家庭、亲属制度、族群、政治、宗教、巫术等等，这些行为在某种意义上都有其“经济性”。

人类学从整体论的观点出发，认为经济作为人类社会与文化的一部分，不能把它与人类社会与文化的其他构成因素割裂开来孤立地予以看待，而应当结合起来看待。我们生活在其中的地球村向来是由多元文化构成的。不同的社会与文化在经济结构与功能上显示出多样性、复杂性的特点，不能一概而论。著名经济人类学家卡尔·波朗尼指出：在原始、古代经济（非市场经济）的社会中，“经济是被嵌合在整个社会制度中的”[②]。所谓“经济嵌合在整个社会制度中”这句话的含义，不单是说人类社会生活中的各种要素错综复杂地交织在一体，也意味着在血缘关系、宗教、赠予礼仪等社会习尚所决定的人类行为中，实际上潜伏财物的生产、分配等经济功能——尽管这些功能在表层上不为人们所意识到。[③]

人类学家在世界许多地方的田野调查中，通过仔细观察所获得的人类行为的资料，无法用西方经济学家可以运用的假设和“所予条件”着手解释。基辛曾举了一个例子：

所罗门群岛槐欧（Kwaio）部落有一个叫做巴塔拉莫的人，他遮遮掩掩地拿出自己一直收藏的包包，检视着里面装得满满的贝珠串。他已经收藏了五件装了好多贝珠串的包包，这些宝贝是为了自己的葬礼而准备的。他还要攒上两个包包到时候才够用，那将是一场多么盛大的宴会！可是如果他能再攒上三四个包包，而不只是两

① ［美］基辛著，于嘉云、张恭启译：《当代文化人类学》，463页，台北，巨流图书公司，1981。

② 施琳：《经济人类学》，45页，北京，中央民族大学出版社，2002。

③ ［日］栗本慎一郎著，王名等译：《经济人类学》，8页，北京，商务印书馆，1997。

个，那么，他的丧宴就名闻遐迩了。想着想着，想到届时对手的反应，不禁莞尔。

但是麻烦的祖先夸得塔怎么了呢？他一直使巴塔拉莫的园圃收成这样不好！献给夸得塔一只小猪就可以把一切摆平。可是他现在并没有多余的猪仔，只好想办法跟别人借一只猪。他可以跟葛稜纽买一双，可是这么一来就得拆掉一双辛苦收藏的宝贝包包。或者他可以跟内兄巴速卡借一双，然后等母猪生一窝小猪时再还。内兄应该会帮这个忙的，更何况巴速卡还欠他一些人情呢？此外，傅义桧可能会送他一双猪，用来交换他一直想跟巴塔拉莫学习的治病巫术。

可是巴塔拉莫又忖度着要怎样才不必动用那件攒了好久的大宝贝，而又能在下个礼拜送出给亲戚梅耶的聘礼呢？如果他不慷慨送礼的话，那么梅耶那位有权有势的父亲在他的丧礼时就不会送礼，也就是说到时会比较没面子。

基辛对这一例子作出分析：巴塔拉莫是在深思远虑地运用这些资源以达到他的目标。经济学家处理的模式正是这种选择和策略的形态及其结果和复杂的互动。但经济学家在非常不同的格局中处理这些过程。在庞大无人格的市场经济中，金钱为共同的价值脉络，将作决定的过程和往来交易联结起来，纳入复杂且系统化的网络中。经济学家非常精确而且细致地追溯这些交互关联的网络。

在像所罗门群岛这样与我们大不相同的格局中，既有如此复杂的经济上的交互关联，我们又怎么处理人类的经济“策略”呢？巴塔拉莫在这里能够掌握的资源，除了他的宝“贝”、猪和劳力外，还有他的巫术知识和过去施与别人的小惠；而他的知识、施与别人的小惠和劳力通常都不能换得贝珠，或以贝珠来衡量。他想要达到的目标包括宝贝，但请注意，他想拥有更多的宝贝，然后再放弃它们来换取声望，而不是物质的利益。但他也必须把祖先的关系“扩大至极致（maximize)”，因为缺少了祖先的帮忙，他的家人就可能生病和死亡，他的园圃会歉收，丧宴也办不成了。[①]

类似所罗门群岛槐欧部落巴塔拉莫用拥有更多的贝珠包包以换取声威而不是物质利益，而他能掌握的资源，除了贝珠、猪只和劳务外，还有巫术知识和过去施与人的小惠。这样的例子在中国各民族的社会中，也可以找出许多。广西民族学院民族学专业2001级硕士生马冬梅和罗宗志的毕业论文分别研究回族“乜贴”、瑶族巫医，从田野中获得的资料证明，回族盛行散“乜贴”、瑶族巫师用巫术为人治病，都不是或不完全是为了获得物质利益，而是为了获得声望和地位［罗宗志《生命底线的宽心疗法》，马冬梅《回族“乜贴”研究》，梁圆圆《苗族传统医疗体系变迁调查》（未刊稿）］。

基辛指出，经济人类学研究全盘的人类社会格局和风俗，多半无法从经济学家可以运用的假设和“所予条件”着手。[②] 这是因为西方经济学是伴随西方资本主义的产生、发展而建立、发展起来的一门科学。西方经济学建立在一个假说前提上，这个假说是：人是利己的，“自爱出于天赋，并不是偶然的冲动。”亚当·斯密认为追求私利的行为是经济发展的基础。他的全部经济理论的出发点就是“经济人”概念，即对具有理性的个人追求私利行为的肯定，从根本上取消对人的私欲的任何限制，以此作为经济活动的根本原则，认为这样就会形成经济活动的巨大物质力量。[③] 经济学家们都认为他们的经济理论具有普世性，但人类学家的大量研究却证明，并不是任何社会的任何个体在任何条件下都是在追求一己的私欲。许多

---

① ［美］基辛著，于嘉云、张恭启译：《当代文化人类学》，461～462页，台北，巨流图书公司，1981。

② ［美］基辛著，于嘉云、张恭启译：《当代文化人类学》，462页，台北，巨流图书公司，1981。

③ 戴家龙、赵建：《中西经济思想史纲》，469页，合肥，安徽大学出版社，2002。

社会的个人在关爱自己的同时也在关爱他人，甚至牺牲个人以保全集体或他人（即使在物欲横流的资本主义社会里，也在一定范围内存在着利他行为）。

资本主义出现在人类历史上只有短短几百年时间，迄今为止，它主要盛行于西方国家。目前世界上大多数国家和地区存在着的，仍然是原始的或古代的经济或混合经济。基辛质疑道：西洋经济学的基本假设是否受文化囿范，而只适用于市场经济，甚至只适用于资本主义经济呢？他的答案是：如果除了复杂社会外，我们也检视部落社会的生产制度，那么可以很肯定地认为，经济学的特殊模型仅“适用于”人类经济的一个小类而已：即以市场经济为主流的经济制度。我们可能需要其他种类的模型来解释生产制度和交换制度并非基于市场原则（或市场原则居于次要地位）的经济体系。我们有希望看见更大的树林，而经济学家常常只“见树不见林”。①

2. 经济人类学的领域

经济人类学是20世纪四五十年代才建立、发展起来的一门年轻学科。在发展的早期阶段，其创建者、美国经济人类学家赫兹克维茨提出：经济人类学主要是“关于原始人的经济行为与经济生活”的一门学问，即认为经济人类学的主要领域是“原始人”的经济行为和经济生活。形式主义学派的学者普莱特纳认为，经济人类学是一门从人类学角度出发，运用民族志等方法研究人类经济制度和行为的学科。因此，人类学、经济学和民族志三方面的因素共同架构了经济人类学的领域。形式主义学派的看法受到波朗尼、多尔顿为代表的实在主义学派的质疑，后者指出：经济人类学不应局限在单纯地分析所谓原始的、落后的社会中的经济现象，而应是一门从广义角度出发探索人类社会经济行为的基础及其动因的学问。由于“人的经济”历来是与诸如宗教、仪式、习俗、传说等各种社会

① ［美］基辛著，于嘉云、张恭启译：《当代文化人类学》，462页，464～465页，台北，巨流图书公司，1981。

活动和社会制度“嵌合”在一起的，因此，只有从整体上考察人类社会，深入到各种社会与文化的深层结构中去，才能真正揭示经济活动的本质，从而准确地再现人、社会和经济之间密切的、系统的关系。① 西方颇有影响力的新马克思主义经济人类学流派的代表人物肯思·哈特则认为，当把经济人类学视为关于人类社会在物质方面的演化，即人与自然环境（主观与客观）之间相互作用的科学时，就与马克思学说中的历史唯物主义相当接近了。他并且认为，这种人类学是把人类经济作为一个整体来研究的，而且极为关注支配着当今世界的工业资本主义经济，其他关于前资本主义经济的人类学研究居于从属地位，因为正是资本主义生产方式的发展令现代人类学和经济学成为可能。在哈特看来，如果这样广义地界定经济人类学视域，则卡尔·马克思堪称是所有时代中最伟大的经济人类学家。②

20世纪六七十年代以来，经济人类学家的视野已不再局限在所谓原始的、落后民族的经济，而把兴趣扩大到了乡民经济、发展中国家经济、资本主义市场经济、所谓“后社会主义经济”、各种混合经济。不过，研究的重点多半放在发展中国家的经济发展问题上，同时保持经济人类学的独特视角，即整体论、相对论和比较的方法；坚持田野调查方法，尤其是参与观察法。也吸收了一些经济学、社会学的方法，并改进了自己的研究策略，例如萨林斯自己定义的“结构主义分析法”③，克里福德·格尔兹提出的“深厚描述法”和“文化解释”等④。

---

① 施琳：《经济人类学》，202～208页，285页，北京，中央民族大学出版社，2002。

② 施琳：《经济人类学》，235页，北京，中央民族大学出版社，2002。

③ ［美］马尔库斯、费切尔著，王铭铭、蓝达居译：《作为文化批评的人类学》，198～201页，北京，三联书店，1998。

④ ［美］格尔兹著，纳日碧力戈等译：《文化的解释》（译序），9页，上海，上海人民出版社，1999。

有学者指出，人类学的许多研究都涉及人类的经济生活。经济人类学描述人们的生产、分配和消费方式，以及这些系统如何组织、运作并与其他系统发生联系；人们如何根据这些系统来行事并做出决定，他们的行动怎样受系统的影响。还包括建立理论来描述分配决定的过程，它们的制度脉络和影响；经济制度的运作和动力，它们如何影响人们以及人们的行动如何影响它们的经济制度。① 如果不涉及不同时间的经济制度的研究，那么这段话就比较全面也比较概括地说明了经济人类学研究领域的方方面面。

从这段话可以看出，经济人类学研究的具体领域有些与经济学是相同的（当然，方法不一样），如生产、分配、消费，这些经济活动也是经济学研究的基本领域，但是有些领域是显然不同的，如经济人类学强调并着力于各经济系及系统间的相互关系、人与系统的相互影响、经济制度的运作及其动力（涉及家庭、亲属关系、队群、宗教、仪式、巫术等），而经济学专注于消费与偏好、需求、生产、成本、利润最大化、市场竞争、市场要素等微观经济范畴，一般均衡、国民收入预算与决算、货币需求与供给、通货膨胀、失业等宏观经济问题。两者存在差别的原因在于，经济学研究的是市场经济，而经济人类学要顾及全盘的人类经济，并探求人们经济行为的基础及动力深层次问题。

经济人类学在中国还是陌生的、稚嫩的学科，关于它的对象和领域，除了少数人类学者外，许多人还不知道，实践经验和民族志田野成果更少。根据国外研究状况，结合中国实际，如何确定研究对象和研究领域，有必要展开讨论，更必须在实践中摸索、总结。中国是一个有数千年文字可考的、历史从未间断的国家，又是一个地域辽阔、民族众多、文化丰富多彩的大国。中国可以利用的以往

① David lerinson and Melvin Ember, eds.: *Encyclopedia of Cultural Anthropology*. Vol. 2, 367, New York, Henry Holt and Company, Inc, 1996.

各类文献资料浩如烟海，目前在社会变革中各种新鲜事层出不穷，同时各民族的传统文化在继承中也在不断创新，展示出新的生命力。根据中国历史与文化特点，借鉴外国经济人类学的知识和经验，在确定中国经济人类学的研究对象和研究领域时，应坚持借用经验、发挥优势、占据前沿、积极发展的原则。兹分述如下。

借用经验：目前在中国尚无多少经验的情况下，关于经济人类学的对象和领域，不妨先借用国外经济人类学的经验，开展研究，以摸索、创造我们的经验。比如对象可先预定为各民族各类群体的经济行为、经济活动及其基础和动因。具体领域可以是生产、交换、分配、消费、货币与市场各个横切面的系统及系统之间的关系，也可以是不同民族的不同群体在不同时空范围内经济制度的变迁，等等。在自己缺少经验的情况下，借用是唯一可行的办法。先借用，再创造，这也是做学问的一般规律。

发挥优势：中国这个巨型社会的历史与文化上的特点、诸多历史文献的可挖掘性、近现历史变迁之惨烈、现实变革的惊人成果及存在的问题，是古今中外所罕见的。这是我们开展经济人类学研究可资定向选题的优势，应当发挥这个优势，也只有发挥这个优势，才能做出大块好文章。

占据前沿：任何科学研究都是在前人的基础上前进的，因此，把握科学研究的前沿状况就显得十分必要。比较而言，西方经济学的前沿中国学界懂的人较多，经济学界的人更可以津津乐道，如数家珍，而懂得经济人类学前沿的人就少得可怜。要把握前沿，就必须开展对话与交流。有鉴于此，西方经济人类学文献的搜集和译介、国内外学术交流的开展必不可少。我们只有在把握国际经济人类学前沿、占领前沿的情况下，才能更好地确定对象和领域，选好题目，写好文章，避免闭门造车、炒旧饭。

积极发展：一门新学科的建立和发展必然遇到许多困难。人才问题、队伍问题、资料问题、经费问题，都是困难。我们的态度是：只要这门学科对社会、对国家、对人类是有利的，就应当克服困难，积极发展。也只有积极的态度，才能克服困难，获得发展。

## 二、经济人类学的目的和意义

人类学家为什么要开展经济人类学研究？换言之，经济人类学的目的是什么？开展经济人类学研究有什么意义？

关于经济人类学研究的目的，可以从美国著名经济人类学家威尔克说的“经济人类学是人类学中与经济学对话的部分”一句看出。这句话虽然出自威尔克一人之口，却反映了多数人类学家的心声。长期以来，经济领域的研究一直掌控在西方主流经济学家的手中。西方自 18 世纪下半期、19 世纪初亚当·斯密、大卫·李嘉图相继建立古典经济学以来，经过近两年不断补充和完善，西方经济学被认为是一门逻辑严密精细、理论体系完善的“硬科学”，是一门普世性的科学，其理论方法具有不容置疑性，可以适用于任何社会的经济研究。但是，西方经济学毕竟是在西方本土社会中产生的，其对象仅限于西方资本主义经济体系，并为这个经济体系服务；其哲学宇宙观基础是个体主义的本体论所谓“经济人”思想。① 西方经济学理论对以市场为主导型的经济，包括我国正在建设的市场经济也许是有用的，却未必是解释人类一切经济行为和经济活动的金科玉律。而人类学家在那些被西方人视为“边陲”与“蛮方”的部落社会、乡民社会的长期艰苦的、细致的研究，发现这些社会在对资源的理解和分配方式、生产组织和劳动分工、交换与分配方式、交易地点或集市的功能、物品消费方式，以及深藏于这些经济活动背后的价值标准和哲学宇宙观等方面，可谓异象纷呈，各成体系，不能用西方所谓规范经济学原理做出解释。这一切

① 戴家龙、赵建：《中西经济思想史纲》，468～469 页，合肥，安徽大学出版社，2002；王铭铭：《社会人类学与中国研究》，142 页，北京，三联书店，1997。

暴露了西方经济学理论体系的有限性。人类学家当然有理由站出与经济学对话，质疑其理论的普世性。尤其是触及人性是利己还是利他这一根本问题，追溯西方社会资本主义发展造成的种种负面后果，联系人类社会的将来发展，更需要做深层反思。正如基辛指出的："我们最关心的是如何去了解部落民族和非西方民族的经济体系，以及它们能对人类情况的了解带来多少曙光。当我们检讨经济制度时，人性的本质、促使人类行为的动机、个人与集体的关系等问题，也都会浮现出来。"①

因此，经济人类学作为人类学中与经济学"对话"的部分，其目的是从人类学的角度，反思和批判西方经济理论，以建构人类学的经济理论，并透过对人的本质属性的深层剖析，探索人类社会未来发展的途径。虽然此点在国外经济人类学界论述不多，但任何社会理论之目的不但在于解释世界，还在于改造世界，这是不言而喻的。20 世纪七八十年代，西方人文和社会科学界掀起的一股"后现代化"反思风潮，批判工业化造成的种种不良社会后果，提出各种改良主张，从一个侧面证明了这一原理。

那么，开展经济人类学研究有什么意义呢？根据上述分析，反观一下中国经济理论界的主张和中国经济与社会现实状况，我们不难发现，中国自改革开放尤其是建设市场经济以来，经济学界基本上转而采纳西方经济学的理论。大学经济学系的教授或根据西方经济学原理编写教材，或直接运用西方经济学名家的专著作为教材。微观经济学、宏观经济学是必修基础课程，西方经济学学科群其他分支学科如计量经济学、制度经济学、贸易学、货币制度学等等都是相应专业的必修课、主干课。书店里充斥着自著或译著的西方经济学专著。经济学教授及他们的著名弟子成了从中央到省（区）、市思想库里的精英，靠他们规划着市场经济建设的蓝图，指导市场

① ［美］基辛著，于嘉云、张恭启译：《当代文化人类学》，463 页，台北，巨流图书公司，1981。

经济的运作。应当肯定，中国在抛弃中央集中主导的计划型经济，改而采用由经济杠杆调节的市场主导型经济以来，确实激发出巨大的社会活力，国家经济与社会发展在国民GDP增长、内外贸易、金融、财税，以及与人民生活质量直接相关的居民收入、教育与文化、城市与交通通讯建设等多项指标上实现快速、稳定的增长，国家总体实力、在国际社会上的地位和声威有了很大增长和提高。但是，不可否认的是，在改革开放、经济转轨的过程中，在所谓“个人利益驱动”下，一些地方、单位和个人不顾国家和集体利益，滥采滥伐、乱建厂矿企业、破坏资源、污染环境的事屡禁不止。更有甚者，经济和社会诸领域各种违法乱纪的民事、刑事案件层出不穷。邓小平同志早在20世纪80年代就提出“一手抓经济建设，一手抓精神文明建设，打击各种犯罪活动”，“两手都要抓，两手都要硬”，批评“一手硬一手软”的错误倾向。但实践中“一手软”的现象难以改进。人们常说，市场经济就是法制经济，但却有人钻法律的空子。近年党中央相继提出“以德治国”、“贯彻三个代表”、“建设文明政治”、以人为本、科学发展的新方针。应当说，党中央是看到了问题的严重性，精神文明建设、法制建设都取得了新的进展，但治理社会风气、打击犯罪活动的形势依然严峻。问题在于，西方资本主义市场经济坚持的所谓“理性经济人”理念，鼓励个人追求一己私利，盲目搬用西方市场经济原理，就会有人冒险。这样的市场经济对一个国家和一个民族来说就好像一把双刃剑，既可获利，也可破坏社会秩序，导致社会动乱。20世纪初至21世纪初的数次世界性经济危机造成的严重后果，就是有力的明证。人是有文化的动物，群体利益要靠多种社会规范来保障，而不是只凭某一两种行为规范来保障。其实，西方许多有识之士早就认识到市场经济的弊端，并不断从多方面探索改进办法。哲学、法学、伦理学、社会学、历史学、文学艺术、心理学、道德哲学等作为教育手段在大学里仍是显学，人类行为科学、环保科学、遗传学、福利经济学、文化生态学、人际关系学等作为新抗衡手段也早产生。而人类学作为综合性很强的文化批评的科学更是独树一帜，以其独特的视野和理论洞见，发挥教育与抗衡的作用，涉及人类经济、政治、家庭、婚姻、亲属关系、习俗、信仰、道德、法律等一切领域。总之，西方在经济与社会建设理论方面在前进，我们的理论研究还显得不足。从这个意义上说，笔者认为开展经济人类学教学与研究，至少有下列三点意义：

第一，有利于发展、完善中国经济与社会理论。经济人类学坚持人类学整体论、相对论的理论方法，全盘考察人类的经济生活，有利于人们开阔视野，克服西方经济学就事论事、“只见树木不见森林”的理论局限性，从而改进中国经济研究，推动经济理论的完善、发展。

第二，有利于从全局利益、长远利益审视中国的经济工作，促进经济与社会协调、健康发展。经济人类学强调经济是嵌合在社会中的，反对割裂开来、孤立起来看待经济的观点。这与马克思主义的政治经济学的观点是相近似的。要想经济健康发展，离不开社会其他方面的良好配合，包括人类学主张的人文建设的配合。单纯就经济论经济，不但经济建设会迷失方向，整个社会也会被搞得一团乱糟糟。

第三，有利于维护各民族和谐发展、共同进步的民族关系。经济人类学坚持人类学文化相对论的立场，对各民族经济与社会的价值判断采取客观、公正的态度，反对民族中心主义和种族歧视政策，批判对弱小民族的剥夺行为，主张并积极参与扶持发展中国家的各项改革工作，这与马克思主义关于民族问题的理论和政策主张也是接近的。国外众多人类学家长期从事非洲、美洲、东南亚及大洋洲各民族经济类型、经济变迁及发展援助的研究，提供了许多可供对比的资料和可供借鉴的理论与政策主张。相比之下，中国民族经济研究存在泛泛而论等缺陷。西部大开发多方面触及各民族经济与社会发展、民族关系重构、国防安全等重大问题，而中国理论界的研究远远落后于实际。开展经济人类学研究，可以使我们多获得一种视角，对加深民族地区经济与社会研究，维护各民族和谐发展、共同进步将有不少裨益。

## 三、经济人类学与相关学科的关系

有人说，经济人类学是人类学与经济学之间的边缘交叉学科，这句话基本上是对的，但意思还不够完满。经济人类学不但与人类学、经济学相关，还与民族学、民族志学、民俗学、社会学、宗教学、心理学等学科相关。

与人类学的关系。经济人类学作为人类学的分支学科，与人类学关系最密切。人类学为人类学学科群的一级学科，即母学科，为其各二级、三级分支学科即子学科、子学科的子学科提供理论方法上的营养，而其二三级分支学科的研究成果又反过来充实、丰富人类学的理论方法。按美欧人类学学科体系分类法，人类学下有体质人类学、文化与社会人类学两个二级分支学科；文化与社会人类学之下，分出文化人类学（狭义，或称民族学）、考古学、语言学三个三级学科；经济人类学应属于三级学科文化人类学（狭义）之下的一个分支学科，与政治人类学、医药人类学、教育人类学、宗教人类学等平行。国外经济人类学研究，从人类生活的一个侧面深入挖掘，发表大量著术，提供给世人以闻所未闻的新知，确实起到了充实、丰富和发展了人类学理论方法的功效。

与民族学的关系。国外人类学家通常将民族学定义为研究民族文化史的一门学科①，或致力于研究当代不同文化的一门学科②，国内有学者认为民族学是研究近现代人类（族群）及其文化的学科③，也有的认为民族学是研究民族的起源、发展、消亡过程及其

---

① ［美］基辛著，于嘉云、张恭启译：《当代文化人类学》，13页，台北，巨流图书公司，1981。

② 哈维兰：《当代人类学》，14页，上海，上海人民出版社，1987。

③ 庄孔韶：《人类学通论》，9页，太原，山西教育出版社，2002。

生产力和生产关系、经济基础和上层建筑的一门独立学科①。由于民族学所关心的是婚俗、亲属关系、政治经济体系、宗教、民间艺术和音乐等人类行为模式和思维模式，其核心概念是“文化”，也有人将民族学等同于文化人类学。② 民族学研究的部分领域即经济体系与经济人类学直接相关，其他领域也有间接关联，能为经济人类学提供参考资料和理论观照。经济人类学的研究成果反过来也可以充实民族学研究的内容。

与民族志学的关系。民族志学专门研究怎样做好民族志田野调查，以及民族志报告的描述方法。它是总结人类学、民族学、民族志田野调查经验和民族志文本经验而形成的人类学分支学科。人类学田野调查，尤其是参与观察的方法与技术规范被认为是马林诺斯基对人类学的一大贡献。现代民族志田野调查及文本写作在马林诺斯基的基础上又有了改进，如深谈法和深描法、文化解释主义、主位研究与客位研究、局内观与局外观、经验拉近与经验拉远等理念的提出即是。田野调查与民族志文本写作是人类学的过硬功夫。要做一个优秀的人类学家首先要做好一个民族志学家，经济人类学研究也必须如此。事实上，经济人类学家从民族志报告中得到不少好处（获得经验、田野资料等），而经济人类学的许多研究成果也是从田野调查中得来，并用民族志报告的文本方式写成的。

与民俗学及宗教学的关系。民族学是研究民间风俗文化的一门科学，由于其内容与人类学部分内容重叠交叉，也有人把它视为文化人类学或民族学的一个分支学科。宗教学起源很早，它有许多理论流派，如宗教社会学、宗教心理学、宗教人类学（人类学一个小分支学科）。由于人类经济生活总是或多或少地与人们的衣食住行、婚丧病祭、节日庆祝、习尚禁忌、交往礼仪及巫术、宗教信仰、仪式活动等习俗信仰勾联在一起，因此，民俗学、宗教学尤其是宗教

---

① 林耀华：《民族学》，10 页，北京，中央民族学院出版社，1990。

② 庄孔韶：《人类学通论》，9 页，太原，山西教育出版社，2002。

人类学与经济人类学的研究常常可以相互补充、相互印证、相互促进。

与经济学的关系。经济学研究的市场经济是人类近现代史上起主导作用（也还有其他辅助方式）的大规模的、复杂的经济。虽然经济学运用的是公式推导、逻辑演绎的研究模式，即形式主义的模式，而不是实证主义和经验主义的，但是经济学提出的演绎推理公式和论证的原理，首先对研究市场经济已被证明是有效的，经济人类学研究近代现代市场经济时，可以借鉴、比较；其次，经济学用数学统计的办法研究经济，以及它提出的某些分析工具，如资源、商品、劳动、交换、分配、贸易、交换工具（或媒介）、理性等，在分析非市场经济（部落民经济、游牧经济、乡民经济）时可以视情况灵活运用。换言之，经济人类学家在与经济学家“对话”时，可以从经济学家那里学到一些有用的东西。诚然，经济学家也可以从经济人类学家那里学到有用的东西，如“经济是嵌合在社会制度中的”，以及关于互惠、再分配等“社会整合模式”等。事实上，当代西方经济学的一些学者已吸收了经济人类学的一些理论观点，把它们写进自己的著作中。实践证明，经济学与经济人类学也有一定的互补性。当然两者还有许多区别，不能等同。关于这点，下面还将论及。

此外，经济人类学在研究中有时也会吸收社会学、心理学等学科的研究成果，此不赘述。

## 四、结语

经济人类学是人类学中与经济学对话的部分，属于人类学中文化人类学下面的一个分支学科。它以人类的经济行为和经济活动为研究对象，但与经济学对经济的理解不同。由于经济是嵌合在社会制度中的，经济人类学家必须从人类全盘的风俗和制度中来着手自己的研究。经济人类学的领域比较广泛，它不仅描述人们的生产、交换、分配和消费方式，以及这些系统如何组织、运作并与其他系统发生联系，人们如何根据这些系统来行事并做出决定，还包括建立理论来描述分配决定的过程，它们的制度脉络和影响，经济制度的运作和动力等等。

经济人类学在中国还是一门陌生的、稚嫩的学科，我们的研究尚缺少经验。由于中国是一个有数千年不间断历史的民族众多、文化多元的巨型国家，目前正经历着巨大变化，中国在确定自己的经济人类学研究对象和领域时，应坚持借用经验、发挥优势、占据前沿、积极发展的原则。

鉴于西方经济学是根植于西方个体主义本体论及所谓“经济人”的哲学宇宙观土壤里的，是一门服务于资本主义市场经济的学科，其理论方法存在着明显的局限性。考虑到中国社会历史背景的复杂性，目前市场经济运作中的消极因素及其动因，在中国发展经济人类学研究，对发展、完善中国的经济与社会理论，总结经济决策、经济工作经验教训，促进经济与社会的协调、健康发展，维护各民族和谐发展、共同进步的社会主义民族关系，有重要的意义。

# 区域经济协作与民族社会发展分析

本次会议主题“南岭瑶族地区经济协作”是永州市民宗委提出来的。瑶学会几位主要领导人认为这个议题很好。我们只加了“与社会发展”几字，使主题变成“南岭瑶族地区经济协作与社会发展”。学会于五月发出通知，附了一个选题范围，内容包含泛珠三角、泛长三角和中国—东盟南宁博览会与南岭瑶族地区经济协作与社会发展的关系。因为珠三角、长三角的发展和南博会的召开给南岭瑶族地区的经济与社会发展创造了新的机会，讨论本区经济发展当然离不开上述三地区发展对本地区经济发展影响的研讨。但问题的落脚点仍是“南岭瑶族地区经济协作与社会发展”。

“南岭无山不有瑶”，南岭地区是中国瑶族主要聚居区。我国13个瑶族自治县（含连山壮族瑶族自治县、龙胜各族自治县、金平苗族瑶族傣族自治县），有7个在南岭地区。7个自治县的瑶族人口，加永州、贺县、钟山、灌阳、道县、双牌、全州、资源、兴安、蓝山、宜章等十多个非自治县的瑶族人口，共计100万左右，占全国瑶族人口40%强。除瑶族外，五岭地区还居住着汉、壮、苗、侗等民族，因此，南岭地区的经济社会发展与民族发展是密切相关的。

那么，为什么要召开这样一个主题的学术研讨会呢？我认为这个问题可从会议研讨这一主题的必要性及意义和经济协作的可行性这两方面来讨论。

就必要性而言，我认为至少可以举出六点。第一，发展是当代世界两大主题之一，也是中国面临的主题。第二，当前世界发展极不平衡，穷国愈穷，富国愈富，中国是发展中大国，内部（东西部）发展差距也在扩大。第三，为解决我国各地区各民族发展差距扩大问题，党中央前几年实施西部大开发战略，去年提出了科学发展、协调发展的方针，以人为本的方针，最近又提出了发展中做到“四个和谐”目标。第四，经济发展是基础性发展，而经济发展是从区域协作开始的，小区域内的经济协作是更大范围经济协作的必要前提。第五，区域经济活动中存在民族差异（主要指经济发展水平差异，也包含其他差异），而且经济差异与民族差异就像一对双胞胎，相伴而生，形影相随。研究这种伴生相随现象的成因及解决途径，应是民族经济研究的重要内容。第六，瑶学会从未开过区域经济协作发展的专题研讨会，有必要补偿这一缺失。因此，开展这一研究是件很有意义的事情，它有利于民族经济理论的深入探索，也有利于党和国家以人为本的科学发展方针的贯彻执行，促进瑶族地区经济和社会的健康发展。

就可能性而言，至少可以举出几点。第一，从理论上讲，经济人类学认为，经济的实在涵义指的是个人为了生计需要与自然界和人类社会所发生的一种依存关系。① 人与自然的交换关系，指的是人付出劳动，从环境中获取资源，进行生产；人与人之间的交换关系，指的是人们在生产过程中结成的对资源与产品的占有、分配与交换关系。由于人在一定地域内总是生活在某一民族群体中，因此，在经济活动中，人们总是通过文化认识资源，并借助历史所衍生的技术获取资源②，依靠直接碰到的、既定的、从过去继承下来的条件创造自己的历史③。这样，区域和民族就成为一切经济活动

---

① ［美］卡尔·波朗尼：《早期帝国的贸易和市场》。转引自施琳：《经济人类学》，52页，北京，中央民族大学出版社，2002。

② 陈庆德：《发展人类学》，210～211页，昆明，云南大学出版社，2001。

③ 中共中央马克思、恩科斯、列宁、斯大林著作编印局：《马克思恩格斯选集》，三卷，186页，北京，人民出版社，1974。

中的两大基本客体、主体因素。人们在一定地域空间内以一定环境和资源开展的经济活动，既显现出人文内容或民族特征。第二，从现实情况看，南岭地区由于相同的气候、地形地貌、物候及民族构成，在资源、生产活动、财富分配、交换、消费等方面都具有本地区的地域特点和民族特点。例如，杉木、楠竹、油桐、油茶等林业资源的利用，居住、饮食、节庆等民俗，都有本地区的特点。江华、连南号称“南国杉乡”，本地区湘纸生产和喝油茶习俗也是具体例子。诚然，由于技术进步和社会变迁，人们经济活动区域会扩大再扩大，较大范围内的经济活动会形成新的共同特点。这是我们要考虑泛珠三角、泛长三角乃至中国—东盟博览会影响的原因。但较小地域范围即如南岭瑶族地区经济的基本共性，不会因此种经济活动范围的扩大而迅速改变，则是可以肯定的。第三，南岭瑶族地区自古至今均存在着各市县、各民族内部及民族之间的经济协作关系，如锡矿开采、竹纸生产、经济林木种植、木工、纺织、打铁技术传播等，经由民间墟市等交换场合，形成了多方面的协作关系；本区域内各民族历史上形成的各种祭祀圈和节会活动在经济协作中已经并将继续扮演重要角色，发挥重要功能作用，盘王节节庆活动即是典型例子。第四，南岭地区经济协作不是今天提出来的，费孝通先生早在 1988 年 12 月至 1989 年元月视察南岭瑶族地区时已经提出来，并在连南召开的广西、湖南、广东三省（区）有关人员联席会议上达成协作共识。

总之，南岭瑶族地区经济协作不仅是必要的、有意义的，也是可行的。需要进一步讨论的问题是，怎么样进一步开展经济协作？做好区域内经济协作，涉及问题较多，如加强领导，走好调查研究，确定方针政策，制定规划、计划，创造条件，选择模式，寻找突破口等，必须逐一研究解决。

加强领导很重要，蛇无头不行。开展经济协作，许多事需要领导解决，如召开会议，确定方针，制定规划、计划，完善条件等，没有领导点头，将一事无成。加强领导的关键是领导要重视，而要全面、系统、深入细致的工作，能为决策部门提供更为客观准确的科学资料，这是持续发展必不可少的。瑶学会集中了一批专家，这次在江华开研讨会，为本地区经济协作与社会发展的调查研究搭了个平台，唱了开台戏。我们愿意继续与本地区合作，只要提出来，我们都会组织力量来开展调查。当然你们也可以利用大学、科研机构做调查，这是不用多说的。

关于经济协作的方针政策及规划、计划，应在调查研究的基础上，由各方协商订定。现在可以说的，一是中央关于以人为本的科学发展观应得到充分体现，二是在市场经济条件下，经济协作避免不了有竞争，因此，公平竞争、兼顾各方利益这些问题都要考虑到。三是鼓励个体和民营企业之间的协作，并给他们以充分的活动空间，以充实、壮大本地区经济实力，提高群众生活水平。四是其他地区经济协作积累的丰富经验，可拿来做本地区制定经济协作与社会发展方针政策的参考。

区域经济协作的模式应按协作项目确定，不同项目可以有不同的协作模式。本地区自然资源和人文资源十分丰富，可以协作的项目很多。从本次会议收到的论文来看，关于旅游与南岭地区经济协作的论文最多，共有 12 篇。旅游业开发是可以协作的大项，其中又可以分出生态游、森林游、风情游、古迹游、红色旅游等许多细项。不同细项可以建构不同的协作模式。民族风情、历史古迹旅游属于人文资源的开发利用，在这方面，南岭地区 12 县轮流举办瑶族盘王节活动，已建构起一个成功的协作模式，并取得了较好的经济效益和社会效益。其他人文资源和自然资源协作开发模式，可以摸索创建。比如民族文化村建设、民族民间工艺品生产销售就可以建构不同的协作模式。前者可以采用单位与村民小组协作模式，后者可以采用销售商与众多生产者协作模式。民族医药资源协作开发，可采用民族医院、民族医诊所与投资商协作模式。森林资源（含经济林木）协作开发，可根据本身生产、利用特点，创建不同模式。协作项目应讲究特色、规模，兼顾效益和公平。群众中蕴含着丰富的经验，只要政策措施得当，群众积极性调动起来，各种协作模式就会产生出来。

为了经济协作的顺利开展，必须创造良好的条件。这里说的条件，一是软条件，即有很好的方针、政策和措施，有良好的协作氛围，目标明确，计划周到；防止行贿受贿，贪污腐败，克服官僚主义、办事拖拉的作风，提高工作效率，这些都至关重要。二是硬条件，即有良好的交通、通讯设施和饮食、住宿等服务。本地区市县之间的交通道路虽然不很好，尚称可以，乡村公路比较差，一些旅游点道路更差，成为经济与社会发展的瓶颈。县城程控电话都有了，门数够否？讯息网络滞后，乡村通邮、通电、通水状况必定不理想。上述硬件不建设，不但区域内部经济协作和社会发展受限制，与区域外部的协作也受影响。解决这些问题需要经费，政府经费有限，看来也得走社会融资、协作共建的道路。

总体来说，在当今全球一体化的大趋势下，以协作方式谋求共同发展，是各民族共同繁荣的必经之路。南岭地区瑶族和其他兄弟民族贯彻改革开放方针，既要对外开放，也要对内开放，既要与外部合作，也要搞好本地区内部协作，二者不可偏废。它们之间并不矛盾，而是相辅相成的，前者是后者的基础，后者是前者的延伸和发展。

基于上述认识，我在此建议，本次会议在研讨的基础上发表一个会议宣言，进行呼吁。然后由永州市领导牵头，组建南岭地区经济协作与社会发展合作组织，形成并完善合作机制，切实推动本地区经济协作的不断发展。

# 鸦片战争至民国时期的瑶族社会经济①

## 一　农业生产水平与产业结构的变化

### （一）农业

农业是近现代瑶族社会的基础产业，但不同支系不同地区的瑶族，农业生产环境、生产水平、产品结构和耕作方式有明显差异，发展极不平衡。

居住在桂东北、湘南之富川、钟山、恭城、平乐、江永、江华等县河谷、丘陵、平坝地带的平地瑶、民瑶，地处亚热带，自然环境较好，常年气候温和，雨水充足，有溪、河可以引水灌溉农田，土地较平坦、肥沃。平地瑶、民瑶以种植水稻为主，兼营旱地，种植红薯、玉米、芋头、木薯、板薯、麦、粟及花生、黄豆、绿豆、棉花、苎麻等作物。其水稻生产水平比较高，普遍使用牛力耕作。拥有铁犁、铁耙、铲、镰、打谷桶等主要生产工具。耕作技术除讲究一犁二耙、二犁三耙之翻土平田生产环节外，还注意选种、育秧，施放人畜粪尿、草木灰、绿肥，及时耘田、除草、杀虫。水利灌溉或筑坝开渠引水，或架枧引水，制作龙骨车、水车戽水、提水，灌溉有较充分保障。水稻一年两造，亩产平均多在500斤左右。旱田种单造，粳谷亩产也有300斤左右。旱地多为熟地，种红薯、芋头、麦、玉米、粟米及豆类、瓜菜、棉麻，使用锄头和刮子翻土、碎土、播种、除草、培土，亦施用草木灰和农家肥，收获可

---

① 原载于《瑶族通史》，中卷，北京，民族出版社，2007。

补水田出产之不足，农民生活较有保障。

近代居住在丘陵、平坝地区的瑶族，人口有二十余万，仅及瑶族总人口的四分之一。大部分瑶族居住在华南边远山区，他们的农业生产虽有发展，但极为缓慢，生产水平较低下。

华南边远瑶族山区可分为两类地区。一类是在桂西、黔南、滇东大石山区场的布努瑶、白裤瑶、青衣瑶、山瑶杂散聚落区。这类地区由于长期过度开垦，植被破坏，表土流失，山石裸露，山多地少，土地瘠薄，河流稀少，长年皆缺水，一雨便成灾，自然条件十分恶劣。居住在这类地区的布努瑶、白裤瑶等瑶族，以种植旱地作物为生，绝少水田。即使旱地，也多是东一块、西一块，散漫于岩石丛中，平整连片的不多。作物以玉米为主，杂以红薯、木薯、芋头、粟米、麦、高粱。芭蕉芋充当食粮，是这类地区的特产。其他旱地作物，以豆类为大宗。品种极多，有花生、黄豆、绿豆、红豆、黑豆、饭豆。除花生多连片种植取为油料外，其他豆类作物或间种在玉米地、红薯地里，或播种于石缝中，不占耕地，不施肥料，亦能生长结实。都安、大化、巴马等县布努瑶于玉米地里套种一种名为“火麻”的油料作物，取其籽实置碓坑中舂烂后，伴豆腐、青菜煮，以之代食油，亦称一大特产。棉花、蓝靛为土布生产必需之原料，近现代布努瑶、白裤瑶、土瑶社会中，每家每户多有出产。石山地区耕地土层薄，土中暗藏不少石块，用牛犁、手锄翻土易折断犁尖、锄口。当地瑶族沿用自汉唐时期从中原传入的一种古老农具——耒，俗称“踏犁”。用踏犁翻土，犁尖碰着石头可绕开，也可提起另犁，然一脚之力不及牛力，也不及双手之力。用踏犁耙地，一个壮劳力一天仅翻地约半亩，不及牛犁五分之一、手锄二分之一。效率虽不高，却适合使用。其他农具有碎土及平整地块、松土除草用的刮子，挖坑播种用的小月刮，收割用的镰刀等。布努瑶、山瑶也用草木灰和人畜粪尿做肥料。然终因耕地瘠薄，加之玉米产量本来不及水稻高，亩产只得百余斤。因此，近现代石山地区的瑶族，玉米出产多不能满足粮食需要，不得不代以瓜菜，生活十分贫苦。

另一类是在南五岭、湖南雪峰山、广西九万大山、十万大山、广西大瑶山、桂西金钟山及中老、中越边境等边远山区的盘瑶、蓝靛瑶、茶山瑶和部分苗语支瑶族杂散聚落区，他们居住的山区多系泥山。山区草木茂盛，溪流交错，可耕地较多，土层较厚，土质较松软肥沃。居住在这类山区的瑶族，以种植旱地作物为主。谷物主要为旱禾、玉米，次为粟米、六谷、麦，块根类作物有红薯、芋头、木薯、板薯。瑶族通常在旱地种南瓜、冬瓜、葫芦瓜及豆角、猫豆、黄豆、绿豆等豆类，屋边村旁菜园里种有辣椒、葱蒜和青菜。近代，盘瑶、蓝靛瑶仍沿袭古老的刀耕火种的耕作方法，一处山林烧垦后，头年种旱禾，第二年种玉米，第三年种木薯或红薯、芋头。三年后土地肥力丧失，即抛荒另觅新地。住地周围山林轮垦完毕再无地可开垦时，即穿州过县往别的地方迁徙。刀耕火种的工具较简单，无多大改进。主要有砍伐树木的斧头、砍刀；播种用的打洞棍、小背篓；除草松土用的小锄、月刮；收割用的禾剪、镰刀、锄头、刮子及网袋、背篓等。

金秀大瑶山和全州、龙胜等地的一些盘瑶、十万大山山子瑶在有水可以灌溉的山涧坡地开辟出一些水田，种植水稻，但田块小，数量少。到民国时期，盘瑶、山子瑶以勤耕苦作积累的钱，从茶山瑶和汉人手中买了一些水田耕作。茶山瑶、坳瑶、花蓝瑶进入金秀大瑶山较早，营造的梯田较多，以种植水稻为主。近代有些田多的人家，还将离家较远的水田租给盘瑶、山子瑶耕种。盘瑶、蓝靛瑶、茶山瑶等支系的瑶族居住在海拔800米左右的山区。这类地区山高水冷，水稻只能种一造。田块较多较大又养有耕牛的人家，一般用牛犁田、耙田，田块少又小或无耕牛的人家以人力拉犁翻土、耙田，也有用锄头、刮子、锹翻土后，再由人用脚或用牛将泥踩烂，即行插秧。上山割青草作绿肥，用沤过的猪、牛屎作基肥，追肥很少。桂北有的地方忌用人畜粪尿做肥料，甚至绿肥也不放，种“白水田”、“卫生田”。灌溉条件较好的地方，筑坝开渠，或架设竹枧，引山溪水灌田。晚清人许朝蛮诗云：

穷林深箐水涓涓，劈竹分流灌溉便；
莫道蠢蛮无巧思，南山泉养北山田。①

这里描写的就是瑶族架枧引水灌田的情况。水源缺少的地方，山田待雨而耕，称为旱田。高寒山区的水田虽只种一造，然而瑶民颇讲究选种、育种等工作。据20世纪50年代的调查，金秀大瑶山瑶族经过历代选育，新中国成立前已培育出适合高寒山区、次高寒山区种植的多种单季稻品种，有排谷、白谷、黄谷、黑谷、红谷、蓝谷、变谷、圆头粳、黑糯等，大都米质优良、味香可口。② 瑶族讲究掌握季节，及时安排犁耙田、育秧、插种、插田、田间护理、收割等生产环节。尽管辛勤耕凿，由于旱地广种薄收，旱禾、玉米亩产只有百来斤，水田绝大多数只种一季，亩产200斤左右，居住在这类边远高山地区的瑶族，多数农家的粮食不够吃，必须喝粥，以红薯、芋头、瓜菜补充不足，生活亦属艰苦，但比大石山区的瑶族的境况略见好些。

（二）林业

由于西方资本主义势力的入侵及国内民族工商业的发展，国内外资本市场对林产品、矿产品及香草、香菇、木耳、棕皮、八角、玉桂等山区产品的需求增加，在近代瑶族社会的经济中，林业生产有新的发展。

华南各瑶族地区，尤其是泥山地区，松、杉、竹、樟等林木生长繁茂，林业资源十分丰富。瑶族有发展林业生产的良好条件，也有经营林业生产的优良传统和丰富的经验。近代瑶族地区林业生产

① 刘锡蕃：《岭表纪蛮》，250页，上海，商务印书馆，1934。

② 金秀瑶族自治县县志编委会：《金秀瑶族自治县概况》，100页，南宁，广西民族出版社，1984。

的发展，源于国内外建材市场、油料与松香市场对原木、竹子、板材、松香、桐油、八角、玉桂等林产品需求的增长。柳州、梧州、广州、长沙、株洲等市的木材商人到盛产木材、油桐、油产、八角、玉桂的瑶族地区采购木材、桐油、茶油等林产品。瑶族地区一些行政长官为适应市场需要，开辟财源而劝谕瑶民发展林业生产。不少占有山地的山主为了增加收入，这时要求租山耕种的山丁以“种树还山”的劳役地租方式，在出租的山地里种植粮食作物的同时，间种、套种林木，替代实物地租或货币地租。这些都刺激了林业生产的发展。

近代瑶族地区的林业生产以发展松、杉、楠竹、毛竹等建材林为主。这是因为修筑公路、铁路，开采煤矿、锡矿等矿产品，修建工厂，制造船舶、车辆，制作家具，需要松、杉、竹较多。广西金秀大瑶山、融水大苗山及龙胜、三江，湖南新宁、宁远、江华，广东连南、连山、乳源等瑶族地区，这一时期的建材林蓄积量、采伐量比明清时期均有较大增加。连南到 1940 年，所植森林面积 5.72 万亩，其中杉 4.1 万亩、松 0.6 万亩。蓄材量 50.7 万立方市尺，年采伐量 3.55 万立方市尺。1949 年，全县天然林、人工林约 47 万亩。① 江华森林亦以杉为主，其次是桐、茶、松、棕、竹等。据林垦部测量队 1950 年调查结果，仅五区（当时全县分为六个区），全区面积为 158707 公亩，森林面积就达 31744 公亩，十年以上树龄树木 48637347 株，全区木材蓄积量 494899.12 立方米，年产 133622.79 立方米。② 连南、江华两县的杉木满足华南各地近一半之需要，远销武汉、上海、香港、澳门各商埠，被誉为“南国杉都”。金秀大瑶山还在清道光年间（1821—1850 年），“各长毛瑶颇

---

① 广东省编辑组：《连南瑶族自治县县志》，225 页，广州，广东人民出版社，1996。

② 《民族问题五种丛书》广西壮族自治区编辑组：《湖南瑶族社会历史调查》，81 页，南宁，广西民族出版社，1986。

富……植松杉变价存积，以当其家”①。进入近代，经由“种树还山”的租佃方式不断增加垦殖面积，人工造林面积不断增长，六定、六段、古泥、长滩、板衍、卜泉、滴水、岭祖、忠良、金茶、花相、江燕、盘王、长垌、平道、罗香、六团、溶垌、滴水（长垌属）、六巷、门头、黄桑等乡村附近山岭，形成大片杉树林带。②

油桐、油茶为瑶族地区主要经济林木，清末至民国时期，金秀、恭城、富川、江华、连南、乳源、龙胜各瑶族地区种植面积不断扩大，成为经济收入的一项重要来源。

油桐树种有对岁桐、三年桐、千年桐（八角桐）。桐子油传统用作灯油、油漆重要原料，近现代主要用于出口。油茶树种有大包茶、小包茶、葡萄茶、软枝茶等类。茶子油性凉，味清香，传统上主要用作食油，近代也用于出口。油桐、油茶喜阳，耐旱，耐酸性土壤。华南各瑶山海拔不甚高的坡地多红、黄壤，适合桐、茶生长。

近现代中国海禁大开，国际市场对中国桐油、茶油需求增加，两油市场价格上涨。据莫纪德调查，1933 年恭城县以银元做计算单位的物价，谷子 5 元/担，米 7 元/担，玉米 6 元/担，盐 13 元/担，黄糖 13 元/担，茶叶 68 元/担，猪肉 35 元/担，桐油 30 元/担，茶油 40 元/担，除茶叶、猪肉两项外，桐油、茶油每担价银均远高于谷、米、盐、糖。每 100 斤茶油可换大米 570 斤。这对于虽然种粮却缺粮的瑶族农民而言，无疑会产生莫大的利益驱动。桂北、湘南各瑶山瑶民，每于荒山开垦后，头年栽种粮食作物的同时，即于地里间种油桐或油茶苗木。三五年之间，耕地肥力减弱不能种粮食作物，油桐、油茶相继开花结果，进入收获期，十年进入丰产期。俗言“五年茶子三年桐，十年桐茶满山红”。昔人咏蛮诗

---

① 道光十年（1830 年）《修仁县志·风俗》。

② 莫忍章：《金秀大瑶山瑶族史》，225～227 页，南宁，广西民族出版社，2002。

亦云："茶子更兼桐子利，一年生计在山头。"① 有此效益，无怪瑶族地区桐、茶的生产发展了。据莫纪德调查，恭城自清道光年间以后开始连年垦地种植油桐、油茶，19 世纪 80 年代形成规模，光绪三十二年（1906 年），输出桐油 75 吨、茶油 25 吨。新中国成立初期县境从东到西，由北至南，目光所及，漫山遍野都是桐、茶。西岭乡新合村路屯新中国成立初有瑶族 12 户 55 人，种有油桐 80 亩、油茶 131 亩。全县新中国成立初有油榨不少于 450 条，其中西岭乡就有 80 条。金秀大瑶山北部、西北部的柘山、三角、六定、六眼、六秘，西部江燕、和平，东部共和，西南部青山、双化等地广种油桐、油茶。② 三江县瑶人素多"垦殖茶、桐"③。富川县近代油桐、油茶生产形成优势，新中国成立后曾被定为广西油茶生产基地。④

八角、玉桂是近代瑶族地区的重要经济林木。瑶族种植玉桂的历史很早。据金秀罗香村坳瑶老人说，他们的祖先迁入瑶山时就开始种香草和桂树。桂树的价值传统上主要是以桂皮入药。桂皮以薄而多油、味清香不燥的为上品；厚而无油、香气过浓的为次品；树枝皮薄、无油不香，不能入药，仅能在泡茶时掺少许添味，为下品。山外药店，常称大瑶山出产的桂皮为"瑶山桂"，卖价较他处高，可见瑶山桂皮是相当著名的。⑤ 近代，玉桂除树干皮入药外，国外市场也收购用以提炼香精，瑶族地区种植有所增加。除金秀大瑶山外，桂南十万大山、云南河口等地均有出产。

八角种植较晚。据 20 世纪 50 年代的调查，广西大瑶山种八角

---

① 刘锡蕃：《岭表纪蛮》，126 页，上海，商务印书馆，1934。

② 莫忍章：《金秀大瑶山瑶族史》，163 页，227 页，南宁，广西民族出版社，2002.

③ 民国《三江县志·社会·民族》。

④ 《民族问题五种丛书》广西壮族自治区编写组：《富川瑶族自治县概况》，86～87 页，南宁，广西民族出版社，1986。

⑤ 《民族问题五种丛书》广西壮族自治区编写组：《广西瑶族社会历史调查》，第一册，170～171 页，南宁，广西民族出版社，1984。

最早的地方是该县罗运乡罗运村，该村种八角的历史仅有70多年，即约当清光绪十五年（1889年）开始种八角。系当时平南县思旺村一汉族地主在罗运村一片山地雇瑶人垦殖，种下八角100多株，年产八角果1 000斤左右。到新中国成立前不久，坳瑶人自己开始种八角。十万大山山子瑶种八角有一百多年的历史，开始时，他们是为附近壮族山主“种树还山”种八角，学会了八角种植技术。清末至民国年间，山子瑶的原始农社开始解体，原来集体凑钱从壮族手中购买用于合耕的公有土地向个体农民家庭转移，一些占有较多份地的富裕家庭在自己多余的份地上种八角。公社规定，凡在自己份地上种八角者，以后不再分配份地，八角果收入归种者所有。公社这一规定，鼓励了人们在份地上种八角，民国时期出现了第一个种八角的高潮。① 其他地方，如广西凌云、百色，云南河口、金平、富宁等县瑶族山区，民国时期也有产出。

其他较重要的经济林木，还有棕树、南漆、茶叶、橡胶、山苍子、蓬叶、谷树、山棉、九层皮及柿子、柑果等果类。棕树为瑶族山区传统产品，金秀、江华、连南、河口、钟山等瑶山多有种植。棕树可以剥取棕皮，棕皮除少量自制棕绳、蓑衣、棕鞋自用外，多出售汉区。价格较贵，产量也高。金秀盘瑶有“万树千棕，一世不穷”的谚语，所以瑶民种植积极性比较高，种植较普遍。云南金平瑶族农村普遍种有棕树。② 茶叶各瑶山多有出产，除自用外，多数出售。橡胶仅产于云南河口、金平、勐腊。其余除水果外，多系野生林。山苍子近代市场需求量较大，也有的瑶山人工种植，炼油出售。柿子以恭城出产最多、最有名，称“月柿”，销往两广、湖南各地城乡。柑果、橘子、酸枣等水果，广西十万大山、全州、灌

① 《民族问题五种丛书》广西壮族自治区编写组：《广西瑶族社会历史调查》，第六册，26页，160～161页，南宁，广西民族出版社，1987。

② 云南省金平苗族瑶族傣族自治县编纂委员会：《金平苗族瑶族傣族自治县志》，251页，北京，三联书店，1994。

阳、云南河口等瑶山均有出产。此外，柴炭也是近代瑶山源源不断输出的大宗林产品。

（三）其他副业

1. 手工业

近代瑶族地区民间手工业受国内外资本主义工商业的影响，有的有所萎缩，有的有所发展。在洋纱、洋布大量输入的冲击下，江华、江永、恭城、富川、平乐等地的民瑶、平地瑶不少家庭开始抛弃手工纺纱、织布、染布和出售土布，转而从墟市购买洋布，也有的买回洋纱自己织布、染布。盘瑶、蓝靛瑶、布努瑶的纺织、印染业受影响不大，仍保持一定规模。

为满足生产生活需要的木工、铁工、编织、金银首饰制作、建筑等传统手工业随着瑶民收入的增加规模有所扩大，工艺水平有所提高，产品种类有所增加。但铁木工、金银匠除平地瑶外，其他支系的瑶族多系汉人工匠到瑶族地区开店制作。上思县十万大山山子瑶较大点的村寨有人会制作台、凳、桶、盆、木槽、刀筒等木器，会打制锄头、钩刀、尖刀、菜刀、镰刀等铁器工具。他们已掌握土钢的淬火技术，打制出来的刀具比较坚硬、锋利、耐用。但多是农闲兼做，没有以木工、铁工为生的木匠、铁匠。①

榨油、造纸是近现代瑶族地区发展较快的手工行业。恭城、江永等地的民瑶、平地瑶、过山瑶均有人掌握榨油技术。伴随油茶、油桐生产的发展，榨油业也获得发展。恭城县西岭乡海洋山境内的6个村有油榨36条，平均每村6条。这些油榨有的一年开榨3～6个月，有的一年四季不停榨，榨完茶籽榨桐子，榨完桐子榨花生。主要榨具用一节约10米长、直径约4米的坚硬的巨木，中间凿空，开一高约40厘米、长约3米的圆槽制成，称为榨槽。其工具有铁制的油料箍、加力用的木榨尖、撞击榨尖用的木棒、盛油用的木桶

---

① 《民族问题五种丛书》广西壮族自治区编写组：《广西瑶族社会历史调查》，第六册，168页，南宁，广西民族出版社，1987。

等。工人先用碓将油料舂碎，再用箍箍好，然后置于榨槽内，槽两头加入榨尖，用木棒撞击榨尖使油箍挤紧出油。榨油是一项费劲工作。一条榨一般需工人五六人才能胜任。每榨一天榨茶籽约 300 余斤，出油 100 斤，以每年开榨 6 个月计算，每条油榨年均出油在 18000 斤左右，生产水平是比较高的。

近代华南各瑶族地区手工造纸业发展迅速。南岭各瑶山盛产楠竹、毛竹。恭城、钟山、富川、贺县、灌阳、全州等县瑶族以嫩竹为原料制造土纸、湘纸（又称毛边纸）。造纸设有专门的纸厂，造纸工具有料刀、料钩、料桶、纸镰、割纸刀、榨杠等。土纸制造分为砍料、破料、浸料、舂料、打料、捞纸、榨纸、起纸、晒纸、割纸、捆纸等工序。湘纸不晒，用焙炉烘干，捞一张烘一张，故无榨纸、起纸、晒纸工序，但要增建焙炉一座，此外，造湘纸用的嫩竹片料要削去青皮，造出的纸才洁白。土纸民间用来包装饼果等礼品，也用作供神的钱纸，近代有纸商收购转售外埠造纸厂化浆漂白造书写纸；湘纸用作书写纸。这两类纸除少数自用外，主要用于出售。民国年间，一人一天造纸 4～5 捆，每捆 12 刀，每刀 12 张。每刀零售价 1.2 银毫（东毫），3 天一墟，每墟挑纸一担纸约 10 捆，售毕可得 14.4 元（银元），可买米 240 斤，造纸的收入远比种植粮食的收入高。因此，凡有大片竹林的家庭都设厂造纸。有的地方一村即有数家纸厂。如钟山县燕塘乡白帽村在 20 世纪 40 年代就有 7 个纸厂。其中张学林一家开设两个纸厂，一个厂造土纸，一个厂造湘纸。造纸师傅脱离了农业，成了手工作坊工人。有的主家除自己造纸外，还请帮手舂料、焙纸。

湘南竹子少的地方用稻草造纸。广西大瑶山瑶族用谷树、山棉树、九层皮纤维造棉纸。都安瑶族不会造纸，但他们上山收割纱树（学名构树）供壮、汉族造纱纸（亦称棉纸）。造棉纸、纱纸，纸料除用石灰浸泡外，还加烧碱、漂白粉和胶水等原料，其余工艺与造湘纸、土纸略同。河口瑶族也用嫩竹造纸。民国年间，瑶山农民自办的纸厂 9 个，寨子中每户一人脱产或半脱产造纸。较大的纸厂日可产草纸100刀，但多为自用，少量出售。①

2. 养殖业

近代瑶族地区的养殖业，主要有家庭禽畜饲养、养鱼、养蜂。瑶族每户必养鸡、猪，有水的地方也养鸭。鸡、猪主要用来做祭祀神鬼的供品或年节杀来吃，绝少出卖。多数家庭养牛，除耕田犁地用外，也用作供品和肉食。有的地方当耕牛或菜牛出售，如富川县瑶族利用山地发展养牛，平时村里每户一人轮流赶牛上山放养，称为“放牛帮”，一帮牛群多达七八十头。冬季将牛放上山，任其自食，不收帮，直到第二年开春才上山把牛赶回村里。民国时期，人口少，荒山多，每户养牛多至七八头，自用不完，有大量出售，商人收购，远销广州、港澳地区。南丹县白裤瑶养牛除了耕田外，更主要的目的是为了砍牛给死去的亲人送葬。其习俗认为，如果家里的老人死了，没有牛砍给他，祖先就会见怪，家里会不安。因此，家家户户必定养牛，能养多少就养多少。谁家养牛多，为亲人送葬砍的牛多就越有脸面。

都安、马山一带的瑶族喜欢养羊。养羊的目的除了吃羊肉外，更看重羊的治病、养身作用，“羊红”和“羊酱”是敬客必不可少的两道菜。近代有羊贩子收购山羊，转销香港、澳门等地。这些都刺激了山羊的饲养，羊的数量有所增加。

有些支系的瑶族，如民瑶、平地瑶、茶山瑶，在有水源能开挖水塘的地方，挖塘放养草鱼、鲤鱼、鲫鱼，但养的鱼主要自家食用，很少出卖。

各地瑶族都有养蜜蜂和采集野蜂蜜的传统。近代，蜜蜂的产品蜂糖、蜂蜡除自食、自用外，多用于出售。

3. 采集与渔猎

采集与渔猎构成瑶族经济的重要补充，尤其遇到灾年，不但补

---

① 云南河口瑶族自治县地方志编纂委员会：《河口县志》，220页，北京，三联书店，1994。

充收入，还直接补充肉副食品，满足人体所需之淀粉、蛋白质、脂肪及各种维生素。故各地瑶族近代采集、渔猎业作为传统产业，仍受到重视，某些方面有所发展，某些方面有所减弱。

瑶山动植物资源十分丰富，可供采集的品种繁多。近代瑶族虽不以采集为主要生计方式，但只要有机会和需要，他们不会放弃采集活动。近代文献常提到瑶山多香菇、竹笋，瑶人在某一时期中，“会因此而有采集忙”①；“瑶山出产，以药材为最多”②；“瑶区特产药材”，“附近墟市生草药店所售药草，多从瑶山采办”③；“蕨根为天然野产，（瑶人）多制以粉，而行贾于城市”④。可见近代瑶族仍保留古老的采集生计策略。根据新中国成立后民族学调查获得的田野资料，近代瑶族采集对象可分植物类、孢子类、动物类三大类。植物类主要为特产的各种中草药，次为可食用植物的根、幼芽、果实，如野山薯、蕨根、薯良、竹笋、野菜、山楂、野葡萄、山桃、杨梅、稔果、扁桃、鸡血藤果、狗舌果等果类。孢子类有香菇、木耳，以及鸡肉菌、独脚菌、天星菌、松木菌等各种菌。动物类的田螺、野蜜蜂、黄蜂蛹、地龙蜂蛹、葛藤蛹等也是采集对象。瑶族采集活动有一定规律。上思县十万大山瑶族于砍山、播种、收割之后，男女即分开劳动。他们一至几人，身带刀、枪、网袋进山，近的当天回来，白天采集，见什么采什么。有的一去几天，风餐露宿，带去的食物吃完了，以野果充饥，到收获满足时，才回家。⑤ 收获物除自用外，或送村邻、亲戚，或拿到墟市出卖。

狩猎的对象主要为常见的数量较多的野猪、黄猄、麂子、果子

---

① 任国荣：《广西瑶山两月观察记》，中山大学历史语言研究所周刊第4集第46、47期合刊。

② 庞新民：《两广瑶山调查》，186页，上海，中华书局，1935。

③ 庞新民：《两广瑶山调查》，186页，上海，中华书局，1935。

④ 民国二十二年（1933年）《蓝山县图志》，卷14，瑶俗。

⑤ 《民族问题五种丛书》广西壮族自治区编写组：《广西瑶族社会历史调查》，第六册，163～164页，南宁，广西民族出版社，1987。

狸、箭猪、松鼠、穿山甲等野兽及山鸡、寒鸡、竹鸡、雪鸟、鹧鸪、画眉等飞禽。瑶族有时也猎杀危害人畜的老虎、豹子、熊、狼、豺等猛兽。瑶族喜欢捕猎山里各种野鼠，如竹鼠、黄毛鼠、长尾鼠及其他普通山鼠。狩猎多沿用围捕、守捕、追捕、挖陷阱、装拦踏、装弓套、装暗弩、暗枪、装铁铗、装石压、装乌盆、装简套、网套等方法。清道光末年，火枪传入瑶山。清末，尤其是民国时期，火枪、火药、弹丸容易买到，有的地方瑶人还能自制火枪，使用火器捕杀猎物在瑶山普及开来。除了火枪以外，金秀、恭城、钟山等县山区的瑶族用纸包裹火药、碎铁片，自制或购买一种酒杯大小、形似弹丸的“炸弹”，外层裹以猪、牛网油或老鼠皮，挂在野猪、野狸出入的路上，专门捕杀野猪、野狸。野猪、野狸咬食时即行爆炸而死。捕获的飞禽走兽多分食掉，也有的腊干或酢进坛瓮，用以待客。但珍贵的毛皮、骨头（如虎豹皮骨等），也携至墟市出售。近现代由于人口增加，植被减少，加上火器的使用，野禽野兽比明清时期减少，瑶族狩猎活动亦不如往昔多。

瑶族地区有不少溪河，其中生息繁衍着龟、鳖、山蛤蟆以及峪鱼、蛇花鱼、石斛鱼、娃娃鱼、蜂鱼等鱼类。近现代瑶族捕鱼，多使用传统方法，主要有钓鱼、撒网、装鱼攒、抽罾、装鱼梁、叉鱼、毒鱼（闹鱼）、架鱼跳。捕鱼有集体行动、个人行动。在较大的河流中往往集体行动，先筑坝塞水，后在河中投入茶麸等药毒鱼，再用网捞昏死的鱼。收获的鱼平均分配，凡参与者均得一份。个人捕鱼谁捕谁得。山蛤蟆生于溪流中，每年春季交配频出活动。瑶人于晚间点火把沿河捕捉，多者一晚可捕获十多二十斤。

## 二　交换与贸易

民族学、人类学的研究证明，交换是古往今来世界上一切民族普遍共有的经济活动。广义的交换包括互惠活动、再分配与贸易。互惠、再分配在人类社会的初期已存在，延续时间很长，贸易尤其是都市贸易，则是原始社会末期逐渐发展起来的一种交换方式。

瑶族先民在秦以前就已有了互惠、再分配的交换活动，贸易也可从出土的考古资料中获得一些证据。秦汉以迄明清，贸易不断发展。近现代，瑶族地区的互惠、再分配交换方式依然存在，贸易有新的发展。

（一）互惠活动

所谓互惠，指的是存在于亲戚和朋友之间的互相“赠与”的义务行为。这种“赠与”是广义的，并非仅限于物质或服务方面，而是一种互助互利关系。① 瑶族向有互惠传统，近现代瑶族社会中，互助互利的经济行为仍广泛存在于生活的各个领域。在日常生活中，建房时亲戚、村邻互相帮工、帮料；年节互相拜访，互送礼品；有婚、丧事，互助钱物，帮忙打理采办、餐饮、迎送诸事；遇生寿、挂灯、度戒等仪式，需要帮助者尽力帮助并互致庆贺。这些互惠活动在汉族、壮族社会中也可见到，只是在瑶族社会中更为常见，也不讲条件。婚丧大事中，借钱长期不还，被借者一般不上门追讨，因为瑶人相信，借者总有一天会归还。即使还不了，出借者也会自认为并被他人认为是为亲戚、朋友做了点事，并不记在心里。出借者为此而获得地位和声望。这种行为的意义已超出了经济层面，而有其他方面的意义和功能。关于生活中的互惠活动，在下面风俗习惯的章节中还将详为论述。

近代瑶族在各种生产活动中也存在互惠行为。湘南、桂北、江永、江华、全州、灌阳、富川、恭城、钟山等县山区的瑶族，在开挖生荒地、插田、耕田、收割、刮茶子山、砍竹山等劳动中，常相互“打背工”，即派工互相帮助。主家只招待饭食，不另计报酬。在春季开生荒、秋季刮茶子山的大型“打背工”活动中，由于工作量大，费时耗力，常安排一两人在地旁击铜锣，唱山歌鼓劲，场面气氛十分热烈。金秀沿河十村和长二、六段一带茶山瑶，每年插秧季节，各村劳动力倾巢而出，互帮插田。从纬度较低的村寨开始，

---

① 施琳：《经济人类学》，46页，北京，中央民族大学出版社，2002。

往纬度高的村寨推进；插完金秀沿河十村，再插长二、六段等村。在插田活动中，未婚青年男女晚上对唱“香哩”歌，谈情说爱，场面也很动人。江华、连南、连山盛产杉木的瑶区，每当砍伐成片杉木，扛至河边扎木排漂运的时候，也兴变工活动。十万大山山子瑶近代存留着一种“共耕组织”，其实质是原始农村公社制度的残留形式。同一村的各户人，或有宗亲、姻亲关系的家庭，共同凑钱从壮族山主手中买下一片山林，头一年合伙砍烧山林，播下谷物，共同除草松土，护理禾苗，收获的谷物按“份”分配。次年将山地分到各户耕种，生产中仍不乏互助互利行为。①

大型渔猎生产活动中的互助合作，产品均分已如上述，应当补充的是，瑶族狩猎还贯彻一条“见者有份”的互惠原则：集体狩猎，在山道旁射得猎物，若恰有路人撞见，不论男女老少，均可分得一份猎物的肉。此一原则普遍盛行于近现代瑶族各支系。又，三两人乃至一人上山猎获野物提回村里，收拾好后，除送一份给村老以示尊敬外，余肉也多与亲戚、村邻分食。大些的动物分肉，小动物连肉带骨剁烂熬粥，众人分享。在盘瑶、山子瑶、排瑶社会里，普遍遵行这一习俗。连南内田坑排瑶直到20世纪50年代，猎获的黄猄、刺猬、锦鸡“都是大家分享吃掉”，狩猎能手方官妹公1957年五六月猎获黄猄七八只，每次猎获都是大家聚餐②，由此可见一斑。

在单个人捕鱼捉山蛤蟆活动中的捕获物，或上山采得的竹笋、野果，无论数量多少，也会拿出些送与亲戚、朋友分享。瑶族在近代社会中，还将互利互惠的交换原则延伸到商品贸易活动中。关于这点，在下面还将论及。

---

① 张有隽：《十万大山山子瑶农村公社探讨》，载《广西民族学院学报》，1983（3）。

② 《民族问题五种丛书》广东省编辑组：《连南瑶族自治县瑶族社会调查》，169页，广州，广东人民出版社，1987。

**（二）再分配**

再分配指的是一种从“付出”到“返还”的连锁系统，表现为在一个共同体内部，普通成员向拥有政治甚至宗教权力的领导者做义务奉献，付出财物或服务，然后领导者又通过节日盛宴或其他仪式，将自己聚集或保存的这些财物、服务等返还一部分给普通成员。[①] 再分配表达的不仅是对集体财富的平等共享，还显示人们的地位、阶层与其重要性，它在一定程度上强化了社会结构。瑶族还在古代就有了自己的氏族、部落头领，在纳入中国大社会的历史过程中，部分地区分层社会不断发展。到了近代，多数瑶族地区瑶族内部阶级、阶层分化不明显，但都有村老、寨老、族老之类的头人，外部分别受汉族、壮族、傣族等民族头人的统治；部分瑶族地区内部阶级分化明显，头人往往就是地主、富农，他们多数同时又是中国大社会统治者认可的村、甲或峒、排等地方基层大小官员，外部还受到县乡等上层地方官员的统治。就财富再分配这一交换形式而言，不同瑶族地区有不同的再分配方式。

在瑶族内部阶级分化不明显而有瑶族头人治理的地区，如十万大山山子瑶地区，云南河口、金平、屏边蓝靛瑶地区，瑶族社会内部财富的再分配的交换方式，显得比较微弱。十万大山山子瑶村民给村寨领导者“央谷”即“村老”提供的财物和服务是：无论集体或个人打猎、捕鱼，如有所获，必须给村老“央谷”送一上份；上山采集获笋、果、香信、木耳、菌较多，也给村老送上一些；遇到村老建新房，全村每户献工或献料，集体迁建新村，村人必须先给村老建好房子，各户才得建房；别村有婚事，送亲、迎亲队伍经过本村时，必须送个封包给村老，否则他会组织队伍阻拦。此外别无报酬。由于村老从村民中得到的财富、服务不多，村老除了每年几次在其家中举行祭社活动，自家多出些酒菜（其他各户也带一份酒菜）招待众人并提供宴会服务外，主要是在平时生产生活中发挥作

---

① 施琳：《经济人类学》，46页，北京，中央民族大学出版社，2002。

用，如指挥生产，每月初一、十五代众人祭祀社神，调解内部纠纷，出面处理与外界关联的事务，有土匪来犯时，指挥村民防卫等。① 云南河口瑶山各寨村民与目老之间的再分配，与十万大山山子瑶的情况基本上一样，有一点略微不同的是，邻村讨嫁女，借路过寨，必须预先报目老，并送几文钱及一点刀烟。而每寨目老不止一人，是寨老、寨主、当龙师三人，因此送上的礼物是三份，而不是一份。② 在这类瑶族地区，除本民族村寨领导者外，上面还有壮族、傣族土司，清朝和民国政府地方官员，瑶族给他们提供财物、服务的种类和数量很多，而瑶族很少从他们那里得到财物和服务的返还。如湖南宁远、广东连州等瑶族地区，瑶族要为官府提供兵丁等服务，瑶族平时得不到官府财务的返还，只有过年到舜陵、县衙表演瑶族歌舞贺岁时，得到一餐宴请和食盐、衣物赏赐。③ 金秀大瑶山、十万大山瑶族清末至民国时期，不向官府纳税、服兵役，但部队入境、过境要提供食宿、夫役，过年要缴些香菇、木耳之类特产给县衙，县衙只发衣服（官服）、饷银给官府委任的瑶族团总、乡村长，并不惠及普通村民。④

在贫富分化已较明显，出现了以收租、放高利贷为手段进行剥削的少数地主、富农的瑶族地区，瑶族社会内部再分配趋于复杂。例如，连南南岗、内田、大掌等排在清朝地方官员于道光十二年（1832 年）奏设“瑶长”、“瑶练”协助“统属”瑶民后，原来的传

---

① 张有隽：《十万大山山子瑶农村公社探讨》，载《广西民族学院学报》，1983（3）。

② 《〈瑶族通史〉河口瑶族自治县资料汇编》，50 页，河口瑶族自治县人民政府编印。

③ 民国三十一年（1942 年）《宁远县志》，卷 5，祠祀；廖炯然：《瑶民概况》，77 页，上海，中华书局，1948。

④ 张有隽：《十万大山山子瑶农村公社探讨》，载《广西民族学院书报》，1983（3）。并见《广西瑶族社会历史调查》，第一册，88～89 页，南宁，广西民族出版社，1984。

统头人“天长公”、“头目公”、“管事头”、“掌庙公”、“烧香公”，和新设的“瑶长”、“瑶练”，为村民办事都要收取报酬。清光绪年间（1875—1908年），连县官员在内田、金坑等地设立军事行政组织民团，委任正副排长。20世纪20年代初期至30年代初，在各排瑶区改设保甲制度。随着外部政治控制势力的加强，内部贫富分化日愈明显，传统头人及官方委任的瑶官向群众索取的各种“纸价银”（手续费）、背手钱（贿金）等财物及服务越来越多。此外，群众还要向官府缴纳赋税，提供“瑶兵”、“瑶丁”等项服务。如南岗天长公、头目公除给人办事有报酬外，每户每年给一斤米；管事头领兵作战每天给白银三元，杀死或俘虏给额外赏格；掌庙公、烧香公每户每年给二斤米做报酬；放田水公按维修水坝所需人及该水圳灌溉田亩数平均出资；放食水公按各户人口给报酬：大人每年每人出米两斤，7～12岁出米一斤，7岁以下出米半斤；瑶长、瑶练每年从县衙领取粮饷，此外为群众办事索取“纸价银”（手续费）。内田传统“当事人”清末民初在办事过程中向群众索取手续费、背手钱（贿金）。保甲制度建立后，保甲长除办事索取手续费、背手钱外，还借“抓赌”之名拉人勒赎。大掌瑶老天长公任期内每户给一斤米做报酬，调解纠纷的酬金根据纠纷性质决定；户长公报酬无规定，户多的给他些公田耕种；掌庙公逢节日那天给猪肉做报酬；瑶长除官府每季度给饷钱外，给群众办事得当事人一定报酬；瑶练协助瑶长办事得一点“跑腿钱”。① 至于这些地方头人、领导者，除大掌的瑶练将所得的钱拿出大部分买酒与“兵的群众”共饮外②，

---

① 广东省编辑组：《连南瑶族自治县瑶族社会调查》，64～69页，192～194页，266～268页，广州，广东人民出版社，1987。

② “兵”的群众：清末在连南大掌等排委任瑶长、瑶练。瑶练从全排十个“兵”中轮选八人担任，三年改选一次，连选可连任，其职责是协助瑶长办事，协助天长公捉拿盗贼，搞是非，平时维持治安。“兵”指能打仗的青壮年。“兵的群众”指“兵”的全体成员。

其他人并无将聚集并保存起来的财物设宴与群众共饮的记录。他们主要是以帮收纳上交官府的赋税、处理纠纷、带兵作战及帮管理大庙、田水、饮水等不同方式做服务。上述情况说明，近代排瑶地区贫富分化的发展，已导致再分配这一交换方式原来包含的集体财富平等分享的内容在相当大的程度上已经变质变色。

在瑶族社会内部已完成阶级分化，形成地主、富农、中农、雇农等阶级、阶层的地区，如恭城、富川、江华、江永等平地瑶、民瑶地区，普通群众与领导者——族长、村甲长之间从付出到返还这一包含财富平等共享的再分配方式，已基本消失。这里不再叙述。

（三）商品交易

瑶族在明清时期以茶叶、杉板、草药、木耳、香信、香草等特产在民族内部成员及外部成员之间进行交易已很常见。进入近代，尽管大部分瑶族地区仍处于自给自足的自然经济状态，绝大多数瑶人出卖自己的产品，是为了换取盐、米、铁制工具等生活生产用品，而不在于赚钱，但是商品交易还是有了新的发展。不仅交易的产品品种、数量增多，交易方式、交易场地也有发展变化，还出现了少数以经营木材、山货为谋生手段的商人。

近代瑶族地区输出的产品仍以传统土特产品为主，木材、草药、茶油、桐油、香草、香信、木耳、棕皮、水果为大宗输出品，输出数量都有增加。其中，木材、桐油、茶油、香草输出量增加比较显著。上文提到恭城油茶、油桐的大量种植，油榨条数的迅速增加，茶油、桐油市场价格的昂贵及出口量的增长，就是明显的例子。再以金秀为例，清咸丰九年（1859 年），桂林著名大药店熊同春和黄福泰两家老板进山收购香草，由于销路好，价格越来越贵，每斤香草从咸丰九年的二三文铜钱，涨至光绪十七年（1891 年）值白银二至四毫，每百斤香草可换大米 3600 担，因而刺激了生产。光绪中期，仅金秀四村附近一带，香草生产量就达 30000 斤左右。金秀木材出口，也由于陆荣廷部属结合一些地主、商人于民国四年（1915 年）在金秀开设“广源公司”（后改名“荣新公司”）雇人砍伐收购木材而增加了出口。民国以后，金秀桐油、六谷（薏米）由于销路渐广，培植逐年增多，出口也逐年增长。桐油开始是山外汉族商人入山收购桐子，由于产量增加，汉族商人、地主改在瑶山桂田、甲江、六定、三角四地设立油榨。以桂田乡南洲村油榨年产油一万斤计算，四条榨年产油不下三万斤，全部用于出口。金秀大瑶山东南部盛产六谷，民国时期售价也好，每百斤六谷可换盐160斤。蒙山商人入山收购，六谷出口也有增加。① 田林那兵乡蓝靛瑶增加的出口物品有蓝靛、木耳。② 都安七百弄增加出口的首推桐油，每年约50万斤，其次是黄精果和各种野纤维，每年价值35000元以上。③ 湘南桂北增加的出口物资，除木材、油桐、茶油外，还有手工造纸品。以钟山县燕塘乡白帽村为例，从清末民初的三个纸厂增加到民国末年的六个纸厂，出口量增加了一倍。其他出产土纸的县乡，其土纸出口增量大抵不相上下。

近代输入瑶族地区的商品，主要是锄头、刮子、犁、耙、斧头、砍刀、火枪等生产工具，食盐、棉布、纱线、绒线、纸张、火柴、火油（煤油）、铁制炊具、瓷品用具、首饰、剪刀粉丝、腐竹等生活用品。由于出口增加促进了生产的发展和产业结构的变化，瑶民收入有所增长，购买力提高，对市场产品的需求随之增长。铁制工具、食盐、布匹、纱线、纸张等生活必需品输入量增长较多较快。清末至民国时期，金秀、恭城、江永、钟山、都安等县瑶族由于出口香草、桐油、茶油、土纸增加收入，放弃棉花种植，改买棉纱织布，甚至直接从市场购买土布乃至机织布，就是明显例子。

---

① 《民族问题五种丛书》广西壮族自治区编辑组：《广西瑶族社会历史调查》，第一册，209～213页，南宁，广西民族出版社，1984。

② 《民族问题五种丛书》广西壮族自治区编辑组：《广西瑶族社会历史调查》，第五册，258～259页，364～365页，南宁，广西民族出版社，1986。

③ 《民族问题五种丛书》广西壮族自治区编辑组：《广西瑶族社会历史调查》，第五册，258～259页，364～365页，南宁，广西民族出版社，1986。

新输入的商品有机织布、棉纱、火柴、火油、肥皂、铁钉、步枪，因首从外洋（西洋、东洋）输入中国，俗称洋纱、洋布、洋火、洋油、洋碱、洋钉、洋枪，其实有部分系中国民族工业产品。洋布、洋油、洋碱、洋枪只有极少数富裕人家购买使用，输入数量不多。棉纱、火柴等普通群众用品，输入量则比较多，且逐年增长。据调查，洋纱约于20世纪50年代前40年、火柴于20世纪50年代前60年输入都安三只羊瑶族地区，到新中国成立前，棉纱、火柴成为当地主要输入品，尤其是火柴，已成为不可缺少的东西。①

贸易方式的发展表现在明清时期，瑶民主要是到附近墟市交换产品，也有少数汉族、壮族行商、坐商到瑶区交易，进入近代，瑶区周围墟市增多，有的瑶族地区内部开始形成墟市，瑶族参与墟市交易的人数增加，到瑶族地区交易的行商、坐商也有增加。以物易物的易货贸易仍是近现代瑶族的重要交易方式，但其形式有重要演变，同时，以货币为媒介的贸易得到发展。

近代以来，瑶族地区墟市增加。金秀大瑶山周围有13个墟市：南部有平南县属的思旺墟、马练墟；西南部、西部有象州县属的大樟墟、百丈墟、中平墟、桐木墟、大乐墟；西北部有鹿寨县属的七排墟、修仁县属的三江墟；北部有荔浦县属的建陵镇；东部和东南部有蒙山县属的新墟、复宜街和文墟。② 十万大山北部有平福墟、那满墟、华兰墟；南部有那良墟、峒中墟、滩散墟。③ 都安县七百弄周围有巴独街、都阳街、山脚街、弄福街、升平街。④ 这些墟市

---

① 《民族问题五种丛书》广西壮族自治区编辑组：《广西瑶族社会历史调查》，第五册，301页，南宁，广西民族出版社，1986。

② 《民族问题五种丛书》广西壮族自治区编辑组：《广西瑶族社会历史调查》，第一册，214～215页，南宁，广西民族出版社，1984。

③ 《民族问题五种丛书》广西壮族自治区编辑组：《广西瑶族社会历史调查》，第六册，169页，南宁，广西民族出版社，1987。

④ 《民族问题五种丛书》广西壮族自治区编辑组：《广西瑶族社会历史调查》，第五册，364页，南宁，广西民族出版社，1986。

有的较远，有的路近；有的明清时期已成墟，有的近代才成墟。瑶区通往墟市的道路多为山间羊肠小道，翻山越岭，崎岖难行。为了交易的需要，不论远近，瑶民也去赶墟。随着交易的发展，参与墟市交易的墟市数增多。连南南岗排瑶在20世纪50年代前60年，即清光绪末年，多是赶40多里外的寨岗和三江墟，到50年代前三四十年，除寨岗、三江外，还到五六十里外的连县、阳山犁埠、七拱等地赶墟。抗日战争时期，个别人还跑到清远买卖东西。①

值得提及的是，近代以来瑶族地区墟市的增加，还表现在个别瑶族聚居地区逐渐形成了墟市，如都安县三只羊的加朋是瑶族聚居区，加朋周围有数百个大小不一的村屯，居民主要是瑶族。加朋于清光绪年间（1875—1908年）形成墟场，每墟有200人左右来赶墟。② 又如恭城新合、全州东山也形成墟场。恭城西岭新合墟由于赶墟的多为瑶人，且以瑶人重要节日为墟期，故有“瑶古墟”之名。

近代瑶族地区的墟市，按规模、功能可以划分出不同级别。桂东、湘南、桂北瑶族地区的墟市规模较大，功能较齐全，三天一墟期，相近墟市按一四七、二五八、三六九分开赶墟时间，逢墟日赶墟人数少则两三千人，多达万人。市场交易品种，无论工业品、农副产品，均较丰富，成交额较大，理发、餐饮、住宿等服务齐全，县级市场还有金融服务。交易方式以货币为媒介，代销、赊销等促销方式较盛行。桂中、桂西、桂南、滇东瑶族地区一些墟市的规模一般小些，功能也没有那么齐全。如金秀大瑶山西南的大樟墟、百丈墟贸易的规模不大，没有专门收购土特产和出售生产生活资料的

---

① 《民族问题五种丛书》广东省编辑组：《连南瑶族自治县瑶族社会调查》，56页，广州，广东人民出版社，1987。

② 《民族问题五种丛书》广西壮族自治区编辑组：《广西瑶族社会历史调查》，第五册，300页，南宁，广西民族出版社，1986。

商店，大数量的商品交易只有墟期才能进行。① 瑶族聚居地区内新形成的墟市，规模更小，如上文提到的都安三只羊加朋墟，墟期来交易的只一二百人。有的无固定的墟期，有的墟期长，5 天甚至 12 天才一墟。桂北全州、资源某些山区村乡甚至无墟场交易。

除墟市交易外，肩挑马驮一些针线、布匹、食盐、腐竹、粉丝、铁制工具、陶瓷用品、饰物，进入瑶山走村串寨的行商近现代有增加，尤其是像金秀大瑶山、桂北九万大山、桂南十万大山等地，由于山地广袤，村寨众多且分散，瑶民出山赶墟不便，行商运货来卖，同时收购瑶山木耳、香信、茶叶、草药等土特产，方便瑶民，受到欢迎。有的行商来往多了，与瑶人混熟，得到瑶族头人同意，在山内人口较密集的居民点开店，出售布匹、针线、食盐、火柴等日杂品，收购土特产，成为“坐商”。清咸丰九年（1859 年），修仁县（现属荔浦县）北街汉人黄正美到金秀经营布匹生意；光绪初年平南汉人廖义德进入瑶山收购香草、卖布匹，兼营酿酒和杂货生意；民国时期，一些汉人到金秀等瑶山收购桐子、茶籽，开油榨，同时附带经营其他商业，都是例子。② 近代，常住连南南岗的汉商有三十多家，另有三十多个货郎担在班排来往。③

近代以来，瑶族人民除了与汉、壮族发展了商品交易外，民族内部也出现了商人，兴起了商品交易。在金秀，民国初年，金秀村茶山瑶石牌头人龚道金曾经营过杂货生意。1935—1936 年，金秀村茶山瑶石牌头人全胜祝也在本村开过商店，经营布匹及杂货。平贡村坳瑶赵文于 1938 年在罗运开杂货店。罗香坳瑶梁振荣在本村

---

① 《民族问题五种丛书》广西壮族自治区编辑组：《广西瑶族社会历史调查》，第一册，209 页，南宁，广西民族出版社，1984。

② 《民族问题五种丛书》广西壮族自治区编辑组：《广西瑶族社会历史调查》，第一册，209～211 页，南宁，广西民族出版社，1984。

③ 《民族问题五种丛书》广西壮族自治区编辑组：《连南瑶族自治县瑶族社会调查》，56 页，南宁，广西民族出版社，1984。

开过小杂货店。① 新中国成立前五十年间，经营行商小贩的在金秀也不乏其例。在连南南岗排瑶，近代以来做过生意的有 17 人，其中 5 人屠猪、牛卖，其余大多数经营米酒、豆腐、粉丝、黄烟，个别卖布匹、估衣和迷信用品。② 在都安三只羊，清末民初任过团总的袁太和与其儿子在三只羊收购土特产，将之与自榨的桐油一起运往龙头销售，然后从龙头运回食盐、布匹、棉纱、火柴及其他日用品，在加朋街出售，他是当时三只羊最大的商家。此外，在建民、龙朗、建良等村，还有四五家从事土特产品和工业品的贩运。③ 近现代瑶族社会出现的商人为数不多，他们并不完全脱离农业而单纯从事商业活动，家里的田地照常耕种。但他们的出现，是瑶族社会经济结构发生转变的一个重要标志。如果不是近现代中国社会战乱和新中国成立后“左”的失误造成的压抑，瑶族地区的商品经济当会有更大的发展。

无论民族之间、民族内部的商品交易，交易的方式主要有以物易物和通过货币进行交易两种。以物易物的交易方式主要盛行于金秀大瑶山、十万大山等边远瑶族地区。瑶族通常以鸡、香信、木耳、草药、笋干、兽皮、蜂蜜等土特产品，直接从行商或坐商手中换取食盐、火柴、布料、丝线、针线、饰物等日用工业品。近代由于木材、桐油、茶油、香草、棕皮、土纸、六谷、八角、玉桂等销路好，价格上扬，一些商贩入山大批订购，销完后以成担食盐、布匹、稻谷等作价交付生产者，这是间接的以物易物方式。无论直接、间接的以物易物，均以市价为准，而市场的等价物是铜钱、银

① 《民族问题五种丛书》广西壮族自治区编辑组：《广西瑶族社会历史调查》，第一册，213～214 页，南宁，广西民族出版社，1984。

② 《民族问题五种丛书》广西壮族自治区编辑组：《连南瑶族自治县瑶族社会调查》，56 页，南宁，广西民族出版社，1984。

③ 《民族问题五种丛书》广西壮族自治区编辑组：《广西瑶族社会历史调查》，第五册，301 页，南宁，广西民族出版社。1986。

元或纸币等货币。因此，以物易物的交易方式并未排除货币在其中的作用。

以货币为媒介的商品交易，卖主先卖出产品，收回货币，再用货币从市场上购买所需要的生产生活用品。这种交易方式在金秀大瑶山等边远瑶山也存在，但主要盛行于平地瑶、民瑶等交通便利、商业较发达地区。清末盛行银币（含银锭），辅以铜币，也印有纸钞，瑶族多用银币与铜币。进入民国后，军阀混战，各自为政，滥铸银币、铜钱，搜刮民财，银币成色不一，如西币（广西自铸的银毫、银圆）就比东币（广东铸的银毫、银圆）成色低。1927 年后，南京国民政府为应付战争，滥印的纸币不断贬值。故各地瑶族群众交易仍喜欢银币，尤其是东毫。此外，居住在广西上思、防城、宁明等十万大山地区，云南河口、金平、马关等边境地区的瑶族，见法国铸造的银圆成色更好，也通用法币交易。

近代瑶族地区商品交易的发展，是中国经济与外国经济，瑶族地区经济与壮、汉等民族地区经济交互作用的结果，它反过来又加深了瑶族地区与外界的联系，促进了瑶族与汉、壮等民族经济与社会的联动发展。唯其如此，瑶胞对进山贸易的汉商给予欢迎、保护。清同治六年（1867 年）刊立的金秀沿河十村坪勉石牌就做出两款规定："十立，不论何人，见客买卖生意，不得乱作横事可也"，"十一立，不论何人，见客生意交易，是作横事，莫怪石牌。"① 不少瑶胞与山外客商来往多了，还打起"同年"关系，平时有事互相帮助，节日互访，送上礼物，"同年"之间亲如兄弟。近代商业交易与传统古老的"互惠"原则交融在一起。但有的奸商欺负瑶人不识铢两，不知市场行情，交易中以短斤少两、以少换多的事各地多有发生。如光绪二十八九年（1902、1903 年），香草涨价，每斤值七八毫（银币），在金秀仅值三毫；吊兰市价，桂林每

① 《民族问题五种丛书》广西壮族自治区编辑组：《广西瑶族社会历史调查》，第一册，210 页，南宁，广西民族出版社，1984。

斤八毫，金秀仅值四毫。① 民国时期，百色洞好乡瑶族出售蓝靛，被奸商压价至比原价低四分之一至三分之一，同时抬高盐价，二者差距达四五倍。② 十万大山地区，八角包买包卖，商人入山村对八角估产定价，某片八角林能收1000斤八角，商人只估产五六百斤，故意压低产量到收购时如不到估产数，商人又按实产付款。③ 在连南，商人除大秤入小秤出外，还放高利贷，放白银四元还谷一担半(市价四元一担)，放谷一担，本利收回两担。④ 种种盘剥，不胜枚举。瑶人无奈，只能忍气吞声。奸商的行为为瑶汉关系带来负面影响。

## 三　经济制度

近代瑶族由于居住分散，居住在不同地方的不同支系的瑶族，为了适应不同的自然与社会环境，不得不将原有的传统文化做些不同的改变，生产关系即人在物质资料生产过程中结成的关系，在瑶族社会中呈现出比较复杂的状况；有的地方保留原始公社的残余，有的地方保留封建领主经济或其残余的影响，有的地方封建地主经济有新的发展，有的地方出现了资本主义的生产关系。

### （一）原始公社残余

原始公社包括以血缘关系为纽带的氏族公社和以地域关系为纽带的农村公社两种形态。近现代，瑶族中的白裤瑶、青裤瑶、山子瑶、蓝靛瑶等支系，不同程度地保留着原始公社残余。

---

① 《民族问题五种丛书》广西壮族自治区编辑组：《广西瑶族社会历史调查》，第一册，210页，南宁，广西民族出版社，1984。

② 《民族问题五种丛书》广西壮族自治区编辑组：《广西瑶族社会历史调查》，第五册，198页，南宁，广西民族出版社，1984。

③ 《民族问题五种丛书》广西壮族自治区编辑组：《广西瑶族社会历史调查》，第六册，170页，南宁，广西民族出版社，1987。

④ 《民族问题五种丛书》广东省编辑组：《连南瑶族自治县瑶族社会调查》，57页，广州，广东人民出版社，1987。

1. 氏族公社残余

广西南丹县白裤瑶、贵州荔波县青裤瑶、广西和云南部分山子瑶、蓝靛瑶等瑶族支系不同程度地保留氏族公社残余。其中以白裤瑶、青裤瑶较为突出。南丹白裤瑶直到20世纪三四十年代仍保留着一种瑶语称为“委腰”的组织。委腰意为同一锅吃饭的同宗共祖的兄弟。同一委腰的各户成员，有共同祖先来源传说，有共同的头人，共同的山林、土地，共同的土地共同耕种，或租给别人耕种，收获物共同分配。共同的山林允许各户牧牛伐薪。每个委腰还有公共墓地及祭祀活动。[①] 荔波瑶麓的青裤瑶氏族各有首领，处理氏族间大小事务。覃氏族有公共耕地40余亩，所有权属于氏族，每年由首领分发各人耕种，以其所得充当公共事业，如招待客人，施给残废老弱无依者。氏族间某家遇红白事或建屋动土等，全族人都要帮助；犯罪罚款，如被罚者无力赔足，则由族人按照亲疏分担之。[②] 广西上思县十万大山山子瑶直到民国初年仍保留着以血缘关系为纽带结成的共耕组织。构成这种共耕组织的成员，是有宗亲关系的各户人家，有姻亲关系的人也可以加入。每一共耕组织有被称为“包到”意即“保头”的头人，有公共的山林土地。公共山林土地头年开垦，由保头指挥各户共同进行，收获物共同分配，次年分到各户耕种，种三五年丢荒轮歇，过十五六年长出的树木有碗口粗可重新开垦时，各户又共同耕作，共同分配产品。氏族虽无公共庙宇、墓地，但有共同的祭祀活动。[③]

20世纪五六十年代，曾有人著文认为连南排瑶新中国成立前

---

① 《民族问题五种丛书》广西壮族自治区编辑组：《广西瑶族社会历史调查》，第三册，36页，南宁，广西民族出版社，1985。补充说明：原调查者所称“破扑”组织，白裤瑶称“委腰”。

② 岑家梧：《民族研究文集》，155～257页，北京，民族出版社，1992。

③ 张有隽：《瑶族传统文化变迁论》，82～83页，南宁，广西民族出版社，1992。

保留着比较完整的氏族组织，其根据是每个瑶排都有如天长公、户长公、管事公、先生公等头人主管分管事务，职责分明，组织严密。还有公共山林、田地及公共庙宇、墓地，共同祭祀活动。然而，民族学调查资料表明，排瑶的绝大多数排都居住着不同姓氏的人们。因此，就排而言，它是一个地域性的社会，并非血缘社会。瑶排中大大小小的头人，主要是为排中各户服务的。把瑶排看成氏族组织，不如把它看成是农村公社组织的残余。不过，可以指出，排下面的各房姓组织具有氏族的某些残余。排瑶各姓分为不同的房族，如唐姓有大唐、小唐，房姓也有大房、小房，盘姓有木生、马桂、大欣、巴山、巴尼四房族。各房族有房族长，有太公田、太公山等公产。太公田由各户轮流耕种，租谷用于祭祖时买祭品和分猪肉。遇到“耍歌堂”或“打道箓”以及械斗等公共事情，也可以动用太公谷。未经动用的太公谷，用来购买土地和放高利贷。太公山内各户可以开荒种杂粮，无需缴纳租金。山上杉林为房姓众人合伙种植，集体所有，用法同太公田租谷收入。① 各房姓有公共墓地，公庙合于排中大庙，祭祀活动也是与同排各姓一起进行的。其氏族制度的痕迹已稍逊于白裤器、青裤瑶。

2. 农村公社残余

农村公社为公有制社会向私有制社会过渡的社会形态，在生产资料占有与产品分配等方面具有二重性。在近代瑶族社会中，保留农村公社残余较多的，当属广西十万大山山子瑶和云南一些地方的蓝靛瑶。上文提到的19世纪下半期至20世纪上半期十万大山山子瑶仍存在共耕组织，多数即属于农村公社残余组织。共耕，当地山子瑶用粤语解释为“甲起来做”，即“合起来做”。共耕组织的头人用粤语称为“甲头”，意即“合头”或“伙头”，亦即“大伙的头人”。这一时期当地山子瑶的共耕组织，有以一村为单位的共耕，

---

① 《民族问题五种丛书》广东省编辑组：《连南瑶族自治县瑶族社会调查》，255～256页，广州，广东人民出版社，1987。

有跨村的共耕，有宗亲姻亲联合组织的共耕，但以一村为单位的共耕较常见。由于山子瑶村寨多由盘、李、邓、赵、蒋（或张）等姓的十多二十户人家组成，因此，以村为单位的共耕，该村就是一个地域性的农村公社。其主要特征表现为：（1）每一村社都有一位依次用打棍卦、打香卦、打鸡卦三次占卜从男性村民中选举出来的头人，头人称“央谷”即村老，又称“甲头”即伙耕头，或“包到”即保头（意为由他做头人，能保证村里人丁兴旺，生产丰收）。村老权威很大，有权组织、指挥生产，安排生活，有权处理纠纷，组织祭社神活动、对外打官司、指挥抗御外敌侵犯也是他的职责。他为村民办事不取报酬，因此，他只不过是一位村民的公仆。村老任职期间，村里人丁安康，生产顺利，可以连任；若人丁不安，生产不顺利，村民就以“鬼不信任村老”的理由予以罢免，另选他人担任。（2）生产生活资料占有与使用具有二重性：主要生产资料——山林、坡地、少量水田及用于水田耕作的大型农具犁耙均为村社公有，砍伐耕种林地也是在村老指挥下集体进行，第二年才以“份地”形式分给各户耕种。各户对耕地只有使用权，并无所有权。耕地丢荒后又收为集体。村民的私有财产只有房屋、菜园和斧头、砍刀、刮子、打洞棍、禾剪、鸟枪等生产工具，和衣服、被窝、锅、碗、瓢、盆等生活用品。因此，村社里生产生活资料占有兼具公有、私有二重性，但私人财产还是有限的。（3）凡集体耕种收获的谷物——旱谷，由村老指挥平均分配给各户，大型集体狩猎、捕鱼活动获得产品，也平均分配给各户。但私人在份地上耕作或打猎收获物，民国时期一些家庭在份地上种的八角，则归私人享有。因此，在产品分配上也具有二重性。（4）村社虽无公共墓地和庙宇，但保留有一年春、夏、秋、冬四次集体祭祀社神的活动，社祭亦由村老主持，在他家举行；过年有集体的关门封村活动，村民听令而行。①

① 张有隽：《十万大山山子瑶农村公社探讨》，载《广西民族学院学报》，1983（3）。

在云南金平、屏边蓝靛瑶社会中的“寨老”制度、“目老”制度，也表露出原始农村公社的特征：每个村寨都保留有一定数量公社公有的土地、森林、水源。这些公社公有的资源，由村寨村民会议选举出来的寨老或目老负责管理，分配使用。公田出租，大的水流按面积、等级分配，公共森林设护林员管理，不得乱砍。寨老或目老主持村寨村民代表会议及祭祀社神仪式，讨论通过“社约”，安排全寨生产，处理日常纠纷，情况与十万大山山子瑶农村公社略同。不同的是，这里公产之外，各户还拥有一定数量的私有耕地、私有林木以及私人占有的小溪流，私有制比十万大山山子瑶要发达些，甚至瑶族社会中还出现了少量地主、富农。同时，这里的瑶族外部还受到傣族封建领主的统治与剥削，其农村公社是蜕变于土司制度之中的。此外，其“寨老”由“寨老”（一寨之长）、“邓晒”（负责行政事务）、“邓下州”（负责宗教事务），“目老”由寨老（一寨之长）、寨主（负责行政事务）、当龙师（负责宗教事务），分别组成村寨最高管理机构。这些都与十万大山山子瑶农村公社不同。①

连南排瑶的私有制更发达，“公山”、“公田”在瑶排经济中不占主要成分。虽然排瑶社会仍存在瑶老制，每排瑶老均不止一人，而由“天长公”（一排之首）、“头目公”（每条龙的头目）、“管事头”（军事首领）组成，或由“天长公”、“户长公”（各户头目）、“掌庙公”（排中祖先大庙掌管者）组成，但只保留组织祭祀祖先的“耍歌堂”活动，及处理内部纠纷、管理水利、指挥抵御外敌等公共事务，并无组织全排各户进行集体生产、指挥产品分配的权利，因为私有制的确立，生产活动早已改为一家一户为单位进行。农村公社在这里已大为褪色，多半只剩下躯壳，缺少实质性内容。

金秀大瑶山的茶山瑶、坳瑶、花蓝瑶，两广、云南各地所有盘瑶，部分山子瑶、蓝靛瑶、布努瑶，由于私有制普遍确立，水田、

---

① 《民族问题五种丛书》云南省编委会：《云南苗族瑶族社会历史调查》，81～87页，昆明，云南民族出版社，1982。

旱地已转为私人所有，村社集体财产只剩下一些无主荒山、河流、原始森林。其农村公社残余主要表现在，每个村社都有一位称为“社老”、“社主”或“庙老”、“村老”、“寨老”的头人。这种头人或因处事公道、富于经验，村民找其办事多了自然而然成为头人；或由村民代表会议选举（多半以神卜方式）产生；也有世袭或上一届头人指定的。头人的权力主要是在主持祭社活动、制定社约、处理纠纷方面。除金秀茶山瑶、南丹白裤瑶等少数支系的社老、庙老有权决定生产季节、指挥上山割青（做绿肥）及插秧外，在生产及产品分配上无多大权力。他们为村民服务属义务性质，不取报酬。村社荒山村民通过“号占”方式开垦耕种，但不能占为私有，丢荒后归于集体；公有山林之木耳、香菇、药草、野果等出产，河流里的蛤蟆、鱼鳖、龟，各户可以采集、捕捉。这类地方的原始农村残余更少。

（二）封建领主经济残余

中国南方和西南壮族、傣族历史上盛行的土司制度自明末开始改土归流，至清初雍正年间（1723—1735年）基本完成。但有些地区的土司制度延至清末乃至民国时期。此外，改土归流中，土官的政治权力虽然被剥夺或削弱，经济上残剥土民的某些陋习被禁革，但其经济特权受冲击不大，仍基本上保留下来。不少陋习累禁不止。土司制度在政治上表现为土官制度，在经济上表现为封建领主制度。所谓土官，在其领地范围内是一方土皇帝，拥有至高无上的政治权力；同时又是一方封建领主，对领地内所有山林、土地、河流、湖泊及自然出产拥有所有权。其属地土民就是他的农奴，除耕土地须缴纳租税，采集、渔猎须献上部分收获物充当租税外，年中还须无偿地为领主服各种劳役：种田（官田）、砍柴、舂米、制衣饰、建房、扛轿、挖坟、舁尸、吹奏乐器、运送物品，出兵打仗，充任土官出巡时的各种差夫。桂西都安、巴马、马山、西林、凌云、乐业，桂南上思、防城，云南金平、屏边、勐腊等地的布努瑶、蓝靛瑶、盘瑶，近代被土官或其后代视为农奴，受到领主的各种奴役和盘剥。

安定土司（治今大化瑶族自治县境）始设于明洪熙元年（1425年），至清光绪三十年（1904年）三月改土归流。土官潘氏统治安定389年。未改流前，土巡检及其属下大小官员依权势，对瑶民肆意敲诈勒索。除土官及下属承袭的官田、官族田、甲田、役田要瑶民无偿代耕代种外，土官还肆意侵吞民田为官田，瑶民造出来的土地被土司占夺，石头缝中种出的粮食被土司抢走。土司大小官员的薪俸摊给土民负担。清代安定土司管辖上段、中段和接学三个城头的民田，史载共有349玮（每玮合14亩），被土官并为“官田”的186玮，占总耕地面积的50%以上。辖境人口不足十万，思恩军民府规定每年应上纳折色米346石6斗8升4合4夕，应征地粮折银246两4钱4分，而安定土司实征土俸555两，官禾2259吊（45000斤），多收近50%。布努瑶居住的上段城头有田地185玮，官族田达77玮，土官征收粮银59两、土俸95两，共154两，每玮纳银二两，此外还要纳“垦田银”30两。瑶民为土司服徭役，分“常役”、“时役”两种。“常役”每年500名，纳银者可免。“时役”不定人数，随往随调，如每次往南宁调70～80名，往武鸣调50名。不去服役者需缴纳银两，去南宁每名每次纳400文（铜钱），去武鸣每名每次纳300文。此外，土官袭任、婚娶、祝寿、死葬，还要向瑶民摊派“红白费”，官族清明上坟，责令当地土民杀猪、宰羊祭其祖坟。在土司统治下，瑶民政治上毫无权利，经济上受尽剥削。稍有反抗，即施以抽脚筋、割耳朵等酷刑。① 东兰、巴马、凤山三县明代为韦氏土官领地，明初东兰州划分为内六哨、外六哨（在今凤山境内，含今巴马、天峨部分地区）建置。清雍正八年（1730年），内六哨设为东兰州，撤土官，改设弹压；外六哨设为东兰土分州，仍用东兰韦氏土官世袭。直到光绪三十一年（1905年），东兰土分州才撤去土官，改委弹压治理。清末咸、同、

① 韦标亮：《布努瑶历史文化研究文集》，165～171页，贵阳，贵州民族出版社，2003。

光三朝，韦氏土司官各种权力依旧，原外六哨为其食采。土州官称为州同，下设统领、参将各一员，各授田400把（以产谷重量计，每把重约20斤）；设土兵若干，每兵给田百余把；每哨设哨统、哨目，前者给谷300把，后者200把；哨以下为石，设统石、总管，各给田约200把；石以下为村，设头人、苏老、保正等名目小官，每人给田约160把；另外，夫役每站30～50名，各给田百余把；衙役值番、打扫厕所、割马草、定更、击磬、擂鼓、放鞭炮、吹号筒、乳母等，各给田约百把。至于土官本人，并无定数，他是州内"卜岁"（壮话指皇帝老），其食采内任由他要哪块就哪块，要多少就多少。耕地分封制的推行，使居住在土州境内宽阔、平坦土地上、耕作条件较好的壮、汉族人民失去了大批良田沃土。壮、汉族中那些贪心不足的大小财主、地痞依仗权势、财势、人口优势，欺凌、蚕食瑶族的土地，使处于土司压迫剥削下的瑶民多受了一重压迫剥削。清末土官沿袭其祖先权力盘剥瑶民，无所不用其极。除租赋、劳役外，土官家族煮饭用的柴薪、吃的鸡鸭鹅鱼，都摊派到各哨、石、村轮流进贡，官家头目起房造屋所需之砖瓦木料，分摊给领地人民无偿供给。官员下哨打猎、游玩，所到之处都要当地人民造饭招待，或假土官威名下哨苛派勒索。土官审理案件，原告、被告都要交纳一笔数额不小的官规、目规以及灯油、铺堂、站堂讯费。土司还制定歧视老百姓尤其是瑶民的禁令，如百姓不能穿白衣、花衣，瑶民只准穿粗麻灰土布，并不准钉纽扣，只能用麻线钉绑；瑶民住房不能开正门，正厅不能书写神台、供奉自家先祖，以示与壮、汉人的区别等，以维护其封建领主的统治。①

进入民国后，直到第一次国内革命战争前，东兰、巴马、凤山一带土司之名已不存在，而对瑶民超经济剥削之实则不见稍改。土司后代承袭土司时期对原辖地内山林、土地的所有权并未触动。他

---

① 韦标亮：《布努瑶历史文化研究文集》，125～130页，贵阳，贵州民族出版社，2003。

们是当然的山主，而瑶族则是山丁。在山主统治下，瑶族山丁要老老实实耕种山地，不许改行，否则死无葬身之地，尸体不得埋在山里。山主其实是把瑶山丁固着在自己的领地内，接受其剥削和奴役。山主每年要瑶族交纳土地出产的50%的重租，收租时，山丁要以好酒好菜招待。此外，瑶族山丁每年还要为山主无偿服役达30天以上；下种和收割服役7～10天；秋收前自带木料、伙食搭晒谷台5～7天；腊月下旬打柴火5～7天；山主接亲时山丁去抬轿，山主下瑶寨时山丁去抬轿。山主逢年过节向瑶族山丁索取各种定额财礼，与土司统治时期无多大差别：三月初三送香猪一头，木耳、鸡蛋、腊干的山鼠肉各2斤左右；七月十四送笋干2斤，芭蕉、柑果、桃果、李果各10斤左右；九月初九送红毛薯一担；春节前送粽粑（或大张竹叶）数斤、木柴10捆、木炭1担。山主有红白事，瑶族山丁要送木柴。此外，山主每年向瑶族山丁征税。山丁违背山主“瑶人不许送小孩读书”等禁令，山主肆意罚款。山主与瑶族山丁的关系，其实就是封建领主（农奴主）与农奴的关系。①

上思、西林、凌云、乐业、天峨等原土司地区改流后，近现代，这些地区瑶族受封建领主残余势力的歧视、剥削，与都安及东、巴、凤一带瑶族无多大差别。

云南金平县一区系猛刺土司领地。红头瑶所居平安寨和蓝靛瑶所居之太阳寨，土司领有一切土地。无论山地、水田，瑶族都采取“号占”的方式获得使用权。由于水田较少，水田的使用权必须通过土司颁发田照，并按规定缴纳田租后，方得到承认，否则土司可以没收。1922年，民国政府实行改土归流，土司对土地的所有权并未被取消，而是通过另一种方式——租粮制，得到新的承认。②

① 韦标亮：《布努瑶历史文化研究文集》，158～161页，贵阳，贵州民族出版社。2003。

② 《民族问题五种丛书》云南省编委会：《云南苗族瑶族社会历史调查》，80～81页，昆明，云南民族出版社。1982。

在太阳寨，瑶族除向领主交纳地租外，还负担劳役地租，每户每年出白工1～2个，负责修路。军事上，每年负担团兵费交给土司。

（三）封建地主经济的发展

近代瑶族地区的封建地主经济进一步发展。主要表现在，原在明清时期已经萌发了封建地主经济的平地瑶、民瑶地区，这时地主经济进一步确立起来，成为这类瑶族地区的占主导地位的生产方式；同时，在部分盘瑶、蓝靛瑶、布努瑶地区，也出现了一些以租佃、雇工、放高利贷等方式谋生的家庭，萌生了封建地主经济。

近代瑶族地区的封建地主经济有两种情况：一种是汉族、壮族等民族地主、富农占有山林、土地，向瑶族出租土地，收取地租，或雇请瑶人耕种，与瑶民之间建立起封建关系；一种是瑶族内部地主、富农与普通群众之间产生的租佃、雇用、高利贷等封建关系。这两种情况在各瑶族地区都有不同程度的发展。

在广西恭城、富川、钟山，湖南江华、江永、道县等平地瑶、民瑶地区，封建地主经济比较发达，瑶族群众不仅受本民族地主、富农的封建剥削，也受到汉族地主、富农的封建剥削。恭城三江地区居住着汉族及平地瑶、山公瑶、过山瑶三个支系的瑶族。20世纪40年代，在1326户中，有雇农140户、贫农728户、中农339户、富农54户、地主13户，外来富农35户，外来地主17户。① 富川县富阳区居住着汉族及平地瑶、过山瑶两个支系的瑶族。20世纪40年代，洋冲、劳溪两个瑶族聚居村寨212户居民中，有地主9户、富农6户、小土地出租者2户、中农29户、贫农162户、雇农4户。② 江华县原水口第五区新中国成立前有瑶族4359户，有地主24户、富农29户、中农722户、贫农2704户、雇农880

① 《民族问题五种丛书》广西壮族自治区编辑组：《广西瑶族社会历史调查》，第四册，293～294页，南宁，广西民族出版社，1986。

② 《民族问题五种丛书》广西壮族自治区编辑组：《广西瑶族社会历史调查》，第三册，109～110页，南宁，广西民族出版社，1985。

户；原槁梧乡（现属水口镇）有瑶族117户，其中富裕户2户、中等林户44户、无林户71户。① 上述说明，这类瑶族地区近现代阶级分化明显，封建地主经济社会各主要阶级——地主、富农、中农、贫农、雇农已经形成。

封建地主经济社会的主要特征是占人口总数很少的地主、富农，占有大片山林、土地，通过向少地、无地的贫农、雇农出租土地收取地租、雇佣劳动、放高利贷等方式，相互建立起依附和被依附的封建关系。近代，这种封建依附关系在上述瑶区表现明显。例如，在恭城三江地区，在1326户农民中，119户地主、富农，只占总户数9.0%，却占有25%的耕地。而占总户数54.9%的贫农只占38%的耕地，占总户数10.6%的雇农只占2.4%的耕地。地主、富农与贫苦农民之间的租佃、借贷、雇佣关系遍及各个角落。地租形式有分租制、定租制、“种树还山”制。分租制有四六分（佃主得四，佃农得六）、二八分（佃主得二，佃农得八）、对半分（各得一半）。定租制根据田地好坏、租期长短立契规定租额，或随收成逐年增加租额。“种树还山”制，租额为二八分，但佃农（叫承批）须于垦荒后第二年在耕地上为山主（叫批至）种树木，耕地丢荒后树木归山主。借贷关系方面，新中国成立前经常有80户因婚丧、疾病或青黄不接而借贷。放贷者多为外县、外乡地主富农。利率少者3～4分，一般为5～6分。雇工有长工、短工之分。长工一年工资20余元，短工一天50文铜钱（可买3斤谷子）。此外还有典当关系，贫苦农民由于各种原因不能维持生活而典当田地。② 又如，富川洋冲系平地瑶村子，有地主6户30人，占人口5.7%，却占有715亩水田。每人平均23.8亩水田；占有旱地115亩，每

① 《民族问题五种丛书》广西壮族自治区编辑组：《湖南瑶族社会历史调查》，73～74页，南宁，广西民族出版社，1986。

② 《民族问题五种丛书》广西壮族自治区编辑组：《广西瑶族社会历史调查》，第四册，294～296页，南宁，广西民族出版社，1986。

人平均3.8亩。而贫农95户433人，只占有水田264亩，每人平均0.61亩；占有旱地150亩，每人平均0.35亩。其封建关系有租佃关系，租佃有田租、牛租、山租三种，主要是田租。洋冲6户地主所占715亩水田，自耕部分只有150亩，其余565亩用于出租。95户贫农中，70%租田耕种。地租亦分定租和对分租两种。定租多是公田，对分租为私田。除租佃外，还有借贷、山林和土地典当。租佃与高利贷往往联在一起，佃主又是高利贷者。典当山林、土地对于走投无路的贫苦农民来说，就等于出卖山林土田。典当分定期、不定期两种，当价比卖价低。典当须请中人立契。典当之田，有的由原主耕种，收获对半分。① 江华水口、槁梧两地瑶族内部地主富农极少，居民绝大部分是中农、贫雇农，当地占有大批山林、耕地的是汉族地主富农。如槁梧乡占人口6.2%的汉族地主、山主，占有林木57365株，每人平均有林木10635株；田地4519.96亩，每人平均有田地89.26亩。地主富农也是通过出租土地、放高利贷、雇工等方式与瑶族、汉族贫苦农民建立剥削与被剥削的封建关系。②

平地瑶、民瑶以外的其他瑶族地区近现代封建地主经济有不同程度的萌发。从一些旧契约可以看出，连南排瑶还在清道光十八年（1838年）已有高利贷，咸丰初年已有土地买卖现象。到20世纪二三十年代，尤其是抗日战争期间，汉商涌入，赌风兴起，加上疾病几度流行，风旱灾接踵而至，高利贷的发展，土地兼并过程加快，不少农民因疾病、赌博、被“吃人命”、高利贷剥削等原因陷于破产，少数人则摇身变成瑶排中的富裕户。如南岗排的富裕户大多是在这时期发家的。全排土地最多的唐白古公，1940年以前只

---

① 《民族问题五种丛书》广西壮族自治区编辑组：《广西瑶族社会历史调查》，第三册，109～112页，南宁，广西民族出版社，1984。

② 《民族问题五种丛书》广西壮族自治区编辑组：《湖南瑶族社会历史调查》，74～80页，南宁，广西民族出版社，1986。

有30多担田（水田2.8担约合1.0市亩），以后十年间，通过放高利贷兼并了一百多担田土，成为拥有150多担水田、30多担旱地（旱地亦2.8担合1市亩）的富裕户。邓瑶冷公民国初年只有20多担田，其后通过放高利贷、雇工剥削等方式，成为拥有160担水田、60担旱地的富裕户。而排内112户无地少地的农民，大多数也是在这一时期失去土地的。内田排这一时期有唐白一婆、对财记两户各有30担水田，为内田水田总面积的16.62%，同时在排内69户中出现了44户人家无水田，靠租田、佣工为生。大掌排同期出现了拥有45担至180担水田和6000～60000株杉木的四户富裕户，同时，全排出现55个贫困户，靠租人土地、当长短工为生。租佃、借贷、雇佣劳动、典当在排瑶社会普遍盛行。可以说，连南排瑶已基本上建立起了封建地主式的生产关系。①

广西大瑶山茶山瑶、花蓝瑶、坳瑶、盘瑶、山子瑶五个支系早在明清时期已有了山主、山丁两个经济地位不同的阶层。进入近代，瑶族社会内部的贫富分化进一步发展。据20世纪50年代初的调查，新中国成立前处于山丁阶层的盘瑶、山子瑶，各户占有的生产资料也不一致，有大贫小贫之分。处于山主阶层的茶山瑶、花蓝瑶、坳瑶中少数农户以出租山林土地、借贷、雇工、经商等方式发家致富，不少农户因疾病、战乱等原因借债还钱失去山林土地等生产资料而陷入贫困。据1953年的调查统计分析，金秀、长垌、六巷三个区水田占有情况，以各阶层人口计算，雇农650人，平均每人有田0.74亩；贫农6346人，平均每人有田0.79亩；中农2237人，平均每人有田1.52亩；富农224人，平均每人有田3.54亩；地主155人，平均每人有田2.25亩。又以素称瑶山经济中心的金秀村来看，水田占有情况是：雇农8户18人，平均每人有水田0.44把（每把合谷10斤，400斤合一亩）；贫农8户38人，平均

---

① 《民族问题五种丛书》广东省编辑组：《连南瑶族自治县瑶族社会调查》，45～53页，171～182页。256～263页，广州，广东人民出版社，1987。

每人有田50.65把；中农15户71人，平均每人有田78把；富农5户25人，平均每人有田110.2把；地主4户22人，平均每人有田119.27把，可见大瑶山瑶族阶级分化显然存在。这里的经济活动中，土地出租、借贷、雇工现象同样存在，土地出租作为基本的封建关系，地租形式有实物地租、货币地租、劳役地租、“种树还山”几种，表现复杂，封建关系已初步确立。①

都安三只羊地区在20世纪三四十年代阶级分化明显，土地高度集中在少数地主、富农手中，如龙英村占人口6%的地主、富农，占耕地总面积60%的耕地；花洲村占人口10.78%的地主、富农，占有84%的耕地。地主阶级剥削农民的方式有地租、雇工、放高利贷。地租形式有实物地租、劳役地租、实物兼劳役地租三种。雇工有长工、短工。高利贷除实物借贷、货币借贷外，还有“借谷花”②。

在云南屏边县，瑶族到此地只有百余年历史。但新中国成立前瑶族内部也出现三户地主，占有瑶山9.5%的耕地，其余90.5%的耕地为外族地主（主要是汉族地主和壮族地主）占有。地主剥削农民的方式主要是实物地租，次为货币地租，劳役地租又次之。此外还有雇工、借贷及押金和各种规费剥削。③

近代瑶族地区封建地主经济的发生、发展，是近现代中国社会经济变迁在瑶族地区的反映，是瑶族社会历史发展的必然结果。而瑶族地区封建地主经济的发生、发展，反过来又对中国近代社会的经济、政治与民族关系产生重要影响。

---

① 《民族问题五种丛书》广西壮族自治区编辑组：《广西瑶族社会历史调查》，第一册，430～434页，南宁，广西民族出版社，1984。

② 《民族问题五种丛书》广西壮族自治区编辑组：《广西瑶族社会历史调查》，第五册，296～298页，南宁，广西民族出版社，1986。

③ 《民族问题五种丛书》云南省编委会：《云南苗族瑶族社会历史调查》，80页，84页，昆明，云南民族出版社，1982。

（四）资本主义因素的萌芽

在近代外国资本主义工商业及国内民族工商业的影响下，瑶族部分地区、部分行业有了资本主义因素的萌芽。

出现资本主义因素的地区，主要是工商业、交通运输较为发达，某些产品外部需要比较多的地区，行业集中在木材砍伐、运输、销售、手工造纸、榨油、采矿、商铺等方面。从事资本主义工商业活动的，都是些地主、官僚、商人。有汉人，也有瑶人。

富川、钟山、贺县、恭城等地毗邻梧州、桂林，距广州也不远。物产丰富，交通便利。明清时期就有不少广东、湖南商人在此经商开店，建有会馆。近代尤其是抗日战争时期，外地来经商做生意的更多。清光绪十一年（1885 年）梧州开埠后，贺县八步街成为桂东北有“小广州”之称的商业重镇和商品集散地，市面商铺林立，商品琳琅满目，客商云集，推动了富川、钟山等地工商业的发展，给当地瑶族经济变迁以强烈的刺激。如富阳墟在近百年内有很大发展，新中国成立前有大小商铺、百货摊子四五十家，有的商铺拥有资金达二万余元。经商的多是湖南人，也有广东、江西人，分别经营竹木器、裁缝、理发、打铜、打棕索、百货等生意，形成了一个脱离生产的商人阶级。富阳三天一墟，每次趑墟人数达六七千人以上，其中瑶族有二三百人。富阳成为富川县经济中心，是周围瑶族杉木、竹子、桐子、茶子、香菇、茶叶等产品的集散地。①

在近代国内外资本主义工商业刺激影响下，瑶族地区资本主义因素的萌芽具体表现在，木材经营方面，桂北一些林区出现了一些拥有较多资本的木商，将瑶族地区山主、林农的杉木包买之后，将砍伐、拉山、架排、放运等一系列工序通过契约形式，一揽子包给一些贫苦瑶族林农。木商与林农之间没有封建依附关系，只有契约

① 《民族问题五种丛书》广西壮族自治区编辑组：《广西瑶族社会历史调查》，第三册，253～256 页，南宁广西民族出版社，1985。

规定的雇佣与被雇佣关系。[①] 木商以汉人居多，也有壮族、瑶族木商。上文提到陆荣廷的部属和一些地主、商人于光绪末年在金秀建立荣合、广源两个木材公司及其后的荣新公司，即是汉族、壮族官僚地主和商人开的。贺县浩洞盘水旺于1930年在贺县黄田墟开木行，后又于1942年在八步开设木行。他是中国现代史上第一个经营木材生意的瑶族商人、资本家。盘水旺出身中农家庭，家里有两三冲林木，还租一部分地主的山地，出产的林木70%归自己，30%归山主。1930年他30岁时，以自己的林木为资本，到黄田墟开了一个木行，出售杉木、木板、木皮，顾客主要是西湾平桂矿场。木行的木料起初是从自家的山上砍伐来的，后来也向农民收购林木，雇工运至黄田。他家木行生意很好，每墟能卖出一两百根，有时高达三百根，收入几十元大洋。盘水旺初至黄田，是租人家房子营业，规模小。随着生意发展，规模扩大，自己起了两间铺房，不过即使到这时，他也未曾在黄田定居下来。1942年，盘水旺凭积累起来的资本到八步开了一家木行，并以一百多挑谷子的钱（以每挑五元大洋计，约合五百余元大洋）购买了一块地，建造房子，搬到这里定居。他的八步木行主要从附近购进木料，也从汉族木商由瑶山收购的木材中购进木料。向汉商批购，每次都在一百条左右，价值相当七八十挑谷子，这一百多条杉木只需半个月左右就转卖完，营业额较大。[②] 盘水旺经营木材生意，雇请工人搬运木料，付给工人工资。从浩洞及黄田附近其他瑶山砍伐、搬运木料，视距离远近，每人每次工资4～6毫不等。盘水旺与他们之间无封建依附关系，只是雇佣与被雇佣关系，这是新的资本主义因素的生产关系。贺县新华瑶人赵有聪祖上靠种姜买田起家，他本人民国初年任

---

① 张有隽：《瑶族历史与文化》，111页，南宁，广西民族出版社，2001。

② 《民族问题五种丛书》广西壮族自治区编辑组：《广西瑶族社会历史调查》，第三册，244页，南宁，广西民族出版社，1985。

过“联治团”大队长，除政治上有一定势力和占有一定数量的土地外，民国二十年（1931年）左右开始贩运杉木。木料一部分是自己的，一部分从附近瑶山购进。木材主要卖给新路锡矿。赵有聪在这一过程中很少参加农业生产和砍运木料的工作，而是将自己的杉木或买来的杉木包给邻近一些贫苦瑶人或汉人砍伐、运输。他自己则坐在新路筹划如何雇人砍运木料和卖木。雇来的人都是成批的，每批四人，多达十余人。雇工时间五六天一次，一月至少雇一两次。杉木砍倒并运至新路，大杉木每人给一串钱，小的给五六毫子。售价为大的四五元，小的两三元。其与工人建立的也是一种新式的雇佣与被雇佣的关系。①

手工业方面的资本主义因素，主要发生在造纸、榨油行业。上文提到民国时期土纸销路好，瑶族地区手工造纸发展，有些纸厂雇佣工人造纸，就表示这一行业有资本主义因素发生。钟山县燕塘乡瑶人张学林（原姓邓），祖上曾是佃户、长工。他长大后靠锯木板、种姜卖，购置了两条冲的楠竹林，约于1945年开始在白帽寨自家门前建厂造土纸。开始时规模小，除砍料、破料、浸料需亲友几人帮忙十天左右外，其余都是自己家人做。他本人亲自舂料、捞纸。年产纸千余担，挑至燕塘墟卖，每担五元大洋左右。攒得钱后，约1946年在新龙冲买了两条冲的楠竹林，并于1948年在新龙冲建造新厂，造毛边纸（又称湘纸），名号“振兴”。新龙毛边纸厂平时也请了两三位工人，帮舂料、捞纸、焙纸等，每位工人月给工资三至五元不等。张学林脱离了农业生产，虽不脱离手工造纸的劳动，但成了厂主，与工人之间形成了雇佣与被雇佣的关系。

榨油厂厂主雇人的现象，在恭城、金秀等瑶族地区普遍存在，甚至在桂西的榨油行业中，也有资本主义因素。如清末民初都安三只羊团总瑶人袁太和，在龙英村加朋屯开设一油榨工场，天天榨

---

① 《民族问题五种丛书》广西壮族自治区编辑组：《广西瑶族社会历史调查》，第三册，249～250页，南宁，广西民族出版社，1985。

油，年榨桐子 108000 斤左右，得油 28000 余斤。工场雇用工人，一年保持 10 人左右。工人有工资，并供给伙食。产品绝大部分运到宜山县（今宜州市）龙头墟出售。①

开商铺以富川县柳家瑶人邓佛胜较典型。邓佛胜是富川县有名的大地主，占有 1800 多亩水田，分布于富川之柳家、富阳、大围及钟山、恭城、贺县等地，出租或雇人耕种。其儿孙有的是国民党军队连长，有的是教导官、教育局局长，政治上有势力。民国时期，邓佛胜凭借其政治、经济势力，在贺县八步街等地和大商业资本家合股，开了一个大铺子，1947—1948 年内又在富阳、古城开两个铺子，出售食盐及杂货。食盐从广州进货，其儿子邓克诚下广州，一次运回食盐七八十担至一百担到八步，转富阳出卖。邓佛胜其实是一个地主兼资本家。②

① 《民族问题五种丛书》广西壮族自治区编辑组：《广西瑶族社会历史调查》，第五册，299 页，南宁，广西民族出版社，1986。

② 《民族问题五种丛书》广西壮族自治区编辑组：《广西瑶族社会历史调查》，第三册，264～266 页，南宁。广西民族出版社，1985。

# 瑶　学　篇

# 广东瑶族苗族社会历史调查纪要

广东的瑶族、苗族新中国成立后被划入两个不同的民族共同体，但他们在历史上有着极为密切的关系，在文化上保留着许多共同特点。1980年1月6日至2月4日，为了修改《瑶族简史》的需要，广西民族研究所黄钰同志，广西民族学院民族研究室姚舜安、张有隽、邓文通同志，到广东调查瑶族社会历史，顺便实地考察了海南的苗族。这次调查所得的有关资料已汇集成册，现由张有隽同志将其中一些问题参考前人的资料整理成这个纪要，供进一步研究参考。

## 一

广东现有瑶族81000多人，主要分布于粤北韶关地区的连南、连山、连县、阳山、乳源、乐昌、曲江、始兴、英德、仁化、翁源等县（自治县）。靠近连山的怀集县（属肇庆地区）也有少量瑶族。此外，湛江地区的阳春县近年识别确认了一个大队数百名瑶族。广东东部潮州地区某些县，据说有些自称是瑶族的人。历史上曾经是瑶族大本营的罗旁山区，至今也还有一定数量的瑶族遗民，但已划入汉族。苗族约有25000多人，主要聚居在海南岛通什黎族苗族自治州的琼中、保亭、白沙、乐东、昌江、东方、崖县、陵水八个县，共有19033人（1978年）。其中以琼中县最多，有7057人，其次是保亭，有2582人。其余各县有五六十人至一两千人不等。此外，还有4312人（1955年）散布在海口、琼东、乐会、万宁、澄迈、儋县、临高、安定、屯昌等县市。

广东瑶族、苗族居住在亚热带、热带的山区。这里气候温热，雨量充沛，植物繁茂。松、杉、竹木等森林资源，以及水利资源和地下矿产均十分丰富。粤北山区瑶族聚居较多的连南瑶族自治县，全县总面积198万亩，有林面积120多万亩。海南岛黎族苗族自治州有森林面积690万亩，这两个地方是广东两大森林基地。海南岛苗区还盛产橡胶、油棕、椰子、咖啡、可可、胡椒等，有发展热带作物的广阔前景，五指山区和粤北山区蕴藏着煤、铁、铜、铅、锌、水晶、云母、钨、锰等矿藏，可供开发利用。

瑶族在广东自称为“敏”、“勉”，他称有因居住地区不同而形成的“高山瑶”、“过山瑶”、“平地瑶”、“深山瑶”、“浅山瑶”、“东边瑶”等称呼；有因服饰而形成的“负版瑶”、“箭瑶”、“鸡尾瑶”等称呼。居住在连南和连山的一部分瑶族被称为“八排瑶”，八排即油岭排、行祥排、横坑排、军寮排、大掌排、马箭摊、里八洞排、火烧坪排。排瑶除集中居住在连南和连山外，还有小部分散居在阳山县和乳源县，其余各县多为过山瑶。此外，在广东历史上，瑶族还有“过山瑶”、“民瑶”，以及“生瑶”、“熟瑶”、“狗瑶”等带歧视性和侮辱性的称呼。新中国成立后实行民族平等政策，取消了歧视性和侮辱性的称呼，根据各地瑶族都有“瑶”这个共同称呼而统一称呼为“瑶族”。海南岛苗族，据其保留的两份《盘王卷牒》记载，历史上有过“瑶民”、“山人”、“山子”等称呼，落籍海南岛后，现自称为“门”（意即人）或“苗门”（苗人）。据说，“苗门”这称呼，是因为当地汉族、黎族见他们爬树像猫一样敏捷，故称为“猫人”，后省为“苗人”。这个称呼后来逐渐为苗族所接受，新中国成立后称为“苗族”。

广东瑶族、苗族操一种共同语言，即都属于汉藏语系苗瑶语族瑶语支。由于长期分散居住，也产生了一些方言上的差异。排瑶和过山瑶虽同属勉语，但据说通话有困难，而过山瑶与广西各地的盘瑶则完全可以通话。海南苗族与粤北连山等地过山瑶的语言有60％相通，与广西的山子瑶（蓝靛瑶）则完全可以通话，如同去调查的邓文通同志属蓝靛瑶，就能与当地苗族干部群众通话，只是音调上有些差异。由于长期与当地汉族、黎族、壮族交错杂居，因而广东的瑶族一般都会讲当地汉语方言白话和客家话。海南苗族会讲黎语以及当地汉语方言海南话。

## 二

瑶族、苗族在广东有悠久的历史。关于他们的来源，学者一般认为是从湖南迁来的，其根据是：据《后汉书·南蛮传》记载，瑶族是盘瓠部落的后裔，即汉代居住于洞庭湖一带的长沙蛮、武陵蛮和五溪蛮。粤北地接湖南、广西，历来是瑶族的居住地区，今天仍是广东瑶族集中居住地。查阅广东历代志书，多有瑶人“自言其祖先盘瓠之苗裔也。产于湖北、湖南溪洞间。即古长沙、黔中、五溪之蛮。其后生齿日繁，流衍于西粤”① 的记载。调查中，瑶族也有从湖南迁来的传说。连南排瑶据老人传说和先生公的经书记载，他们是从湖南洞庭湖迁来的。途中经过道州，后经江华进入广东连县、乳源、阳山。其中一支返回湖南兰山县，其余的到过英德、连山，最后到连南定居下来。来到广东的一共有八兄弟，落籍连山五兄弟，落籍连南三兄弟，形成了后来的八排瑶。原只有房、李、邓、盘四姓，后发展成邓、李、朱、蒙（今已无人）、房、龙、许、方、冯等十姓。又如，居住在连县的瑶族有赵、王、邓、郑、周、盘、程等姓。据邓姓人说，他们是从湖南临武、蓝山迁来的。乳源瑶族有赵、盘、邓、冯、庞、黄数姓。盘姓人说，他们是从湖南迁来的。至于海南的苗族，他们的《盘王卷牒》（即过山榜）记载他们被称为“猺人”、“山人”、“山子”的时候，曾先后在粤北的南雄、乐昌、连州、怀集以及罗旁山区居住过，后来进入广西大藤峡瑶山。明代一部分被征调至海南岛落籍，还有一部分可能是在稍后一些时间，由海南岛的族人召去的。调查中，苗族也说他们是分批

---

① （清）光绪《德庆州志》卷15，引旧志。

从广西迁到海南岛的，还有说是从洞庭湖迁到广西再迁到海南岛的。海南苗族与瑶族的密切关系，主要是与山子瑶（蓝靛瑶）的关系。他们不仅语言相同，而且姓氏（有盘、李、邓、赵、马、蒋、陈等）、风俗习惯、宗教信仰、历史传说都相同。海南苗族《盘皇卷牒》关于他们祖先曾在粤北一带居住过的记载，印证了广西山子瑶来源于广东的传说。

瑶族、苗族何时进入广东？有人根据唐代诗人刘禹锡作的《腊日观莫瑶猎西山》诗，判定瑶族于唐代进入粤北。还有人根据《连州志》“梁大通元年（527 年），假兰钦节都督衡州三郡讨桂阳、阳山（包括今连山、连南）、始兴郡（今韶州）叛蛮瑶，破之”一段记载，把瑶族进入广东的时间提前到南北朝的梁代。梁代广东北部有瑶族活动，还见之于其他史书的记载。如康熙金光祖《广东通志》卷 19 云：梁大通（527—529 年）中，始兴郡“诸峒瑶、僚，屡出剽掠，境内大扰”。有瑶族早期在粤北的活动，才有唐代瑶人深入罗旁山的可能。旧《西宁县志》卷 28《艺文志》录初唐宋之问《过蛮洞诗》：“越岭千重合，蛮溪十里斜。竹迷樵子径，萍匝钓人家。林暗交枫叶，门香覆菊花。谁怜在荒外，孤赏足云霞。”旧志注云：“古逢洞在宁邑东六十里，瑶人所居。”又卷 3《舆地志》：“古逢洞，在城东南七十里，亦曰古逢山。瑶人所居，昔时屡为民害，明永乐初始入版图。”一注云：“唐宋之问有过蛮洞诗，按即今古逢峒。”似可说明瑶族早在唐初已进入罗旁山区。

## 三

瑶族迁入广东后，历史上曾一度深入广东腹地，散居广东各地。清初顾炎武作《天下郡国利病书》说：“瑶本盘瓠种，地界湖蜀溪洞间，即长沙黔中五溪蛮，复滋蔓绵亘数千里，南粤在在有之”。他根据前人史书、地方志的记载统计出广东有瑶山一千多个。明清人撰修、续修的各种省志、府志、州志、县志记载广东瑶山很多，其分布东自潮州、饶平，西迄罗定、封川，北自乐昌、乳源，南达恩平、阳江，散于7府9州44个县，几遍于广东全境。多的一县达150多个，少的有几十个。即使像清远、从化、新会、增城、南海、博罗这些位于广东腹地紧靠广州的州县，也曾一度踏入瑶人的足迹。例如增城县，“瑶人在增城者，居县城边境山岩间，刀耕火种”①。新会县，“明代以前，新会县西界多有瑶山”②。博罗县，瑶人“其在邑者，俱来自别境，椎结跣足，随山散处”③。而苗族自明代移居海南后，今天海南岛各个山岭几乎都遍布了他们的足迹。

瑶族、苗族在广东历史上，与汉族、黎族、壮族人民共同辛勤劳动，为开发广东作出了贡献。迄今粤北、海南各处郁郁葱葱的森林、层层梯田，洒下了瑶族、苗族人民祖祖辈辈的血汗。被誉为纺织工艺术珍品的瑶族、苗族挑花、蜡染，在广东历史上放出光辉。同时，瑶族、苗族又是广东历史上富于光荣革命传统的民族。历代反动阶级视瑶族、苗族为“化外之民”，他们或者大兵压境，实行武力征服；或者立城建县，屯兵驻守，将瑶苗族围困于深山中；或者封官委任，收买瑶族、苗族一些上层人物，实行“以夷治夷”。还经常挑拨瑶、苗族和汉、壮、黎族人民之间的关系，制造各种事端，借机对瑶族、苗族人民进行血腥镇压，力图使瑶族、苗族人民就范，巩固他们对瑶族、苗族人民的统治。针对历史上的反动阶级强加在瑶族、苗族人民头上的民族压迫和剥削，瑶、苗族人民曾经不断起义和反抗斗争。这种起义和反抗斗争，自唐宋以来，有史可查的不下数十百次。其中，粤北连州瑶族参加唐代黄巢部将鲁景仁领导的斗争，宋代庆历年间参加桂阳监瑶民起义，元初配合张世杰反抗元朝统治者的斗争，明代嘉庆、万历年间有罗旁山区瑶民起义，清代康熙年间有连南瑶族起义，清道光年间参加赵金龙的反清

① （清）董浩：《皇清职贡图》。

② 清光绪：《新会县乡土志》，卷5。

③ （清）顾炎武：《天下群国利病书》，卷100，广东四。

斗争，国民党统治时期有反抗反动派于1945年在海南制造的“南茂事件”，粤北瑶族参加党领导下的北江纵队，苗放人民参加琼崖纵队，都是广东历史上瑶族、苗族人民为反抗民族压迫和阶级压迫而进行的著名起义和斗争。

在漫长的古代封建社会里，瑶、苗族人民的每次起义和反抗斗争，都由于历史的局限归于失败，瑶族人民为生存不得不经常迁徙。其中明代嘉靖、万历年间罗旁瑶族人民的大起义，对广东瑶族历史的发展具有关键性的影响。这次起义根源于封建统治阶级对瑶族人民的恣意压迫剥削，是当时阶级矛盾和民族矛盾尖锐化的结果。明代，罗旁地区是广东瑶族的主要聚居区之一，它东接新兴，南连阳春，西抵郁林岑溪，北尽大江（西江），与肇庆、德庆、封川、梧州相连，为两广交通要道。明中叶以来，汉族封建统治阶级依仗势力，“贪婪无吃”，不断侵占瑶族人民的土地山林，又“因瑶朝贡，多索方物”①，并与朝廷统兵官吏勾结，利用瑶族畏惧“狼兵”的心理特点，唆使“凡士官统狼兵者”，对瑶族人民进行“百端剥削”②。瑶族人民忍无可忍，在赵音旺、凤广山等领导下，举起了反抗大旗。这次起义肇端于明正统初年，迄于明万历五年（1577年），前后达130多年，中经几次起伏，至嘉靖末年达到高潮。起义以罗旁山为中心，波及今信宜、阳春、新兴、云浮、德庆、封川、岑溪一带广大地区，最后明朝统治者调集20万兵力，并从广西调去狼兵为先锋，数路围攻，将起义血腥镇压下去。瑶族人民起义失败后，被捕杀的达30000余人，其余大部分被赶入广西，留下来的被编立户口，强迫同化，又从外地迁来大量汉族移民充实兵燹洗劫后的瑶乡。从此以后，广东瑶族有的被强迫强化，有的被迫陆续迁离广东，许多瑶山遂成历史的陈迹。

---

① 民国二十三年（1934年）《罗定志》，卷9，《旧闻志》。

② 民国二十三年（1934年）《罗定志》，卷9，《旧闻志》。

## 四

由于历代反动统治阶级实行民族压迫，新中国成立前，瑶族、苗族的社会经济比较落后。不少地方仍采用刀耕火种的原始耕作方法。铁制工具种类较少，家庭使用的主要是柴刀。通常是冬天把一片灌木林砍倒后用火把草木烧成灰作肥料，来年春天点穴播种。作物主要是玉米、红薯、旱禾、芋头、木薯。能引水灌的比较平的山沟开有梯田种植水稻。使用铁犁木耙，但耕作粗放，产量很低。耕作之余，赶山打猎，捕鸟捉鱼，采集野生植物，仍是弥补生活来源的主要手段。猎获的野兽采用“见者有份”的平均分配方法。家庭副业有纺织、蜡染和挑花，穿的衣服主要是用自种的棉花自织自染的。种棉织布主要是妇女的工作。

新中国成立前，一些地区的瑶族内部早已出现了阶级分化，产生了地主、富农，例如连南县南、内田、大掌岭三个排，据 1957 年民主改革前的调查，每排都有三五户占有土地、耕牛、山林较多，有各种剥削收入的富裕户，有的一户五口人占水田多达 150 担（60 亩）、旱地 25 担（8.3 亩）、杉木 6000 多株、耕牛四头。与此同时，每排也存在三十余户无地少地靠租田耕种和借贷过日子的贫苦农民。海南苗族新中国成立前没有自己的山林和耕地，靠租山垦殖为生，受反动统治阶级和黎族山主的剥削，很难形成内部的阶级对立的前提条件，只有极少数住在比较平坦的地区而点有一些旱水田的苗族，劳动力强，勤于耕作，积了财富，有轻重不同的剥削行为。

各地的土地占有和剥削情况不完全相同。在与汉、壮、黎族交错杂居的地区，汉、壮、黎族的地主、富农占有较多的土地、山林。瑶苗族耕作这些山林、土地，必须通过头人先向汉、壮、黎族地主送鸡、鸭、猪肉或野味、山货，以取得承租的权利，然后还要按收获量呈交地租。在瑶族聚居的地区，瑶族贫苦农民主要受到本民族内部地主、富农的剥削，剥削的方式有租佃、放债及雇工等。

租佃剥削以实物地租为主，也有个别收货币地租的，劳役地租基本上已不存在。高利贷剥削早在明嘉靖年间就出现了，但那时主要是瑶族向汉族借贷。瑶族内部的高利贷剥削是清道光（1821—1850年）以后发展起来的，形式有实物借贷和货币借贷两种。雇工主要是雇短工，雇长工极少。短工工资多以实物支付，如割禾每人每日十升谷，收包粟每人每日十升包谷，其他工每日三升米。此外，也有的每日只供三餐，不另付报酬。

广东瑶族、苗族新中国成立前均以经营农业为主。但在粤北山区连南、连山一带，也有经营林业的。有些山主占有大片山林，经营杉木生产。没有或很少占有山林的林农向山主租山地种杉木，其租额的规定有各种不同的情况。有的以货币计算，佃户按年向山主缴纳山租；还有的是佃户向山主批入土地后，一面种下杉苗，一面间种杂粮，待十多二十年杉木成材后，以其一半缴给山主，作为租金。

新中国成立前，历代反动统治阶级对瑶、苗人民实行武力封锁和“以夷治夷”的反动政策。早在明洪武二十八年（1395年），中央封建王朝即设立“连州守御千户所”，后改为“指挥同知”，并设营寨，以防范“八排瑶”。清代除设营寨、严密把守外，复于道光年间（1821—1850年）在八排设立“瑶长”、“瑶练”，实施“以夷治夷”的反动政策。国民党统治时期，于1927年在连南设立所谓“化瑶局”，后改为“安化管理局”。1942年改设连南县，并开始在瑶山推行保甲制度，官吏时常带兵到瑶山骚扰。在加强政治统治和军事镇压的同时，在瑶族地区滥收苛捐杂税，对瑶放人民实行经济剥削。

除了国民党反动派在瑶族地区设立的政治机构外，瑶族内部还有一套管理组织。例如，连南瑶族过去有“瑶老制”。瑶老由“天长公”、“头日公”、“掌庙公”、“烧香公”和“放水公”组成，他们都是由群众选举出来，根据群众的意愿办事。被选举人的条件是年纪较长，生产生活经验丰富，在群众中有威信，不以贫富区别，因而带有原始民主色彩。可是到清末，清政府利用其中一些人分别封为“瑶长”、“瑶练”，发给薪俸，允许世袭，并要求他们根据官府的意志行事，这样就抛弃了传统的习惯法。到国民党统治时期，“天长公”、“头目公”等名目虽然还存在，但作用已经日益降低。在海南苗族地区，新中国成立前每个村落都有一位由群众推选出来的“村老”（黎、汉族称之为“山甲”），“村老”同样要由年高德重、富于生产生活经验的人担当。他的责任是调解村寨内部的纠纷，并负责办理对外与黎族交涉等重大事务。“村老”办理公众事务多用民主方式，如开会商讨事情，由他击鼓召集群众，主持会议。以前每年二月间在准备砍山种植前，村老召集村中老人开会，讨论决定村民共同遵守的禁约和有关偷窃或奸污、乱纪的惩处及群众中的争吵事件，召集公议或由村老处理。他为群众办事不取报酬，如不称职，可以改选。

## 五

广东瑶族和苗族有着各方面大体一致的风俗习惯。他们都有关于盘瓠龙犬的历史说，和洪水淹天、伏羲兄妹造人民的传说。这些传说保留在口头故事和各种民歌里，还保留在他们珍藏的历史文献《盘皇卷牒》（过山榜）以及宗教经典里。跳盘王是瑶族、苗族每年都要举行的重大活动，不过各地选择的时间和方式不完全一样罢了。粤北乳源、乐昌、连山一带的过山瑶一般选择冬季农闲时间举行“跳盘王”或“还盘王愿”。方式是一家一户进行，邀请亲戚朋友和邻居参加。连南排瑶据说没有“跳盘王”的活动，但他们每年七月有个盘古王诞的节日及农历十月的“耍歌堂”，都要跳长鼓舞。海南苗族选择在每月初一、十五“拜皇”，而以春节间的一次最隆重。过去苗胞在吊罗山建有盘庙皇，春节期间全岛的苗族集中于此地，举行盛大的歌舞祭祀活动。

瑶族和苗族都住在高山上，房子选择在近水的高地上建筑，三五家、十多二十家组成一个村落。过山瑶和苗族从前因为砍山耕种，经常迁徙，盖的是竹木结构的茅草房或杉皮覆顶的简易房子。

连南排瑶定居时间较久，历史上由于经常受到反动统治的侵扰，因而选在高山岭顶、山路陡隘、形势险要的地方立村建寨，住地四周筑有石门，以防攻击。海南还有些苗族修盖一种“人”字形的长廊式茅房，两扇茅草盖得很陡，而且拖到距地面只有数尺的地方，中间对开两门以供出入。据说这种房子有抵御台风袭击的作用。

瑶族、苗族勤劳能吃苦，热情好客，爱喝酒，自尊心比较强。男女尤其是青年妇女喜欢梳妆打扮，穿有颜色的衣服。连山和乳源的男子都留长发、包头巾，上身穿矮领对襟绣花短衫，下身穿长裤，不同的是乳源瑶族男子包花布帕，连山瑶族男子平常包黑色长头巾，乳源连山瑶族妇女穿长衫不穿裤，只用围布。头上带“角”形高帽形似船帆，是用蜡和猪油把头发与布沾在一起，中间插上竹架扮成的。连山瑶族妇女上身穿无领无扣对襟滚边花衫，下身穿滚边长裤，头和男子一样包一丈至一丈五尺的黑头帕。连南瑶族无论男女一律穿无领无扣对襟青衫，下身穿长至膝盖下一点的长裤，打绑腿，妇女只在新婚和打道箓时才穿红绒绣花衣，并围红绒绣花裙，男女皆留发，男子梳发头顶略偏后束成结，缠以五尺多长的织巾，再插上一根或几根白鸡（或野雉）尾巴毛，以为美观。妇女则束发于脑后，然后用一张七八寸见方的青巾完全盖住头发。此外，连南瑶族男女都爱戴银质的手饰、脚饰和项饰。海南苗族男子将头发四周剃光，仅后脑留一圈，结成发辫卷于头上，然后用一条黑色头巾重重围裹。男装上衣有两种，一种是无领大襟短衣，一种是有领对襟短衣，与汉族上衣相同，下身穿的裤子与汉族一样。妇女装束较复杂。头上留发梳结于顶，然后裹一块四方形绣花头巾，再盖上一块长约一寸、深蓝色绣上花边的尖顶头巾，围着头顶套上一条长尺许的红带一直拖到背后。上身穿无领无扣对襟长衫，腰间用带捆紧。下身穿一条长不盖膝的短裙，裙为外衣所掩盖，仅在空隙处显露出白色蜡染花纹。

瑶族、苗族男女都爱唱歌。所唱的歌有历史歌、爱情歌、婚嫁歌、生产歌、谜语歌等。节庆和婚娶的日子就是青年男女对歌的好机会，也是他们谈情说爱的好机会。两族的婚姻基本上都是父母包办的，但是男女青年在婚前却有较多的社交自由。海南苗族订婚过程有两种情况。一种是当男方父母看中某村女子后，经与女方父母谈妥才征求儿子的意见。如果儿子不同意，父母就叫儿子去看过。这时，儿子可以直接去与女子会面，也可以通过唱歌的方式去找女子相认。另一种是男女通过唱歌找对象。一般是由同村男子两三人到别村亲戚或朋友家里住，该村女子知道了即在当天晚上主动上门对歌。这时所对唱的歌多是情歌，其间为考问双方智慧才能，也唱历史故事歌和谜语歌。通过唱歌建立感情，以后可以互相来往，至情投意合，然后才由父母请媒人去说婚。苗族实行一夫一妻制，同姓不婚，青年男女到18岁以上方结婚，婚后随丈夫居住。新娘出门不坐轿，兴由哥哥背一段路。男方来接亲，女方要唱拦路歌。结婚当晚还要唱媒人歌以及其他歌。婚后婚姻关系比较稳定，离婚再嫁的很少。男女间婚姻以外的性关系要受到处罚。与苗族对比，粤北瑶族虽然实行的也是一夫一妻制的父母包办婚，但带有较多的原始色彩。乳源瑶族青年男女恋爱是自由的，女子一般15岁左右即与异性往来，不受歧视，称为“打伙计”。恋爱的方式是互相唱歌或嬉戏，双方情投意合即由父母找媒人说合，但结婚一定要用钱买，如果无钱，则双方相爱甚至发生关系也不能成为夫妻。另一方面，父母买来的媳妇。自己如果不中意，可与另外的女人“打伙计”。妻子离婚与再嫁不受人歧视。“招郎”的习俗在这里也比较普遍。有些家庭因无男孩只有女孩，女孩长大后不嫁，可与自己心目中相爱者往来，怀孕无夫虽认为是不合理的，但也可以由父母在亲戚中选择中意者“担名”（做临时丈夫）。连南南岗瑶族实行一夫一妻制，但夫妇离婚很容易，婚外的性关系较常见。已婚男女存在着婚外的“谈爱”现象，他们彼此相约在寡妇家幽会，互相唱情歌甚至发生性关系，社会舆论并不以为是很严重的事情。从前还有一种称“欢降堂”或“喜贵花”的习俗：每年从农历除夕至正月初二，一连三天，无论已婚未婚男女，都可以各寻所欢。在田峒间、山冈树林底下，幽会唱歌，自朝至暮，唱至情投意合，互相幽欢，也可以从此发展成配偶。

新中国成立前，广东瑶族和苗族都信仰道教。同时又保留本民族的原始宗教信仰。崇拜三清、三元、老君、玉帝、盘皇、社王、城隍、土地、雷王、龙王，以及人鬼、祖先和各种自然神。人们的迷信观念很深，举凡砍山耕作、狩猎捕鱼、天灾人祸、婚姻嫁娶、人畜瘟病、老人病死乃至建房修路、出门行路，都要举行大小不同的各种仪式，社会生活的许多方面都渗透了浓厚的宗教色彩。打斋、还愿、祈福、赶鬼是两族各地经常举行的宗教活动。瑶族和苗族都相信人死后灵魂不灭，要请道公打斋超度亡灵，并指导修建坟墓。苗族在老人死后一年或若干年内还请道公招魂。无嗣者可以不做，有嗣者必须进行，家贫无钱也可以延至十多年后才举行。还愿主要是还“盘王愿”（又叫拜王、跳盘王）。粤北过山瑶普遍盛行“还盘王愿”，传说以前十二姓瑶族过海，途中起风浪，是盘王派五旗兵马保护，才平安到达广东。从此瑶族只要遇到人丁不旺、五谷不丰，都要向盘王请愿和还愿。因此“还盘王愿”实际是一种祈福活动。其余的祈福仪式主要是用于婚姻嫁娶、老人生日、架桥求子、小孩命名一类喜事上。“赶鬼”活动是经常的。瑶、苗族逢人生病或遇到不吉利的事，认为是鬼作祟，就要请师、道公赶鬼。赶鬼的种类很多。连南瑶族有集体性的“安龙扫寨”活动，这是在全村遇到某种瘟病的情况下举行的主要宗教活动。如果是平常某家某人生病，又有“初病赶鬼”、“病未愈赶鬼”、“赶大鬼”等过程。海南苗族有所谓“做祖先鬼”和“做一般鬼”。凡人病了，经道公查出是祖先鬼作祟者，必须请道公做祖先鬼，否则认为有性命之虞。做祖先鬼比“作平安”规模小，但比做一般鬼规模大。据说，祖先鬼一定要做，用钱较多；如病家无钱，村里人也会捐钱帮助。做一般鬼，如招魂、破六甲、求雨，虽然也请道公，但仪式比较简单。还有一种做鬼，多不请道公做法事，只需自己拜神即可，例如因触犯灶公鬼而患病头痛，则只需拜灶公即可。

流行于广东瑶、苗族地区的道教分文道和武道两个派别。奉文道者称道公，奉武道者称师公。道公和师公是瑶、苗族地区的道经传播者，他们各掌握有一套经书和法具。道经的传播是通过传师授徒的方式进行的。学做师、道公的人要经过“度戒”仪式，并在师傅指导下研习经书，学做法事。受戒入道在乳源叫“度身”（又叫打幡），在连南叫“打道箓”，在海南叫“戒道”（分度师、度道两种）。瑶、苗族都认为，度戒可以取得神的保护，从此家运不衰，还可以为人驱鬼治病。因此，凡是有钱的人家，一生要度一次，带有深厚的民族色彩。不同的是，连南“打道箓”是男女人人都参加的，苗族只是男子才度戒。时间选择也不一样。连南“打道箓”婚前婚后都可以，甚至怀孕的妇女也可代替腹中的婴儿受箓。苗族则限于婚前做，凡经度戒者，如有志从事宗教事业的可以进一步学做师道公，以后替人做法事。

瑶族、苗族的节日除了和汉族一样的春节、清明、端午、中秋节、重阳节以外，还有本民族的一些节日。连山瑶族除春节外，大节有清明及八月十五。清明家家扫墓持纸，七月十四向太公许愿，祈求丰收，嫁出的男女都要回父母家，亲友互相来往。此外小节还有二月二开耕节，四月八牛皇节，六月六拜社（木根）。乳源瑶族大节有正月初一年节，四月一日清明节，七月十五鬼节。小节有二月初一禾必节，十月初一、十五丰收节。连南瑶族有四大节日：三月三开耕节，六月六穷节，七月七开唱节，十月十六盘古王婆诞。小节还有七月十三老君节，九月尝新节。海南苗族除春节以外，以三月三比较大，但不杀猪和牛，家家杀鸡或买肉、鱼，做五色（绿、黄、黑、蓝、红）饭，相传这是为纪念五姓开山祖（陈、邓、李、蒋、盘）而立下的老规矩。此外小节有正月十五年仔节，六月初七稻斋节，八月食新谷节等。

## 六

广东瑶族、苗族新中国成立前受尽历代反动统治者的民族歧视和压迫，以及经济上的种种掠夺，人民政治上毫无权利，经济文化很落后。过山瑶和苗族没有自己的山林土地，过着食山过山、刀耕火种的生活。两族群众除了少数师道公稍识些字以外，90%以上是文盲。新中国成立后，中国共产党和人民政府废除民族压迫制度，实行民族平等团结政策，在50年代先后帮助瑶族、苗族建立了海南岛黎族苗族自治州、连南瑶族自治县、乳源瑶族自治县和连山壮族瑶族自治县。党和国家还大力帮助瑶族、苗族发展经济文化，使瑶苗族人民政治上翻身，经济、文化得到了很大的发展。

现在两族都有了自己的干部队伍，在各级各类政府机关和群众团体里，有了一定数量的代表。据1980年元二月间调查，连南瑶族自治县党委和革委及各部、局中，有8名瑶族领导干部，其中3名副书记、3名副主任。乳源瑶族自治县有141名干部（含五名大队干部），其中有三名参加县区机关领导工作，此外还有全国人大代表1名。连县瑶族3000多人，在聚居的瑶安公社也有3名公社干部。海南苗族有干部、职工76人，教师36人。其中州一级领导干部3人（1名常委，两名副主任），州部、局、科室领导干部1人，县长1人，县民政局长1人，公社书记1人，副书记2人。瑶、苗族有代表参加管理国家大事，这是前所未有的巨大变化。瑶、苗族人民摆脱了剥削制度，走上集体化道路。在国家、先进民族帮助下，经济文化比新中国成立前有了显著的发展，生活水平大大提高。过山瑶和苗族破天荒第一次有了自己的山林、土地，绝大部分安居下来，结束了几千年流离迁徙、吃山过山的流浪生活，国家发放救济和贷款，帮助瑶、苗人民解决生产、生活中的困难，扶助山区经济的发展。连南有五万多瑶族，他们聚居的金坑、涡水、盘石等九个半公社前些年划为林业公社，海南苗族地区也确立了一些以林业为主的社队。苗胞们在种植粮食作物的同时，还学习种植橡胶、胡椒等经济作物，放养牛羊，开展多种经营。国家还帮助瑶族、苗族修通了山区公路，过去交通闭塞的五指山区，今天也铺上了柏油路，从自治州首府通什到各县绝大部分公社都有了公路。山区办起了小电站，有了拖拉机。文化教育事业也得到了发展。据1980年元月统计，海南苗族有小学生1600多名，中学生400多名，大学毕业生17名（含文革前大学毕业生三四人）。这些翻天覆地的变化，都是党的民族政策的光辉成果。

粉碎“四人帮”以后，尤其是党的十一届三中全会以后，广东瑶族、苗族和全国人民一道进入了社会主义现代化建设的时期。他们回顾过去，展望未来，认识到新中国成立30多年来，虽然在党的领导下，本民族的政权建设和经济文化建设取得了很大成绩，但过去“左”的思想干扰，尤其是林彪、“四人帮”的破坏，民族地区无论政治、经济、文化方面的发展，速度都是很慢的。与汉族等先进民族相比，差距还很大。目前，瑶族、苗族各地区各方面存在一些尚待解决的问题。例如民族干部仍然少，有些县级自治地区的自治机关中没有本民族的领导干部，有的虽然有，但只是当副职，有的没按比例配够。民族经济政策没完全落实，山区多种经营没充分发展起来，生产生活水平低，人民吃饭穿衣还有困难。海南苗族现在还有20%的人未能定居。这里还存在一个比较大的问题，就是国家一些部门在那里办农林场，占黎、苗族耕地过多，影响了少数民族的利益。此外，瑶族、苗族还有些地区未通公路，交通困难。海南苗族还有20%的人口的地区运输靠人肩挑背驮。至于文化教育方面，两族共同的问题都是小孩入学率低，合格率更低。山区民办教师多，小孩不愿读书，文盲增加，缺少医生、教师和各种技术人员。

广东瑶族、苗族地区存在上述问题。是过去“左”的思想长期干扰，尤其是林彪、“四人帮”破坏造成的恶果。解决这些问题，有待于继续肃清“左”的流毒，端正思想路线，落实党的民族政策。广东有关部门、有关地区各级领导已经认识到这些问题，正在采取措施解决这些问题，或创造条件解决这些问题。我们相信，在党的十一届三中全会和六中全会所确定的方针路线指引下，在中央关怀下，经过广东各级人民政府和广大瑶族苗族人民共同努力，必将克服瑶、苗族人民前进中的困难，开创出瑶、苗族人民社会主义建设史上的一个新时期。

1981年12月29日完稿

# 湖南瑶族基本情况调查

湖南被称作瑶族的摇篮和故乡，那里不仅历史上是瑶族的大本营，而且至今还散居着几十万瑶族。因此，凡治瑶族史者没有不注意研究湖南瑶族的。惜乎由于各种原因，过去对湖南瑶族没有全面深入的调查研究。

1979年上半年在酝酿修改《瑶族简史》的过程中，中央民族学院胡起望、徐仁瑶同志和广西民族学院姚舜安、张有隽同志前往湖南调查瑶族社会历史。这次调查用时一个多月，行程数千里，访问了四个地区十几个县。在湖南省民委和有关地区、有关部门的大力支持下，获得了大量资料。当时两院参加调查的同志曾计划事后合作写一份调查报告，殊料分手后各人诸事缠身，故原定计划至今未能实现。现由姚舜安同志先将姚、张二人手中的资料分类誊抄，归纳成资料汇编；复由张有隽同志草成《湖南瑶族基本情况》一文。刊载于此，以飨读者。对于湖南省民委、各有关地区有关部门对调查工作曾给予过的大力帮助，在此一并表示感谢。

## 一

湖南瑶族的分布情况是：零陵地区：江华瑶族自治县152864人，江永县39989人，道县11763人，宁远县11614人，蓝山县10146人，新田县6265人，双牌县5529人，零陵县2367人，东安县1318人；郴州地区：常宁县2470人，郴县4332人，宜章县3507人，资兴县3252人，桂阳县1792人，临武县1022

人，永必县 133 人，桂东县 97 人，郴州 24 人；衡阳地区：祈阳县 2450 人，酃县 370 人；邵阳地区：新宁县 8762 人，洞口县 6366 人，隆回县 4482 人，城步苗族自治县 1078 人，绥宁县 43 人，武岗县 10 人；黔阳地区：辰溪县 5354 人，溆浦县 1603 人，通道侗族自治县 1030 人，怀化县 173 人，新晃侗族自治县 105 人，黔阳 56 人；湘西土家族苗族自治州：保靖县 628 人，永顺县 477 人（1978 年数据）。此外，在岳阳、株洲、益阳等地还有少量瑶族。从以上可以看出，瑶族在湖南遍布 5 个地区 44 个县市，而主要分布在湘南、湘西。其中又以湘南最多，其零陵地区、郴州地区几乎无县不有。湘西三个地区中以邵阳地区为多，其次为黔阳地区，再次为湘西地区。湘西土家族苗族自治州龙山县是我国瑶族居住最北的地方。

湖南瑶族多住在海拔一千米左右的高山上。湘南瑶族分布在南五岭的骑田岭、萌渚岭、都庞岭、越城岭及其余脉。其中宜章、江华、蓝山、道县、江水、新宁诸县瑶族就居住在上述四岭主峰周围，与桂北诸县瑶族毗邻。湘西隆回、洞口、溆浦、黔阳瑶族居住在雪峰山脉两侧；吉首、花垣、凤凰、保靖各县瑶族居住在武陵山脉两侧。这里地处温带，年平均气温在摄氏二十度左右。山区雨量充沛，盛产松、杉、竹木及油茶、油桐、茶叶、天麻、杜仲、砂仁、薏米、蕨粉、菊花、生漆、杞子等，各种药用植物和野生植物十分繁茂。山猪、黄麂、梅花鹿、石羊、狐狸、野猫、果子狸、熊等野兽经常出没。地下蕴藏着煤、铁、铜、锰、水晶、云母等矿藏。湘、资、源、澧四江支流散漫各大小瑶山，水力资源亦十分丰富。国家近年投资 2100 多万元在新宁县瑶族聚居的麻林公社修建起的大圳河大坝，海拔高程达 600 米，装机容量 3760 千瓦，年发电可达 1850 多万千瓦。水坝建成后还可以灌溉新宁、武顺、洞口、邵阳五个县 45 万亩水田。湖南瑶族地区水利资源之丰富，由此可见一斑。

湖南没有布努瑶和茶山瑶，只有盘瑶系统的瑶族。但各地自称和他称却因语言、风俗不同而有差异。湘南一带瑶族自称为“敏”、“勉”（或棉），他称有“顶板瑶”或“负版瑶”（宁远石家洞、上龙盘等地）、“过山瑶”（江华及宁远九嶷、香花铺等地）、“平地瑶”（江华）、“民瑶”（江永清溪、古调、勾蓝、源口等地）。湘西一带有自称“烘奈”（隆回小沙江区），还有自称“五（读如白话）”（新宁麻林）。他称有“花瑶”（隆回小沙江等地）、“红瑶”（城步县）、“七姓瑶”（辰溪等县）等。此外，在湖南江永、江华两县还有被称为“梧州瑶”的人。湖南瑶族操三种不同的语言。一种是勉语。自称“敏”、“勉”（或棉）的这部瑶族操勉语。其人数较多，约占湖南瑶族总人口的90%左右，分布在东起酃县、桂东县，西至新宁、东安交界处的十多个县里。一种是近乎苗语或介乎苗、瑶语之间的语言，新宁县麻林、黄金两公社姓蓝、雷、石、韦、杨、江、沈的瑶族，操着一种近乎苗语的语言，吃饭叫“余摆”，吃早饭叫“余多罗摆”，一二三四五六七八九十称作一略沙西红来七岜珠伺，房子叫“呜”，哥哥称作“巴巴”，猪叫“对”。同时又有一些汉语湖南方语、广西白话借词，如父称“牙”，母称“娘”，杉树称“夏主”，蛋称“报罗”，牛称“熬”，狗称“高”。隆回小沙江区虎形山公社虎形山大队的瑶族操一种介乎苗、瑶语之间的语亩。房子称“标”、走路称“热国”，吃饭称“襄亿”，喝酒称“浩九”，鸡蛋称“锅该”，吃肉称“囊改”，父亲称作“罢”，母亲称作“妈”，哥哥称作“老罢”，弟弟称“老退”，姐姐称“给”，一二三四五六七八九十叫一瓦波字罢丢假事勾古。据说，小沙江区的瑶语和湘西花垣、保靖、武章的苗语有30%相通或相近。除操勉语和操近乎苗语或介乎苗、瑶语之间的语言外，湘南江永、江华被称为民瑶、平地瑶的瑶族，与广西富川、钟山一带平地瑶一样，操一种汉语地方方言。至于宝庆瑶则讲宝庆话即新化、安化话（湘语方言），“梧州瑶”操一种粤语方言。

## 二

湖南是瑶族的发祥地，历史上东汉的盘瓠诸部（武陵蛮、长沙蛮、五溪蛮）的后裔，留居湖南境内的不少。有人考证，宋代梅山蛮是武陵蛮之后，当年的梅山洞，其中心地区是今天的安化、新化两县，范围包括宁乡、桃江、桃源、溆浦、隆回、新邵等县。梅山一直是瑶族的老据点。宋章惇开梅山征服了梅山瑶，但其遗民还在。这就是今天仍居住在这一地区的一部分瑶族和一部分从瑶族转化来的汉人。例如隆回县瑶族聚居的小沙江，这一带就是宋朝的梅山八峒。又如章惇当年征服的梅山瑶苏、扶二氏，今天在新化、湘潭、宁乡一带是大族。再如梅山瑶信奉的梅山教，新中国成立前在邵阳、益阳、黔阳地区有广泛影响。打长鼓庆丰收以及还傩愿（内容主要是洪水兄妹结婚再造人类故事），是这带地区瑶、汉两族共同的祭神仪式。在隆回县，据说汉族的生活带有瑶族特点。例如，民间同样流传有纸写或绢写的《过山榜》，五十年前，人们还穿绣有红线的裤子，当地覃、唐、杨、庞四个土著姓氏，老人死前要做一身瑶族服装，死后由亲人换上这身服装入棺埋葬，等等。

关于瑶族的起源，由于人们根据《后汉书·南蛮传》正式记载的盘瓠故事，一般只追溯到汉代的武陵蛮、长沙蛮、五溪蛮并据以为湖南是瑶族的发祥地。但如果进一步追问武陵蛮、长沙蛮、五溪蛮的起源，史家回答不一，难以定论。调查获得的资料证明，湖南的瑶族也有个自外迁入和自本境迁出的问题。由于种种原因，历史上瑶族的先民即使是武陵蛮、长沙蛮、五溪蛮，也存在过迁徙活动。其迁徙的主要方向是自北而南。有可能古代的武陵蛮、长沙蛮、五溪蛮的原始居地不在湖南，而在长江以北的某一带地方，也可能他们有过向北迁徙再转回湖南的迁徙过程。其中有些停留在湘西、湘北，有的继续往南迁徙。所以今天湖南的瑶族主要聚居在湘南，湘北、湘西的瑶族不及湖南总人口的三分之一。湘北、湘西的瑶族迁走后，也有一些瑶族从别的地方迁来填补原来的空位。例如，隆回小沙江一带的瑶族，据说是从江西迁来的。查奉氏族谱，则记载是从洪山（不知何处洪山）迁来的。迁往湘南的瑶族，大部分继续南迁，进入两广，也有的从两广折回湖南。例如，宁远、道县、江永等县有些瑶族，据老人说是从广西、广东各地迁来的。由于各地瑶族在共同迁徙的过程中，走过的道路远近不同，经历的险阻不完全一样，就形成各地既相近又不同的历史传说。调查发现，居住在湘南宁远、道县、江永、江华等县的瑶族与桂北、粤北一带的瑶族一样，民间都有“千家洞”的传说，而湘北、湘西的瑶族则不知“千家洞”为何物。这反映了湘南一部分瑶族和两广瑶族在迁徙中曾共同走过一段路，有过共同的遭遇。同时还证明，“千家洞”应当在湘南桂北某处，而绝不会在湘北。是否即人们所指的道县、灌阳交界的千家洞（又称毛坪洞、毛江洞）？我们未曾实地调查，不能下结论。另一方面，今天无论居住在湘西、湘北，或湘南两广乃至云南的瑶族，都有祖先“漂洋过海”的传说，例如隆回小沙江的瑶族就有这个传说。这说明，“漂洋过海”确实曾经是各地瑶族先民在迁徙途中所遇到过的一次大险阻。至于这“洋”和“海”在何处地方？有人认为可能指的是洞庭湖。如果这个假说能证实，那么瑶族的远古先民就应当住在今湖南洞庭湖以北的地方。

## 三

在民族关系方面，历史上湖南瑶族与境内汉、苗、侗、土家等族人民之间存在过友好往来，在经济文化上互相交流，共同缔造各民族伟大祖国的光辉历史篇章。瑶族人民从汉族地区获得盐、铁制工具、布匹，并从汉族那里学到了打铁、造纸等手工艺和水稻种植技术，学习用汉字记录本民族的历史歌谣；汉族人民则从瑶族那里获得各种木材、竹木器、山味、兽皮，各种名贵中草药，还从瑶族那里学习提高了刺绣、织锦工艺水平及杉树、竹类的种植技术。

由于历代反动统治阶级实行民族压迫、民族歧视和民族掠夺政策，故意挑拨瑶族与汉族及其他少数民族人民之间的关系，历史上湖南的瑶族与汉族及其他少数民族之间也存在着摩擦，有些后来爆发成为以瑶族为主体的包括其他民族在内的反抗民族压迫和阶级压迫的起义和斗争。这些事件远的不说，仅清末以来人们记忆犹新、规模较大的，就有“大华山、小华山”事件，以及赵金龙起义、蓝正樽起义和雷再浩起义。赵金龙起义史书记载较详，兹不赘述。“大华山、小华山”事件发生于清末（具体年月不详）。这是反动统治阶级策划的一次镇压湘西瑶族人民的血腥事件。至今居住在隆回县小沙江区的瑶族老人仍能叙述事件的梗概：据说这里的瑶族是明末清初（据奉氏族谱记载，应是元末明初）从江西迁来的。开始先到黔阳洪江，经过一段时期，民族人口曾发展到30万，分布于今天湘西的新化、隆回、洞口、溆浦、怀化、黔阳等县，号称“三十六洞瑶”。后来不知为什么与当地汉族发生了矛盾。反动统治阶级趁机对瑶民进行大规模镇压。为了纪念这个民族历史上的耻辱，以后每年逢五月初五、十五，七月初二至十五，几姓瑶人都禁吃黄瓜，七月初七、初八，各姓集中到小沙江，共叙情谊。

蓝正樽（又名蓝元旷）、雷再浩起义，是新宁县桃林同瑶族人民反对民族压迫和阶级压迫的一次起义。起义发生在清朝道光年间。起义原因是“峒长”蓝年顺、“巨恶”蓝年余等“交结县役”，“钩（勾）汉欺瑶”①。关于这次起义，当地瑶族老人仍能根据传说介绍一些情况：据说这里的瑶族是23代（约570多年）前由江西省太和县迁来的。迁徙途中曾进入广西，后由广西上城步，再到新宁县黄金、麻林、圳源、深冲、大圳、桃盆、黄卜、黄背八垌山区。瑶人自己推选有把总、寨主，处理内部纠纷，与汉官无涉。可是到嘉庆年间，清朝统治者为了“驯化瑶族”，把势力伸进瑶山，在大圳设置“总垌官”，由汉人充任，并创立“治瑶八条”，刻石立碑。派兵驻守桃林洞的两个洞口——石门（又叫隘门口）和鱼垌口。清朝统治者（主要是一些汉族官吏豪绅）勾结瑶族上层人物，

① 道光十四年（1834年）蓝元旷、蓝彩碧控词。

在瑶山横行霸道，苛派“瑶粮”、“门牌钱”，实行“强奸、强占、强抢、强夺”①。瑶族人民忍无可忍，终于在蓝正樽的领导下，于道光十六年（1836 年）二月初五在圳源洞九龙塘聚众起义。起义以斋教形式发动，提出“打富济贫”的口号，会集了八洞瑶民。进攻新宁县城，打到城步、武岗，发展成瑶汉两族近万人的联合起义。蓝正樽自称“卫王”，改元“刚健”，立王政“十三条”，建立了农民政权的雏形。蓝正樽起义失败后，斗争烽火并未熄灭。清道光二十七年（1847 年），黄卜垌瑶民雷再浩领导瑶民再度起义，在黄卜垌和滑溪一带坚持斗争，并会合广西资源五排、梅溪口的汉、苗族群众，进入湖南城步，广西兴安、全州县交界的瑶族地区，“阻溪立寨”，打击来犯的清军。

## 四

湖南瑶族以经营农业为主，江华等地也有以林为主的。作物有玉米、水稻、旱禾、小米、红薯、芋头，以及瓜类和豆类，山区亦种有葱、蒜、辣椒等蔬菜。林业主要种植杉树，此外还有种植油茶、油桐、楠竹的。家庭副业主要是纺织和饲养猪、鸡、鸭，采集各种土特产和狩猎也是生活的重要来源。

湖南瑶族的经济、文化发展水平，在全国瑶族中是比较高的。但湘南、湘西发展不平衡，过山瑶和平地瑶情况也不一样。在湘南江华县一带的平地瑶，因定居时间久，在平坝地区占有较多水田，水利灌溉条件也好，因而社会发展较快。农田生产早已使用牛耕，铁制工具使用较普遍，种类也较多。民族内部阶级分化很明显、很突出。据史籍记载，江华白芒营地区早在明代已出现了拥有众多水田的地主。瑶族中还有考取举人、秀才的。江永县粗石江公社清溪大队民瑶，自宋朝即定居此地，经过几百年的发展，到新中国成立前，建立了上百户人家的大村庄，村内有 11 户地主、4 户富农，

---

① 道光十四年（1834 年）蓝元旷、蓝彩碧控词。

占了当地山地森林的74%，后来的“客人”（包括汉族和过山瑶）多数人要佃耕他们的土地，每年要交火烟钱、房钱、田租钱。当地俗话说，到了粗石江，就是“头顶人家（指瑶族地主富农）的天，脚踩人家的地”。又据说，道县梅花区梅花公社靠近双牌一线的一些盘姓瑶族，“已经不会讲瑶话，早就汉化，树起状元牌了”①。新中国成立前能“树状元牌”，恐怕不是一般的地主、富农，更不是贫苦的瑶族农民。只有相当有钱有势的人家才能送子读书，进于京师，考上状元。由此可见湘南平地瑶的一般发展水平。

在湘西一些瑶族地区，有的定居时间不算短，但是由于住在崇山叠岭之中，自然条件比较差，与外界接触较少，社会经济的发展就比较缓慢。例如隆回县小沙江区的瑶族，居住在海拔1340米以上，山高水冷，交通闭塞。新中国成立前主要种植红薯、马铃薯，作为主食。山冲间有水的地方开辟了水田，但面积小。只能种一季，产量很低。日常生活靠采集野生的各种土特产以及狩猎来补充。民族内部财富不易积累，阶级分化不迅速、不明显。据说，土改时划过成份，在茅坳公社自水垌大队划了一户姓杨的地主。又如新宁县黄金、麻林一带瑶族，居住在越城岭所属的崇山峻岭之中，与外界隔绝，到清中叶还保留着由众人推选的“寨主”处理纠纷的瑶老制度，这个地方阶级分化也是比较晚的。

此外，在湘南的宁远、道县、江永等地还有部分过山瑶，新中国成立前基本上没有占有山林土地，他们沿袭着传统的“过山吃山”、“刀耕火种”的生活方式。民族内部只有贫富差别，没有阶级分化。主要受周围汉族地主、富农或平地瑶中的地主、富农（如江永粗石江）的剥削。他们生产力水平低下，生活非常贫苦。食不果腹，衣不蔽体。冬无棉被，夏无蚊帐。种山之外，狩猎、捕鱼、捉鸟，采集野生果实，削制、编织各种竹木器乃至砍柴烧炭卖以换取盐、米，是生活的重要来源。

---

① 道县县委办公室主任盘月星（瑶族）介绍。

## 五

湖南的过山瑶和平地瑶，由于生活条件不同，风俗习惯已显出差异。江华、江永、道县等地的平地瑶，多在依山傍水的平川地带构筑村落。房屋仿照周围汉族，冲泥墙盖木皮，住室外建猪、牛栏和厨所。新中国成立前有钱人家盖起了砖瓦房，个别有钱有势的地主、富农在房檐上雕龙画凤。人们多半聚族而居，一村同姓人在村子中间建有祠堂。村落大者数百余户人家，少则二三十户人家。主食多为稻米，杂粮有红薯、芋头等。每家均种有豆类、蔬菜，辣椒是不可少的佐食品。衣服早在新中国成立前八九十年前已改用汉装。现在只有七八十岁的老年妇女能回忆起民族服装的样式。个别地方尚拿出老人保存的民族服装供访问者观看拍照。婚姻是封建买卖式的，瑶、汉间也早已有了婚姻关系。姓氏在一些地方开始杂乱。用以识别民族的，除了语言中还保留有一些瑶语因素外，民族心理特点是存在的。人们靠老人传说历史记得自己是瑶人。这些历史多半记载在民间歌谣、宗教经典和传说故事里。心理特点还表现在一些民族节日和歌舞中。例如江永县粗石江公社的清溪太队平地瑶（以前称民瑶），新中国成立前虽早已不跳长鼓舞还盘王愿，但喜庆节日还有打长鼓歌舞娱乐的节目。

过山瑶至今仍保留着本民族的传统习俗。他们居住在海拔一千米左右的山上，村寨大者二三十户，小的只有几户人家。房屋多为木头结构，上盖茅草、树皮。平列式一座两间或三间，中间为厅堂，隔壁为卧室。新宁县黄金公社瑶族用木头、木板构筑两层、三层的吊脚楼，一楼生火煮饭放农具杂物，二楼住人，三楼贮藏谷物，形式独具一格。生活则比较艰苦，主食多为玉米及杂粮。好饮酒，亦爱吃辣椒。服饰方面，男子头包青布（或黑布）头巾，身穿唐装，新中国成立后青年多穿中山装。妇女尤喜穿颜色鲜艳的衣服。服饰、头饰比较复杂，各地不太一样。湘南宁远县石家洞公社瑶族服饰一生有三次变化。未成年的儿童在头上蒙一块巾，成年

（十四五岁）以后头载高板，板用竹枝编成架，插在黄蜡、猪油胶好的头发上，再蒙上花巾，表示为未婚少女。结婚后则取下高板，头发仍用黄蜡猪油胶梳，束成两三指宽、四五寸长的发结，再用布扎住，这里的瑶族因未婚妇女头顶高板，故被称为“顶板瑶”。与之相邻的李家铺公社的瑶族妇女，年少时头包一条花巾，开始谈恋爱时就将头发在脑前梳成一个结子，再裹以花巾成独角状，故称为“独角瑶”。隆回县小沙江区的瑶族少女，头缠一数丈长的花巾，巾梢丝线吊至后腰，形似戴一个雨帽，上身穿对襟开胸花衣，下身围以花裙，故而称“花瑶”。

过山瑶实行族内婚，女子不外嫁。一夫一妻制是基本的婚姻形式，有些地方存在着婚姻外的性关系，被称为“打同年”，但纳妾现象是绝对不存在的。儿女们的婚事虽然由父母做主决定，但青年男女比汉族有较多的恋爱自由。湘南有些地方，至今仍盛行唱歌谈恋爱。晚上，青年男女围坐在火堂前，唱歌谈情。谈上了男子就告诉父母亲托媒人往女家说亲。妻子一般随丈夫居住，但湘南不少地方也盛行招赘上门。若一家有两男一女，则留一男讨亲，一男去上门，一女在家招婿。上门入赘的男子生下的孩子从女姓，也有的地方若生两个孩子，则一子随母姓，一子随父姓。上门男子在家中的地位一般是平等的，但有的地方在生孩子以前是不能同家人一桌吃饭的，而必须在灶堂蹲着吃。这些地方之所以盛行招郎，据说是因为男多女少，男孩多的人家讨不起亲，只好去“出嫁”。

新中国成立前，瑶族尤其是过山瑶住在崇山峻岭之中，生活环境异常艰苦，又受着民族压迫和阶级压迫，人们对许多自然现象和社会现象不理解，因而迷信观念较深。道教在这里有深刻、广泛的影响。瑶族内部都有师、道公在活动。他们通过各种宗教仪式向人们传播道教经典。这些经典除了记载着三清、三元、玉皇、张天师等神祇外，还记载着瑶族的民族神如盘王、伏羲兄妹等。人们对师、道公的传道是深信无疑的。跳盘王活动由师公主持，受戒入道亦是各地瑶族一项重要的活动。入道后由师父起个法名，中间带个

“法”字，称如盘法松、邓法胜。除道教以外，在湘西一带地区还流传有所谓斋教、梅山教。斋教是白莲教一个支派，于清末在湘西及湘西南一带瑶族地区传播，后来成为蓝正樽发动瑶族起义的组织形式。梅山教流传于梅山地区，疑是瑶族的原始宗教，供奉洪水兄妹和梅山八峒神。人们打猎必祭梅山神，可见其与原始狩猎及农耕生活有密切关系。后来亦受道教影响，主其教者称为师公，盛行“过版”（亦即度戒）。受道者需经过“上刀山”（刀梯）、“过火海”（踩烧红的犁头）等考验，过版后亦安上带“佳”字的法名。又盛行还“傩公傩母”（洪水兄妹）愿，以祈求神的保佑。隆回小沙江区一带瑶族，每家厅堂的神龛均分为三层：上层供道教神，中层供五姓祖先神位，下层供梅山巫教神。

湖南瑶族的节日，除了春节、端午、八月十五和汉族相同外，各地还有自己的一些节日。湘南的过山瑶兴过三月三、六月六、十月十五。三月三做红、黄、紫三色糯米饭，祭祖宗；六月六叫尝新节，吃新米；十月十五祭盘王，跳长鼓舞。湘西隆回小沙江的瑶族过除夕的时间与众不同，这里几个姓的瑶族分别在旧历十二月二十八、二十九、三十日（早上）过年。此外，这里一年中还有三个特殊的节日：五月十五、七月初二、七月初八。五月十五是虎形山瑶族的节日，七月初二是茅坳公社瑶族的节日，七月初八是整个小沙江区瑶族的节日，瑶话叫“塔勒贵”，意思是“大家一起来”，相传是祖公被汉族统治阶级血洗的纪念日。新宁县麻林公社瑶族其他节日和汉族大体一样，就是过年时间不同。蓝、雷二姓是二十九过年，韦、杨二姓是三十早上过年。此外这里也过四月八和六月六。四月八称牛母大王节。

## 六

湖南瑶族新中国成立前深受民族歧视、压迫之苦，经济的发展均比当地汉族落后。新中国成立后，党和国家废除了民族压迫制度，实行民族平等政策。在瑶族聚居较多的江华建起了瑶族自治县，在其他瑶族聚居的地方，建立了民族乡（区），注意吸收瑶族的代表人物参加各级党和国家机关的工作。帮助瑶族发展文化教育事业，通过各种途径选拔和培养干部。目前，瑶族聚居较多的县、社，一般都有一些瑶族干部参加党委政府部门的工作，担任领导职务，零陵地区江华、道县、江水、兰山、新田五个县（自治县），瑶族担任县委书记的 2 人，县革委主任 1 人，部长 15 人，区委委员 12 人，公社正副书记 113 人。党和国家采取各种措施帮助瑶族发展经济文化建设。昔日贫困落后的瑶乡，现在有的发展起了多种经营，有的修起了水坝、电站，各地都建起了学校，山区修起了公路，拖拉机、汽车开进了瑶山。随着经济建设的发展，人民生活比新中国成立前有了很大的改善，社员们普遍盖起了新房，不少人还住进了泥瓦房。在那些注意从山区实际出发，坚持发展多种经营的地方，人民收入都比较多，生活水平也比较高。新宁县黄金公社，据 1979 年统计，全社 1360 户 6147 人，其中 41％是瑶族。有水田 6016 亩，旱地常耕面积 140 亩。这个公社自 1964 年以来，在发展粮食生产的同时积极开展多种经营，根据山区特点大力营造楠竹林、杉树林。至今共造林 34000 多亩，仅 1973 年以来造杉树林就达 11000 多亩。几年来卖给国家的楠竹达 30 万根。通过多种经营增加社队收入，提高社员生活水平，1977—978 年人均口 651 斤（含奖售粮），人均现金分配 110 元左右，成了全县收入最高的地区。社员吃粮不用统销，用钱不靠贷款，加工基本实现机械化。全社 60 个生产队建立了 70 处小水电站，装机容量达 173 千瓦，大小拖拉机 8 台。

新中国成立三十余年来，由于“左”的思想的干扰，尤其是“文化大革命”十年的浩劫，给湖南瑶族人民带来许多灾难性的破坏。目前湖南瑶族整个来说，政治、经济、文化的发展与汉族比，差距还是比较大的。民族干部数量少，成长仍然慢，有好几个公社，瑶族人口在全公社总人口中占了 28％以上，可是公社机关竟没有一个瑶族领导干部。有些县，瑶族人口不少，县领导机关里也缺少一定数量的瑶族干部。多数地区经济发展缓慢，有些还停留在“刀耕火种”的状态；山区公路未完全修通，阻碍了山区经济文化的发展。人民生活普遍较低。有的地方一家社员的全部家当只相当于二三十元。小孩入学率低，文盲多。一些干部不重视民族工作，一些群众仍有歧视、侮辱少数民族的现象等。这些问题是长期积累造成的，随着“四人帮”的倒台，党的十一届三中全会、六中全会各项方针的贯彻执行，湖南各级领导正在采取措施，逐步予以解决。

1982 年 1 月 8 日

# 试论瑶族教育的历史发展①

瑶族是我国南方文化教育发展较缓慢的少数民族。由于历史原因，瑶族迁徙频繁，经济文化落后。历代统治阶级视瑶族为“榛狉浑噩”、“梗化性成”之民，不关心瑶族的教育。他们有时在瑶族地区办些学校，是作为武装镇压的副产物，出发点在于巩固自己的统治。然而历代统治阶级在瑶族地区办学，有时亦颇注意瑶族的特点，因而能取得一些效果。另一方面，瑶族在漫长的历史岁月中，也在努力创造自己的教育，其中亦有规律可寻。因此，我们研究瑶族教育的历史发展，将这两方面结合起来考察，不乏学术意义和现实意义。

## 一、古代的封建教育

中央封建王朝在瑶族地区办学始于宋。在宋代，瑶族主要聚居在湖南。当时由于中原封建势力深入瑶族地区，部分瑶族开始了封建化的过程。宋王朝派人率兵向荆湖瑶族地区进军，采取“择授土官”、“计口授田”的办法、推行“以夷制夷”的土司制度。派驻的寨官对瑶民任意歧视，动辄杀戮，侵占瑶民的耕地，“略其财物”；或遍设关卡，对瑶民实行严格的控制封锁。宋王朝这些政策激起瑶民的不满，瑶族起义和反抗斗争此起彼伏，难以平息。于是在瑶族地区建立学校，实行所谓“开化”教育的政策就被提了出来。史籍记载，宋章惇开梅山

---

① 原载《广西民族学院学报》，1983年第2期。

以后①，就曾提出并实行过“以儒为教”的措施。②《宋史·蛮夷传》记载，熙宁八年（1075年），原唐代溪峒诚州、徽州扬氏扬昌衔率众归降后，“乃与其子日俨，请于其侧建学舍，求名士教子孙。”宋王朝中央“诏潭州长史朴成为徽、诚等州教授”。宋代在瑶族地区办学，开历代封建王朝办“瑶学”的先河。元代的情况虽然不可考，但明代是比较注意少数民族地区教育的。《明史·选举志》：“学校有二：曰国学，曰府州县学。”“国学”始称“国子学”，后称“国子监”。学生来源有两种，一是官生，包括土司子弟，二是民生。明王朝规定地方府州县官和府州县教官每年有向朝廷贡“士”的义务。这对推动瑶族地区教育的发展，起了一些作用。

有明一代，瑶族已散居两广各地。明王朝承袭历代封建统治阶级所沿用的“以夷制夷”的反动政策，一方面采取“宋元之制”的土官制度，“以瑶治瑶”；另一方面实行武力镇压，采用“犁其巢穴，种类无遗”的灭绝种族的屠杀政策，激起瑶族连绵不绝的反抗斗争。著名的大藤峡起义和罗旁山起义就发生在这一历史时期。明王朝在镇压瑶民起义后，在瑶族聚居的地方增设州、县，派兵驻守的同时，采取“兴教化，立学校”③的措施。但开始时，由于这些学校多设在州、县治所在地及一些圩镇上，入学读书的几乎全是地方官吏豪绅的子弟，或“迁户”、“移民”的后裔，瑶族并未受其实惠。为了对瑶族进行封建奴化教育，封建统治阶级于是进而采取措施，“而又立社学以教瑶童，广廪额以资多士”④。“又于适中地方立社学，择师训蒙”⑤，或“选其子

① 梅山在湖南新化县、安化县境，广狭千里，宋代瑶族聚居地。章惇开梅山事在熙宁五年（1072年）。

② 见《宋史·章惇传》。

③ （民国）周学士：《罗定志》，卷8。

④ （民国）周学士：《罗定志》，卷8。

⑤ （清）顾炎武：《天下郡国利病书》，卷98，广东二。

弟聚城，令社师教之”①。对于一些归降的瑶族起义领袖，则特别照顾，进行笼络。如明万历年间广西岑溪县瑶民起义领导者潘积善投降后，明王朝“乃贷其死，并以其子入学”。明代由于中央封建王朝实行了上述措施，加之这时期瑶族地区的封建经济有了发展，因而个别地方出现了瑶族子弟入学读书做官的现象。如万历年间，湖南江华白芒营的平地瑶中分化出了地主，他们送子弟入学，并有考上举人的。广东新兴瑶族甚至有人因读书而被委为县丞的事。

到清代，瑶族地区的教育又有了新的发展。清人在对比宋、明、清各朝的所谓“制蛮”之策时，曾说过这样的话：“宋主抚”，“明主剿”，“国朝则因时因地。剿抚兼施。诸瑶畏威怀德，百余年来，伏莽潜消；复择土瑶之秀者，列诸庠序，易其名日新生，化榛狉而冠裳之，实足超轶前代矣。”② 这话虽不免夸张，但清代瑶族地区的教育有发展却是事实。

清代瑶族地区教育的发展，与清初的一些措施有关。清兵入关后，经过平定各地的反抗斗争，到康熙朝采取措施，下令禁止圈地，承认农民在明末农民战争中从地主豪强手中夺得的土地，宣布免除一切杂派和“三饷”以及“永不加赋”等。这些措施的实行有利于社会的安定和各民族经济文化的繁荣。同时，清政府对发展瑶族地区的教育，稍能打破民族歧视造成的界限，除了在瑶族地区建立“瑶学”、“官学”、“义学”，从师资选择、岁科两考资格、录取新生名额以及经费、“禀饩”等方面采取措施，鼓励平地瑶子弟入学读书外，对于仍在土司统治下的一些苗瑶地区的苗瑶子弟入学问题，还采取了一些特别措施给予照顾。例如，在一部分土府州县的改流中，“谕准厘定各县岁取生童名额，与流县一体考试”。对于像广西西隆（今西林、隆林县）、罗城、怀远（今环江）、龙胜等少数

① 清道光：《肇庆府志》。

② （清）魏源：《壬辰征猺记》。

民族地区，“于规定入学名额之外，又增设苗童三名”，“破格录取”①。清代由于采取上述措施，到中叶以后，湖南、两广一些较为发达的瑶族地区，有了更多的人入学读书，而且中了举。例如史籍谈到湖南瑶族的情况时说，湖南瑶族分为“山瑶”与“民瑶”两种。“山瑶”不计户口，“不事赋役”，“与中华语言不通”；“民瑶”则计户口，服役纳税，“与汉人无异，每岁科试，瑶童亦得与考。所取瑶生，亦与生监一体乡试”②。永明县（今江永县）桃川洞的清溪源、古调源、扶灵源、勾蓝源四源瑶民，“自洪武二十九年（1396年）归化，皆为熟瑶，例有户籍”。到清代，“岁科两考，额取新生三名。又于清溪、古调设立新学，给之禀饩，仰内地通达经术生员人等，前往训诲。二百年来，蒸蒸然向风矣。”③ 永州府（今湖南零陵地区）“平地瑶则多读书，能文之士近年应童试者至百余生员，考列多高等。雍正壬子、乾隆丙午两科先后中乡试额，实自来楚省瑶籍所未有。”④ 广西平乐县势江源瑶族“亦有读书知礼者”⑤。富川县“瑶族中的举人也很多”⑥。广东东安县（今郁南县）瑶族“近颇读书知礼，列成均黉宫者亦复不少”⑦。而高州及廉州瑶人“遣子就试，斑烂化为青衿”⑧。上述所谓“瑶童”、“瑶生”、“中乡试”者、“读书知礼”者，“列成均黉富者”，就是清代“瑶学”培养出来的一批知识分子。

诚然，上述瑶族入学读书情况，指的是所谓“熟瑶”、“民瑶”、

---

① 刘锡蕃：《岭表纪蛮》，上海，商务印书馆，1934。

② （清）吴省兰：《楚峒志略》，丛书集成初编本。

③ 清道光《永明县志》，风土志。

④ 清道光《永州府志》。

⑤ 清光绪《平乐府志》。

⑥ 《民族问题五种丛书》广西编辑组：《广西瑶族社会历史调查》，第三册，南宁，广西民族出版社，1986。

⑦ 清道光汪姚柯：《东安县志》。

⑧ 清道光张育春：《廉州府志》，杨霁《高州府志》。

“平地瑶”，亦即居住靠近汉族、经济文化较发达的那部分瑶族，而非居住在山上、经济文化较后进的所谓“山瑶”、“生瑶”。对“山瑶”，清代虽然采取过一些办学措施，但未起到多大作用。例如，雍正十三年（1735年），清王朝中央曾经议准：“粤东凡有黎、瑶之州县，悉照连州一体多设官学。饬令管理厅员督同州县于内地生员内，选择品行端方，通晓言语者为师，给以廪饩，听黎、瑶子弟之俊秀者入学读书，训以官音，教以礼义，学为文字……”① 但到两广总督硕色上任后，发现这个措施并没有执行，他和广东巡抚岳浚在一份会奏中说：“广东连、韶、琼等处，先后曾设黎、瑶各学，每年动支官费给馆师修储。今查各处因无瑶童从学，久废。惟韶郡之乳源一处尚存，就学者亦无瑶人子弟。”② 于是只好裁去。为什么“无瑶童从学”？会奏没有具体讲。但我们从广东历史上居住的多是“过山瑶”来看，这原因是不难想见的。由于长期民族压迫、民族歧视所造成的心理隔阂，以及语言、风俗习惯的差异，经济文化落后，居住在山区交通不便，迁徙频繁，生活困难需要青少年很早就参加劳动，这就是直到近现代为止，“过山瑶”不能也不愿意送子弟入学读书的原因。

由上述可知，由宋以迄明清，中央封建王朝很早以来就在一些瑶族地区举办了学校，并取得了一些效果。封建统治阶级举办“瑶学”，往往是作为对瑶族进行武力镇压和强迫同化的一种补充手段而予以采用的。从某种意义上说，可以把这种“瑶学”的兴起看作是瑶族人民长期反复斗争的结果。封建统治阶级举办“瑶学”，其宗旨虽然是为了“抚瑶”和“开化”瑶民，但他们所采取的某些办法，例如动用官费办“官学”，根据瑶族居住在山间林下的特点办“社学”，动员内地“通达经术”、“通晓言语”的生员去瑶族地区当教师，而且薪俸给予优待，学生则在考试资格、录取名额、廪饩等

① 清雍正《钦定学政全书》，卷64。

② 清乾隆《高宗纯皇帝实录》，卷349。

方面得一些特殊照顾，甚至对居住在边远山区的一些瑶苗子弟也给予某些特殊照顾。所有这些，对我们今天帮助少数民族发展文化教育仍有借鉴意义。

## 二、瑶族教育子弟的传统方法

由宋以迄明、清，中央封建王朝虽然在瑶族地区举办教育，但瑶族能入学的，多限于经济文化较发达的“平地瑶”，至于仍居住在高山上、经济文化落后的“过山瑶”，封建王朝的教育几乎与他们无缘。

但这不等于瑶族没有自己的教育，或不重视对本族子弟的教育。

新中国成立后，通过对瑶族进行的社会调查表明，瑶族有教育本民族子弟的特殊方式。瑶族没有本民族的文字，他们在长期实践中，积累了丰富的经验，创造各种办法，把历史知识、社会生活所需要的各种知识以及生产经验传授给后代，以维系民族内部的团结，维持本民族的生存。

瑶族教育自己子弟的传统方法，主要有社会教育和家庭教育。此外，利用宗教传播文化知识，也是瑶族教育子弟的重要方法。

社会教育的一种方式，是通过集会，由老人（一般均是村社或民族头人）出面，以口耳相传的办法，用本民族过去发生的重大历史事件，教育社会成员和子孙后代。集会的时间、地点以及方式各地有所不同。广西大瑶山各支系从前有石牌“料话会”。其中罗香一带的坳瑶的石牌“料话”与“做浪”结合进行，“做浪”时间在每年旧历正月间。届期，罗香附近所有同族人齐集龙军附近的浪平，尽情娱乐，欢度新春。在这个同族男女老少都参加的集会上，由一位石牌老人对众“料话”，讲述石牌公约、祖先迁徙经过，以及本民族以往发生过的重大历史事件，以教育群众和青少年。云南金平、屏边县的瑶族过去有“丛会”。“丛会”结合祭社，每一年举行二次至四次。会议在“寨老”家举行，每户来男子一人。会上除了杀猪聚餐外，最重要的是要讨论一年中砍山、伐木、修渠、狩猎乃至婚丧大事，并制定“社约”，令全寨男女老幼遵照执行，以便调节生产生活，维护村寨秩序。

利用歌谣、故事传说传授历史知识与生产知识，也是进行社会教育的一种方法。瑶族的歌谣形式多样，题材广泛，内容丰富。盘瑶的“盘王歌”叙述荒远的古代，天地万物怎样创造而来。茶山瑶的历史长歌和花蓝瑶的“古底歌”，从开天辟地唱起，接着描述祖先如何迁徙进入大瑶山开山立寨。山子瑶的信歌，歌唱祖先分手后迁徙流散各地的经过，歌唱婚姻和爱情，沟通民族内部的感情。各支系的甲子歌、生产歌、盘歌（谜语歌）、滑稽歌，或讲析年月干支，或叙述一年中生产季节的安排，或将一些常闻常见的事物编唱出来，以测验对方的智慧和记忆力。各支系流传的许多传说、故事，有的叙述一些善良正直的人，历尽苦难，最后得到“神”或好心动物的帮助，终于获得幸福。有的讲述一些好吃懒做的人怎样和“鬼”交上朋友，堕落成了小偷。有的赞颂为人民谋幸福的神，与恶魔搏斗，替人民除了灾难。所有这些民间文学作品，不仅美化和充实了人们的精神生活，而且使子孙后代牢记祖先历史，熟悉社会知识和生产知识，培养了是非善恶观念和刚毅果敢、舍己为人的民族精神。

除了各种形式的社会教育外，瑶族在家庭内也重视对子女的教育。家庭教育一般是教育子女如何为人处事，如鼓励子女勤劳生产，教诫其不要好吃懒做，不要偷窃及做其他坏事。对父母要扶养，对老人要尊敬，与朋友要诚实相处。敬老爱幼作为一种美德尤其受重视。在瑶族家庭里很少有打骂小孩的事。见老人要打招呼，让路、让座。老人死后受到怀念。瑶族没有本民族的文字可以记载历史，很早以来他们就创造一种记忆祖先的办法。每逢大节祭祖，要由家族中一位老人由近及远地念出历代祖先的名字，念时全家人在旁静听，念完后才进餐，以示“不忘根祖”。

宗教本来是“麻醉人民的鸦片烟”，但宗教客观上有传播文化知识的作用。瑶族利用宗教传播文化知识有极为悠久的历史。瑶族中能识一些汉字的，最早要算掌理宗教迷信的巫师和道士。瑶族原始巫教受到汉族巫教一些影响，瑶族道教更是从汉区传入的。巫师神书和道士经典均用汉字抄写。巫师和道士由于宗教活动的需要必须熟悉这些神书和经典，因而他们有机会最先接触并掌握一些汉字。

从前，瑶族住在高山上，受到自然和社会的严重压迫，迷信观念很严重，从家庭到社会，举凡疾病、生产、狩猎、建房、婚嫁，动辄求神拜鬼，社会上从师学道的风气兴盛。巫师、道士传师授徒，一般采用单个人传授的方法，“儿之聪颖者不与读儒书，惟从瑶道士学，亦有科仪，其文不可晓。”① 据笔者近年在十万大山调查，在山子瑶的家庭里，父亲若有几个儿子，即让一个聪敏些的学做师、道公。儿童经过拜师受戒后，即以师、道公写的经典为课本，先从识字开始，由师父逐字逐句逐篇教念教写，经过几年时间，直到把全部经书念熟抄下方算结业成师。有的地方因为学做道士的人多，师父为了省事，干脆开班教课，集体传授，如汉区办私塾那样。例如新中国成立前广东连南瑶族“先生公”（道士）带徒弟就是用的这种方法。一个“先生公”通常招收十几二十个学徒进行教授。每个学徒一年要交一定数量的油盐柴米给“先生公”作为学费，逢年过节要送些酒、豆腐作礼物。学徒首先学习文化，过上几年，文化有了一定基础，能通晓一些汉文了，进而请师父教授瑶经。如此再学习几年，直到把全部瑶经念熟抄下，经过考核，才算出师。在瑶族社会里，正是由于这种习经的事很兴盛，一些人未进过学校也能识许多字，有些还能抄写一手漂亮的汉字。

瑶族运用社会教育、家庭教育以及宗教来传播文化知识，这是由历史条件决定的。瑶族的社会教育和家庭教育宣传了本民族许多传统美德，其形式灵活多样，具有鲜明的民族特色，为群众所喜闻

---

① （民国）凌锡华：《连山县志》，卷5。

乐见，今天用来建设社会主义的精神文明，仍有实用价值。至于宗教，虽然在客观上起了传播文化知识的作用，但它宣传神鬼的魔力，否认人民创造历史的伟大作用，使人拜倒在鬼神面前，给人们带来的危害要大得多。新中国成立后通过破除迷信，改革陋习，开办学校，学习和宣传科学知识，瑶族提高了觉悟，拜师学道的人现已大为减少。

## 三、瑶族地区私塾的兴起

历史发展到近代，瑶族教育比上述以社会、家庭、宗教形式传播文化知识前进了一大步，甚至在某种意义上比古代封建阶级在瑶族地区办学也前进了一步的，就是瑶族地区兴起了私塾，瑶族开办了自己的私塾。

瑶族私塾起源于何时？由于文献缺乏记载，尚难以考定。有人根据广西大瑶山瑶族在三百年前就有了自己手抄的神书本，推断早在三百年前，瑶山就可能有了私塾的设立。这个推断比其他瑶族地区可能出现私塾的时间普遍早了一百多年。我们认为，瑶族在三百年前有了私塾，这种可能性是存在的，但仅以瑶族自己手抄神书本出现的时间作为瑶族私塾出现的时间，则根据不足。因为正如上述，瑶族传抄神书，是瑶族师、道公代代传授就可以做得到的，并非一定有了私塾才能习得汉字，传抄神书。

根据新中国成立后所作的调查和目前掌握的资料，瑶族私塾的出现，距离新中国成立只有一百年左右的时间。瑶族私塾出现得较早的地区当是湘南和桂北，因为此地瑶族定居较久，经济文化较发达。湘南的资料缺乏，至于桂北，龙胜潘内村“起码六十年以前，这里已经开始设立私塾”①，贺县新华乡“八十年前在老屋冲开办

① 《民族问题五种丛书》广西编辑组：《广西瑶族社会历史调查》，第四册，212页。广西民族出版社，1986。

了一个私塾”①，富川洋冲平地瑶办私塾的时间难确定，只知道他们从千家洞迁出已十五代，在山里流浪，吃空一山转一山，后来才在洋冲定居下来，“定居于洋冲不久，就有了私塾。”② 恭城县三江乡“民国以前，这儿也曾有过私塾”③。以上桂北敬县，除富川难以确定时间外，其余能确定的时间只有六七十年。至于桂西一些瑶族地区办私塾的时间就更晚，如百色洞好乡六合屯瑶族于“清光绪三十年（1904 年）”，“在该屯建立学馆”④，田东作登区平略乡“民国初年”，“开始有私塾出现”⑤，凌云县后龙山到民国二十四年（1935 年）以后，“曾开办了一间私塾”⑥。

瑶族私塾开办虽然较晚，但兴起迅速，举办的范围较广泛。广西除上举地区外，金秀瑶山、南丹大瑶寨、荔浦茶城、睦边下华、田林凡昌、西林那劳等瑶族地区都办过私塾。笔者 1981 年元月在防城板八公社细坑大队调查，那里早在光绪年间就开办了私塾。至于广东瑶族地区私塾的开办，也有记载可考：“儿童读书，不外《幼学琼林》，学堂中奉祀邱琼山”⑦。

近代瑶族私塾除了兴起快、涉及范围较广以外，还有如下几个

---

① 《民族问题五种丛书》广西编辑组：《广西瑶族社会历史调查》，第三册，204 页。广西民族出版社，1985。

② 《民族问题五种丛书》广西编辑组：《广西瑶族社会历史调查》，第三册，132 页。广西民族出版社，1986。

③ 《民族问题五种丛书》广西编辑组：《广西瑶族社会历史调查》，第四册，316 页。广西民族出版社，1986。

④ 《民族问题五种丛书》广西编辑组：《广西瑶族社会历史调查》，第五册，210 页。广西民族出版社，1986。

⑤ 《民族问题五种丛书》广西编辑组：《广西瑶族社会历史调查》，第六册，122 页。广西民族出版社，1987。

⑥ 《民族问题五种丛书》广西编辑组：《广西瑶族社会历史调查》，第五册，210 页。广西民族出版社，1986。

⑦ （民国）《连县志》，卷 7。

特点。(1) 经费自筹，有的甚至一人出力出资，众人子弟入学，或一家请塾师上门教课。(2) 塾师开始一般请汉、壮人做，后来渐渐有了瑶族自己的塾师，如广西大瑶山、十万大山以及富川、贺县等地，从前都有瑶族自己的塾师。(3) 学生入学不限于“开蒙”读“三字经”、“百家姓”，也有读至四五年、七八年，攻完“四书”、“五经”的。如防城、金秀、恭城、富川、贺县都有这种情形。(4) 历久难衰，私塾到国民党统治时期被一再取缔，但瑶族地区却有些例外。瑶族私塾不少在光绪末年民国初年开办，有的延至蒋介石统治时期才开办。荔浦县茶城公社九尺村瑶族到 1946 年，“仍请了汉人卢安为老师，在村内办了私塾”①，贺县新华乡瑶族“私塾直到解放前还存在”②。

一定的文化是一定的经济和政治的反映，上述瑶族私塾在近代的兴起及诸方面特点，反映了瑶族这一时期渴求文化知识的心理，而这种心理的产生与瑶族近代经济的发展以及随之而来的对文化知识的追求是分不开的。百余年来，由于帝国主义的侵略，引起了中国经济结构的变化。各民族人口的增加，耕地面积逐步减少，各种剥削压迫的增多，使瑶族再也不可能在大范围内作频繁迁徙。相对稳定的居住，有利于瑶族与汉、壮先进民族开展交流，吸收先进民族的科学技术，提高本民族的生产水平。社会经济的发展必然刺激人们去学习文化知识，这就是近代瑶族私塾兴起的一个重要原因。

瑶族私塾的开办，是瑶族教育史上的大事。它表明瑶族的教育这时已经突破了过去官办“瑶学”和依靠家庭、社会、宗教等方式传播文化知识的旧窠，达到了一个新的水平。但从总体上看，这种

---

① 《民族问题五种丛书》广西编辑组：《广西瑶族社会历史调查》，第四册，263 页。广西民族出版社，1986。

② 《民族问题五种丛书》广西编辑组：《广西瑶族社会历史调查》，第三册，205 页。广西民族出版社，1985。

教育，由于各种原因而显得陈旧和落后。瑶族私塾的开办和瑶族子弟读书的久暂，各支系各地区因经济发展的不同而不同。一般说来，桂北、桂东瑶族地区不但办得早，而且办得久，学生入学读书时间一般也较长，而桂西地区瑶族私塾则办得较晚，存在时间较短，学生入学时间很少有五六年的。就是地处桂中的大瑶山，也因支系、地区的经济状况不同而不同。在金秀一带较为富裕的茶山瑶村庄，以及邻近汉区的罗香一带坳瑶村庄，设立私塾，请塾师教学，时间是按年或按月计算的，而其他地区的有的按月计算，有的甚至按日计算。该县长峒区桂田乡邻近的盘瑶村寨儿童读书，请的是山外无依无靠的壮人当塾师，薪金以月论，一般每月送一角到二角钱（银币），伙食由家长轮流供给。学生大多数只能读一两个月。也有的家庭只请个塾师来家里安个“圣位”（孔子位），让学生拜了“圣人”（孔夫子），起个书名，教一天半夜书，就算结束了读书的整个历程。同时私塾教学内容与教学方法落后，塾师强迫学生死记硬背，因此，除了少数较富裕的家庭能让子弟读上五年八年、学得一些文字外，一般穷人子弟进学一年几个月就要回家劳动，学得几个字久了不用也就丢了。

## 四、清末和民国的学校

清朝末年与瑶族私塾兴办的同时，瑶族地区出现了一些官办的学校。清朝统治者在瑶族地区办学，与历代封建统治阶级一样，是作为镇压人民起义的副产物而开办的。如清末帝宣统元年（1909年），广西右江镇台李国治带兵进入大瑶山，把三点会领袖郭三领导的武装起义力量镇压下去后，将大瑶山分别划归修仁、蒙山、象县、平南等县管辖。接着平乐知府欧阳中鹄拨出库银一千元，交修仁县署存入当铺生息，以利息收入在大瑶山金秀、六拉、白沙、昔地四村建筑校舍，办起了“化瑶小学”。同一时期，平南县署也拨出库银四百两，在大瑶山罗香、罗运、平林、六竹四个瑶族村寨各设私塾一所。宣统三年（1911年），在罗香附近几村又增设学校两所，但这些学校开办不久，辛亥革命爆发，政局连续发生变动，学校或因经费无着，或因交通阻塞，或因找不到老师，均与清王朝一起倒台了。

进入民国以后，国民党统治者在瑶族地区继续办学校，可分为两个阶段：民国元年至 1927 年“四·一二”反革命政变前后为第一阶段，“四·一二”反革命政变后至新中国成立为第二阶段。第一阶段前期与后期情况也有差别。当孙中山领导的辛亥革命于 1911 年推翻帝制时，由于这个革命的不彻底性，南京政府成立不久，袁世凯复辟，全国陷入封建军阀混战中。对于像瑶族这样的少数民族的教育，资产阶级革命派没有能力管，封建军阀则不愿管。这时只有极个别瑶族地区，在光绪新政以来新思潮的影响下，自发半自发地建立过一些西式学堂，如富川县洋冲于民国八年（1919 年）建立的学堂。但是到 1921 年中国共产党成立后，我党与孙中山领导的国民党合作，建立统一战线，在广州建立国民党政府，形成了新的革命高潮。这时，国民党革命派才有可能提出和实行帮助瑶族发展文化教育的政策措施。1927 年 6 月，国民党广东省政府通过“开化黎瑶民族”决议案。这个决议案虽然提出和通过都在“四·一二”反革命政变后，但由于以蒋介石为代表的大地主大资产阶级这时正集中精力以军事对我党实行镇压，未来得及在一切方面推行其反动政策，因而基本上尚能反映当时资产阶级革命派在民族问题上较为正确的立场，决议辟头提出：广东“为革命策源地”，而境内仍有所谓“未开化之民族二”，即居住琼崖各属的黎族和居住在连县之西、连山之南的瑶族，这是一种矛盾现象。决议接着详细罗列了黎、瑶二族的贫困、落后状况，分析了造成这种落后状况的原因，然后强调指出：“我大元帅（孙中山）提倡革命，以扶植弱（小）民族为党纲，以全民得自由平等为目的。”现黎、瑶二族“榛狉浑噩”，“未登自由平等之途”，并非“二族之性成”，实缘“国家开化之未得其道”。决议进而分析二族所居之地战略地位的重要、物产之丰富以及历代治理之失策，提出“开化黎瑶二族”之谋：“……宣以党义，施以教育，辟其地利，导其自由，榛狉而文明之，浑噩而进化之”，以达到“对内可得国家瞻顾之忧，对外可杜帝国觊觎之谋，大可进其民为革命之前驱。小之可使流寇失负偶之凭借”的目的①。随着决议的通过，广东省政府当局在琼崖设“化黎局”，在连阳设“化瑶局”，分期举办宣传队、简易识字学校，以及辟路局、土产交易所、银行、警察保安队、人事评判所等，进行所谓有“开化”黎、瑶活动，仅小学在八排瑶地区就设了六间。凡瑶族“无论男女，但十岁以上三十岁以下，一律入学校，教以浅易文字。”② 此外，还允许瑶族派 16 人到附近汉族地区的学校读书。我们认为，广东省当局 1927 年 6 月提出的这个“开化黎瑶”决议案，虽不免带有资产阶级的偏见，例如“开化”这种提法本身就包含了资产阶级、封建阶级歧视弱小民族的大民族主义思想；同时它所提出的一些措施，企图在不触动民族压迫和阶级压迫的反动制度的情况下，去改变少数民族经济文化的落后状况，也不过是一厢情愿。因而，这些措施后来在实践中都碰了壁。在八排办六间小学，无人来读书，只好改为“瑶民治疗所”。但从其主旨在于贯彻孙中山“扶助弱小民族”的三民主义，实现“全民得自由平等”，杜绝帝国主义的“觊觎”，推动革命向前发展来看，尚不失资产阶级革命的原意，与后来蒋介石、新桂系在瑶族地区推行的所谓“开化运动”，有性质上的区别。

“四·一二”反革命政变后，国民党反动统治者接过历代封建统治阶级“开化”瑶民的口号，在瑶族地区设立一些学校，吸收瑶族子弟入学读书，其目的与历代反动统治阶级一样，是为了替剥削阶级培养奴才和顺民，而其规模之大、措施之多为历代封建统治阶

---

① 张其昀：《中国民族志》，第五章，《原始民族之开化运动》。上海，商务印书馆，1929。

② 张其昀：《中国民族志》，第五章，《原始民族之开化运动》。上海，商务印书馆，1929。

级所不及，其结果也非历代封建统治阶级所能比。

广西是桂系军阀的巢穴，近代以来又是瑶族主要聚居地区。“四·一二”反革命政变后，新桂系为了巩固自己的地盘，早在1930年就对瑶族人民开始了所谓“开化教育”，派人到大瑶山罗香和桂平紫金山的横冲一带开办学校。1933年爆发桂北瑶民起义后，新桂系更进一步采取措施，在全省范围内加紧推行所谓“开化”瑶民的教育。

新桂系之所以特别重视“开化”瑶民的工作，除了其阶级和集团的利益决定以外，还在于有一些既受过封建教育又受过资产阶级教育，既精通历史又从事过民族学与社会学调查研究，了解民族问题的症结的文人学者为其献计献策。这些人有的原来就在国民党政府机关或教育部门工作，后来又被委派专门从事苗、瑶等少数民族“特种”教育的研究和试验。由他们提出方案，供政府机关采纳实行。这使得新桂系“开化”瑶民的工作除了具备封建主义的因素外，又披上了资产阶级的色彩，远非历代封建统治阶级所能比。

早在“四·一二”反革命政变前后，广西就有一些学者深入实际调查研究壮、苗、瑶、侗、彝、仡佬等少数民族的人口分布、历史源流、经济结构、婚姻习俗、文化宗教以及民族关系等方面的问题，分析历代制御之策的利弊，写成论文、专著发表和出版。这些论文和专著无疑对新桂系当局的施政产生了影响。因而当1933年桂北瑶民起义爆发后，新桂系当局除了集大批军队、出动飞机大炮对瑶民进行残酷镇压外，立即采纳了一些人的建议，于“善后”工作中将“开化教育”当作重点，由省政府决议通过“广西苗瑶教育实施方案”。方案规定由省教育行政机关（省教育厅）组织所谓“苗瑶教育委员会”，由该“委员会”负责调查、规划全省少数民族地区的“开化”教育，报经省政府批准，拨款在全省少数民族地区建立学校，实施所谓“特种”教育。

新桂系为了加强对瑶族和其他少数民族的统治而煞费苦心。

他们为了培养为自己反动统治服务的“师资”，拨专款，别出心裁地先后在南宁、桂林开办“特种教育师资训练学校”，训令各县从苗、瑶族青少年中选拔人才，免费送入学校学习。同时在全省范围内设立了几十间“化瑶”小学。并规定中等以上学校，添设苗、瑶公费生学额，选择苗、瑶学童中之优秀者使之入学，培养所谓“开明之领袖人才”。对成人教育和社会教育，他们也不放过。设立所谓“苗、瑶民众教育馆”，在试验改进小学教育的同时，试验和改进成人教育和社会教育。为了推行其“开化”瑶民教育的计划，对当时仍存在于瑶族地区的一些私塾，新桂系于1932、1934、1935年一再严令禁止。当时新桂系统治者有一个规划，“就地筹款，逐年增设苗瑶小学校，以达完全同化于汉族，为苗瑶教育完成时期”①。

新桂系这些所谓“开化”瑶民的教育，无论规模、速度、措施，都比历代反动统治者的“开化”教育有过之而无不及，其效果是比较明显的。“化瑶”小学于1934年开办时仅几十所，后改为“国民基础学校”，数目又有增加。据新中国成立后调查时所到过的瑶族地区，富川、贺县、恭城、荔浦、灌阳、全州、兴安、灵川、临桂、龙胜、金秀大瑶山、永福、来宾、南丹、凌云、百色、西林、田东、睦边（今那坡）、上思、防城，几乎凡有瑶族居住的县、乡，都开办了“化瑶”小学或“国民基础学校”。“特种教育师资训练所”后改为“桂岭民族师范学校”，设在桂林，经办十多年，训练出来的学生遍及广西各处瑶山，有的充当国民党县党部干事，有的充当乡、村长，更多的当小学教师。其中有相当都分人后来接受党的影响，走上了革命的道路。新桂系军阀在少数民族地区设立学校，主要是推行其“三自”、“三寓”政策，企图实现独霸广西、觊觎全国的目的。但这些学

① 《民族问题五种丛书》广西壮族自治区编辑组：《广西瑶族社会历史调查》，第四册，104页。广西壮族出版社，1986。

校多少培养了一批有一定文化的知识分子，客观上对提高瑶族人民的文化水平起了一定作用。

新中国成立前瑶族的教育事业虽然有了发展，但由于瑶族人民受到阶级压迫和民族压迫这双重压迫，加上自然环境恶劣，生产力水平低下，人民终岁劳作，尚不得温饱，能享受学校教育的，除了经济稍发达地区的个别富裕农民的子弟外，贫苦人民的子弟尤其是居住在山区的贫苦瑶民子弟是不多的。据新中国成立后在各地所作的调查和笔者近年在广西各地所作的调查，能读书识字的，一般地区充其量不过百分之四五，山区百人中难得一两人，不论山区、平地，95％以上的瑶族处于文盲状态。都安三只羊地区，新中国成立前夕有 12000 多人口，其中只有一人上过中学，其余全是文盲。上思县南屏公社，新中国成立前夕有 1500 余人，除两批共八人到过桂林“特种师资训练学校”读过书外，其余无一人进校念完小学。

新中国成立前，瑶放人民尤其是瑶族妇女，识字的很少，文化教育极为落后。三只羊与南屏的状况就是缩影。

# 关于成立瑶族研究会的设想①

我们利用这次商定瑶族节日的机会，就成立瑶族研究学会的问题，向到会同志汇报部分同志的意见和建议，请予审议。

## 一、问题的提出

1983年在广西民院瑶族师生欢度“盘王节”的时候，大家心情振奋，希望以后要经常举行这样的活动。同时还认为，为了加速瑶族地区经济文化的发展，今后除了举办节日活动外，有必要进一步加强对瑶族问题的研究，筹建瑶族研究学会的设想就这样提出来了。今年五月初，美国瑶族协会访华团来南宁访问，介绍了美国瑶人和泰国瑶人的情况。参加接待的区民委、区民族研究所、广西民族学院的部分瑶族同志和中央民院瑶族干部苏德富同志见面商议，一致认为要迅速筹建瑶族研究会，以适应改革、开放形势的发展，并委托广西民族学院瑶族同志起草《关于筹备今年“盘王节”庆祝活动的意见》和商议成立瑶族研究学会的报告，分呈区民委和区党委有关领导。区党委金宝生同志批示“同意这些设想”，并指示区民委起草方案报区人民政府审核，区人民政府及时作了批复，同意这样办，成立瑶族研究学会的意见得到了党和人民政府的支持。

---

① 本文是作者为广西区民委发起的于1984年8月17至8月20日在南宁召开的全国瑶族干部代表座谈会起草的文件，对我国瑶学学会的成立及瑶学研究的发展起了重大推动作用。

## 二、成立瑶族研究学会的必要性

第一，瑶族人口多，分布广。瑶族有140多万人，是我国人口过百万的15个少数民族之一。分布于广西、湖南、云南、广东、贵州、江西六个省区的140多个县，是我国南方重要的少数民族成员。

国外瑶族30万人，分布在越南、老挝、缅甸、泰国、美国、法国、加拿大等国家，瑶族是个国际性民族。

第二，瑶族有悠久的历史和文化。瑶族名称见于史书记载，至今近两千年历史。瑶族先民长沙蛮、武陵蛮见于史书记载则有两千多年的历史。

瑶族在长期历史中形成和发展了自己具有独特风格的文化艺术。瑶族具有代表性的长鼓文化和铜鼓文化，以及歌谣、故事、舞蹈、音乐、绘画等丰富多彩的民族民间文学艺术，独特风格，民族色彩浓厚，是中华民族文化艺术的重要组成部分。

文物典籍也很丰富，除记载瑶族历史的正史、方志、杂记、游记等大量汉文文献外，还有极为丰富的民间口碑资料和家谱、族谱、碑刻、摩崖石刻、过山榜文牒、千家洞古记以及各种歌本、师公唱本等文献资料。这些丰富多彩的文化典籍，是祖国文化宝库中的一份珍贵财富。

瑶族不仅历史悠久，而且有优良的民族传统。如在长期历史发展中形成的团结互助、刻苦耐劳、与各民族的友好相处，以及对反动势力勇于斗争等，是中华民族优良传统的组成部分。

第三，瑶族经济文化的发展比较落后。由于历史上长期受民族压迫和阶级压迫，迁徙频繁，居住分散，所处的自然环境比较恶劣，经济文化的发展比较落后。新中国成立后三十多年来，在国家和先进民族的帮助下，瑶族地区的政治、经济、文化面貌发生了翻天覆地的变化，但由于原来基础差、底子薄，加上工作上的失误，经济文化的发展，与先进民族相比仍有很大差距。具体表现在：

（1）生产发展不平衡，除少数地区少部分人生活较宽裕外，绝大多数地区生产力水平仍然很低。人民生活还有困难，有的至今温饱问题尚未解决。

（2）文化教育水平低。瑶族地区中小学入学率、巩固率、合格率普遍低于其他民族。群众生活困难，教师缺乏，经费缺乏，以及语言文字的障碍，是影响当前瑶族小学教育发展的重要原因。小学教学质量低，影响升学率，瑶族子弟入中学的少，入大学的更少，特别是过山瑶，新中国成立三十多年了，还没有大学本科生。

（3）干部少，科技干部更少。据广西 1982 年人口普查统计，全区瑶族 86 万人，占总人口的 2.37%，只有干部 9511 人，占全区干部总数的 1.42%，大大低于民族人口的比例；科技干部 2113 人，占全区科技干部总数的 0.85%。瑶族至今没有自己的教授、副教授，研究员和副研究员，就是讲师、助理研究员也屈指可数。

第四，瑶族地区自然资源丰富，具有很大的发展潜力，对工农业生产的发展极为有利。

从以上情况可以看出，成立瑶族研究学会，加强对瑶族的研究，十分必要，也十分有意义。其必要性和意义在于：

第一，通过研究，为改变瑶族地区落后状况，赶上先进民族发展水平献计献策。科学研究是一种智力开发和智力投资。智力开发搞得好，可以少花钱多办事、办大事。世界先进工业国家无不重视智力开发，我国现在也开始重视智力开发，瑶族经济文化落后，智力开发更重要。

第二，可以互通信息，加强协作与支援。现在是信息革命时代，搞建设不能孤陋寡闻。瑶山消息闭塞，在四化建设中如何对外开放，引进技术和资金，加快建设速度？研究学会可在这方面做些工作，沟通信息，传播先进经验，促使瑶族地区落后状况迅速得到改变。

第三，有利于提高民族地位。瑶族历史悠久，有自己的民族特点，有自己的优秀传统，也有生产建设和科学技术方面的先进经验。研究学会成立后，要多在这方面进行研究，成果不但有利于当前经济文化建设，而且要在报刊上多作宣传，加深外界对瑶族的了解。这有利于去掉民族自卑感，提高民族自信心和上进心。也有利于消除民族偏见，加强民族团结和加强与国际间瑶族的友好往来。

第四，加强对瑶族的研究是瑶族地区两个文明建设的一个重要内容。建设社会主义现代化强国，不但要建设高度的社会主义物质文明，而且要建设高度的社会主义精神文明。从科学文化方面来说，目前国外很重视对瑶族的研究，建立机构，投入人员经费，广泛搜集资料，撰写和出版专著，为瑶族创造文字等等。我国历来有研究瑶族的良好传统，新中国成立后也建立了研究机构，培养了人才，搜集了资料，出版了专著。但由于各种原因。我们的成果还不多，某些方面还落后于外国。必须集中力量，加强研究，多出成果，快出成果，把对瑶族的研究提高到一个新的阶段。目前，世界上已建立蒙古学、藏学、突厥学，我们是否从历史和语言文字方面的研究做起，经过努力，逐步建立“瑶学”？这是大胆的设想，提供到会的同志共同研究。

## 三、关于研究学会的性质、宗旨和任务

为了适应瑶族地区四化建设的需要，研究学会不仅研究瑶族语言文字、历史和文学艺术，还应着重研究瑶族地区当前经济发展中遇到的政策性问题和技术性问题，提供政策咨询和技术咨询，为建设瑶山服务。因此，研究学会是综合了各门社会科学和各门自然科学的多学科的学术团体。它的名称可以定为“瑶族研究学会”。它的性质是开发瑶山的综合性的群众性学术研究组织。

瑶族研究学会的宗旨，是在党的领导下，坚持四项基本原则，按照党的“双百”方针，团结全体会员，为瑶族地区社会主义现代化建设服务。

根据这一宗旨，研究学会的任务是：

(1) 加强对瑶族历史、语言、文化的研究。

（2）组织会员对新时期瑶族地区四化建设中遇到的重大理论和实际问题进行调查研究。

（3）促进会员开展咨询研究活动，加强各会员之间的联系和协作。

（4）加强与民族工作部门及瑶族自治地方的联系，反映情况，提出建议。

（5）参加国内外学术活动，进行国内外学术交流。

（6）编辑、出版有关瑶族研究的书刊和资料。

瑶族研究学会由会员组成，凡具备下列条件的都可以入会。

（1）从事瑶族历史、语言、文学艺术研究的科学工作者；

（2）从事民族理论与民族政策研究的科学工作者；

（3）从事民族学研究，有志于为开发瑶山提供咨询服务的科学技术工作者；

（4）从事民族经济、科学技术研究，有志于为开发瑶山提供咨询服务者；

（5）有丰富的实际工作经验或掌握某一生产技术，愿为开发瑶山提供咨询服务者。

研究学会多吸收些瑶族会员，以帮助瑶族干部成长，但又不计民族成份，凡具备上述条件，自愿加入学会，履行入会手续，经本研究学会理事会审查批准，即可为本会会员。

会员有选举权和被选举权；有监督会务和享受会员待遇的权利；会员应遵守会章，执行会议决议，积极从事瑶族咨询研究服务。研究学会对积极从事瑶族咨询研究、成绩卓著者给予适当奖励。对违反会章，不执行会议决议，以至损害研究学会工作者，视情节轻重，给予教育或劝其退会。本会会员经提出申请，亦可退会。

研究学会建立领导机构，开展研究工作。研究学会的领导机关为会员理事会。理事会按民主集中制原则组成。由理事会推选理事长一人、副理事长若干人、秘书长一人、副秘书长若干人，组成常务理事会，负责领导全会工作。正副理事长、正副秘书长任期三年，连选可以连任。如因工作调动或其他原因不适宜继续担任领导工作的，经理事会讨论可以随时调整。

研究学会聘请若干顾问指导工作。

理事会下设办公室，在秘书长领导下进行日常具体工作。根据工作需要设专职人员三人和聘请有关人员，开展各项工作。

学会经费争取独立，目前暂由国家资助和群众捐助。

挂靠单位为广西壮族自治区民族事务委员会。

1984 年 8 月 15 日

# 瑶族研究史略说[1]

瑶族研究史可分为三大段略述之：第一阶段自古代至清末民初，第二阶段自清末民初至 20 世纪 40 年代，第三阶段自 20 世纪 50 年代至今。

中国人对瑶族的了解可推到隋以前。南朝刘宋人范晔著《后汉书》，已有了瑶族先民长沙、武陵蛮的正式记载。南朝以后，瑶族先民以“莫徭”之名出现于历史。唐初姚思廉著《梁书》首记“莫徭”故事，此后中国文献里关于瑶族的著述越来越多，正史以外，各种野史、笔记、游记、小说、杂记、诗词、方志，也都有关于瑶族活动的著录。清代开始出现一些关于瑶族的专门著述，如诸匡鼎《瑶壮传》、李来章《连阳八排风土记》、姚东之《连山绥瑶厅志》、周存义《评瑶述略》、魏祝亭《两粤瑶俗记》等。

清以前的学者就各人见闻所及，著录了瑶族的人口分布、语言习俗、宗教信仰、经济生活、社会组织、战事及政事等，有的学者考证瑶族源流、迁徙和分布，提供了不少可供参考的见解和实录资料。只是由于理论方法落后，对瑶族许多社会历史现象不得其解，因而也谈不上有系统的科学著作。

清末民初，随着西方民族学的兴起和传入中国，学者们开始用新方法研究瑶族，从事这方面研究的有中国学者也有西方学者。中

---

① 本文是 1987 年 12 月 2 日与日本“中国民俗研究会”访问学者在广西民族学院举行学术交流时的发言提纲，原载于日本《中国民俗研究通讯》1988 年第 5 期。

国方面最早传播并倡导用民族学方法研究民族的是蔡元培先生。蔡氏早年留学德国攻读民族学，回国后主持中央研究院。在蔡氏推动下，1928年7至8月间颜复礼、商承祚到广西凌云调查瑶族并于次年出版《广西凌云瑶人调查报告》，是为近代中国瑶族的民族学田野考察之始。其后学者纷纷深入瑶山调查发表研究报告，较著名的有庞新民的《两广瑶山调查》（1935年），费孝通、王同惠的《广西省象县东南乡花蓝瑶社会组织》（1936年），同期徐益棠的广西象（县）平（南）间瑶民调查及其系列报告，杨成志等人的《广东北江瑶人调查报告专号》（1937年）、《粤北乳源瑶山调查报告》（1942年）。20年代末至40年代初，除上述重要调查研究外，还有许多关于瑶族的研究性论文，其中比较有影响的作品有江应梁的《广东瑶人之史的考察》，马长寿的《苗瑶之起源神话》，盛襄子的《湖南之苗瑶》，李方桂的《广西凌云瑶语》等，可谓瑶族研究的兴旺时期。1945—1949年，因内战频繁和物价上涨，研究条件较差，发表的论著较少，可举出的有唐兆民的《瑶山散记》（1948年），曾昭璇的《粤北瑶山地理考察》（1949年），张琨的《苗瑶语言声调问题》。

在国外方面，自19世纪末已有一些西方传教士和探险者深入云贵地区对苗瑶语言和体质进行研究。关于瑶族的专门论著，可举出的有F. W. 勒斯尼尔的《华南的瑶族》（1911年），E. G. 塞巴思蒂恩的《瑶人文化概念》（1939年）等。日本亦有一些学者在研究南中国少数民族时结合着对瑶族历史文化进行了研究。

这一时期的研究涉及瑶族族源、历史、迁徙、过山文书、物质和文化生活、语言、体质形态、风俗习惯和宗教信仰等。由于研究者中一些人运用了民族学、民俗学、语言学倡导的新方法，因而在瑶族图腾信仰、社区组织、语言系属、宗教习俗和体质类型等方面的研究取得了一些突破。其中以费孝通、江应梁、李方桂等人的成果影响较大。然而从总体上看，许多调查报告仍不免粗疏，而且只限于平面描述，未能透过表层对现象作深一步研究。可以说这一时期是人类学对瑶族研究的开创性时期。

20 世纪 50 至 80 年代是瑶族研究的发展时期，又可分为三个阶段。第一阶段自 1950 年至 1966 年。在中国为了落实民族政策，有组织领导、有计划地开展了大规模的民族社会历史调查，其中包括瑶族调查。此项工作在老一辈民族学家费孝通、杨成志等人的指导下，组织了近百人的队伍，历时近十年，足迹遍及华南各大瑶山，搜集了上千万字的资料，在此基础上开始编写《瑶族简志》、《瑶族语言简志》，并于 1962 年 11 月召开壮族瑶族学术讨论会，是为我国有史以来第一次壮瑶族专题学术讨论会。这一阶段最重要的成果，是通过民族学识别，弄清了瑶族的人口、分布、支系构成及语言概况；新中国成立前的社会形态；搜集了大批过山文书、民间文学和宗教资料；在瑶族起源、迁徙、社会历史分期、瑶老制以及一些重大历史事件的研讨上取得了新的重要进展，并培养了一批瑶族研究人员。不足之处是受到自 50 年代末滋长起来的“左”的思想影响，不少调查显得粗疏，尤其是忽视了上层建筑如习俗信仰调查。在国外如日本则有学者开始了瑶族的专题研究。

第二阶段自 1966 年至 1976 年，在中国内地由于“文革”的影响，瑶族研究中断，只在 1974—1976 年对明代大藤峡瑶民起义及瑶族教育进行了调查，而港台和国外的瑶族研究在发展。成绩较大者有日本白鸟芳郎、竹村卓二先生和法国雅克·勒穆瓦纳、美国赫伯特·珀纳尔先生。

第三阶段自 1976 年至今，目前阶段的瑶族研究无论中国外国，都得到了空前发展。中国方面，粉碎“四人帮”后第一件工作，就是在国家民委主持下重新整理、公开出版“民族问题五套丛书”。自 1979 年以来，先后整理出版了《中国少数民族·瑶族》（1981 年)、《瑶族语言简志》（1982 年)、《瑶族简史》（1983 年)、《瑶族〈过山榜〉选编》（1984 年)，金秀等八个瑶族自治县概况以一套九册的《瑶族社会历史调查》出版，共约六百多万字。其次，在民族学名誉得到恢复的情况下，学者们继续深入瑶族地区调查发表研究报告，成绩较显著的有费孝通教授指导下的胡起望、范宏贵等人的金秀大瑶山调查及《盘标瑶族》（1983年），胡起望、徐仁瑶、黄钰、韩肇明、姚舜安、张有隽、邓文通、玉时阶等人分别进行的湖南、广东及广西巴马、十万大山、南丹瑶族调查及其一系列研究报告。再次，文学艺术研究者们在五六十年代工作的基础上补充调查、编写出版了《瑶族歌堂曲》（1981年）、《密罗陀》（1981年）、《瑶族民歌选》（1982年）、《瑶族风情歌》（1983年）、《瑶族民间故事选》（1984年）。此外发表在各种刊物上的论文尚有数百篇，待出版的专著有数种。

目前的瑶族研究在中国改革、开放方针的指导下，一方面各种问题的研究得到深入和发展，学者们互相争鸣，对族源、迁徙、社会形态、文化特征及现实问题的讨论等均有突破，另一方面，中外学者密切合作，研究趋于组织化、制度化，自1984年12月中国成立“瑶族研究学会”后，1986年5月香港成立了“国际瑶族研究协会”，相继召开研讨会，出版书刊，在中国还有一些专门从事瑶族研究的机构和人员，形成了目前中外学者进行多项合作研究的态势，象征着瑶族研究新时期的到来！

# 十万大山山子瑶社会政治①

## 一、历史沿革

十万大山地区早在秦汉时代就属中国版图。秦时为象郡地，汉为合浦、玉林二郡地。汉光武帝建武十九年（公元43年），伏波将军马援征交趾，以裨将黄万定、讶纯旺为平夷大夫，留守交趾郡边界，允许世官世禄，因将戎地划为古森、时罗、澌廪、如昔、博是、鉴山、贴浪、时休等八峒，各设峒主，历世为土司。八峒即今防城县地。隋代在今钦州县设钦州，上思县地设瀼州。唐贞观十二年（638年），改瀼州为羁縻上思州，并于宁明等地设思明州。宋又于今上思、宁明交界地区设迁隆土州（后降为峒）。由隋唐以迄元、明，十万大山分属于钦州、上思州、思明州管辖。境内则有迁隆土州及钦州八土洞。其间，八土垌时有降有并。明宣德间（1426—1435年），八垌之中的澌廪、罗浮、丫葛、古森曾一度叛、附安南万宁州，至嘉靖间（1522—1566年）始归还。

明末清初，上思改流。清雍正十一年（1733年），拆思明州地置宁明州。光绪十四年（1888年）七月，中法战争结束划定中越边界，奉旨将钦属防城、如昔两巡检司地析置防城县。民国之后，上思改县，将迁隆垌并入，宁明亦改县。新中国成立前，十万大山分属钦州、防城、上思、宁明管辖。而钦、防历史上一直隶属广

① 本文收入广西壮族自治区编写组：《广西瑶族社会历史调查》，第六册，南宁，广西民族出版社，1987。

东，宁明隶属广西，上思隶属不一。

历史上，各代封建王朝虽然在十万大山周围建立了州县，但由于十万大山山高林密，面积辽阔，人烟稀少，历代封建统治者除了军事上的需要在交通要道和隘口建立过一些营堡、哨所、堆卡外，他们对瑶族的统治，主要是通过壮族土司以及瑶族内部一些首领间接实现的。现在山子瑶聚居的上思县南屏公社一部，防城县大菉、扶隆、板八、垌中、滩散、那良等公社，宋元以来分别属于迁隆垌及钦州八垌土司辖地。明代并在那良设堡，派狼兵驻守屯垦。封建王朝通过土司及狼兵，一方面抵御越南不时的侵扰，另一方面防范壮、瑶人民的反抗斗争。但无论封建王朝或土司衙门，对瑶族社会内部组织及制度并不予以干涉。

## 二、山子瑶社会组织及政治特点

山子瑶存在着一种村老制度。每个村社都有一个“村老”，瑶语称为“央谷”，其下一般还有一个负责占卜等宗教事务的助手，瑶语称为“呔且”，还有掌管生产的头人，瑶语称为“甲头”，直译为“伙耕头”。

村老“央谷”是村寨（不是自然屯）的最高行政长官，既管行政事务，又管理生产生活。“呔且”不一定每个村寨都有，这要看当选的村老本人会不会占卜、赶鬼，如果会，就不必挑选助手“呔且”，如不会，就由他挑选一个会占卜、赶鬼的人当助手“呔且”。这个助手一般都比较固定，也有的当了一两年助手后，村老感到不满意，而予以撤换。至于管理生产的“甲头”，只要是存在伙耕组的村寨，就存在这类人物，他是由各个伙耕组的居民自己用占卜的方法推选出来的。比较大的村寨往往存在好几个伙耕组，也就同时有好几个“甲头”。有的村寨除公社共耕外，不存在伙有共耕，这样的村寨，村老“央谷”就是共耕头。因此，在山子瑶语里，“甲头”有时也用来称呼村老。换言之，村老“央谷”也即“甲头”。

在山子瑶村社里，除了村老“央谷”、他的助手“呔且”以及管理生产的“甲头”外，还存在一种头人，即家族头——“本家头”或“香火头”。无论村老“央谷”、他的助手“呔且”、“甲头”，或“本家头”，多是由上了一定年纪的老人担任。这些人富有生产生活经验，在群众中享有威信。其中除了“呔且”由村老任免，“本家头”由各家族中年长者（也有的家族让给长子）担当以外，村老“央谷”和伙耕组的头人“甲头”都是群众民主选举（通过占卜）产生的。

关于村老“央谷”和伙耕组头人“甲头”的起源，被访问的老人都说，从他们先一辈传下来就有了。但从历史发展来看，村老“央谷”作为村社头人，其起源应比单纯作为伙耕组的头人“甲头”早。其次，从人数、分布和产生范围来看，前者是每个村社都有，人数较多，并且是由全村寨居民选举出来的；后者只在有伙耕组的村寨才有，是由参加伙耕的人户在较小的范围内选举出来的，人数较少，这种情况也说明“甲头”是较晚才产生的。

村老和“甲头”的任期是不定的。一届村老可以任十年八年，甚至十几年，有的只能任一两年。“甲头”的任期也类似。村老任期的长短，取决于他是否有能力领导生产、管理生活，是否办事公道。情形往往是这样：村老在任期内，一连都是风调雨顺、五谷丰收、人畜安泰，他就可以连任下去；反过来，如村老在任期内，发生生产不丰、人丁不安等现象，或村老办事不公（这种情况较少发生），人们即借口“神不信任村老”而将他罢免。改选村老的决定在每年旧历十二月底的村民会议上作出，选举村老在次年正月初二或二月初二的村民会议上进行。届时，全村社的男子集中到原任村老家，选举仍由他主持。凡成年男子，不论老少，不论贫富，都有选举权和被选举权。唯一的条件是要度过戒。人们认为，男子只有度过戒，才算成年，才有权利参加社交活动，度了戒，就算入了道。入道的人有正神护持，具有“禁鬼”、“赶鬼”的本领。因此，村老又叫“禁鬼公”、“赶鬼公”或“管鬼公”。

选举用神卜的方式进行。原任村老烧香焚纸祭告祖先后，即用一根一尺来长的小木棍敲打地面，一边喃神一边念村里度过戒的男人的名字，念到谁的名字棍子颤动起来即算该人初选合格。用这种办法选出三人后，再举行香卜。点燃三支香代表三个候选人，看谁的香先燃尽，先燃尽者算二次卜选合格。然后再举行鸡卜，将杀好的鸡放入锅内煮熟，取出观看鸡爪是否蜷缩，如蜷缩，即算选中，否则选举继续下去直到选出一人为止。“甲头”的产生则简单些，条件除了度过戒以外，就是要他的生日当年不犯雷劈，此外还要有生产经验，能带领大家搞好生产，弄得饭吃。

从前，村老的职权范围比较广泛，其中包括：

管生产。村老是村寨生产活动的组织者和指挥者。他和他的助手通过观看《百露书》选定农事活动日期，率领大家如期进行。冬天，他指挥大家砍山；春天，他指挥大家播种，在作物生长过程中，他不时到地里巡视，一旦发现病虫害或鸟兽糟蹋，就请神赶鬼，组织村民拉绳子、挂竹壳、砍地边、打围桩，派人轮流看守，或组织枪手打猎。到了秋冬之际，作物成熟了，他组织收割。对已经垦出来的熟地，他主持分配。土地分配用目测的办法，将山地分为好、坏两部分，每部按户分成几份，每户可得好坏各一份。打猎和捕鱼作为补充性的生产活动，只要是集体进行的，都需经过他许可，并由他指定领队人。

管生活。凡村社集体生产获得的产品，包括山谷、稻谷、杉木、八角，均由他主持分配。集体捕获的野兽和捕回的鱼，也由他主持分配。迁村建寨、筑路架桥、架枧引水，由村老统一指挥。村里有婚丧大事，当事人要报告村老，办事要得到他点头同意。

管人丁。村里有某户迁进、迁出，某户嫁女娶媳妇，某户生小孩或老人去世，村老接到家族长（本家头）报来消息，即烧香祭告祖先，并在香碗中放入或取出一些米粒，表示将该户某男某女的“灵魂”及“祖公鬼”接进或送离村子。如是老人去世，取出的米粒由该家族头人领回，放入死者棺材，随棺埋葬。

调解纠纷。如村寨里有人乱搞两性关系，由村老处理。原告到村老家伏在一张台桌的一角，表示受害者来申诉了。村老出来，叫当事人拿酒、菜一户一户地请村里人吃喝，以示洗罪。村里有人偷东西，村老出来说话，叫偷盗者偷什么还什么，并保证以后不再犯，否则加重处罚。一般第一、二次偷多少罚多少，第三次加倍。过去牛吃了作物，如犯事者当天不主动报告，都要处罚，承认了还要拿火灰去追肥，以弥补损失。

主持宗教祭祀。过去，十万大山山子瑶的迷信观念很深，村老的每一样活动都与宗教迷信联系在一起。砍山时，他先喃神并动手砍几刀，表示将各地死伤鬼赶走，以免伐树时发生刀伤等意外事故。播种时，他先主持祭祀神农、土地与禾魂，然后大家才点播。除草时，他指定一个除得快的人先除一小块地方，认为这样做草才除得快。作物生长过程中遭到虫害、兽害，他要到地边喃神驱灾。收割时，他先收几蔸，口里念念有词，表示将“谷魂”收回家。此外，村寨里每年还有四次重大的祭社活动，春祭在二月，夏祭在四月，秋祭在七月，冬祭在十月，每次祭社均在村老家里，并由他主持。日常生活中遇着迁村建寨、架枧引水、婚丧嫁娶，还有众多的祭祀活动，也由村老主持。例如当新的村寨建好后必定举行祭告祖先神灵的活动，村老主祭并喃神说：“我们村今天搬到了这里，共有某姓某户人，请你玉皇、三元、盘王、家先下来，酒无酒，菜无菜，看天无日头，看水没有门，现在拿点香、菜给你们吃，请你们赶走一切死鬼、伤鬼，再帮我们立起重重铁壁铜墙，保佑我们子孙永远安居乐业。”祭完，各家族一一立好“香火”，居民才迁入新居。村寨每过几年需要拆旧竹枧，架新竹枧，新枧架好后，村老到水源头处举行祭枧活动，请龙神把水引进村子。村寨每年除夕晚新旧岁交替时要举行封村活动，村老燃香鸣炮，喃神赶鬼，村民听到炮声纷纷闭门，直到鸡鸣第一声，村老宣布开村，村民才能出户活动。

此外，在对外交涉中，村老代表村寨处理涉及外村、外族的各种纠纷，出面与对方谈判，或代表村民到官府告状。遇到土匪劫村，村老敲响木鼓，指挥村民到路口、要隘挖陷阱、埋竹签，拿起粉枪、柴刀、木棍与敌人战斗。这时，村老又成了军事领袖。

村老虽然具有多方面的职权，但他不能独断专行。有关村寨的大事，必须召集头人商量，有时还要召开“村民会议”协商。所谓头人，即上述村老的助手“呔且”、“甲头”以及各家族的“香火头”。“头人会议”不一定所有头人都到齐，召集人也不固定。往往是谁有事谁提出召开，不过形式上先要通报村老，获得他同意。会议地点一般就在村老家，有时也在会议发起者的家里或别人家里。会议一般都要喝点酒，酒是自带的，有时谁家有酒就喝谁家的，会议也就在这一家开。边喝酒边议，喝完酒也就议完了。会议上各人自由发表意见，意见比较统一的最后由村老归纳作出决议，如意见不统一就下次再议。头人会议的内容多是有关同意某姓某户迁入村寨，以及买山、开山、分田分地、迁村建寨、架枧修路、寨内外纠纷的处理等大事。

“村民会议”作为村寨最高权力机关，一年之内召开四至六次。其中四次结合祭社举行，另两次根据需要在年头、年尾举行。所谓“村民会议”，并不要求每个居民都参加，实际上只是每户派出一个男子。妇女很少参加，即使参加也只是旁听，很少发言。会议地点都在村老家里。结合祭社举行的村民会议都有比较固定的时间，春社在二月初二，夏社在四月初二，秋社在七月初一，冬社在十月（不论日期）。年头年尾召开的村民会议时间也较固定。年尾在十二月三十日下午，年头在正月初二。其余的村民会议根据需要随时举行。每次村民会议都要会餐祭神。有猪杀猪，无猪就上市场买肉，并发动村民下河捕鱼，鸡、鸭作为献神的牲品是肯定要杀的。酒由各家参加会议的人自带。会议在村老主持祭神仪式时即告开始。然后一边喝酒一边议论。有时议论的问题比较多，人们吃喝完了仍围在火塘边继续议论。时间固定的村民会议一般也有比较固定的内容。结合祭社举行的村民会议，讨论的是每季度的生产活动。其中二月祭社比较重要，凡一年中的生产安排以及应注意的事项，例如偷摸、男女关系、防匪等问题，都在会议上讨论通过，由村老执行。其余三次祭社会议讨论的多半是当季的工作。年头年尾举行的村民会有会餐庆丰收的意思，是否要改选村老、开卦堂（即开堂让青年学打卦）也在会上讨论通过。

山子瑶的村社生活具有浓厚的原始民主色彩。村民会议作为村社最高决策机关，在实际生活中发挥重要作用。它决定村老的任免以及村社生产生活大事，例如明年开哪处山、怎样分配、山地不够种是否有能力买山，以及谁去联系和怎样联系，旱谷怎样收割分配等等。到会的人可以自由发表意见，最后由村老根据多数人的意见作出决定，并付诸实施。

直到新中国成立前为止，山子瑶大多数村老替群众办事并不取报酬，在社会生活中不享有特权。他未脱离生产劳动，自食其力。他参加村社共耕或伙有共耕，有多少份山就得多少份产品，劳动中因事因病缺工同样要补工，他不参加打猎就不用给他一份。村老享有的特权，就是每次祭社会餐时要多给他四两肉；此外，建寨时要先给他建房子；还有外村妇女出嫁经过村寨时，要送几枚铜钱作礼物，否则他会发动青年去拦路。

## 三、政治事件

如前所述，还在汉唐之际，中央封建王朝已在十万大山周围建立了钦州、上思州、思明州以及一些土州、土洞，力图加强统治。这里地处中越边境，战略地位十分重要，历史上越南封建王朝不时派兵侵扰。居住在这里的壮、瑶族人民受到重重压迫，曾经不断起义和反抗。到了近代，帝国主义势力、土匪势力以及人民革命势力，都利用过十万大山这个天险。居住在这里的山子瑶也自然地被卷进了各地政治势力的斗争中去。经过两次调查，我们获得了不少十万大山瑶族有关政治历史事件的资料，兹列举如下。

（一）古代壮、瑶族人民反抗斗争的事件

古代的事年代久远，在群众口碑中已失传，但见于正史和地方志书记载的较为著名的有：

元延祐七年（1320年）十二月，上思州瑶起事。

元致和元年（1328年）四月，钦州瑶黄焱等起事。

元至正十二年（1352年），两江洞酋黄圣许起事，攻钦州州城及时罗、贴浪七洞。按：黄圣许（一作黄胜浒）起事，历来正野史记载较多，但正史记其事在元至元二十九年（1262年）至泰定元年（1324年）年间，并指为上思州人。唯地方志记其为两江洞酋，起事时间相差了几十年。

明景泰二年（1451年）四月，山瑶攻雷州、廉州二府，六月，陷钦州。

明成化元年（1465年），两广瑶族起义，反抗斗争的风浪波及钦、廉等州。明王朝派韩雍镇压，抽调狼兵，立秋调法，深入雕剿。后狼兵遂散处钦州十万大山中。

明隆庆五年（1571年），上思州赵元壁起事，杀澌廪洞长，占据澌廪、博是、鉴山、古森四洞，被钦州知州李时时捕获杀害。至万历二十年（1592年），元壁子良臣复起事占据四洞，当时交趾将领郑松犯边，良臣与战，大败郑松。当时曾献俘两院，受明王朝嘉奖。

明万历十九年（1591年），钦州瑶起事，广东巡抚戴燿率兵镇压。二十六年（1598年），瑶复攻钦州。

万历三十五年（1607年），钦州瑶复起事，攻陷钦州城，第二年（1608年）春，再次攻陷钦州城。州同知曾遇率兵调压。

明天启七年（1627年）二月，广西狼兵头目赵永烈起事，攻入河州，占据四洞。

明崇祯末年，据地方志书记载，钦州“山寇叛肆”，至清康熙四年（1665年），会两广兵镇压，“山冠”始平。

清康熙间（1662—1722年），狼兵陆法缘占据十万大山起事，后投诚。

（二）近代史上的反抗斗争事件

1. 会党广义堂在十万大山的活动

1840年鸦片战争后，广西各地社会矛盾日趋激化，至太平天国金田起义前夕，广西会党活动频繁，波及到了十万大山。

道光二十八年（1848年），广东高要人张嘉祥联络博自苏三、横州谢刚毅等，倡立广义堂，号召“劫富济贫”，先在灵山活动。三月二十七日进入钦州。四月初，张嘉祥由十万大山出与清军对抗，双方相持一月。五月初四，张复率部过挟隆、九鸡、北仑各隘，进入十万大山活动，历时一年。道光二十九年（1849年），张嘉祥出十万大山，后接受招安，加入清军。

2. 三点会在十万大山的活动

三点会的活动，瑶族群众称为“乱三点”，事件发生在20世纪初年，上了点年纪的老人都能谈得出一些经过情况。据江坡大队老人回忆，“乱三点”时，十万大山来了许多三点兵（一说来了三千多人），十万大山各处都是他们的人，他们到处拉生，抢群众的粮食。你加入他们的组织，他们就不捉你，不加入就捉人，还拉妇女去睡，有钱赎就得回，不赎就不放回，拉去吊死。据说，有个小头头是江坡壮族陆阿甲，大头头不知姓什么。三点兵也是土佬（壮族）多。当时，一共乱了三年，瑶族无法安生，都跑到山沟里躲起来，东一户西一户，偷偷出来做点工。后来，政府（清王朝）派来红头军打三点。红头军穿红衣红裤，打了一个月，三点兵一个都不见了。有的被打死了，有的饿死了，有的逃跑了。

按：三点会是天地会的一支。清光绪末年，天地会在广西各地活动十分频繁，曾发动了遍及广西各地的大起义，给清政府以沉重打击。但由于天地会错误地坚持以“反清复明”为行动纲领，落后于当时形势的发展。加之天地会本身成份复杂，起义后又混入了一部分坏人，最后失去群众基础，被清政府镇压了下去。其领袖人物中有部分人，如南宁地区天地会著名领袖王和顺后来加入孙中山的同盟会，成了资产阶级民主革命的战士和功臣。

关于三点会在十万大山的活动，地方志书有比较详细的记载，除去污蔑之词外，所反映的情况大体如实，可与山子瑶群众的回忆互相印证。兹摘其大要如下：

“庚子二十六年，三点会党复起。

前所谓天地会，添弟会，至是通称为三点会。其初以反清复明为宗旨，故取洪武之洪字，称为洪门会。三点，盖洪字隐语也。钦防境内会党，自咸丰初李士昌等猖獗被平息后，丁酉（光绪二十三年，1897年），邓东良续其结，至是复起。”（《防城县志初稿》第十四章）

“（光绪）二十六年（1900年），匪首彭十二、黎十即糖膠十、黄晚、藤八、溺四等，结寨於十万山最高巅之马启、王光、太平等处，为作乱根据地……

正月以后，彭十二等，初则各遣匪夥，在山脚乡村，逼人拜会。范围渐推渐广，不数月将近于城。如不从者，则劫杀之……

二十七年，拜会拉葠，较去年更猖獗……”（《钦州县志》卷14）

“三点党首领采茶三等，聚党数百，往来扶隆、北仑、洞中等处，胁诱民众拜会。约束其党，不行抢劫。

二十八年……采茶三、糖巧十、王和顺等，在入庄、板八村一带，白口开始拜氛……

二十九年春，冯相华（子材第五子）接办钦廉边防……三点会者几已普遍。会党不顾会规，恣行劫掳焚杀，荼毒遍于全县。

……十二结寨于太平山叫怀岭顶……禤四结寨于叫怀岭要。许五、黄秀英、黄秀廷等，结寨于叫怀岭麓。糖巧十结寨于马启山。”（《防城县志初稿》第十四章）

“七月初十日，群匪大股劫防城街……上十万大山勒赎。

三十年三月，岑督（即岑春煊——抄者）奏参李光义剿匪无攻，兼有纵兵殃民情事，革职撤差……

岑督委前署高廉钦道秦秉直，来钦接防剿匪。秦到，以贼踞十万山，秦来东剿西窜。于是禀请岑督，咨会桂提丁槐，派兵东西协剿……官军遂一鼓而破马启等处匪巢。藤八、黎十等，乃杀彭十二，献首级投诚。各匪一律就抚……”（《钦县县志》卷十四）

（三）上思教案

上思教案发生在清光绪十年至十一年（1884—1885年），即中法战争期间。案件发生的地点虽然在上思县城，参加捣毁教堂的也多是县城的壮、汉族群众，但案件的发生与法国传教士在十万大山的活动有密切关系，十万大山部分山子瑶也与该案件有直接或间接的关系。

案件发生的经过是这样的：

19世纪70年代，由于帝国主义列强的侵略，中国爆发了边境危机。这次边境危机的结果之一，在南中国导致了19世纪80年代的中法战争。而在中法战争以前，法国对越南的侵略活动已经进行了一百年，这种侵略每一步都是针对中国的，而且是以传教士为先锋的。到19世纪50年代，法王拿破仑三世为了满足资产阶级扩大市场的要求，发动了一连串征服殖民地的战争，其中有参加对中国的第二次鸦片战争和1858年侵略越南的战争。对越战争延续至60年代，占领了以西贡为中心的南圻六省，兼并了柬埔寨。法国侵略者接着加强对越南北方的侵略，并派遣间谍探寻进入中国的道路。正在这个时候，法国天主教神父富于道由广东经梧州到南宁，于清同治十二年（1873年）在米强建立了教堂。十万大山位于广西南部，南临北部湾，北连邕宁，南端靠中越边境，有小道直通越南，战略位置十分重要。

法国传教士进入十万大山的路线是这样的；清同治九年（1870年），富于道奉广西教区主教米稀叶（住法国本土）派遣，从广东到梧州传教碰壁之后，巴黎外方传教会研究改变渗入广西的路线和方法。另派富于道去越南，与那里的传教士研究进入广西的路线。富于道在越南传教士的协助下，通过在越南的华侨的引导，在灵山、防城县山区找到了立足点。先后在与越南芒街接壤的罗浮村，以及竹山圩、江坪圩、今板八公社板沟村等地建立了天主教堂。不久，又通过瑶族内部的亲戚关系，转到上思州米强山区米强村建立教堂。米强村位于十万大山最高峰莳良岭下，天气晴朗时，南可以望见越南广安，北可以望见南宁、武鸣。周围数十里荒无人烟，只有数十户瑶族刀耕火种。富于道决心经营这个战略要地。

富于道为了在米强站住脚跟，结识了当地一名叫冯敬修的少数民族上层人物。冯敬修是清末管辖十万大山地区的团总，群众称之为“大老爷”，他被富于道看中加入了天主教。富于道任命冯敬修为米强教堂第一任教会长，依靠他在当地瑶族群众中传播天主教，同时以小恩小惠收买群众。富于道进入十万大山之初，经过反复宣传，加入天主教的人仍不多，只有七家共十多人。后来这个教堂从壮族山主手中买了二十多里山地，无偿交给信从天主教的人耕种；在教堂里设立医药柜，给病人治病不收费；采取适合当地群众要求和风俗习惯的措施传教。教堂对各阶层群众一律平等看待，仪式的规定不十分严格，平时各人在家念经祈祷，礼拜天集体到教堂念经，工作多缺席也不强迫。

米强原只有十几户瑶族居住，经过富于道、苏西叶经营后，各地陆续迁来十几户瑶族教徒，在附近山麓结寨而居，而且开山取石，建起坚固的教堂和传教士住房。墙身高厚，开有枪眼。随着教堂影响的增长，法国传教士进一步开展活动。他们在宗教外衣掩盖下刺探各种情报，并通过教徒走访亲友，劝人入教。不久，又在那蒙建立教堂，在亭凉建立麻风病院。光绪初年，在上思州城建立教堂，教会势力进一步增长。入教者除瑶族外，还有壮族、汉族，除一般群众外，还有绅士、商人。不少为非作歹、打家劫舍之徒，在本地无法立身，往往找人拉线，受洗于教，依仗教堂势力逃避官府追捕。法国传教士依靠十万大山中的瑶族教徒，找到了一条从越南北境，经防城滩中、那逢，翻越北仑隘进入十万大山北麓的便道，经常来往于中国、越南之间。法国神父依靠米强当地的教徒，常年为他们奔波，不是跟随神父外出传教，便是帮助教堂购买、挑运物品及送信、接人等。教堂时常派教徒来往越南和钦、灵一带，有时一两人，有时三五成群，挑运大批木箱、竹箩，都有人荷枪护送。有时传教士来往越南，也有教徒持枪护送。

19 世纪 70 年代末 80 年代初，随着法国侵略军强化在北越的军事活动，法国传教士也加强了在十万大山的活动。法国外方传教会广西教区副主教富于道坐镇上思，并将法国传教士赖保理、周绍良、马若望、苏西叶等集中上思，使在上思的法籍传教士人数占到当时法国在广西传教士人数的 70%。1883 年，清军出关援越抗法，上思成为支前基地。大批部队、军火物资经上思源源入越。法国传教士大肆散布谣言：说越南土匪多，越军懦弱，法军是应越皇邀请到越南帮助消灭土匪的。还说法军是信奉天主教的，到越南是奉天主意旨，帮助天主教徒摆脱土匪祸害，驱逐异教徒的统治。法军中有许多神父随军行动，他们是无罪的，而且是无敌的。清军是异教徒，谁帮助异教徒屠杀自己的教友，一定受天主惩罚。富于道还大力收罗三流九教之徒，通过他们与那些横行乡里、啸聚山林的匪徒接头，由传教士提供武器、弹药和经费以及情报，土匪则协助传教士从越南偷运武器入境，并保护教徒在山区活动时的人身安全。清光绪九年（1883 年）十二月初七日，法国传教士周绍良、马若望率领教徒数十人，将从防城偷运入境的武器数十担运来上思。一部分运至教徒家存放，一部分运入教堂。当军火运至城门时，不准守城军士开箱检查。都司岑国祥、知州张官接到报告，见事关重大，即呈报南宁府，转呈巡抚徐延旭，并上奏清廷。清廷接到消息，即调派数营兵力往上思加强防守，以防传教士率教徒勾结土匪暴乱。十二月二十九日，清军包围、搜查上思教堂。由于富于道早有准备，只查出洋枪三杆，富于道称是防身之用。上思州群众对法国传教士的违法行为早已议论纷纷。今见州官一无所获，认定教士玩弄手腕，群情愤怒，一涌冲入教堂，从翻箱倒柜到挖地拆墙，不大功夫，即将教堂钟楼、炮楼，传教士住房夷为平地。这就是轰动南宁的上思教案。

关于上思教案，前后经过情况尚多，因与十万大山山子瑶关系不大，不再赘述。值得补叙的是，上思教案虽然以捣毁教堂和遣走富于道等教士结束，但法国传教士的干涉、破坏活动并未因此而停止。中法战争结束，法国侵略者从腐朽的清廷获得了战场土未能获得的东西。1885 年 4 月 4 日，中法双方签订《关津条约》，承认法国占领越南和开放广西、云南通商，以及允许传教。直到新中国成立前夕的半个世纪中，法国传教士继续利用十万大山进行违法活动。如抗日战争时期，法军在越南溃败后，经法自传教士指引，来到十万大山米强等地驻扎达半年之久，法国神父嘉罗德参与谋划 1950 年十万大山土匪暴乱，最后经十万大山逃入越南。这些都是他们利用宗教进行侵略的罪证。

法国天主教传教士为实现其干涉中国内政，从精神到政治经济各方面奴役压迫中国人民的目的，在传教过程中，除了尽量勾结当地一些中国官吏，使之为己所用外，还注意从普通教徒中培养骨干力量，挑选一些他们认为有培养前途的人充当传教士、修女、教会长乃至神父。尤其对一些少数民族上层人物，包括瑶族固有的自然领袖和清王朝、国民党反动政府委封的团总、乡村甲长，更是抓住不放。据不完全统计，到新中国成立前为止，他们在上思那蒙、米强两个教堂先后培养提拔了当地各级神职人员共 19 名，其中神父 3 名、教会长 4 名、副教会长 4 名、修女 5 名、宣领士 4 名。在米强一地所发展的教徒中，有清朝团总，有国民党时期的伪乡村甲长、县参议员、乡警、自卫队员。其中冯敬修一家世代加入教会，他本人是团总兼教会长，他儿子冯显廷后来当伪乡长兼教会长，还与惯匪结亲戚。其孙子冯道学是国民党县党部干事，另一个孙子是反动的青年党党员，1950 年参加土匪暴乱。伪乡长冯显廷罢印后，接任者李广殿既当乡长，又当教会宣教士。法国传教士利用这些人干预、控制当地政治。在天主教的麻痹和这些人的控制下，十万大山米强周围几个信天主教的村屯，几乎成了一块独立的天地。

(四) 惯匪活动

新中国成立前，十万大山是土匪猖狂活动的地区。土匪利用这里山高林密、人烟稀少、离城远、交通不便等特点，拉帮结伙，盘踞十万大山，经常四出抢劫，杀人放火。

土匪之中，为害最大的是苏有和匪帮，其次是洗念的刘汉清、刘汉星两兄弟，其他还有上思那荡陈 X X 等贼头。苏有和手下有四五十人，多时可召集两三百人。洗念的刘汉清，刘汉星兄弟手下也有一帮人。参加土匪的多是周围一些无业流民或无地少地的农民，瑶族为匪的不多。土匪抢劫的对象则多是瑶族，严重地影响了民族关系。这些土匪中不少是惯匪，一年到头以抢劫为生，有时埋伏于山隘打劫行商和过路人，常隆地处山巅，那里生活很苦，瑶族米不够吃，找些竹笋出来换米，半路经常被抢。现南屏卫生院赵桂清同志的祖父就是为着生活难过出来换米，半路被土匪杀害，他父亲也被土匪上门抢东西杀害。有时土匪成帮冲入村子，明火打劫、杀人、抢东西、拉女人。现常隆大队的米律、枯桂、板林，米强大队的米强屯，几乎年年遭劫。常将耕牛、家财洗劫一空，有时还杀人放火，残害瑶族。常隆、楼义过去尤其是土匪出没区，有田不能耕种。就是渌西，新中国成立前也遭土匪洗劫两次，贼头一次是那荡的人，一次是英索的人勾结洗念村的人去打劫。村里东西被抢光，还拉走了四个妇女，拿去出卖。土匪有时还强派，叫某村明天送什么就得送什么，不送就打进村子，进行抢劫，行凶杀人。

苏有和为匪在 19 世纪 20 年代和 30 年代，群众称为“乱苏有和”。据地方志书记载，还在民国十六七年（1927、1928 年），钦州、防城属之十万大山就有匪首钟八（钟章才）、刘德贵、冯马与光义、苏有和在活动。民国十九年（1930 年），合浦匪首黄三楂由冯马与光义勾引，窜入防城属的十万大山。当时黄匪七百余人，冯匪一百余人，计土匪八百余人。所有苏有和、黄廷福、李八等各股土匪均失指挥。冯匪初踞钦属马启山与黄匪联合，到处横行劫杀。后来黄三楂匪帮渐平，苏有和匪帮渐兴。苏有和盘踞于隘山，经常活动于山隘一带，拦劫行商和过路人，有时聚集匪徒打劫村寨。上思县属的米律、桔桂、板林、米强，防城的大菉、北仑圩，几乎年年受劫，耕牛、家财被抢劫一空。匪徒有时杀人放火，残害瑶族人，其活动范围南至防城板八、洞中，北至十万大山北麓。现上思南屏公社所在地亭贤村（壮族），一次被苏有和打劫，全村人几乎被杀光。

苏有和危害历经十载。直到民国二十六年（1937 年）七月，国民党迫于群众舆论，组织两省围剿，将他击毙于防城滩散乡（今滩散公社）里麻大山，才告平息。此后，十万大山仍不时有小股土匪打家劫寨，行凶杀人。如上思冼念的刘认青和刘汉星，打劫不论何人，连国民党乡长同遭厄运。约在抗战胜利后不久，伪乡长冯显廷一次下山经过冼念被杀，继任乡长李广殿一次从平福买米回来，经过冼念，也被土匪拉去，后逼得他迁到在炒住。国民党上思伪县府也对他无可奈何，二刘直到新中国成立后才被逮捕镇压。

## 四、国民党统治势力伸进十万大山

民国以前，清王朝没有在十万大山山子瑶地区建立过基层统治机构，但曾在瑶族内部委派过“老爷”。据群众说，现南屏公社山子瑶地区历史上曾委封过两个“老爷”，一个是米强的冯敬修，称“大老爷”，一个是米楼的李明安，称“小老爷”。两个“老爷”都是上面封的。也有的说，李明安当“小老爷”，是因为他比较有文化，会写字，上面让他做，他花钱买了一顶帽，就做起“老爷”来了。还有的说，他当“老爷”是花了三百块钱买来的。到民国初年，改堡为团，团设团总。南屏当时属平从团（原属平从堡），现南屏公社英明、大联、南桂、米强、常隆等大队归平从团局管辖。同时各乡中亦仍有所谓“老爷”处理事情。直到民国二十八年（1939 年）国民党推行保甲制度之前，都维持这个制度。一说民国二十年（1931 年）以前，十万大山曾设有团总，米强、米楼各设一团总。米楼团总李明安又称“老爷”，其职责是处理内部纠纷和防御匪乱。无论“老爷”或“团总”，都是由瑶族自然领袖兼任。这些自然领袖是由于平时办事公道，能跟外面汉、壮族取得联系，或能带领群众打官司，取得群众信任，被推选出来的，例如米楼村李明安在任“老爷”时，一直是该村社的“村老”（央谷）。

由上述可以大概知道，自清朝直至民国二十八年（1939 年）以前，汉族统治者一直未在瑶山建立起统治机构。他们对瑶山的统治，是通过委封瑶族内部一些自然领袖为“老爷”、“团总”来间接实现的。这些自然领袖受汉族统治者委封后，也提高了身份和地位，滋长了特权思想。据说李明安当老爷，职责是处理群众的纠纷和防御匪患，在处理纠纷时，得请他吃一餐丰盛的酒饭，事后还要送钱给他。山林的买卖如有老爷李明安的印，契约的效力就更大些。“老爷”处理事情、过年过节每户需送一两斤八角、香信、木耳或一只鸡。

1933 年桂北瑶族起义失败后，国民党桂系军阀为了“开化”瑶族，加紧在瑶山推行保甲制度。1939 年，国民党上思县当局根据桂系军阀意旨，在十万山区建立南屏乡（乡治在米强），在山子瑶中推行保（村）甲制度，由国民党上思县当局直接从山子瑶自然领袖中任委乡长，由乡长圈定村、甲长，报伪县府批准任命。广东方面到民国三十四五年（1945—1946 年），也在板八、洞中等瑶族地区推行保甲制。不同的是，防城板八、洞中的保长一律由偏人（壮族）、艾人（汉族）充任，甲长则板瑶、山子瑶，偏人做，有些村屯，甲长轮流充任。

新中国成立前南屏乡辖有强律、米渌、楼二、强隆、米南五村（一说下辖强隆、米强、渌盲、巴桑、南桂五村）。每村辖几个屯，一屯为一甲，一甲含十多户，有的五六户。乡长最初是冯显廷，他原是壮族，家住现桥贡大队巴内村，随其父冯敬修到米强替法国神父当炊事员，其父死后，他即来米强上门，后成了瑶族。

保甲制度建立后，国民党反动政府通过乡村甲长，力图使群众在政令执行上一切都服从反动统治者的意志。虽然瑶族地区因为人口分散、生产落后、粮食缺乏，国民党无法征兵、征粮（防城方面则征收地税、人头税，并征兵），但当反动军队进驻乡境对，便要鸡、要米，拉俠挑担，建筑营房。此外每年过春节时，瑶族得按规定的数量将木耳、香信、蜜糖等土特产品缴给村甲长，然后转给乡长，说是瑶胞送给县长的。国民党反动政府也尽力笼络瑶族上层领袖人物。凡村、甲长的任选均由乡、村长圈定后与群众商量取得群众同意，再报上面批准。村、甲长允许终身职，死后才更替。首批村、甲长还发给一套灰色唐装衣裤，继任者则不再发，开始担任乡、村、甲长的多半是瑶族内部的自然领袖人物，有的即由“村老”兼任，有的“村老”过去还当过团总或甲头。如米楼团总李明安过去当团总，后又当村长。有的村、甲长不是“村老”，在群众中也有一定的威信，但在一村之内，其影响不如“村老”。随后，国民党反动政府注意从瑶族青年中培植骨干势力。1941年前后，国民党上思伪县政府接到伪广西省政府指令，从上思县十万大山瑶族中挑选青年，送到伪省府在桂林开办的“特种师资训练学校”受训，被送的青年一共有两批，第一批有伪乡长冯显廷的儿子冯道学以及瑶族青年李广杨、李广殿三人。第二批有李广顺、李忠、盘富玉加渌桑两人，一共五人（一说还有李永昌、李永兴、冯道华、冯道×等人）。第二批是日军第二次进攻广西前夕去的，没毕业就逃跑回来。送去受训的人由伪县府发给介绍信，在学校学习语文、算术、自然常识、图音，体操等课程，三年为期。冯道学毕业后又到国民党在柳州办的党务训练班受训了一段时间，回来后在国民党上思县党部任干事（新中国成立后划为统战对象，任上思县人民政府副县长）。李广杨、李广殿回来后当过小学教师，后李广杨去越南，李广殿当乡干事，抗战胜利后接冯显廷任伪南屏乡乡长。国民党通过各种途径培植了骨干，并发展了两批国民党员。首批即由冯道学到南屏发展村、甲长加入国民党，第二批据说由李广殿在米强、渌西、龙因等地发展。两批共73人，其中正副乡长2名，正副村长16名，甲长35名，乡县警9名，乡代表2名，县参议员1名，代天主教会长1名，普通群众10名。

国民党反动势力深入十万大山，除了政治上加强了对瑶族的控制外，还刺激了瑶族社会上层人物的产生，加速了贫富分化的过程。当时虽然设立了南屏乡，委派了乡村甲长，但除了伪乡府曾每月由上边拨八千元伪币作办公费外，乡村甲长均无工资。有一年，乡长采取每年每户收两斤米，充作工资，由正副乡长、乡干、乡警分，实际变成了一种剥削。个别乡、村长还利用给伪县长收送香信、木耳、蜜糖的机会，自己也向群众收香信、木耳，甚至要群众帮修房子。这些乡村长由于各种原因，生活一般比群众稍富裕。1958年民主改革补课时，有的划为中农。其中冯显廷当伪乡长期间，与伪县长赵炳荣、法国天主教神父来往密切，混得较热。他接受赵炳荣送的两支步枪，自己又买了支盒子枪，出门骑马，很是威风。他除在山内参加伙耕组外，在山外还有少量水田出租，家里较为富裕，有米饭吃。一次，他叫群众挑杉木出山卖，杉木是米强瑶族集体种的，杉木卖后的钱，他一人独吞了。1958年他被划为中农。

虽然新中国成立前国民党在十万大山区加强了统治，但其影响仍有一定限度，乡村甲长的权威仍不如“村老”大。群众说，甲长是上级委派的，只管上级委派的事，而这种事当时在瑶山不多，除国民党军入境要筹粮派伕以及年节收交些香信、木耳等土特产外，平常主要是管户口、管生死登记。“村老”即“管鬼公”，是由群众通过占卜推选出来的，他要管一村的鬼，并通过“管鬼”来管理一村的生产生活大事，及处理内部纠纷，因而权利较大。甲长懂做鬼的也可以做“管鬼公”，如板楼屯甲长李富堂兼做“管鬼公”。米律屯李福胜当甲长也做过“管鬼公”，他还会打卦。但凡涉及有关鬼神的事，都要服从“管鬼公”，而“管鬼公”则要服从上级委派的人员和事务。

## 五、人民解放斗争与人民政权建设

### （一）党领导下的游击队活动与十万大山山的解放

十万大山还在抗日战争时期就是我党领导的游击根据地。1942年，党派谢壬岗等同志到东兴工作，开展救亡运动。地下党利用东兴镇作为据点，在周围乡村开展工作。1943、1944年，革命声势扩展到那良、那梭、洞中、板八、扶隆、防城、江山、光坡、企沙等地区，其中不少地方就属于瑶族居住的地区。党在十万大山开辟了游击区，在扶隆、东山等地开展武装斗争，得到了当地瑶族人民的支持。1945年春，日寇攻占越南后，党曾经在大勉、那楼等地发动武装起义，在中越边境与日寇作斗争。

抗日战争胜利后，国民党发动全面内战，曾派中央军159师（师长刘镇湘）到十万山扫荡我游击队。1946年，白色恐怖笼罩十万大山。敌人除刘镇湘师四六六团外，还有省保安团，以及地方自卫队（后改警察大队），他们依仗人多，盘踞山区小圩大村，包围、突击扫荡，企图消灭十万山游击队。为了保存力量，我游击队——粤桂边纵队三支队转移到王光山、马后山等原始森林中，同时在群众中开展组织、宣传工作，并展开反“三征”，在洞中、滩散、东山等壮、瑶杂居区建立过村、区政权，在洞中、北仑还试行分田。

1947年，地下党在防城县企沙、光坡，上思县百包相继发动武装起义，组成粤桂边纵队十万山区第三支队20团和上思独立营。革命烈火烧遍了十万大山，瑶族人民热情拥护和积极支持游击队活动。当时，支队司令部设在山南。现防城各族自治县的扶隆、那良、板八、洞中、滩散等瑶族地区都是游击队活动地区。板八的上龙是游击根据地。附近板沟的山子瑶积极支持革命，为游击队送信。六细的瑶族有的还参加了革命队伍。

在山北方面，还在1946年夏，就有游击队员来到米徐、六西等瑶族村寨，宣传共产党的奋斗目标，号召瑶族群众参加游击队。

其后在六西建立地下交通站，分别与米岩、华兰及防城之板正交通站相联系。游击队刚进山时，瑶族群众因长期受土匪及国民党侵扰，不明真相，都很害怕，有的村寨还用木桩围起来，以防不测。经过游击队员深入做工作，耐心宣传党的政策，说明共产党和游击队的性质，群众解除了疑虑，都同情、支持游击队。1947 年春，瑶族青年李广殿、李广德、李广政三兄弟以及蒋志武、邓海光等参加了游击队。当时，地下交通站就设在六西村李广常家里，站长是陈世强，站里经常有七八人（包括游击队伤病员）在工作。交通站除了为游击队递送情报、收养伤病员外，还印刷各种宣传品，并做群众工作。游击队来到时，负责安排食宿，发动青壮年参加民兵，守卡放哨。

1947 年上思百包及防城光坡、企沙起义后，现上思南屏、叫安两公社所含瑶族地区成了游击根据地，并与山南老区连成一块。我粤桂边纵队三支队 20 团、21 团以及上思独立营经常来到现江坡大队的六西、米索、米楼、米时，汪乐大队的米南、天西、六育屯，常隆大队的大厂、古圭，米强大队的隆因屯活动。游击队来到后尊重瑶族的风俗习惯和宗教信仰，男女青年游村唱歌，群众“跳盘王”、做礼拜（在隆田、米强等信天主教的村子），游击队都不干涉。游击队在群众中宣传反“三征”，遇着伪南屏乡府要收木耳、香信，就号召群众不给。还争取了乡长李广殿站到游击队一边，并做好了每个村的“村老”和村、甲长的工作，使他们支持游击队的活动或保持中立。由于游击队尊重瑶族的风俗习惯、宗教信仰，并做好了群众及上层人物的工作，因而得到广大瑶族群众的支持。游击队来时，群众纷纷让出房屋，给游击队员休息；家里有粮食、蔬菜的，拿出来给游击队员吃。有的村屯如六西，甲长出面到各户凑粮，给游击队煮饭吃。平时游击队过路，住在哪家，有什么就吃什么。

十万大山北麓根据地的开辟，引起敌人的恐惧。国民党反动派在调集力量追游击队的同时，在连结上思、防城的主要隘口——扶隆隘埋设竹钉，并将隘路两边的树砍光，派兵把守，实行封隘，企图切断山北游击队与山南老区的联系，进而各个击破我游击队。但我游击队由于有熟悉当地情况的瑶族群众的支持和引路，山南、山北密切联系，协同作战。1948 年二三月间，我十万大山游击队全团 300 多人、朱守刚 21 团 100 多人、上思独立营 100 多人，还有陈生 24 团一个营，共 600 余人，从那齐出发，过那姆、那禁，沿路打击敌人。敌人加强力量，疯狂反扑，由张瑞贵负责，成立围剿十万山共产党的“剿共指挥部”。钦防两地常住有广东省伪保九、保十两个团，上思驻有伪保六、保四、保八团。敌人军事围剿，经济封锁，小村并大村，加强保甲制，四面八方围困十万山。面对敌人的围困，我游击队采取“敌进我退”的方针，除留下一半力量与群众坚持十万山游击区斗争外，另一半约一两千人奔袭敌后，开辟新区。在半年左右的时间里，游击队曾出击思乐（现宁明）九特，并分路向扶绥、崇左、钦州、邕宁方向发展。但由于敌人力量太强，我游击队无法把敌人围困十万山的兵力调走，同时到敌后开辟新区也由于缺乏群众基础，没有后援，未达到目的，只好退回山区。

1948 年 8 月，敌人加紧对十万山的围困。在山脚实行小村并大村，加强保甲制度，妄图以军事围剿、经济封锁，把我游击队困死在十万大山中。在革命最困难的时期，地下党和游击队负责人在六西召开会议，陈明江布置十万山区群众工作，林克同志曾经住在米索，和瑶族群众一起喝“社酒”，宣传反“三征”。在敌人封锁最紧张的阶段，瑶族群众仍经常拿木薯之类的东西接济游击队。国民党反动派对我瑶族群众进行疯狂的报复，经常进行搜山活动。所到之处，杀人、放火、抢东西，实行残酷的“三光”政策。1948 年旧历十二月，国民党伪上思县长赵炳荣带领伪保安队一百余人，携带轻重机枪和步枪，还带领平寨、批江的村甲长，趁大雾偷袭我六西根据地。敌人一到村边便开枪射击。地下交通站的严监、黎英权、陆军等同志听到枪声，匆忙掩护群众撤离上山。有三个游击队伤病员来不及撤离，被抓住当场杀害，还抓走了群众邓海棠（押到平福后逃回）。敌人住下来，打开群众的仓库取米煮饭吃。第二天到米索同样任意搜杀。第三天由枯桂、批江分路出山，途中在里黑屯（瑶族村）杀害我游击队员一名，在天一山（营盘与上批之间）抓了两人到上思杀害。防城方面，敌人烧屋922间，被抢财物不计其数，被害群众百余人。在敌人的残酷屠杀面前，大多数群众仍靠拢我党和游击队，并不断以口粮支援我游击队，给游击队员送粥。

为了打破敌人的围剿，1948年10月间，十万山区的领导先后在桥贡（现属南屏公社）、扶隆召开会议，决议全团到越南休整，横县来的同志回横县去，剩下原十万大山的部队组成主力兵团，打回防城老根据地，恢复老家。十月会议后，因主力集中，上思方面只剩下护隘队。当时林克、陈江住在扶隆，扶隆成了上思西区的司令部。游击队采取武工队的形式，化整为零，利用各地关系，隐蔽地做群众工作。武工队以“争取上层、发动下层”为方针，以反“三征”为主，领导部分群众减租、掩租，受到群众拥护，逐渐打开局面。1949年4月，人民解放军渡过长江，我十万大山游击队利用敌人动摇之机，主动展开攻势。防城方面，大部分地区已被我游击队解放。上思方面，独立营于夏季扩建为二十二团，并建立了上思工委。国民党反动派面临末日，仍垂死挣扎。1949年12月，南宁已经解放，国民党伪上思县民兵科长邹芝孟带领伪保六团，携带机枪、步枪，还哄骗渠坤，平从、汪立的群众几百人，撬着箩筐，分两路（一路经隆因，一路经洗马）赴六西。游击队得到消息后带领群众撤退上山。匪军进村后抓不到人，将群众的猪、鸡、粮食、衣物等值钱的东西洗劫一空，连门上的铁钉都拔出来拿走，水缸、锅头、碗盏、盐油罐拿不走的就打烂。放火烧毁房子一间，枪杀一名游击队员（送信的）和甲长李春逢。但革命洪流终究不可阻挡，不久，人民解放军挺进十万大山，剿灭残匪，瑶族人民迎来了解放。

（二）剿灭国民党残匪的斗争

1949年冬，十万大山解放后，我部队和工作队大部分转入城市和平原，这时，国民党溃败时窜至中越边境的残余匪帮黄杰兵团余部，纠集土匪和地主武装，乘机暴乱。匪首姚槐（伪龙州督办）、黄五真（伪边防司令）、张明彩（黄杰兵团）、雷少空等，在宁明九特山成立匪伪省政府，委任各部的伪官员并宁明、上思伪县乡村长，策划和指挥各地土匪暴乱，并成立反动“青年党地下军”（负责人有杨献忠、罗福汉、刘汉青等），充当反革命先锋。国民党残匪经过一番密谋策划后，于1950年春全面暴动。他们裹胁现南屏公社念丁、斗签、百呵、英明、大联、古潭、平从、渠坤等村乡部分群众，四处攻打我乡村公所，抢劫粮食、武器，残害革命干部和群众，重新盘踞十万大山。匪首冯光廷并曾派李广堂到南桂乡（现江坡、汪乐大队）一带活动，拉拢枯桂屯盘善永、蒋德福等人加入匪帮，由冯匪率领到百基隘抢劫，杀害我革命同志一人、行商两人，抢走布匹、火油、洋杂货等货物。匪首刘汉青、赵炳荣则盘踞米强乡坡城、录克、等隆及常隆乡曾龙屯，四处掳掠。在土匪盘踞十万大山期间，山北各村屯均遭到土匪蹂躏，抢劫无数耕牛和口粮，以至田地丢荒，群众都不敢与外面往来。例如，据中央访问团1951年调查，仅常隆乡被土匪抢去的耕牛就达33头（常隆村16头，录桑12头，楼义2头，强律3头），全乡1950年丢荒995斤种的梯田，除常隆、楼义等荒田是新中国成立前土匪出没区，不能耕种外，其余700斤种田主要是土匪抢去耕牛、缺乏牛力的结果。

1950年冬，我人民解放军重新挺进十万大山，依靠当地群众，开展了规模巨大的剿匪运动。经过几个月的斗争，逮捕并镇压了一批罪大恶极的匪首，平息了土匪暴。

（三）新中国成立以来人民政权建设概况

1. 上思县瑶族地区政权建设概况

新中国成立后，县里派员到瑶族地区帮助建立人民政权，后因土匪暴乱而停止。1950年10月土匪基本肃清后，县人民政府又派工作队深入十万大山，进行政治建置。当时仍按南屏乡建置，下设大板、常隆、强律、渌桑、楼义、米渌、南桂七个行政村，辖39个自然屯。先由各自然屯选出代表一人，几个自然屯联合构成行政村，从代表中选出行政主席一人、副主席一人，然后再由各村屯代表联合选出乡主席一人、乡副主席两人。乡干总共三人，村干14人，屯代表30人（屯里有乡、村正、副主席者，不另设代表），另有县代表六人。至1951年3月，村、乡建置完毕。山子瑶有史以来第一次建立了自己的人民政权机关，代表着278户1597人行使政权。

**附：解放初南屏乡行政区划及人口简表**

| 行政村名 | 户数 | 人口 | | |
|---|---|---|---|---|
| | | 男 | 女 | 合计 |
| 米渌 | 26 | 78 | 75 | 153 |
| 楼必 | 48 | 146 | 140 | 286 |
| 南桂 | 50 | 140 | 147 | 287 |
| 常隆 | 46 | 140 | 129 | 269 |
| 大板 | 25 | 105 | 79 | 184 |
| 强律 | 33 | 110 | 97 | 207 |
| 渌桑 | 50 | 125 | 139 | 264 |
| 全乡合计 | 278 | 844 | 806 | 1650 |

（据上思县档案馆存数字）

1952年2月，开始建立区域自治乡，即将南屏一乡划为南桂、米强、常隆三个自治乡，用选举的办法产生乡长、委员。三个自治乡建立后，直接由县领导，后归南屏大区领导。三个自治乡共辖有39个自然屯，303户，1816人、此外，当时还有杂居的瑶族139户643人，分散于11个乡13个自然屯。

附：常隆、米强、南桂三个民族区域自治乡建置及人口表

| 乡名 | 村名 | 户数 | 人口 | 备注 |
|---|---|---|---|---|
| 常隆乡 | 米律 | 12 | 66 | 壮族 |
| | 大厂 | 14 | 86 | |
| | 桔龟 | 9 | 55 | |
| | 板林 | 17 | 100 | |
| | 常隆 | 6 | 32 | |
| | 怀胎 | 5 | 34 | |
| | 黑石 | 3 | 25 | |
| | 米鸡 | 9 | 53 | |
| 合计 | 8村 | 75 | 451 | |
| 米强乡 | 板浅 | 7 | 42 | |
| | 吞白 | 6 | 55 | |
| | 板楼 | 9 | 57 | |
| | 岑排 | 13 | 73 | |
| | 米强 | 8 | 53 | |
| | 隆因 | 14 | 90 | |
| | 巴相 | 15 | 95 | |
| | 六包 | 7 | 39 | |
| | 录黑 | 5 | 29 | |
| | 米般 | 6 | 40 | |
| | 屯龙 | 9 | 54 | |
| 合计 | 11村 | 99户 | 627 | |
| 南桂乡 | 米楼 | 24 | 132 | |
| | 横门 | 10 | 62 | |
| | 渌西 | 15 | 110 | |
| | 河怀 | 4 | 24 | |
| | 叫律 | 9 | 67 | |
| | 天西 | 9 | 58 | |
| | 米徐 | 8 | 53 | |
| | 米索 | 21 | 145 | |
| | 枯桂 | 6 | 45 | |
| | 新六育 | 15 | 76 | |
| 合计 | 10村 | 121户 | 772人 | |
| 总计 | 29村 | 295户 | 1850人 | |

（据桂西壮族自治州民政局1954年5月统计）

三个民族乡自1952年建立后，截至1957年，所辖村屯人口变化不大。1958年实行人民公社化，取消三个瑶族乡，改为大队建置，其后又动员瑶族下山居住，期间变化较大。例如，据1957年统计，三个乡共辖31屯1947人，而1958年公社化前统计，则三个民族乡共辖65屯342户2024人。1980年统计，南屏公社范围山子瑶村屯则有34个，计592户3376人。现将1957年以来南屏所辖山子瑶村屯人口变化列表如下：

**1957年三个民族乡所辖村屯人口简表**

| 乡名 | 村名 | 人口 | 村名 | 人口 |
|---|---|---|---|---|
| 常隆 | 板林<br>枯龟<br>大厂<br>黑石 | 106<br>61<br>85<br>27 | 米鸡<br>米律<br>曾隆<br>怀胎 | 60<br>83<br>37<br>36 |
| 小计 | 8村 | 495 | | |
| 南桂 | 米楼<br>米速<br>六育<br>米除<br>枯桂 | 136<br>129<br>49<br>57<br>51 | 叫厘<br>天西<br>汪门<br>河怀<br>六西 | 76<br>76<br>76<br>39<br>133 |
| 小计 | 10村 | 822人 | | |
| 米强 | 板线<br>天白<br>六包<br>板楼<br>六望<br>隆因<br>顿隆 | 39<br>66<br>24<br>45<br>55<br>85<br>49 | 米强<br>巴同<br>古立<br>鬖排<br>岽派<br>六黑 | 45<br>102<br>47<br>31<br>23<br>19 |
| 小计 | 13村 | 630人 | | |
| 合计 | 31村 | 1947人 | | |

**1958 年三个民族乡所辖村屯及人口简表**

| 乡名 | 所辖村屯 | 人口 |
|---|---|---|
| 常隆乡 | 米律、板林、枯桂、黑石、大厂、米鸡、怀胎、增弄、媒彦、六央 | 10 屯 85 户 513 人，男 273 人，女 240 人（其中壮族 1 户男 1 人），又：大央地属公安，行政归常隆管 |
| 米强乡 | 米强、龙因、顿隆、布城、小渠坤、古梅、同吊、米笨、板句、板线、吞白、崇汪、叫益、巴桐、板楼、百心、旺林、六包、琴排、六克、百管、顶炒、婆怀、枯穷、派减、枯腊、崇派、念头、乏鸾、大风 | 共 30 屯 120 户 738 人，男 359 人，女 379 人（其中壮族 9 户 39 人，男 19 人，女 20 人，居住在布城） |
| 南桂乡 | 米楼、六朋、叫马、新米索、旧米索、念的、江坡、营盘、新六育、旧六育、米徐、割等、汪门、叫车、叫里、龙岩、江勒、枯贵、北含、天西、米南、龙岑、六西、河怀 | 共 24 屯，137 户 792 人，男 413 人，女 379 人，其中割等地属广东，行政归上思管 |
| 总计 | 64 屯 | 342 户 2043 人男 1045 人，女 998 人（其中壮族 10 户 24 人，男 20 人，女 20 人） |

（据上思档案馆资料）

1958 年公社化运动中，十万大山瑶、壮族联合成立“十万大山团结人民公社”，后改为“南屏公社”。公社化后，取消三个民族乡。原常隆乡改常隆大队，大队部在板林；米强乡改米强大队，大队部原在米强，后搬下山；现在把原南桂乡划分为江坡、汪乐两个大队，江坡大队部现设在平寨，汪乐大队部设在汪乐村。

新中国成立以来，党和人民政府注意在山子瑶中培养干部。

1951年初建立南屏乡时，瑶族七个行政村都推选了自己的村干，乡里也有瑶族干部。1952年初建立三个自治乡，当时各乡选有乡长、秘书、民兵队长，都是本民族干部担任。同年，还将李广德、李广顺、李广殿、冯道学等原来打过游击或有一定文化在国民党县、乡政权机构中干过事的人，抽调到县民族科工作。其中李广德还被推选到南方大学学习。冯道学后提升为副县长。新中国成立三十多年来，随着经济建设的发展和文化教育事业的发展，上思县山子瑶陆续有人考上中等专业学校，或被保送到广西民族学院、中央民族学院学习。全县现已有60名瑶族国家干部（含小学教师），其中科局领导干部一人，公社正副书记、主任各两人。山子瑶有史以来有了自己的医生和教师队伍，县、社两级领导班子中也有了自己的代表。

新中国成立33年来，山子瑶干部虽然成长起来了，但数量仍非常有限，目前全县山子瑶有5900多人，本民族干部60人，仅占本民族人口的1%，壮族干部2340人，占本民族人口的1.7%。山子瑶干部不仅数量少，尤其是进入领导班子的更少。目前县委、县人民政府、县人大三大机构中，除人大有一个委员外，再没有山子瑶领导干部，部、委、办领导中也没有山子瑶干部。只是科级领导干部中有一位副局长，而且快到退休年龄了。公社一级领导干部中只南屏一地有两人，但也仅当副职。叫安公社有一千多山子瑶，领导干部中没有一个是瑶族，一般干部中，只有一位民政助理是瑶族。山子瑶领导干部少，当正职的没有，当副职的文化水平比较低，说话无人听。存在问题的主要原因，是长期以来“左”的思想干扰，不重视山区经济文化建设，山子瑶经济仍落后，教育发展不起来。新中国成立后虽不断办小学，但合格率低，能升入高中、大学的很少。据统计，新中国成立三十多年来，全县山子瑶除“文革”中保送过三位青年进入广西民族学院、中央民族学院学习外，至今尚无一个正规大学毕业的人，就是进入中等专业学校学习的也非常少。最近几年，由于升学要考试，山子瑶已经连续三年没有高中生了。

初中生只剩十多人，成绩不佳。1980 年冬召开人民代表大会，选举县人民政府班子，想找一位瑶族干部一时也找不到。这不能不说是一个严重的问题。

2. 防城各族自治县瑶族地区政权建设概况

防城各族自治县瑶族（包括“花头瑶”即山子瑶和大板瑶、细板瑶）散居在洞中、板八、滩散、那良、那梭、大菉、扶隆七个山区公社的 22 个大队。新中国成立初统计，有两千多人。瑶族居住的地方新中国成立前都是游击根据地，瑶族人民以各种方式支援革命，有的还参加了游击队。有的地方如板八、洞中等地还在新中国成立前革命高潮时期就曾经建立过人民政权或两面性质的政权。这些地区由于游击队的力量比较强大，解放得比较早。如那良、滩散、板八等地，1949 年下半年就被游击队解放。新中国成立后，党即帮助瑶族人民建立了乡、村政权，选举本民族的代表人物出来当领导。当时曾于那良建立大乡，辖有今板八、洞中等公社的村屯。1952 年 8 月 14 日开始筹备，10 月 10 日正式建立“防城县十万山偏（壮）族、瑶族联合自治区人民政府”，通过各族人民代表选举，产生正副区长三人、委员 12 人，其中有瑶族副区长一人、委员三人。区人民政府机关设在滩散。1958 年 9 月，瑶族与京族、壮族联合，建立“东兴各族自治县”，县治在东兴。同时在公社化运动中，建立那良、洞中、滩散、那梭、大菉、扶隆等公社，实行政社合一，取消原来的乡村建置。当时，自治县领导机关中曾选举瑶族马成初当副县长。各社、队也有瑶族当干部。据 1978 年 9 月统计，全县有瑶族共产党党员 103 人，65 个瑶族生产队中有三个党小组，43 个队有党员，并有一批优秀的共产党员参加了各级领导班子，计有县委常委、县人民政府副主席一人，公社副书记、副主任八人，另外有 26 人当上国家干部和职工。板八公社是瑶族聚居的公社，公社书记是瑶族，三个副书记中有一人是瑶族，其他社直机关（包括武装部、农会、粮所、中心校）中有九个干部是瑶族。

# 十万大山山子瑶的文学艺术[①]

## 一、民间文学

山子瑶没有本民族文字，文学停留在口头文学阶段，粗识汉字的人也只能用汉字夹杂一些土俗字记录或创作诗歌。群众中的口头和手抄文学资料极为丰富。从接触到的资料看，山子瑶的民间文学有下列几类体裁：神话、传说、童话、民间故事、歌谣、谚语、谜语等。

（一）神话、传说

1. 神话

山子瑶有关于天地万物起源、人类起源和民族起源的神话，也有宗教神话和反映人类与大自然斗争的神话。反映天地万物起源的神话有《盘古》，反映人类起源和民族起源的神话有《洪水淹天》和《伏羲兄妹》，反映人类与大自然斗争的神话如《阿大射太阳》，以宗教故事为题材的神话如《九郎与张天师斗法》。这些神话以现实生活为基础，根据直观因素编织故事，展开幻想。作品想象奇特、瑰丽，富于浪漫主义色彩。例如《盘古》叙述开辟元年以前，没有天没有地，没有日月，先有盘古。盘古不是爷娘生养，而是五色浮云生出来的。传说“盘古三百六化身”，左眼化成太阳，右眼化成月亮，头发化成岭上黄茅，身骨化成石头，身肉化成泥土，血

① 本文收入广西壮族自治区编写组：《广西瑶族社会历史调查》，第六册，南宁，广西民族出版社，1987。

化成江水，手化成树木，指甲化作星辰，牙齿化作金银，心肝化成鱼鳖，于是世界上才有了万事万物。又如《洪水淹天》和《伏羲兄妹》叙述远古时候雷公下地与张公争斗，雷公被张公捉住关在禾仓里，后来由于得到“伏羲兄妹”的帮助冲破禾仓飞回天宫。临走时留下一颗牙齿叫伏羲兄妹种下，牙齿很快长成一蔸葫芦并结了个大葫芦瓜。雷公回到天宫后为了报复张公，发了七天七夜大水，地上一时洪水淹天。洪水把世上的人都淹死了，只剩下伏羲兄妹二人坐在葫芦里得以逃生。七天七夜之后，兄妹二人乘坐的葫芦飘落在昆仑山下。这时，天下除了兄妹二人之外再无人类。后来由于得到乌龟、清竹、妹香的先后盟证，兄妹二人结为夫妻。婚后三年生下一团肉球。哥哥一气之下把它剁成 360 块，往山下丢，妹妹发现后急忙从闺房出来，把剩下的五块往山上丢。翌日，山上出现了盘、李、邓、赵，蒋五姓瑶人，山下出现了壮、汉人，天下从此有了 360 姓人家。这两个神话都没有脱离现实生活，但是想象却非常丰富和奇特，反映了山子瑶对天地万物起源、人类起源和民族起源的探索，浪漫主义色彩很浓厚。《阿大射太阳》表现的则是人类与大自然的斗争。它叙述古时候天上有 12 个太阳，照得大地像火烤一般，人们种下的庄稼都被晒得枯黄了，大家都担心有一天会被饿死。恰好这时有一对夫妇生下了一个儿子。这个儿子长得与别的小孩不同，生下来七天就能吃饭，刚满十岁个子比一般青年还高大。阿大练得一手好弓箭，而且力大无穷，一箭就能射上天空。人们见有这么一位好箭手都很高兴，纷纷要求阿大把天上的太阳射落。阿大肩负着乡亲们的重托，向一座高高的山头走去，走了七天七夜才走到山顶。阿大拉满弓向太阳射去，一连十箭射掉了十个太阳。剩下两个太阳吓得再也不敢露面，大地一时变得冰冷漆黑。这下可把人们急坏了，大家担忧太阳从此再也不出来了。阿大说：“派人去叫它们出来吧!”首先派村老去叫，太阳不出，又派男青年去叫，不出，再派女青年去叫，也不出。后来改派百灵鸟、凤凰去叫，也不出。最后派公鸡去叫，公鸡一连叫了几次，太阳才慢慢出来。这个神话想象奇特，反映人类对自然所进行的胜利的斗争。神话中的阿大实质上是劳动人民智慧和力量的象征，因而具有积极向上的浪漫主义精神。

2. 传说

山子瑶的传说也很丰富，其传说可以分为历史事件传说、历史人物传说、地方风物传说等类。属于历史事件传说的，如《漂洋渡海》、《乱三点》。属于历史人物传说的有《鲁班》、《歌仙刘三妹》、《甘罗的故事》、《梁山伯与祝英台》、《白龙巧做百兽衣》等。关于鲁班、刘三妹、甘罗以及梁山伯与祝英台的传说，虽然来源于外族，但山子瑶在吸收上述这些传说时，都根据本民族的生活进行了改作。例如《鲁班》的传说把鲁班记述为广西靖江府人，小时失去双亲，生活很贫苦，年满七岁就上山给叔公看牛，在岭上用竹木棍子学习架桥修屋，后来终于成了著名工匠。而《甘罗的故事》叙述皇帝的女儿上山打柴，吃了林中一个柑果，怀孕生下甘罗。甘罗小时很聪明，什么书只要读过一遍就能背诵出来。皇帝怕他长大了争皇位，处处刁难他，反而吃了甘罗许多亏。作品描写吃东西时外公把碗放在高处，甘罗人矮拿不到，就用铜钱打了个钓钩，外公吃一块，甘罗反而吃了几块。皇帝要用毒药毒死甘罗。甘罗知道自己必死，回到家里将一本经书放在桌子上，又将一只铜锣挂在桌边，铜锣上方挂一串盖屎虫。皇帝把甘罗抓来灌了一碗毒药后，甘罗跑回房间坐在桌旁死了。甘罗死后风吹桌面经书哗哗响，盖屎虫飞翔碰击铜锣发出像人念书一样的嗡嗡声。皇帝从甘罗旁边走过，见甘罗没死，怀疑毒药不起作用，自己尝了一碗，不一会就死去了。这些传说都具有地方特点和民族特点，是山子瑶民间文学作品的一部分。山子瑶的地方风物传说比较多，这些作品都用拟人化的手法，或夸张，或比喻，情节生动，寓意深刻。如《老虎身上为什么有许多斑点》，传说老虎原来与一位孤寒儿是朋友。一天，它想把孤寒儿吃掉又不好开口，便提出比试本领，谁输了就让对方吃掉，并请来狗熊和白寒鸡作证人。比赛时老虎先在地上打一阵滚，又到树林里发一阵威，自以为本领无穷。轮到孤寒儿比本领时，他不紧不慢地取出打火石，到山下烧起了漫天大火。老虎和狗熊以为火烧山很好看，便从山上往下跑。一阵风吹过，大火铺天盖地而来。白寒鸡一看不妙，展翅飞走了。老虎虽然能跑，身子被火烧了不少。狗熊跑得最慢，全身都被火烧了。所以，老虎今天身上还留有许多斑点，狗熊今天全身都是黑的，只有白寒鸡未被火烧，一身仍然是白的。又如《蛤蟆衣的故事》讲一家子生下一个怪儿像只蛤蟆，他没什么长处，唯一的本事是从嘴里喷出火来烧人。一次去赶圩，怪儿见皇帝贴出布告谁能带兵打败邻国妖王的侵略，许招为驸马。怪儿应招出征，打败了妖王，被国王招为驸马。怪儿白天形状丑陋，晚上脱去蛤蟆衣，却变成一位英俊的少年，夫妻过着甜蜜的日子。皇帝知道后便起了贪财之心，想试试怪儿的蛤蟆衣并占为己有。怪儿被迫将蛤蟆衣交给皇帝，谁知皇帝穿上后立即变成一只蛤蟆，想脱又脱不掉。皇帝从此无脸见人，只好跳到山林里吃虫子为生。而《蜜蜂的故事》则讲赵王有一双奇特的铁鞋，穿上它能健步如飞。赵王在宫廷里做事，晚晚回家与妻子同居，往返都得穿铁鞋。后来赵王的铁鞋不幸为母亲穿走，无法赶回皇宫任差，为此被砍了头。赵王死后变成许多蛹子，赵妻每天都用粥饭喂它们。后来蛹子被赵母用热粥烫死，赵妻拿去埋，埋蛹子的地方长出一株竹子。竹子弯弯，竹尾扫到皇宫顶上。国皇派人把竹子砍掉。当竹子破裂时，里边有许多蛹子。这些蛹子后来就变成了许多蜜蜂，各处采花酿蜜，为人们辛勤劳动，其中一只大的变成一只百灵鸟，天天唱歌给人们听。这些传说都富于想象，故事情节生动离奇，并有一定的教育意义。

（二）童话、故事

1. 童话

童话在山子瑶民间文学作品中占有一定地位。它们有的描绘一些神奇的人物故事，有的则写动物故事。如《蜈蚣与鼻涕虫比赛》讲蜈蚣瞧不起鼻涕虫，提出比赛赶圩：如果鼻涕虫先到就在圩口拉一条线，蜈蚣走过脚就断；如果蜈蚣先到就在圩头把鼻涕虫吃掉。结果，蜈蚣由于骄傲，第二天太阳已升起老高了才爬起来，慢慢朝圩里走去，而鼻涕虫由于心细，爬到人家的柴担子上在圩头拉了一根白线。蜈蚣比输了心不服，还说昨天的话是开玩笑的，叫鼻涕虫不必认真。鼻涕虫看清了蜈蚣的心肠，也说我那条线是假的。叫蜈蚣放心走过。蜈蚣欺鼻涕虫老实，放心走过那条白线，最后死于鼻涕虫的白线，一只大公鸡走过来把它啄去吃掉了。这类童话寓意深刻，富有情趣和教育意义。

山子瑶还有些以儿童为对象的故事，专讲人与野人来往关系的。如《智取银子》说野人有许多银子首饰，有两兄妹从野人那里取得了许多银首饰。《智斗野人婆》说一家有两姐弟，一天妈妈回外家，野人婆混入屋内吃掉了弟弟，姐姐用计逃脱了野人婆的魔掌。《老猎人的故事》说老猎人上山打猎，误入野人村子，被捉住当了一个野人婆的丈夫，受尽折磨。《野人求医》则说一个野人婆叫一个小孩上树给她梳头，被小孩戏弄得头皮受伤，后来沿路求医，又被一群卖盐的商人和几个赶马的人戏弄了一番。这类童话描写的野人，似人非人，似兽非兽，能通人性，而又专爱吃人。这可能是古代瑶族与相邻的某些原始人类的来往关系在山子瑶文学作品中遗留的反映。当然，它们在长期流传中已经过加工创作，使其情节紧张，富于传奇色彩，受到儿童的喜爱。

2. 故事

山子瑶除了神话、传奇、童话之外，一般民间故事还有《轿夫的故事》、《兄弟俩》、《小狐狸与两兄弟》、《寡妇和小偷》等。新中国成立前，在山子瑶社会内部，随着私有制的产生和发展，个体家庭逐渐成为社会的基本生产生活单位，出现了贫富分化、勤劳与懒惰和小偷小摸的现象。山子瑶的民间故事，多是反映个体家庭确立后的种种社会问题，或引进汉、壮族地区流传的故事以揭露社会矛盾。有的赞美贫者的勤劳善良，有的揭露富者的贪财，有的讽刺小偷，题材广泛，内容有教育意义。在艺术技巧方面，这些故事多用虚构的办法，使情节和人物更加典型集中，有的还用幻想和夸张手法，使作品绘上浪漫主义的色彩，有的则用对比手法烘托人物形象。

《轿夫的故事》是从汉族地区引进的一个故事，它叙述一位员外发现轿夫的斗笠上写着轿夫将来要当皇帝的字样，这位笃信命运的员外不坐轿了，反而把轿夫抬回家招做女婿。员外的大女婿、二女婿见家里多了一口人，怕将来与他们争家产。一天，大女婿邀轿夫一起去划船，到了深潭处故意把船搞翻，轿夫跌落水底。谁知轿夫命该不绝，他在水底一条沉船上住了三年，并从这条船里得到许多草药。后来大水把沉船推到岸边，轿夫用这些药为人们治好瘟疫，又为皇帝的独生儿子治好了顽疮。皇帝感恩让轿夫继承了皇位。轿夫当了皇帝后，经过调查，得知是员外的女婿故意谋杀自己，于是改了便装回到员外家里，恰好碰到大、二女婿在做醮坛。大、二女婿见轿夫回来，故意朝他吐口水，又用火烧他的头发，对他进行侮辱。轿夫见大女婿、二女婿贼性不改，暗中调来兵将，自己也设起醮坛，亮出尚方宝剑，逼迫岳父、岳母、两位姐夫跳鬼，最后令兵将将两位姐夫杀死，报了仇。这个故事通过轿夫与员外家两个女婿的矛盾冲突，表现了阶级社会里家庭内兄弟之间为争夺财产而展开的你死我活的斗争，对当时正在产生阶级分化的山子瑶来说，无疑具有一定的教育意义。作品情节比较曲折，也有一定艺术性。

《兄弟俩》叙述一家两兄弟，贪心的哥哥有 99 头牛还不满足，还要弟弟把仅有的一头牛送给他，以便凑够 100 头。诚实的弟弟把牛给了哥哥，结果春天来了无牛耕田，只好舂了些糍粑去向别人借牛。路上遇到一位化吃的仙翁感激他的诚意，给了他两片树皮，让他拿回去插在田头，说声“犁耙田”，田地就会自然犁好了。弟弟在仙人的帮助下，一夜之间全部田都犁完了，哥哥有 100 头牛反而落后一大截。哥哥知道了很不服气，也学着弟弟的样子去向人借牛，路上同样遇到老仙翁，老仙翁决定给这位贪心又不诚实的哥哥以惩罚，叫他去一群牛的口牙中挑选适合耕种用的牛，结果被仙翁化成的石牛咬住手不得脱身，靠妻子天天送饭活命，最后把田地、耕牛卖光，妻子也将离他而去，弄得几乎倾家荡产。故事赞扬了诚实勤劳的弟弟，用对比的手法，鞭挞无义而贪心的哥哥，很有教育意义。

（三）笑话

山子瑶民间文学中有类似笑话一类的文学作品。它取材于社会上的一些笑话，编成故事，用来讽刺、嘲笑某些不合理的人、事、现象，达到教育人的目的。这类作品主题往往不显露，但故事本身幽默风趣、逗人发笑，引人深思。如《请教的故事》叙述从前有位愚不可及的青年，因找不到老婆只好去上门。一次，岳父问他山里装的套索套着野兽没有？套索本来装得一只野牛，他却说："不懂装着没有，只见机关被踩坏，泥土崩了些，旁边倒了一条东西。"待到野牛杀好，他挑肉回来路过一个池塘旁边，听到青蛙在水塘里发出"割……割……割点……割点"的叫声，竟以为水中有人向他讨肉吃，吓得丢下肉担子赶紧跑回家去。岳父问清原因后，只好自己去把肉担子挑回来，并交代他在家把房子的篱笆洞补好。他竟把锅里的肉切成篱笆洞一样大小，拿去补篱笆洞。后来岳父叫他上山做些"尖嘴拱背"的活儿（即埋竹签或装套索装野兽），他不明白是什么意思。第二天一人跑上山，把嘴巴做得尖尖的，把腰弯得拱拱的，岳父拿他无法，只好打发他出去请个先生教教他。他出门遇见一位先生，沿途就池鱼、村狗、破屋、苍蝇、木桥、行蚁、叫鹰之类事物请教这位先生。先生故意说了些笑话，他却信为真理，牢记在心。回到家里见了妻子就说："红婚女，有日无水你就死。"见了岳母就说："老吾狗，你出来你就死。"见了岳父说："露出来啦，桁格露出来桁格烂。"家里喝酒的客人（那是来喝他妻子改嫁酒的）站起来跟他打招呼，他说："苍蝇跟牛，见我过来他抖身。"又指着碗上的一双筷子说："江河无水枉架桥了。"文不对题，闹了一系列笑话。

另一个笑话《三兄弟去学乖》，叙述从前有个财主生了三个儿子。这位财主很爱惜自己的儿子，平常连门都不许他们出，生怕跌跤或被坏人拐去。结果这三兄弟除了懂得衣来伸手、饭来张口外，什么事都不会做。财主看看不是办法，便打发他们出门去学些本事。这三兄弟各拿了些学费和路费便分头出发。老大来到一个山村里拜一位老猎人学习箭术，老二来到一个圩镇上拜一个补锅匠为师学补锅，老三来到一条河边拜划船人为师做了伙夫。三个月过去后，老大、老二分别学会了射箭和补锅。老三在船上学煮饭，第一次就把饭煮焦了，划船人闻到饭焦味大叫："焦啦！焦啦！"老三不知何故，还继续往灶里添火。划船人急忙舀了一瓢水往火里泼去，还将老三骂了一通，老三受不了就跑回家里。父亲见三兄弟都回来了，就召他们来考考，三人都称自己学到了本事。各人做了一番准备。老大张弓搭箭，看见父亲鼻子上停着一只苍蝇，一箭射去，顿时将父亲的鼻子射掉了一块，老二看见了，急忙用烧红的铁水补上去，老三大叫着"焦啦！焦啦！"再泼上一瓢水。父亲被三个儿子这一番折磨，痛得直在床上打滚，把三个儿子臭骂了一顿。

这两个笑话通过嘲讽那些不善于接受教育的愚鲁之人，说明养儿要教育、做儿子的也要善于接受教育的道理，使人听后受到教育。

（四）歌谣

山子瑶男女老少都喜爱唱歌，歌谣是其民间文学的主要形式。他们把歌谣作为表意传情的工具在各种场合广泛使用，因此，不仅会唱歌的人非常多，而且歌谣的种类也很多。从搜集到的材料来看，其歌谣大体上可分为创世歌、古歌、故事歌、爱情歌、信歌、婚礼歌、甲子歌、季节歌、盘歌、儿歌、祭神歌等类。每种歌谣都有比较固定的格式，多数是七字一句，也有用三字一句，或一句多到九字的。每首句数不一样。一般不讲究韵律，讲韵律的也不严格，可以变韵，韵脚一般放在双句的末尾。

1. 创世歌

创世歌是关于天地万物创造起源的歌谣。山子瑶的《盘王书》作为师公喃神的唱本，唱述许多神的来历，其中包含一些创世歌如

“盘王唱用”、“神农唱用”、“盘护王唱用”，分别将盘古开天辟地故事、洪水故事、伏羲兄妹故事和盘瓠故事编成歌谣，反映了山子瑶对天地万物起源、人类起源和民族来源的看法。其歌七字一句，句式整齐，亦颇押韵。兹录《盘王唱用》中的一段，以见一斑。

……
太极先天盘古帝，开辟元年皇帝身，
未曾有天未有地，未有日月及乾坤，
先有玉皇及盘古，我共玉皇同出身，
我俩不是爷娘养，五色浮云生我身。
玉皇三百六化眼，盘占三百六化身，
左眼化成太阳日，右眼化成月太阴，
玉皇在天多造化，造成天地及乾坤，
岭上黄茆是头发，深潭鱼鳖是肝心，
牙齿化成金银宝，身骨化成大石心，
身肉化成泥共土，红血化成江水流，
手儿化成山树木，手儿脚甲化星辰，
九曲明珠化肚藏，田塘都是爷脚痕。
……

2. 古歌

古歌是将古时的人和事编成歌谣，如《明长歌》、《梁山伯与祝英台相思歌》、《唐先歌古记》等，写人叙事，各有题材，有的赞颂男女青年纯洁高尚的爱情，有的反映封建家庭对妇女的歧视压迫。其中有的歌显然是从汉族地区流入，但又带有本民族的色彩。这类歌有人物形象，有故事情节，故也可以称为故事歌，兹录《明长歌》一段，以见一斑。

三百条歌旦放落，唱出明长语一条：

受苦不过明长妹，受苦明长家里人，
明长祝报韦明妹，心意祝报意求官。
妹得听闻明长话，你意求官任便宁，
明长做官心里乐，妹今在后便难受。
明长坐任不思退，求官坐任不思回，
三年三岁不见退，妹今在后受冷空。
第一妹睡在床上，第二妹睡火炉边，
第一鸡啼妹洗米，第二鸡啼装箱蒸，
第三鸡啼饭熟了，第四鸡啼罗饭贪。
第一婶姑媪饭少①，
第三婶姑话现妹②，第四婶姑话不留。
第五婶姑话不现，齐守斑兄转退回。
两齐守久斑兄退，不久明长转回退。
大姐不听小妹话，出门买纸写现书，
买得黄毛笔一支，买得两伦纸一张。
买笔买纸写现书，退书交妹现出门，
妹出门前心里乱，念到明长眼泪流。
一世恩员③空房受，今日拆散两分离，
……

3. 爱情歌

爱情歌瑶语称为“恩圆歌”，是青年男女谈情说爱的歌谣。山子瑶青年身女在平时串村游寨或节日、喜庆日子相见时，有对歌习俗。对歌开始先由主方唱开启歌，然后互相通报姓名村寨，接着对唱“秋连歌”，临别时还互唱“祝歌”和“送歌”。秋连歌、祝歌和

---

① 媪饭少：嫌饭少。
② 话现妹：把妹休掉，赶出门。
③ 恩员：恩爱，爱情。

送歌都是情歌。这些情歌都有一定格式，通常是七字一句，也有用三字起头的，押韵不严格，内容则根据需要来编排，多用比喻、夸张等修辞手法。如男方看上了某姑娘，就专门唱歌赞美对方，说她如何漂亮，人品如何好，又说自己如何不行，不配和她在一起，但离开了又如何痛苦，如果双方都已看上了，越唱感情越深，赞美之外互倾衷肠，山盟海誓，情意深切，至为感人。兹录一段以见一斑。

云雨①如同天共地，天地不云雨不抛，
能得鸳鸯共天地，必定共花成对飞，
先注六任对北斗，上天落地不抛珠②，
抽脚愿成同一步，死身愿共一坟埋。
……

4. 信歌

瑶语称信歌为“天”，是山子瑶以歌代信的一种文学体裁。写信的人把要讲的话用歌谣形式写在一张纸上，由族人一村传二村地传给对方。由于交通不便，信歌传递很慢，写给远方族人的信歌往往途中耽搁十几年甚至几十年。信歌按题材可以分为迁徙信歌、查亲信歌、苦情信歌、爱情信歌。其传递范围很广，有居住在越南的山子瑶写给广西泗城府亲族的《小朝歌》，辗转传到十万大山山子瑶地区，有云南临安、广西凌云青龙山山子瑶分别写给十万大山山子瑶的《查亲苦根歌》、《元国歌》，也有十万大山山子瑶分别写给居住在海南岛、越南亲人的《黄楼歌》、《给安南交国歌》，以及十万大山山子瑶内部互递信息的信歌。这些信歌真实地记录了山子瑶各时期各方面的社会生活，是研究瑶族社会历史的珍贵资料。

---

① 云雨：我俩。

② 珠：对女方的爱称。

信歌篇幅较长，有的写在几张粘连的纸上，长达数百行，字近万言。信歌有一定格式，开头写明写信歌原因，中间是正文，结尾祝愿传信人将信传到对方，最后落款，交代写信人的名字和写信时间。全文均用韵文写成，包括落款在内。信歌以叙事为主，结合议论、抒情。多用重复、排比、对比、比喻等修辞手法，以增强感染力。好的信歌声情并茂，使人读了如见其人，如临其境，深为感动，在文学上具有一定价值。例如《跤人来信歌》，作者原住中国防城，后流落越南，他的大部分亲人仍在中国。他写这封信歌回钦州“铁狼峒”（即“贴狼峒”，今属防城）寻找亲人。信中告诉了亲人他在越南的生活情况，并揭露越南统治者经常派人到村里进行骚扰的罪行。兹引数句如下。

提条语，提条愁语回庚亲①。
不是聪明意造信，思着众亲在远高。
盘王开天共立地，五姓宗枝是小亲。
心里意行回旧地，不知条语也难行。
有个无员②话知路，带小专行面前飞。
路过那孟条大海，立帆船头听风吹。
大风吹翻小船了，茫茫海水拉面前。
人是思回天不保，路途高远回不成。
古人得见世界乱，远到今年见过来。
半夜见群度跤③到，围过郎村三五层。
……
村里鸡鸭杀尽了，自米吃来九斗齐。
一群不回二群到，不知几时跤退回。

---

① 回庚亲，寄回去给亲人。
② 无员：无家室。
③ 度跤：跤趾人。

二群不回三群到，不知面前何养生。
村里师门①也师度②，也打度来也打门。
贱小③低头跪下拜，低头暂拜做官人。
度跤师门打门了，饮酒吃饭壮马④回。
官人退落朝廷内，贱跤⑤又到村里来。
每日度跤在村转，何人得见齐闻愁。
小是煮茶看见了，双手扶茶官帝贪⑥。
甲子推元平安达，何南回语报亲知。
郎小住在木罗岭，放话退回查罗亲。

5. 盘歌

盘歌是互相盘问、要求对方解答的歌谣。盘歌在山子瑶中十分盛行，所盘问的事物包括天文、地理、历史、自然、社会等方面的知识，其目的是测验对方的记忆力和智慧。青年男女在情歌或信歌中插入盘歌，更含有考核对方本领和歌才的意思，能对答如流者方能受到钟爱。

盘歌按内容可分为何生歌、何物歌、合字歌、拆字歌等。前二者是关于天文、地理、社会、自然等方面知识的盘歌，后二者是字谜歌。盘歌多采用问答对唱的形式，只有拆字歌用书面形式，将要拆的字写在信歌里，后边再写上一首每句前头缺一字的七言诗歌，要对方将一字拆为数字，分别放在每句句首，使之成为一首完整的歌。兹各举一例如下：

---

① 师门：捆绑瑶族人。
② 师度：捆壮、汉人。
③ 贼小：写信人自我谦称。
④ 壮马：装马。
⑤ 贱跤：越南匪贼。
⑥ 官帝贪：当官做皇帝的人吃。此处指闯入村寨扰乱的越南匪贼头目。

(1) 何生歌：

正月何生属何样？何人年年脱老皮？
何人脱皮再运嫩？何人运嫩再逢春？
正月巳生还报你，青蛇年年脱老皮，
青蛇年年再运嫩，青年运嫩再逢春。
二月何生属何样？何人生世管炉边？
何人生世炉边管？怕刀杀命在何般？
二月亥生还报你，猪儿生世管炉边，
猪儿生世炉边管，怕刀杀命敬灵神。
三月何生属何样，何人带运供官行？
何人带运行官路，行到何州何县门？
三月午生还报你，马儿带运供官行，
马儿带运行官路，行到九州十县门。

(2) 何人歌：

何人生来江边住，得见人行抛落潭？
曩子生来江边住，得见人行抛落潭。
何人生来两个耳，煮饭庚愁俩齐贪？
锅子生来两个耳，煮饭庚愁俩齐吃。
何人过水脚不湿，何人饮酒面红红？
青蛇过水脚不湿，江公饮酒面红红。
何人生来在田地，吃血肚中落田堂？
蚂蟥生来在田里，吃血肚中落田堂。
何人修得今夜花，映上天门能日光①？
二人修得今夜花，映上天门能日光。

---

① 能日光：像太阳光。

何人生来在石底，身上有斑底有铜？
乌怪[1]生来在石底，身上有斑底有铜。

（3）合字歌：

土字添边口在底，古字木边思了思。
土字添边怕无命，古字木边枯了心。
日子添十妹空看，只字贰边汪庚愁。
日子添十种官早，只字添贰贱无明。
九字横前万在后，一字添元八定连。
九字横前抛过后，一字添元日无光。
州字扒头守龙神，主字人边壮合龙。
州字扒头丹守贵，主字人边住不安。
小字一横贱意种，力字坐船望有花。
小字一横不抛散，力字坐船四边招。
中字一横贝在底，才字添今召供龙。
中字一横专望贵，才字添今望你拎。
……

（4）拆字歌：

画成拆字在纸里，
且听贵花慢思晓：

思｛
看胜花奈不何思
乱能云花不知
排千般报花了
念九思壮供你

① 乌怪：乌龟。

思 {
口排千般报花了，
心乱能云花不知，
十念九思壮供你，
看胜花奈不何，
}

念 {
是相朝得成对
世恩员欢喜良
良供花成一对
尽在心怕你嫌
}

念 {
人是相朝得成对，
今世恩员欢喜良，
良心供花成一对，
尽在心怕你嫌。
}

(5) 婚礼歌：

婚礼歌是缔结婚姻关系过程中有关方面唱的歌。按场合分为送红书歌、拦路歌、合婚歌、饮茶歌（也叫过茶歌）。婚礼歌有固定的格式和内容，每种场合只唱一两首。

一般用问答形式，也有的只问不答。歌中多用美词夸张、比喻。但拦路歌中也用恶词诘问，读之颇觉滑稽。兹择拦路歌、合婚歌各一段如下，以见一斑。

拦路歌：

少能①猪儿寻巷上，妹能虎狼拦面前。

虎狼拦过猪儿路，且看猪儿何处行。

媒人便是路头火，妹能大风雷雨淋

雷雨淋打你身上，且看媒人何判②行。

---

① 少能：少，对新郎的称呼，能，像的意思。

② 何判：何般，怎样或何处。

多多丁贺①你，多多丁贺你铜钱。
贺你铜钱落妹手，开条大路坐婚恩②。

合婚歌：
问：何样飞来台上坐，头戴何花面向何？
头戴何花内何有，腾来台上信何判？
答：凤凰飞来台上坐，头戴连花面向龙。
头戴连花内有酒，腾来台上信婚恩。
问：何音③发取何音女，何音伏礼上台前？
礼上台前何判受，何判抽手向何判。
答。正音发取许音女，媒音伏礼上台前。
礼上台前阻阴受，众亲抽手向名声。

（6）甲子歌：

甲子歌是以六十干支配阴阳五行编成的歌谣，其目的之一是让人们记熟干支纪年和阴阳五行，可以说它具有历史书的作用。按所见甲子歌一般为七首半，有的则把它插在情歌里，编为30首。兹举例如下：

六十甲子散花（之一）
甲子乙丑海中金，丙寅丁卯炉中火，
戊辰己巳大林木，庚午辛未路方土.
壬申癸酉铆逢金，甲戌乙亥山头木，
丙子丁丑简下水，戊寅己卯城头土。

---

① 丁贺：感谢。

② 坐婚恩：结姻缘之意，这里指坐上主持婚之位。

③ 何音：何姓。山子瑶以许、正、宫、角、商五音代表盘、李、邓、赵、蒋五姓。故下文“正音”即李姓，“许音”即盘姓，“媒音”指媒人。

庚辰辛巳伯腊金，壬午癸未杨柳木，
甲申乙酉船中水，丙戌丁亥屋上土。
……

六十甲子歌（之二）
甲子乙丑海中金，陈知海里有金银，
金银好使小今无，年少好连路又长，
陈知息尽东阳海，王龙内里万花开。
丙寅丁卯炉中火，炉火煎茶用定龙，
有日得成郎双对，也得盏茶作待①人，
天下有名树底女，前世恩员分散飞，
拆散呈舌②愁便散，迷河朝内进明声。
戊辰己巳大林木，更贵飞来树上摧，
春到鸟飞成双对，一世寻怯今世丹，
天地注来福分专，呈舌树底得相逢。

（7）季节歌：

季节歌是按一年二十四农事季节编排的歌谣，有帮助人们记熟农事季节的作用，有的亦将它插在情歌里，或将月份、季节、物候，农作与男女爱情巧妙编成歌谣，读完另有一番情趣。兹举例如下：

季节歌（之一）
一年分开十二月，每月都有两个节：
正月立春雨水到，桃李花开枝影枝，
春虫飞来树上叫，一岁年春望早争。

---

① 作待：招待。
② 呈舌：鸳鸯。

二月惊蛰春分节，燕子成群满天飞，
枯木逢春运嫩叶，田里禾秋叶也开。
三月清明谷雨节，四处岭头有人行，
五色香饭摆台上，烧香齐散各祖宗。
……

季节歌（之二）
正月立春雨水节，虫贵飞来树上摧，
虫贵摧春心里乱，念了单枝争不成。
二月惊蛰春分节，春虫四方叫愁声，
朝了路上双对专，小是无员单个行。
三月清明谷雨节，四处岭头嫩叶开，
枯木逢春再运嫩，小老逢花运嫩难。
四月立夏小满节，都见花开四处良，
空见花开满岭映，无福空看别人员。

（8）儿歌：

山子瑶亦有教唱儿歌的习俗。其儿歌多是四句一首，每句七字，也有四字、五字一句的。讲究对偶、押韵，声律整齐，易上口易背诵，很受儿童欢迎。兹举二例如下。

猖仔①了了②树枝顶，树枝崩了喊天蓝；
乌公③略哈哈树弓底，虎猫捉住叫天蓝④。

---

① 猖仔：松鼠。
② 了了：跳来跳去。
③ 乌公；白鹇。
④ 叫天蓝：冲着蓝天叫喊。

埂蟹①公公，埂蟹婆婆，
你爱吃肉肉，就背子来来。

（9）祭神歌：

祭神歌是山子瑶师公做法事时喃唱的歌。山子瑶师、道公调神要唱许多歌，尤其是师公，其神书主要由歌本组成。祭神歌按内容和用途可分为坛始歌、神唱两类。

①坛始歌。坛始歌即始坛歌，在举行度戒、打斋、还盘王愿或香火愿时，由二至六个妇女在场中伴唱。每坛事唱一首，师、道公各十二三坛法事共唱二十多首。各首句数不一，一般十句、十六句，最少的八句，最多的有三十句。歌的内容按动鼓、遣功曹、招兵、送章、清圣、破狱、破亡灵上龛堂、行朝、炼度等法事要求编排，撮其精要，召示神灵。兹摘《师招兵歌》一首，以见一斑。

发布架桥仙人路，桥头桥尾向堂门。
金桥架过桃源洞，银桥架到马明乡。
招兵架桥还愿府，手拎白米请灵神。
请得灵神寻桥到，饱满不送各自回。
饱满不送各自退，赦福金银能②雨流。
赦福金银能雨落，师主平同③万样良。

②神唱。神唱是唱述神的来历的歌。由于师公所敬的神很多，因而神唱在师公经典中占的篇幅很大。其歌七字一句，颇押韵，内容富于故事性，兼用比喻、夸张等修辞手法刻画形象。除了宗教、历史价值外，还有一定文学艺术价值。兹引《九郎唱用》中的数

① 埂蟹：螃蟹。
② 能：像。
③ 平同：平安。

句，借见一斑。

人娘三十有男女，我娘二十断花根，
三月初三踏青草，我娘移步入花林，
只行①踏着仙人骨，当时六甲上娘身，
人娘怀胎九个月，我娘带我得三春，
带我三春不降下，入幅罗裙不过身，
走到碧花根底下，生下九郎自如银，
生下九郎无水洗，五龙运水洗吾身，
头上洗出金容帽，身中洗出丝罗裙，
左膊洗出莲花朵，右膊洗出一朵云，
脚踏乌龟为生焘，手执邪魔钗九斤。

## 二、民间艺术

（一）美术

十万大山瑶族的美术与绘画艺术仅见于版画、雕刻、水彩画和剪纸。

1. 版画

版画使用于宗教娱神。举行宗教仪式时，师道公把神、动物的形象画在刨平的木板上，然后用刀具按线雕成图画，再用红药水把它印在纸上，就得他们所需的图像。这些版画线条清楚，形象生动，有一定的艺术感染力。

2. 雕刻

雕刻一般见于用具和建筑物上。用具上的雕刻，多见于男子常用的东西如水烟筒和猎枪的木柄上。图案一般取材于花草或动物形象，他们认为在枪托上刻上动物的形象，动物的灵魂被枪的魔力锁

① 只行：出行。

住，这样这枪支就可以多打得一些猎物。

3. 绘画

山子瑶会绘画的人极少。画的像主要是神像。山子瑶画师善于使用不同的颜色刻画不同的神鬼形象，用以表现不同的宗教故事。如一幅天堂、人间、地狱图，所画的是一个人死后灵魂被关在地狱里，三年后肌肉解化，灵魂在阎王的引导下来到奈何桥。如他生前是做好事的，天使就接他过桥，经过阴间师父送到天堂过仙人的生活。如他生前作恶多端，灵魂从奈河桥上跌落奈河中，那里有牛头马面鬼使等候着，将他带进十八层地狱，经受油炸、火烧、剥皮等数不清的酷刑的折磨，并且永远不能升天当仙人。画图分别用红黄绿黑等色绘制，各色神形象鲜明。还有一幅盘王的半身像，作者把盘王画得色彩鲜明美丽，人物面目清秀英俊，头戴皇冠，一派堂堂正正的皇帝像。

4. 剪纸

剪纸比较普遍，但都是男子的事，和绘画一样，创作剪纸作品也是为宗教祭祀服务，如旧历七月十四人们要剪制一些小纸人作祭祖用。山子瑶的剪纸艺术，由于从事该项工作的人比较多，其艺术水平高一些，剪出来的人物和动物的形象比较生动，能给人以美的享受。

（二）工艺

山子瑶的工艺品主要有刺绣和编织。

1. 刺绣

这是妇女们很普遍的一种手工艺活动。山子瑶妇女根据需要，用各种颜色的丝线直接在一块台布上绣出各种花纹图案。绣出的图案颜色和谐，明暗清楚，色泽艳丽，十分精美，且其工艺之精细，在一幅完整的图案上很难找到一针一线的差错。图案的边缘、中心从线头到线尾十分严整。刺绣品的图案花纹多取材于花、鸟、虫，鱼、太阳等自然景物，并具有各自的象征意义。如妇女头帕中间绣上太阳，周围绣上星辰和各地花卉，表示阳光下百花盛开，寄托着人们对幸福的追求。小孩子帽上的图案男女不一样，女孩帽上绣葵花，表示女孩像花一样美丽。男孩帽上绣水波和万字的图案，象征吉祥和幸福。

2. 编织

编织主要是编竹具。山子瑶选用不同颜色的篾经过精工细作，编织出一些图案精美的竹器，如小篮子等。

（三）舞蹈

山子瑶的舞蹈主要是一些乐神舞。以宗教形式分，有师公舞、道公舞两种；按内容分，则有功曹舞、历神舞、行罡舞、开尖舞、坛前舞、双龙舞等。

1. 师公舞

群众称之为“跳神”。每当瘟疫流行或久旱无雨时，山子瑶举行“跳神”仪式。跳师公舞的都是一些师公。师公舞有室内和室外进行之分。在室内进行的，师公们手持长剑，四方挥舞，舞蹈动作粗犷有力，中间还夹有不少武术性的动作，如表示要驱赶某个魔鬼的时候，舞者就表演同这个魔鬼对打武术。师公舞有单人独舞和多人舞。多人跳的舞，中间插有“呼呼”的喊声，为了制造气氛和表达情绪，表演者戴上该神鬼面具。在室外进行的主要有扫寨之类的节目，表演者手持道具边走边舞，挨家挨户东扫西赶，最后把“鬼”赶到社庙里“关”起来。

瑶族信奉盘王为民族神，传说盘王是为平王平定高王的一位英雄。战后它不受皇帝的封官，带着妻子——皇帝的第三个女儿到会稽山居住，后来在山上打猎被山羊触下悬崖而死，儿子们把山羊打死剥下皮，蒙在空心木上做成长鼓，在祭灵时敲着长鼓而舞。山子瑶把祭祀盘王的活动称为“跳盘王”，又称为“长鼓舞”。“跳盘王”一般选择在每年冬季的十月以后进行。舞蹈场面热烈隆重，有的要持续七天七夜。舞者有24人，节目有二百余项，有歌有舞，舞者跳完一个节目就坐下来唱，有时边歌边舞，唱词内容都是传说中人物的经历。表演时，歌舞者除了敲击长鼓外，还使用铜铃以及锣伴奏。

“跳盘王”时，有的节目内容比较原始，如打猎舞表演进山打猎，由人分别扮演猎人和野猪，演出时猎人在山上寻找野兽，突然发现一头野猪在林中撬泥土找东西吃，就持枪猫腰接近，最后把野猪打死。扮演野猪者的舞蹈动作是模仿野猪找东西吃的动作，猎手的动作也是直接取自猎人打猎的动作，形式上朴实无华。除打猎舞外，还有表演砍山耕种、伐树建屋等舞蹈，表现瑶族古代的生活习俗。

2. 道公舞

主要见之于道公的醮斋仪式。形式与师公舞有区别，它不带面具，跳舞的地点就在道场上，看上去没有师公舞那样粗犷，显得斯文一些。如玄中舞是一个独舞，表演者双手握木笏在胸前举起与脖子平齐，每向前一步都稍蹲一下，向前三步即向左边转 90 度往前舞，走 12 步之后即转 360 度，回到原位，再举木笏齐头。每步一拜，三步三拜走到神台前。此时鼓钹节奏加快，舞者向神台深深躬拜至乐器声终止才起身到旁边的凳子上休息。

山子瑶舞蹈风格纯朴，刚柔相间，腿部动作较多，头和手的动作少，步子移动的幅度较小，一般以双人舞较多，众人跳的少。

（四）音乐

山子瑶爱好音乐。器乐有锣、长鼓、普通鼓、钹、铃、牛角等。长鼓鼓身用泥烧制而成，长仅二尺左右，两头蒙皮，一头大一头小，类似壮族蜂鼓，而不同于瑶族一般使用的木制长鼓。锣、钹、铃均是从山外壮、汉族处买来。这些乐器仅在师、道公祭神时使用。师公跳神时口唱喃神歌，旁有一人敲锣与长鼓发出“扯哨啱……扯哨锴……”的响声为之伴奏，道公则用普通鼓与钹伴唱。

声乐体现在歌谣中。山子瑶乐神歌有各种不同的曲谱，其中有些歌谣从形式上看颇类似我国古代的词牌，疑其当有特别的乐谱，惜乎已无人会唱。兹择数段如下，借见一斑：

正月来了春季起，官打春牛，百姓犁地；
犁地换把耙换齿，郎供情娘，换新头被。
二月来了二月二，要看百花，到处山都是，

担粪雍禾上不起，担粪雍花，发满天地。
三月来了踏青草，青草青青，知踏哪条好；
小姑出来无烦恼，六嫂出来，男女哭曹曹。

民歌亦有一定的曲谱。其歌多顿挫反复，又多拖腔，一首七言四句的山歌，上节（头二句）按25455的字数唱，下节按25453字数唱。曲子亦按要求回旋反复。下举一首山歌说明。

| | |
|---|---|
| 一送胜花遇州府 | 退到龙州日日良 |
| 龙退龙堂能春水 | 妹今在后看空思 |
| 一送 | 2 |
| 胜花遇州府 | 5 |
| 退到龙州 | 4 |
| 胜花退州府 | 5（反复时尾加“条再”二字） |
| 退到龙州 | 4 |
| 日良日日良 | 5 |
| 龙退 | 2 |
| 龙堂能春水 | 5 |
| 妹今在后 | 4 |
| 龙堂能春水 | 5（反复） |
| 妹今在后 | 4 |
| 看思空看思 | 5 |

上面这首歌加上曲子，其唱法如下：

**开启歌**

D=C　5/4

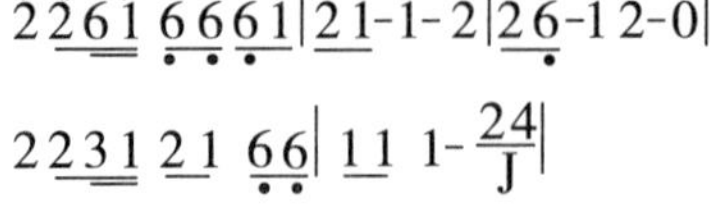

# 瑶族传统文化变迁论[①]

人类学家认为：文化是人类用以解决其成员所觉察到的生存问题的一种手段。各种文化制度，诸如亲属与婚姻、政治与经济组织以及宗教一起紧密配合，便形成一个一体化的文化体系。由于这一体系是适应性的，因此它相当稳定。“但文化的变迁也确实在发生”，“变迁是所有文化的特点，但变迁的速度与方向，在文化与文化之间，时代与时代之间，却有很大的不同。”[②] 今天，随着时代和环境的变化，瑶族传统文化已经发生和将要发生急速变化，故作《瑶族传统文化变迁论》，以探讨瑶族传统文化变迁的原因、途径和方向而求教于学者同仁。

## 一、变迁概况及问题

最近数十年是瑶族传统文化急剧变迁的时期。瑶族——这个历史上由于经营刀耕火种农业“食山过山”而被称为“过山瑶”的民族，在它的祖居地中国，由于人民革命的胜利结束了迁徙不定的生活，从过山走上了定居；在它的祖居地之外的那一部分，开始是明清时期从中国迁徙到越南、老挝、缅甸、泰国等东南亚国家，到了20世纪70年代中期以后，由于柬埔寨战争的压迫，其中一部分又分别迁到了美国、加拿大、澳大利亚、法国，从而由“过山瑶”变

① 本文是提交1988年11月湖南郴州国际瑶族研讨会的论文。

② ［美］威廉·A·哈维兰：《当代人类学》，第23章《文化变迁》，上海，上海人民出版社，1987。

成了“过海瑶”。

现在全世界的瑶族人口，据不完全统计，已超过两百万，分布在欧、亚、美、澳四大洲近十个不同国家和地区。这些国家有着完全不同的肤色和人种，不同的民族和文化，不同的地理环境、社会制度和意识形态背景。概要说来，除了生活在中国、越南、老挝这样不同的社会主义国家以外，尚有的生活在发展中资本主义国家，如泰国，有的生活在当今发达的资本主义国家，如美国、加拿大、法国等。这意味着这个直到前不久还保留着古老生活方式的民族在一切新老居留地都面临着生活环境的急剧变化。

世界上再也数不出有多少个古老民族在如此广阔的空间一下子面临如此众多的需要应付的新环境，发生如此众多的变化。在社会主义制度下，像中国这样的社会主义国家，瑶族传统文化的变迁是伴随着国家的政治生活和经济生活的变化走过了一段曲折的路程。最初是随着国民党政权的被推翻和人民政权的建立，以及清匪反霸、民主改革和社会主义改造的完成，瑶族解除了旧社会阶级压迫和民族压迫之苦，政治上开始当家作主，经济上由个体私有制或原始共产制残余跃入了社会主义集体经济，其后是由于“左”的思想抬头，尤其是发生了“文化大革命”这样的浩劫，民族工作被取消使瑶族的文化个性受到了压抑。粉碎“四人帮”，恢复了党的民族工作，瑶族的传统文化重新受到尊重。现在，随着改革开放政策的实施，瑶族传统文化由于整个国家传统的产品经济逐步向商品经济转化而面临新的严重挑战。像越南、老挝这样的社会主义国家，自四五十年代以来一直遭受战争的磨难，另一方面，其社会主义受苏联模式的影响，生活于其中的瑶人备尝外来干涉者和本国统治者推行的大国霸权主义、区域霸权主义政策酿造的种种苦果，民族生存受到威胁，传统文化不受尊重。在资本主义类型的社会，像泰国这样的发展中国家，有消息说明，近十年来，随着国力的增强，该国政府正采取措施对北部山地民族地区进行试验性开发，现代化之风随着各项开发计划的实施，如公路的修通、泰文学校的设立、种植园的开辟和定居村落的出现、现代交通工具和电器生活用品的采用而进入了瑶人村寨。在美国这样的西方发达资本主义国家，该国一万多瑶人分别进入了资本家的农场、工厂做工，或在码头搞搬运。青少年按规定被送进学校接受十年义务教育，学习西方语言和历史文化。在美国这样高度商业化的社会里，一个原来经营初农经济的民族一下子变成了企业主的雇佣工人，生活方式的剧烈改变以及由于谋生的困难而必须学习英语，使瑶人感到民族和文化个性有被统治文化同化而丧失的危险。上述事实说明，最近数十年间，瑶族传统社会到处都遇到了挑战，到处都发生了变化。尤其是近十年来，瑶族传统文化变迁的速度加快了，而快速变迁的到来，除了越南、老挝的瑶人外，其他世界各地的瑶人——无论是生活在中国的或生活在泰国、美国、加拿大、法国的瑶人，传统文化都面临着现代化的严重挑战。

现代化像一股洪流，在近现代历史上曾经冲决了不少古老民族的藩篱，改变了这些民族文化的面貌，现在它又在拍击瑶族传统社会的大门。无论在现代化刚刚起步的中国，或已建立资本主义现代文明的西方工业社会，瑶族——这个按古老方式行事的古老民族，不是感到难以适应现代化进程，就是在现代生活中遇到了种种麻烦。来自我国各瑶族地区的报道表明，党的十一届三中全会以来，尽管经济得到了较快的恢复发展，人民生活有一定程度的改善，但数字显示出瑶族地区经济发展速度远低于汉族、壮族等先进民族地区，差距有拉大的趋势。存在的一些普遍问题是，瑶族地区财政困难，人民的温饱问题未完全解决，需要国家给予照顾和帮助，但另一方面又是有钱不会花，有资源不会用。瑶胞视平均主义、重义轻利、轻商鄙利为祖传美德，安于日出而作、日入而息、男耕女织、自给自足的田园山林生活。暇则游于山野，采集狩猎，发现兽迹，必穷追不舍，不思积累扩大再生产，不乐意出远门，不乐意送子读书，不乐意参军当干部，不乐意经商做生意。然而改革、开放政策推动着周围民族迅速发生变化。瑶族地区这种封闭落后的状况必不能长久维持下去。瑶族如不思急起直追，赶上走在前头的民族，后果不堪设想。因此，现在确实到了探讨瑶族传统文化为什么会出现变迁，以及怎样变迁和沿着什么方向变迁的时候了。

## 二、变迁的原因和途径

人类各民族的文化既有个性又有共性，瑶族文化虽然有自己的个性，但它的变迁不可能不受到人类文化的一些共同法则约束。

最近数十年间为什么瑶族传统文化会发生迅速的变迁呢？研究表明，发生这些变迁是有着极为深刻的社会历史原因的。

正如许多人类学家所指出的，从20世纪初以来的百余年，是世界各民族文化发生剧烈变迁的时期。这种剧烈变迁是和资本主义的发生发展密切联系在一起的。资本主义的发展引起了向海外殖民的需要。帝国主义的侵略扩张把亚、非、拉广大地区变成了殖民地附属国。殖民当局的野蛮镇压和残酷掠夺破坏了这一地区尚处于前工业社会的众多殖民地半殖民地国家和民族的传统社会和文化，改变了它们各自的历史进程，同时也引起了普遍的暴力反抗和人民革命。导致各种文化变迁的原因和途径，既有由发现、发明引起的变革，也有因征服和传播产生的变化，同化、涵化、暴力革命无不使传统社会旧貌换新颜。

在这种背景下，瑶族文化发生了什么变化呢？众所周知，中国自1840年鸦片战争后逐步沦为半殖民地半封建国家。正是列强的侵略和由此引起的人民革命改变了中国历史的进程，同时也改变了瑶族的历史进程。同类事件还发生在有瑶族居住的越南和老挝。因此，瑶族传统文化的变迁实不自今日始。

由于时代和环境不一样，瑶族文化变迁的原因和途径也不一样。在20世纪50年代以前，由于中国是个半殖民地半封建国家，帝国主义、封建主义、官僚资本主义三位一体的侵略、征服、压迫和同化，是瑶族传统文化变迁的主要原因和途径。笔者1981—1983年在十万大山调查发现当地部分瑶族自清同治年间因法国传教士的传教而改信天主教的案例，以及清末和国民党时期在各处瑶山建立统治机构，实行强迫同化，由此引起了瑶族地区社会组织和阶级关系及生产方式的变迁，都是典型例子。此外，文化因子传播，如粉枪以及布匹、火柴、煤油、铁钉等西方产品于这一时期传进瑶山，也是引起瑶族传统文化变迁的原因。由压迫而引起的反抗和革命，如瑶民子弟参加太平军、辛亥革命，1933 年桂北瑶民起义，瑶族人民参加共产党领导的各时期革命斗争，都使瑶族人民接受了新思想、新观念，也是导致瑶族传统文化变迁的重要途径和原因。

20 世纪 50 年代以后，在中国瑶族地区，由于推翻了三座大山的压迫，建立了人民政权，瑶族文化的变迁主要是自上而下贯彻党和国家的方针政策引起的。其中许多政策措施是符合瑶族地区客观需要的，受到瑶族人民的欢迎，如清匪，生产救灾，建党建政，大力培养瑶族干部，实行民族地区域自治，帮助瑶族地区因地制宜发展经济文化。包括发展语言文字，整理发掘民间传统文化（文学、艺术、医药等），民主改革和初期的农业互助合作运动，目前在瑶族地区实行的各种生产责任制，扶贫，发展商品生产等等。这些政策的贯彻有利于瑶族文化个性的发展，有利于瑶族发展繁荣。也有不少政策出发点虽然好，但严重脱离瑶族地区实际，不受瑶族人民欢迎，如大跃进、人民公社化运动、民主改革补课、“四清”运动，其结果是破坏了瑶族文化个性的发展，阻碍了瑶族的繁荣进步。还有一些方针政策引起的运动，如“文化大革命”、“农业学大寨”被阴谋分子利用来对瑶族实行封建法西斯主义的民族压迫，给瑶族地区造成灾难性的后果，受到瑶族人民的强烈抵制和反对。由发明、发现引起的变革，以及新文化因子的传播和接改，也是 50 年代以来瑶族传统文化变迁的主要原因和途径。如农业上许多良种的培育成功和新耕作技术的推广运用，化肥和农药的使用，各种土特产品的新的栽培加工技术的发明、使用和推广，工业上电力的使用，新布料和新服饰的生产销售，新的房屋建筑术和新的交通工具的运用，都或多或少地改变了瑶族的传统价值观念和行为模式。

值得一提的是，自20世纪50年代以来，由于共产党和人民政府废除了阶级压迫和民族压迫，实行各民族平等团结和共同发展繁荣的政策，瑶族的地位有了很大的提高。由此出现了瑶族文化与其他民族文化互相影响、互相改进的文化变迁新途径。这种变迁方式在西方人类学中称为“文化涵化”（acculturation）。“文化涵化”又可译作文化移入或文化潜移，在英国则称为“文化接触”（cultural Contact）。其特点是：“（1）涵化过程是一个温和的渐进的文化传播、影响过程，它表现为两种文化、多种文化间的交流、影响，它不至于引起文化间的剧烈的冲突与对抗。（2）涵化作用是对双方而言，既不像同化那样倒向一边，又不抗拒那样分立。它的结果应该是促进双方文化的共同发展，或共同发展而形成一种新文化。”① 目前在我国瑶族与其他民族的文化涵化现象，可举出的例子主要有文学艺术、医药卫生、传统节日及民间体育的相互交流和影响，如汉、壮族传统文化艺术形式传入瑶族地区为瑶族吸收，和瑶族的传统文化艺术形式传入汉、壮族地区被汉、壮族接受。其他文化领域的涵化现象尚属少见。尽管文化涵化或民族融合现象在我国目前仅处于开始阶段，但它符合各民族共同发展繁荣的方向，值得鼓励发扬，学者们应加强研究。

最近数十年，居住在中国以外的各国瑶族，其传统文化的变迁，有的是经由战争、征服和同化的途径实现的，如居住在越南的瑶族因战争被迫向老挝、泰国迁徙以及由此产生的文化变迁，如美国瑶人所发生的文化变迁。这种在异文化强大影响下发生的变迁，实际是一种民族同化现象。目前，无论在美国或在东南亚，我们尚未发现瑶族与其他民族间的文化涵化的例子。将来是否会有，当拭目以待。

---

① 张孟等：《人的创世纪》，289～286页，成都，四川人民出版社，1987。

总之，从瑶族的实例来看，不管人们愿意与否，文化变迁是确实出现的。因此，问题不在于文化要不要变迁，而在于文化怎样变迁和朝着什么方向变迁。

## 三、变迁的方向

现在来谈论瑶族传统文化的未来变迁方向似乎为时过早，这不仅因为过去数十年间瑶族传统文化的变迁往往发端于不同阶级、集团的动乱冲突即受外部力量的左右，不完全操之于瑶人之手，还因为瑶族现在已分布于如此广阔的空间，有着这样复杂的环境和背景，使得这个民族的未来前途变得更加难以预测。但也正因为如此，使人类学家和民族学家基于职业道德而对这个民族的未来命运的研究产生了某种紧迫感，同时也使人类学家和民族学家们有机会以极大的兴趣在极为广阔的空间和极其复杂多变的环境下，对同一民族的文化变迁方向进行多视角研究。因为这种机会是少有的，我们的研究如果获致某种结论不啻是对科学的重要贡献。

谈论一个民族传统文化未来变迁方向的一个必然前提，是这个民族及其文化个性依然存在，这是不待说的。瑶族在历史上创造了色彩斑斓的文化，尽管这个民族的文化经历了许多变迁，目前尚未失掉个性，它遇到了严重挑战，这使我们对它未来命运的研究具有价值。人类学、民族学经过一百多年研究积累起来的丰富知识，也使我们现在讨论保护一个民族的文化个性使它免遭灭亡具备了一定的信心。

正如本次会议的议题和本文前头所提到的，瑶族目前所遇到的主要问题是传统与现代化的矛盾。根据以往的经验，尤其西方殖民时代的经验，现代化往往意味着民族和文化个性的消灭，因为这种现代化意味着西化，加上现在在中国也很有一些人主张“全盘西化”，取消传统文化，这不禁使人对瑶族传统文化甚至对整个中华民族传统文化的未来命运感到担心。这种担心是可以理解的，但根据是不充分的。战后几十年形势的发展和人类学研究的结果表明，虽然生存和发展的需要是文化变迁的动力，但文明的发展绝不允许像殖民主义时代那样，用牺牲别的民族利益的办法来满足本民族的利益需要。用民族中心主义的尺度判断是非，凭借武力到处侵略扩张，可能暂能达到目的，招来的却是无限冲突。人类不同文化模式的存在有着极为复杂的背景。文化和族群不同，它不是靠弱肉强食、物竞天择的自然规律实现演化的。战后各殖民地的纷纷独立，第三世界的勃兴，再经过冷战时代到今天，世界由几个大国主宰的时代已经一去不复返了。当今世界已经越来越变得多极化，文化也越来越显示出多元主义的倾向。

在探索瑶族传统文化未来变迁方向时，有两个国家的瑶族传统文化变迁的动向似乎值得我们特别加以注意。这两个国家一是中国，一是美国。这两个国家都有瑶族，但社会制度和意识形态不同，两国瑶族目前文化个性仍然存在，足以引起人们的思考。中国是瑶族发源地，这里瑶族人口最多，共有160万，几乎占了世界瑶族人口的80％。中国又是社会主义国家，执行共产党的民族政策，保障各民族平等团结、共同发展。虽然目前在改革开放、实现四个现代化的过程中，包括瑶族在内的少数民族的发展与先进民族地区的发展差距有拉大的趋势，但这只是先富后富的问题，国家已经发现了这些问题，正在采取措施促进汉族和少数民族地区的互济互利、协调发展。中国在近代史上是个饱经忧患的国家，是中国共产党的领导把各族人民从水深火热中拯救出来。尽管目前在改革、开放中有“左”和“右”的干扰，但民心背向绝不会允许历史的车轮向后转。只要中国共产党的民族政策还在，包括瑶族在内的各少数民族的传统文化就有存在和发展的机会。

美国则是一个拥有当代文明的资本主义国家。在美国，我们目前所能看到的，是在资本主义商品经济的涵盖下瑶人正力图保留自己传统文化的个性。尽管产生这个文化的经济基础自20世纪70年代瑶人陆续迁入美国时就已不复存在。美国瑶人抛弃了在华南和东南亚维持了几千年的自给自足的火烧农业，被迫进入资本家开设的企业出卖劳动力，而且为了适应这种商业社会交往的需要又不得不学习英语——一种完全陌生的语言，和其他社交礼节。但另一方面可以看到美国瑶人开始组织起来，实现了由开始进入美国时的极为分散居住到目前在一两个州比较集中居住，加强了亲属网联系。他们还仿效其他民族的一些做法，成立美国大瑶人团的组织，下边设立分会，作为保护性工具。还在美国一些人类学家协助下创立瑶文，开办学校，对青少年进行民族传统教育。瑶人经常举办各种传统文化活动，如过年、婚礼活动、宗教仪式、文化教育讨论会、派人出国寻根探亲等，力图保持民族认同。值得注意的是，美国联邦政府和州政府对瑶人一般采取保护和不干涉的政策。只要瑶人不触犯法律和宪法，干什么事并不管他们；同时为了防止发生纠纷，禁止传教士进入瑶人社区传教。美国向来就是个多种族、多民族的移民国家，过去有一种观点把美国比作各民族的“磨盘”或“熔炉”。事实上，经过百余年的发展，这个磨盘和熔炉不仅没有把各民族的文化磨碎或熔化掉，反而随着移民的增多，它似乎越趋向于变成一个多元文化国家了。

人类学家的研究表明，在一个多极世界里，保留文化的多元性或许对人类更有好处。因为这不仅有利于各民族之间和睦相处，而且可以使世界更显得丰富多彩，有利于发挥各种文化的创造性和适应性功能，以应付各种复杂的环境。现代化不需要了吗，是需要的。人类出现在这个星球以来，追求崇高美好生活一直是鼓舞人们探索前进的动力，到了当今这个时代，追求现代化生活又成了各民族的崇高理想。但是，我们在奔向现代化时必须看准目标，并选择正确的途径。

从人类学的观点来看，有各种各样的现代化。现代化绝非只有一种模式。例如有美国的现代化、日本的现代化，还有刚起步的中国式现代化。从理论上说来，现代化必然意味着一些民族传统的丢失，但未必是全部传统丢失。正如传统是个历史范畴一样，现代化也是个历史范畴。美国原来是以西欧移民尤其是英国移民为主的国家，它向一切国家开放，实现现代化，又不失各移民文化传统。日本是以大和民族为主的国家，它善于向一切东西方国家学习，却又保持了大和民族的传统特色。因此，我们主张各民族在实现现代化的过程中，应当使民族传统适应现代化，同时现代化应当与民族传统结合起来。民族传统应当适应现代化，因为传统中有糟粕，也有精华。现代化必须与传统结合，是因为各民族实际情况千差万别。马克思主义认为，任何国家任何民族的现代化建设都必须与该国该民族的实际结合起来，才能为该国该民族所接受，变成该国该民族千百万人民群众的自觉行动。这里的所谓为该国该民族接受，用人类学家的话来说，就叫文化适应。人类学家认为，文化变迁有时虽然是痛苦的，但只要处置得当，又是可以适应的，因为适应是文化的功能。

瑶族传统文化有很强的适应性。瑶族在中国几千年历史中历经沧桑。它在其他民族的夹缝中游移迁徙，备尝统治者惩伐、同化和异民族歧视之苦，但却顽强地生存了下来。在这个过程中它吸收了先进民族许多优秀东西，从用具到文字乃至宗教信仰，但未失本民族文化传统，未失民族认同，成为日本民族学家竹村卓二先生所称的“典型客民文化”，无论迁移到哪里都能与当地政府及周围民族保持适当关系，又维持民族认同。① 现在它迁徙到了欧美各国，也不丧失民族特点。法国人类学家雅克·勒穆瓦纳先生说：“……瑶族的民族认同，在我认为是极强烈而又开放的，可以适应现代的世界。我曾参加了居住在法国和美国的瑶人的传统文化活动。我必须强调，在与生活的斗争中，环境与生产工具的改换并没有对他们的传统文化带来任何重大改变，传统文化把他们结合在一起，同时也刺激他们抵抗外来压力的强大力量。”②

---

① ［日］竹村卓二《瑶族的历史和文化》，绪论，东京，弘文堂，1981。

② ［美］乔健等：《瑶族研究论文集》，200 页，北京，民族出版社，1988。

雅克这番话无疑说中了瑶族传统文化的一些重要特点。一个民族总是要有点精神的。在中国，瑶族的民族认同感也是既强烈又开放的。自 1984 年全国瑶胞代表首次会聚南宁成立瑶族研究会和确定开展“盘王节”民族传统文化活动以来，瑶族研究和传统文化活动在各省区的各处瑶族聚居区普遍开展，直到本次大会的召开，表明瑶族有决心迎接新生活的挑战，也有决心捍卫和发展民族光辉传统。在中国我们还有党的领导和社会主义制度作保证，有马克思主义毛泽东思想的正确指引，有先进民族真诚无私的帮助，加上瑶族有了一支比较成熟的初具规模的本民族干部队伍和知识分子队伍，在未来的文化变迁中，是有希望沿着理想的方向前进的。

# 中国瑶族人口都市化与传统文化①

## 一、引言

人口都市化是现代化发展的必然结果，同时又必然促进现代化的发展，但另一方面也带来一系列新问题，如都市民族关系问题、传统文化与现代化问题。中国是个历史悠久的统一多民族国家。历史上从首都到省会、府城、县城，既是不同级别的行政管理指挥中心，又是大大小小的都市。近代以来，在一县之内，除县城外，又出现了一些人口三万以上的圩镇，习惯上也列入了都市。中国围绕上述都市而开展人口都市化的时间很长，瑶族进入都市的时间也比较早，而且有自己的特点，在处理民族关系及传统文化和现代化的关系方面有自己成功的经验，也有不足之处。

笔者承蒙邀请，参加在法国杜鲁斯市召开的第三届瑶族研究国际研讨会，十分高兴。现在奉上这篇文章，旨在对中国瑶族人口的都市化、瑶人的都市生活、其传统与现代化等问题作些初步的探讨。由于时间仓促，搜集的资料有限，文章错漏之处恐难避免，但冀抛砖引玉，继续交流。

## 二、瑶人的都市观及瑶人进入都市的历史

研究瑶人的都市生活，首先需了解瑶人的都市观及瑶人进入都

① 此文为出席在法国杜鲁兹市召开的第三届瑶族研究国际研讨会论文，原载《民族与民族观》，第一辑，南宁，广西教育出版社，1991。

市的历史。

众所周知，瑶人在中国历史上是一个以耕山、食山、过山，长期在山区刀耕火种、频繁迁徙而著称的民族。有的学者称之为“山地游耕民族”或“游农民族”，是形象恰切的。在中国两千多年漫长的封建社会里，由于封建统治阶级推行民族歧视和民族压迫政策，以及社会的、地理的原因，瑶人长期避居华南各深山老林，据险自保。山区远离时代政治、经济、文化中心的城市，交通闭塞，讯息难达，阻碍了瑶族的发展进步，同时还在很大程度上造成了这个民族的封闭心理和对外界的偏见。

研究一下瑶人的都市观念和地缘政治观念是颇有兴味的。在中国的古代史籍中经常提到瑶族先民“好入山壑，不乐平旷”①，“好山恶都”②。在瑶人的重要历史文献《过山榜》中记载着中央王朝的敕令：因瑶人始祖盘王为国立功，准令十二姓瑶人子孙耕山营生，蠲免身丁关役，天下山场，凡“离山三尺，戽水不上之地，山田山地俱系瑶人所管”，“刀耕火种，营（养）命活身”③，并记有种种关于禁止百姓（汉人）侵夺瑶民山场、强娶瑶女为妻的禁令和对违犯者的处罚。④ 笔者与姚舜安先生 1979 年 5 月在湖南省宁远县调查时，见瑶人诗中有“蜜蜂飞来千丈高，盘王子孙在山好”之句。⑤ 1982 年 12 月在广西上思县十万大山调查时，又见瑶人经书里有“坐朝又怕世界乱，儿孙后代怕当军；见过己（凡）多世界乱，见过己（凡）多官共军，如今斩山并种岭，万年欢喜在山心”

---

① （晋）范晔：《后汉书·南蛮传》。

② （晋）干宝：《搜神记》，卷十四。

③ 过山榜编辑组：《瑶族〈过山榜〉选编》，长沙，湖南人民出版社，1984。

④ 过山榜编辑组：《瑶族〈过山榜〉选编》，长沙，湖南人民出版社，1984。

⑤ 姚舜安：《湖南瑶族调查》，引民国《宁远县志》，载《民族研究集刊》（苗瑶专辑），185 页，广西民族学院民族研究所，1987。

的歌词。[①] 可以说，在中国两千多年封建社会里，瑶族不但是个山居民族，未曾有过自己的都市居民，而且他们似乎厌恶平原大都，而乐山不疲。这当然不是说瑶人在历史上不曾进过都市，或都市对瑶人生活未发生过任何影响，这样说未免把问题简单化了。

事实上，瑶人在中国历史上曾多次进入都市，都市生活对瑶人的影响在瑶人传统文化中也是随处可以找到例子的。

在中国历史上，瑶人多次进入都市，与都市居民有过不少接触，其方式有六。一是交换产品，如到都市出售沙板、南漆、棕皮、木器、草药以易盐米而经常进入都市，这至晚在宋元时期已见诸史载，明清时期记载更多。二是向封建王朝进献贡品和接受封建王朝封赠而进入都市。宋代瑶人著名领袖秦再雄，就曾被太祖“召至阙下，察其可用，推为辰州刺史”[②]。明初至明中期，两广瑶酋入京进贡受封的事例，见于载籍不少。[③] 三是瑶民起义攻城杀吏，曾无数次进入都市，并在都市作过短暂居留，如明代大藤峡瑶民起义曾几次攻占两广咽喉梧州，就是典型例子。四是被封建王朝镇压后，子女被掳掠入城。明代著名宦官汪直就是官军镇压大藤峡瑶民起义后被掳入宫阉割为宦官的瑶人子弟。五是读书求学进入部市。此外，也有为其他原因进入都市的，如迁徙中路经都市，年节组队到县衙拜年，近代个别地方的瑶人改信基督教任宣教士、修女进入都市。

中国历史悠久，都市化时间很长。瑶人在历史上不可能不受都市影响，瑶人的经书里经常提到中国的一些大都市，并有关于都市生活的种种描绘。在瑶人眼光里，都市是皇帝坐朝、官员食禄、商

---

① 张有隽等：《十万大山山子瑶社会历史调查》，见《广西瑶族社会历史调查》，第六册，南宁，广西民族出版社，1987。

② 《宋史·蛮夷》。

③ 黄朝中等：《广东瑶族历史资料》，南宁，广西民族出版社，1984。

人做买卖的大地方。因此，从本质上说，瑶人并不是厌恶都市，只是由于历史原因，他们无法进入都市生活而对平原大都产生某些偏见罢了。一旦有机会，他们并不排斥从山上下来进入平原大都生活。

1933年爆发的震惊中国的桂北瑶民起义，提出了“回南京去”、“到大地方种田去”的斗争口号，就是例证。

然而自古代以至近代，瑶人始终没有自己的都市居民，瑶人之进入都市生活，到现代史上的20世纪30至40年代，在个别商品经济较为发达的地区，才有个别事例发生。① 比较多的人进入都市生活，则是1949年中华人民共和国成立后的事情。

新中国成立后，共产党和人民政府为了贯彻民族平等团结政策，宣布废除民族压迫剥削制度，并采取措施帮助各少数民族发展政治、经济、文化建设，推动了各民族的现代化进程，同时也促进了各民族人口的都市化过程，瑶族的都市生活就是在这种背景下开始的。

各民族人口都市化是一个十分复杂的过程，它涉及生产关系、政治等上层建筑一系列深刻的变革，受到这些变革的制约和影响。从50年代初期起，我国瑶族的城市人口随着社会变革从零开始呈逐渐增加的趋势向前发展，关于各时期瑶族都市人口增加的具体数字，由于手头缺乏完备资料不能作出准确的统计。但大体趋势是：50年代初期，由于土匪暴乱，社会未安定，民族地区未全面推行民族区域自治制度，因此，瑶族进入都市的人口不可能很多。当时入城成为城市居民的瑶人，一般只限于武装革命斗争时期已经入伍因工作需要调入城市的极少数瑶族干部，和为了将来开展工作的需要而挑选入城培养训练的瑶族青年。广西当时有69个县有瑶族聚居点，每个点因需要有一两人进入都市工作或受培训，全广西也只

---

① 《民族问题五种丛书》广西编辑组：《广西瑶族社会历史调查》，第三册，《贺县、富川瑶族地区商品经济调查》，广西民族出版社，1985。

有一两百瑶人进入了都市。这虽然是个破天荒的数字，但如果按当时广西有约35万瑶人计算，每万瑶人中，仅有2.5至5.7个都市瑶人，其数量是很微小的。到50年代中期以后，随着城乡民主改革和社会主义改造的完成，全民所有制经济和集体所有制经济取代私人经济确立了主导地位，以及民族区域自治制度的实施，由于政治建设和经济、文化建设的需要，瑶人被以各种方式吸收入城工作，瑶人的都市人口才较为迅速地增长起来。这期间除了1960—1962年“三年经济困难时期”和“文化大革命”中后期因精简机关、压缩城市人口，瑶人都市人口数有所减少外，近四十年来，我国瑶人的都市人口保持增长的趋势，尤其是改革开放的十年，增长得更快。

据1982年全国第四次人口普查统计，广西仅南宁、柳州、梧州、桂林、凭祥、合山、玉林、贵港、百色、河池10个市（其中有些是后来由县改市）就有瑶族18297人，等于50代初推算的广西都市人口（以200人计）的91.5倍，占1982年广西瑶族人口总数（863407）的2.1％。这个数字尚未包括当时已经建立的金秀、都安、巴马三个瑶族自治县县城的瑶族人口，龙胜、防城瑶族与其他民族合建的两个联合自治县县城的人口，和广西境内其他有瑶人聚居的县城的瑶族人口，尚不能完全反映广西瑶人都市人口的总貌。另据1982年人口普查的分类统计，广西瑶族人口的职业构成，农林牧副渔劳动者占94.47％，不便分类的劳动者占0.01％，其余各类专业技术人员，国家机关、党团组织、企事业单位负责人，办事人员和有关人员，商业工作人员，服务性工作人员，生产工人、运输工人和有关人员六大项占5.52％。如果把农林牧副渔劳动者和其他不便分类的劳动者计算为农村人口，其余六项计算为城市人口的话，则可据这六项所占5.52％这个比数，计算出瑶族城市人口约为47600人，这是一个较为接近实际的数字。同时，我们还可以用这个比例数，推算出1982年人口普查统计的全中国1425100

个瑶人中，约有 7866552 人为城市人口。① 在拥有三亿城市人口的中国，瑶族城市人口数简直渺小而又渺小，但对于历史上从无城市人口的瑶族来说，又是一个可喜的进步。

## 三、瑶人进入都市的途径和都市瑶人之结构与分布

都市是现代化的产物，各国人口的都市化由于背景不同，经历的途径不一样。西方资本主义竞争造成农民破产流入城市寻找工作，在传统的农业社会转化为工业社会的过程中，促进了人口的都市化。中国的情况不一样。新中国成立前处于半殖民地半封建社会，人口都市化曾走过类似西方资本主义国家的路子，但这个过程在 1949 年人民革命胜利后已经结束了。而且就中国瑶族等少数民族而言，由于大多居住在边远山区，新中国成立前其社会发展虽然也受到资本帝国主义侵略的影响，但这不如内地汉族地区深刻。瑶族传统的自给自足的农业社会并未遭受破坏，农民流入城市谋生，成为都市居民的情况极为罕见。

中国是社会主义国家，在经济建设方面执行国家计划指导与市场调节相结合的政策，在民族问题上贯彻民族平等团结政策，给少数民族以扶持、帮助。在总的发展方向上，是通过国家和先进民族的帮助，实现各民族的四个现代化，达到共同繁荣发展。因此，中国人口都市化过程中在一定程度上要受到市场竞争的影响和推动，但不完全取决市场竞争的推动，在很大程度上要受到国家计划指导的影响。在中国这样一个人口众多，原来底子薄，资源又有限的国家，为了各民族人民的根本利益，实践证明，稳步、协调、持续发展是比较能行得通的好办法。

在国家计划经济指导和一定程度市场竞争的影响推动下，瑶族人口的都市化大致经历了下列几种途径：

（1）国家通过有计划招工、招干的方式，在瑶族地区直接招

---

① 黄贤林：《广西人口》，《广西人口》分册编委会内部印制，1986。

收部分农民，使之转为干部、工人进入城市工作。国家为了帮助少数民族发展，在招工、招干中，对瑶族和其他少数民族一样，划出比例名额，给予照顾。这是新中国成立以来，瑶族人口都市化的一条重要途径，迄今我国都市瑶人中经由这条路子进入都市的占有较大比重。

（2）国家采取提干的办法，或先送入干部学校培训再提拔使用的办法，将一部分瑶族农村基层干部提拔到城市中高一级岗位上使用。

（3）国家通过计划招生和毕业生计划分配，将一部分瑶族青年安排到城市工作。国家为了培养少数民族干部，对瑶族和其他民族一样，招生有许多照顾，瑶人通过这条途径进入都市工作的越来越多。

（4）国家武装部队在瑶族中招收兵员，退伍后一部分转业被安置在城市工作。

（5）国家在瑶族集中居住的地方建立瑶族自治县，其中有的县城就建立在瑶族聚居的村镇上，这些地方的瑶族居民从而转为了城镇居民。金秀瑶族自治县建立在金秀村就是一例。

（6）在城市工作了一定年限或获得一定职位的瑶人，在国家落实知识分子政策和干部政策中，其在农村的家属子女按规定获准将户口迁入城市。

（7）进入80年代后，在改革、开放政策推动下，一部分瑶人获准入城经商、做工，取得临时户口，成为“准城镇居民”。

此外，在市辖县、县改市的建置更改中，部分农村瑶人成为名义上的城市居民。

由于我国瑶人人口都市化的途径不同，在都市人口结构与分布上也有自己的特点。

关于人口结构，目前缺乏全国资料，但我们可以从广西的瑶人在业人口职业构成看出一般情况。

**广西 1982 年瑶族在业人口职业构成**

| 职业 | 各类专业技术人员 | 国家机关、党团组织、企事业单位负责人 | 办事人员和有关工作人员 | 商业工作人员 | 服务性工作人员 | 农牧林渔业在业人口 | 生产工人、运输工人和有关人员 | 不便分类的其他劳动者 |
|---|---|---|---|---|---|---|---|---|
| 占在业% | 2.09 | 0.51 | 0.58 | 0.29 | 0.26 | 94.47 | 1.78 | 0.01 |

上表系《中国人口丛书》广西卷根据《广西第三次人口普查资料汇编》整理而成。这个表虽然未划分瑶族都市和农村在业人口的职业构成，但从表中所列的八项来看，农牧林渔业劳动者占在业人口 94.47%，当主要系农村人口。不便分类的其他劳动其因不明具体所指，姑且算作农村人口，其他各项则大多数应当为城镇人口。

从这个简表可以看出，至 1982 年，广西城镇瑶族在业人口的结构与分布，排在首位的是各类专业技术人员，其余依次为：生产工人、运输工人和有关人员，办事人员和有关工作人员，国家机关、党团组织、企事业单位负责人，商业工作人员，服务性工作人员。这反映了在国家计划经济指导下瑶族农村人口向城市运动的规律。各类专业技术人员占的比例最大，虽然是因为其中包括了农村小学老师，他们属于国家编制在业专业技术人员，但不应算作城市居民。即便如此，各类专业技术人员中由于包含医疗卫生、文化教育、科学技术、文学艺术等领域内工作的专业技术干部，他们大多数在城镇机关工作，是新中国成立 40 年来经由各级各类学校培训后安排在城镇工作的瑶族技术干部，故占比重较大，是可以理解的。

至于表中“办事人员和有关工作人员”当指机关一般行政干部，“国家机关、党团组织、企事业单位负责人”指领导干部，“商业工作人员”当指商店营业员，“服务性工作人员”当指饭店、旅馆等服务性单位的工作人员。此四项中，前两项的比重远远超过后两项，而且后两项从业人员中根据我国惯例，有相当一部分是前两项即进城的瑶族领导干部和一般干部的家属子女。说明我国瑶族的都市人口中，领导干部和一般干部尽管少于各类专业技术人员和工人，但仍占有相当大的比重。同时，我们还注意到，表中对进入城市经商的个体瑶人和做临时工的瑶人未作专项统计，因为他们不属于国家编制内在业人员，同时，1982 年人口普查距 1978 年底党的十一届三中全会拨乱反正、贯彻改革开放政策的时间不久，入城经商、打工的瑶人不会很多。

从上述分析中可以看出，我国瑶族人口的都市化与西方资本主义国家农民破产自发流入城市大不相同。由于在社会主义条件下，瑶族地区建立了集体经济，瑶族农民即便不富裕，工作和生活仍有基本保障，不存在破产自谋出路的问题。同时在计划经济下，国家对城市发展和人口流动加以严格控制，防止农村人口盲目流入城市，瑶人自发入都市谋生、定居的就很少了。因此，迄今为止，我国都市中不存在美国、法国城市中的瑶人社区，也很少有自开商店做买卖或在其他商业性行业自谋职业的瑶人。瑶人绝大多数经由国家招工、招干、招生、招兵等途径进入城市工作，而且党政领导干部和一般行政干部占有较大比重，从事商业工作和服务性行业的人少。这反映了瑶人入城在很大程度上是国家为了培养瑶族干部尤其是党政干部的需要，这又是与我国过去贯彻落实党的民族政策，长期以来的侧重点主要放在培养瑶族党政干部以帮助瑶族当家作主管理内部事务，和参与国家大事、提高瑶族的政治地位有关。也从一个侧面反映了我国的都市长期以来，至少是对于瑶族来说，主要是作为行政指挥中心（最多加上文化教育中心）而存在和发挥作用，至于如何进一步发挥城市其他多种功能尤其是经济功能，对像瑶族这样长期处于封闭状态的少数民族，多方面请进来送出去，进行影响渗透，帮助他们接纳现代化，则可能考虑不够。

应当肯定，我国运用都市行政职能帮助瑶族等少数民族政治上的发展，这不但在过去的历史条件下是必要的、正确的，而且在今后还要加强，这是我国社会主义制度优越性的体现，西方资本主义国家在这点上难以和我国相比。但如何运用现代都市的经济功能帮助瑶族等少数民族发展进步，则需要研究改进。

## 四、瑶人的都市生活与传统文化

任何文化都是与创造该民族的居住环境以及在这种环境里形成的生产生活方式相联系的，当居住环境、生产生活方式改变时，会引起文化变迁。人类学、民族学的研究还证明，虽然文化变迁的现象在许多情况下，例如在后进民族的现代化过程中是难以避免的，一些旧文化因子的消失、新文化因子的产生甚至是必要的，但是，我们必须正确处理文化变迁现象，正确处理传统文化与现代化的关系，防止极端现象的发生，因为这是关系到一个民族生死存亡的大事，已经迁入都市、走向世界的瑶族，如何处理传统文化与现代化的关系，不能不引起人们的关切。

众所周知，瑶族在中国历史上作为一个山地民族，其传统文化的基本模式如刀耕火种、耕山狩猎，以及与此相适应的一套社会组织、伦理道德、风俗信仰等行为模式，都是与山地农业生活相适应的。新中国成立后，在实现四个现代化的过程中了凡是进入都市的瑶人，尤其是当干部工人的人，显然不能完全照原来的方式生活了。入城的瑶人因工作需要而分散到了许多业务性质不同的部门，对他们来说，等于完全脱离了传统的山地农业社会，离开了朝夕相处的亲人，进入了一个陌生世界。在这个世界里，从生活起居到周围的一切环境，乃至人际关系和价值观念，都发生了极大变化。开始时，尤其是50年代时，许多刚进城的瑶人都感到难以适应城市生活，或仅仅因为见不到亲人，不能打猎，过不上民族节日，语言有隔阂等方面的原因，而要求调动工作，有的干脆脱离单位跑回家，有的后来经做了工作又回到城市，或调动了工作，有的从此再没有回来。显然，这些情况的发生不利于瑶族现代化的进程，如果不实现现代化，对瑶族今后的发展、对这个民族在中国民族大家庭中的地位是不利的。为此，必须找到一种方法，既能帮助瑶族人口都市化，以适应现代化的要求，同时又尽量保持瑶族传统文化，特别是其中优秀的东西，使瑶族不至感到现代化对他们是一种威胁，使他们的传统文化丧失，使瑶族同化于另外一个民族，而是与此相反，是使瑶族重新振兴，跻于中华民族之林，与各民族共同发展繁荣。

这需要做好两方面的工作，一方面通过必要的学习培养，帮助进城瑶人改变观念，认识到进城是为了民族发展的需要；另一方面，对瑶族传统文化中优秀的东西，应采取措施予以保存发展，使之成为中华民族的优秀遗产，得到发扬光大。

我国处理民族问题的根本原则，是民族平等和民族团结，国家在实现四个现代化的过程中，十分注意尊重、保护瑶族的传统文化，采取了许多措施，帮助瑶族挖掘、整理、继承和发展本民族的优良传统文化。

第一，国家以宪法和法律形式宣布尊重各民族的风俗习惯和宗教信仰，禁止任何歧视少数民族、破坏民族团结的行为。居住在城市的瑶人，他们的风俗习惯一样受到法律的保护和尊重。

第二，国家宪法和法律确认，聚居的少数民族有权按规定建立民族自治地方，并有权根据自治地方的实际情况，发展民族文化教育事业。聚居的瑶族同样享有这种权利。

第三，国家设立民族大中专院校和专门的科研、出版、宣传机构，加强对少数民族传统文化的教学、研究、宣传、出版工作，并培养这方面的专门人才。瑶族传统文化的教学、研究和出版、宣传同样受到重视。专门人才的培养也受到重视。

此外，政府还提倡并推动民间广泛开展群众性的丰富多彩的传统文化活动，促进少数民族传统文化的健康发展，其中包括了瑶族传统文化活动的发展。

我国40年民族工作实践证明，对于像瑶族这样长期居住在山区、具有鲜明民族文化传统的少数民族，只要认真做好工作，就能逐渐帮助其实现人口都市化，而又不失民族传统。

我国瑶人经历了50年代转折期以后，已逐渐适应了都市生活，都市瑶人在不同岗位上为国效劳。他们熟悉自己的业务，工作胜任愉快，熟悉汉语文，有的还掌握了一门外语。他们一般居住在本单位宿舍区，下班后回到家里与家人团聚。虽然都市里由于客观条件的限制和其他原因，瑶人的传统文化活动不能正常开展了，他们讲本民族语言的机会少了，甚至许多人不穿本民族服装了，但他们并没有失掉民族传统。他们热爱自己的民族，爱得深沉，学会了用更加成熟的观点看待生活和工作，看待变革，看待未来的命运，并对生活充满信心。

由于工作上的原因，从1979年起，笔者先后到过湖南、广东、北京、云南、海南，以及广西金秀、都安、巴马、富川、防城、上思、上林、马山等许多有瑶人居住的县市，有机会接触在不同城市工作的瑶人，他们中有党和政府高、中级官员，基层官员，一般干部，工人，学者，作家，诗人，艺术家，工程师，医务人员，大、中、小学教员等。在交谈中，他们多数人对自己的工作和生活表示满意或基本满意。许多人在城市建立了家庭，50岁以上的人，妻子多是家乡瑶族妇女，在家里讲瑶话，孩子也会讲瑶话，年轻人多半娶其他民族女子为妻，城里瑶人每户一般有2～3人有工作，家庭收入中等，也有的瑶人妻子小孩还在农村，生活有一定困难。

城里瑶人多半是经过培养、训练进而安排工作的，一般都有中专以上文化水平。不少人是国家机关、党团组织、企事业单位负责人，或训练有素的各类专业技术人员，因而有较高的思想水平和业务能力。他们都有较强烈的民族责任感，被有关方面看作是瑶族代表人物工作生活在城市里。几乎所有的瑶人无论是血统、文化传统乃至日常生活习俗、思想感情或处事方式，都承认他们与山乡的瑶人有密切的联系，或受到他们的深刻影响。许多城市瑶人家庭常接待来自乡间的本民族同胞——生意人、卖药者、求学青年、入城开会或上访的干部乡民及本家亲戚朋友、村邻等等，互相沟通讯息，交换对工作和生活的意见。还有不少都市瑶人就在政府的民族工作部门，或民族教学、科研、出版、宣传、医疗卫生部门工作。他们不但了解本民族情况，而且熟悉党的各项方针政策，经常被派到瑶族地区检查指导工作，被授权处理一些政策性问题，或充当政府机关顾问，发挥参谋作用。因此，我国都市瑶人发挥着政府与瑶人之间的桥梁作用。党和政府的方针政策通过他们下达到瑶人社区里，瑶人对党和政府的意见通过他们上达党和政府机关，依靠他们，瑶族地区的各项现代化建设得以顺利开展。他们实乃中国瑶人社会主义现代化建设的骨干和中坚。

我国都市瑶人又是瑶族传统文化的研究者、传播者和捍卫者。都市瑶人虽然由于条件限制等原因不能经常开展传统文化活动，但只要有机会见面、聚会，例如每当本民族传统佳节，他们就举行宴会和歌舞会、座谈会，尽情欢乐，以示庆祝。有时，他们也回到瑶山参加一些传统文化活动。各地城乡举办的艺术节活动，也是瑶族舞蹈家、歌唱家和民间艺人大显身手的好机会。

上文提及我国政府为了弘扬各民族传统文化而专门设立了民族大中专院校、科研、出版和宣传机构。据笔者所知，全国瑶人中，至少有一百余人在各地各级的这类机构中工作，与其他民族的人员一起，从事瑶族语言、历史、古籍、文学、舞蹈、音乐、宗教、习俗、工艺、绘画等方面的教学、研究、出版、宣传工作，依靠这批力量，自50年代以来，共搜集有关瑶族传统文化的资料不下数千万字，迄今已出版《瑶族社会历史调查》、《瑶族简史》、《瑶族语育简志》、《瑶族文学史》、《瑶族〈过山榜〉选编》、《瑶族盘王大歌》、《瑶族风情歌》、《瑶族民间故事选编》、《瑶族服饰》、《瑶医验方选编》、《盘村瑶族》、《瑶族歌堂曲》、《广东瑶族历史资料》、《瑶族研究论文集》、《瑶族宗教论集》等20余种有关瑶族历史文化的专著和大批学术论文，挖掘、整理了大批瑶族民间音乐、舞蹈、工艺作品和传统文化体育节目，或搬上舞台，或制作成影视片，广播演出，受到各民族读者、观众欢迎。从事这方面工作的瑶人，不少人已成为专家、学者、教授，他们为传播瑶族传统文化作出了贡献，得到各界好评。

进入80年代后，随着改革开放政策的贯彻执行，一些人受西方文化的影响，开始否定传统文化；另一方面，在边远山区的农村，有的瑶族同胞思想还比较封闭，跟不上改革、开放的步伐。瑶族传统文化与现代化遇到了新的挑战。都市瑶人和瑶族研究学者感觉敏锐，经过酝酿讨论，在党和政府的支持下，于1983年11月在南宁广西民族学院举行首居瑶族“盘王节”庆祝会，接着又于1984年8月在南宁召开全国瑶族代表会议，经过协商，一致通过了以“盘王节”为全国瑶族统一的民族节日，和成立“瑶族研究学会”推进瑶族研究、瑶族地区四个现代化建设的两项具有十分重大历史意义的决议，并于当年12月6日至8日在南宁市举行全国性瑶族“盘王节”庆祝活动和“瑶族研究学会”成立大会。来自首都北京和湖南、广东、云南、贵州、武汉等省市的与来自广西各地、市、县的瑶人代表及瑶族研究工作者共两百余人欢聚一堂，表演了一百多个传统歌舞节目，充分显示了瑶族人民的创造力和凝聚力，以及弘扬传统文化、实现四个现代化的决心。南宁“盘王节”庆祝活动的举行和“瑶族研究学会”的成立，迅速推动了各城市乡村瑶族传统文化活动的开展，1984年至今，全国已有北京、昆明、梧州、百色、柳州等14个市、地、县、乡先后举办了23届“盘王节”庆祝活动，参加此项活动的瑶人超过100万，“瑶族研究学会”迄今已吸收会员近300人，其成员80%是有一定文化水平和调查研究能力的瑶人，并先后召开三次年会暨学术研讨会。都市瑶人通过自己的努力，弘扬了民族文化，振奋了民族精神，推动了瑶族地区四个现代化的发展。各地区的瑶族研究学会会员在学会的指导下，深入开展瑶族历史、语言、经济、文化教育、文学艺术、习俗信仰等问题的研究，提出论文，供决策部门参考。积极参与当地民族传统节日筹备、组织，瑶文试验推行，瑶族地区经济体制改革和教育改革各项实践活动。不少地区在开展民族传统节日活动时，不但组织传统歌舞节目表演，而且联合经贸、百货、供销、科技等部门，结合开展物资交流、百货购销和科技宣传活动，或组织参观、座谈活动，促进先进经验的推广和商品经济的发展，受到瑶胞们的欢迎。从广义的角度看问题，这也是瑶族人口都市化与传统相结合的历史进程的一部分。

## 结束语

1949年中华人民共和国成立后，我国瑶族结束了两千多年无都市居民的历史而开始有数万人进入都市生活，这是一个历史性的进步。但我国瑶族人口都市化只是万里长征走完第一步。目前都市瑶族人口偏少，从业结构和分布不尽合理。国家编制内的工人、干部（包括行政干部、专业干部）较多，而厂长、经理等企业家少，同时缺少一般都市居民及其他从业者。这是符合迄今为止我国像瑶族这类少数民族的人口都市化一般进展规律的，但可能不利于这类民族今后的发展。

我国帮助瑶族实现人口都市化，而又使都市瑶人不丧失传统，这有助于说明，只要一个国家采取正确的民族政策，是可以帮助一些民族解决传统与现代化进程中的矛盾和摩擦的。同时也说明，在现代化进程中文化变迁的现象虽然难以避免，但传统文化又具有适应功能。只要居于主导地位的民族不是出于自私的目的，并借助外力去消灭一种文化，而是采取真诚的态度帮助其他民族发展进步，那么创造该文化的民族也能逐渐适应新环境，创造出新生活、新文化而又不丧失其优秀传统，做到传统与现代化的有机结合。

我们曾经说过，瑶族的传统文化具有很强的适应功能。① 有的人类学家也认为瑶族是个有强烈民族认同感而又开放的民族。② 我国瑶人能进入都市而又不失传统的事实，再一次证实了这一观点的正确性。在现代化的新进程中，我们期望瑶人进一步弘扬民族传统，去夺取新的胜利。

1990年1月25—31日草写

1990年2月1—5日抄改

---

① 对于瑶族传统文化适应性，本人在1988年11月湖南郴州瑶族学术研讨会发表《瑶族传统文化变迁论》一文中曾论及。

② ［日］竹村卓二：《瑶族的历史和文化》，东京弘文堂，1981。［法］Jacqneslemoine，*YAO CEKEMONIAL PAININGS*.

# 瑶族研究的回顾与展望①

1988年10在金秀召开第二届年会暨学术讨论会以来，瑶族研究继续前进，成绩比较显著。首先是瑶族研究学术研讨会不断举行，学术气氛浓厚。1988年10月金秀会议结束以后，11月在湖南株洲召开了国际性的瑶族学术讨论会，1989年11月在云南个旧召开了国际性的瑶族学术研讨会，1990年6月在法国杜鲁兹市召开了瑶族研究学术研讨会，为召开和出席这些会议，会员做了许多工作。其次是会员勤奋著书立说，发表了一批新的研究成果。据不完全统计，自1988年金秀会议以来，先后出版了香港第一届瑶族研究国际研讨会《瑶族研究论文集》、《中国少数民族知识丛书·瑶族》、《自裤瑶社会》、《评皇卷牒集编》、《大瑶山风情》等专著及大型彩色画册《瑶族》。已经定稿和拟交付出版的还有《茶山瑶社会》、《历代瑶民起义》、《八排瑶社会》等专著，先后撰写了两百多篇学术论文和文章。对一个单一民族研究，两年内发表这么多成果是不多见的。不少会员还参加了《中国大百科全书·宗教》、《中国原始宗教资料丛编·瑶族》以及中国民间文学艺术五套丛书集成、中国少数民族古籍整理、国家地方志、《广西民族大全》、《简明民族词典》、《中国宗教神话大词典》等国家、地方大型辞书、丛书、工具书中有关瑶族部分内容的编纂，字数不下两百万言，其中已编定的约近百万言。第三，研究领域有所扩展，水平有所提高。除传

① 本文是作者在1990年11月富川县瑶族学术研讨会上的讲话，收入《瑶学研究》，第2辑，南宁，广西民族出版社，1992。

统领域历史、语言、文学艺术、习俗信仰以外，经济、教育、传统文化与现代化在这两年内逐渐成了热门话题，各支系社会历史的调查研究也有新的进展，已经发表的论著对瑶族的族源、迁徙、分布、文化传统（包括宗教、古籍、音乐、舞蹈、民族心理等）、经济发展等方面提出了不少有价值的新观点和新资料。如在宗教方面，广东民族学院副院长赵家旺同志提出新的看法；古籍方面，我们的老会长黄钰副研究员对《过山榜》的辑录校注作了很多的研究工作，提出了新的看法；舞蹈方面，贺县文化馆刘小春同志对瑶族的舞蹈进行收集研究，编纂了十多万字的瑶族舞蹈集成；民族心理方面，区民委副主任、副会长盘朝月同志这次到法国参加第三次瑶族国际研讨会发表了关于瑶族民族心理、民族性格的文章等等，填补了一些空白，引起了国内外学者的关注，有的还受到有关部门的表扬和奖励。第四，队伍继续扩大，新生力量加速成长。两年中陆续吸收了一批新会员，现在学会已拥有会员近三百人，还成立了云南瑶族研究会、广西盘王歌研究会等机构。青年研究人员增加比较多，发表的成果也比较多，从这次提交大会的论文可以看出，青年会员提交的论文最多。队伍的素质也有所提高。第五，坚持科学研究与教学相结合，为社会主义现代化服务这个方向也有新的进展，尤其是瑶族语育文字、文化教育、医疗卫生、体育方面研究成绩比较显著。语言学学者编写出版了瑶文教材，试办瑶文大专班，培养瑶文骨干，举办瑶文试验班推广瑶文。取得了新的成果，《瑶医效方选编》的编纂出版就是瑶医研究的新的代表性成果。传统文化艺术、体育的发掘、整理、研究，为建设社会主义精神文明，促进文化、体育事业的发展，提高瑶族人民的身体素质，活跃文体生活作出了贡献。第六，积极开展国外学术交流，为促进我国改革开放作出了有益的贡献。两年中学会顾问、会长、副会长、理事、会员有四批共 20 余人，通过各种渠道先后访问了泰国、美国、法国、日本，参加学术会议或进行访问考察，同时，先后邀请了泰国、美国、香港、日本、法国、前苏联等国家地区的瑶胞或学者来我国参加学术会议或访问考察。通过交流促进互相了解，同时也向国外介绍了中国的民族政策和民族工作成就。

瑶族研究取得上述成果的原因，一是学会领导和广大会员坚持四项基本原则和改革开放，坚持“百花齐放、百家争鸣”的方针，推动不同观点的争鸣，活跃学术空气。二是学会坚持集体领导原则，发扬民主，正确处理好各方面的关系，搞好不同民族、不同支系、不同学科以及不同观点会员之间的团结。两年来，新学会班子每年都召开三到五次的常务理事会研究问题，作出决策。三是积积争取上级有关部门的支持和领导。学会的挂钩单位是区民委，我们经常向区民委请示汇报学会活动的情况、取得的成绩及存在的问题，并向广西社联汇报情况，参加社联召开的有关会议，取得支持指导。四是积极筹备瑶族研究基金，发展横向联系，解决学会日常活动经费，使学会的活动能够正常开展。

学会工作及瑶族研究也存在若干问题。研究经费与瑶族研究的要求距离较大，在国内外有影响的研究成果还不多。瑶族历史悠久，文化丰富多彩，现在已经是210余万人口的民族，又是个国际性民族，我们在瑶族研究方面取得的成果跟瑶族在国家及在世界的地位还不相称。对现实研究不够深入，配合瑶族地区四化建设还不够有力。虽然近年来研究瑶族现实问题，包括政治经济、文化教育、民族心理等方面发表了不少文章，但从数量上，尤其是从质量上及社会效益、经济效益来看，远远不能满足瑶族地区四个现代化建设的需要。这次笔者利用视察的机会，走了恭城、江华、连南、连山、富川五个自治县，应当承认，新中国成立以来，特别是党的十一届三中全会以来，瑶族地区政治、经济、文化教育的建设取得了巨大的成就。这是应该充分肯定的，但是确实也存在着许多问题。不论是干部队伍建设，还是瑶族地区的经济、文化教育都还处在比较落后的状态，有些地区没有解决温饱问题，有些地区刚脱贫，像富川的发展也刚开始起步。在四个现代化中瑶族遇到的问题是相当多的，由于历史的原因，现实原因，主观的原因、客观原因的影响，民族区域自治法规定的各种权力得不到充分贯彻，阻碍了瑶族前进的步伐，对这方面的问题，我们的研究很不够。队伍的素质尤其是青年研究人员的素质还不够高。国内外学术交流由于种种原因受到一定的限制，不能满足会员的要求。此外学会本身的工作，由于人力、经费的限制，也有许多做得不够完善的地方。1988年10月金秀会议论文集、11月郴州会议论文集尚未出版，和会员的通讯联系等方面也做得不够。

瑶族研究虽然存在一些困难，但是有利条件还是很多的。首先，由于瑶族是一个具有悠久历史和丰富文化的民族，在现代化过程中面临着种种问题，已经引起国内、外学者的关注，这就决定了对瑶族的研究是不会冷却下来的。第二，瑶族研究队伍已经初步形成，这是深入开展瑶族研究的基本力量，特别是青年研究人员的成长使瑶族研究后继有人。第三，各级领导支持、指导。第四，我们的会员，包括汉、壮族会员对瑶族怀有很深的感情，这是克服困难的主观条件。第五，有广大瑶族同胞的支持。如这次富川会议能顺利进行，就是富川瑶族自治县党政领导和全县瑶胞大力支持的结果。瑶胞的支持，是我们搞好瑶族研究的坚强后盾。此外，近年国际瑶族研究的空气活跃，法国会议后，国际瑶族研究协会已经决定1991年在泰国召开新的国际瑶族学术研究会，我方也已决定1992年在广西召开瑶学研究国际研讨会。展望未来，瑶族研究仍将保持继续发展的势头。

今后两年瑶族研究的任务，第一是积极做好迎接泰国会议尤其是广西会议召开的准备。在这次富川会议上，我们将就广西会议的时间、地点、主办单位、中心议题、会议规模等问题进行研究，提出方案，回去向有关主管部门汇报，作出决定。第二是进一步提高国内瑶族研究水平。要组织力量编纂具有较高水准、分量较重的专著，例如可以编纂《中国瑶族志》、《中国瑶族史》、《瑶族词典》等一类比较有分量、水平较高、能代表中国研究水平的学术专著。同时围绕这些重点项目出一批副产品，如支系研究，除已出版的《白裤瑶社会》，已编纂的《茶山瑶社会》、《八排瑶社会》外，还有布努瑶、蓝靛瑶、花蓝瑶、红瑶、花瑶、平地瑶，坳瑶等比较有特点的支系也可以编纂有关他们的社会历史、现状的著作。其他方面如有关瑶族经济、文化、教育、自治地方建设、习俗、信仰等也可以写专著。第三，加强现实研究。如对瑶族地区政治、经济、文化现实状况的研究，中国社会科学院及广西社会科学院制定1990年科研选题和八五社科计划都提到了要加强民族观研究，加强新中国成立40年来民族地区政治、经济、文化现状研究，民族区域自治研究、民族风俗文他变化的研究等。民族风俗习惯的现状如何？我们近年来发的文章，有的看了令人摸不着头脑，究竟讲的是历史还是现状，时间概念不清，有的则地域概念不清。正确研究、宣传一个民族，不但要研究她的历史，从民族的发展来看，还要研究她的现状。我们搞民族研究是为了帮助民族前进，必须密切瑶族研究与瑶族现代化建设的关系，发挥学术研究为现实服务、为瑶族现代化建设提供理论依据的作用。为此必须做好下列工作：

第一，要继续积极筹集瑶族研究基金。目前国家财政有困难，不能提供足够的研究资金，但瑶族研究不能停下来，我们必须自力更生，筹集一批款，以保证研究工作的顺利进行。希望会议结束后，学会理事、会员都去做好筹集基金的工作。

第二，要进一步搞好队伍建设，队伍要扩大。这次来开会的同志，未入会而又有兴趣的欢迎入会。要提高队伍素质，包括政治思想素质和业务素质。还要搞好团结，我们在金秀会议提出的三个团结，一是各民族研究人员要相互团结，二是瑶族内部各个支系要团结，三是各学科要团结，还可以增加一个不同观点的团结。中央提出稳定大局。没有大局的稳定，就不可能进行四化建设，就没有中国的前途，这是很有远见的。在学术研究方面，队伍也要讲团结，不要为了观点不同甚至是一些小事伤了感情。学术问题在不违背四项基本原则的前提下，提倡“百花齐放，百家争鸣”，不搞一言堂。同时，争鸣还争鸣，对事不对人，不要涉及人身关系。我们瑶族同胞尤其要注意这个问题，为了民族的前途，要有博大胸怀，欢迎大家来研究瑶族：即使有个别人开始时因情况不了解，提出了一些不准确的看法，只要不是故意歪曲、丑化，也要原谅。双方可以展开讨论，弄清问题，不要搞封闭，不要人家一说就不得了，更不要随意扣帽子。我们瑶族人有开放的传统，能适应现代化进程，我们要发扬这个优良传统，团结各民族一道前进。各支系是客观存在的，但都是瑶族，不要分彼此。青年人要提高政治素养和业务水平，使瑶族研究后继有人。业余研究人员要提高专业水平、理论水平，写出更多质量更高的文章，发挥学术成果的社会效益。

要组织好刊物和书籍出版。搞好舆论宣传工作，报道瑶族研究的进展及取得的成绩，让更多的人了解，扩大影响，争取外界支持。

# 瑶学研究的未来发展[①]

人类学家认为，人类学是一门以人类本身及其创造的文化为对象的科学。人类学成立一百多年来，广泛吸取了考古学、人种学、历史学、语言学、宗教学、民俗学等学科成果，形成了体质人类学、文化人类学、语言人类学等众多互相综合渗透的人类知识体系，为人类知识积累、科学发展和社会进步作出了贡献。综合人类一切知识和手段，探索人类及其创造的文化的发展规律，继承和发展人类一切优秀文化，促进各民族的和睦与发展，是人类学在当代面临的重大任务。

瑶族是个起源于中国、散布于世界各地的民族。瑶族在漫长的历史中创造的文化是世界文化宝库的一部分。根据已经确定的主题，我们这次会议将继续围绕瑶族历史文化、传统与现代化，包括历史、语言、文学、艺术、典籍、习俗信仰、政治、经济、教育及心理等，进一步展开讨论。希望各位专家、学者发挥自己所长，贡献高见，以俾瑶学研究有进一步的发展，并借以推动瑶族地区改革开放和现代化建设事业的进一步发展。

为了本次会议获得圆满成功，同时为了今后瑶学研究不断发展，我以为有几点应提出来与大家共同商讨。

第一，从本次会议起，今后瑶族研究应朝着建立瑶学的方向努

---

① 本文是作者1992年11月在贺县召开的瑶族研讨会开幕式上的致词，收入香港中文大学新亚书院1994年出版的新亚学术集刊第十二期《瑶族研究专辑》。

力，通过大家的共同奋斗，创建起瑶学这一民族学、人类学分支学科体系。正如大家所知道的，广西瑶族研究学会从1991年重新注册登记，已改名为“广西瑶学学会”。这一名称改变是广西社科联提出的。社科联提出改名是有其原因的，但是经过考虑我们同意接受改名；事实上，还在1984年8月全国瑶族干部代表在南宁开会，筹备成立广西瑶学学会时，即已提出能否创立瑶学的问题。但当时我们认为，瑶学能否创立，是要靠事实说话的，现在学会已冠上瑶学之名，就迫使我们迈出历史性步伐，为建立瑶学而奋斗。

我们认为，经过几代人的努力，瑶学的建立是有可能的。首先是，瑶族在漫长的历史发展中，逐渐建立和发展了具有十分丰富内涵的独特传统文化。其文化传统不仅表现在其独具特色的物质生活、社会历史发展、政治及社会组织、礼仪和交往、语言和文学、习俗与信仰中，还表现在其独特而丰富的历史典籍，包括神话、传说、故事、歌谣、宗教经典、一般民间历史文献（如过山榜、盘王大歌）等方面。其中包含的许多历史文化奥秘，至今还未完全揭开，有待我们继续努力。学科赖以产生和存在的根据，是独特的研究对象。瑶学以瑶族独特的历史文化为研究对象，这是它能够建立起来和存在下去的基础。其次，瑶族在中国历史上一直受到关注，至少自汉晋以来，有关瑶族的记述史不绝于书，迄今已产生了众多的学术论者和科学资料。前人已作出的努力和获得的丰硕成果，也是瑶学赖以存在和发展的客观基础。再次，瑶族是个国际性民族，瑶学研究也已成了一门国际性的学问。同时，在世界尤其是亚洲迅速迈向现代化的当前和今后一个相当长的历史时期，加强瑶学研究，帮助像瑶族这类具有独特传统文化的民族实现现代化，同时保留传统文化，已是一项十分紧迫的任务。最后，我以为，瑶学即使不能作为一门单独学科来创立，至少作为人类学的一个小小分支学科，类似区域民族学或单一民族文化学，即以某一独特民族地区或某单一民族独特文化为对象的人类学分支小学科，应当是有理由存在的。当然，区域民族学或单一民族学能否存在，必须以该地区该民族是否具有独特而丰富的文化为依据，而瑶学具有这样的内在依据，因此，它是应该成立的。

第二，今后的瑶学研究，在内容上，应在立足现实、疏通历史、掌握规律、着眼未来上多下工夫。所谓“立足现实”，一是立足现有研究成果，认真总结经验，以便继续前进，二是立足各瑶族地区政治、经济、文化发展现有状况。吃透现状，这既是搞好研究的需要，也是帮助瑶族实现现代化的需要。所谓“疏通历史”，就是要集中部分人力，对瑶族的起源、迁徙、分布、民族构成，以及各历史阶段的政治、经济、文化、教育、语言、文学、宗教信仰，包括历史典籍与各民族的关系等，进行更为系统、广泛和深入的研究，以便搞通和吃透瑶族历史。疏通历史不但是瑶学研究的需要，也是继承瑶族历史遗产，推动瑶族地区社会主义现代化建设和改革开放的需要。疏通历史的工作，不但是历史学的任务，也是语言学、文学、政治学、经济学、宗教学、民俗学、民族学、人类学的任务。瑶族在漫长的历史中创造的丰富多彩的文化，是中华民族文化和世界文化的瑰宝。迄今为止，我们对瑶族文化的研究虽然已经取得了丰硕成果，但还有许多问题若明若暗，弄不清楚，有些领域几乎还是一片空白。这种状况不但令做学问的人感到问心有愧，而且对瑶族地区深化改革、扩大开放也很不利。只有了解历史的人，才能更深刻地理解现实，把握未来。因此，疏通历史的工作，应当是瑶学研究的一项重要任务。所谓“掌握规律”，就是要在研究规律上下功夫。任何科学研究，都是为了弄清事物的客观规律，不是捕捉、堆砌一些表面现象。大家公认瑶族是一个既能保留传统文化，又能适应环境变迁的民族。其历史文化有些什么内在规律？弄清这个问题，才算是对科学研究，从而也对建设实践作出了贡献。光捕捉、描写、堆砌一些表面现象，是不能解决问题的。所谓“着眼未来”，意思很清楚，就是着眼于瑶族的未来发展，帮助瑶族继续前进，实现四个现代化，跻身世界先进民族之林，这是我们开展瑶学研究的根本目的和瑶学生命力之所在。

第三，在方法论上，要有继承和创新。一是坚持宏观研究与微观研究相结合。宏观上要站到中华民族以往历史和今后发展乃至世界历史和今后发展的高度来研究瑶族，微观要深入瑶族各地区、各支系、各个具体领域，收集大量具体而丰富的资料，做解剖学的工作，这样的宏观与微观相结合的研究，才能把握瑶族发展的脉搏。二是坚持多学科综合研究，运用各社会科学、自然科学的成果，实现学科渗透，配合攻关，突破难点。三是竖横结合，竖即竖向研究瑶族历史发展，横即横向研究瑶族各地区、各支系的政治、经济、文化、宗教各领域，相互配合，实现突破。四是运用比较的方法，一方面将各国各地区各支系加以比较，另一方面将瑶族与其他民族加以比较，这样多视角的研究，才容易看清问题。瑶族受汉文化影响较深，与汉族的比较研究十分重要。从某种意义上说，不弄清汉文化，瑶族的一些文化是很难弄清楚的。因此，开展比较研究，实在非常必要。五是在具体方法和手段运用上，除了传统的文献学、考古学以及民族学、人类学田野考察、直接参与等方法外，我以为社会学的统计法、问卷法、电子摄录分析等现代手段，亦宜斟酌运用。方法之于学问，就像桥梁之于江河。没有桥过不了大江大河，没有方法，学问也难以成功。人类学创立百余年来，流派纷呈，各流派都提出了自己的理论和方法，也都在某一领域作出了一定贡献。但经历过一定时期的检验后，学者们感到，仅拘泥于某一派的理论和方法，会有某种局限和片面。当代人类学家一般都趋向于互相借鉴，综合运用各种方法进行研究，这是有进步意义的。在座各位专家、学者都十分富有经验，关于瑶学研究的方法论问题，要不吝赐教，以促后学。

第四，提倡队伍的团结、合作和相互学习。瑶学研究需要有一支团结整齐的队伍，没有这支队伍，瑶学研究无法进行，这是近十年的实践证明了的。在金秀会议上，我们提出了三个团结，即不同民族的团结，不同支系的团结，不同学科的团结，取得了好效果。在富川会议上，又增加了一个团结，即不同学术观点的团结，也取得了好效果。在这次会议上，我们提出再增加一个团结，即与国外各个国家、各地区一切关心瑶族研究和瑶族发展进步的善良学者及国外瑶族同胞的团结。除了团结外，还提倡合作以及相互学习。瑶学研究是一项系统工程，没有学者的团结合作，这项工程是很难拿下来的。团结合作的前提是承认个人或部分人的力量不足。因此，相互学习，吸收别人的长处，是团结合作的必备条件。抱着封闭、自满的思想，或只见别人短处，不见别人长处，都搞不好团结合作。在党的十四大胜利闭幕，我国改革开放进入一个新时期的今天，我们不但要学习吸收国内各学科各位专家、学者的长处，还要学习借鉴国外各国民族学、人类学者创造和积累的人类一切有用知识，使自己丰富充实起来，才能为促进瑶学研究和瑶族地区的发展进步作出更多贡献。

1992年10月28日—11月3日

# 关于瑶族迁入越南的几个问题[①]

越南约有瑶族47395人（1989年调查结果），在世界各国瑶族人口中仅次于中国，居第二位。在越南54个民族中，按人口排列，瑶族居第九位。

在越南瑶族研究中，经常讨论的一个问题，就是瑶族何时、何地、由于何种原因从中国迁入越南，以及伴随迁徙，文化上发生了什么变化的问题。对这些问题，虽然有不少学者提出了很有价值的见解，但我认为还有进一步讨论的必要。

## 一、关于迁入的时间

关于瑶族何时从中国迁入越南的问题，目前比较一致的看法是，自明清迄于民国，历朝都有瑶族迁入越南。不同的看法是，越南有的学者认为瑶族于11至13世纪，即中国宋元时始迁入越南。[②]中国有的学者认为瑶族迁入越南的最早时间，是明朝永乐年间，具体时间是永乐四年（1406年）。[③]两种看法差距较大。双方的分歧点是：宋末元初，瑶族能否迁入越南？中国学者根据大量史料，认为瑶族在唐宋时期，主要聚居于湖南，部分居住在两广北部。元代，瑶族居住中心开始南移，明代时广西才成为瑶族主要聚

---

① 本文是作者1995年12月15日在越南太原市召开的国际瑶族学术研讨会上宣读的论文，原载于《广西民族研究》，1996年第4期。

② 陈国旺：《瑶人历史的几个问题》，载越南《历史研究》，1967（2）。

③ 范宏贵：《瑶族从中国进入越南浅读》，载《广西民族研究》，1986（4）。

居区。因此，13世纪时，瑶族不可能进入越南。[①] 越南陈国旺先生在《瑶人历史的几个问题》一文中，引据《宋史》的两条记载，即《宋史本纪》关于嘉祐五年（1060年）“秋七月癸巳，邕州言交趾与甲峒蛮合兵寇边，都巡检宋士尧拒战死之”，《宋史》卷332“会蛮瑶申绍泰入追亡者，害巡检宋士尧”的记载，并以《梦溪笔谈》中关于甲峒的记载考证申绍泰原姓甲，娶李公蕴之女后改姓申，证明瑶族宋代已迁入越南。[②] 对此，范宏贵教授正确地指出，细细研究宋史的记载，是有问题的，因为盘瑶和山子瑶中并无甲姓，也无申姓。[③] 我在此补充说明，中国史籍中关于民族称谓的记述，往往有张冠李戴的错误，瑶族和苗族、瑶族和壮族有时混称一气。例如《宋史》卷332《陆诜传》将侬智高称为“侬瑶”，所谓“蛮瑶申绍泰”的记载亦当属此类错误。总之，关于13世纪瑶族即进入越南的看法，目前确实缺乏充分根据。因为瑶族在宋末元初还未深入广西南部，史料上也还未找到这方面的确切记载。

但是，14世纪即元朝中后期到明朝初期，瑶族迁入越南的可能性是存在的。

根据是：第一，现属广西的钦州、防城港市地区，历来是瑶族进入越南的通道。

第二，据史料记载，元代中后期，这一带地区已有瑶人居住。如《元史·泰定帝纪》记载，“致和元年（1328年）四月，钦州瑶黄焱等为寇”。又《元史》卷28也记载“至顺元年（1330年）正月戊寅，瑶贼八百余人寇石康县”，即属此类。

第三，我与邓文通、李崇友先生于1982年12月至1983年1

① 黄钰、黄方平：《国际瑶族概述》，122～123页，南宁，广西人民出版社，1993。

② 陈国旺：《瑶人历史的几个问题》，载越南《历史研究》，1967（2）。

③ 范宏贵：《瑶族从中国迁入越南浅谈》，载《广西民族研究》，1986（4）。

月在上思、防城作田野考察时，搜集到一份越南瑶族（蓝靛瑶）带回来的又为上思及防城十万大山各村盘姓蓝靛瑶（山子瑶）公认为本姓宗支图的族谱上看到有这样的记载："盘月贤自福建省移居广西直隶玉林博白县可利四图排坪峒保竹甬村，承受吴姓之业……历数百年以前矣。"根据这份族谱记载，他们的世系是：盘月贤—盘文举—盘应相—盘应馨（元）—盘应文—盘应富—盘妙正—盘法延—盘玄合—盘云何—盘应全—盘道通—盘应绕—盘妙流—盘院起—盘云建—盘显华—盘道佳—盘法印—盘院七。十万大山盘姓山子瑶自始祖盘月贤至盘院七共二十代，以每代 20 至 25 年计算，已传五六百年。就是说，盘姓蓝靛瑶至晚于明成化年间（1465—1487 年）已移居广西博白县，后迁徙至十万大山，并进入越南。① 而十万大山蓝靛瑶都说，在他们来到十万大山以前，大板瑶已经到了十万大山。就是说，在迁徙中，大板瑶一般走在蓝靛瑶前头。换句话说，如果蓝靛瑶在明成化年间已迁徙到了博白一带的话，那么大板瑶有可能更早一些到达这一地区。因此，上述史料所记元代中后期瑶族在高州、雷州、钦州一带活动的事迹，是可信的。只要这点是可信的，那么在元代中期即 14 世纪前、中期，瑶族中一部分人迁入越南的可能性是存在的，但这必须有史料才能证明。对此，尚需深入研究。

## 二、关于迁入越南的路线

关于瑶族迁入越南的路线，中越两国学者比较一致的看法有三条：一条经中越边境东段的陆地边界，即防城、上思一带进入越南广安、广宁等地；一条经中越边境中段东边一点的陆地边界，即宁明等边境进入越南谅山等地；一条是经中越边境西段的陆地边界，

① 广西壮族自治区编辑组：《广西瑶族社会历史调查》，第六册，132～133 页，南宁，广西人民出版社，1987。

即云南河口等地进入越南老街及附近地方。分歧点是：有人认为，有的瑶族是经海路进入越南的。有的学者认为，从众多瑶族族谱、祖图和家先单等民间资料考证，缺乏瑶族从水路进入越南的记载。① 笔者认为，瑶族从水路进入越南的可能性是存在的。在此提供三条旁证资料：

其一，我们都知道，现居住在海南省的苗族，实是明代从广西征调到海南的瑶族（蓝靛瑶）。这在史料中是有明文记载的。

其二，据清官的档案记载，清乾隆四十六年（1781年），广东廉州府（现属广西）钦州如昔司居怀村瑶人男女老少108口因生计困难，携带“积租留传收藏”的“牒式”乙纸、旧书64本，渡海到澄迈（属海南岛）垦荒。

其三，笔者1983年1月在防城县调查时，据防城县细板瑶报道人李茂说，他们的祖公是从广东石城（?）迁来的。据说，迁徙途中经过廉州，分三路，一路坐船，从海上来，一路沿海边来，一路从山路来。后有部分人迁入越南，李姓现在还有兄弟在越南，也叫细板瑶。②

从以上旁证资料来看，瑶族迁徙途中也有漂洋过海的记录，而不仅仅是传说而已。尤其应当指出的是，海南省苗族与广西防城、上思等地的山子瑶（蓝靛瑶）同属一支系。他们分散迁徙后，有用信歌相互联络通报情况的习俗。我们在上思县十万大山搜集到《海南信歌》、《交趾信歌》、《给散失在越南亲友的信歌》等数首，证明上思县蓝靛瑶与海南岛苗族（蓝靛瑶）及越南蓝靛瑶之间有联系。因此，瑶族乘船渡海进入越南的可能性是存在的。但这同样只是一种假说，还需有实际资料才能证明。

---

① 黄钰、黄方平：《国际瑶族概述》，125页，南宁，广西人民出版社，1993。

② 广西壮族自治区编辑组：《广西瑶族社会历史调查》，第六册，123～133页，南宁，广西民族出版社，1987。

## 三、关于迁入越南的原因

关于迁入越南的原因，学术界缺乏专门讨论的资料。根据笔者掌握的资料，可以归纳为三条。

其一是因中国战乱，为避乱而迁入越南。如家杨成志教授于20世纪50年代率队在广西金秀大瑶山调查时，曾搜集到瑶族约于清朝同治年间（1862—1874年）以前由迁徙到越南万言冲（地址不详）的瑶族寄回来的《冯朝易家信》和《交趾曲》，曲中有“得见大朝官反烂，十分难住又难安”，“大朝申酉（疑为‘辛酉’之误）年间出贼盗，劫村劫寨那罗离”等字句，反映清朝末年社会动乱，瑶人不得安生，被迫迁往越南的情况。

其二是因在中国生计困难，而在越南容易谋生而迁入。例如我与邓文通先生1981年在上思县十万大山采集到越南蓝靛瑶寄回来的一首《交趾信歌》，歌中有“甲子推来平安达，何南回语报亲知。郎小住在木罗岭，放语退回查罗亲。真广岭头青美美，四边河水上鲤鱼……此山住得千万家，祝报众亲齐专来。好吃不过南山地，回话报亲齐入交。语到广东铁狼峒（今属广西防城），亲能恩思寻信来”等句，反映了当时瑶族因生计问题迁入越南的情况。[①]

其三是被征调进入越南。这类事情不多，目前仅见一例。据胡起望、范宏贵、刘玉莲20世纪80年代在金秀大瑶山调查时搜集到的广西荔浦县茶城乡瑶族《邓姓族谱》记载：“永乐年间（1403—1424年）安南外国大反时，外省兵远调之不及，本省各宪速查瑶山……时值永乐四年（1406年），吾太祖奉调，大宪给渝下是札，委太祖统带瑶丁，会同营协兵征。各宪各营均称瑶（丁）得力，实为勇敢，尽以兵银重赏。因此之前在之山场窄小人众，安栖不下，访择各山安居。”按此条所记“安南外国大

① 《民族问题五种丛书》广西壮族自治区编辑组：《广西瑶族社会历史调查》，第六册，408页，南宁，广西民族出版社，1987。

反”，是否指明永乐四五年间（1406—1407 年）占城国进攻大越国之事，有待研究。

## 四、关于进入越南后引起的文化变迁

人类学认为，当一个民族居住的环境发生变化时，会引起文化变迁。这里所说的环境，包括自然环境和人文环境两个方面，无论哪种环境的变化，都可能引起文化变迁。文化变迁是文化适应功能的表现。

瑶族从中国进入越南后，文化发生了哪些变迁，变迁的原因是什么？关于这个问题，目前学术界缺乏深入的研究。根据手头资料，我认为可以指出的有以下几点：

第一经济类型主要是经营传统的刀耕火种农业，也有部分锄耕农业，少量犁耕农业，辅以家庭手工和饲养及采集、狩猎，与过去变化不大。越南革命胜利后，经过合作社运动，瑶族有了自己的耕地和山林，建立和发展了集体经济，耕作技术有了提高，有部分瑶族变成了林业工人，从事林业生产。

第二，衣、食、住、行等物质生活方面基本保持原来的传统，但有部分居住上与岱族、京族接近的瑶族，已改住高脚屋和半高脚屋式的房屋。部分青年男子改着越南服，近年有的改着西式服装。

第三，婚丧等习俗和宗教信仰方面还保持原来传统，但社会组织和政治上，在八月革命前，法国殖民统治者和越南封建统治者在瑶族聚居地区设置了州以下的统治机构“管召”及“曼目”、“峒长”、“甲长”，散居地区的瑶族则分别受到岱族、泰族、芒族的土司和“肥道”、“郎道”的统治。除了殖民封建政权的统治机构以外，在瑶族各支系中还多寡不同地存在一些农村公社的“残余组织”。八月革命胜利后，随着社会制度的根本变革，上述情况又发生了变化。由于贯彻民族平等政策，瑶族政治上得到了解放，经济、文化、教育得到发展，本民族干部得以成长。

第四，语言方面，除了保留瑶语外，最大的变化是多数人不会讲汉语，而学会了越语，在与岱、泰、依等其他民族接近的地区，还分别学会了这些民族的语言。

第五，民族认同感方面，八月革命前，瑶族居住分散，而且支系不同，内部交往受到影响。八月革命胜利后，经过民族识别，各支系统一称为瑶族，民族认同感有了加强。

以上只是简略勾画了几点。说明瑶族迁入越南后，文化有变化，但基本上还保持了本民族的传统。我们正处在一个急剧变革的时代，越南革新开放后，瑶族正在经历着一轮新的文化变迁。我们不知道越南瑶族已经和将要发生何种变迁。可以肯定的一点是：对于一个长期从事山地传统农业的民族，要迈向现代化，将是一项困难而复杂的任务。

瑶族是个经常迁徙的民族，尽管学术界目前对瑶族迁入越南的时间、路线、迁入的原因以及迁入后文化变迁等问题还未完全弄清楚，但我们对上述问题的研究，再次证明了经常迁徙是瑶族文化的一个特质。

1995年12月10日

# 瑶族研究国际化述论①

肇端于我国的瑶族研究，近年成了国际上一门热门课题。瑶族研究是怎样走向世界的？为什么国际上有一批学者热衷于瑶族研究？瑶族研究国际化的意义及发展前景如何？这已成为学术界及一切关心瑶族研究的人们关注的问题。本文试就瑶族研究国际化的标志、国际化过程及成因、国际化的意义及发展前景作一介绍与分析。

## 一、瑶族研究：一门新兴的国际学问

最近一二十年，国际上掀起了一股瑶族研究热潮，瑶族研究迈出国门成为一项世界性课题，其主要标志是：

第一，国际上形成了一支人数可观、人员相对稳定、覆盖面广的瑶族研究队伍。据不完全统计，目前世界各国从事瑶族研究或主要从事瑶族研究的人员，人数约在三四百人之间，其中分布在中国的，业余研究人员不计，仅专业研究人员就有一百多人。分布在世界各国各地区的有近百人。涵盖的国家和地区包括：美国、德国、日本、泰国、法国、越南、老挝、俄罗斯、瑞典、英国、澳大利亚、中国香港、中国台湾等。其中有一批在国际人类学民族学界有一定影响的资深人类学家，如日本白乌芳郎、竹村卓二，美国西尔维亚·丁·隆巴德、赫伯特·C·珀纳尔，法国雅克·勒穆瓦纳，澳大利亚道格拉斯·麦尔

① 本文系作者提交1996年11月桂林国际瑶族学术研讨会的论文，原载于《广西民族学院学报（哲学社会科学版）》，1997年第1期。

斯，香港与台湾的乔健、谢剑，泰国提拉攀·罗通坎·江该碧，中国黄钰、胡起望、盘承乾、刘保元、李默、宋恩常、吴永章，越南阮克颂等。他们均以其瑶族研究成果得到国际人类学界的称誉，其中有些人担任着学术机构的领导职务。

第二，国际上有了专门的瑶族研究团体和机构。如国际瑶族研究协会、中国广西瑶学学会、云南瑶族研究会、法国瑶人研究会、国际瑶族研究协会泰国支会、美国大瑶人团、中国广西民族学院民族研究所瑶族研究室、德国慕尼黑巴伐利亚州立图书馆瑶学工程等。国际上有些国家的科研机构虽未设立专门从事瑶族研究的分支机构，但把瑶族作为主要研究对象之一，如法国国家科学中心华南及印度支那人类学研究所、香港中文大学人类学系、泰国清迈山民研究院、泰国朱拉隆功大学文学院语言研究室、中国中央民族大学民族学人类学研究所南方民族研究室、广东省民族研究所、广西民族研究所、广西民族学院民族研究所、湖南省民族研究所等。

第三，研究领域广泛，成果丰富，逐渐形成体系。凡国际民族学、人类学研究的一般领域，如体质、语言、考古、生态系统、物质生活、起源与迁徙、人口分布、社会结构、精神生活等，瑶族研究无不涉及。出版的学术专著，仅20世纪90年代以来就有20余部，发表论文300余篇，其中不乏优秀作品。瑶族研究界在瑶族起源、迁徙、历史发展、文化特点，以及瑶族文化在人类历史上的地位和作用等问题上，正逐渐形成系统化的看法。

第四，学术交流与合作频繁。自1986年五六月间在中国香港中文大学召开首届国际瑶族学术研讨会以来，几乎年年有学术会议，已先后在中国香港（1987年11月）、中国湖南郜州（1988年11月）、法国杜鲁兹（1990年6月）、泰国清迈（1991年6月、1993年12月）、中国广西贺县（1992年11—12月）、中国云南河口（1994年11月）、越南太原市（1995年12月）召开过8次学术研讨会。1996年11月将在中国桂林市召开第10届国际学术研讨会。国际间围绕瑶族历史文化进行交流与合作研究也比较频繁。

1985年以来，日本、美国、法国、泰国、俄国、中国香港等国家和地区的相关机构与中国各有关地区有关机构合作立项，调查研究瑶族语言、民俗、宗教信仰等，有近十个项目，人员互访百余人次。

第五，瑶族历史和文化作为一门课程，进入高等院校教学殿堂。授课对象不仅有本、专科生，还有硕士生、博士生，不仅有中国学生，还有外国留学生，包括外国高级进修生。有些外国研究生不能到中国进修，有的在当地导师指导下攻读瑶族历史文化课程，或来函要求中国老师指导撰写毕业论文。国内外研究生研究方向包括瑶族的语言、文学、民俗、历史、宗教、亲属制度、历史典籍等，从一个方面体现出国际上对瑶族研究的爱好与重视。

## 二、瑶族研究的国际化过程

瑶族研究进入国际人类学殿堂的过程，我们称为瑶族研究国际化过程。这个过程是怎样形成的呢？瑶族起源于我国，瑶族研究也起源于我国。据可靠资料记载，我国至晚在汉晋间已有瑶族先民活动的记载。汉以后历朝正史、方志、野史有关瑶族的记载越来越多，资料十分丰富。清末开始有关于瑶族的专门著作。民国时期，有关瑶族的学术著作日益增多。这一切都说明，中国不仅是瑶族的故乡，也是瑶族研究的发源地。但是直到20世纪80年代前，瑶族研究仍主要局限于国内。清末以来，虽然国外如日本、法国、原苏联也有些人开始研究瑶族，但人数有限，作品不多。瑶族研究尚未构成一门国际性学问。

瑶族研究国际化起于清末，形成于20世纪80年代至90年代。

19世纪末20世纪初，一些西方传教士和学者深入到我国华南、西南的少数民族地区，接触到瑶族，对瑶族的语言和文化发生兴趣，发表研究报告，可举出的有F. W. 勒斯尼尔的《华南的瑶族》（1911年）。与此同时，法国驻越南的殖民官员和学者研究越南北部的瑶族，可举出的有拉琼魁里的《东京北部民族志研究》

(1906年)、迪魁特的《东京山地居民》(1908年)、勃尼法苏的《印度支那民族志研究》(1904—1908年系列文章)、阿巴迪的《上东京自防湫至谅山的各民族》(1924年)。早期研究越南北部山区的一些民族学家，对瑶族研究的兴趣相当浓厚，每部书对瑶族的叙述篇幅占全书1/3到1/4，远比其他民族要详细。这种着重论述瑶族的著作，还散见于一些地方性论文中，早期的有1890年的玛苏，1904年的塔劳特、勃尼法苏，1905年的列费罗努等人的著述。其中，勃尼法苏从1903年到1908年间，在《印度支那评论》杂志上发表了一系列研究越南瑶族各支系的文章。① 这一时期，可以说是瑶族研究国际化的开始阶段。

20世纪10—40年代，由于两次世界大战的影响，国际上对瑶族研究的速度有所减缓。50—70年代又恢复。50—60年代，我国开展大规模民族识别调查、少数民族社会历史调查、少数民族语言调查，其中对瑶族的调查搜集了十分丰富的资料。这时期，苏联民族学者开始涉足华南瑶族研究。西方学者无法进入中国，遂投入力量，开展对泰国、老挝北部山区民族研究，主要研究对象是瑶族。60年代末至70年代中后期，在老挝、泰国北部从事瑶族研究的有法国、泰国、日本、美国、澳大利亚等国人类学者。先后出版了一批专著，著名的有日本白乌芳郎主编的《东南亚山地民族志——瑶族及其相邻各族》(1978年)、《瑶人文书》(1975年)，竹村卓二的《瑶族的历史和文化》(1981年)，美国康奈尔大学西尔维亚·J·隆巴德与赫伯持·C·珀蚋尔的《瑶英词典》(1968年)，法国雅克·勒穆瓦纳的《瑶族宗教仪式绘画》(1982年)，此外还有一批论文。这些著作和论文的发表，在国际人类学界造成影响，加上中国50—60年代大规模民族识别调查、少数民族社会历史调查、少数民族语言调查等所整理编印出版的大批瑶族研究成果，展示了瑶

① ［法］乔治·孔多米纳斯：《有关瑶族的早期法文著作》，见乔健等：《瑶族研究论文集》，171～176页，北京，民族出版社，1988。

族这一东方古老民族绚丽多姿的历史文化，引起了国际人类学、民族学家的关注，为瑶族研究的国际化打下了坚实基础。

到了80年代中期，随着中国改革开放的不断深入，中国瑶族研究学者于1984年12月在广西南宁市创建了瑶族研究学会；接着，法国国家科学中心、香港中华文化促进中心、香港中文大学等联合筹备、主办1986年5—6月间香港首届国际瑶族研究学术研讨会，并发起成立“国际瑶族研究协会”，决议为保持发扬瑶族优良文化传统、帮助瑶族发展而开展瑶族研究。从此，瑶族研究进一步发展成国际性研究课题，逐步成为国际上一门专门的学问，也就是我们在本文第一部分叙述的情况。

## 三、瑶族研究国际化的成因

瑶族研究为什么能走出国门、迈向世界，成为一门国际性学问？这里边有着十分重要的背景和原因。

首先，瑶族研究在国际上之所以受到普遍重视，是因为瑶族具有悠久的历史和内涵丰富的文化。开展瑶族研究，对扩充国际人类学、民族学研究对象和范围，发展人类学理论具有重要意义。人类学以人类及其文化为研究对象，目的在于通过人类各民族文化差异性和普同性的研究，探索人类自身发展规律。因此，自19世纪中叶人类学创立以来，世界各国人类学家大多深入异民族社会进行田野调查，认为从异民族文化与本民族文化的强烈反差中，往往可以寻找到对本土社会乃至整个人类文化发展规律的科学解释。而在对异民族文化的田野调查中，凡是未被深入调查过的、文化特点特别突出的民族，常常成为人类学家、民族学家“抢镜头”的对象。我国瑶族历史悠久，文化特点突出，它鲜艳夺目、含义丰富的服饰，不断迁徙游耕的生活，丰富的神话传说，简单而复杂的社会结构，独特的语言和宗教仪式，丰富的民间典籍，文献中关于它的扑朔迷离的历史记载，早已引起人类学家的注意。只是过去由于种种原因无法进行实际考察，才疏忽了它。一旦有了机会，终会成为人类学家、民族学家研究的对象，这就不足为奇了。理解了这层道理，就不难明白，19世纪末法国人类学者对越南北部高地民族考察时，对当地瑶族产生极大兴趣的原因，也不难明白，当1986年5—6月间香港首届国际瑶族学术研讨会时，香港各报常常以“瑶族文化丰富而独特”的字句报道会议召开的原因，以及凡是接触过瑶族的国外人类学者均产生研究瑶族兴趣的原因。

其次，瑶族研究国际化，与20世纪70年代中期印度支那半岛局势变化，老挝、泰国数万瑶族离开故土迁徙到欧美各国有关。瑶族离开东南亚进入欧美各国，不但一下子把瑶族独特的文化展现在西方人眼前，令人惊奇，更由于瑶族文化的适应性，不少瑶人在激烈竞争的西方社会能扎下根的事实令人深思。这事件本身，加上西方社会为解决瑶族难民问题需要加强瑶族研究，迁徙到西方的瑶族为了保存传统文化，也渴望增加对本民族历史的了解。所有这些，都促进瑶族研究在更大的范围内开展起来。

第三，瑶族研究走向世界，与我国长期开展瑶族研究奠定的科研基础，和改革开放方针的贯彻执行有密切关系。瑶族起源于中国，主体部分居住在中国。我国瑶族研究有长期积累的基础，不仅著述丰富，而且人才济济。不但老一辈人类学家如杨成志、马长寿、费孝通、马学良、江应樑等在瑶族研究上作出了重大贡献，开辟了道路；新中国成立后培养起来的新一代民族学、人类学学者也事业有成，在国外同行中形成影响，有些学者的著作被广泛引用。改革开放以来，我国瑶族地区面临机遇和挑战，在新形势下如何促进瑶族地区现代化的发展，同时又保留瑶族优良传统文化？对此，一方面，我国政府由于民族工作的需要支持瑶族研究，包括支持瑶族研究方面的国内外学术交流；另一方面，瑶族本身大批本民族干部已成长起来，包括本民族各学科的学者，为了促进本民族现代化建设的健康发展，积极支持、参与本民族历史文化的研究，比如组织成立“中国广西瑶学学会”，开展“盘王节”文化艺术活动，组织国内外学术交流，编辑出版《瑶学研究》等书籍刊物，造成了瑶族研究的国际性影响，成了推动瑶族研究国际化的一股强劲力量。

第四，国内外一批著名人类学家的倡导、支持，是瑶族研究成为国际性专门学问的重要原因。19世纪末20世纪初以来，国际上不少人类学者为促进瑶族研究国际化作出了贡献。其中比较著名的，如我国蔡元培先生，他是中国民族学的奠基者，也是第一个指导中国学者开展瑶族田野考察、培养瑶族研究学者的人类学导师；李方桂先生专攻瑶语，成就斐然，是国际上享有盛名的语言人类学家；费孝通先生为研究瑶族而牺牲了自己的原配夫人，他的《花蓝瑶社会组织》，以及他长期以来支持、指导瑶族研究，都是中外有名的；国外如日本白鸟芳郎先生将历史学与民族学方法结合起来研究瑶族，美国珀纳尔先生专攻瑶族语言，美籍华人人类学家乔健先生专门组织国际瑶族研究协会推动瑶族研究，法国李穆安先生专攻瑶族道教等等。这些学者都以他们研究中的发现，及其对学术问题的深刻见解，为瑶族研究成为国际上专门学问而作出了重要贡献。

## 四、瑶族研究国际化的意义

瑶族研究国际化对国际人类学、中国人类学的建设与发展，对分布于世界各地的瑶族的社会现代化进程，有重要的理论意义和实践意义。

首先，从国际人类学理论发展来说，瑶族研究的国际化有填补空白的作用。人类学自19世纪中叶创立以来，一直以非洲、东南亚、大洋洲、美洲原始民族为主要研究对象，对以中国文化为代表的东方文化却缺少研究，而且这种研究主要是西方人进行的。在这种情况下建立起来的人类学理论，很难说是全面的，没有缺漏的。瑶族虽然不能说是东方文化的代表，却是东方文化孕育出来的花朵，它具有自己的特性，又具有东方文化的某些共性。因此，国际人类学者共同开展对瑶族文化的研究，从小处看，至少可以为保存全世界人类文化遗产中的瑶族文化遗产作出贡献，使瑶族这一人类文化遗产不致因人类社会现代化进程而永远湮灭无闻；从大处说，则可以补充过去人类学对东方文化研究的严重不足，进而为发展人类学关于人类文化发展的理论作出贡献。

其次，对中国人类学的建设发展来说，瑶族研究的国际化，对中国人类学与国际人类学的接轨交流和人类学的本土化有重要的促进作用。由于历史原因，中国人类学的发展走过了一段曲折的路程。迄今，我国人类学仍处于恢复发展阶段。研究人员青黄不接，队伍断层，信息不灵，知识老化，与国际交流渠道不多，这些都是我国人类学界存在的普遍性问题。要改变这种状况，除了自身努力外，加强与国际人类学界的合作与交流，吸收和借鉴国外人类学的知识与经验，是建设中国人类学的重要途径。瑶族研究的国际化，正好提供了这样的渠道。近十年来，我国从事瑶族研究的中青年学者通过瑶族研究的国际交流获益匪浅，就是证明。

第三，瑶族研究的国际化，提供了人类学者与各国瑶族以及各国瑶族之间互相交流经验的机会，这对于帮助瑶族正确认识自我、认识世界，正确认识和对待现代化过程中文化的变迁与调适，有十分重要的意义。人类学研究的目的绝不仅仅是为了认识世界，更重要的还在于改造世界。但是，为了改造世界，首先要认识世界。人类社会自 17 世纪工业革命开始近现代化进程，这一过程现在越来越普遍和深入，市场经济掀起的商品流通浪潮已经正在席卷世界一切角落。现代化进程对于像瑶族这样长期从事传统山地农业经济的民族，在机遇与挑战二者的可选择性中，毋宁说挑战的压力更大于机遇。瑶族散布在世界上 9 个国家和地区，各国社会制度不同，意识形态不一样，发展模式迥异，但由于有共同的历史文化背景，在共同的遭遇中，可以相互沟通、相互借鉴，达到取长补短、相互促进、共同发展的目的。

## 五、瑶族研究国际化的前景

回顾近年国际瑶族研究走过的路程，既取得了丰硕成果，也存在经费不足，研究队伍青黄不接，某些亟待深入开拓的领域进展不大，国际交流活动虽频繁，但由于各种原因尚未能满足各方面的要求等问题。虽然如此，展望未来，我们对瑶族研究的发展仍抱有信心。这是因为：

第一，瑶族文化内涵丰富，许多方面还未深入开掘。比如瑶族的来源、形成、语言系属、历史分期、各时期社会结构等问题，学者们看法还有分歧；瑶族丰富的口传艺术、浩繁的民间典籍的挖掘整理工作才仅仅开始，今后的任务还很艰巨。深入研究，形成理论，更是任重道远。仅以瑶族的宗教典籍而言，勉瑶的师、道公经书，布努瑶的《密洛陀》诗经，内容涉及民族起源、历史、迁徙、语言、文学、音乐、舞蹈、绘画、雕刻、天文、历法、医药等众多领域的知识。各地民间藏有许多不同的版本，目前只在小范围内作了搜集整理工作，出版了几个版本，研究工作远未深入。

第二，国际瑶族研究的经验证明，瑶族研究是现实需要，不但有理论意义，而且有直接实践意义。瑶族是个传统山地农业民族，目前无论在中国、在外国，都经历传统文化与现代化碰撞。各国社会制度、意识形态不同，处理问题的方式不一样，瑶族的经历也不一样，但都有自己的经验。值得注意的是，瑶族这个传统山地农业民族进入现代化生活，是 20 世纪 70 年代中后期才开始的。当时，由于印度支那半岛局势的变化，瑶族中的一部分突然成为难民，一下子被抛撒到欧美大陆，在资本主义文明的包围中被迫重新整合自己的文化以求生存。几乎与此同时，首先是中国瑶族，然后越南、老挝的瑶族也相继开始了现代化过程，目前正经历市场经济的竞争引起的社会变迁。像瑶族这样有着独特经历的民族在世界上是罕见的，从比较的角度研究瑶族现代化过程的理论意义和实践意义是不言而喻的。

第三，随着我国改革开放的不断深入发展，综合国力的不断增强，人民生活逐步改善和人们认识的改变，瑶族研究经费将会增加，条件将会改善，研究成果的发表和出版的机会将会增加。中国作为瑶族的发源地、主要居住国和瑶族研究基地，各类研究人员由于各种原因激发的研究、创作欲望将随之增强。国内外学术交流活动将进一步发展。

第四，瑶族研究前景看好，还有一层重要原因，那就是随着中国人类学、民族学在国际交流中的不断发展，我国瑶族研究队伍将发生重大的结构性变化。受过专业训练的具有较高专业素质的新一代瑶族研究人员，将取代老一辈学者主导瑶族研究，从而为瑶族研究注入新的活力，推动瑶族研究向新领域、高水平的方向发展。由于历史原因，我国民族学、人类学自新中国成立后50年代中期至70年代后期中断了20年教学、科研和人才培养，这一缺环带来了许多不良后果，反映在瑶族研究上存在着四多四少现象。即研究人员中业余研究者多，专业研究者少；大专学历的多，研究生学历的少；研究中单一学科研究的多，综合各学科研究的少；描述性的多，理论性探索少。迄今为止，研究队伍整体素质仍然偏低，知识老化，视野狭窄，方法落后，成果的科学水平不够高。到20世纪80年代，尤其是进入90年代，随着人类学、民族学的教学、科研活动在我国一些大学恢复以及国内外学术交流的逐步开展，年轻一代高级人才正陆续培养出来。这一代年轻学者学贯中西、视野开阔、整体素质高，其中一些人用人类学的理论方法投入瑶学研究，开辟新领域，已崭露头角。我国年轻一代人类学者，肩负承前启后、继往开来的重任，我们相信，他们不会辜负老一辈学者的殷切期望，有能力、有信心和有决心把瑶族研究推向一个崭新的阶段。

总之，瑶族研究国际化前景依然看好。经过各方面努力，通过瑶族研究发展科学理论，贡献人类社会的目的是可以达到的。

1996年6月30日

# 关于《瑶族通史》编写指导思想、体例、内容安排的说明①

瑶族是个历史悠久，人口较多，居住分散，文化独特丰富，凝聚力强的民族；同时又是个跨国居住，研究的学者比较多，在国内外有一定影响和知名度的民族；还是个居住偏远，交通不便，环境闭塞，经济文化比较落后，人民生活水准比较低，各种问题比较多的民族。因此，通过编写出版《瑶族通史》，全面、系统、深入地挖掘、整理、研究瑶族历史文化资料，总结、继承、弘扬中华民族和世界人类这一珍贵文化遗产，其学术上、理论上、政治经济上、其他实践上的意义，不论怎么说也不为过。

要写通史，首先要解决认识问题，即为什么要写、写有什么意义的问题。解决了认识问题，才能统一思想，下决心来写。因为这么大的课题，时间又不能拖，没有上下各方面的支持配合，光靠几个研究人员是拿不下的。关于认识问题，奉恒高同志的讲话已作了全面阐述，我上面的开头话算是再强调一下，同时也请在座各位编委补充，阐释得更清楚些。

认识问题解决以后，接下来就是写什么和怎么写的问题，包括内容、体例、写作班子和写作计划等。关于写作班子的组成，奉恒高同志的讲话已讲清楚，写作计划已发给大家，这里不再讲。这里着重讲讲关于通史写作的指导思想、体例和内容。

---

① 本文是作者 2000 年 5 月 25 日在《瑶族通史》编委会成立会议上的讲话。

通史写作首先遇到个指导思想问题，即用什么理论、方法指导写作，写作的宗旨是什么？关于指导思想，我们在《〈瑶族通史〉编纂出版计划》中规定“以马列主义、毛泽东思想、邓小平理论为指针”。我国是社会主义国家，宪法规定了我国各项事业都必须坚持以马列主义、毛泽东思想、邓小平理论为指导思想，瑶族通史的编纂自然不能脱离这一指导思想。邓小平理论是当代活的马克思列宁主义、毛泽东思想，是指导我国拨乱反正、改革开放、富国富民的强有力思想武器，在认真总结新中国成立以来瑶族社会历史变革的成功经验和失败教训这一历史阶段时，是必须遵循的基本指导思想。

《瑶族通史》编写是社会科学研究工作，坚持以马列主义、毛泽东思想、邓小平理论为指针，主要是坚持运用马克思主义的立场、观点和方法来观察问题。就历史研究而言，主要是坚持用辩证唯物主义和历史唯物主义的观点来分析历史事件和历史人物及其他历史现象，做到不脱离历史实际，求得对历史问题的科学的准确的认识。

辩证唯物主义和历史唯物主义是各门社会科学都必须遵循的总的指导理论和方法。由于各门社会科学研究的对象不同，具体的指导理论和方法并不相同。《瑶族通史》编写属于少数民族史研究，即族别史研究，而不是国别史研究，它的对象是具有特殊历史、语言和文化的少数民族——瑶族。国外，自民族学、人类学于19世纪中叶创立于西方以来，主要用民族学、人类学的方法研究那些无文字民族的历史和文化。民族学、人类学19世纪末20世纪初传入中国后，中国学者开始借用民族学、人类学的理论方法研究中国史，尤其是原始社会史、少数民族史。用民族学、人类学的理论方法研究原始社会史、少数民族史，确实有许多好处。过去用一般史学理论解释不了的历史文化现象，用民族学、人类学的理论方法就解释通了，如氏族制度、塔布、图腾、家庭、私有制和国家的起源、民族起源等，就是例子。民族学、人类学在方法论上最突出的特点是强调整体论、系统论和实证论，主张田野调查，尤其是主位研究，反对民族中心主义和文化霸权主义。当今民族学、人类学不仅研究异民族文化，也研究本土文化。在方法上主张多学科相互渗透，综合研究，从不同视野中寻求聚焦点，以解决疑难问题。这符合讯息时代的要求，在方法上比单一学科研究要优越。比如瑶族起源问题是争论最多的问题，过去只注重运用历史学的文献考订和分析研究寻找答案，已走进死胡同。要解决这一难题，看来只有走多学科联合攻关的路子，运用历史学、考古学、语言学、民族学、体质人类学的方法和资料进行综合研究，才能有新的突破。又如瑶族史上盘瓠及其与盘古的关系、过山榜、漂洋过海、千家峒、历史分期等争论较多的重大问题，看来也需要做综合研究，寻求新突破。正是基于这样的考虑，在指导思想上，我们规定了一条，就是要“运用民族学、人类学和历史学的理论方法”进行瑶族通史的研究，而不单用史学理论方法。换句话说，我们这次编写《瑶族通史》，如果要问有什么新突破的话，首先要在理论方法上实现新突破。这个突破很重要、很关键，没有这个突破，就不可能有其他方面的突破，如体例、内容、观点、材料的突破，所以这个突破一定要实现。要实现这个突破，我们对写作研究人员的要求也将做新的相应的规定，这是要说明的。至于这本通史的写作宗旨，就是要“通过《瑶族通史》的编纂，总结、继承瑶族珍贵的历史文化遗产，推动瑶族地区的改革开放和现代化建设事业的发展”，这个规定是必需的，也已明确，就不再作说明。

以上是关于指导思想的说明。下面再说明一下这本书在体例和内容上的一些设想和要求。

首先是关于体例的问题。不同学科不同著作在体例上有不同要求。志书和史书在体例上就有很大差别，同是史书，断代史、专门史和通史在体例上的要求也是不同的。由于是写《瑶族通史》，我们的编纂计划规定是“按通史体例”来写。通史的基本特点是在贯彻史体以纵为主、纵横结合地记述历史的同时，强调贯通古今。这里的所谓“通”，不只是一两方面、两三方面的“通”，而是方方面面的“通”。就是说，不仅要政治、军事方面的历史要写通，而且经济、文化、教育、科学技术等方面的历史也要写通，使人看了这本书，能知道瑶族古往今来各方面的发展演变情况。即使某一两方面比较难通，也要整体上基本通得起来，让人看了讲得过去，才算得上通史，否则不能算通史。这里自然产生一个疑问，瑶族在历史上没有建立过自己的政权，没创立过完整、系统的文字记录自己的历史，汉文史籍记载瑶族先民的活动偏重于军事，政治方面有，但不算很多，经济资料不系统，习俗记载较多，但有些是辗转传抄的，文化教育尤其是科学技术方面的资料比较少，不连贯，通史通得起来么？我的态度：一要尽量挖掘，不放过机会；二是整体把握，基本贯通；三是联合攻关，力争打通；四是实事求是，能通到什么程度就通到什么程度。首先要尽量挖掘，不要放过这一次好机会。我们这次是盛世修史，拿到这么一笔钱很不容易，同时长时期研究瑶族史的同志虽然上了年纪，但绝大多数还健在，这都是机会。再说，瑶族史料还是比较丰富的，除了汉文史籍记载的外，瑶族民间以及相邻民族民间还珍藏着许多价值珍贵的资料。过去由于各种原因（人力、经费、理论方法、手段等方面限制），汉文史籍资料尤其是民间资料并没有挖掘完，研究工作也不能说已经很深入了。研究不深入，反过来也阻碍资料的挖掘。这次要好好地利用这个好机会，首先把资料尽量挖掘出来。一边挖掘一边研究，以挖掘促研究，以研究促挖掘。其次整体求通，如果真要方方面面完全通，像中国通史或世界通史那样，确实很不容易。就瑶族史而言，能做到基本上通就可以了。整体上通，可能古代某方面通不起来，但近代尤其现代应当各方面写通。只要古代基本通，近现代方方面面通，也就称得上通史了。第三，联合攻关，力争打通。上面讲到，瑶族史上存在一些重大疑难问题，靠单一学科研究拿不下来，需要多学科综合研究，才可能取得新的突破。比如瑶族盘瑶支系的民间道教信仰中有个“穿通闾梅二教”问题，什么叫“闾教”、“梅教”，瑶族何时何地“穿通闾梅二教”，为什么要“穿通闾梅二教”，这些问题单靠一般宗教研究、历史研究解决不了，还必须有历史语言学者、音乐、舞蹈、绘画研究者的参与，才能解决问题。因为盘瑶师公使用的语言（所谓“经语”）不是一般瑶族平常交谈时使用的口头语，而是一种混杂语，即历史语言，它是瑶族历史上接受道教信仰时借用汉语混杂瑶语形成的。如果能弄清这种语言的历史性质，就可以知道瑶族在什么时候、在什么地方以及为什么接受道教信仰，与之相关的政治、经济、文化背景也就可以进一步查清了。这只是一个例子，其他还有，不再赘述。所以，联合攻关非常重要，这个工作我们正在做。第四，实事求是，能通到什么程度就通到什么程度。意思是经过努力，有些时期有些问题实在是上下连通不起来，那只有实事求是，不能胡编乱造。

既然决定写《瑶族通史》，那么瑶族历史该从什么时候通起，通到什么时候为止？这是个与体例和内容有关的问题。一般写通史，如世界通史、中国通史都是从人类起源写起，壮族通史也从壮族地区的古人类写起。我们的编纂计划提的是“从传说时代开始”，而编纂大纲又安排了从瑶族先民活动地区的古人类写起。这是考虑到瑶族传说内容比较丰富，如盘古、盘瓠传说及密洛陀传说，这些传说与瑶族起源有直接关系，从传说时代写起比较容易为人们理解。但传说时代可近可远，近可以近到三五千年，远可以远到几万年甚至十几万年前。像盘古开天辟地、洪水淹天、伏羲兄妹结婚再造人类、密洛陀造天地造万物这些神话传说所反映的史实，恐怕不是三五千年前的事，而是很久远以前的事了。所以，编纂大纲中安排写瑶族先民活动地区的古人类，应该没有矛盾。当然这样的安排是有风险的。首先要解决一个有争议的难题，就是瑶族先民的原始居地及其地区问题，这个问题不解决，就无法确定写哪个地区的古人类。中国有古人类的地区很多，写哪些地区？无从下手。过去编写《瑶族简史》，把瑶族原始居地定在长沙、武陵地区，是根据秦汉时期长沙蛮、武陵蛮与瑶族的关系确定的。这回编纂通史，将把瑶族先民的原始活动地域往北推到黄河、长江中下游地带，这主要是考虑到瑶苗有同源关系，而苗与九黎、三苗有关，九黎、三苗的活动地域在黄河、长江中下游即今河南、湖北、安徽、山东南部一带。这一带出土古人类文化遗址与九黎、三苗有什么关系？这回我们想根据考古资料，再结合体质人类学、语言学资料及其他方面资料，做些综合研究。这就是说，我们把《瑶族通史》的上限提到石器时代了。

至于下限，则定在20世纪90年代。这是基于这样一个考虑：新中国成立以来瑶族社会已经历了50年的变化历程。这段历史不但比较长，而且变化大，内容十分丰富，特点突出，从历史发展来看，它构成了一个独立阶段。写好这段历史，首先是具备了一定条件，因为党的十一届三中全会对新中国成立以来若干重大历史问题作出了决定，这些决定已经实践证明是正确的。90年代以来社会主义市场经济建设虽然超出十一届三中全会决定的范围，也被实践证明是正确的，党的十五大也做了总结。其次，写好这段历史，对瑶族地区今后的发展更具有重要意义。所谓以史为鉴，不但要借鉴古代史、近现史，而且应当认真总结当代史，从中吸取经验教训。这是我们这一两代亲身经历过的，现在二三十岁的青年都不懂得。经验十分宝贵，教训也够多的了。

按照通史体例，在纵写始末的同时，要分阶段横排篇目，一个阶段一个阶段写下来，每个阶段分几个问题来写。因为几万年的历史，时间太长，不这么处理不行。这里首先碰到一个问题是怎么分阶段，其次要解决的问题是每阶段分几个问题写？分阶段涉及历史分期。过去划分历史阶段，是把人类社会划分为原始社会、奴隶社会、封建社会、资本主义社会，然后是社会主义社会；原始社会又划分为原始游群、母系氏族社会、父系氏族社会、原始农村公社几个必经阶段。这在国际人类学上，属于古典进化论的理论，在本世纪20年代已被否定，因为没有充足的材料可以证明世界上每个民族都必定经历过这些排列整齐的社会发展序列，事实上也不是每个民族都经过了上述每个发展阶段。但是，过去郭沫若主编的《中国史》是这样写的，1998年出版的张声震主编的《壮族通史》仍是这样写的。也许中国史、壮族史有条件作这样的划分，瑶族史则不能。1983年出版的《瑶族简史》有一章“原始社会溯源”，主要是根据民俗材料写的（因为历史记载不多）。这回写通史，开始也安排了一篇“原始社会”，后来取消了。这倒不是说瑶族未经历过原始社会，主要是考虑到瑶族社会发展一直处于不平衡状态。直到近现代，不少地方的瑶族还不同程度地保存原始社会的不同现象。如果用这些资料来复原古代社会也不是不可以，但这种方法现代民族学、人类学已不太盛行。原因是用多少已经变化了的文化现象（文化是变迁的）来叙述古代社会是难以检验的；同时，用近现代的材料印证古代社会，那么近现代怎么写？不写不行，再写不是变成重复了吗？瑶族没有经历过奴隶社会，这是学术界绝大多数人的观点，不再说。至于封建社会，过去出版的简史是从宋代写起，就部分地区而言，也能言之成理，能否提前，有待研究。另一方面，根据瑶族社会发展极不平衡的状况，新中国成立前瑶族是否已普遍确立封建地主经济，也是有待重新评估的问题。

总之，历史研究要坚持实事求是原则。《瑶族通史》体例和纲目的确定应反映瑶族社会历史的实际，体现瑶族的历史特点。根据历史实际划分阶段，各阶段有什么资料就写什么，这是一般通史写作的要求。此外，就民族史而言，从民族学的角度看，还有些问题，如民族起源、民族形成、民族特征，如语言、风俗、制度及民族迁徙、分布、支系等，需要在通史中给予适当的反映。根据上述原则，结合瑶族史的实际，我们制定《瑶族通史》纲目，共分为七篇四十一章。第一篇“瑶族起源”，第二篇“魏晋以前瑶族先民的活动”，第三篇“南北朝至唐宋时期的瑶族社会”，第四篇“元明清时期的瑶族社会”，第五篇“鸦片战争至民国时期的瑶族社会”，第六篇“建国后的瑶族社会”，第七篇“瑶族向海外迁徙及其在海外的发展”。七篇中，第一篇论述瑶族起源是必要的，不必解释，第二至第七篇的编排则反映我们对瑶族史分期的看法。由于“瑶”的名称出现于南北朝，始称“莫徭”，唐宋称“徭人”、“蛮徭”，宋代瑶族部分地区出现封建化过程，所以将魏晋作为分界线，魏晋以前属先民历史，做一篇来写，南北朝至唐宋作为瑶族形成及封建化开始的阶段来写。元明清时期是瑶族社会缓慢发展的时期，鸦片战争至民国时期是中国沦为半殖民地半封建社会的时期，瑶族社会受到一定程度的影响，新中国成立后 50 年是瑶族经历社会主义发展的时期，分三阶段来写。考虑到瑶族的迁徙性特点，海外瑶族人口分布状况及其与国内瑶族的关系，以及瑶族的国际影响，我们设置专篇，论述瑶族向海外迁徙及其在海外的发展。是否妥当，请大家审议。

各篇内容，除按一般通史写政治、经济、文化、教育、科技外，另增写民族起源、语言、支系构成、风俗，这是民族史所必需的。古代部分尤其是南北朝以前，由于史籍记载少，要分写政治、经济等，有困难，采用“社会生活”代替。瑶族与各民族的关系是瑶族史的重要内容，也列入了篇目。

在篇目上反映出的篇幅，古代较少，近现代较多，这不仅是资料上的原因，也是实际需要。

书前有凡例、序言、绪论，书后附大事记、人物志、名词索引、主要参考文献、后记。以每章平均 2.5 万字计，加上头头尾尾，全书将超过 110 万字。这个篇幅对于一部通史来说，是应该也是可以的。

最后要说明的是，瑶族是在中国这个大环境下形成发展的，按照费孝通教授的观点，瑶族应该是中华民族多元一体格局的组成部分。瑶族历史和文化自有其特殊性，否则它很难存活到今天。从这点上说，它成为中华民族多元中的一元。但无论怎样特殊，它从来未离开这个“一体格局”，即使迁向海外的部分，在历史文化传统上仍深深打上中华民族的烙印。因此，在处理瑶族历史问题时，就有一个正确阐释瑶族与汉族、壮族及其他相邻民族，以及这些民族建立的中央政权、地方政权的关系的问题。人类学在解读世界各国各地区各族群的地位和关系时，提出了“强势族群”、“弱势族群”、“中心文化”、“边缘文化”等一套概念。瑶族也许是历史上最不幸的民族之一。在中国数千年的历史中，它备受压迫、歧视、排挤。为此，它曾不断抗争，并提出了自己一套历史观，即所谓“先有瑶后有朝”的功臣史观，认为始祖盘王护国有功，手里拿有国皇授予的《过山榜》，享受国家赋予的各种特权，“天下一切山场，任从刀耕火种”，“食山过山”，“蠲免赋役”，“见官不下跪”，“过河不使钱”，拒绝融入国家社会体系，在华南各边远崇山峻岭中刀耕火种，并创造了一套适应环境的独特文化。但无论从历史上看，还是从当代现实情况看，弱势族群与强势族群交往中，失败者往往是弱势族群。瑶族千百年来千方百计躲进深山老林，抗拒被纳入国家这个大社会体系，最终还是一步一步地被吸纳进来。因此，《瑶族通史》的编纂回避不了瑶族与中央政权及周边民族关系的叙述和评价，尤其是一些重大历史事件回避不了，回避等于割断历史。为此，在我们规定的写作原则中，除了与通史写作有关的一些规定，如史论结合、论从史出等外，还特别规定了两条：一是坚持实事求是原则，对历史上重大民族关系事件既不回避，也不过分渲染，而是将之放到一定历史范围内，给予科学的说明；二是注意瑶族与祖国大家庭各兄弟民族之间以及瑶族与历代中央政府之间认同与互动的关系，并科学地阐明此种关系。同时，瑶族内部也有一个各个支系的相互关系问题需要正确说明。因此，我们也规定了一条：全面叙述各支系形成及相互关系的历史，不以一两个支系的历史代替瑶族史。

2000 年 5 月 25 日

# 瑶族远祖盘瓠传说再研究①

盘瓠传说是瑶族、畲族及部分苗族身份认同的传说，反映的是古代存在的以犬为图腾的部落的历史事实，这已是学界的共识。但关于盘瓠传说的源流、盘瓠与盘古的关系、盘瓠故事的真实可考性、盘瓠与哪部分瑶族有关系等问题，历来众说纷纭，迄今未取得一致。笔者用人类学研究再研究的方法，参照相关文献及新近民族学资料，提出一些看法，以求教于学界同行。

## 一、盘瓠传说源流

在瑶族关于远祖神话传说中，影响至为深远者要数盘瓠。关于盘瓠，有的学者视为神话，有的视为传说。② 笔者认为，盘瓠故事虽有一定神话色彩，但其夸张、神奇成分并不如盘古、密洛陀多，而传说成分则较多，因此，与其将之视为神话，不如视为传说。

盘瓠传说最早见于载籍可能是东汉应劭《风俗通》。宋罗泌《路史泼挥二》说：

"应劭书遂以高辛氏犬槃瓠妻帝之女，乃生六男六女，自相夫妻，是为南蛮。"但今本《风俗通》未见此文。现能见于较早载籍的是东晋郭璞注《山海经·梅内北经》"犬封国"条：

---

① 原载于《广西民族研究》，2004年第4期。

② 农学冠等著《瑶族文学史》将盘瓠列为神话，而吴永章著《瑶族史》视之为传说。

“昔盘瓠杀戎土，高辛以美女妻之，不可以训，乃浮之会稽东海中，得三百里封之，生男为狗，女为美人，是为狗封之国也。”

郭璞还在《玄中记》中补叙：

“昔高辛氏犬戎为乱，帝言曰，有讨之妻以美女，封三百户。帝之狗名盘瓠，亡三月而杀犬戎以其首来。帝以女妻之于会稽东南，得海中土三百里而封，生男为狗，生女为美人，封为狗民国。”

同为东晋人稍晚于郭璞的干宝在《晋纪》中说：“武陵、长沙、庐江郡夷，槃瓠之后也，杂处五溪之内。槃瓠凭山阻险，每常为害。杂糅鱼肉，叩槽而号，以祭槃瓠，俗称‘赤髀横裙’，即其子孙。”

干宝又在《搜神记》中说：

“高辛氏有老妇人居于王宫，得耳疾历时。医为挑治，出顶虫，大如茧。妇人去后，置于瓠蓠，覆之以盘，俄而顶虫乃化为犬，其纹五色，因名盘瓠，遂畜之。时戎吴强盛，数侵边境。遣将征讨，不能擒胜。乃募天下有能得戎吴将军首者，赐以千金，封邑万户，又赐以少女。后盘瓠衔得一头，将造王阙。王诊视之，即是戎吴。为之奈何？群臣皆曰：‘盘瓠是畜，不可官秩，又不可妻。虽有功，无施也。’少女闻之，启王曰：‘大王既以我许天下矣。盘瓠衔首而来，为国除害，此天命使然，岂狗之智力哉。王者重言，伯者重信，不可以女子微躯，而负明约于天下，国之祸也。’王惧而从之。令少女从盘瓠。盘瓠将女上南山，草木茂盛，无人行迹。于是女解去衣裳，为仆鉴之结，著独力之衣，随盘瓠升入山谷，止于石室之中。王悲思之。遣往视觅，天辄风雨，岭表云晦，往者莫至。盖经三年，产子六男六女。盘瓠死后，自相配缡，因为夫妻。织渍本皮，染以草实，好五色衣服，裁制皆有尾形。后母归，以语王，王遣使迎诸男女，天不复雨。衣服褊裢，言语侏偶，饮食蹲踞，好山恶都。王顺其意，赐以名山广泽，号曰蛮夷。蛮夷者，外痴内黠，安土重旧，以其受异气于天命，故待以不常之律。田作贾贩，无关繻符传租税之赋；有邑君长，皆赐印绶；冠用獭皮，取其游食于水，今梁、汉、巴、蜀、武陵、长沙、庐江郡夷是也。用掺杂鱼肉，叩槽而号，以祭盘瓠，其俗至今。故世称‘赤髀横裙，盘瓠子孙。’”

南朝宋人范晔作《后汉书·南蛮传》，集东汉应劭以来诸家关于盘瓠传说的记载，而加以增删。除删去盘瓠得名、增加“今长沙武陵蛮是也”一段外，内容基本上因袭《搜神记》。

由上观之，盘瓠传说首见于载籍应是《风俗通》或《山海经》注、《玄中记》；首见于史乘当推《晋纪》，而完成于《后汉书·南蛮传》。其在民间流传应当更早，早至何时，如果郭璞注《山海经》“犬封国”无误，则这则传说在《山海经》成书年代民间已有传闻。《山海经》传为禹益（大禹、伯益）辑录民间异闻而成。是书内容虽然怪异，然而它记录的却是早期中国人对周边民族风情及山川物产的认识，在民族学研究上极具价值。我们推测，盘瓠传说所反映的盘瓠犬图腾崇拜，极有可能在公元前三四千年前已存在，并流为传说。至于迟至汉晋间才见诸载籍，其原因一是瑶族先民没有文字记录传说，二是民族间缺少交流，为人少知。直到汉晋间，伴随中原地区与“南蛮”地区日益频繁的交往，中原人对“南蛮”有了直接的而不是道听途说的了解，同时由于“南蛮”势力的强盛，为了封建王朝的治乱兴衰，也必须去研究“南蛮”，这样，关于盘瓠传说的记载就应运而生了。

## 二、盘瓠与盘古的关系

汉文史籍记载盘古神话，始见于三国吴人徐整《三五历记》，民间流传似当更早。其书云：天地开辟，“首生盘古，垂死化身，气成风云，声为雷霆，左眼为日，右眼为月，四肢五体为五极四岳，血液为江河，筋脉为地理，肌肉为田土，发髭为星辰，皮毛为草木，齿骨为金石，精髓为珠玉，汗流为雨泽，身之诸虫，因风所感，化为黎民”。南朝梁任防《述异记》所记与《三五历记》大体相同，但补述“吴楚间说，盘古氏夫妻，阴阳之始也，今南海有盘古墓，亘三百余里，俗云，后人追葬盘古之魂也。桂林有盘古氏庙，今人祝祀。南海中盘古国，其人皆以盘为姓”。

瑶族中盘瑶、蓝靛瑶（山子瑶）、八排瑶、平地理、白裤瑶等支系民间流传盘古神话。盘古，又称盘古皇、盘古郎、盘古皇公婆，被尊为开天辟地神、人类始祖神。20 世纪 50 年代前，上述支系居住过的不少地方，都立有盘古庙或盘古祠，定时祭祀。师公唱本有盘古唱词，所述故事与《三五历纪》大体略同。也有个别地方将盘古视为民族始祖神，将盘古、盘王（盘瓠）混为一体，如湖南零陵地区（今永州市）瑶族流传的一首歌谣唱到：

盘古开天又辟地，又制青山又造田；
先赐瑶人十二姓，后赐百姓造朝堂。①

广西全州瑶族一首歌谣唱到：

上古年间黑茫茫，乾坤合闭暗无光；
先有无极生太极，后有社王生四象。
虚空眨眼生东斗，三台生在气中央；
佛祖显灵生华盖，母婆降世出人王。
后来母婆生盘古，落地会跑会喊娘；
昼夜不明难分解，母婆见了好心伤。
制出银锤金凿子，交给盘王战洪荒；
盘王领了母婆令，开天辟地尽承当。
上凿一声哗啦响，天高三丈往上涨；
下凿一声霹雷炸，地宽三尺坦平洋。
盘王斧斧踏云雾，开天辟地定三光；

① 湖南省零陵地区民间故事集成办：《零陵地区民间故事集成》，2 页，1991 年编印，转引自《瑶族文学史》，77 页，南宁，广西民族出版社，2001。

开出日头有十个，开出月亮有四双。[1]

上引前段歌词称瑶人（盘瑶）十二姓系盘古所赐，即视盘古为瑶人远祖，后段歌词将开天辟地战洪荒的盘古称为盘王——通常意义上的盘护王（盘瓠），二者混为一谈。湖南江永县瑶族盘王庙称盘古庙。[2] 广东连南八排瑶祖公大庙又称为盘古王庙，农历十月十六日在庙中举行耍歌堂活动，纪念盘古王婆诞及各姓祖公。[3]

关于盘古神话源流及盘古与盘瓠的关系，历来是史家争论的问题。清初修《康熙字典》最初将盘古氏释为天地万物之祖，又引晋干宝《搜神记》释云：犬名。高辛氏有犬，其纹五彩，名盘瓠。清末民初北京大学图书馆馆长夏曾佑在《古代史》一书中说："今按盘古之名，古籍不见，疑非汉族旧有之说，或盘古盘瓠音近。盘瓠为南蛮之祖"，认为是汉民族把南方少数民族神话人物盘瓠误为已有，造出了盘古。其后顾颉刚、范文澜等均采此说。吕思勉原来也相信二者为一，但后来改变观点。他在《盘古考》一文中说："盘古即盘瓠之说，始于夏穗卿（见其所作《古代史》）。予昔以信之，今乃知其非也。"从吕思勉到近期的何新，认为盘古神话最可能的来源是印度。其根据是，盘古神话的主题与佛教《吠陀经》，尤其是《厄泰黎雅伏婆尼沙坛》记载的有关梵天（Brahma）的宇宙化生情节颇相似。国际瑶族研究协会 1986 年 5 月在香港召开第一届瑶族研究国际研讨会，次年又在香港召开盘古、盘瓠专题研讨会。香港国学大师饶宗颐在发言中指出一个重要事实，从某文献的略述

---

① 蒲朝军、过竹：《中国瑶族风土志》，372 页，北京，北京大学出版社，1993。

② 吴万源：《对江永县民族成分的考察》，1990 年未刊稿，收入《中国各民族原始宗教资料集成》，瑶族卷，187～190 页，北京，中国社会科学出版社，1998。

③ 广东编辑组：《连南瑶族自治县志》，667 页，广州，广东人民出版社，1996。

中可以知道，东汉永兴二年（154 年），四川成都壁画中已有盘古画像存在。在同一壁画中，盘古旁为老子像。国际瑶族研究协会首任主席、法国人类学家雅克·勒穆瓦纳由此联想到法国汉学家马伯乐的一个比较。马伯乐曾谈到有一个老子身体化生的造世神话，与盘古神话颇相似："老子化生，左眼为日，右眼为月，头为昆仑山，须为星辰，骨为龙，肉为诸兽，骨为蛇……"这与道教关于宇宙创生的作品《混沌图》所载相符："三皇时，（老君）化身为万法天师。中三皇时，为盘古先生。伏羲时，为郁华子"。雅克认为，尽管不能说印度神话对中国神话毫无影响，但前者从其感官化生宇宙，后者从其肉身化生宇宙，倘若中国采用印度神话，在重述时亦曾与中国传说相结合，使盘古在很多地方似烛龙之处尤多于印度模子。问题在于：假使盘古是采用了印度神话，他如何能在崇祀他的众多华南民间广泛流传？答案是：这故事从道教传说多于从佛教传说而来。至少在勉瑶中，盘古传说完全融入道教活动中。他并且指出："盘古神话在华南几个民族中流传，不能被当作是盘瓠故事——一个身份鉴别神话。"①

笔者认为，关于盘古神话源流及与盘瓠的关系，各家看法对促进对问题的思考都是有好处的，也许讨论还可以持续下去。但依据目前掌握的资料和多数人的看法，盘古神话产生于中国南方，即任昉所说"吴楚间"，目前也主要在江南、华南民间流传。瑶族崇祀盘古，是把他当作开天辟地神和人类始祖神颂扬，与盘王（盘瓠）被当作民族始祖神崇祀，在神性上是有区别的。而且盘古见于载籍比盘瓠还早。在许多地方的瑶族民间，绝不会像某些神话学家一样，将盘古与盘瓠相混淆，师公、道公的经书一直保留着两个不同神话的歌唱文本即是例子。至于有的地方将二者混而为一，可能是流传中文本（包括方志）记载出现错记，也可能是初期的盘瓠信仰

① ［法］雅克·勒穆瓦纳著：《盘瓠是否盘古》，载《中央民族学院学报》，1989（2）。

变质为盘古信仰。[1] 不管怎样，瑶族尊盘古为人类远祖是事实。盘古作为一个开天辟地的神话人物在瑶族等民族中传颂，反映的是人们对远古洪荒时代的朦胧回忆。

## 三、盘瓠传说考释

盘瓠传说原记载在《风俗通》、《玄中记》、《搜神记》诸书中，只是小说家言，影响不大，直到列入史乘《晋纪》尤其是《后汉书·南蛮传》，犹如一石击浪，引起反响。历代史家对范晔书的记述约可分为三派：一派持反对态度，认为荒诞不经；一派持肯定态度，并作考释推演；第三派则另寻解释门径。反对派的先锋与代表人物为唐杜佑，他在《通典》中说："晔云高辛氏募能得犬戎之将军头者，赐黄金千镒，邑万家，妻以少女，按：黄金，周以前为斤，秦以二十两为镒。三代以前分土，自秦汉分人。又周末始有将军之官。其吴姓宜周命氏。晔皆以高辛之代，何不详之甚。"

唐杜佑据此斥《后汉书·南蛮传》"皆怪诞不经"[2]。支持此派的人多以为人畜不能通婚，狗何以生人。20 世纪 80 年代初，某官员主持《瑶族简史》修改出版，即以"没有科学根据"、"不能猎奇"为由，不准盘瓠传说入书。

持肯定意见者多沿引范书研究盘瓠源流，乃至称盘瓠子孙为"狗种"、"犬类"。如《太平御览》引南朝盛弘之《荆州记》称："盘瓠子孙，狗种也。"清屈大均《广东新语，人语》卷七云："猺人者，旧居文昌东猺……猺，犬类也。"

持肯定态度的人，有的将盘瓠传说推原到犬戎，或将盘瓠故事用来描绘其他信奉犬图腾的民族，似乎海内外所有以犬为图腾的民族都与盘瓠有关。前者如林河《"盘瓠神话"访古记》引《山海

---

① ［法］雅克·勒穆瓦纳著译：《盘瓠是否盘古》，载《中央民族学院学报》，1989 (2)。

② （唐）杜佑：《通典》，写于贞元十七年（801 年）。

经·大荒北经》“有人名曰犬戎”条说是“神犬崇拜”，又引是书《海内北经》“犬封国曰犬戎”条说“似与‘盘瓠神话’有一点瓜葛”，再证以湖南怀化高坎垄出土的高辛氏时代的神犬塑像①，称：“‘长沙武陵蛮’地区的神犬崇拜和神犬神话，早于高辛氏时代就已产生，其后，有神犬崇拜的部落，从西北不断南迁，与‘长沙武陵蛮’地区的神犬部落融合，把与高辛氏联姻的朦胧记忆，带到了沅湘地区，因而在‘武陵蛮’地区逐渐形成了‘盘瓠神话’。”② 林河显然是把盘瓠传说与犬戎挂钩的。后者如《新五代史》作者云室韦以北：“狗国，人身狗首，长毛不衣，手搏猛兽，语为犬嗥。其妻皆人，能汉语，生男为狗，女为人，自相婚嫁，穴居食生，而妻女人食。”③

这里其实把盘瓠狗封国的故事搬到了东北地区。其他如《南史·夷貊列传》、刘恂《岭表录异》分别记晋安（今福建闽侯县）人及陵州（今山东德县）刺史渡东海经历，也有类似记载。杨宽先生说，《山海经》犬封之传说，后人推演乃如此其繁，大抵在地理方面演成盘狗民国或狗国等，在历史方面乃演成盘瓠或盘护、瓠犬，又说：“盘瓠本为犬戎推原论故事，后一变而为南蛮推原论故事”④。他显然对历代诸书记载的不同地区不同民族的犬图腾持一概否定的态度，并如吴永章教授批评的那样，对犬图腾存在的事实，不是从内部找原因，而企图从外部影响找原因。⑤

---

① 据称在沅水中游地区，考古工作者发掘了一座四千多年前的新石器时代遗址，在众多文物中有一座约30公分高的“双头连体带器座”的神犬塑像。林河认为它不是原始人一般玩具，而是神器。

② 林河：《“盘瓠神话”访古记——“盘瓠神话”民俗研究之一》，载《民族文艺季刊》，1990（2）。

③ 《新五代史·四夷附录第二》，卷73。

④ 杨宽：《古史辨》，第七册，上编，168页，上海，上海古籍出版社，1982。

⑤ 吴永章：《瑶族史》，21页，成都，四川民族出版社，1993。

自从民族学、人类学于19世纪末20世纪初传入中国后，学者们另辟蹊径阐释盘瓠传说等广泛存在于中国历史上的图腾现象。清末人严复译英人 Edward Jenks 的 *A History of Politics* 一书名《社会通诠》，于译文之外，用案语解释图腾云："图腾者，蛮夷之徽帜，用以自别其众于余众者也。"并说："古书称闽为蛇种，盘瓠犬种，诸此类说，皆以宗法之意，推言图腾，而蛮夷之俗，实亦有笃信图腾为其先者，十口相传，不自知其怪诞也。"① 人类学家岑家梧教授称赞说："严氏可说是中国图腾制度研究的第一人，解决了向来的疑难。"② 岑家梧则是中国学术界研究图腾文化"厥功甚伟"③ 的学者。他于1937年由长沙商务印书馆出版的《图腾艺术史》及1941年于《责善》杂志2卷4期发表的《盘瓠传说与瑶畲的图腾制度》一文，不但对中外图腾文化做了全面系统的介绍与阐述，尤其对苗、瑶、畲族的盘瓠图腾做了详细深入的研究。

今人研究盘瓠传说，以民族学的观点视之。首先，盘瓠传说只不过是犬图腾崇拜的反映，它表现的只是历史上曾经存在过以犬为图腾的氏族部落，而不能认为盘瓠子孙就是狗种、犬类。其次，盘瓠是犬图腾，但犬图腾的民族很多，如上文引述的一些史籍记载的犬戎、室韦、狗种，以及其他载籍提到的海南黎族、台湾高山族、德国、印度、北美等地一些以犬为图腾的民族。他们以犬为图腾，但不即等于盘瓠。第三，盘瓠是图腾传说，凡传说均有事实为依据，但内容与情节必有夸饰成分，因此，不能事事考订，否则将陷于难以解说的困境。过去一些学者由于不懂民族学、人类学图腾原理，才出现上述穿凿附会、乱加解释或推演的错误。20世纪八九十年代，有人虽理解盘瓠为犬图腾崇拜，却仍然撰文认为盘瓠渊源

---

① ［英］甄克思著，严复译：《社会通诠》，3页，北京，商务印书馆，1981。

② 岑家梧：《图腾艺术史》，130页，北京，学林出版社，1986。

③ 岑家梧：《图腾艺术史》卫惠林序。

与犬戎有关，或认为与葫芦崇拜有关，认定瑶族起源于中国西北，此二说缺乏充分根据，难以服人。也有人根据瑶族传说评王与高王打仗，评王的龙犬帮助评王战胜高王，从而推论事件发生在西周平王时代或战国楚平王时代；还有人根据瑶族《过山榜》落款年代认定这一文献是隋朝、唐朝或宋朝官方发放的，按此推论盘瓠传说当产生于隋唐或宋代，这几说也是大可商榷的。

“图腾”一词源自北美印安语，意为“亲属”。原始人类在思索人类自身来源时，常把自己族群与某种动物或植物联系起来，当作族群的祖先加以崇拜，并使之成为区别我群与他群的标志。不同氏族有不同图腾，图腾制度是与氏族制度联系在一起的。因此，图腾崇拜应产生并盛行于氏族制时代而不是后氏族制时代。说瑶族始祖盘王帮助评皇战胜高王的事发生在周平王时代、楚平王时代，甚至是隋唐宋时期，都是不太可能的。

前文论盘瓠传说源流时，我们已经推论，如果郭璞注《山海经·海内北经》“狗封国”不误，而《山海经》传为禹、益所作，则公元前三四千年前必定存在过以犬为图腾的氏族部落。今考这则传说的关键人物，瑶族传为盘王、盘护王（或盘王护）、伏缸盘王者，汉文史籍载为盘瓠；瑶族传为评王、高王者，汉文史籍载为高辛氏、犬戎或戎吴。评王、高王不见于史乘，不可考，高辛氏、犬戎皆见于史乘。考高辛氏，按司马迁的说法，高辛氏即帝喾，为商人高祖。殷墟卜辞有“高祖夔”①，郭沫若考“夔”即帝喾。帝喾高辛氏与颛顼高阳氏同为东夷的两个近亲分支。《世本·帝系》说帝喾是黄帝的曾孙未必准确，大概高辛氏是较早加入华夏集团的夷人分支，故后人把他看成黄帝的后裔。《世本》还说：“帝喾年十五岁，佐颛顼有功，封为诸侯，邑于高辛。”又说帝喾次妃庆都生帝尧。看来，帝喾比颛顼稍年轻而长于尧。“邑于高辛”者，是说他的封地在“高辛”这个地方，并因封地而得名。商文化起源于今河南

① 郭沫若：《殷契粹编》，1、2等篇，北京，科学出版社，1965。

东部、山东境内[①]，高辛即今河南商丘，这里是后期商文化中心。以此考之，瑶族始祖盘王亦即盘瓠很可能是与商人高祖帝喾高辛有过密切关系的人物。所谓高辛氏畜犬盘瓠为高辛氏战胜犬戎或戎吴，无非是说在高辛氏所率领的部落联盟中，有一支以犬为图腾的氏族部落，其首领就是盘瓠。[②] 此说有几条根据支撑，一是苗瑶族先民九黎与帝喾同为东夷集团，关系密切；二是二者活动地域基本一至，同在山东西部、北部和河南东部之黄河下游地区；三是存在时间大体一致；四是盘瓠战胜犬戎或戎吴后，其本人及其后裔所获封地大体也在今山东南境、河南东境、湖北、江苏[③]；五是与瑶族关系至为密切的畲族，传说其始祖龙麒（盘瓠之异称）也在山东境内。[④]

至于传说盘瓠助高辛作战一事也是极有可能发生过的，否则不会给瑶人留下世代难以磨灭的印记。但作战对象为谁？民间传说与史家记载众说纷纭，难以考证。有人认为是“房王”，并指出房王都于今湖北房县。[⑤] 瑶族民间文献《过山榜》也有个别版本指“房王”，也有的指“番王”，多数指“高王”。我们认为说是“房王”不太可能。“房”、“番”二字音近，“房王”当系“番王”的误传误记。又案，“番王”之“番”，古人用以指“外番”，如“西番”，此意与汉文史籍所载犬戎或戎吴意近。在高辛氏时代，居住在西北境内的民族向东南方向迁徙，进入中原地区，与向西发展的东夷高辛

---

① 张光直：《中国的青铜时代》，107 页，北京，三联书店，1983 年。

② 李本高的《瑶族（评皇券牒）中的盘瓠考》（载《广西民族研究》1991 年第 4 期）谓盘瓠为高辛氏儿子奔。我们认为，说盘瓠为高辛氏儿子，还不如说是高辛氏部落中的一个氏族更为恰切。

③ 《过山榜》说盘瓠封地在南京会稽山石宝殿，六男六女封地在青州、徐州、兖州、雍州、扬州等。按南京当据瑶语“南山”解，会稽山古在山东南境，不在今江苏。

④ 雷金松：《畲瑶盘瓠神话比较》，载《民族文学研究》，1988（3）。

⑤ 马卉欣、朱阁林：《盘古盘瓠关系辨》，载《民间文学论坛》，1992（4）。

氏族人发生冲突的可能性是存在的，犬戎即是其中之一。“犬戎”《民族词典》释为“畎戎”、“畎夷”、“昆夷”、“绲夷”、“混夷”等。商周时，游牧于泾渭流域的今陕西彬县岐山一带，时以马匹等与中原贸易①，但其势力强大是在周穆王时。夏以前是否与高辛氏有过冲突？范晔书既云：“昔高辛氏有犬戎之寇”，或许有一定根据，也可能为另一犬戎，现在已经难以查考。丁山先生考释甲骨卜辞“犬升，垃氏”认为，混夷、昆夷、畎夷并非犬戎（西戎），而是卜辞中提到的“犬侯”，为东夷的一支。他说，“由‘令犬侯周’及‘令犬吉王事’测之，犬侯与商王朝的关系至为密切，宜为‘内服的侯亚’。”商朝的“铜器中有亚犬鼎，当是犬侯的遗物”②。他指出，犬侯为商朝内服的侯亚，在周人文献里当称为“犬夷”。《诗·大雅·帛系》颂古公父烈功：“混夷马兑矣，维其喙矣。”混夷，《说文》马部作“昆夷”，口部作“犬夷”，《史记·匈奴传》说“周西伯昌伐畎夷氏”，《索引》韦昭云：“春秋以为畎夷。按畎音犬，大颜云，即是昆夷”。而《山海经》所云“犬戎”系西戎，非东夷的犬夷，并指出犬夷封地在犬邱，即今河南之太邱。我们认为，这个与商人关系密切、在商代被列为亚侯的犬侯，其祖先可能即盘瓠部落首领，故是东夷，而非内迁之西戎。据此分析，不能说高辛氏时代，盘瓠部落曾与犬戎作战，否则逻辑不通。

瑶族传说盘护王浮海七天七夜到达高王国中咬杀高王，有人据此推论是渡海去打高丽王。考高丽为中国部落名、古国名，亦称“古高句丽”，《逸周书·王会解》作“高夷”，《汉书》作“高句骊”。在今辽宁新宾县兴京老城附近。③ 盘瓠部落渡攻打高丽王，

---

① 陈永龄：《民族词典》，93页，上海，上海辞书出版社，1987。

② 丁山：《胃甲文所见民族及其制度》，116页，北京，中华书局，1988。

③ 陈永龄：《民族辞典》，947页，上海，上海辞书出版社，1987；李毅夫、赵锦元：《世界民族大辞典》，582页，长春，吉林文史出版社，1994。

在“渡海”与“离王”这两点上可与传说吻哈，盘瓠部落作为东夷高辛氏部落联盟一员①，如属地临近山东境内之渤海湾，渡海作战也有条件。但在公元前2500年—前2000年，一个远居于辽东半岛的部落有必要和有可能千里迢迢跑到山东半岛来侵寇高辛氏吗？

总之，我们今天论盘瓠故事，只能认定盘瓠是高辛氏时代一个以犬为图腾的氏族部落，它早期活动在今山东境内，也许在偏北的地方。以狗为图腾，或许与其经济生活以狩猎为主有关。它加入过高辛氏为首的部落联盟，与被称为犬戎或戎吴的部落打过仗。战争的时间应该在公元前2500年至前2000年之间，而不是此后。战争地点应在北方而不在南方。在战争获胜之后，因有功而与高辛氏女联姻走入南山，即离开故地南下进入山区，仍过着狩猎为生的生活。与高辛氏女产下六男六女，自相婚配，应是繁衍出了12个内婚的胞族。至于传说中的变异尤其是后人附加的成分，不能也不必事事对号入座，给历史贴上人为的标签。

## 四、盘瓠与瑶族的关系

瑶族大多数支系与盘瓠有密切关系。他们承认盘瓠是本民族共同始祖，而自己则是盘瓠的子孙。直到今天，他们不但保留有关盘瓠的传说，而且多半保留盘王祖先神位以及祭祀盘瓠的仪式。

瑶族中瑶语支瑶族之各地盘瑶、蓝靛瑶，及全州东山瑶、金秀坳瑶，连南八排瑶，贺州土瑶，防城板瑶与盘瓠关系最为密切。他们用瑶语称盘瓠为“弁洪”、“弁获洪”，意即“盘王”、“盘护王”。在这一支系里，有关盘瓠的故事不少地方都有民间文献《评王券牒》、《盘王大歌》记述流传。上了年纪的老人尤其是师公、道公一

① 《世本·帝系》云帝喾“邑于高辛”，“卜其四妃之子”，曰后稷、契、帝尧、挚，“皆有天下”；《右传文公十八年》：“高辛氏有才子八人：伯奋、仲堪、叔献、季仲、伯虎、仲熊、叔豹、季狸，忠肃共懿，宣慈惠和”。郭沫若说，高辛氏有才子八人，也就是有八个部落。

般都耳熟能详。广西龙胜各族自治县和平乡瑶族《评皇券牒》记盘瓠传说云：

评皇券牒，其来远矣。瑶人根骨，即系龙犬出身。自混沌年间，评皇出世，得龙犬一只，身长三尺，毛色斑黄，意（志）超群臣。评皇［登］龙头大署［殿］，意欲谋［杀］外国高皇。群臣计议，俱无承应。龙犬姓盘名护，如左右踊跃起身，拜舞朝王，惊殿内外，无言（忽然）话语应答，群（声）音报主之恩，自有兴邦之志，不必群臣而计（议），何须万马以行藏（粮）。欲求浩天之计谋，且凭细微（微臣）之（行）动。评皇闻说，窃喜非常。［问曰］：倘去他邦，必世（泄）去之情，恐防人害……［征途］只有海水滔滔，焉能行千里？万顷洪波，非一日而可渡，谁能浮游海面，何以负载行粮？盘护闻言，答应数句：人受一日之饥，犬忍七日之饿，去数朝何须负载［行粮］。唯愿我主敕旨，［吾］发誓不虚，不失真言，今当受命。评皇大喜，将百味赐之，言曰：汝如得功劳，朕将宫女配合。盘护领旨授（受食），拜辞而去。群臣送出朝［门］，［盘］护即走如飞云，身游大海，七日七夜，惊到伊（他）国中，时遇高皇，认得［盘护］非等闲之物也。喜笑曰：大国评皇，有此龙犬不能养此（之），今来投我国，必定国（败矣）。吾常闻俗语云："猪来贫，狗来富。"异物进朝，而国必胜，朕能畜此，乃是兴邦之祯祥。左右群僚，众皆欣悦。［高皇］退朝，引盘护入宫，将美味副（付）之，受惜如珍珠，坐朝常念（令）侍之。不却（觉）数日，高皇游赏百花行宫，酒醉不醒（省）人事。盘护思报主之恩，发动伤人之口，咬杀高皇，窃取头级，飞返回朝，复（伏）殿前，污血堕也。诸大臣僚……奏明君即刻升殿。评皇亲视高皇头级，如（始）信盘护之功劳……且吩咐群臣，将［盘护］一身遮掩其体，绣花带一条，以缚其腰；绣花帕一幅，以裹其额；绣花裤一条，以藏其股；绣花布一块，以裹其胫……令宫女梳妆，插金戴银，乃吉（择）良辰，招赘附（驸）马即日［于］宫中，乃龙犬名盘护是也……备鼓乐送入会稽山内……自后不却（觉）数年，所生六男六女，评皇闻知喜笑［颜欢］，只（旨）封盘护为始祖盘王，六男六女为王瑶，皆称王［瑶］子孙也。①

案：国内外瑶族研究工作者自19世纪末以来，先后在中国之广西、湖南、广东、贵州、云南，及国外之越南、老挝、泰国、美国瑶人社区发现并搜集到140多种不同版本的《评皇券牒》或《过山榜》，其文有简有繁，但基本内容相同。

瑶语支各分支瑶族不但保留盘王传说，而且保留祭祀盘王习俗。祭祀一般以家族为单位进行。每一家族之族长家中厅堂均专设一神龛，内供盘王神位。除每月正朔、年中节庆祭祀外，逢挂灯、度戒，或遇灾病，还要举行称为“奏堂”即“做盘王”、“跳盘王”的还愿祈福活动，必杀猪、鸡，请师公设坛喃神，有专门歌师率童男童女唱《盘王歌》，表演盘王故事，谓之“游乐盘王”，让祖先高兴。在桂东北、湘南、粤西北一些定居较久的瑶族村寨，则建有或大或小的盘王庙，每届三五年举族祭盘王，迎神赛会，有的地方众人肩扛的神轿内置一狗王像，游村串寨，鼓锣齐鸣，热闹非凡。

瑶族崇拜盘瓠龙犬图腾，相信狗是氏族保护物。由这种图腾崇拜产生的一个重要禁忌就是忌食狗肉。瑶族养狗是为了看家和狩猎，狗老了由它自然死去，族内禁止杀食。投照图腾同体化原则，人们还在衣着、饮食等方面模拟图腾崇拜物。传说盘王是一只“五彩斑烂”的龙犬，因此，瑶族至今保留“好五色衣服”、“衣着斑烂”的习俗。有的地方还刻意把男衣剪裁得前短后长，女子把头发梳结成两狗耳状，腰带在臂部垂下一节如狗尾巴，以象征图腾形像。节年祭祖要先喂狗食，有的地方还模仿狗的动作，主祭者手足

① 广西壮族自治区编辑组：《广西瑶族社会历史调查》，八册，第1～4页，南宁，广西民族出版社，1985。说明：文中错别字用圆括弧注明，遗漏字用方括弧补注。本书作者对原注有改动。

并用，从供桌下爬过去，吃一两口年饭，全家人才进食。① 有的为老人做寿时，在屋外地坪用木槽盛上节日食品，族中男子分列两侧一边吃饭一边用木棍叩击木槽，并发出“飞汪、飞汪”的狗吠声。②

由于时间推移，有的瑶族支系保留崇敬狗及禁食狗肉的习俗，但传说的内容已经改变。如广西融水红瑶禁食狗肉，传说古时一寨老有三女皆美。某次与邻寨械斗寨力不支，寨老许诺有能取敌寨寨老之头者以其女配之。寨老一神犬闻言突入敌阵，啮敌寨寨老之头归。为践父言，寨老第三女与神犬成婚，夫妻恩爱，儿女成群。传说神犬白天是狗，晚上变成美男子，后为掩护族人被大树压死。为感其恩德，禁食狗肉。桂北有的瑶族传说瑶人敬狗是因为古时发洪水瑶人失去了谷种，是狗渡河到另一个地方偷回了谷种。湖南新宁县麻林乡瑶族敬爱狗（宠狗），传说是因为古时一次岩石崩塌的灾害中狗救了小主人的性命。③ 广西上思县山子瑶则传说是一次家屋失火中狗唤醒主人，得以脱离灾难，如此等等。虽则传说的母题已改变，乃至淡忘了狗崇拜与盘瓠图腾的关系，但敬狗的遗俗则保留。据岑家梧教授的论说，这是图腾转型现象。

值得指出的是，苗语支瑶族布努瑶、青裤瑶也有类似《后汉书·南蛮传》的盘瓠传说。岑家梧教授《盘瓠传说与畲瑶的图腾制度》引陈志良《盘古的研究》说：都安东陇瑶人的家谱，亦自承其祖先系蓝狗公。蓝狗公的事迹与范晔所述盘瓠故事大致无异，云：

蓝狗公，仙身之人，半人半鬼。白日变狗，夜晚变成人。一日

---

① 张有隽：《瑶族传统文化变迁论》，135 页，南宁，广西民族出版社，1992。

② 张有隽：《中国各民族原始宗教资料集成·瑶族卷》，186 页，北京，中国社会科学出版社，1998。

③ 张有隽：《中国各民族原始宗教资料集成·瑶族卷》，187 页～190 页，北京，中国科学出版社，1998。

游山打猎飞禽走兽，打到北京城内之间，至皇帝城外，吠声叫鸣，声动至城内。皇帝听闹戒说兵臣诸臣，或有狗来，奉赐饭许吃日（食），于叫声城外也。蓝狗公系京城打猎，皇帝视见蓝狗公，日夜变成人，句语你仙身之人，半人半鬼，你我城内也。日后皇帝封狗公，朝夕得当臣，相副服中。不料潘喜、韦赵公欲反京城内，皇帝用榜贴，不论君臣人等，战杀得潘喜、韦赵，吾嫁七娘子，许他为妻。蓝狗公遇见，受领皇帝之榜，论封于起谋他去，合鼠相会，交聚同年叮咛叱（托）咐，入山打猎，几日之后，是到潘喜、韦赵家园，门外吠叫鸣。潘喜、韦赵听闻，戒说妻子，何有狗来？奉赐饭许食，于副家也。蓝狗公睡至七日夜，至三更，老鼠叫声，捉捉（促促）跟拥，就见睡处，杀到潘喜、韦赵。回来至皇帝城外，霹雳惊动，皇帝诏讣，何以城外有动？军臣议，烧火炳光，见二头于城外，就回皇帝。蓝狗公战杀潘喜、韦赵，得头回来惊动。蓝狗公取得皇帝之姑娘，名唤七娘之氏，配合为妻，故生二子，［长子］名唤蓝灵征，次子蓝灵贵。①

据陈志良一文，隆山（今马山县）龙湾乡东陇瑶和都安五仁乡东陇瑶、弄瑶传系狗变来或系蓝公狗的子孙。② 张有隽 1982 年 5 月参加都安七百弄（现属大化瑶族自治县）瑶族祝著节活动，途中听蒙冠雄讲述过蓝公狗传说，内容与上述略同。蒙冠雄说，都安布努瑶奉蓝公狗为祖先，忌食狗肉，被人笑为狗的后代。又 2000—2001 年广西瑶学学会征集瑶族通史资料，也征集到几则涉及蓝狗公、蓝吾狗公的资料，说蓝姓始祖从太建公起到第九世司马公生吾公（又称蓝吾狗公）。据宗谱叙，明代宗景泰年间（1450—1457 年），蓝吾公住京城，佐皇帝杀了反朝的潘喜、韦超，后害怕潘、韦兄弟的儿子报复，携妻带子逃出京城③，或说“十世祖妣班氏生吾公又［称］

① 岑家梧：《民族研究文集》，60～61 页，北京，民族出版社，1992。
② 岑家梧：《民族研究文集》，60～61 页，北京，民族出版社，1992。
③ 蓝新德：《都安东弄蓝氏瑶族十二支系来源考》，未刊稿。

狗公。于明万历四十三年（1615年），蓝吾公（又吾狗公）进京城看守门户，被皇帝利用镇压农民骚乱头人潘喜、韦超二人，后惧怕报复逃来都安居住”①，说法虽有矛盾，但承认有“蓝狗公”其人。

岑家梧教授叙述贵州荔波县东南瑶庆乡（现属瑶麓瑶族乡）瑶族叙其来源，亦与《后汉书·南蛮传》相同：

古时长毛贼扰乱天下，北京皇帝大感为难，便贴出布告说：若果有人在三天内打退长毛贼，愿把最年幼的公主嫁给他。有一只狼狗，一天晚上偷偷地到了长毛贼营，咬死主帅，长毛贼不攻自退。狼狗便跑到皇帝殿上报功。皇帝问道：“你说杀死了贼帅，有何证据?”狼狗答到：“有首级为证。”狼狗马上把人头献上。皇帝又问：“这只是个人头，怎能证明它是贼帅?”狼狗说：“这人毛长披地，便是长毛贼之证。”皇帝又问：“纵使他是长毛贼，怎又能证胆他是主帅?”狼狗说：“贼帅以前被人射中一箭，他的后枕骨处还且个疤疤。”皇帝拨开那人头发，果然有个疤疤。皇帝还要多方留难，公主站在旁边却说：“皇帝坐北京，一理通天下，现在狼狗既打退了长毛贼，皇帝应该守信，准许我们配偶才好。”说完，便骑着狼狗，一直跑了三年三月三日，才到了荔波县。他们结婚之后，便产生了现在的瑶人。②

上举苗语支瑶族类似盘瓠传说的意义在于：不仅在一般意义上说明苗语支瑶族与瑶语支瑶族有同源关系，而且说明布努瑶、青裤瑶等保留有类似盘瓠传说的瑶族，与盘瑶等瑶语支瑶族最初原出自相同或相邻的氏族，并且参与盘瓠部落对犬戎或戎吴的战争，只是后来随着氏族不断分化，在历史发展过程中，才发生了语言、姓氏、习俗与信仰等方面的变异。

---

① 蓝冠忠：《蓝姓祖源初考》，未刊稿。

② 岑家梧：《民族研究文集》，253页，北京，民族出版社，1992。

# 瑶族的起源[1]

## 一 瑶族发祥地的古人类

### （一）瑶族发祥地地望

瑶族发祥于什么地方？这曾是个众说纷纭、莫衷一是的问题。

要弄清瑶族发祥地，必须弄清瑶族与古代哪一族群有渊源关系。最早提出这一问题的是明末清初的学者顾炎武。他根据史书的记载指出："瑶乃荆蛮，壮则旧越人也。"[2] 根据这一说法，瑶族与先秦时期楚国境内的荆蛮有关，瑶族的发祥地应当在今湖北境内。民国时期，徐松石先生认为瑶族源于"摇民"，原始居地在今江、浙一带[3]。20世纪五六十年代，多数学者主张瑶族源于秦、汉时期的"长沙、武陵蛮"，把瑶族的发祥地定在今湖南的湘江、资江、沅江流域和洞庭湖沿岸地区，其中也有人认为，还应包括湖北、四川、安徽、河南、江西、陕西、贵州等省的部分地区[4]；有的学者认为瑶族源于"五溪蛮"，原始居地在湘西及黔东北[5]。20世纪80

---

① 原载于《瑶族通史》，上卷，北京，民族出版社，2007。

② 顾炎武：《天下郡国利病书》，卷103。

③ 徐松石：《徐松石民族学文集》，39～40页，桂林，广西师范大学出版社，2005。

④ 广西民族研究所：《壮、瑶历史科学讨论会论文集》，广西少数民族社会历史调查组编（油印本），1962。

⑤ 广西民族研究所：《壮、瑶历史科学讨论会论文集》，广西少数民族社会历史调查组编（油印本），1962。

年代重新讨论瑶族族源，有人主张瑶族源于古代东夷中的某一族群，发祥地在今山东境内①，有人主张源于古“摇民”，发祥地在闽、浙一带②，有人主张源于古越人，发祥地在江苏、安徽一带③，有人主张源于“羌戎”，发祥地在四川、甘肃交界的岷山地区④，也有人主张瑶族、苗族、畲族同源于“三苗”，发祥地在长江中下游地区⑤。2000 年 11 月中旬，广西瑶学学会在恭城瑶族自治县召开学术研讨会，专门讨论了瑶族起源问题。与会者（包括苗族学者）经过讨论，取得了较为一致的意见，认为瑶族、苗族、畲族有共源关系，他们的发祥地应当在黄河、长江中下游地区。

笔者认为，学术界关于瑶族来源和发祥地的种种见解都各有一定根据，对促进问题的研究提供了启发思考的空间。比较而言，关于瑶族源于“长沙、武陵蛮”的说法根据多些，在 20 世纪五六十年代曾为多数学者接受。但这一说法只把瑶族的历史追溯到公元前 1 世纪前后，在没有进一步弄清“长沙、武陵蛮”来源的情况下，即把瑶族的发祥地锁定在湖南湘江、资江、沅江流域和洞庭湖沿岸地区，未免使人感到遗憾。笔者根据近年学术界研究的新成果，采纳多数人的意见，认为瑶族的先民自秦、汉而上，可追溯至春秋战国时的南蛮主要是楚、群蛮，夏商周时期的荆楚（荆蛮）、东夷，夏以前五帝时期的三苗、九黎。关于瑶族的起源，我们在下面还要细说。因此，可以确定的是，瑶族的发祥地不是在湖南境内，而是

---

① 费孝通：《民族社会学调查的尝试》，载《中央民族学院学报》，1982 (2)；李本高：《尤人是瑶族的主源初探》，载《广西民族研究》，1985 (1)。

② 徐仁瑶：《关于瑶族源于古“摇民”初探》，载《民族研究》，1985 (5)。

③ 容观夐：《瑶族与古越族的关系——从〈评皇券牒〉看瑶族的早期历史》，载《中南民族学院学报》，1982 (3)。

④ 何光岳：《论盘瓠氏的起源、分布与迁徙——兼论盘瓠与葫芦的关系》，载《中央民族学院学报》，1989 (2)。

⑤ 尤中：《苗瑶古代史叙略》，载《云南社会科学》，1985 (5)。

在湖南以北的黄河、长江中下游地区，淮河中上游地区，范围包括今山东、河南、湖北及河北、安徽、江苏部分地区。这一地区正是九黎及三苗的活动范围。

（二）瑶族发祥地区的古代生态系统

现代科学证明，在从直立人出现到晚期智人形成的被称为更新世的整个史前时期，我国自然环境和世界上许多地方一样，曾发生过很大变化。地质学者在全国范围内发现了许多古冰川遗迹，它们大约可分为五期，即龙川冰期、鄱阳冰期、大理冰期、大姑冰期、庐山冰期。它们与欧洲的多瑙河冰期、贡兹冰期、明德冰期、里期冰期、维尔姆冰期相对应，其年代约从 300 万年前至 1 万多年前。①

更新世期间，地球构造运动继续。印度板块在与欧亚板块拼接的过程中，引起喜马拉雅山的强烈隆起，使青藏高原至少上升了 2000～3000 米，而渭河谷地、西北内部盆地和东部平原却下降了几百米到一两千米。大约在早更新世末中更新世初，距今 250 万—150 万年前，秦岭迅速抬升到现在的高度。这种地壳大幅升降运动大大改变了我国古地貌格局，造成从西向东由高到低的多阶梯地形，和河流大多由西向东流向。我国地势西高东低，山脉、河流走向大多自西而东，由此形成四个与纬度大致平行的生态区位：塞北区、华北区、华中区、华南区。各大区的地形、气候、水文、土壤、植被等不完全一致。这种情况在很大程度上决定了我国史前文化起源的多元性和发展的不平衡性。②

我国黄河、长江中下游地区，在末次冰期及其后的间冰期，气候与动植物群落先后发生很大变化。冰期来临时，长江下游一些山地可能发育过小块冰川，气温大幅下降 8℃～13℃左右，比现在冷得多。气温下降造成水汽蒸发量减少，年降雨量减少

① 白寿彝：《中国通史》，2 卷，2～3 页，上海，上海人民出版社，1994。
② 白寿彝：《中国通史》，2 卷，1～2 页，上海，上海人民出版社，1994。

14%～20%,形成干冷的间雨期。在干冷的气候条件作用下，黄土继续发育，增加堆积厚度，范围从黄河流域扩展到长江流域。喜冷的动物群如披毛犀、猛玛象一度南移长江流域。喜冷的针叶林大量生长，如今只能在东北的长白山、大小兴安岭才能见到的云杉和冷杉，其南界到了浙江南部，南侵幅度达 15～17 个纬度。比木本植物更能适应于冷气候的草本植物，扩展范围更大，草原分布范围直达长江流域。

末次冰期结束后的间冰期，约 1.3 万年前开始，又出现另一番景观。冰川后退，气温回升，比现在还高，雨量增加，海平面上涨，出现海浸。在温暖湿润气候的作用下，红土发育，遍及整个南方和北方部分地区。北半球喜暖动植物群向北迁移。如大象和孔雀均为热带动物，大象目前在中国仅限于云南省才有，但在更新世间冰期中，大象活动区域最北一直到达山西省黄土高原，其纬度相差 10 度，孔雀也曾到达北纬 36 度附近。山核桃是一种亚热带果木，目前分布在浙江天目山和贵州西部山地，但更新世间冰期中曾北移到北纬 48 度，即东北三江平原的齐齐哈尔附近。这里现在的年平均气温为 2.3℃，如以山核桃生长所要求的气温推算，该地区当时的气温要比现在高 14℃～15℃。①

在更新世间冰期，东北气温与现在华北差不多，华北和长江流域次之。在仰韶时代及以前，黄河流域正月平均气温要比现在高 3℃～5℃，喜温湿植物增多，新出现榆属、枫香属、山毛樟属、水蕨属等植物。斐李岗文化时期这里有大量今天分布在长江流域的鳄、闭壳兔、獐、麂等，反映当时气温、降水量都高于现在，大约当年平均气温比现在约高出 2℃～3℃，年降水量约高出 600 毫米。

---

① 郭立新:《考古人类学》，128～131 页，南宁，广西民族出版社，1998。

（三）瑶族发祥地区的古人类

1. 古猿人

考古发掘证明，至少在一百七八十万年前，在中国大地上已有了人类的足迹，在黄河中游有山西省南部芮城西侯度文化遗址的居民。

除西侯度文化外，属于猿人范畴的，还有河北阳原小长梁旧石器文化遗址、陕西蓝田县蓝田人。据古磁法测定，二者距今均约100万年。北京周口店发现的北京人，相当于更新世中期，距今约70万年。安徽和县龙潭洞和县人、山东沂源县沂源人、河南南召人、湖北郧县人，均属更新世中期的直立人，与北京人时代相接近。

以上是中国境内各地发现的猿人，即直立人。过去考古学界曾把中国境内发现的猿人概称为中国猿人。值得注意的有两点：

第一，属更新世早期的猿人在中国境内发现不多，更新世中期则有相当广泛的分布，而且在黄河、长江中下游地区有多处发现，如安徽和县人、山东沂源人、河南南召人、湖北郧县人。

第二，各地发现的直立人有一些共同特征，最明显的是门齿呈铲形，这是后来蒙古人种的特征。

2. 智人

中更新世末期，距今12万年前至4万年前，我国经历了一次庐山冰期，其后气候变暖，人类体质和文化发展到了一个新时期，即由猿人或直立人发展为早期智人，人类文化则由旧石器文化发展为旧石器时代中期文化，亦称中石器时代文化。

我国北方发现的早期智人化石，有北京周口店山顶洞人、山西丁村人。在黄河、长江中下游地区，属早期智人的仅有湖北长阳人。长阳人发现于湖北长阳县龙洞的角砾岩和深黄色沙质泥土中，仅存一个左上颌骨（保留两枚牙齿）和另一枚牙齿。长阳果酒岩一处岩屋内也发现了同一阶段的人类化石，包括头骨和肢骨。

中石器时代人类体质的进步主要是脑容量增大，动脉支较复杂。陕西大荔人脑容量达到1120毫升，比北京猿人平均脑容量1075毫升进步了许多。我国早期智人一般颧骨比较突出，眉脊较平直而非前突孤状，这些都与欧洲、非洲乃至西亚的早期智人明显不同，其头面已显示出蒙古人种的某些特色。中石器时代文化的进步主要表现在打制石器的技术有所提高，形状比较规整，类型比较确定，种类有所增加。这一时期文化在旧石器时代已表现出的明显地区性特征的基础上，继续显示出地区差异性。

到更新世晚期，距今5万至1万年前，人类体质发展到晚期智人阶段，人类文化发展到旧石器时代晚期阶段。与此同时，世界上三大人种基本形成。中国境内的人骨化石全都属于原始蒙古人种。

我国旧石器时代晚期文化已遍布全国各地。北方出土的人骨化石有北京周口店人、山顶洞人、河套人等。晚期智人体质上的共同特点是脑量增加，如柳江人和山顶洞人的脑量为1300～1500毫升，在现代人脑量的变异范围之内，脑内动脉支也与现代人接近。由于这一变化，使颅骨变高、厚度减薄、头部最大宽度上移、额部丰满、眉弓变矮、吻部后缩、牙齿变小、颏部突出，均与现代人十分接近。

旧石器时代晚期文化比中期文化有明显进步，石器种类更加多样化。骨角器大为发展，出现多种装饰品。① 这一时期，黄河、长江中下游出土的人骨化石有山东新泰人。出土的文化遗址有河南安阳小南海遗址、湖北房县樟脑遗址，湖南澧县、新晃和江苏东海一带也有发现。

我国旧石器时代晚期文化有明显的地方性差异，有的已可划出不同的地方性文化。湖北房县一处洞穴遗址出土石器两千多件，以中小型为主，器型有刮削器、尖状器、砍砸器、钻具等，以边刃刮削器数量为最多。发掘者认为它可能代表长江流域旧石器晚期的一

① 白寿彝：《中国通史》，2卷，36页，上海，上海人民出版社，1994。

种新型文化。[①] 这种差异性预示着我国新石器时代文化一开始就是多元的和不平衡的。

3. 新石器时代遗址

到了公元前1万年至公元前3500年的我国新石器时代，人类从攫取天然产物的掠夺经济转变为以种植农业、饲养家畜为主的产食经济。新石器时代石器工具加工日益精密，种类越来越多，还发明了陶器。

新石器时代文化遗址遍布中国各地。在黄河中下游地区，属于新石器时代较早阶段的，有磁山、裴李岗、大地湾、北辛等一系列遗址，出土了大量农业遗迹、遗存。$C_{14}$测定这些遗址的年代在公元前6000年至前5000年。属于中后期阶段的有后岗、大汶口等遗址，其年代在公元前5000年至前4000年。晚期有龙山遗址，年代在公元前4000年左右。

在长江中下游地区，属新石器时早期的有大溪文化、马家滨遗址，属中期的有河姆渡遗址、屈家岭遗址，属晚期的石家河遗址、松泽遗址、良渚遗址，上述各遗址年代在公元前5000年至前3500年左右。

新石器时代黄河、长江中下游地区各遗址出土状况，反映了这一时期各地形成了各具特点、自成体系的文化区，具体表现在经济生活、居住、服饰、丧葬和宗教信仰上，昭示着各民族文化区的萌芽和初步形成，为我们探索瑶族的起源提供了线索。

## 二 瑶族的起源

### （一）古籍中关于瑶族起源的记载

瑶族是一个起源于中国黄河、长江中下游的民族。古籍中有不少关于瑶族起源的记载。

---

① 黄万波等：《湖北房县樟脑洞旧石器址发掘报告》，载《人类学报》，1987（6）。

构成瑶族主体的盘瑶系统的瑶族，包括盘瑶、蓝靛瑶、平地瑶、民瑶、八排瑶，布努瑶系统的部分布努瑶、青衣瑶和长袍瑶，民间古籍都有关于瑶族共同始祖帮助中国古代皇帝征战、杀敌立功、获得封赠的记载。盘瑶系统各支系民间流传珍藏的古籍《评皇券牒》，又称《过山榜》，记载中国古代评皇的国家受到高皇侵犯，评皇贴出皇榜，有谁能杀退高皇，愿将公主嫁与他为妻。当时无人敢认，评皇的一只名叫“盘护”（盘瓠）的五彩斑斓的龙犬，踊跃上前揭下皇榜，只身漂洋过海到高皇国中，咬杀高皇，含首级回到评皇殿前。龙犬盘护因杀敌立功，被招为驸马，受封为王，获赐天下山场，任从刀耕火种为生。盘护王与公主婚后生下六男六女，评皇召见，分别赐予姓名及爵位，传下十二姓瑶人。广西都安瑶族自治县东陇瑶（布努瑶支系）的家谱，自视其祖先系蓝狗公。蓝狗公的事迹与盘瑶的盘护故事大致无异。① 贵州省荔波县瑶麓青裤瑶则说，古代毛贼扰乱天下，北京皇帝大感为难，便贴出布告说，如果有人在三天内打退长毛贼，愿把最年幼的公主嫁给他。有一只狼狗，一天晚上偷偷到了长毛贼营，咬死主帅，长毛贼不攻自退。皇帝多方挽留，公主却骑上狼狗，跑了三年三月三日，到了荔波县。他们结婚后，便产生了现在瑶人。②

上录几则瑶族典籍记载的故事除了流传过程中后人加进了一些后来的概念外，反映的都是瑶族远古氏族图腾制社会时期的史事及其与汉人先民之间关系。说明瑶族起源于古代某个以犬为图腾标志的氏族，起源地当在与汉族先民发源地靠近的中国中原的某个地方。

瑶族的盘护故事不仅见于瑶族民间史籍，也见于汉文史籍。南

---

① 岑家梧：《盘瓠传说与畲瑶的图腾制度》，见《岑家梧民族研究文集》，60～61页，北京，民族出版社，1992。

② 岑家梧：《瑶麓社会》，见《岑家梧民族研究文集》，253页，北京，民族出版社，1992。

朝宋的范晔作《后汉书》，其《南蛮传》记盘瓠故事，文末有注云：见汉末应劭《风俗通义》。可见盘瓠传说至晚在汉末已载于汉文史籍。稍晚于应劭的东晋人郭璞注《山海经·海内北经》："有人曰大行伯，把戈。其东有犬封国"条云："昔盘瓠杀戎王，高辛以美女妻之，不可以驯，乃浮之会稽东海中，得三百里地封之。生男为狗，女为美人，是为狗封之国也。"① 晋人干宝《搜神记》也有盘瓠故事的记载，文字较郭璞注详细，情节与《后汉书·南晋传》略同。由于应劭《风俗通义》失传，晋郭璞、干宝所记盘瓠故事是目前能见到的最早汉文文本。郭文本为《山海经》"犬封国"条注文。清乾隆时毕沅新校正《山海经》序云："山海经作于禹益，述于周秦。其学行于汉，明于晋。"又云：是书"五藏山经三十四篇，实是禹书。禹与伯益主名山川，定其秩祀，量其道理，类别草木鸟兽。今其事见于夏书禹贡，尔雅释义。"② 即认为《山海经》作于大禹、伯益时代，是则该书所述之事应当更早。如果《山海经》所说"犬封国"即是郭璞所说盘瓠"狗封国"，那么瑶族所传始祖盘护故事应发生在夏禹之前的中国古史传说时代。瑶族所传始祖盘瓠故事中之"评皇"，汉文史籍称为"高辛氏"、"辛帝"。按：高辛氏名帝喾，即帝舜，为商人始祖。③ 商人起源于东方，在融入华夏族以前，为东夷的一支，其发祥地在今山东、河北、河南交界一带。河南商丘即商人建都之地。瑶族始祖与高辛氏有关系，其远古先民亦当属东夷集团的一支。至其为商人祖先立功后受封"南京会稽山石宝殿当王"，或如汉文史籍所说："浮之会稽东海中，得三百里地封之……是为狗封之国"，当是后事。

---

① 《山海经》，郭璞注，94页，上海，上海古籍出版社，1989。

② 《山海经》，郭璞注，1页，上海，上海古籍出版社，1989。

③ 郭沫若：《中国史稿》（第一册），118～119页，北京，人民出版社，1976。

九黎部落集团的首领是蚩尤。蚩尤是中国远古赫赫有名的人物，其活动年代与传说的华夏族首领炎帝、黄帝同时，距今约五六千年。汉文史籍有许多关于蚩尤的记载。《大戴礼记·用兵篇》："蚩尤，庶人之贪者也，或云蚩尤古之诸侯。"《史记·五帝本纪》"集解"："蚩尤，古天子。""正义"引孔安国："九黎元君号蚩尤是也。"《国语·楚语》注："九黎，蚩尤之徒。"《战国策·秦策一》高诱注："蚩尤，九黎民君子也。"《逸周书·尝麦篇》载："九黎宇于少昊，以临四方"。也就是说蚩尤住在原来少昊氏的地方，即今山东西南部河南东北部一带。苗族和部分布努瑶世代相传蚩尤是他们的远祖和英雄。都安、马山一带布努瑶民间流传蚩尤故事，编有"蚩尤舞"纪念这位远古祖先和英雄。有专家认为蚩尤是由苗、瑶组成，蚩是苗的自称，尤是瑶的自称。

瑶族民间还普遍流传人类再生和民族来源的传说，即洪水淹天和伏羲兄妹造人民的传说。湖南江华、江永等地过山瑶，广西金秀大瑶山盘瑶、坳瑶、山子瑶、茶山瑶、花蓝瑶，广西十万大山山子瑶、大板瑶、小板瑶在举行度戒、还愿仪式时都要吟诵经书开首两句"盘古开天辟地"、"伏羲子妹（兄妹）造人民"的唱词。传说古时张公和雷王斗法，雷王发下大水将天地淹没。地上人民只剩下伏羲兄妹躲在葫芦里得以逃生。洪水过后，伏羲兄妹发现人民灭绝了。兄妹两人在乌龟的劝说下结为夫妻，婚后生下一个肉团。妹妹生气用力把肉团砍碎到处抛洒，不料，碎肉抛到哪里，哪里就有了人烟。抛上山的成了瑶人，抛到峒场的成了壮人和侗人，抛到平地的成了汉人。

伏羲也是中国传说中古代著名人物。汉文古籍伏羲亦作宓牺、庖牺、伏緺、伏戏、庖羲、炮牺。《山海经·海内东经》："雷泽中有雷神，龙身面人首，鼓其腹。"《太平御览》卷78引《诗含云雾》："大迹出雷泽，华胥履之，生伏牺。"伏羲乃雷神之子。传说伏羲始作八卦，又结网、作瑟、制嫁娶，"取牺牲以充庖厨"①。

① 袁珂：《中国神话传说词典》，163页，上海，上海辞书出版社，1985。

《世本·帝系篇》清张澍梓集补注本云："太昊伏羲氏"，据此知伏羲即太昊。而太昊（或作太皞、大皞）乃少昊之先人。少昊居曲阜，"太昊氏居陈。"① 陈地在今河南淮阳县境内，均属东夷集团范围。五代蜀杜光庭《录异记》卷八："陈州为太昊之墟；东关城内有伏羲女娲庙。东关外有伏羲墓……时人谓之翁婆墓。"清梁玉绳《汉书人表考》卷二引《春秋世谱》："华胥生男子为伏羲，女子为女娲。"袁珂认为，伏羲女娲以兄妹而为夫妻之说乃确切不可易。②伏羲兄妹结婚繁衍人类的故事在汉族、彝族、壮族等民族中也广为流传，但如苗、瑶民族奉为祖先、勤于祭祀的则少见。清陆次云《峒溪纤志》云："苗人腊祭曰报草，祭用巫，设女娲、伏羲位。"现代人类学实地考察证明，苗族、瑶族都一致传说本民族出自伏羲兄妹。伏羲即太昊而居陈，属东夷集团。可知苗、瑶与东夷的渊源关系。

传说中的中国古代以蚩尤为首领的九黎部落集团势力非常强大，以黄河、长江中下游为中心，向北、向西发展，与起源于山西、陕西、宁夏一带的炎帝、黄帝两大部落发生冲突。蚩尤与炎帝战于"涿鹿之阿"（今河北省涿鹿县地，一说在巨鹿），炎帝大败被逐。炎帝部落后联合黄帝部落，对蚩尤进行报复。黄帝借天神帮助，擒杀蚩尤，九黎部落集团战败后，一部分加入黄帝部落，一部分南下形成新的部落集团，即"三苗"集团。

三苗，又称有苗、苗民。三苗存在时间与尧、舜、禹同时，距今约四五千年。三苗与九黎有渊源关系。《尚书·吕刑》："王曰：若古有训，蚩尤惟始作乱，延及平民……苗民弗用灵，制以刑。"孔传云："三苗之君习蚩尤之恶。"孔颖达疏引郑玄："苗民，九黎之后。"《国语·楚语》："三苗复九黎之德。"可见三苗为蚩尤九黎

① 《左传·昭公十七年》。

② 袁珂：《中国神话传说词典》，164 页，上海，上海辞书出版社，1985。

之后。三苗活动范围在长江中游地区。《战国策·魏策》："昔者三苗之居，左彭蠡之波，右洞庭之水，汶山在其南，衡山在其北。"《史记·五帝本纪》："三苗在江淮荆州数为乱"，《史记正义》："今江州、鄂州、岳州三苗之地也"。论者多以为今之苗民即古三苗的后裔，并从称谓、苗族传说古代居地在江湖平原水边、俗尚巫鬼等方面加以论证。实际上，古代苗瑶不分，有时苗涵盖瑶，有时瑶涵盖苗。二者称谓接近，苗族自称 moi（蒙）、mer（眠）、mao（苗），瑶自称 mien（勉）、mun（门）、min（敏），都有"m"这个音。瑶族也有"漂洋过海"的传说，崇信巫鬼，束发椎结也是一样的。今天的瑶族中有苗的成分，苗族中也有瑶的成分。可以说，瑶族与古三苗同样有渊源关系。三苗的三在中国古代是个表示众多的概数，古人以"三"、"九"为多。所谓"三苗"，应是一个包括了许多氏族、部落的庞大集团，瑶族先民是其中一部分。

（二）瑶族起源的若干人类学根据

现代人类学从语言、考古资料、民族学、体质人类学等方面研究人类各民族的起源、迁徙和分布。

语言作为人类思维和交际的工具，是文化的载体，又是文化的重要组成部分。构成瑶族主体语言的瑶语支语言、苗语支语言共属于同一个有亲缘关系的语族——苗瑶语族，清楚而确切地表明了苗族、瑶族的共源关系。盖语言作为交际工具其重要特征是有相当的稳定性，不因社会的急速变化而发生急剧变化。虽然经历了数千年发展，苗语、瑶语已分裂成两个语支，甚至在两个语支内分化出不同方言、次方言，但是在基本词汇方面，二者仍有 30％是相同或相近的，在语法结构方面，二者的特征也是基本上相同的。

值得指出的是，苗瑶语在语系的划分上属汉藏语系，在语言的发生学上与汉语有亲缘关系。语言学工作者实际调查研究发现，瑶语词汇中有不少在构成和发音上与汉语词汇相同或相近。除了部分借词外，有些属于同源词。尤为有趣的是，上古汉语的某些词赋作品，如楚辞中屈原的《九歌》中的一些词语，用现代汉语难以解读，而用瑶苗语竟可解读。广西西部布努瑶一些民间歌谣，在用词和结构上与楚辞相近似，瑶苗语与汉语的共源关系能成立。现代科学研究证明，人类语言发生于旧石器时代后期，形成于新石器时代早期，距今一万年左右。苗瑶语十分接近的亲缘关系，证明苗族、瑶族古代曾属于一个操共同语言的亲属部落集团，而苗瑶语与汉语的亲缘关系，确切地说明苗族、瑶族与汉族三个民族的古代先民有密切的接触和交流关系。由此可知，瑶族之起源于中国中原地区，在语言学上是有充分根据的。

民族学从事各民族文化比较研究，探索民族的起源和文化的变迁。比较的视角和范围通常包括祖先来源（包括虚拟的共同祖先）、语言、风俗习惯、宗教信仰等。关于祖先来源和语言已如上述，此不赘述。这里要补充的是，瑶族在记述祖先居住地和迁徙路线时，经常提及黄河、长江中下游一些地方。如瑶族《评皇券牒》记述评皇召见盘护王十二位儿女赐名封爵的地点有滕州、尧州、信州、刺州（疑为荆州之误）、佑州（?）、瑞州、哀（兖）州、桃州等，多为山东、河南地名。广东连南瑶族自治县八排瑶举行“打道箓”的宗教仪式时“过九州”中提到宜州、扬州、青州、梁州、润州、徐州、兖州、荆州等古地名，也多在黄河、长江中下游地区。湖南一些地方的瑶族谈到祖先迁徙时曾在湖北武昌府居住过。两广、云南不少地方的瑶族一致地说到，他们是从湖南洞庭湖地区迁徙来的。瑶族的主要支系盘瑶有“漂洋过海”的传说。近年瑶族史研究工作者经过研究，比较一致的看法认为，盘瑶所传漂洋过海故事是有经历为根据的，其所传漂洋过海的“海”极有可能指的是长江、洞庭湖。上述民族学实际调查所得关于瑶族古代居住地和迁徙地址的资料，与汉文史籍所载古代东夷、三苗及荆蛮、长沙蛮、武陵蛮的活动范围是相吻合的。

风俗习惯和宗教信仰方面，民族学实地调查证明，各地各支系的瑶族衣着方面普遍爱着厚实紧身、绣满花纹的长衣、长裤或长裙，束发裹巾，赤足打绑腿；好饮酒，喜辛辣及酶腊食品；住泥木或竹木结构的平房，这和南方土著民族爱穿轻薄、宽敞的衣服，爱吃稀粥，住高脚干栏屋不同，说明瑶族原来居在偏北较冷的地方，即使南迁后，仍保留中原的某些习俗。瑶族虽然在南北朝后接受了道教的影响，但各支系仍普遍保留了“信鬼好巫”的习俗。在瑶族奉祀的神灵中，除了三清、四御、三元等道教神祇外，民族始祖神盘王、伏羲以及雷王、风伯、雨师、城隍、社王、龙王、鲁班、彭祖、家先、山鬼、水鬼、木精、禾魂、猎神、耗精等都是膜拜的对象。上述习俗信仰与汉文古籍记载的古代南蛮、荆蛮、盘瓠蛮、长沙武陵蛮“好五色衣裳”、“崇信巫鬼”、“椎结跣足”习俗相吻合。瑶族信仰的雷王、伏羲、风伯、鲁班、彭祖神，产生于古代山东一带，是否与瑶族先民曾在这一带活动过有关，值得进一步研究。

考古学资料证明，中国黄河、长江中下游地区还在旧石器时代已有人类生存繁衍，到新石器时代逐渐形成了有鲜明地区性文化特点的人类群体，考古学上称之为“民族文化区的萌芽”。在黄河中下游地区，今山东全境、河南东部，出现了先后相继承的大汶口文化、龙山文化、岳石文化。这三个文化存在的时间从公元前 7000 年至公元前 3000 年，前后 4000 年，是一个大的人们共同体先后相继的文化遗存，这个大的人们共同体还包括若干个较小的人们共同体。根据古史传说，古代中国东方的部落主要是太昊和少昊。太昊氏居陈（今河南淮阳左近），少昊氏“邑于穷桑”（今山东曲阜左近）。到夏代这里的人民始称为夷，而夷有九种。因此，大汶口文化、龙山文化应是两昊集团的文化，亦即东夷集团或九夷、九黎的史前文化。大汶口文化、龙山文化的特点是，其居民经营原始农业，渔猎业仍占有重要地位。人们普遍盛行拔牙风俗，人死后用狗随葬，轮制黑陶特别发达。

在长江中游地区，则相继形成了大溪文化、屈家岭文化和石家河文化。其存在时间约为公元前 7000 年至公元前 3000 年。大溪文化、屈家岭文化分布于湖北大部、四川东部和湖南北部。这是两个前后有一定继承关系的文化。根据古史传说，这是古代三苗集团活动的地域。学术界一般认为，屈家岭文化是三苗集团创造的文化。这一文化的特点主要是，其居民从事稻作农业，饲养禽畜，渔猎业仍占有重要地位；典型器物为蛋壳彩陶杯，还有大量彩陶纺轮；住房多平地建起，为多间式；儿童用瓮棺葬；居民有拔牙习俗；出土有石祖、陶祖。近年考古发现，原属东夷集团文化特点的一些器物、葬制，在屈家岭、石家河文化中也有发现，很有可能是东夷集团一部向西南迁移到长江中游地区带来的文化遗存，为我们研究瑶族的起源和迁徙提供了考古学的根据。

20 世纪 60 年代，前苏联一些体质人类学者根据 50 年代对现代彝、苗、瑶、侗、壮民族进行体质测量的结果进行分析研究，将南方蒙古人种划分为两个特殊类型：第一为头颅较长的东喜马拉雅型，最明显的代表是彝族；第二为头颅较短的台—马来亚型，属于这一类型的有壮族、侗族。苗族和瑶族从共同外貌来看，属于东喜马拉雅型，又具有台—马来亚型的特点，由此得出结论，苗族、瑶族体质类型上的这种混合现象，是蒙古人种南方分支两种类型交互作用的结果，或是苗族、瑶族保留有古代“过渡性人种”的性质，并由此推论出苗族、瑶族应形成于藏—缅人和壮—侗人之间的中间地区。具体说来，东喜马拉雅型在新石器时代应形成于比他们现在分布更北的地方和中部人种起源地带西边的地区，即今四川和湖北西部境内；台—马来亚型的明显代表壮、侗人形成于古代越族分布境内；苗、瑶人应形成于藏—缅人和壮—侗人之间的中间地区，即今长江、黄河中下游地区。① 19 世纪 30 年代对居住在四川省的苗人和汉人进行的血清学调查表明，后者的 A 型多于前者，B 型少于前者。这种状况说明，川苗的起源较四川汉人更居东边一些。

现代分子生物学、遗传学资料更精确地找出人类种族和民族的起源地及迁徙路线。2001 年 10 月，上海复旦大学现代人类学研究

---

① ［苏］P. 伊茨著，冯思刚译：《东亚南部民族史》，64～66 页，成都，四川民族出版社，1981。

中心与广西民族学院、广西瑶学学会合作，在广西、广东、湖南、云南等地区进行了大规模瑶族人群DNA抽样调查，对这些样品进行了最适合于研究东亚人群的13个YSNP遗传标记基因分型。DNA分析报告由文波博士等人撰写。

人类基因组的DNA顺序不仅蕴涵了人类生、老、病、死的密码，还记录了人群演化的历史。比较不同人群之间遗传标记种类和分布的差异，可为探讨人群的起源、迁徙和融合提供遗传学证据。遗传学指标与历史学、体质人类学、考古学和语言学等学科的成果相互印证，将能更全面地了解现代各人群以及他们祖先之间的演化关系。

遗传标记按传代方式可分为母系遗传的线粒体DNA、父系遗传的Y染色体DNA和双系遗传的常染色体DNA。其中Y染色体上的单核苷酸多标记（YSNP）具有遗传标记所需要的几乎所有优点：不发生重组；无回复突变；很强的群体特异性；比较高的歧异程度。YSNP的这些优点使它成为目前国际上研究人群关系最强有力的遗传标记。

1. 瑶族Y染色体单倍型频率

复旦大学遗传研究室先前的研究表明，在东亚及亚太地区一共观察到17种单倍型和它们之间的演化关系。H6—12为东亚特异的单倍型，其中H6－8共享M122突变，而H11—12共享M95突变。这次在18个瑶族人群的460例个体中共观察到9种单倍型。其中共享M122突变的三种单倍型的频率为47.2%，具有M95突变的单倍型频率为23.1%。东亚特异的6种单倍型占所有瑶族个体的75%。该结果显示瑶族人群的Y染色体具有非常强烈的东亚特征。

2. 苗瑶族群与中国其他族群的遗传关系

M95和M119频率如上所述，瑶族70%的Y染色体具有东亚特异的M122或M95突变。M122突变在汉藏语系民族中分布相当广泛，具有最高的频率；M95则在侗台人群中频率最高。瑶族和苗族的频率介于汉藏和侗台之间。

**主成分分析** 主成分分析是一种常用的多元统计方法，用来考察不同人群单倍型频率数据的相似程度。两个群体在主成分图上位置图越接近，说明他们之间亲缘关系越近。苗瑶系统人群分布于侗台和汉藏系统人群之间，揭示苗瑶系统人群的 Y 染色体是汉藏和侗台的过渡类型。

**分子方差分析（AMOVA）** 为了进一步阐明不同族群之间的遗传关系，我们对所有单倍型频率进行了分子方差分析（AMOVA），旨在考察族群内部和不同族群之间的差异程度（表 2）。在族群内部，苗瑶系统人群之间的平均差异为 8.6%，仅次于侗台（20.5%），说明苗瑶族群内部有比较高的歧异程度。把苗族和瑶族分开看，瑶族人群的平均差异为 11.1%，表明瑶族内部具有相当高的复杂程度，原因可能是瑶族的来源比较复杂，有比较高的分化程度，也可能与瑶族招赘的习俗有关；苗族内部的差异相当小（1.7%，$P>0.05$，不能拒绝他们之间没有差异的零假设），说明不同地区苗族之间差异非常小。

苗族和瑶族人群 Y 染色体之间几乎没有差异（0%，$P>0.05$），强烈地揭示将二者合并为一个族群考虑是完全合理的。苗瑶族群与藏缅人群的差异最小（1.2%），然后从近到远依次为汉族、侗台和阿尔泰。把苗族和瑶族分开考虑，结果和上面完全一致：二者均与藏缅的差异最小，汉族次之。

**分子系统分析** 我们利用以上 AMOVA 分析的距离矩阵用最小二乘法（UPGMA）构建了系统树，考察的族群分为两大支，侗台为一支，苗瑶、汉藏和阿尔泰为另外一支。苗族和瑶族最先与藏缅和汉族聚合，表明他们之间有比较近的亲缘关系。侗台为典型的南方族群，阿尔泰为典型的北方族群，苗瑶和汉藏居于二者之间，具有双重特征。分子系统分析的结果与上面各种分析的结果完全一致。

**表 2 各族群 Y 染色体单倍型频率分子方差分析（AMOVA）**

| | 苗瑶 | 汉族 | 藏缅 | 阿尔泰 | 侗台 | 苗族 | 瑶族 |
|---|---|---|---|---|---|---|---|
| 苗瑶 | 8.6% | | | | | | |
| 汉族 | 2.3% | 4.0% | | | | | |
| 藏缅 | 1.2% | 0.4% | 7.3% | | | | |
| 阿尔泰 | 5.3% | 3.8% | 2.4% | 8.0% | | | |
| 侗台 | 4.5% | 4.0% | 4.9% | 7.0% | 20.5% | | |
| 苗族 | \ | 2.3% | 1.2% | 3.6% | 2.6% | 1.7% | |
| 瑶族 | \ | 2.6% | 1.2% | 6.0% | 4.5% | 0.0% | 11.1% |

经 1000 次非参数排列检验 P＞0.05，不能拒绝他们之间没有差异的零假设。

3. 苗瑶族群分化的年代估计

以 M7 突变为特征的 H7 单倍型在苗瑶族群里的分布比较广泛，而在其他群中非常罕见。这一分布格局提示 H7 是苗瑶族群特异的单倍型，并且 M7 很有可能在苗瑶族群的祖先人群中发生。如果这一猜想成立，通过估计 M7 的年代，我们就可以为苗瑶族群分化的年代提供一个下限。

为了证明以上猜想和探讨不同人群中 H7 单倍型个体之间的关系，我们对观察到的几乎所有 H7 个体进行了 5 个 Y 染色体上短重复序列（Y—STR）的分析，并构建了单倍型网络图。STR 是一种精度很高的遗传标记，被广泛用于研究亲缘关系比较近的人群之间的遗传关系和法医学鉴定。经分析可以看出，处于网络中心的大部分为瑶族（黄色）和苗族（蓝色）个体，其他人群的个体大部分在分支上。表明苗瑶是 H7 的发散中心，其他人群中的 H7 为衍生类型。我们利用 Y—STR 重复数的方差估计 M7 突变的年代大约在 16569～10141 年前（过低估计），提示苗瑶分化出来形成统一体的时间至少在 1 万年前。

分析还显示出苗族和瑶族 H7 单倍型个体之间的差异，苗族主要分布在发散中心以上，而瑶族主要在下部。苗族和瑶族虽然在总体上差异很小，但是其内部存在一定程度的分化。

4. 关于苗瑶族群起源和迁徙的假想

如上所述，苗瑶族群与汉族和藏缅族群的父系遗传关系最为接近，具有南北综合的特点：用苗瑶特异的 H7 单倍型估计他们分化的时间至少在 1.7 万～1 万年前。结合考古学和历史学的一些看法，我们对苗瑶族群的起源和迁徙做如下猜想。

第一，苗瑶族群至少在 1.7 万～1 万年前从“汉藏—苗瑶共同祖先”人群中分化并形成统一体。

第二，苗瑶先民约 8000 年前在江汉平原一带创造了长江中游的新石器文化。

第三，随后部分苗瑶先民向北扩张，与北方黄河中上游和下游文化区人群产生交流，与炎黄集团和东夷集团一道逐鹿中原，后因战争原因向南迁徙，参与北迁的主要是当今苗族的先民。

第四，部分人群向南和东南迁徙，成为当今瑶族和畲族的主要来源，该迁徙路线开始的时间可能不晚于向北迁徙的时间。

第五，明清之后逐渐向西南迁徙进入云南和东南亚，形成了现在苗瑶族群的分布格局。

以上仅为目前综合学科成果的一个假设，其真实性还有待进一步研究。对江汉平原和其他地区出土的新石期文化的骨骼进行 DNA 分析将是检验这一假设的关键所在。

5. 瑶族群体内部的遗传关系

瑶族所说的语言比较复杂，除了瑶语，还有布努、巴哼、拉珈等语言。综合考虑遗传关系和语言分类，有助于更好地了解瑶族内部的群体结构。

对苗瑶族群各人群 Y 染色体的主成分分析得出，大部分瑶语支人群聚在一起，他们与畲族比较接近而与苗族的关系较远。在瑶语支内部，说金门语的蓝靛瑶和山子瑶紧密地聚在一起，大部分说尤勉语的人群关系也比较密切，说藻敏语的八排瑶与畲族最为接近。与此相反，说苗语支布努语和巴哼语的人群全部与苗族聚在一起。

此外，我们用AMOVA方法考察了布努瑶与苗族和瑶语支瑶族之间的差异。布努瑶与苗族的差异为0%（P=0.58），与瑶语支瑶族的差异为2.7%（P=0.06），布努瑶与瑶语支瑶族之间的差异大于与苗族的差异。AMOVA分析的结果与主成分分析的结果完全一致。

以上两种分析均显示，瑶族人群之间的父系遗传关系与语言学分类相当一致。瑶族内部分为瑶语和布努语两支，布努瑶更接近于苗族。瑶语支内部说金门语和尤勉语的人群也分别聚在一起。

（三）瑶族的主源与次源

综上所述，我们可以十分清楚有充分把握地说，瑶族是个起源于黄河、长江中下游地区的民族。其主要来源于古代的九黎和三苗，是九黎部落集团和其后三苗部落集团的一个分支发展而来的。

这里所说的瑶族这一来源，是指今天仍操苗瑶语族瑶语支语言、苗语支语言，构成瑶族主体成分的有父系遗传关系可查寻的盘瑶系统各支系瑶族、布努瑶系统各支系瑶族的来源。瑶族是一个由众多支系组成的人们共同体。除了这一主要来源外，还有其他一些来源，我们称为次源。

在中国数千年历史发展过程中，各民族频繁交往。由于各种原因，部分瑶族与其他民族主要是与汉人接触而同化成了汉人，成为汉族的一个来源；与此同时，也有部分汉人与瑶族接触而同化成了瑶人，成为瑶族的一个来源。

汉人融入瑶族有许多途径。一是为了逃避租赋、劳役、苛捐杂税，或因逃避战乱、灾荒进入瑶山，与瑶人长期居住在一起，“习俗嗜好皆同瑶人”，成了瑶族的一部分。这类情况自宋元以来，历代史籍均不乏记载。二是经由通婚或接收养子女的途径加入瑶族。瑶族居住在山区，历史上长期过着刀耕火种、食山过山的游耕生活。为了生存的需要，瑶族尤其是盘瑶盛行招郎入赘和接收养子女的习俗。部分与瑶人杂居的汉人，因家庭穷困娶不起妻或养不了子女而到瑶人家上门入赘，或将子女过继给瑶人，成为瑶人一份子。这种状况在盘瑶社会中十分普遍。三是封建统治者派往瑶族地区屯守的砦兵、堡兵、隘兵、耕兵，其子孙后代经过潜移默化以后，融入瑶族社会，成为瑶族的一部分。最典型的例子如灌阳县的西山瑶，即是明代从临桂县调至灌阳守隘卡的兵员，后成为瑶族。

除汉族外，还有部分壮侗语族的民族同化而成瑶族，构成瑶族的一个来源。最具代表性的如金秀大瑶山的茶山瑶，其原先应是百越系统的一个小分支，至今仍操壮侗语族侗水语支的一种方言（也有人认为是壮侗语族的一个独立语支），自明代从粤西北、贵州等地迁入广西大瑶山，与居住在当地的盘瑶、山子瑶、坳瑶、花蓝瑶长期交往，形成共同的习俗信仰，有了共同的经济生活和共同的心理状态以后，也成了瑶族的一部分。又如居住在广西巴马瑶族自治县及东兰县的部分罗姓瑶族，据家谱记载，其祖先原是汉人，迁入广西东兰后同化成壮人，操壮语，习俗与当地壮人一样，部分后代迁至巴马与瑶族杂居后又同化成瑶人，操瑶语，生活习俗与瑶人一样。再如湖南省江永县四大民瑶中的莫姓瑶人，族谱记载来自广西平乐县、恭城县，当系莫姓壮人迁入湖南后与瑶人杂居，成了瑶人。

根据上述，瑶族除主要来源外，还有次要来源，这符合中国民族关系发展规律。不管来源如何，今天瑶族各个支系都自认是瑶族的一部分。

# 传说时代的瑶族先民①

## 一、开辟、创造神话反映的瑶族远祖史影

人类有文字以前，通过世代相传的神话传颂远古的历史。马克思指出，“各民族是在幻想中、神话中经历了自己的史前时期”②。因此，神话虽然有夸张的成分，但都是有事实根据的。透过神秘的外衣，可以捕捉到远古先民的史影。

人类已有数百万年历史，而现在所知的神话传说反映的历史只有五六千年。此前的遥远洪荒时代，只有若干关于开辟、创造的神话。瑶族流传的开天辟地、人类由来的神话有盘古、伏羲兄妹、密洛陀。

（一）盘古

汉文史籍记载盘古神话，始见于三国吴人徐整《三五历纪》。《瑶族远祖盘瓠再研究》一文已叙及。南朝梁任昉《述异记》所记与《三五历纪》大体相同，但补述“吴楚间说，盘古氏夫妻，阴阳之始也，今南海有盘古墓，亘三百余里，俗云，后人追葬盘古之魂也。桂林有盘古氏庙，今人祝祀。南海中盘古国，其人皆以盘为姓”。民间流传可能更早。

瑶族中盘瑶、蓝靛瑶（山子瑶）、八排瑶、平地瑶、白裤瑶等支系流传盘古神话。盘古，又称盘古皇、盘古郎、盘古皇公婆，被

---

① 原载于《瑶族通史》，上卷，北京，民族出版社，2007。

② 马克思：《黑格尔法哲学批判导言》，见《马克思恩格斯选集》，第1卷，6页，北京，人民出版社，1972。

尊为开天辟地神、人类始祖神。广西宜山县（今宜州市）瑶区的《盘古王圣牒榜文书》载：“当初原有盘古王，置天地置人民，先有瑶人后有朝廷”。20 世纪 50 年代前，上述支系居住过的不少地方都立有盘古庙或盘古祠，定时祭祀。师公唱本有盘古唱词，所述故事与《三五历纪》大体略同。也有个别地方将盘古视为民族始祖神，将盘古、盘王（盘瓠）混为一体，如湖南零陵地区（今永州市）瑶族流传的一首歌谣唱到：

盘古开天又辟地，又制青山又造田；
先赐瑶人十二姓，后赐百姓造朝堂。①

广西全州瑶族一首歌谣唱到：

上古年间黑茫茫，乾坤合闭暗无光；
先有无极生太极，后有社王生四象。
虚空眨眼生东斗，三台生在气中央；
佛祖显灵生华盖，母婆降世出人王。
后来母婆生盘古，落地会跑会喊娘；
昼夜不明难分解，母婆见了好心伤。
制出银锤金凿子，交给盘王战洪荒；
盘王领了母婆令，开天辟地尽承当。
上凿一声哗啦响，天高三丈往上涨；
下凿一声霹雷炸，地宽三尺坦平洋。
盘王斧斧踏云雾，开天辟地定三光：
开出日头有十个，开出月亮有四双②。

① 湖南省零陵地区民间故事集成办：《零陵地区民间故事集成》，2 页，1991 年编印，转引自《瑶族文学史》，77 页，南宁，广西民族出版社，2001。

② 薄朝军、过竹：《中国瑶族风土志》，372 页，北京，北京大学出版社，1993。

上引前段歌词称瑶人（盘瑶）十二姓系盘古所赐，即视盘古为瑶人远祖，后段歌词将开天辟地战洪荒的盘古称为盘王——通常意义上的盘护王（盘瓠），二者混为一谈。湖南江永县瑶族盘王庙称盘古庙[①]。广东连南八排瑶祖公大庙又称为盘古王庙，农历十月十六日在庙中举行耍歌堂活动，纪念盘古王婆诞及各姓祖公[②]。

关于盘古神话源流及盘古与盘瓠的关系，历来是史家争论的问题。清初修《康熙字典》最初将盘古氏释为天地万物之祖，又引晋干宝《搜神记》释云："犬名。高辛氏有犬，其纹五彩，名盘瓠"。清末民初北京大学图书馆馆长夏曾佑在《古代史》一书中说："今按盘古之名，古籍不见，疑非汉族旧有之说，或盘古盘瓠音近。盘瓠为南蛮之祖"，认为是汉民族把南方少数民族神话人物盘瓠误为已有，造出了盘古。其后顾颉刚、范文澜等均采此说。吕思勉原来也相信二者为一，但后来改变观点。他在《盘古考》一文中说："盘古即盘瓠之说，始于夏穗卿（见其所作《古代史》）。予昔以信之，今乃知其非也。"从吕思勉到近期的何新，认为盘古神话最可能的来源是印度。其根据是，盘古神话的主题与佛教《吠陀经》，尤其是《厄泰黎雅伏婆尼沙坛》记载的有关梵天（Brahma）的宇宙化生情节颇相似。国际瑶族研究协会 1986 年 5 月在香港召开第一届瑶族研究国际研讨会，次年又在香港召开盘古、盘瓠专题研讨会。香港国学大师饶宗颐在发言中指出一个重要事实，从某文献的略述中可以知道，东汉永兴二年（154 年），四川成都壁画中已有盘古画像存在。在同一壁画中，盘古旁为老子像。国际瑶族研究协会首任主席、法国人类学家雅克·勒穆瓦纳由此联想到法国汉学家

① 吴万源：《对江永县民族成分的考察》，1990 年未刊稿，收入《中国各民族原始宗教资料汇编》，瑶族卷，187～190 页，北京，中国社会科学出版社，1998。

② 《民族问题五种丛书》广东省编辑组：《连南瑶族自治县志》，667 页，广州，广东人民出版社，1996。

马伯乐的一个比较。马伯乐曾谈到有一个老子身体化生的造世神话，与盘古神话颇相似："老子化生，左眼为日，右眼为月，头为昆仑山，须为星辰，骨为龙，肉为诸兽，骨为蛇……"这与道教关于宇宙创生的作品《混沌图》所载相符："三皇时，（老君）化身为万法天师。中三皇时，为盘古先生。伏羲时，为郁华子"。雅克认为，尽管不能说印度神话对中国神话毫无影响，但前者从其感官化生宇宙，后者从其肉身化生宇宙，倘若中国采用印度神话，在重述时亦曾与中国传说相结合，使盘古在很多地方似烛龙之处尤多于印度模子。问题在于：假使盘古是采用了印度神话，他如何能在崇祀他的众多华南民间广泛流传？答案是：这故事从道教传说多于从佛教传说而来。至少在勉瑶中，盘古传说完全融入道教活动中。他并且指出："盘古神话在华南几个民族中流传，不能被当作是盘瓠故事——一个身份鉴别神话"。①

本书作者认为，关于盘古神话源流及与盘瓠的关系，各家看法对促进问题的思考都是有好处的，也许讨论还可以持续下去。但依据目前掌握的资料和多数人的看法，盘古神话产生于中国南方，即任昉所说"吴楚间"，目前也主要在江南、华南民间流传。瑶族崇祀盘古，是把他当作开天辟地神和人类始祖神颂扬，与盘王（盘瓠）被当作民族始祖神崇祀，在神性上是有区别的。而且盘古见于载籍比盘瓠还早。在许多地方的瑶族民间，绝不会像某些神话学家一样，将盘古与盘瓠相混淆，师公、道公的经书一直保留着两个不同神话的歌唱文，即是例子。至于有的地方将二者混而为一，可能是流传中文本（包括方志）记载出现错记，也可能是初期的盘瓠信仰变质为盘古信仰。不管怎样，瑶族尊盘古为人类远祖是事实。盘古作为一个开天辟地的神话人物在瑶族等民族中传颂，反映的是人们对远古洪荒时代的朦胧回忆。

---

① ［法］雅克·勒穆瓦纳著：《盘瓠是否盘古》，载《中央民族学院学报》，1989（2）。

（二）伏羲兄妹

瑶族中盘瑶、蓝靛瑶（山子瑶）、平地瑶、茶山瑶及部分苗语支瑶族如布努瑶、花蓝瑶，广泛流传着伏羲兄妹造人民的神话故事。伏羲兄妹神话是与洪水神话联系在一起的。广西金秀瑶族自治县盘瑶、坳瑶、山子瑶、茶山瑶、花蓝瑶五个支系的瑶族都普遍认定：瑶人是伏羲姊妹（按即兄妹）的后代。他们不仅在每一件重大事情讲话时，都要在开头讲“盘古开天立地，伏羲姊妹造人民”，而且普遍流传伏羲兄妹的故事。在民间宗教经书中，还把这故事编成七言一句的“神唱”，在跳神时歌唱。其大意是：从前大圣和雷王是好朋友，两人搭伙种山。后因雷王狡诈凶狠，每次分配收获物总是大圣吃亏，相约烧山还烧伤了大圣。于是两人斗法，大圣设计捉住雷王关在禾仓里，后上街买盐，准备回来杀了雷王腌他的肉吃。不料雷王欺骗大圣儿女，喝了伏羲兄妹递的潲水，冲破禾仓回到天宫，发下洪水，淹没大地。天下人民都被这场洪水淹死了，只有伏羲兄妹二人因躲在大葫芦内浮在水面上而幸免于难。后来兄妹经过高山滚石磨石磨相合，隔岸烧火火烟相合，踏死乌龟龟身复合等验证，姻缘相合，结为夫妻。婚后生下一个肉团。伏羲用利剑剖为三百六十片，撒在山上便成了瑶人，撒到山下便成了汉人。① 以上故事情节，在金秀大瑶山五个支系流传的基本相同，只是人物和细节略有差异。茶山瑶说雷王和大圣互斗，并讲述了两人从相好种地变成仇敌的经过；花蓝瑶说是雷王和张三（或海王）互斗，也讲述两人原是好友，因海王要吃人才成了仇人。其他三个支系，或说是雷王和张天师斗，或说是雷王与张果老斗。广西十万大山山子瑶、富川和恭城平地瑶，湖南、广东等地过山瑶流传的伏羲兄妹神话内容与上述大体略同，人物和细节略有差异。如上思县十万大山山子瑶说的是雷公与张公斗法，情节中说到伏羲把肉团剁成三百六

① 《民族问题五种丛书》广西壮族自治区编辑组：《广西瑶族社会历史调查》，第一册，223～227页，南宁，广西民族出版社，1984。

十块往山下丢，妹妹发现后急忙从闺房出来，抓起剩下的五块往山上丢，山上出现了盘、李、邓、赵、蒋五姓瑶人（山子瑶）。① 这是流传中变异的结果，不妨碍对神话基本内涵的理解和解释。

伏羲，汉文写作包牺、庖羲、虑戏、伏戏、伏希，系同名易写。《易·系词》下叙述伏羲是始作八卦、结网罟发明渔猎技术的古帝。茆泮林辑《世本·作篇》云："伏羲制以俪皮嫁娶之礼"。东汉《白虎通·号》也说伏羲"因夫妇，正五行，始定人道"。《楚辞·大招》王逸注说伏羲"作瑟，造驾辩之曲"。宋罗泌《路史·后纪一》注引《古史考》说：伏羲"取牺牲以充庖厨"。总之，伏羲是中国从野蛮迈向文明时代的圣帝。

汉文史籍记载，伏羲的妻子名女娲。女娲之名始见于《楚辞·天问》及《山海经·大荒西经》，是位化生万物的女圣人。② 到了汉代的文献中，女娲不仅具体化为抟土造人、炼石补天的女神，而且还论到伏羲与女娲是兄妹关系。《风俗通》："女娲，伏羲之妹。"唐代文献多叙二人兄妹为夫妻。卢仝《与马异结交讨》："女娲本是伏羲妇（原注：一作伏羲妹）。"唐李冗《独异志》说，宇宙之初，未有人民，只有伏羲、女娲二人在昆仑山上，议欲为夫妻，又自羞耻，于是请求天示意。恰有两股烟升向天空，兄妹相祝："天若遣我兄妹二人为夫妻，而烟相悉合，若不，使烟散。"祝后，烟果然合而为一，于是兄妹结婚，世界降生了人类。这应是汉文史籍关于伏羲兄妹结婚的较早记载。

伏羲、女娲形象，汉晋以来诸文献都说是人面蛇身，与考古发现汉至隋石刻画像所绘图形一致。考古发现东汉武梁祠石室画像与

---

① 张有隽等：《十万大山山子瑶社会历史调查》，载《广西瑶族社会历史调查》，第六册，南宁，广西民族出版社，1987。

② 《楚辞·天问》："女娲有体，孰制匠之？"袁柯据历代注家释之：此乃女娲与诸神共同造人之说。《山海经·大荒西经》："有神十人，名曰女娲之肠。"晋郭璞引沅日说文云：娲，古之神圣女，化万物者也。

东汉石刻，隋高昌故址阿斯塔娜墓室彩绘绢画伏羲、女娲，都是各持规、矩，人头蛇身交尾合体图像①，与民间流传他们是夫妇相合。关于伏羲兄妹神话的来源与族属，清以前不少学者据《世本·帝系》“太昊伏羲氏”考伏羲地望，多依太昊遗裔分布及太昊活动范围，推论伏羲神话源于今山东泰山以北以西、今豫东鲁西南地区，即中国北方中原偏东地区。陈连开教授不同意此说，认为伏羲传说可能起源于南方而不在北方。他说：伏羲最初大概起源于长江流域，最先流传于长江下游各部落，后流传至中原，被奉为“人文初祖”；继续流传在中东南和西南少数民族中，则仍保留比较原始的形态，是兄妹为婚始生人类的神话人物。其根据是：（1）先秦文献，伏羲、太昊完全是两不相关的神或人，《世经》始将二者合而为一；（2）清人崔述已辩“太昊非包羲氏”，徐炳昶更明确推断“太昊氏族在东方，属于东夷集团；伏羲与女娲同一氏族，在南方，属于苗蛮集团”；（3）南方各民族，尤其是苗、瑶、壮、侗、布依等少数民族关于上述传说，往往直指兄妹二人为伏羲兄妹；（4）伏羲始画八卦的记载也证明伏羲传说可能起源于南方，一是直到民主改革前南方少数民族卜筮方法仍保留八卦起源痕迹，二是安徽含山县凌家滩新石器文化墓地出土的一件精致玉龟和一块玉板上所刻表示四时历法的原始“八卦”图，为伏羲神话起源南方长江下游提供了物证。②

笔者认为，陈连开教授总结近现代历史学、神话学、民族学、考古学研究成果，确认伏羲兄妹神话属于南方民族尤其是苗、瑶、壮、侗等少数民族的神话，这是很有见地的，基本上是准确的。值得补充的是，今日中国中东南、西南诸民族虽然普遍流传洪水故事

① 闻一多：《伏羲考》，见《闻一多全集》，第1卷，4～7页，三联书店，北京，1956。

② 王钟翰：《中国民族史》，56～57页，北京，中国社会科学出版社，1994。

和兄妹为婚故事，但指兄妹为伏羲女娲者，只有瑶族不仅以口述和书面文字（经书、歌书）形式较完整地保留了伏羲兄妹神话，而且还保留了对伏羲兄妹的祭祀仪式，有的地方还设有神位，立有神像，这是人类学所说“社会记忆”的重要方式，有其特别的文化意涵。清初陆次云《峒溪纤志》说：“苗人腊祭曰报草。祭用巫，设女娲、伏羲位。”新中国成立前，广西金秀、上思等地瑶族崇奉的祖神包括伏羲兄妹，列有神位或书于神书，为祭祀所必请。湘西、桂北部分瑶族崇祀北山圣公、南山圣母，或称张郎、张妹，按故事内容，实即伏羲兄妹异称。

关于太昊是否伏羲也仍有商榷余地。首先，《世经》或称《世本》、《世》、《世系》，就是先秦文献，不能说在先秦文献中伏羲与太昊完全是不相关的神或人。其次，探索宇宙和人类的来历是自古以来人类共有的现象，而神话由口传到形成书面文本有相当长一段时间。像盘古、伏羲之类创世神话，在先秦文献中虽无完整形式，但像《老子》“道生一，一生二，二生三，三生万物”，《易·系辞》“易有太极，是生两仪，两仪生四象，四象生八卦”，这类东周人的哲学思想的后面，很可能有神话的支持。[①] 第三，除《世经》所述：“太昊伏羲氏”一语外，《庄子·应帝王》有南北倏忽二帝为中帝混沌开窍的寓言，《楚辞·天问》有“阴阳三合，何本何化”，“女娲有体，熟制匠之”，提到天以八柱或鳌鳖负天盖之事：“斡维焉系，天极焉加，八柱何当，东南何亏？”《山海经》里提到的烛阴、烛龙、女娲三类神物[②]，这些先秦文献中零星记载的神话观

① 张光直：《中国青铜时代》，374页，北京，三联书店，1999。

② 《海外北经》：“钟山神，名曰烛阴，视为昼，瞑为夜，吹为冬，呼为夏，不饮不食不息，息为风，身长千里……其为物，人面蛇身，赤色”；《大荒北经》：“有神人面蛇身而赤，直目正乘，其瞑乃晦，其视乃明，不食不寝不息，风雨是谒，是烛阴，是谓烛龙。”《大荒西经》：“有国名曰淑士，颛顼之子，有神十人，名曰女娲之肠（或作腹），化为神”。

念，应是汉代及三国时形成完整创世神话的盘古、伏羲女娲的源头。[①] 换言之，汉代及三国的盘古、伏羲兄妹神话并非无本之木、无源之水。第四，世人谓苗瑶之先民为南蛮非东夷，殊不知苗瑶远古先民九黎、三苗活动地域曾包含黄河中下游，即今河南大部、河北南部、山东西部一带地区。与活动于今山东大部、河南东部、河北东南部、安徽、江苏北部东夷太昊氏、少昊氏集团建立过部落联盟，关系密切。九黎的酋长蚩尤曾担任太昊氏部落联盟军事首领，率部与东进的炎帝、黄帝集团战于冀州涿鹿（今河北涿鹿县），关于此，下文还将叙述。因此，苗瑶民族把太昊伏羲氏当作远祖崇奉，并不奇怪。我们由此推论，伏羲兄妹神话发源地似应在黄河中下游东夷集团活动地区，而被苗、瑶、畲等民族带到南方，保留了比较原始形态。神话所反映的，应是远古血缘婚制社会的状况。由于民族接触、文化交流而传播于汉、壮等民族社会，成为中国的“人文始祖”。

（三）密洛陀

分布于广西都安、大化、巴马、东兰、凤山、马山、田东、隆安等地的布努瑶流传着一个创世神话《密洛陀》，其大意说：

远古天地未分，在漆黑的宇宙沉睡着一位女神。经过九千九百年，女神在宇宙霹雳一声爆破中醒来，她就是万物之母密洛陀。密洛陀醒来，第一件事是造天地。她用肩把宇宙上边托上去成了天，用脚把下边踩下去成了地，用左眼造太阳，右眼造月亮，脱下彩裙抛上天空成了云彩，用珍珠洒向天空成了星星。接着她迎风受孕，生出了罗班、卡亨、昌郎也、昌郎义等九位大神，然后派这些神分别造山河田地、飞禽走兽、花草树木。有了地方后，密洛陀亲自用蜂蜡造人。她将各种蜂蜡捏成人形放进四个箱子里密封了二百多天，最后马蜂蜡成的人叫布卿（汉人），黄蜂蜡成的人叫布羌（壮人），蜜蜂蜡成的人叫布苗（苗人），古蜂蜡成的人叫布努（瑶）。

---

① 张光直：《中国的青铜时代》，374～375页，北京，三联书店，1999。

密洛陀创造了天地万物，但天上太阳月亮变得多起来，地上的老虎、猴子不听话，让人不得安宁。密洛陀又派她的儿子们——九位大神分别射落天上多余的太阳、月亮，惩戒地上的猴子、老虎。密洛陀还造了铜鼓，让人们在她生日那天（农历五月二十九日）敲响铜鼓，起舞祝福，永世不忘她的恩德。①

各地流传的这则神话情节多寡不一，说法有些差异。如有的说密洛陀用伞来做天，用衣来做地；有的说密洛陀生了十四位大神而不是九位大神。但基本情节一致。布努瑶崇奉密洛陀为人类开辟远祖，无祠庙，无神像，但每逢节庆婚丧，必祭祀密洛陀；每年农历五月二十九日传为密洛陀生日，为专门祭祀密洛陀的节庆，称为祝著节。届时设坛，魔公喃词，男女击铜鼓，歌舞祝福，各户杀猪宰羊，献上供品，气氛浓烈。20 世纪 50 年代前，每隔 12 年或遇瘟病流行，还要举行大祭仪，请巫师作法，宰杀牛、猪、羊，祈求密洛陀消灾弥难，降福子孙。

关于密洛陀神话的源流，除近人刘锡蕃著《岭表纪蛮》："桂省西北之苗瑶于盘古大帝之外，兼祀伏羲兄妹及迷霞（女性）、迷物（女性）、含留（性未详）诸神"②，提到的迷霞、迷物似略相近外，不见其他史籍记载。20 世纪 80 年代，曾有人根据汉文史籍从无苗瑶民族有崇祀密洛陀记载这一事实，而壮族有布洛陀崇拜，怀疑布努瑶密洛陀崇拜是布努瑶迁入广西后，受壮族文化影响而创立的一位远祖神。据认为，密洛陀和布洛陀均系用壮语记的名，"密"，壮语意为"母亲"，"洛"，壮语意为"知道"，"陀"，壮语意为"知识"，故"密洛陀"意即通晓知识、无所不能的母亲，亦即万能的始祖母。"布洛陀"："布"，壮语意为"父亲"（也有人译为"人"），"洛陀"意同上，故其意为通晓知识的父亲，亦即万能的始祖父。

---

① 农学冠等：《瑶族文学史》，37～39 页，南宁，广西民族出版社，2001。

② 刘锡蕃：《岭表纪蛮》，87 页，上海，商务印书馆，1934。

其次，这两个神话的主题相同，内容基本相同，只不过神话人物一为女性，一为男性。第三，流传地区相近，部分地区交叉重叠。密洛陀神话在其他瑶族、苗族地区不见流传，只有红水河、右江地区的布努瑶有此神话流传；无独有偶，布洛陀神话在其他壮族地区少有流传，只有右江河谷、红水河一带壮族地区盛传。一些学者根据上述现象提出的见解颇有值得深思之处。以人类学的观点来看，相邻民族在交流中互相采借对方的文化因子，建构自己的文化，包括祖先的神话传说，以适应环境的需要，在中外历史上不乏其例。但采借不是全盘照搬，而必有加工、改造，使之满足象征与解释功能上的需要，这可能是两个神话人物性别不同以及具体情节和内容出现差异、打上民族印记的原因。民族印记的深层是民族固有的历史传闻。笔者认为，密洛陀神话反映的是母系社会的史影，虽然近现代这一神话改用壮语称呼这一伟大女神，但或许我们把它看作布努瑶原来就有的一位远古女祖会更确切些。

## 二、瑶族远祖盘瓠

### （一）盘瓠传说源流

在瑶族关于远祖神话传说中，影响甚为深远者要数盘瓠。关于盘瓠，有的学者视为神话，有的视为传说。① 笔者认为，盘瓠故事虽有一定神话色彩，但其夸张、神奇成分并不如盘古、密洛陀多，而传说成分则较多，因此，与其将之视为神话，不如视为传说。

前文已叙及，盘瓠传说最早见于载籍可能是东汉应劭《风俗通》。宋罗泌《路史·发挥二》说："应劭书遂以高辛氏槃犬瓠妻帝之女，乃生六男六女，自相夫妻，是为南蛮"。但今本《风俗通》未见此文。现能见于较早载籍的是东晋郭璞注《山海经·海内北经》"犬封国"条。

---

① 农学冠等著《瑶族文学史》将盘瓠列为神话，吴永章著《瑶族史》视之为传说。

同为东晋人稍晚于郭璞的干宝在《晋纪》亦有记述。

南朝宋人范晔作《后汉书·南蛮传》，集东汉应劭以来诸家关于盘瓠传说的记载，而加以增删。除删去盘瓠得名增加“今长沙武陵蛮是也”一段外，内容基本上因袭《搜神记》。

由上观之，盘瓠传说首见于载籍应是《风俗通》或《山海经》注、《玄中记》；首见于史乘当推《晋纪》，而完成于《后汉书·南蛮传》。其在民间流传应当更早。早至何时，如果郭璞注《山海经》“犬封国”无误，则这则传说在《山海经》成书年代民间已有传闻。《山海经》传为禹益（大禹、伯益）辑录民间异闻而成。是书内容虽然怪异，然而它记录的却是早期中国人对周边民族风情及山川物产的认识，在民族学研究上极具价值。我们推测，盘瓠传说所反映的盘瓠犬图腾崇拜，极有可能在公元前三四千年前已存在，并流为传说。至于迟至汉晋间才见诸载籍，其原因一是瑶族先民没有文字记录传说，二是民族间缺少交流，为人少知。直到汉晋间，伴随中原地区与“南蛮”地区日益频繁的交往，中原人对“南蛮”有了直接的而不是道听途说的了解，同时由于“南蛮”势力的强盛，为了封建王朝的治乱兴衰，也必须去研究“南蛮”，这样，关于盘瓠传说的记载就应运而生了。

（二）盘瓠传说考释

盘瓠传说原记载在《风俗通》、《玄中记》、《搜神记》诸书中，只是小说家言，影响不大，直到列入史乘《晋纪》尤其是《后汉书·南蛮传》，犹如一石击浪，引起反响。历代史家对范晔书的记述约可分为三派：一派持反对态度，认为荒诞不经；一派持肯定态度，并作考释推演；第三派则另寻解释门径。反对派的先锋与代表人物为唐杜佑，他在《通典》中说：“晔云高辛氏募能得犬戎之将军头者，赐黄金千镒，邑万家，妻以少女，按：黄金，周以前为斤，秦以二十两为镒。三代以前分土，自秦汉分人。又周末始有将军之官。其吴姓宜周命氏。晔皆以高辛之代，何不详之甚。”杜佑据此斥《后汉书·南蛮传》“皆怪诞不经”①。支持此派的人多以为人畜不能通婚，狗何以生人。20世纪80年代初，《瑶族简史》出版时，还有人以“没有科学根据”、“不能猎奇”为由，不准盘瓠传说入书。

持肯定意见者多沿引范书研究盘瓠源流，乃至称盘瓠子孙为“狗种”、“犬类”。如《太平御览》引南朝盛弘之《荆州记》称：“盘瓠子孙，狗种也。”清屈大均《广东新语·人语》卷7云：“瑶人者，旧居文昌东猺山……猺，犬类也。”持肯定态度的人，有的将盘瓠传说推原到犬戎，或将盘瓠故事用来描绘其他信奉犬图腾的民族，似乎海内外所有以犬为图腾的民族都与盘瓠有关。前者如林河《“盘瓠神话”访古记》引《山海经·大荒北经》“有人名曰犬戎”条说是“神犬崇拜”，又引是书《海内北经》“犬封国曰犬戎”条说“似与‘盘瓠神话’有一点瓜葛”，再证以湖南怀化高坎垄出土的高辛氏时代的神犬塑像②，称：“‘长沙武陵蛮’地区的神犬崇拜和神犬神话，早于高辛氏时代就已产生，其后，有神犬崇拜的部落，从西北不断南迁，与‘长沙武陵蛮’地区的神犬部落融合，把与高辛氏联姻的朦胧记忆，带到了沅湘地区，因而在‘武陵蛮’地区逐渐形成了‘盘瓠神话’。”③ 林河显然是把盘瓠传说与犬戎挂钩的。后者如《新五代史》作者云室韦以北：“狗国，人身狗首，长毛不衣，手搏猛兽，语为犬嗥。其妻皆人，能汉语，生男为狗，女为人，自相婚嫁，穴居食生，而妻女人食。”④

---

① 民国二十四年（1935年）《通典》，卷187《边防三·南蛮上》，上海，商务印书馆。

② 据称在沅水中游地区，考古工作者发掘了一座四千多年前的新石器时代遗址，在众多文物中有一座约30公分高的“双头连体带器座”的神犬塑像。林河认为它不是原始人一般玩具，而是神器。

③ 林河：《“盘瓠神话”访古记——“盘瓠神话”民俗研究之一》，载《民族文艺季刊》，1990（2）。

④ 《新五代史·四夷附录第二》，卷73。

这里其实把盘瓠狗封国的故事搬到了东北地区。其他如《南史·夷貊列传》、刘恂《岭表录异》分别记晋安（今福建闽侯县）人及陵州（治今山东德县）刺史渡东海经历，也有类似记载。杨宽先生说，《山海经》犬封之传说，后人推演乃如此其繁，大抵在地理方面演成狗民国或狗国等，在历史方面乃演成槃瓠或槃护或瓠犬，又说："槃瓠本为犬戎推原论，后一变而为南蛮推原论故事"①。他显然对历代诸书记载的不同地区不同民族的犬图腾持一概否定的态度，并如吴永章教授批评的那样，对犬图腾存在的事实，不是从内部找原因，而企图从外部影响找原因。②

自从民族学、人类学于 19 世纪末 20 世纪初传入中国后，学者们另辟蹊径阐释盘瓠传说等广泛存在于中国历史上的图腾现象。清末人严复译英人甄克思的 *A History of Politics* 一书名《社会通诠》，于译文之外，用案语解释图腾云："图腾者，蛮夷之徽帜，用以自别其众于余众者也。"并说："古书称闽为蛇种，槃瓠犬种，诸此类说，皆以宗法之意，推言图腾，而蛮夷之俗，实亦有笃信图腾为其先者，十口相传，不自知其怪诞也。"③ 人类学家岑家梧教授称赞说："严氏可说是中国图腾制度研究的第一人，解决了向来的疑难。"④ 岑家梧则是中国学术界研究图腾文化"厥功甚伟"⑤ 的学者。他于 1937 年由长沙商务印书馆出版的《图腾艺术史》及 1941 年于《责善》杂志 2 卷 4 期发表的《槃瓠传说与瑶畲的图腾制度》一文，不但对中外图腾文化做了全面系统的介绍与阐述，尤其对苗、瑶、畲族的盘瓠图腾做了详细深入的研究。

---

① 杨宽：《古史辨》，第七册，上编，168 页。

② 吴永章：《瑶族史》，21 页，成都，四川民族出版社，1993。

③ ［英］甄克思著，严复译：《社会通诠》，3 页，北京，商务印书馆，1981。

④ 岑家梧：《图腾艺术史》，130 页，北京，学林出版社，1986。

⑤ 岑家梧：《图腾艺术史》再版，卫惠林序，长沙，商务印书馆，1937。

今人研究盘瓠传说，以民族学的观点视之。首先，盘瓠传说只不过是犬图腾崇拜的反映，它表现的只是历史上曾经存在过以犬为图腾的氏族部落，而不能认为盘瓠子孙就是狗种、犬类。其次，盘瓠是犬图腾，但犬图腾的民族很多，如上文引述的一些史籍记载的犬戎、室韦、狗种，以及其他载籍提到的海南黎族、台湾高山族、德国、印度、北美等地一些以犬为图腾的民族。他们都以犬为图腾，但不即等于盘瓠。第三，盘瓠是图腾传说，凡传说均有事实为依据，但内容与情节必有夸饰成分，因此，不能事事考订，否则将陷于难以解说的困境。过去一些学者由于不懂民族学、人类学图腾原理，才出现上述穿凿附会、乱加解释或推演的错误。20 世纪八九十年代，有人虽理解盘瓠为犬图腾崇拜，却仍然撰文认为盘瓠渊源与犬戎有关，或认为与葫芦崇拜有关，认定瑶族起源于中国西北，此二说缺乏充分根据，难以服人。也有人根据瑶族传说评王与高王打仗，评王的龙犬帮助评王战胜高王，从而推论事件发生在西周平王时代或战国楚平王时代；还有人根据瑶族《过山榜》落款年代认定这一文献是隋朝、唐朝或宋朝官方发放的，按此推论盘瓠传说当产生于隋唐或宋代，这几说也是大可商榷的。“图腾”一词源自北美印第安语，意为“他的亲族”。原始人类在思索人类自身来源时，常把自己族群与某种动物或植物联系起来，当作族群的祖先加以崇拜，并使之成为区别我群与他群的标志。不同氏族有不同图腾，图腾制度是与氏族制度联系在一起的。因此，图腾崇拜应产生并盛行于氏族制时代，而不是后氏族制时代。说瑶族始祖盘王帮助评王战胜高王的事发生在周平王时代、楚平王时代甚至是隋唐宋时期，都是不太可能的。

前文论盘瓠传说源时，我们已经推论，如果郭璞注《山海经·海内北经》“狗封国”不误，而《山海经》传为禹、益所作，则公元前三四千年前必定存在过以犬为图腾的氏族部落。今考这则传说的关键人物，瑶族传为盘王、盘护王（或盘王护）、伏缸盘王者，汉文史籍载为盘瓠；瑶族传为评王、高王者，汉文史籍载为高辛氏、犬戎或戎吴。评王、高王不见于史乘，不可考。高辛氏、犬戎皆见于史乘。考高辛氏，按司马迁的说法，高辛氏即帝喾，为商人高祖。殷墟卜辞有“高祖夔”①。郭沫若考“夔”即帝喾。帝喾高辛氏与颛顼高阳氏同为东夷的两个近亲分支。《世本·帝系》说帝喾是黄帝的曾孙未必准确，大概高辛氏是较早加入华夏集团的夷人分支，故后人把他看成黄帝的后裔。《世本》还说：“帝喾年十五岁，佐颛顼有功，封为诸侯，邑于高辛。”又说帝喾次妃庆都生帝尧。看来，帝喾比颛顼稍年轻而长于尧。“邑于高辛”者，是说他的封地在“高辛”这个地方，并因封地而得名。商文化起源于今河南东部、山东境内②，高辛即今河南商丘，这里是后期商文化中心。以此考之，瑶族始祖盘王亦即盘瓠很可能是与商人高祖帝喾高辛有过密切关系的人物。所谓高辛氏畜犬盘瓠为高辛氏战胜犬戎或戎吴，无非是说在高辛氏所率领的部落联盟中，有一支以犬为图腾的氏族部落，其首领就是盘瓠。③ 此说有几条根据支撑，一是苗瑶族先民九黎与帝喾同为东夷集团，关系密切；二是二者活动地域基本一致，同在山东西部、北部和河南东部之黄河下游地区；三是存在时间大体一致；四是盘瓠战胜犬戎或戎吴后，其本人及其后裔所获封地大体也在今山东南境、河南东境、湖北、江苏境内④；五是与瑶族关系至为密切的畲族，传说其始祖龙麒（盘瓠之异称）也在山东境内。⑤

---

① 郭沫若：《殷契粹编》，北京，科学出版社，1965。

② 张光直：《中国青铜时代》，107页，北京，三联书店，1999。

③ 李本高：《瑶族〈评皇券牒〉中的盘瓠考》，载《广西民族研究》，1991（4）。谓盘瓠为高辛氏儿子弃。我们认为，说盘瓠为高辛氏儿子，还不如说是高辛氏部落中的一个氏族更为恰切。

④ 《过山榜》说盘瓠封地在南京会稽山石宝殿，六男六女封地在青州、徐州、兖州、雍州、扬州等。按南京当据瑶语“南山”解，会稽山古在山东南境，不在今江苏。

⑤ 雷金松：《畲瑶盘瓠神话比较》，载《民族文学研究》，1988（3）。

至于传说盘瓠助高辛作战一事也是极有可能发生过的，否则不会给瑶人留下世代难以磨灭的印记。但作战对象为谁？民间传说与史家记载众说纷纭，难以考证。有人认为是“房王”，并指出房王都于今湖北房县。① 瑶族民间文献《过山榜》也有个别版本指“房王”，也有的指“番王”，多数指“高王”。我们认为说是“房王”不太可能。“房”、“番”二字音近，“房王”当系“番王”的误传误记。又案，“番王”之“番”，古人用以指“外番”，如“西番”，此意与汉文史籍所载犬戎或戎吴意近。在高辛氏时代，居住在西北境内的民族向东南方向迁徙，进入中原地区，与向西发展的东夷高辛氏族人发生冲突的可能性是存在的，犬戎即是其中之一。“犬戎”《民族词典》释为“畎戎”、“畎夷”、“昆夷”、“绲夷”、“混夷”等。商周时，游牧于泾渭流域的今陕西彬县岐山一带，时以马匹等与中原贸易。② 但其势力强大是在周穆王时。夏以前是否与高辛氏有过冲突？范晔书既云：“昔高辛氏有犬戎之寇”，或许有一定根据，也可能为另一犬戎，现在已经难以查考。丁山先生考释甲骨卜辞“犬升，垃氏”认为，混夷、昆夷、畎夷并非犬戎（西戎），而是卜辞中提到的“犬侯”，为东夷的一支。他说，“由‘令犬侯周’及‘令犬吉王事’测之，犬侯与商王朝的关系至为密切，宜为‘内服的侯亚’。”商朝的“铜器中有亚犬鼎，当是犬侯的遗物。”③ 他指出，犬侯为商朝内服的侯亚，在周人文献里当称为“犬夷”。《诗·大雅·绵》颂古公亶父烈功“混夷骁矣，维其喙矣。”混夷，《说文》马部作“昆夷”，口部作“犬夷”，《史记·匈奴传》说“周西伯昌伐畎夷氏”，《索引》韦昭云：“春秋以为畎夷。按畎音犬，大颜云，即是昆夷”。而《山海经》所云“犬戎”系西戎，非东夷的犬夷，并指出犬夷封地在犬邱，即今河南之太邱。我们认为，这个与商人

---

① 马卉欣、朱阁林：《盘古盘瓠关系辨》，载《民间文学论坛》，1992（4）。

② 陈永龄：《民族词典》，93页，上海，上海辞书出版社，1987。

③ 丁山：《甲骨文所见民族及其制度》，116页，北京，中华书局，1988。

关系密切、在商代被列为亚侯的犬侯，其祖先可能即盘瓠部落首领，故是东夷，而非内迁之西戎。据此分析，不能说高辛氏时代，盘瓠部落曾与畎戎作战，否则逻辑不通。

瑶族传说盘护王浮海七天七夜到达高王国中咬杀高王，有人据此推论是渡海去打高丽王。考高丽为中国部落名、古国名，亦称“古高句丽”，《逸周书·王会解》作“高夷”，《汉书》作“高句骊”。在今辽宁新宾县兴京老城附近。① 盘瓠渡海攻打高丽王，在“渡海”与“高王”这两点上可与传说吻合，盘瓠部落作为东夷高辛氏部落联盟一员，② 如属地临近山东境内之渤海湾，渡海作战也有条件。但在公元前2500年—前2000年，一个远居于辽东半岛的部落有必要和有可能千里迢迢跑到山东半岛来寇高辛氏吗？

总之，我们今天论盘瓠故事，只能认定盘瓠是高辛氏时代一个以犬为图腾的氏族部落，它早期活动在今山东境内，也许在偏北的地方。以狗为图腾，或许与其经济生活以狩猎为主有关。它加入过高辛氏为首的部落联盟，与被称为犬戎或戎吴的部落打过仗。战争的时间应该在公元前2500年至前2000年之间，而不是此后。战争地点应在北方而不在南方。在战争获胜之后，因有功而与高辛氏女联姻走入南山，即离开故地南下进入山区，仍过着狩猎为生的生活。与高辛氏女产下六男六女，自相婚配，应是繁衍出了十二个内婚的胞族。至于传说中的变异尤其是后人附加的成分，不能也不必事事对号入座，给历史贴上人为的标签。

（三）盘瓠与瑶族的关系

瑶族多数支系与盘瓠有密切关系。他们承认盘瓠是本民族共同

① 陈永龄：《民族辞典》，947页，上海，上海辞书出版社，1987；李毅夫、赵锦元：《世界民族大辞典》，582页，长春，吉林文史出版社，1994。

② 《世本·帝系》云帝喾“邑于高辛”，“卜其四妃之子”，曰后稷、契、帝尧、挚，“皆有天下”；《右传文公十八年》：“高辛氏有才子八人：伯奋、仲堪、叔献、季仲、伯虎、仲熊、叔豹、季狸，忠肃共懿，宣慈惠和”。郭沫若说，高辛氏有才子八人，也就是有八个部落。

始祖，而自己则是盘瓠的子孙。直到今天，他们不但保留有关盘瓠的传说，而且多半保留盘王祖先神位有的瑶寨建有盘王庙以及祭祀盘瓠的仪式。

瑶族中瑶语支瑶族之各地盘瑶、蓝靛瑶，及全州东山瑶、金秀坳瑶，连南八排瑶，贺州土瑶，防城板瑶与盘瓠关系最为密切。他们用瑶语称盘瓠为“边洪”、“边获洪”，意即“盘王”、“盘护王”。在这一支系里，有关盘瓠的故事不少地方都有民间文献《评王券牒》、《盘王大歌》记述流传。上了年纪的老人尤其是师公、道公一般都耳熟能详。广西龙胜各族自治县和平乡瑶族《评皇券牒》记云：

评皇券牒，其来远矣。瑶人根骨，即系龙犬出身。自混沌年间，评皇出世，得龙犬一只，身长三尺，毛色斑黄，意（志）超群巨。评皇［登］龙头大署［殿］，意欲谋［杀］外国高皇。群臣计议，俱无承应。龙犬姓盘名护，如左右踊跃起身，拜舞朝王，惊殿内外，无言（忽然）话语应答，群（声）言报主之恩，自有兴邦之志，不必群臣而计（议），何须万马以行藏（粮）。欲求浩天之计谋，且凭细微（微臣）之（行）动。评皇闻说，窃喜非常。［问曰］：“倘去他邦，必世（泄）去之情，恐防人害……［征途］只有海水滔滔，焉能行千里？万顷洪波，非一日而可渡，谁能浮游海面，何以负载行粮？”盘护闻言，答应数句：“人受一日之饥，犬忍七日之饿，去数朝何须负载［行粮］。唯愿我主敕旨，［吾］发誓不虚，不失真言，今当受命。”评皇大喜，将百味赐之。言曰：“汝如得功劳，朕将宫女配合。”盘护领旨授（受食）。拜辞而去。群臣送出朝［门］，［盘］护即走如飞云，身游大海，七日七夜，惊到伊（他）国中，时遇高皇，认得［盘护］非等闲之物也。喜笑曰：“大国评皇，有此龙犬不能养此（之），今来投我国，必定国（败矣）。吾常闻俗语云：‘猪来贫，狗来富。’异物进朝，而国必胜，朕能畜此，乃是兴邦之祯祥。”左右群僚，众皆欣悦。［高皇］退朝，引盘护入宫，将美味副（付）之，受惜如珍珠，坐朝常念（令）侍之。不却（觉）数日，高皇游赏百花行宫，酒醉不醒（省）人事。盘护思报主之恩，发动伤人之口，咬杀高皇，窃取头级，飞返回朝，复（伏）殿前，污血堕也。诸大臣僚……奏明君即刻升殿。评皇亲视高皇头级，如（始）信盘护之功劳……且吩咐群臣，将［盘护］一身遮掩其体，绣花带一条，以缚其腰；绣花帕一幅，以裹其额；绣花裤一条，以藏其股；绣花布一块，以裹其胫……令宫女梳妆，插金戴银，乃吉（择）良辰，招赘附（驸）马即日［于］宫中，乃龙犬名盘护是也……备鼓乐，送入会稽山内……自后不却（觉）数年，所生六男六女，评皇闻知喜笑［颜欢］，只（旨）封盘护为始祖盘王，六男六女为王瑶，皆称王［瑶］子孙也”。①

案：国内外瑶族研究工作者自19世纪末以来，先后在中国之广西、湖南、广东、贵州、云南，及国外之越南、老挝、泰国、美国瑶人社区发现并搜集到140多种不同版本的《评皇券牒》或《过山榜》，其文有简有繁，但基本内容相同。

瑶语支各分支瑶族不但保留盘王传说，而且保留祭祀盘王习俗。祭祀一般以家族为单位进行。每一家族之族长家中厅堂均专设一神龛，内供盘王神位。除每月正朔、年中节庆祭祀外，逢挂灯、度戒，或遇灾病，还要举行称为“奏堂”即“做盘王”、“跳盘王”的还愿祈福活动，必杀猪、鸡，请师公设坛喃神，有专门歌师率童男童女唱《盘王歌》，表演盘王故事，谓之“游乐盘王”，让祖先高兴。在桂东北、湘南、粤西北一些定居较久的瑶族村寨，则建有或大或小的盘王庙，每届三五年举族祭盘王，迎神赛会，有的地方众人肩扛内置一狗王像的神轿，游村串寨，鼓锣齐鸣，热闹非凡。

瑶族崇拜盘瓠龙犬图腾，相信狗是氏族保护物。由这种图腾崇拜产生的一个重要禁忌就是忌食狗肉。瑶族养狗是为了看家和狩猎，狗老了让它自然死去，族内禁止杀食。按照图腾同体化原则，

---

① 《民族问题五种丛书》广西壮族自治区编辑组：《广西瑶族社会历史调查》，第八册，1～4页，南宁，广西民族出版社，1985。说明：文中错别字用圆括弧注明，遗漏字用方括弧补注。本书作者对原注有改动。

人们还在衣着、饮食等方面模拟图腾崇拜物。传说盘王是一只“五彩斑斓”的龙犬，因此，瑶族至今保留“好五色衣服”、“衣着斑斓”的习俗。有的地方还刻意把男衣剪裁得前短后长，女子把头发梳结成两狗耳状，腰带在臀部垂下一节如狗尾巴，以象征图腾形象。节年祭祖要先喂狗，有的地方还模仿狗的动作，主祭者手足并用，从供桌下爬过去吃一两口年饭，全家人才进食。① 有的为老人做寿时，在屋外地坪用木槽盛上节日食品，族中男子分列两侧一边吃饭一边用木棍叩击木槽，并发出“飞汪、飞汪”的狗吠声。② 瑶族舞蹈亦有模仿盘瓠图腾形象的，如“长鼓舞”、“狗伴舞”等。由于时间推移，有的瑶族支系保留崇敬狗及禁食狗肉的习俗，但传说的内容已经改变。如广西融水红瑶禁食狗肉，传说古时一寨老有三女皆美。某次与邻寨械斗，寨力不支。寨老许诺有能取敌寨寨老之头者以其女配之。寨老一神犬闻言突人敌阵，啮敌寨寨老之头归。为践父言，寨老第三女与神犬成婚，夫妻恩爱，儿女成群。传说神犬白天是狗，晚上变成美男子，后为掩护族人被大树压死。为感其恩德，禁食狗肉。桂北有的瑶族传说瑶人敬狗是因为古时发洪水瑶人失去了谷种，是狗渡河到另一个地方偷回了谷种。湖南新宁县麻林乡瑶族敬爱狗（宠狗），传说是因为古时一次岩石崩塌灾害中狗救了小主人的性命。③ 广西上思县山子瑶则传说是一次家屋失火，狗唤醒主人，得以脱离灾难。如此等等。虽则传说的母题已改变，乃至淡忘了狗崇拜与盘瓠图腾的关系，但敬狗的遗俗则保留。按岑家梧教授的论述，这是图腾转型现象。

---

① 张有隽：《瑶族传统文化变迁论》，135 页，南宁，广西民族出版社，1992。

② 张有隽：《中国各民族原始宗教资料集成·瑶族卷》，186 页，北京，中国社会科学出版社，1998。

③ 张有隽：《中国各民族原始宗教资料集成·瑶族卷》，187 页，190 页。

值得指出的是，苗语支瑶族布努瑶、青裤瑶也有类似《后汉书·南蛮传》的盘瓠传说。岑家梧教授《盘瓠传说与畲瑶的图腾制度》引陈志良《盘古的研究》说：都安东陇瑶人的家谱，亦自承其祖先系蓝狗公。蓝狗公的事迹与范晔所述盘瓠故事大致无异，云：

蓝狗公，仙身之人，半人半鬼。白日变狗，夜晚变成人。一日游山打猎飞禽走兽，打到北京城内之间，至皇帝城外，吠声叫鸣，声动至城内。皇帝听闹戒说兵臣诸臣，或有狗来，奉赐饭许吃日（食），于叫声城外也。蓝狗公系京城打猎，皇帝视见蓝狗公。日（黑）夜变成人，句语你仙身之人，半人半鬼。你我城内也。日后皇帝封狗公，朝夕得当臣，相副服中。不料潘喜、韦赵公欲反京城内，皇帝用榜贴，不论君臣人等，战杀得潘喜、韦赵，吾嫁七娘子，许他为妻。蓝狗公遇见，受领皇帝之榜，论封于起谋他去，合鼠相会，交聚同年叮咛叱（托）咐，入山打猎，几日之后，是到潘喜、韦赵家园，门外吠叫鸣。潘喜、韦赵听闻，戒说妻子，何有狗来？奉赐饭许食，于副家也。蓝狗公睡至七日，夜至三更，老鼠叫声，捉捉（促促）跟拥，就见睡处，杀到潘喜、韦赵。回来至皇帝城外，霹雳惊动，皇帝诏讣，何以城外有动？军臣议，烧火炳光，见二头于城外，就回皇帝。蓝狗公战杀潘喜、韦赵，得头回来惊动。蓝狗公取得皇帝之姑娘，名唤七娘之氏，配合为妻，故生二子，［长子］名唤蓝灵征，次子蓝灵贵。①

据陈志良一文，隆山（今马山县）龙湾乡东陇瑶和都安五仁乡东陇瑶、弄瑶均系狗变来或系蓝公狗的子孙。张有隽 1982 年 5 月参加都安七百弄（现属大化瑶族自治县）瑶族祝著节活动，途中听蒙冠雄讲述过蓝公狗传说，内容与上述略同。蒙冠雄说，都安布努瑶奉蓝公狗为祖先，忌食狗肉，被人笑为狗的后代。又 2000—2001 年广西瑶学学会征集瑶族通史资料，也征集到几则涉及蓝狗公、蓝吾狗公的资料，说蓝姓始祖从太建公起到第九世司马公生吾

① 岑家梧：《民族研究文集》，60～61 页，北京，民族出版社，1992。

公（又称蓝吾狗公）。据宗谱叙，“明代宗景泰年间（1450—1457年），蓝吾公住京城，佐皇帝杀了反朝的潘喜、韦赵，后害怕潘、韦兄弟儿子报复，携妻带子逃出京城”①，或说“十世祖妣班氏生吾公又［称］狗公，于明万历四十三年（1615年），蓝吾公（文吾狗公）进京城看守门户，被皇帝利用镇压农民骚乱，杀头人潘喜、韦赵二人，后惧怕报复逃来都安居住”②，说法虽有矛盾，但承认有“蓝狗公”其人。

岑家梧教授叙述贵州荔波县东南瑶庆乡（现属瑶麓瑶族乡）瑶族叙其来源，亦与《后汉书·南蛮传》相同：

古时长毛贼扰乱天下，北京皇帝大感为难，便贴出布告说：若果有人在三天内打退长毛贼，愿把最年幼的公主嫁给他。有一只狼狗，一天晚上偷偷地到了长毛贼营，咬死主帅，长毛贼不攻自退。狼狗便跑到皇帝殿上报功。皇帝问道：“你说杀死了贼帅，有何证据?”狼狗答到：“有头级为证。”狼狗马上把人头献上。皇帝又问：“这只是个人头，怎能证明它是贼帅?”狼狗说：“这人毛长披地，便是长毛贼之证。”皇帝又问：“纵使他是长毛贼，怎又能证明他是主帅?”狼狗说：“贼帅以前被人射中一箭，他的后枕骨处还有个疤疤。”皇帝拨开那人头发，果然有个疤疤。皇帝还要多方留难，公主站在旁边却说：“皇帝坐北京，一理通天下，现在狼狗既打退了长毛贼，皇帝应该守信，准许我们配偶才好。”说完，便骑着狼狗，一直跑了三年三月三日，才到了荔波县。他们结婚之后，便产生了现在的瑶人。③

上举苗语支瑶族类似盘瓠传说的意义在于：不仅在一般意义上说明苗语支瑶族与瑶语支瑶族有同源关系，而且说明布努瑶、青裤瑶等保留有类似盘瓠传说的瑶族，与盘瑶等瑶语支瑶族最初原出自相同或相邻的氏族，并曾参与盘瓠部落对犬戎或戎吴的战争，只是

---

① 蓝新德：《都安东弄蓝氏瑶族十二支系来源考》，未刊稿。

② 蓝冠忠：《蓝姓祖源初考》，未刊稿。

③ 岑家梧：《民族研究文集》，253页，北京，民族出版社，1992。

后来随着氏族不断分裂，在历史发展过程中，才发生了语言、姓氏、习俗与信仰等方面的变异。

## 三、瑶族的远祖九黎与三苗

（一）九黎

如果说开辟时代，关于瑶族先民的历史，只能从神话传说中看出些影子的话，到了距今五六千年前，就可以说得稍为具体些了。

在距今五六千年前，亦即中国新石器时代文化的中后期，瑶族的先民是包括在九黎部落之内。

九黎是中国古代部落之一。其存在与炎帝部落、黄帝部落同时。春秋战国以来的史籍，关于九黎的记载颇多，而且往往与传说中的神话人物蚩尤联系在一起。《国语·楚语》注："九黎，蚩尤之徒。"意谓九黎是蚩尤的部属。《战国策·秦策一》高诱注："蚩尤，九黎民之君子也。"《史记·五帝本纪》"正义"引孔安国语："九黎君号蚩尤是也。"《史记》"集解"："蚩尤，古天子。"《大戴札记·用兵篇》："或云蚩尤，古之诸侯。"古人以九为多，九黎部落当指九黎由众多氏族或胞族组成。《龙鱼河图》说"黄帝摄政，有蚩尤兄弟八十一人"。所谓"兄弟八十一人"，可能就是八十一个氏族或胞族。他们以蚩尤为首领，组成部落或部落联盟，势力非常强大，"兽身人语，铜头铁额，食沙，造五兵，仗刀戟大弩，威震天下。"① 故后世视其首领蚩尤为一方诸侯，甚至看成天子。

关于九黎的活动范围，《逸周书·尝麦篇》说："昔天之初……命蚩尤宇于少昊，以临四方。"指蚩尤住于少昊原来居住的地方。太昊、少昊为东夷两大集团首领。少昊晚于太昊，或说少昊为太昊之后②。"太昊氏居陈。"③ 陈在今河南省淮阳县境内。"少昊虚，

① 《史记·五帝本纪》。

② 伍新福：《苗族通史》，19页，贵阳，贵州民族出版社，1999。

③ 《左传·昭公十七年》。

曲阜也”[①]，少昊氏遗址在山东曲阜。《汉书·地理志》：“蚩尤祠在西北涑水上。”王先谦说：“涑当作姊。”[②] 徐旭生认为“姊”是“济”古字，所谓“姊水”就是“济水”。[③] 总上观之，作为太昊、少昊后裔的蚩尤九黎部落[④]，其活动地域应在今山东西南部、河南东部，即今黄河下游与济水、淮水流域一带。

距今五六千年前正是中国原始社会后期，也是部落走向联盟，部落联盟之间为争夺地盘而频繁发生战争的时期。集团之间经过战争，发展出王朝前国家雏形的特点，为王朝建立和部落联盟向国家的过渡奠定了基础。[⑤]

当九黎部落联盟在黄河、淮河、济水流域兴起时，与起源于陕西、甘肃一带向东发展的炎帝、黄帝两大集团在今河北、河南、山西交界之地先后发生接触并爆发了战争。以蚩尤为首的九黎先是与炎帝发生接触。初期，两大集团尚能相处。传云：“蚩尤者，炎帝之后。”[⑥] 或云：“蚩尤，神农臣也。”[⑦] 或许两大集团曾建立过联盟关系，蚩尤担任过“臣”之类官职。但这种关系维持不久就发生了激烈冲突和争战。《逸周书·尝麦篇》：“蚩尤乃逐帝，争于涿鹿之阿，九隅无遗。”涿鹿在今河北涿鹿县地（一说在巨鹿）。争战的结果是炎帝失败被逐，九黎集团重新占据了黄河中下游全部疆域。

---

① 《春秋左传》注引杜预注。

② 王先谦：《前汉书补注》，卷28。

③ 徐旭生：《中国古史的传说时代》，58页，桂林，广西师范大学出版社，2003。

④ 陈连开谓少昊后裔有伯益、皋陶、蚩尤和羿等人，见王鐘翰主编：《中国民族史》，63页，北京，中国社会科学出版社，1994。

⑤ 王鐘翰：《中国民族史》，64页，北京，中国社会科学出版社，1994。

⑥ 《山海经·海外西经》注引《王函山房辑佚书》。

⑦ 《世本》宋衷注。

炎帝失败后，九黎集团又同东进的黄帝部落集团发生接触。史载黄帝“得蚩尤而明于天道……故使为当时”①，又说黄帝使蚩尤“主兵，以制八方”②。可能九黎曾加盟黄帝集团，尊黄帝为盟主。蚩尤由于“明于天道”善主兵，曾在联盟中担任过“当时”、“主兵”的重要头领。但这种关系同样没能维持多久，双方也发生了战争。战争的地点，一说在中冀③，今人考证认为在涿鹿、保定一带。这场战争的结果是蚩尤战败被杀。《史记·五帝本纪》说：“轩辕之时……蚩尤作乱，不用帝命，于是黄帝征师诸侯，与蚩尤战于涿鹿之野，遂禽杀蚩尤。”黄帝能战胜蚩尤，是集合了各部落的力量，包括炎帝的余部。④

史载这次战争异常激烈。《山海经·大荒北经》：“蚩尤作兵伐黄帝，黄帝乃令应龙攻之冀州之野。应龙畜水，蚩尤请风伯雨师，纵大风雨。黄帝乃下天女曰魃，雨止，遂杀蚩尤。”《庄子·盗跖》：“黄帝不能致德，与蚩尤战于涿鹿之野，流血百里。”蚩尤九黎部落战败后，一部分臣服黄帝集团，后来融入华夏族，一部分越黄河南下，后来发展为三苗集团。

九黎与瑶族的关系密切。广西都安瑶族自治县的布努瑶，至今仍保留有关其远祖蚩尤九黎的种种传说。传说始祖母密洛陀住在“月些月利”的时候，创造了第一代九位大神，后来搬到“洛立”居住，又创造了第二代九位大神，即九位父老。老大阿升（一说阿胜），汉语即蚩尤。该县下坳乡老道公至今唱《祭祀歌》时，仍唱到蚩尤的名字。他们说，蚩尤是古代一位战神，力大无比，能拉千斤拔，挺九百九十九斤重大弓弩，是九兄弟的首领，主管九兄弟的

① 《管子·五行篇》，又说黄帝使蚩尤“主兵，以制八方”。

② 《龙鱼河图》。

③ 《逸周书·崇麦解》。

④ 《逸周书·尝麦篇》：“蚩尤战败炎帝，炎帝大慑，乃说于黄帝，执蚩尤，杀之于冀中”，说明炎、黄两亲缘集团联合战胜九黎部落。

兵权。① 据布努瑶传说，“洛立城邑”是九兄弟的大本营。布努瑶老道公唱《祭祀歌》、《迁徙歌》、《送祖归原歌》，都唱到“洛立城邑”。据有人初步考证，“洛立”在今河南洛阳市境。② 洛阳立市很早，扼中原与西北通道，向为兵家必争之地。布努瑶至今仍流传着九父老先后在洛立、阪泉、涿鹿三地与炎帝部落发生战争，将炎帝战败的故事。涿鹿在今河北涿县境；阪泉地望，据沈括《梦溪笔谈》卷三说：“解州盐泽，方百二十里……大旱，卤色正赤，在阪泉之下，俚俗谓之蚩尤血。”《太平寰宇记》卷46说，解州安邑有蚩尤城。按，宋解州地即今山西运城市，安邑即今运城市安邑县，盐泽今称解池。其地正当晋南平原与豫西伊洛平原衔接地带。有学者指出，此为夏人兴起之区，在夏人以前，为炎、黄两大亲缘部落集团交错分布地区。③ 笔者观之，其实这也是九黎部落集团与炎、黄两大部落集团接触、交战的前沿地带。蚩尤既先后在洛立、阪泉、涿鹿与炎、黄两大部落集团交战，则洛立距阪泉、涿鹿当不甚远。

布努瑶人至今对这场战争仍能详为叙述。都安板升乡瑶族老人能详细叙述九群兄弟（九黎）九父老在阿胜（阿升，即蚩尤）带领下，在涿鹿大败羌炎（炎帝）族的故事经过。传说九兄弟在洛立住下来后，与住在附近的炎帝族因猎场问题发生矛盾，引发战争，炎帝被善用弓弩的九兄弟打败，落荒而逃。九兄弟追逐炎帝迁到阪泉，炎帝部落的人则逃到了涿鹿。经过休整，双方于五月二十五日至二十八日在涿鹿爆发大战。九父老以檑石、刀棍、弓弩为武器，请来风伯、雨师助战，打败炎帝，取得斗争胜利。五月二十九至六

---

① 韦标亮：《布努瑶历史文化研究文集》，18页，贵阳，贵州民族出版社，2003。

② 韦标亮：《布努瑶历史文化研究文集》，19页，贵阳，贵州民族出版社，2003。

③ 王钟翰：《中国民族史》，65页，北京，中国社会科学出版社，1994。

月三日，杀牛宰羊，庆贺了数天。密洛陀就将五月二十五日至六月三日定为祝著节。布努瑶世世代代都在每年的这段时间欢庆祝著节，传颂九位父老的丰功伟绩。[①] 广西马山县古寨、古零两乡镇的布努瑶民间舞蹈《兴郎铁玖舞》又称蚩尤舞，表演蚩尤故事。上述可与古代九黎与炎帝争战的史迹相印证，说明布努瑶确与传说的九黎蚩尤有某种渊源关系。

布努瑶民间还传说，涿鹿大战羌炎（炎帝）失败后，并不甘心，又进行反扑，攻打住于阪泉的九兄弟。结果，阿胜（蚩尤）战死，九兄弟部众溃败。阿胜死不瞑目，显灵报复，不时变虎龙骚扰羌炎禽畜，乃至吞食羌炎人家的独子，搅得鸡犬不宁。羌炎无计可施，只好答应在阿胜战死之地“灵干阪泉”[②] 建立庙宇，供奉其灵魂，显灵报复才止息。这则传说讲炎帝在阪泉复战，蚩尤被杀，与史载黄帝与蚩尤战于涿鹿之野，遂杀蚩尤有所不同，可能系炎帝联合黄帝史事的误传。但在灵干阪泉立庙祀蚩尤，则与上文解州有盐池阪泉及安邑有蚩尤庙相符。据蒙桂芳调查，大化瑶族自治县瑶族传说阿胜战死后，罗告、奉玉、阿约等兄弟带领余部退到金陵、却黎、莱山（或称梁山）。在莱山曾抵抗黄、炎二帝的追杀，奉玉阵亡。余部后经化嗄达（渡四条江）、须弥梁、定干兰肃、兰湖西县、离堆等地，在离堆渡江南下。这部分传说可与蚩尤战败后九黎大部南迁的史事相印证，但经历的地名在何处有待考证。

（二）三苗

蚩尤九黎部落战败后，到了距今四五千年，约与传说中的尧、舜、禹同时，中国历史上出现了一个三苗集团。这一时期的瑶族先民是包含在三苗集团内的。

---

① 蒙桂芳：《涿鹿大战》，未刊稿；并见蒙桂芳、蒙有义：《布努瑶祝著节》，未刊稿。

② 灵干阪泉：灵干，布努瑶语“战死”之意；阪泉，地名，在今山西运城市境。

三苗，又称有苗、苗民。《尚书·虞书》："窜三苗于三危。"孔安国云："三苗，国名……为诸侯。"《尚书·虞书》又说："有苗弗率"，"苗民逆命"。《帝王世纪》："诸侯有苗氏。"《汉书·地理志》颜师古注："三苗本有苗氏之族。"古人以"三"为多，所谓"三苗"是说这一集团包括了众多的氏族、部落，而且势力强大，对尧、舜、禹部落联盟敢于"弗率"（不听率领）和"逆命"（抗拒命令），因此被视为"国"、为"诸侯"，其实不过是古代的氏族、部落联盟。

关于三苗的渊源，《尚书·吕刑》曾说："蚩尤惟始作乱，延及平民……苗民弗用灵，制以刑"。有人据此认为三苗与蚩尤二者有承袭关系①，也有人认为，这只是说三苗效法蚩尤，"异世而同恶"，意即二者无承袭关系②。我们认为，首先，从有些古代史家的记述及解释来看，说三苗与蚩尤有承袭关系是有一定根据的。孔传云："三苗之君习蚩尤之恶"，孔颖达疏引郑玄云："苗民，即九黎之后"，《国语·楚语》："其后三苗复九黎之德。"明确肯定了二者一脉相承的关系。其次，从《山海经·大荒北经》"颛顼生驩头，驩头生苗民"一句来看，虽不能说全部苗民均为驩头之后，但苗民与驩头有密切关系则可以肯定。驩头即驩兜，或作驩朱、丹朱，尧之子。《史记·五帝本纪》："三苗在江淮荆州数为乱……放驩兜于崇山，以变南蛮。"晋郭璞注《山海经·海外南经》"三苗国"云："昔尧以天下让舜，三苗之君非之，帝杀之，有苗之民叛入南海为三苗国。"袁珂案："盖子丹不肖，尧以天下让诸舜，三苗之君同情丹朱，而非尧之所为，尧杀三苗之君，使后稷放帝朱于丹水。三苗余众，亦迁居丹水，以就丹朱。"三苗与丹朱关系密切，丹朱被放逐崇山"以变南蛮"。

关于三苗的分布与活动地域，史籍多有记载。《战国策·魏

① 伍新福：《苗族通史》，26页，贵阳，贵州民族出版社，1990。

② 王钟翰：《中国民族史》，67页，北京，中国社会科学出版社，1994。

策》："昔者三苗之君，左彭蠡之波，右洞庭之水，汶山在其南，衡山在其北。"《韩非子》："三苗之君不服者，衡山在南，岷江在北，左洞庭之波，右彭蠡之水。"说法虽有差异，但大体如《史记·五帝本纪》所说，"三苗在江淮荆州"之地，即今长江中下游之湖北、湖南、江西、安徽相连接地区。三苗应是蚩尤战死后，九黎余部渡黄河南下并以其为核心，联络尧子丹朱、当地原住民及部分东夷而形成的一个强大部落集团，即古人所谓诸侯、三苗国。

春秋战国以诸史籍叙及三苗时，多论到尧、舜、禹与三苗之战，战争延续时间很长，甚至上推到颛顼帝。[①]

战争的原因，据《尚书·吕刑》说是因为上帝发过话："若古有训，蚩尤始作乱，延及平民……苗民弗用灵，制以刑"，即指责肇端于蚩尤的作乱，祸及平民，以致苗民不遵古训，混淆天、人、神，又制作五刑，使用割鼻、剜膝、阉割、黥面等酷刑，杀戮百姓，使得传统秩序泯灭，不守信用，不遵盟约。上帝看到人间毫无美德，只闻到酷刑的血腥，于是使用天威平服这种暴虐，"遏绝苗民，无世在下"，使苗民不能延续下去。其他诸书也有类似记载，如孔传云"三苗之君习蚩尤之恶"，《国语·楚语》谓"三苗复九黎之德"，《史记·五帝本纪》称"三苗在江淮荆州数为乱"。把战争的原因归罪于蚩尤九黎、三苗不遵传统，作乱犯上。其实，以今天的观点来看，始于颛顼延至尧、舜、禹三代对三苗的战争，不过肇端于炎、黄二帝所代表的华夏文化与蚩尤九黎所代表的东夷两昊文化之间的冲突。我们知道，九黎、三苗与炎、黄及尧、舜、禹同处于原始社会末期，原始社会的人们在信仰上一个最大特点就是"民神杂糅，不可方物，夫人作享，家有巫史"，人人祭鬼神，家家有巫史。在"家有巫史"的时代，人人都可以通天。龚自珍说："人之初，天下通，人上通；旦上天，夕上天，天与人，旦有语，夕有

① 王钟翰：《中国民族史》，66页，北京，中国社会科学出版社，1994。

语。”说的就是“家有巫史”时代的情形。[1] 公元前五六千年至前三四千年，华夏族先民和苗瑶族先民都十分迷信鬼神，但程度或类型上可能有所不同。与东夷两昊集团有渊源关系的苗瑶族先民九黎、三苗更多地保留了“民神杂糅，不可方物”的特点，故“夫人作亨，家有巫史”是他们祖传的习俗。这一习俗一直传至商代和周之楚国[2]，乃至今天的苗瑶民族仍然普遍保留“信鬼重巫”的习俗。而华夏族先民炎、黄集团及其后裔尧、舜、禹集团在鬼神信仰上，主张“民神不杂”，反对“家有巫史”、人人作亨。颛顼帝并不反对巫史，他代表的是一种把巫史权力集中到部落酋长手中的一种文化。史载颛顼命重黎“绝地天通”，意即使少昊氏的大巫重为南正，“司天以属神”，只有他同颛顼才能管天上的事情；又使火正黎“司地以属民”，管理地上群巫，把宗教巫祝变成限于少数人垄断的事业。[3] 此外，又命伯益制定典礼，用刑适中；禹平水土，主名山川；稷降播种，农殖嘉谷。这三大酋长成功了，才使得百姓殷富，教化开明，上下有序，天下一统。《帝王世纪》说，帝尧陶唐氏时，“诸侯有苗氏处南蛮而不服”。三苗显然对颛顼帝的做法不服，包括对尧让位于舜不服，与尧子丹朱结成反尧同盟。因此，所谓“苗民弗用灵”云云，表面看来是宗教信仰制度上的分歧，实则深刻反映了部落联盟迈向阶级社会过程中具有不同历史文化背景的两大集团争夺宗教、政治控制权力的一场政治斗争。至于说苗民“制以刑”，不过是个借口，因为刑罚是顺应阶级社会的需要产生的。颛顼命伯益制定典礼，用刑适中并非不用刑。或许三苗刑罚严酷正反映了三苗阶级分化的进程比尧、舜、禹集团还快。正因为三苗之民对颛顼

---

① 张光直：《中国青铜时代》，260页，北京，三联书店，1999。

② 商人亦为东夷之后裔，楚国有大量九黎、三苗及其他东夷后裔，故商人、楚人俗重巫祀，已有学术界共识。

③ 徐旭生：《中国古史的传说时代》，76～84页，北京，科学出版社，1960。

帝及唐尧的种种做法不服，才有始于“尧战于丹水之浦以服南蛮”① 的接连不断的对三苗进行征伐的战争。

尧开始的对三苗战争，历经舜、禹，前后延续近两百年，分三阶段进行。《吕氏春秋·召类篇》云“尧战于丹水之浦以服南蛮”，《汉学堂丛书辑·六韬》说：“尧与有苗战于丹水之浦”，而《庄子·资跖》说：“丹朱与南蛮旋举叛旗，尧乃战于丹水之浦”。看来这场战争的导火线与驩兜被放逐，联合三苗集团反对帝尧集团有关。丹水即丹江，浦即水边。战争发生在今河南西南部、湖北西北部交界处，属三苗集团西北边沿地区，尚未深入三苗腹地，是为战争第一阶段。

舜摄政后，继续征伐三苗，是为战争第二阶段。《左传·昭公元年》：“虞有三苗……诸侯并进，押主齐盟。”《说苑·君道》：“当舜之时，有苗氏不服。”舜于是征伐三苗，《尚书·舜典》：“分北三苗”，《史记·五帝本纪》：舜“迁三苗于三危，以变西戎”。“迁三苗于三危”当系“分北三苗”的注脚。三危系山名，在今甘肃敦煌市境内。有学者指出，所谓“迁三苗于三危”并不是把三苗全部放逐到西北，而是只放逐了那些带头造反闹事的上层头人，三苗的大部分仍留原地。舜在武力征伐的同时，还采取文化感化政策对付三苗。《吕氏春秋》说：“舜却苗民，更易其俗。”《说苑·道君》说，有苗氏不服，“禹欲伐之，舜不许，曰：谕教犹未竭也，乃谕教焉，而有苗氏请服。”《帝王世纪》亦云：“有苗氏负固不服，舜乃修文教三年，执干戚而舞之，有苗请服。”因修文教更易其俗的办法收到一定效果，以致舜帝南巡能至苍梧之地。但看来问题并未解决。

禹继位后又对三苗进行征伐，是为战争第三阶段。《墨子·兼爱篇》叙述禹列举三苗的罪状：“蠢兹有苗，昏迷不恭，侮慢自贤，反道败德，君子在野，小人在位，民弃不保，天降之咎。”这些罪状可能是诋毁不实之词。华夏集团与苗蛮集团有不同的文化，大概

---

① 《吕氏春秋·召类篇》。

是三苗经过尧、舜征伐后又恢复发展了起来。禹站在华夏集团的立场，看不起三苗文化，乃至惧怕三苗文化会对华夏文化产生影响，其目的无非是找借口挑起战争而已。

禹对三苗的战争十分惨烈。《墨子·非攻篇》说："昔者三苗大乱，天命殛之，日妖霄出雨血三朝，尤生于庙，犬哭于市，夏冰，地拆及泉，五谷变化，民乃大振。高阳乃命禹于玄宫，禹亲把瑞令，以征有苗，四电诱祇。有神人面鸟身，若瑾以待。搤矢有苗之祥，苗师大乱，后乃遂几。"这段话虽不易理解，但从中不难看出，三苗之军力量非常强大，禹得神人之助才战胜三苗。

经过禹的征伐，三苗集团彻底瓦解了。《国语·周语》说："黎、苗之王，夏、商之季，永世为隶，不夷于民。"看来一部分战败的苗民变成夏人的奴隶，一部分留在原地，后来融入了华夏族，其余向南迁徙，隐匿山区，过着原始生活。"三苗"、"有苗"、"苗民"的称呼不再见于史籍。

三苗作为苗、瑶民族的先民，不但与苗族关系密切，与瑶族关系同样密切。首先，三苗与瑶族先民一样均属于蚩尤九黎、三苗之裔。其次，先秦以来史籍所载三苗，往往又被称为南蛮，瑶族先民本属于南蛮集团。《帝王世纪》："侯有苗氏处南蛮而不服"。《史记·五帝本纪》："放允兜于崇山，以变南蛮"。这是学者的共识。第三，考古发现的广泛分布于长江中游地区的屈家岭新石器时代文化遗址，为三苗集团亦即苗瑶族先民的文化遗址，这也是学界的共识。第四，禹战胜三苗，三苗、苗民名称消失后，在原三苗活动地域代之而起的是夏、商、周时期被史籍称为盘瓠后裔"盘瓠蛮"先民的荆蛮（或蛮荆）、南蛮。"盘瓠蛮"是以今瑶族先民为主的部落联盟。第五，三苗因战争原因被迫渡过大江大湖由东向西南、由北往南迁徙的路线与瑶族先民同。第六，苗瑶共一个语族，苗瑶汉又共同保留了先秦古汉语的一些音素乃至词素，足以证明二者均系起源中原的民族。第七，史载"三苗髽首，羌人括领，中国冠笄，越人鬋发。”[①]“髽首”即以麻束发，亦即椎结，是苗瑶共有的习俗。又史载“三苗昏乱，相尚听于神。”[②]第八，信鬼重巫也是苗瑶民族共有的，苗族有“三十六堂神，七十二堂鬼”之说[③]，瑶族有“十八大神”或“大堂鬼”之说。史载“昔者三苗大乱，天命殛之……龙生于庙，犬哭于市……有神人面鸟身，若谨以待。”[④]这里说的是天命殛三苗，以龙、犬、鸟为图腾的氏族的不同反映。龙是华夏族先民吸收了其他氏族后形成的综合性图腾标志，“龙生于庙”，意谓华夏族的图腾进入了祖先宗庙，华夏族在这场战争中取得胜利。犬是瑶族、部分苗族的图腾，“犬哭于市”，意味苗瑶族先民的祖先大庙被占据了，以犬为图腾的氏族伤心得跑到街市上大哭起来。鸟是东夷两昊集团的图腾，“人面鸟身”的神“若谨以待”颇费解，大概是说迁到三苗地区的东夷族人对这场战争采取谨慎、静观以待的态度。上引这则记载实可看作瑶族先民参与三苗之战的注脚。第九，据史载：“苗”字由“由”字衍化而来，《说文解字》：“苗，穆也。从艸，由声。”苗民亦由民，今瑶族自称由民、尤绵，尤与由同，故“三苗”称谓有瑶的称谓成分。总之，瑶族与三苗有承接关系，应是可以肯定的。

## 四、黄河、长江中下游新石器文化反映的瑶族先民经济与社会状况

### （一）黄河下游新石器文化反映的瑶族先民经济与社会状况

黄河下游地区指山东、河南东北部、江苏和安徽两省北部地区。这一地区是中华古文化的重要发祥地之一，到史前的新石器时代是民族文化萌芽区。新中国成立前后，考古工作者在这里发现了

① 《淮南子·齐俗训》。

② 《尚书·吕刑》。

③ 伍新福：《苗族通史》，31页，贵阳，贵州民族出版社，1990。

④ 《墨子·非攻》。

发展序列比较清楚的新石器时代早、中、晚三大期文化，三大期中具有代表的文化为北辛文化—大汶口文化—龙山文化。①

北辛文化得名于山东滕县北辛遗址。② 其存续时间为公元前5875年前至前4350年，前后经历了1500年左右，主要分布于黄河下游、淮河以北的鲁中南及苏北地区。这一地区也是后岗一期文化和大汶口文化的中心区域。③ 后岗一期文化得名于河南安阳后岗遗址，存在时间为公元前5000年至前3000年，其分布以河套及山东半岛为犄角，广布于太行山以东的黄河下游地区。大汶口文化得名于山东泰安大汶口遗址，存在时间为公元前4000年至前2000年，主要分布于山东、苏北、皖北和豫东的泗河、汶河、沂河、淄河、淮河下游地区。④ 龙山文化因发现于离山东济南市不远的历城县龙山镇城子崖（今属章丘县）而得名，其存在时间为公元前3000年至前2000年左右。⑤

北辛文化—大汶口文化—龙山文化为东夷人创造的文化，已是学术界的共识。这几个文化在时间上相互衔接，每一个文化都代表了夷人文化发展的一个阶段。由于这一地区空间范围很大，新石器时代时间跨越近万年，史前时期活动在这一地区的夷人氏族、部落应当不少。假如龙山文化及其以前的大汶口文化、北辛文化是一个大的人们共同体先后相继的文化遗存，则这个大的人们共同体内还包含若干较小的人们共同体。⑥ 早在大汶口文化时期形成的胶东

---

① 安金槐：《中国考古》，113页，上海，上海古籍出版社，1992。

② 中国社会科学院考古研究所山东队等：《山东滕县北辛遗址发掘报告》，载《考古学报》，1984（2）。

③ 白寿彝：《中国通史》，2卷，61～62页，上海，上海人民出版社，1994。

④ 安金槐：《中国考古》，115页，上海，上海古籍出版社，1992。

⑤ 安金槐：《中国考古》，119页，上海，上海古籍出版社，1992。

⑥ 白寿彝：《中国通史》，第2卷，286页，上海，上海人民出版社，1994。

区、胶莱区、鲁西北区、鲁中区的不同区域文化上的差异，为龙山文化及其后岳石文化所保存，就表明了众多小人们共同体的存在。根据古史传说，东夷的部落主要是太昊和少昊，号称两昊集团。以少昊为例，史载少昊“邑于穷桑”（《帝王世系》），即今山东曲阜附近，但少昊集团活动范围不仅限于曲阜，而可能遍及山东各地。《左传·昭公十七年》记少昊后裔郯子的话说：“我高祖少昊挚之立地，凤鸟适至，故纪于鸟，因鸟师而鸟名。凤鸟氏历正也，玄鸟氏司分者也，伯赵氏司至者也，青鸟氏司启者也，丹鸟氏司闭者也，祝鸠氏司徒也，鴡鸠氏司马也，鸤鸠氏司空也，爽鸠氏司寇也，鹘鸠氏司事也，五鸠鸠民者也，五雉为五工正，利器用，正度量，夷民者也。九扈为九农正，扈民无淫者也。”表面看来，这是一个相当完备的职官系统，其实反映了少昊氏可能是一个很大的族系，其中包含着许多以不同鸟为图腾的氏族、胞族乃至部落。《诗·商颂》：“天命玄鸟，降而生商。”商人可能就是郯子说的“司分者也”的“玄鸟氏”。至于居于陈（今河南淮阳附近）的太昊氏，“以龙纪”，“龙师而龙名”，也当有不少的氏族、胞族乃至部落。瑶族先民九黎加入少昊氏部落集团，其活动范围似应在冀、鲁、豫交界地区。盘瓠部落与商人关系密切，活动在豫西北、鲁东南一带。

考古发现，这一地区早在北辛文化时期已有大小不等的村落遗址，说明北辛文化的人们已经定居，房屋为半地穴式，存在一些可能储东西的窖穴。生产工具以石器为主，出土有梯形斧、敲砸器、铲形器、锛、镰、磨盘、磨棒、研磨器、匕形器等，陶器多为红陶，有少量灰陶、黑陶，出土有深腹三足鼎、敞口三足钵、大口圜底釜、深腹罐等，说明北辛文化的人们以农业生产为主，兼营狩猎和捕鱼。墓葬为长方竖穴土坑墓，葬式为仰身直肢，头朝东，与今瑶族同。

到了大汶口文化时期，房屋多为地面建筑。在大敦子还出土了数件陶房模型，其中一件门口及周围墙上刻有狗的形象。发现了集中的墓地。每一墓地排列有序。墓室和葬式与北辛文化同，但有棺，有的还有椁。有单人葬、二人葬和多人合葬，多人合葬少则三人，多的达二三十人。有同性合葬、异性合葬，有一次葬、二次葬及无头葬、重叠葬等。陪葬品十分悬殊，少者一两件，多者百件以上。说明大汶口文化的人们聚族而居，但贫富分化已出现。大汶口文化的人们以农业生产为主，辅以渔猎和饲养业。农业以种植粟为主，这与瑶族喜欢种小米、用小米供奉祖神的习俗相符合。在三里河遗址的一个窖穴中，发现一立方米的碳化粟，还发掘出大量牛、羊、猪、狗等家畜骨骼，说明当时农业生产已达到较高水平。

大汶口文化的生产工具仍以石器为主，但出现了骨器、角器和蚌器，如骨镰、骨鱼镖、骨镞、骨匕首和骨矛，角锄、角鱼镖、角匕首，蚌镰、蚌镞等。陶器制作水平提高，不仅种类增多，而且在器物表面加上不同类别的饰纹，如刺纹、堆纹、弦纹、划纹、篮纹等。还发现了数量众多且有较高水平的雕塑工艺品，如象牙筒、象牙琮、象牙梳、骨珠、骨雕筒、骨梳、嵌绿松石的骨筒、雕花骨匕、穿孔玉铲、玉珠等，这些雕刻做工精细，造型优美，构成大汶口文化一大特色。根据出土情况尤其是墓葬状况，一般认为大汶口文化的人们处于母系氏族社会向父系氏族社会过渡的阶段，并有了相当程度的贫富分化，可能出现了使用奴隶的现象。

到了公元前 4600 年到前 4000 年的龙山文化时期，东夷的父系氏族社会已经确立。龙山文化的分布范围主要是山东省，西至河南北部、中部、河北南部，南及江苏北部，辽东半岛和河北唐山也受到它的强烈影响。龙山文化分黄河下游龙山文化和中原龙山文化。黄河下游龙山文化或称典型龙山文化、山东龙山文化，它直接从大汶口文化发展而来，属东夷人文化。而中原龙山文化表现出仰韶文化的特征，为二者的结合物，系炎、黄二帝的文化。

黄河下游龙山文化的主要特征是轮制黑陶特别发达，表面打磨光亮，胎薄如蛋壳，曾被称为“黑陶文化”。这个文化时期的人们已组建许多大小不同的村落，穴居式房屋大多数被地面建筑代替。个别地方还发现了村落城垣遗址，这是防御的需要，表明部落之间冲突比较频繁。龙山文化的人们主要从事农业生产，兼营渔猎和牲畜饲养。作物仍以粟为主。生产工具石器为多，有铲、斧、镰、凿、刀、镞等，除少数为打制外，多数为磨制。龙山文化后期发现了铜器，进入铜石并用时代。这可以印证史籍关于蚩尤“造五兵”、“仗刀戟大弩”的记载及黄帝“以铜为兵”的说法是有一定根据的。

龙山文化墓葬保留大汶口文化长方形竖穴坑形制，有葬具的墓多木椁，有的还有石椁。葬式多为单人仰身直肢，个别有屈肢与俯身。

墓内多无随葬品，有则数量与质量悬殊。少者仅一两件，多则几十件。胶县三里河一座大墓随葬品就有25件，其中有贵重的黑陶高柄杯四件、陶鬶三件。另一座大墓除精美陶器外，还有玉鸟、玉珠等成组玉器。① 在人骨鉴定中发现有拔牙的习俗。

上述情况说明，龙山文化时期生产力水平有大幅提高，人们的居住、饮食、器用有较大改进，贫富分化进一步加剧。龙山文化时期已进入军事民主制时期。“及少皞之衰也，九黎乱德”②，传说中的蚩尤率少昊集团与炎、黄二帝逐鹿中原的战争就是军事民主制的表现。这种军事民主制赖以产生的物质基础及产生的后果，都可以在龙山文化遗迹中发现。尽管北辛文化、大汶口文化、龙山文化是整个东夷文化的代表，整体文化的水平不一定能完全反映各个局部的水平。比如九黎部落、盘瓠部落两个部落的人们当时是否达到了这三大阶段的发展水平，由于可供进一步分析的资料很少，尚难具体说明。但既是生活在一个共同区域里，发展水平不至差别太大。假如这个推论不错，那么可以说，早在距今四五千年前，生活在黄河下游的瑶族先民九黎、盘瓠部落的经济与社会已迈至文明社会的门槛，农业生产、家畜饲养、制陶和雕塑工艺均达到了较高的水平。

---

① 安金槐：《中国考古》，121～122页，上海，上海古籍出版社。1992。

② 《国语·楚语下》。

（二）长江中下游新石器文化反映的瑶族先民经济与社会状况

蚩尤九黎部落在同炎帝、黄帝为首的华夏部落战争中失败后，相当部分部落南撤至长江中下游之江淮、江汉和洞庭、彭蠡地区；还有一部分与盘瓠部落在参加高辛氏与犬戎的战争后受封南迁到江淮、江汉和洞庭、彭蠡地区，形成新的人们共同体——三苗集团。

公元前 2800 年至前 2600 年左右，在长江中游地区存在过被称为屈家岭文化的新石器时代文化。屈家岭文化因首次发现于湖北京山县屈家岭而得名。该文化分布以湖北为中心，北抵河南西部，南界湖南洞庭湖地区的澧县，西至四川巫山，东达江西修水。这基本是三苗活动的地域。因此，屈家岭文化应是三苗集团融合当地原住民族文化形成的一个文化。

除京山县屈家岭外，已发掘的屈家岭文化遗址有湖北郧县青龙泉、大寺，房县羊家岭，均县观音坪，襄阳三步二道桥，江陵龙王庙，安陆夏家寨，随县冷皮娅，武昌洪山放鹰台，天门石家河，宜都红花套，枝江关山庙，麻城歧亭；河南淅川夏王岗、黄楝树、下集、唐河寨茨岗；湖南澧县三元陵等近二十处。①

在屈家岭文化时期，房屋多为地面建筑，有方形、长方形，有单间也有套间，还有排房。房屋建筑一般是先在墙基下挖基础槽，在槽内埋立柱，立柱底部铺垫碎陶片以防下沉，然后填土夯实。墙壁用草拌泥或红烧土构筑，内外抹泥，地面铺红烧土块，再用泥涂抹或铺以竹篾，屋内地面筑灶台或火堂，排房里有多个灶台或火堂，设立柱支撑屋顶，说明屈家岭文化的房屋建筑已臻完善，还说明家长制家庭中出现了个体家庭。

在许多房屋墙壁、红烧土块内，都发现夹杂稻壳、稻草，稻谷颗粒大，鉴定为粳稻，说明当时的人们以种稻为主，这是屈家岭文化有别于北方文化的一个特色。还发现猪、狗、羊骨骸，出土了其他兽骨，畜牧、渔猎是当时生产的重要内容。

---

① 安金槐：《中国考古》，129 页，上海，上海古籍出版社，1992。

屈家岭文化的生产工具以磨制石器为主。早期磨制石器较为粗糙，晚期较细致。出土的石器有铲、斧、锛、凿、锄、镰、镞、纺轮等。有的石铲、石斧中部钻有圆孔，石锄为打制双肩形。还发现有一些骨铲、骨镞、陶弹丸与陶纺轮。

生活用具中的陶器出土数量与品种不少。以沙质和泥质灰陶较多，其次为黑陶，红陶、黄陶居第三，表明烧制水平已经提高，但多为手工制作，经过慢轮磨整，表面光滑，且饰有篦点纹、弦纹、划纹、瓦棱纹、镂刻纹。屈家岭文化的人用不同色彩在泥质红陶、灰陶、黑陶上绘出平行线纹、条纹、网纹、绞索纺、菱形格纹、三角纹、圈点纹、方格纹、垂幛纹、方格加点纹等图案，其纹饰与仰韶文化彩陶明显不同。其中陶胎薄如蛋壳、制作精致、色彩鲜艳的陶杯和高杯壶，是该文化的艺术珍品，为数不少的彩陶纺轮也是该文化的典型器物。主要陶器有罐形鼎、盆形鼎、圈足碗、平底碗、圈足豆、高杯豆、高圈足杯、平底杯、圈足盆、大口浅腹三足盆、小口高领瓮、深腹盆、圈底钵、圈足甑、厚胎缸等，可知圈足器最富特色。其中的曲腹宽足鼎、曲腹圈足豆、曲腹圈足碗和高柄彩陶壶，是屈家岭文化中有代表性的器物。① 陶器中各种鼎、盆、瓮、缸等较大的器物显系装粮食和食物之用，而杯系饮酒用，杯的出现可能说明当时的人们已学会酿酒，并表明当时粮食产量不少，食用不完，才拿来酿酒。屈家岭文化出土器物中，还发现了男性生殖器崇拜物——陶祖，这是男性在社会中占据主导地位和父系制的反映。

屈家岭文化的墓葬形制多为长方形或近长方形的土坑竖坑墓，葬式为单人仰身直肢葬，头朝一个方向，这点与大汶口文化、龙山文化相近似。有一次葬和二次葬。二次葬多为二人或三人合葬，也有十几人合葬。合葬墓内的人骨架都是头朝一个方向并排置放，整齐有序。墓葬随葬品有陶器、石器和装饰品。有些迁葬墓内也随葬陶器。小孩实行瓮棺葬，在屈家岭文化中也有发现。在湖北境内，

① 安金槐：《中国考古》，128 页，上海，上海古籍出版社，1992。

比屈家岭文化较晚的还有石家河文化，石家河文化以其首次发现于天门石家河而得名。①

石家河文化分布区域大体相当于三苗集团活动区域，故此，学者们也认为石家河文化可能是三苗族系的文化。② 石家河是一个包括二十多个地点的遗址群。这个文化以稻谷种植的农业生产为主，兼营渔猎和畜牧。村落分布在河岸台地或平原地区的高地上。房屋为地面建筑，有方形和圆形两种。陶器以灰陶为主，也有相当数量的橘红色粗陶和少量黑陶。泥质陶以轮制为主，但大部分素面无纹，只少数有篮纹、方格纹，主要器形有鼎、鬶、豆、圈足器、高领罐、粗红陶杯、缸等。石器磨制甚精，主要有钺、斧、锛、镰、镞等。出土有大量泥塑动物，包括鸡、长尾鸟、猴、象、狗、猪等，显示出鲜明特色。③ 墓葬都为长方形竖穴土坑墓，葬式多为单人仰身直肢葬，随葬品除陶器外，也有少量石器，随葬猪下颌骨显得特别。④

石家河文化过去因资料未曾报道不为人知，后来在湖北境内发现的同类或近似的遗存曾被命名为青龙泉三期文化、季家湖文化、湖北龙山文化、长江中游龙山文化，现多主张统一为石家河文化而分为若干地方类型。⑤ 这个文化不少因素承袭自屈家岭文化，如水稻种植、圈足器、房屋建筑、墓葬葬制和葬式。但又受到山东龙山文化及中原龙山文化的影响，主要表现在居住、饮食、一些器物尤

---

① 石龙过江水库指挥部文物工作队：《湖北京山、天门考古发掘报告》，载《考古通讯》，1956（3）。

② 白寿彝：《中国通史》，第 2 卷，291 页，上海，上海人民出版社，1994。

③ 白寿彝：《中国通史》，第 2 卷，290～291 页，上海，上海人民出版社，1994。

④ 安金槐：《中国考古》，131 页，上海，上海古籍出版社，1992。

⑤ 白寿彝：《中国通史》，第 2 卷，290～291 页，上海，上海人民出版社，1994。

其是葬制葬式上。屈家岭文化、石家河文化与山东龙山文化的房屋均为地面建筑；喜欢用高脚杯或高柄杯饮酒，这类杯颜色虽然不同，但做工一样精细，胎薄如蛋壳；均采用长方形竖穴土坑墓制，单人仰身直肢葬，死者埋葬时有一定头向，近年在长江三峡抢救性发掘发现的一些新石器时期晚期文化遗址，也有小孩瓮棺葬及成人拔牙的夷人习俗。这些都可印证夷人亦即九黎、盘瓠部落自北向西南迁徙的传说是可信的。

屈家岭文化和石家河文化遗存表明，三苗集团的经济以种植水稻为主，这可能暗示南迁的苗瑶族先民受当地土著民族影响抛弃了粟等旱地作物而改种水稻，但渔猎仍是经济的重要补充。家畜饲养有相当发展，房屋建筑、石器、陶器制作保持较高工艺水平，建立并发展了纺织、酿酒业。其社会已进入父系氏族社会，已出现了小家庭，并拥有私有财产，有了贫富分化的现象。如果没有外来干扰，瑶族先民会自然地跨进文明社会的门槛。

# 近代瑶族社会形态再研究①

关于近代瑶族社会形态或社会性质，20 世纪五六十年代不少人认为已基本进入封建社会。笔者经过几十年的田野调查研究，结合历史文献分析，认为五六十年代一些人的看法值得进一步商榷。笔者一直认为近代瑶族由于居住分散，居住在不同地方的不同支系的瑶族，为了适应不同的自然与社会环境，不得不将原有的传统文化做些不同的改变，生产关系即人在物质资料生产过程中结成的关系，在瑶族社会中呈现出比较复杂的状况：有的地方保留原始公社的残余，有的地方保留封建领主经济或其残余，有的地方封建地主经济有新的发展，有的地方出现了资本主义的生产关系。本文根据笔者掌握的资料提出看法，以求教于同仁。

## 一、原始公社残余

原始公社包括以血缘关系为纽带的氏族公社和以地域关系为纽带的农村公社两种形态。

近现代，瑶族中的白裤瑶、青裤瑶、山子瑶、蓝靛瑶等支系，不同程度地保留着原始公社残余。

1. 氏族公社残余

广西南丹县白裤瑶、贵州荔波县青裤瑶、广西和云南部分山子瑶、蓝靛瑶等瑶族支系不同程度地保留氏族公社残余，其中以白裤瑶、青裤瑶较为突出。南丹白裤瑶直到 20 世纪三四十年代仍保留

① 原载于《广西民族研究》，2005 年第 3 期（总第 81 期）。

着一种瑶语称为“委腰”的组织。“委腰”意为同一锅吃饭的同宗共祖的兄弟，故又称“油锅”组织。同一“油锅”的各户成员，有共同祖先来源传说，有共同的头人，共同的山林、土地，共同的土地共同耕种，或租给别人耕种，收获物共同分配。共同的山林允许各户牧牛伐薪。每个油锅还有公共墓地及祭祀活动。①

荔波瑶麓的青裤瑶氏族各有首领，负责处理氏族间大小事务。每氏族有公共耕地数十亩，每年由首领分发各人耕种，以其所得充当公共事业费用，如招待客人，施给残废老弱无依者。氏族间某家遇红白事或建屋动土等，全族人都要帮助；犯罪罚款，如被罚者无力赔足，则由族人按照亲疏分担之。②

广西上思县十万大山山子瑶直到民国初年仍保留着以血缘关系为纽带结成的共耕组织。构成这种共耕组织的成员，是有宗亲关系的各户人家，有姻亲关系的人也可以加入。每一共耕组织有被称为“包到”意即“保头”的头人，有公共的山林土地。公共山林土地头年开垦，由保头指挥各户共同进行，收获物共同分配，次年分到各户耕种，种三五年丢荒轮歇，过十五六年长出的树木有碗口粗可重新开垦时，各户又共同耕作，共同分配产品。氏族虽无公共庙宇、墓地，但有共同的祭祀活动。③

20世纪五六十年代，曾有人著文认为连南排瑶新中国成立前保留着比较完整的氏族组织，其根据是每个瑶排都有如天长公、户长公、管事公、先生公等头人主管分管事务，职责分明，组织严密。还有公共山林、田地及公共庙宇、墓地，共同祭祀活动。然而，民族学调查资料表明，排瑶的绝大多数排都居住着不同姓氏的

---

① 《民族问题五种丛书》广西壮族自治区编辑组：《广西瑶族社会历史调查》，第三册，34～36页，南宁，广西民族出版社，1985。

② 岑家梧：《民族研究文集》，255～257页，北京，民族出版社，1992。

③ 张有隽：《瑶族传统文化变迁论》，82～83页，南宁，广西民族出版社，1992。

人们。因此，就排而言，它是一个地域性的社会，并非血缘社会。瑶排中大大小小的头人，主要是为排中各户服务的。把瑶排看成氏族组织，不如把它看成是农村公社组织的残余——排下面的各房姓组织具有氏族的某些残余。排瑶各姓分为不同的房族，如唐姓有大唐、小唐，房姓也有大房、小房，盘姓有木生、马桂、大欣、巴山、巴尼四房族。各房族有房族长，有太公田、太公山等公产。太公田由各户轮流耕种，租谷用于祭祖时买祭品和分猪肉。遇到“耍歌堂”或“打道箓”以及械斗等公共事情，也可以动用太公谷。未经动用的太公谷，用来购买土地和放高利贷。太公山内各户可以开荒种杂粮，无需缴纳租金。山上杉林为房姓众人合伙种植，集体所有，用法同太公田租谷收入。① 各房姓有公共墓地，公庙合于排中大庙，祭祀活动也是与同排各姓一起进行的。其氏族制度的痕迹已稍逊于白裤瑶、青裤瑶。

2. 农村公社残余

农村公社为公有制社会向私有制社会过渡的社会形态，在生产资料占有与产品分配等方面具有二重性。在近代瑶族社会中，保留农村公社残余较多的，当属广西十万大山山子瑶和云南一些地方的蓝靛瑶。上文提到的 19 世纪下半期至 20 世纪上半期十万大山山子瑶仍存在共耕组织，多数即属于农村公社残余组织。共耕，当地山子瑶用粤语解释为“甲起来做”，即“合起来做”。共耕组织的头人用粤语称为“甲头”，意即“合头”或“伙头”，亦即“大伙的头人”。这一时期当地山子瑶的共耕组织，有以一村为单位的共耕，有跨村的共耕，有宗亲姻亲联合组织的共耕，但以一村为单位的共耕较常见。由于山子瑶村寨多由盘、李、邓、赵、蒋（或张）等姓的十多二十户人家组成，因此，以村为单位的共耕，该村就是一个地域性的农村公社。

---

① 广东少数民族社会历史调查编辑组：《连南瑶族自治县瑶族社会调查》，255～256 页，广州，广东人民出版社，1987。

其主要特征表现为：(1) 每一村社都有一位依次用打棍卦、打香卦、打鸡卦三次占卜从男性村民中选举出来的头人，头人称“央谷”即村老，又称“甲头”即伙耕头，或“包到”即保头（意为由他做头人，能保证村里人丁兴旺，生产丰收）。村老权威很大，有权组织、指挥生产，安排生活，有权处理纠纷、组织祭社神活动、对外打官司、指挥抗御外敌侵犯，也是他的职责。不过，他为村民办事不取报酬，因此具有村民公仆的性质。村老任职期间，村里人丁安康，生产顺利，可以连任；若人丁不安，生产不顺利，村民就以“鬼不信任村老”的理由予以罢免，另选他人担任。(2) 生产生活资料占有与使用具有二重性：主要生产资料——山林、坡地、少量水田及用于水田耕作的大型农具犁耙均为村社公有，砍伐耕种林地也是在村老指挥下集体进行，第二年才以“份地”形式分给各户耕种。各户对耕地只有使用权，并无所有权。耕地丢荒后又收为集体。村民的私有财产只有房屋、菜园和斧头、砍刀、刮子、打洞棍、禾剪、鸟枪等生产工具，以及衣服、被窝、锅、碗、瓢、盆等生活用品。因此，村社里生产生活资料占有兼具公有、私有二重性。(3) 凡集体耕种收获的谷物——旱谷，由村老指挥平均分配给各户，大型集体狩猎、捕鱼活动所得也平均分配给各户。但私人在份地上耕作或打猎收获物，民国时期一些家庭在份地上种的八角，则归私人享有。因此，在产品分配上也具有二重性。(4) 村社虽无公共墓地和庙宇，但保留有一年春、夏、秋、冬四次集体祭祀社神的活动，社祭亦由村老主持，在他家举行。过年有集体的关门封村活动，村民听令而行。①

在云南金平、屏边蓝靛瑶社会中的“寨老”制度、“目老”制度，也表露出原始农村公社的特征：每个村寨都保留有一定数量公社公有的土地、森林、水源。这些公社公有的资源，由村寨村民会

---

① 张有隽：《十万大山山子瑶农村公社探讨》，载《广西民族学院学报》，1983 (3)。

议选举出来的寨老或目老负责管理，分配使用。公田出租，大的水田按面积、等级分配，公共森林设护林员管理，不得乱砍。寨老或目老主持村寨村民代表会议及祭祀社神仪式，讨论通过“社约”，安排全寨生产，处理日常纠纷，情况与十万大山山子瑶农村公社略同。不同的是，这里公产之外，各户还拥有一定数量的私有耕地私有林木以及私人占有的小溪流，私有制比十万大山山子瑶要发达些，甚至瑶族社会中还出现了少量地主、富农。同时，这里的瑶族外部还受到傣族封建领主的统治与剥削，其农村公社是蜕变于土司制度之中的。此外，其村寨最高管理机构分别由“寨老”（一寨之长）、“邓晒”（负责行政事务）、“邓下州”（负责宗教事务），或“目老”（一寨之长）、“寨主”（负责行政事务）、“当龙师”（负责宗教事务）共同组成。这些都与十万大山山子瑶农村公社不同。①

连南排瑶的私有制更发达，“公山”、“公田”在瑶排经济中不占主要成分。虽然排瑶社会仍存在瑶老制，每排瑶老均不止一人，而由“天长公”（一排之首）、“头目公”（每条龙的头目）、“管事头”（军事首领）组成，或由“天长公”、“户长公”（各户头目）、“掌庙公”（排中祖先大庙掌管者）组成，但只保留组织祭祀祖先的“耍歌堂”活动，及处理内部纠纷、管理水利、指挥抵御外敌等公共事务，并无组织全排各户进行集体生产、指挥产品分配的权力。因为私有制的确立，生产活动早已改为一家一户为单位进行。农村公社在这里已大为褪色，多半只剩下躯壳，缺少实质性内容。

金秀大瑶山的茶山瑶、坳瑶、花蓝瑶，两广、云南各地所有盘瑶，部分山子瑶、蓝靛瑶、布努瑶，由于私有制普遍确立，水田、旱地已转为私人所有，村社集体财产只剩下一些无主荒山、河流、原始森林。其农村公社残余主要表现在，每个村社都有一位称为“社老”、“社主”或“庙老”、“村老”、“寨老”的头人。这种头人

---

① 云南省编委会：《云南苗族瑶族社会历史调查》，81～87 页，昆明，云南民族出版社，1982。

或因处事公道、富于经验，村民找其办事多了自然而然成为头人；或由村民代表会议选举（多半以神卜方式）产生；也有世袭或上一届头人指定的。头人的权力主要是在主持祭社活动、制定社约、处理纠纷方面。除金秀茶山瑶、南丹白裤瑶等少数支系的社老、庙老有权决定生产季节、指挥上山割青（做绿肥）及插秧外，在生产及产品分配上无多大权力。他们为村民服务属义务性质，不取报酬。村社荒山由村民通过“号占”方式开垦耕种，但不能占为私有，丢荒后归于集体；公有山林之木耳、香菇、药草、野果，河流里的蛤蟆、鱼鳖、龟，各户可以采集、捕捉。这类地方的原始农村残余更少。

## 二、封建领主经济残余

中国南方和西南壮族、傣族历史上盛行的土司制度自明末开始改土归流，至清雍正年间（1723—1735 年）基本完成，但有些地区的土司制度延至清末乃至民国时期。此外，改土归流中，土官的政治权力虽然被剥夺或削弱，经济上残剥土民的某些陋习被禁革，但其经济特权受冲击不大，仍基本保留下来。不少陋习累禁不止。土司制度在政治上表现为土官制度，在经济上表现为封建领主制度。所谓土官，在其领地范围内是一方土皇帝，拥有至高无上的政治权力；同时又是一方封建领主，对领地内所有山林、土地、河流、湖泊及自然出产拥有所有权。其属地土民就是他的农奴，除耕种土地须缴纳租税，采集、渔猎须献上部分收获物充当租税外，年中还须无偿地为领主服各种劳役：种田（官田）、砍柴、舂米、制衣饰、建房、抬轿、挖坟、舁尸、吹奏乐器、运送物品、出兵打仗、充任土官出巡时的各种差夫。桂西都安、巴马、马山、西林、凌云、乐业，桂南上思、防城，云南金平、屏边、勐腊等地的布努瑶、蓝靛瑶、盘瑶，近代被土官或其后代视为农奴，受到领主的各种奴役和盘剥。

安定土司（治今大化瑶族自治县境）始设于明洪熙元年（1425

年），至清光绪三十年（1904年）三月改土归流。土官潘氏统治安定389年。未改流前，土巡检及其属下大小官员依权势，对瑶民肆意敲诈勒索。除土官及下属承袭的官田、官族田、甲田、役田要瑶民无偿代耕代种外，土官还肆意侵吞民田为官田，瑶民造出来的耕地被土司占夺，石头缝中种出的粮食被土司抢走。土司大小官员的薪俸摊给土民负担。清代安定土司管辖上段、中段和接学三个城头的民田，史载共有349玮（每玮合14亩），被土官并为"官田"的186玮，占总耕地面积的50%以上。辖境人口不足十万，思恩军民府规定每年应上纳折色米346石6斗8升4合4夕，应征地粮折银246两4钱4分，而安定土司实征土俸555两、官禾2259吊（45000斤），多收近50%。布努瑶居住的上段城头有田地185玮，官族田达77玮，土官征收粮银59两、土俸95两，共154两，每玮纳银二两多，此外还要纳"垦田银"30两。瑶民为土司服徭役，分"常役"、"时役"两种。"常役"每年500名，纳银者可免。"时役"不定人数，随往随调，如每次往南宁调70～80名，往武鸣调50名。不去服役者需缴纳银两，去南宁每名每次纳400文，去武鸣每名每次纳300文。此外，土官袭任、婚娶、寿诞、死葬，还要向瑶民摊派"红白费"，官族清明上坟，责令当地土民杀猪、宰羊祭其祖坟。在土司统治下，瑶民政治上毫无权利，经济上受尽剥削。稍有反抗，即施以抽脚筋、割耳朵等酷刑。①

东兰、巴马、凤山三县明代为韦氏土官领地，明初东兰州划分为内六哨、外六哨（在今凤山境内，含今巴马、天峨部分地区）建置。清雍正八年（1730年），内六哨设为东兰州，撤土官，改设弹压；外六哨设为东兰土分州，仍用东兰韦氏土官世袭。直到光绪三十一年（1905年），东兰土分州才撤去土官，改委弹压治理。清末咸、同、光三朝，韦氏土司官各种权力依旧，原外六哨为其食采。

① 韦标亮：《布努瑶历史文化研究文集》，165～171页，贵阳，贵州民族出版社，2003。

土州官称为州同，下设统领、参将各一员，各授田400把（以产谷重量计，每把重约20斤）；设土兵若干，每兵给田百余把；每哨设哨统、哨目，前者给谷300把，后者200把；哨以下为石，设统石、总管，各给田约200把；石以下为村，设头人、苏老、保正等名目小官，每人给田约160把；另外，夫役每站30～50名，各给田百余把；衙役值番、厕所、马草、定更、击磬、擂鼓、放鞭炮、吹号筒、乳母等，各给田约百把。至于土官本人，并无定数，他是州内“卜岁”（壮话指皇帝老），其食采内任由他要哪块就哪块，要多少就多少。耕地分封制的推行，使居住在土州境内宽阔、平坦土地上、耕作条件较好的壮、汉族人民失去了大批良田沃土。壮、汉族中那些贪心不足的大小财主、地痞依仗权势、财势、人口优势，欺凌、蚕食瑶族的土地，使处于土司治下的瑶民多受了一重压迫剥削。清末土官沿袭其祖先权力盘剥瑶民，无所不用其极。除租赋、劳役外，土官家族煮饭用的柴薪、吃的鸡鸭鹅鱼，都摊派到各哨、石、村轮流进贡，官家头目起房造屋所需之砖瓦木料，分摊给领地人民无偿供给。官员下哨打猎、游玩，所到之处都要当地人民造饭招待，或假土官威名下哨苛派勒索。土官审理案件，原告、被告都要交纳一笔数额不小的官规、目规以及灯油、铺堂、站堂讯费。土司还制定歧视老百姓尤其是瑶民的禁令，如百姓不能穿白衣、花衣，瑶民只准穿粗麻灰土布，并不准钉纽扣，只能用麻线钉绑；瑶民住房不能开正门，正厅不能书写神台、供奉自家先祖，以示与壮、汉人的区别等，以维护其封建领主的统治。①

进入民国后，直到第一次国内革命战争前，东、巴、凤一带土司之名已不存在，而对瑶民超经济剥削之实则不见稍改。土司后代承袭土司时期对原辖地内山林、土地的所有权，并未触动。他们是当然的山主，而瑶族则是山丁。在山主统治下，瑶族山丁要老老实

① 韦标亮：《布努瑶历史文化研究文集》，125～130页，158～161页，贵阳，贵州民族出版社，2003。

实耕种山地，不许改行，否则死无葬身之地，尸体不得埋在山里。山主其实是把瑶族山丁禁锢在自己的领地内，接受其剥削和奴役。山主每年要瑶族交纳土地出产的50%的重租，收租时，山丁要以好酒好菜招待。此外，瑶族山丁每年还要为山主无偿服役达三十天以上；下种和收割服役7～10天；秋收前自带木料、伙食搭晒谷台5～7天；腊月下旬打柴火5～7天；山主接亲时山丁去抬轿，山主下瑶寨时山丁去抬轿。山主逢年过节向瑶族山丁索取各种定额财礼，与土司统治时期无多大差别：三月初三送香猪一头，木耳、鸡蛋、腊山鼠肉各两斤左右；七月十四送笋干两斤，芭蕉、柑果、桃果、李果各十斤左右；九月初九送红毛薯一担；春节前送粽粑（或大张竹叶）数斤、木柴十捆、木炭一担。山主有红白事，瑶族山丁要送木柴。此外，山主每年向瑶族山丁征税。山丁违背山主“瑶人不许送小孩读书”等禁令，山主肆意罚款。山主与瑶族山丁的关系，其实就是封建领主（农奴主）与农奴的关系。①

上思、西林、凌云、乐业、天峨等原土司地区改流后，近现代这些地区瑶族受封建领主残余势力的歧视、剥削，与都安及东、巴、凤一带瑶族无多大差别。

云南金平县一区系猛剌土司领地。红头瑶所居平安寨和蓝靛瑶所居之太阳寨，土司领有一切土地。无论山地、水田，瑶族都采取“号占”的方式获得使用权。由于水田较少，水田的使用权必须通过土司颁发田照，并按规定缴纳田租后，方得到承认，否则土司可以没收。1922年，民国政府实行改土归流，土司对土地的所有权并未被取消，而是通过另一种方式——租粮制，得到新的承认。②

---

① 韦标亮：《布努瑶历史文化研究文集》，158～161页，贵阳，贵州民族出版社，2003。

② 《民族问题五种丛书》云南省编委会：《云南苗族瑶族社会历史调查》，80～81页，昆明，云南民族出版社，1982。

在太阳寨，瑶族除向领主交纳实物地租外，还负担劳役地租，每户每年出白工1～2个，负责修路。军事上，每年负担团兵费半开3角、募兵费半开5角。①

## 三、封建地主经济的发展

近代瑶族地区封建地主经济的进一步发展，主要表现在：明清时期在平地瑶、民瑶地区初步萌发的封建地主经济，这时进一步确立起来，成为这些瑶族地区占主导地位的生产方式；同时，在部分盘瑶、蓝靛瑶、布努瑶地区，也出现了一些以租佃、雇工、放高利贷等方式谋生的家庭，萌生了封建地主经济。

近代瑶族地区的封建地主经济有两种情况：一种是汉族、壮族等民族地主、富农占有山林、土地。向瑶族出租土地，收取地租，或雇请瑶人耕种，与瑶民之间建立起封建关系；一种是瑶族内部地主、富农与普通群众之间产生的租佃、雇用、高利贷等封建关系。这两种情况在各瑶族地区都有不同程度的发展。

在广西恭城、富川、钟山，湖南江华、江永、道县等平地瑶、民瑶地区，封建地主经济比较发达，瑶族群众不仅受本民族地主、富农的封建剥削，也受到汉族地主、富农的封建剥削。恭城三江地区居住着汉族及平地瑶、山公瑶、过山瑶三个支系的瑶族。20世纪40年代，在1326户中，雇农140户、贫农728户、中农339户、富农54户、地主13户，外来富农35户、外来地主17户。②

富川县富阳区居住着汉族及平地瑶、过山瑶两个支系的瑶族。20世纪40年代，洋冲、劳溪两个瑶族聚居村寨212户居民中，有

---

① 《民族问题五种丛书》云南省编委会：《云南苗族瑶族社会历史调查》，133～134页，昆明，云南民族出版社，1982。

② 《民族问题五种丛书》广西壮族自治区编辑组：《广西瑶族社会历史调查》，第四册，293～294页，南宁，广西民族出版社，1986。

地主9户、富农6户、小土地出租者2户、中农29户、贫农162户、雇农4户。①

江华县原水口第五区解放前有瑶族4359户，有地主24户、富农29户、中农722户、贫农2704户、雇农880户；原槁梧乡有瑶族117户，其中富裕户2户、中等林户44户、无林户71户。②

上述情况说明，这些瑶族地区近现代阶级分化明显，封建地主经济社会各主要阶级——地主、富农、中农、贫农、雇农已经形成。

封建地主经济社会的主要特征是占人口总数很少的地主、富农，占有大片山林、土地，通过向少地、无地的贫农、雇农出租土地收取地租、雇佣劳动、放高利贷等方式，相互建立起依附和被依附的封建关系。近代，这种封建依附关系在上述瑶区表现明显。例如，在恭城三江地区，在1326户农民中，119户地主、富农，只占总户数9.0%，却占有25%的耕地。而占总户数54.9%的贫农只占38%的耕地，占总户数10.6%的雇农只占2.4%的耕地。地主、富农与贫苦农民之间的租佃、借贷、雇佣关系遍及各个角落。地租形式有分租制、定租制、“种树还山”制。分租制有四六分（佃主得四，佃农得六）、二八分（佃主得二，佃农得八）、对半分（各得一半）。定租制根据田地好坏、租期长短立契规定租额，或随收成逐年增加租额。“种树还山”制，租额为二八分，但佃农（叫承批）须于垦荒后第二年在耕地上为山主（叫批至）种树木，耕地丢荒后树木归山主。借贷关系方面，解放前经常有80户因婚丧、疾病或青黄不接而借贷。放贷者多为外县、外乡地主富农。利率少者3～4分，一般为5～6分。雇工有长工、短工之分。长工一年工资20余元，短工一天50文铜钱（可买3斤谷子）。此外还有典当关系，贫苦农民由于各种

① 《民族问题五种丛书》广西壮族自治区编辑组：《广西瑶族社会历史调查》，第三册，109～110页，南宁，广西民族出版社，1985。

② 《民族问题五种丛书》广西壮族自治区编辑组：《湖南瑶族社会历史调查》，73～74页，南宁，广西民族出版社，1986。

原因不能维持生活而典当田地。①

又如，富川洋冲系平地瑶村子，有地主6户30人，占人口5.7%，却占有715亩田，每人平均2318亩田；占有地115亩，每人平均318亩。而贫农95户433人，只占有水田264亩，每人平均0.61亩；占有旱地150亩，每人平均0.35亩。其封建关系有租佃关系，租佃有田租、牛租、山租三种，主要是田租。洋冲6户地主所占715亩水田，自耕部分只有150亩，其余565亩用于出租。95户贫农中，70%租田耕种。地租亦分定租和对分租两种。定租多是公田，对分租为私田。除租佃外，还有借贷和山林、土地典当。租佃与高利贷往往联在一起，佃主又是高利贷者。典当山林、土地对于走投无路的贫苦农民来说，就等于出卖山林土田。典当分定期、不定期两种，当价比卖价低。典当须请中人立契。典当之田，有的由原主耕种，收获对半分。②

江华水口、槁梧两的瑶族内部地主富农极少，居民绝大部分是中农、贫雇农，当地占有大批山林、耕地的是汉族地主富农。如槁梧乡占人口6.2%的汉族地主、山主，占有林木57365株，每人平均有林木10635株；田地4519.96亩，每人平均有田地89.26亩。地主富农也是通过出租土地、放高利贷、雇工等方式与瑶族、汉族贫苦农民建立剥削与被剥削的封建关系。③

平地瑶、民瑶以外的其他瑶族地区近现代封建地主经济有不同程度的萌发。从一些旧契约可以看出，连南排瑶还在清道光十八年(1838年)已有高利贷，咸丰初年已有土地买卖现象。到解放前二

---

① 《民族问题五种丛书》广西壮族自治区编辑组：《广西瑶族社会历史调查》，第四册，294～296页，南宁，广西民族出版社，1986。

② 《民族问题五种丛书》广西壮族自治区编辑组：《广西瑶族社会历史调查》，第三册，109～112页，南宁，广西民族出版社，1985。

③ 《民族问题五种丛书》广西壮族自治区编辑组：《湖南瑶族社会历史调查》，74～79页，南宁，广西民族出版社，1986。

三十年，尤其是抗日战争期间，汉商涌入，赌风兴起，加上疾病几度流行，风旱灾接踵而至，高利贷的发展，土地兼并过程加快，不少农民因疾病、赌博、被“吃人命”、高利贷剥削等原因陷于破产，少数人则摇身变成瑶排中的富裕户。如南岗排的富裕户大多是在这时期发家的。全排土地最多的唐白古公，1940 年以前只有 30 多担田（水田 2.8 担约合 1.0 市亩），以后十年间，通过放高利贷兼并了一百多担田土，成为拥有 150 多担水田、30 多担旱地（旱地亦 2.8 担合 1 市亩）的富裕户。邓瑶冷公民国初年只有 20 多担田，其后通过放高利贷、雇工剥削等方式，成为拥有 160 担水田、60 担旱地的富裕户。而排内 112 户无地少地的农民，大多数也是在这一时期失去土地的。内田排这一时期有唐白一婆、对财记两户各有 30 担水田，为内田水田总面积的 16.62%，同时在排内 69 户中出现了 44 户人家无水田，靠租田、佣工为生。大掌排同期出现了拥有 45 担至 180 担水田和 6000～60000 株杉木的四户富裕户，同时，全排出现 55 个贫困户，靠租入土地、当长短工为生。租佃、借贷、雇佣劳动、典当在排瑶社会普遍盛行。可以说，连南排瑶已基本上建立起了封建地主式的生产关系。①

金秀大瑶山茶山瑶、花蓝瑶、坳瑶、盘瑶、山子瑶五个支系早在明清时期已有了山主、山丁两个经济地位不同的阶层。进入近代，瑶族社会内部的贫富分化进一步发展。据 20 世纪 50 年代初的调查，解放前处于山丁阶层的盘瑶、山子瑶，各户占有的生产资料也不一致，有大贫小贫之分。处于山主阶层的茶山瑶、花蓝瑶、坳瑶中少数农户以出租山林土地、借贷、雇工、经商等方式发家致富，不少农户因疾病、战乱等原因借债还钱失去山林土地等生产资料而陷入贫困。据 1953 年的调查统计分析，金秀、长垌、六巷三

---

① 《民族问题五种丛书》广东少数民族社会历史调查编辑组：《连南瑶族自治县瑶族社会调查》，45～53 页，171～182 页，256～263 页，广州，广东人民出版社，1987。

个区水田占有情况，以各阶层人口计算，雇农650人，平均每人有田0.74亩；贫农6346人，平均每人有田0.79亩；中农2237人，平均每人有田1.52亩；富农224人，平均每人有田3.54亩；地主155人，平均每人有田2.25亩。又以素称瑶山经济中心的金秀村来看，水田占有情况是：雇农8户18人，平均每人有水田0.44把（每把合谷10斤，400斤合一亩）；贫农8户38人，平均每人有田50.65把；中农15户71人，平均每人有田78把；富农5户25人，平均每人有田110.2把；地主4户22人，平均每人有田119.27把，可见大瑶山瑶族阶级分化显然存在。这里的经济活动中，土地出租、借贷、雇工现象同样存在，土地出租作为基本的封建关系，地租形式有实物地租、货币地租、劳役地租、“种树还山”几种，表现复杂，封建关系已初步确立。①

都安三只羊地区解放前阶级分化明显，土地高度集中在少数地主、富农手中，如龙英村占人口6%的地主、富农，占耕地总面积60%的耕地；花洲村占人口10.78%的地主、富农，占有84%的耕地。地主阶级剥削农民的方式有地租、雇工、放高利贷。地租形式有实物地租、劳役地租、实物兼劳役地租三种。雇工有长工、短工。高利贷除实物借贷、货币借贷外，还有“借谷花”。②

在云南屏边县，瑶族到此地只有百余年历史。但解放前瑶族内部也出现三户地主，占有瑶山9.5%的耕地，其余90.5%的耕地为外族地主（主要是汉族地主和壮族地主）占有。地主剥削农民的方式主要是实物地租，次为货币地租，劳役地租又次之。此外还有雇工、借贷及押金和各种规费剥削。③

---

① 《民族问题五种丛书》广西壮族自治区编辑组：《广西瑶族社会历史调查》，第一册，430～434页，南宁，广西民族出版社，1983。

② 《民族问题五种丛书》广西壮族自治区编辑组：《广西瑶族社会历史调查》，第五册，296～298页，南宁，广西民族出版社，1986。

③ 《民族问题五种丛书》云南省编委会：《云南苗族瑶族社会历史调查》，80～84页，昆明，云南民族出版社，1982。

近代瑶族地区封建地主经济的发生、发展，是近现代中国社会经济变迁在瑶族地区的反映，是瑶族社会历史发展的必须结果。而瑶族地区封建地主经济的发生、发展，反过来又对中国近代社会的经济、政治与民族关系产生重要影响。

## 四、资本主义因素的萌芽

在近代外国资本主义工商业及国内民族工商业的影响下，瑶族部分地区、部分行业有了资本主义因素的萌芽。出现资本主义因素的地区，主要是工商业、交通运输较为发达，某些产品外部需要比较多的地区，行业集中在木材砍伐、运输、销售、手工造纸、榨油、采矿、商铺等方面。从事资本主义工商业活动的，都是些地主、官僚、商人。有汉人，也有瑶人。富川、钟山、贺县、恭城等地毗邻梧州、桂林，距广州也不远，物产丰富，交通便利，明清时期就有不少广东、湖南商人在此经商开店，建有会馆，近代尤其是抗日战争时期，外地来经商做生意的更多。清光绪十一年（1885）梧州开埠后，贺县八步街成为桂东北有“小广州”之称的商业重镇和商品集散地，市面商铺林立，商品琳琅满目，客商云集，推动了富川、钟山等地工商业的发展，给当地瑶族经济变迁以强烈的刺激。富阳墟在近百年内有很大发展，解放前有大小商铺、百货摊子四五十家，有的商铺拥有资金达二万余元。经商的多是湖南人，也有广东、江西人，分别经营竹木器、裁缝、理发、打铁、打棕索、百货等生意，形成了一个脱离生产的商人阶级。富阳三天一墟，每次赶墟人数达六七千人以上，其中瑶族有二三百人。富阳成为富川县经济中心，是周围瑶族杉木、竹子、桐子、茶子、香菇、茶叶等产品的集散地。①

在近代国内外资本主义工商业刺激影响下，瑶族地区资本主义因素的萌芽具体表现在，木材经营方面，桂北一些林区出现了一些

---

① 《民族问题五种丛书》广西壮族自治区编辑组：《广西瑶族社会历史调查》，第三册，253～256 页，南宁，广西民族出版社，1985。

拥有较多资本的木商，将瑶族地区山主、林农的杉木包买之后，将砍伐、拉山、架排、放运等一系列工序通过契约形式，一揽子包给一些贫苦瑶族林农。木商与林农之间没有封建依附关系，只有契约规定的雇佣与被雇佣关系。①

木商以汉人居多，也有壮族、瑶族木商。陆荣廷的部属和一些地主、商人于光绪末年在金秀建立荣合、广源两个木材公司及其后的荣新公司，即是汉族、壮族官僚地主和商人开的。贺县浩洞盘水旺于1930年在贺县黄田墟开木行，后又于1942年在八步开设木行。他是中国现代史上第一个经营木材生意的瑶族商人、资本家。盘水旺出身中农家庭，家里有二三冲林木，还租一部分地主的山地，出产的林木70%归自己，30%归山主。1930年他30岁时，以自己的林木为资本，到黄田墟开了一个木行，出售杉木、木板、木皮，顾客主要是西湾平桂矿场。木行的木料起初是从自家的山上砍伐来的，后来也向农民收购林木，雇工运至黄田。他家木行生意很好，每墟能卖出一两百根，有时高达三百根，收入几十元大洋。盘水旺初至黄田，是租人家房子营业，规模小。随着生意发展，规模扩大，自己起了两间铺房，不过即使到这时，他也未曾在黄田定居下来。1942年，盘水旺凭积累起来的资本到八步开了一家木行，并以一百多挑谷子的钱（以每挑五元大洋计，约合五百余元大洋）购买了一块地，建造房子，搬到这里定居。他的八步木行主要从附近购进木料，也从汉族木商从瑶山收购的木材中购进木料。向汉商批购，每次都在100条左右，价值相当七八十挑谷子，这100多条杉木只需半个月左右就转卖完，营业额较大。②

盘水旺经营木材生意，雇请工人搬运木料，付给工人工资。从

---

① 张有隽：《瑶族历史与文化》，111页，南宁，广西民族出版社，2001。

② 韦标亮：《布努瑶历史文化研究文集》，158～161页，贵阳，贵州民族出版社，2003。

浩洞及黄田附近其他瑶山砍伐、搬运木料，视距离远近，每人每次工资 4～6 毫不等。盘水旺与他们之间无封建依附关系，只是雇佣与被雇佣关系，这是新的资本主义因素的生产关系。贺县新华乡瑶人赵有聪祖上靠种姜买田起家，他本人解放前任过“联治团”大队长，除政治上有一定势力和占有一定数量的土地外，民国二十年（1931）左右开始贩运杉木。木料一部分是自己的，一部分从附近瑶山购进。木材主要卖给新路锡矿。赵有聪在这过程中很少参加农业生产和砍运木料的工作，而是将自己的杉木或买来的杉木包给邻近一些贫苦瑶人或汉人砍伐、运输。他自己则坐在新路筹划如何雇人砍运木料和卖木。雇来的人都是成批的，每批 4～5 人，多达 10 余人。雇工时间五六天一次，一月至少雇一二次。杉木砍倒并运至新路，大杉木每人给一串钱，小的给五六毫子。售价为大的四五元，小的二三元。其与工人建立的也是一种新式的雇佣与被雇佣的关系。①

手工业方面的资本主义因素，主要发生在造纸、榨油行业。上文提到民国时期土纸销路好，瑶族地区手工造纸发展，有些纸厂雇佣工人造纸，就表示这一行业有资本主义因素发生。钟山县燕塘乡瑶人张学林（原姓邓），祖上曾是佃户、长工。他长大后靠锯木板、种姜卖，购置了二条冲的楠竹林，约于 1945 年开始在白帽寨自家门前建厂造土纸。开始时规模小，除砍料、破料、浸料需亲友几人帮忙十天左右外，其余都是自己家人做。他本人亲自舂料、捞纸。年产纸千余担，挑至燕塘墟卖，每担五元大洋左右。攒得钱后，约 1946 年在新龙冲买了两条冲的楠竹林，并于 1948 年在新龙冲建造新厂，造毛边纸（又称湘纸），名号“振兴”。而将老家的土纸厂请一位师傅做。新龙毛边纸厂平时也请了二三位工人，帮舂料、捞纸、焙纸等，每位工人月给工资三至五元不等。张学林脱离了农业生产，虽不脱离手工造纸的劳动，但成了厂主，与工人之间形成了

---

① 《民族问题五种丛书》广西壮族自治区编辑组：《广西瑶族社会历史调查》，第三册，244 页，南宁，广西民族出版社，1985。

雇佣与被雇佣的关系。

榨油厂厂主雇人的现象，在恭城、金秀等瑶族地区普遍存在，甚至在桂西的榨油行业中，也有资本主义因素。如清末民初都安三只羊团总瑶人袁太和，在龙英村加朋屯开设一油榨工场，天天榨油，年榨桐子108000斤左右，得油约28000余斤。工场雇用工人，一年保持10人左右。工人有工资，并供给伙食。产品绝大部分运到宜山县龙头墟出售。①

开商铺以富川县柳家瑶人邓佛胜较典型。邓佛胜是富川县有名的大地主，占有1800多亩水田，分布于富川之柳家、富阳、大围及钟山、恭城、贺县等地，出租或雇人耕种。其儿孙有的是国民党军队连长，有的是教导官、教育局局长，政治上有势力。民国时期，邓佛胜凭借其政治、经济势力，在贺县八步街等地和大商业资本家合股，开了一个大铺子，1947—1948年内又在富阳、古城开两个铺子，出售食盐及杂货。食盐从广州进货。其儿子邓克诚下广州，一次运回食盐七八十担至一百担至八步，转富阳出卖。②

综上所述，近代瑶族社会，平地瑶、民瑶地区封建关系比较发达，接近汉区水平。排瑶、部分盘瑶、蓝靛瑶、山子瑶地区贫富分化，萌生了封建关系。布努瑶、白裤瑶、部分山子瑶、蓝靛瑶地区在外部受壮族、哈尼族封建领主的剥削，而本民族内部自耕自食为主，封建关系微弱。多数僻居边远山区的盘瑶、山子瑶、蓝靛瑶均为自耕自食的小农经济，不少地方还不同程度地保留氏族公社、农村公社制度。近代瑶族社会的演化比古代更复杂，更不平衡。除上述状况外，还有的地方出现了资本主义因素。因此，五六十年代论定近代瑶族社会已基本进入封建社会的看法是欠妥当、欠准确的。

---

① 《民族问题五种丛书》广西壮族自治区编辑组：《广西瑶族社会历史调查》，第三册，249～250页，南宁，广西民族出版社，1986。

② 《民族问题五种丛书》广西壮族自治区编辑组：《广西瑶族社会历史调查》，第三册，264～266页，南宁，广西民族出版社，1986。

# 近代瑶族社会的政治过程①

## 一、清代末年对瑶区政治统治的加强

在经历了鸦片战争、太平天国运动、第二次鸦片战争等一系列变故之后，在民族矛盾、阶级矛盾日趋尖锐，内外交困的形势日益严重的状况下，清廷为了维护摇摇欲坠的封建政权，在全国加强中央专制主义统治的同时，对瑶族地区的统治也有了进一步的加强。但不同地区措施不一样。具体表现为，对原来生产力水平、生产关系和政治制度不同的地区，采取不同的政治措施，以强化专制统治。

### （一）区、乡（镇）、团（村）、甲政制

在恭城、富川、江华、江永等民瑶、平地瑶地区以及桂北、湘南其他瑶、汉杂散居地区，由于瑶族发展水平与汉族接近；或因瑶族人口处于少数，且居住分散，清末这些地区的政治建置基本上被纳入汉人社会的主流政治建置系统。一县之内划分为若干行政区，区下设乡（镇），乡下设团（村、街），团下设甲。团、甲为瑶人聚居或瑶汉杂居之村、屯组织。乡、团、甲之政治领袖由汉族官僚地主或瑶族富裕农民充任。他们奉上一级官员意旨行事，对瑶族人民拥有很大的权威。清廷在这类瑶族地区的封建专制主义统治获得充分的体现。值得指出的是，团一级乡村组织名称之在清末出现，似与晚清“团练”组织有密切关系。清咸丰元年（1851 年）1 月 11 日太平天国金田起义爆发，太平军北上，一路势如破竹；在太平军

① 原载于《瑶族通史》，中卷，北京，民族出版社，2007。

影响下，两广、湘南、云贵各地纷纷爆发壮、汉、苗、回等族农民起义。清廷兵力不敷应用，允许各地地主建立武装组织，拥兵自卫，并协助清兵镇压农民起义军，名曰“团练”。“团练”实为地主武装，但由地方乡、团统一调度。自此，桂北湘南一些瑶族地区，明清时称为“里”（村）的乡村组织，改称为“团”。“团”的名称的出现及其拥有武装，说明它是政治兼军事组织，它把清王朝的封建专制主义统治推向一个新阶段。

（二）土司政制及其改制

在广西都安、南丹、巴马、大化、凌云，云南金平、屏边等土司统治地区，其政治制度基本沿袭明清旧制，而在改土归流中加以改制，但不同地区政治建置有差异。如都安（清）光绪三十年（1904 年）三月未改流前，分由都阳土巡检司、安定土巡检司管辖。土巡检司下划分为城头、峒、内庄、村、陇五个层级的行政区划。村、陇以上各级官员由土司委任，听土司差遣，对土民拥有生杀予夺之权。光绪三十年改流后，废除世袭土官，改设流官弹压委员，加强了中央专制主义统治。

南丹县白裤瑶地区，世受壮族莫氏土司统治。清光绪年以前，沿袭“四亭瑶”旧制，里湖、瑶里、汉度、瑶寨（四亭称谓各说不同）四亭，头人称为“亭目”、“亭长”或“哨目”，由土司委任，光绪年间四亭组织改为团局组织，头人改称团总、局董。① 上文提到东兰土分州（今凤山辖境兼及巴马部分地区）改流前，属韦氏土官领地，其土州置下，设哨、石、村三级行政区划，头人称为哨总、统石、总管、苏老、保正。光绪三十一年（1905 年）改流后，设弹压委员，亦是例子。②

---

① 《民族问题五种丛书》广西壮族自治区编辑组：《广西瑶族社会历史调查》，第三册，38～39 页，南宁，广西民族出版社，1985。

② 韦标亮：《布努瑶历史文化研究文集》，125～126 页，贵阳，贵州民族出版社，2003。

云南金平一区为猛刺土司领地。土司有一套完整的统治制度，将王布田（今金平县城关镇）领地划分为东西两块，东设瑶族管寨，西设汉族管寨。管寨代表土司对各族人民实行直接统治。管寨下设招坝，招坝即寨长，相当于民国时期的甲长或保长。每一招坝管大寨二三寨，小寨四五寨。寨设小派小催，为招坝差役。管寨由土司委任，以下各职层层委任。① 这一制度得到清廷充准，直到清廷跨台而未改变，是较特殊的情况。

（三）理瑶政制

在湘南、粤北一些历史上瑶汉关系较突出、瑶民起义多发地区，近代清廷基本上沿袭明清时期设立的理瑶政制。所谓理瑶政制，即是在一些瑶族居住较多的府、州、县，在衙署内设立机构或另立专门机构，委任理瑶县丞、理瑶同知、理瑶巡检，专门管理瑶务，代代相承，成为这类地区特有的政治制度。在理瑶官之下，还从瑶族头人中选拔、委任一些“瑶官”，称为“瑶首”、“瑶总”、“瑶长”、“瑶目”、“瑶甲”、“瑶练”、“山官”、“峒主”、“招主”、“抚瑶老人”等，协助州县抚瑶官办理瑶务，主要是处理纠纷，维持治安，招募瑶兵、瑶丁，协同官兵作战。这套制度延至清末不变。例如在广东连县、连山、阳山三县，清康熙四十二年（1703年）在三江城设理瑶同知，雍正七年（1729年）改为理瑶军民直隶同知，嘉庆二十二年（1817年）又改为连山绥瑶军民直隶同知、连山绥瑶直隶厅，直属广州府不变，其同知与知府同级。道光十二年（1832年），清廷又允准在八排瑶中委任“瑶长”、“瑶练”，是为在八排瑶中任命瑶官伊始。清廷在八排瑶地区设立的这套理瑶政制，一直延续到清末民国中后期，说明近代封建专制主义在瑶族地区的统治日趋加强。

---

① 《民族问题五种丛书》云南省编委会：《云南苗族瑶族社会历史调查》，55页，昆明，云南民族出版社，1982。

（四）团总制

在一些边远的瑶族地区，过去民族关系不是很紧张，清廷根据需要，于近代设立团总制。例如上思县十万大山瑶族地区，光绪二十六年至光绪二十八年（1900—1902 年）被广西天地会重要派系“三点会”（即“洪门会”）占据，强迫瑶、壮族群众入会，不入者捉人勒赎，到处拉生，抢夺群众粮食，强奸妇女。清廷派兵剿灭后，在当地建立团总制，委派瑶族中有影响的头人为“团总”，负责维持地方治安。① 又如广西大瑶山，光绪二十九年至宣统元年（1903—1909 年）正月被郭三为首的“三点会”占为根据地，后被右江道总镇李国治率领各县官兵和团练入山剿灭。事平之后，李国治在罗运召集全瑶山 72 个长毛瑶村的石牌头人开会庆功，大肆犒赏，与石牌头人商定，把瑶山委为四团：罗香、罗运一带为一团，容洞、滴水、长垌为一团，金秀、长二、卜泉、低冰为一团，六巷、古陈、门头、大凳为一团。各团设立团总，由有威信的石牌头人充任。各团团总替官府出了力，后由李国治保荐，清廷给予五品军功，赏袍服顶戴及银两。② 十万大山、广西大瑶山以前都是瑶人自己治理的地区，清朝地方政府在这里设立团总组织，委任团总，是中央政治势力深入瑶族地区的典型事例。

清末团总制之设不限于十万大山、广西大瑶山，其他瑶族地区亦有创设，如都安三只羊地区光绪年间设有团总③，上林万正乡光绪年间设有团总④，东兰、巴马、凤山的瑶族聚居区，清末也设有

---

① 《民族问题五种丛书》广西壮族自治区编辑组：《广西瑶族社会历史调查》，第六册，196～197 页，第 201～202 页，南宁，广西民族出版社，1987。

② 《民族问题五种丛书》广西壮族自治区编辑组：《广西瑶族社会历史诃查》，第一册，88～89 页，南宁，广西民族出版社，1984。

③ 《民族问题五种丛书》广西壮族自治区编辑组：《广西瑶族社会历史调查》，第五册，301 页，南宁，广西民族出版社，1986。

④ 《民族问题五种丛书》广西壮族自治区编辑组：《广西瑶族社会历史调查》第五册，第 29 页，南宁，广西民族出版社，1986。

团总，巴马长垌团总称为“团统”①。

总之，团总制是清末不少瑶族地区存在的一种政治体制，许多地方的团总制还延续到民国中后期，成为中国主流政治在瑶族地区得以实现的重要政制之一。团总大多数由瑶族头人担任，个别地方曾有壮人充任，但这些壮人与瑶人有较密切的关系，得到瑶族信任，否则难以胜任。团总负责处理纠纷，维持地方治安，保持与清廷地方政府的通达关系。地方政府（主要是州、县府）发给其衣服、银饷。团总作为瑶族头人而兼任清朝基层官员，为一方最高长官，拥有很大权威，有的地方（如上林县万政乡、安定雅陇乡）的团总还拥有武装，成为维护清廷统治的爪牙。

## 二、民国时期专制统治的进一步加强

孙中山先生领导的1911年辛亥革命，虽然推翻了沿袭两千多年的封建帝皇专制统治，建立了民国政府。但是，封建专制主义的政治传统并未被民主共和政治代替，它被以蒋介石为代表的国民党军阀继承、发展，推而广之。地处边远的瑶族地区，正是在这一时期被进一步地纳入了中央专制政治的势力范围。

### （一）新旧混合政制

民国初期，由于军阀混战，民国政权操控在袁世凯等一批军阀旧政客手中，封建政治的改造流于形式。北洋政府统治时期，除了颁布命令对中央机构、地方县以上行政机构之名称及官员称谓作了些改动，完成了一些残余土司改流外，其余方面，尤其是涉及少数民族基层政权机构之组织、职能、官员称谓等，基本上沿袭晚清旧制，无大改变。连南排瑶的瑶长、瑶练，乳源地区的瑶甲，十万大山、广西大瑶山等地的团总，一仍其职，既未取消官衔，也未削去职权。这种状况有的地方保持到民国中后期。云

① 韦标亮：《布努瑶历史文化研究文集》，139页，贵阳，贵州民族出版社，2003。

南一些地方的瑶族的土司政制，直到20世纪40年代初才宣布废除，但土官及其后裔政治上歧视瑶族的种种陋习仍然存在，并对民族关系产生深远的影响。上述状况，我们称之为新旧制度混合并存的一种政制。

（二）开化瑶民举措

1921年中国共产党成立后，与孙中山领导的国民党合作，在广州成立国民政府，发动工农运动，准备北伐，推翻北洋军阀政府。开发瑶山、开化瑶民的问题被提出来。1927年6月，国民党广东省政府通过“开化黎瑶民族”决议案。这个决议案虽然提出和通过都在“四·一二”反革命政变后，但由于以蒋介石为代表的大地主大资产阶级这时正集中精力以军事对我党实行镇压，未来得及在一切方面推行其反动政策，因而该决议基本上尚能反映当时资产阶级革命派在民族问题上较为正确的立场。决议辟头提出：广东“为革命策源地”，而境内仍有所谓“未开化之民族二”，即居住琼崖各属的黎族和居住在连县之西、连山之南的瑶族，这是一种矛盾现象。决议接着详细罗列了黎、瑶二族的贫困、落后状况，分析了造成这种落后状况的原因，然后强调指出：“我大元帅（孙中山）提倡革命，以扶植弱（小）民族为党纲，以全民得自由平等为目的。”现黎、瑶二族“榛狉浑噩”，“未登自由平等之途”，并非“二族之性成”，实缘“国家开化之未得其道”。决议进而分析二族所居之地战略地位的重要、物产之丰富以及历代治理之失策，提出“开化黎傜二族”之谋：“……宣以党义，施以教育，辟其地利，导其自由，榛狉！而文明之，浑噩而进化之”，以达到“对内可得国家瞻顾之忧，对外可杜帝国觊觎之谋，大可进其民为革命之前驱，小之可使流寇失负隅凭借”的目的。此外，还允许瑶族派16人到附近汉族地区的学校读书。我们认为，广东省当局1927年6月提出的这个“开化黎瑶”决议案，虽不免带有资产阶级的偏见，例如“开化”这种提法本身就包含了资产阶级、封建阶级歧视弱小民族的大民族主义思想；同时它所提出的一些措施，企图在不触动民族压迫和阶级压迫的反动制度的情况下，去改变少数民族经济文化的落后状况，也不过是一厢情愿。因而，这些措施后来在实践中都碰了壁。在八排办六间小学，无人来读书，只好改为“瑶民治疗所”。但从其主旨在于贯彻孙中山“扶助弱小民族”的三民主义，实现“全民得自由平等”，杜绝帝国主义的“觊觎”，推动革命向前发展来看，尚不失资产阶级革命的原意，与后来蒋介石、新桂系在瑶族地区推行的所谓“开化运动”，有性质上的区别。① 连阳化瑶局成立次年，分置三江、寨岗、太保三个办事处，处理瑶务。但民事刑事案件仍分属连山、连县、阳山三县处理。民国二十四年（1935 年）5 月，改“连阳化瑶局”为“连阳安化管理局”，治连州。民国二十八年（1939 年）迁入三江域。民国三十五年（1946 年）3 月，撤“连阳安化管理局”，置连南县，治三江城。② “化瑶”之名虽不复见，但国民党企图同化瑶族的政策并未改变。

广西方面，省政府于 1930 年对瑶族实施所谓“开化教育”，派人到大瑶山罗香、桂平紫荆山横冲开办“化徭小学”，酝酿开发、开化大瑶山。1933 年桂北瑶民起义被镇压下去后，国民党广西当局加快了“开化”瑶民的工作，一方面由省政府决议通过“广西苗徭教育实施方案”，规定由省教育厅组织“苗徭教育委员会”，负责调查、规划全省少数民族地区的“开化”教育，并先后在南宁、桂林开办广西“特种教育师资训练学校”，训令各县从苗瑶青少年中选拔，免费送入学校学习，同时在全省范围内设立几十间“化徭”小学，中等以上学校增设苗瑶公费生学额，选择苗瑶学童中之优秀者入学，

---

① 张有隽：《瑶族传统文化变迁论》，60～61 页，南宁，广西民族出版社，1992。

② 广东省编辑组：《连南瑶族自治县县志》，56～57 页，广州，广东人民出版社，1996。

培养所谓“开明之领袖人物”。另一方面，国民党广西当局派员深入瑶区腹地，建立机构，为所谓“开化”瑶民做组织上、行政上的准备。1934 年至 1939 年，广西省政府训令平南、象县、武宣等县所辖瑶山地区组建乡村机构，在此基础上，于 1939 年派人与金秀大石牌头人陶进达联系，要他服从国民党，为“开化”瑶山行使方便。此事遭到瑶民的不满与抵抗。陶进达先是召开全瑶山石牌头人会议共商对策。与会瑶族头人都不愿向国民党低头，反对国民党“开化”瑶山，坚决拒绝警备区署设立在金秀，决议说：“谁服从国民党，就杀谁。”“对来自山外的一切款项和委任状，都不准接收和领取；停办‘化猺小学’，凡有子女到广西特种教育师资训练学校接受教育的，一律退学回猺山。”抵制不成，警备区署于 1940 年 2 月在金秀建立后，大石牌头人陶进达于同年农历五月初九召集金秀沿河十村石牌头人在平勉开会，决议“起石牌”抵抗国民党武力“开化”瑶山。会后各村群众纷纷购买枪支，冲硝制丸，做御敌准备。国民党广西省府闻讯派人进山和谈，遭到拒绝。遂恼羞成怒，于同年 8 月 17 日（农历七月十四日）调集国民党军队和大瑶山周围数县民团一千余人，进攻金秀沿河十村，把瑶民反抗斗争镇压下去，迫使陶进达等头人同意在金秀设立警备区署。同时，国民党方面也答应了陶进达提出的“不征兵，不纳粮，不交税”等条件。1941 年 7 月，广西省政府委任刘延年为金秀警备区署署长。刘延年在金秀设立国民党支部，在平林等乡设分部，发展党员。1942 年 7 月，金秀警备区署改为金秀设治局，刘延年任局长。①

民国时期“开发”瑶山、“开化”瑶民，不仅是一个渗透民族中心主义色彩的政治口号，而且是一个伴随武力征伐的民族同化的政治实践。其目的是以瑶民“不开化”为借口，在“开化”瑶民的口号下，对瑶族人民实行强迫同化，使瑶族归驯于国民党

① 莫忍章：《金秀大瑶山瑶族史》，244～247 页，南宁，广西民族出版社，2002。

的专制统治。这与中国历史上历代封建王朝对少数民族实行的同化政策，在性质上没有什么根本区别，在做法上则有过之而无不及。

（三）现代乡村编组建置

在国民党统治者看来，所谓开化瑶民，最重要的也是最根本的，是要把居住在各偏远地区的瑶民完全纳入国民党统治之下。要做到这点，就必须在瑶族地区依照汉族地区那样，组建由国民党直接掌控的乡、基层政权。组建了乡村政权，委任了乡村长，国民党的一套政治主张和各种政策措施才能贯彻到瑶族社会中，从而建立起民国政权的威慑力量，削弱各地瑶族传统组织的影响，防止“瑶乱”发生，进而按照汉人社会的价值标准改造瑶族的风俗文化。否则，瑶族就仍然是所谓“浑噩榛狉”的“化外”民族。

在广西，组建乡村的工作从20世纪20年代末30年代初开始。1929年春，广西省政府从党政训练所派黄云焕、蒙立强等人，分别进入桂平县横冲、平南县罗香开展“化瑶”工作。黄云焕到横冲后，与当地瑶族头人冯荣保拉上关系，入赘冯荣保家为女婿。1931年冬，黄云焕草拟开发桂平十八山计划，以其岳父冯荣保的名义报桂平县政府转呈广西省政府。不久，新桂系首领李宗仁亲自批准了这个计划，并由省政府拨步枪100支、银元1万元，给冯荣保作开化十八山之用。冯荣保利用这批枪支经费，组织起一支瑶民武装，把盘踞在十八山的土匪赶跑。随后，又带领一百多户瑶民，扶老携幼进入十八山。十八山的开发和变化引起李宗仁的莫大兴趣，他决心进一步扶植冯荣保作为“以傜治傜”的样板，将冯荣保请到南宁，待之以上宾。当时，新桂系机关报——南宁《民国日报》则连篇累牍登载“傜王”、“驸马”、“公主”活动消息加以渲染。冯荣保受宠若惊，与李宗仁结拜兄弟，改名李荣保。1932年春，李荣保被任命为桂平县瑶区区长，黄云焕为区长助理。广西省政府还把十八山和紫荆山北部的横冲、良段以及原属象县瑶区的小横冲、红台、洛西、岭桂、黄铃、六庙一带盘瑶聚居地区统统划归李荣保管辖，并按当时省政府公布的《广西苗瑶民户编制通则》的规定，把这一带新划入瑶区的地方编为三个乡，即宣化乡、开化乡、归化乡①，广西瑶族地区乡村组建工作由此拉开序幕。

1933年桂北瑶民起义被镇压下去后，国民党统治者加快了在瑶族地区组建乡村的工作。平南辖的罗香、平林、罗运建立了乡政府，象县辖的六巷、古陈、门头、长垌建立了乡要机构，委任了乡长、村长、甲长。同期，修仁县（今属荔浦县）所辖部分瑶区的乡村组建工作也完毕。民国二十四年（1935年）3月6日南宁《民国日报》第七版载文宣称："象县、修仁、平南间之瑶山，居有瑶民甚众，自称化外之民，于近年来本省当局关怀此种瑶民，积极派员前往宣导，已渐归化，于去年（1934年）复将其瑶村依照区乡甲户之编制改编完毕。"② 1940年8月镇压了金秀瑶民反抗国民党武力"开化"斗争，金秀警备区署在金秀挂牌成立后，广西省政府进一步在大瑶山腹地强行开展组建乡村的工作，至1942年下半年，整个大瑶山乡村组建工作次第完成。

在国民党统治广西大瑶山期间，金秀警备设置局先后改名为金秀设治局、金秀警备署、金秀警察局。署局设局长一人，下设秘书、会计、文书各一人，另有总务若干人，警察中队一个。署局下设立乡、村、甲等行政机构。乡设乡公所，有正副乡长各一人，文书、户籍、乡队副各一人，乡警若干人；村设村公所，设正副村长各一人；甲设甲长。金秀警备区署、金秀设治局、金秀警察局名称虽异，但均为广西省政府派出的相当于县一级的行政机构，拥有行

---

① 广西区政协文史资料编辑委员会：《广西文史资料选辑》，第32辑，《大瑶山史料专辑》，202～203页，1991。

② 莫忍章：《金秀大瑶山族史》，243～244页，南宁，广西民族出版社，2002。

政、财政、建设、教育、治安等方面的管理权（但无司法管理权）。①

在十万大山地区，国民党上思县当局根据广西省府意旨，于1939年在瑶族聚居地区建立南屏乡，乡治设在米强，在山子瑶中推行保甲制度，乡长由上思县直接从山子瑶自然领袖中委任，保、甲长则由乡长圈定，县政府批准任命。②

广西其他边远瑶族地区均于1940年前后完成乡村编组工作。广东方面，瑶区至迟在1945年前后建立乡村制度。云南金平县亦于1940年废区改乡、镇，乡下设保、甲。③

综上所述，到20世纪40年代前后，全中国几乎所有边远瑶族地区均按照汉族地区划一模式，建立了乡村制度，瑶族被纳入了国民党政府直接统治范围，也即纳入了中国中央集权统治范围，这是历史上旷古未有的政治变革，表明民国时期，中央集权的专制主义统治在瑶族地区比之清末有进一步的加强。

## 三、传统社会组织在近代社会中的演变

尽管主流政治体系近代日益渗透到瑶族地区，专制主义统治在瑶族地区被空前地强化。但是，瑶族传统组织近代依然保留下来，并是组成近代瑶族社会结构的基础。在外部刺激与内部因素相互作用下，近代瑶族传统社会组织的某部分结构与功能也发生了变化。然而，这些变化毕竟是局部的、非整体的，变化中产生的新结构，其功能与作用是受制约的、有限的。

---

① 莫忍章：《金秀大瑶山瑶族史》，247～248页，南宁，广西民族出版社，2002。

② 广西壮族自治区编辑组：《广西瑶族社会历史调查》，第六册，202页，南宁，广西民族出版社，1987。

③ 云南省金平苗族瑶族自治县志编纂委员会：《金平苗族瑶族傣族自治县志》，50页，北京，三联书店，1994。

美籍华裔人类学家谢剑博士仔细研究了广东连南排瑶的社会组织后认为，排瑶是个分支的社会，整个群体彻底划分成不同的部分，并且人们的居住与活动空间又与亲属相关，形成血缘与地缘的紧密结合。① 谢氏并认为，这个制度的基本特点是“巢居”（nesting）现象，即小单位“巢居”于大单位，再衍生成独立平等的单位。谢氏所说的排瑶分支社会中，人们居住与活动空间又与亲属相关及小单位“巢居”于大单位，再衍出独立平等单位的社会组织的特点，实指在一个瑶排中，存在着许多细小单位——家庭，家庭巢居于房姓组织中；而不同的房姓组织构成一个大单位——瑶排，各房姓组织巢居于大单位——瑶排中；每个瑶排因人口不断增长而衍生出新的瑶排，而各瑶排之间的关系是独立平等的，并无统属关系。根据民族学田野调查资料，排瑶这种社会组织结构，在近代瑶族社会中是普遍存在的。应当进一步指出的是，治理瑶族传统社会组织的关键制度是瑶老制。按：“瑶老”之名始见于明代史籍，其实它应是源于原始氏族酋长制而传袭下来的古老制度。根据20世纪50年代前后的调查，近代瑶老制在瑶族分支的社会中，依据“巢居”关系、大单位独立平等关系必须之处理规则，可划分为不同的“瑶老”组织。

（一）家族组织与族老制

在近代瑶族社会中，家庭已成为社会的最小单位。瑶族为父系社会，在家庭中，父亲为一家之主。家庭人口之多寡，视家主能力而定。一般情况下，家庭由一对夫妻及其子女构成，人口多在五六人之间。在土地等资源有限、家庭关系不易处理的情况下，长大已结婚的儿子分出去另立新家。父母亲年老丧失劳动力，跟其中一两个儿子居住，但留有供养他们的一份田产。有的家主能力强，治家有方，家庭经济条件好，维持四五代人同堂不分家，一家有十几

① 谢剑：《连南瑶族的社会组织》，162页，166页，香港，香港中文大学出版社，1993。

人，大家共同耕作共同生活。① 但这种情况在瑶族社会并不多见，而兄弟分家、另起炉灶过日子则是常规。

随着人口的增加，家庭不断分裂，同一祖公传下来的若干代不同家庭的人们，因共同的血缘关系而构成一个房族。房族再分裂的结果，同一祖公的不同房的人们构成一个宗族。在近代瑶族社会里，过山瑶仍处于较频繁的迁徙中，同房的人居住在一个村落的情况较多，同宗的人则不一定共居于一村落。排瑶、民瑶、平地瑶居住较稳定，迁徙较少，同房、同宗的若干家庭共居于一个村落的较为常见。同宗同房的人往往保留有祖上遗留的部分公产，如太公山、太公林、太公田；他们因血缘关系、公产关系以及依继嗣制度而须处理的若干问题（承嗣、折产等）和共同的祭祖活动、宗教仪规等，而凝结成瑶人分支社会中大于家庭的一个社会单位。同宗同房的人因公共活动的需要而立有族长，如排瑶的“头目公”、“户长公”即是。族长由族中年长有经验的祖辈、父辈人担当。祖辈或父辈人因年老不能理事时，则由兄弟中年长有经验的人顶替。族长的责任是依族规处理宗族或房族中的纠纷，组织公益经济活动，主持年节祭祖仪式及其他重要仪式，代表宗族或房族出席村社会议，参与村社公共事务管理。

在近代瑶族社会中，由于有亲属关系的人共居于一个空间里，为处理亲属关系而存续的族老制乃是瑶老制的重要组成部分。在过山瑶中，族老制通常与房族相联系，在排瑶、平地瑶、民瑶中，通常还与宗族相联系，而在白裤瑶、青衣瑶中，还与氏族相联系，同姓即同一氏族的许多户人家，组成一个有共同利害关系的社会单位，如白裤瑶的“油锅”组织那样，其实是氏族制的残余——血缘家庭公社。因为它超越了房族、宗族界限，而将同一姓氏的亲属凝聚起来。

---

① 胡起望、范宏贵：《盘村瑶族》，172～173 页，北京，民族出版社，1983。

（二）村社组织与村老制

瑶族村寨是一个以地缘关系为纽带组织起来的人们共同体。一个村寨里往往居住着十几户乃至几十户不同姓、不同宗、不同房的人家。虽然每个村寨居住着不同宗姓、房姓的人，相互之间没有血缘关系或亲属关系，但同村人仍然有着共同利益：有共有的荒山、森林、河流、湖泊，共同的柴场、牧场、猎场，共同的宗教信仰、宗教祭祀场所（社庙及其他庙宇）及祭祀活动。村寨与村寨之间以山梁、道路、河流为界，使每个村寨成为对内认同、对外区别的地域群体。为着处理好村寨内部不同亲属集团的关系，以及与邻村的关系，必须建立以村为单位的老人理事制度，这就是村老制。

村老制在不同地区不同支系里有不同的称谓。在盘瑶社会里，多称为“籍周”即“社主”；十万大山山子瑶称为“央谷”即村老；在云南蓝靛瑶地区称为目老；广西金秀大瑶山茶山瑶、坳瑶、花蓝瑶称为社老；都安等地布努瑶称为寨老；南丹白裤瑶称“庙老”；广东连南排瑶称为瑶老。

村老制的构成在各地各支系亦不一样。如上文指出，排瑶的村老由天长公、头目公或户主公、管事头组成，还有先生公、掌庙公、放水公协助事务；云南蓝靛瑶目老包括寨老、寨主、当龙师三人；其他地方一般只有一人。

村老一般通过村民代表会议民主选举（通过神卜方式）产生。也有的因为办事公道，找的人多了自然成为村老。还有的是世袭的，如盘瑶的社主是由开村最早的一户人的家主担任，并可世袭。无论用何种方式产生，担任村老的条件必须是：办事公道，富有经验，能说会道。此外，必须挂过灯、度过戒，有正神护持，能主持宗教仪式。因此，村老一般都是师公、道公；如本人不能主持宗教仪式，则必须请一位能做仪式的人做助手。如十万大山山子瑶有的村老不会喃鬼，就请一位会喃鬼的师公或道公做助手，名曰“呔且”。

村老的职责是每年春社时召集村民代表，举行祭社仪式，讨论一年的生产，并制订社约，令各户遵守；秋收后举行祭社酬神还愿活动，讨论明年生产安排；管理全村各户生魂死鬼，每月初一、十五及年节代表村民祭告社神及各户政谢谢（九代以内的一位祖先神），掌握村里人丁加减状况，求神灵保佑村境人丁安全；组织指挥生产；调处内部纠纷；代表村寨处理对外事务，包括抵御外敌进攻等。

村老按习惯法行使职权。他的工作是义务性的，不取任何报酬。村老在任期内如办事公道深孚众望，村寨平安无事，可连选连任；否则将以“鬼不信任村老”的理由而加以改选。

显然，村老制是适应村寨组织的建立和发展的需要而产生的。在一个村寨存在不同房族的情况下，村老的权责要大过房族长。

（三）联村组织与石牌制

石牌制原指广西大瑶山瑶族将村老在祭社会议上的“料话”镌刻在石牌上以昭信守而得名，这是习惯法从口传到成文的一个发展。因此，早期的石牌律约束力不超过一个村的范围。但由于社会的发展，村寨与村寨之间需要联合处理的共同事务增多，早在清代初中期，已出现了两三村联合订立的石牌。如清顺治十一年（1654年）的《上秀、歌赦二村石牌》，乾隆五十一年（1786年）的《寨保、杨柳、将军三村石牌》。近代以来，金秀瑶族石牌制经历了一个发展扩大到衰落废止的过程。

从清咸丰初年到民国十九年（1930年）为瑶族石牌发展、扩大时期。发展、扩大的原因，一是清廷日趋腐败，在大瑶山周围发生了太平天国起义、大成国起义、天地会起义等，大瑶山境内的治安状况日益恶化，“到处有匪，劫抢毙命，进入瑶内，打单劫屋，打人死命”①；二是鸦片在大瑶山广泛种植，鸦片的泛滥造成严重的社会问题，偷盗禾谷、香菇、木耳等土产各种案件不断出现；三

① 莫金山：《瑶族石牌制》，348页，民国三年（1914年）《六十村石牌》，南宁，广西民族出版社，2000。

是过山瑶与长毛瑶之间争夺山林、土地、河流的矛盾尖锐化，先后爆发甲申、乙酉（1884—1885年）盘瑶抗租斗争，坚持了18年，大瑶山社会处于动荡之中。

石牌制在这一时期的发展，首先表现为数量增多。据调查统计，自咸丰三年（1853年）至1930年的77年中，新增石牌19块，比明崇祯四年（1631年）至清道光二十九年（1849年）218年中立的10块石牌还多出9块。其次是石牌条文增多。以往的石牌条文少，内容简单。这时期仅清同治六年（1867年）的《坪免石牌》条文就有13条。第三是规模扩大。《坪免石牌》为金秀沿河十村石牌，已超越清初两三村石牌的规模。以后规模继续扩大。清光绪九年（1883年）出现了以金秀村为首的11个茶山瑶村寨与以黄元维等人为代表的盘瑶订立的《莫村石牌》，光绪二十三年（1897年）以金秀四村为首的7个茶山瑶村寨与23个盘瑶村寨订立的《两瑶大团石牌》，民国初年更出现了《六十村石牌》（1914年）、《三十六瑶七二十村大石牌》（1918年）。第四是石牌头人在订立石牌中增加了权力。过去的石牌具有全民契约性，群众参与机会多。这一时期的石牌由头人会商订立，“头人载立章程”。

近代广西大瑶山瑶族石牌制的上述变化，尤其是石牌组织规模由原来的两三村发展到十余村、数十村，乃至全瑶山三十六瑶七十二村大石牌，是瑶族传统组织在近代发展中的一个重大突破。石牌组织本是地域联盟的一种形式，数村、十数村、数十村到金瑶山大会石牌的过程，是地域联盟不断突破狭窄的地域和单一支系范围，向更大的地域范围发展的过程。它表明瑶族由分支的社会逐步向集权社会发展。当近代其他瑶族地区尚处于分支社会时，广西大瑶山瑶族迈出了向集权社会发展的重要步伐，表明瑶族有适应社会发展需要自我调整社会组织和政治机制的能力，因而具有典型意义。

跨村石牌头人亦称为石牌头人，为瑶老制的一种不同形式。与族老制、村老制的区别在于，首先它是一种扩大了的瑶老理事制度，石牌头人责权范围比族老、村老大，而且跨越的地域越大，联合的村寨数量、支系和人口越多，权力就越大。其次，众多村寨联合订立石牌，其头人不是由村民代表选举出来的，而是由各村村老选举的。大石牌头人都是一方有影响、有实力的人物。他们绝大多数是上了一定年纪的、受过戒的、有丰富阅历的大师公，因而是一方公认的领袖。

石牌头人的职责是召集相关村寨头人会议，商订石牌条文，或称会律、石牌律；依据石牌律，调解处理涉及亲属、村寨、支系间有关山林、土地、灌溉用水、婚姻、财产、承嗣、丧葬等方面的纠纷；指挥抓捕、惩处偷盗、抢劫、杀人、纵火等罪犯；代表本石牌处理与其他石牌及山外汉人、壮人、官府之间的关系；组织指挥本石牌壮丁抵御土匪、官军等外敌的进攻，或会同官军围剿盘踞瑶山的乱党，如清宣统元年（1909 年）会同李国治剿灭郭三的“三点会”，保卫瑶山安全；组织并主持同一宗教祭祀圈的宗教祭祀活动。

但是，石牌头人办事必须遵守众议，不能独断专行，更不能依仗权力欺侮百姓。过去金秀大瑶山有“石牌大过天”的说法，意谓不管任何人，都必须按石牌律行事；若违背石牌律肆意妄为，即使是石牌头人，也要惩处。据说在新中国成立前 200 年，金秀、白沙两村 18 个头人因强奸妇女、乱罚款等招致众怒，被处死 17 人，只一人因年轻，立约发誓永不当头人，把他臂部涂上墨汁在契约上印个模，才未被杀。① 这件事被讲成“古”，此后直到现代，均未发现有石牌头人仗势胡作乱为的事发生。石牌判案过程，一般先由当事人“请老”，即将争执不下的事通知头人，请他到家办事。头人到家后，先请头人吃一顿便饭（大事如捆人、开打等，则杀猪请头人）。饭后，事主甲把桌子摆好，请头人坐两旁，然后逐一申诉道理。诉后，头人到乙方处把甲方道理重述一遍，乙方反驳，逐一申诉道理。头人又把乙方的话传给甲方，甲方根据乙方的讲话予以驳

---

① 《民族问题五种丛书》广西壮族自治区编辑组：《广西瑶族社会历史调查》，第一册，77 页，南宁，广西民族出版社，1984。

斥。如此往来数次，直到双方把话讲完，头人即根据双方所讲，并做些调查，然后判案。判后如果一方不服，可请更大的石牌头人重判。重判再有一方不服，头人“退码”，让双方开打，以武力决胜负。这时双方关闭门户，阻塞巷道，互相攻击，伺机捉人，直到一方坚持不住，愿意赔钱服输，才算了事。也有头人判决不下，或判后一方不服，用砍鸡头发誓、到社庙发誓、晚上到社庙睡觉看谁生病等神判办法解决。①

石牌头人任期不定。群众拥护、有威信、能办事且愿意办事的人可长期担任。职位不能世袭，但可以将年轻人挑选为接班人加以培养。石牌头人除办事时得吃一两顿饭和得些“草鞋钱”外，平时无报酬。

1930年以后，国民党广西当局推行“开化”瑶山运动，石牌制度逐渐势微。1933年前后，广西省当局在广西大瑶山边缘地区建立乡村保甲政权机构。这个时期大瑶山边缘地区发生的各种纠纷，乡、村长及其助理参与处理，大案要案则由各相关县处理，石牌的作用开始被削弱。1939年，广西省当局成立金秀警备区署，把“开化”瑶山运动向大瑶山腹地推进。国民党这一政治上、军事上的强迫措施引起瑶民的强烈不满。1940年农历五月初七，大石牌头人陶进达召开“三十六徭七十二村大会”，即全瑶山石牌大会商议对策，号召抵制，这是大瑶山最后一次石牌大会。但抵制不成功，反遭到残酷镇压。1942年，金秀警备区署将大瑶山划分为永宁、崇义、岭祖、古卜、东北、东南、木山、贵山、三合、翁祥、罗香、罗运、平竹13个乡，委任乡、村长，实行保甲制，石牌制实际上被废止。1943年农历二月二十三，广西各地瑶民在苏道升、全金标等人率领下，攻打金秀设治局，打死军警数人，造成轰动广西的“金秀瑶变”，亦被国民党统治者镇压下去。广西省府绥靖主

① 《民族问题五种丛书》广西壮族自治区编辑组：《广西瑶族社会历史调查》，第一册，69～71页，南宁，广西民族出版社，1984。

任公署法官在下达的苏道升等12位瑶族头人死刑的判决书上，指责苏道升等人“率领暴徒，图攻金秀设治局”，“希冀恢复其石牌旧日之制度”①，石牌制度进而被宣布为非法。

20世纪30年代，在国民党统治者强行“开化”大瑶山的过程中，广西大瑶山亦曾新订立了四块石牌：《屯坝石牌》（1934年）、《金秀、白沙五十一村石牌》（1936年）、《六眼、六椅等村石牌》（1938年）、《庚村石牌》（1940年）。有的石牌新增反抗国民党政权进入的条文。但相对于国家机器而言，石牌制度不过是瑶民松散的自治组织，加之大瑶山不过蕞尔之地，处于周围七县分割管辖之中，人口少，经济落后，不可能形成与国家政权分庭抗礼的力量。因此，尽管瑶民们一次又一次勇敢起来反抗斗争，最终仍挽救不了石牌衰败的命运。②

除广西大瑶山外，贵州荔波县瑶麓乡青裤瑶居住在同一空间不同家族。近代有将习惯法条文镌刻在石碑上以昭信守的组织制度，有人也称之为石牌制度。③ 桂北之临桂、灵川、龙胜、恭城，湘南之永明（今江永）等县瑶族，近代则仿照汉族，将调处纠纷、防备盗贼、保护山林和水源的乡规民约，以及官方处理山林地界纠纷的告示，刻石立碑。这些也都是瑶老制扩大的不同表现形式。

## 四、主流政治与传统组织在近代社会中的相互关系

在中国近代社会中，一方面是国家政治体系不断地、空前地凌驾于瑶族社会，中央集权的专制主义统治在瑶族地区不断加强。另一方面，瑶族的传统社会组织虽然受到主流政治冲击而削弱，但并未完全消失。由于瑶族传统组织在不同支系不同地区本来就存在差

---

① 《民族问题五种丛书》广西壮族自治区编辑组：《广西瑶族社会历史调查》，第一册，96页，南宁，广西民族出版社，1984。

② 莫金山：《瑶族石牌制》，33页，南宁，广西民族出版社，2000。

③ 柏果成等：《贵州瑶族》，80页，贵阳，贵州民族出版社，1990。

异，而国家政治体系在建构过程中，地方不同政治势力参与其中，互相斗争，互相利用，使得国家政治体系与瑶旗传统社会组织在接触、碰撞过程中，出现多种势力的矛盾交织状态，形成了复杂的政治局面。

（一）二重政治结构的多种形态

无论晚清或民国的统治者，都不能完全、彻底地废止瑶族的传统社会组织。事实上，直到民国末年，瑶族各支系不同地区的各种不同社会组织和瑶老制都不同程度地存在着，并发挥应有的功能和作用。晚清和民国统治者明知不能完全铲除瑶族各种民间组织，就像他们不能完全铲除汉人社会宗族制度之类的民间组织一样。只要无害于他们的统治，就允许这类民间组织的存在，甚至加以利用。因此，近代瑶族社会的政治体系可以用“二重结构”这一概念来表述，即代表国家或主流社会的政治体系为一重结构，代表瑶族传统社会组织的政治体系为一重结构。这两重结构明显地存在于近代瑶族社会中，与明清时期不同，构成近代瑶族政治特色。但不同时期不同地区二重政治结构的具体形态并不完全一致，显示出多样性特点。

清末，民瑶、平地瑶地区政治结构近似当地汉人社会，此不赘述。其他瑶族地区则各有不同。连南瑶族地区，在广州府之下，代表官方政治体系的为连阳理徭同知—三江办事处—徭长—徭练；排瑶政治体系的为：天长公—户长公（或头目公）—管事头。但名义上，排瑶社会是受官府管治的。因此，如以南岗排为例，其二重政治结构可用下图表示。

广州府—连阳理徭同知—
- 三江办事处—徭长—徭练
- 天长公—头目公—
  - 先生公
  - 管事头—徭兵
  - 掌庙公—烧香公
  - 放水公

宣统元年（1909年），李国治在金秀设立团总后，如以象州县为例，金秀大瑶山瑶族社会的二重政治结构表现为：

柳州府—象州县—{六巷、古陈、门头、大凳团总<br>六巷等村石牌—村老—族老}

十万大山山子瑶地区在清光绪末年设立团总制后，其二重政治结构与金秀大瑶山差不多。

南丹白裤瑶地区光绪年间设立团局组织后，其二重政治结构则表现为：

庆远府—南丹州—{团总（或局总）<br>庙老头人—油锅头—家主}

云南河口瑶族自治县清末原属开化府安平厅（今马关县），光绪二十三年（1897 年）设对讯督办署，辖河口、屏边两县地。而屏边为猛拉土司地。其政治二重结构表现为：

河口督办—猛拉土司—王布田土司—{汉族管寨<br>瑶族管寨}

招坝—{小派小崔<br>寨老{管林<br>管水}}

民国时期推行乡村保甲制度，瑶族地区的二重政治结构依然存在，但形式上有所变化。

广东连南地区，1946 年前，除民国元年（1912 年），连山绥徭直隶厅复改为连山县，连南各排分属连山县、连县、阳山县分管，民国 17 年（1928 年）连阳化徭局分设三江、太保、寨岗三办事处外，其他不变。1946 年，搬“连阳化徭局”，置连南县，下设三个区，区下设乡、保（村），其二重政治结构以南岗乡为例表现为：

连南县—三江区—{南岗乡—乡长—保长<br>南岗排—天长公—<br>头目公—管事头—{先生公<br>掌庙公—烧香公<br>放水公}}

金秀大瑶山于 1943 年完成乡村保甲制度组建后，虽然石牌被废止，但族老、村老制仍存在，其二重政治结构表现为：

各分管县府
金秀设治局 }—乡—{ 保长—甲长
社老（社主）—房族长老

云南金平瑶山地区，在 1922 年，国民党当局于王布田原土司地设金河县治，县下设区，区下设保，保下设甲，甲下小派不动。原招坝辖区改为保长辖区。土司制度与民国保甲制度合流①，瑶族传统社会组织被置于土司制度和保甲制度之下，其政治二重结构变为三重组合。示图于下：

河口督办—{猛拉土司、猛拉土司}—{
王布田土司—{汉族管寨、瑶族管寨}—招坝{小派小崔；寨老—{管林、管水}}
金河县长—{一区、二区}—保长—{小派；甲长—{管林、管水}；寨长}
}

南丹县白裤瑶地区原莫氏土司辖地清末设立的团局制，民国时期于 1941 年改为乡村保甲制后，其二重政治结构表现为：

南丹县—乡—{ 村长—甲长
庙头老人—油锅头人

综上所述，从清末到民国时期，虽然瑶族地区和全国其他地区一样，政局发生了变化，政治体制发生了变更，中央集权的专制主义统治进一步增强。但瑶族传统社会组织并未消失，而与主流政治体系并存共处在一起，形成了主流政治体系与瑶族地区政治体系二重（在有的土司残余地区有三重）组合的状态。这种状态的存在有着深刻的社会历史原因。一方面，近代中国统治者建构的政治体系，代表的是主流社会统治者的政治、经济诸利益，它不能完全反映瑶族社会历史传统遗留的社会现实，和瑶族内部累积而成的不同

---

① 《民族问题五种丛书》云南省编委会：《云南苗族瑶族社会历史调查》，85～86 页，昆明，云南民族出版社，1982。

部分的政治、经济诸利益。另一方面，在某种程度上维持瑶族传统社会组织，无伤主流社会大局；甚至利用瑶族传统组织，尤其是利用其头人的地位和影响，实行“以瑶治瑶”，清末和民国统治者反获其利。

（二）二重领袖角色的二重政治职能

在近代瑶族社会的二重政治结构中，其乡村领袖人物既有政府委任的官吏，又保留有传统瑶老制头人。有的地方，政府委任的乡长、村长、甲长等官吏和瑶老制头人是分任的；也有不少地方的领袖人物一身而二任，即既是瑶族传统组织头人，又兼任清末民国时期的团总、乡长或村长、甲长。我们称这种现象为“二重领袖角色”。分任对一个瑶族村社而言，有两种领袖、两重领导，类似于现在某些机构有两个上司，接受双重领导一样，是“二重领袖角色”；兼任，无论对社区，或对任职者，都是“二重领袖角色”。

据张有隽教授等人20世纪80年代初对广西上思县十万大山山子瑶的调查，无论清光绪末年委任的团总，或民国二十九年（1940年）前后委任的乡长、村长、甲长，都是分任的。原因是官方与民间对任职人员的要求各有不同的选择标准。官方希望委任那些与外界有联系的人为地方官吏，如国民党上思县当局就从那些先后到“广西特种教育师资训练学校”接受培训的八位瑶人中选任乡长、村长或甲长。而山子瑶村老则必须从度过戒有正神护持，具有“禁鬼”、“赶鬼”本领的人中物色，并须经过民主选举（三重神卜）产生。因而民间和官方的要求合不到一块。但上思县委任的乡长、村长、甲长必须征得群众同意。①

其他瑶族地区则多有头人兼任清末、民国时期地方官吏的事例。如广西大瑶山六巷巷村蓝挟宵为该村石牌头人，清宣统元年（1909年）因协助李国治剿平郭三“三点会”立功，被委任为大瑶

---

① 《民族问题五种丛书》广西壮族自治区编辑组：《广西瑶族社会历史调查》，第六册，192～193页，201～203页，南宁，广西民族出版社，1987。

山四大团总之一，并成为六巷、门头一带大石牌头人。1933 年国民党广西当局将六巷、门头、古陈一带瑶区组建为象县东南乡，他被任命为乡长，其任石牌头人和乡长直到 1943 年。又如大瑶山南端横冲李荣保，原为当地三百石牌组织副头人。1928 年，因剿灭盘踞武宣县东乡土匪有功，升为正石牌头人。1932 年出任刚组建的桂平县木山区区长，后木山区改为木山乡，亦由他任乡长，直到中华人民共和国成立前夕。①

南丹县白裤地区，清末的四亭之亭目及后来的团局长均由当地白裤瑶头人担任亭目及团局长任。如原四亭之一中瑶寨这一亭，先后由黎水保、黎行旦、黎水华、黎应成四人担任亭目及团局长。1941 年改为乡村建置后，有的庙老头人被国民党物色为村长、甲长。② 云南金平、屏边一带，也有瑶族“自然目老”被国民党利用，出任甲长的。③ 连南排瑶也通常由瑶老出任瑶长、瑶练及民国后期的乡长、村长、甲长。如南岗排瑶长、瑶练都是过去一向参加办事的瑶老。④ 内田在光绪年间（1875—1908 年）“团”的建立是外界封建政治势力输入的开端，原来“当事”头人封为内田（第一团）正副排长，民国二十一年（1932 年）改行保甲制，排瑶长改称保长。

近代瑶族地区，无论是基层官吏还是传统社会组织头人，都面临着一个如何处理官方事务和瑶族内部事务的问题。本来，按照分工，无论清末的瑶长、瑶练、团总、亭目，或民国时期的乡村长、甲长，还是村老、寨老、石牌头人，在职能上是有区别的。地方官吏的责权是协助地方当局管理民户，维护治安，征收兵丁、伕役、

---

① 莫金山：《瑶族石牌制》，64～71 页，南宁，广西民族出版社，2000。

② 《民族问题五种丛书》广西壮族自治区编辑组：《广西瑶族社会历史调查》，第三册，38～39 页，南宁，广西民族出版社，1985。

③ 《民族问题五种丛书》云南省编委会：《云南苗族瑶族社会历史调查》，87 页，昆明，云南民族出版社，1982。

④ 《民族问题五种丛书》广东省编辑组：《连南瑶族自治县瑶族社会调查》，67 页，192～193 页，广州，广东人民出版社，1987。

赋税。传统社会组织头人的职责是组织生产，调处内部纠纷，主持宗教祭祀活动，指挥御敌。但是，国家统治者权力的深入必然削弱、取代瑶老的权力和利益，增加群众负担，打乱原有社会秩序，引发动乱。瑶民对清朝和民国统治者势力的深入早有疑忌，进行抵制。1940年农历五月金秀大石牌头人陶进达召开全瑶山石牌大会和1943年农历二月的“金秀瑶变”就是著名的例子。因此，国家统治者及其地方代理人在力求权力深入的同时，迫于民情，不得不在行为上有所收敛。瑶族地区的基层官吏，无论分任者还是兼任者，在行使职权、处理官方事务时，必须顾及瑶老处理民族内部事务方面的职权；而瑶老在行使职权、处理民族内部事务时，也必须顾及地方官吏的存在，尊重他们的责权。处理好两方面事务，对一身而二任的兼任者而言，事情比较好办，只要在二者之间权衡轻重，与其他瑶老头人商议，作出抉择即可；对于分任者而言，就必须对瑶老头人做出妥协。如果依仗权势，胡作乱为，必然招致民愤，轻者丢官，重者引来杀身之祸。

事实上，许多瑶族地区的基层官吏在办理官方各种事务时，一般都与当地瑶老商议，尊重瑶老的权利，不干涉瑶族村寨的内部事务，做到两方相安无事。如上思县十万大山山子瑶地区，虽然民国后期建立乡村保甲制度，但乡村长、甲长的权威还不如村老大。乡村长、甲长是委派的，只管上级委派的差事，而这种差事当时在瑶山并不多，除官军入境要筹粮派伕及年节收些木耳、香信进贡上思县当局外，平常只管户籍登记上报。而村老要主持社祭，订立社约，管一村生产、生活、生魂死鬼，调解纠纷，在群众中权威更大。乡村长、甲长除度过戒会赶鬼，群众信任被选举（通过三重神卜）可兼任村老外，否则不能干预村老的职权。① 云南金平、屏边瑶区，目老做保甲长的情况是没有的，习惯上寨内事务多由目老解

① 《民族问题五种丛书》广西壮族自治区编辑组：《广西瑶族社会历史调查》，第六册，203页，南宁，广西民族出版社，1987。

决，很少诉诸保甲长。①

瑶老兼任地方官吏的，一般更能尊重民族习俗，倾向于维护本民族利益，甚至在重大问题上站在本民族立场上说话行事。民国时期象县东南乡乡长、大石牌头人蓝扶霄，平时办事公道，维护群众利益，其家庭清贫，不以权谋私。金秀大石牌头人陶进达 1940 年召开金瑶山石牌大会，他积极响应，不顾 70 岁高龄，带领骨干分子远赴大会，还在会上“料话”，表示服从大会决议，反对国民党军警进入大瑶山“开化”瑶民。如果国民党军警攻打金秀，六巷人一定出兵相助。蓝扶霄是大瑶山任职时间最长、资格最老的大石牌头人。听了他这番话，群情为之激昂，促成了“金秀瑶乱”的爆发。②

但在国家法理上，地方官吏的地位比瑶老高，加上地方官吏与外界接触较多，通汉语，受官方保护，有的还有一些特权，如领取银饷、衣物，因而其影响日益增大。有的地方官吏利用自己的地位和关系，搜刮民财，侵吞集体成果，使自己变得富裕起来。如上思县南屏乡建立后，除乡政府每月从县府获得八千元办公费外，全乡正副乡长、正副村长、甲长、乡警、乡国民代表 60 余人均无工资发。乡长就每年从每户收米 2 斤充当工资。冯显廷当乡长期间，叫群众挑杉木去卖，杉木是米强村瑶族集体种的，卖后所得的钱他一人独吞了。他在山内参加共耕组，共耕组的成员都比较贫穷，常年吃粥。他家有米饭吃，在山外还有少量水田出租。③

连南南岗排的瑶长、瑶练，由于有县乡官员的支持，又有官禄银饷，都是收入比别人多的富有者，加以在外间活动，懂一些汉

① 《民族问题五种丛书》云南省编委会：《云南苗族瑶族社会历史调查》，87 页，昆明，云南民族出版社，1982。

② 《民族问题五种丛书》莫金山：《瑶族石牌制》，67 页，南宁，广西民族出版社，2000。

③ 《民族问题五种丛书》广西壮族自治区编辑组：《广西瑶族社会历史调查》，第三册，203 页，南宁，广西民族出版社，1985。

话，于是在一般人心目中就渐渐成为有能力、有权威的人。群众中有事情发生，往往先找他们申诉；审理案件，首推他们讲话；凡排内大小事他们都参与，还凭借自己的地位，在办事过程中向群众索要越来越多的“纸价钱”。内田排建立保甲制度后，各房姓的长老再也不能过问政治，保甲长包办一切内外事务，小事独断专行，大事请示区乡。每年十多次到县、区或乡开会，区、乡也常派人上排处理案件。①

上述说明，主流政治深入瑶族地区，使一些地方的传统社会组织丧失了民主色彩，一些头人发生质变，加速了瑶族社会的贫富分化过程。但针对有些地方官吏的无能、懒惰或胡作非为，传统也会做出反映。如南岗排距今 80 多年前，瑶长邓卖尾九公因办事不公，道理不清，被排内群众推荐邓卖尾一公代替其职务。邓卖尾一公当上瑶长后，因犯杀人罪而受到全排群众“食人命”的惩罚。约 70 年前，瑶长唐户唐贺央公因懒于办事，被群众另推举唐户唐九公代替。②

2005 年 2 月

① 《民族问题五种丛书》广东省编辑组：《连南瑶族自治县瑶族社会调查》，67 页，193 页，广州，广东人民出版社，1987。

② 《民族问题五种丛书》广东省编辑组：《连南瑶族自治县瑶族社会调查》，66～67 页，广州，广东人民出版社，1987。

# 越老泰缅各国瑶族人口分布、来源和称谓①

## ——海外瑶族研究论文之二

## 一、人口分布

移居海外的瑶族比较集中地居住在越南、老挝、泰国、缅甸四个国家。四国瑶族总人口 527266 人，其中越南瑶族人口最多，有 470000 人，老挝、泰国分别为 22665 人、34101 人，缅甸人口最少，只有约 1000 人。②

各国瑶族分布情况大致如下：

越南瑶族主要分布在中越、越老边境和红河中游及北方沿海之广宁、谅山、高平、北太、北江、老街、莱州、山乐、和平、永富、太原、宣光、安沛、广平、河西、河江等 16 个省 86 个县 881 个乡。1979 年中越边境军事摩擦期间，边境部分瑶族被迁移到南方西贡等省市，从而南方也有了瑶族。但迄今为止，北方仍是瑶族主要居住区。

越南瑶族人数较多的省份有：河江（占全省人口 16%）、安沛（占全省人口 17%）、宣光（占全省人口 12.8%）、高平（占全省人口 7.2%）、北太（占全省人口 16.4%）、广平（占全省人口 3.7%）、莱州（占全省人口 19.1%）。在越南北方 16 个省的 86 个

---

① 原载于《广西民族学院学报（哲学社会科学版）》，2003 年第 3 期。

② 越南为最新统计数，泰国为 1986 年统计数，老挝为 1995 年 3 月 1 日老挝国家统计数。另一说缅甸在 1980 年以后已无瑶族。

县中，有4个县的瑶族人口最多：北江占全县人口30.8%，谓川占全县人口41%，元平占全县人口39%，文安占全县人口41%。在有瑶族居住的881个乡中，有20多个乡全部是瑶族，165个乡瑶族占总人口50%以上。①

老挝瑶族分布在老挝中北部及中老、越老、泰老边界之万象市、琅勃拉邦、沙耶武里邦、乌都姆塞邦、琅南塔邦、波乔邦、半沙里邦、华潘邦一市七邦，各邦人数不详。

泰国瑶族分布在泰国北部清迈、清莱、帕夭、难府、南邦、甘烹碧、索可泰7个府39个县159个村。各府人口依次为：879人、10474人、6276人、7131人、3708人、4222人、1308人。可以看出，人口最多的为清莱府，其次为难府、帕夭府，人口最少的为清迈府。清迈府在泰北偏西，清莱、帕夭、难府偏东，近老挝。这反映出泰国瑶族来源和分布上的特点。

缅甸瑶族人数很少，主要分布在靠近云南西双版纳的掸邦景栋、勐洋及金三角的勐萨、勐帕亚一带地区。

上述四国瑶族在分布上有如下特点。一是除泰国稍远外，大多数瑶族居住在与中国毗邻的边境地区。二是大多数瑶族长期居住在高山地区。越南直到19世纪末20世纪初才有少数瑶族居住在半山坡地区，泰国直到20世纪60年代才有瑶族搬下山居住在丘陵地带。三是瑶族多与这些国家的岱、侬、泰、苗、京、老龙、老松、老厅、掸等族交错杂居，但又有自己相对集中聚居的乡、村寨。

## 二、支系与称谓

移居越南、老挝、缅甸的瑶族只有两个支系，一是盘瑶，二是蓝靛瑶；移居到泰国的瑶族只有一个支系，即盘瑶。这说明，蓝靛

① 黎广波1969年在北越瑶族会议上代表中央民族委员会作的报告，转摘自阮克颂等著、梁红奋译《越南的瑶人》，贵州省民族研究所1983年8月编印《民族研究参考资料》第十八期，第4页。

瑶向海外迁徙的距离没有盘瑶那么远，也许蓝靛瑶向海外迁徙的时间晚于盘瑶，但这还需进一步研究。

上述四国瑶族虽然只有两大支系，但称谓则比较复杂。尤其是越南瑶族，由于人口较多，分布较广，居住时间较长，出于各种原因形成众多称谓。1970 年以前，由于研究不深入，法国、前苏联以及越南本国一些学者在越南瑶族分类与称谓的划分上比较混乱，不太一致，比如把高栏人、山由人、巴天人也划作瑶族。1970 年由阮克颂等人在田野调查基础上编写出版的《越南的瑶人》一书，首次根据语言来识别瑶族，作者们从语言和标志上分辨出高栏、山子、山由和巴天不是瑶族，然后比较了各种称谓和语言，得出结论，越南瑶族有“兼勉”、“金门”两种方言。

为了识别瑶族和他们的不同称谓，该书根据田野调查材料和文化方面的主要特点和妇女的服饰，将瑶族划成以下几个支系：

（1）红瑶，又名昂瑶、角瑶、洳赉瑶（桂林瑶）、大板瑶等。其特点是妇女服饰喜用许多红须须或红花，举行婚礼、祭盘王时，新娘和妇女头戴一顶木制大帽子，帽檐插两根竹篾朝前挽成两个尖角，帽檐盖上红布和许多绣花带子。在中国称大板瑶，在越南岱人称谷昂（横角），京族人称角瑶；洳赉瑶或桂林瑶则是根据他们在中国居住过的地方取名。这一支系分布在高平省之永平、召雅、南山三县，宣光省之南汉、占化、含安三县，永富省当腊县。

（2）窄裤瑶，又称涂头瑶、三岛瑶、俄皇瑶或洳裤。突出特点是妇女的裤小，紧紧地裹着腿；还有一种习俗是用蜂蜡涂在头上（小板瑶、卢岗瑶也有此俗）。而三岛瑶、俄皇瑶之得名是因为他们曾分别在永安的三岛、富寿的俄皇住过，属以地取名。这一支系现分布在宣光省之山阳县、和平省之八比县。

（3）卢岗瑶，又称顶板瑶、戴板瑶、谷门瑶、绣瑶。突出特点是妇女胸前镶绣繁多，上衣和头巾钉了许多五颜六色的玻璃串子。以前居住在河北称顶板瑶，并分大顶板、小顶板（小顶板只语言与大顶板同，风俗则与广宁省华人无异），以后迁居宣光省又称谷门瑶，在谅山则称卢岗（按：瑶语“卢岗”为“后到”之意，即到越南的时间比其他支系的瑶人晚。现分布在广宁平铺、谅山百山）。

（4）钱瑶，又称挂钱瑶、小板瑶。其特点是项背衣领钉有九个钱币，妇女穿浅蓝色印花裙。在婚礼和祭礼日子里，妇女也像红瑶一样戴上帽子，只是帽子小些，故称小板瑶。这一支系现分布在高平省召雅、南山、永平，和平省达八、美召，永富省台山，山乐省福安、莫交，宣光省南汉、含安，河江省北光，北岗省如瑞、北通等7个省14个县。

（5）白裤瑶，又称裤白。这一称谓来源于很久以前新娘在婚礼上要穿白裤的俗例。妇女服饰的特点是穿一种很大的胸衣，遮住胸腹。其在安沛、老街两省滔江沿岸的又称护瑶（含意未明）。除安沛、老街外，宣光也有分布。

（6）青衣瑶，又称斑衣、蓝靛瑶。特点是妇女任何时候都戴一顶像该族人木制量斗的小帽，衣服刺绣头上戴花的人像花纹。分布于宣光省安山县。

（7）蓝靛瑶，又名选瑶、长袍瑶、平头瑶、山子瑶。特点是妇女裹一身衣，也穿有衣领、襟边的长袍，每天都戴扁得像盘子的帽子。其在北三件、北江称山子。除上述两省外，宣光省含安县也有分布。①

1978年，河内社会科学出版社出版《越南北方的少数民族》一书，坚持了《越南的瑶人》一书的分类，并列出分类表。②

1996年，阮克颂坚持下述分类方法时，也划了一张分类表。这张表比较详细地记录了越南瑶族各支系的称谓和居住地。但表中没有了“卢岗瑶”的称谓，代替它的是“青番瑶”，而其实仍指的

---

① 阮克颂著，巢红奋译：《越南的瑶人》，载《贵州民族研究参考资料》（第十八期），1983；张有隽1997年3月访越笔记。

② 越南社会科学委员会民族学研究所著，范宏贵等译：《越南北方的少数民族》，广西民族学院民族研究所，1984。

是“卢岗瑶”。此外，在“白裤瑶”这一支系中增加了“贺瑶”、“黑瑶”称谓；在“红瑶”这一支系中增加了“红头瑶”、“谷刚瑶”称谓。①

**表1　瑶族支系分类表**

| 按语言划分支系 | 大支系 | 称谓不同的小支系 |
| --- | --- | --- |
| 第一支系（兼勉） | A. 大板瑶 | 1. 大板瑶、红瑶、谷刚瑶、角瑶、如来瑶（桂林），2. 谷门瑶、罗刚瑶（窝刚、陆刚）、青番瑶（大青番＋小青番），3. 窄裤瑶、漆头瑶、三岛瑶、俄皇瑶、芭蕉瑶 |
| 第二支系（金门） | B. 小板瑶 | 钱瑶、桂钱瑶 |
| | C. 白裤瑶 | 1. 白裤瑶，2. 贺瑶 |
| | D. 蓝靛瑶 | 1. 蓝靛瑶、青衣瑶、选瑶，2. 长衣瑶、平头瑶、山子瑶 |

由此可知，越南瑶族称谓和支系确实比较复杂。至于老挝瑶族，据范宏贵教授1996年7月的考察，只知道那里有“育勉”或“勉”及“金门”两大支系。详细情况，目前尚不得而知。缅甸瑶族也分为盘瑶（勉语方言）、蓝靛瑶（金门语方言）两支。② 泰国瑶族只有盘瑶一支。但据笔者1989年二三月间的考察，则服饰分为两种。

① 阮克颂：《论越南瑶族支系的分类》，见张有隽：《瑶学研究》，第4辑，南宁，广西民族出版社，1997。

② 黄钰、黄方平：《国际瑶族概述》，南宁，广西人民出版社，1993。

表 2　越南瑶族支系分类表

| 按语言支系 | 大支系 | 小支系 | 地方称谓 | | | | | | | | | | | | | |
|---|---|---|---|---|---|---|---|---|---|---|---|---|---|---|---|---|
| | | | 和平 | 河西 | 永富 | 山罗 | 安沛 | 老街 | 莱州 | 宣光 | 河江 | 高平 | 北太 | 凉山 | 广宁 | 河北 |
| 第一支系（兼勉） | 大板瑶 | 红瑶 | | | | | 红瑶 | 红瑶 | 红瑶 红头瑶 | 红瑶 谷刚瑶 | 红瑶 | 红瑶 | 红瑶 桂林 | 红瑶 | | |
| | | 窄裤瑶 | 窄裤瑶 山头瑶 | 窄裤瑶 | 三岛瑶 | 窄裤瑶 | 俄皇瑶 | | | | | | 窄裤瑶 | | | |
| | | 青番瑶 | | | | | | | | 谷门瑶 顶板瑶 | | | 谷门瑶 罗刚瑶 | 罗刚瑶 | 青番瑶 绣瑶 | 青番瑶 |
| | 小板瑶 | 钱瑶 | 钱瑶 桂钱瑶 | | 钱瑶 | 钱瑶 | | | 钱瑶 | 钱瑶 | 钱瑶 | 钱瑶 | | | | |
| 第二支系（金门） | 白裤瑶 | 白裤瑶 | | | | | 贺瑶 黑瑶 | 贺瑶 | | 白裤瑶 | 白裤瑶 | | | | | |
| | 蓝靛瑶 | 青番瑶 | | | | | | | 青衣瑶 | | | | | | 青衣瑶 | 青衣瑶 |
| | | 长衣瑶 | | | | | 长衣瑶 | 选瑶（蓝靛） | | 长衣瑶 蓝靛瑶 | 长衣瑶 蓝靛瑶 山子瑶 | | | | | |

## 三、来源与迁徙

越、老、泰、缅四国瑶族均来源于中国，他们与中国瑶族有着共同的起源关系。四国瑶族民间广泛流传着盘护（瓠）神话。这一神话不仅有口碑资料可证，而且记载在各种版本的《评王卷牒》（又称《过山榜文》）、歌本和宗教经书（如《盘王书》）里，神话解释了这些国家瑶族的起源、迁徙和支系形成分布的历史。

1933年，日本学者松本信广曾对越南河内日法国远东学院所藏《谅山省禄平州蛮书》① 中的《世代源流刀耕火种·评王卷牒》做过抄译：

“盘龙王犬盘护（瓠），时云报主之恩，走如云飞，游泳于大海，七日七夜，至商王之国。高王见盘护大喜，向闻评皇有此龙犬，今此犬投入我国，必敌国之败证也。龙犬即刻进入内宫，供以美味，宠爱之，常侍侧。高王某日行官赏花，不觉醉酒。盘护以为报主之恩尽在此时，咬杀高王，截取其首，复涉大海，归至评皇殿下。王敕令宫女梳桩，如花似玉，出来相见。盘护以口咬住宫女裙脚不放。王知盘护有灵性，将宫女嫁之为妻。使之安住于会稽山。给予金银八十万两，免除一切赋役，许其安居于青山白云之下。后宫女生六男六女，分别赐以盘、沈、包、黄、李、邓、周、赵、胡、庯、雷、冯各姓。山田源处三锹以上之地，高田三尺离水三寸之处，为王瑶子孙耕种之处，三锹之下为农民耕种之处。王瑶子孙无国税赋役，刀耕火种，栽种麻、豆、粟、藤，许其以此交易。禁与百姓通婚。其后，盘护狩猎时被石羊撞落，坠死其下。王命子孙鼓吹相送，将尸身盛以木函，奉祀不绝。更以敕牒保护其子孙之特权，并赐十二姓子孙以官品爵禄。”②

---

① 禄平州今称禄平县，与广西宁明县交界。

② 黄钰、黄方平：《国际瑶族概述》，121～122页，南宁，广西人民出版社，1993。

1989 年广西民族学院赴泰国考察组在泰北考察瑶族，已故的姚舜安教授在帕天府邦县叭昌内乡邦劈村发现一份《评皇卷牒》，摘要如下：

“大明洪武年岁次壬子抄录公据，世代流传记典。昔日，高王与平王争国，公据文凴（凭），盘王食丁（罢），便辞王父，即去逐逾过连绋海洋，七日七夜，至高三殿前，高王大喜，龙太（是）盘古大护，投到高王殿下，多欢喜悦，遂将饭食与之。（龙犬）言及平王无道者，内心变也。得其殿前，龙犬求进。盘大护逃投高王陛下，自杀（有）分明平王有往（错）也。每日将盘大护随行，出入宫院，高王不悟。一钦（日）酒醉，不知盘犬护其时咬杀高王头来，复速过海，七日七夜回归，直到王平前（唱）诺，平王悦，遂令诸臣相迎，杀头（牲）设宴犒赏特（时）李大护大食，问王欲有何意？我自不食，若何得诸臣相护及，大将军答日，常日之时，被高王欲来争国（土），陛下敕问日，朝内诸臣相有人取高王头来者，合分国共理，并赐二宫第三女为妻。此时诸臣相无在计，惟有李大护在三界，自有计。便在殿前发言，愿去取高王头来，陛下先敕有誓愿。今李大护定有此言意。平王愿见，诸臣相奏，至得表暴（报）二宫第三女，身着衣裳，将婢身着好衣裳，同出而前，与李大护认识。二宫第三女左脚有记，以口咬定二宫第三女裙脚。平王既见李大护是龙犬之身，不料有理所知一二，便将二宫第三女（嫁）与李大护为妻。自有宫阁安居，会成合胞。三月三日交会后，诸臣相就书帖牒补充，长李大护三卿国公尚书，食邑八千户，封官三品。后着散（鼓）乐，遣将兵二百余，唱送往会稽山七宝峒……（生）六男六女，李护儿女（品名）端正，各安居。合婚以后，只因入山捕寻牲物。熟为国补充司马大将军，及红沙开国公，食邑五千户，后作曹州敕史兼朝散大夫，又国公尚书，食邑五千户。死后葬在青山，有石狮子、石马、石羊、石象、石鱼、石印。现（坟）前常（有人）游猎为科（乐），居住人，求（入）入。李徭门券宗任徒（耕）作营生，一锹之下三锹之地，刀耕火种，自作营生，所供身口。李徭一门，祖代相传券牒为凭据。大隋元年五月十二日，置（执）造（照）李大护后代子孙共十二姓徭丁，作记。”①

上举越南瑶族、泰国瑶族的两份《评皇券牒》与中国瑶族的《评皇券牒》如出一辙，其主要内容都是传说古代中国高王与评王国，评王一只龙犬盘护帮助评王咬杀高王，护国有功，与评王的公主（或宫女）结婚，生六男六女，传下十二姓瑶人，并得到评王赐予卷牒，天下山场任由瑶人刀耕火种，自营生计，免除赋役。由此可见，越、老、泰、缅四国瑶族均来源于中国。

关于瑶族迁入越、老、泰、缅四国的时间和路线，前文已述及。但瑶族进入这四国后，仍有迁徙活动。迁徙方向是由东北向西南，即越南瑶族由越南东部迁移至西部，然后进入老挝、泰国；老挝瑶族由老挝北部迁移至中部、西南部，然后进入泰国；缅甸瑶族由缅甸东北部向西南经老挝西部边境进入泰国。因此，四国瑶族各在其本国国境内有个迁徙流动过程，同时又存在跨国境迁徙流动的现象。在这一迁徙过程中，也有少数越南瑶族由于各种原因倒流回中国，或在中越边境地区来回迁移的现象。

关于越南瑶族来源及迁徙活动，越南社会科学委员会民族学研究所于1978年编写出版的《越南北方的少数民族》一书，根据阮克颂等先生1970年编写出版的《越南的瑶人》一书，做过这样的描写：

“白裤瑶是在13世纪进入越南的，他们从福建到广安，转到谅山、高平、太原，然后才抵达宣光。这一支系的一小部分又从宣光迁至端雄，然后溯红河到安沛、老街。这部分称为‘贺瑶’。

窄裤瑶和钱瑶，现今居住在永富、河山平、黄连山和河宣。他们是从广东进越南广安，然后分散到上述地方。这事件已写在一本《史诗》中，有许多淋漓痛切的情节，至今还在瑶族人民中流传着。

---

① 广西民族学院赴泰国考察组：《泰国瑶族考察》，61～64页，南宁，广西人民出版社，1992。

这两个支系可能是在 15 世纪进入越南的。

青衣瑶是在 17 世纪末叶进入越南的，他们从广东进入（越南）芒街，经过陆岸（现今还有一部分在陆南），到达敦河，再溯江而上到达宣光。另一部分来到安沛和老街，后来称为靛瑶。

在高平、北太、河宣的红瑶、钱瑶，约在 18 世纪末叶从广东和广西迁来。

只有罗刚瑶进入越南的时间最晚，约在 19 世纪末、20 世纪初。”①

这里除了关于白裤瑶（蓝靛瑶）是否于 13 世纪迁入越南的问题尚可存疑外，其余所说瑶族迁入越南的时间及在越南境内的迁移活动当无问题。从这里我们可以看出，瑶族在进入越南后，仍未停止迁徙活动。但该书作者所述瑶族迁徙活动仅限于瑶族迁入越南及在越南境内的迁徙状况。而笔者与已故姚舜安教授于 1989 年在泰北考察时，从搜集到的瑶人《祖图》（又称《祖途》）中得知，有相当部分的泰国瑶人，其祖先曾在越南居住过。换言之，这些瑶人是从越南迁徙到泰国的。兹举例如下：

例 1：邓富寿家祖图

第 1 代至第 6 代祖公先后居住在广东司州大卷、广西平乐府龙承县、广西柳州府融承县、柳州府罗城县、云南开化府文山县，然后迁入越南。

第 7 代祖公邓六（禄）五郎居住在东京道（指越南）伦州峒猛门→第 8 代祖公邓田一郎住东京道猛门伦州峒→第 9 代祖邓愿五郎住东京道猛妹顺峒→第 10 代祖公邓周四郎住东京道猛门伦峒→第 11 代祖公邓良二郎住猛綵府（属老挝）山六峒→第 12 代祖公邓前一郎住宣逻道猛巩府（今属老挝）绑红冲→第 13 代祖公邓贵三郎住猛南府猛州峒→第 14 代祖邓法清住猛难府（今属泰国）猛峒→第 15 代至第 17 代祖住猛难府猛烈峒。

① 张有隽 1997 年 3 月访越笔记。

例 2：邓氏祖图

第 1 代到第 7 代祖公先后居住在广西罗城县、融县、泗成府，云南开化府文山县，然后迁入越南。

第 8 代祖公邓安四郎住东京道（指越南）兴化镇安西府伦州→第 9 代祖邓顺七郎住在猛新他贪洞（猛新在老挝）→第 10 代祖公邓官二郎住猛新府轰沙洞→第 11 代祖公邓贞三郎居住地同第 10 代，但其妻子邓氏一娘已迁至猛难府猛松洞（今属泰国）。

例 3：邓金该贵家祖图

第 1 代至第 6 代祖公先后居住在广西梧州府北流县、平乐府平乐县、桂林府永宁州、泗城府凌云县等地，后迁入越南、老挝。

第 7 代祖公邓升三郎住东京道（指越南）归花（化）府文盘州→第 8 代祖公邓田二郎迁回云南临安府建水县→第 9 代至第 13 代祖公迁入老挝，葬地不详→第 14 代祖公邓法保住猛南府（属老挝）猛奄洞→第 15 代祖公邓法元葬地不详→第 16 代祖公邓法亮住猛南府耙痓洞，其妻则搬迁到泰国城海府（清莱府）猛胖洞。

例 4：冯进周家祖图

第 1 代、第 2 代祖公先后居住在广西平乐府、湖州（梧州）府。

第 3 代祖公冯灯三郎住厘京道（指越南）奠边府能边州→第 4 代至第 6 代祖公住地同第 3 代→第 7 代祖公冯法查住猛库泪洞会野冲（属老挝）→第 8 代祖公冯法益迁至暹罗道（指泰国）城海（清莱）府城康（昌堪）洞→第 9 代祖公冯法周住暹罗道猛难府→第 10 代祖公冯法得同住猛难府。

例 5：黄金升家祖图

第 1 代至第 6 代祖公先后居住在广东韶州府乐昌县，广西浔州府藤县、平乐府昭平县、永县（疑为永福县），贵州都匀府荔波县，然后迁入越南。

第 7 代祖公黄法明住安南大赵国泥京道归化府→第 8 代祖公黄法安迁回云南临安府建水县居住→第 9 代祖公黄法清住发（安）南

国厘京道归化府水尾州→第10代祖公黄法金住猛宣洞会行冲→第11代祖公黄法官住会那后冲，其妻盘氏者住室（暹）罗道猛巩府（现属老挝）猛宣洞→第12代祖公黄法贵住猛巩府猛宝洞→第13代祖公黄法添住猛南府猛岭峒。

以上是我们一个多月考察中从十多个泰国瑶族村寨里搜集到的五个曾居住在越南的瑶人迁到泰国的例子，相信在还未考察过的众多泰国瑶寨中还有不少这样的例子，说明越南的瑶族经历过向老挝、泰国迁徙的历史过程。

同时也应当指出，越南瑶族并不总是向老挝、泰国迁徙。据笔者与邓文通先生1980年冬至1983年元月在广西十万大山地区的三次调查，1997年3月在越南的调查，笔者1998—1999年在广西龙州、宁明边境的调查，由于时局的影响，越南北部边境数千名瑶族被迫迁移到越南南方，及逃回中国居住。逃亡中国的瑶族大多被安置在广西宁明、上思、防城、海南岛的农林场当工人，也有些居住在中越边境我方一些村屯里。

至于老挝瑶族大规模向泰国迁徙，发生在20世纪70年代中期，起因于越南军队进驻老挝。

## 四、结论

总之，迁居到越、老、泰、缅四国的瑶族，至晚到20世纪七八十年代为止，仍保持着文化上的迁徙特性。这种文化特点之所以仍被保留，与他们的生计方式和处境不无关系。

# 瑶族向海外迁徙的时间、过程、原因、方向、路线和方式[①]

## 一、迁徙的时间、过程和原因

### （一）迁徙的时间与过程

近年统计资料显示，目前全世界有瑶族约328万人，其中居住在中国的约264万人，约占全世界瑶族人口的80%；居住在国外的近64万，约占世界瑶族人口的20%。居住国外的瑶族只有两个支系：盘瑶和蓝靛瑶。在国外的瑶族达64万人口的规模，显然不是最近一二百年迁徙出境的结果，而是有一个比较长期的迁徙过程。

瑶族何时向海外迁徙？国内外学术界多数人认为始于明清之际，但也有国外学者把瑶族移居海外的时间往前推。例如越南陈国旺先生根据《宋史·本纪》嘉祐五年（1060年）“秋七月癸巳，邕州言交趾与甲峒蛮合兵寇边，都巡检宋士尧据战死之”，及《宋史》卷332“会蛮瑶申绍泰入追亡者，害巡检宋士尧”两条记载，并以《梦溪笔谈》中关于甲峒的记载，考证申绍泰原姓甲，娶李公蕴之女后改姓申，证明瑶族在宋代已迁入越南。[②] 范宏贵教授指出，细细研究宋史的记载，是有问题的，因为盘瑶和山子瑶中并无甲姓，也无申姓。[③] 张有隽教授也曾指出，中国史籍中关于民族称谓的记

① 原载于《瑶族通史》，下卷，北京，民族出版社，2007。

② 陈国旺：《瑶人历史的几个问题》，载越南《历史研究》，1967（2）。

③ 范宏贵：《瑶族从中国迁入越南浅谈》，载《广西民族研究》，1986（4）。

述，往往有张冠李戴的错误，瑶族和苗族、瑶族和壮族有时混称一气。如《宋史》卷332《陆诜传》将侬智高称为“侬瑶”，即是一例。所谓“蛮瑶申绍泰”的记述当属此类错误。① 关于瑶族在宋代进入越南的看法，尚缺乏充分根据，瑶族在宋代还未深入广西南部，史书里也未找到这方面的确切记载。

瑶族在宋代不可能进入越南，但元朝中后期进入越南的可能性是存在的。根据是：广西钦州市、防城港市地区历来是瑶族进入越南的通道。根据史书记载，元中后期这一地区已有瑶人居住，如《元史·泰定帝纪》：“致和元年（1328年）四月，钦州瑶黄焱等为寇。”又，《元史》卷28：“至顺元年（1330年）正月戊寅，瑶贼八百余人寇石康县（今属广西博白县）”。越南有不少学者认为瑶族从13世纪移居越南。已故闭曰等先生提出：“瑶族移居到越南的过程可能是从11世纪开始，但更明确的是从13世纪开始。”其根据是越南瑶族流传的《邓行》、《盘大护》两个故事说的是瑶族从李朝开始移居的过程。② 由于这两个故事的原文和族谱我们至今未见到，因此无法判断。越南也还有一些学者根据瑶族的一些族谱，认为一些支系14世纪进入越南。瑶族元代进入越南迄今尚无史料证实，仅属推测。

目前有史料根据，能证明瑶族进入越南的时间是明代，具体时间是明永乐四年（1406年）。据范宏贵先生引广西荔浦县茶城乡瑶族《邓姓族谱》记载：“永乐年间（1403—1424年）安南外国大反时，外省兵远调不及，本省各宪速查瑶山……时值永乐四年（1406年），吾太祖奉调，大宪给谕下是札，委太祖统带瑶丁，会同营协兵征。各宪各营均称瑶（丁）得力，实为勇敢，尽以兵银重赏。因

① 张有隽：《关于瑶族迁入越南的几个问题》，载《广西民族研究》，1996（4）。

② 闭曰等：《越南瑶族——现时的传统》，见《瑶族文化和社会的发展：现在与将来》，河内，国家社会人文科学中心，1998。

此之前在之山场窄小人众，安栖不下，访择各山安居。”① 这里讲的是奉征调进入越南。按：明代征调“瑶丁”到外地后也有驻扎下来的，如明嘉靖年间从广西贵州（今贵港市）征“瑶丁”到海南岛后，即令驻守当地，成为今天海南岛苗族的来源。此处所谓“访择各山安居”，其地望是否指越南，则未讲清楚。

瑶族自发向海外迁徙，约起于明中叶，明末清初加快了速度。其过程大体是：明中叶开始，首先是居住在广东的瑶族向广西迁徙。瑶族进入广西后，有的居住下来，或在广西范围内迁徙；有的继续往前走，一部分进入越南，一部分进入云南，然后从云南迁入越南、老挝；再继续往前走的一部分，于清代中晚期到达泰国北部；到 20 世纪 70 年代，分徙于欧美各国。

（二）迁徙原因

瑶族向海外迁徙起于明代，讫于 20 世纪七八十年代，过程漫长。究其原因，大体有如下几方面：

第一，受人口压力的影响，迫于生计，向海外寻求出路。明清之际，中国东南沿海由于资本主义萌芽、生长，社会经济发展，人口膨胀，广东一带包括汉族广府人、客家人在内的各民族群体，向省外寻求出路，一是向东南亚、南洋、美洲移民，一是向广西、云南、贵州移民。据研究，明清以降，邻近广西的湖南、广东、江西等地人口剧增，人多地少的矛盾十分突出，成为这一时期中国人口外迁的主要源头，移居广西的汉族人口也主要来自上述三省。到了清代中期，上述三省移民在所有进入广西的汉族移民中占据绝对优势。② 应当指出，进入广西的省外移民，除汉族外，还有瑶族、回族、满族、仡佬族、京族等民族。省外移民的涌入，使广西人口骤然增加。据资料统计，清顺治十八年（1661 年），广西人口为 115722 丁，雍正二年（1724 年），增至 202711 丁，到嘉庆十七年

① 范宏贵：《瑶族从中国进入越南浅谈》，载《广西民族研究》，1986（4）。

② 钟文典：《广西通史》，第 1 卷，509 页，南宁，广西人民出版社，1999。

(1812 年)，增至 730 万以上。广西山多地少，河谷平原地区早已被原住民和先期进入广西的汉人占据。明清之际，尤其是清代迁来的移民，除居住于城镇经营商业、手工业外，不少人进入山区开垦荒地。这使得原来居住在山区的瑶族，以及这时期刚从广东迁徙到广西山区的瑶族顿感生计紧张，不少人开始向云贵高原迁徙，后来进入越南、老挝、泰国，或从广西中南部直接迁入越南。

第二，生活方式使然。瑶族是个靠刀耕火种、采食猎毛为生的民族，食山靠山是其基本的生活方式。在人口增加，可以砍烧的山林减少，不能维持生计的情况下，唯一的出路就是向别处迁徙。只要有原始森林的地方，不管这省那省、这国那国，能迁去的就迁去。张有隽教授与邓文通先生 1982 年在十万大山调查时，搜集到一封迁徙到越南的山子瑶写回来的《交趾信歌》，信中说到他们住在越南一个称为“木罗岭”的地方，放话回来“查罗亲”，即查亲人。信中唱道：“真广岭头青美美，四边河水上鲤鱼……此地种禾本是好，每年收得五六仓。意吃何般密中有，水满鲤鱼任意贪。玉米一个有尺五，收满家中任子贪……此山住得千万家，祝报从亲齐专来。好吃不过南山地，回话报亲齐入交。语到广东铁狼峒（清末区划，今广西防城区扶隆、那勤、太萧、平旺四乡镇及那梭北半部)，亲能恩思寻信来……亲在天朝无山斩，齐来到地青山头。”①

这封信表明，山子瑶进入越南是因为“天朝无山斩”，即没有地方可供刀耕火种砍伐的森林。而越南当时“岭头青美美”，森林密布，“种禾本是好”，“住得千万家”，所以写信回来劝亲人“齐入交”，即一齐搬到“交趾”（越南)。

第三，因征调迁徙至海外。上文提到的明永乐四年（1406 年）征调广西荔浦县“瑶丁”到越南平叛即是一例。此外，广东省社会

① 《民族问题五种丛书》广西壮族自治区编辑组：《广西瑶族社会历史调查》，第 6 册，南宁，广西民族出版社，1987。

科学院李默先生1992年撰文，认为日本人竹村卓二先生《瑶族的历史和文化》一书引用泰国瑶人《仪典书》中“瑶人十二姓子孙们，传给士兵们”一句所说的“士兵们”，当指明末动乱年代迁到老挝的“瑶兵”或“狼兵”中的瑶人。① 据认为，瑶兵的设置起源于唐宋的营田制，元明时期沿袭旧制，于两广各瑶山设瑶兵。明代两广兵中也包含瑶人。明末，南明诸臣号召西南各省勤王，湘、粤、桂诸省不少瑶兵及良兵中的瑶人参加勤王之师，战斗失败后流落于滇边境外。其所引资料比较直接涉及瑶人的主要有两条。一是明末遗老李寄《天香阁随笔》一书记述他在长沙所见李定国所部农民军“半为倮倮、徭佬”，又引《皇明末造录》及《南明史略》说李定国拥护永历帝入云南，永历帝在云南殉国时，李定国正在猛腊，李定国死后，其余部数千人在滇边距阿瓦城东100里的地方聚族而居。二是引据《广西瑶族社会调查》第一册所载金秀大瑶山三角区（今三角乡）甲江乡蓝冲庞家藏《世代流传祖居来历书》：“在顺治……发兵马上入来打我千家峒……顺治坐京元年四月初八漂洋过海，过红水河，三个翁忿（分）开，一念（支）下南海，一念（支）下校枝（交趾），一念（支）下广东陈（韶）州府落（乐）昌安居”，认为可能是广西土司狼兵中瑶人在永历抗清斗争中，一支援赣，以后流落韶州乐昌，一支往肇庆及广东南路高州、新会作战，流落南海，一支退入中越、中老（挝）边，流落交趾。我们认为，元明时期中央王朝设置瑶兵，南明诸臣利用瑶兵勤王都是事实。至于瑶人是否因此而流落滇边境外？这种可能性是有的，但目前尚无资料证实这一说法。

第四，世道动乱，天灾人祸交相逼迫，致使瑶族向海外迁徙。明清之际是中国封建社会走下坡路的时候，尤其是到了清中叶以后，清廷日趋腐败，西方列强开始入侵中国。内忧外患接踵而至，

① 李默：《瑶族人迁徙滇边境外述略》，载《民族研究动态》，1992(3)，24～27页。

民族矛盾和阶级矛盾日益尖锐。社会的不景气伴随着华南一带连年的旱灾、水灾，天灾人祸交相逼迫，致使瑶族向海外迁徙。新中国成立后先后在金秀大瑶山、十万大山搜集到的迁往越南的瑶族寄回的信歌，就反映了这一历史事实。如杨成志先生、黄钰先生于1956—1957年在金秀大瑶山搜集到的《交趾曲》，是原住在广西恭城县的盘瑶迁往交趾（越南）洪水洞、万言冲（或作万言山、万云冲）以后，邀约广西同族寄赴交趾安居的信歌。歌中唱道：

得见大朝官反烂，十分难住又难安；
出路无盘费，也着走交枝（趾）；
……
大朝申酉年间出贼盗，劫村劫寨那罗离；
不太平，人民告状入州门：
官府出差捉贼盗，贼人走散那罗离；
害人丁，有理无钱审不清。①

这首《交趾曲》在金秀大瑶山发现两个版本，一藏于长峒区桂田乡高兰村黄元林家，无抄写年月，文字缺漏较多；一藏于桂田乡田头村赵得仙家，落款为清同治九年（1870年）十二月二十四日赵荣府手抄。据此抄本，可知从恭城县迁往越南的这支盘瑶，其迁徙时间必定在同治九年以前。按曲里有“得见大朝官反烂，十分难住又难安”，“大朝申酉年间出贼盗”，所谓“大朝”，当指中国皇朝而言。距同治九年不远的逢“申酉”的年份，有咸丰十年（1860年）为庚申，十一年（1861年）为辛酉，道光二十八年（1848年）为戊申，二十九年（1849年）为己酉。这些年头“官反烂”，“出贼盗”，正好是太平天国革命爆发，两广、湖南各地人民风起云涌

① 《民族问题五种丛书》广西壮族自治区编辑组：《广西瑶族社会历史调查》，第1册，286～287页，南宁，广西民族出版社，1984。

掀起反抗清王朝斗争，贼盗也趁机劫掠的时期。瑶族人民不堪动乱造成的苦难，离乡背井迁往越南。

张有隽教授与邓文通同志于1981年冬在上思调查十万大山山子瑶时，收集到一份《元国歌》，这是原住在上思县十万大山的山子瑶迁徙到越南后写回的一首信歌。信歌回忆在中国时地方动乱，盗贼抢劫，瑶族生活十分贫困，以野菜充饥，度日如年的状况。歌中唱到：

每天中国地方乱，空音一时日算日；
时算一时日算日，日过日头年过年；
念到卡罗①元国地，空听人传音啼咧；
卡罗元国地方乱，失散离五万三；
盘古子孙夫愁过，真是愁咧亲马知。

从歌中有“大清元国十三正”（按：十三正，瑶语十三省之意）、“看奏上思、邕宁府”及“能到元国亲开读”之句，似可判定，这首信歌当写于清代，“元国”当指中国。信歌如实反映了清代因地方动乱，瑶族迁徙国外的情形。

## 二、迁徙的方向和路线

### （一）迁徙方向

瑶族历史上向海外迁徙的方向，主要是东南亚的越南、老挝、泰国这三个国家，到20世纪70年代中期，由于印支半岛政治形势的转换，战火蔓延，迫使老挝的瑶族逃入泰国，成为难民，被分别安置到美国、法国、加拿大等国，从而引起瑶族迁徙方向的新变化。由于瑶族到了一个新地方以后，只要安居下来，就会以信歌的形式招徕同族，因此，20世纪70年代以后，作为自由迁徙选择的

① 卡罗：以前，或古时。

目标和方向，美国、法国、加拿大等欧美国家成了首选方向。迁往这些目的地的人员已不限于老挝瑶族难民及其亲属。那些不是难民的人员，包括泰国、中国的瑶族，只要找到办法，都往美国、法国等欧美国家迁移。同时欧美国家的瑶族也有互相迁徙的现象。不过，由于这些国家对移民入境采取严格控制措施，因此，现在能自由迁往这些国家的瑶族人数并不是很多。

（二）迁徙路线

瑶族历史上向海外迁徙的路线主要有三条：北路、中路、南路。

北路：经广西桂林、柳州、河池、凌云、西林或田林进入云南，然后分别迁入越南、老挝。从这条路线向海外迁徙的，全是盘瑶，包括自广东、湖南迁入广西的盘瑶，和由广西迁往贵州然后倒流回广西的部分盘瑶。

中路：经广西玉林或柳州、宾阳、田东、百色进入云南，然后分别迁入越南、老挝。经由这条路线向海外迁徙的，主要是蓝靛瑶，也有盘瑶。

南路：经广西博白或合浦、浦北、钦州、防城从陆地边境迁入越南，或经玉林或贵港、横县、灵山或邕宁、上思、防城或宁明，迁入越南。也有一说法，经北部湾渡海进入越南。经南路迁徙出境的，有大板瑶、小板瑶，也有山子瑶（蓝靛瑶）。

此外，也有少数大板瑶经都阳山（现广西都安、大化、巴马县境）下武鸣经邕宁、宁明，进入越南。

迁徙是瑶族重要文化特质。迁徙对瑶族来说，是群体行为，不是个体行为。因而，瑶族迁徙路线有一定规律可寻，即前人走过的路线，往往也就是后人迁徙所走的路线。这些路线都比较清晰、准确地记录在瑶族的迁徙信歌、《祖图》（或称《祖途》）、《过山榜》、《家先单》等民间手抄文献里。上述北路、中路、南路三条主要迁徙路线，就是根据这些民间文献记载的资料归纳出来的。

《祖图》是盘瑶特有的民间文献。上面记载每一家族历代祖先姓名、法名（阴名）、生卒年月、死葬地点。盘瑶编制《祖图》，主要是节日祭祖用，同时也是为了教育后代，不忘根本。1989年三四月间，张有隽教授与姚舜安教授（已故）在泰国北部考察瑶人村寨时，有幸搜集到邓、赵、李、陈、盘、冯、黄七个姓氏近20份盘瑶《祖图》。每份《祖图》详细记载了该宗族从中国迁往老挝、泰国过程中历代祖先死葬地址。

《祖图》反映北路迁徙路线，其出发点虽然不尽相同，有的自广西出发，有的自广东、湖南出发，个别自贵州出发，但其在广西境内，多经历平乐府、桂林府、柳州府、庆远府、泗城府（治今凌云县），然后进入云南开化府文山县（今文山州州府所在地），再分两路迁出境外：一路经临安府（治今思茅）建水县进入老挝，一路经麻栗坡进入越南。也有个别进入越南后再返回云南临安府，然后进入老挝。

中路进入云南后，迁出境外的路线与北路相同。据已故姚舜安教授1989年三四月间在泰国考察时，发现有些瑶族经云南猛新或南升迁入缅甸井东、猛游，再到泰国①，其具体路线还有待研究。

南路迁入越南的具体路线，由于未能搜集到越南瑶族的《祖图》等民间文献，现在只能根据张有隽教授与邓文通等先生在十万大山及张有隽教授在宁明等地搜集到的盘、李、邓、杨、赵、蕉六姓11户山子瑶、小板瑶、大板瑶迁徙资料，表明山子瑶进入越南的路线是，从广东肇庆府罗旁山进入广西玉林州，再经灵山县进入钦州、防城，或上思州、宁明，然后进入越南广宁省或谅山省。小板瑶进入越南的路线是，从广东博罗进入广西廉州、钦州、防城，而后进入越南广宁。大板瑶的一支从广西桂林南下到宁明，进入越南谅山；一支从广东潮州迁到广西防城，再进入越南谅山、广宁；另一支从广西都阳山南下到宁明，再进入越南谅山。

---

① 广西民族学院赴泰国瑶族考察组：《泰国瑶族考察》，23页，南宁，广西人民出版社，1992。

## 三、迁徙方式

### （一）迁徙的缘起及组织形式

根据掌握的材料，历史上无论何种原因引起的迁徙，都是一种有组织的活动。其中，发起迁徙活动并在整个迁徙过程中起核心领导作用的是寨子里的族老和寨老，前者是宗姓头人，后者是村寨头人。

瑶族村寨一般都由几个不同姓氏的居民组成，每个姓氏都有一至几个宗族，不同宗族有不同的头人。宗族头人负责处理内部公共事务，如祭祖、入社礼，建房、婚丧中的互助活动等。村寨中不同宗姓的人共同推选出村寨的头人，称社老、村老、寨老等。村寨头人负责处理村寨事务，如祭社、求雨、修路、架桥、建房、婚丧活动及对外联络等。村寨头人往往挑选那些有地位（人口居于多数，经济实力较雄厚）的宗族头人兼任。他除了有地位、有经验、办事公道外，还有必备条件，即挂过灯、度过戒，拥有阴兵和祖师，最好是一位师公。因为瑶族人相信，只有具备这些条件的人，才能带领他们在十分复杂的环境中求得生存、发展。

杨成志教授、黄钰教授20世纪50年代在广西金秀大瑶山调查，曾发现在盘瑶村寨里，社老往往是由立村最早的一户人家的家长充任，有的死后还被奉为“楷吉翁”（开山祖）享受祭祀。① 张有隽教授1989年初在泰国北部考察瑶族时，当地人也说，从前瑶寨的社主是由首先来开村第一户户主担任。因为瑶族认为，这户户主若不会设鬼，他不会带领大家去开村立寨。②

由于各种原因，瑶族迁徙在历史上是不可避免的。迁徙可能意

---

① 《民族问题五种丛书》广西壮族自治区编辑组：《广西瑶族社会历史调查》，第1册，34页，南宁，广西民族出版社，1984。

② 广西民族学院赴泰国瑶族考察组：《泰国瑶族考察》，266页，南宁，广西人民出版社，1992。

味着一个旧村寨的分裂、消失和新村寨的建立。泰国清迈山民研究院差博·卡差·阿南达博士曾经这样指出：

“一个村庄建立的一个类型是因为村民的分裂。这种分裂可能源于老头人对社会职责增大、得到很多村民尊重的任何一个年轻而又突出的人的不满而引发的冲突。这种冲突会导致一个新村庄的产生。因为很多村民尊重的那个人，特别是有很多成员属于他的那个姓氏，喜欢动员他的人去一个地方建村庄。他自己姓氏里的其他家庭或钦佩他能力来自别的姓氏的家庭将逐渐跟随他。很多瑶族村庄就像这样而被建立起来了。”①

阿南达博士这里说的虽然是因“村民分裂”引起的新村建立，但性质同属迁移活动，族长、村老在其中的作用是十分明显的。

以上反证了一个事实，即历史上瑶族的迁徙，常常是在族老、村老的带领下有组织地进行的。这符合瑶族的社会传统。在一个存在着瑶老制社会组织，并以之作为社会控制手段的社会里，像迁徙这类重要活动，是缺少不了有经验的头人的指导的。

（二）迁徙的商议联络方式

瑶族向海外迁徙是群体行为。事先有过商议，有人先去探寻地点，认为条件可以，才写信回原居住地告诉情况。其中必有“路引”，指点路怎么走。《广西瑶族社会历史调查》第一册所载《冯朝易家信》和长歌《交趾曲》比较集中、鲜明地反映了瑶族向海外迁徙的方式。家信的前半段告诉写信者在越南踏看山场的经过情况，说明托人带信回家的原因，交代注意事项；后半段则是“路引”，交代路程及走法。

看了这封家信，我们知道家信的作者是要家人迁到越南一个叫“万言冲”的地方。其出发点是广西恭城县，途中经过平乐、荔浦、

① ［泰］差博·卡差·阿南达著，谢兆崇、罗宗志译：《泰国瑶人》，第2章，北京，民族出版社，2006。

修仁、迁江、宾州、思恩府（今武鸣县境）、归德州（今平果县）、田州（今田阳）、百色、云南富州（今富宁县）、开化府（今文山州）共11个府、州、县，进入越南，途中经过的小地名开列得很清楚。

《交趾曲》则用长歌的形式，告诉家人经过的主要州县名，还讲了迁徙的原因，而且叙事富有感情色彩，因而与家信具有互补的作用。

# 越南的瑶族[①]

## 一、概 况

### (一) 人口分布

据1974年越南全国人口普查，越南瑶族人口有290792人；1979年全国人口普查，有346785人；1989年全国人口普查，有473945人，占全国总人口的0.76%，在越南全国54个民族中，居第9位[②]，在全世界有瑶族的国家中，人数排在中国之后，居第2位。据1994年统计，越南瑶族人口已增加到527524人。[③]

越南瑶族分布有如下一些特点：

第一，大分散，小聚居。在越南全国60个省市中，有39个省有瑶族居住。但在有瑶族居住的省市里，瑶族又有相对集中聚居的县、乡、村。有些县、乡，瑶族人口占的比重还较大，如越南北方有16个省86个县有瑶族，其中4个县的瑶族人口比重较大：北江省北江县占30.8%、渭川县占41%，高平省元平县占39%，安沛省文安县占41%；在有瑶族居住的881个乡中，有20个乡全部是瑶族，165个乡瑶族人口占全乡总人口的50%以上。[④] 不同时期，

---

① 原载于《瑶族通史》，下卷，北京，民族出版社，2007。

② ［越］孔演：《越南人121和民族人口》，河内，越南社会科学出版社，1995。

③ 赵才林：《瑶族的社会关系和居民分布情况》，见《瑶族文化和社会的发展：现在与将来》，河内，国家社会人文科学中心，1998。

④ ［越］阮克颂等著，梁红奋译：《越南的瑶人》，见《民族研究参考资料》，第十八期，4页，贵阳，贵州省民族研究所编印，1983。

瑶族分布程度不一样。1975年以前，瑶族分布在越南北部各省，1975年越南全国统一后，尤其是1974年边境战事后，越南瑶族迁移到南方一些省，如得乐、同奈、林同、芹苴、胡志明市，形成现在越南瑶族的分布局面。

第二，主要居住在越南北部山区。与中国广西、云南交界的边境省，瑶族人口最集中，占当地人口总数比例大。如与广西交界的广宁省有38680人，谅山省有25461人，高平省有65468人，河江省有76810人，老街省有62684人，莱州省有34480人，这六省的瑶族人口占全省总人口的9%～15%，六省瑶族总人口达303583人，占越南全国瑶族总人口的57.5%①。一般说来，凡是越南边境有瑶族人居住的地方，对面中国边境上也有瑶族人居住。双方瑶族人同文同种，互有亲戚关系。

第三，多数居住在高山地区，也有部分居住在中游地区及地势较低的地区②，如宣光省沾化县托平社和安远社的瑶族、安山县胜军社的瑶族就住在丘陵地区，而广宁省有瑶族居住在沿海地势较低的地区。

第四，瑶族在每个县不是单独居住，而是与岱依族、侬族、苗族、越族杂居。③ 在个别村寨，还有瑶族与岱依族混居的情况，如张有隽教授与邓文通、黄梅芬两位先生1997年3月考察的宣光省沾化县托平社下山村至答腊寨之间的一个村子，就是瑶族、岱依族混居的村子。

（二）称谓与支系

直到1970年，越南瑶族的称谓仍未明确，报纸、电台和民族学

---

① ［越］范光欢、雄庭贵：《河江瑶人传统文化》，河内，民族文化出版社。1999。

② ［越］范光欢等：《瑶族文化和社会的发展：现在与将来》，河内，国家社会人文科学中心，1998。

③ ［越］范光欢等：《瑶族文化和社会的发展：现在与将来》，河内，国家社会人文科学中心，1998。

工作者的论文、研究成果里对瑶人仍使用许多不同的称谓，甚至同一篇论文、同一本书、同一份统计表从头到尾都不能使用同一称谓，有时这段称瑶，后一段又称曼。在民间，人们对瑶族有许多不同的称谓，如洞、侗、寨、饶、舍等。这些称谓都是其他民族强加给瑶族的，属于他称。“洞”在越北很普遍，是瑶族人居住单位的名称，与京族的“村”、泰人的“版”、埃第人的“房”一样。“绕”或“饶”是从“瑶”字延伸出来的。“舍”的称谓只见于安沛和老街，一部分白裤瑶又称“舍贺”，带有歧视性。“曼”的称谓出于“蛮”字，古代中国称南方少数民族为“蛮”或“南蛮”，瑶族迁入越南后，被称为“曼”。① 根据服饰、居住等特点，又有大板曼、小板曼、钱曼、涂头曼、窄裤曼、如来曼、红头曼、三岛曼等不同称谓。

1974 年，为了普查各民族人口，越南在北方进行民族识别工作，瑶族的称谓得到统一。20 世纪 80 年代以后，各种著作、文件里统一使用“瑶族”称谓。现在，根据服饰、居住等特点给予瑶族的他称仍存在，但原来的“曼”字已不使用，而改用“瑶”字，如大板瑶、小板瑶、钱瑶、涂头瑶、窄裤瑶、白裤瑶等。

越南瑶族对其他民族给予的称谓，除了歧视性的外，一般采取认同的态度。但他们认为自己是“由勉”、“兼勉”，或“瑶勉”、“于勉”、“印勉”、“标勉”、“金门”。由此可知，越南瑶族至今保持与中国瑶族盘瑶支系相同或相近的自称。“勉”的意思是“人”，“由”、“于”是“瑶”的近音，“由勉”、“于勉”、“瑶勉”意即“瑶人”；“兼”、“金”的意思是“山”，“兼勉”、“金门”意即“山人”。只有“标勉”的“标”、“印勉”的“印”意思不明。中国广西全州、灌阳两县的盘瑶自称“标敏”，金秀县的坳瑶自称“标曼”，其

---

① ［越］阮克颂等著，梁红奋译：《越南的瑶人》，见《民族研究参考资料》，第十八期，5～6 页，贵州省民族研究所编印，1983。并见［越］阮克颂等著，范宏贵等译：《越南北方的少数民族》，301～302 页，广西民族学院民族研究所编印，1986。

“标”字义亦不可解，尚待研究。

关于越南瑶族的分类问题，亦即支系划分问题，越南国内外学者也有一个认识过程。越南国家民族学院著名的瑶族研究学者阮克颂有过总结。他认为，在谈到越南瑶族分类前，需用“瑶族集团”术语。术语“集团”的内容相当于法国的“本地群落”或“本地部落”。这是有共同历史根源、共同语言的地方集团，但在生活与文化方面有点不同。越南的瑶族集团正是这样，在历史根源、语言方面就没有什么可说的了，只是在生活与文化方面有些区别，而主要区别是其集团的妇女服饰方面的识别。瑶族的分类标志是他们的女装，这是瑶族集团传统女装的特征和特点。确定这个特点不能只看越南瑶人有多少地方集团，还要看其各集团在哪些地方有哪些不同称谓。运用这个标志很明显，工作并非简单。由于瑶族服装方面的资料特别是关于女装的太少，即使有，也记录得很马虎，缺少正确性。想得到资料必须进行田野调查。然而，瑶人的散居面很广，索取资料需要很多时间。尽管如此，他利用多年在瑶族地区进行田野调查获取的资料和手中的资料，试运用以上所提出的标志进行瑶族支系分类。

1. 钱瑶

他们还被叫做挂瑶和小板瑶，居住在越南北方的宣光、北太、河江、安沛以及南方的永富、和平等几个省。北方和南方的钱瑶女装有所不同：北方钱瑶妇女包白头巾，衣服更长些，前衣胸钉两排圆形银扣；南方钱瑶妇女包蓝靛色头巾，前衣胸没有银扣。可是，这组女装有些特点不能与其他任何一组瑶族服装混淆：钱瑶妇女穿裙子，用蜂蜡印花纹；衣领后颈窝处挂些铜钱，约 6 至 12 元；沿着新郎衣服的脊椎骨绣两行很特别的花节，形如小狗、小羊。

2. 红瑶

红瑶分布在宣光、北太、高平、河江、老街、莱州各地。红瑶或大板瑶称谓是这些地方瑶族的普遍称谓。在宣光，岱族人给增加了谷门瑶称谓，而京族人叫他们做角瑶。在北太被称为桂林瑶或如来瑶。在老街、莱州，华人称他们为“红头瑶”。正是这组人自认是大板瑶。

各地的红瑶传统女装有些不同：如包头巾的方法，前后衣襟花纹的装饰，裤筒的绣花有的多有的少，但不管是哪个地方的红瑶，他们的服饰特点与别的瑶族都不会混淆。他们在衣胸边钉有红花朵（有大有小或多或少）；在胸衣钉很多小星星（用银和日字形的银做成）；妇女的头巾装饰花纹如同松树的松叶或是万夹形花纹；裤筒上的花纹装饰绣成多条横带，在每条带中分成红、黄、白或蓝色日字形。

3. 窄裤瑶

京族人叫他们山头瑶，特点为：妇女用蜂蜡梳头发。在和平、河西和永富又称他们为三岛瑶，因为他们原来是从三岛山脚移居到这些地方的。在安沛称他们为娥皇瑶，因为他们是从原富寿省安立县娥皇乡移居到此。还有一些自称为大板瑶。

如果说其他瑶族女装在各地方多少有些不同，而窄裤瑶不管在哪里，她们的服装都不改变。窄裤瑶的女装与其他瑶族也有易分辨的特点：（1）裤子只长过膝一点，裤筒窄，捆扎着小腿。（2）衣长，前后衣身相同，在下衣摆边有红白相间的方形图案。（3）穿衣服时把后衣襟插入腰带。（4）胸衣用银钉一两打造成半球形。

4. 青番瑶

这组瑶族有多种不同的称谓：在宣光叫谷门瑶（由岱人叫）；在广宁、河北叫青番瑶；在北太和谅山被称为罗刚瑶；京族人称之为顶板瑶、平头瑶。他们自认是大板瑶。这组瑶族的女装在各地差别很大：宏埔、广宁的青番瑶妇女的衣服和宣光的谷门瑶相同并近似窄裤瑶的衣服。衣身前后的下摆边有些日字形，特别是上面装饰的花纹形似孔雀。

谅山、北太的罗刚瑶妇女服装与广宁青番瑶妇女的服装很近似，但这组瑶族妇女包头巾的方法似乎差别很大。尽管有些地方不同，但我们仍看得出这组瑶族女装的装饰是其他瑶族中没有的，那就是她们衣服胸前的贴边和装饰花纹。

5. 白裤瑶

这组瑶族在宣光、河江都被称为白裤瑶。在老街被称为贺瑶，在安沛除了贺瑶的称谓外，还叫黑瑶。这组瑶族的女装很简单，但也有与其他瑶族不能混同的特点：（1）上衣用手绣一行线。（2）胸衣大而长，遮住胸与肚子。（3）结婚之日新娘要穿白裤子。贺瑶、黑瑶现在结婚之日没有穿白裤的习俗了，但仍能认出她们是白裤瑶，那就是通过她们的胸衣来辨别。

6. 青衣瑶

这组瑶族主要居住在宣光、广宁和河北。他们在那里都被称为青衣瑶。广宁、宣光、河北的青衣瑶唯一的女装特点就是穿短裤，其他几乎完全相同。青衣瑶的女装很简单，但也有与其他瑶族不同的特点：（1）衣服蓝靛色，长至脚踝，衣身没有花纹装饰，衣领白布绣一些红白相间的小花纹和弧形十字。（2）特别是青衣瑶戴顶小帽，然后在帽外边扎块头巾，帽子常被遮掩。（3）白底头巾有黑、红、蓝标志，中间有八角星形、弧形十字和汉字，被视为装饰花纹，这是其他瑶族没有的现象。

7. 长衣瑶

这组瑶族居住在安沛、老街、宣光、河江各地。在老街被称为选瑶或钱瑶，在宣光除了叫长衣瑶外还叫蓝靛瑶。在河江个别地方还被叫山子瑶（很多人错认为是山子人）。

该组瑶族的女装有一些像青衣瑶：衣长，没有装饰花纹。虽然如此，但仍有与其他瑶族不同的特点：（1）妇女戴帽后像青衣瑶那样在帽外包扎一块头巾，但长衣瑶的帽子编织成碟形，帽面上佩一块直径如帽大小的圆形银，这块银雕刻着同心圆，中间是十角星，帽檐上别着很多圆形小银块。头巾是块白布，头巾面用黑色绣线，两种头巾都留着很长的缨。（2）长衣蓝靛色，圆领上用银钉了许多星星，虽没有襟边，但左衣身能扣往右衣襟。腰带是一条条小布条编成的，连接着一些银星星（像衣领上的星星）。腰带扎在外衣外，带上的缨和衣领的缨自然垂落。

以上是在传统女装的特征基础上分辨各组瑶族的结果。在语言方面，仍根据《越南的瑶人》和《越南北方少数民族》中的瑶族一章的分类法，没有什么新的见解。其支系分类如下表：

| 按语言支系 | | 第一支系（兼勉） | | | | 第二支系（金门） | | |
|---|---|---|---|---|---|---|---|---|
| 大支系 | | 大 板 | | | 小板 | 白裤 | 蓝 靛 | |
| 小支系 | | 红瑶 | 窄裤瑶 | 青番瑶 | 钱瑶 | 白裤瑶 | 青衣瑶 | 长衣瑶 |
| 地方称谓 | 和平 | | 窄裤瑶<br>山头瑶 | | 钱瑶<br>挂钱瑶 | | | |
| | 河西 | | 窄裤瑶 | | | | | |
| | 永富 | | 三岛瑶 | | 钱瑶 | | | |
| | 山罗 | | 窄裤瑶 | | 钱瑶 | | | |
| | 安沛 | 红瑶 | 俄皇瑶 | | | 贺瑶<br>黑瑶 | | 长衣瑶 |
| | 老街 | 红瑶 | | | | | | 选瑶<br>（蓝靛） |
| | 莱州 | 红瑶<br>红头瑶 | | | 钱瑶 | | | |
| | 宣光 | 红瑶<br>谷刚瑶 | | 谷门瑶<br>顶板瑶 | 钱瑶 | 白裤瑶 | 青衣瑶 | 长衣瑶<br>蓝靛瑶 |
| | 河江 | 红瑶 | | | 钱瑶 | 白裤瑶 | | 长衣瑶<br>蓝靛瑶<br>山子瑶 |
| | 高平 | 红瑶 | | | 钱瑶 | | | |
| | 北太 | 红瑶<br>桂林瑶 | 窄裤瑶 | 谷门瑶<br>罗刚瑶 | | | | |
| | 谅山 | 红瑶 | | 罗刚瑶 | | | | |
| | 广宁 | | 青番瑶 | | | 青衣瑶 | | |
| | 河北 | | 青番瑶 | | | 青衣瑶 | | |

在结论中，阮克颂认为这个新的分类与以前的分类法比较，首先是更改了一些“大支系”的称谓。其次，更改了小支系的一些代表性称渭。第三，青衣瑶是单列的一组，不包括选瑶，把这组移到蓝靛瑶组。第四，瑶族的称谓确定在各个地方不同，具体在越南北方 14 个省。①

（三）生态系统

越南瑶族主要居住地区为越北山区，属中国云贵高原的延伸带。境内高山绵亘，奔腾起伏，向南倾斜，直到红河平原。地处热带、亚热带，气候炎热，雨量充沛，溪流密布，非常适合各种热带动植物生长、繁衍，植被丰厚。地下蕴藏有锰、铁、煤、金、锡、云母、水晶等矿类。

在中国明清时期，这一带地区只生活着侬、岱依、泰、京等民族，人口稀少，土地广袤，原始森林密布，虎、熊、野猪、羚羊、果子狸等野兽出没，溪流中鱼儿成群，非常适合习惯于山林耕作的瑶族的生存。② 到 20 世纪五六十年代，虽然民族单位和各民族人口增加了不少，由于长期开发，植被已遭到破坏，但自然条件仍然较好。

越南瑶族主要居住的越北山区，分为高山区、半山区和平地三种不同地区。高山地区主要是高平、谅山、北岗、宣光、河江、广宁等省的石灰石山区以及西北的高山地区。居住在这里的瑶族多数是红瑶、部分钱瑶和少数蓝靛瑶。这里关山阻隔，山高平均 800 米到 1000 米。交通闭塞，森林破坏的少，雨量大，气候凉爽，土壤为富含腐殖质的红土，但在森林被破坏了的地方，则成了水土流失的草地。动物少，但人们还经常遇见食肉猛兽如老虎、豹子，各种

① ［越］阮克颂著，廖玉凤、范宏贵译：《论越南瑶族支系的分类》，见《瑶学研究》第 4 辑，494～502 页，南宁，广西民族出版社，1997。

② 关于这一时期该地区生态状况，可从上引瑶族信歌《交趾曲》、《元国歌》中对该地区青山绿水、肥田沃地的赞美之词看出。

食草兽类有鹿等，崎岖的山腰上有许多山羊。

半山区指红河上游和赵北中部石灰石山区和土山区，山高约400米至600米。居住者以卢岗瑶、钱瑶、青衣瑶、窄裤瑶较多。气候属热带。人口较高山地区稠密，土地开发较多，大部分森林是再生林，主要为热带茂密林，终年潮湿、常青。大型食肉类动物较少，猿、猴子、松鼠等兽类，蛇、大蟒、大蜥蜴、龟等爬行类以及各种鸟类很多。盛产八角、槟榔、茶、漆、咖啡以及柑橘等经济林木，适合发展畜牧业，矿产有煤、铁、铅、锑等。

平坝地区为山区和平原交接的地区，高度约200米。以前，这里几乎只有白裤瑶，20世纪60年代以来，开始有部分山上来的瑶人，如窄裤瑶、青衣瑶、蓝靛瑶和钱瑶。这里为典型的热带气候，土质为红土。红河中游平坝地区有小山丘和微斜的山腰，可开辟坡地和梯田。这里的野生植物由于开发较多，已被破坏。然而，在富寿、宣光、安沛等地还有许多森林，太原、安州有许多稀疏的树林和长满青草的山坡，适合种植杂粮、水稻、热带水果，发展畜牧业。①

## 二、来源与迁徙

### （一）来源

越南瑶族来源于中国，这可以从他们保留的神话传说、祖图、族谱、歌谣、宗教经书等民间文献得到证明。

越南瑶族民间广泛流传有关祖先起源的神话传说，最著名的神话是《盘瓠》，其次是《盘古》、《伏羲兄妹》。法据时期，河内法国远东学院收藏的《谅山省禄平州蛮书》中有瑶族《世代源流刀耕火种评王券牒》一份。券牒记载古代高王与评皇争国，瑶族祖先“盘龙群犬盘护”咬杀敌国高王，为国立功，与评皇宫女结婚，安居会稽山，生六男六女，分别赐以盘、沈、包、黄、李、邓、周、赵、

---

① ［越］阮克颂等著，梁红奋译：《越南的瑶人》，见《民族研究参考资料》，第十八期，4～5页，贵阳，贵州省民族研究所编印，1983。

胡、唐、雷、冯各姓的故事，与中国瑶族流传的《评王券牒》出于一辙。关于始祖盘护的故事，除了《评王券牒》，还记载在用汉字抄写的歌本和宗教经书里。越南瑶族在举行赐敕礼①和“做堂”仪式时，道公要祈请神灵保护，供拜族人祖先，尤其要请始祖盘王回来参加。盘护王故事是最能吸引社会各阶层广大民众的内容②，反映了越南瑶族人与中国瑶族人同文同种同根生的关系，说明越南瑶族是从中国迁移去的。

河江省的瑶人流传许多关于他们迁移的故事，如《过海图》和《过山榜文》，尤其是长篇叙事诗《邓行》和《盘大会》，记载了瑶族人得到中国封建朝廷的批准，越山过海寻找土地谋生，从中国迁移到越南的过程：

瑶人生来无田地，流落深山到国外；
甲寅乙卯天大旱，无奈离乡到越南；
丙申丙卯来看地，土壤肥沃风雨调；
戊午己未共讨论，庚申辛亥做船筏；
一同相约到越南，身离天朝心惦念；
瑶王赐书十二家，同心一致到越南；
十二家族四上路，四个家族到越南；
留下八个在广东，四家先行留印记；
《过山榜》为后人证，到时返回再对照；
千年返回故乡土，瑶族八族来对照；
书印对上才认宗，书印不对亲不认。③

---

① 赐敕：此处指瑶族挂灯、度戒仪式。

② 黎士教：《瑶族的赐敕风俗及其教育性》，见《瑶族文化和社会的发展：现在与将来》，河内，国家社会人文科学中心，1998。

③ ［越］范光欢、雄庭贵：《河江瑶人传统文化》，河内，民族文化出版社，1999。

更确切记载越南瑶族来源于中国的材料，是他们的《祖图》和族谱。据越南社会人文科学中心民族学院、河江省人民委员会、河江省文化通讯厅合作研究发表的最新成果中记录到的越南宣光省瑶族的一些瑶人姓氏来源如下：

山阳县良善乡杨文情（红瑶）家谱记载：进入越南前，在中国广西省南宁府思商州（疑为上思州之误——本书作者）居住过五代。

安山县中安乡盘文廖（谷门瑶）家谱记载：进入越南前，生活在中国广东省钦州府廉州县（现属广西——本书作者）。

占化县土平乡冯张寿（红瑶）家谱记载：原先住在云南富宁，到越南后住在占化州，至今已八代。

据黄疏非县湖头乡团结村 66 岁老人邓金照（红瑶）讲，祖先原生活在云南，迁入越南后住在湖头乡已九代；湖头乡光荣村 78 岁老人赵贵清（红瑶）还记得他们的祖先是 1874 年从云南进入越南的。①

张有隽教授 1995 年 12 月出席在越南太原市召开的瑶族研究国际研讨会时，曾听到北太省（现化为北岗省、太原省）一位盘姓老人说，他祖先在广西居住过，迁入越南已 16 代；谅山省文化通讯厅干部李杨柳说，他祖先曾在广西都阳山区、南宁府居住过；谅山省定耕定居委员会主任邓增福说，他祖先以前曾在广西桂林府居住过。越南瑶族中，有一种被称为“桂林瑶”的瑶族，即以其迁居前居地而得名，说明他们的祖先在桂林居住过。还有一种被称为“卢刚瑶”的瑶族，则以其迁入越南时间较晚得名。②

综上所述，越南瑶族来源于中国，他们本属于中国瑶族的一部分，与中国瑶族同祖共生。

---

① ［越］范光欢、雄庭贵：《河江省瑶人传统文化》，河内，民族文化出版社，1999。

② 卢刚：瑶语“晚到”之意。

（二）迁徙

越南与中国广西、云南毗邻，陆地边境线长达2449公里。广西唐宋以来就有瑶族居住，明清时期成为瑶族主要聚居地区。在东南亚有瑶族居住的几个国家中，越南是瑶族首选迁移地，瑶族迁入越南的时间比进入其他国家要早，该国瑶族人口也最多。

瑶族何时迁入越南？上文已讲到，在越南，有的学者把瑶族迁入越南的时间推到宋代，我们认为这是不可能的；有的学者认为是13世纪，即宋元之际，我们认为这是有可能的，但目前尚缺乏足够证据。最近，有的越南学者如闭曰等仍认为瑶族是13世纪即越南李朝时迁入越南的①，有的学者则对此持怀疑态度，《河江省瑶人传统文化》一书第一章的作者王春情、阮克颂在叙述族群历史、瑶人迁入越南的过程时，在“进入10世纪”一句之后加括弧打了个问号，表示疑问②，而阮庭科先生在《瑶人的历史根源》一文中，认为瑶族14世纪才进入越南。③ 我们认为，根据目前掌握的资料，瑶族于明朝即13世纪至14世纪始进入越南的证据比较充分，一是明朝时，广西已逐渐成为瑶族聚居中心，二是明永乐四年（1406年）广西瑶族已有奉调进入越南的事例发生，三是从现在掌握的越南瑶人族谱来看，他们进入越南最多的只有16代，以每代25年计，约400年前的时间，相当于明末，其余大多数只有9代、10代，约250年，已是十七八世纪的事了。

瑶族迁入越南是一个持续的过程，从14世纪直到20世纪，不断有瑶族迁入越南。以支系论，有的迁入早，有的迁入迟；同时，

---

① 闭曰等：《越南的瑶族——现时的传统》，见《瑶族文化和社会的发展：现在与将来》，河内，国家社会人文科学中心，1998。

② ［越］范光欢、雄庭贵：《河江省瑶人传统文化》，河内，民族文化出版社，1999。

③ ［越］范光欢等：《瑶族文化和社会的发展：现在与将来》，河内，国家社会人文科学中心，1998。

瑶族迁入越南后，在越南境内也有一个迁徙分布过程，还有的迁入越南后，由于各种原因倒流回中国，或迁入老挝。

上文已说到瑶族迁入越南的路线有三条：一条从广东、广西南部西进，经广西钦州防城进入越南；一条从广西中部贵港、都安、南宁南下，经上思、宁明进入越南；一条从广西中部来宾、平果、百色西进，经云南富宁、河口进入越南。有的学者根据越南瑶族流传的造筏渡海传说，认为瑶族有的经水路进入越南。① 我们认为这不太可靠。因为持这一观点的人到目前未见公布具体资料，如果仅根据有渡海传说就认定瑶族从水路进入越南是不足为据的。因为瑶族（主要是盘瑶，即板瑶）普遍有漂洋过海的传说，即使是从陆路进入越南、老挝的瑶族，也有这一传说。瑶族漂洋过海的海究竟指何处，学者对此尚有诸多争议，有的说是洞庭湖，有的说是鄱阳湖，有的说是南海岸，因此不能根据越南瑶族有造筏过海传说，即认定有一部分瑶族从水路进入越南。

由于迁移是以家族为单位的群体行为，因此选择什么路线迁入越南，往往与瑶族的支系有密切关系。一般说来，同一支系的瑶族往往走同一条路线迁徙。根据现在掌握的资料，瑶族各支系迁入越南及在越南境内的迁徙过程如下：

进入 13 世纪（?），白裤瑶从福建进入广安，再到谅山、高平；一部分进入太原后到宣光。一小部分白裤瑶离开宣光下到端雄（富寿）然后逆着红河而上到安沛、老街。瑶的这一支系为贺瑶。

现在生活在富寿、河西、和平、安沛、宣光和北件的窄裤瑶和钱瑶从广东进入广安，然后分散到以上各地。这次的迁移，如果根据这两支瑶人的“越海之说”则可能是在黎朝时期而非李朝，因为他们讲述的故事中有“大明国”的说法（约 15 至 18 世纪）。

青衣瑶从明末时期进入越南（17 世纪）。他们从广东进入芒

① ［越］阮克颂等著，梁红奋译：《越南的瑶人》，见《民族研究参考资料》，第十八期，8 页，贵阳，贵州省民族研究所编印，1983。

街，通过北江（如今还有一小部分居住在这里）沿着藤江上到宣光，另外一部分上安沛、老街，今称为选瑶。

现在广宁省也有青衣瑶，该支瑶人妇女穿短裤，与中国青衣瑶妇女一样。他们也许很晚才迁入越南（约19世纪末或20世纪初）。

住在高平、北太、河江、宣光、北件的红瑶和钱瑶于明末时期从广东、广西进入越南，有的更晚一些。

如今生活在老街的红瑶于18世纪末从云南进入越南，他们最早的居住地点是八莎珠光湖从生村。

## 三、生计方式

### （一）农业

越南瑶族主要靠农业种植获取生活来源。种植业分为坡地耕作和水田生产两种。瑶区的水田多是由坡地改成的梯田。八月革命前，山区森林多，瑶族很少开垦梯田。八月革命胜利后，由于土地改革和农业合作社的建立，瑶族水田增多，但在瑶区，水田生产仍不是主要的耕作模式，坡地耕作则几乎是所有瑶族各支系都普遍采用的耕作模式。

红瑶语称坡地为“戴移”（day），长衣瑶语称为“壤恩”（giang）。在瑶人的观念中，坡地是指砍伐森林、焚烧草木后开垦的地。这种地常在半山腰，坡度很大。坡地耕作方式为“刀耕火种”。按照瑶人的分类，坡地可分为下列几种：按种植的作物划分，有玉米地、木薯地等；按地形划分，有土坡地、石缝土耕坡地；按开垦前生态情况划分，有原始林地、人工林地。① 刀耕火种是一种粗放式的农业，土地肥力易消耗，其前提是必须有大片可开发的森林。一旦一个地方地力消耗不能耕种了，就必须另寻可耕地。因此，刀耕火种农业是一种游农经济。历史上，越南瑶族主要经营刀耕火种

① ［越］范光欢、雄庭贵：《河江瑶人传统文化》，河内，民族文化出版社，1999。

农业，尽管1970年开始推行定耕定居运动，从那时开始，瑶族定耕定居的人逐渐增多。但据统计，1970年，越南20万瑶族人中有17万过着游耕游居的生活，1995年，52万瑶族人中还有23万人过着游耕游居生活，虽然游耕游居的人口从85％减至44％，但仍有44％即将近一半的瑶族人过着游耕游居亦即刀耕火种的生活。由此可见坡地耕作在越南瑶族经济中所占的重要地位。

瑶人在坡地耕作中十分注意山地选择。选择的山地一般在老林里，由于多年覆盖腐殖质，土壤肥沃，可耕作四五年。有些地方的瑶人也喜欢选竹林地开垦，认为竹林好烧火，而且烧得尽、草木灰多，烧山时还烧了一层薄土和草根，利于作物生长。在老林和竹林少的地方，人们开垦那些多次开垦过的山林，但这种山地只能使用两年，庄稼也没有上述两种山地长得好，在许多地区，这种山地往往只用于种红薯、木薯、棉花、蓝靛和其他杂粮。

山地一般在头年八九月至次年一月选定，次年一二月至四五月烧垦，先后播种玉米、旱谷等作物。谷种在头年收割时留好，或捆绑起来晾在厨房的阁楼上，要播种时取下脱粒。瑶人普遍采用棍子戳孔播种的办法。播种时往往是一男一女，男的走在前头用一根棍子戳孔，女的从挂在胸前或腰部的篮筐里取出种子准确地撒入孔穴里。播下的种子不必盖土，等下雨孔口的泥土自然会盖上。在钱瑶、红瑶地区，采用撒播方法，在平整好的土地上均匀撒下种子，然后用锄或钉耙刮一次，让谷种掺杂于土中。农历六月初，谷子长到二三十厘米时，进行第一次除草，六月底至七月中旬，谷子长到四五十厘米，进行第二次除草。谷子从吐穗到成熟，时常要有人看守，防止兽害和鸟害。收割时，常用禾剪把谷穗一穗一穗剪下，绑成捆，先放在地里晒干，再挑回家贮藏。

越南瑶人在种植谷子时，常在旱谷地稀疏地套种包谷，还喜欢套种蔬菜、瓜类、豆类，除草时边拔草边拔菜，而瓜、豆也长得不错。为了使杂粮、蔬菜有满意的收成，还开发些山地种植绿豆、花生、芝麻、木薯等，有的还种植芭蕉芋、葛根、桄榔树，这些植物的淀粉可以充饥。

在高平、谅山、河口、宣光、北岗、太原各省的高山地区、石灰石山腰地区或无水、缺水的狭窄山谷地带，形成了一种石山大耕的传统模式，这是一种较为发展的农业生产类型，人们耗费劳力，在稍为平坦的地方，用犁、耙、锄挖掉石头、树根，平整土地，并用石头筑成埂或堆在一起，把地围起来，防止水土流失，种植包谷、小米、荞子和其他杂粮，并注意套种、轮耕、除草和施肥。

八月革命前，白裤瑶、长衣瑶、钱瑶、卢岗瑶、谷门瑶等支系已转为依靠水田农业为生。八月革命后，尤其是抗法战争胜利后，水田生产日益发展。到1970年前后，开展定耕定居和农业生产合作运动，瑶族各支系的水田生产都有不同程度的扩大。① 1988年越南革新开放后，转换体制，允许农民承包经营土地，瑶族地区的经济结构发生了新的变化，水田生产规模逐渐扩大，技术水平在提高，产量在增加。

历史上，越南瑶族绝大多数从事山地刀耕火种农业，旱谷、玉米生产受干旱、洪水、虫灾、兽害的影响，产量低，而且随地力下降，产量也下降。以宣光省安山县中山乡赵进才家为例，1939年，他开发山地5公顷，播下1200公斤谷种，收获约10500～12000公斤，平均每公顷2400公斤，第二年这块地面积减少到四五公顷，只能播180公斤种子，收获8400～9600公斤，每公顷约2000公斤，第三年面积减少到3公顷，播下120公斤种子，收成4500公斤，每公顷1500公斤。这种打折扣的山地生产，逼迫人们费工夫去寻找新耕地，游耕游居成了必然现象。山阳县凹朴乡盘文达属谷门瑶，1970年时58岁，一生迁居13次。纳夯县永安乡军垄龟寨盘金贵属大板瑶，1970年时37岁，已迁居8次。每次迁居都得盖

① ［越］阮克颂等著，梁红奋译：《越南的瑶人》，见《民族研究参考资料》，第十八期，33～34页，贵阳，贵州民族研究所编印，1983。

房子，费工费时，有些财产不能随身携带，又不能卖出去，猪鸡大大小小都杀掉，影响生产生活。游耕生活不稳定，饱一餐、饿一顿，天灾年景歉收吃野菜充饥，缺穿少盖，饥寒交迫，疾病多发，人民生活困顿。八月革命胜利，尤其是抗法战争胜利后，随着水田生产的发展，瑶族定耕定居增多，生活有所改善。但瑶区水田多半是由坡地改造而成的梯田，尽管瑶族人根据水田耕作的需要，购置犁、耙等农具，修建水渠，更换生产节令，注意改进耕作技术，但由于这些水田土质欠肥沃，有的地方水利设施少，受旱涝威胁，有的地方水田泥多水深，或石子、石头多，耕牛无法耙，只能驱牛下田踩泥，每公顷产量只有28担，约合1000公斤。① 人民生活水平是较低的。但到1988年革新开放后，允许私人承包经营土地等政策的实施调动了农民的生产积极性，推动了定耕定居，促进了水田生产的发展。根据近年调查，在实现了定耕定居的瑶族地区，人们普遍种植水稻，并推广高产良种，一年两造生产已走上轨道，稻谷产量大幅增长，人们即使不毁林开垦也有了足够的粮食，而且还有余粮来发展其他产业，增加家庭收入，个别地方的瑶人开始走向富裕，买上了汽车、机器进行生产。② 广宁省有瑶族38680人，80％实现定耕定居。该省广河县广锋乡有瑶族（青衣瑶）90户558人，他们原居住在广德乡，世代耕种坡地为生。1978年才开始种田，1985年搬到广锋乡，发展水田生产。1995年有35公顷一年两造的水田种水稻，还有43公顷坡地种杂粮。双季稻每季每公顷收成达到23至26担稻谷。每户每人每月粮食25公斤到30公斤。人均收入12600盾。发展养殖林和林业，下海打鱼，人均收入增加，全乡有300多辆自行车，2辆摩托车，约90％的家庭有收音机或收录

---

① ［越］阮克颂等著，梁红奋译：《越南的瑶人》，见《民族研究参考资料》，第十八期，34～35页，贵阳，贵州民族研究所编印，1983。

② 郑霸保：《越南瑶族在1970年至1975年的社会经济情况》，见《瑶族文化和社会的发展：现在与将来》，河内，国家社会人文科学中心，1998。

机，十多户有电视，80户有小型发电机，100%的人家庭盖了瓦房。①

（二）林、副业

除了农作物种植外，越南瑶族还有其他副业生产。

1. 采集与狩猎

采集对瑶族有重要经济意义。在游耕经济中，瑶族生活艰难，野菜、竹笋、山薯、槟榔粉、芭蕉芋根、各种山果，不仅为瑶族人民提供日常副食品，还帮助他们度过饥荒。香菇、木耳、砂仁、紫梗、生油粉、藤子以及各种珍贵药材更具有较高的经济价值。瑶族人将其采集加工后当作商品出售，成为重要收入来源。② 以前，采集土特产品缺乏科学性，又无组织，资源浪费较大。抗法斗争胜利后，越南政府在各地设立收购站，鼓励采集林土产品，引导开采、保管、加工。革新开放后，进一步采取措施，促进了采集业发展。

从前，瑶族地区森林很多，一年四季均可狩猎。狩猎不只是增加肉食，改善生活，还是保护庄稼的积极办法，同时也是瑶族的一种消遣活动。狩猎有个人狩猎和集体狩猎两种。狩猎用的工具有火绳枪、必瑟枪、弩、箭等。瑶族人常在傍晚或早晨鸟兽吃饱归巢或出去觅食时单独出去打猎。个人打猎一般只能打到各种鸟、山鸡、貂等，有时也会打到斑鹿。遇到野猪、鹿等大型或较难猎获的野兽，人们会组织起来集体狩猎。集体狩猎人数不定，有时全村人都参加并有分工，有的追赶，有的指挥猎狗，有的把守隘卡，所得猎物平均分配给每个人，打死野兽的人可多分到兽头和四肢回家祭祖先。现在由于森林减少，许多大型野兽不再存在，很多地方已经没有集体狩猎，个人狩猎也不能经常进行。

---

① 阮英勇：《广宁省广河县广锋乡青衣瑶的新生活》，见《瑶族文化和社会的发展：现在与将来》，河内，国家社会人文科学中心，1998。

② 高平省原平县成功乡盘章寨子关于成立和巩固合作社的工作报告中提到1962—1963年该寨仅竹子一项就收入近2000元，平均每户125元。

有江河溪流的地方，捕鱼业比较发达。渔具有罟、网、筌、板罾、竹笼、鱼钓等。也有用弓、枪射鱼，或用毒树叶毒鱼的。捕鱼主要是自食，很少出卖或交换。除了鱼，瑶人也捕龟、虾、蟹、螺、蚌等食用。

2. 禽畜饲养

越南瑶族居住分散，村寨小，土地宽阔，畜牧业较发达，饲养了不少大小牲畜、家禽。

长期定耕的瑶人，尤其是红瑶、钱瑶、窄裤瑶和长衣瑶的畜牧业更为发展。水田、定耕山地或土耕石山都需要拉力，故饲养耕牛就更得到重视和加强。在土山、丘陵和茅草山区，人们善于饲养水牛，而石山也就是土耕的地区则优先饲养黄牛。

有的地区，一户饲养十来头水牛或黄牛，有的更多。现在有的牛群达百头，还有增多的可能。畜牧业越发展，则为本地和其他地区的农业提供更多拉力，尤其是为平原地区供应耕牛。

饲养的大牲畜还有马，一般在山腰和高山地区发展，有的一户饲养三四匹或更多，主要用于运输和供人骑用。

有的地方还养羊，但不多。养羊不费工又好照料，今后可能会多养羊，提供更多的羊肉、羊奶。

养猪在瑶族中很突出，没有一户不养，每户少则三四头，多则三四十头，也有的养五六十头，其中除了母猪、小猪之外，还有十多头五六十公斤至一百五十公斤的大肥猪，并分大小厩养。庄稼收割后及播种前，猪常常是放养。

猪的饲料主要是各种野菜、芭蕉秆、红薯藤、芋头秆等，把它们剁碎与糠、包谷、南瓜、芋头、红薯煮。猪的品种不同，饲料也有所不同，要分开喂养。小猪一天早上、中午、下午、晚上喂四次，主要饲料有野菜、红薯藤、芋头秆，掺进包谷粉，有时包谷粉占一半，而十、十五公斤至三四十公斤的猪，每天只在中午、晚上喂两次，主要饲料是野菜、芭蕉秆、红薯藤，剁碎掺糠、包谷粉、薯类和南瓜等。对五六十公斤以上的猪，主要喂淀粉多的饲米，如包谷、薯类等，每天三次，上午喂生包谷籽，中午和下午的饲料是包谷粉掺少量糠、菜或芭蕉秆剁碎后煮熟。

在家禽方面，养鸡最多，无论是定居者或游耕者，不少农户饲养的鸡群有百来只，其中下蛋鸡十多只，阉鸡二三十只。在水田多和在河溪旁或池附近有条件的地方，鸭、鹅的饲养也有相当发展。

由于发展畜牧业，尤其是养猪，就得付出一定的劳动力，故必需有个打算及家庭分工。一般每户有一人养猪，饲养四五十头的则需两人（往往是妇女）专门照管并料理家务，如打扫卫生、舂米磨面，为家中务农者烧水煮饭。家中的人无论去务农或做工、赶街、走亲访友，回家途中都要注意捡野菜、拾烧柴等。

谈到瑶族的畜牧业，也要提到他们普遍养鱼的问题，特别是白裤瑶、长衣瑶和钱瑶养鱼更多。有两种养法：一种是池塘养鱼，一种是田里养鱼，白裤瑶池塘养鱼最多。有的地区几乎每户都有池塘，有的有两三个塘养几千条鱼，一般是养鲢鱼、鲮鱼、鲤鱼、草鱼、非洲鲫鱼和鲫鱼。为了养好鱼，人们常倒厩肥，尤其是倒猪屎和树叶、青草喂鱼。

长衣瑶和钱瑶居住的部分地区已懂得在稻田里放养鱼，主要放鲤鱼，有时也放鲫鱼。宣光省那夯县洪泰乡的故丈，有的农户一季可收获好几宴鱼（一宴为十公斤）。需要的鱼苗靠自己留鱼种。家家户户都一样，在楼梯底下或者就在门前有水的地方挖个小塘，养二三十条鱼种，经常喂饭、米、菜叶和青草。塘上遮有树枝或用竹子扎成的盖子，既通风又流着水，这样小塘里的水就可自然流动换水。到一二月份气候转暖时，鱼种开始排卵。这时人们把小塘里的鱼种放回已经犁耙两三道的水田里，事先放好干草、稻草、藓苔让鱼排卵。鱼产卵后就把它捞起放在别的田里。在这些田里的一个角落挖个小坑用篱笆围起并遮好，鱼苗放进去才不会被炎日晒死。大约一个月之后，鱼苗长大了则可捞起又分到其他田里。到七八月份田里的水放干时，即可开始抓鱼，这时的鱼已有两三个指头长，有时三四条就有一公斤。

田里养鱼很简单，不费事，把鱼放进田里后，时而照管一下，把水放够，挑粪倒进田里给鱼吃，并除埂边的杂草即可。这种养鱼法好处多，首先是增加食品，其次是鱼会吃尽稻田里的杂草，因此，稻田不必薅草，稻田的虫害也会减少。①

3. 手工业

越南各地的生活条件和环境不同，手工业的种类也有所不同。总的来看，瑶族的手工业不很发达，它与农业尚未截然分开，还带有自然的季节性。产品主要是为农业生产和日常生活服务的。各种手工业都还带有家庭性，也就是家中的男女老少无论谁都可以参加。故每一个人既是农民又是手工业者。各种手工业也未能像其他兄弟民族那样有行会生产组织，生产技术粗放、落后，产品的数量和质量不高。这是瑶人手工业的主要特点。

织布——从种棉花、弹棉花、纺纱、织布到蓝靛染布整个过程，对瑶族各个支系来说都是很普遍的。但是也有的地方，如老街、河北等地的红瑶、卢岗瑶，只种棉花纺纱，然后向其他支系或其他少数民族换回布而自己不织布。

瑶人的织布机相当简陋，有的织机没有钢丝综，全用木料和竹子做。织梭也是木制的，长约 40 厘米，两头尖，中间空大可放一个长 10 厘米的绽子，脊平直得像个刀口。梭子除了织出横线，还可代替钢丝综使横线织密。现在使用的织机普遍都有钢丝综了，这种织机的工效比以前高多了。纺纱织布一般是在农活比较清闲的秋末到来年的初春进行。

以前做衣服、被子、蚊帐的布都染成蓝靛色。为了解决染料的来源，他们就种蓝靛，自制蓝靛胶。蓝靛是阴历二三月种，六七月蓝靛叶老干时，就开始剪下老叶和树枝，带回家泡五天至一星期，泡烂后把叶子、树枝拧掉取出，用密箩或垫上砂石、谷壳的竹篮过

---

① ［越］阮克颂等著，梁红奋译：《越南的瑶人》，见《民族研究参考资料》，第十八期，35～36 页，贵阳，贵州省民族研究所编印，1983。

滤，然后掺石灰和少量炉灰，用手搅拌到冒出紫青色的泡沫为止，几天后石灰浸入蓝靛沉淀，上面的水成了淡褐色，把水倒干，沉淀的蓝靛就是蓝靛胶了。

染布之前，把用艾树叶煮滚的水放冷搅拌蓝靛胶后，掺进少量的炉灰水和酒，一直搅到伸进手去会上色即可开始染布。布要先用冷水泡才能染匀。把泡过的布慢慢放进染桶，又用手捏布数次，约泡15～20分钟之后拧水晒干，两三天后用冷水清一道。染一匹布的程序有时需要一个月，如果气候暖和，15～20天即可。

瑶族妇女除了纺纱、织布，平时也做些刺绣缝补。

编织——瑶族人民不仅喜欢编织而且还很熟练。主要原料为各类竹子和藤子。在庄稼除草之后，收割之前，人们利用这段时间编织各种篓筐、谷围、簸箕、筛子等。下雨天或晚上围在火旁，家中男女老少一边谈谈笑笑，一边交流编织方法，使得家中的气氛更加欢乐和温暖。

打铁——来到瑶人居住地区，可以看到一个寨子或邻近几个寨子都有一两个打铁铺。仅仅这一点就足以证明瑶人打铁手艺的普及和发展。锻造农具不受季节限制，任何时候要修理农用锄头、钉耙、刀子、斧子等，铁匠都随时满足顾客，不影响农活。空闲时，则为农业生产准备新的农具。有的瑶人还会制造火绳枪、必瑟枪和子弹，以及钢制禾剪（镊子）。证明他们经验丰富，技术相当高。

按照瑶族古传的习惯，他们很少把打铁炉放在家里，往往是在场地或大树下盖一间小茅草房专作打铁用。平时铁匠的用具还是放在家里，需要时才带出去使用。一般他们只有几把钳子，一两个铁砧，两三把斧子，一个木制风箱（长一米多，直径约三四十厘米），有的地方按风柜的结构做风箱，把风柜的风扇部分安装在一根柱子上，需要时用手摇。

首饰——这门工艺也是很早以前就有了，但属祖传。首饰匠技术一般保密不外传，故懂得这门手艺的人很少。主要做些装饰品，如项圈、脚镯、耳环、戒指、项链以及衣服上的装饰品，例如银扣子、银花、银星，有凸的，有凹的，如若要精致制作则用模压。银首饰铸造或模压之后，不是马上就可以使用，要使它发亮还得用咸水煮过。瑶人的银制品博得许多人包括其他民族的人的喜爱和购买，尤其是槟榔盒、挂小刀的链子、项圈、手镯等等。

造纸——造纸在瑶族中相当普遍，尤其是红瑶和钱瑶。不仅本民族，就连岱依瑶、侬族都很喜欢瑶人制造的纸，既好又耐用，有一种用楮树皮造的毛边纸常用来写字，纸张吸墨，字迹保留长久，许多祭书、传说、歌簿是很早以前抄写的，至今仍看得一清二楚。瑶人生产的纸还用于祭祀活动，例如写“疏文”，或者为死者烧的“冥钞”。许多地方的红瑶还用它来制作鞭炮。

造纸的主要原料有稻草、嫩竹及树皮，如楮树、葭麻和“望”树的树胶等。首先把嫩竹砍成一节节，破细后泡在木桶的石灰水里。一星期后用清水把石灰洗干净，放进大铁锅（煮猪食的大锅），掺炉灰煮烂，然后捞在密箩里，把炉灰水洗干净，放进石臼舂烂，又放回木桶掺“望”树胶和水，搅成水浆（即纸浆）。这时人们用一个小瓢（每瓢一张纸）把纸浆舀进竹制的方形筐子（每边三四十厘米）涂匀，纸面有些干后把它翻过来放在木板上。连续这样操作，涂 120 张后，用一个木架把纸张的水压干，然后一张张晒干收好，待需要用时才拿出来使用。在配料方面，红瑶和钱瑶相似，不同的只是在造纸的原料上，钱瑶主要用楮树皮，红瑶主要用嫩竹，钱瑶涂纸浆的筐子是日字形，宽 30 厘米，长 60 厘米，在筐里连续涂 40 张才一起取出晒干，而不必一张张摊开晒。

其他支系造纸方法略有不同，原料主要是稻草，稻草加工成纸浆的方法也与红瑶、钱瑶相同，但他们涂纸浆不用筐子，而是用一块一米二至一米五的布拉在直竖的木架上，再用一把稻草做的小刷子把纸浆涂在布上，然后晒太阳。这种方法每天最多只能得三四张纸。

榨油——以前远离城市、市镇、市集和交易地点的人们，购买火油点灯困难重重。因此，他们自采石栗、桐子及野生油果榨油点灯。榨油的原料有的是家种，有的一户种百来棵石栗和桐子。此外，也榨食用的芝麻油和花生油。

榨油的方法也不很复杂，采集各种油籽回来后，先到溪旁洗后晒数天，然后把壳敲掉，核仁晒干舂成粉，放进甑子像蒸糯米饭一样蒸后，舀进密箩筐里，再焙炒两道放进木架里榨油。

制糖——总的来说，瑶族制糖不发达，每年生产的糖还不能满足自己的要求。春季种甘蔗，冬天收成，砍下甘蔗后收回家再砍成小节，用石臼舂碎，倒进箩筐里，经过浇水用手捏出水，再把甘蔗水倒进大锅里煮成糖水。另一种方法和上述制法略有不同，即把甘蔗砍碎后，就倒进锅里煮沸一会儿，后捞起浇清水用手捏出甘蔗水。也可以把甘蔗砍小后倒进箩筐里，像榨油那样榨甘蔗水。在个别地方还能见到像在岱依族、侬族地区常见的那种用牛拉的木制榨蔗机，但是很少。

此外，瑶人还会制作狩猎的火药和过年节、婚礼、新住宅落成等场合使用的鞭炮。①

4. 林业

历史上，越南瑶族的林业生产主要是采伐自然生长的竹木用来建房子，制作生产生活用具满足自己的需要，也有的扛原木、原竹或自编自制的用具到集市出售，以换取工业品。

此外，就是在村子周围种植果树。有的地方种八角、玉桂、茶，但不普遍。林业生产在瑶族经济中占的比重不大。八月革命胜利后，尤其是20世纪六七十年代，由于国家的需要，在一些瑶族地区建立农林场，当地的瑶族人被划为林业工人，林业生产成了这些瑶人的主要产业。20世纪80年代末革新开放以来，为了推动定

---

① ［越］阮克颂等著，梁红奋译：《越南的瑶人》，见《民族研究参考资料》，第十八期，36～38页，贵阳，贵州省民族研究所编印，1983。

耕定居，帮助瑶族克服贫困，同时也是为了防止毁林开荒，保护生态环境，政府在许多瑶族地区提倡种植经济林木，如柑果、八角、玉桂、茶等，林业生产进入了新阶段。在广宁、安沛、莱州等省，林业生产发展较快，有的地方的林业收入占到收入的50％以上。安沛省文安县有瑶族20953人，占全县人口的21.1％。瑶族分布在20个乡，大部分居住在海拔800～1000米的山腰或山谷中。这里的瑶族很久以前就开始种桂枝，积累了丰富经验。在包产时期，1955—1968年，文安的瑶族人卖给国家500吨桂皮。革新开放，机制转变后，玉桂生产发展迅速。1987—1991年，卖给国家3700吨桂皮，仅1990年出口就达2000吨，接近包干时期20年的总和。到1994年，全县有5650公顷桂枝，其中瑶族种的就有5210公顷，占全县桂枝种植面积的92％。桂枝种植使瑶族增加了收入，改善了生活，促进了其他生产和建设的发展。过去瑶族建房子传统上用木头和树叶，现在出现了一些用砖头、钢筋水泥建造的房子。许多家庭买了摩托车、彩电、收录机、录像机、缝纫机、发电机，村子里还建起了干净、漂亮的学校、医院。[①] 老街省宝胜县起溪村是一个有450人的瑶人（选瑶）村子，距县城30公里。全村900公顷土地面积，20世纪40年代，森林覆盖率还有85％，但是经过几十年毁林开荒后，到20世纪80年代末，700公顷土地已变成光秃秃的山坡和耕地。革新开放后，瑶族同胞调整经济结构，实行农林结合。在山顶、山腰照管好自然林，保持水土；在坡度25度以上的山腰种植桂枝，在枝树下种植别的作物；在坡下和低山种植坡稻、木薯；在山涧种水稻；低洼地方挖塘养鱼；在菜园及菜园周围种桂枝，并穿种果树。现在森林面积逐步恢复，桂枝面积达到3557公顷，粮食生产和养殖业在发展，瑶胞收入增加，生活改善。1991年还有60％～70％的家庭缺粮，现在只有15％的家庭一年缺粮

---

① 黄南：《安沛省文安县瑶人种植桂枝的情况》，见《瑶族文化和社会的发展：现在与将来》，河内，国家社会人文科学中心，1998。

1～3个月，村里教学、医疗条件也得到改善。①

（三）交换与贸易

越南瑶族大部分居住在远离城镇、集市等大小经济中心的边远山区。由于交通阻隔，到市镇赶集要一两天甚至三四天路程，路途艰难又缺乏交通工具。因此，历史上，瑶族地区商品经济不发达。在瑶族社会里，也有货币、谷物借贷关系，更多的是以物易物的互惠式交换方式，如结婚、起房子、办丧事、祭祀中互相出钱、出物、出力以及互送礼品，以满足生活需要。然而，瑶族也不放弃与外界其他民族交换产品的机会。在市镇，赶集的日子仍然能见到瑶族的产品，如粮食、食品、家畜、家禽、林土产品和药材等等。瑶族从集市上购买的有盐、烟叶、棉布、针线、绣线，以及金属用品，如钉耙、锄头、矛、斧子、铁锅、铝锅，购买的陶瓷制品有缸、瓮、碗、碟、壶、杯等。

东西一般靠肩担，有时也用马驮。现在交通方便，使用自行车，人骑兼托物，不仅人不累，还可多带些东西。

八月革命之前，也有京族商人从平原带着货物到瑶族地区换回林土产品，但是这种交易太少，不值一提。同时，也有一些懂得药材的瑶人到外地出售药材，也有到远处的，一直到中部地区都有。然而，这些人也还不能称为商人阶层。②

在河江省的高山地区，很早以来就已形成了许多热闹的集市，如苗旺、同文、管簿、黄疏非、信门、安明等。以前，上述集市的人们安排在一个月中的不同日子会集，但后来为了集中生产，也为了让干部工人们有时间赶集，各地方规定只在周日集圩。现在在高山地区，这已成为习惯。瑶族人带到集市上出售的商品也很丰富，

---

① 韦文东：《起溪选瑶同胞对环境的处理》，见《瑶族文化和社会的发展：现在与将来》，河内，国家社会人文科学中心，1998。

② ［越］阮克颂等著，梁红奋译：《越南的瑶人》，见《民族研究参考资料》，第十八期，40页，贵阳，贵州省民族研究所，1983。

主要有玉米、谷子、大豆、扁豆、水牛、马、山羊、坯布、蜂蜜、竹笋、蘑菇、木耳等。瑶人购买的东西主要是那些他们自己不能生产的东西，如煤油、食盐、缝衣针线、味精、电池等。

以前瑶人的计量方法很多，鸡论只卖，蛋论个卖，玉米用竹筒量卖。现在瑶族人也普遍采用现代度量单位，如千克、升等，河江省的其他少数民族也如此。

值得注意的是，人们去赶集并不纯粹是为买东西或卖东西，也有去玩的。因此，河江省高山地区的集市还是传统文化的交流处所，是朋友聚会交流思想的好地方，也是男女青年邀约的好去处。可以说山区的集市蕴含着经济和文化两大内涵。①

## 四、社会组织与政治

### （一）封建统治者、法国殖民者对瑶族地区的治理

瑶族虽然十四五世纪已迁入越南，但直到越南最后一个封建王朝阮朝（1802—1945 年）编修的《大南实录》中才有一个地方提到“瑶”族。该书正编第二纪卷十四记载：明命三年（1822 年）三月，“广西之于邪高蛮潜杀汉民营，臣以闻。帝谕曰：你辖瑶僮未曾梗化，非如广义凶狠恶蛮之比”②。在此前后，瑶族被归于蛮族，或称为曼。在历史上，越南主体民族京族的封建统治者对包括瑶族在内的蛮族实行蔑视、歧视和同化政策。阮朝统治者虽口称对蛮族“一视同仁，绥怀间”，但实际上认为异民族“野性难驯”、“蛮俗愚惰”，因此，对傣、苗、瑶、僮等族均写犬字旁，视同野兽。

封建朝廷对异民族居住的地方采取直接统治和间接统治的方

---

① ［越］范光欢、雄庭贵：《河江瑶人传统文化》，河内，民族文化出版社，1999。

② 范宏贵：《越南民族与民族问题》，第 3 页，南宁，广西民族出版社，1999。

法。凡朝廷势弱的地方或偏僻地方，采取羁縻制和土司制，即委任当地民族的首领为吏进行统治，一旦条件成熟就改土归流，朝廷直接委派京官进行统治。瑶族分别受到侬族、岱族、泰族、芒族土司的统治。瑶族聚居较多的乡村，瑶族首领被委任为乡官、村官，成为土司的代理人。在越南瑶族写回中国的信歌中曾提到：

齐心行到交趾国，黎京殿上那罗离；
去求官，求得官多立县门；
众人立州又立县，做官做府那罗离；
得太平，多见瑶官立县门。①

据此，是否在一些瑶族聚居县也有瑶族首领被朝廷委任为县官，尚有待进一步研究。

封建朝廷对异民族采取恩威并用、剿抚结合的办法巩固其封建统治。一方面委任瑶族等少数民族首领充任地方官吏，同时将先进的耕作技术输入少数民族地区，发展这些地区的生产；另一方面，派出军队镇压反叛朝廷的武装力量。而日常大量、长期实施的是民族同化政策。值得注意的是，阮朝统治者自认为“夏”，对少数民族实行“以夏变夷”政策：“开导其民，服习中夏之言语、衣服，至于冠氏丧祭就其近者晓示之，则民俗易于丕变矣。”② 这里所谓“夏”、“中夏”、“汉民”，指的是越南主体民族京族，非指中国汉人。③ 越南封建王朝实行上述政策，对瑶族融入当地社会产生了一

① 广西壮族自治区编辑组：《广西瑶族社会历史调查》，第1册，287页，南宁，广西民族出版社，1984。

② 《大南实录》正编第二纪，卷一六三。阮朝还有意使各民族杂居，互相钳制：“不可使百十成群同聚一处，须间以汉民参错而居，俾相维制”。《大南实录》正编第二纪，卷一五三。

③ 范宏贵：《越南民族与民族问题》，5～6页，南宁，广西民族出版社，1999。

定的影响。

法国殖民者1859年武力攻占越南南部后，1884年占领越南北部。此后将近半个世纪里，瑶族和越南其他民族遭受法国殖民者的统治。

为了统治瑶人，法国殖民者在各地包括最遥远的偏僻地方都建立了他们的统治机构。村寨有洞长、甲长、耆日（或按苗族地区称为“抄派”、“马派”），乡里有正副曼长（或按平原地区称为“正副里长”）。对于瑶族人众多的县份，知州往往是由其他少数民族来担任。殖民者又增设官职，管理全州高山地区的瑶人和其他少数民族。

在上述政权机构里工作的人大部分是上层人物，或宗族的族长，或在地方有威信的公社首领。殖民主义者和封建主义者加紧把政权机构里的人员扶植为多少享有特权的阶层，以便帮助他们统治人民。然而，除了少数人忘本被收买而甘心做伤害人民和国家的事情之外，大多数由于宗族里和村寨里的正常联系，仍然与群众保持着良好的关系。

法国殖民者独自控制了山区自然资源和对当地人的管理权。换言之，他是山区及全国土地的最高占有者。瑶族农民与各地山区其他少数民族的农民一样，要开垦荒地都要向他们申报并上税，每年的各种赋税负担很重。从18岁至55岁的男子，每年每人的人头税3元，这是法殖民者在瑶族地区征收的一种较为普遍的税收，此外还有许多其他的税。如：坡地税，每公顷0.80元至1.60元；酿酒税，每户0.50元；房基税，按房柱的多少征税，五根柱3元，三根柱1.50元，茅草0.50元。此外，每年伐木盖房也要交钱，或者桥断未及时修复也要被罚款等等。每年服劳役也是人们非常担忧的事，因为服劳役既费工、费钱，又被歧视。

法殖民者在经济上实行沉重的剥削政策，同时，在瑶人地区又加紧推行“分而治之”政策。许多研究瑶人和其他少数民族文化生活的文章是由曾经在山区工作的法国军官撰写的，这并不奇怪。他们的全部研究工作和宣传活动始终旨在于挑拨离间，制造民族间的矛盾。A. 溥尼费斯写道："他们（瑶族）的聚居地还有其他民族，多数都在其他民族的统治下。很奇怪，在北圻山区截然不同的一些支系中，却操着一种共同的语言。这使管理工作复杂化，然而，又容易统治。因为一个地区有许多不同的民族混杂居住，这样他们在反抗'分而治之'方面，难以相互配合。然而，必须注意使他们有个和平的生活，并保持大家都平等"。他们最恶毒的阴谋是强迫这个民族去镇压另一个民族的起义，这不仅为他们的"绥靖"计划服务，而且还制造各民族人民之间的仇恨。法国殖民军曾派遣京族、岱依族的士兵去镇压瑶人的每一次起义，同时又利用瑶人去反抗"提探运动"……尽管如此，他们分离民族的阴谋都遭到了失败。

在多次起义中，各族劳动人民团结一致，共同反抗殖民者及其走狗封建主义。越南党和政府废除民族压迫和阶级压迫制度，实行民族平等、团结、互助政策，培养瑶族干部，吸收瑶族代表人物参加国家事务管理，帮助瑶族发展经济和文化教育事业，还选派瑶族青年到中国、前苏联及东欧一些社会主义国家留学。20 世纪 50 年代以来，从中央到各级地方党政机关、社会团体和企事业单位，都有瑶族干部参与工作，在瑶族人口较多的省、县、乡、村，还有瑶族人担任重要领导职务。如赵有理，20 世纪 60 年代初从中国留学回国后，一直在国家民族委员会任职，并被提为司长，直到 1994 年病逝。其妻子盘氏思原任山区民族委员会专员。现在在中央及地方任重要职务的有赵妹思（民族文化出版社专员）、赵德青（河江省省长）、邓福量（北太省副省长）、邓增福（谅山省定耕定居局局长）、李文清（北太省定耕定居局副局长）、赵光（北太省武涯县委书记）、赵氏耐（河江省团委书记，并任国会代表）等。

（二）村社组织

在越南瑶族地区，与国家组建的乡、村政权并存的，还有传统的农村公社组织。由于瑶族居住分散，各地区各支系的农村公社发展程度不同。在阶级分化明显的地方，农村公社组织淡漠，在阶级分化不明显的地方，农村公社的作用比较明显。① 总的说来，农村公社有如下特点：

第一，每个公社都有自己的居住和耕作范围。公社之间的分界线以大路、河溪、高山或山腰为标志。以前高平省原平县费加多乡16户瑶族为一个公社，他们在此地居住了8代人。开始时他们在远离村寨的山地游耕，后来凑了12两白银向地方官吏购买土地进行刀耕火种，逐渐定居定耕，从此形成公社的地域。村子前面的低处是岱依族的水田，水田和山地的分界线是山腰上的一条横道，这是多少年来山脚下的人开田时往上抛石而积成的，石堆以下是岱依族的田地，以上是瑶族开发的范围。村寨后面则以一条横过山腰的公路为界线，公社面积约四平方公里。宣光省那夯县洪太乡考常村等许多地方也是这样确定公社界线的。高平省原平县太学村的许多地方则以山腰的峡谷来划定公社界线，公社范围从山脚的峡谷、山腰的旱地，一直到山顶。

第二，每个公社都有若干姓氏的家户，其中必有1户人口最多或最先迁来的宗族。如上举原县平费加多乡16户住户中，盘姓11户、赵姓1户、李姓1户等。盘姓最早迁来，其余姓氏是后来才迁来的。

第三，每个公社除水田、山地属个人所有外，其余山林、河川属公有。公社的每一个人都可以开发田地或伐木，限制别处的人来开垦或伐木。有的公社地多，有时也让别人来垦种，但是要交米、肉、钱给公社祭土地神。外人要加入公社，需得到村民尤其是老人和首领的同意，并完成习俗规定的村社共同事务，如生产生活方面互相帮助，参加祭土地神，遵从该社风俗。个别地方，新迁居者必须在一两季收获后，杀猪请村民吃一餐饭。

第四，每个公社都有与农业生产、畜牧、狩猎有关的祭礼仪

---

① ［越］阮克颂等著，梁红奋译：《越南的瑶人》，见《民族研究参考资料》，第十八期，60页，贵阳，贵州省民族研究所编印，1983。

式。仪式在播种前的春初、庄稼长成后的夏季与秋季、收成后的年底举行。祭礼仪式上村民共商生产、生活等事，并在一起吃喝。

第五，每个公社都有一个首领。长衣瑶、白裤瑶称“刹奏”，青衣瑶称“受么”，钱瑶称“九昆”。首领有一两个助手，助理公社事务和祭祀活动。首领通过村民选举产生，其条件是“明是非，讲理、公平”。首领的职责是：

(1) 带领村民进行生产、狩猎及其他公益事情。每一年，由他看日历，通知生产季节。开春，他最先播种，开始新一年的生产，钱瑶称为“科刀”(意即开地)。这天，全村都去帮忙。播种结束，主人请大家吃饭，并送每人一把种子，带回各自地里播种。宣光省那夯县洪太乡的钱瑶，首领“科刀”那天，自己栽秧，栽完祭毕才告诉村民，并送每户一把秧，带回各自地里栽插。对于游耕的各个支系，公社首领特别重视与村民商量找地的事。许多地方由公社组织集体迁居，以便互相帮助。公社首领的责任是决定迁居的新地点和建村子，并以鸣枪来判断迁居的吉凶。公社首领还发动村民筑桥修路，挖水渠。不过，这项工作在许多地方由政权机构的官吏承担。

(2) 调解纠纷，维护秩序。村寨发生纠纷，如耕牛吃了别人的庄稼，双方解决不了，公社首领出面调解；如纠纷双方为两个不同社的成员，则由双方首领出面调解。一般冲突，首领的意见都能解决问题，并使双方和好，事态很少发展到向官吏告状。大冲突即使告到官吏，首领仍参与意见，这些意见往往被接受。

(3) 管理生活，维护风俗。首领充当婚礼、赐敕礼、开学仪式的见证人，并协助丧家进行奠祭。村里举行婚礼，首领是男方送彩礼或女方带嫁妆的见证人。对不按习俗办婚事的人，尤其是郎官(接新娘的男方代表)，首领有权对其“罚钢钱”(象征性处罚，使其脸上不光彩)和“罚酒”(强迫喝酒)。村民认为，首领担任青年人赐敕和开学礼仪的证人能使这件事办得更好。村里有人死，首领要帮丧家选择埋葬的日子和时间(丧事由祭师主持)，并号召村民前往相助。

(4) 主持村社祭祀。组织祭拜村神，是首领必须完成的一项重要工作。在许多地方，首领的家也就是祭祀村神的地方，同时也是村民集会和青年学习汉字的地方。此外，主持迎新送旧礼仪也是首领的一项重要工作。除夕夜，村民聚集首领家，议论生产，喝酒，首领鸣枪迎新送旧，然后大家各自回家迎新年。年初一，仍由首领先鸣枪迎新年，并在自家门口放鞭炮和插上一支剑。鞭炮声一停，村民争先恐后放鞭炮恭贺春节，然后各户家长一起到首领家拜年，并互相拜年。下午，各户家长带上酒菜到首领家共饮，一起鸣三排枪，称为“开枪礼”。

首领由于在生产生活中起重要作用，把分散的各户聚集成一个公社集体，发扬公社成员之间相助的传统而受到村民的尊重和信任。每当村里猎获大野兽，人们都把最好的一块肉送给首领。在许多地方，首领在群众中的威信和影响超过村长。首领死后，村民一年内禁忌生产、狩猎、祭拜、唱歌和举行婚礼。人们把首领的灵魂当作土地神加以供奉，红瑶称其为“边甭底收”(本方地主)，钱瑶称为“低纠民”(地主神)。

第六，除首领外，村里的长老也有重要作用。在处理公共事务中，首领往往听取长老的意见，并得到他们的帮助。如处理纠纷、当证婚人以及规劝青年人做好事等。他们都参加各项公益事宜，并得到村民的尊重。

第七，生产生活中团结互助的集体主义精神是公社存在的重要因素。以前，变工互工是瑶族地区生产上互相帮助的较普遍的方式，红瑶、钱瑶、卢岗瑶称“呸工”，青衣瑶称“列工”。变工互工是自愿的，谁要做件什么事，只要告诉一声，到时大家就会来帮忙。刀耕火种的生产过程要求集中人力开发山林，及时播种旱谷、玉米，为避免兽害要及时收割庄稼，都需要集体变工生产。有时，人们为了防止野兽的破坏，许多人一起开发一大片山地，平整后每人分一小块，各自种植。也有的地方组织集体耕作，青衣瑶称之为

“哀仰固”，卢刚瑶称之为“邓庄俩”。户数二至七八户，大伙凑种子，一起播种和中耕管理。谅山省亩山区瑶人还共同筹集资金购买水田，共同开发梯田，共同种植，并推一人负责指挥生产和分配，产品按“刀头”（参加人数）分配，尽量做到公平合理，但不计较各人做得好坏。[①] 各支系的瑶人还组织集体狩猎，猎获的兽肉不仅平分给猎人，还分给未参加者。个人猎获的兽肉也常请村民来吃，或者留一半分一半。

在日常生活中，哪家有婚丧寿庆病祭或建房等大事都得到村民的诚心帮忙，不仅劳力方面，还包括财力、物力和精神方面，被视为公社成员之间的义务。许多地方的习惯是，每一户举行祭祀、婚礼、供拜时，都请全村人来聚餐；村里有人过世，村民要给丧家送菜送柴，禁止舂米磨面，送葬时，每户要在屋外悬挂稻穗为死者送魂；有人高寿生日，每户要送一把米；村民之间互相借钱和牲畜，也被视为互相帮助的一种形式，不收利息；刚分家和盖新房者，村民送来粮食和家畜。

第八，依靠社会舆论和强制手段维护秩序和风俗习惯。公社里谁违背风俗习惯都会受到社会舆论的谴责。村民违反道德未婚先孕、偷盗、发生不正当男女关系等，要罚其请村民吃饭，称为“洗脸礼”。不肯受处罚者，则被视为自己脱离了公社，遇到事情就得不到村民帮助。实际上很少有人敢于违抗公社的集体决定。

越南瑶族的农村公社组织虽然在历史上曾被殖民统治者及其封建走狗利用来统治瑶族人民，并由于被利用而引发的阶级分化而使公社的集体精神发生破裂，然而若干优良传统一直依然存在，并继续对瑶族社会生活发挥影响，如加入革命团体、当民工为前线服务、参加合作社……公社成员往往相互邀约，采取统一行动，如八月革命前，出现过多处瑶人同时加入越南独立同盟，抗战时期参加

---

① ［越］阮克颂等著，梁红奋译：《越南的瑶人》，见《民族研究参考资料》，第十八期，64页，贵阳，贵州省民族研究所缩印，1983。

民工、交工粮即是如此。[①] 八月革命和抗法战争胜利后，越南组建乡村政权，瑶族村社里选出了村长、副村长。在现代社会里，村长在宣传、贯彻党和国家方针、路线、政策时，要遵循村里的传统。同时，瑶族村社里长老（giang Co）在本民族中仍有很高威望。很多事情不能解决时，村长常尽量听取长老的意见。现在，妇女会、农民协会、胡志明共产主义青年团、退伍军人协会等团体尤其是党支部的领头人在村里帮助村长完成使命方面也发挥重要作用，但村中老人的意见仍然是很重要的，村民很乐意听取他们的意见。[②]

（三）宗族与家庭

越南瑶人认为自己是十二个宗族的后代。这些宗族在过山榜、盘王榜、邓蘅传、盘大会和其他传说中都有记载。除了盘、邓、赵这些宗族之外，其他宗族的记载各有不同，这份榜文记载这几个宗族，那份榜文记载那几个宗族。因此，瑶人不止十二个宗族，实际上是更多。

从前，瑶人的宗族（主要）具有血统性，他们之间的婚姻是违背习俗的。现在居住在宣光的窄裤瑶冯宗族分两个支宗，他们之间至今仍然没有婚姻关系。部分宗族在饮食方面也有禁忌，例如：包姓忌吃莲花白（椰菜——校者），白姓忌吃嫩香蕉，杨姓不种甘蔗……祭祀祖先的祭品，各家族也有所不同，例如：冯姓用羊，赵姓用水牛，盘姓用黄牛……瑶人的宗族中，盘姓被看成是根基（“盘大会的第一个宗族——盘王管理村民”，“盘姓为十二姓之首”），然而盘姓与其他姓一样，只有血统关系，而不是等级。

尽管瑶人的主要家族有血统关系，然而，在长期的迁徙过程中，居住分散，同一宗族的兄弟关系再也没有原来的密切了。每个

---

① ［越］阮克颂等著，梁红奋译：《越南的瑶人》，见《民族研究参考资料》，第十八期，65页，贵阳，贵州省民族研究所编印，1983。

② ［越］范光欢、雄庭贵：《河江瑶人传统文化》，河内，民族文化出版社，1999。

主要宗族又分为许多宗支，例如北太的红瑶，盘有两宗支“片叭”和“片细”，赵有三宗支“片伯、片命、片通”。亲属关系就是宗族关系，实际上是表现在邻近的宗族或邻近的宗支里，同一宗支不得结婚。

瑶人的大宗族（即支系）包括许多宗族，他们存在于瑶人居住的每个地区（留下的痕迹较深），并在社会生活中起着重要的作用。从前，每个宗族有若干大家庭，后来可能有四五户至二三十个小户。由于游耕不定居，所以居住是根据该地区刀耕火种的发展情况而定。许多宗族迁徙后各自建立一个村寨，或者集中在某个村寨的一角，然而，也有的分散居住在若干村寨，甚至相隔四五十公里之远的也有。虽然相隔远了，可是他们由于拥有固有的许多共同要素，关系仍然非常密切，非常团结。

人们认为，宗族里的人是同一祖宗，现今瑶人的每个家庭还有家谱，至少也有个简要的家谱，它记载祖宗及其子孙的名字，便于祭祀。

每个宗族都有其本身的字辈。这是指宗族中的父权系统，也是大宗族共同使用的字辈。然而，一个大宗族里的各个宗族的字辈或多或少不一致。例如：高平省元平县的赵（属赵金祥）有三个宗族，其中在宣光的一个宗族都使用一个共同的字辈系统（如：福、金、文、阮、贯、接、才）。赵金祥先生的宗族，还使用本大宗族的七个字辈，其他宗族只用四个字辈，宣光的另一宗族只用五个字辈。之所以同一大宗族中的字辈有多有少，是由于各个宗族里有的家庭困难重重，病人也多，认为这个不幸是不用本宗族字辈所致，因此就尽量回忆本宗族的字辈去攀亲，这样字辈的多少就不一致。字辈系统有先后次序，用了最后一个又从头轮起。

每个宗族有个族长，由宗族里各家户主推选，并通过共同磋商产生。族长的家里设置该宗族的供桌，称为“雄楼”。人们常称族长家为“大屋”，其他人家为“小屋”，或者用“大屋”的草棚作为祭祀、过年及为青年赐敕的公共场所。

在一年中的大礼仪节日里，吃新米饭时和患病者多时，就要举行全宗族性的祭祀。宗族里所有的人，无论远近都带酒肉和大米到族长家一同吃饭。有时整个家族几十人分两处进餐，一处是男子，一处是妇女和孩子。饭后各自回家过年，也可邀请兄弟亲朋欢聚。目的是为了人们的健康、生活生产好以及宗族的发展。各宗族的祭祀方法不同，不让其他宗族的人参加，就连暂时来居住的女婿也不得参加祭活动。

族长的任务之一是为本族青年主持赐敕“挂灯”仪式，有时五至七人同时进行。届时，各户都有捐献（尽管家里没有人度戒），当然，主要是家中有人参加度戒者，这对每个青年都是必要的，同时也是本宗族的共同荣誉。哪个宗族未进行赐敕的男青年多，就会受到舆论的嫌弃。别人会说“这个宗族不会办事”、“不发展的宗族”等。

族长还有帮助各户人家建户醮祭、举办婚礼、分家财等任务，这也是宗族成员将其当作自己的事而互相帮助的。在一户人家贫困或患难时，每一个成员都要尽力资助，送粮食，送小家畜。多灾多难的人家和孤儿则与别人或族长家一起生活。族长和宗族的成员希望每个人都生活好，团结一致，子孙满堂，人人希望本宗族的首领有才干，“能说会道”，有社会地位，能作为大家生活经营的靠山。这个愿望不仅明显地体现在生活方面，而且在祭拜祖先方面也有反映。活着的人在社会上有“爵位”，死后则被视为祖宗“雷着翁”并加以奉供。

由于人们把宗族（泛指整个大宗族）当作各户人家好好生活经营的靠山，所以有的人家举行仪式脱离人数少的宗族，加入人数多的宗族，他们称此仪式为“琼勉”。有时也有人加入女婿的宗族或者上门女婿加入妻子的宗族。根据瑶人的风俗，赐敕过的男子不得到女家上门，如果要上门，也得举行“琼勉”仪式。这个仪式必须请高手巫师举行于山林里，人们在那里建盖一间象征村里住宅的小屋，让巫师把当事者的祖鬼“管制”于这小屋里，然后回家祭新宗族的祖先，祈求祖先让他加入此宗族。

父权小家庭是农村公社里的社会基层单位，每个家庭有夫妇和子女，可能还有祖父、祖母。家长一般是父亲，他在生产、祭祀、与外人的关系等方面责任最大，他还要负责对子女的教育和他们的嫁娶婚事。然而，家中的一切事务并不全由家长决定，而往往是夫妻和成年子女一起商量决定。

瑶人的父权家庭和辈分明显地体现在家庭成员之间的关系上。在日常生活方面，往往是妻子听从丈夫、子女听从父母、弟妹听从兄姐。家庭的辈分关系也是宗族的辈分关系，这明显地表现在上述的字辈系统里，人们可以根据字辈来区分家庭里和宗族里成年人的辈分。儿媳与公公、弟媳与夫兄、女婿与岳母之间的关系有严格的界线。儿媳不得到公公的卧室，弟媳不得到夫兄的卧室，同样，公公、夫兄不得到媳妇、弟媳的房间。从前，夫兄、公公在场时，弟媳不得坐在椅子上，而只能蹲着或坐在地上，以示对他们的尊敬。他们不能同桌吃饭，新女婿也不得与岳母一起吃饭。这是封建道德的表现。然而，他们之间的关系有时又保持着从前的那种平等。有些地方过六月节（祭农神节日），全家共餐，媳妇、夫兄、公公等要同桌，认为这样当年的稻子、包谷才能长得好，有的村民说：“人要团结，庄稼才能丰收。”

瑶人的父权家庭还表现在人们对离婚的观念上。对于部分瑶人，从未听说妻子要求离婚的事，他们把离婚视如罪孽，妻子永远完全属于丈夫。宗教的教义更进一步巩固了这种观念。人们认为丈夫当上“头斯莱”（比赐敕更高），夫妇俩则已在神鬼面前举行过“红丝”礼，死后夫妻又可在另一个世界里团聚。因此，“头斯莱”的寡妇再嫁后死时，人们为她送魂给原夫并向原夫的祖先报告。而“头斯莱”之妾死后则被视为无夫之女子。

已定耕的瑶人分家时，父母要把田地和耕牛分给子女，但主要是分给儿子。父母亲跟谁过，谁就多得父母那份。女儿只分得衣服和装饰品做嫁妆。游耕瑶人主要给儿子分白银、耕牛（如有）、猪、鸡和家庭用具。无论定耕或游耕者，也有的男女都分得一份家产，但女儿比儿子少。已婚女儿只分得衣服、白银和用具，但对于招上门女婿的女儿（包括长期上门或者数年的暂时上门），分家时也同样得到一份家产。

瑶人社会与其他父权社会相同，儿子比女儿珍贵，他有权继承财产、传宗接代。因此，人人都盼望儿子多，不仅没有儿子的常收养子和招女婿，就连有儿子的也愿收养子，往往为了收养一个男孩要付出很大的代价。他们不仅收养本族的男孩，还收养其他民族的男孩。养子与亲生儿子得到同样对待，同样享受家中的财产。因此，养子长大成人仍与养父养母关系密切，把他们当作亲生父母一样。

瑶人不仅盼望自己有更多的儿子，也希望自己的儿子迅速成长，成为有道德、有本领的人，以适应社会的要求。即在与农村公社和宗族有密切关系的个体或小集体的经济基础上生活的人，把自己的子孙培养成善于劳动、熟悉风俗习惯、有道德的人。

## 五、语言与文化教育

### （一）语言文字

越南瑶族至今仍保留着本民族特殊的语言。中越两国瑶胞见面说话，双方都能听得懂，并无多大障碍。越南瑶族还会讲邻近民族如岱依族、侬族的话，京族话作为普通话在教学、工作中推广，所以许多瑶人会说京族话，虽然发音不是很准。[①] 除了少数人因在中国留过学或因与越南华人接触较多会讲汉语（主要是粤语、客家语）外，绝大多数瑶族已不会讲汉语，这点与老挝、泰国的瑶族大不相同。越南瑶语属汉藏语系苗瑶语族瑶语支语言，分为勉语、金

---

① 邓福量：《浅析北太省瑶族人的传统文化、风俗习惯和生产生活》，见《瑶族文化和社会的发展：现在与将来》，河内，国家社会人文科学中心，1998。

门语两个方言。前者为自称“勉”、“兼勉”、“于勉”、“由勉”或“瑶勉”支系的人所操的语言，后者为自称“门”、“金门”支系的人所操的语言，两者基本词汇相同或相近，但通话有困难。由于与越南岱依族、侬族、京族、芒族等民族长期接触交流，越南瑶语受这些民族语言影响尤其是京语的影响而产生一定变化。那些迁入越南时间较早、居住在半山腰或低地的支系，其基本词中接受了岱依族语言的一些成分。比如红瑶和钱瑶在日常生活方面的一些语言不一样，如吃早饭，红瑶人说“眼当（Nhan dom）”，钱瑶人则说“眼崖（nhan ngai）”；吃晚饭，红瑶人说“眼亡（nhan muong）”，钱瑶人却说“眼表（nhan pieu）”；吃中午饭红瑶人说“眼案（nhan an）”，钱瑶人则说“眼帘（nhan leng）”。而“崖（ngai）”“表（pieu）”和“帘（leng）”这几个音是岱族人的发音，岱族人说吃早餐是“京表（kim pieu）”，说吃中饭是“京帘（kin leng）”。因此钱瑶人的语言有很多和岱依族人相似。[①] 这说明钱瑶人的语言受到岱依族语言的影响，某些基本词汇已发生变化，这可能与钱瑶进入越南时间较早，与岱依族接触较多有密切关系。

在现代政治、科学、技术的词汇方面，瑶族各支系都一样从京语借入。

语言与文字是构成民族文化的重要因素。长期生活在首都附近，每天都与人口最多的越族，还有其他一些兄弟民族如芒族、岱依族进行经济、文化交流，但瑶族人依然保留自己本民族的语言。由于能够流利使用越语，因此他们通过接受越族的新词汇，尤其是政治、科学、技术领域的词汇，丰富扩展了本民族的语言。然而，我们还要看到，瑶族人接受越语的程度不一样，干部、年轻人能流利地使用越语，而老人特别是老年妇女，所会越语很有限。令人欣

---

① 邓福量：《浅析北太省瑶族人的传统文化、风俗习惯和生产生活》，见《瑶族文化和社会的发展：现在与将来》，河内，国家社会人文科学中心，1998。

慰的是，瑶族人不论哪个阶层都没有把自己的母语丢掉，在家庭日常生活中瑶人用母语交谈，出到外面社会，两种语言都用。在各种社会活动中，干部首先用越语发言，然后再用瑶语说，这样方便老年人能听懂。但是一家之长或一族之长在组织开会讨论本家、本族事务时，就只讲瑶语。① 关于越南瑶族的文字问题，越南学术界有两种观点。一种观点认为瑶族现在还没有自己的文字，在学校里孩子们上课时使用普通话（指越语——引者注）。从1945年，流行瑶喃字，用汉字改编给瑶语记音。如今他们还保留有一些汉字喃编写的书。② 一种观点认为瑶族有自己的文字，并认为瑶族的汉字就是自己的文字。已故赵有理先生在研究报告中认为瑶人不是没有文字，瑶族是一个聪明的民族，接受汉字并不被动，而且具有创造性、灵活性，改造汉字使之符合自己丰富多彩的文化。同时还表明瑶族的牢固性和同一性。虽然他们分居在世界许多国家生活，但他们按照民族习惯使用汉字表达自己的意思。他们的居住地相距遥远，仍然能找到他们的亲戚和亲族，通过字辈来互相认识，尤其是红瑶支系，仍有统一的语言。不论他们生活在哪个国家，他们虽然借用这个国家的一些语言，但他们的基本词汇仍然是原来的。因此，远古的瑶人有一个时期是共同生活在一起的，有发展的文化，汉字是基础，用来记载本民族的迁移以及语言和文化。赵有理先生从四个方面进行了探讨和论证，一是当书写时，使用汉字作为瑶语的发音符号，在诗歌中和在生活中，与汉字的音完全不同；二是借汉字的音来表达瑶族的语言和意思，瑶族民歌借汉字的音表自己的

---

① 潘右寅：《河西省巴维县合——合作社的窄裤瑶文化与发展状况》，见《瑶族文化和社会的发展：现在与将来》，河内，国家社会人文科学中心，1998。

② 潘右寅：《河西省巴维县合——合作社的窄裤瑶文化与发展状况》，见《瑶族文化和社会的发展：现在与将来》，河内，国家社会人文科学中心，1998。

意愿；三是写汉文的字和音表现瑶语的意义，这种形式不多，但已用于诗文中；四是为了表达瑶人的意思，有一些自己创制的字。

（二）教育

越南瑶族历史上重视用传统方法教育儿童和青少年。瑶族教育的传统方式主要是家庭教育、社会教育，其中民间宗教信仰在模塑青少年的伦理道德、行为模式方面起着十分重要的作用。

由于生存条件比较差，过去婴儿死亡率比较高。瑶族对小孩很爱护，小孩从生下来到会走路、讲话以前，受到父母、祖父母的细心呵护。会走路、讲话以后，任其跟其他小孩玩耍。瑶人很少打骂小孩，认为小孩还小，灵魂不守舍，打骂小孩会吓跑小孩的灵魂，导致其生病甚至夭亡。小孩长到六七岁稍懂事，就逐渐让他们跟着大人干些活儿，以增长知识和技能。女孩跟妈妈、姑嫂或姐姐学刺绣、挑花，帮助烧火煮饭、洗衣、洗菜、喂鸡；男孩跟父兄上山狩猎，下地干活。在这期间，小孩还通过听大人唱歌、讲故事，从旁观摩大人举行的各种仪式，获得一些自然、社会和人生的知识，为进入社会作准备。

越南瑶族是以父亲为中心建构的社会。家庭和社会重视对男孩的教育，男孩长到十二三岁以后，有条件的，宗族要为其举行入社仪式，板瑶称为“挂灯”“度师”，蓝靛瑶称为“戒师”或“戒道”。举行入社仪式不仅要经受“睡阴床”、“跳云台”、“上刀梯”等严格考验，还要接受师父训词。长袍瑶的训词内容包括“十愿”、“十誓”、“十戒”，以示求神显灵，师像随身，保佑家畜兴旺，誓言不畏艰险，随时救人，并遵守不骂天地父母、不贪色贪财、不嫌贫爱富、不奸诈经商等禁诫。这些愿词、誓词、诫词虽然包含了迷信的内容，并以宗教仪式的方式给予训示，但基本要求却是以现实的社会关系为准则的，因而对教育青少年有重要意义。入社礼教育青少年懂得：经过入社仪式，他们已长大成人，必须像成年人一样承担起社会责任，不怕艰难困苦，去完成自己的职责。经过入社礼，青少年还获得了跟师父识字、学习经书、练习舞蹈的机会，按照瑶人社会的要求，全面提高自己的水准。聪敏好学的青少年，日后往往成为村寨中的宗教师甚至首领，受到人们的尊重。

八月革命尤其是抗法战争胜利后，越南政府在瑶族地区建立各级各类学校，减免费用，资助瑶族青少年入学读书，使瑶族教育发展到一个新阶段。经过几十年的努力，现在瑶族地区普遍建立了中小学校。有的地方还建立了卫生学校、林业学校、师范学校，瑶族青少年中小学入学率逐步提高。以掌握越文为脱盲标准的脱盲率也在提高。据最近的统计数，越南瑶族文盲率从过去的80%降到近年的50%。现在的越南瑶族，一方面在学校中学习现代科学知识，另一方面不放弃传统的教育方式。家庭教育、社会教育、宗教教育包括汉字学习，仍然是传统教育的基本模式，在培养瑶族青少年民族特性方面发挥了不可替代的作用。

（三）文学艺术

越南瑶族民间文学作品包括神话传说、故事、歌谣、谚语、谜语等，形式多样，内容丰富。这些民间文学作品除了口头流传外，也有不少以瑶化汉字为载体保留下来。

神话传说多是迁到越南时从中国传抄出去的，如《盘古》、《盘王》、《洪水》、《太阳和月亮》、《漂洋过海》等，其内容与中国瑶族流传的基本上一样，但也有变异。如《洪水》传说，越南瑶族称为《让隆辉煤》，讲的是一个贫困的村子设法抓住雷王，要杀他吃，但不小心又被他逃掉。之后，洪水暴发淹死了天下的人和万物，只留下姐弟二人。后来经过许多考验，姐弟结婚生下了360个家族。这对夫妻又分工造天建地，妻子勤奋造出了大地，丈夫怠慢造的天小些，因此，天地不相吻合，只好绑起大地往里拉，大地收缩时突出的部分成了山，洼下去的地方形成河流。《太阳和月亮》讲述从前天上有12个太阳和12个月亮。那时白天很热，人们只能在晚上干活。有一天热死了一个男孩，这家人的丈夫立即站在海边，用弓弩射下11个太阳，只留1个帮助万物生长，随后11个月亮相继死去(因太阳为夫，月亮为妻)，只剩下现在这个。这家人的妻子一气之下把射下的太阳剁碎四处抛撒，上天的就成了现在的星星。从此，人类和万物才开始白天干活，晚上休息。这两则传说与中国瑶族流传的两个类似传说在情节上略有差异，但反映瑶族人民的夸张和想象力及浪漫主义精神是一致的。

越南瑶族也创作了自己的传说，最有名的是《邓行和盘大会》。讲述一姓邓、一姓盘的两位瑶人从中国来到越南谋生，因语言不通被越南朝廷（李朝?）疑为奸细，关押数年。后来天冷，这两人用《过山榜》当被盖在身上。越南朝廷知道他们是逃难的，就放了他们并给予谋生的方便。这两个人找到开垦的土地后就回中国接家眷到越南创建基业。他们被视为越南瑶族的开山祖，成了传说人物。这则传说反映了瑶族向越南迁徙的过程，体现了越南朝廷对瑶人的帮助。

越南瑶族的一些民间故事也是从中国传抄来的，如《梁山伯与祝英台》，瑶族称为《音隋蓉》，即“唱英台”。有的故事与中国瑶族的类同，但又有自己的特点。如《竖矛衰蓉》，即“狸猫会唱歌”，叙述贫困的农夫——狸猫的主人变成天雷，他有本事使天空刮风、下雨、打雷、闪电，斥责了懒惰和贪婪。

歌谣作为瑶族民间文学的主要形式，在各支系中普遍流行。有的歌唱历史，有的颂扬辛勤劳动，有的赞美爱情。一般为七言四句，也有五言四句的。多用比兴。把传说故事编成歌谣在祭祀活动和节庆时传唱，如《盘古》、《盘王》、《洪水》，同样是越南瑶人歌谣的一大特色。

有些歌谣如《迁徙歌》、《九江歌》，则反映了瑶族迁徙的历史。这些歌谣的共同主题都是教育后人不要忘记祖先艰苦创业的历史，以便继承传统，开辟未来的事业。颂扬辛勤劳动和赞美爱情的歌谣往往相互融为一体，告诉人们：真诚的情感与热爱劳动、热爱生活是分不开的。此外，越南瑶族的《婚礼歌》、《生日歌》、《儿歌》，内容也很丰富。音乐分声乐、器乐两种。声乐与歌谣结合在一起。民间歌谣既是诗，又是歌，可以配调子歌唱。瑶族称唱歌为“报蓉”（板瑶）或“爱蓉”（蓝靛瑶）。每个支系唱的调子有所差别，如将相似的调子归纳在一起，一般可分为两类。白裤瑶、青衣瑶、蓝靛瑶支系唱歌音调拉长，调子低沉，节奏不明显，很难合唱；钱瑶、红瑶、卢岗瑶歌声高昂，很有节奏，适于合唱。郎诵诗、念祭文和计算日子有一种唱调，比较简明，只是句中第三、第五或最后一个字略为拉长。瑶族的习惯是同村男女不在一起对歌，只与外村对歌。唱歌对象不同，内容也不同。一般分为“报蓉退栋端笼”（未婚男女唱歌）、“埋票栋报蓉”（已婚男女唱歌），前者可以倾诉爱情，后者互相问候建康和生活，不能表达爱情。还有“报蓉合就”（唱酒歌），边喝酒边唱歌，歌词的意义与活动内容相吻合，婚礼时唱希望夫妻和睦、子孙满堂，迁入新居唱祝身体健康、生产发展。“豪宗”或“螺笼”（唱催眠曲）的歌声柔婉、悠扬。现在越南瑶族社会，随着变革与开放，青年人喜欢上了现代歌曲甚至西方流行歌曲，但在传统节庆活动中，民间歌曲仍占统治地位。

器乐主要有唢呐、鼓、锣和铙钹，祭祀时也用牛角作号。把铜钱系在剑环或法棍上，挥舞时会发出乐钟的声音。上述乐器只使用于祭鬼。据认为，唢呐、鼓、牛角号能发出“请鬼的声音”。

越南瑶族传统舞蹈只用于宗教礼仪。过年跳舞称为“（斯）莱（斯）达”或“表多”，动作有力、利索，往往反映人民的生产劳动，如捞虾、锯木等。赐敕时跳舞称为“拉棉档”，舞者手持系一串铜钱的棍子，边舞边打拍子，又称“钱棍舞”。

越南瑶族的绘画才能突出表现在造型艺术和装饰艺术上。瑶族经常在衣服、裙子、头巾、背带、锦、布袋、腰带上刺绣花纹图案，如头上戴花的人、鸟、马、狗、松毛、包谷、四角星、十字架、单十字、双十字、菱形和一般几何花纹。供祭时使用木刻花纹，有送信的骑马人、骑龙人、背花鸟、跪虎等。师公衣帽上常绣虎、龙、孔雀等。还有少量木制用具如刀鞘、刀柄、剑把等，也雕刻上花纹。

过去，人们除了在祭祀场合外，很少见瑶人家中悬有绘画作品。据认为，图片中的画像是鬼神的形象，故只能在供祭时悬挂。现在，胡志明主席的肖像及其他人像图画也进入了瑶族家庭。

## 六、生活习俗

### （一）居住

越南瑶族选择背风、高爽、靠近溪流和耕地的地方建村立寨。建盖住宅讲究择地看方向，破土动工要选吉日，新宅建好后要按照选定的“好时辰”举行进入新屋的仪式。各支系择地基看朝向方式不同。白裤瑶、卢岗瑶找到满意地点后要祭告祖先，看梦兆，还要选块盘子大小的圆形地方做个符号，看是否有蚂蚁来做窝或其他动物经过，才能确定。住在平坝地区的部分瑶族支系，请地理先生择地看方向。白裤瑶每个家族的住宅有自己的朝向，如蒋姓朝西北、李姓朝南、韦姓朝东。钱瑶在择地仪式之后，还要用鸡蛋凿洞放到火上烘，看蛋白的流向以确定地址。他们忌在一条直线上盖房，各家住宅的方向不同，也不在同一位置上。

住宅可分为土屋、半土房半高脚屋、高脚屋三类。盖房多用木料、竹子、茅草或蒲草为原材料。20 世纪 90 年代以来，开始有钢筋水泥建筑。

土屋：根据高平、北太、和平及其他部分地区的红瑶和钱瑶老人讲，很久以前，为了有地方祭祀盘王，瑶人就居住土房了。以前常见的土房，是定耕或定居轮耕及 20 世纪六七十年代专门从事水田种植的瑶人所居住的房屋。其特点是：主要盖在山脚平地处，也有盖在山上平坦处或山腰小斜坡上的；一般分五开间，有二至四道门，没有窗子；住房后面是卧室或者放床；供台挂在第三四间房之间的墙上，主人的床在供台附近；房屋里有两个火塘，一个煮饭，一个煮猪食，冷天还增加一个火塘烤火，这里是接待客人的地方，故又称待客火塘。土屋是较为结实的一类住宅，它适合于山区较稳定的生产环境，是综合性住房，火塘、家畜窝厩、生产工具、生活用品都放在屋里，猪舍、牛棚建在屋侧。

越南瑶族民居 张有隽摄

半土房半高脚屋：这类住宅是刀耕火种和生活在斜坡上的瑶人居住的。刀耕火种两三季就要换地方，生产是流动的，人们认为不必花工夫挖山填土建房子，而只挖出斜一小半建土房，另一半用木、竹架构，临空建起高脚屋。这类房屋一般有三四开间，两三道门，将火堂、舂臼放在土屋部分，供台、房主及其女儿的卧室也安排在土屋里，而将男孩卧室、客房安排在高脚屋里。这类房子由于高脚屋部分并不高，下面只能关鸡、关猪，耕牛需另盖厩棚。有人认为，这类住宅并不是在土房的基础上发展起来的，而是为了适应游耕生活和居住斜坡地的环境由土房演变而来的。①

高脚屋：一般为种植水田的瑶人居住。它盖在水田附近的平地上、山脚或山谷里，屋架的构造、屋里的布置与其他瑶人的住宅有

---

① ［越］阮克颂等著，梁红奋译：《越南的瑶人》，见《民族研究参考资料》，第十八期，48页，贵阳，贵州省民族研究所编印，1983。

越南瑶族民居　张有隽摄

所不同，而与侬族、岱依族的相同。这类住宅明显分为上下两部分，上屋住人，下屋关鸡、猪、牛。通上屋的梯子安在房子左边，梯下有小水池和一个小水瓢，让上梯的人洗脚。上了梯子是晒台，进了正门到屋里，可以看出这类住宅是以直线隔成前后左右几个部分，前排右边几格依次为客人卧室、吃饭地方和房主卧室，左边依次为房主女儿、已婚子女卧室，中间靠右有火堂，后排为女主人、女客人卧室和存放东西的地方。供台设在靠近男主人卧室的地方。这类住宅是少数种植水田的瑶人与岱依族、侬族、京族长期生活在一起，受到他们的影响而建造的。

瑶族这三类住宅虽然不同，但有共同点，就是第三间房的位置和布置方法，房间的墙都是纵线隔开，与第四间房是矮墙相隔，隔墙上设有小供台，供台后面是主人卧室，前面是男客人住处。这间房的布置方法始终得到保留，这是越南瑶人住宅的特点之一。

（二）饮食

瑶人一般每天吃两餐，午餐的时间约在十一二点钟，晚餐约在二十点钟，有时更晚，农忙时才吃早点，如果在家吃早点，午餐则带饭团到地里吃。在种植水田和旱地地区，瑶人的主食是大米饭；在种植包谷的刀耕火种地区，人们的主食是包谷多于米饭。瑶人食用的各种大米，要算山地的旱谷煮出来的饭最好吃，香喷喷，这种米饭越冷越软。在部分支系中，稀粥是每顿饭所不可缺的。瑶族把谷子加工成大米的方法与其他少数民族相同，要经过磨、舂、粗筛、细筛等。他们使用的舂臼通常是竹楔木臼。舂臼的种类很多，如柱形的木臼、手舂的槽臼、脚踩的、用水舂的等等。

从前，瑶人极其贫穷，每天的菜肴主要是竹笋和蔬菜，有时还捉些螃蟹和鱼及河溪里的其他各种软体食物食用。

瑶人饲养许多鸡、猪，然而肉类主要是醮祭和过年过节时食用。他们很会加工各种肉类食品，白肉和清炖内脏最受欢迎。烘干的松鼠肉煮芭蕉花或酸笋别有风味，常用于招待贵客。

瑶人有许多保存肉类的方法，如晒干、烘干，更为特别的是腌酸肉，可以保存十来年而肉不坏。葬礼时，人们往往赠送这类酸腌肉。这种肉往往是腌后生吃，很少像新鲜肉那样炒吃或煮吃。瑶人爱吃辣子、生姜、高良姜、香茅草、柠檬叶（烤干后研成细末）和各种香菜、酸水。他们还与其他少数民族一样，很爱喝酒，连妇女、少年都会喝。青衣瑶、钱瑶和其他几个支系喜欢喝一种不经蒸馏、不辣、有酸味的酒，而用大米、包谷、红薯、木薯和有淀粉的桄桄树、山药酿成的酒，则各支系都有。酒饼都用野生树叶和树根加工制成。

他们平时喝茶水和煮水榕叶、草药的水，也有人喝生水。

瑶人吸香烟和京烟。以前有许多人抽鸦片上瘾，现只有少数老人未能戒掉。他们普遍用水烟筒和烟斗。水烟筒和其他许多民族的一样，烟筒上有个连着水的管子，筒身都用大竹、小竹加工制成。烟管是很重要的部分，要用寿木、梅木等优质木制作，才不会烧裂和腐朽，烟管的洞要挖得适当，抽起烟来声音又响又好听。瑶族妇女也嚼槟榔，但不普遍。

无论是陌生人或熟人、远客或近邻，只要到吃饭时间，都会得到主人的款待。用餐时，主人不断给客人夹最好的菜，饭后还要递牙签、茶水，招接待非常周到。

吃饭时，瑶人习惯把饭放得远些，经常是放在灶上，或放在靠近供台的柱旁。家中的人自己添饭，客人由主人招呼。

饭后，瑶人禁忌像京族那样把筷子横放碗上，他们认为这样是家中有死人的标志。①

（三）服饰

越南瑶族男子直到20世纪初还留一束长发在颈后，或扎起来盘在头顶，周围剃光。六七十年代后，除少数人外，大多数剪短发，系蓝巾。卢岗瑶的头巾两头绣花，折叠成箍状盘于头上，两头绣花处露在后脑。白裤瑶、青衣瑶、红瑶的长头巾是绕成一撮往头上盘。

男子上衣分长短两种。平时穿短衣，过年、过节、赶街穿长衣。短衣分四种。过去穿京族一样的“五身衣”，三四十年前已不穿了；与广宁华人一样的高领、宽襟短衣；与京族一样的无领、长袖对襟衫，蓝靛色或褐色，比较普遍。上述三种短衣是受京族、汉人影响的结果。瑶族传统衣服为低领、对襟绣花短衫，前面左边增加绣花布，有的还钉上许多圆形银片或直径一至五厘米的八角星，瑶人称为“万金”，背后两肩下面绣有“盘王印”，瑶人称“雷丹”，衣用银扣或铜扣，袖口绣有花纹。青衣瑶着高领大襟短衫，胸前贴边，肩上绣有花纹。下着蓝靛布裤。现在不少年轻人平常穿西装。

瑶人经常戴草笠，喜欢打伞。男人也佩带银、铜饰品，如戒指、手镯、项圈，儿子少的人戴耳环。

妇女服饰更多地保留了民族传统特色，而且各支系均不相同，显得更加丰富多彩。瑶族的许多他称都是根据妇女服饰而来的。

---

① ［越］阮克颂等著，梁红奋译：《越南的瑶人》，见《民族研究参考资料》，第十八期，57页，贵阳，贵州省民族研究所编印，1983。

红瑶妇女服饰突出红色，头戴红色垂缕头巾，头巾一角往上褶成两尖角垂在太阳穴处，形如狗耳。婚礼上的新娘和参加祭盘王的妇女头戴大板，上覆绣花红巾。上身穿蓝靛色绣花长衣，胸前钉两排鸡蛋大的红绒纽扣，腰扎绣花带，衣服背后中间也绣有“盘王印符”，下着蓝靛色绣花裤子。老街保胜红瑶妇女上衣前后都是两层，外短里长，另有一件别有各种银饰的绣花胸衣。红瑶妇女以前常打赤脚，打绣花绑腿，现已穿拖鞋、布鞋。装饰品还有银或铜的耳环、项圈、手镯、戒指。

窄裤瑶妇女剪短发，涂蜂蜡，戴蓝色长巾，也有人把头巾盘在头顶像个“圆角”置于偏左部或偏右部。上身穿长衣，袖口镶红布，衣沿贴红布、白布或花布，衣服后面也绣有“盘王印符”，蓝布胸衣衣领绣有许多花纹，中央钉有直径五六厘米、银质半球形或星形饰物。下身着长仅及膝的蓝靛色布裤，裤裆大于120度角，裤管很窄，紧裹双腿，裤边绣有花纹。

卢岗瑶妇女也剪短发，涂蜂蜡。头巾戴法各地略有不同，谅山省卢岗瑶妇女用蓝靛色镶红边的方头巾，约十来条重叠在一起；宣光省卢岗瑶妇女头巾则与窄裤瑶相同，但在头巾底的前面加一根小棍子，使头巾抬高两个角度。卢岗瑶妇女衣服、胸衣也和窄裤瑶妇女相似，只是衣领、胸襟刺绣多，图案不一样，下身着蓝靛色布裤，绑腿用白布，刺绣很讲究。

钱瑶妇女也剪短发涂蜂蜡。和平、富寿一带的钱瑶妇女戴蓝靛色头巾，高平、北江、谅山、宣光等地钱瑶妇女则戴白头巾，两种头巾的两头绣有“盘王印符”。与红瑶妇女一样，钱瑶妇女在婚礼、醮祭时戴别具一格的帽子。其上衣与红瑶妇女式样相同，但刺绣较少，衣领后面钉有七个或九个铜钱。婚礼和醮祭时穿夹衣，里衣肩下绣有月亮和太阳形状。与其他支系不同，钱瑶妇女下身穿裙子，裙子用六幅青色花纹布和蓝靛色布缝制而成。胸衣用一块白色方布加缝一块三角表布制成。她们使用许多银饰品，有的佩戴十至十二个戒指、十来个项圈，身挂槟榔袋也是她们的特别装饰。

蓝靛瑶妇女留发椎结脑后。高龄者戴镶红边的黑色方巾，年幼者戴盘状帽子，帽框用乱发编成，边沿镶上银圈，外盖长方形小头巾。上身穿低领黑色衣服，纽扣在右边，衣领处镶一颗银纽扣和若干圆银片。裤分两种，一种与卢岗瑶相同，另一种裤裆很大（≤180度）。用红布或白布腰带，上钉八角银星。绑腿为两个白布套子。其衣服少刺绣，装饰品也少。

青衣瑶妇女留长发，涂猪油，结发脑后或盘于头顶。头戴像京族小木枕头的帽子，帽框用丝瓜络制成，帽顶有一个十字星，边沿镶许多银纽扣，外覆一块黑色绣有汉字的小头巾。上身穿宽袖长衣，前边两幅右短左长，无纽扣，贴边镶红布，穿时左幅搭在右幅上，用腰带绑紧。下身着裤，裤边不刺绣。胞衣用一块方形白布制成，领边有刺绣。装饰品与其他支系相同。

白裤瑶妇女以前留长发，盘于头顶并戴与青衣瑶相同的帽子。20世纪六七十年代后，将长发分束于脑后，戴一块蓝靛色绣花方巾，婚礼时新娘戴谷围形帽子，帽框用丝瓜络制成，外绕黑线并钉上许多小银星，帽顶两边钉上两撮穗。上衣胸襟镶红、白布，衣襟四处各绣三个人形，称为“投塞”，前领开襟处和衣服背后各绣两个八角星，两肩绣蜈蚣足迹。胸衣大，可遮住整个胸腹，上绣各种花纹。从前下身穿蓝靛色绣花裙子，20世纪中叶改穿长到小腿的裤子，裤腰宽大，裤腿还大。婚礼上新娘也穿这种裤子，但颜色是白的。

越南瑶族尤其是妇女不但保持民族传统服饰特色，而且款式众多，各种款式的服装和装饰要素比较完善。越南学者认为，越南“这个民族或那个民族不同地区不同支系的妇女服饰没有相对完善的要素和服饰成分，而瑶族就有这样一个优势。瑶族妇女服饰从衣服到装饰品的要素都很全面，衣服有八个成分（头巾、帽子、上衣、肚兜、裤子、裙子、腰带、裹脚），装饰品有三个成分（耳环、项链、戒指）”，“不仅如此，以上所说的瑶人的衣服和装饰品的成分还较丰富多样：头巾至少有三种……帽子有结婚时戴的、营斋

（打斋）时戴的或举行赐敕礼时戴的，还有平时戴的；上衣、肚兜、腰带、裹腿等这些成分常有两三种”。①

（四）婚姻

越南瑶族婚姻习俗，过去是在本民族本支系内部通婚，很少与其他民族其他支系通婚，同宗的人五代以内不能通婚。现在也有与其他民族（主要是侬族、岱依族、京族）结婚的，但人数不多。婚姻方式一般是男婚女嫁，但入赘婚也较盛行。入赘也有“招郎转”和“买断”两种，前者男方不需改名换姓，只需向女方交几两银子作为“买床”费，在女家住几年后可带妻子回到男家居住；后者需改名换姓，成为女方家成员，永远居住在女方家，但有的可将自己的祖先“请”到女方家一同供祭。

其习俗盛行早婚，男女婚龄多在18岁以下。婚姻关系的形成有两种途径，一种是自由恋爱成婚，一种是父母包办成婚。自由恋爱的婚姻一般是通过对歌活动进行。对歌是各支系瑶族男女盛行的社交活动。平时尤其是节庆期间，男女青年相约对歌，经过多次交往，情投意合后即互赠信物，订下终身。虽是自由恋爱择偶，也要征得父母同意，并办理请媒说婚、合八字等手续。父母包办的婚姻，有的是男童时代就已定下的，有的是青少年时到了成婚年龄，父母为之物色对象，托媒提亲结成的。

各支系问亲、定亲、成亲的礼俗独特而复杂。一般情况是，当男方看上某个姑娘时，就请本寨子的人前往暗示。青衣瑶用红绿线绑住两个铜片请人送到女方家，如果女家接受了这两个铜片，男家进一步送去一瓶酒、一斤猪肉（如有）或一只鸡、一包盐、两个槟榔。女方同意后交给男方一份姑娘本人的“命禄”（即生辰八字）带回去合命。男方带着“命禄”回家，一路上未遇到土塌、树倒、石滚、有人出殡等不吉之兆，到家请先生相命，杀鸡相鸡爪，再带

① 黎玉胜：《越南瑶族妇女的服饰——风格与个性》，见《瑶族文化和社会的发展现在与将来》，河内，国家社会人文科学中心，1998。

一只鸡或一些猪肉到女家“报命”，并正式提出结亲的事。有些支系是男方带上礼物到女家相鸡爪，与报命同时进行。有的地区趁“报命”的机会让“女婿”到女家见面。红瑶问亲要送女方两只阉鸡、十二瓶以上的酒、十公斤大米；钱瑶送一头杀好的重约二三十公斤的猪、十多公斤大米和少量槟榔。无论如何，习俗都要求双方订立婚书内容，包括女方同意把女儿许配给男方 X X X 为妻，男方必须送给女方白银、米、酒、肉和服饰，还要决定接送新娘的人数。婚书对角剪开各持一半。有的还写上确定的婚期，红瑶、钱瑶事先不决定婚期，等准备好才择吉日通知对方。

婚礼，瑶话称为“节染”或“乘渣”，作为婚姻的主要步骤，各支系习俗不同。红瑶在订婚后男方要给钱，让女方新娘子有一年时间做准备。在这一年里，她要用许多时间进行刺绣和添置新衣，准备嫁妆。到了结婚的日子，男方不必派人来接新娘，而由女方父母、兄弟姐妹、亲戚送至男家。新娘到新郎家，不一定走正门，而按到达时辰选择从何方向入门。新娘进门时，新郎要到邻居家回避，等到完成“红堂”仪式后才能回家。“红堂”形状像彩门，贴有彩纸和对联。新娘入门，男方请师公杀鸡祭告祖先，家中增添了新人，把“红堂”置于祖先供台。新郎回家，师公向新郎、新娘抛撒红带或红丝线，念诵合婚经书，求祖先认可他们二人结成夫妻，这就是红瑶的红堂仪式。仪式完毕，众人欢宴。入席时，男女方家族分开入座，互不交谈。第二天，送亲人返回。几天后，新娘回门。红瑶与其他支系不同，参加婚礼的男女方亲戚都分得一份肉和饼带回家。

钱瑶婚礼与其他支系相似，其特点是：在问了年庚之后到举行婚礼前，新郎要到女家去“做工”，时间有长有短，视女家意思而定。“做工”期间，女家为其备一张床，新郎自带蚊帐、衣服及用品。“做工”做得好，又无恶兆，亲事即定下，否则不能成亲。婚期到来而来不及准备聘礼，则先举办暂时婚礼，双方各自宴客，以后再补聘礼并举办正式婚礼，这时，可能他们已有许多子女。如果一对夫妻尚未举行正式婚礼，而他们的大女儿又要出嫁了，则必须杀猪祭祖先，邀请妻方父母亲戚前来“讨价”，意即女孩母亲出嫁前，她的外祖父母如何索礼，现在女孩也如何索礼，以便还给外祖父母。

青衣瑶到了约定的婚期，通常由新郎的哥哥率领新郎及伴郎等11人的迎亲队伍，并带够合婚书上议定的彩礼到女家迎亲。彩礼包括四五公斤肉、20只阉鸡、四五元白银、20瓶酒及给新娘做衣服的20元白银。快到女方家时，迎亲队伍先在邻居家歇脚，派人送上猪肉。等到女方家三次呼唤后，才允许进入女家。女婿到新娘家门口，有少女两人出来拦门对歌。男方代表要回应唱歌并一并付些钱，才被允许进屋。进屋后，领头者被新娘的朋友包围起来一顿拳打，还不得还手。入门后，为新娘、新郎燃灯行“合毿”礼。之后，双方派人来对歌，并做厍术礼。礼毕，男方交彩礼，同时伴娘唱起古典歌曲，然后入席。次日，新娘由自己父母亲或哥哥背负出门交给男方。到了男家，等到好时辰，由师公为新娘举行入门仪式，称为“改厦”。杀鸡祭告祖先，举行婚宴。

白裤瑶到了婚期，男方派出的11人必须在黄昏时到达女家。到达小巷口，新郎被一块宽大的红色衣服罩住头，扶到梯子下等候，女方女伴在梯子上唱拦门歌，男方回唱。新郎入门进新房，这时新娘需到邻居家回避，直到入席开宴时才回到新房。新郎脱衣罩，拜见岳父、岳母及女方亲戚，并送给岳母一只重一两四钱的银环，感谢其生养了聪明的妻子。婚礼上，新娘上身穿蓝靛色绣花上衣，头戴一顶像谷囤的绣花帽，下着白裤。次日离开娘家时外面穿一套旧衣服，走到男家附近的三岔路口才脱还给父母。快到丈夫家门口时，新娘被一件红衣服从头罩到脚，这时头天在女家梯子前对歌的情景又在男家梯子前重现。新娘吉辰进屋，师公为之“改厦”。在举办了“合毿”仪式之后，新娘出来拜见父母和男方亲戚。新婚夜，新娘和衣帽而卧，尤其是帽子不能往下掉。第二天夫妻带两只鸡一瓶酒行回门礼。若是上门郎，则长住女家了。

### （五）丧葬

在越南瑶族的观念里，人死后，离开尘世到另一个世界与祖先生活在一起，这与生活在尘世毫无区别。活着的人对死者的怀念，明显地表现在丧葬方面。

当有人死时，家中的每一个人都不得立即哭泣。户主佩带一把刀，系上腰带，带上两小包盐巴和半公斤酒到巫师家门口向巫师拜三下。巫师接下东西后摆在祖先和祭祀的祖师的供桌上，然后，丧主才能进屋报丧。丧主又到各户门前拜三下，以示告知全寨子。巫师向祖师父祷告后立即就到死者家中举行丧葬仪式。人一停止呼吸，家属鸣枪三声告知玉皇。如果死者是寨里的头人，当停止呼吸就要捅破屋顶，立即就地打开伞，然后开三枪告诉玉皇。

尸体置于以绳子编连的竹片上，放在火塘旁边那间房子的地上，头对着正门方向。人们把柚子树叶放在水里揉，用毛巾和稻秆蘸柚子叶水在尸体上从头洒到脚，这称为洗脸仪式。死者是女性则要把头梳开。从前，白裤瑶装殓时，巫师要为死者拔一颗牙，剪一撮头发和手指甲、脚趾甲，放进瓶里或筒里，随身带去择地埋下。第二天，到了选定的地点，巫师杀鸡往高处丢，鸡掉到哪里，表示死者就同意在哪里安息，先把装有牙齿、头发的瓶子深埋 40 厘米。挖穴之前如果瓶子没有露出，就可以在此埋葬；如果瓶子露出来了，就要另找地点。尸体覆盖着白布，选择“好时辰”才入棺。他们很担心为死者装殓的时间与家属某人出生的时间相同，因为他们认为时间相同，死者灵魂可能会抓活者的灵魂同去。如果记不得家属中每个人的出生时间，那么为死者装殓时，子孙不要在场。棺材安放在房屋的中间，直对着鬼门（瑶族人房屋中间都开一道小门，只为祭祖时才开的，故称鬼门）。钱瑶中的死者埋葬之前只捆布、被单或者用竹箪捆扎，而棺材则在穴中装钉。

丧主杀猪祭祀，送魂至安葬死者的地方。一般惯例由长子营葬，没有儿子则由改从妻同姓的女婿主持葬礼。嫁至远方的女儿也必须回来为父亲的丧事出力出钱。然而，有的女儿出嫁时，由父亲或兄长背出门，同时魔公也用刀在门上砍三下，表示是与亲生父母家断绝一切魂魄关系的，那么父母死亡时，回来不必携带任何礼物，甚至不参加送葬也不会有人责怪。外孙也不必为外祖父母戴孝。

村民来探访时，经常携带蔬菜和烧柴以及帮助做些事情。

出殡之前先分死者的物品，主要是日用品，如草简、烟斗、碗、杯、刀和锄头等，并给死者分田地。根据蓝靛瑶的习惯，巫师要亲自到墓穴祭祀，向四方撒米并用草打结，标志死者的田地范围。如果死亡是在稻谷成熟的季节，人们收割时则留下田边一块不割，意思是分给死者。

抬棺材出门也要择时，忌与家中活着的人出生时间相同。家属拿几捆稻谷放在棺材旁，表示分给死者，而后才把棺材抬出大门。死者的儿子伏在门前的地上，使父母的灵魂“过桥”、“外出”。棺材入土，铲土覆盖，坟墓末端用石头堆成一道“门”；有的还在坟上盖了草棚，周围还有篱笆。埋葬之后，巫师折下一树枝带回丧者家插在门上，意思是给死者灵魂打个路标，让他回家吃饭喝水。因这时未能把死者灵魂招至祖先的供台。

一些地区的部分瑶族支系对 10 岁以上的死者有火葬的风俗。按照这个习俗，分了财产之后，为死者买地，然后把烧柴堆积如猪厩那样，燃起大火后把棺材搁在火上。亲戚在旁观看巫师祭祀之后就回家，火由巫师点燃。第二天早晨，家属出来把骨捡起装入瓶子或竹筒里，然后埋在上边有个遮棚的地方或置于石盖之下，同一家族的死者的骨灰可以放在一处。这一点可能是由于以前每个宗族都有自己坟地的缘故。蓝靛瑶如果未能为死者择好火葬的时间，也可以先土葬，过两三年行斋后再挖出来焚烧骸骨。然后，只需取身体主要部分的少量骨灰装进很小的瓶子，便于迁居时携带。此外，钱瑶在不久之前还有露天丧葬的风俗。按照这个风俗，人死于不好的时刻不得立即埋葬，而是抬上山放进竹子编成的“棺材”里，置于两尺的高台上，待尸体腐烂了才烧骨取灰装入小瓶里。

人死后要立即送葬，然后再打斋超度灵魂。打斋经常是和家中某一男子的赐敕仪式同时进行，有时延续三天三夜，宰牛、羊、猪、鸡、鸭进行祭祀。第一天先在室外举行破狱招魂的仪式。人们用纸制作一个小框框，象征囚禁死者灵魂的监狱。巫师作法用剑捅这纸“监狱”并向上挑散，认为已破狱，灵魂就得解脱。孩子们则用布绑在扁担上像个吊床，把刚能解脱的死者灵魂抬回家。第二天，在灵魂召至祖先供台之前，为死者进行香花浴。巫师在供台前横放一把凳子，上面放一碗米插上香，并从屋顶上挂一块白布垂至凳子，这是搭桥给死者返回“老家”。如果死者是寨子的头人，这块白布就要从上述捅破的屋顶打着伞的地方往下垂挂。巫师作法、念咒、跳神，这叫做送魂过桥；念咒的大意是死者的灵魂已经到哪里了，过了多少座桥了，吹气七次就是过了第七座桥到达扬州了。死者不满 12 岁，他的灵魂只送至林州桃花洞的花女神处。尚未举行度戒仪式的男子，死后不得行斋，第三天举行度戒仪式。

瑶族也有为死者戴孝的习俗。儿子、嫡孙和与妻同姓的女婿都身穿孝服，戴孝头巾或白帽，一般女婿只戴白头巾，女儿、孙女则戴白或黑色头巾。白色丧物 120 天之后、黑色丧物 40 天之后才能洗涤，配偶戴孝 120 天之后才能再结婚。青衣瑶和蓝靛瑶在举行葬礼和行斋埋葬时间里，子孙后代忌吃油，不杀生，夫妻也不来往等等。埋葬 40 天之后，子孙后代才能理发或佩带各种银制的装饰品。①

## 七、宗教信仰

### （一）神灵观念

越南瑶族相信万物有灵。不仅人有灵魂，自然界一切物体也是有灵的。据认为，人的灵魂有 12 个，分布于身体的各个部位，它

---

① ［越］阮克颂等著，梁红奋译：《越南的瑶人》，见《民族研究参考资料》，第十八期，79 页，贵阳，贵州省民族研究所编印，1983。

们是：头魂“道文”、眼魂“崖文”、鼻魂“比文”、耳魂“二文”、背魂“厚文”、脖魂“胫文”、胸魂“贺文”、肚魂“杜文”、手魂“斯劳文”、脚魂“机恶文”、背魂“要文”、肛门魂“脱文”。12个灵魂中有一个是决定人们活着的主要因素，各支系对主要灵魂的说法不一。钱瑶认为胸魂是主要的，因为心脏停止跳动，人就会死去；红瑶认为头上旋儿的灵魂是主要的，因为它置于人的最好处，所以红瑶忌讳陌生人摸转小孩的头；白裤瑶认为眼睛的灵魂是主要的，当人们“闭眼松手”时，就什么也看不见了。灵魂是人们活着和活动的决定因素，当人们身体上各部分的灵魂都存在时，人身体就健康，哪个部位的灵魂被鬼抓着或迷失了方向，哪个部位就疼痛，当所有灵魂尤其是主魂永远离开躯体时，人就死亡。人死后，12个灵魂变成鬼，鬼称为“面”（红瑶）或“曼”（青衣瑶），鬼的模样与死人的长相相似。鬼生活在另一个世界，和人一样有欲望。老人、度过戒的人死后要把他的灵魂送回扬州与祖先团聚。

越南瑶族也把鬼分为两种，一种是善鬼，一种是恶鬼。善鬼为人赐福，恶鬼致人生病、死亡。然而，鬼有欲望，如果善鬼被怠慢了也会致人生病。在瑶人的分类中，善鬼指的是祖先、盘王、土宅龙神、农神、土地公、玉皇上帝、三清、三宝、三元、天师、元帅及阴兵。恶鬼指的是河鬼、溪鬼、山鬼、林鬼、树鬼以及那些夭亡、病死、吊死、阵亡、斩首、淹死的人变成的鬼。恶鬼常给人造成灾害，因此人们也要祭拜恶鬼，尤其是当村里流行瘟疫、人畜伤亡或庄稼因灾害歉收时，更要供奉恶鬼，求他们别来捣乱。

瑶族深受儒、佛、道三教的影响，尤其是道教对瑶族的影响最深。这点容易理解，因为道教用巫术治病、占卜、驱鬼辟邪。从道教的神灵看，与原始宗教形态相符合，尤其是多神主义的存在相当深刻。实际上，几乎所有道教的神灵已成为瑶人信仰的神灵。此外，佛教的影响也相当深。佛的法术和佛神体系与道教的关系也很接近，同时深入瑶人的社会和生活。它还与瑶人的各种原始宗教信仰形态混合在一起，极其复杂多样。

瑶人信仰的神灵中，从白裤瑶、红瑶、钱瑶、谷门瑶和卢岗瑶等支系的调查看，第一位神灵是天宫里的玉皇上帝。玉皇不仅统管所有的神鬼，而且还管着三层人。玉皇两旁还有佛，被视为是管军事的。在玉皇和佛之下还有元始、灵宝、道德。他们之下又有：

三清：玉清、太清和上清。

三宝：佛宝、法宝和僧宝。

三元：上元、中元和下元。他们旁边还有上祖，即太上老君和孔子。

再往下又分管内务和外部的大小鬼神。管内务的鬼神在屋里供祭，管外部的鬼神在住宅以外的地方供祭，但在大型仪式上，这两类鬼神又是一起供祭的。

鬼神包括：上坛香火、下坛兵马、土石龙神、半家祖、盘王圣帝、盘古圣人、连州三庙圣王（还分为两类：三庙王有盘王、平王和福灵，四庙王有盘王、高王、平王、福灵）、行书，有若干将领、阴兵、南曹、北斗、元帅、军师和阴兵，照管畜牧的神、狩猎神、保管谷米神和管唱歌文艺的神，大主神或称本方地主，最先到此地者死后被视为当地的神主，本方地主神包括宗族的首领。这些鬼供于土地公庙，“谬召”即庙主，他的庙是各类神或者山鬼、河鬼、林鬼、树鬼及病死、被杀、从树上跌死、淹死等鬼神的寓居。“朔炭”有开天立地神（盘古）、至天立地神和发明住宅、衣服的神，还有三岛高（还称为三岛郡公）、安令郡公（宣光省安山县清发乡）、景山郡公（宣光省安山县抗日乡）、督圣大王（宣光省清发乡）、圣马山（宣光省纳夯县洪太乡）、圣俾剁（高平省元平县体育乡）等等。“隆产”即农业神，有：农神、五谷父母“雍固府亩”，山地父母“遮栋府亩”、山地保护神“斯劳好棍好”，照料稻子和各类作物的神“佛谬、佛兴、兴蒿”等等。“乔公”指管理桥梁和道路的神。

此外，瑶人中尤其是巫师道公这层，还受到佛道轮回定命说的影响，他们认为阳间的生活是短暂的，人的一生是苦难的，另一世界的生活才是永恒的；如果要死后能回到扬州永远生活在佛爷世界或者再投胎成人，则需要在世时修人积德，死后灵魂在阴间才不受虐待，也不会投胎成牛成马……①

（二）宗教师

越南瑶族的宗教师主要是师公、道公两种，前者主持还愿，后者主持打斋超度，但有些人身兼二职。红瑶、卢岗瑶的师公即是道公，蓝靛瑶、青衣瑶师公、道公往往分开，也有身兼二职的。除了师公、道公外，还有专门从事卜卦、做小法事驱赶野鬼的人。卜卦人瑶语称“簸刮勉”（红瑶、卢岗瑶）或“疑刮门”（蓝靛瑶、青衣瑶）。他们一般用“降阳”的方法卜卦，也有的用打竹根卦、水卦、鸡卦、蛋卦。能“降阴”卜卦的人被认为是具有特殊气质，能在卦师父开设卦堂时“走阴”去见死去祖先的人，无此特殊气质不能成卜卦人。做小法事赶鬼治病的是一些挂过灯但未度戒的人，也有人称为师公，但不是大师公，因为他们不能主持大法事。一般师公也会卜卦、赶野鬼，但他们不愿意去做，认为这只是与鬼打交道，不能与正神打交道，是低职能的事。与神打交道是高尚的，与鬼打交道是低微的。

师公、道公被认为是熟悉传统、识得文字、熟读经书、会做仪式、能通神灵的人物。他们在瑶族社会中处于十分关键的地位，受到人们的敬重。要成为师公、道公，首先要经过超度仪式，越南学者称为“赐敕礼”。超度有不同级别，第一级为挂三盏灯，第二级为挂七盏灯，第三级为挂九盏灯，第四级为挂十二盏大罗灯。经过不同级别的超度仪式的人，其在神灵世界中的地位从而在世俗社会中的地位也就不同，级别越高，地位越高，级别越低，地位越低。事实上，由于经济上的原因，许多人能挂三盏灯，而不能做其他级别的超度仪式，因为仅做一次挂三盏灯的超度仪式就要花费不少钱

① ［越］阮克颂等著，梁红奋译：《越南的瑶人》，见《民族研究参考资料》，第十八期，94页，贵阳，贵州省民族研究所编印，1983。

物，超度仪式级别越高，花费的钱物越多。同时，根据瑶人的传统，不是所有姓氏的宗支都能做到挂十二盏大罗灯仪式，有些姓氏只能做到挂七盏灯或九盏灯的仪式。但对任何姓氏或宗支而言，挂三盏灯是基本要求，挂完三盏灯后还要经过度戒仪式（挂七盏灯）才有资格充当师、道公。

其次，要成为师、道公还必须聪敏好学，识得汉字，熟读经书，学会各种仪式程序。根据张有隽教授 1997 年 3 月至 2000 年 6 月调查，越南瑶族各支系有不少宗教经书，如宣光省安山县胜军杜板衣村蓝靛瑶有《合婿书》、《做道书》、《解煞书》、《解星书》、《三教度戒书》、《贡王救若斋秘密》、《喃六畜用》、《注日子天机书》、《开山书科》、《天机秘密》、《百姓书》、《武教天图》、《三朝解》、《天机秘语》、《大地藏妙经》、《天机马头灯筵》、《金刚壹部经》、《贡筵天机密语》、《政卷斋法》、《密法书斋》、《天图一部九品仙阶》、《佛天一图》、《圣母歌》、《疏书》、《三元书》、《十皇经》、《喃龛科》、《谢窖科》、《材楼科》、《沐浴科》、《谢墓科》、《法书》、《迓王科书》、《开告科》、《南昌科》、《十皇经》、《三官宝忏》、《三清歌》等四十余种，而宣光省沾化县托平社下山村红瑶、谅山省禄平县爱国社卢岗瑶有《叁饭》、《杂道良》、《请莫鬼》、《请祖公鬼》、《行图》（又称《行搭》）、《音郡流水簿》、《摇崽》、《贺盘王》、《家鬼书》、《叫天书》、《做斋书》、《火坑书》、《师歌书》、《疏文书》、《界王书》、《三为歌》、《盘王歌》（分 30 段歌词、24 段歌书两种）等数十种。这些经书都用汉字加瑶造字抄写，每本都有自己的用途。掌握这些经书先要学会文字，领会经书内容和用场。要懂得仪式进行的先后程序，就要看懂《行图》，并在实践中学习。越南瑶族也和中国瑶族一样，男孩子一般在六七岁开始在父兄或师公指导下学认汉字。挂灯度戒后如聪敏好学的即跟师父学习经书，并跟师父出去做法事，协助念经书、踏罡步斗或演奏乐器，日子久了自己能独立做法事才算出师，这时要置备一套经书、法器、道服及神像挂图。法器主要有剑、神棍、铃、卦具，道服据说为仿女人穿的花衣服制作，神像主要有三清、行司、功曹、海幡等，与中国瑶族所用相同。

（三）仪式与活动

从上列两地经书文本名目可以大体看出，越南瑶族有许多宗教仪式与活动。事实上，越南瑶族一年中各种大小宗教仪式与活动从不间断。根据越南学者的报告，有许多小型宗教仪式，经书里未反映出来而在实际生活中存在。八月革命前，瑶人迷信观念比较浓厚，宗教活动频繁，内容涵盖农耕、采集、渔猎、迁徙、立村建房、婚姻、生育、疾病、丧葬、征战、祭祖、超度等生产生活各个领域。八月革命后，越南政府提倡科学，发展教育，破除迷信，瑶人宗教仪式与活动有所减少，但一直未消除，尤其是瑶族一向重视的人生关节礼，如婚姻、生育、挂灯、度戒、病丧、年节祭祖等等祭祀活动，被视为生活中不可少的内容一直予以保留。

革新开放以来，随着生产发展、收入增加以及政策的宽松，各种宗教仪式与活动比过去有所恢复和发展。

从历史的角度看问题，越南瑶族有些宗教活动建立在古老的灵魂观念基础上，例如巫术、禁忌和农耕、狩猎中的祭祀活动。其中一些还是生活在中国时已形成，迁徙时带入了越南，有的是在越南形成、发展的。道教是中国土生土长的宗教，瑶族在中国已接受并信仰道教，迁入越南时，也把与道教信仰相关的仪式带进了越南。越南自古代以来受中国文化影响，道教、佛教、儒家思想皆从中国传入。然而中国人的信仰中，儒、释、道三家分得比较开，而越南人则将三教合而为一，瑶族迁入越南后，受此影响，宗教仪式与活动反映所谓“三教相合”的内容比较多。例如，张有隽教授 20 世纪 80 年代初在广西上思县十万大山山子瑶（蓝靛瑶）地区调查时，发现的宗教经书中属于佛教性质的只有《玉京斋意》、《玉枢经》、《玉皇经》、《诸品经》、《血湖经》少数几部①，而 1997 年在越南宣

① 张有隽：《瑶族传统文化变迁论》，52 页，南宁，广西民族出版社，1992。

光省安山县胜军社衣板村（蓝靛瑶）调查时，发现有《大地藏妙经》、《金刚壹部经》、《佛天一图》、《大乘莲花经中卷》、《药师七级科》、《金刚道场》、《谢墓科》、《报母血盆宝忏》、《十皇经》、《三官宝忏》等佛经多部。就祭祀圈而言，他们有些宗教活动属于个人性质，例如为报复个人的仇敌或为追求爱情而施行的魔法；有些祭祀活动是在家庭、宗族范围内进行，如祭祖、挂灯、度戒等；有的祭祀活动属村社共有的，如祭社种，越南学者称为“祭村庙”。祭祀圈的大小表现出宗教信仰的演化。

现在，越南瑶族的宗教仪式与活动表现出某种“综摄”的特性，可分类如下：

（一）占卜、巫术与魔法

越南瑶族历史上盛行占卜、巫术和魔法。现在，某些巫术、魔法活动减少了，占卜仍很盛行。

占卜作决疑手段有多种形式。师公、道公在宗教仪式中经常使用卦卜，这是道教按阴阳八卦原理设计的决疑方式。瑶族常用竹根、木根或牛角制作卦片，占卜时两块卦片朝上为阳卦，朝下为阴卦，一阴一阳为胜卦。卜至胜卦为止，否则不断卜下去，直到得出结果。有时师公连抛卦片，始终得不出预想结果，主家和师公额头急出汗珠，大起疑团，心中忐忑不安，猜测神灵是否另有怪罪而需另行卜疑，前后占卜达一二十分钟，直到找出原因才喘口气。张有隽教授1999年在广西宁明县边境丈鸡屯看越南禄平县爱国社瑶人师公卜卦，就见到了这一幕情景。

除了用卦片卜卦以外，瑶人还经常用鸡卜、蛋卜、钱卜、棍卦、水卜及降阴、占梦的方法占卜。青衣瑶、蓝靛瑶用鸡卜推选村寨首领，将鸡杀好煮熟观看鸡爪是否蜷缩，如是则好，否则不吉。钱瑶用蛋卜选择宅地，将鸡蛋凿个洞，四边画上人、家畜、财产、鬼（指祖先和保护神），然后置于火上烘烤，观看蛋白流向以决吉凶，蓝靛瑶用棍卜、水卜的方式问病。各支系卜卦人经常用降阴的方法与死去的祖先联系，查问相关事宜。卜卦人设坛上香，口中念念有词，不久进入昏迷状态，以这家死去的先人的口吻告知家人事故原因及解决办法，然后醒来。瑶人相信这是真实可靠的，往往依所言行事。

越南瑶人相信巫术。他们的经书中有《法书》、《密法书》、《咒书》、《解煞书》一类法书，就是专门用于巫法的。巫法被用于生产活动，如播种、狩猎，也用于家庭防病、治病和宗教仪式场所防护以及征战，如他们采取作法、念咒的形式，尤其是孩子时常佩戴护命符和避邪符类的东西。符的种类很多：一种是用金属制作的符，还钉上虎爪和熊爪，戴在手上或颈部，用于护命和驱赶邪气、恶魂及常常伤害小孩的魔鬼；第二种符是用绳、布、纸（瑶人用纸绳穿铜币）写上符咒，又经巫师念过，然后拧成一长股绳挂在手腕、手臂或颈部。许多人戴戒指、手镯、项圈，除了装饰外，还用以避邪，因为瑶人认为，邪气鬼怪最怕金属。出远门或到外地者往往佩戴用草纸制作的符护身。

瑶人还用巫术来治病，这相当普遍。巫师常用魔术驱赶鬼邪，念神咒为病人治病，或用法术、神咒“辅助”药物，就连医师也是边抓药边念咒，有时采药回来，给病人服用之前，也要先祭拜。

每当举行大型的祭祀活动，如葬祀、醮祭、赐救仪式、祭盘王、跳舞节“让震刀”，和象征性的扫墓“窄奏”，往往道公、巫师都要作法，说是为了“镇安”，为了驱鬼避邪和防止别人害自己。作法时，面对彩纸剪成的燕尾或日字形，还画些妖怪或者用瑶族字喃书写的符咒，嘴里念着神咒。

瑶族老人还记忆犹新地叙述，瑶族同胞在反抗法殖民者的起义中，经常举行祭旗礼，然后，起义军的首领、将领和士兵都把剑、矛指向敌人的方向。为了避邪，义军常常佩戴经首领作法念咒的符和锦币或红色头巾，并祈求在战火中冲锋走运。

瑶人还相信“午海”鬼，这是一种活人鬼，会伤害人和家畜，类似岱依族、依族迷信的鸡鬼和麒麟鬼。他们还迷信那些会法术的人，如岱依族、侬族的“配金骨午鬼”术，认为他们会发射金属、树枝和石头制成的尖器，及放出“阴兵”去伤害他们的仇人。大家都很害怕那些有法术的人，并认为如果有人使有法术者不称心，如吵嘴、嫌弃他、说坏话或不同意许配女儿，他们就会受到伤害。

法术的花样很多。有的法术师端一碗水和伤人的用具，如尖树枝、石头、瓷片、玻璃片等，嘴里念着对方的姓名和念头咒，然后含一口水，把伤人用具“吹出去”伤害对方，较普遍的一种是剪一个纸人，对着纸人念对方的姓名，然后挂在树枝上，用弓弩射击。人们认为，如果纸人被射中，对方不死也会患重病。最普遍的一种是面向对方的脚印、手印念咒，然后用尖刀戳穿剁碎它。还有，法术师叫对方的名字，对着路上的石头、草木或悬挂在树上的藤子作法，对方走过碰上这些东西就会被法术伤害。

此外，瑶族还有一种魔术称为爱情魔术。男女青年常常面向对方的食品和饮料，也可用“箧糟”草（贞女树的叶子）做个自己恋人的符咒念法。举行婚礼时，有“红丝”、“合包”的礼仪，使年轻夫妇的灵魂结合在一起，或者当新娘进屋时要跨越用蕉叶做成的有小人的船和放在门口的水盆，巫师用刀在新娘脚步之间处砍三次。还有升灯仪式，即举行过赐敕仪式者的职务又得到提升时，巫师也用法术，把当事者夫妇的灵魂结合在一起，让另一世界也承认他们是夫妻。

魔术对于瑶人和山区其他民族一样，只是一种普遍的迷信形式，它对村寨、版孟（音译，即村寨之间——校者）害处很大，尤其是造成了内部的不团结、各民族之间的矛盾和各家族及个人之间的仇恨，甚至有时还发生流血争端。20 世纪六七十年代后，在科学社会主义的理论指导下，在提高人民物质文化生活的同时，魔术与许多迷信、习俗一样，正在逐渐消失。①

（二）家庭与宗族的祭祀活动

越南瑶族的家庭祭祀活动主要见于以家庭为单位开展的农耕、养殖、婚姻、生育、建房、招魂、迎寿、驱鬼治病等方面。如播种和田间管理时，家主要祭谷魂、禾魂，收新谷吃新米饭时要祭禾魂、祖先；缔结或解除婚姻关系要举行一定的宗教仪式；无子求子，得子还神愿；人有病举行招魂仪式等。上述仪式活动比较众多，但涉及范围只限于家庭内部，仪式规模不大，它反映了越南瑶族个体家庭在社会系统中的地位与功能。

与家庭祭祀众多偏小相反，越南瑶族宗族组织保留了数量不多但规模较大的宗教仪式与活动，最有名的应数挂灯、度戒和跳盘王活动，其次为新年及清明两节祭祖活动。

1. 祭祖活动

瑶人认为，祖父母和双亲死后，灵魂到了另一个世界——扬州故乡，过着和人间一样的生活，并与子孙保持着联系。因此，子孙后代有义务祭祀他们，提供各样生活用品。祭祖在各家各户进行，但重要的祭祖活动在族长家举行。瑶族一般祭九代祖先，这一隆重仪式只有族长才能举行。在许多地方，族长家设有祭供宗族或家族祖先的供台，瑶语称“红楼”。除了“红楼”外，各家也设有供台，但只能祭供祖父母以下的家祖，有的只供双亲。只有白裤瑶、青衣瑶、长衣瑶不设宗族的供台，当子孙分居时，祖先也分到各户供祭。

祖先供台安置在房屋中央墙上一块木板或小棚子里，上盖茅草或竹笋，两边也有竹笋，也有的安在一间小屋或中堂的小阁楼上。师公、道公家的供台旁或前方用绳索或兽皮从上到下吊一个

① ［越］阮克颂等著，梁红奋译：《越南的瑶人》，见《民族研究参考资料》，第十八期，82页，贵阳，贵州省民族研究所编印，1983。

鼓，墙上挂两个竹筒或两幅“大三清”、“小三清”画像，这两幅像只能在举行挂灯、度戒、祭盘王等重要仪式时才能挂出来。供台下的架子存放乐器等物，如鼓、铜锣、钹、剑、神杖、衣帽和经书等。

供台是家中最尊严的地方，妇女尤其是新娘子很少能接近供台。人们认为，祖先的灵魂并不是什么时候都在供台里。平时主要住在“扬州”，一般在每个月初一、十五和年节时才来探望子孙。因此，瑶人坚持每月初一、十五在供台给祖先上香，年节时则隆重祭祀。平时祭祖由家长或长子主持，如家中无男子，女子以继承人的姿态来料理祭事，但还是要请族中一位男子来主持。

除了平日及年节祭祖外，瑶人也重视祭扫祖墓。迁徙少的支系每年三月三都准备肉、酒、糯米饭、糯米饼等到坟地祭供祖父母和双亲，除草、培土、整修坟墓。尚未定居者如果近处有坟墓则进行扫墓，如果坟墓太远，只能在家中祭供。白裤瑶和青衣瑶中的这种情况相当普遍，他们拿三把土和祭品放在大门口的供坛上，祈求安葬在各地的家祖回来接受礼物。

“窄奏”，这是扫墓的一种形式，但只是象征性的，有些地方叫做为祖先“盖新房”。由于经常迁徙，而且越来越远离原居住处的家祖坟墓，不可能返回原处扫墓。再说坟墓太多，分散各地，只好进行象征性的扫墓。选择吉利的月份和日子，人们开始举行“窄奏”。首先进行一次小祭，把将要举行“窄奏”的事告知祖先，然后在旷野盖一间小棚屋，里面有假墓，假墓的多少根据九代祖先来做，每座坟吊一盏小宫灯。准备完毕，师、道公开始祭供并请祖先回来认新“坟”。当巫师念一位祖先的名字，家中的人就要向假坟跪拜，然后把这个假坟铲掉并把土铲出草棚，这就是“送”坟到祖先住处的搭桥仪式。有的地方 9 年或 10 年举行一次，有的 20 年或更长时间举行一次。家祖中以前挂过灯又升至 12 盏灯的，遇到这类祭祀，要单独为他杀猪、羊、鸡、鸭、鹅和斑鸠各一只。其他祖先是一起祭祀。①

祭盘王“奏堂”是越南瑶人最隆重的祭祖活动。瑶人视盘王“偏虹兴喋”（盘王圣帝）为各支系、各家族的共同始祖。平时，盘王与家祖及其他家神在家里享受祭祀，在挂灯、度戒、“窄奏”等大型活动中也要祭盘王。此外，还有单独祭盘王的“奏堂”活动。祭盘王3年一次，有的是3年一轮，第一年称落庆节，第二年称还愿节，第三年称大会节。但在实际生活中，各家族加上自己的一些做法，有的5年，有的9年，有的12年、20年或更长时间举行一次。

祭盘王仪式各支系的细节略有不同，主要过程如下：

（1）祈求。遇到生产歉收、生活困难重重，人们就祭盘王，祈求并许诺如果盘王保佑他们摆脱灾难，生活比以前好过，他们会再次供祭。

许愿之后，即着手准备。首先养两头猪，一头给盘王，一头给其他神和家祖。开始养猪又祭一次，先告诉盘王，这两头猪叫祭猪，并隔开饲养。为了不让外人尤其是陌生人看见，往往把猪养在隐秘的猪厩里（窄裤瑶的神猪就养在他们居住的高脚屋下面）。神猪不得出售，不得借给别人，甚至不得打骂它，不管它怎样吃，瘦或肥都不得嫌它或夸它。

供祭前几个星期开始酿酒。酒分开装进两个瓮里（一瓮祭盘王，一瓮祭家祖和其他神）并藏于祖先供桌的后面房里，或者就放在供桌下面，但要盖严不让旁人看见。同时，准备足够的米、水、蔬菜。

（2）祭盘王。首先请三位师公来摆设供坛。然后，师公在整个屋里洒泼“法水”清除“龌龊”，在屋的四周贴上符，为全家作法

① ［越］阮克颂等著，梁红奋译：《越南的瑶人》，见《民族研究参考资料》，第十八期，87页，贵阳，贵州省民族研究所编印，1983。

“镇安”。最后祭盘王、祭家祖和前来作证的神。随后就杀神猪。长子拜家祖和神，次子拜三庙王。祭盘王一定要另立供坛，用一个高30厘米的大铜盘架，摆上供猪、一碗水、一碗米、一些黄白纸锞、一瓶酒、几个小盅、几双筷子。供坛的两旁对放着两条板凳。三位师公和三个成年男子轮流唱祭词，叙述开天立地和洪水灾害的事迹、葫芦故事、盘王事迹以及瑶人迁入越南的过程等。这六个人边唱边吃。食品只有烤松鼠肉和炒苟干。接着又有三对大约十三四岁的男子来赐敕，未婚少年（三男三女）分成两行对唱瑶歌，回顾盘王的恩德。一个四五十岁的妇女坐在门槛上，面向屋里唱歌，请盘王保佑本家族和家中的子孙。

（3）饯行。祭后，巫师开始烧黄白纸锞并为盘王、家祖和神返回另一个世界饯行。所有的人都尾随到院里，6名少年唱起饯行歌。

从开始到结束，每个人都要严格遵守禁忌。巫师和参加仪式的每一个人都必须吃斋；忌吵架；夫妻不能同居；男女不能混坐在一起；不得说不正经的话；回家时对此仪式不得议论嫌弃，甚至暗中责怪……

钱瑶每次祭盘王，除了专养的两头“神猪”外，还要把家中大大小小的猪都杀来供祭。他们用个本子记下从上次祭盘王后到这次祭盘王前家中养猪的头数，包括杀掉的、出售的、借给亲戚及死去的或被老虎抓去的。首先将这个统计数字报告两位照管畜牧的神，然后再交给盘王。祭后，大约二至四个月内都不能养猪，就是只养一头种猪也不行。①

“让震刀”祭仪，这是家族的重要祭祀活动，目的在于祭盘王和训练阴兵、阴将，时间在农历十二月除夕前数日。每年一次，三

① ［越］阮克颂等著，梁红奋译：《越南的瑶人》，见《民族研究参考资料》，第十八期，88页，贵阳，贵州省民族研究所编印，1983。

年一循环。第一二年一般供祭，有猪杀猪，无猪杀鸡、鸭，第三年举行两天两夜大祭。节前准备猪、酒、食品、饮料，青年练习舞蹈，并准备好木制刀、剑。届时请两位师父，一位是主持仪式的“斯寮户”，另一位是带领大家跳舞的师公“奎淡”。仪式开始先设坛请神，同时向神灵和祖先报告家中的每一件事。然后开始舞蹈。族中八至十岁的少年在师公“奎淡”带领下，先跳“三元舞”，接下去按顺序跳“让震刀”舞（又称“将进兵出舞”）、生产舞、捉龟舞。跳捉龟舞时，需用凳子另设一供坛，上面放一碗水、一碗米、一方白布，白布上放一把米、数毫白银，上盖师公帽子。“奎淡”带领少年绕坛舞蹈，表演捉龟、绑龟、杀龟、剁龟、炒龟和供祭盘王、神、祖先的动作，屋外有人敲锣打鼓伴奏，气氛十分热烈。舞蹈至第二天下午结束，主持者“斯寮户”穿上祭服（绣龙衣）走到院里请求玉皇下凡作证。送玉皇返回宫廷之后，师公们开始举行“招兵”仪式。“斯寮户”先请来各位神和盘王、家祖，然后念法把圣将、阴兵收进一把剑或匕首里，再把这把剑放在脚上并往供桌上踢，一直踢到剑掉在供桌上合意的位置，仪式才宣告结束。紧接着杀猪祭神，求盘王和神经常来保佑家庭，望家祖经常照管和保护子孙，求圣将帮助占卜和吃斋，求阴兵经常保护家中的生产和生活。①

2. 挂灯、度戒仪式

越南瑶族一直保留挂灯、度戒仪式。人们认为，男子只有经过挂灯、度戒才能以祭祀为业，生前有兵将护身，有权祭祖，经营才会顺遂，死后灵魂才能与祖先团聚，得到子孙供祭。因此，每个男子即使生前不能挂灯、度戒，死后其子孙也要为其举行。

越南瑶族挂灯、度戒仪式分为挂三星、七星、九星、十二星四

---

① ［越］阮克颂等著，梁红奋译：《越南的瑶人》，见《民族研究参考资料》，第十八期，89页，贵阳，贵州省民族研究所编印，1983。

个等级。挂三星是挂灯、度戒的开始，每个男子都要经过这一仪式，经过这一仪式的只拨给三盏灯和三十六名兵马，挂七星发给七盏灯和七十二名兵马，挂九星发给九盏灯，兵马与七星灯同，挂十二星又称为“斗斯兰”，这是最高等级，拨十二盏灯和一百二十名兵马。宗族内可以同时为许多人举行挂灯仪式，不同等级的加职也可同时进行，然而升职仪式只能每次一人。据认为，越南瑶族经过挂七灯获得七十二名兵马的人不多，每村只有四五人，挂十二灯获一百二十名兵马的人更少，整个地区才有一两人。

挂灯、度戒仪式和其他许多大型仪式一样，事前经过一番精心筹备，请师父择定吉日。日子到了师父即设坛、请圣，布置神堂，挂上大三清、小三清等神像，并向神圣奏报仪式内容，然后开始挂灯。挂三星灯一般经过穿衣戴帽、开灯、祝愿、卸灯、派兵、过桥、赐名等过程。所谓“过桥”，系师公用七个银币在祖先供桌和神坛前摆成一行，象征连接阴阳两界的桥梁，由第一位师公拉师男边走边祷告，意思是使其认识通往阴间的道路，便于他以后供祭时认得前往阴间的路，好向神求助。①

挂三星以后的其他升职仪式较复杂。例如，增至七盏灯的仪式中有七位师父每人为受戒者身上放一盏灯的仪式，有“跳云台”以示勇敢和脱胎换骨重新获得生命的仪式，还有牵“红丝”礼及“探望天宫”的仪式，前者令受戒者站在门外，师公将一条红布带搭在受戒者及其妻子肩上，以示夫妻二人以后到阴间也生活在一起；后者系在神坛前铺一张草席，下垫稻草，上放一个里边装有七个酒盅和黄白纸锞的小笼子。第一师公引受戒者站到席子中央，这时鼓锣齐鸣，七位师公作法，将受戒者推来推去，直到他晕倒在地，将其置于祖先供桌和神坛前，头枕小笼子，主师公宣读挂灯书，七位师

① ［越］阮克颂等著，梁红奋译：《越南的瑶人》，见《民族研究参考资料》，第十八期，82～92页，贵阳，贵州省民族研究所编印，1983。

公围绕受戒者跳舞，然后主师公作法把受戒者弄醒扶起。人们认为这是受戒者探望天宫后返回阳间。

举行挂灯仪式时，如果家中有人生前未挂过灯，那么在为自己挂灯之前先为死者挂灯。做法是师公到一个林区供祭，祈求花林公主让他领回死者的灵魂。人们用红纸剪一个人形插在一碗米里。家人整装在门口跪迎。为死者举行挂灯是承认死者为成年人并送他的亡灵回扬州与祖先团聚，享受子孙供祭。不但为死者挂灯，也为他们举行“升职”仪式。

瑶人认为，如果在阳间，巫师封得高职，有能力主持葬礼、斋戒、挂灯、祭盘王和象征性的扫墓等仪式，在群众中的威信就会更高，那么在阴间的职升了，也将有更高的威信。要使自己的祖先在另一个世界“当大官”，家中要为其举行“升职”仪式，也就是给家祖增添灯盏和阴马。

举行一次挂灯、度戒仪式耗费很大。小型仪式要杀两三头猪、数十只鸡，大型仪式如升至九盏、十二盏灯则要延续半个月，要杀十来头猪、数十只鸡，耗费一百来升酒、一百来公斤大米，还要许多人帮忙。

（三）村社祭祀活动

村社祭祀是村社人参与或与村社利益有关的祭祀活动，分为平常祭祀和节庆祭祀两种。平常祭祀，如村民共同开发山林土地或集体狩猎捕鱼，要祭地神、山神、社神。有时村里作物遭灾或人畜瘟病流行，要举行消灾、求雨、驱鬼的祭祀活动。平常祭祀活动，可以是全村各户集体举行，也可以由首领或其助手到一处地方（通常为社庙）代表村民祭告神灵祈求帮助。

节庆祭祀如年节祭祀，农历每月初一、十五的供祭，有时全村寨集体举行，一般由首领或其助手代为举行。集体举行的最有名的称为“揪淡”，当是祭社活动。

越南瑶族各支系的村寨里普遍立有社庙，越南学者称为“村庙”或“土地公庙”。社祭一年内举行多次。根据各地情况和生活环境的不同，祭社次数也不同。每个地方往往都有人出面组织这类祭礼。长衣瑶由“刹奏”（社主）、“沙台”（巫师）和“痛老”（村老）主持，地点在村头的社庙。在其他许多地方，尤其是青衣瑶地区，这类祭祀是在公社首领家里举行。祭后，各户代表就地聚餐，不得将食物带回去。只有长衣瑶在农历二月初二社祭之后，每人可带回一个四方粽子和一只鸡腿，象征当年生产运气好。

社庙里除供社神外，还供奉着首先开村立社者的鬼灵，它被视为神圣，红瑶称为“偏崩梯召”（本方地主），钱瑶称为“逮召棉”（地主鬼）。

# 老挝、缅甸、泰国瑶族[①]

## 一、概况

(一) 人口分布

根据最新的统计数字，老挝、缅甸、泰国有瑶族66400余人，其中，老挝有30000人（1991年）[②]，泰国有35652人（1990年）[③]，缅甸有千人左右（1991年）。[④]

这三国瑶族人口在历史上有变动，各种统计数字互有出入。据越南吴德胜、张文生报告，1973年，老挝有瑶族两三万人。[⑤] 经1975年老挝政治局势变动后，瑶族人口减少，有人报道，1975年估计老挝尚有瑶族约20000人，1982年减少到约5000人[⑥]，而老挝政府1984—1985年正式统计表明，瑶族约有18091人，占当时

---

① 原载于《瑶族通史》，下卷，北京，民族出版社，2007。

② 黄钰、黄方平：《国际瑶族概述》，281页，南宁，广西人民出版社，1993。

③ ［泰］差博·卡差·阿南达著，谢兆崇、罗宗志译：《泰国瑶人》，20页，北京，民族出版社，2006。

④ 黄钰、黄方平：《国际瑶族概述》，317页，南宁，广西人民出版社，1993。

⑤ 吴德胜、张文生：《老挝各语族语言的地理分布概况》，载越南《语言》杂志，1973。

⑥ 奈杰尔·哈兹尔丁：《泰国金三角的六民族》，载英国《地理杂志》第54卷第2号，1982（2）。

老挝总人口的0.5%，截至1994年3月，有2014名瑶族人从泰国的老挝难民营回到故里，加上每年4%的出生率，到1994年底，瑶族增至28793人，而老挝国家计划部1995年3月1日第二次人口普查统计数为28535人。①

关于缅甸瑶族的人数，官方无统计数字。张有隽教授1987年3月在泰国北部考察时，据从缅甸迁出泰国清莱府夜庄县帕莱村的大师公李进贵先生说，缅甸原有瑶族约500人，后来已迁走了，而家住云南勐腊县的瑶族干部邓有县说，他曾几次来往于勐腊和缅甸之间，知道缅甸有瑶族，人数不少于千人。

关于泰国瑶族的人数，据埃利克·塞登费登引用美国圣经协会1931年暹罗和老挝代理第五十一号报告的数字，大约有3000个瑶人和苗人居住在暹罗②，据清迈部落研究中心1960年统计的大概人口数，约有10200个瑶人居住在泰国北部74个村寨③，1967年，据联合国调查组人口普查报告，那年有16119个瑶人，1969—1970年阿南达调查修改为19990人，1981年清迈部落研究中心统计为24478人，1989年初，广西民族学院考察组获得的泰国福利厅山民福利的统计数字为34101人④。1990年，清迈部落研究院的统计为35652人。

老挝、缅甸、泰国瑶族虽然居住在三个不同国家，但分布地域基本上连接成片，而且与中国、越南瑶族居住地面相互衔接。

老挝瑶族分布在北部、中部和南部的琅南塔省、郎勃拉邦省、

---

① Thone Lobaia Yao：《老挝人民民主共和国的瑶人以及他们的经商活动》。

② ［美］埃利克·塞登费登：《注释与问题——暹罗北部山区部落》，载《暹罗社会》，1931。

③ ［泰］差博·卡差·阿南达著，谢兆崇、罗宗志译：《泰国瑶人》，北京，民族出版社，2006。

④ 广西民族学院赴泰国瑶族考察组：《泰国瑶族考察》，南宁，广西人民出版社，1992。

沙耶武里省、华潘省、丰沙里省、万象省、万象市等省市。较集中居住在巴乔省、琅南塔省，其次为郎勃拉邦省、沙耶武里省和丰沙里省。其中琅南塔省、丰沙里省与我国云南相毗邻，巴乔省、郎勃拉邦省、沙耶武里省在北部、西北部，巴乔省近金三角，沙耶武里省近泰国。

缅甸瑶族分布在掸邦的果栋地区东部和西部靠近湄公河中缅老泰四国交界的地方①，有人具体指出缅甸瑶族分布在掸邦的景栋、勐洋、勐根、王塔、勐帕亚、勐萨、勐唐、勐皎等地海拔1000米的高山密林地带②，但未说明根据。泰国瑶族分布在泰国北部和东北部清迈府、清莱府、帕尧府、难府、南邦府、甘烹碧府、素可泰府、达府八府的181个村寨。其中，靠近老挝、缅甸的清莱府、难府、帕尧府人口最多，三府合计25416人，占该国瑶族总人口的71.2%。其次为南邦府、甘烹碧府，各有三四千人。

（二）称谓与支系

老挝、缅甸、泰国瑶族自称基本一致，小有差异。老挝、缅甸瑶族有“勉”或“育勉”、“门”或“金门”几种自称，泰国瑶族只有“勉”或“育勉”的自称。他称略为复杂，但也有一致的部分。老挝瑶族有“瑶”、“瑶蛮”、“帝瑶”、“红瑶”、“Lao Huay”、“蓝靛瑶”、“黑瑶”等称谓③，有人指出还有“青衣瑶”、“白裤瑶”、“钱瑶”几种称谓④。缅甸瑶族有“瑶”、“板瑶”、“蓝靛瑶”的称谓。泰国瑶族只有“瑶”、“勉瑶”两种他称。他称虽较复杂，但

① ［泰］差博·卡差·阿南达著，谢兆崇、罗宗志译：《泰国的瑶人》，19～20页，北京，民族出版社，2006。

② 黄钰、黄方平：《国际瑶族概述》，317页，南宁，广西人民出版社，1993。

③ ［老挝］Khamp haeng KETAONG：《是瑶还是老》，2000年瑶族恭城学术研讨会论文稿。

④ ［越］吴德胜、张文生：《老挝各语族语言的地理分布》，载越南《语言》杂志，1973。

“瑶”的称谓是一致的。

这三国瑶族从语言上看，都属于瑶语支瑶族，按方言和其他文化特征，则可划分为操勉方言的盘瑶、操金门方言的蓝靛瑶两个分支。老挝、缅甸这两个分支的瑶族都有，老挝瑶族在两个分支下还存在一些小支系。操勉方言的盘瑶支系内包含红瑶、钱瑶两个小支系，前者为大板瑶，后者为小板瑶。操金门语的蓝靛瑶支系内包含蓝靛瑶、青衣瑶、白裤瑶三个小支系，小支系的划分主要根据服饰特点的不同。这些特点的产生及其存在往往反映着文化上的某些细微差异，成为群体认同的补充标志。

据老挝国家文化与情报部原文化研究所副所长 Kbamphaeng KETAONG 2000 年提供的报告，老挝各支系瑶族各有居住地区：红瑶居住在该国西北部，蓝靛瑶居住在北部和西北部，蛮瑶居住在东北部，黑瑶居住在中部和南部。依据其报告，这些群体在各省的分布情况如下表。

**老挝几个瑶族村寨姓氏分布情况表**

| 支系名称 | 分布省份 |
|---|---|
| 红瑶 | 琅勃拉帮、琅南塔、沙耶武里 |
| 蓝靛瑶 | 丰沙里、琅南塔、乌都姆塞 |
| 蛮瑶 | 华潘 |
| 黑瑶 | 万象、波里项赛 |

泰国只有盘瑶，无蓝靛瑶，这印证了蓝靛瑶的一则民间传说：盘瑶是大哥，蓝靛瑶是弟弟。迁徙途中，盘瑶走在前头，蓝靛瑶走在后头，大家约定以砍倒芭蕉为线路标志前进。但由于弟弟和哥哥拉开的距离越来越大，砍倒的芭蕉已重生，走在后头的蓝靛瑶再也找不到跟进的道路，只能落在老远的后头了。这便是现今两个支系瑶族迁徙分布上的时空差距。

泰国瑶族虽只有盘瑶一支，但内部在服饰上有一定差异。有人指出，泰国有些瑶族群体女人先用小块红布盖住前额，然后用头巾缠绕多次，头巾两头竖起如兔耳，有人说像狗耳，妇女的裤子喜用红线刺绣。而有的群体妇女头巾较短，整齐地前后交叉缠绕，裤子颜色各异，不专用某种颜色。这两个群体迁入泰国时间较早，每群有自己的居住地盘，前者称为“清莱难群”，后者称为“红安康山群”。据此情况，是否泰国瑶族中也存在一些小支系，尚有待进一步研究。

（三）生态环境

老挝、缅甸、泰国瑶族居住地区属于中国云南高原横断山脉延伸地段。地处热带雨林区，境内高山绵亘，森林密布，植被丰富，大象、华南虎、豹、熊、黄羚羊、猿、猴，各种兽类出没，蟒蛇、河蜥、龟、蛇等爬行动物以及各种热带飞禽种类繁多。一年中，上年农历十月至次年农历二月为旱季，四月至九月为雨季。除高山地带气候较凉爽外，河谷平坝地区气候炎热。

## 二、历史源流

（一）来源

关于老挝、缅甸、泰国瑶族的来源问题，除了少数学者从人种和语言的角度提出过瑶族起源于南岛（南太平洋岛屿），与南岛语诸民族有共源关系外，几乎所有研究过老挝、泰国瑶族的日本、美国、英国、德国、法国、澳大利亚、中国以及老挝、泰国的近现代语言学家、民族学与人类学家、历史学家、宗教学家、民俗学家都一致认为老挝、泰国瑶族来源于中国，与中国古代蛮族、瑶族有一脉相承的关系。支持这一论点的有体质人类学、语言学、历史学、神话学、宗教学、文献学、民族学、民俗学等许多根据，而且，最重要的是，它得到老挝、缅甸、泰国瑶人的认可。迄今为止，这三个国家无论哪一个支系哪一个宗姓的瑶人，都知道他们的祖先是从中国迁移出去的，他们的根在中国。

从人种上说，他们虽然与当地土著民族同属南方蒙古人种，但由于迁移至当地的时间不是很长，加上实行民族内部通婚，与当地人混血程度很低，因此体型、肤色上仍与当地人有差异，例如肤色较浅，不像土著民族由于长期热带生活造成肤色较深，说明生物适应性形成的基因变异现象尚未在瑶族这一民族群体上表现出来。他们至今还保留着与汉族有亲缘关系的瑶语，上年纪的人还会说汉话，主要是西南官话方言，保留着在中国早已形成的习俗和信仰，如合婚须看生辰八字，成亲要拜堂，重视过春节，信仰中国土生土长的道教等。更重要的是：他们保存有大量用汉字夹杂瑶族土俗字的各种民间手抄文献，包括传承中华文化的歌本、经书，其中，他们世代传抄珍藏的《评皇券牒》（又称《过山榜》） 及《祖图》、《家先单》，直接证明他们来自中国。

《评皇券牒》相传为中国古代皇帝颁发给瑶族刀耕火种、食山过山、免除徭役赋税的特许状，故又称《过山榜》。20 世纪六七十年代以来，研究者们先后在老挝、泰国瑶族村寨发现多份《评皇券牒》。广西民族学院赴泰国考察组 1989 年 3 月在泰国清莱府夜庄县湄瑶乡湄赛瑶寨、帕尧府邦县叭昌内乡邦卡瑶寨、邦彼瑶寨、难府波县习拉练乡巴岗瑶寨看见过四份《评皇券牒》或《过山榜》，落款时间均为宋理宗景定元年。其中湄赛瑶寨一份内容与形式与日本上智大学白鸟芳教授收录的《评皇券牒》基本相同，邦卡瑶寨一份与日本十文字美信收录入 1987 年出版的《清澈的黑暗》一书的《评皇券牒》一样，为长幅卷轴式，收藏者为乡长邓财凤先生。券牒开头有“盘金安盘王圣牒绞（交）以（与）本叭邓叭障拿去新地方庇得新地方同吃同在良（粮）孑（钱）讨下”数语。据介绍，邓叭障是邓财凤的祖父，阴名邓陞一郎，阳名邓进坤。原命生于已丑年（清光绪十五年，1889 年）八月，死于乙丑年（1925 年）二月。祖上曾在老挝猛荤任过叭障。① 18 岁奉命率队与叭衣人打仗，打

① 鲜庵叭庵，旧时老挝、泰国地方官名。鲜庵相当于乡长，叭庵比乡长大，县长小，相当于区长。

胜后被猛障地方官任命为鲜障。后来他带领一些百姓来到泰国难府普埃地方谋生，被泰国政府任命为叭障，直到死。据此，这份券牒当系邓财凤祖父邓进坤从老挝来到泰国任叭障时，一盘姓瑶人盘金安抄给他带到新地方求得庇护的。邦彼瑶寨一份与前两份不同，为新发现的一份《评皇券牒》。此外，张有隽教授1993年12月第二次到泰国考察交流时，在法国人杰西·波尔于清迈开设的“瑶族博物馆”里也曾看到过他收藏的老挝、泰国瑶族的数份《评皇券牒》、《过山榜》。泰国瑶人珍藏传抄的《评皇券牒》或《过山榜》内容与中国瑶人珍藏的大同小异，其中邦彼瑶寨一份与在中国广西来宾县雷山村收集的《圣牒榜文》及在宜山县（今宜州市）石别地区瑶村搜集到的《盘古圣皇榜文》“券牒”内容十分相似，自称“盘李大护子孙世代相传”或“李徭子孙永远为照”①。这些都充分说明，这几国瑶族来源于中国，他们是中国瑶族移民的后代。

（二）移民史

中国瑶族向老挝、缅甸、泰国移民是一个漫长的、持续不断的过程。其迁徙的路线，有的是从广西进入云南后，直接从云南迁入老挝、缅甸，然后进入泰国；有的是从广西迁入越南后，从越南迁入老挝，再到泰国；或从广西进入云南，从云南迁入越南，再从越南迁入老挝缅甸、泰国；也有的从云南迁入越南后再返回云南，然后迁入老挝、泰国。根据广西民族学院1989年赴泰国考察组搜集到的二十多份泰国瑶族祖途编制的一张迁徙路线表，证明上述情况是切实可信的。

瑶族什么时候移民进入老挝、缅甸、泰国？由于缺乏充足而具体的资料，各国研究者原来对此看法并不一致，有的看法只建立在推测的基础上。例如，国外有的学者认为14世纪初到1860年发生的其他群体的入侵引发几百万苗人成群结队向云南边境推进，迫使

① 广西民族学院赴泰国瑶族考察组：《泰国瑶族考察》，65～69页，南宁，广西人民出版社，1992。

已经定居的“瑶蛮”和其他傣群体在无数次地区性斗争后被赶走，即认为瑶族在14世纪至19世纪这一时期迁入老挝、缅甸，1975—1976年泰国年鉴的作者认为瑶族约在1800年开始向南迁入泰国，而有的研究者认为，瑶族“大约在18世纪时进入老挝的北部地区，后来他们在19世纪时向西越边界，进入泰国中部”①，阿南达博士则认为，最早的一批瑶族直到1896年左右才从老挝进入泰国。②我们认为，泰国在老挝西南部，缅甸在老挝西部，从理论上讲，瑶族要进入缅甸、泰国，必先进入老挝，因此，瑶族何时移民进入老挝，是个关键问题。

《祖图》或称《祖途》，记载着瑶族各家族祖先迁徙居住过的地方，是研究瑶族移民历史的重要资料。20世纪70年代以来，泰国阿南达博士、中国广西民族学院赴泰国考察组、中国瑶人赴美赴法访问交流团先后在泰国、美国、法国瑶村寨和社区搜集到盘、邓、李、赵、黄、冯、祝等姓《祖图》约四十余份。我们现在能见到的只有广西民族学院赴泰国考察组及中国瑶人赴美访问交流搜集到的18份。这些《祖图》记载瑶族迁移时在中国广东、广西、云南及越南、老挝、缅甸、泰国居住的代数。

根据《祖图》记载，中国瑶民移民到达老挝代数最多的是14代（邓金该贵祖上一户），最少的是4代（黄元昌祖上一户），以每代20年计算，前者为280年前，相当于1709年（清康熙四十八年），后者为80年前，相当于1908年（清光绪三十四年）；《祖图》反映多数家户（6户）是第10～11代祖到达老挝，即200～220年前，相当于1769—1789年（清乾隆年间）；另有6户是7～9代祖迁入老挝，即140～180年前，即1809—1849年（清嘉庆、道光年间）。这与已故老挝前首相富米·冯维希所说苗瑶“于18世纪初叶从中国南方迁移

---

① Kbamphaeg KETAONG 内部报告：《是瑶族还是老》。

② ［泰］差博·卡差·阿南达著，谢兆崇、罗宗志译：《泰国瑶人》，7～8页，北京民族出版社，2006。

到老挝的各省”相吻合①，而多数家庭是在18世纪中叶移民老挝。其后，19世纪至20世纪有更多瑶人进入老挝，据“官方提供1911年和1942年的数字……苗瑶集团人数在这一时期增长了两倍多”②，中国瑶族向老挝移民的阶段性增长状况，与中国清代康乾以来人口增加、清末至民国时期社会动乱、政局交替有密切关系。

老挝是个小国，承受能力有限。随着苗瑶等民族的移入，人口急剧增长之后，人与土地等自然资源之间的矛盾加剧。传统上依靠刀耕火种为生的瑶族必然寻找新的人间乐土，缅甸、泰国自然成了新的移民地。《祖图》反映瑶族主要向泰国迁徙，往缅甸迁移的只有个别户。缅甸掸邦景栋地区靠近云南勐腊，有部分瑶族从云南直接迁入缅甸，然后再到泰国。

泰国清莱府夜占县帕莱村长李进贵先生提供的资料表明：帕莱村有瑶族98户600多人，其姓氏有盘、李、冯、邓、黄、赵等，他们都是从中国迁到老挝，经金三角的老、缅边境进入泰国，李姓中一路迁去帕尧府，一路迁清莱府的帕莱村，跟李姓来的还有邓、赵、黄三姓13家人。清莱县八卡村有瑶族30户240余人，有盘、赵、李、冯四姓，盘、赵、李三姓是从云南经中缅边境迁来泰国，冯姓从云南经老挝进入泰国。盘、赵、李三姓先迁到八卡村，冯姓后来。现在泰、缅边境还有盘姓居住在那里。

清莱府会坡乡有瑶族3600人，其中有盘、赵、李、邓、冯、刘等七姓。乡长盘才兴说，这七姓瑶人都是从中国云南的猛新迁到缅甸的井东省，他就出生在那里，18岁迁来泰国清莱府，住在这里已有24年。

难府南几岗村盘法贵的祖先是从桂林迁往贵州的大怀山和南

---

① ［老］富米·冯维希：《老挝及其胜利地反对美国新殖民主义的斗争》，载《老挝统一战线》，1970。

② ［美］科尔·M·哈尔彭：*Economy and of laos*. *A*，1964，Yale University Southeast Asia Studies.

龙，再迁广西天峨、泗城府（治今凌云县），云南南升地方，再迁到缅甸勐游，经老挝的猛院，而后迁到泰国难府，到泰国居住的第一代是他的祖父盘法清。① 瑶族移民进入泰国的时间较晚，一般认为只有100年左右。过去曾有些西方学者说瑶族在1860—1950年间越过老挝和缅甸进入泰国，有的甚至说在14世纪有少数人已经在缅甸和泰国出现，而泰国阿南达博士根据实地调查材料，估计“瑶人在1896年左右进入泰国”②，这与广西民族学院赴泰国考察组访问不少泰国瑶族老人得到的“瑶族迁入泰国大约有100年左右的历史”③ 的结论基本上是一致的。阿南达博士根据本人调查，认为帕尧府邦县叭昌内乡邦卡村邓财凤乡长祖父邓进官（坤）曾被老挝政府任命为乡长，管领瑶人和苗人，是率领族人最早进住泰国的瑶人，并根据瑶族村民常常记得他们住在那里有多长时间，然后以他们住在布郎卡最后一年即1976年追溯至勐莱勐塘，发现到1967年，这个瑶族群体进入泰国定居了68年，其算法如下：

在老挝国土：

勐莱勐塘（Muang lai Muang Thaeng） 5年（1877—1881年）

勐威（Muang Ngoy） 1年（1882—1882年）

勐限（Muang Hun） 12年（1883—1895年）

在泰国国土：

布卫山（Pu Wae Mountain） 1年（1896—1896年）

南瓦山（Nam Wow Mountain） 13年（1897—1910年）

---

① 广西民族学院赴泰国瑶族考察组：《泰国瑶族考察》，23页，南宁，广西人民出版社，1992。

② 广西民族学院赴泰国瑶族考察组：《泰国瑶族考察》，24页，南宁，广西人民出版社，1992。

③ 黄钰、黄方平：《国际瑶族概述》，204～205页，南宁，广西人民出版社，1993。

帕象莲山（Pha Chang Noi Mountain） 9年（1911—1920年）

南占村（Nam Ngim Village） 7年（1921—1928年）

布能伽村（PulangKa Village） 38年（1929—1967年）

邦卡村（Pang Kha） 28年（1968年至今）

我们认为，这种算法比较准确可靠。

瑶族进入泰国有两条路线，一是上文谈到的从云南勐腊进入缅甸掸邦景栋地区，再从景栋地区进入泰国北部清莱府边境山区，如清莱府夜庄县帕莱瑶寨李进贵族人；二是从云南进入老挝后，从老挝西南部进入泰国难府、帕尧府边境一带山区，如上文讲到的帕尧府邦县叭昌内乡邦卡村邓姓族人。此外，也有部分瑶族是从中国迁入越南后，再从越南西部边界进入老挝，然后经老挝进入泰国难府、南邦府边境山区，如难府婆波县习拉练乡巴岗村邓姓族人。姚舜安教授说，有些瑶族如巴岗村邓进堂、邓进法、邓进府族人①，说是从越南进入泰国，这是错误的，因为越南、泰国并不相邻，瑶族不可能从越南直接进入泰国。事实上，巴岗村邓进堂族人虽然在越南居住过，但都是通过老挝进入泰国的。

瑶族移民泰国，历史上主要是受传统生产方式的影响，接受访问的泰国瑶人都讲到，瑶族烧山种地，砍树根吃木尾。每到一个地方砍山烧种，垦殖两三年后，地力耗尽，又迁到另一个山岭耕种。也有部分瑶族，是因为疾病流行尤其是社会动乱才迁移到泰国的。19世纪中后期，中国内忧外患，战乱频仍，西南地区相继爆发大规模苗民起义、回民起义，其后又发生中法战争，这一连串的战乱以及清廷为平息战乱、抵御外侮采取一系列加重人民负担的措施，使本来就地瘠民贫的西南各族人民更不堪社会重负，那些生活贫困和赋税沉重的瑶族人为了生存不得不向境外迁移，这又迫使已迁移至境外的瑶族向第三国迁移。瑶族之所以在19世纪末迁入泰国，

---

① 广西民族学院赴泰国瑶族考察组：《泰国瑶族考察》，23～24页，南宁，广西人民出版社，1992。

一些文献指出，大规模迁移发生在 1910 年左右，就包含了深刻的社会原因。20 世纪 60 年代后，由于政局动荡，许多瑶族迁到泰老边境居住，于 70 年代中期进入泰国，据 1975 年 7 月 26 日《老挝民族报》报道，逃至泰国的老挝人共 3 万人，其中包括瑶、苗族在内。①

## 三、生计方式

### （一）农业

20 世纪六七十年代以前，老、缅、泰三国瑶族主要从事山地刀耕火种农业。老挝北部山区及老、缅、泰毗邻山区，森林茂密，土质肥沃，适合于经营刀耕火种农业。瑶族早期迁徙移居之地，多为远离人烟的深山老林。直至 20 世纪初，泰国北部山区人烟仍比较稀少。瑶族刀耕火种，游耕有余。

历史上，三国瑶族刀耕火种农业以种植旱稻、玉米为主，兼种蔬菜、水果，饲养禽畜，种罂粟。种稻谷满足食用，种蔬菜解决副食，饲养禽畜用来做宗教仪式供品，种罂粟生产鸦片出卖换钱，购买必需的生产、生活用品。

刀耕火种农业使用的生产工具虽然只有斧头、砍刀、打洞棍、禾剪等简单的几种，但耕地的选择、作物的安排、季节的把握则十分讲究。瑶族还在中国的时候已积累了不少山地农业生产的经验，迁移到老、缅、泰三国以后，根据当地的气候、环境和作物种类，又发展出了一些新的经验。阿南达博士说："许多人认为，瑶人是非常优秀的山地农民。"② 他们从实际出发，将耕地按高度和耕种适宜度分为三层：最高层或 1200 米以上适宜种罂粟，因为这一高

---

① 黄钰、黄方平：《国际瑶族概述》，206 页，南宁，广西人民出版社，1993。

② ［泰］差博·卡差·阿南达著，谢兆祟、罗宗志译：《泰国瑶人》，67 页，北京，民族出版社，2006。

度地区气候较寒冷潮湿，只适合于罂粟生长，不适合其他作物生长；中层高度1000～1200米，适宜种植的玉米，在这一高度种植的玉米秆不太大，但结实丰富；800米左右的低层气候有点热，适宜种植稻米。

瑶人对耕地的选择非常讲究。他们通常选择生长有枝干结实的大树或生长有大量茎部壮实的白茅的山地开垦，因为这表明这样的山地土质肥沃。土壤的颜色可以是黑色或红色，必须不太多砂及太坚硬。检验的方法是将土团成球状放在水中挤压，如果泥土黏合得好而且凉爽就表明它能存水。瑶人还根据生长有许多鸟饲料的树丛或野芭蕉的地方确定水源，根据早晨至中午浓雾升起的地区和露水出现状况判定山的高度及空气的温度、湿度，作为选择耕地、安排作物和确定住地的指标。瑶人通常选择足够轮流开垦的地区居住下来，以便保留几块土地来栽培每一种庄稼。每块耕地约2～4公顷。这些地块只用一年，第二年就用另一块地，如此直至所有保留的地块都用完。在轮流完一个周期后就再次使用第一块土地。按照这种方式耕作直至这一地区地力耗尽，再寻找新的土地。① 肥沃土地耕种一年后至少休耕三年。瑶人知道杂草的落叶和白茅会使土地肥力增加，种植旱谷、玉米或罂粟前把植被砍下烧掉可杀灭害虫，灰烬可化作肥料，也知道豆类作物对土壤有利。有些人用马、猪、鸡粪作肥料。瑶人善用阳光作能源，庄稼都种在没有遮阴的开阔地里。尽量利用雨水或修渠引水灌溉农作物。

根据报告，泰国瑶人在山地里种植近20种不同颜色、不同颗粒和不同米质的黏米和糯米，5种不同颜色、不同米质的黏玉米和糯玉米，以及白菜、辣椒、高良姜、香茅、西瓜、白肉南瓜、豆薯、红豆、椰子、番石榴、洋桃、菠萝、柚子、奥橙、芒果、孟加

① ［泰］差博·卡差·阿南达著，谢兆崇、罗宗志译：《泰国瑶人》，69～70页，北京，民族出版社，2006。

拉苹果等瓜菜和果类。上述不少品种的作物都是在当地发展起来的。① 在老、缅、泰三国毗邻的山区，每年雨季从三四月开始，到十月结束，十一月至次年三四月为旱季。瑶人一般在旱季结束前选择好要开垦的山地，并将树木伐倒烧掉。他们喜欢在尽可能相互靠近的地方耕种。一旦选好地点，就用一块木头横向插入大树的树干作为记号，根据两山之间的溪流等地形特征确定各家田地的边界。按照当地气候特点和作物生长需要安排一年的农事活动：二月砍伐山林，三月没有农活，各家参加新年庆典仪式，四月烧毁砍倒的树木，四月末五月初整理耕地，雨季开始，即播种玉米、稻谷，六月种黄豆，清除田中杂草，七月除田间草，买小猪饲养，八月收玉草，编谷仓席，九月收割早熟稻谷，种罂粟，十月、十一月收稻谷，搬运回仓。除了种植粮食作物外，这三国的瑶人也在住房旁边或村寨边沿开辟菜园、果园，种植瓜果、蔬菜，也有的人家将瓜、豆间种在玉米地里或地边。每家每户都饲养猪、鸡、鸭，有的还养有牛、羊。

采集和狩猎是游耕经济的补充。老、缅、泰三国瑶族居住的山区，有经济价值的野生动植物很多。平时生产之余，瑶族同胞上山采集竹笋、野菜、野果、菌、药材，捕猎野猪、羚羊，有时还捕杀大象、黑熊，食用不完的拿下山出卖。遇到灾年，谷物歉收，瑶族人更靠采集和狩猎度过饥荒。

在当地各少数民族中，瑶族以善于生产日用工具而出名。他们不但会制作竹木器具，还会打制锄头、斧头、刀、枪等工具，打制手镯、戒指、项链、耳环等金银饰品。在泰国有些地区，他们向泰国人学习用稻草制作纸张。这种纸实际上所有仪式都使用。② 泰、

---

① ［泰］差博·卡差·阿南达著，谢兆崇、罗宗志译：《泰国瑶人》，76～84页,北京，民族出版社，2006。

② ［泰］差博·卡差·阿南达著，谢兆崇、罗宗志译：《泰国瑶人》，86页，北京民族出版社，2006。

老、缅三国交界的所谓“金三角”地区，高山绵亘，海拔多在1000米以上。过去，居住在这一带的瑶族为生活所迫开辟耕地，专门种植罂粟，收割鸦片，成为收入的重要来源。在其他地区，瑶人将罂粟间种在玉米地里。瑶人种罂粟主要是出卖鸦片换取日用品，但鸦片生产、销售是非法的、秘密进行的。20世纪六七十年代后，泰国、缅甸政府查禁越来越严，鸦片销售不出去，价钱下落，种罂粟的人日趋减少。

（二）商品生产和商业贸易

历史上，老、缅、泰三国瑶族主要从事自给自足传统农业生产，产品主要满足自己消费。他们内部也存在互惠式的交换，有时也拿些剩余产品到别的民族的村寨或低地市镇出售，包括秘密出售鸦片，目的在于换取货币购买日用品，满足生产生活需要，这与现代以赚取利润为目的的商品生产和商品贸易在性质上有差异。但是到20世纪60年代后，泰国瑶族的商品经济有了发展。进入20世纪60年代，由于老挝局势开始变动，泰老边境出现反政府的少数民族游击队的活动，为了边境安全，同时也为了减少刀耕火种农业对森林的破坏和禁止鸦片生产，泰国派武装部队上山，采取强制性手段，把居住在泰、老、缅边境山区的瑶族迁移到低地居住，也有部分老挝瑶族由于老挝局势变动、生产困难而自动迁到泰国低地居住。泰国政府制定有关政策，加强对包括瑶族在内的少数民族的管理，其政策包括：编组乡村，普查人口，劝导归化入籍，建立发展中心，派人到瑶族村寨指导发展经济和文化教育、医疗卫生事业。泰国政府还贷给耕牛、种子、化肥、农药，帮助瑶民发展商品经济，并帮助瑶人与收购商建立联系，推销瑶人的各种产品。为了从根本上杜绝鸦片的生产和销售，泰国政府还于1969年12月15日和1976年7月6日先后制定、颁布有关鼓励山民停止种植罂粟、生产销售鸦片的政策。上述政策措施，促使瑶族结束了迁移不定的游耕生活，实现了定耕定居，促进了瑶族商品生产和商业贸易的发展。现代泰国瑶族村寨的瑶人，许多人仍以农业生产为主，但他们除了生产自己消费的农产品外，还专门种植大米、大豆、玉米、水果、棉花用于出售。下面是张有隽教授1989年二三月间参加广西民族学院赴泰国考察组在泰北考察瑶族村寨收集到的几个个案。

个案一，清莱府夜庄县湄瑶乡湄赛村：

从哙搏山迁来，建村24年。全村52户315人，有李、赵、陈、邓、盘、刘六姓。在哙搏没有田，种鸦片。迁到湄赛后自开水田50多莱，另从泰人手中买了98莱，共有水田148莱，旱地50多莱。水田一莱一季平均收谷60桶折合600公斤，全年生产稻谷约88800公斤，自食有余。旱地种黄豆、生羌、红旱谷、玉米，全部用于出售。1987年村里有26户人家集资45万泰铢从泰人和阳人手中购买了5头大象用来供到当地旅游的美国、德国、日本、英国、澳洲人骑坐，也用来搬运木头。5头象一年旅游收入25万泰铢。村里有10户开有商店，出售百货、工艺品，2户开碾米厂。村里在泰国武装部队当兵的4人，在曼谷一家织布厂当工人的3人。

个案二，帕尧府邦县叭昌内乡邦卡村：

从本府猛邦县布郎卡山迁下来，建村21年。在布郎卡山种地，生产鸦片，有邓、李、赵、冯、盘五姓58户389人。有水田348莱，旱地1800多莱，果树50多莱。水田生产稻米够吃，旱地主要种玉米、旱谷、棉花，也种黄豆、木薯、红薯。一莱旱地产旱谷250公斤，玉米450公斤，棉花150公斤，这些大宗产品都用于出售。收割季节有商人来收购，也有时运至帕尧、南邦、清莱卖。村里开设有几家商店，出售百货。乡长邓财凤的叔父在曼谷经商，开了间大的商店。

个案三，难府波县习拉练乡巴岗村：

从通常县鹅乡哙赛劳搬下来，建村21年，有邓、盘、冯、李、黄、赵六姓85户708人，3户有水田30莱，60户有政府拨给的旱地600莱，分家出去的家庭没有地就到别的地方砍山耕种。有7户人家做生意，主要是开店打制金银饰品，供商人收购。有1户开店卖货。旱地种谷、玉米、木薯，也种黄豆、棉花。除部分自用外，主要用于出售。

个案四，难府波县习拉练乡拉抛鸦村：

有赵、邓、李、冯、盘、黄六姓74户953人。分别从邦县董邦山、大烟地、长介邦（大象屎山）、邦昂（池圹名）迁来。庚戌年建村，村里没有水田，有旱地10000莱。旱地种水果、棉花、玉米、旱谷，其中水果200莱，种的全是橙子，已种了18年，另种有500莱棉花。橙子收摘后有难府老板来包购，棉花卖给难府的公司。村里种橙子，年收入最多的达30万铢，有一家，20万铢的一家，十多万铢的四家。种棉花一户年收入最多的达五六万铢，少的两三千铢。村里许多人家种橙子买粮食吃，再不种稻谷。74户一年买粮食500袋，一袋100公斤，合50000公斤，平均每户买粮676公斤。

个案五，清迈府房县湄安乡邦乖村：

有盘、赵、邓、冯、陈五姓135户1000人。从前住在距邦乖三四十里的马鞍山，立村有20多年。原来在马鞍山居住时，主要种旱谷、玉米自食。迁到邦乖后除8户人家种水田外，其余户种荔枝、桃子、菜玉米、红豆、生姜出售。全村种荔枝2600莱，平均每户20莱。种荔枝已20年，荔枝由曼谷老板来收购，1公斤售18铢。1莱地的荔枝一年平均收入1万铢，全村仅荔枝一项年收入达2600万铢。有七八户人家种有20多莱桃子，年产平均约20000公斤，每公斤售3.5铢，一年桃子收入7万泰铢。有100户人家种菜玉米，每户四五莱，一年两造，收100000公斤，每公斤售价18铢，共收入180万铢。每家种红豆5筒种，1筒种收8桶，共收40桶，1桶15公斤，共600公斤，每公斤售价10铢，全村红豆产量约8万公斤，共收入80万铢；有30户种姜，每户种5莱左右，1莱收获2000公斤，每公斤售价5铢，共收入1万铢。村里最富的一年收入300多万铢，四五万铢收入的有三四家，10万至20万铢收入的较多。

还可以举出一些个案，但仅从上述六个个案已可以看到现代泰国瑶族农业生产和农村经济的重大变化。一是他们基本上抛弃了游耕游居的山地刀耕火种农业，到低地定耕定居；二是农作物产品结构根据市场需求发生很大变化，稻米等粮食产品减少，黄豆、棉花、水果等经济作物比重大幅上升，出现了专业生产户兼专业生产村寨，如拉抛鸦村专门种植橙子，邦乖村大量生产荔枝；三是农村发展了手工业商品生产和商业贸易，如巴岗村大量打制银饰品用于出售，几乎每个村寨都开设有一至几家商店出售日用品及工艺品，有的村寨还发展了旅游业。

随着农业产品商品率的提高，商业贸易的日趋发展，泰国瑶族越来越被卷入泰国市场乃至全球国际市场，其必然结果是一部分人富裕起来，一部分人贫困化，两极分化，收入差距拉得很大。20 世纪八九十年代的泰国瑶族社会，富裕起来的人部分是村寨的农业种植、手工制作大户，部分是生意人，有的二者兼具，既在村里种农产品出售，又在村里或城里开店做生意，但也有些人生意做大以后脱离农村进入城市成为专门的商人。广西民族学院赴泰国考察组 1989 年二三月在泰北考察期间，所到之地，都看见有瑶人在府、县、乡、村开店做生意，个别人如邦卡村乡长邓财凤的叔父还将生意做到了泰国曼谷。富裕起来的人在农村、城市修建漂亮的房子，买了小轿车、运输车，家用电器一应俱全，并有条件到美国、中国或欧洲旅游。另一方面，在泰国瑶族村寨，也有的人由于各种原因无地或缺少耕地，被迫靠出卖劳力为生。他们中有的在村里替富裕户种地、做手工艺品，有的经泰国劳工部门介绍到中东、新加坡、香港打工。老挝瑶族的经济发展进程比较缓慢。1975 年政局变换后，老挝政府采取了一些措施，帮助山区少数民族发展经济。1975 年以前，瑶人的主要职业是农业生产、炼铁、镶银和从事一些服务业。1975 年政权转换后，一些人成为镶银和首饰大师傅。瑶族手工艺人生产的服装、首饰和手工艺品出售给生活在美国和法国的瑶人。进入20世纪80年代后，留在老挝的瑶人有许多人已换职业，一些人下山到各小城镇或城市居住，以经商为生，经营布匹、鞋子、蚊帐、被子、家庭用品、录音带和电视机等。在万象居住的瑶人发展庄园经济模式，并推广到郎勃拉邦、沙耶武里等省。有些人有自己的汽车，在乡间发展运输业。①

泰国瑶族开设的民族工艺品商店　张有隽摄

## 四、社会组织与政治

### （一）传统社会组织

1. 家庭

老、缅、泰三国瑶族社会的最小单位是家庭。家庭，瑶族称为“标”（Puan），标是基本的生产单位和消费单位。这几个国家的瑶族历史上从事山地刀耕火种农业，砍伐山林，开垦耕地，需要付出艰辛的劳动。因此，传统上瑶族都喜欢生活在一个大家庭里，以便互相帮助。坎德尔1960年在泰国北部某个村落大约40户瑶族中进行测验，结果是，瑶族异口同声道：家庭规模越大，相应地具有更广阔

① Choy Chiang Sactern内部报告：《瑶族在老挝人民民主共和国的进程》。

的田地，就能加强势力。[①] 其他学者的研究也证明，泰国有的地区瑶族家庭每户平均为7.3人。[②] 家庭成员多的达20多人，甚至60多人。[③] 这样的家庭往往由三四代人四五对已婚个体及其子孙组成。

老、缅、泰三国瑶人都坚守孩子长大后要赡养自己父母的义务，这种赡养行为往往在婚礼过程中由老人在其讲话中向年轻夫妇细述。因此，可见到儿子在婚后的某一段时间跟父母住在一起赡养他们。这段时期过后，年纪最大的儿子将第一个离开父母家庭，建造自己的房子。随后，除最小的儿子必须跟父母住在一起外，其他儿子也将一个一个离开。然而，一个新家庭建立起来后，由于生儿育女，当家庭中有几对已婚成员时，这个简单家庭又会变成一个扩大式的家庭。[④]

瑶族实行父系制，所有家庭都处于家庭领导下。除了大家庭的家长是祖父外，一般家庭的家长常常是父亲。父亲老了，长子可接替管理家庭事务，但大事仍由父亲决定。家庭中，男子承担田间重活，妇女操持家务，但农忙时，妇女也需参加田间劳动，如播种、收割等。家长代表家庭出席家族、村社召集的会议，承担族中和村社的义务，如祭祀、修路、架桥等。

2. 宗族

家庭以上的社会单位为宗族。根据《评皇券牒》记载，瑶族始祖盘护与评皇的第三公主结婚后，繁衍十二姓瑶人，这是瑶族最初的十二姓宗族。由于长期的历史发展和不断迁徙，十二姓宗族在各

---

① ［日］竹村卓二：《瑶族的历史和文化》，128页，北京，民族出版社，2003。

② ［日］竹村卓二：《瑶族的历史和文化》，128页，北京，民族出版社，2003。

③ ［泰］差博·卡差·阿南达著，谢兆崇、罗宗志译：《泰国瑶人》，北京，民族出版社，2006。

④ ［泰］差博·卡差·阿南达著，谢兆崇、罗宗志译：《泰国瑶人》，北京，民族出版社，2006。

地不断变化。据报告，老挝瑶族只有邓、赵、冯、杨、陈、盘、黄、周等九个宗族的姓。① 实际情况也许不是这样，因为从老挝迁到泰国的瑶族中还有李、雷、胡、沈、包这些《评皇券牒》中常提到的姓氏。② 对瑶人来说，同姓人就是同宗人。迁移到美国的瑶人在同族盛大集会上男子肩披写有“陈氏宗亲”、“赵氏宗亲”等字样的绶带，就是宗亲认同的表现。由于人口增长、男子娶不同数目的女人为妻、女子招郎上门、过继收养、异族同化于瑶族以及不断地分散迁徙等原因，同一宗姓的人总是不断裂变为大大小小的宗族。在现实生活中，老、缅、泰三国瑶人只与那些可追溯至十余代祖先的亲属保持较密切的关系，瑶人称具有这样系谱的亲属关系为一个“宗支”的人。同宗支的人不但同姓，有相同的字辈，有共同的仪式和祭祀活动，而且有共同的首领——族长，有共同的祭祀祖先的神台，这神台就设在族长家。同宗支的人一般居住在相同或相邻的村寨里，以便共同举行那些只有同一宗支的人才能举行的宗教仪式，如祭祖、挂灯、度戒，并在需要的时候互相帮助。据广西民族学院赴泰国考察组的报告及其他一些研究人员的报告：泰国瑶人中邓姓有“邓酸”、“邓烤”、“邓青”、“邓厄”、“邓如”等不同亚姓群体；赵姓有大赵、小赵（或老小赵）、十二德赵、万大赵、赵春、赵尖刀、赵龙（long）、龙大赵等亚姓群体；李姓有李鱼、李青、李喜、李凤等亚姓群体；盘姓有红盘、白盘两个亚姓群体；冯姓有红老冯或红冯、白老冯或白冯两个亚姓群体；陈姓有大老陈或老陈、小老陈或小陈两个亚姓群体等。③ 每个亚姓依自己人口和分布

① Choy Chiang Sactem 内部报告：《瑶族在老挝人民民主共和国的发展》。

② ［泰］差博·卡差·阿南达著，谢兆崇、罗宗志译：《泰国瑶人》，北京，民族出版社，2006。

③ ［泰］差博·卡差·阿南达著，谢兆崇、罗宗志译：《泰国瑶人》，北京，民族出版社，2006。广西民族学院赴泰国瑶族考察组：《泰国瑶族考察》，250～251 页，南宁，广西人民出版社，1992。

状况而裂变为不同的较小的宗支。各亚姓分别按形成的早晚、祭祖用的供品和仪式程序的不同、地位或性格的不同而获得名称。此外，一些异族人（主要是汉人）由于通婚、避乱、通商等原因长期居住在瑶族地区，语言、生活习俗同于瑶人而成为瑶人的一部分，他们有的改用瑶族姓氏，有的保留自己的姓氏。在泰国瑶族中，就有刘、王、劳、陶、台等姓氏①，并构成独立的宗姓、宗支。上述宗姓基本上也就是老挝、缅甸瑶族的宗姓。据报告，泰国没有而老挝有的瑶人宗族有蒋、张、祝等姓氏。老、缅、泰三国瑶人同一宗族、宗支的亲属各个家庭并不一定居住在一个村寨里。各宗族、宗支的家庭成员除了共同祭祖、挂灯、度戒，在生产生活中保持一定联系外，他们通常与别的宗姓的人居住在一个村寨里，构成一个地域群体，并服从村寨领袖的管理。

3. 村寨

村寨是宗族以上一级传统组织。历史上，瑶族无论迁移到哪里，都会加入一个地域团体——村寨。对瑶族来说，村寨可以是一个自然村，也可以是由几个邻近的自然村合成，重要的是构成村寨中人与人之间的关系。在老、缅、泰三国瑶族社会，每个瑶族村寨在地理上都包括一定数量的耕地、山林、河流、居民点、园圃、道路，面积数千亩至数万亩不等。20 世纪 60 年代以前，瑶族居住在高山上，一个村寨通常只有一二十户人家，规模较小，但占有的山林、土地面积较大。20 世纪 60 年代瑶族从高山逐渐搬到低地居住以后，一个村寨通常居住着数十户人家，规模较大，但占有的山林、土地面积缩小了。在泰国，每个瑶族村都由几个姓氏的家庭组成，其中有一个姓氏人口居多数。下面是根据张有隽教授 1989 年二三月间在泰国考察时记录到的几个瑶族村寨姓氏、家户组合情况列表。

从下表可以看出，在泰国北部 4 个府 7 个村寨中，每村人家多

① ［泰］差博·卡差·阿南达著，谢兆祟、罗宗志译：《泰国瑶人》，北京，民族出版社，2006。

的达139户，少的有43户，一般在50户至80户之间。每个村寨都有一个姓的人口占据多数，湄朋、巴卡、湄赛、拉抛鸦是赵姓人为主的村子，邦卡、巴岗是邓姓人为主的村子，邦乖则是一个以盘姓人为主的村子。表中未反映的一个情况是：有的村子户数之所以那么多，是因其由几个自然村合成，如邦乖村就包括了邦乖、夜岩銮、夜岩莲、万廊四个自然村。

**泰国几个瑶族村寨姓氏户数情况表**

| 地区 | 村寨名 | 户数 | 人口 | 各姓户数 | | | | | | | | |
|---|---|---|---|---|---|---|---|---|---|---|---|---|
| | | | | 邓 | 李 | 陈 | 赵 | 黄 | 冯 | 盘 | 罗 | 刘 |
| 清莱府 | 湄朋 | 139 | 1378 | 30 | 12 | 16 | 50 | 4 | 5 | 20 | 2 | |
| | 班卡 | 38 | 400 | 1 | 5 | | 13 | 13 | 2 | 4 | | |
| | 湄赛 | 52 | 146 | 2 | 4 | 4 | 39 | | | 2 | | 1 |
| 帕尧府 | 邦卡 | 58 | 389 | 46 | 1 | | 6 | | 1 | 4 | | |
| 难府 | 巴岗 | 85 | 308 | 70 | 4 | | 3 | 1 | 1 | 6 | | |
| | 拉抛鸦 | 74 | 953 | 26 | 7 | | 32 | 2 | 4 | 3 | | |
| 清迈府 | 邦乖 | 135 | 1000 | 8 | | 1 | 30 | | 1 | 95 | | |

瑶族村寨是所有社会事务的集合中心。每个村寨由一个“社神”保护，村里所有的家庭都必须向它敬献祭品，参加村里的祭社活动。祭社活动由寨老领导，社主主持。寨老称“勉谷”或“刀勉”，意即“老人”或“头人”。社主称“籍召”，意即社主。寨老、社主在历史上往往就是一个人，并由开村最早的一户的户主担任。这一户的人口在村里往往发展较快，人口较多，其他姓氏都是仰慕他的势力而来一起居住的。人们认为，这个姓氏的开村户主因为挂过灯甚至度过戒，有正神护持，所以敢到一个新地方开村立户，跟着他不怕野鬼邪神侵扰，做工有的吃。寨老或社主除主持村社祭祀外，还管理一村的生魂死鬼。凡村寨中各户的“证见”神，社主要

抄一份掌握在手中，以便祭社时请这位神。各户有老人去世、小孩出生、嫁女、讨媳妇，都要通过村老或社主祭告社王，让社王知道。① 村寨里来了外人，也要由社主祭告社王，以免发生意外。寨老或社主在历史上除管阴人外，还管理阳人。他有权按习惯法处理寨内纠纷，组织生产，主持婚嫁等仪式，并负责对外联系。但寨老或社主在作出决定、处理重大事务时，必须与村寨内各宗姓的老人商议，听取他们的意见，老人的意见受到尊重。

在老挝和泰国，某些宗姓人多势众，村寨首领年老不能理事时，指定自己的一个儿子接替，如此代代相传，成为世袭现象。多数寨老、社主仍通过选举产生。选举用卜卦办法进行，为社主挑选出来的几个候选人各卜三卦，请各户祖先鬼和社鬼到坛听卦，谁的卦象好谁当选。也有的当社主老死后，众人信服其一位助手，推其为新社主；或社主年老不受理事时，禀告众人后自己开坛卜卦，请准神灵，指定一位接班人。②

（二）国家政治势力的控制

老挝、缅甸、泰国瑶族的传统社会组织是一种分支的结构，其特点是家庭和村寨组织比较松散。他们居住在本民族村落之中，可以说没有超过村一级的政治组织形式，无论是同泰国人还是相互之间都很少结合。③ 这样的社会组织易被强势族群各个击破，达到其渗透与控制的目的。

老挝、缅甸、泰国历史上是封建君主专制国家，但立国较晚，古代中央王朝势力对边远地区控制乏力。泰国东北部、老挝

---

① 广西民族学院赴泰国瑶族考察组：《泰国瑶族考察》，265～266 页，南宁，广西人民出版社，1992。

② 广西民族学院赴泰国瑶族考察组：《泰国瑶族考察》，266～267 页，南宁，广西人民出版社，1992。

③ ［英］奈杰尔·哈兹尔丁：《泰国金三角的六民族》，载英国《地理杂志》，第 54 卷第 2 号，1982 年。

除万象以外的其他地区，缅甸毗邻云南、泰国、老挝的地区历史上曾属云南傣族封建土司势力范围，各地大小土司割据一方，经常为争夺领土而挑起战争。18 世纪 60 年代，暹罗把它的统治权伸展到清迈、万象和琅勃拉邦这样较大的一些老挝人国家。① 瑶族自 18 世纪初进入老挝、缅甸。关于 18 世纪至 19 世纪末这近两百年的老挝、缅甸瑶族历史情况，由于文献资料缺乏，我们还无法知道。但从许多姓氏的《祖途》记载他们的祖先埋葬在老挝的地址时，经常提到“拉挝地主”、“拉挝大王地主”、“剌拱（老挝）地主”、“剌拱（老挝）地主”、“蛮磨叭朋地主官人”、“猛声敖教发地主”、“猛拿……摆夷地主”、“念卡……白衣地主”②等，至少说明当时瑶族生活在老挝各封建领主地盘内，至于如何受到当地封建领主势力的控制，尚不得而知。

到 19 世纪中后期，老挝瑶族某些宗姓的势力在老挝内战中立功而得到发展。上文提到泰国帕尧府邦县叭昌内乡邦卡村乡长邓财凤收藏的《评皇券牒》，其卷首写有“盘金安盘王圣牒绞（交）以（与）本叭邓叭障拿去新地方庇得新地方同吃同在良（粮）孑（钱）讨下”字样。据当时报道人、与邓财凤同宗族的 73 岁的大师公邓进陞解释说，邓叭障是邓财凤的祖父，阳名邓进坤，阴名邓陞一郎，18 岁时住在老挝猛障地方，在猛赖与叭衣（白夷）打仗，打了胜仗，猛障地方官委任他为鲜障（乡长），他后来带一些百姓迁移到泰国普埃，又被泰国政府任命为叭障（区长）。③ 阿南达博士的研究证实，瑶族头人邓进坤在老挝南塔被任命为乡长，管理瑶人和苗人。后来邓进坤及其随从人员从猛障迁移到泰国难府莱县布卫山，以每年给难府召勐林产品换取已

① ［苏］尼·瓦·烈勃里科娃著，王易金等译：《泰国近代史纲》，上册，11 页，北京，商务印书馆，1974。

② 张有隽教授 1989 年赴泰考察笔记。

③ 张有隽教授 1989 年赴泰国考察笔记。

占有山区土地的瑶人、苗人部落耕种田地的权利。邓进坤被难府召勐封为“帕耶”，赐名“帕耶·契利诗颂北”，意为“山区宝物贵族”。14年后，当他迁到叭昌内山时，其子邓文林在当地叫“陶拉”，由于在布能伽村设立乡政府，被称为叭昌内乡的乡长和第一任村长。邓进坤一直担任泰国一个瑶人群体的大头人达60年，管理帕尧和难府东部地区很多瑶人、苗人及其他山区部落。在他以后，他的四个儿子邓文林（长子）、邓富金（四子）、邓富春（三子）、邓财凤（二子）先后担任叭昌内乡乡长①，邓财凤自20世纪60年代至今仍是泰国瑶族群体的一位大头人，享有管理帕尧府一个地区瑶人、苗人村寨的权利。这个例子表明，至晚19世纪中后期起，在老挝、暹罗王国政治势力的渗透和影响下，瑶族头人的传统权力开始与近代国家政治结合，使自己的政治势力超出了一个村寨、一个群体的范围，而向外扩展到了其他民族群体地区。

20世纪六七十年代，在东南亚地缘政治格局频繁变动的情况下，老、缅、泰三国瑶族更深入地被卷进了当地的政治。先是1954年越南奠边府大捷后，法国殖民势力宣告失败，退出越南、老挝。在共产党的领导或影响下，老挝、泰国、柬埔寨、马来西亚爆发了群众武装反抗封建统治的革命运动。美国为了自己的利益插手东南亚各国内部事务。1961年，在美国支持下，老挝苗族头人王宝将军组织武装部队与老挝人民革命党对抗，维护郎诺政权的统治。老挝的瑶人被卷入这场武装斗争，一部分瑶族人在王宝将军手下担任指挥官。一时间，泰、老、缅边境地区形势变得紧张起来。泰国政府为了安全，从20世纪60年代中期开始，强令住在泰、老边境地区的瑶人迁移下山，并实施编组乡村、登记人口政策，加强对瑶族地区的统治。

---

① ［泰］差博·卡差·阿南达著，谢兆崇、罗宗志译：《泰国瑶人》，北京，民族出版社，2006。

在现代的老挝，自1975年政局变动后，除了迁走的外，瑶人大多数仍居住在高山上。老挝新政府实行社会主义的民族政策，尊重各少数民族传统和权利，允许瑶族选举自己的县乡干部，在南塔省还有瑶人当选为副省长。

在泰国，自20世纪六七十年代以来，没有一个瑶族村寨不在泰国政府管理之下。泰国政府派出官员，对各府瑶族村寨一一进行调查，登记户口，编上村号、门牌号，建立档案。泰国政府动员瑶人加入泰国国籍，凡加入泰国籍的瑶人即为泰国合法公民，拥有一个泰国名字，拥有选举权、被选举权和财产继承权。

瑶族在泰国属于山民。泰国学者对“山民”所下的定义是：“居住在海拔1000米以上的山区小群体居民，有相似的风俗习惯，相似的语言信仰、职业和性格，有共同的首领，但在血统、风俗和语言方面，又明显区别于国家主体公民。”① 政府对于山民的政策，基本上是和睦相处的一体化政策。泰国前内务部长巴帕·乍路上将曾在《泰国的山民》一文中指出：“……政府并未制定任何强迫山民取消自己古老习俗的政策……山民有权履行的唯一政治职责是忠于国王陛下，并且要遵守国家法律。”②

泰国政府允许瑶族聚居的村寨选举自己的村长，在泰国政府指导下管理内部事务。现代许多瑶族聚居的村寨都有瑶人担任村长，甚至在瑶人与苗人、汉人、阿卡人、傈僳人合建的村子也有瑶人当村长，泰国政府官员公认泰国瑶人与政府合作得很好。但实行这样的政策有时也会出现一个问题。上文提到，按照瑶族传统，一些地

---

① ［泰］卡扎派·布鲁帕特著，王伟民译：《泰国少数民族与国家安全》，第四章，转引自黄钰、黄方平：《国际瑶族概述》，207页，南宁，广西人民出版社，1993。

② ［泰］卡扎派·布鲁帕特著，王伟民译：《泰国的少数民族及国家的稳定》，转引自黄钰、黄方平：《国际瑶族概述》，208页，南宁，广西人民出版社，1993。

区的村寨头人是老头人提议他的儿子作接班人时，就村民而言没有不同意见，还有些地区由老头人出候选人，然后用卜卦方式选举新头人，村民也认可。但是在一些地区，特别是正式选举村头人、村长或村长助理时，常常出现传统选择的头人和官方选择的头人不是同一个人。一般说来，头人选择依据习俗是一个通晓传统的成熟男子，而官方头人的任命要求具备讲流畅泰语的能力，同泰国行政权力机构有良好关系是必备的条件。官方愿意选这种人，是因为他们认为他能同权力机关保持很好的联系和帮助他们处理官方事务。因而在同一个村子里，常出现两个头人，一个是传统选举的头人，另一个是官方委任的头人。很明显，比较而言，大多数村民愿意跟第一个头人合作。多数情况下，第一个头人不先决定的事情，第二个头人无从下手。两种头人的对立有时会导致他们中的一个离开，同支持他的家庭去建立一个新村庄。①

此外，在泰国，瑶族最高级别的行政官员只是乡长，而且只有帕尧府邦县叭昌内乡、清莱府夜庄县湄瑶乡两个乡有瑶人被任命为乡长。在泰国不像在中国、越南、老挝那样，从未见有瑶人当选国会议员，参与国家政治事务的。②

## 五、语言与文化教育

### （一）语言文字

老、缅、泰三国瑶族语言，过去有人把它划入汉藏语系汉泰语支，有人把瑶语划入藏缅语支或苗瑶帕顿语支，有人则认为瑶语属南亚语系（Austro－Asiatic）孟高棉语支，也有说瑶语属于一种古南洋语（Patco－Austronesian），这些都是研究欠深入得出的粗浅

---

① ［泰］差博·卡差·阿南达著，谢兆崇、罗宗志译：《泰国瑶人》，北京，民族出版社，2006。

② ［泰］差博·卡差·阿南达著，谢兆崇、罗宗志译：《泰国瑶人》，北京，民族出版社，2006。

看法，已为学术界所抛弃。瑶语具有声调，有许多单音节和双音节词以及辅音韵尾等汉藏语系各语言的共同特点，应属汉藏语系苗瑶语族瑶语支语言。老挝瑶族有勉语、金门语两个方言，缅甸、泰国瑶族只有勉语一种方言，也有人认为缅甸还有门语方言。这三国瑶人完全能和中国操瑶语支语言的瑶人通话，尤其是和云南勐腊、广西田林的瑶人，不仅能通话，而且唱歌的歌调都一样。有人认为，老、缅、泰三国瑶人的瑶语比较纯正，保留古瑶语成分比较多。

以泰国瑶语为例，有声母 31 个、韵母 113 个、声调 8 个，与中国勉语基本吻合，音位系统还保持固有传统；其词语主要是日常生活用语和有关生产劳动的词语，现代科学文化词语较少，不像现代中国瑶语大量增加新词术语，词汇仍保持固有系统；语法作为语言要素中最稳固的组成部分，变化最缓慢，未见泰语语法结构加入瑶语的现象，不像中国瑶语加入新的汉语结构，大量使用从汉语借用的虚词。这主要是因为瑶族进入老、缅、泰国时间不长，受外界影响不大，瑶语内部规律具有较强的稳固性。①

但这三国瑶语语言也有某些变化，从整个声韵调来看，有由繁变简的趋向；其词语除保持古汉语借词外，增加了泰语借词，尤其近现代新词术语多从泰语借入，如医生（mɔ$^{13}$）、电筒（fai$^{33}$ fa$^{33}$）、火车（tuo$^{23}$ tshie$^{31}$）、录音机（siu$^{33}$ ua$^{12}$ fa：ŋ$^{3}$）、摩托车（thia$^{33}$ dɔn$^{33}$）等，不像中国瑶语这些词都从汉语借入；泰国瑶语还保留第三套基数词，这套基数词是借自汉西南官话，主要用于男性的排行，这套基数词在中国瑶语中已少用。②

许多人公认瑶族人是语言专家。老、缅、泰瑶人不像越南瑶人只会说瑶话、越南话，不会讲中国话。老、缅、泰三国瑶人除了瑶

---

① 广西民族学院赴泰国瑶族考察组：《泰国瑶族考察》，93～95 页，南宁，广西人民出版社，1992。

② 《泰国的傈僳族和瑶族》，乐赛月摘译自《1975～1976 泰国年鉴》，载《民族译丛》，1979（3）。

话外，还会讲所在国主体民族的话，老人多数会汉语西南方言，有的还会讲汉语普通话。此外，与傈僳、哈尼、阿卡、苗等民族居住邻近的人，还会讲这些民族的话。

书面语言方面，这三国瑶族保持用汉字书写的传统。20 世纪五六十年代，一些西方传教士将罗马字和泰文字母用于瑶语①，但不流行。现代，这三国瑶人除了受过教育懂所在国文字的人在与所在国主体民族人员书面交往时使用老文、泰文或缅文外，民间仍坚持用汉字书写的传统，并保留有世代传抄的宗教经书、歌本、祖图、家先单、《评皇券牒》等，家族祖先神龛用字、年节对联、缔结婚姻关系的合同、民间借据，一律用汉字书写。瑶人非常珍惜这个传统。1989 年 2 月初，广西民族学院赴泰国考察组到达泰国，时值春节，考察组所到瑶人村寨，只见家家户户门前都贴上大红对联。3 月 12 日到达难府波县习拉练乡巴岗村，瑶族同胞打出“热烈欢迎中国乡亲”的横幅，敲锣打鼓把考察组接进村子。当时春节已过，但该村社主邓承兴还特意请张有隽教授写了几副对联，说是留着以后用。泰国瑶人的故乡情，由此可见一斑。

（二）教育

老、缅、泰三国瑶族十分重视传统教育。在老挝，传统教育大部分能代代相传。青少年学习的内容主要集中于为人处世方法和各种礼节。基础学习课程叫做“哨波咧依”和“达波咧依”，意思是初级和高级社会规律、精神规律。学生首先学完这两本书，从书中学到的词汇足以满足日常生活、写信和唱歌中所用。② 在泰国，瑶族通过家庭教育、社会教育向青少年传播生产生活知识，注重人的

---

① 广西民族学院赴泰国瑶族考察组：《泰国瑶族考察》，93～95 页，南宁，广西人民出版社。1992。

② ［老挝］Choy Chiang Sactem：《瑶族在老挝人民民主共和国的发展过程》，见《瑶族文化和社会的发展》，黎巧萍等译稿，243 页，河内，民族文化出版社，1998。

能力的训练和人格培养。阿南达博士说，他发现在瑶人的家庭中，孩子跟父母的关系密切。孩子还小的时候，父母总是告诉他们与他关系最近的事，如父母、兄弟姐妹的名字和工具的使用。父亲向孩子们讲述神话、传说和祖先迁徙的历史。当孩子长大时，则告诉他们如何耕种、打猎甚至进行仪式活动。春节时，家长允许孩子们带上刀到附近丛林采集花朵、石子放在屋里祭坛下面，向祖先表示敬意。女孩在四五岁时就教其怎么用针线挑绣简单的图案。这种教授可以在不同年龄段进行，同时少儿也可以向经历过不同生命阶段的人学习。在大婚礼等仪式活动中，所有不同年龄段的小孩喜欢挤成一堆观看，不受成人禁止，这被认为是一种真正的学习方法。①

在老挝、缅甸、泰国，瑶族的传统教育常与宗教信仰联系在一起。男孩长大后，要学习用汉字写的经书，学习从识字开始。泰国瑶人过去住在高山时，曾办有自己的学校，自编《自从》、《盘古》、《四言杂字》、《六言杂字》等课本。《自从》、《盘古》两本教材讲述盘古开天辟地、万物起源和瑶族的由来及迁徙的故事。《杂字》课本是将宗教经书、歌书中较难辨认的繁杂汉字和瑶人自己创造的土俗字编成四言、六言课本。教授上述课本，不但帮助小孩认识汉字，而且使他们了解了瑶人的历史传统，可谓一举两得。但由于这些课本涉及瑶人与中国的关系，后来被泰国政府禁止使用。② 一些瑶人为了继承传统而不得不到国民党部队逃入泰国的基地开办的学校，或台湾传教团体在泰北设立的学校学习汉字汉语。

在老、缅、泰三国，泰国政府重视发展近现代教育。还在1921年，泰国就把初等教育列为义务教育，制定法令，规定对7岁以上儿童实行强制教育。但由于经济条件的限制，这项法令没有

① ［泰］差博·卡差·阿南达著，谢兆崇、罗宗志译：《泰国瑶人》，106页，北京，民族出版社，2006。

② 张有隽：《瑶族历史与文化》，392页，南宁，广西民族出版社，2001。

得到全面贯彻实施。① 瑶族居住在高山上，基本上不能享受近现代教育。20世纪六七十年代瑶族从高山迁移到低地以后，泰国政府把发展瑶族教育作为帮助瑶族发展的重要举措，筹集资金建立学校，采取免收学费、书费，发放助学金、衣服等措施，鼓励瑶族儿童入学。经过努力，泰国瑶族现代教育已有了很大发展。1989年二三月间，广西民族学院赴泰国考察组在泰北考察了4个府23个村寨，所到之处都建有小学，就连仍居住在帕尧邦县高山上的会仁村，仅有10户人家，政府也办了一个有10个学生的复式教学班，派了一名教师。个别村寨，现代泰国瑶族儿童入学率达到100％。学生在校学习傣文、算术、历史、品德体育、手工、职业教育、图音等课程，五六年级增开英文课。小学毕业后，每校可保送一两名优秀生直升中学，享受免费住读待遇。② 中学毕业成绩优异的推荐到清迈、曼谷读大学。帕尧府班卡村、龙英村、清莱府湄赛村、难府巴岗村都有人在曼谷、清迈或清莱的大学读书，有的已毕业，还有的取得了硕士学位。

老挝在1975年政权转换后，注意发展边远地区的教育。1975—1979年，派老师上山工作。那时高山各乡没有学校，白天老师与瑶胞一起劳动，晚上教老语，但工作不是很有成效。现在，老挝瑶族初中、职业学校和幼师毕业的人太少。③

（三）文学艺术

老、缅、泰三国瑶族的文学艺术主要是民间文学艺术。20世纪七八十年代，虽然有人把瑶族民间舞蹈整理加工搬上舞台，但属

① 广西民族学院赴泰国瑶族考察组：《泰国瑶族考察》，83页，南宁，广西人民出版社，1992。

② 广西民族学院赴泰国瑶族考察组：《泰国瑶族考察》，84～85页，南宁，广西人民出版社，1992。

③ ［老挝］Choy Chiang Sactem：《瑶族在老挝人民民主共和国的发展过程》，见《瑶族文化和社会的发展》，黎巧萍等译稿，245页，河内，民族文化出版社，1998。

于个别项目。至于现代书面文学，迄今尚未见到。

民间文学种类主要有神话、传说、歌谣、故事、说词、谚语、谜语等。这些种类的民间文学作品许多在中国已经定型，随着瑶族向老挝、缅甸、泰国迁徙而带到了这些国家。民间文学产生于民间，长期流传于民间，为群众喜闻乐见，作为传统文化的组成部分，发挥着特殊的功能和作用。流传于老、缅、泰三国瑶族民间的神话有《盘古》、《伏羲子妹》等。前者讲述盘古开天辟地，万物起源，后者讲洪水淹天，人类再造，山人来源。这两则神话不但见于这三国瑶族经书、歌本的记载，如上文提到的，在泰国，《盘古》还被编成课本，向青少年讲授。《盘王》、《漂洋过海》两个传说主要记载于《评皇券牒》、《盘王歌》等民间文献里，但通过掌握这些民间文献的宗族、村寨头人、大师公的口述以及经常性的祭祀盘王的活动，这两个传说皆家喻户晓。人们都知道盘王是本民族的始祖，并知道瑶族之所以刀耕火种、食山过山，与始祖盘王传说有密切关系。上述神话传说在传述人类和万物起源、民族起源这一主题时，强调的是人类祖先、民族始祖建立祖业的丰功伟绩，在维持民族认同、增强民族凝聚力方面起着不可替代的作用。

民间歌谣作为古老的民间文学样式，在这三国瑶族中保留得很完整。瑶族歌谣既是诗，又是歌。作为诗，可以吟诵，就是瑶族的所谓“读歌”(Tou Chyung)，作为歌，它有固定的曲调，可以歌唱。泰国瑶族的歌谣有的有比较固定的抄本，如《送别歌书》、《盘王歌书》、《三清歌》、《小师歌》、《围堂小书》(三男三女唱)、《渔网古歌传》、《留途古言歌》、《女人唱庙王歌用》、《男人唱庙王歌用》、《头代歌》等。其中，《盘王歌》有5个版本，最早为清道光七年（1827年）七月的抄本。这类有抄本的歌，除了《送别歌书》、《梁祝歌》、《甲子歌》、《渔网古歌传》、《留途古言歌》少数几种外，其余皆为祭祀、挂灯、度戒时唱的歌。《盘王歌》作为祭祀盘王时的唱本，在泰国同样有24段歌词、36路歌词两种，表明有使用两种《盘王歌》祭盘王的宗族存在。有抄本的歌可依汉字瑶音吟唱，但不识汉字的人除有师父教唱背熟可以唱出来以外，无法使用。瑶族向来以能歌善唱著称，老、缅、泰三国瑶族保持了这一传统。民间除有抄本的歌谣外，还有大量即兴演唱的歌谣。许多民间歌手尤其是女歌手并不识汉字，但在节庆日子、谈情说爱、迎宾送友等活动中触景生情，随编随唱，相互对答，皆情词恳切，发人深思。1989 年二三月间，广西民族学院赴泰国考察组每到达和离别一个曾居住过的村寨时，村民设宴迎送，席间必以瑶歌相赠。2 月 12 日，考察组进驻湄崩村第一个晚上，村里女歌手赵妹赖在欢迎宴席上唱道：

当初圣王开天地，置到瑶人中国排；
半分错车飘出外，飘到小朝泰国修；
翁车已代未相会，到了今年正会逢；
中国瑶人有心意，来到小朝看众人；
大朝几个仁兄表，来看众人十分齐；
来是青云来遮盖，身边云露便遮身；
求官也得功名字，甲子也有彭祖年；
泰国众人有心意，唱句言文好朝天；
得听声文爱留意，爱挂小朝一众一；
……
一千九百八十九，正得广西中国亲；
远远立心来相会，千世重情挂稳心。①

2 月 26 日离开湄赛村，女歌手邓妹赖在告别宴席上唱道：

刘三置天又置地，置起朝廷四角方；
共个州庭各自国，共个太阳各自州；

① 广西民族学院赴泰国瑶族考察组：《泰国瑶族考察》，114～115 页，南宁，广西人民出版社，1992。

一年四季烧香敬，吹得两人踏入州；
男子落阳面向入，承了公爷太祖香；
女子落阳面向外，命代外国为进修；
中国先生行到案，无样下台给众食；
三年难逢天转国，万岁难来重会逢；
广西先生重到国，乡村大小也欢心；
不晓真言传度假，今日会逢真是真；
千山万水共海合，齐来相会众亲人；
……
中国瑶人有众多，千万莫抛泰国朝；
散后齐共亚洲国，生意面前莫放慌。①

这三国瑶人歌谣的内容十分广泛，按内容和作用一般可分为古歌、甲子歌、迁徙歌、落难歌、信歌、情歌、婚姻歌、乐神歌、儿歌等类。各类歌谣多为七言四句一段，可长可短，亦不讲究韵律，多用比兴、排比等修辞手法，传达着瑶族热爱生活、重视亲情、与环境抗争、追求未来的讯息，具有积极向上的意义。

民间故事无抄本记载，仍停留在口头流传上。考察搜集到的泰国瑶族民间故事有《白蛇哥》、《野猫》、《癞蛤蟆》、《崔文和四姐》、《大筛箕》、《猫头鹰》、《长脚人》、《翘胡子老翁》、《两个朋友打猎》等十种②。上述故事很多是从中国传过去的，故事情节和内容与中国瑶族地区流传的基本一致。如《白蛇哥》与广西百色壮族、瑶族民间流传的《蛇郎》内容、情节一致；《野猫》与广西金秀大瑶山流传的《唱歌的野狸》相似；《长脚人》讲的则

① 广西民族学院赴泰国瑶族考察组：《泰国瑶族考察》，115～116 页，南宁，广西人民出版社，1992。

② 广西民族学院赴泰国瑶族考察组：《泰国瑶族考察》，125～154 页，南宁，广西人民出版社，1992。

是中国瑶族《洪水》故事中雷王与张郎相互打斗的故事；《崔文和四姐》是从汉族引入瑶族的故事。这表明这三国瑶人保持着由上了年纪的一代人向青少年讲故事的传统，同时也表明这些故事内容丰富，情节离奇生动，主题鲜明受人热爱，具有长久的生命力。

民间艺术有音乐、舞蹈、挑绣、首饰品制作、绘画等。音乐分声乐、器乐。声乐主要为传统瑶歌，但老挝、泰国瑶人也喜欢将老挝、泰国流行曲调填入词进行演唱。乐器主要有鼓、锣、钹、唢呐、牛角、铜铃，与中国瑶族一样，这些乐器主要用于祭祀、婚、丧、迎宾场合，多为合奏，也可独奏。与中国瑶族不同的是，盘瑶文化重要象征的长鼓在泰国已近失传。人们祭祀盘王时，临时砍一节竹筒制成鼓，仪式完毕即抛弃不用，不像中国瑶族那样把长鼓当作最重要的礼器认真制作，精心保护。

传统舞蹈与宗教祭祀联系在一起，主要有“盘王舞”、“串龟舞”、“师公舞”、“三元舞”等。近现代，老挝瑶族吸收了其他民族的舞蹈艺术，如祝福舞、南旺舞，前者系演出开场节目，用来对人们进行最美好的祝愿，后者属于交际欢乐场面跳的一种舞蹈，根据旋律与伴唱曲调有多种跳法。在泰国，由于初等教育普及，许多在校学习的瑶族少年儿童被教以泰国传统舞蹈，加之主体民族舞蹈在社会风行，因此，许多瑶族青少年会跳泰国舞蹈，而对于民族传统舞蹈则不甚了然。

老、缅、泰三国瑶族妇女继承、发扬瑶族挑花刺绣优良传统，女孩在五六岁已开始学刺绣，到十三四岁，技艺已臻成熟。一家男女老幼绣花衣服，均出自妇女勤巧之手。衣服刺绣包括头巾、衣襟、衣领、腹带、圆帕、头帕、小孩帽子、师公头带等，刺绣图案主要有齿形、人形、松花形、鱼骨形、几何形以及山川鸟兽、花草树木等形象。以蓝黑色料为底色，用五色彩线绣出精美图案，受到各界好评。

## 六、风俗习惯

### （一）居住与饮食

1. 居住

三国瑶族历史上居住在海拔1000米左右的高山密林里。选择缓坡或陡坡地建房而居，居住点附近必须有溪流。房屋依山而建，就地而起，背后是山，座向不定。墙用木板，没有就用竹片，上盖以木皮、茅草或竹木制成的瓦片。

房子有三道门，男人门进去是客厅，女人门进去是厨房。第三道门叫大门，这不是因为它大，而是因其在特殊仪式中的重要性。直对大门的是家坛。这类房子多为长方形。从大门进去，中为厅堂，厅堂后面墙壁正对大门的上方立有祖先神坛。厅堂左右两边各有一个火塘，左边即男人门进来的客厅，里面的火塘是客人围坐烤火的地方；右边即女人门进来的地方，其中的火塘是煮食物的地方。右边与厨房相对的地方设有石磨、煮猪食的灶、澡桶及水枧。厨灶与厅堂之间摆有桌子，为吃饭的地方。厅堂后面用木板或竹片隔开，分成几间卧室，依家庭成员年纪进行分配。家主通常住在中间靠近神龛的那一间，从他卧室出来就到了神龛地方。够结婚年纪的姑娘住在近女人门的私房里，以便与求婚男子来往。瑶人平时从左右两个门出入，大门只有祭祖或婚丧活动时才打开，人死后灵柩从大门抬出，女儿出嫁也从大门出。[①] 瑶族还喜欢将猪牛栏、仓库、厕所建在住房外边。上述反映了这三国瑶族在居住方面保持着传统习俗。

20世纪60年代后，一些从高山搬到低地居住的瑶族，改建泰式干栏住房，房子全用当地盛产的柚木建成，上层住人，有厅有卧室有厨房，下层停放车辆，也可供人坐在那里干手工活（如挑绣）、聊天。一些经商富裕起来的人家建起两三层钢筋水泥或砖瓦结构的

① 广西民族学院赴泰国瑶族考察组：《泰国瑶族考察》，157～158页，南宁，广西人民出版社，1992。

小洋楼，内外贴马赛克。多数人仍然住平房，也有的人建造半是平房半是高脚屋式的房子。房子内部结构没有多大变化，猪牛栏、仓库仍然建在外边。

2. 饮食

三国瑶人保持一日三餐的习俗，主食为大米。瑶人都是煮干饭吃，很少煮稀饭吃。大米不够有时也吃红薯、芋头，但他们会设法买回大米。副食主要是各种瓜菜、豆及豆制品如豆腐。过去住在山上，他们也上山采集野菜、竹笋、蘑菇回来吃。瑶人只在年节祭祀或婚丧活动时才杀鸡、杀猪来吃，平常很少吃肉。过去可以上山捕猎，以补充肉食，20 世纪 60 年代迁移下山后，捕猎机会大为减少，但生活富裕起来的人家平常也能买肉吃了。

老、缅、泰交界山区冬天气温降到 20℃以下，夏天也较凉爽，瑶人保留着喜欢喝酒、吃辣椒的习俗，酒自酿，辣椒自种。瑶人待客非常热情诚恳，客人到家必真情相待。客人多时，往往排起长桌，宾主相向而坐，热情攀谈。不劝酒，这是因为 20 世纪 60 年代以来由于泰国政府禁止在公共场合喝白酒以后，瑶人改变了劝酒的习俗。此外，在泰国，瑶人受当地泰族人的影响，各种蔬菜包括茄子喜欢生吃。瑶人普遍抽烟，他们喜欢用云南人爱用的竹筒制作的水烟筒吸水烟。过去在高山上居住，有的种罂粟的人家养成了吸食鸦片的习惯，搬下山后，不少人已抛掉了这一陋习。

（二）服饰

老、缅、泰三国瑶族服饰既保留了瑶族喜欢在衣服上绣花的共同特点，又有自己突出的特色，尤其是女装，在胸襟绣上两排红绒球，鲜艳夺目。

男女服装习惯用深蓝色布料剪裁制成。过去，他们曾自种棉花，自己纺纱织布，用蓝靛染色，这从他们家里仍保留着纺车及其他附件的事实可以看出来。然而，就泰国瑶族而言，最晚 20 世纪 60 年代已放弃了纺纱织布，改从市面上购买深色棉斜纹布制作衣服。[①] 服装的另一特点是比较宽大。他们从市面买来布料，宽度多为52厘米。由于瑶人剪裁衣服不浪费布料，布料的宽度也就是衣服的宽度。例如，妇女的衣服由双幅布料缝制而成，除去锁边和服饰上有差异，老挝有蓝靛瑶，袖子的接缝约100厘米宽，而腰身只77厘米左右，上衣非常宽大。裤子同样用两幅布料缝制而成，由于不缝褶，也很宽大。与此相反，阿卡族自种棉花织布，布料约22至25厘米宽，妇女衣服用双幅布料缝成，约40厘米宽，裙子用一幅布料缝成，有纵长缝褶，长度与布料宽度一样，属于超短裙。有人认为，从这两个民族在夏季和冬季都穿着同样的服装来看，瑶族的服装似乎不适用于夏季，而适用于冬季。瑶族这种情况可由这一事实得到解释，即他们的服装适用于其服装原先发展起来的自然环境，而今已不再适应于他们移居的泰国北部的环境[②]，但他们仍"固执"地保守着他们的旧传统，这是耐人寻味的。

三国瑶族不同支系不同地区的妇女上身穿大襟长衣，衣长至脚颈，下身穿黑色裤子，头包长巾，巾长可达7米，宽40厘米，还喜欢披帽巾，悬吊白带，配以各种银饰。男子着黑色大襟布衣，近年青年人也有改穿无领对襟布衣的，下身穿黑色宽大长裤，长至脚胫。[③] 三国盘瑶的服饰较接近。男子平常头裹黑色或蓝黑色长巾，长巾两端绣有花纹，包扎时习惯保留一个尖角，上身穿黑色圆口无领大襟短衣，袖口较小，袖沿、衣襟边沿镶花边，胸前和背后绣有单个花纹图案，下身穿黑色短而肥大的裤子。妇女外穿圆领对襟长

---

① ［日］白鸟芳郎编著，黄来钧译：《东南亚山地民族志》，40～41页，昆明，云南省历史研究所东南亚研究室编印，1980。

② ［日］白鸟芳郎编著，黄来钧译：《东南亚山地民族志》，41页，昆明，云南省历史研究所东南亚研究室编印，1980。

③ 黄钰、黄方平：《国际瑶族概述》，308～309页，南宁，广西人民出版社，1993。

衣，长约1.2米，胸襟边缘绣红、黄、蓝各种彩色花边，上镶红色绒，内穿绣花贴身胸围，胸围上附7个四方形银牌，腰系5米长的腰带，将上衣前半部束于腰间，腰两侧各悬挂一绺长丝韬，下身着绣花裤，整个裤管全绣上花纹。节日期间还系彩色绣花围裙，肩披彩巾。①

中老年妇女都以黑色头巾缠头，头巾两头绣有花纹，但缠头方式不同。散居在清莱府夜庄县、昌孔县、央肯县、帕尧府昌堪县、南邦府敖县、甘烹碧府空兰县、素可泰府施塞差那莱县，被称为“清莱难府群”的瑶人妇女，先用小块红布盖住前额，然后用头巾缠绕多次，头巾两头竖起如兔耳，有人说像狗耳，这一群瑶人多数姓邓和盘。居住在清莱府央肯县后迁至清迈府安康山及房县、汇柿县，包括清莱府夜庄市以东侬卫村被称为“红安康群”的瑶人，妇女头巾较短，整齐地前后交叉缠绕，这群瑶人多数姓赵。②

瑶族妇女喜欢银饰，头上盘银链，头部缀银链，脖子上戴1至5个扁形或圆形银项圈，胸前挂1至7块银牌，两耳戴银耳环，手上戴5个不等银手镯。③

（三）婚姻

老、缅、泰三国瑶族婚姻较自由。一夫一妻是基本的婚姻制度，婚姻关系比较稳定。一些人由于缺嗣或其他原因娶小老婆为社会所允许，寡妇再嫁不受歧视。家庭中，夫妻之间、大婆二婆之间关系和睦，吵架的事很少发生。

---

① 广西民族学院赴泰国瑶族考察组：《泰国瑶族考察》，159页，南宁，广西人民出版社，1992；黄钰、黄方平：《国际瑶族概述》，265页，南宁，广西人民出版社，1993。

② ［泰］差博·卡差·阿南达著，谢兆崇、罗宗志译：《泰国瑶人》，北京，民族出版社，2006。

③ 广西民族学院赴泰国瑶族考察组：《泰国瑶族考察》，160页，南宁，广西人民出版社，1992。

瑶族实行民族内婚制，女子一般不嫁与其他民族，除非其他民族的男子到家里来上门，男子一般与本民族女子结婚。这一传统在这三国瑶族社会中基本得到保留。

招郎入赘的现象在这三国瑶族社会中同样很普遍，其形式有上门改姓、上门顶两头、上门养老送终、上门还礼金、上门还酒礼五种①，采取何种形式由双方的家庭状况和社会需要决定。

男女青年在选择配偶方面有很多自由，他们恋爱、结婚的年龄都很早。男孩和女孩到了青春期就开始恋爱了，十五六岁至十八九岁已经结婚，并有了小孩。少年男女在劳动中或婚礼、节庆等社交场合接触认识后，男孩可以向女孩求爱或者当她在家时，他可以去看她，也可以同她过夜，这在瑶族社会很正常。通常，当女孩到了青春期，她可以有一间房，一般在侧门边，男子可以在夜里来看她。如果他同她过夜，他要做的一件重要事情是必须早起，至少在她父亲起来之前。很多情况下，她父亲会清楚地知道有人同他女儿睡觉，但他必须遵循传统习俗，不谈或不问女儿的事。②

选择配偶时，双方首先考虑的是对方是否勤劳和其脾性如何，而不是外貌和财产。男子喜欢和好客、富有同情心、尊敬和顺从丈夫的女子结婚，因为婚后，作为妻子的她必须照顾他的父亲、母亲和亲属。

尽管有择偶的自由，但婚姻关系的确定仍须遵从父母之命、媒妁之言，经过求婚、合命、议婚、订婚、过门、拜堂成亲等过程。一对男女青年人经过一段时期交往，如果双方相爱，那么女子将要求男子前去求婚。男子将告知他的父母，如父母没有不同意见，将

---

① 广西民族学院赴泰国瑶族考察组：《泰国瑶族考察》，162～166页，南宁，广西人民出版社．1992。

② ［泰］差博·卡差·阿南达著，谢兆崇、罗宗志译：《泰国瑶人》，北京，民族出版社，2006。

派媒人前往说婚，取回女方生辰八字，请师公查看《合盆书》，看他们是否可以结合。如两命相合，男方即派人通知女方，并派媒人前去议婚。如女方同意，即可订婚。举行订婚仪式，男方至少派两名亲戚带公鸡到女方家聚餐，女方请两三位亲戚作陪。席间商定礼金数额、交纳时间、婚筵时间多长、双方邀请宾客人数等，请代书人将协议写成合婚书，一式两份，双方家长及证人签字后生效，各执一份保留。订婚后姑娘不再外出劳动，在家挑花刺绣，准备嫁妆。婚礼多在冬季举行。女方在女儿出嫁时要办酒席，并向祖先举行禀告仪式。男方派接亲队伍，人数不限，女方由亲戚朋友组成的送亲队伍人数多则数十人。从前瑶族住在山上，两方距离远的，送亲队伍通常提前一天出发。现在交通方便，人们喜欢坐汽车或微型车接送新娘。到达目的地后，选择吉时，男方派出乐队迎接新娘来到新郎门前。师公举行驱邪仪式，引领新娘入门来到神龛前，为其举行增丁仪式。然后新娘进入洞房休息，等待婚礼的进行。

泰国的婚礼分为大婚礼、小婚礼两种。大婚礼为比较富裕的人家举行的婚礼，仪式隆重，时间为三天。事前将盐分成小包分发给亲友作为邀请信物，接到信物的人都要前往参加，否则被认为失礼。届时男家按传统摆长桌设宴款待众宾客，男女宾客分别在正厅和厨房排开座位。新郎新娘在伴郎伴娘陪同下逐一向客人敬献茶酒。婚礼中最隆重的是“拜堂”仪式，一般在第二天晚上正席后的吉时开始。按传统习俗，新郎新娘依次向祖先行十二拜礼，向父母、主婚人、舅父母行九拜礼，向其他长辈亲友行六拜礼，次于新郎新娘辈分的行三拜礼。受拜者每人送红包或礼品作为贺礼。来客众多的，拜堂仪式往往延至深夜甚至到次日早上才结束。第三天，男家分别向女方父母、媒人、舅父、送亲者、主婚人、师公、乐师、厨师、帮工分送猪肉或银钱。大婚礼耗费巨大，仅杀猪就至少五头，其余酒米银钱不计。小婚礼为较穷的人家或上门入赘者举行，仪式简单，仅吃一餐饭，新郎新娘向客人敬茶酒而不行拜堂礼。宴席人数不多，贺礼和回赠礼也较少，但入门及祭告祖先仪式不能少。①

老挝蓝靛瑶少年男女相爱，各向父母提亲，如父母执意反对或八字不合，再相好也不能成婚。求婚以送烟丝为主要礼物，表示烟丝为媒，诚心相爱。新娘出门，要由亲人背出村寨。嫁至外村的，背出村后，改骑马或步行到男家；嫁本村的，直接背至男家门口。婚礼无论大小，均在女家举行。一家办婚事，全村人参加。婚筵多至几十桌，花费很大②。

（四）丧葬

老挝、缅甸、泰国瑶族比较完整地保持了瑶人传统丧葬礼仪。家中老人临终时，家人须用一枚银币或二三钱碎银放进老人口中。断气后，到门口鸣枪三响，认为这样可为死者灵魂打开通往神灵世界的道路，同时让村社的人知道有人去世。鸣枪后，死者儿子一人到村中各户报丧。每到一家，向主人敬烟一支，接到烟的家庭派一人去帮助料理丧事。瑶人有团结互助的传统，凡村中有人去世，村民除帮做工外，每家还送些酒、米等物以示资助；死者无子女而又家境贫寒的，村里头人出面筹备丧事，各户捐钱作为处理后事的费用。家人用香木砍碎煮温水为死者沐浴更衣，如死者是师公，还要为他戴上师公帽。然后移尸中堂，等候入殓发丧。

为死者祭奠亡灵一般请三位师公，一名送亡师，一名招兵师，一名赏兵师。老人死后，孝子拿一包盐去请师公。师公到家后张挂神像，布置神坛，为孝男孝女戴好孝布，带人上山伐木制作棺木。

---

① 参见［泰］差博·卡差·阿南达著，谢兆崇、罗宗志译：《泰国瑶人》，北京，民族出版社，2006；并见黄钰、黄方平：《国际瑶族概述》，228～231页，南宁，广西人民出版社，1993；广西民族学院赴泰国瑶族考察组：《泰国瑶族考察》，169～183页，南宁，广西人民出版社，1992。

② 黄钰、黄方平：《国际瑶族概述》，294～295页，南宁，广西人民出版社，1993。

棺木抬回家要停放在门外，待师公举行净棺仪式后抬至厅堂为死者入殓。为死者装殓，家人出门鸣枪六响，揭开棺盖，棺底垫一层钱纸，纸上铺一块白布，有钱人家再垫一两床毛毯，然后抬死者入棺。在死者手中塞一些钱纸，让他到阴间“买路”用。尸身上盖一两床棉被，死者生前喜爱之物如烟枪，也要放入棺中。如死者生前曾度过戒，还要在他身旁撒些大米作为兵粮。入殓完毕，将棺材头朝内脚朝外置于神龛下，棺材两端地下放油灯，棺前供米、饭、水、酒、一只鸡。一般停棺三天三夜，等候好日子出殡，并让远道亲朋回来吊丧。停棺祭奠期间要举行一个“打伤鬼”的仪式：师公制作几个稻草人，放在十殿阎王像前，代表头、胸、腰、肚、手、脚等身体各部位的伤鬼。师公喃神卜卦，问是哪个部位的伤鬼引起病人死亡，逐一将伤鬼捉住放进茅草船中送到村外林子里烧掉。① 出殡前还要举行超度亡灵和分离阴阳米仪式。师公将一块一米多长的白布铺于长凳上，如果死者生前度过戒，要由送亡师从堂屋顶开一个洞，将白布透过屋顶洞口挂到棺材上，称做“架天桥”。师公喃神唱“架桥歌”，把死者灵魂送上十二天门交给太上老君，再送回扬州。同时作法祭房屋、田地，撒米粒清点死者阴兵以及棺材、衣服，让死者带到阴间享用。接着，师公将供在神台上的一筒大米拿下来，让孝男孝女跪在棺材旁，师公一边喃神，一边抓起大米撒向棺材和死者亲属。撒在棺材上的米让死者带到阴间吃，称“阴米”；撒在亲属身上的米让生者吃，称“阳米”。② 上述仪式与中国瑶族的清兵、点蛮和分

① ［泰］差博·卡差·阿南达著，谢兆崇、罗宗志译：《泰国瑶人》，北京，民族出版社，2006；广西民族学院赴泰国瑶族考察组：《泰国瑶族考察》，191页，南宁，广西人民出版社，1992。

② 广西民族学院赴泰国瑶族考察组：《泰国瑶族考察》，191～192页，南宁，广西人民出版社，1992。黄钰、黄方平：《国际瑶族概述》，234页，南宁，广西人民出版社，1993。

离阴阳饭的意思是一样的。

老挝、缅甸、泰国瑶族保留火葬习俗，也有的改行土葬。一个将死的人可以为自己选择火葬或土葬的地方，但更关心埋骨头的地方。同村或同宗族的人死后同葬一山，但具体地点以鸡卵卜定，鸡卵摔破的地方被认为是合适的地方。出殡时，儿子和男性亲属抬棺材走在前面，其后为师公，孝男孝女、丧家亲属走在中间，最后为送葬的村邻和其他亲友。孝长子手捧一只公鸡送葬，另有一批人走在最前面，沿途鸣枪、放炮，抛撒米粒、钱纸，表示驱散野鬼。到达火葬地后，师公喃神揭开棺盖，孝子将手中抱的公鸡从脚端放入棺材赶至头端抱出带回家，认为这样可以将死者灵魂带走。待死者子孙儿媳头上同罩一块长白布鱼贯离开后，师公向四方喃神，将点燃的竹火把伸入棺内，将棺内钱纸、衣物引燃，火起后村民往棺内、棺架加柴，将整个尸棺焚毁。次日，师公带领孝男孝女去将骨灰按脚、胸、手、头的顺序捡放入一个陶瓮，瓮盖画上死者人像，葬入墓穴，葬事才告结束。

死者安葬后，师公在丧家神龛下用竹篾做个临时的小神台，将死者灵魂供奉在此。一年后再请师公做道场超度亡灵，将亡灵送回祖先居住的地方，这时方可拆掉小神台，以后逢过节，死者与其他祖先在神龛里同享祭祀。

家中老人死后，儿孙需戴孝守服七至四十九天，在此期间禁食荤菜。

属于非正常死亡死于户外者，尸体不能抬回家，只能在屋外搭一小棚停放。产妇死于家中，产后母子双亡的，先埋葬婴孩再祭奠产妇；未分娩即死，要取出婴儿埋了再为母亲举行丧葬仪式。凡非正常死亡的，师公做仪式时要加念《血湖经》，为其说罪超度。未成年小孩及婴儿死亡，用旧布或席子包裹埋入土中，或装入篮筐悬挂在森林中。

## 七、宗教信仰

### （一）神灵观念

老挝、泰国的瑶族由于早已迁至中国境外，少受中国近代尤其现代社会剧烈变迁的冲击，比较完整地保留了本民族的宗教信仰。

法国的雅克·勒穆瓦纳、日本的竹村卓二等人透过对老挝、泰国瑶族宗教现象的观察，指出瑶族宗教信仰受道教的深刻影响。一些学者认为，瑶族宇宙观中两大范畴是人和灵魂，而灵魂具有某种社会组织，其组织中的“大灵魂集团”是由十八大神构成的“中央政府”①，而“所谓十八位高官就是构成这一万神殿阶层组织的最上层的道教的十八主神”，即玉皇、上清、灵宝、大清、灵皇、李天师、赵元帅、大海翻、张天师、拾殿、天府、邓元帅、圣主、中坛、地府、大位、小海翻、大渡桥。②

1989年二三月间，张有隽教授参加广西民族学院赴泰国考察组专门负责瑶族宗教问题考察。调查到的实际情况是，泰国瑶族也和中国瑶族一样，相信万物有灵。灵魂，瑶语称为“文”，人死后灵魂变成鬼。鬼在瑶语里称为“面”（mien），与指人的概念“勉”（mien）只有音调上的差别。人们认为自然界存在着精灵，可举出来的有山精、水精、石精、木精、棺材精、耗精（老鼠精、麻雀精）以及谷魂、禾魂、牛魂等。除了灵魂、鬼魂、精灵外，他们也相信神的存在，虽然在瑶语里，神和鬼统称为“面”，意即鬼，但他们用汉字抄写的经书里，以及他们在讲汉语

① 坎德尔：《社会体系的自治和融合：优勉瑶山区居民及其邻居》，转引自［日］竹村卓二著，朱桂昌、金少萍译：《瑶族的历史和文化》，157～158页，广西民族学院民族研究所，1986。

② ［日］竹村卓二著，朱桂昌、金少萍译：《瑶族的历史和文化》，158～159页，广西民族学院民族研究所，1986。

时，神和鬼都是用汉字分开表述，说明在他们的观念中，神和鬼是有区别的。在瑶族的概念里，神主要是居住在天界里的道教里的神仙；也指那些生前挂过灯、度过戒的人死后变成的鬼，因为他们的灵魂可以升天向玉皇及老君报到，名列仙籍和祖先名册，享受香火供奉；还可以指保护家庭和地方的善神，如灶、家宅龙神、社王、土地神之类。而鬼是指别的民族的人死后的鬼魂和本民族那些未经挂灯、度戒的人死后的鬼魂，尤其是凶死者的鬼魂，因为这些人未挂灯、度戒，死后在神灵世界没有地位，变成孤魂野鬼。据分别从缅甸、老挝迁到泰国清莱府夜庄县帕莱寨、湄赛寨的师公李进贵、李富昌报道，这里的瑶族按照神与人关系的密切程度，一般将神分为“家内的神”、“家外的神”两类。家内的神包括：家先、祖宗（指受戒者祖师）、庙王（即三庙、四庙王）、三清、行司、灶神、栏神（猪牛栏神）、门神、仓神、鲁斑、求财大保（猎神）。家外的神包括：上界天神（玉帝、太阳、太阴、太白、四宿、功曹、雷公、雷母等）、土地、社王、元霄、地主（最先来开村的一家的主人死去的鬼）、城隍、五谷大王、禾花大王、雷庙大王、地脉龙神、耗公耗母（又名张公李母）、收耗童子、收耗二郎、养财土地（管狩猎的山神）、水界水神（如龙王之类）。上述家内的神中庙王、三清、行司几位请到家时是家神，不请到家是外神；家外的神中元霄、地主、城隍和收耗童子、收耗二郎几位一起供奉在村边的社王庙里，社王庙以一株巨大的被称为“龙树”的树为标志，平常禁止人接近。李富昌先生说，瑶族祭祀的神非常多，《盘王书》里全有记载。查泰国瑶族《盘王书》，和中国瑶族《盘王书》一样，其中记载的神，上自天宫，下至阳间、地府、水府龙宫，道、佛二教诸神、自然神、祖先神、地域神，乃至山精水怪、毒蛇猛兽，无所不包。①

① 广西民族学院赴泰国瑶族考察组：《泰国瑶族考察》，118～201页，南宁，广西人民出版社，1992。

这里的瑶族和中国瑶族一样，宗教信仰受道教深刻影响。主要表现在，将本民族的祖先神盘王、家先及其他神灵糅进道教神团，而以道教最高神三清、玉皇、老群为最高神，以道教鼻祖老君、张天师为祖师神；以相信神灵的存在为基础，而以挂灯、受戒之道，追求生前死后的逐级超度，遵守戒律，实现道教的保生求福、济世救人为最高理想境界。无论老挝、缅甸的蓝瑶，或老挝、缅甸、泰国的盘瑶，其信念都一样。

这里应当指出，这三国瑶族虽然信仰道教，但一些外国学者说老挝、泰国瑶人信奉“十八大神”构成神灵世界的“中央政府”，认为这“十八位高官”就是“最上层的道教的十八主神”，这种说法是不确切的。据考察，所谓十八大神实际是老挝、泰国盘瑶举行挂灯、度戒、打斋等重大宗教仪式时张挂在神堂里的18张神像。这18张神像并不完全是道教最上层的十八大神，更不是瑶族信奉的主神，如盘王，18张神像中有些是单一神，如玉帝、张天师、灵宝等，有些是一方一界神的总称，如天府、地府、阳间，有些是由众多的神构成的一幅神像，如大度桥。其中有些是瑶族经常奉祀的道教大神，如三清、玉帝、张天师等，有的是瑶族并不经常祭祀，也未必能称得上道教大神，如大卫、海翻、赵元帅、邓元帅。还应指出，坎德尔和竹村所述十八大神中有的神名并不准确，如“大位”当系“大卫”之误，“大清”当系“太清”，“海翻”恐为“海幡”的误写。同时，所谓十八大神在老挝、泰国不同盘瑶地区说法不一。据李进贵、李富昌两位师公介绍，十八神像为灵宝、道德、元始、玉皇、天府、地府、阳间、水府、大海幡、大尉、小尉、小海幡、张天师、李天师、把坛、大度桥、家先、祖宗，与坎德尔所述相比，无灵皇、赵元帅、拾殿、邓元帅、圣主、中坛，有阳间、水府、李天师、把坛、小尉、家先、祖宗。而清迈山民研究院文物展览室陈列的瑶人十八神像又有所不同，有十殿、六洞、小堂行司、小三清、灵王、圣主、灵十，无元始、阳间、水府、李天师、大尉、小尉、祖宗。因此，如此划分瑶族神团神阶，确定他们之间的相互关系，还是一个有待继续深入研究的问题。①

（二）宗教师及其经典、法器

宗教师是勾通人、神、鬼的使者，在瑶族的社会生活中发挥着十分重要的作用。据考察，老挝、缅甸、泰国盘瑶有打卦人、设鬼人、师人、社主四类宗教师，蓝靛瑶有卜卦师、师公、道公三种宗教师。瑶的打卦人，瑶语称为“簸刮勉”（Boguamien），是用降神方式卜鬼问神的人。其降神有“发董”、“别阴”（走阴）两种说法，形式有“下水槽”（睡在大厅里走阴讲鬼话）、“赶阴墟”（坐在大厅里走阴唱歌去问鬼神）、“仙卦”（穿上女人衣服走阴去请神）、“下桥”（睡在大厅里烧香打告去请师父）。打卦人是一些具有特殊本质无师自通的人，男女皆有，但以男性居多。设鬼人瑶语称“觋面勉”（Ximienmien），指那些未经度戒不具备做大法事能力、只能做小法事赶鬼治病的人，全是男性。蓝靛瑶的卜卦师类似盘瑶的打卦人，无师自通，专司降神问鬼，但全系男性，其以打床卦、水卦、棍卦、鸡卦的方式卜卦，与盘瑶降神方式不同。社主上文已述及，他是一社之主，主持祭社事务，相当于祭司。社主一般都会喃鬼，有的还是师人，但不会喃鬼不是师人也可担任社主，他可以请会喃鬼的人充当助手。上述打卦人、设鬼人以及那些不会喃鬼的社主，在瑶族的宗教师中，地位比师人、师公、道公低。

在老挝、缅甸、泰国，盘瑶的师人瑶语称作“塞翁”（Saiong），意即师公。盘瑶的师公主持跳鬼还愿、打斋超度亡灵等大法事，既是师公，又是道公。蓝靛瑶师公主持跳鬼还愿法事，道公主持打斋超度亡灵法事，除本事高的人身兼二职外，一般是分开

---

① 广西民族学院赴泰国瑶族考察组：《泰国瑶族考察》，202～203页，南宁，广西人民出版社，1992。

的。这三国瑶族的师公、道公都是经过度戒且研习经书、法事而取得职位的，他们认识汉字，熟悉传统，经过超度而被认为拥有阴兵，获得度牒、法名、印鉴、法具、经书，能做各种法事，无论在神灵世界或世俗社会，都有较高地位，受到人们的尊敬。尤其是盘瑶，其超度仪式有挂灯、度戒、加职、加太不同级别，度戒还分为挂七盏灯、挂十二盏大罗灯两级。那些超度级别高、有资格和能力主持度戒、加职高级超度仪式而被称为“董塞翁”即“大师公”的宗教师，更受人崇敬。

老挝、缅甸、泰国的盘瑶的师人有面具、剑、锣、扁鼓、铜铃、钹、神棍、钱纸凿、纸马印、牛角、天香盆、喷呐、老君印、王母印等法具，一套花色的师公袍服，一顶用人头发织成形似瓦棱称为“平天帽”的师公帽。有些法具还是从中国携带出去的，如湄赛李富昌的一个铜锣，据他说是祖上从中国带出去的，而邦卡村邓财贵则拿出一顶平天帽，也说是从中国带出去的。巴岗村的师公还想从中国买这种师公帽。

这三国瑶族民间保存大量的师公、道公经书。盘瑶的经书主要是一些经文、疏表，如《挂灯书》、《度戒书》、《盘王书》、《安坟书》、《还愿书》、《招魂书》、《架桥书》、《游梅山书》、《通天大疏》、《超度疏表》、《开山疏》、《催山牒》、《具职位书》、《阴阳据》等。此外，还有学文习经用书，如上文提到的《盘古》、《自从》、《四言杂字》等；学神鬼路书，如《学做鬼书》、《许传度意愿书》、《合盆书》、《大命书》等；学法破法书，如《法书》、《何神休禁书》、《退毒法书》等。[①] 老挝蓝靛瑶师公、道公经书有《度亡秘语》、《敕舡法用》、《禁事之法》、《宿启科》、《贡筵红楼秘语》、《九经书》、《初学正文》、《大书歌》、《请天地鬼》、《设墓鬼书》、《太上老君秘语》、

---

① 广西民族学院赴泰国瑶族考察组：《泰国瑶族考察》，272～273 页，南宁，广西人民出版社，1992。

《请杂百解秘语》、《葵简破狱科》、《无上大斋敌科》、《招兵科》、《受戒科》、《神头》、《帖简科》、《灯筵功曹圣目》等。[1] 其中有不少清代至民国年间的抄本。张有隽教授1989年在泰国考察时，发现帕尧府昌堪县龙眼村赵万财大师公（时年80岁）收藏着一本注明为清乾隆六十年（1795年）庚午月戊辰日抄完的名为《亲盘王小路书》的经书，这是目前国内外见到的盘瑶经书的最早抄本，其余有道光、咸丰、光绪朝抄本。[2]

（三）仪式与活动

宗教仪式与活动是人们宗教观念的重要表现。老挝、缅甸、泰国瑶族每年在生产生活的许多领域要举行众多的宗教仪式与活动，有不少仪式与活动是瑶族传统信仰的组成部分，在中国瑶族地区已经失传，有些仪式则是他们到了新地方后补充、发展起来的。

老挝、缅甸、泰国瑶族的宗教仪式与活动有的与生产活动相关，有的与疾病有关，有的与人生关节有关，有的与家居及婚丧有关，有的属宗教本身规定的仪轨。

1. 有关生产的祭仪

如开山祭祀、狩猎祭祀。一年四季的社祭也与播种、保苗、驱虫驱耗、抗旱求雨有关。上文提到泰国瑶族村寨设有社王庙，社王庙供奉的五谷大王、禾花大王、收耗童子、收耗二郎即与生产有关。开山祭仪有时在即将开垦的山地现场举行，有时在社王庙里举行，其仪式非常复杂。据巴岗村大师公邓进堂说，到山里另做开山仪式，那里没有社坛，就选一块地势高的地方做仪式。杀一头猪两只鸡，作供品烧天香，叫玉皇大帝下来。在地上挖个圆坑，做一个模拟的“大山”。把各种奏疏书烧完，就架阴桥通到“大山”，并请来“阴山”管河水的神，压住坑里的“阳山”。敕灯草烧地，敕雪

① 据德国慕尼黑民族学研究所收藏老挝瑶族经书目录摘抄。

② 广西民族学院赴泰国瑶族考察组：《泰国瑶族考察》，271页，南宁，广西人民出版社，1992。并见张有隽《泰国瑶族考察笔记》。

水变作黄河水，把前人到此山做过的一切不好的事关起来，用黄河水冲洗掉。再敕手指变为剪刀、斧和刀，剪刀用来剪开天罗地网，斧和刀用来砍伐树木。送五雷之火离开山地，不要烧禾苗。把香春碎包5包，放进坑里，敕成米养地主财神，拿钱纸按钱印，剪下来包成3包，敕成钱，交给地主鬼用。拿神棍敕通广州去买牛马，再架阴桥通到中国，召五谷魂来，让五谷在地里生长。最后送走玉皇大帝等鬼神，仪式完毕。据说在山里举行这样的仪式，时间从早上起到下午止，要七八个钟头。① 这个仪式反映了中国瑶族的传统信仰，但在中国瑶族地区已不能见。

2. 有关疾病的祭仪

如架桥、解吓、烧赦、释天地、送瘟病、送怪、拜师父、解煞神、许愿还愿等。架桥有架功德桥、三岔桥、补楼桥、接命桥、文限桥、大板桥等不同仪式，还愿有担病愿、相卡愿、天灯愿、社愿、五旗愿、本家愿、天堂愿、拦门愿等许大愿还小愿仪式，又有贺像愿、盘王愿等许大愿还大愿仪式。盘王愿还分为“做小盘王鬼”、“做大盘王鬼”两种规模。瑶人过去居住环境艰险，病痛多，对疾病理解不同，驱鬼治病的仪式往往因对象而异，国内外各地都一样，但像烧赦是因为人生重病认为是得罪大鬼举行“叫天”仪式烧化赦书，拜天地是因为心有不甘举行“叫天”仪式求天神帮忙，释师父是因为挂过灯、度过戒的人违犯教诫得罪师父举行的仪式，三岔桥是认为小孩魂失落在三岔路口而做，接命桥为大限将到而做，相卡愿是因夫妻不和而许，五旗愿许的是五旗兵马，本家愿许本家老祖公，天堂愿则许外鬼，如此等等，皆闻所未闻。

3. 有关家居与婚丧的祭仪

如入家传精、安神牌、召祖宗、封财门、推败、告祖公、折人口、添人口、吹晒、做拆解、洗若解结、破地狱、架天桥等。入家

① 广西民族学院赴泰国瑶族考察组：《泰国瑶族考察》，252～253页，南宁，广西人民出版社，1992。

传精等前四项与迁新居有关，推败等中间五项与婚姻有关，做拆解等后四项与丧葬有关。

4. 有关祭祖的仪式

老挝、缅甸、泰国瑶族的宗教信仰中，祖先崇拜是极为重要的一个内容。每个亚姓房族都有《祖图》、《家先单》，《祖图》记载本姓历代祖先埋葬具体地址，《家先单》只开列最近已故祖先阴名，这两份文献都是供祭祖用的。他们但凡举行宗教仪式，除该奉请的鬼神外，都少不了请家先到坛领享。除此之外，还有专门的祭祖仪式，其中最重要的有安坟、分宗支、做堂、赏鬼设鬼。安坟为清明祭祖仪式。瑶族频繁迁徙，祖坟分葬各处，清明时节不能遍祭，便在家中用泥筑些小假坟，请师喃经文《安坟书》，家人做锄草伐树等动作，象征祭扫祖坟，故称安坟。中国瑶族定居已久，已看不到这种仪式。分宗支乃是一个亚姓房族由于人口增加衍生宗支裂变，分裂出去的新宗支必须举行立香火仪式，禀告祖宗。做堂即跳盘王，为瑶族最重要的祭祖活动，以房族为单位举行，亚姓不同，使用的供品和仪式程序也不同。如邓鲜用鲜肉祭盘王，邓炕用腊肉祭盘王，李鱼、赵鱼用鱼祭盘王，邓厄设有三男三女围堂唱歌的节目等。此为区别亚姓实现认同的标志。赏鬼设鬼为有客来举办筵席时主人昭告祖先的祭祀仪式，目的在求主客平安。

5. 人生重要关节礼仪

老挝、缅甸、泰国的盘瑶将人在世俗社会和神灵世界的地位划分为小人、三园人、三台人、三戒人、加职人、加太人不同阶层。小人即未经举行出花园仪式的小孩，三园人为举行出花园仪式的人，三台人为举行过挂三台灯仪式的人，三戒人为举行过度戒仪式的人，加职人、加太人为加过职、加过太的人。人生重要关节要举行不同的仪式。小孩出生首先要举行“添丁”仪式。认为小孩未出生时灵魂（俗称花魂，为阴魂）在花园里，出生后命根还在花园里，须举行仪式禀告祖先，由家里父母或祖父母或已故祖先（度过戒、担任过“证见”神的一位）的命星照管好小孩。在此期间小孩若生病，要举行叫魂仪式。小孩到12岁，要举行“出花园”仪式，将小孩的命根移交本命星照管。小孩在此期间若生病要举行“奏星仪式”或“招魂”仪式。凡举行过出花园仪式的人开始带有“阴兵”，男孩有12名阴兵，可以打卦，女孩有6名阴兵。男孩到十五六岁时要举行“挂灯”仪式。为什么要挂灯？泰国瑶人解释说：因为祖公有兵头，要接兵头；挂过灯有阴兵保护，死后有桥度上天，否则落下地狱受苦；又说，儿子到十五六岁讨老婆回来，要挂三盏灯，不挂三盏灯，带不了阴兵，就像叭衣（十二版纳）人死了去做鬼，没人领兵到祖公那里，祖公没人祭。① 可见，对瑶人来说，挂不挂灯是件很重要的事情。

三盏灯，瑶语又称“三台灯”（Sentaidang），据称，第一盏为李十六灯，是父亲灯，称本命灯；第二盏为李十二灯，是开教灯；第三盏为李十一灯，是保证灯。传说李十六是中国南朝时人，死后为大尉，李十一、李十二是他的两个儿子。清莱府猛厅县夹烘寨大师公邓进坤说，瑶人渡海以后才敬李氏三人。老挝、泰国盘瑶男子15岁、20多岁挂三台灯。没钱的40多岁挂的也有，一辈子没钱挂，死后兄弟、儿孙挂三台灯时，可代挂阴灯。据认为，男子挂三灯后，可获得一个中间带“法”字的阴名，如李富昌挂过三台灯，取得“李法进”的阴名，同时获得36名阴兵，他的妻子则获得“氏者”的称号，拥有24名阴兵。男子挂三台灯时，师父还拨给36符法以及经书和剑、牛角、鼓、锣等法具，可以设鬼，做小法事。挂三台灯要请三个师公担任引度师、开教师、证盟师，12个挂过灯的人充当助手，帮敲锣打鼓、跳鬼、念经。时间要两天，第一天起根，第二天挂灯。要杀两头猪供奉神灵，请大家吃，还要给师父银钱，加上酒、米、菜蔬、香纸，花费不少。但挂灯的人仍很普遍，在泰国，每个村寨都可以找到挂过三台灯的人。

---

① 广西民族学院赴泰国瑶族考察组：《泰国瑶族考察》，207页，南宁，广西人民出版社，1992。

度戒是通过挂灯仪式的人能够参加的第二阶段的功德修成仪式。有的学者认为，度戒分为两种，第一种称挂大罗十二盏灯，第二种称为挂七星灯[①]，有的认为挂七星灯亦名“度童”，有些地方也作度戒前的准备[②]。据考察，在泰国瑶族中，赵家、冯家、邓家、李家、盘家、陈家都挂三台灯，也挂七星灯、十二盏大罗灯，但李家的“李喜”和“客家李”、赵家的“小赵”、盘家的“半笔盘”可以挂七星灯，不能挂十二盏大罗灯[③]，对这些亚姓而言，挂七星灯近于度戒。而有的姓氏如“大赵”可以越过七星灯直接挂十二盏大罗灯度戒。

七星灯分别为贪狼星、巨门星、禄存星、文曲星、武曲星、破军星、廉贞星，均为道教星神。据认为，挂三台灯的人叫天叫不得，要叫天叫地就得挂七星灯。凡人有病，挂它就好了，求财得财，有它的毫光照耀，小鬼看不见。挂七星灯，灯添至七盏，师父增至六位，称开教师、引教师、书表师、证盟师、开坛师、度法师。时间要三天三夜，要杀4头猪、1只鸡，用酒20多公斤、米100多公斤，每位师男要给谢师父银一两九钱，香、纸不算，耗费较大。法事中有度阴槽（走阴）、串道的仪式。挂过七星灯，男子得72名阴兵，其妻可得36名阴兵。师父拨法、交印

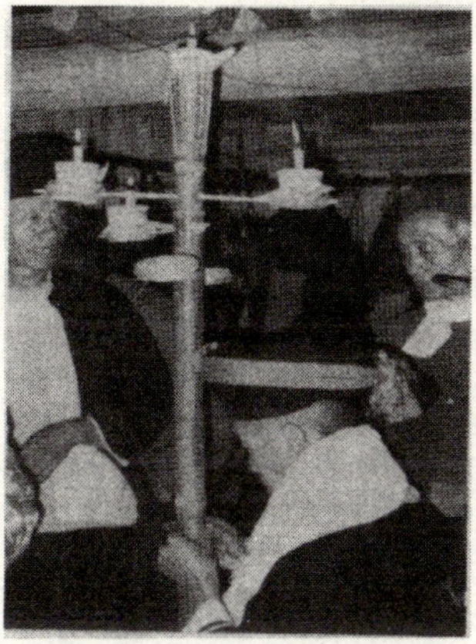

瑶族挂灯仪式　张有隽摄

① ［日］竹村卓二著，朱桂昌、金少萍译：《瑶族的历史和文化》，165页，广西民族学院民族研究所，1986。

② 黄钰、黄方平：《国际瑶族概述》，240页，南宁，广西人民出版社，1993。

③ 广西民族学院赴泰国瑶族考察组：《泰国瑶族考察》，210～212页，南宁，广西人民出版社，1992。

(师男交老君印，妻子交王母印)，阴名保持“法”字不变。

挂十二盏大罗灯，瑶语又称“度师”(Du sai)，即度戒。要请12名师父主持仪式，第一名注醮师，第二名引度师，第三名书表师，第四名纸缘师，第五名证盛师，第六名保举师，第七名总坛师，第八名坐坛师，第九名执香师，第十名茶酒师，第十一名鼓乐师，第十二名吹笛师，还要十多名助手。法事中增加“上刀山”、“过火链”等仪式，弟子接受更严格的考验。时间过去要七天七夜，现在减省一点也要五天五夜，费用比挂七星灯增加一倍。经历这一仪式的人，阴名仍然不变，但可获得“三戒弟子”的称号，并可获得120名阴兵，其妻子则可获60名阴兵。死后可升人天界，灵魂可送回扬州。

6. 加职仪式

加职，瑶语称 gajei，是更高一级的入社宗教仪式。经过加职仪式的人，被授予“郎”的称号，他在神灵世界中的地位提高一等。当丈夫获得这一职位时，他的妻子被授予“娘”的称号，地位也相应提高一等。例如大师公邓进坤度戒时称做“邓法金”，其妻子姓李，称做“李氏者”，邓进坤加职被提升为“邓金一郎”，其妻子的阴名则相应改为“李氏五娘”。数词“一”表示他本人在兄弟中排行第一，“五”表示他妻子在其姐妹中排行第五。

据大师公邓进坤说，加职仪式不能单独做，因为已经没有师父能做这仪式了，甚至瑶族还在老挝、在中国时，就已经无人能做这一仪式了。白鸟芳郎先生在《东南亚山地民族志》一书中称：“根据我们的调查，过去十年左右我们在泰国北部未曾见到这一仪式的事例。”白鸟氏于1967年至1974年多次到泰国北部进行民族调查，其说当有所据。但张有隽教授1989年二三月间在泰北调查时，了解到难府汪帕县汪帕乡久姑瑶寨曾于1986年夏历12月15日举行过这一仪式，并在难府波县习拉练乡巴岗村大师公邓进堂家看了这次仪式的详细录像。不过，现在泰国瑶族的加职仪式都是与度戒仪式一起举行，如父亲要加职，就要儿子度戒；儿子度戒时，可以帮父亲加职，取得“郎”的称号。久姑瑶寨1986年举行的加职仪式，不但结合度戒，而且结合挂三台灯进行。

这次仪式的主事人是赵桂升、赵桂清、赵桂珠、赵桂安、赵桂乡五兄弟。桂清是大哥，桂珠是二哥，桂安是五弟，桂乡是堂兄弟。虽然已分家，但未分香火，祖公神位设在桂升家，举行加职仪式。合族男女老少接受加职、度戒、挂灯仪式的共42人，其中加职21人（含妻子）、度戒21人（含妻子），度戒21人中，又有6人先挂三台灯，后传度十二盏大罗灯。这说明举行加职仪式需两代人，即父亲加职，儿子需度戒。有未度过戒的年幼弟弟度戒时，哥哥可以加职，取得郎的称号。加职的另一条件是：要增加5位主持仪式的师父，即将度戒的师父增加到17名。此5位名师分别称为加举师、加盟师、加缘师、加表师、加职师。但如果三代人同时举行挂灯、度戒、加职仪式，则还要分别增加2名注醮师、2名引度师。加职结合度戒进行，先举行度戒仪式。如三代人同时做挂灯、度戒、加职仪式，则先举行挂灯仪式，再度戒、加职。度戒结合加职时，受戒者频频接受各种宗教洗礼，加职的师男不需参加，只到举行游兵节目时，加职的师男须随师父出门到受戒师男上刀山的地方游一下就可以了。法事将结束时，由师父补给加职阴阳二据，另外要烧化一笼钱纸，以酬谢鬼神。已死去的老人，原已度过戒而未加职的，当活着的儿孙举行度戒仪式时，亦可帮其加职，但要写其职位，并加烧一笼钱纸，其阴阳据由道师帮领取，取后即烧掉。

由于加职是更高一级的宗教礼仪，又与度戒甚至挂灯一起举行，花费十分惊人，例如久姑瑶寨的加职仪式，用去猪、鸡、米、酒等钱物合泰铢263920铢，按当时比价折合人民币共7万余元，因此，在泰国活着的瑶人中，能举行加职仪式的很少。据调查，帕尧府邦县叭昌内乡只有邦卡瑶寨邓富金1人加过职，昌堪县只有龙英、帕凉两个瑶寨有人加过职，清莱府猛厅县冲铺乡央烘寨有邓江一郎、邓贞三郎、冯保二郎、冯添一郎、李清一郎、李金一郎、李梁二郎加过职，难府波县巴岗瑶寨有邓进法、邓财州、邓财兴三人加过职，汪帕县久姑瑶寨赵桂升五兄弟及子侄16人加过职，其余很少有人加过职。

7. 加太仪式

加太是最高一级入社宗教仪式。经历这一仪式的人取得“太”的称号，其在神灵中的地位达到最高一级，其妻子则相应取得“太”的称号，地位也相应提高一级。例如在师公邓进坤加太后，其阴名由“邓金一郎”改为“太金一郎”，其妻子李氏则由度戒时取得的“李氏五娘”称号改授“太氏五娘”称号。由于这是最高一级入社仪式，正如邓进坤所说，无论在中国、老挝、泰国，都已经找不到有资格单独举行这一仪式的大祭司了。然而，这并非白鸟芳郎先生所说的，在泰国瑶族中，“没有一个人真正进行过这一仪式”①。事实是：泰国瑶族仍有举行这一仪式的办法以及取得“太”这一称号的人。其办法是：当独生子举行加职仪式时，可以为父亲加太，使其取得“太”的称号。由于儿子举行加职仪式，需要儿子的儿子举行度戒仪式，因此，如果说加职仪式需要有两代人的话，那么加太就需要有三代人。例如邓进坤先生46岁度戒后，当其儿子度戒时他加职取得“郎”的称号，其后当他孙子度戒时，他又加太取得“太”的称号。据调查，已知经历加太仪式还活着的瑶人，除邓进坤先生外，还有清莱府李家太周一郎、冯家太度一郎两人。

邓进坤先生称，加太时什么仪式都不用做，仅给职位，供在三清三宝胸膛，另有一笼钱纸烧化酬谢神灵。已死去的老人，原已加过职的，当儿子举行加职仪式时，可为其加太。为死去的老人加职，一样需要写职位，并加烧一笼钱纸。加太时发给的阴阳二据同

① ［日］白鸟芳郎编著，王易金等译：《东南亚山地民族志》，50页，云南省历史研究所东南亚研究室译印，1980。

时烧化。

太在泰国瑶族中另有一种说法，叫“封科”，即如中国封建社会的知识分子在科举考试中考取头榜进士、封科状元一样，是很荣耀的事情。泰国瑶族认为，经加职尤其是加太的人，无论活着在阳世或死后到阴间，都取得了比较高的地位。邓进坤先生形象地说：加职加太的人，在阳间有更多阴兵保护，可以高寿，又可以保护他人，比如我加过职加过太，有人病了叫我去讲，神佛就应了，叫别人去讲，神佛就不应。死了去阴间，走天桥到九郎门下，到扬州洞安居乐业，还可以在阴间做官管兵。挂灯、度戒的人死了去阴间也走天桥，但加职加太的人是坐飞机去，度戒的人坐摩托车去，挂灯的人只能坐单车去。①

8. 宗教仪轨

上述挂灯、度戒、加职、加太其实也属于宗教仪轨。但除了这些仪轨外，还有开光贺像、完盆祭兵、贺像同兵等宗教仪轨。所谓开光贺像，即度过戒的人如认为有必要在家里置备、供奉盘王像和三清等十八神像，在神像置办好后，必择吉日在家立起神堂，张挂好神像，请师公为神像举行点眼开光仪式。据认为，未经点眼开光的神像为死物，经过点眼开光才成灵物，这与佛教的开光仪式是一样的。完盆祭兵，即请来神像的人家，要向神像许愿，求其帮忙。一般许一头猪、一只鸡，猪许给盘王，鸡许给三清，三年一次，也有八年甚至十余年才做一次。家里有十八神像和祖宗神位的人家，两三年做一次贺像同兵仪式。据认为，家里有十八神像和祖宗神位，阴兵众多，时不时要供养他们一次，否则兵头会作怪。②

---

① 广西民族学院赴泰国瑶族考察组：《泰国瑶族考察》，208～224页，南宁，广西人民出版社，1992。

② 广西民族学院赴泰国瑶族考察组：《泰国瑶族考察》，249～251页，南宁，广西人民出版社，1992。

（四）宗教信仰的演化

瑶族自离开中国故土后，在向老挝、缅甸、泰国迁徙过程中，近两百年来一直在热带山区雨林中过着传统的刀耕火种生活，受外界影响较少，故能较多地保持本民族传统的宗教信仰。但也有些变化，例如信仰的神祇中的地方鬼都换上了老挝、泰国各瑶族村落先前亡故的异族开村建寨者或当地传说的仙人。在仪式方面，由于大师公过世以及经济上的原因，有些寨子多年没有度戒了。法器方面，中国盘瑶视长鼓为神物，是所有法器中最重要的法器之一，跳盘王必须用到它，但泰国瑶族已不知长鼓为何物，尽管他们保存的过山榜中有关于制作长鼓跳盘王的记载，但许多人已说不清长鼓的形状。

20 世纪六七十年代，瑶族离开了世代居住的山区，被迫抛弃了传统的刀耕火种农业，也引起了宗教信仰的新变化。

从山区到平原丘陵地区后，没有多少水田可以耕种（能开辟水田的地方泰族人早已占耕），垦种坡地不如砍烧后的山地肥沃，虽然有些人依靠增加农业投入和改种商品作物增加了收入，但多数人感到谋生不易，加上平原地区养鸡养猪不易，家中无大批作供品用的鸡、猪，因此，像挂灯、度戒、做盘王等需耗费大批钱物的大型宗教法事无法进行。战乱中迁徙，同宗共祖的兄弟叔侄各奔一方，居住较远。过去同宗支的兄弟叔侄凑到一起度戒、做盘王，费用各人分担一些，法事可以进行，现在这已不易做到。随着时间的推移，有资格和会做度戒仪式的宗教师相继过世或迁移更远，例如有的迁移到美国、法国，有些法事有了钱想做也无法做，也有的因缺乏神像不能做大法事。泰国政府要求瑶族子弟进校学泰文，不允许瑶族自己开设中文学校学中文。瑶族感到，本民族的传统文化与信仰已难以继承，有丧失的危险。到平原丘陵地区居住后，与其他民族接触增多，一些外国传教士到瑶族村寨传播基督教。由于各种原因不能举行仪式的瑶族，部分人开始转而信仰基督教。张有隽教授 1989 年访问过的 15 个村寨，情况互有不同，但有一个共同点，就是近十年来，挂灯、度戒、做盘王活动都有逐步减少的趋势。例如湄赛寨现在挂灯还有，度戒没有了，因为“没有谁有钱做”。会将洛寨 55 户有 7 户改信基督耶稣。瑶民因无钱，信道教要花很多钱，因此改信基督耶稣。巴卡寨瑶人有一半信基督教，一半信道教。信基督耶稣是因为人病了无法找到师公就找耶稣，不是因为钱少改变信仰。邦卡寨现有 7 人度过戒，没有人加职，度过戒的 7 人，儿子曾度戒，但本人无法加职。巴岗寨有 12 人度过戒、3 人加过职，但都是在老挝时度戒、加职的，自 1967 年从泰、老边界的会赛老搬下来后，已有 20 多年不度戒了，因为同宗人少，费用多，做不起。挂七星灯的人死去了，挂三台灯的有些年有两三家，做的人很少。南拱寨只挂三台灯，不挂七星灯，因为做不起，没有会度戒的师公，有一百多年不度戒了。拉抛鸦寨有两代不做盘王、不度戒了，不做盘王是因为没有神像，不度戒也是因为没有神像。

据不完全统计，15 个寨子 905 户瑶族 7698 人中，有 5 个寨子共有 38 户 220 多人改信基督教。改信基督教最多的是湄赛寨，有 18 户 87 人，其次是巴卡寨，约 13 户 90 人。若从比例看，则以巴卡寨最多，占瑶族人口的一半。改信基督教还有信仰上的原因。湄赛寨李益凤称他信耶稣已经 7 年，原因是：“信老祖公鬼家里大乱，做不清楚（仪式没完没了）。”但他说，村里有些人信道教的也去拜耶稣，信耶稣的人则不信道教。还有些夫妇，一个信耶稣，一个不信也可以，不一定全家人都信。在泰国瑶族地区传教的有美国、英国、澳大利亚、新西兰及中国台湾地区的传教士，在巴卡寨传教的是一对美国夫妇，在湄赛传教的是基督教台湾地区组织在新加坡设立的分支机构。这些传教士尤其是台湾的传教士根据瑶族地区的实际情况，采取比较灵活的措施，不但出钱给瑶族教民建造教堂，例如湄赛寨的教堂就是瑶族讨得新加坡、台湾 13 万泰币建起来的，而且不管你是否是教徒，都允许到教堂听讲经、看礼拜活动。据说有些台湾传教士主持的教堂里还开设中文课，以满足瑶族学习中文的需要。有些瑶族希望子弟学中文，在无校可进的情况下，让子弟到教堂办的中文学校学习，也是因为教堂开办的中文学校泰国政府并不怎么干涉。有的人普通话说得很流利，就是从这种学校学出来的。由于采取这些措施，加上其他原因，基督教在泰北瑶区的传播取得了部分成功。①

① 广西民族学院赴泰国瑶族考察组：《泰国瑶族考察》，293～296 页，南宁，广西人民出版社，1992。

# 欧美各国瑶族[①]

## 一、基本情况

### （一）瑶族向欧美各国迁徙

20世纪70年代中期，越南、老挝局势风云突变，迫使居住在老挝的部分瑶族仓皇出走，漂洋过海，迁徙到欧美各国。

老挝瑶族在越南军队进攻到家园时，匆忙离家出走，有的来不及搬运财产行装，有的甚至来不及告别亲人，抛妻离子，只身逃亡。他们渡过湄公河进入泰国，被泰国政府临时安置在难府、南邦府的几个难民营里。经过联合国难民署与有关国家协商，老挝瑶族难民被分别安置到美国、法国、加拿大等欧美国家。各国接收瑶族难民受人数等因素限制，加上瑶族难民之间失去联络，因此，有的一家子被安置到不同国家。

在瑶族迁徙史上的这次大劫难中，瑶民人心惶惶，不知前面等待他们的是什么命运。但为了生存，是刀山火海也只得去闯。现住美国俄勒岗州波特兰市的赵有财先生，是第一个到美国的老挝瑶人。他于1976年6月只身一人乘船前往美国，就是抱着生死未卜心情去探看情况的。到了美国后，他克服语言等多方面困难，写信与仍在泰国的难友联系上，为以后到达美国的瑶族难民的安置做了许多有益的工作。继赵有财之后，第二户到美国的是陈富旺，第三户为李进清，继后是赵富明、陈富元等。他们作为移民的先遣队，

---

① 原载于《瑶族通史》，下卷，北京，民族出版社，2007。

不断联络自己的家人、亲友，形成一条长长的移民链，从遥远的东南亚山地延伸到大洋彼岸的美国。① 移居美国的瑶人，主要来自老挝北部的 6 个省：南塔、波乔、郎勃拉邦、沙耶武里、华潘、万象。美国避难记录显示，瑶族难民是在老挝郎勃拉邦王朝被推翻后开始来美国避难的。② 向美国移民从 20 世纪 70 年代中期起，1980 年前后形成高潮，此后延续不断。除老挝瑶族外，泰国等其他国家的瑶族也有由于各种原因而移民美国的。

向法国迁徙的情况亦大致如此。1977 年，流入泰国的赵金胜等 5 户瑶族难民首先移居法国，试居数年之后，迁居法国的瑶族人数逐渐增多。20 世纪 80 年代末达 1000 人。大多数是从老挝进入泰国难民营后再迁入法国，也有部分直接从泰国迁入。

20 世纪 70 年代末期，作为东南亚难民的瑶族，在选择安置国时，多数选择美国和法国，只有少数抱着试一试的心理，选择移居加拿大。但到了加拿大后，发现那里的气候较寒冷，不能适应，于是其中一部分在美国亲戚的帮助下，经两国政府同意，又转迁入美国加州居住。③

### （二）支系构成与人口分布

迁移欧美各国的瑶族全是操瑶语勉语方言的盘瑶。但也有人说，美国瑶族中有个别蓝靛瑶。

目前欧美几个国家的瑶族人口以美国最多，近 30000 人，其次是法国，有近 1000 人，加拿大最少。瑞士据说也有瑶族，但人数不详。

---

① 李筱文：《美国瑶人社区巡礼》，载《瑶族研究通讯》，第 10 期，58 页，南宁，广西瑶学学会编印，2000。

② ［美］赵召山著，黎巧萍译：《瑶族文化和社会的发展：现在与未来》，256 页，河内，民族文化出版社，1998。

③ 黄钰、黄方平：《国际瑶族概述》，396 页，南宁，广西人民出版社，1993。

各国瑶族人口分布有变动。瑶族进入美国初期，作为难民曾被安排在不同的州居住，西海岸加利福尼亚州、俄勒冈州、华盛顿州，西北部蒙大拿州，中部阿肯色州、伊利诺伊州，南部德克萨斯州，东南部亚拉巴马州，东北部宾夕法尼亚州和纽约州，都有瑶人居住。瑶人分布遍及美国东西南北中。由于居住过于分散，各州瑶族人口少，人地生疏，语言不通，举目无亲，难以立足。经过一段时间，讯息沟通后，各州瑶人开始集中靠拢。目前，美国瑶族集中居住在西海岸的加利福尼亚、俄勒冈、华盛顿三个州，少数居住在阿拉斯加、蒙大拿、得克萨斯州。人口增长较快。1984 年增长到 2300 人①，1986 年增长到 17000 人②，1992 年增长到 23000 人③，1993 年增长到 25000 人④，1998 年增加到近 30000 人⑤。由于人口自然增长快和流动性大，各州人口难以作出准确的统计。据 1999 年 9 月的调查记录，华盛顿州西雅图市有 250 户 2656 人，俄勒冈州波特兰市有 270 户 2530 人，加利福尼亚州雷丁有 230 户约 2400 人，奥克兰有 200 户 2100 人，萨克拉门托有 500 余户 5000 多人⑥，里其门有 5000 多人，圣西荷有 35 户 300 余人。⑦ 其余分散

---

① 黄钰、盘朝月：《重洋万里燕归来》，载《瑶族研究通讯》，第 3 期，15～16 页，南宁，广西瑶族研究学会，1985。

② ［美］赵成府等：《美国瑶胞在推行瑶文——来信摘录》，载《广西瑶族研究通讯》，第三期，78 页，南宁，广西瑶族研究学会，1986。

③ 赵砚球：《生活在美国的瑶人》，见《瑶学研究》，第 3 辑，98 页，南宁，广西民族出版社，1993。

④ 黄钰、黄方平：《国际瑶族概述》，342 页，南宁，广西人民出版社，1993。

⑤ 张有隽：《美国瑶人社区考察报告》，载《瑶族研究通讯》，第 10 期，50 页，南宁，广西瑶学学会，2000。

⑥ 李筱文：《美国瑶人社区巡礼》，载《瑶族研究通讯》，第 10 期，57 页，南宁，广西瑶学学会，2000。

⑦ 张有隽：《美国瑶人社区考察报告》，载《瑶族研究通讯》，第 10 期，51 页，南宁，广西瑶学学会，2000。

在阿拉巴马、斯加、伊利诺斯等州的人数不详。由上述可知，美国瑶族人口最多的是加利福尼亚州，有近 15000 人，居住最集中的是加州首府萨克拉门托市，其次是里其门市，原因是这里气候宜人，因而引来瑶人落户。

法国有瑶族 950 人①，以南部杜鲁兹市人口较集中，有 56 户约 400 人，其余分散在全国各地，其中巴黎 2 户、波尔多市 5 户、神速斯市 5 户、贝济埃市 3 户、佩皮尼昂市 3 户、阿维尼雍市 7 户、里昂市 3 户、尼斯市 2 户。此外，还有 20 多户信仰基督教的瑶族散居在其他地区。②

加拿大瑶族，据 1987 年统计有 100 多户 1000 多人，主要居住在安大略省多伦多市和温哥华市，少数分散在大不列颠哥伦比亚省、马尼托巴省和阿尔伊拉克达省。③ 后有一部分移居美国，目前只有四五百人。

（三）民族源流

欧美各国瑶族祖先根子都在中国。大部分人几代祖先迁徙途中在广西居住过，然后迁往云南或越南，进入老挝、泰国。居住在这些国家的盘、邓、赵、黄、祝等姓瑶族，几乎每个家族都有《祖图》或《祖宗图簿》等文献记载祖先迁徙的历史，有的保存有《评皇券牒》或编有《盘古历代帝王图》、《迁徙史》、《传世情由》，讲述祖先历史。

美国俄勒冈州瑶人李进清家收存的美国瑶人编写的《迁徙史》，概要地说明了瑶族从中国迁入东南亚，再移民欧美各国的历史：

---

① 彭兆荣：《欧美优勉瑶的社区发展与现代化》，见《瑶学研究》，第 2 辑，第 116 页，南宁，广西民族出版社，1992。

② 黄钰、黄方平：《国际瑶族概述》，404 页，南宁，广西人民出版社，1993。

③ 黄钰、黄方平：《国际瑶族概述》，395 页，南宁，广西人民出版社，1993。

大隋年间，瑶人建国有功，帝赐十二姓为盘、李、冯、黄、包、邓、周、赵、罗、唐、沈、陈，封盘瓠为李大护，赐刀耕火种，蠲免税赋。多代人居住在广东、广西、湖南、贵州。至清乾隆癸卯年（1783年），由于动乱，灾荒发生，有些人迁到云南开化府（今文山州）和林（临）安府（治今云南建水），还有到越南便面（奠边）府猛斜、猛天、十八天平等，不计其数。10年间又有少数人迁至老挝，进入桑怒、猛塞、南地、猛信等地。1860年，邓进坤带领一些瑶民进入泰国，散居在泰国北部山区，如俄山、巴山乱、清堪、清迈等地居住。1973年老挝战乱，居住在泰、老边境的瑶民陆续逃向泰国，但大部分人未能过境。

因为泰国不容难民定居，所有难民均进入难民营暂住，等待第三国接收。①

各姓《祖图》则具体记载着家族迁徙的历史。张有隽教授1998年4月在美国考察时，曾住在加州萨克拉门托市祝通府家，祝通府之兄，当年65岁的祝通财叙述家族祖先曾在广东、广西住过，后进入云南。清光绪十二年（1886年）高祖父祝明富从云南开化府（今文山州）迁入老挝，至今已传了6代：祝明富→祝有官→祝如昆→祝德龙→祝通财（本人）→祝明光（儿子），班辈以明、有、如、德、通五字轮转。该市盘承安，当年78岁，叙述祖先曾先后在广东乐昌、广西罗城居住过，曾祖父盘财仙于清光绪十二年与祝通财高祖父一起从云南开化府经勐腊进入老挝，至今传了6代：盘财先→盘文印→盘金元→盘承安（本人）→盘财富（儿子，56岁）→盘文春（孙子，35岁），班辈按财、文、金、承四字轮转。这两家瑶族都是20世纪80年代初迁到美国居住的。②

① 黄钰、黄方平：《国际瑶族概述》，346页，南宁，广西人民出版社，1993。

② 张有隽：《美国瑶族社区考察报告》，载《瑶族研究通讯》，第10期，51～57页，南宁，广西瑶学学会，2000。

美国塞勒姆市邓明福收藏的《祖宗簿记》记载其祖先曾先后在广西桂林府义尊（宁）县（今属临桂县）、平乐府昭平县和恭城县，湖南江华县，广东边州县（?），云南开化府文山县居住过，然后经猛喇进入安南（今越南）。加利福尼亚州华沙里一份赵姓《祖图》，记述祖先离开广东乐昌县后，曾先后到过广西阳朔县、昭平县，湖南江华县，广西永福县、鹿寨，云南文山县，广东连山县，广西镇安府上劳洞，云南临安府次埔县（?）猛莱州（?）、猛龙府（?），然后进入老挝。①

法国杜鲁兹市赵福广家的《祖图》，记述了其祖先在广西平乐府平乐县、昭平县和柳州府容城（融安）、永福等县居住、死葬的具体地名。②

由上述可知，欧美各国瑶族虽然与中国远隔千山万水，但他们都是从中国迁徙出去的瑶人的后裔。他们的根子都在中国，他们与中国瑶人之间有着共同的血缘关系和共同的历史传统，从而在人种和文化上与中华民族有割不断的渊源。保存在美国三藩市（旧金山）瑶族手中的一份《盘古历代帝皇图》抄件，记载中国自远古至明代明太祖的历代王朝在位君主数目及各朝存在年数。虽然其中有不少错漏，但无疑是海外瑶族同胞对祖国思念的表现。

俄勒岗州邓承官先生保存的《传世曲》，赵进升先生的《传世情由》，同样记载了中国从盘古开天辟地到明、清时期的历史。三藩市盘承福珠师公编写的《前初古图》，史诗般地记述了中美瑶族同相连、源远流长的历史和离开中国后经历的种种重大事件，都充分表明了海外瑶胞与祖国亲人难分难舍的情怀。

---

① 黄钰、黄方平：《国际瑶族概述》，347～348页，南宁，广西人民出版社，1993。

② 盘朝月：《中国瑶族学者代表团访法》，见《瑶学研究》，第2辑，270页，南宁，广西民族出版社，1992。

## 二、生计变迁

### （一）环境变化与就业准备

瑶族在老挝、泰国时，长期居住在热带雨林山区，刀耕火种兼采集狩猎，是他们传统的生计方式。迁移欧美国家以后，多数住在城市。欧美国家城市里工商业、文化教育、科技和第三产业十分发达，城市外农业早已工业化。西方国家讲究保护环境，森林禁止乱砍滥伐，瑶族传统生计方式失去了存在的基础。要适应西方社会现状，改变生计方式，就不但要学会所在国语言，还要转变价值观念和行为模式，并接受教育和训练，掌握谋生技能。

这一切对习惯于山地农业的、不习所在国语言、初来乍到的瑶族来说，无疑是一个巨大挑战。此外，在交通发达而住地离工作地点较远的西方社会，学会驾驶汽车和拥有一辆小轿车是获得工作的必要条件。困难虽然十分巨大，却都被瑶族移民一一克服了。

瑶族移民欧美初期，作为难民安排在难民营，所在国政府每月发放救济金，给予救助，以维持最基本的生活。如瑶族初到美国，美国政府根据各家庭具体情况，每人每月发给350～650美元不等，免费提供医疗。同时，所在国政府在难民营对他们进行一些基本的生活训练，包括法律学习和日常生活适应等。还开办成人职业学校，对成人进行语言和工作技能训练，然后让各人自行寻找工作，找到工作的就不再发救济金。瑶族是个勤劳、勇敢、节俭的民族，也是个开放的民族。为了民族的生存、发展，迁居欧美的瑶族同胞克服许多困难，学习所在国语言以及工作技能，适应新工作、生活环境。经过几年努力，瑶族基本上适应了新环境。有相当多的瑶人学会了所在国语言，培养了必要的社会活动能力和工作技能，实现了就业和生活上的自立。

美国瑶族联合团体协会原总裁赵召山先生回顾那段历史时说：

“与在美国定居的其他民族一样，瑶族人认为经济生存能力很重要，它是定居过程中首先要解决的问题。联邦难民定居办公室非常关心移民的就业，总是希望他们早日经济独立。因此，瑶族人在美国定居后要马上找工作。找工作与到当地政府为新来难民开办的英语学习班学习有很大关系，如只顾找工作而忽视了英语交际能力的发展，不能掌握所在国家的语言，会使这些难民很难找到高收入的工作。”①

“尽管遇到种种困难，但瑶族难民已经有较高的经济自立能力，夫妻都有收入，加上由社区瑶族人领导组织的买房买车行动的帮助，在西部沿海地区的许多瑶族家庭已买房和买车。截止到1995年7月，已有6000辆价格在3000美元以上的小车出售给西部沿海地区居住的瑶族家庭。”②

（二）工作类型和收入

瑶族进入欧美初期，法国瑶人开始曾被送到阿委纽从事果树及其他作物栽培工作。20世纪80年代中期以后，80%的人转到机电制造业中从事电子行业的工作，主要是元件焊接和一般性流水作业工作。③ 加拿大瑶族早期主要在一些农场工作，干种植、收割等农活。后来觉得现代社会的农业生产与过去传统的刀耕火种农业生产完全不同，一些人无法适应，便离开农场到城市里的汽车修理店、加油站、饭馆等做临时工。到80年代中后期，他们或在工厂做工，或在公司上班，也有的在私人非营利性组织服务。④

美国瑶族早期工作状况，据黄方平先生报告是：第一，经过短期培训，掌握一定文化和技术的中青年人，被分别安排在政府部门

① ［美］赵召山著，黎巧萍等译：《在美国再定居的瑶族人的影响》，见《瑶族社会和文化的发展：现在与未来》，河内，民族文化出版社，1998。

② 彭兆荣：《欧美勉瑶的社区发展和现代化》，见《瑶学研究》，第2辑，119页，南宁，广西民族出版社，1992。

③ 黄钰、黄方平：《国际瑶族概述》，397～398页，南宁，广西人民出版社，1993。

④ 黄钰、黄方平：《国际瑶族概述》，357～358页，南宁，广西人民出版社，1993。

管辖的一些机构里工作，收入稳定，条件较好，待遇优厚，但人数不多。一些有语言特长的瑶族，还被安排在难民服务中心工作。如美国华盛顿州西雅图市的邓有兴先生，就在难民联合会服务中心工作，通过自己掌握的英、泰、老、中等多种语言为难民服务。这部分人占瑶族人口的18%。第二，出卖自己脑力的技术者，他们有一定的文化，但不愿在政府部门工作，受雇于一些私营工厂和有限公司，从事技术性工作，条件好，收入高。如俄勒冈州俄罗哈小镇的瑶人，大都是在私营的电子公司工作，这部分人占瑶族人口的15%。第三，合同雇工。这些人都有一定的特长，如环境护理、汽车修理等等，他们受雇于雇主，收入较高，这部分占瑶族人口的7%。第四，以出卖体力为主，如临时售货员、饭店招待员、加油站工人等，他们都是按工计酬，一般不要什么技术，但工作不稳定，劳动强度大。一些文化较低而又吃苦耐劳的人选择这类工作，这部分人占瑶族人口的39%。①

当代欧美瑶人工作比较稳定，生活有保障。据美国瑶人协会联合会原总裁赵召山先生1995年12月发表的研究报告介绍，1995年，美国卫生部难民定居办公室对全美调查的结果显示：50%的在美瑶族人有工作。各职业介绍所为瑶人介绍的主要职业包括：（1）多数专业技术不高的瑶族人普遍从事的工作是工厂或公司的体力工作。（2）各种公共服务业的工作。如社会服务办公室、公共医疗站和卫生办公室、学校、幼儿园或其他行业。（3）私人非赢利组织，如老乡会和瑶族组织，为政府提供服务合同的各种从业人员如公务员、临时工、咨询指导、翻译、助教、就业指导、秘书和服务员等。（4）私人赢利组织工作人员，如任秘书、打字员，或是在律师事务所、企业办公室、医院、保险公司和其他机关办公室工作。美国瑶人年平均收入，夫妇俩有一人工

① ［美］赵召山著，黎巧萍等译：《在美国再定居的瑶族人的影响》，见《瑶族社会和文化的发展：现在与未来》，河内，民族文化出版社，1998。

作的家庭是 13000 美元，夫妇俩都有工作的家庭是 25000～50000 美元。报告还说，在美国生活一段很短的时间后，瑶人迅速去找工作，然后拼命工作以积攒足够的钱买房子，拥有一幢房子或一辆汽车是生活在美国的瑶人最大的愿望。到 1995 年，在美国约 600 幢房子为瑶人拥有，瑶人还拥有约 6000 辆汽车，车价从 3000 美元到 25000 美元不等。① 据张有隽教授 1998 年赴美国瑶人社区考察，美国瑶人所从事的工作，已由最初的勤杂工如电焊、缝衣、招待等向更具专业性的领域发展，现在从事的新职业有政府公务员、律师、银行职员、教师、工厂领班等。在美国，工厂一般工作人员月薪 1500 美元左右，领班月薪超过 2000 美元，中小学教师月薪一般 3500 美元左右，政府公务员、银行职员月薪 5000 美元，律师收入更高。瑶人家庭人口连老带少一般在 6 人左右。按照美国的政策，凡年龄超过 60 岁的老人，男的每月发给 550 美元，女的发给 600 美元。失业者在待业期间每月有四五百美元救济金，小孩免费享受中小学教育。大学生家庭有困难的政府给一定补助金，成绩优异的可获得奖学金。此外，大学生在读期间可以勤工俭学，攒到生活费甚至部分学费。因此，一家有一人当工人月收入 1500 美元，其他人不工作领取救济金，生活一般不成问题；如果有两人当工人，家庭就可以有积蓄；如果有人在政府部门或银行、学校等薪资较高的单位工作，就可积累多一些，用来购买住房和汽车。美国房价波动范围：单元房房价从 75000～250000 美元，两个单元的房价从 150000～250000 美元，有 4～10 个房间的公寓房价在 350000 美元以上。② 美国不少瑶族购有房屋和汽车，这反映了他们的工作和收入是不错的。

---

① ［美］赵召山著，黎巧萍等译：《在美国再定居的瑶族人的影响》，见《瑶族社会和文化的发展：现在与未来》，河内，民族文化出版社，1998。

② 赵砚球：《生活在美国的瑶人》，见《瑶学研究》，第 3 辑，100 页，南宁，广西民族出版社，1993。

（三）瑶人企业的建立和发展

瑶族向以勤劳刻苦著称，并具有相当的开放性。还在老挝、泰国时，已出现了一些瑶人创办的企业。瑶人往往与其他华人如广东人、香港人、新加坡华人合伙做生意，积累资本和经验。移居欧美后，他们努力学习、拼命工作。在生活稳定下来后，有的即开始筹集资金，创办自己的企业。在欧美也和在老挝、泰国一样，瑶人往往与当地华人建立良好的关系，也有的与白人建立起一定关系。还在20世纪80年代中后期，个别欧美瑶人已创办了一些小型企业，到90年代初，据调查，美国瑶人已开办了自己的加油站、服装加工厂、商店、农场等企业，还有经营房地产生意的。① 到20世纪90年代中后期，美国瑶人企业经营的范围已扩大到汽车修理、电器商店、杂货店、进出口货物批发、夜总会（酒吧）、钓鱼服务业、洗衣店、汽车加油、餐馆、瑶族纪念品商店、庄园（种草莓）、猪鸡饲养、不动产投资、旅社、农场等领域。美国瑶人办的这些企业，瑶人自己任经理，雇请的工人有瑶人，也有当地华人、白人、黑人及东南亚其他国家的移民。服务对象广泛，但主要是中低层收入者。为了吸引顾客，瑶族企业主十分讲究经营策略，经营项目齐全，待人诚信，方便顾客，收费也合理，因而生意红火。

到目前为止，欧美瑶人所开办的各类企业在当地仍属小型企业，资产不多，一般不超过三五百万美元，经营地区范围不超过本州、本市，跨国跨地区经营的企业尚未出现。但欧美瑶人企业自20世纪80年代中后期起步，经90年代前期发展，已扩大了队伍，积累了经验，提高了专业经营技能。据1995年发表的一份研究报告称："在过去5年里，大约有200多名美籍瑶人掌握了企业经营管理专业的经验及其他专业的技能。这些人现在已成为美国私人企

① ［美］赵召山著，黎巧萍等译：《在美国再定居的瑶族人的影响》，见《瑶族社会和文化的发展：现在与未来》，260页，河内，民族文化出版社，1998。

美国瑶人赵召山开的汽车加油站　张有隽摄

业系统的重要核心力量，并成为美国社会的职能成员。”报告还指出：“美籍瑶人专家和企业主时刻关注瑶族联盟的经济体系发展进程。现在有很多瑶族师范教育家正在研究投资能力和经营机会。”①同时，在美国瑶族企业家队伍中，涌现了一批企业精英和社会精英，他们分布在瑶人聚居的几个州，在金融、房地产、饭店、超市等重要经济领域投资经营，拥有较多资产。有的同时在几个领域投资，拥有数家企业。这些企业家往往是当地瑶人协会的主要负责人，有的还是政府部门公务员或国家议会、州议会成员。据张有隽教授1998年四五月间在美国瑶人社区考察了解到的情况，华盛顿州西雅图市的邓有陞、邓有珠、杨文敏，俄勒冈州波特兰市的赵有财、赵金楼，加利福尼亚州萨克拉门托市的李文凤、邓金田，奥克兰市的赵召山都是分别经营房地产、蔬菜种植、旅馆、微电子、超市、加油站等的知名企业家和瑶族社会名人。邓有陞在西雅图经营

① 彭兆荣：《欧美优勉瑶的社区发展与现代化》，见《瑶学研究》，第2辑，120～121页，南宁，广西民族出版社，1992。

房地产业，在当地颇为富有。赵有财在波特兰市开设旅馆，积累了不少资产。李文凤在萨克拉门托市经营一家超市，同时担任美国西部瑶族华文学校董事长。上述企业家中，以加利福尼亚州奥克兰市赵召山经营的领域最为广阔。他在该市开设一家汽车旅馆、两个加油站、一个银行储蓄所，在某地经营一个林场，1998 年又投资经营房地产开发。张有隽教授曾在他开办的汽车旅馆住了三个晚上。旅馆为两层楼的砖瓦水泥结构建筑，有近百个铺位，每个房间床上铺设干净整洁，写字台、电视机、电话、卫生间等设备齐全。每个铺位每晚收费 25 美元。旅馆内有餐厅、热水锅炉，供应餐饮和开水，收费不贵。虽然称为汽车旅馆，但除了过路司机外，其他旅客如老师、学生也来投宿。张有隽教授还参观过他的一个汽车加油站。这个加油站不是很大，但开设在交叉路口，每小时都有几部车来加油兼洗涤车身，职工颇为忙碌。据他本人称，每小时毛利 1500 美元。赵召山先生同时担任美国卫生部难民安置办公室奥克兰市难民安置指导中心的负责官员，每月工薪 5000 美元。他应是美国经营最成功、比较富有的企业家和瑶族社会名流之一。

## 三、社会组织与政治

### （一）传统组织的演变

瑶族居住在东南亚各国时，一方面受所在国政府的政治统治，另一方面又存在着自己传统的宗教组织、村寨组织。这种传统组织的基本单位是家庭，经由家庭组合为宗族和村寨。其特点是由富有经验的老人担任宗族头人、村寨头人。宗族头人、村寨头人则按照传统习俗管理民族内部事务，接受所在国政府的管理。瑶族迁移到欧美各国后，开始时作为难民，接受国将他们分散安排在许多不同的州、郡。如瑶族到达美国初期，曾被安排在美国西部、中部、东部的近十个州、数十市和郡的难民接收点。瑶族由于逃难迁徙，许多人家破人亡，妻离子散，亲人失去了联系，同一家人不但迁移到不同的州、市、郡，甚至迁移到不同的国家。

如美国加州萨克拉门托市的祝通财共有四兄弟，两个兄弟到了美国，另外两个兄弟却到了法国。这种状况使瑶人难以互相救助，不利于他们安居就业。面对困境，瑶人为了自己的利益，在传统头人的努力敦促下，积极联络，寻找亲人。经过一段时间，原来分散了的瑶族人逐渐靠拢居住，形成了一些瑶族聚居的城市社区，并形成了新的社区组织。20 世纪 80 年代中期，美国各大城市和县区，凡有瑶族居住的地方，都成立了瑶人社区组织，如加利福尼亚州的奥克兰市、华沙里、墨西、萨克拉门托、挪海伦、约克县、萨托市、弗斯诺、长滩、圣何塞、埃尔塞里托、圣巴勃罗、里斯满，俄勒冈州的波特兰、阿洛哈、塞莱母，华盛顿州的西雅图市，少则有两三个社区组织，多则有七八个社区组织。① 法国瑶人集中居住在法国南部杜鲁兹市的几个社区，还有些人分散在波尔多、福斯、贝济埃、佩皮尼昂、阿维尼翁、里昂、巴黎等市。加拿大瑶族集中居住在安大略省、多伦多和温哥华市，小部分分散在大不列颠哥伦比亚省、巴尼托巴省、阿尔伯达省。

欧美西方国家重视个人，轻视亲情，瑶族感到难以适应。瑶族进入欧美初期，传统社会组织在联络亲人、团结族人、安定情绪、度过困难、寻找出路等方面曾发挥一定作用。直到现在，欧美瑶族社会的基本单位仍然是家庭，即使是那些失散了妻子、儿女的人，也重建起新的家庭，以投入新的生活。他们仍然保持着尊重老人的优良传统。但在新环境里，上了年纪的长老、乡老不懂所在国语言，没有欧美社会的法律知识和社会知识，他们熟知在东南亚山地生活时的传统领导方式，却缺乏新条件下的经验和能力。随着时间的推移，受过教育、掌握所在国语言并了解欧美社会经济和政治结构的新一代人物的成长，欧美瑶族重新建立起来的社区组织在结构和功能上已发生了演变。

---

① 张有隽：《瑶族历史与文化》，407 页，南宁，广西民族出版社，2001。

在法国，社会组织的演变表现出某种过渡形式。其政治组织形式是村议会。按传统形式，由有威望的长者和有文化的年轻人共同组成。职责分工是长者主持内部事务，年轻人主持外部事务，双方相互协调工作。1990 年 6 月，在杜鲁兹召开的国际瑶族学术研讨会期间，适逢瑶族音乐节，与会代表作为客人被邀请参加。主人为客人举行盛大欢迎仪式。仪式开头部分的敲锣打鼓、敬烟敬酒由寨老主持，下半部分的致祝词、节目程序、闭幕词由年轻人主持。平日里，社区内大事（举行传统仪式、节日、大的纠纷、红白事）要经过长辈们，而对外招待会、与法国各组织机构联系，涉及西方社会法律、权利与义务等事务则由年轻人负责。有人预言：这种政治组织具过渡性质，未来几十年里，那些靠传统治理方式、靠经验和威望进行工作的长者们将陆续谢世，欧美优勉政治组织将由一批新型的、受过欧美正规教育的、能具体解决在发达国家中所遇到问题、有能力的人来接替，传统和现行的政治组织就会产生根本性的变化。①

在美国，城市的基层管理机构是社区。瑶族进居美国之初，统一居住在难民区。随着生活的逐步适应，瑶人被逐步安排到城市社区居住。为了适应这一变化，居住在各社区的瑶族相应成立了本社区的社会组织。美国瑶族的社会组织有多种形态，功能各一，然而，社区组织是美国瑶族组织的基层机构。现在，社区领导人是受过西方文化教育，懂英语，较熟悉美国社会，有交际本领，又了解本民族传统的年轻人。社区领导人由本社区瑶人集会选举产生。其职责是主持社区集会活动，处理日常内部事务，对外代表社区调解与外部的关系，主动与美国社区行政负责人联系，反映民族内部情况，同时将政府政治法令传达到本社区。美国瑶族的社区组织在帮助瑶族适应美国社会生活、维护民族利益方面发挥较大作用。其负

① 张有隽：《瑶族历史与文化》，403～404 页，南宁，广西民族出版社，2001。

责人办事多利用业余时间，不计报酬，也不向各户征收费用，因而受到瑶民拥戴。①

（二）社会互助团体

欧美西方国家商业发达，竞争激烈。各阶层各行业为了自身利益和要求，纷纷成立各种行会、协会。政府也十分重视充分发挥行会、商会、协会的作用，与一些大协会建立密切关系，利用它们帮助工商界开拓市场，强化国家经济外交攻势，解决对外磋商和对外争端，推动WTO全球贸易自由化发展，同时利用众多中心协会沟通讯息，调解内部争端。瑶族移居欧美后，受到影响，纷纷成立各种协会。美国瑶人常讲："在美国一个人讲话不香，一个组织说话就算数。"他们的民族意识和自我保护意识很强烈。自从20世纪70年代中后期定居美国后，瑶族除社区组织外，根据需要，陆续建立了"原居国瑶族协会"、"州瑶族协会"、"全美瑶人协会"等组织。原居国瑶人协会，是原居老挝、泰国的瑶族按原居住国分别建立的社会组织，有些标明原居住国籍，有些未标明。加州奥克兰市为老挝籍瑶族聚居区，1982年分别建有"老挝籍瑶族文化协会"、"老挝籍家庭社团协会"、"老挝瑶族家庭社会区发展协会"，标有原国籍字样。泰国籍瑶族建立的协会，不标明原国籍，只以所居城市命名。这些社团具互助合作性质，目的在于加强与居住国同胞的联系，并加强与各地瑶胞的联系，开展商业贸易活动，以适应新环境。

州瑶族协会，是各州瑶人跨社区联合产生的社会组织。美国西部各州一州之内瑶人居住比较分散，不便联系。随着生活的稳定，州内各社区之间联系增强，为了适应环境的需要，促进社区之间的联系和民族联谊活动的开展，从1982年起，加利福尼亚州、俄勒冈州、华盛顿州相继建立州瑶人协会，会址分别设在奥克兰、波特

① ［美］赵召山著，黎巧萍等译：《在美国再定居的瑶族人的影响》，见《瑶族社会和文化的发展：现在与未来》，河内，民族文化出版社，1998。

兰、西雅图三个城市。每个州的协会推选出20人左右的代表组成理事会，制定章程、会徽。州瑶人协会的产生，加强了城镇社区瑶人之间的联系，促进相互往来，协调好内部关系，组织各州瑶人之间的民族联谊活动，增强了民族凝聚力，对外代表全州瑶族的利益，与美国州政府联系，反映社情民意，维护民族权益，受到瑶胞欢迎。

全美瑶人协会，又称“美国大瑶人团”，是全美瑶人的联合组织，也是美国瑶人最高组织机构，成立于1984年7月21日。它是美国瑶族适应新形势，不断加强联系以维护民族权益的产物。随着各州瑶人协会的建立和瑶人联系的加强，如何将全美瑶人联合在一起，以加强美国瑶人与美国政府的联系以及与各国瑶人的联系，提高瑶族的社会地位，维护本民族的合法权益，就提到了议事日程。经过一段时间的酝酿，1984年7月21日，在俄勒冈州波特兰市召开各州瑶族代表会议，一百多位瑶族决策人物出席了会议。经过与会代表协商，成立了“全美瑶人协会”。

“全美瑶人协会”，据赵召山先生调查，其产生过程及其结构功能如下：

自从20世纪70年代到美国定居以来，瑶族人按照各支系的传统形式成立了各种老乡组织，按照选举村长的传统选出了组织领导。各瑶族组织都觉得有成立一个瑶族相助会组织（MAA）的必要，于是纷纷成立相助会。瑶胞相助会组织可以免非赢利税，它有帮助瑶族同胞适应美国生活的义务，同时保护民族本色、民族文化、语言和风俗习惯。MAA还可以发挥协调民族与地方政府间的关系的作用，也帮助本民族的每一位成员。不论是村族组织还是相助会都致力于解决民族内部的问题，此外各个相助会还有服务联系美国所有瑶胞的责任。

在每个城市每个郡或者每个州，各老乡会的领导有老年人也有年轻人。他们经常运用瑶人传统的条文法规，特别是用于解决婚姻和民族内部诸如家庭冲突、年轻人与老年人产生矛盾等问题。虽然他们的决定在美国法律中不占什么分量，但几乎所有瑶族人都遵守这些决定，这是瑶族传统价值观有强大生命力的最好体现。老乡会和相助会对整个瑶族共同体都有切实的意义，对美国地方政府和办公室解决各种与民族团结有关的问题有一定影响。

代表各城市各州的老乡会和相助会联合起来成立的一个瑶族人政治组织，命名为“美籍瑶族人联盟”（IMANC），成立于1991年，可享受联邦政府的非赢利性组织待遇，这个组织得到政府和私人的帮助。组织有如下的目的和使命：

最基本的使命是建立民族统一体和互相理解、增强团结和友谊，组织在美和世界各地瑶族人网络。每年民族联盟组织在美瑶族人领导会议，各州轮流组织，召集老乡会、相助会的领导和代表以及有关的组织和个人，以巩固和加强瑶族人的领导作用，创造条件发展瑶族的社会、经济、教育，保存民族文化和各政治机构，一切都是为了瑶族人的利益。

（1）每年召集瑶族各协会的领导、教育家、代表、企业家和专家开会，讨论各种内部问题，交换关于社会领域、健康教育、社会机构、保存民族文化、语言和信仰领域的信息等。

（2）建立通信网络，发扬、增强和巩固全体在美瑶族人与世界各地瑶族人之间的团结、友谊和坦诚交流。选出一个机构作为有效连接各个群众团体和个人以及不同领域的专家、专业人士间的纽带，维护美籍瑶人的权利，提供各种互助技术服务。

（3）促进共同利益，促进全体美籍瑶族人的发展，帮助瑶族人调整传统社会经济、政治机构，转到有效的自给自足，帮助瑶族人成为对社会有益的人。通过各种促进计划，使社会服务、教育卫生、人力资源、经济战略、就业服务和职业培训以及其他一些有效的计划最终实现。

（4）保存和鼓励瑶族的语言、文化、风俗和价值观，发展和加强对美国和世界各地瑶族文化的研究。

（5）让瑶族妇女享有平等权利，帮助她们从传统的家庭主妇变成现代社会积极的领导力量，在瑶族家庭与个人发生危机和矛盾时作为中介进行调解。

（6）与教育和就业中的偏见作斗争，使瑶族人免受性别、信仰、种族、社会地位、经济水平、政治知识和国籍的影响。

这个瑶族联盟有一个正式的组织机构，包括一位主席、三位副主席、一个秘书、一个会计理事会和几个常务部门。联盟成员主要包括各支系瑶族各相助会的领导。常务部门主要负责保存文化、手工业和传统艺术如：灵物教、天主教、园艺、高等教育、瑶语文化和英语文化、古典音乐和现代音乐，照顾和改善瑶族人的利益。

两个组织理事会和联盟的成员定期会晤，讨论民族内部发生的问题，组织民族传统节日活动如春节联欢、中学生毕业典礼等。调节部门也设法帮助研究工作、社会服务和其他有关联盟的计划。联盟领导机构有年轻化的倾向，这些人有文化，精通英语，知识渊博，有应付美国各种体制和法律的能力。那些年纪大的人常是文化部门和宗教部门的代表，因此他们仍然留在组织里，并掌握联盟的政治权利。在联盟和相助会里的年轻人成为两种政治组织形式的连接纽带，帮助联盟解释美国的法律体系，他们在美国法律的基础上修改瑶族人传统的习惯法。一个瑶族人曾宣布："联盟很多时候需要调整自己的文化，使之与新社会相符。"①

"全美瑶人协会"成立后不久，法国、加拿大瑶人也建立了"法国瑶人协会"、"加拿大瑶人协会"。这几个国家瑶人协会的建立，标志欧美瑶人联合的完成。现在瑶人协会在欧美瑶人社会中发挥着十分重要的作用。在居住国内，它代表本民族与居住国政府联系，反映本民族的利益与要求，所在国政府部门也通过协会做瑶人的工作。在本民族内部，它将居住国内全体瑶人团结在一起，制定保护和发展本民族传统习俗和文化等一系列措施，定期组织各州之

---

① ［美］赵召山著，黎巧萍等译：《在美国再定居的瑶族人的影响》，见《瑶族社会和文化的发展：现在与未来》，河内，民族文化出版社，1998。

间的联谊活动，促进民族进步和繁荣。在国外，重点加强了同中国、泰国、老挝等国家瑶人之间的联系，扩大了自己的影响。全美瑶人协会依照美国选举制度，4 年举行一次大选。它的领导人都是些瑶族精英，为提高瑶人的地位做了大量有益工作，受到瑶胞欢迎，也引起美国政府的重视。前任主席赵富明先生曾于 1991 年以亚裔代表和瑶会主席的双重身份，到美国首府华盛顿参加共和党代表大会的选举会议。

## 四、语言与教育

### （一）语言文字

欧美瑶族语言属汉藏语系苗瑶语族瑶语支优勉方言。由于长期居住在老挝，因此，他们的瑶语中杂有老挝语借词。中老年人会讲老挝话，与老挝人或泰国人见面时，可用老挝语交谈。[①] 五六十岁以上的老年人，尤其是师公，还会讲中国西南官话，主要是云南话。瑶族进入美国、法国、加拿大后，由于所在国通行英语或法语，不会英语、法语，找工作有困难。所在国政府鼓励瑶人学习本国通用语言，免费提供培训。经过强化训练，中青年基本上能用英语或法语进行交流。现在，欧美瑶人在家里讲瑶话，外出工作、购物、读书则讲英语或法语。有的领袖人物、商人还会讲四五种语言，如美国的赵富明、李进清、赵有财、赵召山，除瑶话外，还讲英语、老挝语、中国普通话、中国西南官话。法国李高保除瑶语外，还会讲法语、西班牙语、老挝语、中国普通话。

欧美瑶族使用中文、所在国文字、瑶文三种文字。中文是瑶族长期使用的文字。上文已叙及，由于汉字不能完全表达瑶音、瑶意，瑶族借用汉字时，常常加进一些瑶造字。这些字随时空变化而变化。瑶族在老挝、泰国时，加进了一些表示当地事物的瑶造字，迁居欧美后，同样加进一些表示当地事物的瑶造字。中文用于抄写

---

① 按：老挝语和泰语可以互通。

师公经书、民间文献，传抄民间歌谣，节日（春节）、婚庆日时写对联。传统上，只有师公和族中老人习得汉字。现在，欧美瑶族在节庆和举行祭祖、还愿、挂灯、度戒等仪式时，仍保持着由师公用中文书写奏、疏、表、引及对联等传统。由于他们的努力，使中文及用中文书写的大量珍贵民间文献得以在欧美瑶族社会中传承下来。

瑶族进居欧美后，青少年入学读书，学的是英语或法语，受的是西方教育。在西方文化影响下，许多青少年不仅不会说汉语，不懂中文，甚至瑶话都说不好。在西方出生成长的青少年，聚会时不说瑶话，只说英语或法语。有识之士都非常担心长此以往瑶族传统将会丧失。在赵富明等先生的努力倡导和组织推动下，美国瑶族上层人士一方面开展瑶文创制工作，另一方面以瑶人协会的名义作出规定，要求瑶人在家里一律说瑶语，同时试办中文学校，教授中文。创制瑶文的工作从 1978 年开始，得到美国一些瑶语研究专家如加州威廉·卡里国际大学哈伯特·帕内尔博士等人的支持和参与。1984 年 5 月，与中国瑶文取得拼读统一，同年 7 月 21 日，在俄勒冈州召开的有来自各州瑶族代表 90 人参加的“瑶人文字书写规范讨论会”上，以 78 票同意、7 票反对、1 票弃权的投票结果，通过了中美瑶族在广东乳源瑶族自治县达成决议的全部条款。中美瑶文方案的通过，标志着瑶族新文字的产生。瑶文统一后，中美两国瑶族都在实践中做了努力推广工作。80 年代中期以来，美国瑶族在加州萨克拉门托市、俄勒冈州波特兰市、法国杜鲁兹市相继开办华文学校，一边教授中文，一边教授瑶文。听课的学生除青少年外，还有中老年人。所在国政府并不反对少数民族进行传统教育。瑶人利用下班下课后的时间来校学习，积极性比较高。由于瑶文采用拉丁字母拼读，书面语与母语口语一致，易学易记，受到欢迎。现在欧美瑶族与中国瑶族、泰老瑶族通信，有时使用瑶文，这大大方便了各国瑶人之间的通信联络。

（二）教育

瑶族还在老挝、泰国时，上学机会少。一方面因为穷，读不起书，另一方面，传统的山地农业生产也不需要许多文化知识。只有那些与美国人有联系的富家弟子或老挝大人物的子孙才可以上学，有高水平的文化，那些生活在城市附近的孩子也可以上学。在学校里常是用汉语、老挝语、泰语和一点英语授课。至于提高计算机、电子技能或者各种与军事、民用有关的专业技能在那时是罕见的。① 青少年的模塑，主要靠传统的家庭教育、社会教育完成。移居欧美国家后，面临激烈的社会竞争，不读书不行。加上中小学实行免费教育，不送小孩读书的还要罚款，瑶人都送自己的子弟入学读书。读完中学上大学，家庭困难的有一定数额的助学金，成绩好的有奖学金，也可以贷款读书。学生在校还可以勤工俭学，自谋学费、生活费。大学实行学分制，修满学分就可以毕业，这对边找工作边读书有利。因此，不但中小学入学率高，上大学的也不少。美国加州奥克兰市30%以上瑶族中学毕业生升入州立大学或社区学院学习，俄勒冈州每75个瑶人就有1名大学生，加州大学有近30名瑶人学子在读。

据赵召山先生1995年调查估算，由于居住在加州的瑶族人最多，所以在加州各所中学读书的学生很多，约有450～500多名瑶族中学生。上大学的也比较多，约有125名四年制大学生。其中有约80名在加州综合大学系统学习，另有约5名在各私立大学学习，已有40人毕业于UC或CSU系统的四年制大学。俄勒冈州约有40名瑶族大学生在波特兰市各大学学习，12人已获得学士学位。华盛顿州约有30人在西雅图各大学学习。大部分人不是在太平洋综合大学就是在华盛顿综合大学学习，至今已有10人毕业。② 张有

① ［美］赵召山著，黎巧萍等译：《在美国再定居的瑶族人的影响》，见《瑶族社会和文化的发展：现在与未来》，河内，民族文化出版社，1998。

② ［美］赵召山著，黎巧萍等译：《在美国再定居的瑶族人的影响》，见《瑶族社会和文化的发展：现在与未来》，河内，民族文化出版社，1998。

隽教授1998年在美国考察时得知，美国瑶人已有10位硕士，有的在攻读博士。有的富裕家庭还将孩子送到中国、欧洲一些知名大学留学。

在法国、加拿大，瑶族儿童都上学读书，从小学到中学，由政府提供免费教育。法国还有几位瑶族优秀子弟进入高等学校深造。

欧美国家瑶族教育还有一个特点，就是越来越多的妇女在各所中学和四年制大学里学习。

## 五、文学艺术

### （一）民间文学

瑶族在长期的历史发展过程中，创造了形式多样、内容丰富、特色鲜明的民间文学作品，如上文述及的神话、传说、歌谣、故事、说词、谚语、谜语等。这些民间文学作品多方面地反映了瑶族的生活，表现了瑶族人民对美好生活的追求，具有很高的文化价值。

瑶族进入欧美国家后，受到西方文化的强烈冲击，一些人尤其是上学读书的青少年，迷上西方文化，淡漠了传统文化。中老年人对此感到担忧。欧美瑶族社区组织、各种瑶人协会组织商议后认为，瑶人传统文化能否保持，是关系瑶族生存发展的大事。各地发起了保持民族传统文化的运动，除了规定瑶人要坚持团结互助的传统，瑶人内部要学瑶文、讲瑶话之外，还要唱瑶歌、讲历史传统。在婚丧节庆活动中，中老年人带头讲故事、唱瑶歌、传述瑶人的历史传统。在中老年人的影响下，青少年积极参与本民族的节会活动。自20世纪80年代以来，欧美瑶族的民间文学传统得到保存发展。

欧美瑶族民间依然流传《盘古开天立地》、《伏羲兄妹造人民》、《评皇与高王》、《太阳和月亮》、《漂洋过海》等神话传说。老年人常利用年节家人团聚的机会，或婚庆场合、社区联谊活动，讲述这些神话传说，不但丰富了节庆活动的内容，还让青少年知道自己民族的历史根底，从小培养热爱自己民族、发扬优良传统、艰苦创业谱写历史新篇章的思想情操。

欧美瑶人间流传中国《张四姐》、《刘三姐》、《梁山伯与祝英台》、《天仙配》等故事。这些故事内容都是歌颂爱情的坚贞，情节曲折细腻，青少年喜欢听。老年人往往利用小孩放学回家闲玩的时间讲这些故事，这对帮助青少年树立正确的婚姻恋爱观有良好影响。还有欧美瑶族还在中国、越南、老挝、泰国时流传的一些民间人物故事，如《邓春龙太爷》、《野猫》、《熊婆》、《太筛箕》等，动物故事如《猫头鹰》、《癞蛤蟆》等，还有在老挝、泰国时期的一些笑话传闻。这些故事、笑话、传闻有的是真人真事，多数为虚构，但有现实生活根据，主题或赞扬勤劳智慧，鞭挞懒惰愚钝，或歌颂廉洁孝悌，挞伐贪婪不义，情节夸张，但引人入胜。传播这类故事对帮助青少年明辨是非，培养诚实、勤劳的美德有积极意义。

在欧美瑶族社会里，伴随瑶族新的前所未有的迁徙经历以及新环境适应过程中产生的许多新人新事和新见闻，人们正在创作、流传着一些新的民间故事作品。如瑶族青年赵有财只身闯美国、瑶人逃难抢渡湄公河、瑶人赵 XX 见美国总统、一人说话不香、海外瑶人寻根、中美瑶胞互访等方面的新鲜传闻故事，在欧美瑶族社会中流传。这些新传闻故事经过集体加工润色，有的已变得富有传奇色彩，从不同侧面反映了当代瑶族社会与文化所经历的广泛而深刻的变迁。

歌谣是瑶族民间文学最重要的组成部分。瑶族爱唱歌，善唱歌。歌谣种类很多，上文已述及，如创世歌、迁徙歌、历史歌、生产歌、甲子歌、信歌、婚姻歌、谜语歌、儿歌、娱神歌等，民间有许多手抄传世歌本。旅居欧美国家的瑶人，年纪在四五十岁以上的男女，不少人会唱歌，有的还是出口成章的歌手。但是，瑶族在向欧美迁徙的过程中，由于是逃难而走，许多人在匆忙出行时，什么东西都来不及带走，民间手抄歌本大多遗失。20 世纪80年代初，欧美瑶人生活安定下来后，通过寻找补抄、师公和歌手回忆唱录等办法，使盘王大歌、有关挂灯、度戒、婚庆等仪式必须唱用的歌谣基本补齐，历史歌重新进行了创编。20世纪80年代中后期至90年代，欧美瑶族民间流行的歌谣有《盘古》、《伏羲兄妹》等创世歌，《盘王大歌》、《游愿歌》、《偷愿歌》、《还愿歌》及挂灯、度戒方面的祭祀乐神歌，《初世图》、《祖源唱》等历史歌，《九江》、《过山曲》等迁徙歌，还有甲子歌、季节歌、婚姻歌、情歌、信歌等大量传统民间歌谣。这些歌谣多数在结构、内容、表现手法等方面与过去在中国、越南、老挝、泰国时是一样的，如《盘古》、《伏羲兄妹》、《盘王大歌》以及还愿、挂灯、度戒的歌谣，有些则加进了新内容，或重新进行创编，这主要是历史歌、迁徙歌。如美国加州萨克拉门托市赵富堂先生寄回中国的一首迁徙歌：

明王洪武登龙位，地方反乱不安宁；
众姓邀约往外逃，一份跑上湖广行，
一份跑上广西道，一份云南交趾停；
平地遭赶往山躲，山头遭赶躲森林；
黎朝①反乱又奔跑，跑过老挝住山林；
过山瑶人过山种，过山瑶人过山行；
平勐田地汉人种，烧山种地我瑶民；
一九七五岁又到，迁往泰国去安身；
姊妹齐齐到泰国，无吃住在难民营；
美国专家来引渡，漂洋过海美国行。②

---

① 黎朝：指越南后黎王朝，存在于1532—1788年。

② 黄钰、黄方平：《国际瑶族概述》，第346页，南宁，广西人民出版社，1993。

这首迁徙歌形象概括地唱述了瑶人从中国迁往越南、老挝、泰国、美国的历史过程，语言平白少夸饰，但字字血泪，感人至深。另一首由美国西雅图市瑶人邓有兴坤先生寄回中国的迁徙歌内容为：

难民无州无处扎，哪人遮得便谁行①；
一份飞行加拿大，二份飞行法国朝，
三份飞行美国州，散发地球天底游；
丙辰年间四月内，落难瑶人入美洲。②

瑶人本来有随编随唱歌的本领，大概是由于欧美瑶人经历从亚洲至欧美大分散、大迁徙给人留下了难以磨灭的印记，因此，欧美瑶人创作的反映这一经历的歌谣作品特别多。这些歌谣在语言运用、保留瑶歌艺术特点及题材选择、内容方面都有所发展。2000年11至12月，美国瑶族文化交流代表团访问中国期间，代表团成员俄勒冈州的赵金先林来到广西民族学院与瑶族联谊时唱了一首《姐妹歌》，开头一段唱道：

姐妹分开四百岁，不得会逢到世今；
共炉香烟分散火，共海鲤鱼分散滩；
共笼金鸡分散国，共山白鹤各飞游；
共祖亲人分散去，共爷姐妹各洲庭。

这首歌谣用瑶歌惯用的比喻手法，形象地唱出瑶人新的迁徙活动造成亲人分离，散布欧亚美各国各州，数百年不得会逢的复杂心

① 谁行：随谁行之意。

② 黄钰、黄方平：《国际瑶族概述》，349页，南宁，广西人民出版社，1993。

情，听后禁不住引人心酸泪下。

在重个人轻亲情和友情的欧美社会里，如何应对复杂环境导致的人际关系和人伦道德的变化，是瑶人面临的紧迫问题。瑶族进入欧美国家后，即陆续传抄、创编了不少宣扬中华文化、主张仗义孝悌、批判背逆人伦道德的歌谣。美国瑶人祝通财抄传的《富安旺歌》、法国瑶人赵富胜编修的《盘古记》属于此类歌谣，且有相当的代表性。前者抄成于1979年农历十月初三，为传抄本。抄写者为美国加州萨克拉门托市瑶人，系一位上了年纪的师公。《富安旺歌》全歌长350余行，每行7字，计2450余字，内容除开首40余行唱述圣王开天立地、伏羲兄妹造人民故事外，其余均为讲述父母生男养女的艰难，劝人孝顺父母，积德行善，莫嫌贫爱富，年少逞强，欺长骗幼，贪财害命。歌词唱道：

州庭广阔人民众，平田广阔好藏禾，
江水长流鲤鱼进，心肌广阔好藏人，
父母招为男女众，供海浮来爱供心，
长大为人养釜姐①，父母有条安乐肌，
那日为齐男女世，安心为世养釜娘，
……
男女人人爱同意，虮绪人人爱供心。
人多供苋有吊邦，已吊事情拦邦兰。
一人有灾二人秀，二人有难望三人。

《盘古记》编修于1995年3月，为打印本。全歌长182行，每行7字，共1274字。虽题名《盘古记》，但除了开首破题三四句唱盘古事外，其余通篇讲述的均为后生应如何孝顺父母、兄弟要和睦、夫妻要恩爱相敬、为人要勤恳等方面的内容。歌谣唱道：

① 釜姐：父母。

自从盘古开天地，三皇五帝置人民，
多少古人敬忠孝，贤良忠孝在朝廷，
奉劝后生听古语，几时长大养爷娘，
每日吃娘三仓奶，三日吃娘九肚浆，
成人长大该孝顺，不得开口骂爷娘，
为人若不行孝道，虽在世间不是人，
孝顺生有孝顺子，忤逆生有忤逆儿，
应该和睦亲兄弟，兄弟说话莫高强，
大哥年长为父母，早晨吩咐听言章，
兄弟有事来相仪，都是同胞共母生，
祖上事业要分明，兄弟不要各相争。

另一首为Y玛瑶寨会写的《立会歌》，主张瑶人互相爱护，互相帮助，热心公事，各尽所能，共传“瑶端名”①，莫让穷瑶胞到处迁徙流浪。

瑶爱瑶人立起会，九二起根立号牌，
Y玛瑶亲会为号，立起表明同意修②，
不分东南西北端瑶姓，有意共传瑶端名，
不是为名立起会，多夜荒忙不得分，
十五岁年合接进，四十五年也领收，
也收求科读书表，有春为世一样求，
初山雾散光影现，本地当家得晓知，
前世梦中也难见，今日同意现能浮，
……

① 瑶端：瑶族男孩，这里泛指瑶族男子汉。
② 同意修：同意做。

丑声报级常时诉，电台报尽丑瑶闻[1]，
立起Y玛不服气，证明瑶中重有能[2]，
哪仍有心舍立邦，抽手遮围不放荒，
何人有心为公事，莫反现心Y玛中，
何人读书聪明肚，双手一心赦自瑶，
何人有能官为应，会官托福照瑶亲，
老人明通规矩路，律条移途教嫩交[3]，
何人富贵逍遥修[4]，莫放穷瑶天底游。

这表达了欧美瑶人团结互助、携手共进、开创瑶胞新事业的企望与行动。

欧美瑶人口传艺术，除上述外，民间说词、谜语、谚语、俗语、格言也较盛行。有的既通俗易懂，又富有哲理，如待人处世格言：

世上道理众人论，人间大路众人行。
人心不平问道理，良心不平问天平。
事不到头问老者，字不到头问圣人。
好坏商量问父母，真假分清问众人。
不知春临问春鸟，不知子丑听鸡鸣。

衡量人的格言：

有麝自然香，有风自然量。
人有那个肚，自然吃得那碗醋。

---

① 此两句是说电台报纸传播瑶人所谓“丑闻”。
② 重有能：还有能人。
③ 教嫩交：教育年轻人。
④ 逍遥修：做事逍遥。

人有腿走路，自然穿得那长裤。
人之能干，自然吃得那碗饭。

做事的格言：

打鼓留声，说话留情。
讲五句，留十句，十字路头教武艺。①

（二）音乐舞蹈

欧美瑶族青少年受西方文化影响，喜欢唱现代流行歌曲，跳现代舞，并自组乐队。但民间传统音乐、舞蹈仍保留。传统音乐包括器乐和声乐两种，乐器有唢呐、横笛、皮鼓、铜锣、小钹、铜铃、牛角等，这些乐器在节日、婚庆、丧葬和祭祀时配合使用。唢呐是瑶族民间常用乐器，曲调有喜曲、哀曲两种。喜曲在喜庆场合吹奏，哀曲在丧葬祭奠时吹奏。吹奏唢呐需四人配合，两人吹唢呐，一人执锣，一人执鼓伴奏。铜铃在请神、喃神、乐神、送神时使用。牛角在举行叫夫仪式时吹奏。声乐分喃神唱腔、民歌唱腔。民歌腔有读腔、拉腔两种，拉腔又称称歌，每唱一首都以称开头，然后拉腔朗唱。美国瑶族的拉腔，与中国广西田林县瑶族的拉腔几乎相同。其曲调悠扬，声细韵长，唱时讲究拖音吐气，情感真切，唱到悲伤处可催人泪下，唱到久别重逢又可令气氛欢乐。老年人都喜欢用民歌传授历史，教育后代，年轻人虽不会唱瑶歌，但喜欢听长者唱歌。

除了传统歌调外，美、法瑶族也喜欢以泰、老地区歌调为基调，糅合瑶歌曲调，在现代乐器配合下，演唱歌曲，甚至制成音带、唱片、录像带发售，不但瑶族喜爱，还受到其他民族喜爱。舞

① 黄钰、黄方平：《国际瑶族概述》，389～390页，南宁，广西人民出版社，1993。

蹈有宗教祭祀舞蹈、民间娱乐舞蹈两种。祭礼跳舞由师公表演，有双人舞、四人舞，常见的有步罡舞、下降舞，用以降神、娱神，舞步稳健，含义深远。娱乐性舞蹈是到美国、法国、加拿大后发展起来的，有迎宾舞、交谊舞。前者着民族服装，少则两三人，多则五六人，以新式歌曲伴舞，舞步文雅。后者着便装，以双人舞为主。瑶族舞蹈吸收泰国、老挝民间舞蹈语汇，手舞较多，转折轻盈，柔缓感人。

（三）工艺美术

欧美瑶族妇女仍保持挑花、刺绣技艺，但多半是中老妇女，青年妇女已几乎无人会此技艺。刺绣底布为白、黑、蓝三色，丝线用红、绿、黄、白、黑五种，突出红色。图案有三角形、四方形、长方形、菱形、齿形几种基本形式。凭手艺组成各种图案，绣在头巾、腰带、壁毯、沙发靠垫、手帕、领带、钱袋、烟袋、背包、眼镜盒等物品上。不但自用，也出售，波特兰、西雅图、奥克兰等城市有专卖店，受人欢迎。

## 六、习俗文化

（一）物质生活

欧美瑶族居住、饮食、服饰、交通等方面已发生很大变化。

瑶族进入欧美三国之初，作为难民，没有自己的房子，住在难民公寓里。找到工作后有了收入，就攒钱买汽车、买房子。以后随着收入的增加，许多人家买材料建筑自己的房子，有的富裕人家还出租或卖掉旧房，建新房。由于生活水平比过去在老挝、泰国时高得多，房屋建筑材料、结构和室内陈设与过去在老挝、泰国时的房子相比，已大不一样。20 世纪八九十年代，美国瑶族住宅建筑多依照当地式样，用木板、砖瓦、钢筋、水泥为建筑材料。房屋分平房、楼房两类。无论平房、楼房，一般都在 9 室 300 平方米左右，内分为厅堂、待客室、主人卧室、工作室或电脑室、子女卧室、客房、厨房、餐室、卫生间、车房，有的还有健身房。每幢房屋向外开有大门、左侧门、右侧门、后门、车库门等数道门。平房大门进去为厅堂，厅堂正面墙上设神龛，左右两侧有通道，通道两侧为卧室、工作室。左右通道另有通道分别进入厨房、餐室、卫生间、健身房。待客室一般靠近厅堂。楼房多将厅堂、主卧室、子女卧室、工作室、待客室置于楼上，客房、健身房、车库置于楼下。

美国瑶族室内装饰一角　张有隽摄

美国瑶人十分注意室内装修和布置。每家每户茶几、长短沙发、电视机、电冰箱、电脑、空调机、电炊具等家用电器一应俱全。厅堂、待客室及卧室摆设花瓶、工艺品，墙上贴像片、风景画，顶部装吊灯。卧室里除床铺外，写字台、梳妆台、衣橱、床头柜齐备，比较讲究样式，床上铺的、盖的较过去高档几倍。卫生间墙壁、地面铺贴瓷砖，使用的多为坐式便器。室内各处整洁、卫生。美国瑶人仿照当地人，在房子周围修建草坪，栽花种草，围以栏杆，成为花圃。也有的人家在围栏里种些瓜、豆、辣椒、蔬菜，在屋边种青竹，至长竹笋，采挖自食。

美国俄勒冈州瑶族的民居　张有隽摄

法国瑶族建筑住房也依白人格式，材料多用红砖红瓦。建房用地面积较宽，一般每户合地约 800～1500 平方米，多为平房，楼房较少。住房面积人均约 15 平方米。房外空地种草种花，有的种果木、蔬菜。外围筑起铁栏，各户自成庭院。有人说，法国瑶人的住房建得比美国瑶人的还要好。

饮食方面，欧美瑶族仍保持东方人口味，喜欢吃大米饭。肉菜或煮或炒，青菜也有生吃，喜欢吃辣椒。但由于条件改善，牛奶、面包之类食品也为瑶人所接受。瑶人每天卡路里的摄入大为增加，中青年乃至小孩得肥胖症的人在增多，成为困扰人们的一块心病。

瑶人保持热情好客的传统，客来必尽情招待，人多摆起长桌，边谈边吃，但不劝酒。

美国餐馆禁售白酒，以防闹事。影响所及，瑶人中青年已不爱喝酒。但上了年纪的人仍喝白酒，或购买，或自酿。有的拿药浸泡药酒。老年人保留吸烟习惯，而且像云南人一样，用竹制的水烟筒吸，烟丝亦购自云南。吸烟人家有两三根水烟筒，客来敬烟，以示亲热。年轻人则多不抽烟，不抽烟的人家讨厌室内到处抽烟，而另设一抽烟室，供客人抽烟。服饰方面，各地各宗支仍保持民族传统。原在老挝、泰国穿什么样式的服装、佩什么饰物，现在就穿什么服装、佩什么饰物。面料比较讲究，如女上衣胸襟两侧的滚边更突出，显得雍容华贵。另一显著变化就是民族服装平时不穿，只有节庆时才穿。现在的年轻妇女不是读书就是工作，没有时间学习制作民族服装，不少人的民族服装是花几千美元到老挝、泰国瑶族村寨定购的。

欧美交通发达，汽车普及。瑶人每家都有几部轿车。除了年龄未满 18 岁的青少年不许开车外，家庭中每个成年人无论男女老壮都会开车。上下班、购物、出游都要开车，以车代步。55 岁以上的老人退休在家，除了做家务和闲聊，就是负责开车接送小孩上学。

（二）婚丧节庆

欧美瑶族婚姻习俗比较传统。通婚范围仍限定在民族内部，与外族通婚的很少。主要是瑶族希望婚姻关系稳定，对西方的高离婚率不认同。尽管有青年男女在与异族人的交往中产生恋情，但能成婚的十分罕见。

婚姻关系的最终确立，都经过恋爱、说亲、定亲、成亲的过程。青年男女在各种集会场合认识，经过频繁接触，产生感情，双方便向各自父母提出，父母托媒人前去说亲，如一方执意反对，只好作罢；如无意见，即合八字，如命不相克，就可成婚，如命相克，婚姻关系难以成立。八字合好后，双方进一步议亲，商定聘金数额、送亲人数、酒席规模。一般经济条件不好的，婚事从简，经济条件好的，认真操办。无论如何，成婚之日，由主婚人、清水师公、乐师等人组成迎亲队前往女家迎亲的节目是必不可少的。女方也组成队伍送新娘到男家。过去在老挝、泰国时，迎亲、送亲多步行，现在则以车代步。期间，男方执迎亲礼仪，有司茶姑倒茶，司烟郎递烟，乐队奏迎亲曲。新娘入门，由清水师公按传统习俗举行“斩邪”仪式，入门后，向祖先举行“报户口”仪式。婚礼最隆重的是拜堂仪式，由主婚人主持。执礼人从父母长辈及亲戚开始，一一请入堂中就座，按亲疏、辈分一一参拜，新郎行三叩三跪礼，新娘行屈膝礼相随。受拜者或送美金、支票，或送戒指项链。如双方亲戚人数多，拜堂仪式要花费很长时间，甚至通宵达旦。婚礼结束，举行宴会，喝酒唱歌，十分热闹。现在美国瑶族时兴租酒楼饭店办酒席，宴请宾客，举行婚礼。1998 年 5 月 1 日在加州里其门举行的一次婚礼，主人租一家饭店的宴会厅，摆了七十余桌。来客为主人的家住里其门、奥克兰等城市的亲朋好友。中国瑶族访美代表团团长张有隽教授一行 9 人有幸应邀参加了这场婚礼。席间新郎新娘身着民族盛装拜了天地、高堂双亲后，手托茶盘逐一向各桌客人行拜堂礼，敬茶一杯。受拜饮茶后，要奉上红包一个，并说几句祝福的话。中国客人被介绍给新郎新娘时受到特别礼遇。张有隽教授等人每人都领了礼，奉送了红包，说了祝福的话。美国著名瑶族女歌手赵某依老挝调唱了一首又一首瑶歌以示祝福。中国瑶族代表团团员黄梅芬应邀请也登台唱了一首中国瑶歌，受到热烈欢迎。整个婚礼既有传统色彩，又有时代气息，气氛十分热烈。

美国、法国部分信奉基督教的瑶人，婚礼完全按照基督教徒的方式举行。结婚三日，新郎新娘身着礼服来到教堂，在双方亲友参与见证下，由神父主持婚礼，询问双方是否同意结为夫妻。新郎新娘答复后互换戒指，在《婚礼进行曲》中宣告婚礼结束。双方亲友欢聚婚宴，以示祝贺。

欧美瑶族婚礼结束后，送亲者返回时也要举行送别仪式。婚后，新婚夫妇要举行回门探亲仪式。在欧美瑶族社会中，男娶女嫁、招郎入赘都很普遍。丧妻可以再娶，寡妇可以再嫁，不受社会歧视。离婚受族规约束和社会谴责，离婚现象不多。

除了婚姻为人生大事，须隆重庆祝外，欧美瑶族也十分重视生、寿、丧葬等人生关节礼。瑶族以生子为大事。过去在老挝、泰国时，凡生子添丁要举行添楔、奏星等仪式。移民欧美后，由于亲人离散，人口减少，人们都希望多生些小孩，壮大民族实力。欧美国家白人出生率低，不但不限制生育，反而鼓励生育。瑶人凡儿女出生、满月，都要办酒席宴请亲友，以示庆祝。满月时，外婆家送新衣、新帽、新鞋。百日办“百禄祀”，外婆家送长命银项圈、长命衣、长命手镯。儿子长至10岁以后，要举行挂灯仪式，成年后举行度戒仪式，求得神灵保护。进入40岁以后，有了孙子，认为老之将至，常以10年为生命周期，举行祝寿仪式。人生60、70、80增寿、长寿，家人举行大宴，祝寿者送礼物。隆重地设寿堂、点寿烛，接受子孙及亲友祝贺。人老死，丧葬仪式更为讲究。人在临终前，家人通知亲属好友来与其告别。人死后，孝子报丧，请师公择吉日安排后事，家人为之净身，入殓、超度亡灵、出殡等均按习俗办理。据介绍，在美国，人死后的祭仪有“秋册”、“便仪”两种做法，“秋册”也叫大做，要做两天两夜，“便仪”称为小做，做一天一夜。美国瑶族实行土葬。死者安葬在公墓里，墓前立碑，每年清明祭扫。① 美国瑶族重视为死者做道场。1998年4月下旬，中国瑶族访美代表团曾参加过萨克拉门托市瑶族为死者做的一个道场。这是为死了三年的一个瑶人做的道场。瑶族认为，如老人死了不做道场，死者的灵魂不能回到祖先安葬的地方与已故亲人团聚，对死者和生者都是一大遗憾。因此，凡是亲人亡故，都要请师公做道场，道场做得越热闹越好。如经济条件一时不允许，也可补做。我们（中国瑶族访美代表团）到访的这家，道场从当晚开始，我们在晚上七时半到达时，灵堂已布置好，师公正在旁边“习面”（设鬼）。主人知道我们是中国客人，热情邀请我们入座吃饭喝酒，并与我们交谈。本来白事是不能喝酒吃肉的，也许是因为补做道场，或因为事先知道中国客人要来，故破了例。晚饭后稍事休息，即开始做道场。灵台处竹枝上挂上了许多纸币，有美元，也有人民币。主持人说，中国客人到来，最好送人民币，死者灵魂知道了，一定非常高兴。

---

① 黄钰、黄方平：《国际瑶族概述》，391页，南宁，广西人民出版社，1993。

我们也就十分高兴地送上人民币，挂在竹枝上。[①] 改信基督教的人，丧葬仪式则一切按基督教仪轨办理，不如从前。

（三）节庆礼俗

瑶族进入欧美以后，由于环境改变，工作和生活节奏加快，节庆习俗也在演变。与农业生产有关的有些节目如保苗节、尝新节，只有老辈人过，青年已经不过。因为欧美瑶人多在城市里工作，不再种稻子，过这个节已无实际意义。老辈人过此节，表示对过去生活的怀念。随着老人逐渐去世，这个节日将彻底变成历史。传统节日中，还保留春节、清明、中元节、盘王节、除夕几个节日。

春节是欧美瑶族传统大节。节日期间，各家各户亲人团聚，共进团圆餐。社区内，在社区组织头人带领下，互相拜年，举行迎春联欢活动，在头人家聚餐，祝贺新年。年初一至初三，要举行祭祖活动，请师公喃诵经文，青年人跳祭祖舞蹈，称为“在翁”。

清明节也是传统大节。瑶族由于迁徙频繁，许多祖坟位于故居地中国各地及迁徙途中，不能一一扫祭。还在老挝、泰国时，于清明时请师公到家做“安坟”仪式，象征扫墓，祭祀亡故祖先，迁移到欧美国家后，仍保留这一传统。清明这天，请师公到家，按“家先单”中开列的祖先名单，由远及近，喃请各位祖先到家享受祭祀。杀鸡备肉，焚纸帛，点香烛，供祭一天。

中元节又称中年节、目连节，于农历七月十四、十五举行。节日期间，同宗共姓亲属备办酒肉，请师公设坛喃瑶经，请列位祖先至家享受供品。出嫁的女儿也回来团聚。有的地方结合打斋、还愿，遍祭天下孤魂野鬼，以求平安。

盘王节又称“奏堂”、“还盘王愿”。过去在老挝、缅甸、泰国，一般在冬季农闲时节举行，各宗族有各宗族地，时间也不统一。自从中国瑶族于 1984 年统一节日时间后，消息传到欧美瑶人社区，欧美瑶人除了各宗族保留还愿仪式外，也按照中国瑶族的做法，每

---

① 张有隽：《瑶族历史与文化》，415 页，南宁，广西民族出版社，2001。

年农历十月十六日举行统一的节庆活动。有的地方如萨克拉门托市、波特兰市还共同修建盘王庙，里面供奉盘王神像和各姓祖先牌位。节日期间杀猪鸡，备办丰盛菜肴，请师公设坛请圣，奉上牲品，期间有歌舞娱神的节目。不过法事较以前简单，一天一夜即结束。祭毕，乡老、头人、师公、歌手及与会者一起会餐，席间交换讯息，共议如何弘扬传统文化、保护民族利益大事。

除夕称为大年节。各家各户清洁门庭，张贴对联，购买鱼肉菜蔬瓜果以备待客。晚间祭祖，阖家团聚吃年饭。饭后守岁，看电视、录像，一如往昔，唯守岁时，社区内、州与州乃至欧、亚、美三大洲各国瑶人亲朋好友通过电话、E-mail 互致问候，成为一种新时尚。

除了传统节日，部分瑶族尤其是青年人，也喜欢过欧美的一些节日，如母亲节、情人节、感恩节。母亲节在每年公历五月的第二个星期天举行，这天青年人要做各种使母亲高兴的事情，并向母亲赠送礼物以示祝贺。情人节在每年公历二月十四日，节间举行舞会，青年人挑选礼物送给心爱的人。感恩节聚餐庆祝，感谢上帝恩赐，历时三天。社区瑶人组织、州瑶人协会举行联谊活动，顺便商讨事情。①

信仰基督教的瑶族教徒不再过民族传统节日，而过基督教各宗教节日如复活节、圣诞节，社区组织也利用节日开展联谊活动。

## 七、宗教信仰

### （一）传统宗教信仰

欧美瑶族大多数保持传统宗教信仰，即信仰道教，崇敬三清三元等道教神，敬盘王，祭祖先。但无论美国、法国瑶族，都有一部分人信仰基督教，崇拜天主（瑶人称天王）和耶稣。在信仰传统宗

---

① 黄钰、黄方平：《国际瑶族概述》，388～389 页，南宁，广西人民出版社，1993。

教的瑶人社区，各种宗教仪式照常进行。美国加州邓成旺先生说：

“我们瑶族宗教礼仪，从中国大朝带到小朝（指越南、老挝、泰国），到了美国还是照样做，大祭祀活动有还盘王愿、度戒、挂灯、发童、祈保丰收、保人丁等，小祭祀活动有架桥、解煞、续魂、送堆、做秋、收惊等。”①

信道教、拜盘王、敬祖先的人认为，保持信盘王、敬祖先，就是保持民族传统。为了保持民族传统，迁居美国的瑶族在一些地方，如加州首府萨克拉门托市集资兴建了约三百平方米的“瑶族社会庙”，庙内书写着“十二姓瑶族社会祠堂”、“天下道教为先”、“大吉大利”等汉字，内供“盘王大帝圣像”，两边贴着“盘家赵姓共敬庙，邓李同心共社团”，“盘王庙里人合意，烧香敬佛保堂丁”的对联。此庙是瑶族集会、决定重大事情的地方。瑶协在奥克兰购置的土地上也建有盘王庙。从1996年开始，全美瑶人集中在这里庆祝瑶人的重大节日“盘王节”，每年一次，至今已举行了四次。② 在保持传统宗教信仰的瑶人家庭里的厅堂一角，都设有瑶族传统式样的神龛，个别的还有两个，那是招郎上门“两头顶香火”的人家。神龛上书“盘王御楼”字样，供着神像或放有道教经书、盘王大歌书、祖图、家先单等，摆有香烛、熟鸡、水果等供品。

由于主持传统宗教礼仪的是师公，而师公必须逐级经过挂灯、度戒、加职、加太仪式，还要习得汉字，熟读经文，才有资格主持相应级别的仪式。瑶族进居欧美初期，由于师公少，许多仪式无法举行。为了继承传统信仰，培养师公成了当务之急。据奥克兰一位

---

① 黄钰、黄方平：《国际瑶族概述》，366页，南宁，广西人民出版社。1993。

② 赵砚球：《生活在美国的瑶人》，见《瑶学研究》，第3辑，103页，南宁，广西民族出版社，1993；并见李筱文：《美国瑶人社区巡礼》，载《瑶族研究通讯》，第10期，61页，南宁，广西瑶学学会，2000。

盘姓师公说，自从迁居美国至1992年十余年来，他已为三百多位瑶族男子举行过挂灯仪式，波特兰李玉才、雷丁赵仙龙、摩西德、邓富华等师公每年都给十多位男子挂灯。90年代中期，在美国度过三戒加职的大师公只有一人，已近80岁，度戒的有十余人，挂过灯的人数比较众多。在美国，举行续魂、架桥等小仪式的师公随处找得到；举行挂灯、做斋、还愿仪式也能找到师公，因为度戒仪式需要有注醮、引度、书表、纸缘、证盟、保举、引教、总坛、坐坛、执香、茶酒、鼓乐、吹笛13名师公，而举行加职仪式，除上列13名师公外，要增加加举、加盟、加缘、加表、加职5名师公，共需18名师公。尽管有些可一人顶两职，但大多数师公须是本人加过职的，要找到那么多加过职的师公是很不容易的。如果连加仪都不能做，加太仪式更无从谈起。在法国，由于瑶族人口少，师公更少，举行还盘愿仪式需要请还愿师、招兵师、赏兵师、五谷师4位师公，外加1位唱歌娘，已难找齐。加拿大瑶族师公更少，做挂灯、还盘王愿仪式，就写信或打电话给美国瑶族师公，请他们到加拿大参加主持仪式。欧美瑶族传统宗教仰信如何传承下去，尚等观察。

（二）基督教信仰

欧美瑶族部分人还在老挝、泰国时已抛弃传统宗教信仰，改信基督教。到欧美后，信仰基督教的人口增多。据统计，20世纪90年代中期，法国信仰基督教的瑶族人口约200人，占在法瑶族人口的20%。瑶族改信基督教的原因，主要是瑶人还在老挝、泰国时，外籍传教士在瑶族社区积极开展传教活动；其次是瑶族在老挝、泰国时，生活艰难，疾病多，传统宗教仪式花费多，加上兄弟迁徙，同族师公难找到，仪式已做不了；第三是一些头人带头改信基督教，普通瑶民也就纷纷步了后尘；第四，瑶人到欧美后，作为难民，基督教传教士更积极上门开展传教活动，而瑶人在经历劫难后过上了比较稳定的生活，相信这全靠耶稣，托基督的福。

欧美瑶人改信基督教的，都拆去了家里的祖先神龛，贴上耶稣画像，挂上十字架。有瑶族宗教经书、法具、神像的人家，予以烧毁或送人。社区里建有教堂，逢星期天都去做礼拜。基督教允许瑶人用瑶语行祷告礼，还将《圣经》及赞歌翻译成瑶文，方便了那些不懂英语、法语的老人念经、祷告。

改信基督教的人，生活习惯已有某些改变。目前在美国，有不同宗教信仰的两类瑶人时常发生互相歧视、排斥的现象，将来演变趋势如何，值得关注。

# 附　录

# 张有隽主要著作目录

## 一、专著

1.《瑶族简史》(合作),南宁,广西民族出版社,1983 年。

2.《壮族历史人物传》(合作),南宁,广西人民出版社,1984 年。

3.《民族问题基本知识》(合作),南宁,广西民族出版社,1984 年。

4.《瑶族宗教论集》,南宁,广西瑶学学会,1986 年。

5.《民族理论和民族政策》(合作),南宁,广西民族出版社,1987 年。

6.《十万大山山子瑶社会历史调查》(合作),南宁,广西民族出版社,1987 年。

7.《简明民族词典》(合作),南宁,广西民族出版社,1988 年。

8.《广西民族大全》(合作),南宁,广西民族出版社,1991 年。

9.《民族与民族观》(主编),南宁,广西教育出版社,1991 年。

10.《中国民族政策通论》(第一主编),南宁,广西民族出版社,1992 年。

11.《泰国瑶族考察》(合作),南宁,广西人民出版社,1992 年。

12.《广西通志·民俗志》(主编),南宁,广西人民出版社,1992 年。

13.《瑶族传统文化变迁论》,南宁,广西民族出版社,1992 年。

14.《新亚学术集刊·瑶族研究专辑》(主编之一),香港中文大学新亚书院,1994 年。

15.《民族理论政策基础》（主编），南宁，广西民族出版社，1995年。

16.《广西回族的历史与文化》（副主编），南宁，广西民族出版社，1998年。

17.《中国各民族原始宗教资料集成・瑶族卷》（主编），北京，中国社会科学出版社，1998年。

18.《世界民族志》（主编），南宁，广西民族出版社，1998年。

19.《边境上的族群》（主编），南宁，广西民族出版社，1998年。

20.《中国各民族百科全书・瑶族卷》（主编），长春，北方妇女儿童出版社，2001年。

21.《瑶族历史与文化》，南宁，广西民族出版社，2001年。

22.《人类学与瑶族》，南宁，广西民族出版社，2002年。

23.《田野报告——文化诸相的探索》（主编），南宁，广西民族出版社，2006年。

24.《瑶族通史》（常务副主编），北京，民族出版社，2007年。

25.《瑶族简史（修订本）》（合作），北京，民族出版社，2008年。

## 二、论文

1.《美帝国主义的“门户开放”政策是怎么回事?》，1962年。

2.《对李秀成论功过是全面观点吗》，《广西日报》，1964年9月26日。

3.《驳所谓李秀成投降“三步论”》，《广西日报》，1964年10月22日。

4.《历史主义，还是反历史主义》，《广西日报》，1965年3月5日。

5.《近代瑶族宗教从自然宗教转化为人为宗教的几种情况》，《广西民族研究所参考资料》（第3辑），1980年。

6.《瑶族宗教信仰史略》（一、二、三、四），《广西民族学院学报》，1981年第3、4期—1982年第1、2期。

7.《改善和发展我国社会主义民族关系的几个问题》，1982年。

8.《岑毓英》，《壮族历史人物传》，南宁，广西人民出版社，1982年。

9.《李文彩》，《壮族历史人物传》，南宁，广西人民出版社，1982年。

10.《扶绥县中东公社、昌平公社部分群自报瑶族的识别调查报告》（主持），《广西壮族自治区民族识别文件资料汇编》，广西区民委，1983年。

11.《扶绥县柳桥、东门公社部分群众是否苗族的识别调查报告》（主持），《广西壮族自治区民族识别文件资料汇编》，广西区民委，1983年。

12.《试论瑶族教育的历史发展》，《广西民族学院学报》，1983年第2期。

13.《十万大山山子瑶农村公社探讨》，《广西民族学院学报》，1983年第3期。

14.《正确认识民族特点 加强广西各民族的团结》，1984年。

15.《在四化建设中开创民族团结新局面》，1984年。

16.《民族学如何为现实服务》，1984年。

17.《瑶族原始宗教探源》，《中国少数民族宗教初编》，昆明，云南人民出版社，1985年。

18.《民主改革前的仫佬族宗教》（合作），《中国少数民族宗教初编》，昆明，云南人民出版社，1985年。

19.《十万大山山子瑶原始宗教残余》，广西民族学院民族研究所《民族研究集刊》，1985年第1期。

20.《关于民俗志编写的几个问题》，《广西地方志通讯》，1986年第6期。

21.《广西各民族的春节习俗》，《桂海春秋》（第1辑），1987年。

22.《十万大山瑶族向社会主义过渡的几个问题》，《瑶族研究论文集》，南宁，广西民族出版社，1987年。

23.《防城各族自治县细板瑶简述》,《广西瑶族社会历史调查》(第六册),南宁,广西民族出版社,1987年。

24.《十万大山山子瑶社会政治》,《广西瑶族社会历史调查》(第六册),南宁,广西民族出版社,1987年。

25.《十万大山山子瑶文学艺术》,《广西瑶族社会历史调查》(第六册),南宁,广西民族出版社,1987年。

26.《广东瑶族苗族社会历史调查纪要》,《民族研究集刊》,南宁,广西民族学院民族研究所,1987年。

27.《湖南瑶族基本情况调查》,《民族研究集刊》(苗瑶专辑),南宁,广西民族学院民族研究所,1987年。

28.《审读〈扶绥县志〉稿给雷坚的信》,1988年。

29.《应当重视南方民族关系史研究》,《广西民族学院学报》,1988年第1期。

30.《瑶族的宗教信仰》,云南民族研究所年刊《民族学报》,1988年第2期。

31.《瑶族研究史略说》,日本《中国民俗研究通讯》,1988年5月。

32.《十万大山瑶族道教信仰浅析》,《瑶族研究论文集》,北京,民族出版社,1988年。

33.《太平天国时期壮族农民起义·张序》,南宁,广西人民出版社,1988年。

34.《中国瑶族人口都市化与传统文化》,《民族与民族观》,南宁,广西教育出版社,1990年。

35.《中国瑶人文书及其研究》,《广西民族学院学报》,1990年第3期。

36.《给琼哈秦先生的信》,1992年。

37.《中国民族政策通论·前言》,南宁,广西教育出版社,1992年。

38.《湘粤桂边五个自治县贯彻民族区域自治法情况视察》,

《瑶族传统文化变迁论》，南宁，广西民族出版社，1992 年。

39.《关于成立瑶族研究会的设想》，《瑶族传统文化变迁论》，南宁，广西民族出版社，1992 年。

40.《关于商定瑶族节日的一些意见》，《瑶族传统文化变迁论》，南宁，广西民族出版社，1992 年。

41.《天主教传入十万大山瑶族地区调查》，《瑶族传统文化变迁论》，南宁，广西民族出版社，1992 年。

42.《瑶族传统文化变迁论》，《瑶族研究论文集》，南宁，广西人民出版社，1992 年。

43.《瑶族研究的回顾与展望》，《瑶族传统文化变迁论》，南宁，广西民族出版社，1992 年。

44.《桂东瑶舞探秘·序》，南宁，广西民族出版社，1992 年。

45.《广西民俗概述》，《广西民族学院学报》，1992 年第 3 期。

46.《广西信仰民俗》，《广西通志·民俗志》，南宁，广西人民出版社，1992 年。

47.《泰国瑶族的宗教信仰》，《泰国瑶族考察》，南宁，广西人民出版社，1992 年。

48.《加强瑶族研究，迎接时代挑战》，《瑶学研究》（第 1 辑），南宁，广西民族出版社，1993 年。

49.《瑶学研究的未来发展》，香港中文大学《新亚书院学术集刊瑶族研究专辑》，1994 年。

50.《华南诸族梅山教比较研究》，《广西民族学院学报》，1994 年第 4 期。

51.《关于中国人类学、民族学的学科地位问题》，《广西民族学院学报》，1995 年第 3 期。

52.《民族史研究的理论与实践》，1996 年 8 月。

53.《瑶族宗教信仰的人类学意义》，《广西民族学院学报》，1996 年第 2 期。

54.《中国民族学如何培养跨世纪人才》，《广西民族学院学报》，1996 年第 4 期。

55.《关于瑶族迁入越南的几个问题》，《广西民族研究》，1996 年第 4 期。

56.《瑶族研究国际化述论》，《广西民族学院学报》，1997 年第 1 期。

57.《广西与东南亚民族文库·总序》，南宁，广西民族出版社，1997 年。

58.《加强对当代汉民族研究是人类学民族学跨世纪的重要课题》，《广西民族学院学报》，1997 年第 2 期。

59.《关于瑶经研究的几个问题》，《广西民族学院学报》，1997 年第 3 期。

60.《少数民族地区乡镇企业发展战略研究》（合作），《广西民族学院学报》，1997 年增刊。

61.《民族区域自治与少数民族干部培养问题研究》，《广西民族学院学报》，1997 年增刊。

62.《关于民族志研究的几个问题》，《广西民族学院学报》，1997 年增刊。

63.《瑶族创世史诗密洛陀·序》，南宁，广西民族出版社，1998 年。

64.《中国民族学的世纪历程和未来任务》，中国民族学会编《民族学研究》（第 12 辑），北京，民族出版社，1998 年。

65.《民族志的理论和方法》，《世界民族志》，南宁，广西民族出版社，1998 年。

66.《中国各民族原始宗教资料汇编·瑶族卷·绪论》，北京，社会科学出版社，1998 年。

67.《关于中越边境贸易情况的视察报告》，《边境上的族群——中越边民群体的人类学考察》，南宁，广西民族出版社，1999 年。

68.《关于中越边境我方边民生活情况的视察报告》，《边境上的族群——中越边民群体的人类学考察》，南宁，广西民族出版社，1999 年。

69.《中越边境边民的族群结构》,《广西民族学院学报》, 1999年第4期。

70.《对人类学本土化在中国的几点看法》,《广西民族学院学报》, 2000年第1期;《新华文摘》2000年第4期全文转载。

71.《要重视做好〈瑶族通史〉资料采集工作》,《瑶学研究通讯》, 第10期, 广西瑶学学会, 2000年。

72.《广西民族学院民族研究所成立45周年的回顾与展望》, 2000年。

73.《关于〈瑶族通史〉编写指导思想、体例、内容安排的说明》,《瑶学研究通讯》, 第12期, 2000年。

74.《瑶学研究丛书·总序》, 南宁, 广西民族出版社, 2000年。

75.《瑶学研究恭城研讨会闭幕词》,《瑶学研究通讯》, 第14期, 2001年。

76.《瑶族的分类与认同——2001年3月9日在香港中文大学人类学系的讲演》。

77.《在河池瑶族学术研讨会上的讲话》,《瑶学研究通讯》, 第18期, 2001年。

78.《在湖南临湘瑶族学术研讨会上致词》,《瑶学研究通讯》, 第171期, 2001年。

79.《中越中老跨国民族及其族群关系研究·序三》, 北京, 民族出版社, 2002年。

80.《人类学理论与方法发展趋势》, 2002年3月在复旦大学现代人类学研究中心成立大会上的演讲。

81.《在桂林民瑶平地瑶研讨会上的讲话》,《瑶学研究通讯》, 第18、19合刊, 广西瑶学学会, 2002年。

82.《跨国民族和平共居模式·张序》, 北京, 民族出版社, 2002年。

83.《东山瑶社会·张序》,《东山瑶社会》, 南宁, 广西民族出版社, 2002年。

84.《金秀大瑶山瑶族史·张序》，南宁，广西民族出版社，2002年。

85.《本土解释在人类学理论、方法上的意义》，《广西民族学院学报》，2002年第4期。

86.《重视人类学理论建构的探讨：在中国首届人类学高级论坛的总结发言》，《广西民族学院学报》，2002年第4期。

87.《广西民族研究的回顾与前瞻》，《人类学与瑶族》，南宁，广西民族出版社，2002年。

88.《祝贺广西民族学院民族学学科入选自治区重点建设学科》，《人类学与瑶族》，南宁，广西民族出版社，2002年。

89.《妈祖崇拜流传广西若干史料的初步考释》，《人类学与瑶族》，南宁，广西民族出版社，2002年。

90.《“加强民族学教学与师资培养”课题研究报告》，《人类学与瑶族》，南宁，广西民族出版社，2002年。

91.《民族学概论·序》，南宁，广西民族出版社，2002年。

92.《瑶族向海外迁徙的原因、过程、方向、路线》，《广西民族学院学报》，2003年第1期。

93.《吃了一山过一山：瑶族的生计策略》，《广西民族学院学报》，2003年第2期。

94.《瑶族人群DNA抽样调查与遗传标记（YSNP）分型分析》（合作），《复旦大学学报》，2003年。

95.《越老泰缅各国瑶族人口分布、来源、称谓》，《广西民族学院学报》，2003年第3期。

96.《经济全球化与文化多样性》，《广西社会主义学院学报》，2003年第3期。

97.《人类学理论与方法在中国本土化研究》，《广西民族学院学报》，2003年增刊。

98.《中国民族志·导论》，哈尔滨，黑龙江人民出版社，2003年。

99.《布努瑶历史文化研究文集·张序》，贵阳，贵州民族出版社，2003 年。

100.《东南亚区域经济与社会发展论纲》，《广西民族学院学报》，2004 年第 1 期。

101.《人类与环境资源关系的人类学见解》，《广西民族学院学报》，2004 年第 4 期。

102.《瑶族远祖盘瓠传说再研究》，《广西民族研究》，2004 年第 4 期。

103.《变迁与调适：广西山地民族传统医疗体系变迁中的问题与对策》，2004 年。

104.《我所知道的费孝通先生》，《广西民族学院学报》，2005 年第 3 期。

105.《区域经济与社会发展研究：原因、意义、理论和方法》，《中国与东南亚民族论坛》，北京，民族出版社，2005 年。

106.《经济人类学的理论范式》，《中国与东南亚民族论坛》，北京，民族出版社，2005 年。

107.《论人类学的经济学》，《广西民族学院学报》，2005 年第 6 期。

108.《近代瑶族社会形态研究》，《广西民族研究》，2005 年第 5 期。

109.《江华瑶族·张序》，北京，民族出版社，2005 年。

110.《泰国的瑶人：过去、现在与未来·张序》，北京，民族出版社，2006 年。

111.《走进竹篱教室·张序》，天津，南开大学出版社，2006 年。

112.《田野报告：文化诸相的探索·序》，南宁，广西民族出版社，2007 年。

113.《区域经济协作与民族社会发展分析》，《瑶学研究》（第 5 辑），香港展望出版社，2007 年。

114.《瑶族的起源》，《瑶族通史》（上卷），北京，民族出版社，2007 年。

115.《传说时代的瑶族先民》，《瑶族通史》（上卷），北京，民族出版社，2007年。

116.《鸦片战争至民国时期的瑶族社会经济》，《瑶族通史》（中卷），北京，民族出版社，2007年。

117.《近代瑶族社会的政治过程》，《瑶族通史》（中卷），北京，民族出版社，2007年。

118.《瑶族向海外迁徙的时间、过程、原因、方向、路线和方式》，《瑶族通史》（下卷），北京，民族出版社，2007年。

119.《越南的瑶族》，《瑶族通史》（下卷），北京，民族出版社，2007年。

120.《老挝、缅甸、泰国瑶族》，《瑶族通史》（下卷），北京，民族出版社，2007年。

121.《欧美各国瑶族》，《瑶族通史》（下卷），北京，民族出版社，2007年。

122.《中国与东南亚民族学人类学研究的若干问题》，《第二届中国与东南亚民族论坛论文集》，北京，民族出版社，2007年。

123.《应当重视非物质文化遗产的保护和传承》，《瑶学研究》（第6辑），香港展望出版社，2008年。

124.《在广东乳源世界勉瑶文化学术研讨会上的讲话》，2008年。

125.《瑶族简史·修订本导言》，北京，民族出版社，2008年。

126.《在连山瑶族盘王节文化研讨会上的讲话》，2008年。

127.《广西瑶学学会25年工作总结》，《瑶学研究》（第7辑），香港展望出版社，2009年。

128.《盘瑶及其研究的地位与作用论纲》，《瑶学研究》（第7辑），香港展望出版社，2009年。

129.《对江永县文化旅游开发的建议》，2009年。

130.《布努瑶社会历史·序三》，南宁，广西民族出版社，2009年。

# 后记

本书能够出版，首先要感谢广西民族大学民族学与社会学学院周建新院长等诸位领导，同意拨出重点学科建设费资助出版。其次要感谢民族出版社同意出版本书，责编同志花了许多精力订正错漏。本文集的大部分论文系卢巧燕先生在广西瑶学学会工作期间陆续为余打印。余师弟徐杰舜教授对书稿的编辑提出意见，徐教授的学生韦小鹏帮助文章的扫描录入、排版、校对等工作。余三个弟子——韦金君、陈一榕、盘安安同学参与书稿的第一校到第三校，在此一并致谢。

张有隽

2010年1月23日

**图书在版编目（CIP）数据**

张有隽人类学民族学文集/张有隽著. —北京：民族出版社，2011.2
ISBN 978-7-105-11393-4

Ⅰ.①张…　Ⅱ.①张…　Ⅲ.①人类学—文集②民族学—文集　Ⅳ.①Q98-53②C95-53

中国版本图书馆 CIP 数据核字（2011）第 026180 号

策划编辑：虞　农
责任编辑：毛乐燕
封面设计：孟　龙
出版发行：民族出版社
地　　址：北京市和平里北街 14 号
邮　　编：100013
网　　址：http://www.mzcbs.com
排　　版：北京万珩兴文化发展中心
印　　刷：北京市迪鑫印刷厂
经　　销：各地新华书店
版　　次：2011 年 5 月第 1 版　2011 年 5 月北京第 1 次印刷
开　　本：880 毫米×1230 毫米　1/32
字　　数：1110 千字
印　　张：38.5
定　　价：98.00 元

ISBN 978-7-105-11393-4/C · 321（汉 283）